H. Fricke / P. Vaske
Grundlagen der Elektrotechnik
Teil 1
Elektrische Netzwerke

Moeller

Leitfaden der Elektrotechnik

Herausgegeben von

Dr.-Ing. Hans Fricke
Professor an der Technischen Universität Braunschweig

Dr.-Ing. Heinrich Frohne
Professor an der Technischen Universität Hannover

Dr.-Ing. Paul Vaske
Professor an der Fachhochschule Hamburg

Band I Grundlagen der Elektrotechnik
Teil 1 Elektrische Netzwerke

Springer Fachmedien Wiesbaden GmbH

Grundlagen der Elektrotechnik Teil 1

Elektrische Netzwerke

Von Dr.-Ing. Hans Fricke
Professor an der Technischen Universität Braunschweig

und Dr.-Ing. Paul Vaske
Professor an der Fachhochschule Hamburg

17., neubearbeitete und erweiterte Auflage
Mit 567 teils mehrfarbigen Abbildungen,
34 Tafeln und 553 Beispielen

Springer Fachmedien Wiesbaden GmbH 1982

CIP-Kurztitelaufnahme der Deutschen Bibliothek

Leitfaden der Elektrotechnik / Moeller Hrsg.
von Hans Fricke ... - Stuttgart : Teubner
NE: Moeller, Franz [Begr.] ; Fricke, Hans [Hrsg.]
Bd. 1. Grundlagen der Elektrotechnik.
Teil 1. →Fricke, Hans: Elektrische Netzwerke
Fricke, Hans:
Elektrische Netzwerke / von Hans Fricke u.
Paul Vaske. - 17., neuberab. u. erw. Aufl. -
Stuttgart : Teubner, 1982.
(Leitfaden der Elektrotechnik ; Bd. 1, Teil 1)

NE: Vaske, Paul:

ISBN 978-3-663-01154-5 ISBN 978-3-663-01153-8 (eBook)
DOI 10.1007/978-3-663-01153-8

Originally published by B.G. Teubner, Stuttgart 1982
Softcover reprint of the hardcover 17th edition 1982
Gesamtherstellung: Zechnersche Buchdruckerei GmbH, Speyer
Umschlaggestaltung: W. Koch, Sindelfingen

Vorwort der Herausgeber

Die Reihe „Leitfaden der Elektrotechnik" hat sich seit ihrem Erscheinen zu einem Standardwerk für das Ingenieurstudium aller wichtigen Fachrichtungen der Elektrotechnik an Fachhochschulen und Technischen Universitäten entwickelt. Zahlreiche Neuauflagen zeigen, daß sich diese Buchreihe einen immer weiter wachsenden Leserkreis sichern konnte.

Die rasche Entwicklung in den technischen Bereichen hat auch in der Ausbildung starke Veränderungen gebracht. So sind neue Studienrichtungen entstanden, andere haben an Bedeutung verloren. Ein „Leitfaden der Elektrotechnik" muß diese Wandlungen in Lehre und Praxis beachten, so daß neben der selbstverständlichen Anpassung an geltende Normen und Bestimmungen auch inhaltliche Änderungen sowie erhebliche Erweiterungen notwendig werden.

Die ‚Grundlagen der Elektrotechnik' sind heute mehr denn je Basis für die Entwicklung neuer elektrischer Systeme. Innerhalb der Lehre haben sie ebenfalls eine größere Bedeutung erlangt, und ihr Stoff sollte tiefergreifend behandelt werden. Daher mußte Band I dieser Reihe erweitert werden. Er enthält jetzt in einem Teil 1 die Schaltungslehre, also die Verfahren zur Berechnung der Zustandsgrößen elektrischer Netzwerke für beliebige Eingangsgrößen, und behandelt in einem Teil 2 die elektrischen und magnetischen Felder. Ein Teil 3 über Elektrophysik, Leitungsmechanismen und andere Werkstoffeigenschaften soll folgen.

Seit der letzten Auflage dieses Grundlagenbandes sind außerdem die neuen Bände

VI Hochspannungstechnik

VII Programmierbare Taschenrechner in der Elektrotechnik

XI Grundlagen der elektrischen Nachrichtenübertragung

XII Grundlagen der Verstärker

erschienen oder werden in Kürze veröffentlicht. Weitere neue Bände sind in Vorbereitung. Neue Auflagen der übrigen Bände werden stetig dem Stand der Technik angepaßt.

Bei allen notwendigen Änderungen und Erweiterungen haben Herausgeber und Verfasser an der Grundkonzeption dieser erfolgreichen Lehrbuchreihe festgehalten, in der besonderer Wert auf eine anschauliche Darstellung der physikalischen Zusammenhänge sowie der formalen Methoden gelegt und das Anwenden der erlangten Kenntnisse in zahlreichen praxisnahen Beispielen gezeigt wird. Dies scheint besonders wichtig zu sein bei einem Werk, das ohne Bezugnahme auf eine bestimmte Ausbildungsinstitution für das Ingenieurstudium konzipiert ist und den Studenten ermöglichen soll, den dargestellten Stoff auch im Selbststudium zu erarbeiten.

Im Januar 1982 Hans Fricke, Heinrich Frohne, Paul Vaske

Vorwort der Verfasser

‚Grundlagen der Elektrotechnik' ist eines der wichtigsten Fächer, mit denen der Elektroingenieur sein Studium beginnt. Die zugehörigen Lehrbücher sollen nicht nur die grundlegenden physikalischen Hintergründe aufdecken sowie die üblichen Betrachtungsweisen und Berechnungsverfahren darstellen, sondern auch die Zusammenhänge klären, ein günstiges Vorgehen zeigen und mit vielen Beispielen zum Anwenden der erläuterten Begriffe und Methoden anleiten.

Dieses Fach ist nun so umfangreich geworden, daß eine hinreichende Behandlung in einem Band nicht mehr möglich ist; sein Inhalt wird daher zukünftig innerhalb der Reihe ‚Leitfaden der Elektrotechnik' in 3 Teilbänden erweitert angeboten. Teil 1 enthält die Berechnung, d. h. die Analyse von einfachen elektrischen Schaltungen bis hin zu umfangreichen Netzwerken mit beliebigen Eingangsgrößen und somit auch die Übergangsvorgänge. Teil 2 untersucht die elektrischen und magnetischen Felder. In Teil 3 sollen die Leitungsmechanismen eingehend betrachtet werden.

Abschnitt 1 von Teil 1 faßt die für die Lehre elektrischer Schaltungen wichtigen physikalischen Grundlagen zusammen. Stets wird dem Grundsatz gefolgt, vom Einfachen zum Schwierigen fortzuschreiten, was gelegentlich durch das Betonen größerer Zusammenhänge überdeckt zu sein scheint. Abschnitt 2 erklärt daher auch die wichtigen Berechnungsverfahren für elektrische Netzwerke zunächst an dem einfacher zu übersehenen Gleichstrom.

Beim Wechselstrom betrachtet Abschnitt 3 zuerst einphasige sinusförmige quasistationäre Vorgänge fester Frequenz, also den Sinusstrom. Anschließend geht Abschnitt 4 auf mehrphasige, Abschnitt 5 auf mehrwellige Wechselströme fester Frequenz und Abschnitt 6 auf veränderbare Frequenzen ein. Schließlich untersucht Abschnitt 7 beliebige Netzwerke an beliebigen Eingangsspannungen und -strömen, also allgemein das Übergangsverhalten.

Es wird unterstellt, daß die notwendige Mathematik bekannt ist oder durch die in Abschnitt 8 zusammengestellten knappen Wiederholungen der in der Elektrotechnik gebräuchlichen mathematischen Verfahren schnell gegenwärtig gemacht werden kann. Für die Beispiele wird vorausgesetzt, daß der Leser einen Taschenrechner benutzt, der mindestens kartesische in Polarkoordinaten und umgekehrt unmittelbar umzuwandeln vermag. Die Ergebnisse sind mit 4 Ziffern (und in der letzten Stelle gerundet) angegeben; es wird intern aber stets mit allen vom Taschenrechner verarbeitbaren Stellen weitergerechnet.

Der Anhang enthält die Lösungen der Übungsaufgaben, eine Zusammenstellung weiterführender Bücher, wichtige DIN-Blätter, Einheiten und ihre Vorsätze, Werkstoffeigenschaften, die benutzten Schaltzeichen und Formelzeichen.

Gegenüber der 16. Auflage sind insbesondere die Erläuterung der physikalischen Grundlagen, die Behandlung nichtlinearer Schaltungselemente, die Berechnungsmethoden (z. B. Maschenstrom- und Knotenpunktpotential-Verfahren), die Frequenzgänge, die Zweitortheorie, die Schwingkreise und die Schaltvorgänge wesentlich erweitert worden. Neu aufgenommen sind u. a. symmetrische Komponenten, Reaktanzsätze, Übertragungsfunktion, Signalflußpläne und die Behandlung des Übergangsverhaltens mit der Laplace-Transformation. Die Anzahl der Beispiele konnte erheblich vergrößert und viele Übungsaufgaben konnten eingefügt werden. Band VII ‚Programmierbare Taschenrechner in der Elektrotechnik' enthält weitere Beispiele und Anwendungen.

Viele kritische Bemerkungen von Fachkollegen unterstützten die Entwicklung dieses Lehrbuchs bis zur 17. Auflage; die Verfasser möchten sich hierfür herzlich bedanken. Auch für diese Auflage erbitten sie eine wohlwollende Aufnahme und konstruktive Kritik. Dem Verlag danken sie wieder vielmals für seine verständnisvolle Mithilfe zum Gelingen des Werks.

Aus dem Inhaltsverzeichnis ist zu ersehen, an welchen Abschnitten die beiden Verfasser jeweils mitgewirkt haben. Außerdem wurde Abschnitt 3.6.4 von Herrn Prof. Dr.-Ing. Dieter Selle, Wolfenbüttel bearbeitet. Besonderer Dank gebührt ferner Herrn Prof. Dr.-Ing. Heinrich Frohne für viele wertvolle Hinweise und Anregungen.

Wolfenbüttel, Hamburg im Januar 1982 Hans Fricke, Paul Vaske

Inhalt

1 Physikalische Grundlagen (Paul Vaske)

3 Sinusstrom (Paul Vaske unter Mitwirkung von Hans Fricke)

Anhang

1 Physikalische Grundlagen

Voraussetzung für die Elektrotechnik ist die Elektrophysik. Es sollen daher zunächst die für eine Schaltungslehre notwendigen physikalischen Grundlagen dargestellt werden. Hierbei wird von der Teilchenstruktur der Materie ausgegangen und über die Behandlung der elektrischen Wechselwirkungen zur Anwendung der Erhaltungssätze (s. [13], [72]) auf elektrische Schaltungen fortgeschritten.

1.1 Elektrische Strömung

Um für die rechnerische Behandlung elektrischer Schaltungen eine ausreichende physikalische Vorstellung vom Leitungsmechanismus zu erhalten, soll zunächst der Aufbau der Atome kurz betrachtet, das Wesen des elektrischen Stromes dargestellt und der Kern einiger wichtiger Grundbegriffe untersucht werden.

1.1.1 Aufbau der Atome

Als Ausgangspunkt für den Atomaufbau wird das Bohrsche Atommodell betrachtet, das mit einer Erweiterung durch ein Bändermodell anschauliche Vorstellungen von den elektrischen Eigenschaften der Materie ermöglicht. Ausführlichere Darstellungen dieser Zusammenhänge - auch der Grenzen dieser Denkmodelle - findet man in Band I, Teil 3 sowie Band III, Teil 1.

1.1.1.1 Bohrsches Atommodell. Chemische Elemente bestehen aus Atomen, die man sich vereinfacht als einen Atomkern mit einer Atomhülle vorstellen darf [13], [72]. Der Atomkern enthält Z Protonen und N Neutronen (z.B. $Z=29$ und $N=34$ oder $N=36$ bei Kupfer bzw. $Z=13$ und $N=14$ bei Aluminium). Durch Angabe der Ordnungszahl Z und der Massenzahl

$$A=Z+N \tag{1.1}$$

ist das Atom eindeutig bestimmt. Atome gleicher Ordnungszahl Z haben auch dasselbe chemische Verhalten; wenn sie unterschiedliche Massenzahlen (z.B.

bei Kupfer $A=63$ oder 65) aufweisen, spricht man von Isotopen, die sich u. U. physikalisch unterschiedlich verhalten (z. B. bezüglich ihrer Radioaktivität).

Die Atomhülle umfaßt Z Elektronen (also z. B. $Z=29$ bei Kupfer), die sich nach Bild **1.**1 auf kreis- oder ellipsenförmigen Bahnen (auch Schalen genannt) bewegen, wobei der Atomkern Mittelpunkt der Kreise oder Brennpunkt der Ellipsen ist.

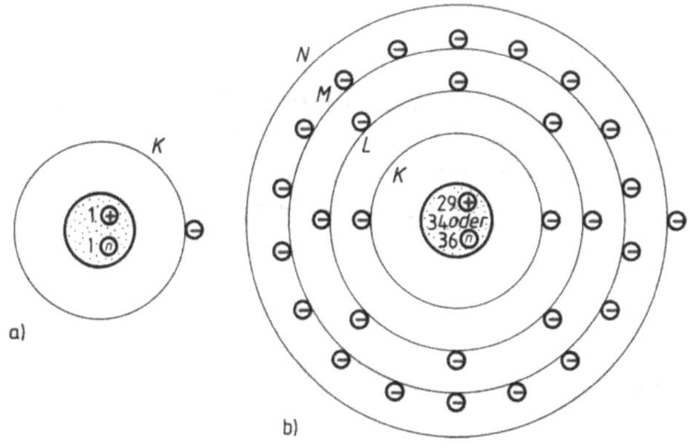

1.1 Aufbau neutraler Atome
a) Wasserstoff, b) Kupfer

Das Elektron hat wegen seiner Masse und der Entfernung vom Kern potentielle und wegen seiner Geschwindigkeit kinetische Energie, also für jede Bahn eine charakteristische, konstante Gesamtenergie W; sie ist in Kernnähe (in der Schale K) am kleinsten und erreicht Höchstwerte für die in der äußersten Bahn umlaufenden Elektronen. Wegen des allgemein gültigen physikalischen Prinzips des Energieminimums stellt sich jedes physikalische System auf den kleinstmöglichen Energieinhalt ein. Daher streben auch die Elektronen ein möglichst niedriges Energieniveau an, und es werden von ihnen zunächst die inneren Schalen eingenommen. Es gibt insgesamt 7 Schalen K, L, M, N, O, P und Q, die von innen beginnend besetzt sind, deren äußere Schalen also teilweise unbesetzt oder unvollständig besetzt bleiben.

Die Anzahl der Elektronen in der äußeren Schale bestimmt das chemische Verhalten und wird als chemische Wertigkeit (Valenz) bezeichnet. Diese Elektronen werden daher Valenzelektronen genannt. So enthält z. B. das in Bild **1.**1 dargestellte Kupferatom in der inneren K-Schale 2, in der L-Schale 8, in der M-Schale 18 Elektronen und in der N-Schale 1 Valenzelektron. Kupfer ist daher chemisch einwertig und kann entsprechend dieser Wertigkeit chemische Bindungen eingehen (z. B. in Kupferoxid Cu_2O mit 2 Teilen Kupfer Cu und einem Teil Sauerstoff O).

Elektronen zeigen bei im Vergleich zur Lichtgeschwindigkeit $c = 299{,}8$ Mm/s geringen Geschwindigkeiten, die wir für die folgenden Betrachtungen stets voraussetzen, die Ruhemasse $m_0 = 9{,}11 \cdot 10^{-28}$ g. (Für Einzelheiten zu den gewählten Einheiten s. Abschn. 8.1.1.2 und Anhang 5.) Man darf sie sich als Kugeln mit dem Durchmesser 3 fm vorstellen. Protonen und Neutronen haben gleiche, aber im Verhältnis zum Elektron sehr viel größere Massen $m = 1{,}6 \cdot 10^{-24}$ g $= 1836\, m_0$. Sie sind im Kern auf einem relativ engen Durchmesser von etwa 10 fm zusammengedrängt, während z. B. in einem Kupferkristall die Atomhülle so groß ist, daß die Kerne benachbarter Atome den Abstand 360 pm haben. Man kann sich daher die Atome als sehr kleine Planetensysteme vorstellen.

In Sonnensystemen wirken auf die Planeten infolge ihrer Geschwindigkeit Zentrifugalkräfte, die mit den Gravitationskräften im Gleichgewicht stehen. Im Atom halten elektrostatische Anziehungskräfte (auch als Coulomb-Kräfte bezeichnet), also die Kräfte zwischen den elektrischen Ladungen, den Zentrifugalkräften der Elektronen das Gleichgewicht. Maßgebend für elektrostatische Kräfte ist die Ladung Q, die auch als Elektrizitätsmenge bezeichnet und in der Einheit Coulomb (1 C = 1 As) angegeben wird. Elektronen und Protonen tragen jeweils eine konstante Elektrizitätsmenge, die Elementarladung

$$e = 0{,}1602\ \text{aC} = 1{,}602 \cdot 10^{-19}\ \text{As}$$

die das kleinstmögliche Elektrizitätsquant darstellt. Elektrizitätsmengen können daher auch nur als ganzzahlige Vielfache dieser Elementarladung auftreten, z. B. als Ladungen e, $2e$, $3e$ ... (s. Abschn. 1.1.2.3).

Die Ladung des Elektrons wird als negativ, also mit $-e = -0{,}1602$ aC, und die des Protons als positiv, also mit e, bezeichnet. Ein Atom, das die gleiche Anzahl Z von Elektronen und Protonen enthält, wirkt, da die Neutronen keine Ladungen aufweisen, elektrisch neutral gegenüber seiner Umgebung. Während die Coulomb-Kräfte die Protonen wegen der gleichnamigen Ladungen auseinanderzutreiben versuchen, werden die Kerne durch Kernkräfte kurzer Reichweite zusammengehalten.

1.1.1.2 Bändermodell. Feste Stoffe zeigen oft einen kristallartigen Aufbau, d. h., die Atome und Moleküle befinden sich an ausgezeichneten Punkten in geometrisch einfacher Anordnung, was man als Kristallgitter bezeichnet. Bild 1.2 zeigt als Beispiel das Kristallgitter von Kupfer. Dieser Stoff kristallisiert also in der Form eines Würfels, dessen Ecken und Mittelpunkte der Würfelflächen jeweils mit einem Atom besetzt sind.

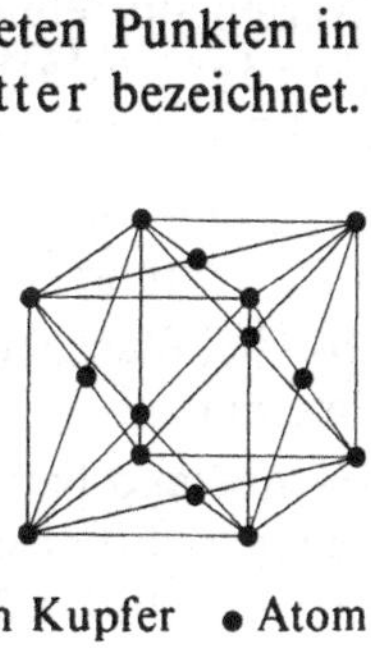

1.2 Kristallgitter von Kupfer • Atom

Elektronen, die den Atomkern umkreisen, haben die kinetische Energie W, die der Elektronenmasse m und dem Quadrat ihrer Geschwindigkeit v proportional ist (s. Bild **1.**3a). Die Valenzelektronen verfügen daher wegen ihres größten Abstands vom Kern, der mit der größten Geschwindigkeit gekoppelt ist, jeweils über die größte Energie, die ein zum Atom gehörendes Elektron aufweisen kann. Bei zwei- oder dreiatomigen Molekülen überlagern sich schon wie in Bild **1.**3b und c die Wirkungen der Elektronen, so daß sich - betrachtet für einen bestimmten Ort - benachbarte Energieniveaus ergeben.

Im Atomgitter wirken sich auch die Kräfte benachbarter Atome noch stärker aus. Hier spalten sich die Energieterme zu Energiebändern (s. Bild **1.**3d) auf. So gehört z. B. zum Energieinhalt der Valenzelektronen ein gewisser Streubereich, das Valenzband nach Bild **1.**3e bis g.

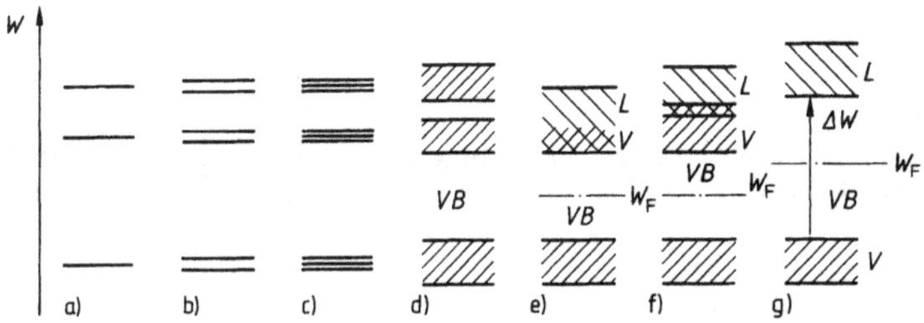

1.3 Zur Entstehung des Bändermodells mit Energieniveau W beim Atom (a), beim zwei- (b) und dreiatomigen (c) Molekül sowie Energiebänder (/ / /) beim Festkörper (d), beim ein- (e) und zweiwertigen (f) Metall sowie beim Nichtmetall (g)
L Leitungsband, *V* Valenzband, *VB* verbotenes Band, W_F Fermi-Energie

Im Atomgitter frei bewegliche Elektronen erfordern im allgemeinen eine noch größere Energie W. Das zu diesen Elektronen gehörende Leitungsband L zeigt daher in Bild **1.**3e bis g eine größere Energie. Die Zwischenräume zwischen den Bändern mit möglichen Energieniveaus werden als verbotene Bänder *VB* bezeichnet, da die Energie nur gequantelt, also in bestimmten Werten auftreten kann. Dieses Bild der möglichen Energiezustände nennt man Bändermodell; seine Möglichkeiten und Grenzen werden in Band I, Teil 3 und Band III, Teil 1 ausführlich besprochen.

Elektronenenergie wird meist in der Einheit Elektronen-Volt (mit $1\,eV = 0{,}16\,aJ = 0{,}16 \cdot 10^{-18}\,Ws$) angegeben. Dies ist die Energie, die ein Elektron bei Durchlaufen der Potentialdifferenz 1 V (s. Abschn. 1.1.4.2) im Vakuum gewinnt.

Im Abstand bzw. der Überlappung von Valenzband V und Leitungsband L ergeben sich bei den verschiedenen Stoffen bemerkenswerte Unterschiede, die nun mit Bild **1.**3 kurz betrachtet werden sollen.

Metalle. Die Metalle enthalten in ihrer äußeren Elektronenschale fast ausnahmslos 1, 2 oder 3 Elektronen. Sie weisen bei Raumtemperatur meist große Festigkeit auf, leiten die Wärme gut und stellen die üblichen Konstruktionselemente dar (z. B. Eisen, Aluminium, Kupfer, Chrom, Vanadium, Silber, Gold, Blei). Diese Elemente zeigen bei normalen Temperaturen ein dem Bändermodell in Bild **1.**3e und f entsprechendes Verhalten. Ihre Valenzelektronen sind im Atomgitter relativ lose an ein bestimmtes Atom gebunden. Leitungsband L und Valenzband V überlappen sich daher entsprechend Bild **1.**3e oder haben nur einen geringen Abstand wie in Bild **1.**3f.

Bei sehr tiefen Temperaturen bleiben die Atome in Ruhe. Schon bei Zimmertemperatur schwingen sie um eine Ruhelage, so daß sich Valenzelektronen lösen können. Hierdurch entsteht einerseits ein freies Elektron mit negativer Ladung, und andererseits verbleibt ein positiv geladener Atomrest, der als Ion bezeichnet wird. Der metallische Körper wird also ionisiert.

Metalle enthalten etwa 10^{23} Atome/cm^3 (z. B. Kupfer $0{,}85 \cdot 10^{23}$ Atome/cm^3). Da im Atomgitter näherungsweise jedes Atom ein Valenzelektron aus seiner Atomhülle entläßt, stehen auch etwa 10^{23} freie Elektronen je cm^3 zur Verfügung. Diese Leitungselektronen müssen z. B. bei Kupfer die Energie (auch Fermienergie genannt - s. Band III, Teil 3) $W_F = 7{,}05$ eV (s. Bild **1.**3) überwinden und schwirren dann mit der Geschwindigkeit $v_F = 1{,}6$ Mm/s hin und her. Überlagert ist diesem Vorgang noch eine thermische Bewegung mit der mittleren Energie $W_{th} = 25$ meV und der Geschwindigkeit $v_{th} \approx 0{,}1$ Mm/s. Da die Bewegungen ganz unregelmäßig sind, treten ihre Wirkungen nach außen hin nicht in Erscheinung.

Nichtmetalle. Elemente, die ein Verhalten nach Bild **1.**3g mit dem relativ großen Energiebandabstand ΔW (z. B. $>0{,}2$ eV) zeigen, werden als Nichtmetalle bezeichnet; sie enthalten meist mehr als 3 Elektronen in der äußeren Schale. Das Leitungsband L ist i. allg. nicht besetzt, und nur in Sonderfällen (s. Abschn. 1.2.2.1) können Elektronen des Valenzbands V auf das Energieniveau des Leitungsbands L angehoben werden.

1.1.2 Stromkreis

Ein elektrischer Stromkreis nach Bild **1.**4 besteht insbesondere aus den in Abschn. 1.1.1.2 beschriebenen Werkstoffen, nämlich aus Metallen, die den elektrischen Strom führen, und Nichtmetallen mit einem Energiebandabstand $\Delta W > 3$ eV, die den Stromkreis von der übrigen Umgebung isolieren und daher Isolierstoffe (s. Abschn. 1.2.2.1) genannt werden. In den elektrischen Geräten und Stromkreisen sind die Metalle häufig als Drähte eingesetzt und dann von Isolierstoffhüllen umgeben. Für weitere Einzelheiten s. Abschn. 1.2.2.

Wichtigste Teile jeder elektrischen Anlage sind

- die Quellen (oder Sender), die den elektrischen Strom verursachen bzw. die elektrische Energie aus einer anderen Energieart erzeugen (also z. B. Generatoren, Akkumulatoren, Trockenelemente, Thermoelemente usw. - s. Abschn. 1.1.4.5),
- die Verbraucher (oder Empfänger), die elektrische Energie in eine andere erwünschte Energieform umwandeln können (z. B. Motoren, Heizöfen, Glühlampen, Lautsprecher usw. - s. Abschn. 1.2.2 und 1.4),
- die Verbindungsleitungen, die Quellen und Verbraucher miteinander verbinden, und
- die Schalter, mit denen man den Stromkreis oder Teile (z. B. einzelne Quellen oder Verbraucher) ein- oder aus- bzw. zu- oder abschalten kann.

Hinzu kommen heute meist noch

- die Steuergeräte, mit denen man die erwünschten Wirkungen steuern oder regeln kann (z. B. Vorwiderstände, Drosseln, Verstärker, Gleichrichter u. ä.),
- die Meßgeräte, die die verschiedenen physikalischen (meist elektrischen) Größen messen (s. Band IV), und
- die Schutzeinrichtungen, z. B. Sicherungen, Überstrom- und Überspannungsschutz (s. Band IX).

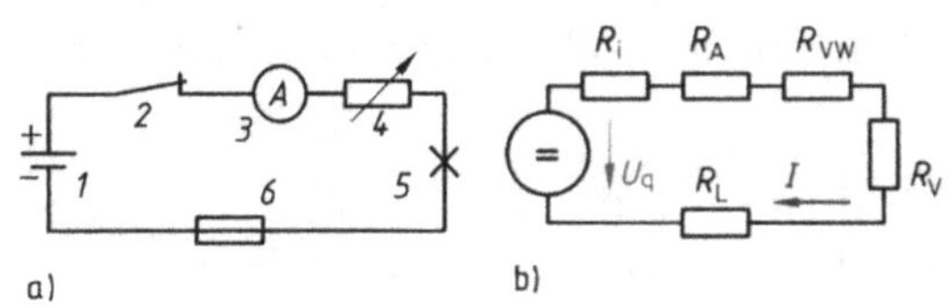

1.4 Stromkreis mit Akkumulatorbatterie *1*, Schalter *2*, Strommesser *3*, Vorwiderstand *4*, Glühlampe *5* und Sicherung *6*
a) Übersichtsschaltplan, b) Ersatzschaltung

1.1.2.1 Schaltzeichen. Man könnte, um eine elektrische Anlage zeichnerisch darzustellen, mehr oder minder maßstäbliche Ansichten zusammenstellen - dies wäre aber ein für die meisten Betrachtungen unnötiger Aufwand. Fast immer begnügt man sich mit Schaltplänen nach DIN 40719, in denen die einzelnen Teile der elektrischen Anlage wie in Bild **1.4**a durch Schaltzeichen oder Schaltkurzzeichen nach DIN 40700 bis 40717 dargestellt sind.

In Bild **1.4**a sind also die Geräte durch Zeichen ersetzt, wobei kurzschriftartig wesentliche Eigenarten dieser Geräte im Symbol zum Ausdruck gebracht sind (z. B. entsprechend Anhang 7 der runde Läufer eines Generators oder die Platten eines Akkumulators oder eines Kondensators). Die in diesem Buch verwendeten Schaltzeichen sind im Anhang 7 zusammengestellt.

1.1.2.2 Ersatzschaltung. Wenn in diesem Band keine konstruktiven Einzelheiten bestimmter Geräte untersucht, sondern elektrische Netzwerke losgelöst von solchen im Einzelfall sehr unterschiedlichen Gegebenheiten betrachtet werden sollen, wird auch eine Darstellung wie in Bild **1.4**a hier nicht mehr angewandt, sondern es kann auf die Ersatzschaltung in Bild **1.4**b übergegangen werden. Sie läßt das Verhalten der Anlage vollständig erkennen.

Für die meisten Betrachtungen und Berechnungen in diesem Band ist daher der Übersichtsschaltplan von Bild **1.4**a zu speziell. Zur Berechnung des Stromes I werden z. B. nach Abschn. 1.2.1 die Quellenspannung U_q und die Widerstände R, die den einzelnen Anlageteilen zugeordnet sind, benötigt, und es ist sinnvoll, nur diese in einer Ersatzschaltung anzugeben. Die meisten Schaltbilder in diesem Buch sind daher solche Ersatzschaltungen.

Die in diesen Ersatzschaltungen eingesetzten Schaltzeichen geben jeweils idealisierte Bauelemente wieder - sie sollen also nur ganz bestimmte Eigenschaften, die bei den entsprechenden Begriffen erläutert sind, symbolisieren. So steht der Kreis in Bild **1.4**b nur für die in einer Quelle erzeugte Quellenspannung U_q; wenn dieser Akkumulator noch einen Innenwiderstand R_i aufweist, muß wie in Bild **1.4**b ein Widerstand R_i in Reihe eingezeichnet werden. Die Angaben + und − bei den Quellen dürfen fehlen bzw. können durch einen Pfeil wie in Bild **1.4**b ersetzt werden (s. Abschn. 1.3.1.4). Die wichtigsten, mit diesen Einschränkungen in diesem Buch verwendeten Schaltzeichen sind im Anhang 7 zusammengestellt.

Es sei schon darauf hingewiesen, daß die Pfeile für Spannung U und Strom I in Ersatzschaltungen i. allg. auch nicht deren Richtung bezeichnen, sondern nur Zählpfeile (s. Abschn. 1.3.1.4 und 3.1.2.2) sind, die die positive Zählrichtung für diese Größen angeben.

1.1.2.3 Wesen der elektrischen Strömung. Nach Abschn. 1.1.1.2 sind die Valenzelektronen im Metall nur recht lose an das Metall gebunden; sie können sich als freie Elektronen recht leicht vom Atom trennen, zu anderen Atomen übergehen oder auch vorübergehend frei bestehen bleiben. Im neutralen Zustand bewegen sich diese elektrischen Ladungen ständig und ganz unregelmäßig im Atomverband - ähnlich wie das bei den Molekülen eines Gases zu beobachten ist.

Ganz allgemein spricht man von einem elektrischen Strom I, wenn der geschilderten unregelmäßigen Bewegung ein resultierend gerichteter Ladungstransport überlagert ist. Es fließt daher ein elektrischer Strom, also ein Trägerstrom, wenn gleichnamige elektrische Ladungsträger in eine bestimmte Richtung bewegt werden. Als Ladungsträger treten auf

- Elektronen mit der negativen Ladung $-e$,
- positive Ionen mit den positiven Ladungsmengen e, $2e$, $3e$ usw. und
- negative Ionen mit den negativen Ladungsmengen $-e$, $-2e$, $-3e$, usw.

Da elektrische Ladungen oder ihre Träger (z. B. die Elektronen) bei den hier zu betrachtenden Vorgängen nicht entstehen oder verschwinden können, kann man sie zwar in einen Speicher bis zum Erreichen seines Fassungsvermögens hinein oder aus ihm heraus befördern; dies führt aber nicht zu einem kontinuierlichen Strom. Daher muß, wenn ein zeitlich konstanter Strom fließen soll, ein in sich geschlossener Stromkreis vorhanden sein; es müssen also Erzeuger und Verbraucher durch jeweils zwei Leitungen miteinander verbunden sein. Es genügt wie daher auch in Bild **1.4** ein einpoliger Schalter, um den Stromkreis zu unterbrechen, also den Strom abzuschalten.

Ganz allgemein betrachtet man in der Schaltungslehre den elektrischen Strom als ein kontinuierliches Fließen von Elektrizitätsmengen in den elektrischen Leitern. Der elektrische Strom verhält sich wie ein inkompressibles (also nicht zusammenpreßbares) Elektronengas bzw. wie eine fein verteilte, nicht zusammendrückbare Flüssigkeit, die die elektrischen Leiter ausfüllt – z. B. wie Wasser ein Leitungsrohr.

Der Mensch kann nicht unmittelbar erkennen, ob ein elektrischer Strom fließt, da seine Sinne den Strom selbst nicht wahrzunehmen vermögen. Zusammen mit dem elektrischen Strom treten jedoch einige Wirkungen auf, an denen seine Größe zu erkennen ist. Diese Wirkungen sollen sich in den Verbrauchern und Meßgeräten abspielen, in den übrigen Teilen des Stromkreises sind sie meist nicht erwünscht; die Wirkungen des elektrischen Stromes werden in Abschn. 1.4 behandelt.

1.1.2.4 Elektronenstrom. Da verschiedene Atomteilchen elektrische Ladungen tragen können, muß man zwei Strömungsformen unterscheiden. Im Metall darf man beispielsweise die freien, elektrisch negativ geladenen Elektronen auch als Elektronengas bezeichnen, das durch elektrische Kräfte resultierend in eine Richtung durch den metallischen Leiter bewegt wird, z. B. wie in Bild **1.4**b entgegen dem Uhrzeigersinn, also linksherum. Auch im Vakuum, also z. B. in den sehr weitgehend evakuierten Elektronenstrahl- oder Elektronenröhren, strömen die Elektronen von der aufgeheizten und daher emissionsfähigen Kathode durch das Vakuum zur Anode. Man spricht in beiden Fällen von einem Elektronenstrom.

In der Festkörperphysik (s. Band I, Teil 3 und Band III, Teil 1) hat sich für die Betrachtung der Leitungsvorgänge in bestimmten Werkstoffen (Halbleiter – s. Abschn. 1.2.2.1) die Vorstellung als nützlich erwiesen, daß dem Strömen der Elektronen in die eine Richtung durch das Freiwerden von Plätzen für Elektronen im Kristallgitter, also von Löchern mit positiver Ladung, die man auch Defektelektronen nennt, das Wandern dieser Löcher in die andere Richtung entspricht. Dieser Löcherstrom hat also die entgegengesetzte Richtung des Elektronenstroms.

1.1.2.5 Ionenstrom. In allen metallischen Leitern des Stromkreises von Bild **1.4**a fließen Elektronenströme. Nun befinden sich aber die Platten des Akkumulators (also die Elektroden) in einer Flüssigkeit, dem Elektrolyten. Bei einem Bleiakkumulator bestehen die Elektroden aus Blei bzw. Bleiverbindungen, und der Elektrolyt stellt eine wässerige Lösung von Schwefelsäure dar. Die Moleküle der Schwefelsäure H_2SO_4 sind in dieser Lösung schon in die positiv aufgeladenen Kationen $2H^+$ (das hochgestellte Pluszeichen deutet diese Ladung an) und das negativ geladene Anion SO_4^{2-} aufgespalten (2− gilt für zwei negative Ladungen, also zwei Elektronen); diese stofflichen Träger haben also ein, zwei oder mehr Elektronen mehr oder weniger, als ihren neutralen Zustand entspricht.

Wenn der Stromkreis in Bild **1.4**a geschlossen ist, also Strom fließt, wandern im Akkumulator *1* die Kationen zur positiven Elektrode, der Kathode, und die Anionen zur negativen Elektrode, der Anode. Die elektrisch geladenen Molekülteile werden allgemein Ionen (Wandernde) genannt, so daß es sich hier um einen Ionenstrom handelt. Eine solche Ionenströmung tritt besonders bei elektrolytischer Leitung und bei elektrischen Entladungen in Gasen auf.

Im Gegensatz zum Elektronenstrom, der wegen der sehr geringen Masse des Elektrons nur wenig Materie befördert, ist der Ionenstrom mit der um mehr als 3 Zehnerpotenzen größeren Masse der Ionen mit einer beachtenswerten Materieströmung verbunden, und Elektroden bzw. Elektrolyt verändern sich - hieraus ergeben sich die Anwendungen in der Chemie.

In einem Stromkreis können daher - wie in der Schaltung in Bild **1.4**a - Gebiete von Elektronen- und Ionenströmung einander abwechseln.

1.1.2.6 Stromrichtung. Da sich die Ionen an bestimmten Elektroden ablagern, kann man u. a. auf diese Weise die Stromrichtung bestimmen. Auch mit anderen Wirkungen des Stromes (s. Abschn. 1.4.4.1) kann man etwas über seine Richtung aussagen. Man hat nun festgelegt, daß die Bewegungsrichtung der Anionen und somit auch die Richtung des Löcherstroms die Stromrichtung bezeichnen soll (s. DIN 5489). Sie stimmt überein mit der Bewegungsrichtung von ausgeschiedenen Metallen bei der elektrolytischen Zersetzung von Salzlösungen. Der Elektronenstrom fließt jedoch gerade entgegengesetzt zur definierten Stromrichtung.

Akkumulatoren und galvanische Elemente sind wie in Bild **1.4**a an ihren Klemmen durch die Zeichen + (Plus gleich positive Klemme) und − (Minus gleich negative Klemme) gekennzeichnet. (Man nennt dies auch ihre Polarität.) Wird an diese Klemmen ein Verbraucher angeschlossen, so fließen die Elektronen im Verbraucher von − nach +; wir sagen jedoch: Der elektrische Strom fließt im Verbraucher von Plus nach Minus und im Erzeuger von Minus nach Plus.

1.1.3 Strömungsgrößen

Es sollen nun einige Größen, die unmittelbar mit der elektrischen Strömung zusammenhängen, definiert und ihre Einheiten angegeben werden.

1.1.3.1 Stromstärke. Nach Abschn. 1.1.1.2 enthalten Metalle - bezogen auf das Volumen - die Anzahl $n \approx 10^{23}$ cm^{-3} freie Elektronen (auch Elektronendichte genannt). Da jedes Elektron die Elektrizitätsmenge $-e$ aufweist, enthält somit jeder cm^3 des Metalls die frei bewegliche Elektrizitätsmenge $-ne$. Fließt nun ein elektrischer Strom, so bewegt sich nach Bild **1.**5 in einem Draht der Länge l und des Querschnitts A die Elektrizitätsmenge

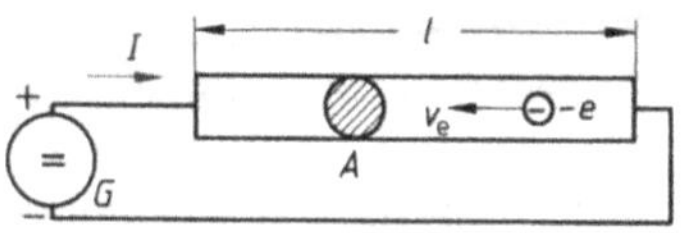

1.5
Zur Definition des elektrischen Stromes I
A Querschnitt, G Generator, v_e Elektronengeschwindigkeit, l Leiterlänge, $-e$ Elektron

$Q = -nelA$. Man bezeichnet ganz allgemein die auf die Zeit t bezogene Elektrizitätsmenge als die elektrische Stromstärke

$$I = Q/t = neAl/t \tag{1.2}$$

die auch einfach elektrischer Strom I genannt wird, wobei das durch die negative Elementarladung vorgegebene negative Vorzeichen wegen der durch den Löcherstrom bestimmten (entgegengesetzten) Stromrichtung hier wieder entfällt. (Für Einzelheiten zur Schreibweise von Gleichungen sowie zur Bedeutung von Formelzeichen und Vorzeichen s. Abschn. 8.1.)

Bei der Ableitung von Gl. (1.2) wird vorausgesetzt, daß der Strom I in dem unverzweigten metallischen Leiter des konstanten Querschnitts A über die ganze Länge l hin (Bild **1.**5) den selben Wert hat. Dies trifft immer zu, so lange keine Ladungen wie in Kondensatoren (s. Abschn. 1.2.4) angesammelt werden. Man kann ferner den 2. Teil von Gl. (1.2) nur anwenden, wenn die Elektronen im gesamten Querschnitt A die gleiche Geschwindigkeit $v_e = l/t$ haben, d.h., mit im Mittel gleich langen Elektronenbahnen eine homogene Strömung vorhanden ist. Dies wird in diesem Teil 1 stets vorausgesetzt; für inhomogene Strömungen s. Band I, Teil 2.

Außerdem gilt Gl. (1.2) nur für einen zeitlich konstanten Strom I, was wir hier auch durch den großen Buchstaben I kennzeichnen. Bei zeitlich veränderlichem Strom, für dessen Zeitwerte man den kleinen Buchstaben i benutzt, muß man entsprechend der Definition in Gl. (1.2) kleine Größen ΔQ und Δt oder noch besser den Differentialquotienten

$$i = \mathrm{d}Q_t/\mathrm{d}t \tag{1.3}$$

verwenden. Dies ist die allgemeine Definition des elektrischen Stroms.

Elektrische Ströme werden in der Einheit Ampere (abgekürzt A) gemessen. Da nach Abschn. 1.1.1.2 die Elementarladung $e = 0{,}1602 \cdot 10^{-18}$ C beträgt, entspricht die Ladungseinheit 1 C = 1 As dann $6{,}24 \cdot 10^{18}$ Elementarladungen. Es fließt also der Strom 1 A, wenn $6{,}24 \cdot 10^{18}$ Elektronen einen bestimmten Querschnitt in 1 s passieren. Diese wichtige SI-Basiseinheit (s. Abschn. 8.1.1.2) kann jedoch nicht auf diese Weise für Eichzwecke definiert und real überprüft werden, so daß man früher eine chemische und heute eine magnetische Wirkung zur gesetzmäßigen Definition der Einheit 1 Ampere heranzieht (s. Abschn. 1.4.4.1).

Kleinste Ströme im Bereich pA und nA kommen als Steuerströme von Halbleiterbauelementen (s. Band III) und Verstärkern vor, Ströme im Bereich µA und mA sind in der Nachrichtentechnik (s. Band XI, XII und XIII) üblich (daher früher auch als Schwachstromtechnik bezeichnet), Ströme in A haben kleine Geräte, Maschinen (s. Band II und VIII) und Anlagen der Energietechnik (z. B. Hausinstallationen und -geräte), Ströme im Bereich kA kennt man in den größeren Anlagen (s. Band IX) und Verbrauchern (s. Band II und VIII) der Energietechnik (die daher auch Starkstromtechnik heißt), und Ströme in GA findet man in den Anlagen der chemischen Industrie und bei Kurzschlüssen (s. Band IX).

1.1.3.2 Stromdichte. Nach Gl. (1.2) gilt bei homogener Strömung in einem Leiter nach Bild 1.5 für die Strömungsgeschwindigkeit der Elektronen

$$v_e = \frac{l}{t} = -\frac{1}{ne} \cdot \frac{I}{A} = -\frac{S}{ne} \tag{1.4}$$

wobei das negative Vorzeichen noch berücksichtigt, daß der Elektronenstrom die entgegengesetzte Richtung des Stromes I hat. Die Strömungsgeschwindigkeit ist mit den Konstanten (für Metalle) Elektronendichte n und Elementarladung e somit unmittelbar der Stromdichte

$$S = I/A = nel/t \tag{1.5}$$

proportional. Die Definition $S = I/A$ gilt wieder unter der Voraussetzung, daß sich der Elektronenstrom gleichmäßig und senkrecht über den Querschnitt A verteilt – also für die hier stets angenommene homogene Strömung. Ganz allgemein ist die Stromdichte

$$\vec{S}_{xt} = \mathrm{d}i/\mathrm{d}\vec{A} \tag{1.6}$$

wie in Band I, Teil 2 näher untersucht wird, noch vom Ort x und von der Zeit t abhängig, also ein Vektor (s. Abschn. 8.1.1.1), dessen Formelzeichen hier durch das Zeichen $\rightarrow$ gekennzeichnet wird. Daher ist auch die allgemeine Definition des elektrischen Stroms für beliebige Strömungsformen

$$I = \int_{\vec{A}} \vec{S}_{xt}\,\mathrm{d}\vec{A} \tag{1.7}$$

Beispiel 1.1. In der Energietechnik kommen normalerweise Stromdichten $S=1\ \mathrm{A/mm^2}$ bis $S=10\ \mathrm{A/mm^2}$ vor – in Störungsfällen auch bis $S=100\ \mathrm{A/mm^2}$. Es sind die zugehörigen Strömungsgeschwindigkeiten der Elektronen zu berechnen.

Nach Gl. (1.4) beträgt bei $S=1\ \mathrm{A/mm^2}$ die Geschwindigkeit

$$v_e = -\frac{S}{ne} = \frac{-1\,(\mathrm{A/mm^2})\cdot 100\ \mathrm{mm^2/cm^2}}{10^{23}\ \mathrm{cm^{-3}}\cdot 0{,}16\cdot 10^{-18}\ \mathrm{As}} = -0{,}00625\ \frac{\mathrm{cm}}{\mathrm{s}}$$

bzw. bei $S=10\ \mathrm{A/mm^2}$ nur $-0{,}0625$ cm/s oder bei $S=100\ \mathrm{A/mm^2}$ dann $-0{,}625$ cm/s.

Beispiel 1.1 zeigt, daß die Strömungsgeschwindigkeit des elektrischen Stromes die Lichtgeschwindigkeit $c=299{,}8$ Mm/s bei weitem nicht erreicht. Es dauert also sehr lange, bis bei fester Stromrichtung ein bestimmtes Elektron den ganzen Stromkreis einmal durchlaufen würde. Trotzdem setzen sich nach Schließen des Stromkreises alle freien Elektronen sehr schnell in Bewegung: Mit der Lichtgeschwindigkeit c pflanzt sich nämlich der Bewegungsimpuls im Stromkreis fort!

1.1.3.3 Stromarten. Man unterscheidet nach DIN 5488 die Stromarten von Bild 1.6. Der Gleichstrom I hat unabhängig von der Zeit t die gleiche Richtung und Größe, während beide beim Wechselstrom mit dem Zeitwert i periodisch wechseln (s. Abschn. 3); sein linearer Mittelwert $\overline{|i|}$ (s. Abschn. 3.1.1.3) ist Null. Wechselstrom kann einen beliebigen periodischen Verlauf (s. Abschn. 3 und 5) zeigen; eine Sonderform stellt der Sinusstrom dar, der eine sehr

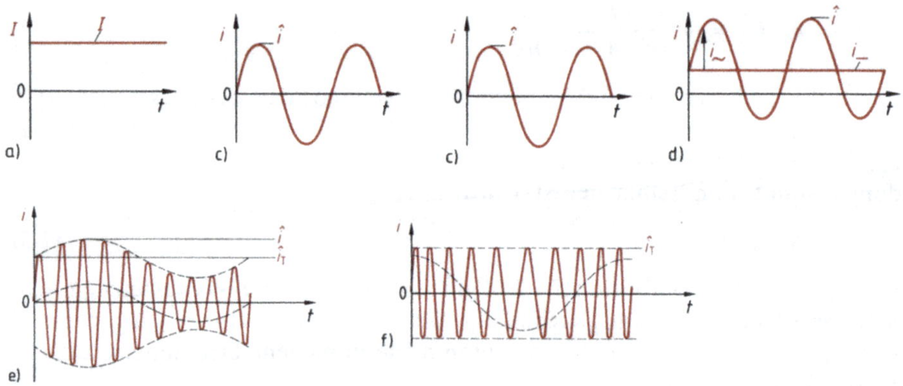

1.6 Stromarten nach DIN 5488
a) Gleichstrom I, b) Wechselstrom i, c) Sinusstrom i, d) Mischstrom $i=i_- + i_\sim$ mit Gleichstromkomponente i_- und überlagertem Wechselstrom $i_\sim$, e) amplituden- und f) frequenz- bzw. phasenmodulierter Strom i

große Bedeutung und Verbreitung gefunden hat und in Abschn. 3, 4 und 6 ausführlich behandelt wird. Die Überlagerung von Gleichstrom i_- und Wechselstrom $i_\sim$ wird als Mischstrom $i=i_- + i_\sim$ bezeichnet; er wird z. B. durch das Gleichrichten von Wechselstrom verursacht (s. Abschn. 5.3). In der Nachrichtentechnik treten häufig modulierte Ströme auf; d.s. Ströme, bei denen entweder die Amplitude $\hat{i}$, die Frequenz f oder der Nullphasenwinkel φ (s. Abschn. 3.1.1) schwanken. Bild 1.6e und f zeigen Beispiele für solche modulierten Ströme; die Modulation wird in Abschn. 5.5 und Band XI behandelt.

Wir bezeichnen in diesem Band die zeitlich konstanten Gleichströme (und den Effektivwert des Wechselstroms $i_\sim$) mit dem großen Buchstaben I - die zeitabhängigen Werte dagegen mit dem kleinen Buchstaben i - und weichen nur, wo dies zu Verwechselungen führen könnte (z.B. beim Mischstrom), auf den Gleichstrom i_- aus.

1.1.4 Ursache des Stromes

Im Stromkreis stellt der elektrische Strom die primäre Wirkung dar, für den nun die Ursache zu suchen ist, wobei Eigenschaften und Herkunft dieser Ursache näher betrachtet werden sollen.

1.1.4.1 Elektrische Feldstärke. In dem in Bild 1.7 dargestellten Stromkreis fließt der Strom I im Uhrzeigersinn, also rechtsherum - die Elektronen mit der Ladung $-e$ bewegen sich also linksherum. Ganz allgemein sind in der Physik Kräfte die Ursache solcher Bewegungen. Wenn diese Kräfte räumlich verteilt wirken, nennt man diesen Zustand Kräftefeld und spricht dann im Fall des Leiters in Bild 1.7 vom elektrischen Strömungsfeld.

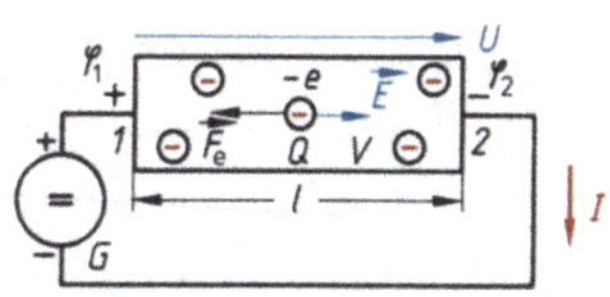

1.7
Elektrischer Stromkreis mit elektrischer Feldstärke $\vec{E}$ und Spannung U eines Leiters
$\vec{F}_e$ Kraft auf Elektron, l Leiterlänge, Q Ladung, e Elementarladung, I Strom, V Verbraucher, φ Potential

Im Leiter von Bild 1.7 wirken beispielsweise auf die Elektronen die elektrischen Kräfte $\vec{F}_e$. Man bezieht nun die in einem Raumpunkt auf irgendeine Ladung Q wirkende Kraft $\vec{F}_e$ zweckmäßig auf diese Ladung, um so eine von dieser Probeladung (s. Band I, Teil 2) unabhängige Feldgröße, die elektrische Feldstärke

$$\vec{E}=\vec{F}_e/Q \tag{1.8}$$

zu erhalten. Die Feldstärke $\vec{E}$ gibt somit an, welche Kräfte im elektrischen Strömungsfeld des metallischen Leiters auf die Elektronen einwirken. Da diese Kräfte $\vec{F}_e$ eine bestimmte Richtung haben (in Bild 1.7 wegen der negativen Elementarladung $-e$ nach links), hat auch die elektrische Feldstärke $\vec{E}$ eine festliegende Richtung (in Bild 1.7 wegen $Q=-e$ nach rechts). Die elektrische Feldstärke $\vec{E}$ ist also ein Ortsvektor.

1.1.4.2 Elektrische Spannung. Wichtiger als die an einem bestimmten Punkt auftretenden Kräfte bzw. die dort herrschende elektrische Feldstärke $\vec{E}$ ist ihr Linienintegral zwischen zwei Punkten des elektrischen Stromkreises - in Bild 1.7 z. B. zwischen den Punkten *1* und *2* des Verbrauchers *V*, der hier als Draht der Länge *l* angenommen wird. Dieses Linienintegral wird ganz allgemein elektrische Spannung

$$U_{12} = \int_1^2 \vec{E}\,\mathrm{d}\vec{l} = \varphi_1 - \varphi_2 \tag{1.9}$$

genannt. Man kann auch für jeden Punkt des Stromkreises in Bild 1.7 ein elektrisches Potential φ einführen. Wenn man unter diesem Potential die Spannung zwischen dem zu betrachtenden Punkt und einem willkürlich wählbaren Bezugspunkt versteht, ist die Spannung U_{12} zwischen den Punkten *1* und *2* nach Gl. (1.9) auch die Differenz zwischen den Potentialen φ_1 und φ_2. Diese Potentialdifferenz bzw. Spannung ist die Ursache des Stromes im Leiter zwischen den Punkten (Klemmen) *1* und *2*.

Im Fall von Bild 1.7 vereinfacht sich das Integral von Gl. (1.9) zu der Spannung

$$U_{12} = El \tag{1.10}$$

so daß sich mit Gl. (1.8) auch $U_{12} = F_e l/Q$ ergibt. Ganz allgemein stellt das Produkt von Kraft F_e und Weg l eine Energie $W_{12} = F_e l$ dar, so daß die elektrische Spannung mit

$$U_{12} = W_{12}/Q \tag{1.11}$$

auch als die auf die Ladung Q bezogene Arbeit W_{12} gedeutet werden kann, die nötig ist, um die Ladung Q zwischen den Punkten *1* und *2* zu befördern.

In dem in Bild 1.7 dargestellten Verbraucher V stimmen daher Strom- und Spannungsrichtung überein. In der Quelle G wird die Spannung entsprechend als von der Plusklemme zur Minusklemme gerichtet angesehen, während dort der Strom nach Abschn. 1.1.2.6 von Minus nach Plus fließt. Nach DIN 5489 ist die Spannung nach Gl. (1.9) ferner positiv, wenn das Potential φ_1 größer als das Potential φ_2 ist.

Mit Gl. (1.10) erhält man ferner die Einheit (s. Abschn. 8.1.1) der Spannung

$$[U] = [E][l] = \frac{\mathrm{Nm}}{\mathrm{As}} = \frac{\mathrm{kg\,m^2}}{\mathrm{A\,s^3}} = \mathrm{V} \tag{1.12}$$

für die der besondere Name Volt (V) gewählt wurde.

Kleinste Spannungen im Bereich µV findet man in der elektrischen Meßtechnik und geringe Spannungen im Bereich mV in der Nachrichtentechnik. Die genormten Kleinspannungen von z. B. 2 V, 4 V, 6 V, 12 V, 24 V, 40 V und 80 V werden für Kleinverbraucher und Fernmeldezwecke eingesetzt. Genormt sind u. a. die Niederspannungen 110 V, 220 V und 380 V in normalen Netzen sowie 10 kV, 20 kV und 30 kV in Mittelspannungsnetzen (s. Band IX), 110 kV in Hoch- sowie 220 kV, 380 kV und 700 kV in Höchstspannungsnetzen (s. Band VI).

Für Spannungen unter 100 V gilt DIN 40001 bzw. VDE 0175, für Spannungen ab 100 V ferner VDE 0176 bzw. DIN 40002. Im Bereich der Verbraucherspannungen unter 1000 V sind nach VDE 0100 unterschiedliche Schutzvorschriften für Spannungen bis 65 V, bis 250 V und darüber zu beachten[1]).

Beispiel 1.2. Ein Draht der Länge $l = 5$ km liegt an der Spannung $U = 100$ V. Es sind die elektrische Feldstärke E sowie die auf ein Leitungselektron ausgeübte Kraft F_e zu berechnen.

Nach Gl. (1.10) herrscht die elektrische Feldstärke

$$E = U/l = 100 \text{ V}/(5 \text{ km}) = 20 \text{ mV/m}$$

Daher wirkt nach Gl. (1.8) auf ein freies Elektron mit der Ladung $Q = -e = -0,1602$ aC die (sehr kleine) Kraft

$$F_e = EQ = 20 \,(\text{mV/m})(-0{,}1602 \text{ aC}) = -3{,}204 \cdot 10^{-21} \text{ N}$$

1.1.4.3 Elektrische Energie. Nach Gl. (1.11) und (1.2) wird eine elektrische Arbeit

$$W = UQ = UIt \tag{1.13}$$

geleistet bzw. die elektrische Energie W umgesetzt, wenn durch die elektrische Spannung U die Elektrizitätsmenge Q bewegt wird oder infolge der Spannung U während der Zeit t der elektrische Strom I fließt. Elektrische Energie W gibt daher auch das Arbeitsvermögen W wieder.

Ändern sich Spannung und Strom im Betrachtungszeitraum t_1 bis t_2, müssen in Gl. (1.13) ihre Zeitwerte u und i (s. Abschn. 1.1.3.3) eingesetzt und es muß über die Zeit t integriert werden. Allgemein gilt daher für die elektrische Arbeit bzw. die umgesetzte Energie

$$W_{12} = \int_{t_1}^{t_2} u\,i\,\mathrm{d}t \tag{1.14}$$

Mit den Einheiten V für die Spannung U, A für den Strom I und s für die Zeit t haben Arbeit bzw. Energie entsprechend Gl. (1.26) die Einheit

$$[W] = [U][I][t] = \text{VAs} = \text{Ws} = \text{J} = \text{Nm} = \frac{\text{kg m}^2}{\text{s}^2} \tag{1.15}$$

Man hat also für das Produkt VA die Einheitenbezeichnung Watt (W) und für das Produkt Ws die Bezeichnung Joule (J) eingeführt.

Von Verbrauchern bezogene elektrische Energie wird i. allg. in kWh gemessen (durch Elektrizitätszähler - s. Band IV) und verrechnet. Hierbei ist 1 kWh = 3,6 MJ. Den je kWh zu entrichtenden Betrag nennt man dann den Arbeitspreis (s. Abschn. 1.4.3.2). Zur Energieeinheit eV s. Abschn. 1.1.1.2.

---

[1]) Die VDE-Bestimmungen sind in den VDE-Vorschriftenbüchern zusammengestellt, die auch über die zugehörigen DIN-Normen Auskunft geben (s. a. Anhang 3).

1.1.4.4 Leistung. Verbraucher (z. B. Maschinen) werden meist weniger danach beurteilt, welche Arbeit W sie innerhalb irgendeiner Zeit t vollbringen, sondern was sie augenblicklich leisten oder leisten können. Diese auf die Zeit t bezogene Arbeit W nennt man allgemein Leistung P. Daher gilt nach Gl. (1.13) für die elektrische Leistung eines Gerätes, das die feste Spannung U aufweist und den konstanten Strom I führt,

$$P = W/t = U I \tag{1.16}$$

Wenn Spannung u und Strom i von der Zeit t abhängen, also zeitveränderlich sind, erhält man den Zeitwert der elektrischen Leistung

$$P_t = u i \tag{1.17}$$

Entsprechend ist die im Zeitraum t_1 bis t_2 mit veränderlicher Leistung P_t umgesetzte Arbeit bzw. Energie nach Gl. (1.13) allgemein

$$W_{12} = \int_{t_1}^{t_2} P_t \, dt \tag{1.18}$$

und für konstante Werte von Spannung U und Strom I bzw. der Leistung P in der Zeit t kann man vereinfachen in

$$W = P t \tag{1.19}$$

Nach Gl. (1.16) und Abschn. 1.1.4.3 hat die Leistung die Einheit

$$[P] = [U][I] = \mathrm{VA} = \mathrm{W} = \mathrm{kg\ m^2/s^3} \tag{1.20}$$

Geringste Leistungen in W und mW werden in der Elektronik (s. Band III) und den Meßgeräten (s. Band IV) umgesetzt. Wenige W benötigen z. B. Plattenspieler und Trokkenrasierer, etwa 100 W Glühlampen, Hausgeräte (Kühlschrank, Fernseher), einige kW elektrische Geräte mit Heizungen (z. B. Waschmaschinen, Elektroherde, Heißwassergeräte) und bis zu etwa 20 MW elektrische Antriebe (s. Band VIII). Größte Transformatoren übertragen und Generatoren (s. Band II) leisten über 1 GW.

1.1.4.5 Elektrische Energiequellen. Die im elektrischen Stromkreis nach Bild **1.**7 wirksame Spannung an den Verbraucher-Anschlußklemmen wird meist als Klemmenspannung U bezeichnet. Sie muß im Generator G als Quellenspannung U_q erzeugt werden. Außerdem muß dieser Generator nach dem Satz von der Erhaltung der Energie (s. Abschn. 1.4.3 und 1.5.3) die in dem Verbraucher nach Gl. (1.13) umgesetzte elektrische Energie zur Verfügung stellen.

Generatoren, die in diesem Sinn elektrische Energie aus einer anderen Energieart umwandeln und Quellenspannungen (bzw. Quellenströme - s. Abschn. 2.1.1.2) erzeugen können, nennt man daher abgekürzt Quellen. (Nach Abschn. 2.1.1 kann man grundsätzlich Spannungs- und Stromquellen unterscheiden.) Die in den Ersatzschaltungen dieses Buches verwendeten und im Anhang 7 wiedergegebenen Schaltzeichen sollen nur diese Aufgabe der Quellen verkörpern, also z. B. nicht den Drahtwiderstand ihrer Spulen wiedergeben. Es sollen nun einige wichtige elektrische Energiequellen kurz beschrieben werden.

Elektrodynamische Generatoren. Der weitaus überwiegende Anteil (sicher über 90%) der elektrischen Energie wird aus elektrischen Maschinen mit drehenden Teilen (s. Band II) gewonnen. Primärenergie steht z. B. chemisch gebunden in Kohle, Öl oder Gas bzw. atomar im Uran zur Verfügung. Ihre Freisetzung führt in den Wärmekraftwerken über die Wärme- bzw. potentielle Dampfenergie zur mechanischen Drehenergie, die im Generator unter Ausnutzung des Induktionsgesetzes (s. Abschn. 1.4.4.2) in elektrische Energie umgewandelt wird. Wegen des relativ schlechten Wirkungsgrads (s. Abschn. 1.4.1.3) der thermischen Kreisprozesse [13], [72] können maximal etwa 40% der Primärenergie in elektrische Energie überführt werden.

Mit einem besseren Wirkungsgrad arbeiten Wasserkraftwerke, die die potentielle oder kinetische Energie des Wassers ohne größere Verluste über eine Turbine als Antrieb dem Generator zur Verfügung stellen. Nur relativ geringe elektrische Energien werden durch den Antrieb der Generatoren mit Verbrennungskraftmaschinen (z. B. in Notstromaggregaten oder in Fahrzeugen) gewonnen.

Elektrochemische Quellen. Galvanische Elemente wandeln unmittelbar chemisch gespeicherte Energie in elektrische Energie um; sie können nur einmal entladen werden und liefern je Zelle etwa 0,8 V bis 2,0 V. Eingesetzt werden sie z. B. als Knopfzellen in Hörgeräten und Kameras oder als Taschenbatterien vorzugsweise in vielen Kleingeräten der Unterhaltungselektronik und Meßtechnik.

Demgegenüber kann man Akkumulatoren laden und entladen, wobei man etwa 50% bis 70% der zugeführten Energie bei Quellenspannungen je Zelle von etwa 2,0 V beim Bleiakkumulator und von etwa 1,3 V beim Stahlakkumulator wieder entnehmen kann. Ihre hauptsächliche Anwendung finden die Akkumulatoren in den elektrischen Anlagen der Kraftfahrzeuge und in Notstromversorgungen.

Weitere Energie-Direktumwandlungs-Quellen. Schon die elektrochemischen Stromerzeuger wandeln chemische Energie unmittelbar in elektrische Energie um. Hierdurch können verlustreiche Zwischenprozesse eingespart werden, so daß sich die Forschung bemüht, weitere Wege der Direktumwandlung zu finden; diese sind jedoch bisher noch mit schlechten Wirkungsgraden verbunden.

Verschiedene Metalle haben unterschiedliche Elektronendichten n. Berühren sich nun zwei derartige Leiter, stellt sich entsprechend dem Konzentrationsgefälle an allen Grenzflächen durch Diffusion ein Austausch von Elektronen ein. Der Leiter mit der ursprünglich geringeren Elektronenkonzentration lädt sich dann negativ gegenüber dem anderen Leiter auf, so daß an der Berührungsfläche eine Kontaktspannung entsteht. In dem geschlossenen Leiterkreis von Bild 1.8 heben sich die Spannungen an den beiden

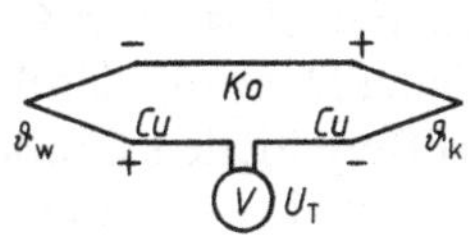

1.8
Erzeugung thermoelektrischer Spannungen U_T
Cu Kupferdrähte, *Ko* Konstantdraht, ϑ_w warme, ϑ_k kalte Kontaktstelle

Kontaktstellen zunächst gerade auf. Erwärmt man jedoch eine Kontaktstelle (Temperatur ϑ_w) gegenüber der anderen (Temperatur ϑ_k), wirkt sich die Temperaturabhängigkeit der Elektronendichte n (s. Abschn. 1.1.3.1) aus, und es entsteht eine Thermospannung U_T. Auf diese Weise können temperaturabhängige Quellenspannungen von einigen mV/(100 K) erzeugt werden. Man benutzt diese Thermoelemente insbesondere zur Messung von Temperaturen - z. B. Thermopaare aus Platin-Platinrhodium bis etwa 1600° C (s. Band IV).

Photoelemente bestehen heute meist aus Halbleitern (s. Abschn. 1.2.2.1). In ihnen können durch Zuführen von Lichtquanten Elektronen aus dem Valenzband (s. Abschn. 1.1.1.2) in das Leitungsband gehoben, und es kann auf diese Weise elektrische Energie freigemacht werden. Solche Lichtempfänger werden wegen ihrer geringen Leistungsfähigkeit meist nur für Meßzwecke eingesetzt (s. Band III, Teil 2 und Band IV). Mit Solarzellen, die sich z. B. in den Satelliten befinden, kann man die Strahlungsenergie der Sonne unmittelbar in elektrische Energie überführen; ihr Wirkungsgrad beträgt aber nur etwa 15% (s. Band I, Teil 3 und Band III, Teil 2).

Es befinden sich noch weitere Quellen in der Entwicklung (z. B. Thermionik-Konverter und magneto-hydrodynamische Generatoren); die technische Anwendungsreife haben sie aber noch nicht erreicht.

1.2 Grundelemente

Es soll jetzt das Ohmsche Gesetz erklärt und es müssen außerdem die für die Behandlung von elektrischen Netzwerken mit diskreten Bauelementen wichtigen Kenngrößen elektrischer Widerstand R, Induktivität L bzw. M und Kapazität C sowie die für sie geltenden Grundgesetze eingeführt werden.

1.2.1 Ohmsches Gesetz

Während in der Mikrophysik, also in der Festkörper- und Atomphysik, die Zusammenhänge meist statistischen Gesetzen folgen, also vom Zufall abhängen, gilt in der Makrophysik, zu der auch die Lehre von den elektrischen Schaltungen gehört, der strenge physikalische Zusammenhang zwischen Ursache und Wirkung. Man kann hier eine zahlenmäßig eindeutige Abhängigkeit der Wirkung

$$A = f(C) = B\,C \tag{1.21}$$

von der Ursache C angeben, wobei noch der Proportionalitätsfaktor B auftritt. Dies ist ganz allgemein das Prinzip der Kausalität, das in der linearen Form von Gl. (1.21) - also mit konstantem Faktor B und linearer Abhängigkeit der Größe A von der Größe C, z. B. für die Ortsgrößen (d. h. die differentiellen Größen) der Kraft- und Strömungsfelder, aber auch für die aus ihnen abzuleitenden integralen Größen gilt; allerdings kommen auch quadratische (z. B. bei Leistung und Energie) und andere nichtlineare Abhängigkeiten vor. Hier soll dieses Kausalitätsprinzip für die elektrische Strömung betrachtet werden; es wird dann Ohmsches Gesetz genannt.

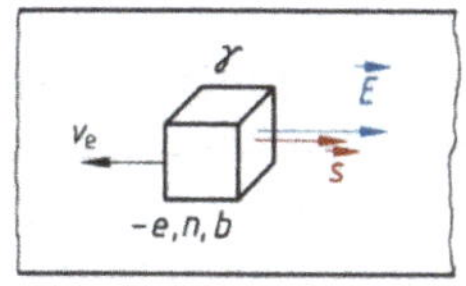

1.9
Elektrisches Strömungsfeld
$\vec{E}$ elektrische Feldstärke, $\vec{S}$ Stromdichte, v_e Elektronengeschwindigkeit, γ elektrische Leitfähigkeit, e Elementarladung, n Elektronendichte, b Beweglichkeit

1.2.1.1 Strömungsfeld. Im elektrischen Strömungsfeld treten die in Bild **1.9** angegebenen physikalischen Größen auf. Die für einen bestimmten Raumpunkt x geltende elektrische Feldstärke $\vec{E}_x$ ist Ursache für die an dieser Stelle auftretende Wirkung, die Stromdichte $\vec{S}_x$. Diese Größen sind daher differentielle Vektoren. Es gilt für sie entsprechend Gl. (1.21) der kausale Zusammenhang

$$\vec{S}_x = \vec{\gamma}_x \vec{E}_x \tag{1.22}$$

worin der (u. U. auch ortsabhängige) Proportionalitätsfaktor γ_x auftritt. Im homogenen Strömungsfeld von Bild **1.9** darf man noch vereinfachen auf

$$S = \gamma E \tag{1.23}$$

Dies ist die differentielle Form des Ohmschen Gesetzes.

Für die Strömungsgeschwindigkeit der Elektronen kann man dann mit Gl. (1.4) und (1.22), also Elektronendichte n und Elementarladung e, angeben

$$v_e = -\frac{S}{ne} = -\frac{\gamma E}{ne} = -bE \tag{1.24}$$

Hier ist schon der in der Halbleiterphysik wichtige Begriff Driftbeweglichkeit $b = \gamma/(ne)$ eingeführt worden. Dann gilt für den Proportionalitätsfaktor

$$\gamma = neb \tag{1.25}$$

Er ist also nur von Werkstoffeigenschaften abhängig und wird als Leitfähigkeit bezeichnet. Die (unterschiedlichen) Leitfähigkeiten der wichtigsten Metalle sind im Anhang 6 zusammengestellt.

Beispiel 1.3. Kupfer hat die Elektronendichte $n = 0{,}85 \cdot 10^{23}\ \text{cm}^{-3}$ und die Driftbeweglichkeit $b = 42\ \text{cm}^2/\text{Vs}$. Es sind die Leitfähigkeit γ von Kupfer und die für die übliche Stromdichte $S = 5\ \text{A/mm}^2$ aufzubringende elektrische Feldstärke E zu bestimmen.

Mit der Elementarladung $e = 0{,}1602$ aAs erhält man über Gl. (1.25) die Leitfähigkeit

$$\gamma = neb = 0{,}85 \cdot 10^{23}\ \text{cm}^{-3} \cdot 0{,}1602\ \text{aAs} \cdot 42\ \text{cm}^2/\text{Vs} = 571\ \text{kA/(V cm)}$$

so daß nach Gl. (1.23) nur die geringe elektrische Feldstärke

$$E=\frac{S}{\gamma}=\frac{5\,(\mathrm{A/mm^2})\;100\;\mathrm{mm^2/cm^2}}{571{,}9\;\mathrm{kA/(V\,cm)}}=0{,}8743\;\frac{\mathrm{mV}}{\mathrm{cm}}$$

erforderlich ist.

1.2.1.2 Einfacher Stromkreis. Der idealisierte Stromkreis in Bild **1.**10 enthält nur den Verbraucher R und eine Quelle, die die Spannung u erzeugt. Der Stromkreis ist geschlossen, so daß der Strom i fließt. Spannung und Strom können sich auch zeitlich ändern, was durch die kleinen Buchstaben u und i ausgedrückt wird. Der kausale Zusammenhang von Gl. (1.21) gilt für jeden Zeitaugenblick.

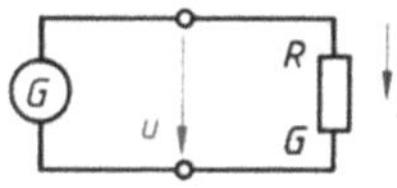

1.10
Stromkreis
U Spannung, I Strom, G Leitwert, R Widerstand

Nach Abschn. 1.1.4.2 ist die Spannung u Ursache des Stromes i; daher gilt nach Gl. (1.21) für die erzielte Wirkung

$$i=Gu \tag{1.26}$$

Hier ist als Proportionalitätsfaktor der elektrische Leitwert G eingeführt worden. Gl. (1.26) stellt die natürliche integrale Form des Ohmschen Gesetzes dar.

Umgekehrt kann man auch feststellen, daß in jedem Teil eines Stromkreises, in dem der Strom i fließt, dieser die Teilspannung

$$u=Ri \tag{1.27}$$

verursacht. Diese Spannung ist jedoch eine sekundäre Wirkung, da sie ihre eigentliche Begründung im notwendigen Gleichgewicht der Spannungen findet, was noch in Abschn. 1.3.3.1 näher behandelt wird.

In Gl. (1.27) ist ein weiterer Proportionalitätsfaktor, der elektrische Widerstand R eingeführt worden. Ein Vergleich mit Gl. (1.26) zeigt, daß mit

$$R=1/G \quad \text{oder} \quad G=1/R \tag{1.28}$$

Widerstand R und Leitwert G reziprok zueinander sind, also Kehrwerte darstellen.

Das Einsetzen von Gl. (1.7) und (1.9) in Gl. (1.26) ergibt

$$\int_A \vec{S}_t\,d\vec{A}=G\int_l \vec{E}_t\,d\vec{l} \tag{1.29}$$

oder für den in Bild **1.**7 dargestellten Verbraucher V mit homogener Strömung

$$SA=GEl \tag{1.30}$$

Daher gilt mit Gl. (1.23) für den Leitwert eines Verbrauchers mit homogener Strömung

$$G = \frac{SA}{El} = \frac{\gamma A}{l} = \frac{1}{R} \tag{1.31}$$

Leitwert G bzw. Widerstand R hängen also mit Leitfähigkeit γ, Querschnitt A und Länge l ausschließlich von den Werkstoffeigenschaften und Abmessungen des Verbrauchers ab. Es leuchtet auch unmittelbar ein, daß ein größerer Querschnitt A den Strom i weniger behindert, eine größere Länge l des Drahtes ihn dagegen stärker hemmt.

Das Ohmsche Gesetz ist das erste und grundlegendste Gesetz für die elektrische Strömung in Leitern. Es gibt den kausalen Zusammenhang zwischen Strom i und Spannung u wieder. Die Wirkung, der Strom i, wird stets von einer treibenden, den Vorgang veranlassenden Ursache, also der Spannung u, hervorgerufen, wobei die Größe der entstehenden Wirkung durch Hemmungen, die durch die Werkstoffeigenschaften und Abmessungen der Anordnung bestimmt und hier als Widerstand R zusammengefaßt werden, zu beeinflussen ist.

Die Einheiten der neu eingeführten Größen ergeben sich ebenfalls anhand des Ohmschen Gesetzes. Aus Gl. (1.26) erhält man die Einheit des Leitwerts

$$[G] = [I]/[U] = \mathrm{A/V} = \mathrm{S} \tag{1.32}$$

die Siemens (S) genannt wird. Für die Einheit des Widerstands gilt nach Gl. (1.27)

$$[R] = 1/[G] = [U]/[I] = \mathrm{V/A} = \mathrm{S}^{-1} = \Omega \tag{1.33}$$

Sie wird mit Ohm (Ω) bezeichnet. Die Leitfähigkeit hat mit Gl. (1.31) die Einheit

$$[\gamma] = [G][l]/[A] = \mathrm{S\,m/m^2} = \mathrm{S/m} \tag{1.34}$$

Üblich sind jedoch meist Angaben in $\mathrm{S\,m/mm^2} = 10^4\ \mathrm{S/cm}$ oder $\mathrm{S/cm} = 10^{-4}\ \mathrm{S\,m/mm^2}$ (s. Zusammenstellung von Werten für bestimmte Leiterwerkstoffe im Anhang 6).

Das Verhalten elektrischer Widerstände ist so wichtig, daß auf sie in Abschn. 1.2.2 nochmals ausführlich eingegangen wird.

1.2.1.3 Anwendungen. Das Ohmsche Gesetz wird bei fast jeder Berechnung einer elektrischen Schaltung und daher in den folgenden Beispielen vielfältig angewandt. Hier sollen nun zunächst einige einfache Fälle betrachtet werden.

Berechnung von Strömen einfacher Stromkreise. Es werden einfachste Schaltungen nach Bild 1.10 vorausgesetzt.

Beispiel 1.4. Eine Taschenlampenbatterie hat bei Anschluß eines Verbrauchers (z. B. Glühlampe) mit dem Widerstand $R = 6{,}5\ \Omega$ die Klemmenspannung $U = 3{,}8$ V. Wie groß ist der Strom I?

Nach dem Ohmschen Gesetz in Gl. (1.27) ist der Strom

$$I = U/R = 3{,}8\ \text{V}/(6{,}5\ \Omega) = 0{,}5846\ \text{A}$$

Beispiel 1.5. An die konstante Klemmenspannung $U = 24$ V ist ein zwischen 0 und 6 kΩ veränderbarer Widerstand R angeschlossen. Es ist der Stromverlauf I abhängig vom Widerstand R zu berechnen und kurvenmäßig darzustellen.

Wir ermitteln mit dem Ohmschen Gesetz in Tafel **1.**11 einige Ströme und tragen sie in Bild **1.**12 ein. Man erhält einen hyperbolischen Verlauf $I = f(R)$.

Tafel **1.**11 Berechnung der Ströme für Beispiel 1.5

R in kΩ	1	2	3	4	5	6
$I = U/R$ in mA	24	12	8	6	4,8	4

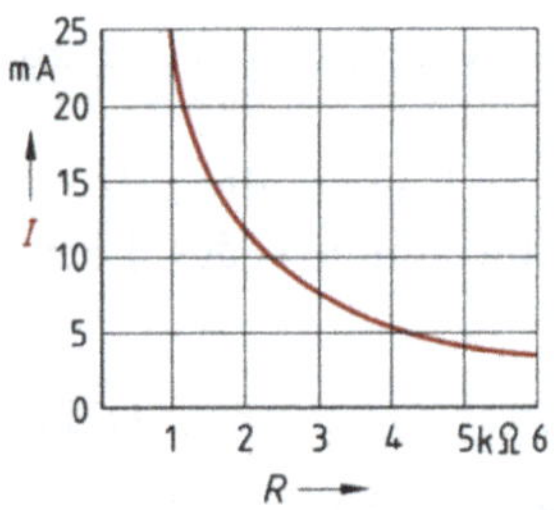

1.12 Stromverlauf $I = f(R)$ für Beispiel 1.5

Beispiel 1.6. Eine Glühlampe hat die Aufschrift 220 V, 60 W. Es sind Strom I, Leitwert G und Widerstand R zu berechnen.

Nach Gl. (1.16) erhält man den Strom

$$I = P/U = 60\ \text{W}/(220\ \text{V}) = 272{,}7\ \text{mA}$$

und findet daher mit Gl. (1.26) den Leitwert

$$G = I/U = 272{,}7\ \text{mA}/(220\ \text{V}) = 1{,}24\ \text{mS}$$

bzw. den Widerstand $R = 1/G = 1/(1{,}24\ \text{mS}) = 806{,}7\ \Omega$.

(Man beachte, daß nach Abschn. 1.2.2.4 dieser Widerstand nur im Nennbereich auftritt, der „Kaltwiderstand" dagegen viel geringer ist und somit beim Einschalten zunächst ein viel größerer Strom fließt.)

Messung der Spannung. Vom Ohmschen Gesetz macht auch die Meßtechnik vielfältigen Gebrauch. In Abschn. 1.4.4.1 werden Einrichtungen zum Messen des elektrischen Stromes beschrieben. Durch Anwenden des Ohmschen Gesetzes kann man mit solchen Strommessern aber auch Spannungen und Widerstände messen (s. Band IV).

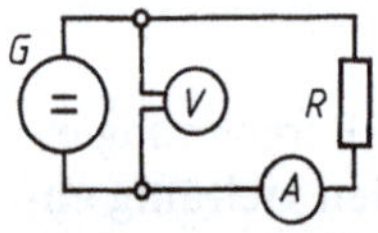

1.13
Anschluß von Meßgeräten im Stromkreis
A Strommesser, V Spannungsmesser, G Generator, R Verbraucher

Legt man z. B. einen Strommesser nicht wie in Bild **1.**4 oder wie bei A in Bild **1.**13 vor den Verbraucher R, sondern schließt man ihn unmittelbar an die Klemmen der Quelle G an, so hängt der im Meßgerät V entstehende Strom außer von der Spannung der Quelle nur vom (in Bild **1.13** nicht getrennt dargestellten) Widerstand R_M des Meßgeräts ab. Kennt man diesen Widerstand, so kann die herrschende Spannung nach dem Ohmschen Gesetz unmittelbar aus diesem Widerstand R_M und den vom Meßgerät V angezeigten Strom I_M errechnet werden. Soll ein bestimmtes Meßgerät ausschließlich für solche Spannungsmessungen Verwendung finden, so kann man sich die jedesmalige Ausrechnung ersparen, indem man die Meßgerätskala nicht in Ampere (A), sondern in Volt (V) kalibriert, wobei sich die Spannungswerte aus der Multiplikation des Stromes I_M mit dem (konstanten) Meßgerätwiderstand R_M ergeben. Aus dem Strommesser wird so ein Spannungsmesser (praktisch anwendbar nur bei Drehspulmeßgeräten - s. Band IV - und in Meßbereichen für kleine Ströme).

Beispiel 1.7. Ein Strommesser habe eine Skala mit dem Endwert des Meßbereichs 5 mA. Der Widerstand der Meßwerkspule betrage $R_M = 50\ \Omega$. Welche Spannungswerte müssen bei Verwendung als Spannungsmesser an den Skalenstrichen 1 mA, 2 mA, 3 mA, 4 mA und 5 mA angeschrieben werden?

Nach dem Ohmschen Gesetz gilt für die Spannungswerte $U_M = R_M I_M = 50\ \Omega\ I_M$. An den genannten Stellen der Skala sind also einzutragen die Spannungswerte 50 mV, 100 mV, 150 mV, 200 mV und 250 mV. Mit diesem Spannungsmesser können dann Spannungen bis 250 mV gemessen werden. (Für größere Spannungen müßte man nach Bild **2.27** einen weiteren Widerstand vorschalten.)

Beispiel 1.8. Ein Spannungsmesser soll bei Endausschlag die Spannung $U_M = 150$ V anzeigen und dann den Strom $I_M = 7{,}5$ mA aufnehmen. Welchen Widerstand R_M muß er aufweisen?

Nach dem Ohmschen Gesetz ist erforderlich der Widerstand

$$R_M = U_M/I_M = 150\ \text{V}/(7{,}5\ \text{mA}) = 20\ \text{k}\Omega$$

Gefährdung durch elektrischen Strom. Vielfach wird angenommen, daß der Mensch in den elektrischen Anlagen ausschließlich durch die Spannung gefährdet werde. Dies trifft aber nur bedingt zu; der Grad der Einwirkung ergibt sich vielmehr ausschließlich durch den Strom, der durch den Menschen, insbesondere durch das Herz, hindurchgeht. Schon verhältnismäßig kleine Ströme zwischen 20 mA und 80 mA sind recht gefährlich. Ströme von 100 mA an aufwärts sind als unbedingt lebensgefährlich anzusehen - besonders wenn sie längere Zeit fließen. Die Körperwiderstände schwanken etwa zwischen 100 Ω und 100 kΩ und hängen insbesondere davon ab, ob bei der Berührung mit den spannungsführenden Leitungen die Haut feucht oder trocken ist. Sehr gering ist der Widerstand beispielsweise bei im Wasser befindlichen Personen, so daß hier schon von kleinen Spannungen gefährliche Ströme verursacht werden können. Daher gelten für Baderäume besonders scharfe Installationsvorschriften. Aus den angegebenen Werten und aus Beispiel 1.9 geht hervor, daß schon eine Spannung um 100 V lebensgefährlich sein kann. Im einzelnen enthalten VDE 0100, 0140 und 0141 nähere Angaben über die Gefährlichkeit und über die zu treffenden Schutzmaßnahmen.

Beispiel 1.9. An welcher Spannung führt ein menschlicher Körper mit dem (vereinfachend angenommenen) Widerstand $R = 2\ \text{k}\Omega$ den gefährlichen Strom $I = 50$ mA?

Nach dem Ohmschen Gesetz erhält man die Spannung

$$U = R\,I = 2\ \text{k}\Omega \cdot 50\ \text{mA} = 100\ \text{V}$$

1.2.2 Elektrischer Widerstand

Da der elektrische Widerstand eine sehr wichtige Kenngröße elektrischer Einrichtungen ist und er verschiedensten Einflüssen ausgesetzt ist, soll er nun ausführlich betrachtet werden.

Der Begriff Widerstand wird im technischen Sprachgebrauch leider in zwei verschiedenen Bedeutungen benutzt: Im einen Fall ist das Widerstandsgerät, also der technisch als Draht-, Schicht- oder Schiebewiderstand ausgeführte Aufbau gemeint. Wir wollen jedoch hier unter Widerstand R mit dem Schaltzeichen von Bild **1.**14 stets nur die in der Einheit Ω meßbare physikalische Größe, die allein mit den in Abschn. 1.4.1 beschriebenen Wirkungen des Stromes verbunden ist, verstehen. Die (darüber hinausgehenden) Eigenschaften von Widerstandsgeräten werden in Abschn. 3.3.3.2 behandelt.

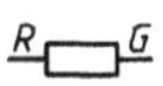

1.14
Schaltzeichen für Widerstand R bzw. Leitwert G

1.2.2.1 Spezifischer Widerstand. Außer der Leitfähigkeit γ nach Gl. (1.25) gibt man gern ihren Kehrwert, den spezifischen Widerstand

$$\rho = 1/\gamma \tag{1.35}$$

an (beide Werte meist als ρ_{20} bzw. γ_{20} für die Temperatur $\vartheta = 20\,°\mathrm{C}$ – s. Tafel **A 6.**1 im Anhang). Bei den üblichen Leiterwerkstoffen kann man sich allerdings die in $\mathrm{S\,m/mm^2}$ mitgeteilten Leitfähigkeiten zahlenmäßig leichter merken, so daß empfohlen wird, in diesen Fällen mit der Leitfähigkeit γ zu arbeiten.

Ganz allgemein wird jedoch für den großen Bereich aller Werkstoffe in den Tabellenwerken meist der spezifische Widerstand ρ in $\Omega\,\mathrm{cm}$ oder $\Omega\,\mathrm{mm^2/m}$ mitgeteilt (s. Anhang 6). Ein spezifischer Widerstand ρ gemessen in $\Omega\,\mathrm{cm}$ kann dann nach Gl. (1.31) auch als der elektrische Widerstand eines Quaders mit der Kantenlänge 1 cm gedeutet werden, während er mit der Einheit $\Omega\,\mathrm{mm^2/m}$ den Widerstand eines Körpers von 1 m Länge bei 1 $\mathrm{mm^2}$ Querschnitt wiedergibt.

Entsprechend ihrem spezifischen Widerstand ρ lassen sich die Festkörper entsprechend Bild **1.**15 in Leiter, Halbleiter und Isolierstoffe unterteilen.

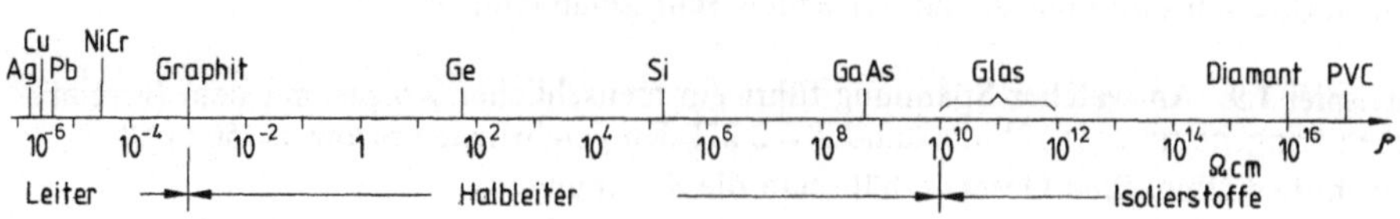

1.15 Spezifischer Widerstand ρ von Leitern, Halbleitern und Isolatoren

Leiter. Wichtigste elektrische Leiter sind die Metalle, deren Valenzelektronen nach Abschn. 1.1.1.2 ziemlich lose an ein bestimmtes Atom gebunden sind und mit ihren freien Elektronen ein Elektronengas bilden. Der spezifische Widerstand ist daher relativ gering und liegt bei den reinen Metallen im Bereich 1,6 Ωcm (für Silber) $\leqq \rho \leqq 20$ Ωcm (für Blei). Legierungszusätze und Verunreinigungen vergrößern den spezifischen Widerstand. Legierungen haben daher spezifische Widerstände bis etwa $\rho = 200$ Ωcm (s. Zusammenstellung im Anhang 6). Es ist bemerkenswert, daß elektrische Leitfähigkeit und Wärmeleitfähigkeit eng miteinander verknüpft zu sein scheinen.

Häufigste Leiterwerkstoffe sind Kupfer und Aluminium. Für Kontakte werden auch Gold, Silber und Wolfram eingesetzt. Als Glühfäden in Glühlampen findet man Wolfram, als Heizleiter meist Chromnickel. Für Meßwiderstände werden insbesondere Manganin und Konstantan wegen ihrer besonderen thermischen Eigenschaften (s. Abschn. 1.2.2.4) verwendet.

Man hat noch zu unterscheiden zwischen den Leitern 1. Klasse, die beim Stromdurchgang keine Änderungen erfahren (z. B. die Metalle und auch Kohle) und den Leitern 2. Klasse, die vom Strom chemisch verändert werden - also Säuren, Basen, Salzlösungen (Elektrolyte) und von ihnen durchsetzte Stoffe (z. B. lebende Körper). Leiter 2. Klasse sind für die chemischen Wirkungen des elektrischen Stromes wichtig (s. Abschn. 1.1.4.5).

Gase sind unter normalen Bedingungen sehr gute Nichtleiter. Wenn jedoch das Gas (z. B. durch Röntgenstrahlen) ionisiert und größeren elektrischen Feldstärken E ausgesetzt wird, fließt auch im Gas ein Ionenstrom. Diese Gasentladung zeigt sehr mannigfaltige Eigenschaften (s. a. Abschn. 1.2.2.3); sie wird in Band I, Teil 3 behandelt und z. B. in Glimmröhren, Quecksilberdampf-Stromrichtern, Leuchtröhren und Leuchtstofflampen angewandt, kann aber auch zu unerwünschten Erscheinungen, wie Funken- und Koronaentladungen (s. Band VI) führen.

Halbleiter. Stoffe, die bei normalen Raumtemperaturen einen Energiebandabstand (s. Bild **1**.3) $\Delta W < 3$ eV und somit einen spezifischen Widerstand im Bereich $\rho = 10^{-3}$ Ωcm bis $\rho = 10^{10}$ Ωcm (s. Bild **1**.15) aufweisen, werden als Halbleiter bezeichnet. Ihr elektrisches Verhalten kann je nach Temperatur, Verunreinigung (Dotierung - s. Band III) und Aufbau (z. B. beim Zusammentreffen verschiedener Halbleiterzonen - PN-Übergang) sehr unterschiedlich sein (s. Band I, Teil 3). Dies hat zur Entwicklung vielfältiger Halbleiterbauelemente geführt (s. Band III).

Der spezifische Widerstand von Halbleiterbauelementen ist häufig von der Stromrichtung abhängig, was in Dioden z. B. zur Gleichrichtung (s. Abschn. 5.3.2) ausgenutzt wird. Er ist auch z. B. in Trioden, Transistoren und Thyristoren steuerbar, was z. B. für Verstärker (s. Band XII) wichtig ist. Bestimmte Halbleiterbauelemente zeigen eine Änderung ihres elektrischen Widerstands bei Belichtung (Photowiderstand), in elektrischen (Feldeffekttransistor) oder magnetischen Feldern (Feldplatte). Diese Erscheinungen und ihre Anwendungen werden in Band III ausführlich behandelt.

Die heute wichtigsten Halbleiter-Werkstoffe sind Silizium und Germanium und Verbindungen der 3. und 5. Gruppe des Periodischen Systems (z. B. GaAs, InSb).

Isolierstoffe. Diese sehr schlechten elektrischen Leiter haben einen Energiebandabstand $\Delta W > 3$ eV und spezifische Widerstände $\rho > 10^{10}$ Ωcm. Sie unterscheiden sich im Verhalten nicht grundsätzlich von den Halbleitern, die bei sehr niedrigen Temperaturen ebenfalls Isolatoren sind. Normale Isolatoren werden jedoch erst bei Temperaturen zu Halbleitern, die sie schon zum Schmelzen gebracht haben.

Isolierstoffe enthalten noch einige, im Vergleich zu den guten Leitern jedoch eine sehr kleine Anzahl von freien Elektronen, so daß z. B. bei einem isolierten Kupferdraht das Kupfer praktisch allein den Strom führt. Den sehr geringen Leitwert der Isolierung nennt man Ableitung. Da in technischen Anlagen Isolierstoffe den Stromdurchgang verhindern sollen, muß man auf kleine Ableitungen bzw. große Isolationswiderstände achten. Tafel **A 6.**2 (s. Anhang) enthält die spezifischen Widerstände einiger Isolierstoffe. Da die Isolationswiderstände groß sind und mit Zusammensetzung und Reinheit schwanken, genügt hier die Angabe in Zehnerpotenzen.

Es gibt sehr viele Isolierstoffe, die vielfältig eingesetzt werden, so daß hier nur wichtige Anwendungen genannt werden können: Holz wird noch als Konstruktionselement in Leistungstransformatoren und elektrischen Maschinen und Papier als Drahtisolation – stets mit Öl, Paraffin u. ä. getränkt – sowie Preßspan in Transformatoren, Kabeln und Kondensatoren verwendet. Aus Hartpapieren und -geweben, die mit Bindeharz getränkt sind, werden insbesondere Platten, die z. B. für gedruckte Schaltungen benötigt werden, Rohre und andere Formteile hergestellt. Aus Preß- und Spritzguß-Formmassen – also Duroplaste aus Füllmassen und Bindeharzen oder thermoplastische Kunststoffe, wie Polystyrol, Polyamid u. ä. – bestehen die vielen Isolierteile der Installations-, Nachrichten- und Hausgerätetechnik. Asbest wird für größere Temperaturen, z. B. in Heizgeräten, Glimmer für höhere Spannungen, z. B. in Generatoren, eingesetzt. Porzellan findet z. B. Anwendung für Freileitungsisolatoren, Steatit in Geräten der Hochfrequenztechnik. Isolierbänder und -folien aus Kunststoff benötigt man z. B. zur Isolierung von Spulen und anderen Wicklungen, wobei die Drähte meist von Lack überzogen und die Wicklungen selbst nochmals in Tränklack oder Gießharz getaucht sind. Für Kabel werden heute synthetische Kautschuke, Silikone, PVC u. ä. eingesetzt.

Als flüssiger Isolierstoff (und dann meist auch zum Abtransport der Verlustwärme) werden insbesondere Öl und Askarel, z. B. in großen Transformatoren und Kondensatoren, verwendet. Ebenso zeigt destilliertes Wasser ein gutes Isoliervermögen; es dient der unmittelbaren Wärmeabfuhr in den größten Generatoren (s. Band II/Teil 1) – salzhaltige Verunreinigungen machen es allerdings zum Leiter. Luft stellt ein gutes Isoliermittel dar, das in fast allen elektrischen Geräten und Anlagen genutzt wird. Für die Anlagentechnik findet neuerdings Schwefelhexafluorid (SF_6) eine wachsende Anwendung (s. Band VI und IX).

1.2.2.2 Berechnung von Widerständen. Die Umstellung von Gl. (1.31) unter Berücksichtigung von Gl. (1.35) ergibt, wenn Leiterquerschnitt A, Leiterlänge l, Leitfähigkeit γ oder spezifischer Widerstand ρ als konstant, also gleichbleibend, angesehen werden dürfen, also eine vollkommen homogene Strömung vorliegt, die wichtige Bestimmungsgleichung für elektrische Widerstände

$$R = \frac{1}{G} = \frac{l}{\gamma A} = \frac{\rho l}{A} \tag{1.36}$$

Wenn Querschnitt, Länge, Leitfähigkeit oder spezifischer Widerstand nur für bestimmte Teile des Stromkreises konstant sind, was natürlich normalerweise zutrifft, kann man mit Gl. (1.36) nur Teilwiderstände berechnen. Wie man sie zu einem Gesamtwiderstand zusammenfassen kann, wird in Abschn. 2.2.1 gezeigt. Für die Eigenschaften ausgeführter Widerstandsgeräte s. Abschn. 3.3.3.2.

Bei einer leitenden Verbindung zwischen Erzeuger und Verbraucher muß man beachten, daß wegen der erforderlichen 2 Leitungen die Leitungslänge l doppelt so groß ist wie die Entfernung zwischen Erzeuger und Verbraucher.

Beispiel 1.10. Eine Leitung zu einem 1 km entfernten Verbraucher hat den Kupferquerschnitt $A = 70\ \text{mm}^2$. Wie groß ist der Leitungswiderstand R bei 20°C?

Man erhält für den Stromkreis mit der Leitungslänge $l = 2 \cdot 1\ \text{km} = 2\ \text{km}$ nach Gl. (1.36) den Widerstand

$$R = \frac{l}{\gamma A} = \frac{2\ \text{km}}{(56\ \text{Sm/mm}^2)\ 70\ \text{mm}} = 501{,}2\ \text{m}\Omega$$

Beispiel 1.11. Welche Länge muß der Heizdraht eines Kochgeräts mit dem Widerstand $R = 55\ \Omega$ haben, wenn er aus Chromnickel mit der Leitfähigkeit $\gamma = 0{,}91\ \text{Sm/mm}^2$ bestehen und den Durchmesser $d = 0{,}45$ mm aufweisen soll?

Bei dem Durchmesser $d = 0{,}45$ mm ist der Querschnitt $A = \pi d^2/4 = \pi \cdot 0{,}45^2\ \text{mm}^2/4 = 0{,}159\ \text{mm}^2$. Nach Gl. (1.36) wird dann die Leiterlänge

$$l = R\gamma A = 55\ \Omega \cdot 0{,}91\ (\text{Sm/mm}^2)\ 0{,}159\ \text{mm}^2 = 7{,}96\ \text{m}$$

Beispiel 1.12. Welchen elektrischen Widerstand hat eine Eisenbahnschiene der Länge $l = 1$ km mit der relativen Masse $m/l = 35$ kg/m, der Leitfähigkeit $\gamma = 8\ \text{Sm/mm}^2$ und der Dichte $\rho_d = m/(l A) = 7{,}8\ \text{kg/dm}^3$?

Die Dichte ist die auf das Volumen $l A$ bezogene Masse m, so daß hier der Querschnitt

$$A = m/\rho_d = 35\ (\text{kg/m})/(7{,}8\ \text{kg/dm}^3) = 4487\ \text{mm}^2$$

beträgt. Man findet daher mit Gl. (1.36) den Widerstand

$$R = \frac{l}{\gamma A} = \frac{1\ \text{km}}{8\ (\text{Sm/mm}^2)\ 4487\ \text{mm}^2} = 27{,}7\ \text{m}\Omega$$

Beispiel 1.13. Eine Kupferleitung ($\gamma_{Cu} = 56\ \text{Sm/mm}^2$) mit dem Querschnitt $A = 10\ \text{mm}^2$ soll durch eine widerstandsgleiche Aluminiumleitung ($\gamma_{Al} = 35\ \text{Sm/mm}^2$) ersetzt werden. Welchen Querschnitt muß die Aluminiumleitung erhalten, und wie verhalten sich die Leitungsmassen, wenn die Dichten von Kupfer $\rho_{dCu} = 8{,}9\ \text{kg/dm}^3$ und von Aluminium $\rho_{dAl} = 2{,}7\ \text{kg/dm}^3$ betragen?

Da beide Leitungen bei gleicher Länge widerstandsgleich sein sollen, müssen ihre Widerstände

$$R_{Cu} = \frac{l}{\gamma_{Cu} A_{Cu}} \quad \text{und} \quad R_{Al} = \frac{l}{\gamma_{Al} A_{Al}}$$

gleich sein, also $\gamma_{Cu} A_{Cu} = \gamma_{Al} A_{Al}$, d.h., das Produkt aus Leitfähigkeit γ und Querschnitt A darf sich nicht ändern. Man erhält den erforderlichen Aluminiumquerschnitt

$$A_{Al} = \frac{\gamma_{Cu}}{\gamma_{Al}} A_{Cu} = \frac{56 \text{ S m/mm}^2}{35 \text{ S m/mm}^2} 10 \text{ mm}^2 = 16 \text{ mm}^2$$

In der Masse ist die Aluminiumleitung günstiger, da Aluminium nur das $2{,}7/8{,}9 = 0{,}3034$fache des Kupfers wiegt. Die widerstandsgleiche Aluminiumleitung hat die $(\gamma_{Cu}/\gamma_{Al}) \cdot (\rho_{dAl}/\rho_{dCu}) = (56/35) \cdot (2{,}7/8{,}9) = 0{,}4854$fache, also rund die halbe Masse wie das Kupfer.

Beispiel 1.14. Auf den beiden Seiten einer 6 mm dicken Glasplatte befinde sich je eine $1 \text{ m} \times 2 \text{ m} = 2 \text{ m}^2$ große Metallbelegung. Das Glas habe den spezifischen Widerstand $\rho = 1 \text{ T}\Omega\text{cm}$. Welcher Strom I fließt durch das Glas, wenn zwischen den Belägen die Spannung $U = 3$ kV herrscht?

Die Leiterlänge l ist hier durch die Dicke der Glasplatte gegeben; der Leitungsquerschnitt kann mit guter Näherung gleich der Größe der Beläge angesetzt werden. Der Widerstand beträgt daher nach Gl. (1.36)

$$R = \frac{\rho l}{A} = \frac{1 \text{ T}\Omega\text{cm} \cdot 6 \text{ mm}}{2 \text{ m}^2} = 30 \text{ M}\Omega$$

Das Ohmsche Gesetz liefert den Strom

$$I = U/R = 3 \text{ kV}/(30 \text{ M}\Omega) = 0{,}1 \text{ mA}$$

Wegen des geringen Abstands l der beiden Metallbeläge und der großen Durchtrittsfläche A fließt durch den Isolator der durchaus meßbare Strom $I = 0{,}1$ mA!

1.2.2.3 Lineare und nichtlineare Widerstände. Wenn alle Größen in Gl. (1.36) unabhängig von der angelegten Spannung U (oder von den durch den Strom I verursachten Wirkungen) sind, erhält man den in Bild **1.**16 mit der Kennlinie *1* dargestellten Zusammenhang zwischen Strom I und Spannung U. Da sich hier nach Gl. (1.27) mit dem konstanten Widerstand R eine lineare Funktion $I = R\,U$ ergibt, spricht man auch von einem linearen Widerstand. Für die folgenden Betrachtungen wird stets ein solcher linearer Widerstand vorausgesetzt, wenn nicht ausdrücklich etwas anderes festgelegt ist.

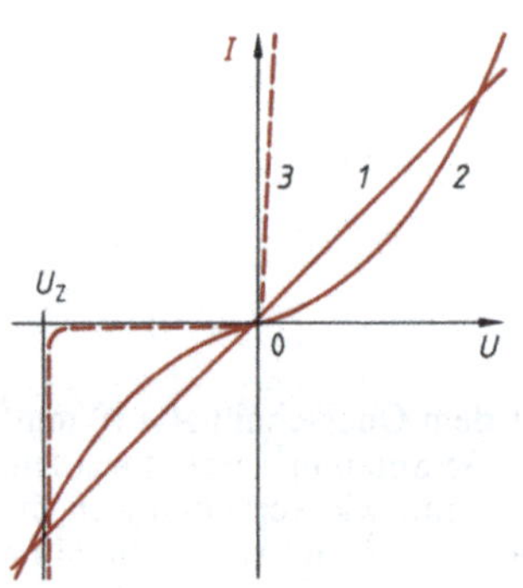

1.16
Einfluß des Widerstands R auf die Stromkennlinie $I = f(U)$
1 linearer, *2* nichtlinearer Widerstand, *3* zusätzlich mit Richtungsabhängigkeit

Die Kennlinie *2* in Bild **1.**16 zeigt demgegenüber einen in etwa kubischen Verlauf der Funktion $I=f(U)\approx k\,U^3$, wie er z. B. mit Varistoren (oder VDR-Widerstand gleich Voltage-Dependent-Resistor) verwirklicht wird. (Ein Varistor ist ein Widerstand, der aus feinen, unter großem Druck aufeinander gepreßten Kristallen aus Siliziumkarbid besteht – s. Band III, Teil 2.) Eine derartige Stromkennlinie ist nichtlinear. Daher nennt man Bauelemente, die dieses Verhalten verursachen, nichtlineare Widerstände.

Während die Kennlinien *1* und *2* in Bild **1.**16 noch für positive und negative Spannungswerte den gleichen, also einen von der Stromrichtung unabhängigen Verlauf zeigen, weist die Kennlinie *3* deutliche Unterschiede im positiven und negativen Verlauf auf. Dies ist das typische Verhalten einer Diode, die insbesondere in Stromrichtern eingesetzt wird: Bei positiver Spannung erreicht der Strom wegen des kleinen Widerstands schon bei kleinen Spannungen große Werte, während bei negativen Spannungswerten zunächst der Strom gesperrt bzw. nur sehr geringe Ströme durchgelassen werden, bis dann bei der Zenerspannung U_Z ein Durchbruch eintritt. Diese elektrischen Ventile sind also durch eine Sperr- und eine Durchlaßrichtung gekennzeichnet, die z. B. bei den Halbleiterbauelementen durch einen PN-Übergang in einer Sperrschicht hervorgerufen werden. Für weitere Einzelheiten s. Band I, Teil 3 und Band III.

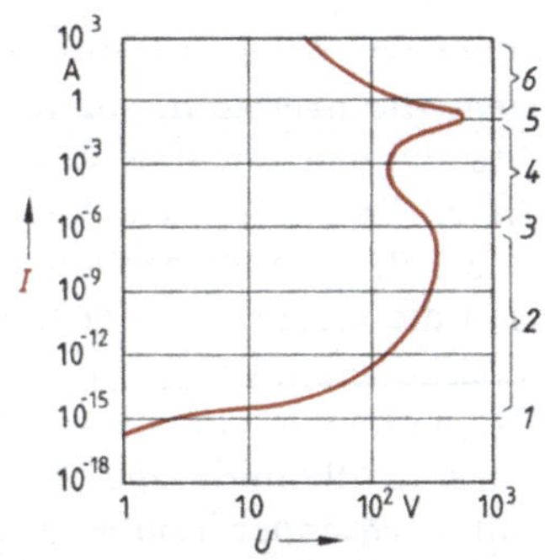

1.17
Strom-Spannungs-Kennlinie $I=f(U)$ einer Gasentladung
1 Sättigungsstrom, *2* Dunkelentladung, *3* Zündung der Glimmentladung *4*, *5* Zündung der Bogenentladung *6*

Als weiteres Beispiel für ein nichtlineares Verhalten ist in Bild **1.**17 die vollständige Strom-Spannungs-Kennlinie $I=f(U)$ einer Gasentladung wiedergegeben. Einem zunächst linearen Anstieg des Stromes während der unselbständigen Gasentladung folgt ein Sättigungsstrom *1*. Im Gebiet der unselbständigen Dunkelentladung *2* (auch Townsend-Entladung genannt) entstehen durch Stoßionisation neue Elektronen und Ionen. Sie geht bei beträchtlicher Spannungsabsenkung in die selbständige Glimmentladung *4* über, bis nach Erhöhung der Spannung schließlich Funken entstehen und die Bogenentladung *6* zündet. Diese Erscheinungen werden in Band I, Teil 3 und Band VI ausführlich beschrieben.

Beispiel 1.15. In einem Widerstand R wird bei der Spannung $U_1=30$ V der Strom $I_1=20$ mA und bei der Spannung $U_2=50$ V der Strom $I_2=25$ mA gemessen. Handelt es sich hier um einen linearen oder einen nichtlinearen Widerstand?

Das Ohmsche Gesetz ergibt mit Gl. (1.27) die Widerstandswerte

$$R_1 = U_1/I_1 = 30\ \mathrm{V}/(20\ \mathrm{mA}) = 1{,}5\ \mathrm{k\Omega}$$

und

$$R_2 = U_2/I_2 = 50\ \mathrm{V}/(25\ \mathrm{mA}) = 2\ \mathrm{k\Omega}$$

Es liegt also ein nichtlineares Bauelement vor, dessen Widerstandswert R mit wachsender Spannung U zunimmt.

Die Annahme eines reinen linearen Widerstands R für die meisten folgenden Betrachtungen stellt eine idealisierende Vereinfachung dar. Um abschätzen zu können, ob dies zulässig ist, sollen nun noch die verschiedenen Einflüsse auf den Widerstandswert behandelt werden.

1.2.2.4 Temperatureinfluß. In jedem Stoff sind die Atome und Moleküle in ständiger Bewegung, deren Intensität von der Temperatur abhängt (Wärmebewegung). Ist sie größer, so wird bei den meisten Stoffen wegen der Zunahme der statistischen Wahrscheinlichkeit eines Zusammenstoßes von Elektronen der Durchgang freier Elektronen erschwert, also der elektrische Widerstand vergrößert. Bei einigen Stoffen wird die Elektronenleitung aber auch durch Freiwerden weiterer Ladungsträger verbessert. Außer von Länge l, Querschnitt A und Leiterwerkstoff hängt daher der Widerstand R auch noch von der Temperatur ϑ ab.

In den Metallen werden gegenläufige Einflüsse wirksam: Die bei der Erwärmung von außen zugeführte Wärmeenergie löst nicht nur mehr Elektronen aus dem Atomverband, sondern vergrößert auch die Schwingungsamplitude der Metallionen um ihre Ruhelage. Hierdurch wächst einerseits die Anzahl der freien Elektronen bis zum Erreichen der Zimmertemperatur, bei der nahezu alle Valenzelektronen aus dem Atomverband gelöst sind – andererseits behindert die vergrößerte Schwingungsamplitude der Metallionen das Wandern der Elektronen, also das Fließen des elektrischen Stromes. Da nach Erreichen der Zimmertemperatur die Anzahl der freien Elektronen nicht mehr wächst, überwiegt die Behinderung des Stromes. Bei Metallen nimmt daher der Widerstand mit wachsender Temperatur zu bzw. die elektrische Leitfähigkeit ab.

Bei den Metallen kann man daher den in Bild **1.**18 dargestellten charakteristischen Verlauf des Widerstands $R = f(\vartheta)$ – und somit auch des spezifischen Widerstands ρ bzw. entsprechend Gl. (1.35) und (1.25) des Reziprokwerts der Elektronenbeweglichkeit b – in Abhängigkeit von der Temperatur feststellen.

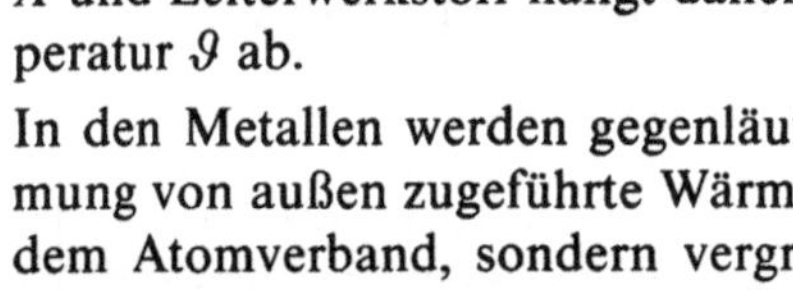

1.18
Abhängigkeit des Widerstands R (somit auch des spezifischen Widerstands ρ und des Reziprokwerts der Elektronenbeweglichkeit b von der Temperatur ϑ
1 Näherungsgerade, ϑ_S Sprungtemperatur

Wenn man wie in Bild **1.**18 die zur größeren Temperatur gehörenden Werte durch den Index w und die zur niederen Temperatur gehörenden mit dem Index k kennzeichnet, kann man den gemessenen Verlauf in dem interessierenden Bereich in ausreichender Weise durch das Polynom für den Widerstand

$$R_w = R_k[1 + \alpha(\vartheta_w - \vartheta_k) + \beta(\vartheta_w - \vartheta_k)^2] \quad (1.37)$$

annähern. Die Temperaturbeiwerte α und β hängen ebenfalls von der Temperatur ab und werden meist als α_{20} und β_{20} auf die Temperatur $\vartheta = 20°C$ bezogen mitgeteilt (s. Tafel **A 6.**1 im Anhang). In Gl. (1.37) können sowohl thermodynamische (also absolute) Temperaturen in der Einheit K als auch die auf den Tripelpunkt (s. DIN 1301) des Wassers bezogenen Celsius-Temperaturen (in °C) eingesetzt werden. Da Temperaturdifferenzen $\Delta\vartheta = \vartheta_w - \vartheta_k$ in der Einheit K angegeben werden, haben die Temperaturbeiwerte α und β die Einheit K^{-1} bzw. K^{-2}.

Der Temperaturbeiwert $\alpha \approx \Delta R/(R\Delta\vartheta) = \Delta\rho/(\rho\Delta\vartheta)$ (s. Bild **1.**18) kann auch negative Werte annehmen (z. B. bei Kohle $\alpha_{20} = -2\ kK^{-1}$ bis $0{,}8\ kK^{-1}$), so daß der Widerstand hier mit steigender Temperatur abnimmt (Kohlefadenlampe). Meßwiderstandsgeräte (auch als Präzisionswiderstände bezeichnet - s. Band IV) sollen ihre Widerstandswerte möglichst unabhängig von Temperaturschwankungen behalten, so daß für sie nur Werkstoffe mit sehr kleinen Temperaturbeiwerten infrage kommen (z. B. Manganin, Konstantan, Novikonstant).

Da die Temperaturbeiwerte β nach Tafel **A 6.**1 (s. Anhang) klein sind, brauchen sie erst für größere Temperaturänderungen berücksichtigt zu werden. Für übliche Temperaturen bis etwa 200°C genügt es, den Widerstand für von 20°C abweichende Temperaturen ϑ_w mit den Kennwerten aus Tafel **A 6.**1 über

$$R_w = \frac{l}{\rho_{20}A}[1 + \alpha_{20}(\vartheta_w - 20°C)] \quad (1.38)$$

zu berechnen. Die meisten in der Elektrotechnik häufig eingesetzten Metalle haben einen Temperaturbeiwert in der Nähe von $\alpha = 0{,}004\ K^{-1}$. Man sollte sich daher merken, daß Widerstände bei einer Temperaturänderung um je 1 K ihren Wert gleichsinnig um etwa 0,4% ändern.

Chemisch reines Eisen verhält sich anders als die übrigen Metalle. Während sein Temperaturbeiwert bis etwa 100°C den in Tafel **A 6.**1 angegebenen Wert $\alpha \approx 4{,}5\ kK^{-1}$ hat, nimmt er bei höheren Temperaturen stark zu, erreicht bei etwa 850°C den großen Wert $\alpha \approx 18\ kK^{-1}$ und geht anschließend bis auf $\alpha \approx 6{,}7\ kK^{-1}$ herunter. Im Temperaturbereich von etwa 500°C bis 750°C herrscht annähernd Proportionalität zwischen Widerstand und Temperatur.

Einige Halbleiter, insbesondere Metalloxide (z. B. Titanoxid - s. Band III, Teil 2), haben so große negative Temperaturbeiwerte, daß sie im kalten Zustand praktisch Isolatoren, bei Temperaturen von einigen 100°C aber leidliche Leiter sind. Man nennt diese Stoffe daher Heißleiter (oder NTC-Widerstände - von negative temperatur coeffizient). Ihr Temperaturbeiwert hängt von der Temperatur ab und ist etwa 10mal so groß wie der der Metalle, also $\alpha \approx -40\ kK^{-1}$. Ausgenutzt wird der mit der Temperatur abnehmende Widerstand z. B. zur Begrenzung von Einschaltströmen, für Verzögerungsschaltungen oder zur Kompensation des Temperaturverhaltens von Leitern mit positivem Temperaturbeiwert. Auch verwendet man sie wegen ihres großen Temperaturbeiwerts zur Temperaturmessung (s. Abschn. 1.2.2.5).

Im Gegensatz zu den Heißleitern nennt man die Stoffe mit positivem Temperaturbeiwert, bei denen der elektrische Widerstand mit zunehmender Temperatur steigt, Kaltleiter (oder PTC-Widerstände - von positive temperatur coeffizient). Sie bestehen z. B. aus Titanik-Keramik und werden als Überstromsicherung oder Ölstandsfühler bzw. zur Temperaturstabilisierung eingesetzt (s. Band III, Teil 2). Ganz allgemein bezeichnet man solche stark temperaturabhängigen Widerstände auch als Thermistor.

Bei sehr niedrigen Temperaturen in der Nähe des absoluten Nullpunkts (0 K = −273,16° C) sinkt der Widerstand einiger Elemente und Verbindungen sehr plötzlich auf einen unmeßbar kleinen Wert (s. Bild **1.**18). Man bezeichnet diese Erscheinung als Supraleitung und die zugehörige Temperatur als Sprungtemperatur ϑ_S. Es ist z. B. bei Aluminium $\vartheta_S = 1{,}14$ K, Zinn $\vartheta_S = 3{,}69$ K, Quecksilber $\vartheta_S = 4{,}17$ K, Blei $\vartheta_S = 7{,}26$ K und Niob $\vartheta_S = 9{,}2$ K. Bei einigen Verbindungen kommen noch höhere Temperaturen vor, z. B. bei Karbiden und Nitriden von Schwermetallen (über 20 K bei Niobnitrid). Die Sprungtemperatur selbst wird durch magnetische Felder, durch die Stromstärke und elastische Verformungen beeinflußt. Da bei sehr geringem Widerstand nur sehr kleine Stromwärmeverluste (s. Abschn. 1.4.1.1) auftreten, bleibt ein einmal zum Fließen gebrachter Strom sehr lange bestehen. Das Zustandekommen der Supraleitung wird in Band I, Teil 3 näher erläutert.

Beispiel 1.16. Der in Beispiel 1.7 behandelte Spannungsmesser habe bei der Temperatur $\vartheta_k = 20°$ C den Widerstand $R_k = 50\ \Omega$ aus Kupfer. Welchen Temperaturfehler hat dieses Gerät bei der Temperatur $\vartheta_w = 35°$ C?

Nach Gl. (1.38) ist mit $\alpha_{20} = 3{,}93\ \text{kK}^{-1}$ (s. Tafel **A 6.**1) der Widerstand bei $\vartheta_w = 35°$ C im Verhältnis

$$R_w/R_k = 1 + \alpha_{20}(\vartheta_w - 20° \text{C}) = 1 + 3{,}93\ \text{kK}^{-1}(35° \text{C} - 20° \text{C}) = 1{,}05895$$

größer geworden. Bei gleichbleibender Spannung muß dann nach dem Ohmschen Gesetz der Strom und somit auch der dem Strom proportionale Zeigerausschlag im gleichen Verhältnis kleiner werden. Der Temperaturfehler beträgt daher $F_\vartheta = 1{,}05895 - 1 = 0{,}05895 = 5{,}895\%$, was natürlich nicht mehr zulässig ist. Für Maßnahmen zur Vermeidung des Temperaturfehlers s. Band IV.

Beispiel 1.17. Eine Glühlampe enthält einen Wolframdraht mit dem Durchmesser $d = 24\ \mu$m und der Länge $l = 62$ cm. Es soll der Widerstand R des Drahtes zwischen der Temperatur $\vartheta_k = 20°$ C im kalten Einschaltzustand und der Betriebstemperatur $\vartheta_w = 2200°$ C ermittelt und in einem Diagramm als $R = f(\vartheta)$ dargestellt werden.

Die in Gl. (1.37) vorkommenden Temperaturbeiwerte $\alpha = 4{,}1\ \text{kK}^{-1}$ und $\beta = 1\ \text{kK}^{-2}$ und der spezifische Widerstand $\rho = 55\ \text{m}\Omega\ \text{mm}^2/\text{m}$ werden Tafel **A 6.**1 im Anhang entnommen. Der Leiterquerschnitt ist $A = \pi d^2/4 = \pi \cdot 24\ \mu\text{m}^2/4 = 452{,}4\ \mu\text{m}^2$, so daß man bei der Temperatur $\vartheta_k = 20°$ C nach Gl. (1.36) den Kaltwiderstand $R_k = \rho l/A = 55\ (\text{m}\Omega\ \text{mm}^2/\text{m})\ 0{,}62\ \text{m}/(452{,}4\ \mu\text{m}^2) = 75{,}38\ \Omega$ erhält. Gl. (1.37) liefert dann die Widerstände

$$R_w = R_k[1 + \alpha(\vartheta_w - \vartheta_k) + \beta(\vartheta_w - \vartheta_k)^2]$$
$$= 75{,}38\ \Omega\,[1 + 4{,}1\ \text{kK}^{-1}(\vartheta_w - 20° \text{C}) + 1\ \text{kK}^{-2}(\vartheta_w - 20° \text{C})^2]$$

In einer hier nicht wiedergegebenen Tafel sind einige Werte zwischen den Temperaturen $\vartheta_k = 20°$ C und $\vartheta_w = 2200°$ C berechnet worden und in Bild **1.**19 aufgetragen. Bei der Betriebstemperatur $\vartheta_w = 2200°$ C beträgt der Widerstand $R_w = 1107\ \Omega$.

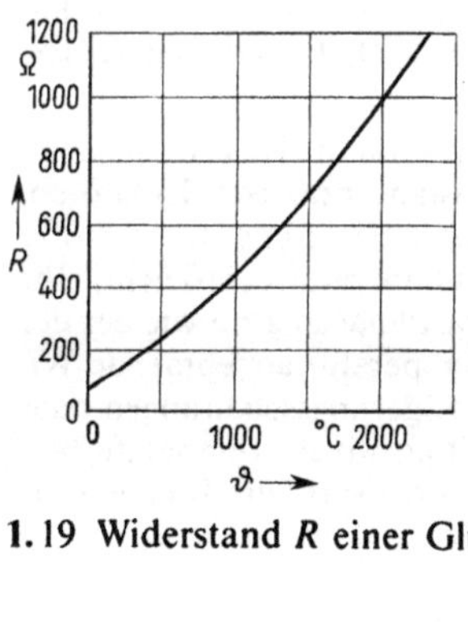

1.19 Widerstand R einer Glühlampe abhängig von der Temperatur ϑ

Beispiel 1.18. Welche Ströme werden von der Glühlampe nach Beispiel 1.17 im warmen und kalten Zustand an der Spannung $U=220\ \text{V}$ aufgenommen?

Nach dem Ohmschen Gesetz betragen die Ströme im kalten (Index k) und warmen (Index w) Zustand

$$I_k = U/R_k = 220\ \text{V}/(75{,}38\ \Omega) = 2{,}919\ \text{A}$$

und

$$I_w = U/R_w = 220\ \text{V}/(1107\ \Omega) = 0{,}1987\ \text{A}$$

Wenn eine Metalldrahtlampe eingeschaltet wird, ist ihr Wolframdraht i. allg. noch kalt, und es fließt rund das 15fache des normalen Betriebsstroms. Solche Einschaltstromstöße sind u. U. für andere Verbraucher schädlich. Außerdem rüttelt jedes Einschalten durch den großen Stromstoß wegen der dabei auftretenden magnetischen Kräfte (s. Abschn. 1.4.4.1) am dünnen Wolframdraht. (Glühlampen „brennen" daher auch beim Einschalten durch.)

1.2.2.5 Temperaturmessung. Nach Bild **1.**18 kann der temperaturabhängige Verlauf des Widerstands R für einen weiten Bereich der in elektrischen Geräten normalerweise üblichen Temperaturen ϑ durch die (gestrichelt eingezeichnete) Gerade *1* mit dem Fußpunkt τ ersetzt werden. Diese Temperaturbeiwerte τ sind nach Bild **1.**18 negative Celsius-Temperaturen und wieder in Tafel **A 6.**1 zusammengestellt. Sie weichen ebenso wie die Temperaturbeiwerte α für die gebräuchlichen Metalle nur wenig voneinander ab. Aus Bild **1.**18 läßt sich für die Gerade *1* sofort das Verhältnis

$$\frac{R_w}{R_k} = \frac{\vartheta_w - \tau}{\vartheta_k - \tau} \tag{1.39}$$

ablesen, wobei der Index w wieder für die Größen bei höherer und k für die Größen bei tieferer Temperatur gilt. Mit Gl. (1.39) kann man, wenn die übrigen Größen bekannt sind (z. B. aus einer Messung), entweder den Widerstand

$$R_w = R_k \frac{\vartheta_w - \tau}{\vartheta_k - \tau} \tag{1.40}$$

oder mit der Widerstandsänderung R_w/R_k die Temperatur

$$\vartheta_w = (R_w/R_k)(\vartheta_k - \tau) + \tau \tag{1.41}$$

sofort bestimmen. Dies wird bei der Temperaturmessung an sonst nicht zugänglichen Stellen (z. B. in den Wicklungen elektrischer Maschinen - s. VDE 0530) ausgenutzt. Widerstandsthermometer (s. Band IV) sind Drahtwiderstände, deren Widerstandserhöhung gemessen wird, woraus sich die Temperaturänderung berechnen oder an einem entsprechend kalibrierten Meßgerät unmittelbar ablesen läßt.

Beispiel 1.19. An einer Spule aus Kupferdraht wird in kaltem Zustand die Temperatur $\vartheta_k = 12\,°\text{C}$ und der Widerstand $R_k = 3{,}42\ \Omega$ gemessen. Wie groß ist die Temperatur ϑ_w des Kupferdrahts, wenn nach einer Erwärmung der Widerstand $R_w = 4{,}21\ \Omega$ ermittelt wird?

Aus Gl. (1.41) erhält man mit $\tau = 235\,°\text{C}$ (s. Tafel **A 6.**1) die Temperatur

$$\vartheta_w = \frac{R_w}{R_k}(\vartheta_k - \tau) + \tau = \frac{4{,}21\ \Omega}{3{,}42\ \Omega}(12\,°\text{C} + 235\,°\text{C}) - 235\,°\text{C} = 69{,}06\,°\text{C}$$

1.2.2.6 Weitere Einflüsse. Außer der Temperatur haben noch einige andere Einflußgrößen technische Bedeutung erlangt. So hängt der Widerstand mancher Stoffe, z. B. Kadmiumsulfid (CdS) von der Lichtbestrahlung ab. Diese Halbleiterbauelemente werden daher als Photowiderstand bezeichnet und mit Aufbau, Eigenschaften und Anwendungen (z. B. zur Lichtmessung oder in Steuerungen) in Band III, Teil 2 ausführlich besprochen. Widerstandsänderungen unter dem Einfluß magnetischer Felder werden bei Wismut und bei als Feldplatten bezeichneten Halbleiterbauelementen (s. Band III, Teil 2 und Band I, Teil 3) für die Messung magnetischer Größen (s. Band IV) und kontaktlose Schalter ausgenutzt. Zur Messung mechanischer Dehnungen wird ein Draht mit möglichst linearer Abhängigkeit der Widerstandsänderung von der Dehnung auf eine Unterlage geklebt, die man wieder auf die Stelle klebt, an der die Dehnung gemessen werden soll. Legierungen für solche Dehnungsmeßstreifen zeigen bei Dehnungen von einigen Promille relative Widerstandsänderungen von etwa 1% (s. Band IV).

Beachten muß man oft auch den Widerstand beim Übergang des Stromes von einem zu einem anderen Leiter, wie er z. B. an Kontakten auftritt. Dieser Übergangswiderstand hängt besonders von den Kontakt-Werkstoffen und vom mechanischen Druck zwischen den Kontakten ab. Die durch den Übergangswiderstand verursachte Erwärmung (s. Abschn. 1.4.1) muß z. B. beim Bemessen von Schaltern berücksichtigt werden.

1.2.2.7 Allgemeine Widerstandsdefinition. Die Anwendung von Gl. (1.7) und (1.9) ergibt für beliebige Werkstoffeigenschaften und Abmessungen mit den Zeitwerten von Spannung u, Strom i, Feldstärke E_t und Stromdichte S_t sowie Länge l und Querschnitt A zwischen den Klemmen *1* und *2* die allgemeine Definition des elektrischen Widerstands

$$R = u/i = \int_1^2 \vec{E}_t \, d\vec{l} \Big/ \left(\int_A \vec{S}_t \, d\vec{A} \right) \tag{1.42}$$

Sie kann auch auf inhomogene Strömungsfelder angewandt werden, wobei aber auch schon andere Überlegungen zum Ergebnis führen können (s. Band I, Teil 2).

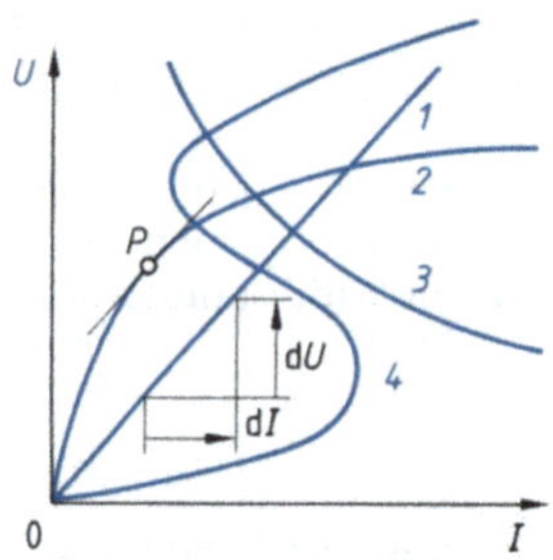

1.20
Widerstandskennlinien $U=f(I)$
1 linearer Widerstand, *2* Heiß-, *3* Kaltleiter, *4* Tunneldiode

Im allgemeinen Fall muß wegen der verschiedenen Einflüsse auf Elektronenbeweglichkeit b (s. Abschn. 1.2.1.1) bzw. Leitfähigkeit γ oder spezifischem Widerstand ρ damit gerechnet werden, daß sich der Widerstand R nichtlinear verhält und sich z. B. Verläufe wie in Bild **1.**20 ergeben, z. B Kennlinie *2* für einen Heißleiter, *3* für einen Kaltleiter oder *4* für eine Tunneldiode (s. Band III).

Nichtlineare Widerstände liegen insbesondere bei den elektronischen Bauelementen (s. Band I, Teil 3 und Band III) vor. Daher zeigen nicht nur die verschiedenen Halbleiterbauelemente (s. Band III), sondern auch die Elektronenröhren sowie die Erscheinungsformen der Gasentladung (s. Band I, Teil 3), z. B. in den Gasentladungslampen, ein nichtlineares Verhalten. Die Widerstände können dann u. U. (z. B bei Trioden, Transistoren, Thyristoren u. ä. - s. Band III) außerdem noch über Gitter oder andere Steuerelektroden in gewünschter Weise verändert werden.

Beim linearen Widerstand (Kurve *1* in Bild **1**.20) ist der Quotient $R = U/I$ konstant, also der Widerstand R unabhängig von Strom I und Spannung U, wie wir das fast immer auch in den weiteren Ausführungen voraussetzen. Bei nichtlinearer Abhängigkeit $U = f(I)$ ist der Quotient U/I veränderlich. Man beschreibt ein solches Verhalten entsprechend der hier vorhandenen Kennlinien-Steigung durch den differentiellen Widerstand

$$R_d = dU/dI \tag{1.43}$$

der mit der Spannung U oder dem Strom I veränderlich ist und positiv oder negativ sein kann. In Punkt P von Bild **1**.20 ist der differentielle Widerstand R_d der Kurve 2 gerade gleich dem linearen Widerstand der Kennlinie *1*, in allen anderen Punkten aber größer oder kleiner. Beim linearen Widerstand (Kennlinie *1*) gilt im gesamten Bereich $dU/dI = U/I$, also $R_d = R$. Die Kennlinie *4* der Tunneldiode in Bild **1**.20 zeigt sowohl Bereiche mit positivem als auch einen Bereich mit negativ differentiellem Widerstand R_d. Negative differentielle Widerstände, z. B. nach Kennlinie *3* von Bild **1**.20, werden gelegentlich abgekürzt als negative Widerstände bezeichnet, was aber unbedingt vermieden werden muß, da sonst im Hinblick auf die Energieumsetzung (s. Abschn. 3.2.1.5) Mißverständnisse möglich sind.

Beispiel 1.20. Bei Elektronenröhren hängt mit der Konstanten K der Anodenstrom

$$I_a = K\, U_{ak}^{3/2} \tag{1.44}$$

von der Anodenspannung U_{ak} ab.

a) Es soll die Gleichung des differentiellen Widerstandes $R_d = f(U_{ak})$ aufgestellt werden.

Aus Gl. (1.44) erhält man die Funktion der Anodenspannung

$$U_{ak} = K^{-2/3}\, I_a^{2/3} \tag{1.45}$$

Mit Gl. (1.43) ergibt sich nach Einsetzen von Gl. (1.45) der differentielle Widerstand

$$R_d = dU_{ak}/dI_a = d(K^{-2/3}\, I_a^{2/3})/dI_a = \frac{2}{3} K^{-2/3}\, I_a^{-1/3}$$

$$= \frac{2}{3} K^{-2/3} (K\, U_{ak}^{2/3})^{-1/3} = \frac{2}{3} K^{-1}\, U_{ak}^{-1/2} \tag{1.46}$$

b) Für eine Röhre mit der Konstanten $K = 6\ \mu A\ V^{-3/2}$ sind die Kennlinien des Anodenstroms und des differentiellen Widerstands R_d im Bereich der Anodenspannung $U_{ak} = 0$ bis $U_{ak} = 200$ V zu ermitteln.

Mit Gl. (1.44) und (1.45) ergeben sich die in Tafel 1.21 aufgeführten Werte. Die beiden Kennlinien $I_a = f(U_{ak})$ und $R_d = f(U_{ak})$ sind in Bild 1.22 aufgetragen.

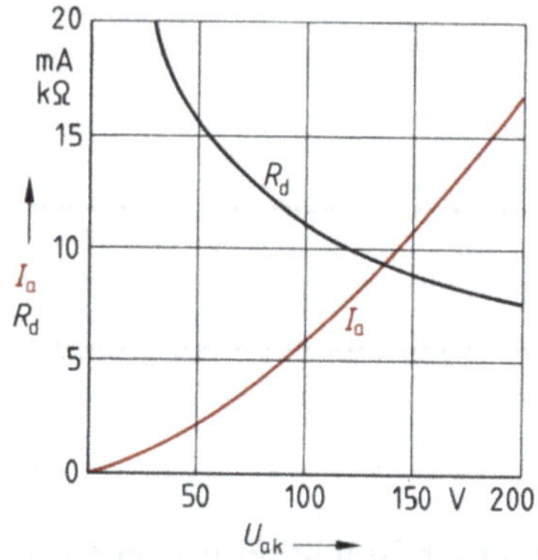

Tafel 1.21 Anodenstrom I_a und differentieller Widerstand R_d der Elektronenröhre von Beispiel 1.20

U_{ak} in V	0	50	100	150	200
I_a in mA	0	2,121	6,00	11,023	16,97
R_d in kΩ	∞	15,713	11,11	9,072	7,857

1.22 Abhängigkeit des Anodenstroms I_a und des differentiellen Widerstands R_d einer Elektronenröhre von der Anodenspannung U_{ak} (Beispiel 1.20)

1.2.3 Induktivitäten

Nach Abschn. 1.1.1 üben elektrische Ladungen Kräfte aufeinander aus. Den Zustand eines Raumes, in dem relativ zueinander bewegte elektrische Ladungen in dieser Weise aufeinander einwirken, nennt man magnetisches Feld. Jeder stromdurchflossene Leiter ist, wie in Bild 1.23a dargestellt, von einem magnetischen Feld umgeben. Der innere Kreis stellt den Querschnitt des Leiters dar; das eingezeichnete Kreuz soll darauf hinweisen, daß der Strom in die Bildebene hineinfließt (ein Punkt würde das Herausfließen kennzeichnen). Die um den Leiter gezeichneten konzentrischen Kreise sind Feldlinien; in ihre Richtung stellen sich z. B. frei bewegliche Magnetnadeln ein. Die eingetragenen Richtungspfeile weisen in die Richtung der Nordpole dieser Magnetnadeln.

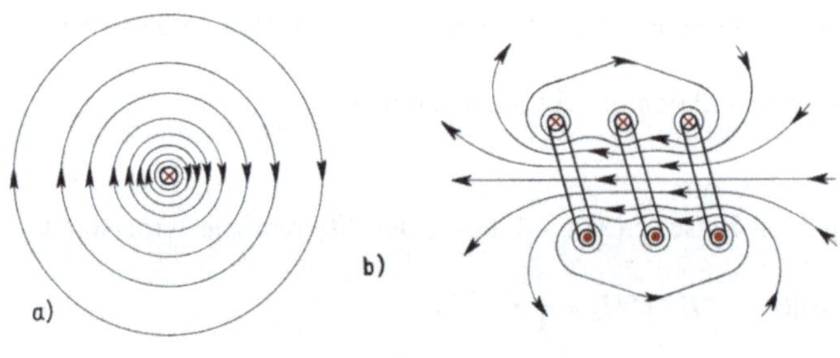

1.23 Feldlinienbilder von stromdurchflossenem Leiter (a) und drei stromdurchflossenen Drahtwindungen (b)

In Bild 1.23b ist der Längsschnitt durch eine Spule, die aus 3 Windungen besteht, mit den zugehörigen Feldlinien dargestellt. Es ist zu erkennen, daß in diesem Fall innerhalb der Spule ein annähernd homogenes magnetisches Feld zu erzielen ist. Die Dichte der Feldlinien ist ein Maß für die Intensität des Feldes; ausführlich behandelt wird es in Band I, Teil 2.

1.2.3.1 Magnetische Größen. Das magnetische Feld hat in jedem Raumpunkt eine bestimmte Stärke und eine bestimmte Richtung. Diese gerichtete Feldgröße wird magnetische Induktion (oder Flußdichte) $\vec{B}$ genannt. (Das überpfeilte Formelzeichen weist wieder auf die Vektoreigenschaften hin.) Die Einheit der Induktion ist das Tesla (T) mit

$$[B] = \mathrm{T} = \mathrm{Vs/m^2} = \mathrm{N/(A\,m)} = \mathrm{kg/(As^2)} \tag{1.47}$$

Es herrscht daher die Induktion 1 T, wenn ein ideales, homogenes magnetisches Feld auf einen Leiter von 1 m Länge, durch den der Strom 1 A fließt, die Kraft 1 N ausübt.

Auch für das magnetische Feld gelten die in Abschn. 1.2.1 erklärten kausalen Zusammenhänge. Ursache für die an einem bestimmten Raumpunkt x herrschende magnetische Induktion

$$\vec{B}_x = \mu_x \vec{H}_x \tag{1.48}$$

ist die magnetische Feldstärke $\vec{H}_x$, die grundsätzlich ortsabhängig ist und die gleiche Richtung wie die Induktion $\vec{B}_x$ aufweist. Die i. allg. ebenfalls ortsabhängige Permeabilität

$$\mu_x = \mu_0 \mu_r \tag{1.49}$$

stellt das Produkt der Induktionskonstanten $\mu_0 = 1{,}256\ \mu\mathrm{T\ m/A} = 0{,}4\,\pi\ \mu\mathrm{Vs/(A\,m)} = 4\pi\ \mathrm{nH/cm}$ und der (vom Werkstoff abhängigen) relativen Permeabilität μ_r dar. Bei allen nicht ferromagnetischen Werkstoffen darf man für die meisten technischen Anwendungen mit $\mu_r = 1$ rechnen; für ferromagnetische Werkstoffe kann μ_r Werte bis 10^4 (in Ausnahmefällen sogar über 10^5) annehmen; es ergibt sich dann aber fast immer eine nichtlineare Abhängigkeit $\mu_r = f(H)$ - s. Bild 1.24.

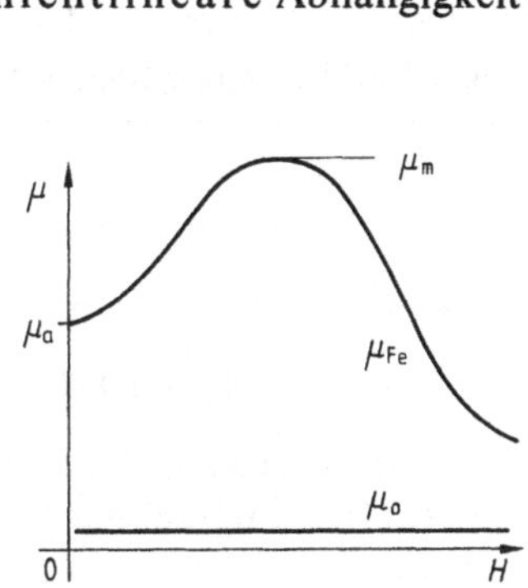

1.24
Abhängigkeit der Permeabilität μ von der magnetischen Feldstärke H
μ_0 Induktionskonstante, μ_{Fe} Permeabilität für ferromagnetische Stoffe, μ_a Anfangspermeabilität, μ_m Höchstwert

Das Flächenintegral der magnetischen Induktion B nennt man ganz allgemein den magnetischen Fluß

$$\Phi = \int_A \vec{B}\,d\vec{A} \tag{1.50}$$

Seine Einheit ist das Weber mit

$$[\Phi] = [B][A] = \text{Tm}^2 = \text{Vs} = \text{Wb} = \text{Nm/A} = \text{kg m}^2/(\text{As}^2) \tag{1.51}$$

Wenn ein homogenes Feld mit der Normalkomponente B, d.i. die senkrecht auf der Fläche A stehende Komponente der Induktion, vorliegt, darf man Gl. (1.50) auch vereinfachen zu dem Fluß

$$\Phi = BA \tag{1.52}$$

Ursache für das magnetische Feld ist die Summe der durch dieses Feld hindurchflutenden Ströme. Diese Durchflutung

$$\Theta = \int_A \vec{S}_x\,d\vec{A} = \oint \vec{H}\,d\vec{l} \tag{1.53}$$

ist daher allgemein das Integral der (grundsätzlich ortsabhängigen) Stromdichte $\vec{S}_x$ über die Fläche $\vec{A}$. Sie wird in der Einheit A angegeben. Der 2. Teil von Gl. (1.53) stellt das Durchflutungsgesetz dar. Das Umlaufintegral $\oint \vec{H}\,d\vec{l}$ verlangt, daß die magnetische Feldstärke $\vec{H}$ auf einem geschlossenen Weg $\vec{l}$ integriert wird. Dieser Satz gilt für beliebige magnetische Felder.

Wenn man voraussetzen darf, daß die magnetische Feldstärke H auf dem geschlossenen Umlauf der Weglänge l überall gleich bleibt, vereinfacht sich mit N Windungen der Spule Gl. (1.53) zu

$$\Theta = IN = Hl \tag{1.54}$$

Mit einer Spule nach Bild **1**.23b kann man daher die Durchflutung, die Ursache des magnetischen Feldes ist, und somit auch das Feld selbst vervielfachen. Für Bauarten und Eigenschaften von Spulen, Wicklungen und Drosseln s. Abschn. 3.3.3.3 sowie Band I, Teil 2 und Band II.

Es liegt nahe, auch für den magnetischen Kreis das Kausalitätsprinzip (s. Abschn. 1.2.1) anzuwenden und mit der Ursache Durchflutung die Integralform des Ohmschen Gesetzes des magnetischen Kreises für die Wirkung Fluß

$$\Phi = \Lambda\,\Theta = \Theta/R_m \tag{1.55}$$

aufzustellen. Der magnetische Leitwert

$$\Lambda = 1/R_m = \mu A/l \tag{1.56}$$

oder sein Kehrwert, der magnetische Widerstand R_m, ergibt sich dann analog zu Gl. (1.36). Berechnungen sind ebenso wie im Stromkreis jedoch nur für Teile des magnetischen Kreises der Länge l für gleichbleibende Querschnitte A

bei fester Permeabilität μ sinnvoll. Zur eingehenden Berechnung von magnetischen Kreisen s. Band I, Teil 2 und Band II.

Beispiel 1.21. Eine ringförmig gewickelte Spule nach Bild 1.25 hat den mittleren wirksamen Ringdurchmesser $D_{mi} = 0{,}2$ m, den wirksamen Ringquerschnitt $A = 4\ \text{cm}^2$ und die Windungszahl $N = 800$. Es fließt der Strom $I = 0{,}9$ A.

a) Welcher Fluß Φ bei welcher mittleren Induktion B_{Lmi} führt die Spule, wenn sie mit Luft gefüllt ist?

Die Spule erzeugt nach Gl. (1.54) die Durchflutung $\Theta = IN = 0{,}9\ \text{A} \cdot 800 = 720$ A und hat bei der mittleren Weglänge πD_{mi} mit der Induktionskonstanten $\mu_0 = 1{,}256\ \mu\text{Tm/A}$ nach Gl. (1.56) den magnetischen Leitwert

$$\Lambda_L = \frac{\mu_0 A}{\pi D_i} = \frac{1{,}256\ (\mu\text{Tm/A})\ 4\ \text{cm}^2}{\pi \cdot 0{,}2\ \text{m}} = 0{,}8\ \frac{\text{nTm}^2}{\text{A}}$$

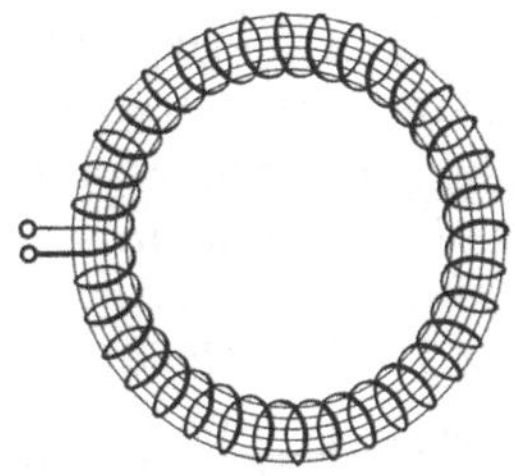

1.25 Ringspule

und führt nach Gl. (1.55) den magnetischen Fluß

$$\Phi_L = \Lambda_L \Theta = 0{,}8\ (\text{nTm}^2/\text{A})\ 720\ \text{A} = 0{,}576\ \mu\text{Vs}$$

Es herrscht daher nach Gl. (1.52) die mittlere Induktion $B_{Lmi} = \Phi/A = 0{,}576\ \mu\text{Vs}/(4\ \text{cm}^2) = 1{,}44$ mT.

b) Die Spule sei jetzt über einen Eisenring mit der relativen Permeabilität $\mu_r = 1200$ gewickelt. Wie groß ist dann die Induktion B_{Femi}?

Nach Gl. (1.56) und (1.49) wachsen Leitwert Λ und somit auch Fluß Φ und Induktion B um den Faktor μ_r. Daher wird die Induktion $B_{Femi} = \mu_r B_{Lmi} = 1200 \cdot 1{,}44\ \text{mT} = 1{,}728$ T.

1.2.3.2 Induktionsgesetz. Versuche zeigen: Ändert sich in einer Spule nach Bild 1.26 der Fluß Φ_t, so wird in jeder der N Windungen eine Spannung

$$u_q = \mathrm{d}\Phi_t/\mathrm{d}t \tag{1.57}$$

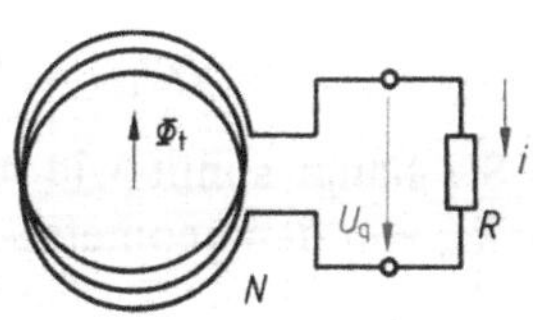

1.26
Zur Induzierung der Quellenspannung u_q
Φ_t Fluß, i Strom, R Widerstand, N Windungszahl der Spule

also proportional der Änderungsgeschwindigkeit des Flusses $\mathrm{d}\Phi_t/\mathrm{d}t$, die auch als magnetischer Schwund bezeichnet wird, erzeugt. Wenn die einzelnen Windungen im allgemeinen Fall mit unterschiedlichem Flußanteil verkettet sind, muß man, um die insgesamt in der Spule induzierte Spannung

$$u_q = \mathrm{d}\Psi_t/\mathrm{d}t \tag{1.58}$$

zu erhalten, die einzelnen Windungsflüsse Φ_N zum Spulenfluß

$$\Psi = \sum_N \Phi_N \tag{1.59}$$

summieren. Für technische Anwendungen werden meist Spulen mit sehr eng nebeneinander liegenden und daher mit dem gleichen Fluß Φ verketteten Windungen benutzt, so daß in diesem Fall $\Psi = N\Phi$ gesetzt und das Induktionsgesetz in der Form

$$u_q = N \mathrm{d}\Phi_t / \mathrm{d}t \tag{1.60}$$

verwendet werden darf. Die Richtung der induzierten Spannung, auch Quellenspannung genannt, ergibt sich aus der Lenzschen Regel (s. Abschn. 1.4 – für ins einzelne gehende Richtungsregeln s. Band I, Teil 2). Ein durch sie zum Fließen kommender Strom würde also ein der Flußänderung entgegengerichtetes Feld aufbauen.

1.2.3.3 Selbstinduktivität. Da jeder Strom i nach Abschn. 1.2.3.1 mit einem Fluß Φ_t verbunden ist, nach Gl. (1.54) und (1.55) sich aber auch mit dem Strom i der Fluß Φ_t ändert, führt außerdem jede Stromänderung zu einer induzierten Spannung

$$u_q = L \mathrm{d}i / \mathrm{d}t \tag{1.61}$$

die als Spannung der Selbstinduktion bezeichnet wird. Sie ist der Induktivität L des magnetischen Kreises und der Stromänderungsgeschwindigkeit $\mathrm{d}i/\mathrm{d}t$ proportional. Nach der Lenzschen Regel (s. Abschn. 1.4) hat diese Spannung jeweils eine Richtung, die sich der Stromänderung widersetzt, den ursprünglichen Stromwert i also aufrechtzuerhalten versucht.

Durch einen Koeffizientenvergleich von Gl. (1.58) und (1.61) erhält man unter der Voraussetzung einer konstanten Induktivität die Definitionsgleichung $L = d\Psi_t/\mathrm{d}t$. Setzt man weiterhin wie in Gl. (1.60) voraus, daß alle Windungen mit dem gleichen Fluß verkettet sind, findet man unter Anwendung von Gl. (1.55) für die Induktivität

$$L = N\Phi_t / i = N\Lambda\, \Theta_t / i = N^2 \Lambda = N^2 / R_m \tag{1.62}$$

Sie hängt somit wie magnetischer Leitwert Λ bzw. magnetischer Widerstand R_m von den geometrischen Abmessungen des magnetischen Kreises - nach Gl. (1.56) also von Länge l und Querschnitt A homogener Abschnitte - sowie von der Permeabilität μ und der Windungszahl N ab. Beispiele für die Berechnung von Induktivitäten findet man in Band I, Teil 2, in Band IX und entsprechenden Handbüchern, z. B. [1], [60], [70]. Für das Schaltzeichen s. Bild 1.27.

1.27
Schaltzeichen für Induktivität L

Solange die Permeabilität μ konstant bleibt (z. B. mit μ_0 in Luftspulen), hat auch die Induktivität L einen festen, vom Strom unabhängigen Wert. Ändert sich jedoch, wie in Bild 1.24 dargestellt, in einem mit ferromagnetischen Werkstoffen gefüllten magnetischen Kreis die Permeabilität μ_{Fe} mit der magnetischen Feldstärke H und somit auch mit dem Strom i, wird auch die Induktivität L_i stromabhängig, und Gl. (1.61) geht über in die Pfaff sche Differentialform

$$u_L = \frac{d(L_l i)}{dt} = L_l \frac{di}{dt} + i \frac{dL_l}{di} \cdot \frac{di}{dt} \tag{1.63}$$

Man könnte also in diesem Fall, um wieder Gl. (1.62) anwenden zu können, die vom Strom abhängige Ersatzinduktivität

$$L = L_l + i(dL_l/di) = f(i) \tag{1.64}$$

definieren; dies sind dann analog zu Abschn. 1.2.2.3 nichtlineare Induktivitäten. Wenn sie in Schaltungen auftreten, läßt sich deren Verhalten meist nur über eine Iteration finden. In der Schaltungslehre und daher auch in diesem Buch werden fast immer konstante, d. h. vom Strom i unabhängige, also lineare Induktivitäten L vorausgesetzt. Für das Verhalten ferromagnetischer Kreise s. a. Abschn. 5.3.3.

Induktivitäten werden in der Einheit Henry (H) angegeben. Nach Gl. (1.62) gilt

$$[L] = [N][\Phi]/[I] = \text{Vs/A} = \text{H} \tag{1.65}$$

Das Schaltzeichen der Induktivität ist in Bild **1.**27 dargestellt; es soll in diesem Buch stets nur die mit Gl. (1.62) beschriebenen Eigenschaften - d. h. das magnetische Verhalten des Bauelements in der Spannungserzeugung entsprechend Gl. (1.61) und somit wieder ein idealisiertes Verhalten - wiedergeben. Spulen, Wicklungen u. ä. zeigen zwar hauptsächlich diese Eigenschaften, enthalten aber z. B. auch noch den Drahtwiderstand mit seinen thermischen Wirkungen, so daß solche Geräte erst in Abschn. 3.3.3.3 vollständig behandelt werden können.

Beispiel 1.22. Es sollen die Induktivitäten der in Beispiel 1.21 betrachteten Ringspule berechnet werden.

Nach Gl. (1.62) gilt für die Induktivität der Luftspule

$$L_L = N^2 \Lambda_L = 800^2 \cdot 0{,}8 \text{ nT m}^2/\text{A} = 512 \text{ µH}$$

während der Eisenring die Induktivität auf

$$L_{Fe} = \mu_r L_L = 1200 \cdot 512 \text{ µH} = 614{,}4 \text{ mH}$$

erhöht. Man rechnet häufig mit solchen angenäherten Werten, obwohl hier grundsätzlich Gl. (1.64) anzuwenden wäre.

1.2.3.4 Gegeninduktivität. Mit Gl. (1.61) wird nicht festgelegt, wie die Flußänderung zustande kommt. Man kann daher auch in einer Anordnung nach Bild **1.**28 durch einen Strom i_1 in der Spule *1* eine Spannung u_2 in der Spule *2* oder durch einen Strom i_2 in der Spule *2* eine Spannung u_1 in der Spule *1* induzieren. Diese magnetische Kopplung von zwei Spulen wird beispielsweise im Transformator ausgenutzt und in Abschn. 3.5 besprochen.

Die Spulen *1* und *2* in Bild **1.**28 sollen die Windungszahlen N_1 und N_2 enthalten. Ein in der Spule *1* fließender Strom i_1 erzeugt den Fluß Φ_{1t}; bei dem für

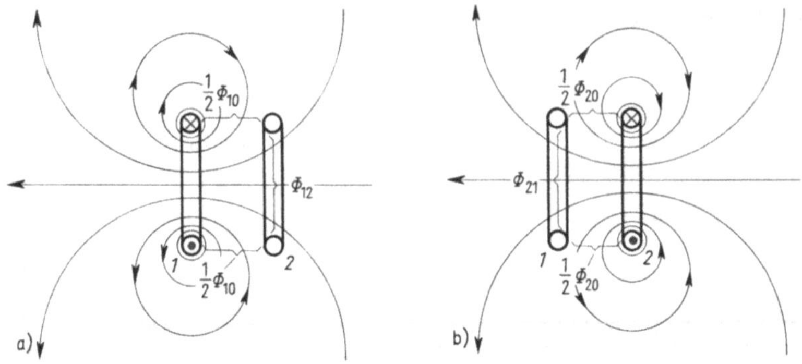

1.28 Magnetische Kopplung mit Feldverteilung bei Erregung der Spule *1* (a) bzw. der Spule *2* (b)

beide Spulen gleichen magnetischen Leitwert Λ durchsetzt nach Gl. (1.54) und (1.55) aber nur der Teilfluß $\Phi_{12t} = \Lambda N_1 i_1$ die Spule *2* und erzeugt in ihr nach Gl. (1.60) die Spannung

$$u_2 = N_2 \, \mathrm{d}\Phi_{12t}/\mathrm{d}t = \Lambda N_1 N_2 \, \mathrm{d}i_1/\mathrm{d}t \tag{1.66}$$

In der Spule *2* ist analog der Strom i_2 Ursache für den Fluß Φ_{2t} bzw. des mit der Spule *1* verketteten Teilflusses $\Phi_{21t} = \Lambda N_2 i_2$, der in der Spule *2* die Spannung

$$u_1 = N_1 \, \mathrm{d}\Phi_{21t}/\mathrm{d}t = \Lambda N_1 N_2 \, \mathrm{d}i_2/\mathrm{d}t \tag{1.67}$$

induziert. In Gl. (1.66) und (1.67) kann daher ein gemeinsamer - und mit der Induktivität L von Gl. (1.62) vergleichbarer Faktor, die Gegeninduktivität

$$M = \Lambda N_1 N_2 \tag{1.68}$$

eingeführt werden, so daß die Spannungen

$$u_2 = M \, \mathrm{d}i_1/\mathrm{d}t \quad \text{und} \quad u_1 = M \, \mathrm{d}i_2/\mathrm{d}t \tag{1.69}$$

unmittelbar aus den Stromänderungen berechnet werden können.

Das Schaltzeichen der Gegeninduktivität ist in Bild 1.29 dargestellt. Das Schaltzeichen in Bild 1.29a setzt den gleichen Wickelsinn, also eine gemeinsame magnetische Achse voraus. Der Wickelsinn kann aber auch durch Punkte nach Bild 1.29b und c zusätzlich gekennzeichnet sein. Im Fall von Bild 1.29c

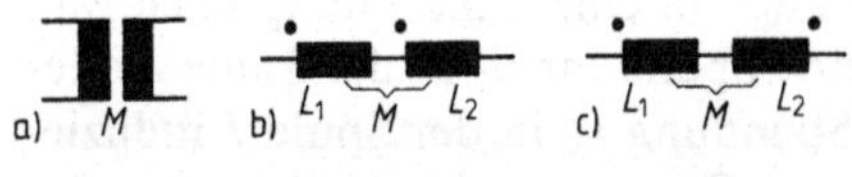

1.29
Schaltzeichen der Gegeninduktivität M (a) sowie mit Kennzeichnung des gleichsinnigen (b) und des gegensinnigen Wickelsinns (c)

haben dann die nach Gl. (1.69) zu ermittelnden Spannungen eine entgegengesetzte Richtung, was durch ein Minuszeichen (–) zu berücksichtigen ist (s. Abschn. 3.5.4). Diese Schaltzeichen M sollen in den Ersatzschaltungen dieses Buches nur die mit Gl. (1.68) definierte Eigenschaft zweier magnetisch gekoppelter Spulen verkörpern.

Die Gegeninduktivität M hat die gleiche Einheit wie die Induktivität L, nämlich das Henry (H) nach Gl. (1.65).

1.2.4 Kapazität

Kräfte, die relativ zueinander ruhende elektrische Ladungen aufeinander ausüben, beschreibt man mit dem elektrostatischen Feld. Der Stromkreis nach Bild 1.30 enthält eine Gleichspannungsquelle G, die mit ihren beiden Klemmen + und − an zwei Platten, auch Elektroden genannt, angeschlossen sind. Die beiden Platten sollen relativ große Flächen A aufweisen und sich in einem geringen Abstand a gegenüberstehen. Der im Raum zwischen den Elektroden befindliche Isolator wird als Dielektrikum bezeichnet. Eine solche Anordnung nennt man Kondensator. Der Stromkreis ist also offen, und die Verbindungen zwischen Generator G und Kondensator K sind stromlos.

Durch den Anschluß des Kondensators K an die Gleichspannungsquelle G in Bild 1.30 kann die Spannung U positive und negative Ladungen trennen: Auf der negativen Elektrode befinden sich dann ebenso viele überschüssige freie Elektronen, wie auf der positiven Elektrode fehlen, oder - anders gesagt - die positive Elektrode weist eine gleich große positive Elektrizitätsmenge Q (also positive Gitterionen - s. Abschn. 1.1.1) auf. Elektrizitätsmengen treten daher stets paarweise in Form von positiven und negativen Ladungen auf.

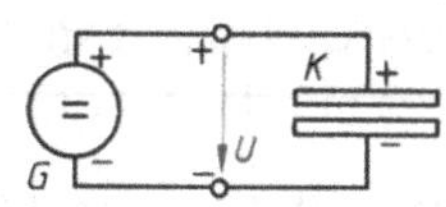

1.30
Offener Stromkreis mit Spannungsquelle G und Kondensator K

In der Schaltung von Bild 1.30 ist die Spannung U die Ursache für die Ladungstrennung, also das Auftreten der Ladung Q. Wendet man nun für diesen Zusammenhang wieder das Kausalitätsprinzip (s. Abschn. 1.2.1) an, so findet man allgemein für die Ladung

$$Q = C\,U \tag{1.70}$$

Der Proportionalitätsfaktor C gibt sozusagen das Fassungsvermögen eines Kondensators für die Elektrizitätsmenge Q bei einer bestimmten Spannung U an und wird allgemein als Kapazität bezeichnet.

Gl. (1.70) muß auch erfüllt sein, wenn sich mit der Spannung $\mathrm{d}u/\mathrm{d}t$ die Elektrizitätsmenge und daher der Strom $i = \mathrm{d}Q_t/\mathrm{d}t$ zeitlich ändern. Daher gilt für den Lade- bzw. Entladestrom des Kondensators

$$i = \mathrm{d}Q_t/\mathrm{d}t = C\,\mathrm{d}u/\mathrm{d}t \tag{1.71}$$

Die Kapazität C ist neben der zulässigen Kondensatorspannung U_C, nach dessen Überschreiten Schäden auftreten, die entscheidende Kenngröße eines Kondensators. Ihr Schaltzeichen ist in Bild 1.31 wiedergegeben; es soll in

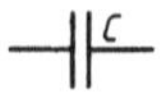

1.31
Schaltzeichen der Kapazität *C*

diesem Buch wieder nur die mit Gl. (1.70) definierten Eigenschaften, also die Wirkungen des elektrostatischen Feldes, verkörpern. Die Kapazität hat als Einheit das Farad (F). Für sie gilt nach Gl. (1.70)

$$[C]=[Q]/[U]=\mathrm{C/V}=\mathrm{As/V}=\mathrm{s}/\Omega=\mathrm{F} \tag{1.72}$$

Kondensatoren sind wichtige Bauelemente der Elektrotechnik, für die vielfältige Bauarten gebräuchlich sind; ihre Eigenschaften werden in Abschn. 3.3.3.4 beschrieben. Wenn man für den besprochenen Plattenkondensator ein homogenes elektrostatisches Feld voraussetzt, also eine große Plattenfläche A bei einem geringen Abstand a verwirklicht, kann man analog zu Gl. (1.36) und (1.56) für die Kapazität die Bestimmungsgleichung

$$C=\varepsilon A/a \tag{1.73}$$

angeben. Hierbei beschreibt die Permittivität

$$\varepsilon=\varepsilon_0\varepsilon_r \tag{1.74}$$

(auch Dielektrizitätszahl genannt) mit der Verschiebungskonstanten $\varepsilon_0=8{,}8542$ pF/m und der Permittivitätszahl ε_r den Einfluß des Dielektrikums. Die Permittivitätszahlen von Gasen liegen bei $e_r \approx 1$, von normalen Isolierstoffen etwa im Bereich $\varepsilon_r=2$ bis 12, von z. B. Condensa C und destilliertem Wasser bei $\varepsilon_r=80$, von Bariumtitanat bei $\varepsilon_r=20\,000$; sie ändern sich u. U. stärker mit der Frequenz - s. Abschn. 3.3.3.4 und Band I, Teil 2.

Beispiel 1.23. Ein Metallpapierkondensator besteht aus ölimprägniertem Papier mit der Permittivitätszahl $\varepsilon_r=2{,}2$ und der Dicke $a=0{,}03$ mm. Auf das Papier ist ein Metallbelag der Dicke 0,05 µm aufgedampft. Aus einem $b=8$ cm breit beschichtetem Band soll die Kapazität $C=2$ µF gewickelt werden. Wie lang muß dieses Band sein?

Es wird vorausgesetzt, daß Gl. (1.73) noch in guter Näherung gilt. Dann ergibt sich mit Gl. (1.74) für die Bandlänge

$$l=\frac{Ca}{\varepsilon_0\varepsilon_r b}=\frac{2\,\mu\mathrm{F}\cdot 0{,}03\ \mathrm{mm}\cdot 0{,}1\ \mathrm{cm/mm}}{8{,}8542\ (\mathrm{pF/m})\ 2{,}2\cdot 8\ \mathrm{cm}}=38{,}5\ \mathrm{m}$$

Dieses Band wird in 2 Schichten von je 19,25 m Länge übereinandergelegt und gewikkelt.

1.3 Kirchhoffsche Gesetze

Neben dem Ohmschen Gesetz (s. Abschn. 1.2.1) bilden die beiden Kirchhoffschen Gesetze die Grundlage zur Berechnung elektrischer Stromkreise. Es sollen nun zunächst die notwendigen Begriffe geklärt, die erforderlichen Vereinbarungen getroffen und schließlich anhand der physikalischen Grundlagen die beiden Kirchhoffschen Gesetze, nämlich Knotenpunkt- und Maschensatz, abgeleitet werden.

1.3.1 Begriffe

Eine elektrische Schaltung bzw. allgemeiner ein elektrisches Netzwerk kann aus mehreren Stromverzweigungen bestehen und wird meist verschiedene der in Abschn. 1.4 besprochenen Wirkungen zeigen. Um solche Netzwerke unmißverständlich beschreiben und berechnen zu können, bedient man sich zweckmäßig einiger vereinbarter Begriffe.

1.3.1.1 Zweipol und Zweitor. Teile einer Schaltung, die nur zwei Anschlußklemmen haben, werden allgemein als Zweipol (s. DIN 1323) oder Eintor bezeichnet. Wie schon in Abschn. 1.1.2.2 erläutert, arbeiten wir in diesem Buch vorzugsweise mit Ersatzschaltungen, deren Schaltungselemente idealisiert sind, also jeweils nur bestimmte Wirkungen des elektrischen Stromes wiedergeben. Die meisten Schaltzeichen im Anhang 7 gehören zu derartigen Zweipolen, die jeweils nur eine einzige Wirkung des elektrischen Stromes verkörpern. Ganz allgemein können aber Zweipole beliebige Stromwirkungen enthalten, und man kann sie auch wie in Bild **1**.32a darstellen.

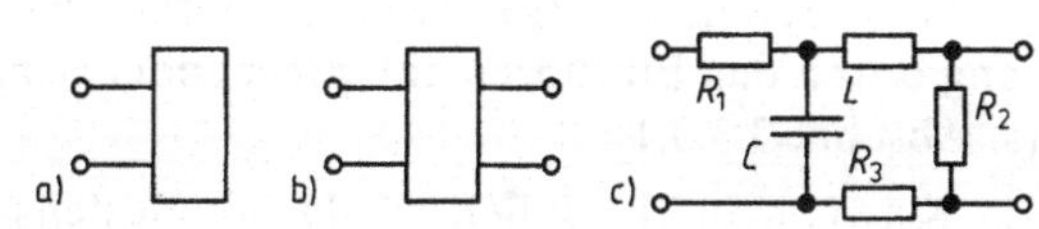

1.32
Zweipol (a) und Zweitor (b) mit Schaltungsbeispiel (c)

Eine große Bedeutung haben außerdem Vierpole, die man heute nach DIN 40124 (und daher auch in diesem Buch) als Zweitor bezeichnet. Sie haben nicht nur 2 Eingänge, sondern auch 2 Ausgänge und werden z. B. als Transformator, Verbindungsleitungen, Verstärker und Übertragungsglieder zwischen Erzeuger und Verbraucher bzw. Sender und Empfänger geschaltet. Eine mögliche innere Schaltung eines Zweitors aus den im Anhang 7 dargestellten Schaltungselementen ist in Bild **1**.32c wiedergegeben; für allgemeinere Betrachtungen genügt das in Bild **1**.32b angegebene Schaltzeichen. Die Eigenschaften der Zweitore und ihre zweckmäßige Behandlung werden ausführlich in Abschn. 3.6 besprochen.

Der in Abschn. 1.2.2 eingeführte Widerstand R kann keine elektrische Spannung oder elektrische Energie erzeugen; er nimmt vielmehr nur elektrische Energie auf und wandelt sie in Wärmeenergie um. Daher ist er ein passiver Zweipol. Eine Quelle G erzeugt dagegen eine Quellenspannung U_q und, wenn Strom I fließt, elektrische Energie W; sie ist daher ein aktiver Zweipol. Ein Akkumulator kann nicht nur elektrische Energie abgeben - dann ist er ein aktiv wirkender Zweipol. Wird er dagegen aufgeladen, ist er ein passiv wirkender Zweipol. Die Zweitore kann man in gleicher Weise kennzeichnen. Wenn sie nur die Bauelemente Widerstand R, Induktivität L und Kapazität C enthalten, sind sie passiv - ein Verstärker (s. Abschn. 6.2.2.2) ist aber z. B. ein aktives Zweitor.

1.3.1.2 Kenngrößen elektrischer Netzwerke. Ein elektrisches Netzwerk, das Zweipole oder Zweitore nach Abschn. 1.3.1.1 enthält, wird meist zweidimensional betrachtet und daher wie in Bild **1**.33 in der Ebene ausgebreitet. Die Schaltung enthält im Anhang 7 zusammengestellte Schaltzeichen, die die in Abschn. 1.1.4.5, 1.2.2, 1.2.3 und 1.2.4 eingeführten idealisierten Bauelemente verkörpern. Ein Netzwerk besteht aus einzelnen Zweigen, die an den Knotenpunkten miteinander verbunden sind und auf diese Weise Maschen bilden.

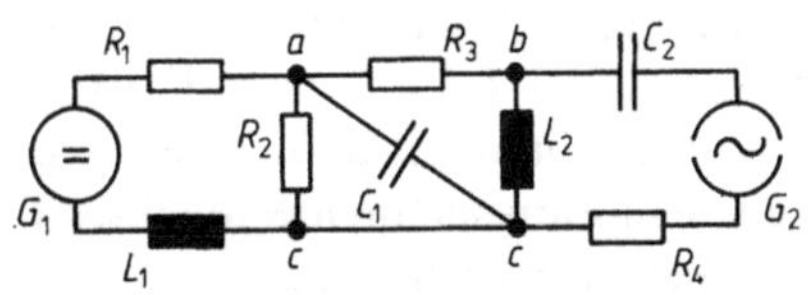

1.33
Netzwerk

Die einzelnen Schaltungselemente sind durch Linien miteinander verbunden. Diese Verbindungsleitungen werden für die hier meist zu untersuchenden Ersatzschaltungen als widerstandslos und ohne jede andere Wirkung des elektrischen Stromes angesehen. Zeigt die in der praktischen Schaltung benutzte Verbindungsleitung irgendwelche Wirkungen, müssen sie in der Ersatzschaltung durch das Einführen entsprechender Schaltzeichen berücksichtigt werden (s. Abschn. 3.3.3.1).

Im Knotenpunkt sollen i. allg. mindestens 3 Verbindungsleitungen zusammentreffen. Knotenpunkte, die ohne einen zwischengeschalteten Zweipol, also mit einer als widerstandslos gedachten Leitung miteinander verbunden sind, werden zu einem Knotenpunkt zusammengefaßt (z. B. Knoten c in Bild **1**.33). Die Schaltung in Bild **1**.33 enthält also die 3 Knotenpunkte a, b und c.

Ein Zweig verbindet zwei Knotenpunkte durch eine Kettenschaltung von Zweipolen und Verbindungsleitungen, die alle vom gleichen Zweigstrom durchflossen werden. Im linken Zweig von Bild **1**.33 sind beispielsweise die Zweipole Widerstand R_1, Gleichspannungsquelle G_1 und Induktivität L_1 in Reihe geschaltet und bilden so nur einen Zweig. Dagegen gehören die Zweipole Widerstand R_2 und Kapazität C_1 zu zwei parallelen Zweigen. Bild **1**.33 enthält insgesamt 6 Zweige.

Unter einer Masche versteht man einen in sich geschlossenen Kettenzug (also eine Ringschaltung) von Zweigen und Knotenpunkten. Geht man von irgendeinem Knotenpunkt aus, so durchwandert man eine Masche, wenn man, ohne irgendeinen Zweig mehrfach zu durchlaufen, zum Ausgangspunkt zurückkehrt. In der Schaltung von Bild 1.33 kann man viele Maschen bilden - z. B. die Masche aus den Bauelementen R_3, L_2 und C_1, aber auch eine Masche aus R_3, L_2 und R_2 oder ebenso aus R_3, $L_2 L_1$, G_1 und R_1 usw.

1.3.1.3 Zählrichtungen. In Bild 1.34 ist die Ersatzschaltung der elektrischen Anlage eines Kraftfahrzeuges dargestellt. Sie besteht aus der Lichtmaschine, die in der Quelle G_G eine Quellenspannung erzeugt, aber auch einen inneren Widerstand R_{iG} aufweist, der Akkumulatorbatterie, die mit G_B und R_{iB} eine grundsätzlich gleiche Ersatzschaltung hat, und den an den beiden Spannungsquellen parallel angeschlossenen Verbrauchern (z. B. Beleuchtung, Wischer u. ä.), die in dem Widerstand R_a (Index a für außen) zusammengefaßt sein sollen. Beim Starten wird die elektrische Energie nur dem Akkumulator entnommen; während der Fahrt soll dagegen der Akkumulator durch die Lichtmaschine wieder aufgeladen werden. Je nach Betriebsart kann daher z. B. der Strom im Widerstand R_{iB} unterschiedliche Richtungen annehmen.

1.34
Ersatzschaltung der elektrischen Anlage eines Kraftfahrzeugs

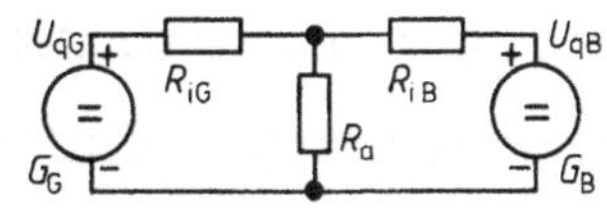

Ganz allgemein werden die Stromrichtungen in der Schaltung von Bild 1.34 durch den Wert (und die Richtung) der Quellenspannungen U_{qG} und U_{qB} in den Quellen G_G und G_B und den Wert der Widerstände R_{iG}, R_{iB} und R_a beeinflußt. Bei der allgemeinen Untersuchung von Schaltungen muß man daher den Wechsel der Stromrichtung zulassen und eine Betrachtungsweise wählen, die die jeweils zutreffende Stromrichtung als Ergebnis der Rechnung liefert. Um dies zu erreichen, nimmt man zunächst für alle Zweige Stromrichtungen an und kennzeichnet diese Richtungen durch Pfeile. Wenn die folgende Berechnung einen positiven Stromwert ergibt, fließt der Strom tatsächlich in der angenommenen Richtung; liefert sie einen negativen Wert, fließt er entgegengesetzt zur Pfeilrichtung. Die eingetragenen Pfeile können also nicht in jedem Fall die Stromrichtung wiedergeben; sie sind vielmehr nur Zählpfeile, die kennzeichnen, in welcher Richtung der Strom positiv gezählt wird.

Derartige angenommene Richtungen nennt man allgemein Zählrichtungen oder Bezugsrichtungen (nach DIN 5489). Sie werden nicht nur für die Ströme, sondern auch für die Spannungen gewählt und in die Ersatzschaltungen eingetragen. Die Zählpfeile (bzw. Bezugspfeile) für die Ströme werden in diesem Buch neben die Verbindungsleitungen oder das Bauelement (nach DIN

5489 auch in die Leitung) und die Zählpfeile für die Spannungen parallel zu den betroffenen Bauelementen oder zwischen den zugehörigen Klemmen oder Knotenpunkten der Schaltung eingetragen, wie dies Bild 1.35 für die Schaltung von Bild 1.34 zeigt.

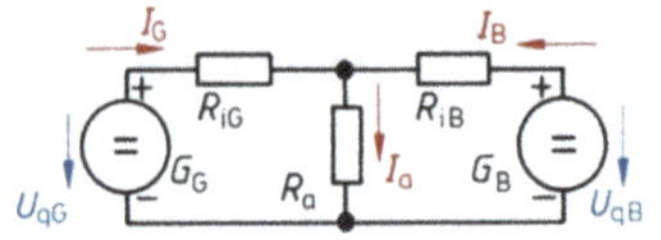

1.35
Ersatzschaltung von Bild 1.34 mit Zählpfeilen

Wenn die positiven Richtungen bekannt sind - wie etwa meist die Spannungsrichtungen von Gleichstromquellen (s. Bild 1.30 mit + und −) - ist es zweckmäßig, die gleiche Zählrichtung zu wählen. Wechselstrom und Wechselspannung ändern nach Bild 1.6 jedoch ständig ihre Richtung, so daß hier die Zählrichtung nur festgelegt werden kann (s. Abschn. 3.1.2.2). In den folgenden Schaltbildern sind daher alle eingetragenen Pfeile nur Zählpfeile im Sinne der Definition, daß Strom und Spannung in dieser Richtung positiv gezählt werden.

1.3.1.4 Zählpfeilsysteme. Nach Bild 1.36 kann man die Zählpfeile für Strom und Spannung bei den Zweipolen auf zweierlei Art eintragen - bei den Zweitoren sogar auf viererlei Art; in Bild 1.36 sind nur die beiden üblichen angegeben.

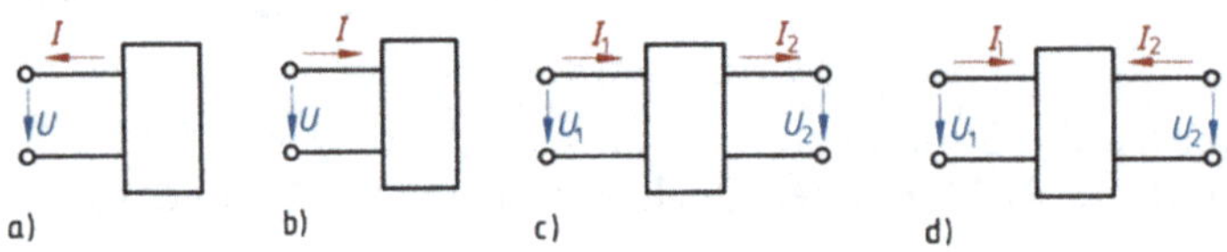

1.36 Allgemeiner Zweipol mit Erzeuger-Zählpfeilsystem (EZS) (a) und Verbraucher-Zählpfeilsystem (VZS) (b) sowie allgemeines Zweitor mit Ketten-Zählpfeilsystem (KZS) (c) und symmetrischem Zählpfeilsystem (SZS) (d)

In Bild 1.36a lehnt sich die Strom-Zählpfeilspitze beim Ende des Spannungs-Zählpfeils an die tatsächlichen Verhältnisse eines Erzeugers an, wobei Strom- und Spannungs-Zählpfeil im Zweipol eine entgegengesetzte Richtung haben. Diese Zuordnung nennt man daher Erzeuger-Zählpfeilsystem (EZS).

In einem Verbraucher würde dagegen, wenn er an die Gleichspannung U wie in Bild 1.36b angeschlossen ist, auch tatsächlich der Strom in die dort eingetragene Richtung des Strom-Zählpfeils fließen, so daß man diese Zählpfeilzuordnung Verbraucher-Zählpfeilsystem (VZS) nennt. Wenn nichts anderes gesagt ist, wird in diesem Buch der Schaltungslehre bei den Zweipolen dieses Verbraucher-Zählpfeilsystem angewandt. Da im VZS die Zählpfeile für Strom und Spannung in jedem Zweipol die gleiche Richtung haben, genügt es dann auch, nur einen Zählpfeil anzugeben, der für beide Größen gilt.

Bei den Zweitoren werden die in Bild 1.36c und d dargestellten Zählpfeilsysteme angewandt. Das Ketten-Zählpfeilsystem (KZS) hat bei der Berechnung der Kettenschaltungen von Zweitoren Vorteile, da sich diese Schaltungen dann mathematisch einfacher behandeln lassen (s. Abschn. 3.6 und Band XI). Wenn dagegen Ein- und Ausgang des Zweitors in gleicher und umkehrbarer Weise betrachtet werden sollen, liefert das symmetrische Zählpfeilsystem (SZS) einfachere Gleichungen und Kenngrößen ohne negative Vorzeichen.

Die anschließend zu besprechenden Kirchhoffschen Gesetze können nur sinnvoll angewandt werden, wenn man durch Eintragen von Zählpfeilen in die zugehörige Ersatzschaltung von vornherein eindeutige Zählrichtungen festlegt. Erst mit ihnen können die Vorzeichen der Ergebnisse unmißverständlich gedeutet und die Gleichungen für das Spannungsgleichgewicht (s. Abschn. 1.3.3.1), die Leistungsbilanz (s. Abschn. 1.4.1.3) oder den Energieumsatz (s. Abschn. 1.5.3) aufgestellt werden. Um ein elektrisches Netzwerk untersuchen zu können, ist daher eine Ersatzschaltung mit vollständig eingetragenen Zählpfeilen unabdingbar.

In Bild 1.37 sind zwei Zweipole mit den zugehörigen Strom- und Spannungsmessern zu einem Stromkreis zusammengeschaltet. Im allgemeinen Fall wird der eine ein Erzeuger (oder Sender) und der andere ein Verbraucher (oder Empfänger) sein - der eine Zweipol wird also nach Abschn. 1.3.1.1 aktiv und der andere passiv sein. Es sind die zum VZS gehörenden Zählpfeile eingetragen.

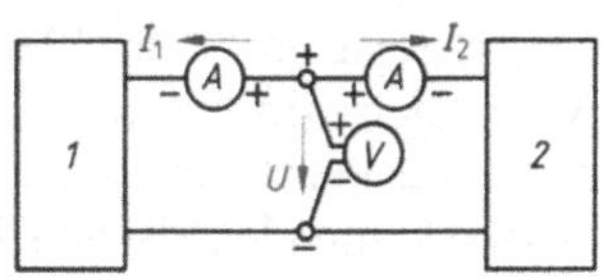

1.37
Zusammenarbeit von aktivem und passivem Zweipol (Zählpfeile im VZS)

Wenn man die Eigenschaften der Zweipole nicht kennt, also auch nicht weiß, wer der aktive ist, kann man sie mit der Schaltung in Bild 1.37 untersuchen. Für die Messung werden zweckmäßig Drehspulmeßwerke nach Bild 1.47a eingesetzt. Ihre Klemmen sind durch + und − gekennzeichnet, so daß man mit ihnen auch die Strom- und Spannungsrichtungen bestimmen kann. Wenn man sie wie in Bild 1.37 mit ihren Plusklemmen miteinander verbindet, wird der eine Strommesser einen positiven und der andere einen gleich großen negativen Wert anzeigen - der zweite Strommesser wäre also überflüssig. Er wird hier nur eingesetzt, um zu zeigen, daß eigentlich zu jedem Zählpfeil ein Meßgerät gehört, das mit Zuordnung von − an der Pfeilspitze und + am Pfeilende die auch im Vorzeichen richtigen Größen bestimmt.

Beispiel 1.24. In der Schaltung von Bild 1.37 haben die Meßgeräte einen vernachlässigbar geringen Eigenverbrauch (s. Band IV), und es werden die Spannung $U = -25$ V und der Strom $I_2 = 0{,}1$ A gemessen. Die Widerstände R und die in den Zweipolen umgesetzten Leistungen P sollen bestimmt werden.

Bei dem gemessenen Strom $I_2 = 0{,}1$ A fließt der Strom insgesamt im Uhrzeigersinn - also rechtsherum - im anderen Strommesser muß daher der Strom $I_1 = -0{,}1$ A angezeigt werden. Nach dem Ohmschen Gesetz hat der Zweipol *1* also den Widerstand

$$R_1 = U_1/I_1 = -25\ \text{V}/(-0{,}1\ \text{A}) = 250\ \Omega$$

und nimmt die Leistung

$$P_1 = U_1 I_1 = -25\ \text{V}\,(-0{,}1\ \text{A}) = 2{,}5\ \text{W}$$

auf. Diese positiven Werte sind nach Beispiel 1.4 bis 1.20 das Kennzeichen eines Verbrauchers, also eines passiven Zweipols. Der Zweipol *2* zeigt analog den Widerstand

$$R_2 = U_2/I_2 = -25\ \text{V}/(0{,}1\ \text{A}) = -250\ \Omega$$

und die Leistung

$$P_2 = U_2 I_2 = -25\ \text{V}\cdot 0{,}1\ \text{A} = -2{,}5\ \text{W}$$

Diese negativen Werte können, da einer der beiden Zweipole ein Erzeuger sein muß, nur als Kennzeichen eines aktiven Zweipols gedeutet werden. Auf diese Zusammenhänge wird bei Sinusstrom nochmals in Abschn. 3.2.1.5 eingegangen.

1.3.2 Erstes Kirchhoffsches Gesetz

Es soll jetzt das 1. Kirchhoffsche Gesetz, das sich mit der Stromsumme in einem Knotenpunkt befaßt, physikalisch abgeleitet werden.

1.3.2.1 Ladungserhaltungssatz. Nach Abschn. 1.1.2.3 ist der elektrische Strom ein Trägerstrom, d. h., Elektronen oder Ionen befördern elektrische Ladungen. Abgesehen von einigen Vorgängen in der Atomphysik, wo Masse in Energie und umgekehrt umgesetzt wird, können in der hier zu betrachtenden Makrophysik keine elektrischen Ladungen verloren gehen oder gewonnen werden - sie können nur nach Abschn. 1.2.4 in einer Kapazität C gespeichert werden.

Es gilt daher das allein durch Messungen zu beweisende Gesetz von der Erhaltung der elektrischen Ladung bzw. der Elektrizität: In einem abgeschlossenen System ist die resultierende Elektrizitätsmenge konstant. Die hier zu betrachtenden Schaltungen sind abgeschlossene Systeme; in ihnen bleibt die Anzahl der Elektronen somit konstant.

Für ein räumliches Strömungsfeld darf man diesen Satz erweitern: Die Summe aller in eine Hüllfläche (s. Bild **1**.38) hinein- und herausfließenden Ströme ist gleich Null. Die elektrischen Ströme dürfen innerhalb der Hüllfläche beliebige Wege nehmen, also z. B. auch wie in Bild **1**.38 durch drei angedeutete Widerstände fließen. Für die differentiellen, gerichteten Größen (Vektoren) Stromdichte $\vec{S}_{xt}$ und die Fläche $\vec{A}$ gilt daher allgemein

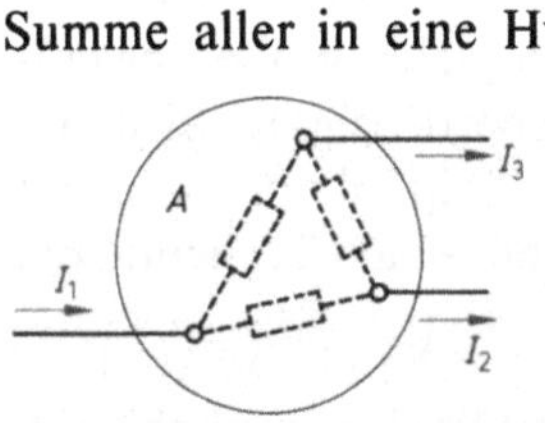

1.38 Hüllfläche A mit zu- und abfließenden Strömen I_1 bis I_3

$$\oint_A \vec{S}_{xt}\,\mathrm{d}\vec{A} = 0 \qquad (1.75)$$

Das Flächenintegral der (beliebig orts- und zeitabhängigen) Stromdichte $\vec{S}_{xt}$ über eine Hüllfläche A verschwindet also. Man sagt: Das elektrische Strömungsfeld ist quellenfrei (s. Band I, Teil 2).

1.3.2.2 Knotenpunktsatz. Da in einem Knotenpunkt nach Abschn. 1.3.2.1 Elektronen oder Ionen weder gespeichert noch erzeugt werden können, muß die dem Knotenpunkt in einem bestimmten Zeitpunkt zugeführte Elektrizitätsmenge auch sofort wieder abfließen. Die auf die Zeit t bezogenen Elektrizitätsmengen Q sind nach Gl. (1.2) die zu- und abfließenden Ströme. Daher muß die Summe der Ströme, die dem Knotenpunkt zufließen, in jedem Augenblick ebenso groß sein wie die Summe der abfließenden Ströme.

Ordnet man allen Strömen, wie in Abschn. 1.3.1.3 erläutert, Zählpfeile zu und läßt man gleichzeitig für die Stromwerte beliebige Vorzeichen zu, so darf man bei n zum Knotenpunkt führenden Zweigen in Abwandlung von Gl. (1.75) für die Zeitwerte der durchnumerierten n Ströme i_μ auch ganz allgemein setzen

$$\sum_{\mu=1}^{\mu=n} i_\mu = 0 \qquad (1.76)$$

Das 1. Kirchhoffsche Gesetz, das auch als Knotenpunktsatz oder als Gesetz von der Stromsumme bezeichnet wird, besagt somit in seiner allgemeinsten Form: An jedem Knotenpunkt ist die Summe aller zu- und abfließenden Ströme unter Beachtung der durch die Zählpfeile gegebenen Vorzeichen in jedem Zeitpunkt Null. Hierbei werden in die allgemeine Stromgleichung die Formelzeichen der Ströme, deren Zählpfeile auf den Knotenpunkt hin zeigen, mit dem Pluszeichen und die Ströme, deren Zählpfeile vom Knotenpunkt weg weisen, dagegen mit dem Minuszeichen eingesetzt.

Für den Knotenpunkt in Bild 1.39 gilt daher in Anwendung von Gl. (1.76) unter Berücksichtigung der durch die Zählpfeile vorgegebenen mathematischen Zeichen die Stromgleichung, also die Strombilanz

$$-I_1 - I_2 - I_3 + I_4 + I_5 = 0 \qquad (1.77)$$

Dieser Knotenpunktsatz darf entsprechend Bild 1.38 und Gl. (1.75) auch auf beliebige Schaltungsteile und Netzwerkausschnitte angewendet werden.

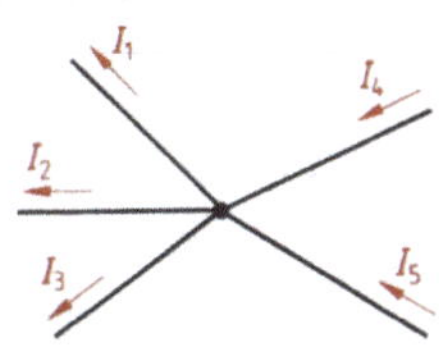

1.39 Knotenpunkt mit Strömen I_μ

Beispiel 1.25. An dem Knotenpunkt in Bild 1.39 werden die Ströme $I_1 = 4$ A, $I_2 = -5$ A, $I_4 = 7$ A, $I_5 = -10$ A gemessen. Der Strom I_3 ist zu bestimmen.

Nach Gl. (1.77) gilt für den gesuchten Strom

$$I_3 = -I_1 - I_2 + I_4 + I_5 = -4\text{ A} - (-5\text{ A}) + 7\text{ A} + (-10\text{ A}) = -2\text{ A}$$

Es ist also zu beachten, daß man zwischen den Vorzeichen der gemessenen Ströme und den mathematischen Operationszeichen + und − in Gl. (1.77) zu unterscheiden hat (s. a. Abschn. 8.1.1.4).

1.3.3 Zweites Kirchhoffsches Gesetz

Dieser wichtige Satz befaßt sich mit der Spannungssumme in einer Masche, in der sich beliebig viele Quellen, Verbraucher oder Speicher befinden dürfen. Es soll hier nun gezeigt werden, daß sich hier analog zur Mechanik, die das Gleichgewicht der Kräfte kennt, ein Gleichgewicht der Spannungen einstellt, das im Maschensatz seinen Ausdruck findet.

1.3.3.1 Spannungsgleichgewicht. Der Satz von der Erhaltung der Energie verlangt für den einfachen Stromkreis von Bild **1.**7, daß die im Verbraucher in Wärme umgesetzte Energie W_V in der Quelle als elektrische Energie W_q erzeugt wird, also nach Gl. (1.13)

$$W_V = W_q \quad \text{oder} \quad UIt = U_q It \tag{1.78}$$

ist. Da diese Energie in der gleichen Zeit t umgesetzt werden muß, gilt auch entsprechend Gl. (1.16) das Gleichgewicht der Leistungen bzw. die Leistungsbilanz

$$UI = U_q I \quad \text{bzw.} \quad P_V = P_q \tag{1.79}$$

Da überall der gleiche Strom I fließt, müssen ferner die Spannungen

$$U = U_q \quad \text{oder} \quad U - U_q = 0 \tag{1.80}$$

gleich groß bzw. ihre Summe muß Null sein. In der Schaltung von Bild **1.**7 herrscht also ein Spannungsgleichgewicht. Die am Verbraucher auftretende Spannung U wird als Quellenspannung U_q in der Quelle G erzeugt. Dies geht auch unmittelbar aus Bild **1.**7 hervor; denn zwischen den Klemmen *1* und *2* bzw. + und − kann natürlich nur eine Spannung gemessen werden.

In der allgemeineren Masche von Bild **1.**40 sollen nach Abschn. 1.1.4.2 die Potentiale der 4 Knotenpunkte a, b, c und d mit φ_a, φ_b, φ_c und φ_d gegeben sein. Dann gilt für die Spannungen der 4 Zweige

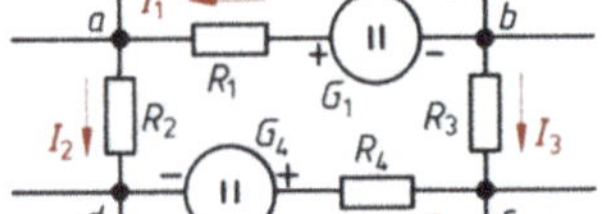

1.40 Masche mit Strömen I_μ und Quellenspannungen $U_{q\mu}$

$$U_{ab} = \varphi_a - \varphi_b$$
$$U_{bc} = \varphi_b - \varphi_c$$
$$U_{cd} = \varphi_c - \varphi_d$$
$$U_{da} = \varphi_d - \varphi_a$$

und für ihre Summe

$$U_{ab} + U_{bc} + U_{cd} + U_{da} = 0$$

Auch in diesem allgemeinen Fall wird also die Summe der Teilspannungen einer Masche, die man auch Umlaufspannung nennt, Null.

1.3.3.2 Maschensatz. Das in Abschn. 1.3.3.1 abgeleitete Gleichgewicht der Spannungen in einer Masche kann man einfach und allgemein mit dem 2. Kirchhoffschen Gesetz, das auch Maschensatz oder Gesetz von der Spannungssumme genannt wird, beschreiben. Ordnet man allen Teilspannungen - auch den Quellenspannungen - wie in Abschn. 1.3.1.3 erläutert, Zählpfeile zu und läßt man gleichzeitig für die Spannungswerte beliebige Vorzeichen zu, so gilt bei n Teilspannungen in der Masche für die Zeitwerte der durchnumerierten Spannungen u_μ, also für die Spannungsbilanz, ganz allgemein

$$\sum_{\mu=1}^{\mu=n} u_\mu = 0 \tag{1.81}$$

Es ist also die Summe der Zeitwerte der Teilspannungen - bzw. der Zeitwert der Umlaufspannung - stets Null.

Beim Aufstellen der Spannungsgleichung nach Gl. (1.81) hat man streng auf die Vorzeichen zu achten. Man muß daher die Masche in einem bestimmten Umlaufsinn durchlaufen; wir werden hier, um Verwechslungen zu vermeiden, stets den Umlaufsinn der Uhr - also rechtsherum - anwenden. Größen, deren Zählpfeile in dieser Masche dem Uhrzeigersinn folgen, werden dann mit dem Pluszeichen und Spannungen, deren Zählpfeile dem Uhrzeigersinn entgegengerichtet sind, mit einem Minuszeichen in die Spannungsgleichung (1.81) eingeführt. Für die in Bild **1.40** dargestellte Masche findet man daher unter Anwendung des Ohmschen Gesetzes Gl. (1.27) die Spannungsgleichung, also die Spannungsbilanz

$$-R_1 I_1 + U_{q1} + R_3 I_3 - R_4 I_4 + U_{q2} - R_2 I_2 = 0 \tag{1.82}$$

Die Vorschriften, die man beim Anwenden der Kirchhoffschen Gesetze auf elektrische Netzwerke beachten muß, sind in Abschn. 2.3.1.3 nochmals zusammengestellt.

Beispiel 1.26. Die Masche in Bild **1.40** enthält die Widerstände $R_1 = 2\,\Omega$, $R_2 = 30\,\Omega$, $R_3 = 20\,\Omega$, $R_4 = 5\,\Omega$; es herrschen die Quellenspannungen $U_{q1} = 24$ V, $U_{q2} = 12$ V, und es fließen die Ströme $I_1 = 5$ A, $I_2 = 4$ A, $I_4 = 0{,}2$ A. Der Strom I_3 soll bestimmt werden.

Nach Gl. (1.82) erhält man den Strom

$$I_3 = \frac{1}{R_3}(R_1 I_1 - U_{q1} + R_4 I_4 - U_{q2} + R_2 I_2)$$

$$= \frac{1}{20\,\Omega}(2\,\Omega \cdot 5\text{ A} - 24\text{ V} + 5\,\Omega \cdot 4\text{ A} - 12\text{ V} + 30\,\Omega \cdot 0{,}2\text{ A}) = 0$$

Im betrachteten Fall fließt also über den Widerstand R_3 kein Strom. Dies braucht nicht zu verwundern; denn die Knotenpunkte b und c haben das gleiche Potential $\varphi_b = \varphi_c$, und die übrigen Ströme finden den notwendigen Rückschluß über andere Zweige des in Bild **1.40** nicht dargestellten, sondern nur mit Abgängen angedeuteten übrigen Netzwerks.

1.4 Wirkungen des elektrischen Stromes

Die elektrische Strömung außerhalb des menschlichen Körpers läßt sich mit keinem menschlichen Sinn unmittelbar wahrnehmen. Daß in einem Metalldraht Elektronen fließen, ist nur aus den Veränderungen, die im Leiter oder in seiner Umgebung hervorgerufen werden, zu folgern. Technisch wichtig sind hauptsächlich folgende Wirkungen des elektrischen Stromes: das Erzeugen von Wärme und Licht, magnetische Vorgänge und chemische Zersetzungen. Außerdem treten im menschlichen und tierischen Körper beim Stromdurchgang physiologische Wirkungen auf, die sich durch Muskel- und Nervenreaktionen, gegebenenfalls auch durch größere organische Schädigungen oder durch Eintritt des „elektrischen Todes" äußern (s. Abschn. 1.2.1.3).

Die Wirkungen treten entweder in der Strombahn (bei den Wärme-, chemischen und physiologischen Erscheinungen) oder außerhalb der Strombahn (bei den magnetischen Erscheinungen) auf. Der Strom erzeugt in allen Leitern, Halbleitern und Isolierstoffen Wärme. Die chemische Wirkung kommt nur in den Leitern 2. Klasse vor und besteht in einer chemischen Zersetzung der in ihnen enthaltenen Moleküle (s. Band I, Teil 3). Die magnetische Wirkung äußert sich in mechanischen Kräften, die auf benachbarte Eisenteile oder Strombahnen ausgeübt werden; auch können mit ihnen neue Elektronenbewegungen verursacht, also Spannungen erzeugt werden (s. Band I, Teil 2). Außerdem sollen in den folgenden Abschnitten die Erscheinungen beim Speichern elektrischer Ladungen betrachtet und insgesamt der Energieumsatz, also die Umwandlung einer Erscheinungsform von Energie in eine andere und die hierbei auftretenden Gesetzmäßigkeiten behandelt werden.

Bei diesen Betrachtungen ist ganz allgemein der Satz von der Erhaltung der Energie [13], [72] zu beachten: Abgesehen von der in der Atomphysik möglichen Umwandlung von Masse in Energie und umgekehrt, kann bei den hier zu behandelnden Vorgängen nämlich keine Energie erzeugt werden oder verloren gehen - es wird vielmehr stets nur Energie einer Erscheinungsform in eine andere umgewandelt. Diese Umwandlung kann auch nur stetig ablaufen; plötzliche Änderungen des Energiezustands sind also nicht möglich, dies wird insbesondere in Abschn. 7 angewandt.

Dieses Grundgesetz der Energie bestimmt auch die Richtung der erzielten Wirkungen des elektrischen Stromes, was in der Lenzschen Regel zum Ausdruck gebracht wird. Dieses allgemeine Grundgesetz der Physik besagt, daß jede erzielte Wirkung stets so gerichtet ist, daß sie den Vorgang, der sie verursacht, zu hemmen versucht [13], [72].

1.4.1 Thermische Wirkung

Wenn Elektronen durch metallische Leiter wandern, kommt es zu Zusammenstößen zwischen Elektronen und Gitterionen. Hierbei geben die Elektronen die Energie, die ihnen mit der angelegten elektrischen Spannung U bzw. der elektrischen Feldstärke E zugeführt wird, an die Gitterionen ab. Wenn auf diese Weise im Innern des Atomgitters Energie umgesetzt wird, beginnen die Gitterionen, mit größerer Amplitude um ihre Ruhelage zu schwingen, und der Leiter erwärmt sich. Dieser Vorgang wird als Joulesche Stromwärme bezeichnet.

Das Schwingen der Gitterionen kann auch so stark werden, daß der Leiter sichtbares Licht ausstrahlt (z. B. in den Glühlampen oder Infrarotstrahlern).

Während die meisten Energieumwandlungsprozesse (s. Abschn. 1.4.3) umkehrbar sind, also auch bei gleicher Wirksamkeit in umgekehrter Richtung verlaufen können, wird stets ein bestimmter Teil der elektrischen Energie im Widerstand R irreversibel in Wärmeenergie überführt. Die Wärmemenge der Welt nimmt auf diese Weise stetig zu; der Physiker sagt: Die Entropie wächst stetig – s. [13], [72].

In vielen Fällen ist die erzeugte Wärmemenge erwünscht (z. B. in den elektrischen Heizöfen oder Kochplatten); Joulesche Stromwärme tritt aber in allen metallischen Leitern, also z. B. in den Wicklungen elektrischer Maschinen, in den Freileitungen und Kabeln der Energieversorgung und auch in den Bauelementen der Elektronik auf. Sie wird dann als Verlustwärme bezeichnet, die, um Schäden in den Isolationen durch zu große Temperaturen zu vermeiden und einen guten Wirkungsgrad der Energieübertragung oder -umwandlung zu gewährleisten, ausreichend klein gehalten werden muß.

1.4.1.1 Joulesche Stromwärme. Nach dem Gesetz von der Erhaltung der Energie kann in einem geschlossenen System (z. B. einer elektrischen Anlage) keine Energie vernichtet oder neu geschaffen werden; es kann immer nur irgendeine zur Verfügung stehende Energie bestimmter Art in eine gleich große Energie anderer Form umgewandelt werden. So wird z. B. elektrische Energie in den elektrischen Wärme- oder Schweißgeräten in Wärmeenergie umgesetzt.

Wir werden hier stets als Bauelement, das elektrische Energie vollständig in Wärmeenergie umwandelt, den Widerstand R bzw. seinen Reziprokwert, den Leitwert G, ansehen. Die in diesem Buch benutzte physikalische Größe Widerstand R soll mit dem Schaltzeichen in Bild **1.**14 also nur eine einzige Stromwirkung, nämlich die Wärmewirkung, wiedergeben – obwohl ein ausgeführtes Widerstandsgerät auch z. B. ein magnetisches Feld ausbilden kann. Wir idealisieren daher den Widerstand R auf diese einzige thermische Wirkung.

Ein in diesem Sinn definierter Widerstand R nimmt nach Gl. (1.13), wenn er während der Zeit t an der festen Spannung U liegt und den Strom I führt, also die Leistung $P = UI$ umsetzt, die elektrische Energie

$$W_e = UIt = Pt = W_{th} \tag{1.83}$$

auf und wandelt sie in eine gleich große Wärmemenge W_{th} um. Für veränderliche Spannungen u und Ströme i wäre wieder Gl. (1.14) anzuwenden. Elektrische Energie und Wärmeenergie haben daher nach Gl. (1.15) auch die gleiche Einheit 1 J = 1 Ws. Früher wurde auch mit der Einheit Kalorie (1 cal = 4,187 Ws = 1,16 mWh - s. DIN 1345) gearbeitet.

1.4.1.2 Elektrowärmetechnik. In den Elektrowärmegeräten wird die Joulesche Stromwärme nach Abschn. 1.4.1.1 als Widerstandsheizung genutzt. Wechsel- und Gleichstrom zeigen hierbei grundsätzlich die gleichen Wärmewirkungen, so daß wärmetechnische Widerstandsgeräte für beide Stromarten in gleicher Ausführung eingesetzt werden können.

Die Widerstandsheizung findet hauptsächlich bei Heiz- und Kochgeräten für Haushalt, Kleingewerbe u. ä., ferner in Glüh-, Härte-, Trocken- und anderen industriellen Öfen sowie in der Schweißtechnik (beim Punkt-, Naht- oder Stumpfschweißen) Anwendung. Die Heizleiter bestehen meist aus Chromnickel (s. Beispiel 1.11) und werden auf wärmebeständige Isolierteile (z. B. aus Mikanit, Steatit, Schamotte) aufgewickelt, mit Asbestkordeln zu Widerstandsgittern verwoben oder in Isoliermassen eingebettet (z. B. Tauchsieder, Kochplatten).

Die Lichtbogenheizung hat Vorteile, wenn große Wärmemengen oder hohe Temperaturen (wie z. B. beim Lichtbogenschweißen) benötigt werden. Beides ist erforderlich z. B. zum Schmelzen oder Legieren von Metallen in Lichtbogenöfen.

In den Schmelzsicherungen (s. Bild **1.4**) erreicht ein Schmelzleiter, der in Quarzsand als Löschmittel eingebettet ist, bei Überstrom so hohe Temperaturen, daß er verdampft und den Stromkreis unterbricht, also durch Unterbrechen gegen weitere Schäden schützt (s. Band IX).

Beispiel 1.27. Ein Heißwassergerät soll das Wasservolumen $V = 0{,}05\ \mathrm{m}^3$ (also 50 l) von der Temperatur $\vartheta_k = 12\,°\mathrm{C}$ auf $\vartheta_w = 85\,°\mathrm{C}$ erwärmen. Wie lange muß dieses Gerät eingeschaltet sein, wenn die gesamte Leistung $P = 2\ \mathrm{kW}$ zur Erwärmung des Wassers beiträgt und die spezifische Wärmekapazität von Wasser $c = 1{,}16\ \mathrm{Wh/(kg\ K)}$ ausmacht?

Da Wasser die Dichte $\rho_{dW} = 1000\ \mathrm{kg/m^3}$ aufweist, ist die Masse $m = \rho_{dW} V = 1000\ (\mathrm{kg/m^3})\ 0{,}05\ \mathrm{m^3} = 50\ \mathrm{kg}$ zu erwärmen, und es beträgt die erforderliche thermische Energie

$$W_{th} = cm\,(\vartheta_w - \vartheta_k) = 1{,}16\ (\mathrm{Wh/kg\,K})\ 50\ \mathrm{kg}\ (85\,°\mathrm{C} - 12\,°\mathrm{C}) = 4{,}234\ \mathrm{kWh}$$

Nach Gl. (1.83) wird daher die Zeit

$$t = W_{th}/P = 4{,}234\ \mathrm{kWh}/(2\ \mathrm{kW}) = 2{,}117\ \mathrm{h}$$

benötigt.

1.4.1.3 Verluste und Wirkungsgrad. Strömungsenergie erzeugt in jeder Leitung beim Hindurchfließen Wärme, und zwar in den Wärmegeräten als erwünschte Nutzwärme, in allen anderen Geräten aber als unerwünschte Verlustwärme. Diese Verluste vermindern einerseits die Wirksamkeit der Energieumwandlung oder -übertragung, ergeben also wirtschaftliche Nachteile und erwärmen außerdem die betroffenen Bauteile, deren Isolierstoffe meist nur bestimmten Grenztemperaturen standhalten bzw. deren Lebensdauer durch große Temperaturen beeinträchtigt wird.

Die Temperaturen, die sich aufgrund der Verlustwärme einstellen, sind abhängig von der pro Zeit zugeführten Wärme W_{th}, also den Verlusten $V = W_{th}/t$, dem Zeitpunkt der Betrachtung (Temperaturen ändern sich nicht sprungartig, sondern nach Exponentialfunktionen - s. Band II, Teil 1) und der Güte der Wärmeabgabe. Die Wärme selbst wird durch Wärmeleitung, durch Wärmestrahlung oder durch natürliche oder künstliche Konvektion an die Umgebung abgegeben - was natürlich sehr unterschiedlich gut sein kann.

Verlustwärme tritt nicht nur in den Generatoren (s. Abschn. 1.1.4.5) und Transformatoren (s. Abschn. 3.5), in Freileitungen und Kabeln auf, sondern überall dort, wo Energie umgewandelt wird. Sie kann auch an Schalterkontakten, schlechten Lötstellen und in den winzigen Bauteilen der Elektronik ernste Probleme schaffen und verlangt daher sorgfältige Beachtung. Zur Berechnung der Erwärmung s. Band II, Teil 1 und 2, Band III, Teil 1 und 2, Band IX.

Durch Anwendung des Ohmschen Gesetzes von Gl. (1.26) bzw. (1.27) erhält man aus der Leistung $P = UI$ die Verluste

$$V = I^2 R = U^2 G \tag{1.84}$$

bzw. für veränderbare Ströme i und Spannungen u den Zeitwert der Verluste

$$V_t = i^2 R = u^2 \mathrm{G} \tag{1.85}$$

Es wird hier schon darauf hingewiesen, daß man in Reihenschaltungen (s. Abschn. 2.2.1) zweckmäßig mit dem Widerstand R arbeitet, also die Verluste aus $V = I^2 R$ berechnet und in Parallelschaltungen (s. Abschn. 2.2.2) möglichst auf den Leitwert G übergeht und daher die Verluste aus $V = U^2 G$ bestimmt. Man beachte auch, daß Leistungen und Verluste quadratisch von Spannung U bzw. Strom I abhängen, dies also nichtlineare Zusammenhänge sind.

Da die Verluste die Erwärmung und somit die Lebensdauer der Geräte bestimmen, dürfen nach Gl. (1.84) Strom I und Spannung U bestimmte, durch die Wärmeabgabe festgelegte Werte nicht übersteigen. Elektrische Anlagen und Geräte werden daher von vornherein für bestimmte Nennwerte (Index N), die auf dem Leistungsschild angegeben sind, ausgelegt. Nennspannung U_N, Nennstrom I_N, Nennleistung P_N usw. dürfen meist nur wenig überschritten werden.

Wenn man in Gl. (1.84) die Stromdichte $S = I/A$ nach Gl. (1.5) und den Widerstand $R = l/(\gamma A) = \rho l/A$ nach Gl. (1.36) einführt, erhält man mit Leiterlänge l und Querschnitt A die auf das Leitervolumen lA bezogenen spezifischen Verluste

$$V/(lA) = S^2/\gamma = \rho S^2 \tag{1.86}$$

und man erkennt, daß sie außer von der Leitfähigkeit γ bzw. dem spezifischen Widerstand ρ quadratisch von der Stromdichte S abhängen. Die Stromdichte ist daher eine wichtige Beanspruchungsgröße, die u. a. die Erwärmung bestimmt und bei der Bemessung von elektrischen Geräten zu beachten ist (s. Band II, Teil 2).

Die aus Gl. (1.84) bzw. (1.85) bestimmbaren Stromwärmeverluste werden, wenn sie in Leitungen oder Wicklungen auftreten, gern Kupferverluste V_{Cu} genannt. Daneben werden noch in Abschn. 3.3.2.3 die Eisenverluste V_{Fe} und in Abschn. 3.3.2.4 die dielektrischen Verluste V_d behandelt.

Mit der Leistungsaufnahme P_1 eines Verbrauchers (oder der insgesamt erzeugten Leistung) und seiner Leistungsabgabe P_2 (bzw. der insgesamt genutzten Leistung) sind ganz allgemein entsprechend dem Schema in Bild 1.41 die auftretenden Verluste

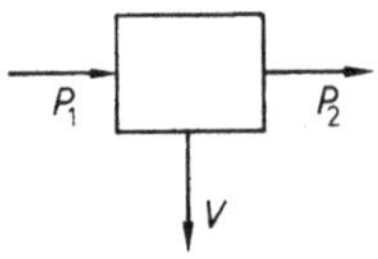

1.41 Leistungsfluß mit Leistungsaufnahme P_1, Leistungsabgabe P_2 und Verluste V

$$V = P_1 - P_2 \tag{1.87}$$

und man bezeichnet als Wirkungsgrad das Verhältnis

$$\eta = \frac{P_2}{P_1} = \frac{P_1 - V}{P_1} = 1 - \frac{V}{P_1} = 1 - \frac{V}{P_2 + V} \tag{1.88}$$

Gelegentlich (z. B. bei Akkumulatoren) arbeitet man auch, wenn W_1 die hineingesteckte und W_2 die herausgeholte Energie bezeichnen, mit dem Energiewirkungsgrad

$$\eta_W = W_2 / W_1 \tag{1.89}$$

Während der Wirkungsgrad einer Rundfunkübertragung, also das Verhältnis von Empfangsleistung in der Antenne zur im Sender erzeugten elektrischen Leistung, mit $\eta = 10^{-14}$ oder weniger sehr schlecht ist und kleine Hausgeräte nur geringe Wirkungsgrade von etwa 10% zeigen, ist es ein besonderer Vorteil größerer elektrischer Maschinen, daß ihr Wirkungsgrad fast immer weit größer als der vergleichbarer anderer Kraftmaschinen ist. So haben große Generatoren Wirkungsgrade bis über 98% und große Transformatoren bis über 99%. Auch bei der Energieübertragung ist die elektrische Energie den meisten anderen Möglichkeiten eines Energietransports und der anschließenden Energieumwandlung bezüglich der geringen Verluste überlegen.

Beispiel 1.28. Das Heißwassergerät von Beispiel 1.27 soll nur 90% seiner elektrischen Energieaufnahme in Nutzwärme umwandeln können, und die Zuleitung zum Gerät soll bei unveränderter Klemmenspannung $U = 220$ V am Gerät den Widerstand $R_L = 0{,}6\ \Omega$ aufweisen. Wie lange muß jetzt das Gerät eingeschaltet sein, wenn die Bedingungen von Beispiel 1.27 weiterhin erfüllt werden sollen, und welcher Wirkungsgrad ergibt sich insgesamt?

Nach Gl. (1.89) und (1.83) muß wegen $W_1 = Pt = W_2/\eta_W = Pt/\eta_W$ bei dem Wirkungsgrad $\eta_W = 0{,}9$ die Zeit erhöht werden auf

$$t' = t/\eta_W = 2{,}117\ \text{h}/0{,}9 = 2{,}352\ \text{h}$$

Es fließt nach Gl. (1.16) der Strom

$$I = P/U = 2\ \text{kW}/(220\ \text{V}) = 9{,}091\ \text{A}$$

der nach Gl. (1.84) in der Zuleitung die Verluste

$$V_L = I^2 R_L = 9{,}091^2\ \text{A}^2 \cdot 0{,}6\ \Omega = 49{,}59\ \text{W}$$

hervorruft. Während die Leistungsabgabe $P_2 = \eta_W P = 0{,}9 \cdot 2\ \text{kW} = 1{,}8\ \text{kW}$ in Nutzwärme überführt wird, beträgt die Leistungsaufnahme einschließlich der Leitungsverluste

$P_1 = P + V_L = 2$ kW + 49,59 W = 2,05 kW, und der Gesamtverlust ist $V = P_1 - P_2 = 2{,}05$ kW − 1,8 kW = 0,25 kW. Man erhält also nach Gl. (1.88) den Gesamtwirkungsgrad

$$\eta = 1 - (V/P_1) = 1 - (0{,}25\ \text{kW}/2{,}05\ \text{kW}) = 0{,}878$$

Für weitere Anwendungen s. Beispiel 1.31, 1.32, 1.37 bis 1.40.

1.4.2 Energiespeicher

Neben dem Wirkwiderstand R, der nach Abschn. 1.4.1 elektrische Energie irreversibel in Wärmeenergie umwandelt, können in den Bauelementen Induktivität L und Kapazität C magnetische bzw. elektrische Energie gespeichert und anschließend wieder in eine andere Energieart umgewandelt werden. Diese reversible Energieumwandlung soll daher hier betrachtet werden.

1.4.2.1 Magnetische Energie. Legt man eine Induktivität L an eine Spannungsquelle mit der Quellenspannung u_q, so muß in der Induktivität, da Gleichgewicht zwischen den auftretenden Ladungskräften und somit auch zwischen den Spannungen herrschen muß, die Spannung $u_q = u_L = L\,di/dt$ auftreten und somit auch ein Strom i fließen. Dem magnetischen Feld wird dann nach Gl. (1.13) die elektrische Energie

$$dW_t = u_L i\,dt = L(di/dt)i\,dt = L i\,di \tag{1.90}$$

zugeführt und, wenn der Strom den festen Wert I angenommen hat, nach dem Gesetz von der Erhaltung der Energie (s. Abschn. 1.4) in der Induktivität L als magnetische Energie

$$W_m = \int dW_t = \int_0^I L i\,di = \frac{1}{2} L I^2 \tag{1.91}$$

gespeichert. Schaltet man anschließend die vom Strom durchflossene Spule von der Spannungsquelle ab und auf einen Widerstand R, so fließt, da man Energiezustände nicht plötzlich ändern kann, der Strom für eine gewisse Zeit weiter, klingt aber auf Null ab und überträgt hierbei die magnetische Energie W_m als Wärmeenergie W_W auf den Widerstand R. Magnetische Energie kann also in Induktivitäten L reversibel gespeichert werden. Die hierbei zeitabhängig ablaufenden Vorgänge werden ausführlich in Abschn. 7 behandelt.

Beispiel 1.29. Es sollen für die in Beispiel 1.21 und 1.22 behandelten Ringspulen die magnetischen Energien berechnet werden.
Nach Gl. (1.91) enthält die Luftspule die magnetische Energie

$$W_L = \frac{1}{2} L_L I^2 = \frac{1}{2}\, 512\ \mu\text{H} \cdot 0{,}9^2\ \text{A}^2 = 207{,}4\ \mu\text{Ws}$$

dagegen die Eisenringspule die magnetische Energie

$$W_{Fe} = \mu_r W_L = 1200 \cdot 207{,}4\ \mu\text{Ws} = 248{,}8\ \text{mWs}$$

1.4.2.2 Elektrische Energie. Wird eine Kapazität C entsprechend Bild **1**.30 an die Spannung u gelegt, so wird der Kapazität C nach Gl. (1.71) die Elektrizitätsmenge dQ_t zugeführt, für die nach Gl. (1.13) und (1.70) die Energie $dW_t = u\,dQ_t = (Q_t/C)\,dQ_t$ aufzubringen ist. Nach dem Gesetz von der Erhaltung der Energie ist daher im elektrostatischen Feld, das durch die Spannung U aufgebaut ist, wenn also die Kapazität C von der Elektrizitätsmenge Null auf Q aufgeladen worden ist, die elektrische Energie

$$W_e = \int dW_t = \int_0^Q u\,dQ_t = \frac{1}{C}\int_0^Q Q_t\,dQ_t = \frac{Q^2}{2C} = \frac{1}{2}CU^2 \qquad (1.92)$$

gespeichert. Man beachte den ähnlichen Aufbau der Ergebnisse in Gl. (1.91) und (1.92).

Trennt man anschließend den Kondensator von der Spannungsquelle G und schaltet ihn auf einen Widerstand R, so wird er über diesen Widerstand entladen. Da der Entladestrom im Widerstand R die Wärmeenergie W_W umsetzt, kann auf diese Weise die gespeicherte elektrische Energie voll in Wärme umgewandelt werden. Elektrische Energie kann daher in Kapazitäten C reversibel gespeichert werden. Es treten hierbei allerdings zeitabhängige Übergangszustände auf, die in Abschn. 7 behandelt werden.

Beispiel 1.30. Man bestimme für den in Beispiel 1.23 betrachteten Kondensator die in ihm bei der Spannung $U = 220$ V speicherbare Energie.

Entsprechend Gl. (1.92) findet man die elektrische Energie

$$W_e = \frac{1}{2}CU^2 = \frac{1}{2}\,2\,\mu\text{F}\cdot 220^2\,\text{V}^2 = 4{,}84\ \text{Ws}$$

In üblichen Anordnungen ist die auf das Volumen bezogene Energie, d.i. die Energiedichte, in den magnetischen Feldern um fast 3 Zehnerpotenzen größer als in den elektrostatischen Feldern.

1.4.3 Nutzung elektrischer Energie

Es soll jetzt an einigen Beispielen gezeigt werden, daß die verschiedenen Formen, in denen Energie auftritt, grundsätzlich gleichwertig sind, sie also ineinander überführt und entsprechend umgerechnet werden können. Hierbei sind auch die zweckmäßige Nutzung der elektrischen Energie und die Stromkosten kurz zu betrachten.

1.4.3.1 Gleichwertige Energiearten. Tafel **1**.42 zeigt in einem Überblick mit kurzen Stichworten, welche wechselseitigen Umwandlungen der elektrischen in eine andere Energieart und umgekehrt heute eine wirtschaftliche Bedeutung erlangt haben. Bei der Umwandlung von elektrischer Energie in elektrische Energie anderer Erscheinungsform handelt es sich insbeson-

Tafel 1.42 Wirtschaftlich wichtige Beispiele für die Umwandlung elektrischer Energie in andere Energiearten und umgekehrt

Umwandlung elektrischer Energie	elektrische Energie	Wärmeenergie	optische Energie	chemische Energie	mechanische Energie
in →	Transformator Umrichter Verstärker	Widerstandsgerät Heizofen Glühlampe	Leuchtstofflampe Opto-Elektronik Laser	Elektrolyse Akkumulator	Elektromagnet Elektromotor Schreiber Drucker Lautsprecher ↑
und umgekehrt ←		Thermoelement	Photoelement	galvanisches Element Akkumulator	elektrodynamischer Generator Mikrophon ↓

dere um das Transformieren auf andere Spannungs- und Stromwerte bei gleichbleibender Leistung (s. Abschn. 3.5), um das Verändern der Frequenz oder das Verstärken kleiner Eingangs- auf größere Ausgangswerte.

Der Verstärker nimmt hierbei nach Bild 1.43 nur eine sehr geringe Steuerleistung P_e auf und benötigt eine zusätzliche Leistung P_{Zus}, die eine um den Verstärkungsfaktor P_a/P_e größere Ausgangsleistung P_a ermöglicht, aber auch die Verluste V deckt. Bei den Verstärkern der Nachrichtentechnik wird die Zusatzleistung elektrisch zugeführt, während z.B. beim Generator, der über die kleine Erregerleistung gesteuert und daher ebenfalls als Verstärker aufgefaßt werden kann, weitere Leistung über den Antrieb mechanisch aufgebracht wird.

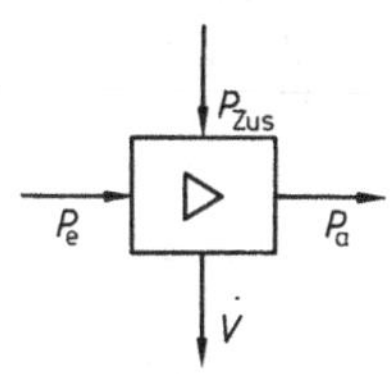

1.43
Leistungsfluß des Verstärkers
P_e Steuer-, P_a Ausgangs-, P_{Zus} Zusatzleistung, V Verluste

Die entsprechenden Einrichtungen werden daher im folgenden nochmals angesprochen: der Transformator in Abschn. 3.5 (und Band II bzw. IX), der Umrichter in Abschn. 5.3.2 (und Band II bzw. III), der Verstärker in Abschn. 6 (und Band XII). Wie elektrische Energie aus anderen Energiearten gewonnen werden kann, ist in Abschn. 1.1.4.5 und 1.4.4.2 dargestellt.

Elektrische Energie kann in vielfältiger Weise genutzt werden. Beispiele für die Anwendung der Wärmewirkung des elektrischen Stromes enthält Abschn. 1.4.1.

In Tafel 1.42 ist die magnetische Energie nicht eigens aufgeführt, da sie als Abart der elektrischen Energie anzusehen ist. Auch wird dort bei der mechanischen Energie nicht zwischen potentieller und kinetischer Energie, die z. B. in geradliniger und drehender Bewegung auftritt, unterschieden.

Nach Abschn. 1.4.4.1 kann der elektrische Strom über sein magnetisches Feld Kräfte ausüben, die in Elektromagneten, Schützen (s. Band VIII und IX), Relais und elektrodynamischen Lautsprechern meist Längsbewegungen veranlassen und in den Elektromotoren (s. Band II und VIII) Drehmomente und Drehbewegungen verursachen.

Wird mit der Masse m und der Beschleunigung a die Kraft

$$F = m a \tag{1.93}$$

bei der Geschwindigkeit v überwunden oder das Drehmoment M bei der Drehzahl n bzw. der Winkelgeschwindigkeit

$$\omega = 2\pi n \tag{1.94}$$

erzeugt, so tritt die mechanische Leistung

$$P_{mech} = Fv = M\omega \tag{1.95}$$

auf.

In Tafel **1.44** sind einige gebräuchliche Energieeinheiten mit ihren für eine Umrechnung erforderlichen Zahlenwerten zusammengestellt. Für das Umrechnen von Leistungseinheiten gilt ferner

$$1\ \mathrm{W} = 1\ \mathrm{Nm/s} = 0{,}102\ \mathrm{kpm/s} = 0{,}239\ \mathrm{cal/s} = 1{,}36\ \mathrm{mPS} \tag{1.96}$$

Tafel **1.44** Umrechnung der Energieeinheiten (s. a. DIN 1345)

		J, Ws, Nm	kWh	kcal	kpm
1 J, Ws, Nm	=	1	$0{,}2778 \cdot 10^{-6}$	$0{,}2388 \cdot 10^{-3}$	0,102
1 kWh	=	$3{,}6 \cdot 10^{6}$	1	859,8	$0{,}367 \cdot 10^{6}$
1 kcal	=	4186,8	$1{,}163 \cdot 10^{-3}$	1	426,9
1 kpm	=	9,81	$2{,}724 \cdot 10^{-6}$	$2{,}342 \cdot 10^{-3}$	1

Beispiel 1.31. Eine Talsperre speichert im Jahr die nutzbare Wassermenge $V = 20\ \mathrm{Gm}^3$ bei der mittleren Fallhöhe $h = 30$ m.

a) Welche nutzbare Energie ist in der Talsperre gespeichert?

Mit der Erdbeschleunigung $a = g = 9{,}81\ \mathrm{m/s}^2$ und der Dichte des Wassers $\rho_{dW} = 1\ \mathrm{Mg/m}^3$ kann das Wasser bei der Masse $m = V\rho_{dW}$ nach Gl. (1.93) die Kraft $F = m a = V\rho_{dW} a$ ausüben und enthält die potentielle Energie

$$W_p = Fh = V\rho_{dW} a h = 20\ \mathrm{Gm}^3 \cdot 1(\mathrm{Mg/m}^3) 9{,}81 (\mathrm{m/s}^2)\ 30\ \mathrm{m}$$
$$= 5{,}886 \cdot 10^{15}\ \mathrm{Ws} = 1{,}635\ \mathrm{TWh}$$

b) Welche Leistung kann ein Wasserkraftwerk bei 8000 h Betrieb pro Jahr in das elektrische Netz liefern, wenn der Wirkungsgrad der Wasserturbine $\eta_T = 0{,}7$ und der des Generators $\eta_G = 0{,}95$ beträgt?

Nach Gl. (1.83) und (1.88) findet man die elektrische Leistungsabgabe

$$P_2 = W_p \eta_T \eta_G / t = 1{,}635\ \mathrm{TWh} \cdot 0{,}7 \cdot 0{,}95/(8000\ \mathrm{h}) = 307{,}3\ \mathrm{MW}$$

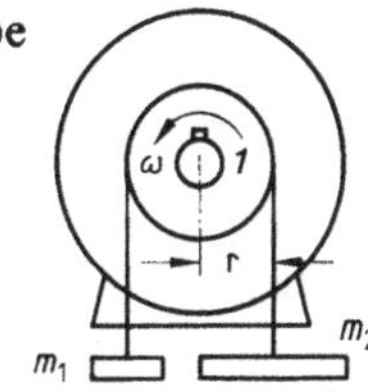

1.45
Abbremsen eines Elektromotors
m Masse, *r* Radius, *ω* Winkelgeschwindigkeit,
1 Scheibe

Beispiel 1.32. Ein Elektromotor kann mit einer mechanischen Bremse nach Bild **1.45** abgebremst und untersucht werden. Es braucht nur eine mit leichten Rändern versehene Scheibe *1* auf das Wellenende gesetzt und ein mit den Massen m_1 und m_2 (bzw. den Gewichtskräften F_1 und F_2) versehenes Stahlband auf die Scheibe aufgelegt zu werden. (Ein in Stahl und Leder unterteiltes Band stellt sich allerdings besser ein.) Da die vom Motor abgegebene mechanische Leistung voll in Reibungswärme umgesetzt wird, kann man nur Leistungen bis einige kW abbremsen.

Bei einer derartigen Untersuchung nimmt ein Gleichstrommotor bei der Spannung $U = 220$ V und der Drehzahl $n = 650\ \mathrm{min}^{-1}$ den Strom $I = 5{,}4$ A auf. Die Scheibe *1* hat den Durchmesser $d = 180$ mm, und es sind die Massen $m_1 = 8$ kg und $m_2 = 25$ kg wirksam. Es sollen das erzeugte Drehmoment *M*, die Leistungsabgabe des Motors P_2 und sein Wirkungsgrad η bestimmt werden.

Es gilt mit dem Radius $r = d/2 = 0{,}18\ \mathrm{m}/2 = 0{,}09$ m bei der Erdbeschleunigung $a = g = 9{,}81\ \mathrm{m/s^2}$ und mit den Gewichtskräften $F_1 = m_1 a = 8\ \mathrm{kg} \cdot 9{,}81\ \mathrm{m/s^2} = 78{,}48$ N und $F_2 = m_2 a = 25\ \mathrm{kg} \cdot 9{,}81\ \mathrm{m/s^2} = 245{,}3$ N nach [13], [72] für das Drehmoment

$$M = (F_2 - F_1) r = (245{,}3\ \mathrm{N} - 78{,}48\ \mathrm{N})\ 0{,}09\ \mathrm{m} = 15{,}01\ \mathrm{Nm}$$

Nach Gl. (1.94) herrscht die Winkelgeschwindigkeit $\omega = 2\pi n = 2\pi \cdot 650\ \mathrm{min}^{-1}/(60\ \mathrm{s/min}) = 68{,}07\ \mathrm{s}^{-1}$, so daß nach Gl. (1.95) die mechanische Leistung

$$P_2 = M\omega = 15{,}01\ \mathrm{Nm} \cdot 68{,}07\ \mathrm{s}^{-1} = 1022\ \mathrm{W}$$

an der Welle als Leistungsabgabe zur Verfügung steht. Mit der Leistungsaufnahme $P_1 = UI = 220\ \mathrm{V} \cdot 5{,}4\ \mathrm{A} = 1188$ W erhält man daher nach Gl. (1.88) den Wirkungsgrad $\eta = P_2/P_1 = 1022\ \mathrm{W}/(1188\ \mathrm{W}) = 0{,}86$.

1.4.3.2 Strompreis. Mit dem Strompreis *K* müssen die dem Energieversorgungsunternehmen entstehenden Kosten gedeckt werden. Der Strompreis für den Kleinverbraucher

$$K = K_G + k_W W = K_G + K_W \qquad (1.97)$$

setzt sich aus einem Grundpreis K_G und einem Arbeitspreis K_W zusammen. Der Grundpreis K_G wird mit den Kosten für das Personal sowie Abschreibung und Zinsen des Anlagevermögens, der Arbeitspreis $K_W = k_W W$ hauptsächlich mit den Brennstoffkosten begründet; er stellt das Produkt von Arbeitskosten k_W und der mit dem Elektrizitätszähler (s. Band IV) gemessenen verbrauchten elektrischen Arbeit *W* dar. Meist kann der Kleinverbraucher zwischen Tarifen mit unterschiedlichen Grundpreisen und Arbeitskosten wählen, so daß nach Bild **1.46** bei einem Verbrauch un-

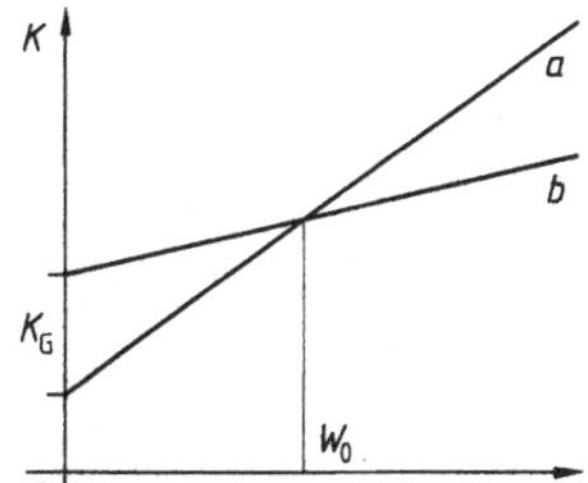

1.46 Stromkosten *K* in Abhängigkeit vom Energiebezug *W* für Kleinverbraucher für unterschiedliche Tarife *a* und *b*

terhalb der elektrischen Arbeit W_0 der Tarif *a*, oberhalb aber der Tarif *b* Vorteile hat. Für Großabnehmer elektrischer Energie kennt man weitere Tarife, die in Stromlieferungsverträgen vereinbart werden (s. Band IX).

Beispiel 1.33. Es soll der Arbeitspreis der in Beispiel 1.28 behandelten Wassererwärmung für den Fall berechnet werden, daß die Arbeitskosten $k_W = 0{,}11$ DM/kWh betragen.

Nach Gl. (1.83) wird die elektrische Arbeit $W = P_1 t = 2{,}05\ \text{kW} \cdot 2{,}352\ \text{h} = 4{,}822\ \text{kWh}$ benötigt, für die nach Gl. (1.97) der Arbeitspreis $K_W = k_W W = 0{,}11\ (\text{DM/kWh}) \cdot 4{,}822\ \text{kWh} = 0{,}5304$ DM zu zahlen ist.

1.4.4 Anwendung magnetischer Felder

Es sollen hier noch einige für die Schaltungslehre wichtige Anwendungen magnetischer Felder kurz betrachtet werden. Weitere findet man in Abschn. 3.5 und 4.2.2.2.

1.4.4.1 Stromkräfte. Messung des Stromes. Die Kräfte des magnetischen Feldes auf elektrische Ströme können zum Messen des Stromes herangezogen werden. Ihre Richtung bestimmt die Lenzsche Regel (s. Abschn. 1.4).

Bild 1.47a zeigt ein Drehspulmeßwerk, in dem von dem Dauermagneten *1* über die Polschuhe und den zylinderförmigen Kern *2* im Luftspalt ein magnetisches Feld der Induktion *B* aufgebaut wird. Wenn die im Luftspalt befindliche, drehbar gelagerte Spule *3* aus *N* Windungen bzw. $z = 2N$ Leitern der Länge *l* besteht und in ihr der Strom *I* fließt, wirkt auf die Drehspule die Kraft

$$F = z B l I \tag{1.98}$$

Sie verursacht gegen die Spiralfeder *6* eine Drehung des Zeigers *4*, so daß auf der Skala *5* die Stromstärke *I* angezeigt wird. Da die Kraftrichtung nach Abschn. 1.2.3.1 von der Stromrichtung abhängt, kann man mit diesem Drehspulmeßwerk auch die Richtung des Stromes bestimmen.

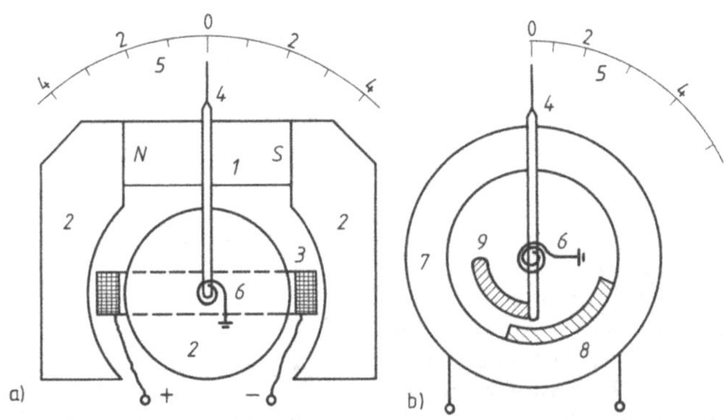

1.47 Strommesser
a) Drehspulmeßwerk, b) Dreheisenmeßwerk
1 Dauermagnet, *2* Eisenkern und -polschuh, *3* Drehspule, *4* Zeiger, *5* Skala, *6* Spiralfeder, *7* feste Stromspule, *8* festes und *9* drehbares Eisenblech

Wenn in dem Dreheisenmeßwerk nach Bild 1.47b die zylinderförmige Spule *7* vom Strom *I* durchflossen wird, werden die Eisenbleche *8* und *9* gleichsinnig magnetisiert. Da gleichnamige Pole sich abstoßen, entsteht auch hier ein Drehmoment, das den Zeiger *4* gegen die Kräfte der Spiralfeder *6* verdreht. Da nach Gl. (1.55), (1.54) und (1.52)

Strom I und Induktion B einander proportional sind und zwischen zwei Eisenteilen des gemeinsamen Querschnitts A bei der Induktionskonstanten μ_0 die Kraft

$$F = A\,B^2/(2\mu_0) \tag{1.99}$$

wirkt, ist die Anzeige auf der Skala *5* beim Dreheisenmeßwerk dem Quadrat des Stromes, also I^2, proportional. Dies führt auch zu der in Bild **1.47** b dargestellten nichtlinearen Skalenunterteilung.

Strommesser werden mit dem im Anhang 7 angegebenen Schaltzeichen dargestellt; die durchlaufende Linie soll darauf hinweisen, daß sie in Reihe zum Meßobjekt zu schalten sind. Spannungsmesser sind dagegen parallel zu schalten, und Leistungsmesser haben sowohl einen Strom- als auch einen Spannungspfad. Der Spannungsmesser ist nach Abschn. 1.2.1.3 und Beispiel 1.7 im Prinzip wie ein Strommesser aufgebaut; ein Leistungsmesser entsteht, wenn z. B. in dem Drehspulmeßwerk von Bild **1.47** a der Dauermagnet durch eine weitere Spule ersetzt wird. Für weitere Einzelheiten s. Band IV. In den Ersatzschaltungen dieses Buches wird vorausgesetzt, daß Meßgeräte, die durch die Schaltzeichen des Anhangs 7 wiedergegeben werden, nur ihre Meßaufgaben erfüllen, also keinen Eigenverbrauch zeigen.

Außerdem üben zwei Leiter der gemeinsamen Länge l, die bei der Permeabilität μ_0 im gleichbleibenden Abstand r verlaufen und die Ströme I_1 und I_2 führen, die Kraft

$$F = \frac{l\mu_0}{2\pi r}\, I_1 I_2 \tag{1.100}$$

aufeinander aus. Diese Kraftwirkung wird zur Definition der SI-Basiseinheit Ampere in DIN 1301 genutzt: 1 Ampere ist also der zeitlich unveränderliche Strom, der durch zwei im Vakuum parallel im Abstand 1 m voneinander angeordnete, geradlinige, unendlich lange Leiter von vernachlässigbar kleinem, kreisförmigem Querschnitt fließend zwischen diesen Leitern je 1 m Leiterlänge die Kraft 0,2 μN hervorruft.

1.4.4.2 Erzeugung von Quellenspannungen. Gl. (1.60) besagt, daß in einer Spule eine Quellenspannung u_q erzeugt wird, wenn sich der mit den N Windungen verkettete Fluß Φ_t ändert. In Bild **1.48** a ist der Querschnitt durch einen Wechselspannungsgenerator dargestellt, der diesen Grundsätzen folgt und dessen prinzipiellen Aufbau auch die technisch ausgeführten Generatoren zeigen. In dem rohrförmigen Ständer *1* befindet sich in horizontaler Ebene die Ständerwicklung *4*, und in diesem Zylinder dreht sich das Polrad *2* mit der Erregerwicklung *3*, die von einem Gleichstrom I_E durchflossen wird und so den Fluß Φ erzeugt. Der Luftspalt zwischen Ständer und Polrad erweitert sich von der Polmitte zu den Polenden hin, um eine annähernd sinusförmige Induktionsverteilung im Luftspalt zu erreichen.

In der in Bild **1.48** a dargestellten Polradstellung umschlingen die beiden Flußhälften, in die sich der Fluß im Ständer aufteilt, voll die beiden Spulenseiten der Ständerwicklung *4*. Man sagt: Ständerwicklung und Fluß sind vollständig verkettet. Wenn man nun den

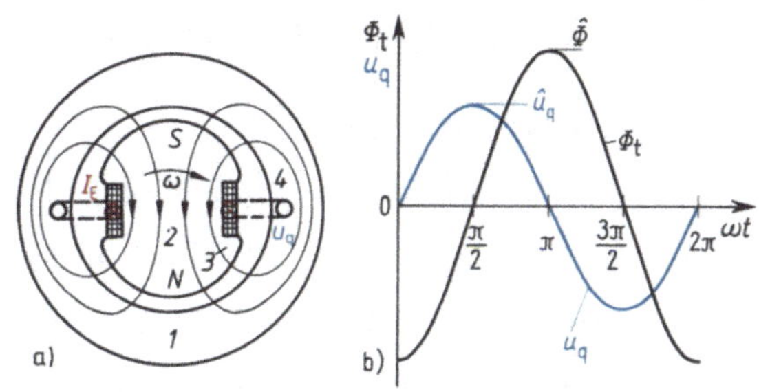

1.48
Querschnitt (a) durch einen Wechselspannungsgenerator und zeitlicher Verlauf (b) seines Flusses Φ_t und der Quellenspannung u_q
1 Ständer mit Wicklung *4*, *2* Polrad mit Erregerwicklung *3*, ωt Drehwinkel

nach unten gerichteten Fluß als negativ definiert und das Polrad mit der Winkelgeschwindigkeit ω dreht, folgt mit dem Scheitelwert $\hat{\Phi}$ der mit der Ständerwicklung *4* verkettete Fluß in sehr guter Näherung der Zeitfunktion

$$\Phi_t = -\hat{\Phi}\cos(\omega t) \tag{1.101}$$

wie dies in Bild **1.48** b dargestellt ist. Die Ständerwicklung soll die Windungszahl N aufweisen, so daß in ihr nach Gl. (1.60) mit $d[\cos(\omega t)]/dt = -\omega\sin(\omega t)$ die Quellenspannung

$$u_q = N\,d\Phi_t/dt = -N\hat{\Phi}\,d[\cos(\omega t)]/dt = \omega N\hat{\Phi}\sin(\omega t) = \hat{u}_q\sin(\omega t) \tag{1.102}$$

mit dem Scheitelwert

$$\hat{u}_q = \omega N\hat{\Phi} \tag{1.103}$$

und dem in Bild **1.48** b dargestellten sinusförmigen Verlauf erzeugt wird. Zu der zwischen den Zeitfunktionen von Fluß Φ_t und Quellenspannung u_q auftretenden Phasenverschiebung und den übrigen Kenngrößen dieser Sinusgrößen wird auf Abschn. 3.1.1 verwiesen.

Der weitaus größte Teil der elektrischen Energie wird heute in Generatoren erzeugt, die im Prinzip nach Bild **1.48** a aufgebaut sind, deren Ständer allerdings durch Anordnung von zwei weiteren Wicklungen besser ausgenutzt wird. Dieser Dreiphasenwechselstrom wird in Abschn. 4 eingehend behandelt.

Bei den Gleichstromgeneratoren, die z. B. noch als Lichtmaschinen in Kraftfahrzeugen eingesetzt werden, ist dagegen das Magnetsystem i. allg. im Ständer untergebracht und die Wicklungen, in denen die Quellenspannungen erzeugt werden, drehen sich. Auch hier werden zunächst Wechselspannungen induziert, die über einen drehenden Stromwender gleichgerichtet werden. Für weitere Einzelheiten s. Band II. Allerdings wird heute die meiste Gleichstromenergie über Gleichrichter aus dem Wechselstrom gewonnen (s. Abschn. 5.3).

Beispiel 1.34. Ein nach Bild **1.48** a aufgebauter Wechselspannungsgenerator hat in Polradmitte die Induktion $\hat{B} = 0{,}6$ T, den Bohrungsdurchmesser $D = 0{,}5$ m und die axiale Länge $l = 0{,}3$ m. Das Polrad dreht sich mit $n = 3000\ \text{min}^{-1}$. Welche Windungszahl N ist erforderlich, wenn eine Quellenspannung mit dem Scheitelwert $\hat{u}_q = 325$ V erzeugt werden soll?

Bei dem halben Bohrungsumfang, der Polteilung $\tau_p = D\cdot\pi/2 = 0{,}5\ \text{m}\cdot\pi/2 = 0{,}7854$ m, wird die Wicklungsfläche $A = l\tau_p$ bei sinusförmiger Induktionsverteilung $\hat{B}\sin(\pi x/\tau_p)$ zweimal während einer Umdrehung nach Gl. (1.50) von dem Scheitelwert des Flusses

$$\hat{\Phi} = \int_A B_x\,dA = \int_0^{\tau_p} \hat{B}l\sin\left(\frac{\pi}{\tau_p}x\right)dx = -\frac{\tau_p}{\pi}\hat{B}\cos\left(\frac{\pi}{\tau_p}x\right)\Bigg|_0^{\tau_p} = \frac{2}{\pi}\hat{B}l\tau_p =$$

$$= \frac{2}{\pi}\,0{,}6\ \text{T}\cdot 0{,}3\ \text{m}\cdot 0{,}7854\ \text{m} = 90\ \text{mVs}$$

mit der Winkelgeschwindigkeit

$$\omega = 2\pi n = 2\pi\cdot 3000\ \text{min}^{-1}/(60\ \text{s/min}) = 314{,}2\ \text{s}^{-1}$$

überlaufen. Daher ist nach Gl. (1.103) die Windungszahl

$$N = \hat{u}_q/(\omega\hat{\Phi}) = 325\ \text{V}/(314{,}2\ \text{s}^{-1}\cdot 90\ \text{mVs}) = 11{,}49$$

erforderlich. Da nur ganze Windungszahlen ausgeführt werden können, erhöht man die

Windungszahl zweckmäßig auf $N^*=12$ und muß dann entsprechend Gl. (1.103) den Fluß bzw. nach Gl. (1.50) den Scheitelwert der Luftspaltinduktion auf

$$\hat{B}^*=\hat{B}\,N/N^*=0{,}6\ \mathrm{T}\cdot 11{,}49/12=0{,}5747\ \mathrm{T}$$

herabsetzen; die hier angewandte Verhältnisrechnung, die umständliche Zwischenrechnungen einspart, wird häufig für technische Berechnungen ausgenutzt. (Die Windungen einer Spule sind in ausgeführten Maschinen meist auf einige benachbarte Ständernuten verteilt - s. Band II.)

1.5 Zusammenhängende Betrachtung der physikalischen Grundlagen

Die anhaltende rasche Entwicklung der Elektrotechnik scheint den Eindruck zu bestätigen, daß zu ihrer Beherrschung in steigendem Maß Einzelwissen angesammelt werden muß und immer mehr physikalische Effekte in den Bauelementen und Schaltungen angewendet werden. Für den Elektroingenieur ist es jedoch wichtiger, die für die Elektrotechnik entscheidenden und nicht so sehr zahlreichen physikalischen Grundgesetze zu beherrschen, ihre Zusammenhänge mit den Grundlagen der Elektrotechnik klar zu erkennen, daher die verschiedenen Verfahren und Anwendungen auf einige physikalische Prinzipien zurückzuführen, um schließlich neue Anwendungen entwickeln zu können. Daher soll nun im folgenden nochmals zusammenhängend der Inhalt des vorhergehenden Abschn. 1 betrachtet und in die drei Hauptprinzipien Teilchenstruktur, Kausalität und Energieerhaltung eingeordnet werden.

1.5.1 Teilchenstruktur

Nach Abschn. 1.1.1 bestehen die Atome aus dem elektrisch positiv geladenen Kern und den mit der Elementarladung e negativ aufgeladenen Elektronen. Je nach der Beweglichkeit der äußeren Elektronen unterscheidet man entsprechend Abschn. 1.2.2.1 Leiter, Halbleiter und Isolatoren. Die wichtigsten Leiter sind Metalle, in denen es zum Elektronenstrom nach Abschn. 1.1.2.4 kommen kann, während Ionenstrom nach Abschn. 1.1.2.5 hauptsächlich in Elektrolyten auftritt. Elektrischer Strom ist daher Trägerstrom.

Spezifischer Widerstand ρ bzw. elektrische Leitfähigkeit γ eines bestimmten Werkstoffs hängen nach Abschn. 1.2.2.1 von der Elektronendichte n und ihrer Beweglichkeit b ab, wobei diese wiederum nach Abschn. 1.2.2.4 temperaturabhängig ist. Die Bewegungen der Elektronen und Ionen verursachen nach Abschn. 1.4.1.1 Joulesche Stromwärme.

Die chemischen Wirkungen des elektrischen Stromes beruhen darauf, daß mit den elektrischen Ladungen, also den Ionen, Materie befördert wird und sich an den Elektroden ablagern.

Außerdem wird Licht abgestrahlt, wenn Elektronen aus dem Leitungs- in das Valenzband (s. Abschn. 1.1.1.2) zurückfallen; dagegen wird eine elektrische Spannung erzeugt, wenn Lichtquanten dafür sorgen, daß Elektronen aus dem Valenz- in das Leitungsband angehoben werden.

Insgesamt darf die geschilderte Teilchenstruktur für die folgenden Betrachtungen von Netzwerken mit widerstandslos gedachten Leitungen und den in bestimmten Bauelementen konzentriert angenommenen Wirkungen des elektrischen Stromes zu einer hydromechanischen Modellvorstellung der elektrischen Strömung benutzt werden: Für die folgenden Ableitungen genügt es, den elektrischen Strom wie eine nicht verdichtbare Flüssigkeit zu behandeln, die den auch von anderen laminaren Strömungen bekannten Gesetzen folgt.

Diese Gesetze der Makrophysik gelten nur noch teilweise in der Mikrophysik. Auf die Vorgänge im atomaren Bereich wird in Band I, Teil 3 ausführlich eingegangen.

1.5.2 Kausalität

Nach Abschn. 1.2.1 gilt allgemein das Gesetz von Ursache und Wirkung – also der kausale Zusammenhang zwischen diesen physikalischen Größen. In Tafel **1.**49 sind eine Auswahl der für die Lehre von den elektrotechnischen Schaltungen wichtigen Gesetze, die aus diesem Grundgesetz der Physik abzuleiten sind, zusammengestellt. Für die Schaltungslehre ist insbesondere das Ohmsche Gesetz nach Abschn. 1.2.1 zu beachten.

1.5.3 Energiebetrachtungen

Schon im atomaren Bereich spielen die Energiezustände eine entscheidende Rolle: Auch im Atom ist nach Abschn. 1.1.1.1 das Prinzip des Energieminimums wirksam. Das Bändermodell beschreibt nach Abschn. 1.1.1.2 die Energieniveaus von Elektronen, die mit den Leitungsbändern nach Abschn. 1.2.2.1 die elektrische Leitfähigkeit der Festkörper bestimmen. Beim Abstrahlen von Licht sinken im Festkörper Elektronen auf ein tieferes Energieniveau – vom Leitungs- in das Valenzband – ab, und beim Umwandeln von Lichtenergie in elektrische Energie wird dieser Vorgang umgekehrt.

Da elektrische Ladungen weder erzeugt noch verbraucht werden können, die Elektrizitätsmenge eines geschlossenen Systems also konstant bleibt, ist auch die Summe der zu- und abfließenden Stromzeitwerte eines Knotenpunkts stets Null, und es ergibt sich das 1. Kirchhoffsche Gesetz in Abschn. 1.3.2.

In gleicher Weise kann man außerhalb der Kernreaktionsphysik weder Energie erzeugen noch verbrauchen. Die Gesamtenergie eines geschlossenen Sy-

Tafel 1.49 Kausale Zusammenhänge in den elektrotechnischen Grundlagen

Anordnung	kausaler Zusammenhang		Wirkung	Ursache	Kenngrößen des Werkstoffs oder des Kreises	
elektrisches Strömungsfeld	$S = \gamma E$	(1.23)	Stromdichte S	elektrische Feldstärke E	Leitfähigkeit $\gamma = 1/\rho$	
Stromkreis	$i = G u = u/R$	(1.26)	Strom i	Spannung u	Leitwert $G = \gamma A/l$	(1.31)
Stromwärmeverluste	$V = R I^2 = G U^2$	(1.84)	Verlust V	Strom I Spannung U	Widerstand $R = 1/G$ Leitwert G	
magnetisches Feld	$B = \mu H$	(1.48)	Induktion B	magnetische Feldstärke H	Permeabilität μ	
magnetischer Kreis	$\Phi = \Lambda \Theta = \Theta / R_m$	(1.55)	Fluß Φ	Durchflutung Θ	magn. Leitwert $\Lambda = \mu A/l$ magn. Widerstand $R_m = 1/\Lambda$	
magnetischer Kreis	$W_{mt} = L i^2/2$	(1.91)	magn. Energie W_m	Strom i	Induktivität $L = N^2 \Lambda$	(1.62)
Spannungserzeugung	$u_q = N \mathrm{d}\Phi_t/\mathrm{d}t$	(1.60)	Quellenspannung u_q	magn. Schwund $\mathrm{d}\Phi_t/\mathrm{d}t$	Windungszahl N	
	$= L \mathrm{d}i/\mathrm{d}t$	(1.61)	Quellenspannung u_q	Stromänderung $\mathrm{d}i/\mathrm{d}t$	Induktivität L	
Kondensator	$i = C \mathrm{d}u/\mathrm{d}t$	(1.71)	Strom i	Spannungsänderung $\mathrm{d}u/\mathrm{d}t$	Kapazität $C = \varepsilon A/a$	(1.73)
elektrostatisches Feld	$W_{et} = C u^2/2$	(1.92)	elek. Energie W_e	Spannung u		

stems bleibt also konstant. Nach Abschn. 1.4.3.1 kann man Energie in vielfältiger Weise umformen. Bei diesen Energieumwandlungen treten nach Abschn. 1.4.1.3 stets Verluste auf, die in Wärme umgesetzt werden.

Die Wirkungen des elektrischen Stromes beruhen auf solchen Umwandlungen elektrischer Energie (s. Abschn. 1.1.4.3) in Wärmeenergie nach Abschn. 1.4.1, in chemische Energie, in optische Energie und mechanische Energie nach Abschn. 1.4.3.1.

Bei der Umwandlung der elektrischen Energie werden auch Energiespeicher wirksam, z. B. die Induktivität L (s. Abschn. 1.2.3) für magnetische Energie nach Abschn. 1.4.2.1 und die Kapazität C (s. Abschn. 1.2.4) für elektrische Energie nach Abschn. 1.4.2.2. Der Energieinhalt dieser Speicher läßt sich nach Tafel **1.**50 für die elektrischen und mechanischen Speicher nach gleichartig aufgebauten Gleichungen bestimmen. Der Energiezustand wird hierbei von den veränderbaren Größen Strom i, Spannung u, Weg s oder Geschwindigkeit v bestimmt, so daß man sie auch Zustandsgrößen nennt (s. Abschn. 7.1.2). Diese Speicher führen zu elektrischen und mechanischen Schwingungen, die daher auch gleichen Gesetzen folgen. (Die angegebene kinetische Energie hat z. B. auch ein frei bewegliches Elektron.)

Tafel **1.**50 Energie in Speichern

Energieart	Energiegehalt		Bestimmungsgrößen
magnetische	$W_m = \frac{1}{2} L i^2$	(1.91)	Induktivität L Strom i
elektrische	$W_e = \frac{1}{2} C u^2$	(1.92)	Kapazität C Spannung u
potentielle	$W_p = \frac{1}{2} D s^2$	[13], [72]	Federkonstante D Weg s
kinetische	$W_k = \frac{1}{2} m v^2$	[13], [72]	Masse m Geschwindigkeit v

Schließlich ermöglicht der Satz von der Erhaltung der Energie, in der Mechanik mit den Gleichgewichten von Kräften und Drehmomenten zu arbeiten und dies in der Elektrotechnik auf das Gleichgewicht der Spannungen auszudehnen. Es findet seinen mathematischen Ausdruck im 2. Kirchhoffschen Gesetz, dem Maschensatz nach Abschn. 1.3.3.2.

Durch Aufstellen der Energiebilanz (s. Abschn. 7.2.1.3) kann man verwickelte physikalische Vorgänge oft recht einfach behandeln, da man nur die Anfangs- und Endzustände zu vergleichen braucht. Hieraus läßt sich auch die Leistungsbilanz nach Abschn. 1.4.1.3 ableiten.

1.6 Übungsaufgaben zu Abschnitt 1

Hier werden noch einige Übungsaufgaben, die sich mit Widerständen, den verschiedenen Energiearten und ihren Umwandlungen sowie der Leistung befassen, gestellt. Die Lösungen und u. U. Lösungshinweise sind im Anhang 1 zu finden.

Beispiel 1.35. Ein Widerstandsgerät soll den Widerstand $R = 200\,\Omega$ aufweisen und als einlagige Spule aus Konstantan mit der Leitfähigkeit $\gamma = 2{,}0$ Sm/mm² und dem Drahtdurchmesser $d = 0{,}4$ mm hergestellt werden. Welche Windungszahl N muß man bei der Windungslänge $l_N = 16{,}5$ cm verwirklichen?

Dieses Widerstandsgerät kann mit einem Schleifer versehen, und es können somit als Gleitwiderstand stufig veränderbare Widerstandswerte abgegriffen werden. Um welchen Wert ΔR ändert sich dann jeweils der Widerstand R?

Beispiel 1.36. Ein Widerstandsgerät soll nur die Hälfte seiner Nennleistung aufnehmen. In welchem Verhältnis muß dann die Spannung herabgesetzt werden?

Beispiel 1.37. Eine Kochplatte für 1200 W benötigt 9 min, um 2 l Wasser von 10°C auf 70°C zu erwärmen. Mit welchem Wirkungsgrad arbeitet sie?

Beispiel 1.38. Welche Leistung P_2 muß der Elektromotor eines Krans (s. Band VIII) an der Welle abgeben, um die Masse $m = 1500$ kg mit der Geschwindigkeit $v = 0{,}4$ m/s gegen die Erdanziehung (Fallbeschleunigung $g = 9{,}81$ m/s²) zu bewegen, wenn der Gesamtwirkungsgrad der mechanischen Übertragungseinrichtungen $\eta_{mech} = 50\%$ beträgt?

Beispiel 1.39. Welchen Leistungsbedarf P hat eine Pumpe (s. Band VIII) für Benzin (Dichte $\rho_{dB} = 0{,}75$ kg/dm³), die den Förderstrom $\Phi = 1$ m³/s gegen die Schwerkraft um die Förderhöhe $h = 10$ m hebt, wenn der Pumpenwirkungsgrad $\eta = 80\%$ beträgt?

Beispiel 1.40. Wie lange kann ein Pumpspeicherwerk (s. Band IX) mit dem nutzbaren Speicherinhalt $V = 1{,}8$ h/m³ Wasser und dem Schwerpunktsgefälle $h = 204$ m die Leistung $P_2 = 70$ MW in das elektrische Netz liefern, wenn der Wirkungsgrad der mechanischen und elektrischen Kraftwerkseinrichtungen je $\eta_{mech} = \eta_{el} = 90\%$ beträgt?

Beispiel 1.41. Ein Anlasser (s. Band VIII) enthält 3 Widerstände $R = 2\,\Omega$, die zur besseren Wärmeabfuhr in der Ölmasse $m = 25$ kg mit der mittleren spezifischen Wärme $c = 0{,}45$ kcal/(kg K) stehen. Wie groß ist die Erwärmung $\Delta\vartheta$ des Öls, wenn durch jeden der 3 Widerstände während der Zeit $t = 60$ s der Strom $I = 100$ A fließt? Die Wärmeabgabe des Öls an die Umgebung ist vernachlässigbar.

Beispiel 1.42. Welche Erwärmung $\Delta\vartheta$ weist Wasser auf, das man einem elektrischen Durchlauferhitzer mit der Leistungsaufnahme $P = 18$ kW bei dem Durchfluß $\Phi = 6$ l/min entnimmt, wenn die Wärmeabfuhr vernachlässigbar ist?

2 Gleichstrom

Gleichstrom wird auch heute noch in allen batteriebetriebenen Geräten und Anlagen (z. B. Kraftfahrzeugen, Fernmeldeeinrichtungen, netzunabhängigen Kleingeräten), bei geregelten Antrieben und elektrischen Bahnen sowie für chemische Prozesse eingesetzt. Wegen des großen Bedarfs der chemischen Industrie wird etwa ein Viertel der elektrischen Arbeit als Gleichstrom verbraucht.

Bei Anschluß einer Induktivität L nach Abschn. 1.2.3.3 entsteht wegen $\mathrm{d}i/\mathrm{d}t=0$ nach Gl. (1.61) keine induktive Teilspannung $u_L=L\,\mathrm{d}i/\mathrm{d}t$, und die Kapazität C stellt nach Abschn. 1.2.4 für Gleichstrom eine Unterbrechung dar. Mit Ausnahme der Schaltvorgänge, die in Abschn. 7 gesondert betrachtet werden, brauchen daher diese Schaltungselemente beim Berechnen von Gleichstromkreisen nicht berücksichtigt zu werden, und die jetzt zunächst zu untersuchenden Gleichstrom-Netzwerke bestehen nur aus Widerständen R und Quellen G. Die Eigenschaften elektrischer Schaltungen können daher für Gleichstrom erheblich einfacher als für Wechselstrom bestimmt werden.

Daher sollen auch zunächst die verschiedenen Berechnungsverfahren an den leichter zu erfassenden Schaltungen für Gleichstrom abgeleitet und erklärt werden. Hierdurch kann die Methode selbst deutlich herausgearbeitet werden. Alle Berechnungsverfahren gehen vom Ohmschen Gesetz (s. Abschn. 1.2.1) und von den Kirchhoffschen Gesetzen (s. Abschn. 1.3) aus und benutzen meist das für lineare Systeme allgemein gültige Überlagerungsgesetz.

Es werden das Zusammenwirken von Quellen und Verbrauchern untersucht, Reihen- und Parallelschaltungen betrachtet sowie die verschiedenen Methoden zur Berechnung verzweigter Stromkreise und umfangreicher Netzwerke behandelt. Insbesondere soll auch gezeigt werden, daß die verschiedenen Verfahren unterschiedliche Vor- und Nachteile haben und daher von Schaltung zu Schaltung geprüft werden sollte, welches Berechnungsverfahren am besten geeignet ist.

2.1 Zusammenwirken von Quelle und Verbraucher

Der einfachste Stromkreis besteht, wie in Bild **2.**1 dargestellt, aus Quelle bzw. aktivem Zweipol (oder Sender) G und Verbraucher bzw. passivem Zweipol oder Empfänger) V, wobei der Verbraucher ein reiner Widerstand R_a bzw. Leitwert $G_a = 1/R_a$ (Index a für außen) ist. Daher herrscht an ihm die Klemmenspannung U_a, und es fließt im Stromkreis der Strom I_a. Man sagt auch: Quelle G und Verbraucher V sind in Reihe geschaltet. Die Verbindungsleitungen sind wie in allen Ersatzschaltungen als widerstandslos vorausgesetzt.

Es sollen nun zunächst die Eigenschaften von Quellen allgemein betrachtet, anschließend soll das Verhalten des Stromkreises bei Änderung der verschiedenen Parameter anhand von Kennlinienfeldern behandelt und schließlich muß untersucht werden, wie man die Forderungen von elektrischer Energietechnik und Nachrichtentechnik an die Schaltung in Bild **2.**1 erfüllen kann.

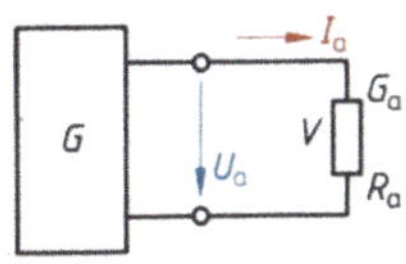

2.1
Quelle G mit Verbraucher V

2.1.1 Eigenschaften von Quellen

In der Elektrotechnik betrachtet man, wenn man ganz allgemein das Verhalten bei Belastungsänderungen erkunden will, gern zuerst zwei Grenzfälle der Belastung: Im Leerlauf nach Bild **2.**2a ist z. B. an die Klemmen kein Widerstand angeschlossen, oder es ist - übertragen auf Bild **2.**1 - der äußere Widerstand $R_a = \infty$ und der Leerlaufstrom ebenfalls $I_{al} = 0$; an den Klemmen der Quelle herrscht die Leerlaufspannung U_{al} (Index l für Leerlauf). Im Kurzschluß nach Bild **2.**2b sind dagegen die beiden Klemmen widerstandslos überbrückt, oder entsprechend Bild **2.**1 ist der äußere Widerstand $R_a = 0$ und somit auch nach dem Ohmschen Gesetz die Klemmenspannung $U_{ak} = 0$; es fließt der Kurzschlußstrom I_{ak} (Index k für Kurzschluß).

Es soll jetzt untersucht werden, mit welchen Ersatzschaltungen das geschilderte Verhalten nachgeahmt, welche Ersatzschaltungen man also allgemein für Quellen angeben kann. Wenn sie gleichwertig sind, müssen sie auch ineinander überführt werden können.

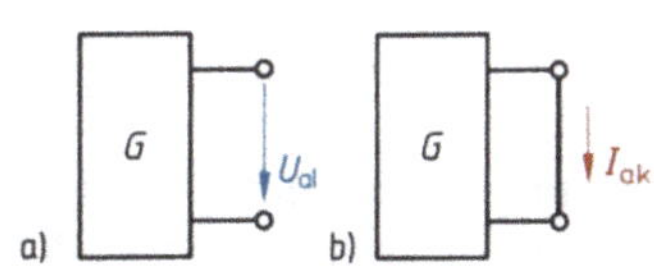

2.2
Quelle bei Leerlauf (a) und Kurzschluß (b)
U_{al} Leerlaufspannung, I_{ak} Kurzschlußstrom

2.1.1.1 Spannungsquelle. Nach Abschn. 1.1.4.5 und 1.4.4.2 werden in den wichtigsten elektrischen Energiequellen elektrische Quellenspannungen U_q über das magnetische Feld oder über chemische Prozesse erzeugt. Außerdem enthält die Quelle noch widerstandsbehaftete Leitungen (z. B. Wicklungsdrähte oder Elektrolyte), durch die der Strom I_a fließen muß und so in diesem inneren Widerstand R_i (Index i für innen) nach dem Ohmschen Gesetz die innere Teilspannung

$$U_i = R_i I_a \tag{2.1}$$

verursacht. Es liegt nahe, den aktiven Zweipol G in Bild 2.1 bzw. 2.2, also die Quelle G, als Spannungsquelle nach Bild 2.3 aufzufassen. Sie besteht aus einer Reihenschaltung einer idealen Spannungsquelle, die die Quellenspannung U_q erzeugt, aber nach Abschn. 1.1.4.5 keinen Widerstand aufweisen soll, mit dem inneren Widerstand R_i und wird Ersatzschaltung der Spannungsquelle genannt.

Für den Stromkreis in Bild 2.3 gilt dann nach dem Maschensatz bei Anwendung des Ohmschen Gesetzes mit den Widerständen R_i und R_a sowie den Teilspannungen $U_i = R_i I_a$ und $U_a = R_a I_a$ die Spannungsgleichung

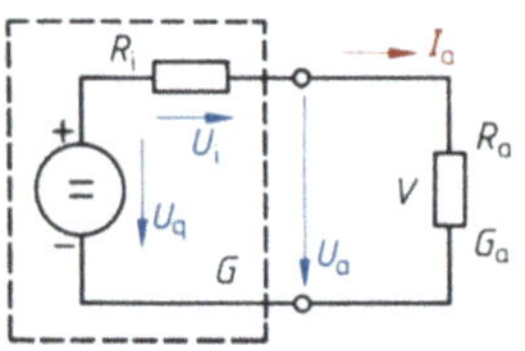

2.3 Spannungsquelle G mit Verbraucher V

$$U_q = U_i + U_a = R_i I_a + R_a I_a = (R_i + R_a) I_a \tag{2.2}$$

Es fließt also der Strom

$$I_a = \frac{U_q}{R_i + R_a} \tag{2.3}$$

und es ist mit Gl. (2.2) bzw. (2.3) die Klemmenspannung

$$U_a = R_a I_a = \frac{R_a}{R_i + R_a} U_q = U_q - R_i I_a \tag{2.4}$$

Wenn man eine vom Belastungsstrom I_a unabhängige Quellenspannung U_q und einen ebenso festen, also linearen inneren Widerstand R_i voraussetzt, ergibt sich mit Gl. (2.4) die in Bild 2.4 dargestellte lineare Quellenkennlinie $U_a = f(I_a)$. Die Klemmenspannung erreicht im Leerlauf mit der Leerlaufspannung $U_{al} = U_q$ ihren größten Wert; Leerlaufspannung U_{al} und Quellenspannung U_q sind dann identisch. Der Strom I_a wird dagegen im Kurzschluß als Kurzschlußstrom $I_{ak} = U_q / R_i$ am größten. Bei Vorliegen der linearen Verhältnisse von Bild 2.4 gilt daher auch für den inneren Widerstand der Quelle

$$R_i = U_q / I_{ak} = U_{al} / I_{ak} \tag{2.5}$$

Normale Generatoren werden nur in einem Bereich in der Nähe des Leerlaufpunkts betrieben und zeigen dann auch nur eine geringe Änderung der Klemmenspannung U_a bei

Belastungsschwankungen. Sie sind erwärmungsmäßig für die durch den Nennstrom I_{aN} verursachten Stromwärmeverluste (s. Abschn. 1.4.1.1) bemessen, und der Kurzschlußstrom I_{ak} beträgt meist ein Vielfaches des Nennstroms I_{aN}. Gegen die im Kurzschluß zu großen Stromkräfte (s. Abschn. 1.4.4.1) und Stromwärmeverluste muß man Generatoren durch Überlastungsschutzeinrichtungen (s. Band IX) wirksam schützen. Der Kurzschlußpunkt darf daher meist auch nicht einmal versuchsweise eingestellt werden.

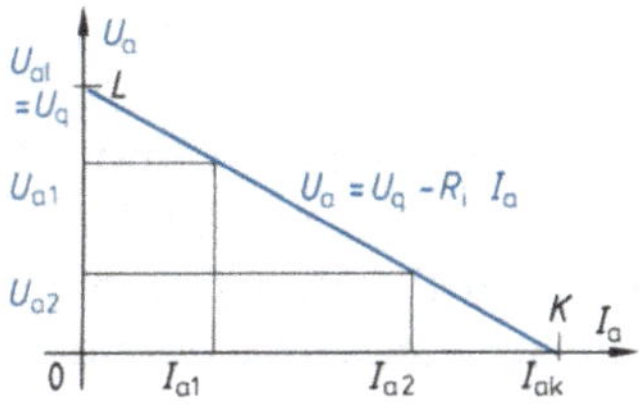

2.4 Quellenkennlinie $U_a = f(I_a)$ für konstante Werte der Quellenspannung U_q und des Innenwiderstandes R_i

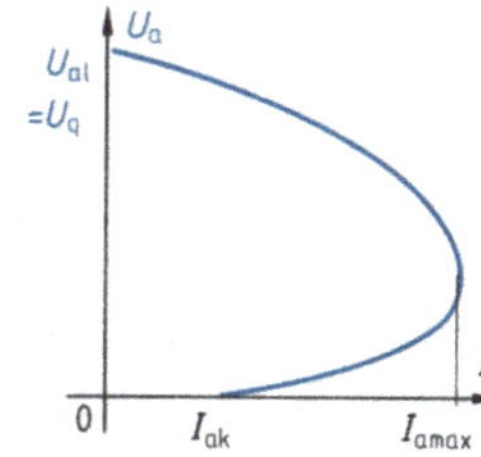

2.5 Nichtlineare Quellenkennlinie $U_a = f(I_a)$ (——) linearer Bereich

Häufig kann man den in Bild **2.4** dargestellten linearen Zusammenhang nur für einen begrenzten Betriebsbereich voraussetzen, wie dies Bild **2.5** für einen selbsterregten Gleichstrom-Nebenschlußgenerator (s. Band II, Teil 1) zeigt. (Diese Quelle entlastet sich also in zu wünschender Weise zum Kurzschluß hin, so daß der tatsächliche Kurzschlußstrom nur in der Größenordnung des Nennstroms liegt.) Wenn in dem gekennzeichneten linearen Bereich bei dem Strom I_{a1} die Klemmenspannung U_{a1} und bei dem Strom I_{a2} die Klemmenspannung U_{a2} (s. Bild **2.4**) gemessen werden, gilt nach Gl. (2.4) für die Klemmenspannungen $U_{a1} = U_q - R_i I_{a1}$ und $U_{a2} = U_q - R_i I_{a2}$. Löst man beide Gleichungen nach der Quellenspannung U_q auf, erhält man $U_{a1} + R_i I_{a1} = U_{a2} + R_i I_{a2}$, und man findet schließlich den fiktiven inneren Widerstand

$$R_i = \frac{U_{a1} - U_{a2}}{I_{a2} - I_{a1}} \tag{2.6}$$

Darüber hinaus verändern sich die Quellenspannungen von Akkumulatoren mit dem Lade- bzw. Entladezustand. Dies darf in der Praxis (z.B. beim Bemessen der Ladeeinrichtungen und der Auswahl des Nennspannungsbereichs der angeschlossenen Verbraucher) natürlich nicht vernachlässigt werden, soll aber hier unberücksichtigt bleiben.

Beispiel 2.1. Eine Akkumulatorbatterie zeigt im Leerlauf die Spannung $U_{al} = 24{,}5$ V und bei Belastung mit dem Nennstrom $I_{aN} = 80$ A die Nennklemmenspannung $U_{aN} = 23{,}6$ V. Es sind innerer Widerstand R_i, Quellenspannung U_q und Kurzschlußstrom I_{ak} zu bestimmen.

Nach Gl. (2.6) beträgt der innere Widerstand

$$R_i = (U_{al} - U_{aN})/I_{aN} = (24{,}5\ \text{V} - 23{,}6\ \text{V})/(80\ \text{A}) = 11{,}25\ \text{m}\Omega$$

Die Quellenspannung ist $U_q = U_{al} = 24{,}5$ V, so daß man mit Gl. (2.5) den Kurzschlußstrom

$$I_{ak} = U_q / R_i = 24{,}5 \text{ V}/(11{,}25 \text{ m}\Omega) = 2178 \text{ A}$$

erhält, der mit $I_{ak}/I_{aN} = 2178$ A/(80 A) $= 27{,}22$ so groß ist, daß sein Fließen unbedingt verhindert werden muß.

2.1.1.2 Stromquelle. Eine Quelle elektrischer Energie nach Bild **2.**1 bzw. **2.**2 und einer Quellenkennlinie nach Bild **2.**4 kann nicht nur durch die Ersatzschaltung einer Spannungsquelle nach Bild **2.**3, deren idealisierte Spannungsquelle unmittelbar die Leerlaufspannung U_{al} als Quellenspannung U_q erzeugt, verwirklicht werden. Man kann auch von Bild **2.**2b ausgehen und mit Bild **2.**6 eine Ersatzschaltung angeben, die bei Kurzschluß der Klemmen den Kurzschlußstrom I_{ak} als Quellenstrom I_q liefert. Auch in dieser Schaltung muß ein innerer Widerstand vorhanden sein, der aber in Reihe zur idealen Stromquelle unwirksam sein würde, da diese, um unabhängig von der Belastung einen konstanten Strom abgeben zu können, einen unendlich großen Widerstand aufweisen muß. (Um diese Eigenschaft hervorzuheben, ist der Kreis des Schaltzeichens für eine ideale Stromquelle an zwei Stellen unterbrochen.) Daher wird parallel zur idealen Stromquelle, die also den Quellenstrom I_q liefert und den Leitwert Null hat, ein innerer Leitwert G_i geschaltet. Es sollen nun die Eigenschaften dieser Ersatzschaltung abgeleitet werden.

Für den Stromkreis in Bild **2.**6 gilt nach dem Knotenpunktsatz bei Anwendung des Ohmschen Gesetzes mit den Leitwerten G_i und G_a sowie den Teilströmen $I_i = G_i U_a$ und $I_a = G_a U_a$ die Stromgleichung

$$I_q = I_i + I_a = G_i U_a + G_a U_a = (G_i + G_a) U_a \tag{2.7}$$

Es herrscht also die Klemmenspannung

$$U_a = I_q / (G_i + G_a) \tag{2.8}$$

und es fließt nach Gl. (2.7) und (2.8) der Verbraucherstrom

$$I_a = G_a U_a = \frac{G_a}{G_i + G_a} I_q = I_q - G_i U_a \tag{2.9}$$

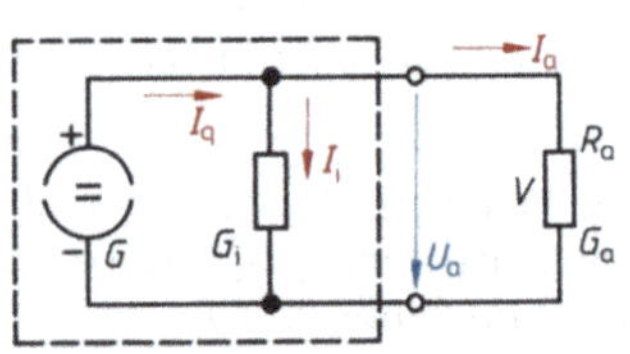

2.6 Stromquelle G mit Verbraucher V

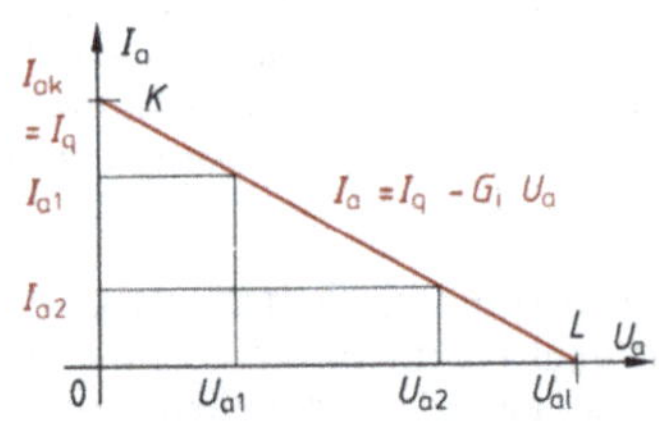

2.7 Quellenstrom $I_a = f(U_a)$ für konstante Werte des Quellenstroms I_q und des inneren Leitwerts G_i

Wenn man wieder mit festen Werten für Quellenstrom I_q und inneren Leitwert G_i lineare Verhältnisse voraussetzt, erhält man die in Bild **2.**7 dargestellte Quellenkennlinie $I_a = f(U_a)$, die in ihren Kennwerten U_{al} und I_{ak} und ihrem Verlauf mit der Quellenkennlinie von Bild **2.**4 übereinstimmt; es sind lediglich die Achsen vertauscht. Hiermit ist bewiesen, daß sich die Ersatzschaltungen von Bild **2.**3 und **2.**6 völlig gleichartig verhalten. Für den inneren Leitwert findet man daher auch analog zu Gl. (2.5) und (2.6)

$$G_i = \frac{1}{R_i} = \frac{I_{ak}}{U_{al}} = \frac{I_{a1} - I_{a2}}{U_{a2} - U_{a1}} \tag{2.10}$$

Die Vorstellung, daß einem Verbraucher ein Strom aufgezwungen wird, drängt sich auf, wenn sich dieser Strom trotz Belastungsschwankungen nur wenig ändert, der Stromkreis also in der Nähe des Kurzschlußpunkts betrieben wird. Dies trifft z. B. zu für Konstantstromquellen (s. Band III, Teil 1), die aus Transistoren aufgebaut sein können, und Stromwandler (s. Band IV), die für Meßzwecke eingesetzt werden.

Beispiel 2.2. Eine Konstantstromquelle soll ein lineares Verhalten nach Bild **2.**7 haben. Wenn man ihr den Strom $I_{a1} = 60$ mA entnimmt, zeigt sie an den Klemmen die Spannung $U_{a1} = 2{,}0$ V und bei dem Strom $I_{a2} =$ 50 mA die Klemmenspannung $U_{a2} = 3{,}5$ V. Die Kenngrößen der Stromquelle nach Bild **2.**6 sind zu bestimmen.

Gl. (2.10) liefert den inneren Leitwert

$$G_i = \frac{I_{a1} - I_{a2}}{U_{a2} - U_{a1}} = \frac{60\,\text{mA} - 50\,\text{mA}}{3{,}5\,\text{V} - 2{,}0\,\text{V}} = 6{,}667\,\text{mS}$$

und Gl. (2.9) den Quellenstrom

$$I_q = I_{a1} + G_i U_{a1} = 60\,\text{mA} + 6{,}667\,\text{mS} \cdot 2{,}0\,\text{V} = 73{,}33\,\text{mA}$$

Daher beträgt nach Gl. (2.10) die Leerlaufspannung

$$U_{al} = I_q / G_i = 73{,}33\,\text{mA}/(6{,}667\,\text{mS}) = 11{,}0\,\text{V}$$

2.1.1.3 Vergleich. Wenn U_{al} die Leerlaufspannung und I_{ak} der Kurzschlußstrom einer Quelle sind und sie eine lineare Quellenkennlinie nach Bild **2.**4 oder **2.**7 aufweist, kann man sie offenbar sowohl als Spannungsquelle mit einer Ersatzschaltung nach Bild **2.**3 und der Quellenspannung $U_q = U_{al}$ als auch als Stromquelle mit einer Ersatzschaltung nach Bild **2.**6 und dem Quellenstrom $I_q = I_{ak}$ auffassen. In beiden Schaltungen tritt der gleiche innere Widerstand R_i bzw. innere Leitwert $G_i = 1/R_i$ auf. Beide Schaltungen verhalten sich bei Anschluß eines Verbrauchers R_a bzw. $G_a = 1/R_a$ völlig gleich, sind also äquivalent.

Eine lineare Quelle ist daher durch die drei Bestimmungsstücke Leerlaufspannung U_{al}, Kurzschlußstrom I_{ak} und innerer Widerstand R_i eindeutig gekennzeichnet. Mit zwei dieser drei Größen kann sofort die Quellenkennlinie berechnet werden. Die Ersatzschaltung darf man entsprechend Bild **2.**3 oder **2.**7 frei wählen. Man darf also Quellen elektrischer Energie beliebig als Spannungs- oder als Stromquellen auffassen.

Generatoren, Akkumulatoren, Trockenelemente und ähnliche Erzeuger liefern ebenso wie die Steckdosenanschlüsse oder die an ein Wechselstromnetz angeschlossenen Gleichrichter (s. Abschn. 5.3.2) eine nur wenig mit der Belastung oder aus anderen Gründen sich ändernde Spannung. Man sagt daher, daß man Verbraucher normalerweise an ein Konstantspannungssystem anschließt. Es wird daher auch der Ausgangspunkt für die meisten folgenden Betrachtungen sein. In diesem Fall arbeitet man mit der Quellenkennlinie in der Nähe des Leerlaufpunkts, und es ist sinnvoll, die Quelle als Spannungsquelle nach Bild **2.**3 anzusehen.

Wenn dagegen Konstantstromquellen oder Stromwandler eingesetzt werden oder bei elektrischen Antrieben versucht wird, durch Regelung des Stromes (s. Band VIII) besondere Wirkungen zu erzielen, arbeitet man mit einem Konstantstromsystem und nutzt die Quellenkennlinie in der Nähe des Kurzschlußpunkts. Unter dieser Voraussetzung faßt man die Quelle zweckmäßig als Stromquelle nach Bild **2.**6 auf.

Für viele Aufgaben in den folgenden Abschnitten werden wir voraussetzen, daß die am Eingang herrschende Spannung U oder der in sie hineinfließende Strom I konstant sind. Man spricht dann von eingeprägten Spannungen und Strömen und nimmt hiermit an, daß die zu den speisenden Quellen gehörenden inneren Widerstände R_i bzw. Leitwerte G_i vernachlässigbar klein sind, arbeitet also mit idealen Quellen.

In Abschn. 2.2.3.1 wird sich weiterhin zeigen, daß man in Reihenschaltungen leichter mit Spannungsquellen und in Parallelschaltungen besser mit Stromquellen rechnen kann. (Außerdem haben, wie schon in Abschn. 2.1.1.2 angewandt, Leitwerte G bei der Behandlung von Parallelschaltungen Vorteile – s. Abschn. 2.2.2.)

Ein Vergleich der Bestimmungsgleichungen (2.2) bis (2.10) zeigt, daß z. B. Gl. (2.2) und (2.7) oder (2.4) und (2.9) gleichartig aufgebaut sind und die Gleichungen von Abschn. 2.1.1.2 auch dadurch gefunden werden können, daß man in den Gleichungen von Abschn. 2.1.1.1 alle Spannungen U durch die entsprechenden Ströme I und alle Ströme I durch die entsprechenden Spannungen U sowie die Widerstände R durch die entsprechenden Leitwerte G ersetzt. Diese Eigenschaften kennzeichnet man mit dem Begriff dual und sagt daher: Spannungs- und Stromquelle verhalten sich dual bzw. sie sind duale Schaltungen. Daher braucht man sich auch nur die gleichungsmäßigen Zusammenhänge für eine Schaltung zu merken und kann dann jeweils durch Anwendung der dualen Zuordnung die andere Schaltung in analoger Weise betrachten. Auf diese wichtigen dualen Schaltungen wird in Abschn. 2.2.3 noch näher eingegangen.

2.1.2 Kennlinienfelder

Nachdem in Abschn. 2.1.1 die Quellenkennlinie abgeleitet werden konnte, soll jetzt noch die Verbraucherkennlinie eingeführt und mit beiden Kennlinien der Arbeitspunkt, der sich beim Zusammenwirken von Quelle und Verbraucher einstellt, ermittelt werden. Anschließend ist der Einfluß einer Änderung der verschiedenen Größen zu untersuchen. Das Normieren der Kennlinien führt zu weiteren Erkenntnissen. Schließlich sollen auch noch nichtlineare Quellen und Verbraucher behandelt werden.

2.1.2.1 Verbraucherkennlinie. Für den Verbraucher V in Bild **2.**3 bzw. **2.**6 gilt das Ohmsche Gesetz und somit mit seinem Widerstand R_a bzw. Leitwert $G_a = 1/R_a$ und der an ihm herrschenden Spannung U_a für seine Stromkennlinie

$$I_a = G_a U_a = U_a/R_a \tag{2.11}$$

Diese Verbraucherkennlinie wird auch häufig als Widerstandskennlinie bezeichnet; sie ist, wenn R_a bzw. G_a feste Werte haben, also für lineare Verhältnisse, die hier zunächst vorausgesetzt werden sollen, eine Gerade durch den Nullpunkt. Bild **2.**8 zeigt die durch eine solche Verbraucherkennlinie

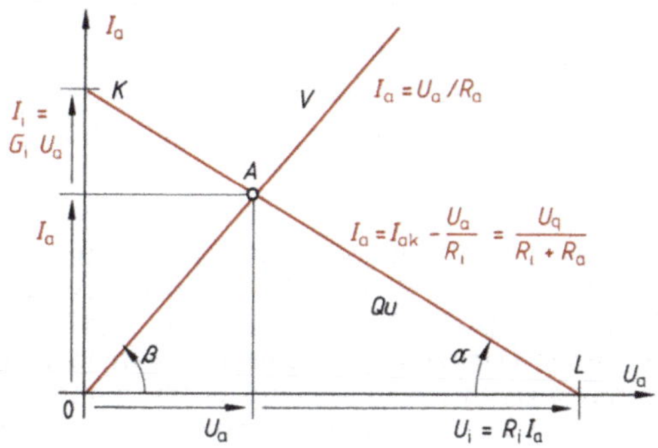

2.8
Zusammenwirken von Quelle und Verbraucher mit Quellenkennlinie *Qu*, Verbraucherkennlinie *V*, Arbeitspunkt *A*, Verbraucherspannung U_a und Verbraucherstrom I_a

und einige andere Angaben ergänzte Quellenkennlinie, deren Verlauf Gl. (2.3) und (2.9) folgt. Wenn für den Strom I der Maßstab m_I und für die Spannung U der Maßstab m_U verwirklicht ist, gilt mit Gl. (2.10) für die durch den (mathematisch negativen) Winkel α festgelegte (negative) Neigung der Quellenkennlinie

$$\tan\alpha = -\frac{I_{ak}}{U_{al}} \cdot \frac{m_U}{m_I} = -\frac{1}{r_i} \cdot \frac{m_U}{m_I} = -G_i \frac{m_U}{m_I} \tag{2.12}$$

und in analoger Weise nach Gl. (2.11) für die durch den Winkel β bestimmte Steigung der Verbraucherkennlinie

$$\tan\beta = \frac{I_{a1}}{U_{al}} \cdot \frac{m_U}{m_I} = \frac{1}{R_a} \cdot \frac{m_U}{m_I} = G_a \frac{m_U}{m_I} \tag{2.13}$$

wobei I_{a1} und U_{al} einander zugeordnete Werte von Strom und Spannung sind. Während die lineare Quellenkennlinie durch die beiden Werte I_{ak} und U_{al} auf den Koordinatenachsen oder durch einen dieser Werte mit dem $\tan\alpha$ nach Gl. (2.12) festgelegt ist, genügt es bei der Widerstandskennlinie, eine Gerade mit der Steigung $\tan\beta$ nach Gl. (2.13) durch den Koordinatennullpunkt zu zeichnen. Meist ist es allerdings einfacher, für eine bestimmte Spannung U_{a1} den zugehörigen Strom I_{a1} nach Gl. (2.11) zu berechnen und durch diesen Punkt und den Koordinatennullpunkt eine Gerade zu ziehen.

2.1.2.2 Arbeitspunkt. Quelle und Verbraucher können entsprechend Bild **2.**1 nur dann zusammenarbeiten, wenn ihre Klemmenspannungen U_a gleich groß sind und sie den gleichen Strom I_a führen. In Bild **2.**8 stimmen diese Betriebsbedingungen von Quelle und Verbraucher nur im Schnittpunkt von Quellen- und Verbraucherkennlinie überein. Diesen Punkt nennt man daher den Arbeitspunkt A.

Im Normalfall, wenn also lineare Verhältnisse gegeben sind, kann man die Werte des Arbeitspunkts natürlich einfacher mit Gl. (2.3) und (2.4) bzw. (2.8) und (2.9) berechnen. Die graphische Lösung in Bild **2.**8 liefert demgegenüber eine anschauliche Darstellung der Zusammenhänge und Abhängigkeiten. Man kann noch den inneren Spannungsabfall $U_i = R_i I_a$ der Spannungsquelle und den inneren Teilstrom $I_i = G_i U_a$ der Stromquelle abgreifen und den Einfluß der verschiedenen Größen (s. Abschn. 2.1.2.3) untersuchen. Besondere Vorteile hat dieses graphische Lösungsverfahren, wenn Quelle oder Verbraucher oder beide ein nichtlineares Verhalten zeigen und die zugehörigen Kennlinien nur meßtechnisch vorliegen.

Beispiel 2.3. Für eine Spannungsquelle mit der Quellenspannung $U_{qa} = 9{,}1$ V und dem Innenwiderstand $R_i = 4{,}82\ \Omega$, die entsprechend der Schaltung in Bild **2.**3 auf den Verbraucherwiderstand $R_a = 8\ \Omega$ arbeitet, sind Verbraucherstrom I_a und Klemmenspannung U_a durch Darstellung des Zusammenarbeitens von Quelle und Verbraucher im Kennlinienfeld graphisch zu bestimmen. Wie groß werden Verbraucherstrom I_a und Klemmenspannung U_a, wenn der Verbraucherwiderstand geändert wird auf $R_a = 20\ \Omega$, $4\ \Omega$ und $1\ \Omega$?

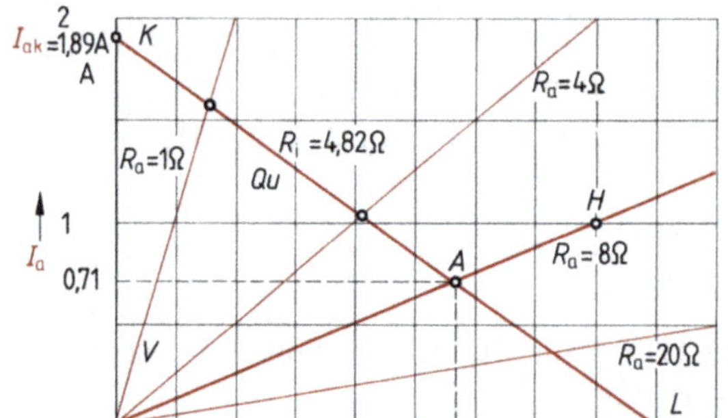

2.9 Quellenkennlinie *Qu* und Verbraucherkennlinien *V* für die Verbraucherwiderstände $R_a = 1\ \Omega$, $4\ \Omega$, $8\ \Omega$ und $20\ \Omega$ (Beispiel 2.3)

Zum maßstäblichen Aufzeichnen des Kennlinienfelds $I_a = f(U_a)$ (Bild **2.**9) wird zunächst die Quellenkennlinie eingezeichnet, die festgelegt ist durch den Punkt *L* auf der Abszissenachse bei $U_{qa} = U_{al} = 9{,}1$ V und mit $R_i = 4{,}82\ \Omega$ durch den Punkt *K* auf der Ordinatenachse bei $I_{ak} = U_{qa}/R_i = 9{,}1\ \text{V}/(4{,}82\ \Omega) = 1{,}888$ A verläuft. Die gesuchten Werte für I_a und U_a ergeben sich aus der Lage des Arbeitspunkts als Schnittpunkt zwischen der Quellenkennlinie und der Verbraucherkennlinie. Für $R_a = 8\ \Omega$ wird beispielsweise die Widerstandsgerade eingezeichnet durch den Ursprung des Koordinatensystems und durch den Hilfspunkt $H(U_{a1} = 8\ \text{V}, I_{a1} = U_{a1}/R_a = 8\ \text{V}/8\ \Omega = 1\ \text{A})$; die gesuchten Koordinaten des Arbeitspunkts *A* lassen sich aus dem Kennlinienfeld ablesen: $I_a = 0{,}71$ A, $U_a = 5{,}68$ V.

In entsprechender Weise werden die Widerstandsgeraden für $R_a = 20\ \Omega$, 4 Ω und 1 Ω eingezeichnet. Aus der jeweiligen Lage der Arbeitspunkte lassen sich die gesuchten Größen angeben. Die berechneten Werte sind in Tafel **2.**10 zusammengestellt.

Tafel **2.**10 Ergebnisse für Beispiel 2.3

R_a in Ω	I_a in A	U_a in V
1	1,564	1,564
4	1,025	4,127
8	0,7098	5,679
20	0,3666	7,333

2.1.2.3 Einfluß der Kenngrößen. Mit Beispiel 2.3 und Bild **2.**9 ist schon für verschiedene äußere Widerstände R_a untersucht worden, wie sich eine Änderung des Verbraucherwiderstands R_a auf den Arbeitspunkt *A* auswirkt. Wie erwartet führen kleinere Widerstände R_a zu größeren Verbraucherströmen I_a und kleineren Klemmenspannungen U_a und entsprechend größere Widerstände R_a zu kleineren Strömen I_a und größeren Klemmenspannungen U_a. Der größte erreichbare Strom ist der Kurzschlußstrom I_{ak}, die größte einstellbare Spannung die Leerlaufspannung U_{al}, und die zueinander gehörenden Werte I_a und U_a liegen stets auf der Quellenkennlinie *Qu*.

Änderungen des äußeren Widerstands R_a bewirken also entsprechend Gl. (2.11) und wie in Bild **2.**11a dargestellt eine Drehung der Widerstandsgeraden *V* um den Koordinatennullpunkt, wobei die Pfeilrichtung das Wachsen des Widerstands kennzeichnet. Das Verändern der Quellenspannung $U_q = U_{al}$ oder des Quellenstroms $I_q = I_{ak}$ bei festem inneren Widerstand R_i bzw. Leitwert G_i verursacht nach Gl. (2.5) eine proportionale Änderung der anderen Größe und somit auch nach Gl. (2.4) oder (2.9) eine Parallelverschiebung der Quellenkennlinie *Qu* wie in Bild **2.**11b.

Wenn sich bei konstanter Quellenspannung U_q der innere Widerstand R_i ändert, verschiebt sich nach Gl. (2.5) der Kurzschlußpunkt *K* und nach Gl. (2.4) schwenkt die Quellenkennlinie *Qu* wie in Bild **2.**11c um den Koordinatenpunkt U_q. Entsprechend verdreht sich die Quellenkennlinie *Qu* nach Gl. (2.9) und Bild **2.**11d um den Koordinatenpunkt I_q, wenn man bei festem Quellenstrom den inneren Leitwert G_i ändert.

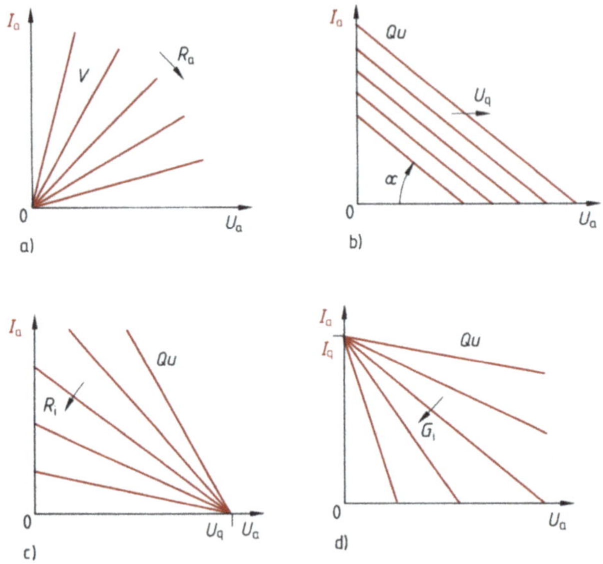

2.11
Einfluß auf die Widerstands- und Quellenkennlinien durch die Parameter Verbraucherwiderstand R_a (a), Quellenspannung U_q und Quellenstrom I_q (b), innerer Widerstand R_i (c) und innerer Leitwert G_i (d). (Die Parameter wachsen in Pfeilrichtung; die übrigen Parameter sind jeweils konstant.)

2.1.2.4 Normierung. Es sollen jetzt in der Quellenkennlinie nach Gl. (2.9) und der Verbraucherkennlinie nach Gl. (2.11) die Spannung U_a auf die Leerlaufspannung $U_{al} = U_q$ und der Strom I_a auf den Kurzschlußstrom $I_{ak} = I_q$ bezogen, diese Gleichungen sollen also durch diese Größen dividiert werden. Gl. (2.9) ändert sich daher unter Anwendung von Gl. (2.10) in

$$\frac{I_a}{I_{ak}} = \frac{I_q}{I_{ak}} - G_i \frac{U_a}{I_{ak}} = 1 - \frac{U_a}{U_{al}} \tag{2.14}$$

und man erhält nach Einführen des relativen Verbraucherstroms $I_{ar} = I_a/I_{ak}$ und der relativen Klemmenspannung $U_{ar} = U_a/U_{al}$ die bezogene, also normierte Quellenkennlinie

$$I_{ar} = 1 - U_{ar} \tag{2.15}$$

Sie ist in Bild 2.12 dargestellt, und man erkennt, daß die Kennlinienscharen von Bild 2.11b bis d auf diese Weise zu einer einzigen Quellenkennlinie zusammengeschrumpft sind. Aus Gl. (2.11) wird in analoger Weise

$$\frac{I_a}{I_{ak}} = \frac{U_a}{R_a I_{ak}} = \frac{R_i}{R_a} \cdot \frac{U_a}{U_{al}} = \frac{G_a}{G_i} \cdot \frac{U_a}{U_{al}} \tag{2.16}$$

Hier ist es zweckmäßig, noch den relativen äußeren Widerstand $R_r = R_a/R_i$ und den relativen äußeren Leitwert $G_r = G_a/G_i$ einzuführen und die bezogenen, also normierten Verbraucherkennlinien

$$I_{ar} = G_r U_{ar} = U_{ar}/R_r \tag{2.17}$$

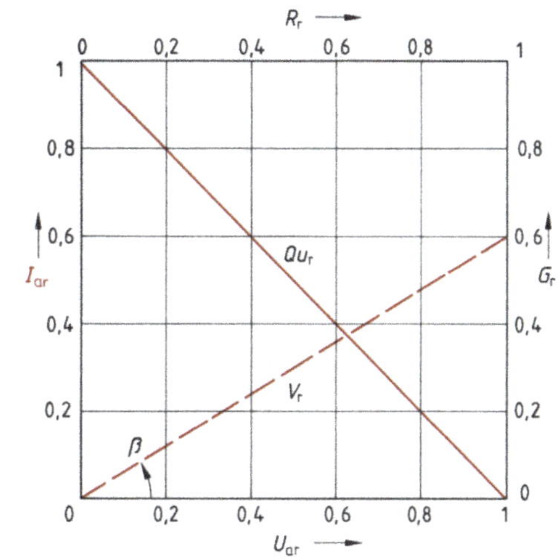

2.12 Normierte Quellenkennlinie Qu_r (——) und Beispiel für eine normierte Verbraucherkennlinie V_r (---) für den relativen inneren Leitwert $G_{ir}=0{,}6$

zu bilden. Sie verlaufen durch den Koordinatennullpunkt, haben die Steigung $\tan\beta = G_r = 1/R_r$ und sind durch die Parameter R_r und G_r gekennzeichnet. Daher dürfen auch die Koordinatenachsen von Bild **2.**12 mit $G_r=\tan\beta$ und $R_r=\text{ctg}\beta$ bezeichnet werden, so daß die verschiedenen Verbraucherkennlinien leicht eingetragen werden können.

Mit Bild **2.**12 läßt sich nun auch sofort entscheiden, ob der Stromkreis näher am Leerlaufpunkt oder näher am Kurzschlußpunkt betrieben, ob also besser die Spannungsquelle nach Bild **2.**3 oder die Stromquelle nach Bild **2.**6 angewendet wird: Für $G_r<1$ bzw. $R_r>1$ arbeitet der Stromkreis in der Nähe des Leerlaufpunkts, für $R_r<1$ bzw. $G_r>1$ dagegen in der Nähe des Kurzschlußpunkts.

Beispiel 2.4. Es sind für Beispiel 2.2 die beiden relativen Leitwerte G_{r1} und G_{r2} zu berechnen.

Beim Verbraucherstrom $I_{a1}=60$ mA und der Klemmenspannung $U_{a1}=2{,}0$ V ist nach dem Ohmschen Gesetz der äußere Leitwert $G_{a1}=I_{a1}/U_{a1}=60$ mA/(2,0 V) = 30 mS, also mit dem inneren Leitwert $G_i=6{,}667$ mS der relative Leitwert $G_{r1}=G_{a1}/G_i=30$ mS/(6,667 mS) = 4,5 wirksam.

Entsprechend erhält man für den Verbraucherstrom $I_{a2}=50$ mA bei der Klemmenspannung $U_{a2}=3{,}5$ V den äußeren Leitwert $G_{a2}=I_{a2}/U_{a2}=50$ mA/(3,5 V) = 14,29 mS und den relativen Leitwert $G_{r2}=G_{a2}/G_i=14{,}29$ mS/(6,667 mS) = 2,143. Es ist also gerechtfertigt, hier eine Stromquelle nach Abschn. 2.1.1.2 vorauszusetzen.

Für die Leistung des Verbrauchers gilt nach Gl. (1.16) $P_a=I_a U_a$. Für eine auf das Produkt $I_{ak} U_{al}$ bezogene Verbraucherleistung findet man daher mit Gl. (2.15)

$$P_a/(I_{ak} U_{al}) = I_{ar} U_{ar} = (1-U_{ar}) U_{ar} = U_{ar} - U_{ar}^2 \qquad (2.18)$$

Dies ist die Gleichung einer Parabel, die für $U_{ar}=0$ und $U_{ar}=1$ den Wert Null und für $U_{ar}=0{,}5$ ihr Maximum $P_a/(I_{ak} U_{al})=0{,}25$ hat. Es kann also im Verbraucher höchstens die Leistung $P_{a\,max}=I_{ak}\,U_{al}/4$ umgesetzt werden; sie wird auch verfügbare Leistung genannt. Daher ist es sinnvoll, die relative Leistung

$$P_{ar}=P_a/P_{a\,max}=4(1-U_{ar})\,U_{ar} \tag{2.19}$$

zu bilden; ihr Verlauf ist in Bild **2.**13 eingetragen. Es ist mit Bild **2.**13 sofort zu erkennen, daß zu dem Arbeitspunkt A_{opt} bei $U_{ar}=0{,}5$ der relative Widerstand bzw. Leitwert $R_r=G_r=1$ gehört, die maximale Verbraucherleistung also bei $R_i=R_a$ bzw. $G_a=G_i$ erzielt wird. Dieser wichtige Betriebspunkt wird in Abschn. 2.1.3 noch ausführlich untersucht.

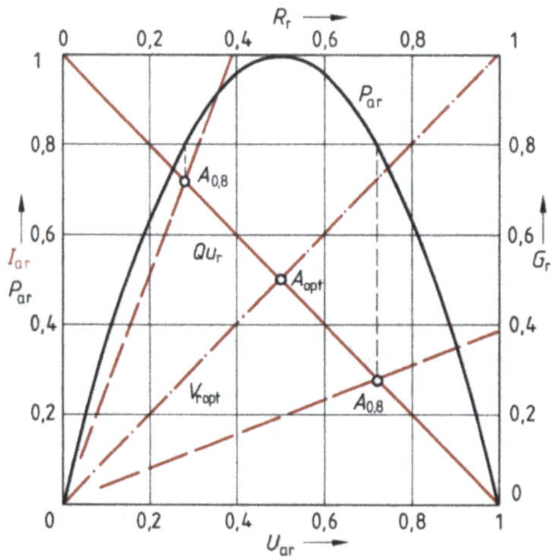

2.13
Normierte Quellenkennlinie Qu_r, normierte Verbraucherleistung P_{ar} und normierte Verbraucherkennlinie V_{ropt} für maximale Verbraucherleistung mit optimalem Arbeitspunkt A_{opt} bei $R_r=G_r=1$ und Arbeitspunkt $A_{0,8}$ für Beispiel 2.5

Beispiel 2.5. Es ist festzustellen, in welchem Bereich des äußeren Widerstands R_a der Stromkreis von Beispiel 2.3 mehr als 80% der verfügbaren Leistung zeigt.

Man kann in Bild **2.**13 unmittelbar von den Kurvenpunkten $P_{ar}=0{,}8$ ein Lot auf die relative Quellenkennlinie Qu_r fällen und anschließend die zugehörigen, gestrichelten Verbraucherkennlinien mit den Arbeitspunkten $A_{0,8}$ zeichnen, für die man abliest $R_r=G_r=0{,}37$.

Eine genauere Rechnung ergibt mit Gl. (2.19) zunächst die quadratische Gleichung

$$P_{ar}=0{,}8=4\,U_{ar}-4\,U_{ar}^2 \quad \text{bzw.} \quad U_{ar}^2-U_{ar}+0{,}2=0$$

mit den Lösungen $U_{ar1}=0{,}7236$ und $U_{ar2}=0{,}2764$. Hierzu gehören nach Bild **2.**13 die relativen Ströme $I_{ar1}=0{,}2764$ und $I_{ar2}=0{,}7236$, so daß nach Gl. (2.17) die relativen Widerstände $R_{r1}=U_{ar1}/I_{ar1}=0{,}7236/0{,}2764=2{,}618$ und $R_{r2}=U_{ar2}/I_{ar2}=0{,}2764/0{,}7236=0{,}382$ wirksam sind. Mit dem inneren Widerstand $R_i=4{,}82\,\Omega$ darf daher der äußere Widerstand den Bereich $R_{a2}=R_{r2}R_i=0{,}382\cdot 4{,}82\,\Omega=1{,}841\,\Omega$ bis $R_{a1}=R_{r1}R_i=2{,}618\cdot 4{,}82\,\Omega=12{,}62\,\Omega$ überstreichen.

2.1.2.5 Nichtlineare Quellen und Verbraucher. Während die Arbeitspunkte eines Stromkreises aus linearen Quellen und Verbrauchern noch, wie Beispiel 2.3 zeigt, einfach berechnet werden können, bereitet ihre rein analytische Bestimmung bei Auftreten nichtlinearer Schaltungselemente große Schwierigkeiten; sie ist aber, wenn die nichtlinearen Kennlinien durch mathematische Funktionen ausreichend angenähert werden können, grundsätzlich möglich. Es ist jedoch leichter und durchsichtiger, in diesen Fällen mit Kennlinienfeldern zu arbeiten.

Bild 2.14 zeigt z.B. die Quellenkennlinie *Qu* eines Photoelements (s. Band III, Teil 2), die in der Nähe des Kurzschlußpunkts durch eine Gerade und in der Nähe des Leerlaufpunkts durch eine Parabel angenähert werden könnte, und die Verbraucherkennlinie *V* eines Heißleiters (s. Bild 1.20 und Band III, Teil 2), die in guter Näherung einer Potenzfunktion folgt. Wenn man diese Funktionen bestimmt hat, könnte man grundsätzlich mit dem Ohmschen Gesetz den Arbeitspunkt *A* finden. Es ist aber sehr viel einfacher, die Kennlinien graphisch darzustellen und wie in Bild 2.14 ihren Schnittpunkt *A* zu suchen.

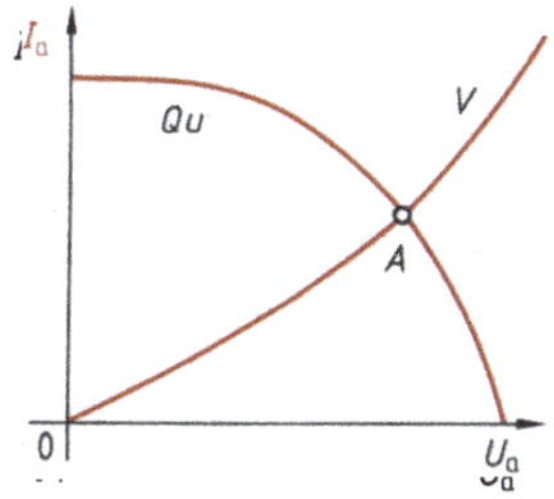

2.14 Nichtlineare Quellenkennlinie *Qu* eines Photoelements und nichtlineare Verbraucherkennlinie *V* eines Heißleiters mit dem Arbeitspunkt *A*

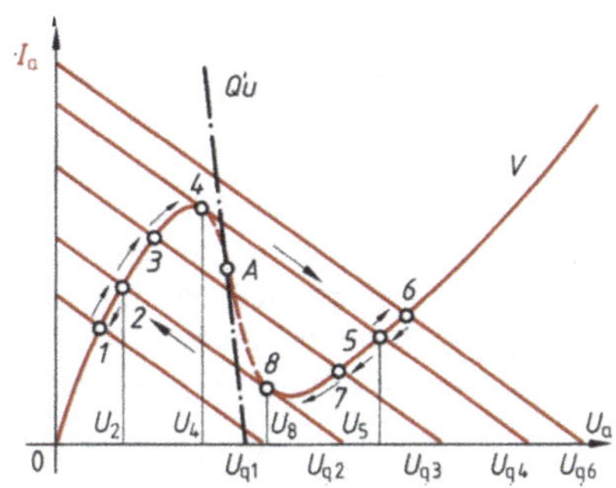

2.15 Verbraucherkennlinie *V* einer Tunneldiode im Zusammenwirken mit einer im Quellenspannungsbereich U_{q1} bis U_{q6} veränderbaren linearen Quelle
1 bis *8* und *A* Arbeitspunkte, *Qu* Quellenkennlinien

Einen anschaulichen Überblick über das Verhalten einer Tunneldiode (s. Band III, Teil 1) zusammen mit einer linearen Spannungsquelle vermittelt Bild 2.15 mit der nichtlinearen Verbraucherkennlinie *V*. Die Quellenspannung soll sich im Bereich U_{q1} bis U_{q6} ändern können, was nach Bild 2.11b ein paralleles Verschieben der Quellenkennlinien bedeutet.

Mit der Quellenspannung U_{q1} stellt sich der Arbeitspunkt *1* ein. Wenn anschließend die Quellenspannung von U_{q1} bis auf U_{q4} vergrößert wird, werden nacheinander die Arbeitspunkte *2, 3, 4* und *5* erreicht; die Klemmenspannung springt also von U_4 auf U_5. Nach der Vergrößerung der Quellenspannung auf U_{q6} und dem Einstellen des Arbeitspunktes *6* soll die Quellenspannung wieder auf U_{q2} verkleinert werden, wobei die Arbeitspunkte *5* und *7* überlaufen werden und von *8* auf *2* springen, die Klemmenspannung U_8 also sprunghaft auf U_2 wechselt.

Die Kennlinien werden also in den eingezeichneten Pfeilrichtungen durchlaufen. Die Verbraucherkennlinie *V* bleibt demnach im gestrichelt eingezeichneten Bereich ungenutzt. (Dieser Bereich ist nur für Quellenkennlinien *Qu'* - s. strichlinierte Gerade in Bild **2.**15 - mit wesentlich steilerem Verlauf, also größerem Winkel und somit geringerem Innenwiderstand R_i meß- und nutzbar.) Man sagt: Der ausgezogene Kennlinienbereich ist stabil, der gestrichelt dargestellte dagegen für die Quellenkennlinien *Qu* labil. Dieses Verhalten der Tunneldiode wird beispielsweise in Impulsgeneratoren und Oszillatoren angewandt (s. Band III, Teil 1).

Ganz allgemein sind Arbeitspunkte nur für Bereiche stabil, in denen $(\mathrm{d}I_a/\mathrm{d}U_a)_{Qu} < (\mathrm{d}I_a/U_a)_V$ gilt, die Quellenkennlinie $Qu = f(U_a)$ also eine kleinere (unter Beachtung der Vorzeichen) Steigung $\mathrm{d}I_a/\mathrm{d}U_a$ als die Verbraucherkennlinie $V = f(U_a)$ zeigt.

Beispiel 2.6. Eine Tunneldiode hat entsprechend Bild **2.**15 folgende Punkte der Verbraucherkennlinie:

Diodenspannung: $U_{a4} = 60$ mV, $U_{a5} = 180$ mV, $U_{a8} = 120$ mV
Diodenstrom: $I_{a4} = 1{,}2$ mA, $I_{a5} = 0{,}6$ mA, $I_{a8} = 0{,}4$ mA.

Die Quellenkennlinie soll bei der größten Quellenspannung die Arbeitspunkte *4* und *5* und bei der kleinsten Quellenspannung den Arbeitspunkt *8* enthalten. Es ist eine geeignete Stromquelle und der Steuerbereich für den Quellenstrom I_q zu bestimmen.

Nach Gl. (2.10) muß die Stromquelle den inneren Leitwert

$$G_i = \frac{I_{a4} - I_{a5}}{U_{a5} - U_{a4}} = \frac{1{,}2\ \mathrm{mA} - 0{,}6\ \mathrm{mA}}{180\ \mathrm{mV} - 60\ \mathrm{mV}} = 5\ \mathrm{mS}$$

aufweisen. Es müssen dann nach Gl. (2.9) der Größtwert des Quellenstroms

$$I_{q\,max} = I_{a4} + G_i\, U_{a4} = 1{,}2\ \mathrm{mA} + 5\ \mathrm{mS} \cdot 60\ \mathrm{mV} = 1{,}5\ \mathrm{mA}$$

und sein Kleinstwert

$$I_{q\,min} = I_{a8} + G_i\, U_{a8} = 0{,}4\ \mathrm{mA} + 5\ \mathrm{mS} \cdot 120\ \mathrm{mV} = 1{,}0\ \mathrm{mA}$$

einstellbar sein. Durch diese Kennwerte ist die Stromquelle eindeutig bestimmt.

2.1.3 Leistungsanpassung

Sowohl in der Energietechnik als auch in der Nachrichtentechnik hat der aus Quelle, Leitung und Verbraucher bestehende Stromkreis die Aufgabe, dem Verbraucher elektrische Energie zuzuführen. Die Lösung dieser Aufgabe hängt von der jeweils gestellten betrieblichen Forderung ab, die sich in der Praxis durch folgende zwei Fälle kennzeichnen läßt:

1. Die in der Quelle zur Verfügung gestellte Leistung soll mit möglichst geringen Verlusten an den Verbraucher abgegeben werden. Dies bedeutet, daß für den Stromkreis der Wirkungsgrad nach Gl. (1.88)

$$\eta = P_a/P_q \tag{2.20}$$

möglichst groß ist. Es ist die betriebliche Forderung der Energietechnik, die die Aufgabe hat, Energie möglichst verlustfrei zu erzeugen und zu transportieren, so daß Leistungsverluste in der Quelle und auf der Übertragungsleitung so klein wie möglich gehalten werden müssen.

2. Es soll dem Verbraucher als Verbraucherleistung P_a aus der Quelle die höchstmögliche Leistung $P_{a\,max}$ zugeführt werden. Die beim Erfüllen dieser Forderung auftretenden Leistungsverluste auf der Übertragungsleitung (Leitungswiderstand R_L) und in der Quelle selbst (Innenwiderstand R_i) sind als unvermeidbar anzusehen und bei der Bemessung des Stromkreises zu berücksichtigen. Dieser Betriebsfall wird als Leistungsanpassung bezeichnet. Es ist dies die betriebliche Forderung der Nachrichtentechnik, die die Aufgabe hat, Nachrichten ohne Verluste an Nachrichteninhalt zu übertragen, und bei der die meist kleine Energie nur ein Hilfsmittel zum Signaltransport darstellt. Da in der Nachrichtentechnik die Energiekosten gering sind gegenüber den mit der Leistung wachsenden Anlagekosten, stellt das Arbeiten eines Stromkreises mit Leistungsanpassung die wirtschaftlichste Lösung dar.

Es soll nun die Anpassungsbedingung abgeleitet und es sollen einige neue Begriffe, wie Ausnutzungsgrad und Reflexionsfaktor, die für die Nachrichtentechnik wichtig sind, eingeführt werden. Neben den Eigenschaften eines Stromkreises bei Leistungsanpassung muß die Leistungsminderung bei Fehlanpassung für lineare und nichtlineare Stromkreise untersucht werden.

2.1.3.1 Anpassungsbedingung, Wirkungsgrad, Ausnutzungsgrad. Der Betriebsfall der Leistungsanpassung soll nun anhand des in Bild **2.**16a dargestellten, von einer Spannungsquelle mit der Quellenspannung U_q und dem inneren Widerstand R_i bei dem Verbraucherwiderstand R_a gespeisten Stromkreises näher untersucht werden. Es werden hier zunächst lineare Quellen und Verbraucher vorausgesetzt. Die im Generator erzeugte Leistung ist hier

$$P_q = U_q^2/(R_i + R_a) \tag{2.21}$$

Mit dem Strom $I_a = U_q/(R_i + R_a)$ gilt für die Nutzleistung im Verbraucher

$$P_a = I_a^2 R_a = U_q^2 R_a/(R_i + R_a)^2 \tag{2.22}$$

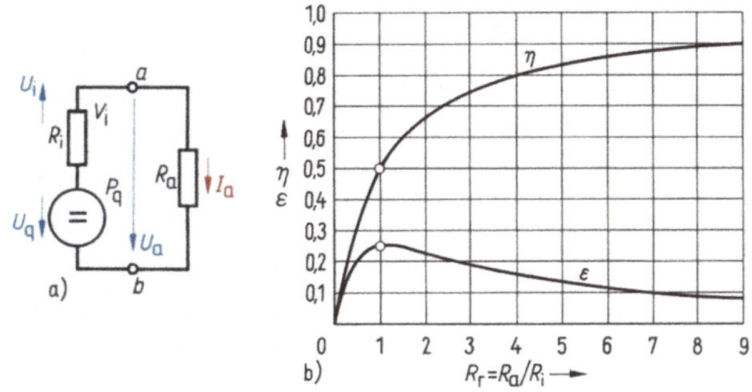

2.16
Aktiver Zweipol (Spannungsquelle) mit Verbraucherwiderstand R_a
a) Schaltung
b) Wirkungsgrad η und Ausnutzungsgrad ε in Abhängigkeit vom Widerstandsverhältnis $R_r = R_a/R_i$

Die Funktion $P_a = f(R_a)$ ist in R_a vom 2. Grade; sie hat sowohl für $R_a = 0$ (Kurzschluß) als auch für $R_a = \infty$ (Leerlauf) den Wert $P_a = 0$, muß also, wie schon in Bild 2.13 dargestellt, mindestens ein Maximum $P_{a\,max}$ durchlaufen. Um den zu $P_{a\,max}$ gehörenden Verbraucherwiderstand R_a zu bestimmen, wird Gl. (2.22) nach R_a differenziert

$$\frac{dP_a}{dR_a} = U_q^2 \frac{(R_i + R_a)^2 - R_a \cdot 2(R_i + R_a)}{(R_i + R_a)^4}$$

und $dP_a/dR_a = 0$ gesetzt, also $(R_i + R_a) - 2R_a = 0$. Mithin lautet die Anpassungsbedingung

$$R_a = R_i \tag{2.23}$$

Leistungsanpassung ergibt sich also bei gleicher Größe von Innenwiderstand R_i der Quelle und Verbraucherwiderstand R_a. Es ist dann nach dem Einsetzen von Gl. (2.23) in Gl. (2.22) die maximal erzielbare Nutzleistung im Verbraucherwiderstand, die auch verfügbare Leistung genannt wird,

$$P_{a\,max} = U_q^2 R_i/(4R_a^2) = U_q^2/(4R_i) \tag{2.24}$$

Da die im Generator insgesamt erzeugte Leistung, erkennbar bei Einsetzen der Gl. (2.23) in Gl. (2.21),

$$P_q = U_q^2/(2R_i) \tag{2.25}$$

ist, gilt nach Gl. (2.20) bei Leistungsanpassung für den Wirkungsgrad

$$\eta = P_a/P_q = 0{,}5$$

Bei Leistungsanpassung werden also jeweils 50% der Gesamtleistung P_q der Quelle im Verbraucherwiderstand R_a und 50% im Innenwiderstand R_i umgesetzt.

Wir wollen nun noch die dem Verbraucher bei Leistungsanpassung zugeführte Leistung $P_{a\,max}$ vergleichen mit der von der Quelle maximal lieferbaren Leistung, die bei Kurzschluß der Quelle auftritt (Kurzschlußverbindung zwischen den Klemmen *a* und *b*, d. h. $R_a = 0$), im Innenwiderstand R_i in Wärme umgesetzt und Kurzschlußleistung

$$P_k = U_q^2/R_i \tag{2.26}$$

genannt wird. Der Quotient von abgegebener Nutzleistung P_a und Kurzschlußleistung P_k wird Ausnutzungsgrad $\varepsilon = P_a/P_k$ genannt, dessen Höchstwert

$$\varepsilon_{max} = P_{a\,max}/P_k = 0{,}25 \tag{2.27}$$

sich bei Leistungsanpassung nach Gl. (2.24) und Gl. (2.26) ergibt. Es steht also günstigstenfalls ein Viertel der maximal erzeugbaren Leistung der Quelle als Nutzleistung am Verbraucher zur Verfügung. Durch den Verbraucherwiderstand R_a fließt bei Leistungsanpassung der Strom $I_{aA} = I_{ak}/2$, am Verbraucherwiderstand R_a liegt die Spannung $U_{aA} = U_q/2$.

Die Leistungsanpassung $R_a = R_i$ ist also durch folgende Kennwerte ausgezeichnet:

$$\eta = 0{,}5; \quad \varepsilon = \varepsilon_{max} = 0{,}25; \quad P_a = P_{a\,max} = P_k/4; \quad I_{aA} = I_{ak}/2; \quad U_{aA} = U_q/2$$

2.1.3.2 Wirkungsgrad und Ausnutzungsgrad bei beliebigem Verbraucherwiderstand. Bei beliebiger Größe des Verbraucherwiderstands R_a gilt allgemein für den Wirkungsgrad entsprechend Gl. (2.20) und (2.22)

$$\eta = \frac{P_a}{P_q} = \frac{R_a}{R_i + R_a} = \frac{R_a/R_i}{1 + R_a/R_i} = \frac{R_r}{1 + R_r} \tag{2.28}$$

Der Wirkungsgrad hängt also nur vom relativen Widerstand $R_r = R_a/R_i$ ab; er steigt, wie in Bild **2.**16b dargestellt, vom Wert $\eta = 0$ bei $R_a = 0$ (Kurzschluß) über $\eta = 0{,}5$ bei $R_a = R_i$ (Anpassung, $P_{a\,max}$) auf den theoretischen Grenzwert $\eta = 1$ bei $R_a = \infty$ (Leerlauf).

Da die Energietechnik wegen der Aufgabe, Energie möglichst verlustlos zu übertragen, den Wert $\eta \to 1$ anstreben muß, sind hier die Stromkreise mit $R_i \ll R_a$ zu betreiben, d. h., der Innenwiderstand R_i der Quelle muß klein gegenüber dem Verbraucherwiderstand R_a sein. In der Energietechnik wäre es falsch, mit Anpassung zu arbeiten; bei dem dabei auftretenden schlechten Wirkungsgrad $\eta = 0{,}5$ würde die Hälfte der Gesamtleistung in der Quelle in Wärme umgesetzt, was wirtschaftlich untragbare Verluste verursacht.

Mitunter muß geprüft werden, ob der beste Wirkungsgrad oder die Leistungsanpassung wichtiger ist. Allgemein sind zur Erzielung des höchstmöglichen Wirkungsgrads Quellen mit kleinem Innenwiderstand (Energietechnik) und zum Betreiben eines Verbraucherwiderstands mit der maximal möglichen Leistung Quellen mit großem Innenwiderstand und angepaßtem Verbraucherwiderstand (Nachrichtentechnik) einzusetzen.

Um die Abhängigkeit der an den Verbraucher abgegebenen Nutzleistung P_a ebenfalls vom relativen Widerstand R_r angeben zu können, bezieht man die Nutzleistung P_a auf die maximal von der Quelle erzeugte Kurzschlußleistung $P_k = U_q^2/R_i$ und erhält so mit Gl. (2.22) den Ausnutzungsgrad

$$\varepsilon = \frac{P_a}{P_k} = \frac{R_a/R_i}{(1 + R_a/R_i)^2} = \frac{R_r}{(1 + R_r)^2} \tag{2.29}$$

Seine Abhängigkeit vom relativen Widerstand R_r ist in Bild **2.**16b dargestellt; mit wachsendem R_r verläuft ε vom Wert 0 über den Maximalwert $\varepsilon = 0{,}25$ bei $R_a = R_i$ wieder bei $R_r = \infty$ zum Wert 0 zurück.

Die Abhängigkeit der Nutzleistung P_a vom relativen Widerstand R_r läßt sich auch ohne Rechnung mit Hilfe einer Darstellung im Kennlinienfeld (s. Abschn. 2.1.2.3) graphisch ermitteln (s. Bild **2.**13). In Bild **2.**17 sind entsprechend Bild **2.**9 in einem Kennlinienfeld $I_a = f(U_a)$ die Quellenkennlinie für $R_i = \text{const}$ und Kennlinien für verschiedene Verbraucherwiderstände R_a eingetragen. Die durch die Schnittpunkte beider Kennlinien gegebenen Arbeitspunkte A_1, A_2, A_3

legen im Kennlinienfeld durch ihre Koordinaten I_a, U_a ein Rechteck fest, dessen Flächeninhalt gleich der Nutzleistung $P_a = I_a U_a$ ist. Aus Bild **2.**17 ist leicht zu erkennen, daß der Flächeninhalt des durch Schraffur gekennzeichneten Rechtecks bei A_2 für $R_a = R_i$, d. h. bei gleicher entgegengesetzt gerichteter Neigung der Kennlinien, also $\tan\alpha = -\tan\beta$, ein Maximum erreicht.

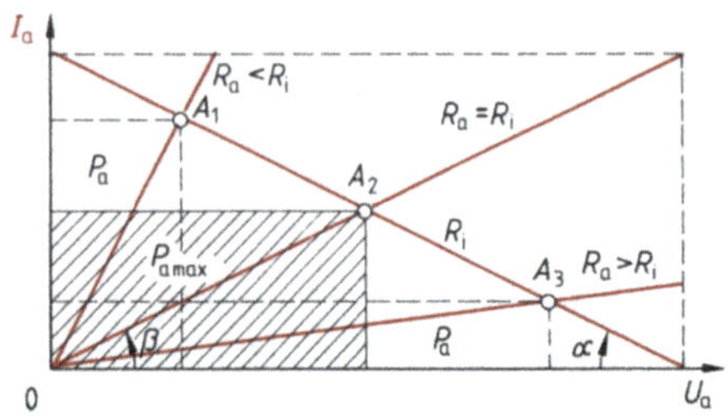

2.17 Darstellung der Nutzleistung P_a im Verbraucherwiderstand R_a als Flächeninhalt des durch die Koordinaten der Arbeitspunkte A_1, A_2, A_3 im Kennlinienfeld $I_a = f(U_a)$ festgelegten Rechtecks (für $P_{a\,max}$ schraffiert)

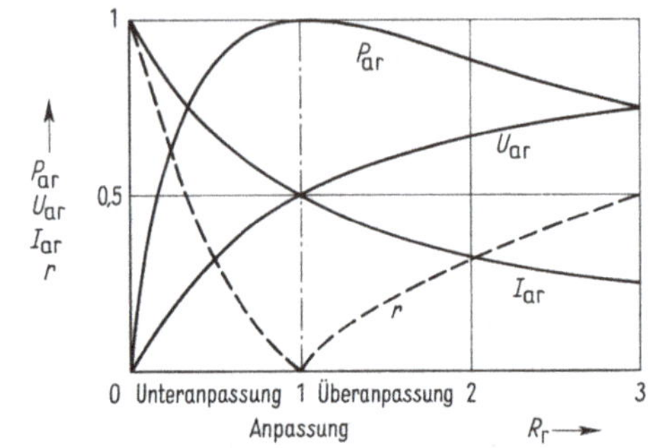

2.18 Einfluß der Fehlanpassung, also des relativen äußeren Widerstands $R_r = R_a/R_i = 1/G_r$, auf die auf die jeweiligen Höchstwerte normierten Größen $P_{ar} = P_a/P_{a\,max}$, $U_{ar} = U_a/U_q$, $I_{ar} = I_a/I_q$ sowie Verlauf des Reflexionsfaktors r

2.1.3.3 Leistung, Spannung und Strom bei Fehlanpassung. Wird die Bedingung $R_a = R_i$ nicht eingehalten, ist die erzielbare Nutzleistung P_a immer kleiner als die bei Anpassung mögliche Nutzleistung $P_{a\,max}$. Dieser Betriebszustand wird als Fehlanpassung bezeichnet. Um die bei Fehlanpassung auftretenden Änderungen von Leistung, Spannung und Strom besser überblicken zu können, sind in Bild **2.**18 die auf ihren jeweiligen Höchstwert normierten Größen

$$P_{ar} = \frac{P_a}{P_{a\,max}} = \frac{4 R_a R_i}{(R_i + R_a)^2} = \frac{4}{2 + (R_a/R_i) + 1/(R_a/R_i)} = \frac{4}{2 + R_r + G_r} \tag{2.30}$$

die relative Klemmenspannung

$$U_{ar} = \frac{U_a}{U_q} = \frac{R_a}{R_i + R_a} = \frac{R_a/R_i}{1 + R_a/R_i} = \frac{1}{1 + R_i/R_a} = \frac{1}{1 + G_r} \tag{2.31}$$

sowie der relative Verbraucherstrom

$$I_{ar} = \frac{I_a}{I_q} = \frac{R_i}{R_i + R_a} = \frac{1}{1 + R_a/R_i} = \frac{1}{1 + R_r} \tag{2.32}$$

in Abhängigkeit vom relativen Widerstand $R_r = R_a/R_i = 1/G_r$ aufgetragen.

Bei Abweichen von der Leistungsanpassung $R_a = R_i$ zeigen Spannung und Strom entgegengesetzten Verlauf. Ist $R_a < R_i$, spricht man von Unteranpassung, wegen des hier zunehmenden Stromverhältnisses I_{ar} auch Stromanpassung genannt. Den Betriebszustand $R_a > R_i$ bezeichnet man als Überanpassung und spricht wegen des hier zunehmenden Spannungsverhältnisses U_{ar} auch von Spannungsanpassung.

Allgemein lassen sich somit die Betriebszustände eines Stromkreises folgendermaßen kennzeichnen:

Kurzschluß	$R_a = 0$	$P_q = P_k = U_q^2/R_i$	$P_a = 0$	$\eta = 0$	(2.33)
Unteranpassung	$R_a < R_i$		$0 < P_a < P_{a\,max}$	$0 < \eta < 0{,}5$	
Anpassung	$R_a = R_i$	$P_q = U_q^2/(2R_i)$	$P_{a\,max} = U_q^2/(4R_i)$	$\eta = 0{,}5$	(2.34)
Überanpassung	$R_a > R_i$		$0 < P_a < P_{a\,max}$	$0{,}5 < \eta < 1$	
Leerlauf	$R_a = \infty$	$P_q = 0$	$P_a = 0$	$\eta = 1$	(2.35)

2.1.3.4 Leistungsminderung bei Fehlanpassung, Reflexionsfaktor. Zur Berechnung der besonders in der Nachrichtentechnik interessierenden Leistungsverminderung bei Fehlanpassung, bei der die am Verbraucher erreichte Nutzleistung P_a immer kleiner ist als die bei Anpassung erzielbare Nutzleistung $P_{a\,max}$, betrachten wir zunächst die auftretende Stromänderung. Bei Fehlanpassung weicht auch der Strom I_a vom Strom I_{aA} im Fall der Leistungsanpassung ab. Formal läßt sich diese Abweichung dadurch beschreiben, daß man sich den tatsächlich im Kreis fließenden Strom I_a zusammengesetzt denkt aus der Überlagerung des Stromes bei Leistungsanpassung I_{aA} und eines am Verbraucherwiderstand R_a reflektierten (zurückgewiesenen) Stromes I_r. Mit den Strömen

$$I_{aA} = U_q/(2R_i) \tag{2.36}$$

und

$$I_a = U_q/(R_i + R_a) = I_{aA} - I_r \tag{2.37}$$

gilt für diesen reflektierten Strom

$$I_r = U_q\left(\frac{1}{2R_i} - \frac{1}{R_i + R_a}\right) = \frac{U_q}{2R_i} \cdot \frac{R_a - R_i}{R_a + R_i} = I_{aA}\frac{R_a - R_i}{R_a + R_i} \tag{2.38}$$

und für das Verhältnis I_r/I_{aA}, den Reflexionsfaktor

$$r = \frac{R_a - R_i}{R_a + R_i} = \frac{(R_a/R_i) - 1}{(R_a/R_i) + 1} = \frac{R_r - 1}{R_r + 1} \tag{2.39}$$

Für Leistungsanpassung $R_a = R_i$ ist $r = 0$. Im Bereich der Überanpassung $R_a > R_i$ wächst der Reflexionsfaktor r von 0 auf $+1$ bei $R_a = \infty$; es ist nach Gl. (2.38) $I_r = I_{aA}$ und somit nach Gl. (2.37) $I_a = 0$, die Quelle arbeitet im Leerlauf. Im Bereich der Unteranpassung $R_a < R_i$ nimmt der Reflexionsfaktor r Werte zwischen 0 und -1 bei $R_a = 0$ an; es ist nach Gl. (2.38) $I_r = -I_{aA}$ und somit nach Gl. (2.37) $I_a = 2I_{aA}$, die Quelle arbeitet im Kurzschluß mit $I_a = I_{ak}$.

Der Reflexionsfaktor kann also Werte im Bereich $-1 < r < +1$ annehmen, wenn die Betriebsbedingungen der Schaltung bei dem hier auf den Strom bezogenen Reflexionsfaktor vom Kurzschluß zum Leerlauf geändert werden. Aus Vorzeichen und Betrag des Reflexionsfaktors ist also eindeutig zu ersehen, in welchem Betriebszustand die Schaltung arbeitet. Besonders in der Nachrichtentechnik kennzeichnet man den Betriebszustand der Schaltung durch den Reflexionsfaktor.

Mit $P_V = P_{a\,max} - P_a$ gilt für die relative Leistungsminderung

$$P_{Vr} = \frac{P_V}{P_{a\,max}} = 1 - \frac{P_a}{P_{a\,max}} = 1 - \frac{4 R_a R_i}{(R_a + R_i)^2} = \left[\frac{(R_a/R_i) - 1}{(R_a/R_i) + 1}\right]^2$$

$$= \left(\frac{R_a - R_i}{R_a + R_i}\right)^2 = r^2 \tag{2.40}$$

Für die Berechnung der Leistungsminderung durch Fehlanpassung ist, da die Leistung dem Quadrat des Stromes, also r^2 proportional ist, nur der Betrag des Reflexionsfaktors von Interesse. In Bild 2.18 ist daher auch nur der Betrag $r = f(R_r)$ durch die gestrichelte Kurve dargestellt. Tafel 2.19 enthält den Reflexionsfaktor r, die relative Nutzleistung P_{ar} und die relative Leistungsminderung P_{Vr} für verschiedene relative Widerstände R_r.

Tafel 2.19 Zur Berechnung von Reflexionsfaktor r und relativer Leistungsminderung P_{Vr}

R_r	r	P_{ar}	P_{Vr} in %
0,5	0,333	0,889	11
1,0	0	1	0
1,225	0,1	0,99	1
1,5	0,2	0,96	4
2,0	0,333	0,889	11
3,0	0,5	0,75	25

Die durch Fehlanpassung bedingte Leistungsminderung nimmt also mit wachsendem Reflexionsfaktor zunächst nur langsam zu, beispielsweise bei $r = 0{,}1$ nur um $P_{Vr} = 1\%$. Bei Unteranpassung auf $R_r = 0{,}5$ beträgt P_{Vr} nur 11%, bei Überanpassung auf $R_r = 2$ sogar nur 4%. Dieser unterschiedliche Einfluß ist auch aus dem unsymmetrischen Verlauf der in Bild 2.18 angegebenen relativen Nutzleistung $P_{ar} = f(R_r)$ zu erkennen, die bei Überanpassung ($R_a > R_i$) geringere Leistungsabnahme zeigt als bei Unteranpassung ($R_a < R_i$). Selbst bei einer Fehlanpassung $R_r = 3$ mit dem Reflexionsfaktor $r = 0{,}5$ beträgt die Leistungsminderung gegenüber dem Betrieb bei Anpassung erst $P_{Vr} = 25\%$. Wegen der nur geringen Leistungsminderung kann also eine Fehlanpassung in gewissen Grenzen in Kauf genommen werden; es gibt in der Nachrichtentechnik auch Betriebszustände, bei denen der Reflexionsfaktor $r = 0$ bleiben muß (s. Band XI). In diesem Fall ist die Bedingung der Leistungsanpassung $R_a = R_i$ streng einzuhalten.

Beispiel 2.7. Eine elektrische Energiequelle mit der Quellenspannung $U_q = 12$ V und dem Innenwiderstand $R_i = 2\,\Omega$ wird mit einem Verbraucherwiderstand R_a belastet, dessen Wert sich durch Belastungsschwankungen zwischen 0,5 Ω und 10 Ω ändert.

a) Welchem Verbraucherwiderstand R_a wird die größte Nutzleistung zugeführt, wie groß ist sie, und wie groß sind Verbraucherstrom I_a und Klemmenspannung U_a?

Die größte Nutzleistung $P_{a\,max}$ wird bei Leistungsanpassung nach Gl. (2.23) für $R_a = R_i = 2\,\Omega$ abgegeben. Nach Gl. (2.24) ist $P_{a\,max} = U_q^2/(4\,R_i) = 12^2\,V^2/(4\cdot 2\,\Omega) = 18\,W$. Ferner gilt für die Klemmenspannung $U_{aA} = U_q/2 = 12\,V/2 = 6\,V$ und den Verbraucherstrom $I_{aA} = U_q/(2\,R_i) = 12\,V/(2\cdot 2\,\Omega) = 3\,A$.

b) Bei welchem Verbraucherwiderstand arbeitet der Kreis mit dem größten Wirkungsgrad, wie groß ist dieser, und wie groß sind jetzt Nutzleistung, Strom und Spannung am Verbraucherwiderstand? Wie groß ist die Leistungsminderung P_V gegenüber der Leistungsanpassung?

Der größte Wirkungsgrad tritt beim größten Außenwiderstand $R_a = 10\,\Omega$ auf. Nach Gl. (2.28) ist der Wirkungsgrad $\eta = R_a/(R_a + R_i) = 10\,\Omega/(10\,\Omega + 2\,\Omega) = 0{,}833$. Nach Gl. (2.22) ist dann die Nutzleistung $P_a = U_q^2\,R_a/(R_i + R_a)^2 = 12^2\,V^2\cdot 10\,\Omega/(2\,\Omega + 10\,\Omega)^2 = 10\,W$.

Die Leistungsminderung durch Fehlanpassung beträgt somit $P_V = P_{a\,max} - P_a = 18\,W - 10\,W = 8\,W$. Ferner wird der Strom im Verbraucher $I_a = U_q/(R_i + R_a) = 12\,V/(2\,\Omega + 10\,\Omega) = 1\,A$ und die Spannung am Verbraucher $U_a = I_a\,R = 1\,A\cdot 10\,\Omega = 10\,V$.

c) Für den Widerstandsbereich $0{,}5\,\Omega < R_a < 10\,\Omega$ sind maßstäblich darzustellen P_a, P_q, η, r, I_a, $U_a = f(R_a)$ und P_a, P_q, $P_V = f(I_a)$.

Die für $R_a = 0{,}5\,\Omega$, $1\,\Omega$, $2\,\Omega$, $4\,\Omega$, $6\,\Omega$ und $10\,\Omega$ berechneten Funktionen P_a, P_q, η, r, I_a, $U_a = f(R_a)$ sind in Bild **2.**20a dargestellt. Bild **2.**20b zeigt die Kurven P_a, P_q, $P_V = f(I_a)$. Bei Leistungsanpassung mit dem Verbraucherstrom $I_a = I_{ak}/2 = 3\,A$ teilt sich die Gesamtleistung P_q zu gleichen Teilen von je 18 W auf Verbraucherwiderstand und Innenwiderstand auf. Die durch Schraffur gekennzeichnete Differenz $V_i = P_q - P_a$ gibt die Verluste im Innenwiderstand R_i an, die entsprechend dem gestrichelt eingezeichneten Kurvenverlauf im Kurzschlußbetrieb bei $I_{ak} = U_q/R_i = 12\,V/(2\,\Omega) = 6\,A$ auf $P_k = U_q\,I_{ak} = 12\,V\cdot 6\,A = 72\,W$ anwachsen.

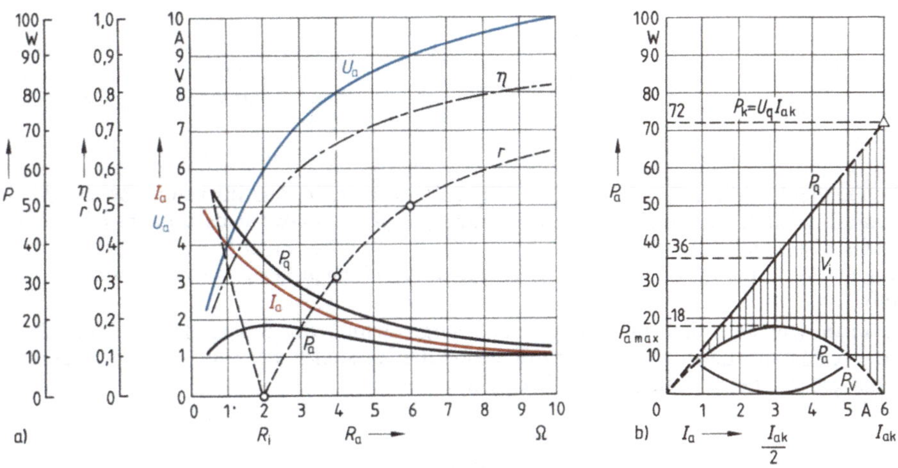

2.20 Verhalten eines Stromkreises nach Bild **2.**16 a mit der Quellenspannung $U_q = 12\,V$ und dem Innenwiderstand $R_i = 2\,\Omega$ für den Widerstandsbereich $0{,}5\,\Omega < R_a < 10\,\Omega$

a) Verbraucherleistung P_a, Quellenleistung P_q, Wirkungsgrad η, Reflexionsfaktor r, Verbraucherstrom I_a, Verbraucherspannung U_a abhängig vom Verbraucherwiderstand R_a

b) Verbraucherleistung P_a, Quellenleistung P_q, und Leistungsminderung P_V abhängig vom Verbraucherstrom I_a

2.1.3.5 Leistungsanpassung für nichtlineare Stromkreise. Das Ziel der Leistungsanpassung, die größtmögliche Leistung auf den Verbraucher bzw. Empfänger zu übertragen, wird, wenn eine lineare Quelle mit einem nichtlinearen Widerstand zusammengeschaltet ist, ebenfalls durch die Anpassungsbedingung von Gl. (2.23) erreicht. Wenn eine nichtlineare Quellenkennlinie vorliegt, ist es zweckmäßig, analog zu Bild **2.**20 die Leistungskennlinie und ihr Maximum zu bestimmen und hierfür den erforderlichen Anpassungswiderstand zu berechnen. Es genügt, daß die Quellenkennlinie gemessen vorliegt. Sie kann durch eine Regressionsanalyse (s. Band IV und VII) in eine mathematische Form gebracht werden.

Beispiel 2.8. Die Quellenkennlinie eines Solargenerators (s. Band III, Teil 2) wird nach Band VII durch die Funktion

$$I_a = 685\ \text{mA} - 6{,}146\ \mu\text{A}\ (e^{0{,}4945\ \text{V}^{-1}\ U_a} - 1)$$

beschrieben. Es soll die Leistungskennlinie $P_a = f(U_a)$ dargestellt und der Verbraucherwiderstand für Anpassung bestimmt werden.

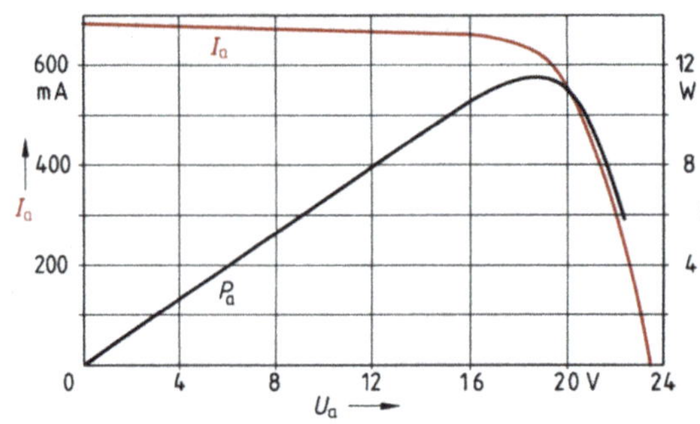

2.21 Quellenkennlinie $I_a = f(U_a)$ und Leistungskennlinie $P_a = f(U_a)$ eines Solargenerators (Beispiel 2.8)

Die Quellenkennlinie $I_a = f(U_a)$ ist in Bild **2.**21 dargestellt. Aus ihr kann man die dort ebenfalls wiedergegebene Leistungskennlinie $P_a = I_a\, U_a$ punktweise berechnen. Die größte Leistungsabgabe ergibt sich mit $P_{a\,max} = 18{,}4\ \text{V} \cdot 630\ \text{mA} = 11{,}59\ \text{W}$, so daß für Anpassung der Verbraucherwiderstand $R_a = U_a/I_a = 18{,}4\ \text{V}/(630\ \text{mA}) = 29{,}21\ \Omega$ vorhanden sein muß.

Da in diesem Fall auch für Zwecke der Energietechnik der Solargenerator möglichst seine verfügbare Leistung abgeben soll, geben die Hersteller meist die Daten für diesen Punkt größter Leistungsabgabe in ihren Listen an.

2.2 Einfache Reihen- und Parallelschaltungen

Reihenschaltungen und Parallelschaltungen von Widerständen R finden in der Elektrotechnik vielfältige Anwendungen. Es können hier nur einige wichtige betrachtet und ihre Eigenschaften abgeleitet werden. Hierbei sollen die dualen Zusammenhänge herausgestellt und schließlich soll auf einfache gemischte Schaltungen übergegangen werden.

2.2.1 Reihenschaltungen

Betrachtet werden im folgenden die Reihenschaltungen von Widerständen und Quellen, ihre Darstellung in Ersatzschaltungen, ihre Zusammenfassung zu Gesamtwiderständen und Gesamtquellen, das Auftreten von Teilspannungen und ihre Anwendung in der Spannungsteilerregel und beim Vorwiderstand.

2.2.1.1 Gesamtwiderstand von in Reihe geschalteten Widerständen. Die Reihenschaltung von Bild **2.**22a liegt an der Klemmenspannung U, und alle Widerstände werden vom gleichen Strom I durchflossen. Sie soll in die Ersatzschaltung von Bild **2.**22b umgeformt, es soll also für die drei in Reihe liegenden Widerstände R_1 bis R_3 ein äquivalenter Gesamtwiderstand R_g gefunden werden.

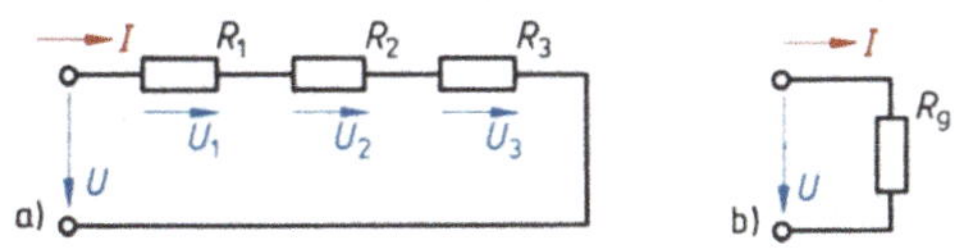

2.22
Reihenschaltung (a) von drei Widerständen R_1 bis R_3 mit Gesamtwiderstand R_g der Ersatzschaltung (b)

Der Maschensatz (s. Abschn. 1.3.3.2) liefert für die Schaltung in Bild **2.**22a mit den Teilspannungen U_1 bis U_3 die Spannungsgleichung

$$U = U_1 + U_2 + U_3 \tag{2.41}$$

Für die Teilspannungen darf man das Ohmsche Gesetz anwenden; daher gilt, wenn man für die Ersatzschaltung in Bild **2.**22b die gleiche Klemmenspannung und den gleichen Strom I voraussetzt, auch die umgeformte Spannungsgleichung

$$R_g I = R_1 I + R_2 I + R_3 I \tag{2.42}$$

Wenn jetzt Gl. (2.42) noch durch den Strom I dividiert wird, erhält man den Gesamtwiderstand

$$R_g = R_1 + R_2 + R_3 \tag{2.43}$$

Für die Reihenschaltung einer beliebigen Anzahl n von Widerständen R_μ darf man Gl. (2.43) allgemein erweitern auf

$$R_g = \sum_{\mu=1}^{\mu=n} R_\mu \tag{2.44}$$

Bei n gleichen Teilwiderständen R_μ ist dann der Gesamtwiderstand

$$R_g = n R_\mu \tag{2.45}$$

Für Teile einer Schaltung nennt man den Gesamtwiderstand auch Ersatzwiderstand.

Beispiel 2.9. Die Schaltung in Bild 2.22a enthält die in Reihe geschalteten Widerstände $R_1 = 10\ \Omega$, $R_2 = 20\ \Omega$, $R_3 = 30\ \Omega$ und liegt an der Spannung $U = 60$ V. Der Strom I soll berechnet werden.

Nach Gl. (2.43) beträgt der Gesamtwiderstand

$$R_g = R_1 + R_2 + R_3 = 10\ \Omega + 20\ \Omega + 30\ \Omega = 60\ \Omega$$

Daher fließt nach dem Ohmschen Gesetz der Strom

$$I = U/R_g = 60\ \text{V}/(60\ \Omega) = 1\ \text{A}$$

2.2.1.2 Ersatzschaltung und Teilspannungen. Der Stromkreis nach Bild 2.23a ist eine Reihenschaltung der Widerstände R_i innerhalb der Quelle *Qu*, R_L auf den Verbindungsleitungen und R_V im Verbraucher. Dabei gehört der Widerstand R_L zu den beiden Verbindungsleitungen. Man kann diese beiden zu einem Widerstand R_L mit der Teilspannung U_L zusammenfassen, so daß sich für den Stromkreis nach Bild 2.23a die Ersatzschaltung in Bild 2.23b ergibt.

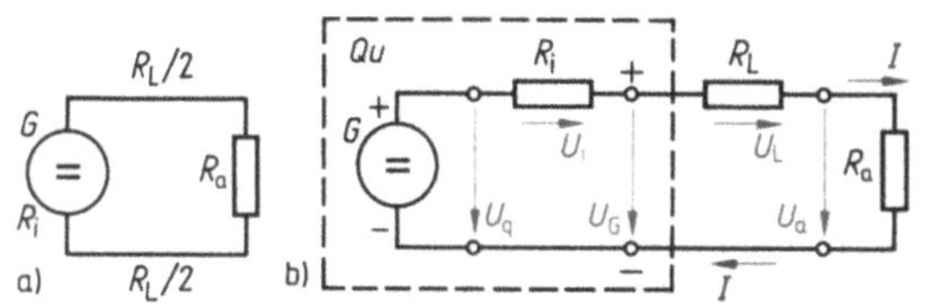

2.23
Stromkreis (a) und Ersatzschaltung (b)
Qu Quelle als idealisierte widerstandslose Spannungsquelle *G* mit innerem Widerstand R_i

Hierin ist U_G die Klemmenspannung des Generators (Quelle *Qu*), der als idealisierte widerstandslose Spannungsquelle durch das Schaltzeichen *G* und den getrennt gezeichneten inneren Widerstand R_i wiedergegeben ist. Schließlich ist U_a die Netzspannung an den Klemmen des Netzes dort, wo der Verbraucherwiderstand R_a angeschlossen wird, also z. B. am Verbrauchsgerät oder sehr angenähert auch an den Steckdosen. In Anlagen der Nachrichtentechnik ist R_a das Anzeige- oder Empfangsgerät für die ankommende Nachricht.

In der Ersatzschaltung von Bild 2.23b teilt sich die den Strom treibende Quellenspannung entsprechend dem Maschensatz und der Spannungsgleichung

$$U_q = U_i + U_L + U_a = U_i + U_G \tag{2.46}$$

auf. Während U_i die innere Teilspannung der Quelle *Qu* ist, wird der Rest $U_G = U_L + U_a$ auch als äußere Spannung bezeichnet.

Beispiel 2.10. Die Nachrichtentechnik soll Signale übertragen und anzeigen. Dabei ist die Anzeigevorrichtung etwa der Verbraucher R_a in Bild 2.23. Sind nur 2 Signale zu unterscheiden, so können diese durch 2 verschiedene Betriebszustände der Schaltung, z. B. durch Einschalten und Ausschalten des Stromkreises, also durch Stromfluß und Stromlosigkeit dargestellt werden.

Die Anzeigevorrichtung mit dem Widerstand R_a sei über eine Leitung mit dem Widerstand R_L an die Stromquelle angeschlossen. Gemessen werden an Generator und Verbraucher im eingeschalteten Zustand die Spannungen $U_G = 11{,}6$ V und $U_a = 9$ V bei dem Strom $I = 0{,}2$ A. Im ausgeschalteten Zustand hat die Stromquelle die Leerlaufspannung

$U_{Gl} = 12$ V. Wie groß sind innere Teilspannung U_i, Teilspannung U_L am Leitungswiderstand R_L und der Widerstand R_a des Anzeigegeräts?

Wegen $U_{Gl} = U_q$ ist im Leerlauf $U_i = 0$. Bei Belastung erhält man nach dem Maschensatz die innere Teilspannung

$$U_i = U_q - U_G = U_{Gl} - U_G = 12 \text{ V} - 11{,}6 \text{ V} = 04 \text{ V}$$

In analoger Weise ist die Teilspannung über der Signalleitung

$$U_L = U_q - (U_i + U_a) = 12 \text{ V} - (0{,}4 + 9) \text{ V} = 2{,}6 \text{ V}$$

Schließlich ergibt sich mit dem Ohmschen Gesetz der Verbraucherwiderstand

$$R_a = U_a / I = 9 \text{ V}/(0{,}2 \text{ A}) = 45 \, \Omega$$

Beispiel 2.11. Für die Schaltung nach Bild **2.**24 sind Strom I und die 6 Teilspannungen U_i, U_a, U_b, U_c, U_1, U_2 zu ermitteln. Der innere Widerstand des Generators ist $R_i = 1{,}4 \, \Omega$, die Widerstände der beiden Verbrauchsgeräte sind $R_1 = 10{,}3 \, \Omega$, $R_2 = 15{,}9 \, \Omega$. Die Verbindungsleitungen bestehen aus Kupferdraht mit dem Querschnitt $A = 1{,}5 \text{ mm}^2$, wobei die Längen $l_a = l_c = 30$ m, $l_b = 2$ m betragen. Im Generator wird die Quellenspannung $U_q = 119$ V erzeugt.

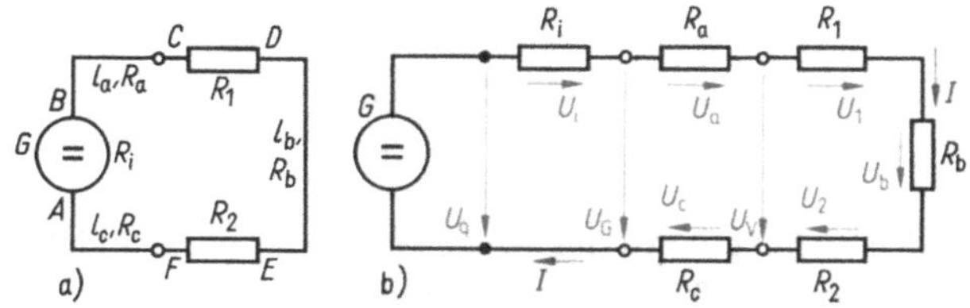

2.24
Reihenschaltung von zwei Verbrauchern R_1 und R_2 mit Quelle G und Verbindungsleitungen l_a, l_b und l_c (a) und Ersatzschaltung (b)

Die Widerstände R_a, R_b und R_c der drei Verbindungsleitungen der Längen l_a, l_b und l_c betragen nach Gl. (1.36) mit der Leitfähigkeit $\gamma = 56 \text{ Sm/mm}^2$ für Kupfer

$$R_a = R_c = \frac{l_a}{\gamma A} = \frac{30 \text{ m}}{56 \, (\text{Sm/mm}^2) \, 1{,}5 \text{ mm}^2} = 0{,}3571 \, \Omega$$

$$R_b = \frac{l_b}{\gamma A} = \frac{2 \text{ m}}{56 \, (\text{Sm/mm}^2) \, 1{,}5 \text{ mm}^2} = 0{,}02381 \, \Omega$$

Somit ist der Gesamtwiderstand des Stromkreises nach Gl. (2.44)

$$\begin{aligned} R_g &= R_i + R_a + R_1 + R_b + R_2 + R_c \\ &= 1{,}4 \, \Omega + 0{,}3571 \, \Omega + 10{,}3 \, \Omega + 0{,}02381 \, \Omega + 15{,}9 \, \Omega + 0{,}3571 \, \Omega = 28{,}34 \, \Omega \end{aligned}$$

Man erhält nach dem Ohmschen Gesetz den Strom

$$I = U_q / R_g = 119 \text{ V}/(28{,}34 \, \Omega) = 4{,}2 \text{ A}$$

Die Teilspannungen, für die wir die gleichen Indizes wie für die Widerstände verwenden, sind nach dem Ohmschen Gesetz

$$\begin{aligned} U_i &= I R_i = 4{,}2 \text{ A} \cdot 1{,}4 \, \Omega = 5{,}879 \text{ V} \\ U_a &= U_c = I R_a = 4{,}2 \text{ A} \cdot 0{,}3571 \, \Omega = 1{,}5 \text{ V} \\ U_1 &= I R_1 = 4{,}2 \text{ A} \cdot 10{,}3 \, \Omega = 43{,}25 \text{ V} \\ U_b &= I R_b = 4{,}2 \text{ A} \cdot 0{,}02381 \, \Omega = 0{,}09999 \text{ V} \\ U_2 &= I R_2 = 4{,}2 \text{ A} \cdot 15{,}9 \, \Omega = 66{,}77 \text{ V} \end{aligned}$$

Es ist zu erkennen, daß Widerstand und Teilspannungen kurzer Leitungsstücke i. allg. vernachlässigt werden können. Das geht besonders deutlich aus Bild 2.25 hervor, in dem die Spannungen graphisch aufgetragen sind. Im Bild 2.25b gibt die senkrechte Achse die Teilspannungen, die waagerechte die Widerstände maßstäblich an. Da die Spannung mit den Widerständen linear abnimmt, ist die Abhängigkeit zwischen beiden Größen durch eine Gerade gegeben.

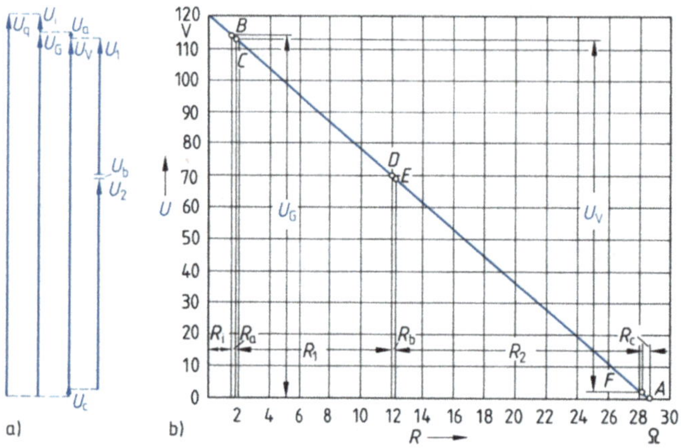

2.25 Spannungsverteilung in der Schaltung nach Bild **2.24** (zu Beispiel 2.11). *A* bis *F* entsprechen den Potentialen in Bild **2.24** a.
a) Spannungszeigerdiagramm
b) Spannungsverlauf $U=f(R)$

Das Entstehen der beiden Klemmenspannungen U_G am Generator und U_V an den Verbrauchern ist besonders aus der Darstellung mit Spannungspfeilen in Bild **2.**25a zu erkennen. Alle Spannungen sind hier mit Pfeilspitzen nach oben gezeichnet, da U_q der Summe der übrigen Spannungen nach Gl. (2.41) gleich ist.

Aus der graphischen Darstellung von Bild **2.**25b läßt sich die Spannung zwischen irgend zwei Punkten des ganzen Kreises abgreifen. Die Klemmenspannung zwischen den Generatorklemmen ergibt sich aus Bild **2.**25 oder auch rechnerisch mit Anwendung des Maschensatzes

$$U_G = U_q - U_i = 119\ \text{V} - 5{,}9\ \text{V} = 113{,}1\ \text{V}$$

Entsprechend erhält man für die Klemmenspannung an den Verbrauchern, d. h. die für die Verbraucher zwischen den Punkten *C* und *F* der Schaltung in Bild **2.**24a übrigbleibende Spannungsdifferenz

$$U_V = U_G - U_a - U_c = 113{,}1\ \text{V} - 1{,}5\ \text{V} - 1{,}5\ \text{V} = 110{,}1\ \text{V}$$

An den Verbrauchern sind also von der Quellenspannung 119 V nur noch 110,1 V verfügbar; die Teilspannungen bis zu den Verbrauchsgeräten betragen 119 V − 110,1 V = 8,9 V, also rund 8% der Quellenspannung. Wie Bild **2.**25 zeigt, stehen wieder Quellenspannung U_q und die Summe der anderen Teilspannungen im G l e i c h g e w i c h t.

2.2.1.3 Spannungsteilerregel. Ein Widerstandsgerät nach Bild **2.**26a wird Spannungsteiler oder Potentiometer genannt. Es hat meist 2 feste Anschlüsse, zwischen denen der Gesamtwiderstand R_S liegt, und eine 3. Klemme, die zu einem verstellbaren Schleifer führt. Auf diese Weise kann man einen veränderbaren Widerstand R_1 bzw. eine einstellbare Teilspannung U_1 abgreifen. Es soll jetzt die Teilspannung U_1 für Leerlauf, also für einen unbelasteten Spannungsteiler, bestimmt werden; der belastete Spannungsteiler wird in Abschn. 2.3.8.1 behandelt.

2.26
Spannungsteiler (a)
mit Ersatzschaltung (b)

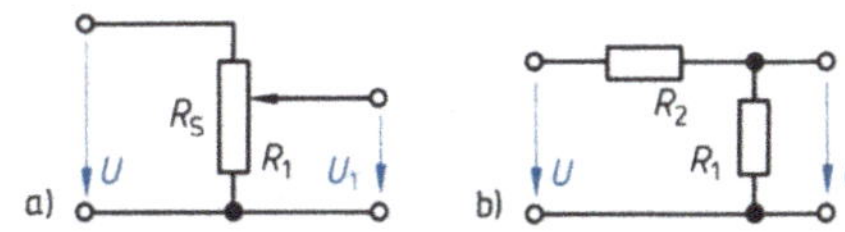

In einer Reihenschaltung nach Bild **2.**22 gilt nach dem Ohmschen Gesetz für den überall gleichen Strom

$$I = U/R_S = U_1/R_1 = U_2/R_2 = U_3/R_3 \tag{2.47}$$

Hieraus ergibt sich für mehrere in Reihe geschaltete Widerstände R_1, R_2, R_3 ... und die an ihnen herrschenden Teilspannungen U_1, U_2, U_3 ... das Verhältnis

$$U_1 : U_2 : U_3 : \ldots = R_1 : R_2 : R_3 : \ldots \tag{2.48}$$

Die Teilspannungen U_μ verhalten sich also in einer Reihenschaltung wie die zugehörigen Teilwiderstände R_μ.

Für den Spannungsteiler in Bild **2.**26a mit der Ersatzschaltung in Bild **2.**26b gilt daher die Spannungsteilerregel

$$\frac{U_1}{U} = \frac{R_1}{R_S} = \frac{R_1}{R_1 + R_2} = \frac{1}{1 + (R_2/R_1)} \tag{2.49}$$

(Die letzte Gleichung ist nach Abschn. 8.1.2.2 taschenrechnerfreundlich.)

Beispiel 2.12. Ein Spannungsteiler nach Bild **2.**26a hat den Gesamtwiderstand $R_S = 120\,\Omega$. Zur Verfügung steht die Netzspannung $U = 220$ V. Auf welchen Wert muß die Spannung U_1 eingestellt werden, wenn der Widerstand $R_1 = 50\,\Omega$ betragen soll?

Nach Gl. (2.49) erhält man sofort die Spannung

$$U_1 = U R_1/R_S = 220\text{ V} \cdot 50\,\Omega/(120\,\Omega) = 91{,}67\text{ V}$$

2.2.1.4 Vorwiderstand. Reine Reihenschaltungen liegen vor, wenn durch einen Vorwiderstand R_{VW} der Strom I eines Verbrauchers herabgesetzt oder auf einen bestimmten Wert gehalten oder der Stromkreis für eine größere Spannung U eingerichtet werden soll.

So kann man z. B. den Meßbereich-Endwert U_M eines Spannungsmessers mit dem inneren Widerstand R_M nach Bild **2.**27 zur Messung der größeren

Spannung $U = n\,U_M$ durch einen Vorwiderstand R_{VW}, der die Teilspannung $U_{VW} = U - U_M$ aufnimmt, vergrößern. Nach Bild **2.**27 und Gl. (2.48) gilt das Verhältnis $R_{VW}:R_M = U_{VW}:U_M$. Hiermit und mit der Spannung $U_{VW} = U - U_M$ sowie $U/U_M = n$ wird der notwendige Vorwiderstand

$$R_{VW} = \frac{U - U_M}{U_M} R_M = \left(\frac{U}{U_M} - 1\right) R_M = (n-1)\,R_M \tag{2.50}$$

Mit diesem Vorwiderstand ergeben die Ablesungen nach Multiplikation mit dem Meßbereichsfaktor n die herrschende Spannung.

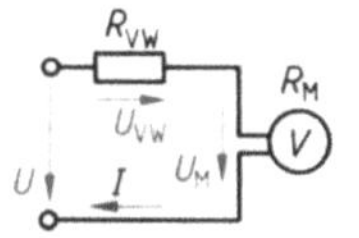

2.27
Spannungsmesser mit Vorwiderstand R_{VW}
V Spannungsmesser mit innerem Widerstand R_M, U zu messende Spannung

Beispiel 2.13. Mit einem Spannungsmesser mit dem Meßbereich $U_M = 3$ V und dem inneren Widerstand $R_M = 1000\ \Omega$ sollen Spannungen bis $U = 150$ V gemessen werden. Welcher Vorwiderstand R_{VW} ist erforderlich?

Aus Gl. (2.50) ergibt sich mit $n = U/U_M = 150\ \text{V}/(3\ \text{V}) = 50$ der Vorwiderstand

$$R_{VW} = (n-1)\,R_M = (50-1)\,1000\ \Omega = 49\ \text{k}\Omega$$

Die Meßgerätanzeigen sind mit $n = U/U_M = 50$ zu multiplizieren. Der Strom im Meßkreis beträgt $I = U_M/R_M = 3\ \text{V}/(1000\ \Omega) = 3$ mA.

Beispiel 2.14. Die Erregerwicklung einer elektrischen Maschine hat den Widerstand $R_E = 62\ \Omega$. Wie groß muß ein in Reihe geschalteter Vorwiderstand R_{VW} sein, wenn die Wicklung aus der Netzspannung $U = 110$ V nur $U_E = 80$ V erhalten soll?

Ohne erst den Strom errechnen zu müssen, kann man durch Anwenden von Gl. (2.48) ansetzen $R_{VW}/R_E = (U - U_E)/U_E$. Also muß der Vorwiderstand

$$R_{VW} = R_E[(U/U_E) - 1] = 62\ \Omega\,[(110\ \text{V}/80\ \text{V}) - 1] = 23{,}3\ \Omega$$

betragen.

2.2.1.5 Reihenschaltung von Quellen. Es müssen Spannungs- und Stromquellen nach Abschn. 2.1.1 unterschieden werden.

Spannungsquelle. Wenn zwei Spannungsquellen nach Bild **2.**3 gleichsinnig in einer Summenreihenschaltung nach Bild **2.**28a, also mit ungleichnamigen Klemmen (+ mit −), in Reihe geschaltet sind, kann man nach dem Maschen-

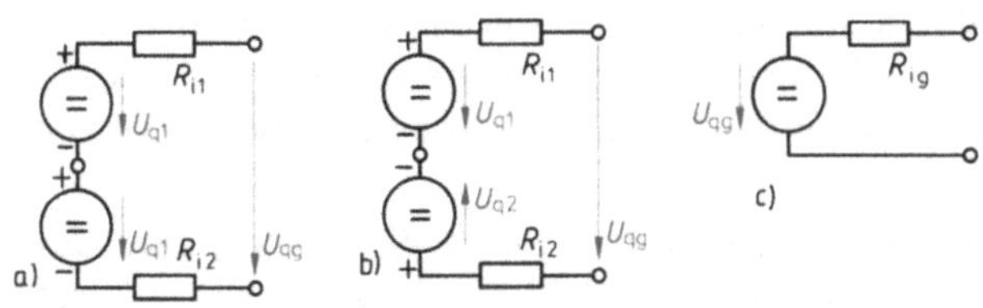

2.28
Summenreihenschaltung (a) und Gegenreihenschaltung (b) von zwei Spannungsquellen mit Ersatzschaltung (c)

satz für die resultierende Quellenspannung der Ersatzschaltung in Bild **2.**28 c sofort angeben

$$U_{qg} = U_{q1} + U_{q2} \tag{2.51}$$

Die Teilquellenspannungen addieren sich also. Diese Summenreihenschaltung liegt z. B. vor, wenn n Zellen eines Akkumulators zu einer Batterie verbunden sind und auf diese Weise die Quellenspannung U_q einer Zelle zur Gesamtquellenspannung $n\,U_q$ vervielfacht wird.

Man kann aber auch nach Bild **2.**28 b die Spannungsquellen gegensinnig, also durch Verbinden der gleichnamigen Klemmen (+ mit + oder − mit −) in einer Gegenreihenschaltung, zusammenschalten. Sie muß beispielsweise beim Aufladen von Akkumulatoren angewandt werden. In diesem Fall gilt analog für die resultierende Quellenspannung

$$U_{qg} = U_{q1} - U_{q2} \tag{2.52}$$

Der resultierende innere Gesamtwiderstand

$$R_{ig} = R_{i1} + R_{i2} \tag{2.53}$$

stellt nach Gl. (2.44) in beiden Fällen die Summe der inneren Teilwiderstände R_{i1} und R_{i2} dar.

Beispiel 2.15. In einer Fernsteuerungs-Anlage sind auf der Sendeseite als Quelle $n = 12$ Akkumulatorzellen von je $U_q = 1{,}95$ V Quellenspannung und je $R_i = 0{,}03\ \Omega$ innerem Widerstand in Reihenschaltung aufgestellt. Auf der Empfangsseite steht ein Steuergerät (z. B. Relais) mit dem Widerstand $R_V = 600\ \Omega$. Die Stationen sind $l = 60$ km voneinander entfernt; als Freileitung wird Bronzedraht mit dem Durchmesser $2r = d = 2{,}5$ mm verwendet (spezifischer Widerstand $\rho = 0{,}021\ \Omega\ \text{mm}^2/\text{m}$).

Wie groß sind Strom I und Klemmenspannungen U_G und U_V an Sende- und Empfangsseite? (Die Leitungswiderstände in den Stationen können vernachlässigt werden.)

Die Batterie hat die Quellenspannung $U_{qg} = n\,U_q = 12 \cdot 1{,}95\ \text{V} = 23{,}4$ V und den inneren Widerstand $R_{ig} = n\,R_i = 12 \cdot 0{,}03\ \Omega = 0{,}36\ \Omega$. Der Widerstand beider Freileitungsdrähte ist nach Gl. (1.36)

$$R_L = \frac{\rho \cdot 2l}{\pi r^2} = \frac{0{,}021\ (\Omega\ \text{mm}^2/\text{m}) \cdot 2 \cdot 60\ \text{km}}{\pi \cdot 1{,}25^2\ \text{mm}^2} = 513\ \Omega$$

Gegenüber den Widerständen R_L und R_V ist der innere Batteriewiderstand $R_{ig} = 0{,}36\ \Omega$ zu vernachlässigen, so daß der Gesamtwiderstand des Stromkreises

$$R_g = R_L + R_V = 513\ \Omega + 600\ \Omega = 1113\ \Omega$$

und der Strom nach dem Ohmschen Gesetz

$$I = U_{qg}/R_g = 23{,}4\ \text{V}/(1113\ \Omega) = 21{,}02\ \text{mA}$$

beträgt. Für die Klemmenspannung am Akkumulator erhält man $U_G \approx U_{qg} = 23{,}4$ V, da die innere Teilspannung $U_i = I\,R_{ig} = 0{,}02102\ \text{A} \cdot 0{,}36\ \Omega = 0{,}007569$ V vernachlässigbar klein ist. Am Steuergerät liegt nach dem Maschensatz die Klemmenspannung

$$U_V = U_{qg} - I\,R_L = 23{,}4\ \text{V} - 0{,}02102\ \text{A} \cdot 513{,}4\ \Omega = 12{,}61\ \text{V}$$

also nur rund die Hälfte der auf der Sendeseite verfügbaren Spannung 23,4 V. Derartige Verhältnisse findet man bei Nachrichten- und Fernwirkanlagen oft.

Beispiel 2.16. Eine aus $n = 120$ Zellen bestehende Akkumulatorbatterie soll durch einen Generator aufgeladen werden. Hierzu müssen Generator G (idealisierte widerstandslose Spannungsquelle mit Quellenspannung U_{qG} und Innenwiderstand R_{iG}) und Batterie B (idealisierte widerstandslose Spannungsquelle mit Quellenspannung U_{qBg} und Innenwiderstand R_{iBg}) nach der Ersatzschaltung in Bild **2.**29 in Gegenreihenschaltung verbunden werden. Die beiden Quellenspannungen U_{qG} und U_{qBg} wirken also im Stromkreis einander entgegen. Da geladen werden soll, muß der Strom I in der eingetragenen Richtung in der Batterie entgegengesetzt wie im Generator fließen. Die Batterie ist hier der Verbraucher. Die inneren Widerstände sind $R_{iG} = 0{,}075\ \Omega$ im Generator und $R_{iB} = 0{,}0011\ \Omega$ je Zelle der Batterie, die Quellenspannung jeder Zelle ist $U_{qB} = 2{,}2$ V. Es soll die notwendige Quellenspannung U_{qG} bei dem gewünschten Ladestrom $I = 85$ A ermittelt werden.

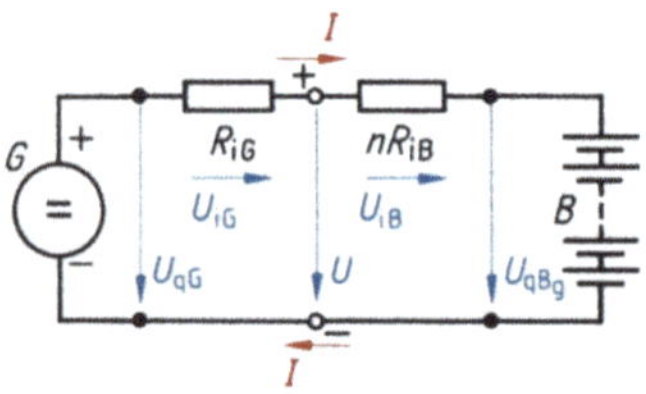

2.29 Ladeschaltung einer Batterie B

Bei Vernachlässigung der Widerstände der Verbindungsleitungen hat der Stromkreis den Widerstand

$$R_g = R_{iG} + n\,R_{iB} = 0{,}075\ \Omega + 120 \cdot 0{,}0011\ \Omega = 0{,}207\ \Omega$$

Nach dem Maschensatz beträgt die notwendige Quellenspannung des Generators

$$U_{qG} = n\,U_{qB} + R_g I = 120 \cdot 2{,}2\ \text{V} + 0{,}207\ \Omega \cdot 85\ \text{A} = 281{,}6\ \text{V}$$

Stromquelle. Bild **2.**30a zeigt die Summenreihenschaltung von zwei Stromquellen nach Bild **2.**6, die zu der Ersatzschaltung in Bild **2.**30d zusammengefaßt werden sollen. Um dies mit den bekannten Gesetzmäßigkeiten vollziehen zu können, werden die Stromquellen zunächst, wie in Bild **2.**30b dargestellt und in Abschn. 2.1.1.3 erläutert, in gleichwertige Spannungsquellen umgewandelt. Nach Gl. (2.10) haben die beiden Spannungsquellen die Kenngrößen

$$R_{i1} = 1/G_{i1} \qquad R_{i2} = 1/G_{i2}$$
$$U_{q1} = I_{q1}/G_{i1} \qquad U_{q2} = I_{q2}/G_{i2}$$

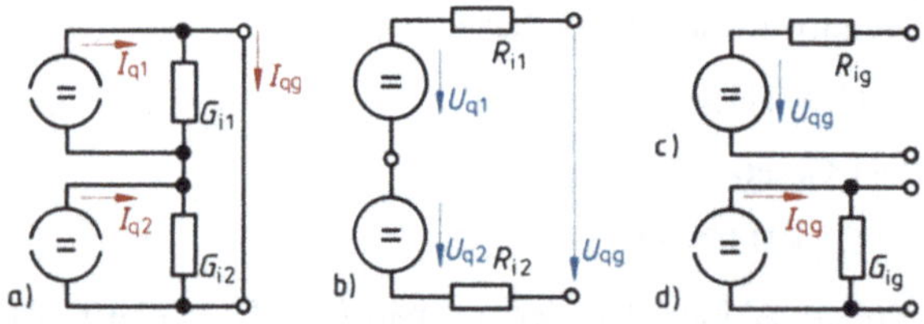

2.30 Summenreihenschaltung von zwei Stromquellen (a) mit Umwandlung in eine Ersatz-Stromquelle (d) über Summenreihenschaltung von zwei äquivalenten Spannungsquellen (b) mit Ersatz-Spannungsquelle (c)

die sich entsprechend der Ersatzschaltung von Bild **2.**30c mit Gl. (2.51) und (2.53) zusammenfassen lassen zu Quellen mit den Kenngrößen

$$R_{ig} = \frac{1}{G_{i1}} + \frac{1}{G_{i2}}$$

$$U_{qg} = \frac{I_{q1}}{G_{i1}} + \frac{I_{q2}}{G_{i2}}$$

Mit Gl. (2.10) kann man diese Spannungsquelle wieder umwandeln in eine Stromquelle nach Bild **2.**30d; hierfür findet man schließlich den inneren Gesamtleitwert

$$G_{ig} = \frac{1}{R_{ig}} = \frac{1}{\dfrac{1}{G_{i1}} + \dfrac{1}{G_{i2}}} = \frac{G_{i1} G_{i2}}{G_{i1} + G_{i2}} \tag{2.54}$$

und den Gesamtquellenstrom

$$I_{qg} = G_{ig} U_{pg} = \frac{G_{i1} G_{i2}}{G_{i1} + G_{i2}} \left(\frac{I_{q1}}{G_{i1}} + \frac{I_{q2}}{G_{i2}} \right) = \frac{G_{i1} I_{q2} + G_{i2} I_{q1}}{G_{i1} + G_{i2}} \tag{2.55}$$

Diese Umwandlung ist gleichungsmäßig also etwas umständlich. Es ist einfacher, die Stromquellen sofort zahlenmäßig in Spannungsquellen zu überführen und mit diesen Werten nach Gl. (2.51) und (2.53) weiterzurechnen.

Beispiel 2.17. Die beiden Stromquellen in Bild **2.**30a sind durch die Quellenströme $I_{q1} = 0{,}2$ A und $I_{q2} = 0{,}3$ A sowie die inneren Leitwerte $G_{i1} = 5$ mS und $G_{i2} = 6$ mS gekennzeichnet. Es sind Gesamtquellenstrom I_{qg} und innerer Gesamtleitwert G_{ig} für die Ersatzschaltung in Bild **2.**30d zu bestimmen.

Wir wandeln mit Gl. (2.10) die Stromquellen in Spannungsquellen um und finden $R_{i1} = 1/G_{i1} = 1/(5\ \text{mS}) = 200\ \Omega$ und $R_{i2} = 1/G_{i2} = 1/(6\ \text{mS}) = 166{,}7\ \Omega$ sowie $U_{q1} = I_{q1}/G_{i1} = 0{,}2\ \text{A}/(5\ \text{mS}) = 40$ V und $U_{q2} = I_{q2}/G_{i2} = 0{,}3\ \text{A}/(6\ \text{mS}) = 50$ V. Daher ist für die Schaltung in Bild **2.**30c mit Gl. (2.51) $U_{qg} = U_{q1} + U_{q2} = 40\ \text{V} + 50\ \text{V} = 90$ V und mit Gl. (2.53) $R_{ig} = R_{i1} + R_{i2} = 200\ \Omega + 166{,}7\ \Omega = 366{,}7\ \Omega$. Schließlich erhält man mit Gl. (2.10) die Ersatzgrößen für die Schaltung in Bild **2.**30d, nämlich den inneren Gesamtleitwert

$$G_{ig} = 1/R_{ig} = 1/(366{,}7\ \Omega) = 2{,}727\ \text{mS}$$

und den Gesamtquellenstrom

$$I_{qg} = G_{ig}\, U_{qg} = 2{,}727\ \text{mS} \cdot 90\ \text{V} = 245{,}5\ \text{mA}$$

2.2.2 Parallelschaltungen

Man kann die Bestimmungsgleichungen für eine Parallelschaltung meist in einfacherer Form angeben, wenn man nicht mit den Widerständen R, sondern ihren Kehrwerten, den Leitwerten $G = 1/R$ arbeitet. Daher sollte man bei parallelen Widerständen sofort mit ihren Leitwerten rechnen.

Behandelt werden im folgenden parallele Schaltungen von Leitwerten und Quellen, ihre Umwandlung in Ersatzschaltungen und Zusammenfassung zu Gesamtleitwerten, das Auftreten von Teilströmen und ihre Anwendung in der Stromteilerregel und beim Nebenwiderstand.

2.2.2.1 Gesamtleitwert von parallel geschalteten Leitwerten. Die Parallelschaltung von Bild **2.**31a liegt mit ihren Leitwerten G_1 bis G_3 jeweils an der Klemmenspannung U, und es fließt der Gesamtstrom I. Sie soll in die Ersatzschaltung von Bild **2.**31b umgewandelt, es soll also für die 3 parallel geschalteten Leitwerte ein gleichwertiger Gesamtleitwert G_g gefunden werden.

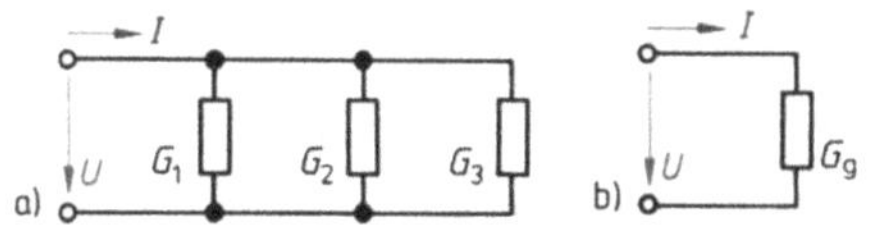

2.31
Parallelschaltung (a) von drei Leitwerten G_1 bis G_3 mit Gesamtleitwert G_g der Ersatzschaltung (b)

Der Knotenpunktsatz (s. Abschn. 1.3.2.2) liefert für die Schaltung in Bild **2.**31a mit den Teilströmen I_1 bis I_3 die Stromgleichung

$$I = I_1 + I_2 + I_3 \tag{2.56}$$

Für die Teilströme darf man das Ohmsche Gesetz anwenden und erhält dann, wenn man für die Ersatzschaltung in Bild **2.**31b die gleiche Klemmenspannung U und den gleichen Strom I voraussetzt, die umgeformte Stromgleichung

$$G_g U = G_1 U + G_2 U + G_3 U \tag{2.57}$$

Indem jetzt noch Gl. (2.57) durch die Spannung U dividiert wird, ergibt sich der Gesamtleitwert

$$G_g = G_1 + G_2 + G_3 \tag{2.58}$$

Für die Parallelschaltung einer beliebigen Anzahl n von Leitwerten G_μ darf man Gl. (2.58) allgemein erweitern auf

$$G_g = \sum_{\mu=1}^{\mu=n} G_\mu \tag{2.59}$$

Bei n gleichen Widerständen R_μ, bzw. Leitwerten G_μ gilt dann für den Gesamtleitwert

$$G_g = n\,G_\mu = n/R_\mu \tag{2.60}$$

Da meist die Widerstände R_μ gegeben sind, gilt mit $R = 1/G$ analog zu Gl. (2.59) entsprechend für den Kehrwert des Gesamtwiderstands

$$\frac{1}{R_g} = \sum_{\mu=1}^{\mu=n} \frac{1}{R_\mu} = G_g \tag{2.61}$$

Wenn ein Taschenrechner zur Hand ist, kann man hiermit durch mehrfaches Bilden der Kehrwerte sofort den Gesamtwiderstand

$$R_g = \frac{1}{\frac{1}{R_1} + \frac{1}{R_2} + \frac{1}{R_3} + \cdots + \frac{1}{R_n}} \tag{2.62}$$

finden.

Entsprechend ist nach Gl. (2.60) bei n gleichen parallelen Widerständen R_μ der Gesamtwiderstand

$$R_g = R_\mu / n \tag{2.63}$$

Den Gesamtleitwert eines Schaltungsteils nennt man auch Ersatzleitwert.

Beispiel 2.18. Die Schaltung in Bild **2.**31 a enthält die parallel geschalteten Widerstände $R_1 = 10\ \Omega$, $R_2 = 20\ \Omega$, $R_3 = 30\ \Omega$ und liegt an der Spannung $U = 60$ V. Der Strom I soll bestimmt werden.

Wir berechnen mit einem Taschenrechner durch Kehrwertbilden den Gesamtwiderstand

$$R_g = \frac{1}{\frac{1}{R_1} + \frac{1}{R_2} + \frac{1}{R_3}} = \frac{1}{\frac{1}{10\ \Omega} + \frac{1}{20\ \Omega} + \frac{1}{30\ \Omega}} = 5{,}455\ \Omega$$

Es fließt daher nach dem Ohmschen Gesetz der Strom

$$I = U/R_g = 60\ \text{V}/(5{,}455\ \Omega) = 11\ \text{A}$$

Er ist also erheblich größer als bei der Reihenschaltung der gleichen drei Widerstände in Beispiel 2.9.

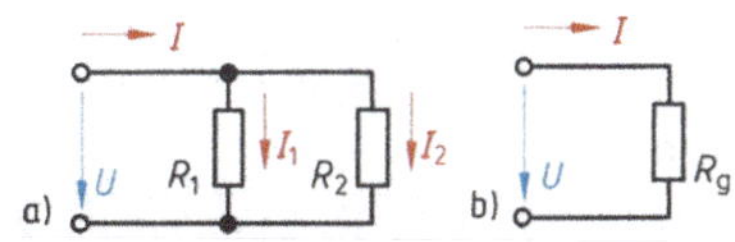

2.32
Parallelschaltung (a) von zwei Widerständen R_1 und R_2 mit Gesamtwiderstand R_g (b)

Für einige Rechnungen, insbesondere wenn umfangreiche Zusammenhänge abgeleitet werden sollen, kann es gelegentlich vorteilhaft sein, nicht mit Leitwerten, sondern mit Widerständen zu arbeiten. Wenn 2 Widerstände R_1 und R_2 nach Bild **2.**32 a parallel geschaltet sind, gilt mit $G_1 = 1/R_1$ und $G_2 = 1/R_2$ nach Gl. (2.58) für den Gesamtleitwert

$$G_g = \frac{1}{R_g} = \frac{1}{R_1} + \frac{1}{R_2} = \frac{R_1 + R_2}{R_1 R_2} \tag{2.64}$$

und daher für den Gesamtwiderstand

$$R_g = \frac{R_1 R_2}{R_1 + R_2} \tag{2.65}$$

Der Gesamtwiderstand R_g der Parallelschaltung ist also im Gegensatz zur Reihenschaltung stets kleiner als der kleinste Teilwiderstand.

Beispiel 2.19. Zwei parallele Widerstände nach Bild **2.**32a nehmen an der Spannung $U = 100$ V den Gesamtstrom $I = 10$ mA auf. Der eine Widerstand $R_1 = 40$ kΩ ist bekannt; der zweite Widerstand R_2 soll bestimmt werden.

Nach dem Ohmschen Gesetz ist der Gesamtwiderstand $R_g = U/I = 100\ \text{V}/(10\ \text{mA}) = 10$ kΩ. Nach Gl. (2.62) gilt daher

$$R_2 = \frac{1}{\dfrac{1}{R_g} - \dfrac{1}{R_1}} = \frac{1}{\dfrac{1}{10\ \text{k}\Omega} - \dfrac{1}{40\ \text{k}\Omega}} = 13{,}33\ \text{k}\Omega$$

Mit einem Taschenrechner kann man daher durch entsprechendes Bilden der Kehrwerte sofort den Widerstand $R_2 = 13{,}33$ kΩ finden. Außerdem könnte man auch über Gl. (2.65) bilden

$$R_2 = \frac{R_1 R_g}{R_1 - R_g} = \frac{40\ \text{k}\Omega \cdot 10\ \text{k}\Omega}{40\ \text{k}\Omega - 10\ \text{k}\Omega} = 13{,}33\ \text{k}\Omega$$

Beispiel 2.20. Ein Schiebewiderstand nach Bild **2.**33 hat den Gesamtwiderstand $R_g = R_1 + R_2 = 570\ \Omega$. Diese Schaltung eignet sich - vor einen Verbraucher oder eine Meßschaltung gelegt - zum Einstellen des Stromes. Die an der Spannung $U = 210$ V liegende Schaltung soll den Strom $I = 1{,}5$ A führen. Bei welchen Werten von R_1 und R_2 muß der Abgriff stehen?

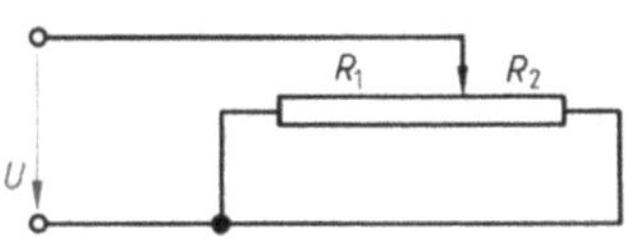

2.33 Schiebewiderstand

Die Parallelschaltung hat den Widerstand

$$R_p = \frac{R_1 R_2}{R_1 + R_2} = \frac{R_1(R_g - R_1)}{R_g} = \frac{U}{I} = \frac{210\ \text{V}}{1{,}5\ \text{A}} = 140\ \Omega$$

Hieraus ergibt sich für den Widerstand R_1 die quadratische Gleichung

$$R_p R_g = R_g R_1 - R_1^2 \quad \text{oder} \quad R_1^2 - R_g R_1 + R_p R_g = 0$$

also

$$R_1 = 0{,}5\ R_g \pm \sqrt{(0{,}5\ R_g)^2 - R_p R_g} = 285\ \Omega \pm \sqrt{285^2\ \Omega^2 - 140\ \Omega \cdot 570\ \Omega}$$
$$= 285\ \Omega \pm 37{,}75\ \Omega$$

Wegen der Symmetrie der Schaltung kann mit $R_1 = 322{,}7\ \Omega$, $R_2 = 247{,}3\ \Omega$ oder $R_1 = 247{,}3\ \Omega$, $R_2 = 322{,}7\ \Omega$ der größere Teilwiderstand also rechts oder links liegen.

2.2.2.2 Ersatzschaltung und Teilströme. Im normalen elektrischen Energieverteilungssystem wird dem Kunden eine (in relativ engen Grenzen) feste Netzspannung (Konstantspannungssystem) zur Verfügung gestellt, an die er seine Verbrauchsgeräte über fest installierte Schalter oder Steckdosen anschließen kann. Diese Geräte müssen die gleiche Nennspannung wie das Netz haben (üblicherweise z. B. $U_N = 220$ V) und werden dann grundsätzlich parallel angeschlossen. Es trifft also die in Bild **2.**31a dargestellte Schaltung mit der Ersatzschaltung von Bild **2.**31b zu. Die Teilströme lassen sich sofort mit dem Ohmschen Gesetz bestimmen.

Beispiel 2.21. An ein Netz mit der Klemmenspannung $U = 220$ V sind nach Bild **2.**34 zwei Glühlampen *1* mit der Leistungsaufnahme $P_1 = 60$ W und ein elektrischer Heizofen *2* mit der Leistungsaufnahme $P_2 = 1500$ W angeschlossen. Die Verbindungsleitungen dürfen als widerstandslos angenommen werden. Es sollen alle Ströme berechnet werden.

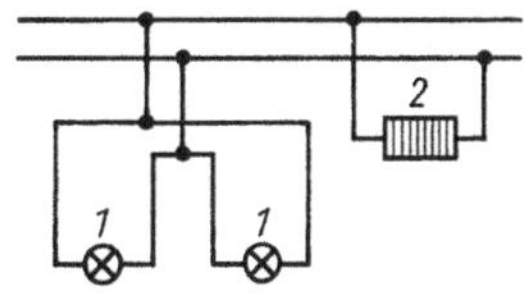

2.34
Schaltung zu Beispiel 2.21
1 je eine Glühlampe,
2 Wärmeverbraucher

Da die Verbraucher an der gleichen Spannung $U = 220$ V liegen, gilt die Schaltung von Bild **2.**31a, und es fließt in jeder Glühlampe *1* nach Gl. (1.16) der Strom

$$I_1 = P_1/U = 60\ \text{W}/(220\ \text{V}) = 0{,}2727\ \text{A}$$

in beiden zusammen also der Strom $2\,I_1 = 2 \cdot 0{,}2727\ \text{A} = 0{,}5455$ A, außerdem im Heizofen *2* der Strom

$$I_2 = P_2/U = 1500\ \text{W}/(220\ \text{V}) = 6{,}818\ \text{A}$$

Daher wird dem Netz nach Gl. (2.56) der Gesamtstrom

$$I = 2\,I_1 + I_2 = 0{,}5455\ \text{A} + 6{,}818\ \text{A} = 7{,}364\ \text{A}$$

entnommen.

2.2.2.3 Stromteilerregel.

In einer Schaltung nach Bild **2.**31a oder **2.**32a wird der Strom I in die Teilströme $I_1, I_2, I_3, \ldots$ aufgeteilt. Man kann sie daher analog zu Abschn. 2.2.1.3 auch als Stromteiler bezeichnen. In diesen Schaltungen gilt nach dem Ohmschen Gesetz für die überall gleiche Spannung

$$U = I/G_g = I_1/G_1 = I_2/G_2 = I_3/G_3 \tag{2.66}$$

Hieraus ergibt sich für mehrere parallel geschaltete Leitwerte $G_1, G_2, G_3, \ldots$ und die in ihnen fließenden Teilströme $I_1, I_2, I_3, \ldots$ das Verhältnis

$$I_1 : I_2 : I_3 : \ldots = G_1 : G_2 : G_3 : \ldots \tag{2.67}$$

Die Teilströme I_μ verhalten sich also in einer Parallelschaltung wie die zugehörigen Teilleitwerte G_μ.

Für den Stromteiler in Bild **2.**32a mit der Ersatzschaltung in Bild **2.**32b gilt daher mit $G_1 = 1/R_1$ und $G_2 = 1/R_2$ sowie nach Erweiterung mit $R_1 R_2$ die Stromteilerregel

$$\frac{I_1}{I} = \frac{G_1}{G_g} = \frac{G_1}{G_1 + G_2} = \frac{R_2}{R_1 + R_2} = \frac{1}{1 + (R_1/R_2)} \tag{2.68}$$

Beim Rechnen mit den parallelen Widerständen R_1 und R_2 ist daher für den Zähler der dem gesuchten Strom I_1 gegenüberliegende Widerstand R_2 zu nehmen; die letzte Gleichung ist taschenrechnerfreundlich.

Beispiel 2.22. Einer Parallelschaltung von drei Widerständen $R_1 = 10\ \text{k}\Omega$, $R_2 = R_3 = 40\ \text{k}\Omega$ nach Bild 2.31a wird der Strom $I = 50$ mA zugeführt. Es ist der Zweigstrom I_1 zu berechnen.

Wir fassen mit $G_2 = G_3 = 1/R_2 = 1/(40\ \text{k}\Omega) = 25\ \mu\text{S}$ nach Gl. (2.60) die beiden Leitwerte G_2 und G_3 zu einem Leitwert $G_{23} = 2G_2 = 2 \cdot 25\ \mu\text{S} = 50\ \mu\text{S}$ zusammen, können jetzt sofort Gl. (2.68) anwenden und finden mit $G_1 = 1/R_1 = 1/(10\ \text{k}\Omega) = 100\ \mu\text{S}$ und der Stromteilerregel den Strom

$$I_1 = \frac{I}{1 + (G_{23}/G_1)} = \frac{50\ \text{mA}}{1 + (50\ \mu\text{S}/100\ \mu\text{S})} = 33{,}33\ \text{mA}$$

2.2.2.4 Nebenwiderstand. Soll ein Strommesser für Gleichstrom mit dem Meßbereich-Endwert I_M und dem inneren Widerstand R_M zur Messung des größeren Stromes $I = nI_M$ verwendet werden, so schaltet man nach Bild 2.35 einen Nebenwiderstand R_N parallel, der den Teilstrom $I_N = I - I_M$ aufnimmt. Nach Bild 2.35 und Gl. (2.67) gilt $R_N : R_M = I_M : I_N$. Hiermit und mit $I_N = I - I_M = nI_M - I_M = I_M\,(n-1)$ wird der notwendige Nebenwiderstand

$$R_N = \frac{I_M}{I_N} R_M = \frac{I_M}{I_M(n-1)} R_M = \frac{1}{n-1} R_M \tag{2.69}$$

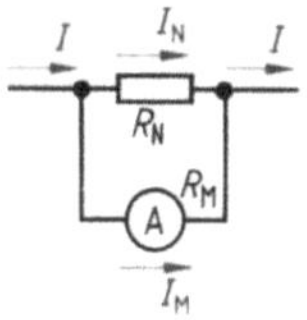

2.35
Strommesser mit Nebenwiderstand R_N
A Strommesser mit innerem Widerstand R_M,
I zu messender Strom

Beispiel 2.23. Ein Strommesser mit dem Meßbereich $I_M = 10$ mA und dem inneren Widerstand $R_M = 10\ \Omega$ soll für die Messung von Gleichströmen bis $I = 3$ A verwendet werden. Wie groß muß der Nebenwiderstand R_N sein?

Mit $n = I/I_M = 3\ \text{A}/(10\ \text{mA}) = 300$ erhält man aus Gl. (2.69) den Nebenwiderstand

$$R_N = \frac{1}{n-1} R_M = \frac{1}{300-1} \cdot 10\ \Omega = 0{,}03344\ \Omega$$

Die Meßgeräteangaben sind mit $n = 300$ zu multiplizieren. Bei Belastung mit dem vollen Strom $I = 3$ A fließen durch das Meßgerät $I_M = 0{,}01$ A und durch den Nebenwiderstand $I_N = I - I_M = 3\ \text{A} - 0{,}01\ \text{A} = 2{,}99$ A.

2.2.2.5 Parallelschaltung von Quellen. Auch hier müssen Spannungs- und Stromquellen nach Abschn. 2.1.1 unterschieden werden.

Spannungsquelle. In Reihe geschaltete Spannungsquellen lassen sich nach Abschn. 2.2.1.5 rechnerisch besonders einfach behandeln, während in Reihe geschaltete Stromquellen einen großen rechnerischen Aufwand erfordern (s. Beispiel 2.15 bis 2.17). Bei der Parallelschaltung ist dies genau umgekehrt, so daß für parallele Spannungsquellen wegen der durch die Dualität gegebenen einfacheren Betrachtungsmöglichkeiten auf Abschn. 2.2.3 und Tafel 2.41 verwiesen wird.

Stromquelle. Wenn zwei Stromquellen nach Bild **2.**6 gleichsinnig in einer Summenparallelschaltung nach Bild **2.**36a, also an gleichnamigen Klemmen (+ mit + und – mit –) parallel geschaltet sind, kann man wegen der widerstandslos überbrückten inneren Leitwerte G_{i1} und G_{i2} für den resultierenden Quellenstrom der Ersatzschaltung in Bild **2.**36c nach dem Knotenpunktsatz (s. Abschn. 1.5.2.2) sofort angeben

$$I_{qg} = I_{q1} + I_{q2} \tag{2.70}$$

Die Teilquellenströme sind also zu addieren.

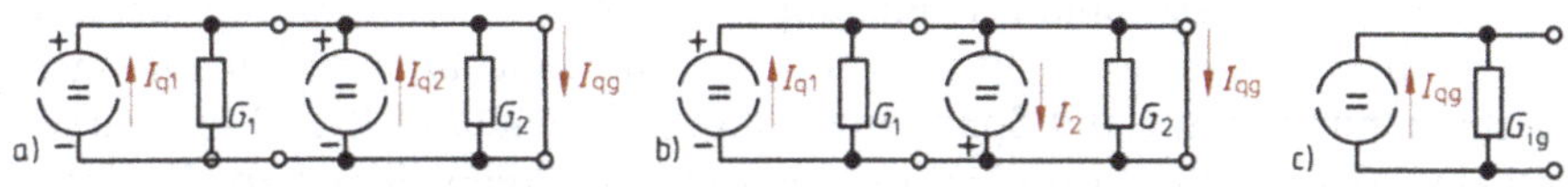

2.36 Summenparallelschaltung (a) und Gegenparallelschaltung (b) von zwei Stromquellen mit Ersatzschaltung (c)

Schaltet man dagegen wie in Bild **2.**36b in einer Gegenparallelschaltung die Stromquellen gegeneinander, verbindet also die Klemmen + und – miteinander, gilt für den resultierenden Quellenstrom

$$I_{qg} = I_{q1} - I_{q2} \tag{2.71}$$

In beiden Fällen ist entsprechend Gl. (2.59) der resultierende innere Gesamtleitwert

$$G_{ig} = G_{i1} + G_{i2} \tag{2.72}$$

Beispiel 2.24. Ein Generator mit der Quellenspannung $U_{q1} = 300$ V und dem inneren Widerstand $R_{i1} = 0{,}25\ \Omega$ speist parallel zu einer Akkumulatorbatterie mit der Quellenspannung $U_{q2} = 270$ V und dem inneren Widerstand R_{i2} nach Bild **2.**37a einen Verbraucher R_a. Für die Widerstandswerte $R_a = 1\ \Omega$, $2\ \Omega$ und $4\ \Omega$ sind die Verbraucherströme I_a zu bestimmen.

2.37
Parallele Spannungsquellen (a) mit Verbraucher R_a und Ersatzschaltung (b)

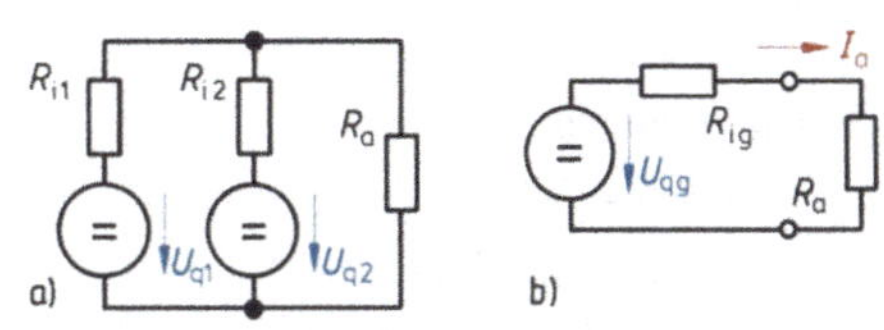

Wir wandeln zunächst die parallelen Spannungsquellen von Bild **2.**37a in gleichwertige parallele Stromquellen nach Bild **2.**36a um und finden hierfür mit Gl. (2.10) die Kennwerte $G_{i1} = 1/R_{i1} = 1/(0{,}25\ \Omega) = 4$ S und $G_{i2} = 1/R_{i2} = 1/(0{,}12\ \Omega) = 8{,}333$ S sowie $I_{q1} = U_{q1}/R_{i1} = 300\ \text{V}/(0{,}25\ \Omega) = 1200$ A und $I_{q2} = U_{q2}/R_{i2} = 270\ \text{V}/(0{,}12\ \Omega) = 2250$ A. Die Ersatzschaltung nach Bild **2.**36b hat daher nach Gl. (2.70) und (2.72) die Kennwerte $I_{qg} = I_{q1} + I_{q2} = 1200\ \text{A} + 2250\ \text{A} = 3450$ A und $G_{ig} = G_{i1} + G_{i2} = 4\ \text{S} + 8{,}333\ \text{S} = 12{,}33$ S. Mit Gl. (2.10) finden wir wieder die Kennwerte der Spannungsquelle in Bild **2.**37b, nämlich

Tafel 2.38 Ströme für Beispiel 2.24

R_a in Ω	1	2	4
I_a in A	258,8	134,4	68,54

den inneren Gesamtwiderstand $R_{ig} = 1/G_{ig} = 1/(12{,}33\ S) = 81{,}08\ m\Omega$ und die Gesamtquellenspannung $U_{qg} = R_{ig} I_{qg} = 81{,}08\ m\Omega \cdot 3450\ A = 279{,}7\ V$. Nun lassen sich mit Gl. (2.3) die Ströme $I_a = U_{qg}/(R_{ig} + R_a)$ in Tafel 2.38 berechnen.

2.2.3 Duale Zusammenhänge

Wenn man die Bestimmungsgleichungen für Reihen- und Parallelschaltungen miteinander vergleicht, stellt man fest, daß sie gleichartig aufgebaut sind und in ihnen nur Strom I und Spannung U sowie Widerstand R und Leitwert G gegeneinander vertauscht sind. Dieses duale Verhalten soll nun zur Erweiterung einiger Zusammenhänge und zur Entwicklung dualer Schaltungen herangezogen werden.

2.2.3.1 Vergleich von Reihen- und Parallelschaltungen. In Tafel 2.39 sind die in Abschn. 2.2.1 und 2.2.2 abgeleiteten Bestimmungsgleichungen einander gegenübergestellt. Man erkennt, daß die nebeneinander stehenden Gleichungen gleichartig aufgebaut sind und z. B. die Gleichungen für die Parallelschaltung aus den Gleichungen für die Reihenschaltung gewonnen werden können, wenn man die Formelzeichen U und I bzw. I und U sowie R und G gegeneinander austauscht.

Tafel 2.39 Reihen- und Parallelschaltung von Widerständen

Reihenschaltung	Parallelschaltung
Schaltung nach Bild 2.22	Schaltung nach Bild 2.31
Spannungsgleichung	Stromgleichung
$U = \sum_{\mu=1}^{\mu=n} U_\mu$	$I = \sum_{\mu=1}^{\mu=n} I_\mu$
Teilspannungen	Teilströme
$U_\mu = R_\mu I = I/G_\mu$	$I_\mu = G_\mu U = U/R_\mu$
Spannungsverhältnisse	Stromverhältnisse
$U_1 : U_2 : U_3 : \ldots = R_1 : R_2 : R_3 \ldots$	$I_1 : I_2 : I_3 : \ldots = G_1 : G_2 : G_3 : \ldots$
Gesamtwiderstand	Gesamtleitwert
$R_g = \sum_{\mu=1}^{\mu=n} R_\mu = \sum_{\mu=1}^{\mu=n} \frac{1}{G_\mu}$	$G_g = \sum_{\mu=1}^{\mu=n} G_\mu = \sum_{\mu=1}^{\mu=n} \frac{1}{R_\mu}$
n gleiche Widerstände R_μ	n gleiche Leitwerte G_μ
$R_g = n R_\mu = n/G_\mu$	$G_g = n G_\mu = n/R_\mu$

Gleiches gilt für Tafel **2.**40 und **2.**41, in denen diese dualen Eigenschaften auch zur Vervollständigung der Bestimmungsgleichungen ausgenutzt sind.

Tafel **2.**40 Spannungs- und Stromteilerregel

Spannungsteiler	Stromteiler
Schaltung nach Bild **2.**26 $\frac{U_1}{U_2}=\frac{R_1}{R_2}=\frac{G_2}{G_1}$ $\frac{U_1}{U}=\frac{R_1}{R_1+R_2}=\frac{G_2}{G_1+G_2}=\frac{1}{1+(R_2/R_1)}$	Schaltung nach Bild **2.**32 $\frac{I_1}{I_2}=\frac{G_1}{G_2}=\frac{R_2}{R_1}$ $\frac{I_1}{I}=\frac{G_1}{G_1+G_2}=\frac{R_2}{R_1+R_2}=\frac{1}{1+(R_1/R_2)}$

Tafel **2.**41 Summenschaltungen von Quellen

Reihenschaltung	Parallelschaltung
Spannungsquellen Schaltung nach Bild **2.**28a Gesamtquellenspannung $U_{qg}=\sum_{\mu=1}^{\mu=n} U_{q\mu}$ innerer Gesamtwiderstand $R_{ig}=\sum_{\mu=1}^{\mu=n} R_{i\mu}$	Stromquellen Schaltung nach Bild **2.**36a Gesamtquellenstrom $I_{qg}=\sum_{\mu=1}^{\mu=n} I_{q\mu}$ innerer Gesamtleitwert $G_{ig}=\sum_{\mu=1}^{\mu=n} G_{i\mu}$
2 Stromquellen Schaltung nach Bild **2.**30a Gesamtquellenstrom $I_{qg}=\frac{G_{i1}I_{q2}+G_{i2}I_{q1}}{G_{i1}+G_{i2}}$ innerer Gesamtleitwert $G_{ig}=\frac{G_{i1}G_{i2}}{G_{i1}+G_{i2}}=\frac{1}{\frac{1}{G_{i1}}+\frac{1}{G_{i2}}}$	2 Spannungsquellen Schaltung nach Bild **2.**37a Gesamtquellenspannung $U_{qg}=\frac{R_{i1}U_{q2}+R_{i2}U_{q1}}{R_{i1}+R_{i2}}$ innerer Gesamtleitwert $R_{ig}=\frac{R_{i1}R_{i2}}{R_{i1}+R_{i2}}=\frac{1}{\frac{1}{R_{i1}}+\frac{1}{R_{i2}}}$

Ferner zeigt sich, daß sich ganz allgemein für Reihenschaltungen die einfacheren Gleichungen ergeben, wenn man mit Widerständen R und Spannungsquellen nach Bild **2.**3 arbeitet. In Parallelschaltungen lohnt es sich dagegen, auf Leitwerte $G=1/R$ und Stromquellen nach Bild **2.**6 umzurechnen. Die Angaben in Tafel **2.**41 gelten für Summenschaltungen. Man kann sie auch für Gegenschaltungen (z. B. Bild **2.**28b) anwenden, wenn man die entsprechenden Quellenspannungen oder -ströme mit dem negativen Vorzeichen einführt.

Beispiel 2.25. Die Schaltung in Bild **2.**42 enthält die Widerstände $R_1 = 10\ \Omega$, $R_2 = 15\ \Omega$, $R_3 = 45\ \Omega$, und es fließt der Strom $I_1 = 6$ A. Die Ströme I_2 und I_3 sollen bestimmt werden.

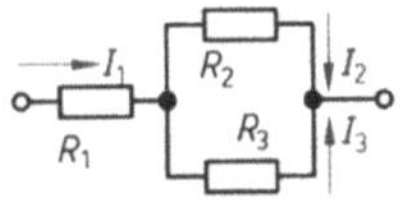

2.42 Stromteiler

Nach der Stromteilerregel (Tafel **2.**40) ist der Strom

$$I_2 = \frac{I_1}{1+(R_2/R_3)} = \frac{6\ \text{A}}{1+(15\ \Omega/45\ \Omega)} = 4{,}5\ \text{A}$$

und nach dem Knotenpunktsatz der Strom

$$I_3 = I - I_2 = 6\ \text{A} - 4{,}5\ \text{A} = 1{,}5\ \text{A}$$

Beispiel 2.26. Innerer Gesamtwiderstand R_{ig} und Gesamtquellenspannung U_{qg} von Bild **2.**37b sollen nun für Beispiel 2.24 mit den Gleichungen von Tafel **2.**41 unmittelbar berechnet werden.

Nach Tafel **2.**41 gilt für den inneren Gesamtwiderstand

$$R_{ig} = \frac{1}{\dfrac{1}{R_{i1}} + \dfrac{1}{R_{i2}}} = \frac{1}{\dfrac{1}{0{,}25\ \Omega} + \dfrac{1}{0{,}12\ \Omega}} = 81{,}08\ \text{m}\Omega$$

und für die Gesamtquellenspannung

$$U_{qg} = \frac{R_{i1}\,U_{q2} + R_{i2}\,U_{q1}}{R_{i1} + R_{i2}} = \frac{0{,}25\ \Omega \cdot 270\ \text{V} + 0{,}12\ \Omega \cdot 300\ \text{V}}{0{,}25\ \Omega + 0{,}12\ \Omega} = 279{,}9\ \text{V}$$

2.2.3.2 Duale Schaltungen. Nach Abschn. 2.2.3.1 sind die das Verhalten der Schaltung beschreibenden Gleichungen für Reihen- und Parallelschaltung von Widerständen formal gleichartig aufgebaut. Dies wird als duales Verhalten bezeichnet. Wir wollen jetzt den Begriff der dualen Schaltung verallgemeinern, da es in der Elektrotechnik viele Begriffe und Größen gibt, die immer paarweise, d. h. zu zweit (dual), auftreten. Kennzeichnend für diese paarweise vorhandenen Größen ist, daß ein Vertauschen dieser Größen in den sie verknüpfenden Gleichungen formal die gleichen Sätze liefert, wie schon Tafel **2.**39 bis **2.**41 zeigen.

Betrachtet man beispielsweise die beiden Gleichungen $U = IR$ und $I = UG$, so treten hierin paarweise auf und verhalten sich dual zueinandes: Spannung U und Strom I (Strom I und Spannung U), Widerstand R und Leitwert G. Als weiteres Beispiel wird in Abschn. 2.2.3.1 das duale Verhalten von Reihen- und Parallelschaltung behandelt, und es zeigen gegeneinander duales Verhalten: Masche und Knoten, Spannungsteiler und Stromteiler, Sternschaltung und Dreieckschaltung, aber auch Spannungsquelle und Stromquelle (s. Abschn. 2.1.1.3) sowie viele andere Anordnungen, die in anderen Zusammenhängen (s. Abschn. 3.2.1, 3.3.1 u. 3.3.5) betrachtet werden. Allgemein sind duale Schaltungen dadurch gekennzeichnet, daß in einem Netzwerk die Knoten in Maschen übergehen und umgekehrt.

Die praktische Bedeutung der Schaltungen mit dualem Verhalten liegt darin, daß – beispielsweise durch Vertauschen von Strom und Spannung einerseits und von Reihen- und Parallelschaltung andererseits - zum Erreichen des gleichen Ziels aus der Vielzahl der möglichen Schaltungen die wirtschaftlichste und betriebssicherste ausgesucht werden kann. Ferner lassen sich häufig Rechnungen durch Beachten der Dualitätsbeziehungen vereinfachen. Insbesondere braucht man sich die Gleichungszusammenhänge nur einmal zu merken, da man die eine Gleichung sofort in die andere überführen kann. Wenn auch die große Bedeutung von Schaltungen mit dualem Verhalten erst in der Sinusstromtechnik erkennbar ist (s. Abschn. 3.3.1.5), so soll doch am Beispiel dualer Verbraucher und dualer Quellen bereits auf einige Grundbegriffe eingegangen werden.

2.43
Stromkreis mit Spannungsquelle *G*, Verbindungsleitung und Verbraucherwiderstand R_a für duale Ersatzschaltungen der Verbindungsleitung mit
a) Längswiderstand R_L und
b) Querwiderstand R_Q

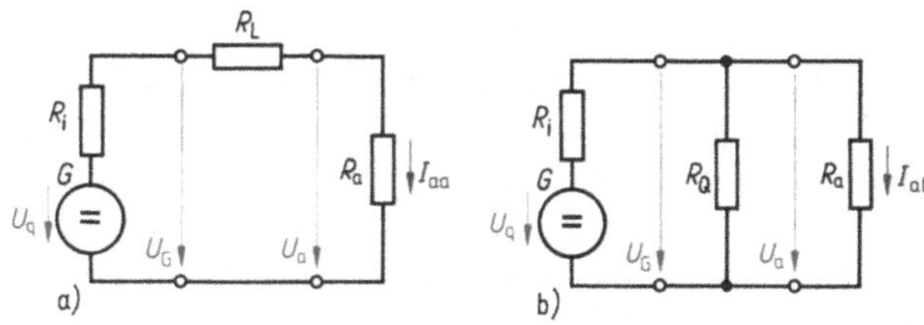

In Bild **2.**43 speist eine Quelle *G* mit Quellenspannung U_q und Innenwiderstand R_i über eine Verbindungsleitung mit dem Widerstand R_L den Verbraucherwiderstand R_a. Das Verhalten der zwischen Quelle und Verbraucher liegenden Leitung ist also gekennzeichnet durch den l ä n g s der Leitung liegenden Widerstand R_L; man kann auch sagen, daß diese Anordnung mit R_L eine einfache Ersatzschaltung der Verbindungsleitung darstellt. Es soll nun ein zu R_L duales Schaltungselement gefunden werden, das in einer Ersatzschaltung der Verbindungsleitung zu einem q u e r zur Leitung liegenden Widerstand R_Q führt. Die d u a l e Z u o r d n u n g liegt also in der U m w a n d l u n g e i n e s L ä n g s g l i e d s i n e i n Q u e r g l i e d. Beide Ersatzschaltungen müssen völlig gleichwertig das Verhalten der Verbindungsleitung zwischen Erzeuger und Verbraucher wiedergeben. In beiden Fällen muß also der gleiche Strom I_a durch den Verbraucherwiderstand R_a fließen.

Diese Forderung liefert auch den Zusammenhang zwischen den beiden in Bild **2.**43 dargestellten Schaltungen mit zueinander dualem Verhalten der Ersatzschaltung der Verbindungsleitung. Für $I_{aa}=I_{ab}$ gilt mit

$$I_{aa}=\frac{U_q}{R_i+R_L+R_a} \quad \text{und} \quad I_{ab}=\frac{U_q R_Q}{R_i R_a+R_i R_Q+R_a R_Q}$$

nach dem Gleichsetzen

$$R_Q R_i+R_Q R_L+R_Q R_a=R_i R_a+R_i R_Q+R_a R_Q$$

und somit für den Querwiderstand

$$R_Q=R_i R_a/R_L$$

oder allgemein mit $G_L = 1/R_L$

$$R_Q = R_D^2/R_L = R_D^2 G_L \tag{2.73}$$

Es ist $R_i R_a = R_D^2$, wobei R_D als Dualitätskonstante (auch Dualitätsvariante) bezeichnet wird. Gl. (2.73) sagt in verallgemeinernder Form aus, daß zwei Zweipole zueinander dual sind, wenn mit dem Quadrat der Dualitätskonstanten R_D^2 als Proportionalitätsfaktor der Widerstand des einen Zweipols proportional dem Leitwert des anderen Zweipols ist.

Wie die Ableitung der Gl. (2.73) zeigt, ist die Dualitätskonstante R_D vom Innenwiderstand R_i und vom Verbraucherwiderstand R_a, also vom ganzen Stromkreis abhängig. So muß beispielsweise der quer zur Leitung liegende Widerstand R_Q bei unveränderter Quelle proportional zum Verbraucherwiderstand R_a geändert werden, was sich auch anschaulich leicht erklären läßt. Sollen bei Leerlauf der Leitung, also bei $R_a = \infty$, beide Ersatzschaltungen der Verbindungsleitung gleichwertig sein, dann muß auch $R_Q = \infty$ werden. Es darf also keineswegs bei gegebener Gesamtschaltung nur das einzelne Schaltungselement selbst durch sein duales Schaltungselement ersetzt werden; es ist stets der ganze Stromkreis zu berücksichtigen. Mit den einzelnen dualen Schaltungselementen wird dann die duale Schaltung des ganzen Stromkreises aufgestellt.

Beispiel 2.27. Eine Bild **2.**43a entsprechende Anordnung zur Übertragung von Signalen hat nach Beispiel 2.10 die Kennwerte: Quellenspannung $U_q = 12$ V, Generatorspannung $U_G = 11{,}6$ V, Spannung am Verbraucher $U_a = 9$ V, Verbraucherstrom $I_{aa} = 0{,}2$ A. Wie groß ist in den beiden zueinander dualen Schaltungen für die Übertragungsleitung der die Übertragungseigenschaften der Leitung beschreibende Widerstand, wenn dieser nach Bild **2.**43a als Längswiderstand R_L längs der Leitung oder wenn er nach Bild **2.**43b als Querwiderstand R_Q quer zur Leitung liegt?

Für den Längswiderstand gilt $R_L = U_L/I_{aa} = (U_G - U_a)/I_{aa} = (11{,}6\text{ V} - 9\text{ V})/0{,}2\text{ A} = 13\ \Omega$. Es sind der Verbraucherwiderstand $R_a = U_a/I_{aa} = 9\text{ V}/(0{,}2\text{ A}) = 45\ \Omega$ und der Innenwiderstand $R_i = (U_q - U_G)/I_{aa} = (12\text{ V} - 11{,}6\text{ V})/(0{,}2\text{ A}) = 2\ \Omega$.

Für die duale Schaltung wird nach Gl. (2.73) der Querwiderstand

$$R_Q = R_D^2/R_L = R_i R_a/R_L = 2\ \Omega \cdot 45\ \Omega/(13\ \Omega) = 6{,}923\ \Omega$$

Die zwischen Quelle und Verbraucher liegende Verbindungsleitung kann in einer Ersatzschaltung entweder durch einen Längswiderstand $R_L = 13\ \Omega$ oder durch einen Querwiderstand $R_Q = 6{,}92\ \Omega$ dargestellt werden. Das hier am Beispiel eines einfachen Zweipols abgeleitete duale Verhalten gilt für jedes beliebige passive Netzwerk.

Das duale Verhalten von Spannungs- und Stromquelle (Bild **2.**44) nach Abschn. 2.1.1 beruht sowohl auf dem Vertauschen von Spannung U_q und Strom I_q als auch auf dem Vertauschen der Reihen- und Parallelschaltung des Innenwiderstandes R_i. Der bei der Spannungsquelle in Reihe liegende Innenwiderstand R_i (Bild **2.**44a) muß in den Parallelwiderstand R_Q der Stromquelle umgewandelt werden. Nach Gl. (2.73) findet man $R_Q = R_D^2/R_i$. Um die Dualitätskonstante R_D bestimmen zu können, geht man davon aus, daß beide Quellen gleiches Verhalten für Leerlauf und Kurzschluß zeigen müssen. An den Klemmen *a* und *b* des aktiven Zweipols liegt bei Leerlauf für beide Schaltungen die Spannung $U_{al} = U_q$; beim Klemmenkurzschluß muß die Stromquelle in beiden Schaltungen den Strom $I_{ak} = I_q = U_q/R_i$ liefern. Somit gilt für die in Bild **2.44** b dargestellte Schaltung im Leerlauf

$$U_q = I_q R_Q = \frac{U_q}{R_i} \cdot \frac{R_D^2}{R_i}$$

und somit $R_D = R_i$. Mit dieser Bedingung wird $R_Q = R_i$. Der Innenwiderstand geht also unverändert in beide Schaltungen ein. Die Schaltungen sind dual, da in beiden Fällen $U_q/I_q = R_i$ ist.

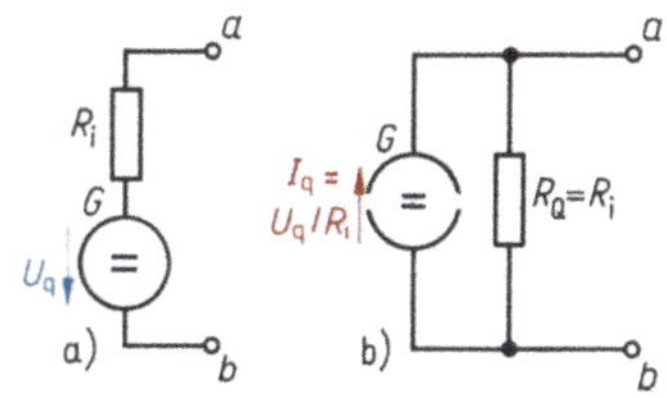

2.44 Duale Spannungs- (a) und Stromquelle (b)

2.2.4 Zusammengesetzte Schaltungen

Elektrische Schaltungen, die mehr als eine Masche (s. Abschn. 1.3.1.2) aufweisen, nennt man Netzwerke. Es sollen jetzt einige einfache Netzwerke, die sich auf Reihen- und Parallelschaltungen von Widerständen zurückführen bzw. mit den in Tafel **2.**39 bis **2.**41 zusammengestellten Gleichungen berechnen lassen, untersucht und die Widerstandsbestimmung über Strom- und Spannungsmessungen behandelt werden. Anschließend sollen noch kurz die Probleme der elektrischen Energieversorgung und Nachrichtenübertragung angesprochen werden. Die Berechnungsverfahren für umfangreiche Netzwerke werden im folgenden Abschn. 2.3 betrachtet.

2.2.4.1 Einfache Widerstandsnetzwerke. Mit den folgenden Beispielen soll das Anwenden der abgeleiteten Zusammenhänge exemplarisch geübt werden.

Beispiel 2.28. Die Schaltung in Bild **2.**45 wird aus den Widerständen $R_1 = 1\,\text{k}\Omega$, $R_2 = 1{,}5\,\text{k}\Omega$, $R_3 = 2\,\text{k}\Omega$, $R_4 = 4\,\text{k}\Omega$ gebildet und nimmt den eingeprägten Strom $I = 50\,\text{mA}$ auf. Welche Spannung U_a herrscht am Ausgang?

Nach Gl. (2.62) können die Widerstände R_3 und R_4 durch den Widerstand R_{34} ersetzt werden, und es gilt

$$R_{34} = \frac{1}{\dfrac{1}{R_3} + \dfrac{1}{R_4}} = \frac{1}{\dfrac{1}{2\,\text{k}\Omega} + \dfrac{1}{4\,\text{k}\Omega}} = 1{,}333\,\text{k}\Omega$$

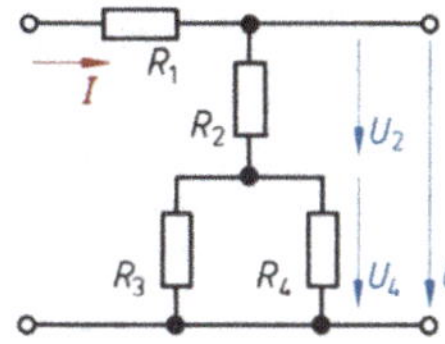

2.45 Netzwerk

Daher ist nach dem Maschensatz die Ausgangsspannung

$$U_a = U_2 + U_4 = (R_2 + R_{34})\, I$$

$$= (1{,}5\,\text{k}\Omega + 1{,}333\,\text{k}\Omega)\, 50\,\text{mA} = 141{,}7\,\text{V}$$

Beispiel 2.29. Die Schaltung in Bild 2.46 enthält die Widerstände $R_1 = 1\ \text{k}\Omega$, $R_2 = 2\ \text{k}\Omega$, $R_3 = 3\ \text{k}\Omega$, $R_4 = 4\ \text{k}\Omega$, $R_5 = 500\ \Omega$, $R_6 = 600\ \Omega$ und liegt an der Spannung U = 220 V. Gesamtstrom I und Teilstrom I_6 sollen berechnet werden.

Wir fassen zunächst nach Gl. (2.62) die 3 parallelen Widerstände R_2, R_3 und R_4 zusammen

$$R_{234} = \frac{1}{\frac{1}{R_2} + \frac{1}{R_3} + \frac{1}{R_4}} = \frac{1}{\frac{1}{2\ \text{k}\Omega} + \frac{1}{3\ \text{k}\Omega} + \frac{1}{4\ \text{k}\Omega}} = 923{,}1\ \Omega$$

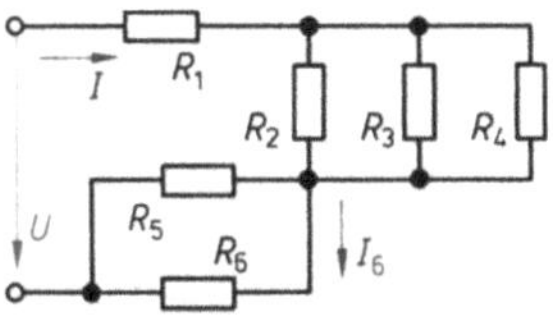

2.46 Netzwerk

sowie die 2 parallelen Widerstände R_5 und R_6

$$R_{56} = \frac{1}{\frac{1}{R_5} + \frac{1}{R_6}} = \frac{1}{\frac{1}{500\ \Omega} + \frac{1}{600\ \Omega}} = 272{,}7\ \Omega$$

Daher beträgt nach Gl. (2.44) der Gesamtwiderstand

$$R_g = R_1 + R_{234} + R_{56} = 1\ \text{k}\Omega + 923{,}1\ \Omega + 272{,}7\ \Omega = 2{,}199\ \text{k}\Omega$$

und nach dem Ohmschen Gesetz der Gesamtstrom

$$I = U/R_g = 220\ \text{V}/(2{,}199\ \text{k}\Omega) = 100{,}1\ \text{mA}$$

Über die Stromteilerregel, also Gl. (2.67) findet man den Teilstrom

$$I_6 = \frac{I}{1 + (R_6/R_5)} = \frac{100{,}1\ \text{mA}}{1 + (600\ \Omega/500\ \Omega)} = 45{,}48\ \text{mA}$$

Beispiel 2.30. Die Brückenschaltung von Bild 2.47 (s. Abschn. 2.3.7.3) hat die Widerstände $R_1 = R_2 = 48\ \Omega$; $R_3 = 60\ \Omega$ und $R_4 = 40\ \Omega$. Sie wird von der Spannungsquelle U = 12 V mit vernachlässigbar kleinem Innenwiderstand gespeist. Die Spannungen U_1, U_2, U_3, U_4 und U_{AB} sind zu berechnen.

Die Widerstände R_1 und R_2 bilden einen Spannungsteiler mit der Gesamtspannung $U = 12$ V. Es gilt mit der Spannungsteilerregel von Tafel 2.40

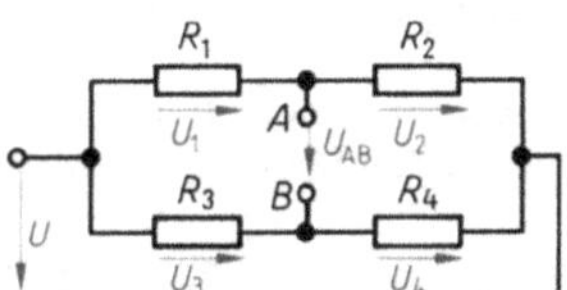

2.47 Brückenschaltung

$$\frac{U}{R_1 + R_2} = \frac{U_1}{R_1} = \frac{U_2}{R_2}$$

Hieraus folgen die Teilspannungen

$$U_1 = U_2 = \frac{U}{1 + (R_2/R_1)} = \frac{12\ \text{V}}{1 + (48\ \Omega/48\ \Omega)} = 6\ \text{V}$$

Die Widerstände R_3 und R_4 bilden ebenfalls einen Spannungsteiler mit der Gesamtspannung $U = 12$ V, und man erhält für die Teilspannungen

$$U_3 = \frac{U}{1 + (R_4/R_3)} = \frac{12\ \text{V}}{1 + (40\ \Omega/60\ \Omega)} = 7{,}2\ \text{V}$$

$$U_4 = \frac{U}{1 + (R_3/R_4)} = \frac{12\ \text{V}}{1 + (60\ \Omega/40\ \Omega)} = 4{,}8\ \text{V}$$

Die Spannung U_{AB} erhält man aus der Maschengleichung $U_1 + U_{AB} - U_3 = 0$, also

$$U_{AB} = U_3 - U_1 = 7{,}2\ \mathrm{V} - 6\ \mathrm{V} = 1{,}2\ \mathrm{V}$$

Beispiel 2.31. Die Schaltung in Bild 2.48 enthält die Widerstände $R_1 = 100\ \Omega$, $R_2 = 15\ \Omega$, $R_3 = 45\ \Omega$, $R_4 = 20\ \Omega$, $R_5 = 30\ \Omega$, $R_6 = 90\ \Omega$ und liegt an der Spannung $U = 100$ V. Der Gesamtstrom I soll bestimmt werden.

Auf den ersten Blick scheint diese Aufgabe mit den bisher abgeleiteten Bestimmungsgleichungen nicht lösbar zu sein; denn die Widerstände R_2 und R_3 sowie R_5 und R_6 liegen nicht unmittelbar parallel. Da jedoch nach der Spannungsteilerregel (s. Tafel 2.40) für die Teilspannungen gilt

$$\frac{U_2}{U_5} = \frac{R_2}{R_5} = \frac{15\ \Omega}{30\ \Omega} = \frac{U_3}{U_6} = \frac{R_3}{R_6} = \frac{45\ \Omega}{90\ \Omega} = \frac{1}{2}$$

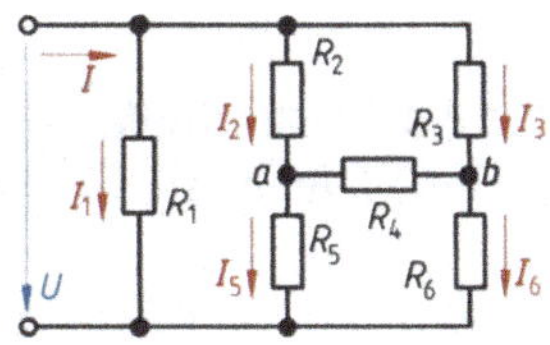

2.48 Netzwerk

haben die Widerstände R_2 und R_3 bzw. R_5 und R_6 die gleichen Teilspannungen U_{23} bzw. U_{56}, und im Widerstand R_4 fließt kein Strom. Der Leitungszug a–b dürfte daher auch unterbrochen werden. Die Teilströme sind somit $I_1 = U/R_1 = 100\ \mathrm{V}/(100\ \Omega) = 1\ \mathrm{A}$, $I_2 = U/(R_2 + R_5) = 100\ \mathrm{V}/(15\ \Omega + 30\ \Omega) = 2{,}222\ \mathrm{A}$ und $I_3 = U/(R_3 + R_6) = 100\ \mathrm{V}/(45\ \Omega + 90\ \Omega) = 0{,}7407\ \mathrm{A}$. Daher ist der Gesamtstrom $I = I_1 + I_2 + I_3 = 1\ \mathrm{A} + 2{,}222\ \mathrm{A} + 0{,}7407\ \mathrm{A} = 3{,}963\ \mathrm{A}$.

2.2.4.2 Annahme des Ergebnisses. In umfangreichen Netzwerken, die nur lineare Quellen und Verbraucher enthalten, kann man sich das umständliche Zusammenfassen der Einzelwiderstände auch ersparen, wenn man umgekehrt vorgeht, nämlich das Ergebnis mit einem runden Wert annimmt, also sozusagen die Aufgabe umgekehrt auffaßt, indem man von der gesuchten Ausgangsgröße zur Eingangsgröße zurückrechnet. Die errechnete Eingangsgröße stimmt dann i. allg. natürlich nicht mit der vorgegebenen überein. Da aber lineare Verhältnisse vorliegen, darf man anschließend alle Zwischenwerte und das angenommene Ergebnis im Verhältnis der vorgegebenen zur errechneten Eingangsgröße umrechnen. Dieses rekursive Vorgehen wird am einfachsten an dem folgenden Beispiel 2.32 deutlich. Es kann besonders gut in Taschenrechnerprogrammen angewendet werden (s. Band VII).

Beispiel 2.32. In der Schaltung von Bild 2.49 sind bekannt die Spannung $U = 100$ V und die Widerstände $R_1 = 10\ \Omega$; $R_2 = 12\ \Omega$; $R_3 = 25\ \Omega$; $R_4 = \ \Omega$; $R_5 = 40\ \Omega$; $R_6 = 60\ \Omega$. Die Spannung U_6 ist zu berechnen.

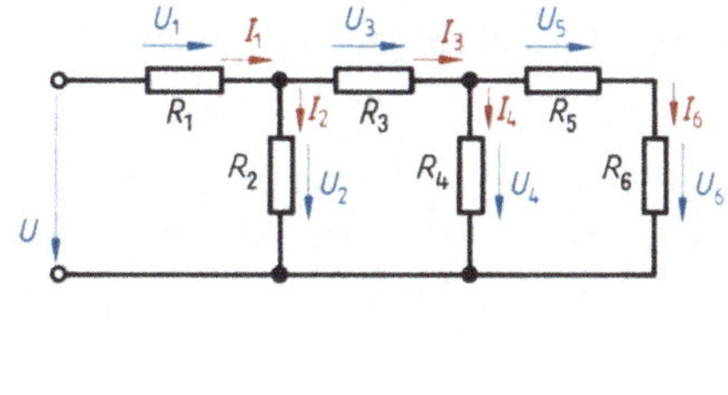

2.49 Netzwerk

Wir wählen, um den Strom $I'_6 = 1$ A zu erhalten, die Spannung $U'_6 = 60$ V und berechnen die Zwischenwerte schrittweise folgendermaßen

$I'_6 = U'_6/R_6 = 60\ \text{V}/(60\ \Omega) = 1\ \text{A}$ $\quad$ $U'_5 = I'_6 R_5 = 1\ \text{A} \cdot 40\ \Omega = 40\ \text{V}$
$U'_4 = U'_5 + U'_6 = 40\ \text{V} + 60\ \text{V} = 100\ \text{V}$ $\quad$ $I'_4 = U'_4/R_4 = 100\ \text{V}/(40\ \Omega) = 2{,}5\ \text{A}$
$I'_3 = I'_4 + I'_6 = 2{,}5\ \text{A} + 1\ \text{A} = 3{,}5\ \text{A}$ $\quad$ $U'_3 = I'_3 R_3 = 3{,}5\ \text{A} \cdot 25\ \Omega = 87{,}5\ \text{V}$
$U'_2 = U'_3 + U'_4 = 87{,}5\ \text{V} + 100\ \text{V} = 187{,}5\ \text{V}$ $\quad$ $I'_2 = U'_2/R_2 = 187{,}5\ \text{V}/(12\ \Omega) = 15{,}63\ \text{A}$
$I'_1 = I'_2 + I'_3 = 15{,}63\ \text{A} + 3{,}5\ \text{A} = 19{,}13\ \text{A}$ $\quad$ $U'_1 = I'_1 R_1 = 19{,}13\ \text{A} \cdot 10\ \Omega = 191{,}3\ \text{V}$
$U' = U'_1 + U'_2 = 191{,}3\ \text{V} + 187{,}5\ \text{V} = 378{,}8\ \text{V}$

Nun wird noch proportional umgerechnet, und es ergibt sich schließlich die tatsächliche Spannung

$$U_6 = U\,U'_6/U' = 100\ \text{V} \cdot 60\ \text{V}/(378{,}8\ \text{V}) = 15{,}84\ \text{V}$$

2.2.4.3 Meßtechnik. Hier werden einige einfache Beispiele aus der elektrischen Meßtechnik behandelt.

Beispiel 2.33. Bild **2.**50 zeigt eine Kompensationsschaltung, mit der z. B. Spannungen von Thermoelementen, Photoelementen u. ä. leistungslos gemessen werden können, wenn über das Nullgerät *O* der Strom $I_2 = 0$ eingestellt wird. Gemessen werden soll eine Thermospannung im Bereich $U_{q2} = 20$ mV bis 30 mV. Zur Verfügung stehen ein Spannungsmesser, der 30 mV bei dem inneren Widerstand $R_{MV} = 200\ \Omega$ messen, und eine Akkuzelle, die maximal die Spannung $U_{q1} = 2{,}3$ V bei dem inneren Widerstand $R_{i1} = 0{,}2\ \Omega$ liefern kann. Es ist ein geeigneter verstellbarer Widerstand R_{VW} festzulegen.

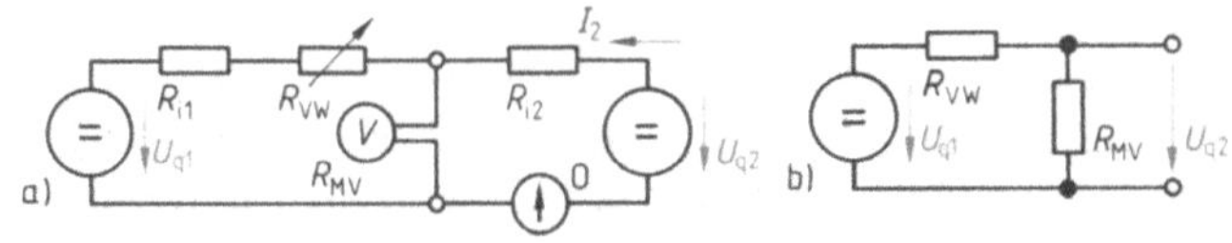

2.50 Kompensationsschaltung (a) mit Ersatzschaltung (b)

Da der innere Widerstand R_{i1} vernachlässigbar klein ist, kann man die Ersatzschaltung in Bild **2.**50b angeben. Es liegt ein einfacher Spannungsteiler vor, für den nach Tafel **2.**40 gilt

$$U_{q2}/U_{q1} = R_{MV}/(R_{VW} + R_{MV})$$

Daher muß der Vorwiderstand im Bereich

$$R_{VW1} = R_{MV}\left(\frac{U_{q1}}{U_{q2}} - 1\right) = 200\ \Omega\left(\frac{2{,}3\ \text{V}}{20\ \text{mV}} - 1\right) = 22{,}8\ \text{k}\Omega$$

bis $$R_{VW2} = 200\ \Omega\left(\frac{2{,}3\ \text{V}}{30\ \text{mV}} - 1\right) = 15{,}13\ \text{k}\Omega$$

liegen. Es fließen dann die Ströme

$$I_{11} = U_{q1}/(R_{VW} + R_{MV}) = 2{,}3\ \text{V}/(22{,}8\ \text{k}\Omega + 200\ \Omega) = 0{,}1\ \text{mA}$$

bzw. $I_{12} = 2{,}3\ \text{V}/(15{,}13\ \text{k}\Omega + 200\ \Omega) = 0{,}15$ mA, so daß im Vorwiderstand die Leistungen $P_{VW1} = I_1^2 R_{VW} = 0{,}1^2\,\text{mA}^2 \cdot 22{,}8\ \text{k}\Omega = 0{,}228$ mW bzw. $P_{VW2} = 0{,}15^2\ \text{mA}^2 \cdot 15{,}13\ \text{k}\Omega = 0{,}3404$ mW umgesetzt werden.

Beispiel 2.34. Eine Meßwerkspule hat bei der Temperatur $\vartheta_k = 20°C$ den Widerstand $R_M = R_{20} = 50\,\Omega$ mit dem Temperaturbeiwert $\alpha = 4\,kK^{-1}$. Das Meßwerk hat Vollausschlag bei dem Strom $I_M = 2$ mA. In der temperaturkompensierten Schaltung eines Strommessers mit Nebenwiderstand (s. Band IV) nach Bild 2.51 soll der Strom $I = 60$ mA gemessen werden. Wie groß müssen die temperaturunabhängigen Widerstände R_1 und R_2 sein, damit der Strom durch die Meßwerkspule I_M bei der Temperatur $\vartheta_w = 50°C$ um höchstens den Temperaturfehler $F = 0{,}5\% = 0{,}005$ von 2 mA abweicht?

2.51
Meßwerkspule mit Widerstand R_M und Widerständen R_1 und R_2 zur Temperaturkompensation

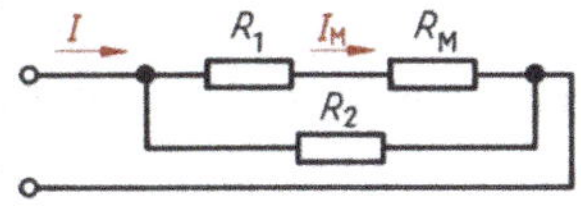

Aus dem Spannungsvergleich $U_1 + U_M = U_2$ erhält man mit $\Delta\vartheta = \vartheta_w - \vartheta_k = 50°C - 30°C = 20$ K bei 20° C

$$I_M(R_1 + R_{20}) = (I - I_M)R_2$$

und bei 50° C

$$I_M(1-F)[R_1 + R_{20}(1 + \alpha\Delta\vartheta')] = [I - I_M(1-F)]R_2$$

Beide Gleichungen werden ins Verhältnis gesetzt

$$\frac{I_M(1-F)[R_1 + R_{20}(1+\alpha\Delta\vartheta)]}{I_M(R_1 + R_{20})} = \frac{[I - I_M(1-F)]R_2}{(I - I_M)R_2}$$

$$(I - I_M)(1-F)[R_1 + R_{20}(1+\alpha\Delta\vartheta)] = [I - I_M(1-F)](R_1 + R_{20})$$

und aufgelöst nach dem Widerstand

$$R_1 = R_{20}\left[\frac{\alpha\Delta\vartheta}{IF}(I - I_M)(1-F) - 1\right]$$

$$= 50\,\Omega\left[\frac{4\,kK^{-1}\cdot 30\,K}{60\,mA\cdot 5\cdot 10^{-3}}(60\,mA - 2\,mA)(1 - 0{,}005) - 1\right] = 1104\,\Omega$$

Hiermit muß außerdem entsprechend dem Ansatz für 20° C der Widerstand sein

$$R_2 = \frac{I_M}{I - I_M}(R_1 + R_{20}) = \frac{2\,mA}{60\,mA - 2\,mA}\,1154\,\Omega = 39{,}79\,\Omega$$

Beispiel 2.35. Ein Vielfach-Strommesser (s. Band IV) ist nach Bild 2.52 geschaltet und enthält ein Drehspulmeßwerk A für den Meßstrom $I_M = 0{,}3$ mA und die Meßspannung $U_M = 60$ mV. Um eine gute Dämpfung des Zeigers (s. Band IV) zu erreichen, soll der Kreiswiderstand $R_K = R_1 + R_2 + R_3 + R_4 + R_5 + R_M = 600\,\Omega$ betragen. Über die angegebenen Klemmen sollen die Meßbereiche $I_1 = 150$ mA, $I_2 = 60$ mA, $I_3 = 15$ mA, $I_4 = 6$ mA eingestellt werden. Hierfür sind die Widerstände R_1 bis R_5 zu berechnen.

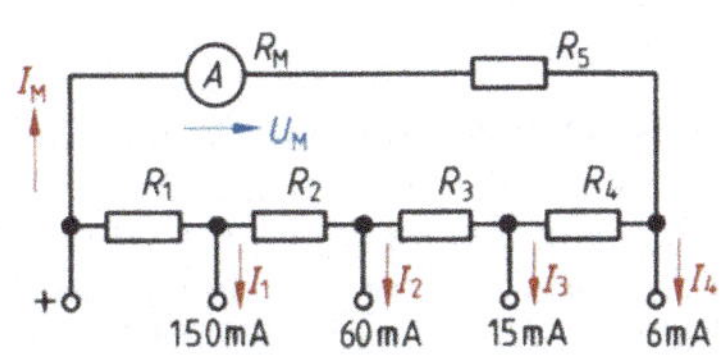

2.52
Schaltung für Vielfach-Strommesser

Zunächst bestimmen wir mit dem Ohmschen Gesetz den Meßwerkwiderstand $R_M = U_M/I_M = 60\ \text{mV}/(0{,}3\ \text{mA}) = 200\ \Omega$. Die Stromteilerregel von Tafel **2.**40 ermöglicht mit $I_M/I_1 = R_1/R_K$ eine Gleichung für den Widerstand

$$R_1 = R_K I_M/I_1 = 600\ \Omega \cdot 0{,}3\ \text{mA}/(150\ \text{mA}) = 1{,}2\ \Omega$$

Analog findet man mit dem Ansatz $I_M/I_2 = (R_1 + R_2)/R_K$ den Widerstand

$$R_2 = \frac{R_K I_M}{I_2} - R_1 = \frac{600\ \Omega \cdot 0{,}3\ \text{mA}}{60\ \text{mA}} - 1{,}2\ \Omega = 1{,}8\ \Omega$$

bzw. mit $I_M/I_3 = (R_1 + R_2 + R_3)/R_K$ den Widerstand

$$R_3 = \frac{R_K I_M}{I_3} - R_1 - R_2 = \frac{600\ \Omega \cdot 0{,}3\ \text{mA}}{15\ \text{mA}} - 1{,}2\ \Omega - 1{,}8\ \Omega = 9\ \Omega$$

und mit $I_M/I_4 = (R_1 + R_2 + R_3 + R_4)/R_K$ den Widerstand

$$R_4 = \frac{R_K I_M}{I_3} - R_1 - R_2 - R_3 = \frac{600\ \Omega \cdot 0{,}3\ \text{mA}}{6\ \text{mA}} - 1{,}2\ \Omega - 1{,}8\ \Omega - 9\ \Omega = 18\ \Omega$$

Daher muß der fünfte Widerstand betragen

$$R_5 = R_K - R_1 - R_2 - R_3 - R_4 - R_M$$
$$= 600\ \Omega - 1{,}2\ \Omega - 1{,}8\ \Omega - 9\ \Omega - 18\ \Omega - 200\ \Omega = 370\ \Omega.$$

Widerstandsmessung. Will man den Widerstand des Verbrauchers R_a bestimmen, so können hierfür nach Bild **2.**53 Strom und Spannung gleichzeitig gemessen werden. Dabei sind 2 Schaltungen möglich, von denen jede aber einen Fehler enthält: in Bild **2.**53a mißt der Spannungsmesser die Teilspannung $U_A = I_a R_{MA}$ des Strommessers mit; in Bild **2.**53b mißt der Strommesser den durch den Spannungsmesser fließenden Strom $I_V = U_a/R_{MV}$ mit (s. Band IV). Eine Schaltung, die beide Größen gleichzeitig richtig mißt, gibt es nicht. Praktisch verwendet man die Schaltung nach Bild **2.**53a bei der Messung großer Widerstände R_a, so daß dann die Widerstandsspannung an dem geringen Widerstand R_{MA} des Strommessers vernachlässigt werden kann. Entsprechend wird die Schaltung nach Bild **2.**53b für kleine Widerstände R_a benutzt, bei denen der Strom in dem großen Spannungsmesserwiderstand R_{MV} unberücksichtigt bleiben kann. Für mittlere Widerstände R_a ergeben beide Schaltungen meist nur geringe, vernachlässigbare Fehler. Gegebenenfalls sind die angezeigten Werte zu korrigieren: In der Schaltung nach Bild **2.**53a ist die Widerstandsspannung im Strommesser, nach **2.**53b der Strom im Spannungsmesser von der Anzeige des anderen Meßgerätes abzuziehen.

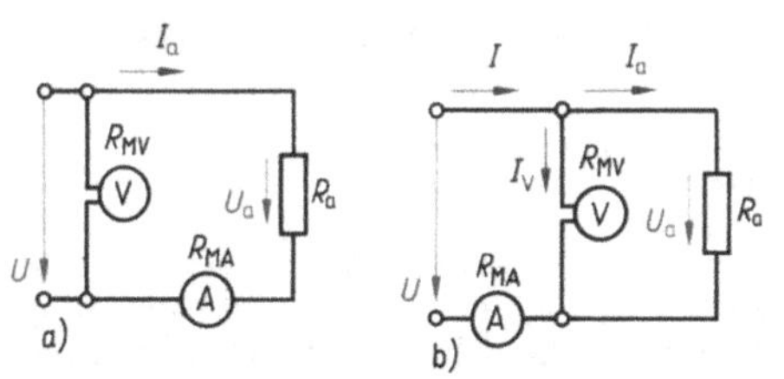

2.53 Indirekte Bestimmung von Widerständen
a) stromrichtig, b) spannungsrichtig

Beispiel 2.36. Bei einer Widerstandsmessung nach Bild **2.**53a zeigt der Spannungsmesser (mit Eigenwiderstand $R_{MV} = 9\ \text{k}\Omega$) die Spannung $U = 217$ V, der Strommesser (mit Eigenwiderstand $R_{MA} = 0{,}1\ \Omega$) den Strom $I_a = 18{,}3$ A an. Wie groß ist der gemessene Widerstand R_a? Um wieviel wurde die Spannung zu groß gemessen? Wäre der Meßfehler bei der Schaltung nach Bild **2.**53b größer oder kleiner gewesen?

Durch unmittelbare Anwendung des Ohmschen Gesetzes erhält man den Widerstand

$$R_a = U/I_a = 217\ \text{V}/(18{,}3\ \text{A}) = 11{,}86\ \Omega$$

Die Teilspannung im Strommesser ist $U_A = I_a R_{MA} = 18{,}3\ \text{A} \cdot 0{,}1\ \Omega = 1{,}83\ \text{V}$, so daß die Spannung am Widerstand R_a tatsächlich nur $U_a = U - U_A = 217\ \text{V} - 1{,}8\ \text{V} = 215{,}2\ \text{V}$ und der wahre Widerstand

$$R_a = U_a/I_a = 215{,}2\ \text{V}/(18{,}3\ \text{A}) = 11{,}76\ \Omega$$

ist. Der Fehler bei der Vernachlässigung der Teilspannung am Strommesser beträgt also $0{,}1\ \Omega$ oder $F = R_{MA}/R_a = 0{,}1\ \Omega/(11{,}76\ \Omega) = 0{,}008504 = 0{,}8504\%$. Das ist oft weniger als die Meßunsicherheit (s. Band IV) der Meßgeräte selbst, so daß man auf die Berücksichtigung des inneren Widerstands verzichten kann.

Bei der Schaltung nach Bild **2.**53b hätte der Strommesser den Strom im Spannungsmesser als Fehler mitgemessen. Beide Zweigströme verhalten sich umgekehrt wie die parallel liegenden Widerstände, also ist der Fehler $F = R_a/R_{MV} = 11{,}76\ \Omega/(9\ \text{k}\Omega) = 0{,}001307 = 0{,}1307\%$, so daß diese Messung einen geringeren Fehler ergibt und daher vorzuziehen ist.

2.2.4.4 Energieversorgung. Ein einfaches Beispiel für die elektrische Energieversorgung zeigt Bild **2.**54. Ein Generator G speist mit seiner Quellenspannung U_q über seinen inneren Widerstand R_i und den Widerstand R_L die parallelen Verbraucher R_1 bis R_3. Die Schaltung setzt sich also aus parallelen und in Reihe liegenden Widerständen zusammen. Wenn man alle Teilspannungen und Teilströme berechnen will, faßt man meist zunächst die parallelen Widerstände zu einem Ersatzwiderstand zusammen und summiert dann die in Reihe liegenden Teilwiderstände zum Gesamtwiderstand, wie dies Beispiel 2.37 zeigt. Anschließend kann man mit dem Ohmschen Gesetz bzw. den Kirchhoffschen Gesetzen die Teilspannungen und Teilströme bestimmen.

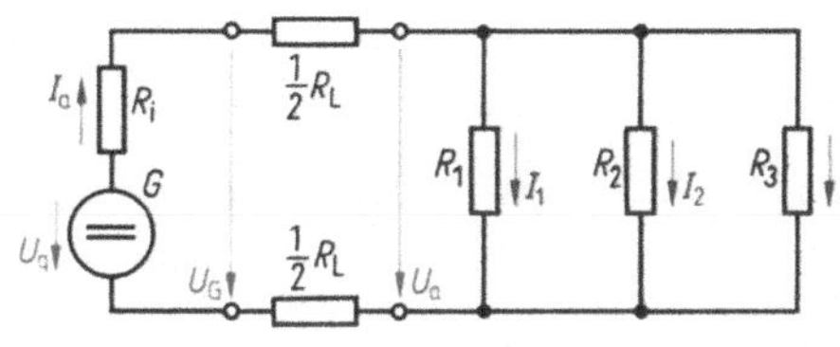

2.54
Energieversorgung paralleler Verbraucher R_1 bis R_3

Beispiel 2.37. In einer Schaltung nach Bild **2.**54 sind Glühlampen mit dem Widerstand $R_1 = 0{,}32\ \Omega$, Wärmegeräte mit dem Widerstand $R_2 = 0{,}93\ \Omega$ und einige weitere Verbraucher mit dem Widerstand $R_3 = 1{,}17\ \Omega$ über ein Kabel mit dem Leitungswiderstand $R_L = 0{,}0121\ \Omega$ angeschlossen. Der Generator hat den inneren Widerstand $R_i = 0{,}0174\ \Omega$ und die Quellenspannung $U_q = 240\ \text{V}$. Zu ermitteln sind der dem Generator entnommene Strom I und die Klemmenspannungen U_G und U_a an Generator und Verbraucher.

Man findet sofort mit Gl. (2.62) für den Ersatzwiderstand der Parallelschaltung der Widerstände R_1, R_2 und R_3

$$R_a = \frac{1}{\dfrac{1}{R_1} + \dfrac{1}{R_2} + \dfrac{1}{R_3}} = \frac{1}{\dfrac{1}{0{,}32\ \Omega} + \dfrac{1}{0{,}93\ \Omega} + \dfrac{1}{1{,}17\ \Omega}} = 197{,}8\ \text{m}\Omega$$

In der Reihenschaltung mit den Widerständen R_1 und R_L ist der Gesamtwiderstand des Stromkreises

$$R_g = R_a + R_L + R_i = 0{,}1978\ \Omega + 0{,}0121\ \Omega + 0{,}0174\ \Omega = 0{,}2273\ \Omega$$

Hiermit ergibt sich nach dem Ohmschen Gesetz der Strom $I_a = U_q/R_g = 240\ \text{V}/(0{,}2273\ \Omega) = 1056\ \text{A}$. Die Klemmenspannungen sind

am Generator $U_G = U_q - I_a R_i = 240\ \text{V} - 1056\ \text{A} \cdot 0{,}0174\ \Omega = 221{,}6\ \text{V}$
am Verbraucher $U_a = U_G - I_a R_L = 221{,}6\ \text{V} - 1056\ \text{A} \cdot 0{,}0121\ \Omega = 208{,}8\ \text{V}$

Beispiel 2.38. Mit den Kennwerten von Beispiel 2.37 soll der Verlauf der Generator-klemmenspannung U_G und der Verbraucher-Klemmenspannung U_a in Abhängigkeit vom Netzstrom I_a im Bereich $0 \leqq I_a \leqq 1600$ A berechnet und kurvenmäßig dargestellt werden.

Nach Beispiel 2.37 gilt für die gesuchten Spannungen $U_G = U_q - R_i I_a$ und $U_a = U_q - (R_i + R_L) I_a$. Die Spannungskennlinien können daher leicht berechnet werden; sie sind in Bild **2.**55a dargestellt.

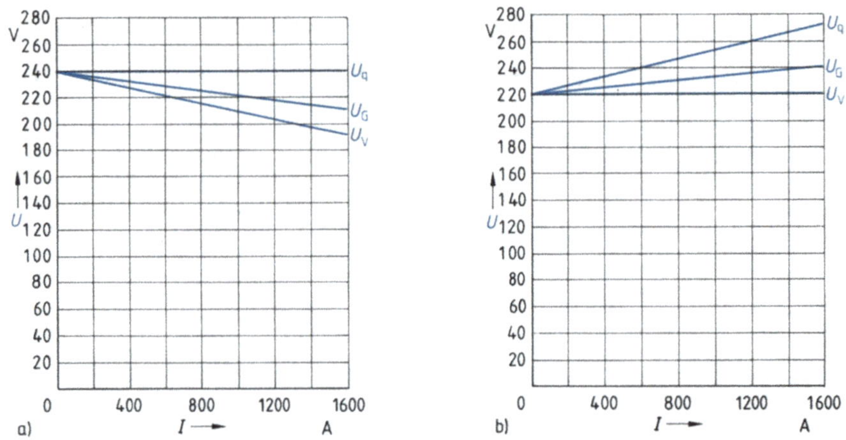

2.55 Spannungskennlinien bei konstanter Quellenspannung $U_q = 240$ V (a) und konstanter Verbraucher-Klemmenspannung $U_a = 220$ V (b)
U_G Generator-Klemmenspannung

Ein Betrieb mit Klemmenspannungen, die wie in Bild **2.**55a mit dem Belastungsstrom I_a stark schwanken, wäre für die angeschlossenen Verbrauchergeräte sehr ungünstig, da sie dann je nach der Spannung veränderliche Einzelströme aufnehmen und somit unterschiedliche Wirkungen (s. Abschn. 1.4) zeigen würden. Jedes Gerät sollte daher bei der Spannung (auch Nennspannung genannt) betrieben werden, für die es gebaut wurde. Man muß dann die Generatorspannung nach der gerade herrschenden Belastung jeweils so groß einstellen, daß an den Verbrauchsgeräten stets dieselbe Spannung herrscht, daß also die Verbraucherspannung U_a wenigstens annähernd konstant bleibt. Die sich aus dieser Forderung ergebenden Spannungen sind in Bild **2.**55b unter Annahme der Verbraucherspannung $U_a = 220$ V aufgetragen. Für die Quellenspannung gilt hier $U_q = U_a + I_a(R_i + R_L)$ und für die Generator-Klemmenspannung $U_G = U_a + I_a R_L$. Während

Bild 2.55a die Betriebskennlinien bei konstanter Generator-Quellenspannung U_q darstellt, enthält Bild 2.55b die Einstellkennlinien für den Betrieb mit konstanter Verbraucherspannung U_a.

2.2.4.5 Energieübertragung. Es sollen hier nur kurz die bei der Fortleitung der Energie auftretenden Fragen angeschnitten werden. Vollständigere Darstellungen der in der elektrischen Energieverteilung vorherrschenden Aufgabenstellungen und Berechnungsverfahren bringt Band IX.

Leitungen. In der elektrischen Energietechnik müssen beim Bemessen einer Übertragungsleitung insbesondere 3 Gesichtspunkte beachtet werden: mechanische Festigkeit, Erwärmung (Temperaturzunahme) und Leistungsverlust bzw. Spannungsabfall (s. Band IX).

Die im Leiter auftretenden mechanischen Spannungen brauchen i. allg. nur bei Freileitungen nachgerechnet zu werden, da Kabel und isolierte Leitungen (Installationsleitungen) fast immer im Erdboden, an Wänden usw. fest verlegt sind.

Die Erwärmung hängt von den Stromwärmeverlusten ab, die nach Abschn. 1.4.1.1 mit dem Quadrat des Stromes steigen. Sie ist bei Kabeln und isolierten Leitungen zu beachten, da die Isolierstoffe nur bestimmte Höchsttemperaturen annehmen dürfen, wenn sie nicht in ihrer Lebensdauer (insbesondere in ihrem mechanischen Bestand und ihrer Isolierfähigkeit) beeinträchtigt werden sollen. Je nach Leiterquerschnitt, Isolierung und Verlegungsart sind durch VDE-Bestimmungen zulässige Stromstärken festgelegt, die im Betrieb nicht oder höchstens kurzzeitig überschritten werden dürfen.

Um unzulässige Ströme zu vermeiden, werden an allen erforderlichen Stellen, besonders an Abzweigen geringeren Leiterquerschnitts, Schmelzsicherungen oder selbsttätig wirkende Schalter, Selbstschalter oder Automaten eingebaut (s. Band IX). Sie müssen so bemessen sein, daß sie auch die maximal mögliche Kurzschlußstromstärke sicher abschalten können, ohne daß ein Lichtbogen stehen bleibt.

Beispiel 2.39. Für die Anlage nach Beispiel 2.37 ist der Strom zu ermitteln, der bei einem Kurzschluß der Verbraucher entsteht.

Da der Widerstand der Kurzschlußstelle sehr klein ist, kann ihm gegenüber der parallelgeschaltete Verbraucherwiderstand $R_a = 0{,}1978\ \Omega$ vernachlässigt werden. Die Generatorspannung $U_q = 240$ V wirkt dann lediglich auf den Widerstand von Generator und Kabel $R_i + R_L = 0{,}0174\ \Omega + 0{,}0121\ \Omega = 0{,}0295\ \Omega$. Es entsteht also der Strom $I_{ak} = U_q/(R_i + R_L) = 240\ \text{V}/(0{,}0295\ \Omega) = 8136$ A. Das ist das 7,7fache des in Beispiel 2.37 errechneten Betriebsstroms $I_a = 1056$ A. Da die Wärmeerzeugung vom Quadrat der Stromstärke abhängt, entsteht in Generator und Kabel die $7{,}7^2 = 59$fache Verlustwärme. Die entstehende Übertemperatur erreicht erfahrungsgemäß nicht ganz diesen Wert. Gefährlicher als die Erwärmung sind die vom Kurzschlußstrom hervorgerufenen Kräfte (s. Band IX).

Leistungsverlust. Dritter Gesichtspunkt der Leitungsbemessung sind der auftretende Leistungsverlust V_L und Spannungsabfall U_L auf der Leitung.

Beide müssen aus Gründen der Wirtschaftlichkeit und, um eine von der Belastung möglichst wenig abhängige Verbraucherspannung zu haben (s. Bild 2.55), niedrig gehalten werden. Aus diesen Forderungen ergibt sich der notwendige Leiterquerschnitt und die zweckmäßige Übertragungsspannung.

Mit l_L als einfacher Leitungslänge (also $2l_L$ für beide Leitungen), γ als Leitfähigkeit und A_L als Querschnitt der Leiter, U_a als Spannung und $P_a = I_a U_a$ als Leistung am Verbraucher am Leitungsende ergibt sich für den Verlust auf der Leitung

$$V_L = I_a^2 R_L = I_a^2 \frac{2l_L}{\gamma A_L} = \frac{P_a^2}{U_a^2} \cdot \frac{2l_L}{\gamma A_L} \tag{2.74}$$

Der Spannungsabfall $U_L = V_L / I_a$ ist ihm proportional.

Im allgemeinen sind bei einer vorliegenden Übertragungsaufgabe die verlangte Leistung P_a und die Entfernung l_L zwischen Speisestelle und Verbraucher vorgegeben. Auch die Leitfähigkeit γ liegt durch das zu wählende Leitermaterial (fast nur Kupfer oder Aluminium) fest. Schließlich ist der Leistungsverlust V_L durch die notwendige Wirtschaftlichkeit der Anlage bestimmt. Wählbar sind dann Spannung U_a und Querschnitt A_L, für die nach Gl. (2.74) gilt

$$A_L U_a^2 = 2 l_L P_a^2 / (\gamma V_L) \tag{2.75}$$

Beispiel 2.40. Welcher Leitungsquerschnitt A_L ist erforderlich, um zum Verbraucher die Leistung $P_a = 100$ kW bei der Spannung $U_a = 440$ V auf Kupferleitungen über die Entfernung $l_L = 1{,}2$ km zu übertragen, wenn 5% Leistungsverlust zugelassen werden?

Mit dem zugelassenen Leistungsverlust $V_L = 0{,}05\ P_a = 0{,}05 \cdot 100\ \text{kW} = 5\ \text{kW}$ erhält man nach Gl. (2.75) den erforderlichen Querschnitt

$$A_L = \frac{2 l_L P_a^2}{\gamma V_L U_a^2} = \frac{2 \cdot 1{,}2\ \text{km} \cdot 100^2\ \text{kW}^2}{(56\ \text{Sm/mm}^2)\ 5\ \text{kW} \cdot 440^2\ \text{V}^2} = 442{,}7\ \text{mm}^2$$

Zu wählen ist der nächsthöhere genormte Querschnitt 500 mm², der für Kabel oder isolierte Leitungen auch aus Erwärmungsgründen zulässig ist.

Beispiel 2.41. Die Spannungen der in Bild 2.56b einpolig dargestellten Kupferleitung sollen bei den angegebenen Daten für die Klemmenspannung $U_a = 110$ V am Leitungsende bei C berechnet werden.

Zunächst wird Abschnitt BC mit dem Strom $I_C = 25$ A untersucht. Der Widerstand dieses Abschnitts mit dem Querschnitt 16 mm² beträgt $R_{BC} = 2 l_{BC} / (A_{BC} \gamma) = 2 \cdot 160\ \text{mm} / (16\ \text{mm}^2 \cdot 56\ \text{Sm/mm}^2) = 0{,}357\ \Omega$, so daß die Spannung $U_{BC} = I_C R_{BC} = 25\ \text{A} \cdot 0{,}3571\ \Omega = 8{,}929$ V benötigt wird. Die Klemmenspannung bei B ist demnach $U_B = U_a + U_{BC} = 110\ \text{V} + 8{,}929\ \text{V} = 118{,}9$ V.

In dem Leitungsabschnitt AB fließt der Strom $I_{BC} = I_C + I_B = 80$ A, da hier der bei B abzweigende Strom hinzukommt. In gleicher Weise wie vorher erhält man nacheinander zwischen A und B den Widerstand $R_{AB} = 2 l_{AB} / (A_{AB} \gamma) = 2 \cdot 120\ \text{m} / (35\ \text{mm}^2 \cdot 56\ \text{Sm/mm}^2) = 0{,}1224\ \Omega$ und die Spannung $U_{AB} = I_{BC} R_{AB} = 80\ \text{A} \cdot 0{,}1224\ \Omega = 9{,}796$ V, schließlich die Klemmenspannung bei A als $U_A = U_B + U_{AB} = 118{,}9\ \text{V} + 9{,}796\ \text{V} = 128{,}7$ V. Auf jedem der beiden Leiter beträgt also die Teilspannung von A bis B 9,796 V/2 = 4,898 V und von A nach C (9,796 V + 8,929 V)/2 = 9,363 V, was in Bild 2.56a angegeben ist.

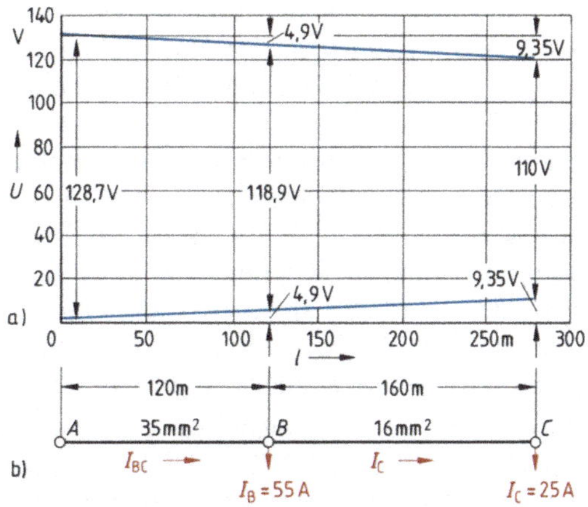

2.56
Spannungsverlauf (a) auf der Leitung (b) für Beispiel 2.41

Der auf der Leitung auftretende relative Spannungsabfall beträgt $2 \cdot 9{,}363$ V/(110 V) $= 0{,}1702 = 17{,}02\%$; er ist für eine praktische Ausführung zu groß. Die Werte wurden mit Rücksicht auf eine deutliche Darstellung der Spannungsverminderung in Bild **2.**56a gewählt.

Übertragungsspannung. Um 100 kW bei 440 V auf die noch geringe Entfernung 1,2 km zu übertragen, ergibt sich in Beispiel 2.41 der erforderliche Leiterquerschnitt $A_L = 500\ \text{mm}^2$. Sind zu übertragende Leistung P_a und Übertragungsentfernung l_L größer, so wird nach Gl. (2.75) bald eine Grenze erreicht, bei der eine Querschnittsvergrößerung etwa durch Parallelschalten mehrerer Kabel und eine Vergrößerung der Verluste wirtschaftlich nicht mehr tragbar ist. Man muß also die Übertragungsspannung U_a erhöhen. Das ist sehr wirksam, da U_a in Gl. (2.75) quadratisch eingeht.

In Bild **2.**57 ist angegeben, welche Spannung erforderlich wäre, um die Leistung 100 kW von Beispiel 2.41 auf Entfernungen bis $l_L = 50$ km bei sonst gleichen Daten zu übertragen. Energieübertragung mit Gleichstrom ist daher nicht üblich und hat nur über größere Entfernungen (z. B. 1000 km) mit hohen Spannungen technische Vorteile (Hochspannungs-Gleichstrom-Übertragung HGÜ). Weitere Angaben zur Wahl der Spannung s. Band IX. Die heutige Energieversorgung großer Gebiete wurde erst nach Einführung des Wechselstromsystems und Einsatz von Transformatoren möglich (s. Abschn. 3 und 4).

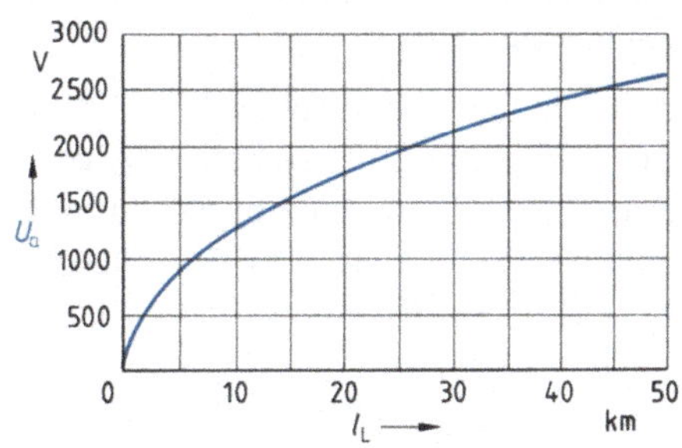

2.57
Erforderliche Spannung U_a zur Übertragung der Leistung $P_a = 100$ kW auf Kupferleitungen mit dem Querschnitt $A_L = 500\ \text{mm}^2$ bei dem relativen Leitungsverlust $V_L/P_a = 5\%$ abhängig von der Leitungslänge l_L

2.2.4.6 Übertragung von Nachrichten. Im Gegensatz zur Energietechnik spielt der Leistungsverlust in der Nachrichtentechnik wegen der dort andersartigen Aufgaben lediglich in Sonderfällen (z. B. innerhalb großer Sendeanlagen) eine Rolle. Es kommt in der Nachrichtentechnik entscheidend darauf an, daß die zu übermittelnde Nachricht am Leitungsende hinsichtlich ihres Informationsgehalts so zur Verfügung steht, wie sie am Anfang der Leitung hineingegeben wurde. Verluste an Nachrichteninhalt (Informationsgehalt) etwa durch Störungen oder Verzerrungen können fast immer hinreichend klein gehalten werden, so daß der auf den Nachrichteninhalt bezogene Wirkungsgrad meist sehr groß ist. Demgegenüber ist der Energie-Wirkungsgrad oft äußerst gering (z. B. bei Funkübertragungen um 10^{-14}).

Quotienten von Eingangsleistung P_1 und Ausgangsleistung P_2 haben, z. B. bei Verstärkern (Beispiel 2.42) oder Funkübertragungen, häufig recht kleine bzw. große Zahlenwerte. Man arbeitet deswegen besonders in der Nachrichtentechnik gern mit Logarithmen der Quotienten. Überwiegend gebraucht wird dabei heute der Ansatz $P_1/P_2 = 10^p$, also

$$p = \lg(P_1/P_2)\,\mathrm{B} \quad \text{oder auch} \quad p = 10\lg(P_1/P_2)\,\mathrm{dB} \tag{2.76}$$

Die Einheiten B = Bel und dB = Dezibel kennzeichnen als Kurzzeichen das logarithmische Maß des Verhältnisses. Meist benutzt man Dezibel. Eine logarithmische Verhältnisgröße wird speziell als Pegel bezeichnet, wenn die Nennergröße - im Fall der Gl. (2.76) also P_2 - als festgelegte Bezugsgröße zu betrachten ist (s. DIN 5493).

Beispiel 2.42. Wie groß ist der Pegel in dB bei einem mehrstufigen Verstärker, der bei $P_1 = 1$ mW Eingangsleistung die Ausgangsleistung $P_2 = 10$ W liefert?

Mit Gl. (2.76) erhält man sofort

$$p = 10\lg(P_1/P_2)\,\mathrm{dB} = 10\lg(1\ \mathrm{mW}/10\ \mathrm{W})\,\mathrm{dB} = -40\ \mathrm{dB}$$

Beispiel 2.43. Ein Verstärker kann eine konstante Leistungsverstärkung nur innerhalb eines bestimmten Frequenzbereichs einhalten. Man gibt meist den Bereich an, in dem die Leistung zu niederen und höheren Frequenzen hin bis auf 50% ihres Höchstwerts absinkt. Dies nennt man den Leistungshalbwert. Welcher Pegel ist ihm zuzuordnen?

Da das Leistungsverhältnis 2:1 ist, erhält man $p = 10\lg 2\ \mathrm{dB} \approx 3\ \mathrm{dB}$. Dieser Wert 3 dB spielt daher in der Nachrichtentechnik bei der Festlegung von Frequenzbereichen eine große Rolle.

Anstelle des dekadischen Logarithmus kann auch der natürliche Logarithmus des Quotienten angegeben werden. Da der hierbei gebräuchliche Ansatz für den Pegel p vom Spannungs- oder Stromverhältnis ausgeht, gilt für das Leistungsverhältnis, in das die Quadrate von Spannung oder Strom eingehen, $e^{2p} = (P_1/P_2)$ und somit für den Pegel

$$p = \frac{1}{2}\ln(P_1/P_2)\ \mathrm{Np} \tag{2.77}$$

Er wird in der Einheit Neper (Np) angegeben. Der Zusammenhang zwischen den Dämpfungsangaben in Np und dB ergibt sich durch Koeffizientenvergleich aus Gl. (2.76) und (2.77) und führt zu den Umrechnungen

$$10\,\text{dB} \mathrel{\hat{=}} 1{,}15\,\text{Np} \qquad 1\,\text{Np} \mathrel{\hat{=}} 8{,}686\,\text{dB} \tag{2.78}$$

2.3 Berechnungsverfahren für Netzwerke

Ohmsches Gesetz und Kirchoffsche Gesetze müssen in jeder elektrischen Schaltung erfüllt sein. Daher kann man grundsätzlich auch jedes Netzwerk mit ihnen berechnen, also z. B. alle Ströme und Spannungen und die zugehörigen Leistungen bestimmen, wenn alle Widerstände und Quellen bekannt sind, oder auch Bedingungen für diese Größen einhalten, wenn die übrigen Größen festliegen oder richtig gewählt werden dürfen. In umfangreichen Netzwerken sind dann Gleichungssysteme höherer Ordnung zu lösen, was einigen Aufwand erfordert, grundsätzlich aber möglich ist. Für lineare Verhältnisse sind in Abschn. 8.4 Lösungsverfahren angegeben. Nichtlineare Netzwerke verlangen iterative Verfahren, die einen Digitalrechner voraussetzen.

In den meisten Fällen brauchen die umfangreichen Gleichungssysteme, die sich mit den Kirchhoffschen Gesetzen ergeben, nicht aufgestellt zu werden. Häufig kann man mit Hilfssätzen einfachere Berechnungsverfahren angeben, die im folgenden abgeleitet und mit ihren Vor- und Nachteilen dargestellt werden sollen. Sie eignen sich also meist nur für bestimmte Anordnungen oder Fragen. Dies wird deutlich, wenn sie auf die gleichen Aufgaben angewandt werden.

Dieser Abschnitt stellt im folgenden nochmals ausführlich dar, was man beim Aufstellen der Strom- und Spannungsgleichungen eines Netzwerks zu beachten hat, wie man Netzwerke zweckmäßig umformen, also vereinfachen kann, was man beim Anwenden des Überlagerungsgesetzes zu beachten hat, warum das Schnittverfahren eine Abart des Überlagerungsgesetzes ist und welche große Bedeutung dem Satz von den Ersatzquellen zukommt. Schließlich sollen die mit den Kirchhoffschen Gesetzen sich ergebenden umfangreichen Gleichungssysteme durch Maschenstrom- und Knotenpunktpotential-Verfahren entscheidend verkleinert werden. Anwendungsbeispiele sollen dem Leser die Entscheidung für eines der Verfahren erleichtern helfen.

2.3.1 Unmittelbare Anwendung der Kirchhoffschen Gesetze

Um den Knotenpunktsatz nach Abschn. 1.3.2.2 und den Maschensatz nach Abschn. 1.3.3.2 auf Netzwerke anwenden zu können, muß man die vorliegende Schaltung auf das Aufstellen der Strom- und Spannungsgleichungen vorbereiten, sie also soweit wie möglich vereinfachen und zur Einführung richtiger Vorzeichen und zum Finden einer hinreichenden Anzahl von Gleichungen einige Regeln beachten. Anschließend sollen einige Beispiele durchgerechnet werden.

2.3.1.1 Vereinfachung der Schaltung. Auf den ersten Blick führt das Netzwerk in Bild **2.**58a, wenn alle Widerstände sowie Quellenspannung U_{q1} und Quellenstrom I_{q2} bekannt sind, sechs unbekannte Zweigströme, erfordert also ein Gleichungssystem mit 6 Unbekannten. Nach Abschn. 1.3.1.2 können jedoch die beiden unteren Knotenpunkte zu einem echten Knotenpunkt zusammengefaßt werden. Die parallelen Widerstände R_5 und R_6 dürfen durch einen Widerstand R_{56} ersetzt und die beiden in Reihe liegenden Widerstände R_1 und R_2 zum Widerstand R_{12} zusammengefaßt werden. Der Widerstand R_7 liegt mit dem unendlich großen Widerstand der Stromquelle in Reihe und bleibt daher ohne Wirkung. Auf diese Weise findet man die Ersatzschaltung in Bild **2.**58b.

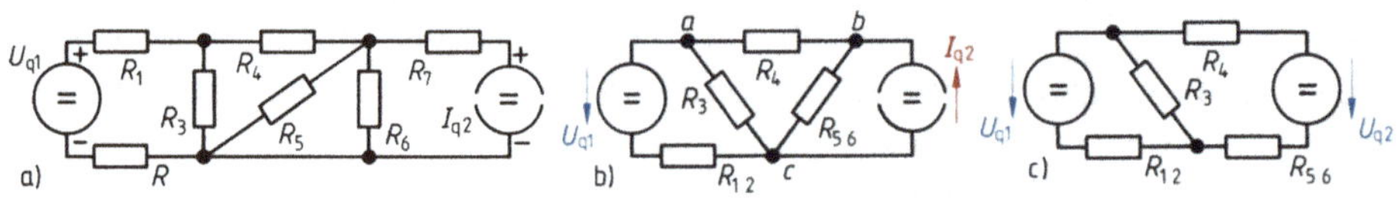

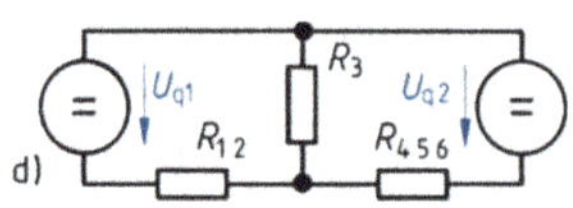

2.58 Netzwerk (a) mit zusammengefaßten Widerständen (b), in eine Spannungsquelle umgewandelte Stromquelle (c) und vereinfachte Schaltung (d)

Man kann weiterhin die Stromquelle mit dem parallelen inneren Widerstand R_{56} nach Abschn. 2.1.1.3 in eine Spannungsquelle umwandeln und erhält so die Schaltung in Bild **2.**58c. Das Zusammenfassen der Widerstände R_4 und R_{56} zu R_{456} ergibt schließlich die sehr viel einfachere Schaltung in Bild **2.**58d, die nur noch 3 unbekannte Ströme enthält. Wenn diese 3 Ströme berechnet sind, kann man leicht durch Anwenden der Strom- und Spannungsteilerregel von Tafel **2.**40 bzw. des Ohmschen Gesetzes die übrigen Ströme und Spannungen ermitteln.

In der Brückenschaltung von Bild **2.**59 kann man nach Abschn. 2.1.1 die Stromquelle nicht unmittelbar durch eine gleichwertige Spannungsquelle ersetzen, aber auch nicht für die linke Masche die Spannungsgleichung aufstellen, da die Spannung U_{12} ja unbekannt ist. Hier empfiehlt es sich, an den Knotenpunkten a und b den e i n g e p r ä g t e n S t r o m I_q einzuführen. (Eine weitere Möglichkeit behandelt Beispiel 2.50.)

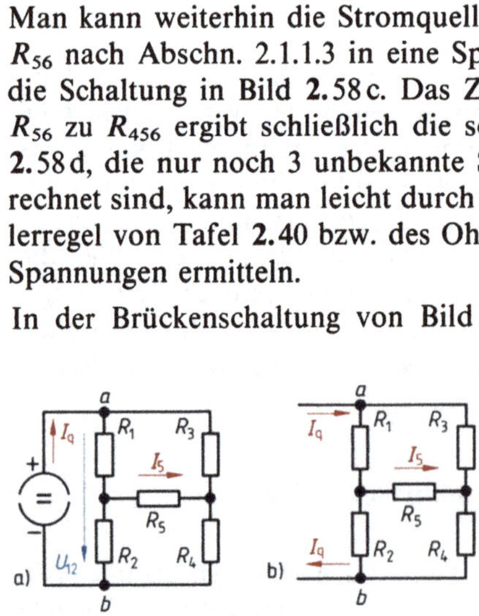

2.59 Brückenschaltung (a) mit eingeprägtem Strom I_q (b)

2.3.1.2 Topologie. Mit dem Begriff Topologie bezeichnet man die Lehre von der Anordnung geometrischer Gebilde im Raum. Elektrische Netzwerke, die sich aus Zweipolen zusammensetzen, werden meist zweidimensional betrachtet und dargestellt. In Ergänzung zu Abschn. 1.3.1.2 sollen hier noch einige weitere zweckmäßige Begriffe eingeführt werden.

Das Netzwerk in Bild **2.**60a enthält nach Abschn. 1.3.1.2 insgesamt $k=3$ Knotenpunkte und $z=5$ Zweige. Wenn die Aufgabe besteht, bei bekannten Widerständen R_μ und bekannten Quellenspannungen $U_{q\mu}$ die $z=5$ unbekannten Zweigströme I_μ zu bestimmen, benötigt man ein System von $z=5$ voneinander unabhängigen Gleichungen.

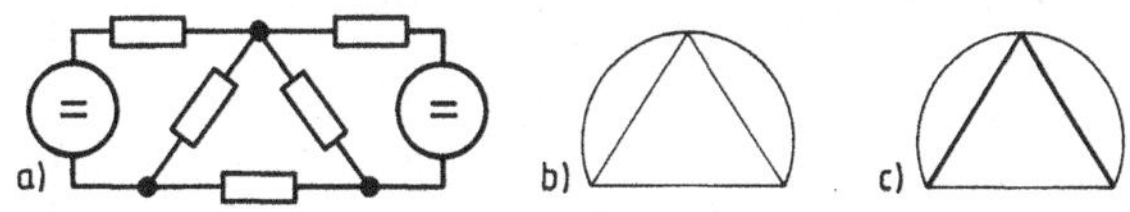

2.60 Netzwerk (a) mit ungerichtetem Graph (b) und einem der möglichen vollständigen Bäume (——) und Systeme unabhängiger Zweige (——) (c)

Auf den ersten Blick scheint es möglich zu sein, mit k Knotenpunkten auch k Stromgleichungen entsprechend Abschn. 1.3.2.2 aufstellen zu können. Die k-te Gleichung ergibt sich aber auch, indem man die übrigen Stromgleichungen addiert oder subtrahiert; sie ist daher nicht unabhängig und somit nicht brauchbar. Ganz allgemein liefern k Knotenpunkte also nur

$$r=k-1 \tag{2.79}$$

voneinander unabhängige Knotenpunktgleichungen für die z Zweigströme, so daß man außerdem noch

$$m=z-r=z-(k-1)=z+1-k \tag{2.80}$$

voneinander unabhängige Maschengleichungen für die Zweigspannungen suchen muß. Man muß also für ein Netzwerk stets r Stromgleichungen und m Spannungsgleichungen aufstellen.

Erleichtert wird dieses Vorgehen, wenn man für die zu berechnende Schaltung einen Graphen zeichnet und in ihn einen vollständigen Baum einträgt. Ein ungerichteter Graph gibt nach Bild **2.**60b nur die Leitungsführung der Schaltung von Bild **2.**60a wieder. Ein System von Zweigen, das alle Knoten miteinander verbindet, ohne daß geschlossene Maschen entstehen dürfen, nennt man einen vollständigen Baum. Da man k Knotenpunkte in dieser Weise nur mit $r=k-1$ Zweigen verbinden kann, gibt die Anzahl r der Zweige eines vollständigen Baums gleichzeitig die Anzahl r der möglichen, voneinander unabhängigen Knotenpunktgleichungen nach Gl. (2.79) an. In Bild **2.**60c ist ein möglicher vollständiger Baum für die Schaltung in Bild **2.**60c angegeben; es könnten weitere 7 vollständige Bäume gezeichnet werden.

Die Zweige des ungerichteten Graphs, die nicht zum vollständigen Baum gehören, bilden ein System unabhängiger Zweige. Bei z Zweigen insgesamt und r Zweigen des vollständigen Baums bleiben m unabhängige Zweige übrig, die nach Gl. (2.80) gerade mit der Anzahl m der möglichen unabhängigen Maschengleichungen übereinstimmen.

Während es gleichgültig ist, welchen der k Knotenpunkte man nicht zum Aufstellen der Stromgleichungen heranzieht, ist es zweckmäßig, die Spannungsgleichungen entsprechend den m unabhängigen Zweigen zu bilden, also die Maschengleichungen so zu entwerfen, daß die m unabhängigen Zweige nacheinander in einer Masche enthalten sind. Um nicht zu vergessen, welche Masche schon berücksichtigt ist, lohnt es sich, wie in Bild **2.**61 den schon benutzten unabhängigen Zweig anschließend zu unterbrechen.

2.61
Vollständiger Baum mit Masche *I* (a), Masche *II* (b) und Masche *III* (c)

2.3.1.3 Regeln. Um Vorzeichenfehler bei der Anwendung der Kirchhoffschen Gesetze auf die Berechnung von Netzwerken zu vermeiden, müssen folgende Regeln beachtet werden:

a) Das Netzwerk muß übersichtlich als Schaltung aus Zweipolen, Zweigen und Knotenpunkten dargestellt werden. Die in Abschn. 2.3.1.1 angegebenen Richtlinien zum Vereinfachen der Schaltung sollten hierbei beachtet werden. Man arbeitet vorzugsweise mit Widerständen R und Spannungsquellen (s. Abschn. 2.1.1.1).

b) Alle Spannungsquellen werden mit im Formelzeichen durchnumerierten Spannungs-Zählpfeilen (s. Abschn. 1.3.1.4) versehen, die von + nach − weisen. Alle Stromquellen erhalten dagegen Strom-Zählpfeile, die von − nach + zeigen; sie werden zweckmäßig wie in Bild **2.**59 durch eingeprägte Ströme ersetzt.

c) In alle Zweige sind Strom-Zählpfeile einzutragen, und ihre Formelzeichen sind durchzunumerieren.

d) Es werden entsprechend Gl. (2.79) alle r voneinander unabhängigen Knotenpunktgleichungen aufgestellt; für einen beliebig wählbaren Knotenpunkt braucht also keine Stromgleichung angegeben zu werden. Alle Formelzeichen für Ströme, deren Zählpfeile auf den betrachteten Knotenpunkt gerichtet sind, werden mit dem positiven Vorzeichen, die Formelzeichen der Ströme, deren Zählpfeile vom Knotenpunkt wegweisen, dagegen mit negativem Vorzeichen eingesetzt.

e) Die zum Aufstellen der Spannungsgleichungen zu betrachtenden Maschen legt man zweckmäßig mit einem Graphen nach Abschn. 2.3.1.2 fest. Man zeichnet einen vollständigen Baum ein und erhält ein System unabhängiger Zweige, die nacheinander als Grundbestandteil einer Masche genommen werden.

f) Für alle zu betrachtenden Maschen wählt man einen Umlaufsinn. (Wir setzen hier stets, um Mißverständnisse zu vermeiden, einen Umlauf im Uhrzeigersinn, also rechtsherum, voraus.)

g) Es werden entsprechend Gl. (1.81) und (2.80) alle m voneinander unabhängigen Maschengleichungen in der in Abschn. 2.3.1.2 geschilderten Reihenfolge aufgestellt. Die Formelzeichen der Quellenspannungen $U_{q\mu}$ und der Teilspannungen $U_\mu = R_\mu I_\mu$, deren Spannungs- oder Strom-Zählpfeile dem gewählten Umlaufsinn folgen, werden mit positivem Vorzeichen und alle Spannungen, deren Zählpfeile dem Umlaufsinn entgegengerichtet sind, mit negativem Vorzeichen eingeführt.

h) Wenn alle Widerstände R_μ und Quellenspannungen $U_{q\mu}$ bekannt sind, erhält man auf diese Weise für die z unbekannten Zweigströme I_μ ein System von z Gleichungen, das mit den bekannten Verfahren (s. Abschn. 8.4) gelöst werden kann. Alle Ströme, die sich mit positiven Werten ergeben, fließen dann in Richtung der in die Schaltung eingetragenen Strom-Zählpfeile - die Ströme, für die man negative Werte findet, dagegen entgegengesetzt zum gewählten Strom-Zählpfeil.

i) Nachdem Größe und Richtung der Ströme bestimmt sind, lassen sich auch die zugehörigen Spannungen $U_\mu = R_\mu I_\mu$ und Leistungen $P_\mu = U_\mu I_\mu = R_\mu I_\mu^2$ berechnen.

Das Vorgehen soll nun an der Schaltung in Bild **2.**62 und anderen Beispielen erläutert werden.

Beispiel 2.44. Das Netzwerk in Bild **2.**62 enthält die Widerstände $R_1 = 1\,\Omega$, $R_2 = 2\,\Omega$, $R_3 = 30\,\Omega$, $R_4 = 40\,\Omega$, $R_5 = 5\,\Omega$ und die Quellenspannungen $U_{q1} = 24$ V, $U_{q2} = 20$ V. Der Strom I_5 soll bestimmt werden.

In der Schaltung von Bild **2.**62 sind gegenüber Bild **2.**60 zunächst alle Widerstände und Knotenpunkte gekennzeichnet und die notwendigen Zählpfeile eingetragen worden. Sie enthält $z = 5$ unbekannte Zweigströme I_1 bis I_5, so daß auch $z = 5$ Gleichungen aufgestellt werden müssen. Die Knotenpunkte liefern die Stromgleichungen

Knoten a: $\quad I_1 + I_2 + I_3 + I_4 = 0$

Knoten b: $\quad -I_1 - I_3 - I_5 = 0 \quad$ oder $\quad I_1 + I_3 + I_5 = 0$

Wir wählen die Maschen wie in Bild **2.**61 und erhalten die Spannungsgleichungen

Masche I: $\quad R_1 I_1 - R_3 I_3 - U_{q1} = 0$

Masche II: $\quad R_3 I_3 - R_4 I_4 - R_5 I_5 = 0$

Masche III: $\quad U_{q2} - R_2 I_2 + R_4 I_4 = 0$

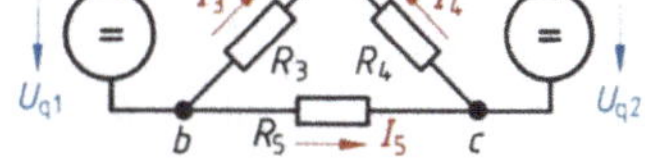

2.62 Netzwerk

Wir ordnen dieses Gleichungssystem in der Matrizengleichung (s. Abschn. 8.4)

$$\begin{bmatrix} 1 & 1 & 1 & 1 & 0 \\ 1 & 0 & 1 & 0 & 1 \\ R_1 & 0 & -R_3 & 0 & 0 \\ 0 & 0 & R_3 & -R_4 & R_5 \\ 0 & R_2 & 0 & -R_4 & 0 \end{bmatrix} \cdot \begin{bmatrix} I_1 \\ I_2 \\ I_3 \\ I_4 \\ I_5 \end{bmatrix} = \begin{bmatrix} 0 \\ 0 \\ U_{q1} \\ 0 \\ U_{q2} \end{bmatrix}$$

Die Koeffizientenmatrix enthält für die Stromgleichungen die Konstanten 1 und 0 sowie für die Spannungsgleichungen die auftretenden, mit Vorzeichen behafteten Widerstände R_μ. Die unbekannten Ströme kann man heute mit Taschenrechnerprogrammen unmittelbar berechnen (s. Band VII). Wenn das Gleichungssystem mit Determinanten (s. Abschn. 8.4) gelöst werden soll, muß zunächst die Koeffizienten-Determinante

$$D=\begin{vmatrix} 1 & 1 & 1 & 1 & 0 \\ 1 & 0 & 1 & 0 & 1 \\ R_1 & 0 & -R_3 & 0 & 0 \\ 0 & 0 & R_3 & -R_4 & -R_5 \\ 0 & R_2 & 0 & -R_4 & 0 \end{vmatrix}$$

berechnet werden. Man kann sie beispielsweise in folgender Weise reduzieren: Wir subtrahieren die 1. Spalte von der 3. und 5., entwickeln nach der 2. Zeile und erhalten

$$D=-\begin{vmatrix} 1 & 0 & 1 & -1 \\ 0 & -(R_1+R_3) & 0 & -R_1 \\ 0 & R_3 & -R_4 & -R_5 \\ R_2 & 0 & -R_4 & 0 \end{vmatrix}$$

Anschließend subtrahieren wir die 1. Spalte von der 3. und 4., entwickeln nach der 1. Zeile und finden die dreireihige Determinante, die nach der Regel von Sarrus (s. Abschn. 8.4) berechnet werden kann,

$$\begin{aligned} D &= -\begin{vmatrix} -(R_1+R_3) & 0 & -R_1 \\ R_3 & -R_4 & -R_5 \\ 0 & -(R_4+R_2) & R_2 \end{vmatrix} \\ &= -R_2 R_4(R_1+R_3)-R_1 R_3(R_4+R_2)-R_5(R_1+R_3)(R_4+R_2) \\ &= -2\,\Omega\cdot 40\,\Omega(1\,\Omega+30\,\Omega)-1\,\Omega\cdot 30\,\Omega(40\,\Omega+2\,\Omega)-5\,\Omega(1\,\Omega+30\,\Omega)(40\,\Omega \\ &\quad +2\,\Omega)=-10250\,\Omega^3 \end{aligned}$$

Jetzt muß noch in der Koeffizienten-Determinante D die letzte Spalte durch den Spannungs-Spaltenvektor ersetzt werden. Man erhält so die Zähler-Determinante

$$D_5=\begin{vmatrix} 1 & 1 & 1 & 1 & 0 \\ 1 & 0 & 1 & 0 & 0 \\ R_1 & 0 & -R_3 & 0 & U_{q1} \\ 0 & 0 & R_3 & -R_4 & 0 \\ 0 & R_2 & 0 & -R_4 & U_{q2} \end{vmatrix}$$

die in analoger Weise entwickelt, reduziert und berechnet wird

$$\begin{aligned} D_5 &= -\begin{vmatrix} 1 & 0 & 1 & 0 \\ 0 & -(R_1+R_3) & 0 & U_{q1} \\ 0 & R_3 & -R_4 & 0 \\ R_2 & 0 & -R_4 & U_{q2} \end{vmatrix} \\ &= -\begin{vmatrix} -(R_1+R_3) & 0 & U_{q1} \\ R_3 & -R_4 & 0 \\ 0 & -(R_4+R_2) & U_{q2} \end{vmatrix} \end{aligned}$$

$$= -U_{q2}R_4(R_1+R_3)+U_{q1}R_3(R_4+R_2)$$
$$= -20\ \mathrm{V}\cdot 40\ \Omega(1\ \Omega+30\ \Omega)+24\ \mathrm{V}\cdot 30\ \Omega(40\ \Omega+2\ \Omega)=5440\ \mathrm{V}\Omega^2$$

Daher beträgt der gesuchte Strom

$$I_5=D_5/D=5440\ \mathrm{V}\Omega^2/(-10\,250\ \Omega^3)=-0{,}5307\ \mathrm{A}$$

Diesen Strom kann man nach Band VII auch unmittelbar mit einem Taschenrechner-Modulprogramm finden.

Beispiel 2.45. Im Netzwerk nach Bild **2.**63a betragen die Widerstände $R_1=2\ \Omega$, $R_2=5\ \Omega$, $R_3=0{,}4\ \Omega$, die Quellenspannungen $U_{q1}=16\ \mathrm{V}$, $U_{q2}=10\ \mathrm{V}$ und die Quellenströme $I_{q1}=6{,}5\ \mathrm{A}$, $I_{q2}=4{,}8\ \mathrm{A}$. Es sollen die Ströme I_1, I_2 und I_3 bestimmt werden.

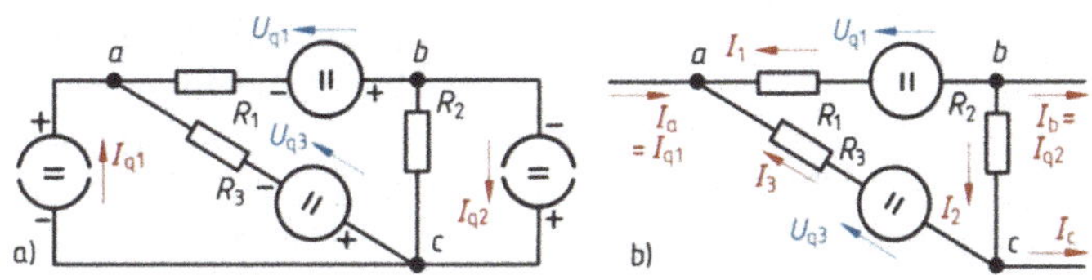

2.63 Netzwerk (a) mit Vereinfachung zur Masche (b)

Wir vereinfachen zunächst das Netzwerk in Bild **2.**63a zur Masche in Bild **2.**63b und tragen dort alle notwendigen Zählpfeile ein. Für die 3 unbekannten Ströme werden 3 Gleichungen benötigt, die z. B. für die beiden Knotenpunkte *a* und *b* und die Masche angegeben werden können. Es gelten daher die Stromgleichungen

$$I_1+I_3+I_a=0$$
$$-I_1-I_2-I_b=0 \quad \text{bzw.} \quad I_1+I_2+I_b=0$$

und die Maschengleichung

$$-R_1I_1-U_{q1}+R_2I_2+U_{q3}+R_3I_3=0$$

Für das Gleichungssystem erhält man die geordnete Matrizengleichung

$$\begin{bmatrix} 1 & 0 & 1 \\ 1 & 1 & 0 \\ -R_1 & R_2 & R_3 \end{bmatrix} \cdot \begin{bmatrix} I_1 \\ I_2 \\ I_3 \end{bmatrix} = \begin{bmatrix} -I_a \\ -I_b \\ U_{q1}-U_{q3} \end{bmatrix}$$

Daher beträgt die Koeffizienten-Determinante

$$D=\begin{vmatrix} 1 & 0 & 1 \\ 1 & 1 & 0 \\ -R_1 & R_2 & R_3 \end{vmatrix} = R_1+R_2+R_3$$

und die Zähler-Determinante

$$D_1=\begin{vmatrix} -I_a & 0 & 1 \\ -I_b & 1 & 0 \\ U_{q1}-U_{q3} & R_2 & R_3 \end{vmatrix} = -R_3I_a-R_2I_b-U_{q1}+U_{q3}$$

Man findet den Strom

$$I_1 = \frac{D_1}{D} = \frac{U_{q3} - U_{q1} - R_2 I_b - R_3 I_a}{R_1 + R_2 + R_3}$$

$$= \frac{10\ \text{V} - 16\ \text{V} - 50\ \Omega \cdot 4{,}8\ \text{A} - 0{,}4\ \Omega \cdot 6{,}5\ \text{A}}{2\ \Omega + 5\ \Omega + 0{,}4\ \Omega} = -4{,}405\ \text{A}$$

Aus den beiden Stromgleichungen folgt weiterhin

$$I_2 = -I_1 - I_b = 4{,}405\ \text{A} - 4{,}8\ \text{A} = -0{,}3946\ \text{A}$$

$$I_3 = -I_1 - I_a = 4{,}405\ \text{A} - 6{,}5\ \text{A} = -2{,}095\ \text{A}$$

Beispiel 2.46. Für die Schaltung in Bild 2.64 sind die Ströme $I_a = 6$ A, $I_b = 15$ A, $I_c = 5$ A und die Widerstände $R_1 = 50\ \Omega$, $R_2 = R_4 = 30\ \Omega$, $R_3 = 10\ \Omega$ bekannt.

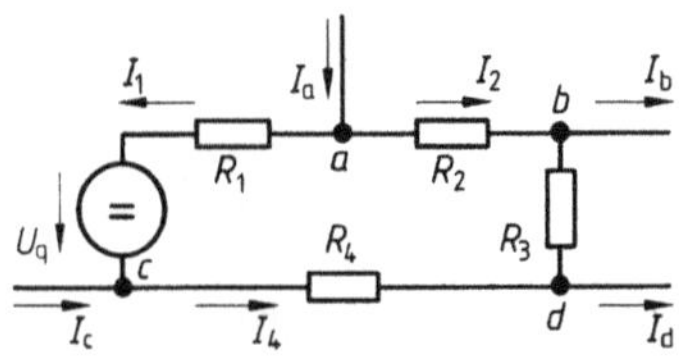

2.64 Netzmasche

a) Es sind die Ströme I_d, I_1, I_2, I_3 und I_4 bei $U_q = 0$ zu bestimmen.

Für die in die Masche hineinfließenden Ströme gilt nach dem Knotenpunktsatz $I_a - I_b + I_c - I_d = 0$. Also ist

$$I_d = I_a - I_b + I_c = 6\ \text{A} - 15\ \text{A} + 5\ \text{A} = -4\ \text{A}$$

Die übrigen Ströme sollen nun durch Einsetzen gefunden werden; es müssen also nacheinander Gleichungen für die Ströme I_1, I_3, I_4 gesucht werden, die sonst nur noch die Unbekannte I_2 enthalten. Die Knotenpunkte liefern die Stromgleichungen

$$I_a - I_2 - I_1 = 0 \quad \text{also} \quad I_1 = I_a - I_2$$

$$I_2 + I_3 - I_b = 0 \quad \text{oder} \quad I_3 = I_b - I_2$$

$$I_4 - I_3 - I_d = 0 \quad \text{und} \quad I_4 = I_3 + I_d = I_b - I_2 + I_d$$

Diese Stromgleichungen können ebenso wie $U_q = 0$ in die Maschengleichung

$$-U_q - R_1 I_1 + R_2 I_2 - R_3 I_3 - R_4 I_4 = 0$$

$$-R_1(I_a - I_2) + R_2 I_2 - R_3(I_b - I_2) - R_4(I_b - I_2 + I_d) = 0$$

$$R_1 I_a + (R_3 + R_4) I_b + R_4 I_d = (R_1 + R_2 + R_3 + R_4) I_2$$

eingesetzt werden, und man findet den Strom

$$I_2 = \frac{R_1 I_a + (R_3 + R_4) I_b + R_4 I_d}{R_1 + R_2 + R_3 + R_4}$$

$$= \frac{50\ \Omega \cdot 6\ \text{A} + (10\ \Omega + 30\ \Omega)\ 15\ \text{A} - 30\ \Omega \cdot 4\ \text{A}}{50\ \Omega + 30\ \Omega + 10\ \Omega + 30\ \Omega} = 6{,}5\ \text{A}$$

Daher sind weiterhin die übrigen Ströme

$$I_1 = I_a - I_2 = 6\ \text{A} - 6{,}5\ \text{A} = -0{,}5\ \text{A}$$

$$I_3 = I_b - I_2 = 15\ \text{A} - 6{,}5\ \text{A} = 8{,}5\ \text{A}$$

$$I_4 = I_3 + I_d = 8{,}5\ \text{A} - 4\ \text{A} = 4{,}5\ \text{A}$$

b) Wie groß muß die Quellenspannung U_q sein, damit der Strom $I_1 = 0$ wird?
Wir setzen $I_1 = 0$ in die obigen Stromgleichungen ein und erhalten

$$I_2 = I_a = 6\ \text{A}$$
$$I_3 = I_b - I_2 = 15\ \text{A} - 6\ \text{A} = 9\ \text{A}$$
$$I_4 = I_3 + I_d = 9\ \text{A} - 4\ \text{A} = 5\ \text{A}$$

Daher ergibt sich aus der Maschengleichung die erforderliche Quellenspannung

$$U_q = R_2 I_2 - R_3 I_3 - R_4 I_4 = 30\ \Omega \cdot 6\ \text{A} - 10\ \Omega \cdot 9\ \text{A} - 30\ \Omega \cdot 5\ \text{A} = -60\ \text{V}$$

Weitere Beispiele enthalten Abschn. 2.4 und Band VII.

2.3.2 Netzumformung

Das in Abschn. 2.2 behandelte Zusammenfassen von in Reihe oder parallel liegenden Widerständen und Quellen zu Gesamtwiderständen und Gesamtquellen stellt bereits eine Netzumformung dar. Auch das in Abschn. 2.3.1.1 betrachtete Vereinfachen von Schaltungen gehört hierher. Weitere teilweise für bestimmte Berechnungsschritte vorgenommene Netzumformungen werden in Abschn. 2.3.2 bis 2.3.8 besprochen.

Netzumformungen sollen ein der Berechnung nur schwer zugängliches, umfangreiches Netzwerk in eine gleichwertige (äquivalente), einfachere Schaltung umwandeln. Da das Anwenden der Kirchhoffschen Gesetze u. U. zu umfangreichen Gleichungssystemen führt, kann eine solche Vereinfachung den Rechenaufwand vermindern. Es sollen jetzt die für die Umformung notwendigen Voraussetzungen sowie die geltenden Regeln und Gesichtspunkte zusammengestellt und an Beispielen erläutert werden. Insbesondere sollen noch ideale Quellen umgewandelt und Sternschaltungen in äquivalente Dreieckschaltungen und umgekehrt umgeformt werden.

2.3.2.1 Notwendige Voraussetzungen. Das in Beispiel 2.44 behandelte Gleichungssystem enthält konstante Koeffizienten, und die Unbekannten kommen nur mit ihrer 1. Potenz vor; daher ist es ein lineares Gleichungssystem und kann z. B. mit der Determinantenrechnung gelöst werden. Entsprechend den Regeln der Determinantenrechnung (s. Abschn. 8.4) dürfen die Gleichungen solcher linearen Systeme addiert, also überlagert oder mit konstanten Faktoren multipliziert werden, ohne daß sich diese Gleichungssysteme wandeln, also z. B. auch die Determinanten andere Werte annehmen. Physikalisch gesehen bedeutet dies, daß von den einzelnen linearen Größen auch nur Teile betrachtet und erst hinterher summiert oder auch Schaltungsteile sofort zusammengefaßt werden dürfen, also vielfältige lineare Umformungen oder Teilbetrachtungen zulässig sind. Daher dürfen die anschließend zu erklärenden Berechnungsverfahren angewendet werden.

Für die Abschn. 2.3.2.2 bis 2.3.6 werden stets solche linearen Verhältnisse vorausgesetzt; es sollen also folgende Bedingungen eingehalten sein:

a) Das Netzwerk enthält nur lineare Schaltungsglieder nach Abschn. 1.2.2.3 (für Wechselstrom z. B. auch nach Abschn. 1.2.3.3, 1.2.3.4 und 1.2.4), die eine lineare Verknüpfung zwischen Strom I und Spannung U gewährleisten. Widerstände R (bzw. Induktivitäten L und M oder Kapazitäten C) sind also konstant und hängen nicht von Spannung oder Strom ab.

b) Die Quellen sind ebenfalls linear, d. h., sie liefern feste Quellenspannungen U_q und Quellenströme I_q und weisen konstante innere Widerstände R_i bzw. Leitwerte G_i auf. Sie beeinflussen sich nicht gegenseitig, sind also rückwirkungsfrei, und ihre Kennwerte werden nicht durch die Belastung verändert.

c) Es dürfen stets nur Schaltungen linearer Bauelemente, also konstante Widerstände und feste Quellenspannungen und -ströme, zusammengefaßt oder umgeformt und nur lineare Größen wie Strom I und Spannung U in Teilen betrachtet und wieder zusammengefaßt, also überlagert werden.

Die Leistung $P = I^2 R = U^2/R$, die quadratisch von Strom I bzw. Spannung U abhängt, kann daher in diese Betrachtung nicht unmittelbar einbezogen werden.

2.3.2.2 Regeln. Es werden zunächst nur Netzumformungen betrachtet, wobei folgende Regeln zu beachten sind:

a) Nach Bild **2.**22 in Reihe geschaltete Widerstände dürfen zu einem Ersatzwiderstand nach Gl. (2.44) zusammengefaßt werden.

b) Nach Bild **2.**31 parallel liegende Leitwerte können zu einem Ersatzleitwert nach Gl. (2.59) zusammengefaßt werden.

c) Nach Bild **2.**28, **2.**30, **2.**36 oder **2.**37 in Reihe oder parallel geschaltete Quellen darf man entsprechend Tafel **2.**41 durch Gesamtquellen ersetzen.

d) Widerstände, die unmittelbar parallel zu einer idealen Spannungsquelle oder unmittelbar in Reihe zu einer idealen Stromquelle liegen, beeinflussen die Teilspannungen und -ströme der übrigen Schaltung nicht und dürfen daher für solche Betrachtungen unberücksichtigt bleiben (s. Beispiel 2.31, Bild **2.**48 und **2.**58).

e) Punkte gleichen Potentials darf man durch Leitungen verbinden, ohne daß sich an der Strom- und Spannungsverteilung etwas ändert (s. Abschn. 2.3.2.2).

f) Ebenso darf man Knotenpunkte auftrennen, wenn sich hierdurch an der Strom- und Spannungsverteilung nichts verändert (s. Beispiel 2.31 und 2.48).

g) Häufig kann schon ein Umzeichnen der vorliegenden Schaltung den Überblick verbessern, eine Ähnlichkeit mit anderen schon behandelten Schaltungen erkennen lassen oder eine einfache Lösung nahelegen.

Diese Regeln sollen an einigen Beispielen erläutert werden.

Beispiel 2.47. Für die Schaltung in Bild **2.**65a ist die Gleichung für das Verhältnis der Spannungen U_a/U_e aufzustellen.

An der umgezeichneten Schaltung in Bild **2.**65b erkennt man sofort, daß hier die Spannungsteilerregel von Tafel **2.**40 angewendet werden kann. Sie liefert die Teilspannungen

$$U_1 = U_e \frac{R_2}{R_2+R_4} \quad \text{und} \quad U_2 = U_e \frac{R_1}{R_1+R_3}$$

und nach dem Maschensatz ist

$$U_a = U_2 - U_1 = U_e\left(\frac{R_2}{R_2+R_4} - \frac{R_1}{R_1+R_3}\right)$$

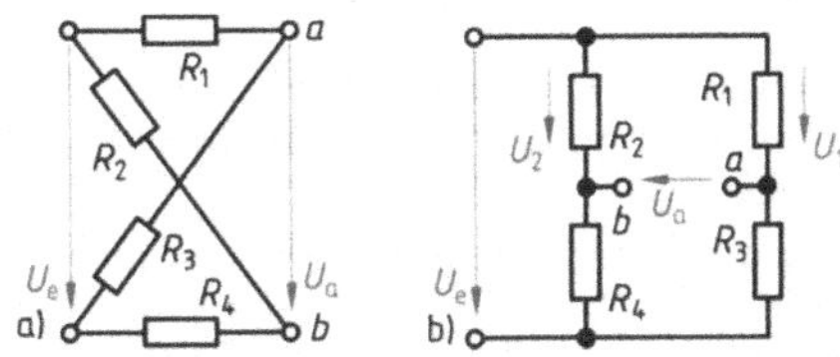

2.65 Netzwerk (a), nach Umzeichnung (b)

bzw.

$$\frac{U_a}{U_e} = \frac{R_2}{R_2+R_4} - \frac{R_1}{R_1+R_3} = \frac{1}{1+(R_4/R_2)} - \frac{1}{1+(R_3/R_1)} \qquad (2.81)$$

Beispiel 2.48. Das Netzwerk in Bild **2.**66a liegt an der Eingangsspannung $U_e = 200$ V und enthält 6 gleiche Widerstände R. Wie groß ist die Ausgangsspannung U_a?

Die umgezeichnete Schaltung in Bild **2.**66b legt nahe, mehrfach die Spannungsteilerregel von Tafel **2.**40 anzuwenden. Es gilt dann, wenn jeweils mit R erweitert wird, für die Verhältnisse der Teilspannungen

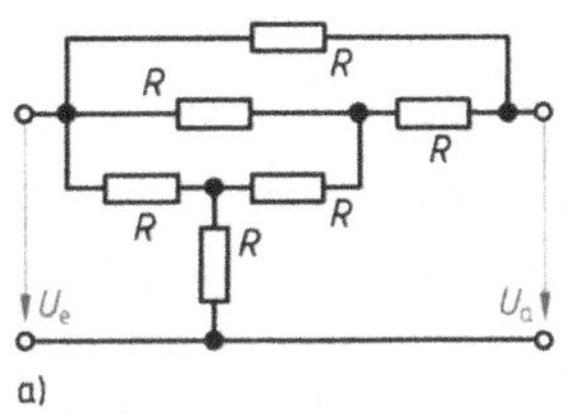

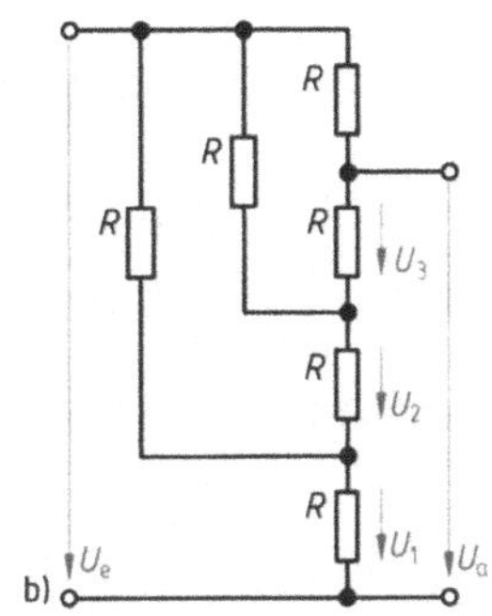

2.66
Netzwerk (a) und
nach Umzeichnung (b)

$$\frac{U_1}{U_e} = \cfrac{1}{R + \cfrac{1}{\cfrac{1}{R} + \cfrac{1}{R + \cfrac{1}{\cfrac{1}{R} + \cfrac{1}{2R}}}}} = \cfrac{1}{1 + \cfrac{1}{1 + \cfrac{1}{1 + \cfrac{1}{2}}}} = 0{,}625$$

$$\frac{U_2}{U_e - 0{,}625\,U_e} = \cfrac{R}{R + \cfrac{1}{\cfrac{1}{R} + \cfrac{1}{2R}}} = \cfrac{1}{1 + \cfrac{1}{1 + \cfrac{1}{2}}} = 0{,}6$$

$$\frac{U_2}{U_e} = 0{,}6 \cdot 0{,}375 = 0{,}225$$

$$\frac{U_3}{U_e - (0{,}625 + 0{,}25)\,U_e} = \frac{R}{2R} = 0{,}5 \qquad U_3/U_e = 0{,}5 \cdot 0{,}15 = 0{,}075$$

Daher ist

$$\frac{U_a}{U_e} = \frac{U_1}{U_e} + \frac{U_2}{U_e} + \frac{U_3}{U_e} = 0{,}625 + 0{,}225 + 0{,}075 = 0{,}925$$

und es ergibt sich die Ausgangsspannung $U_a = 0{,}925\ U_e = 0{,}925 \cdot 200\ \text{V} = 185\ \text{V}$.

Beispiel 2.49. Das Netzwerk in Bild **2.**67 a besteht aus acht gleich großen Widerständen $R = 2\ \text{k}\Omega$ und liegt an der Spannung $U = 12\ \text{V}$. Welche Leistung P wird in der Schaltung umgesetzt?

Da die Schaltung symmetrisch aufgebaut ist, darf sie am mittleren Knotenpunkt wie in Bild **2.**67 b aufgetrennt werden, ohne daß sich die Stromverteilung ändert. Dann gilt mit Gl. (2.61) und (2.44) für den Kehrwert des Gesamtwiderstands

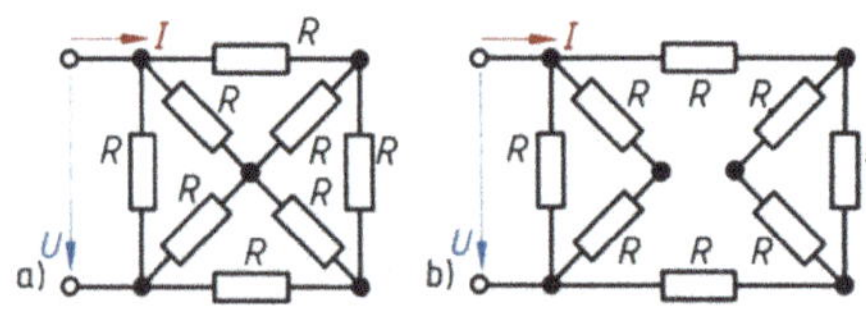

2.67 Netzwerk (a) mit Ersatzschaltung (b)

$$\frac{1}{R_g} = \frac{1}{R} + \frac{1}{2R} + \frac{1}{2R + \cfrac{1}{\cfrac{1}{R} + \cfrac{1}{2R}}} = \frac{15}{8R}$$

Also beträgt der Gesamtwiderstand

$R_g = 8R/15 = 8 \cdot 2\ \text{k}\Omega/15 = 1{,}067\ \text{k}\Omega$

und nach Gl. (1.16) ist die Leistung

$$P = U^2/R_g = 12^2\ \text{V}^2/(1067\ \Omega) = 135\ \text{mW}$$

Beispiel 2.50. Für das Netzwerk in Bild **2.**63a soll nur der Strom I_1 berechnet werden.

Man kann die Stromquellen in Spannungsquellen umwandeln. Um die Größen der Ersatzschaltung in Bild **2.**68 zu erhalten, wird zunächst die Spannungsquelle nach Gl. (2.10) in eine Stromquelle mit dem Quellenstrom $I_{q3} = U_{q3}/R_3 = 10\ \text{V}/(0{,}4\ \Omega) = 25\ \text{A}$ umgewandelt, so daß die Quellenströme zu $I'_{q3} = I_{q3} - I_{q1} = 25\ \text{A} - 6{,}5\ \text{A} = 18{,}5\ \text{A}$ zusammengefaßt werden können. Gl. (2.10) ergibt dann die Quellenspannungen $U'_{q3} = R_3 I'_{q3} = 0{,}4\ \Omega \cdot 18{,}5\ \text{A} = 7{,}4\ \text{V}$ und $U'_{q2} = R_2 I'_{q2} = 5\ \Omega \cdot 4{,}8\ \text{A} = 24\ \text{V}$. Daher findet man den Strom

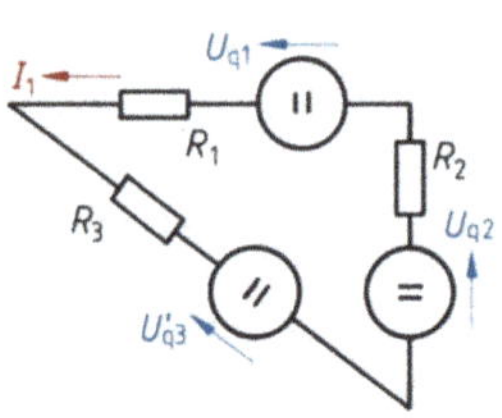

2.68 Netzmasche

$$I_1 = \frac{U'_{q3} - U_{q1} - U_{q2}}{R_1 + R_2 + R_3} = \frac{7{,}4\ \text{V} - 16\ \text{V} - 24\ \text{V}}{2\ \Omega + 5\ \Omega + 0{,}4\ \Omega} = -4{,}405\ \text{A}$$

Diese Lösung ist viel einfacher als die von Beispiel 2.45.

2.3.2.3 Umwandlung idealer Quellen. In Beispiel 2.50 können die idealen Stromquellen nur deshalb in Spannungsquellen umgewandelt werden, weil parallel zu ihnen Widerstände liegen, die als innere Widerstände aufgefaßt werden dürfen, oder weil eine ideale Stromquelle einfach mit einer anderen parallelen idealen Stromquelle zusammengefaßt werden kann. Bei der Schaltung in Bild **2.**58 kann man beispielsweise dagegen die Stromquelle nicht ohne weiteres in eine Spannungsquelle umwandeln; denn mit $R_i = \infty$ würde auch die Quellenspannung $U_q = R_i I_q = \infty$. Analoges gilt, wenn der innere Widerstand einer Spannungsquelle $R_i = 0$ ist, mit $I_q = U_q/R_i = \infty$.

Tafel **2.69** Reihen- und Parallelschaltungen idealer Quellen

Reihenschaltungen	Parallelschaltungen
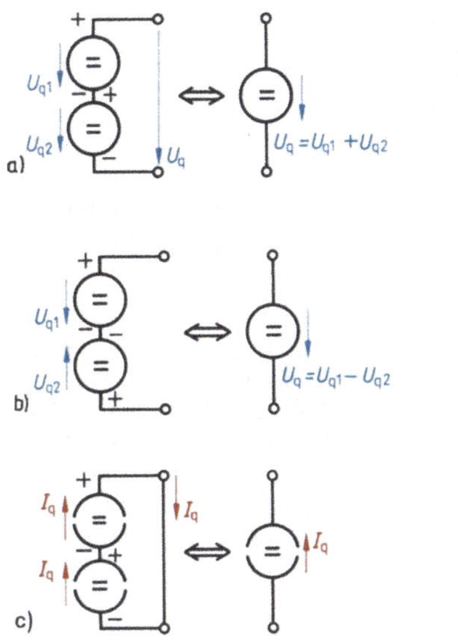	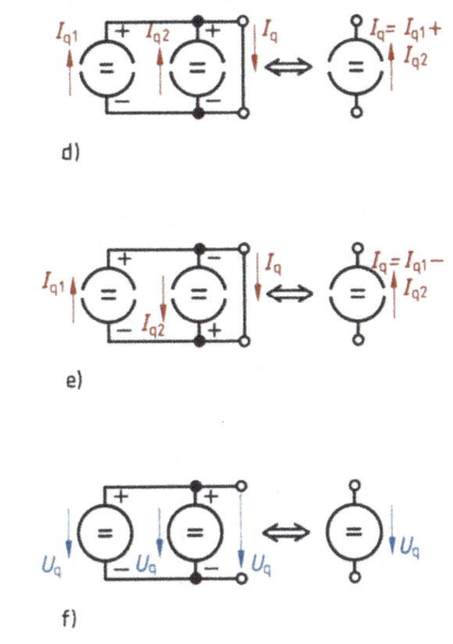

Verdopplung. Man findet aber auch in diesen Fällen eine Lösung, wenn man die in Tafel **2.**69 zusammengestellten Möglichkeiten für das in Reihe oder Parallelschalten idealer Quellen ausnutzt. Die Fälle a), b), d) und e) sind schon in Abschn. 2.2.1.5 (mit Beispiel 2.15 bis 2.17) und 2.2.2.5 (mit Beispiel 2.24) sowie Tafel **2.**41 und Beispiel 2.50 angewendet worden. Für die Schaltungen c) und f) sind die Vorgaben $I_{q1} \neq I_{q2}$ oder $U_{q1} \neq U_{q2}$ ausgeschlossen, da ihnen die Kirchhoffschen Gesetze entgegenstehen. Zu beachten ist, daß stets eine wechselseitige Umwandlung in beide Richtungen möglich ist. Wenn man die in Tafel **2.**69 zusammengestellten Möglichkeiten zur Umwandlung idealer Quellen zusammen mit den in Abschn. 2.3.2.2 aufgeführten Regeln anwendet, kann man Ersatzschaltungen finden, die schließlich auch das Umwandeln idealer Quellen ermöglichen.

Beispiel 2.51. Für die Brückenschaltung in Bild **2.**59a soll die Gleichung für den Strom I_5 aufgestellt werden.

Man könnte für die Schaltung in Bild **2.**59b die Strom- und Spannungsgleichungen ansetzen, also eine Lösung mit den Kirchhoffschen Gesetzen anstreben, müßte dann aber ein Gleichungssystem mit 5 Unbekannten lösen. Man darf aber auch wie in Bild 2.70b die idealen Stromquellen mit dem Quellenstrom I_q in Reihe liegend verdoppeln und anschließend die stromlos bleibende Verbindung *ac* einbauen. Nun kann man die Widerstände R_1 und R_2 als parallelgeschaltete Innenwiderstände der Stromquellen auffassen und somit die Stromquellen entsprechend Abschn. 2.1.1.3 in die Spannungsquellen von Bild 2.70c umwandeln.

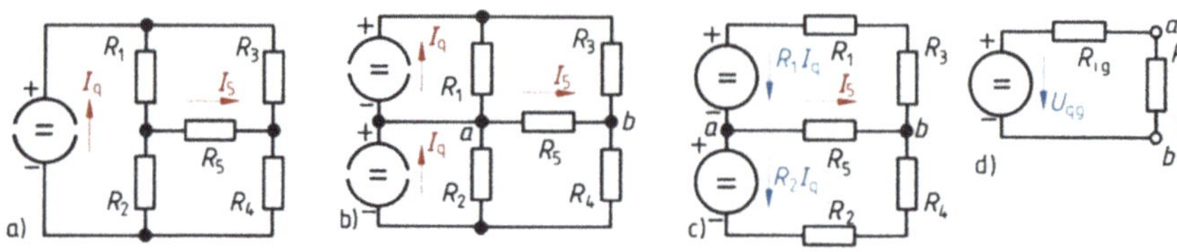

2.70 Brückenschaltung (a) mit Verdopplung der Stromquellen (b), ihrer Umwandlung in Spannungsquellen (c) und Zusammenfassen zur Gesamtspannungsquelle (d)

Sie haben nach Gl. (2.10) die Quellenspannungen $U_{q1}=R_1 I_q$ und $U_{q2}=R_2 I_q$. Es wirken jetzt 2 parallele Spannungsquellen mit den inneren Widerständen (R_1+R_3) und (R_2+R_4) in einer Gegenreihenschaltung auf den Widerstand R_5 ein. Nach Tafel 2.41 sind diese Spannungsquellen zu der Gesamtspannungsquelle in Bild 2.70d zusammenzufassen. Sie hat die Gesamtquellenspannung

$$U_{qg}=\frac{(R_1+R_3)R_2 I_q-(R_2+R_4)R_1 I_q}{R_1+R_2+R_3+R_4}=\frac{R_2 R_3-R_4 R_1}{R_1+R_2+R_3+R_4}I_q$$

und den Gesamtinnenwiderstand

$$R_{ig}=\frac{(R_1+R_3)(R_2+R_4)}{R_1+R_2+R_3+R_4}$$

Daher gilt für den Strom

$$I_5=\frac{U_{qg}}{R_{ig}+R_5}=I_q\frac{(R_2 R_3-R_4 R_1)/(R_1+R_2+R_3+R_4)}{\dfrac{(R_1+R_3)(R_2+R_4)}{R_1+R_2+R_3+R_4}+R_5}$$

$$=I_q\frac{R_2 R_3-R_4 R_1}{(R_1+R_3)(R_2+R_4)+R_5(R_1+R_2+R_3+R_4)} \qquad (2.82)$$

Beispiel 2.52. Für den Strom I_5 in der Schaltung von Bild 2.71a soll die allgemeine Gleichung abgeleitet werden.

Diese Aufgabe wäre wieder mit den Kirchhoffschen Gesetzen, also durch Ansetzen von 3 Strom- und 3 Spannungsgleichungen für die 6 unbekannten Ströme zu lösen, was aber recht aufwendig ist.

Wir suchen eine einfachere Lösung durch Netzumwandlung, schalten zu der idealen Spannungsquelle in Bild 2.71a eine weitere mit der gleichen Quellenspannung parallel und dürfen dann den Knotenpunkt *a* unterbrechen, da hierdurch die Stromverteilung in der Brückenschaltung nicht geändert wird. So ergibt sich die Schaltung in Bild 2.71b, in der die Widerstände R_1 und R_3 als innere Widerstände der Spannungsquellen aufgefaßt

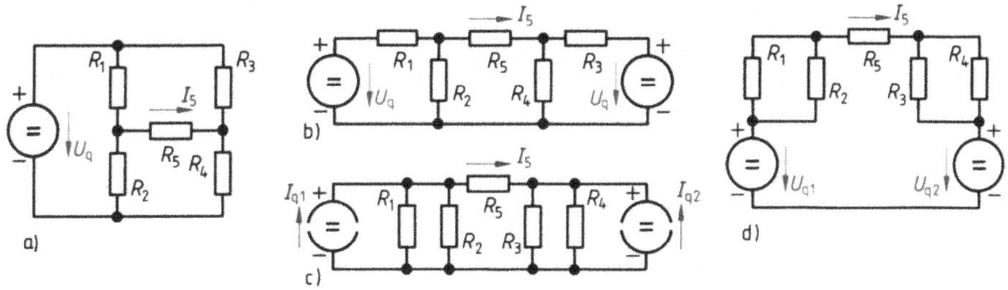

2.71 Brückenschaltung (a) mit Verdopplung der Spannungsquellen (b), ihrer Umwandlung in Stromquellen (c) und der Rückverwandlung in Spannungsquellen (d)

werden können. Daher dürfen wir die Spannungsquellen von Bild **2.**71b nach Abschn. 2.1.1.3 in die Stromquellen von Bild **2.**71c umwandeln. Sie führen nach Gl. (2.10) die Quellenströme $I_{q1} = U_q/R_1$ und $I_{q2} = U_q/R_3$. In der Schaltung von Bild **2.**71c dürfen wir aber auch die parallelen Widerstände R_1 und R_2 sowie R_3 und R_4 als innere Widerstände der Stromquellen ansehen und daher nochmals in die Schaltung von Bild **2.**71d umformen. Hier sind nach Gl. (2.10) die Quellenspannungen

$$U_{q1} = I_{q1} \frac{1}{\dfrac{1}{R_1} + \dfrac{1}{R_2}} = U_q \frac{R_2}{R_1 + R_2} = \frac{U_q}{1 + (R_1/R_2)}$$

$$U_{q2} = I_{q2} \frac{1}{\dfrac{1}{R_3} + \dfrac{1}{R_4}} = U_q \frac{R_4}{R_3 + R_4} = \frac{U_q}{1 + (R_3/R_4)}$$

wirksam, und es gilt für den gesuchten Strom

$$I_5 = \frac{U_{q1} - U_{q2}}{\dfrac{R_1 R_2}{R_1 + R_2} + \dfrac{R_3 R_4}{R_3 + R_4} + R_5} = U_q \frac{\dfrac{R_2}{R_1 + R_2} - \dfrac{R_4}{R_3 + R_4}}{\dfrac{R_1 R_2}{R_1 + R_2} + \dfrac{R_3 R_4}{R_3 + R_4} + R_5}$$

$$= U_q \frac{R_2(R_3 + R_4) - R_4(R_1 + R_2)}{R_1 R_2(R_3 + R_4) + R_3 R_4(R_1 + R_2) + R_5(R_1 + R_2)(R_2 + R_4)}$$

$$= U_q \frac{R_2 R_3 - R_4 R_1}{R_1 R_2(R_3 + R_4) + [R_3 R_4 + R_5(R_3 + R_4)](R_1 + R_2)} \tag{2.83}$$

Man beachte den Unterschied der Ergebnisse von Beispiel 2.51 und 2.52!

Zusatzwiderstand. Eine weitere Möglichkeit, ideale Quellen in Ersatzquellen umzuwandeln, zeigt Bild **2.**72. Hier wird in den Schaltungen von Bild **2.**72b und d ein beliebiger Widerstand R bzw. Leitwert $G = 1/R$ und ein ebenso großer Widerstand $-R$ bzw. Leitwert $-G=-1/R$ mit negativem Vorzeichen eingeführt. (Die Widerstände bzw. Leitwerte sollten mit z.B. $R=1\,\Omega$ bzw. $R=1\,\mathrm{k}\Omega$ oder $G=1$ S bzw. $G=1$ mS als einfache Zahlenwerte gewählt werden.)

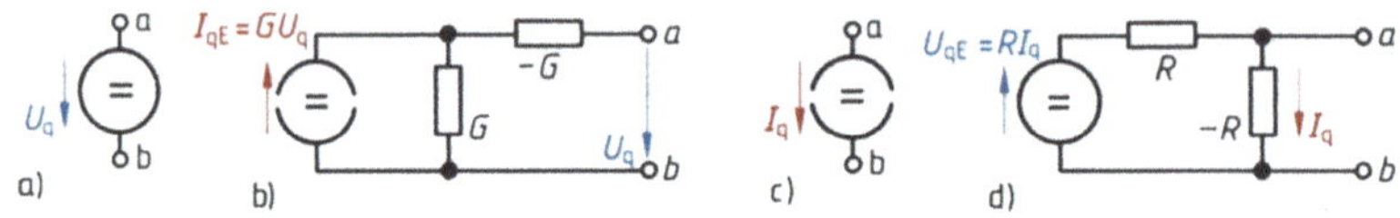

2.72 Umwandlung idealer Quellen durch Zusatzleitwert G bzw. -widerstand R, nämlich ideale Spannungsquelle (a) in Ersatzstromquelle (b) und ideale Stromquelle (c) in Ersatzspannungsquelle (d)

Ein Vergleich von Leerlauf und Kurzschluß an den Klemmen a und b zeigt sofort, daß sich die Schaltungen in Bild **2.**72a und b bzw. c und d jeweils identisch verhalten. Die Schaltungen in Bild **2.**72a und b zeigen im Leerlauf die Spannungen $U_{ab}=G\,U_q/G=U_q$ und im Kurzschluß den Strom $I_{ab}=G\,U_q/(G-G)=\infty$ sowie die Schaltungen von Bild **2.**72c und d im Leerlauf die Spannung $U_{ab}=-R\,U_{qE}/(R-R)=\infty$ und im Kurzschluß den Strom $I_{ab}=R\,I_q/R=I_q$.

Beispiel 2.53. Die Brückenschaltung in Bild **2.**73a enthält je eine ideale Spannungs- und Stromquelle und ist daher für die in Abschn. 2.3.5 und 2.3.6 behandelten Berechnungsverfahren nicht unmittelbar geeignet. Sie soll zur unmittelbaren Bestimmung aller Ströme in gleichwertige Schaltungen mit a) nur Strom- und b) nur Spannungsquellen umgewandelt werden.

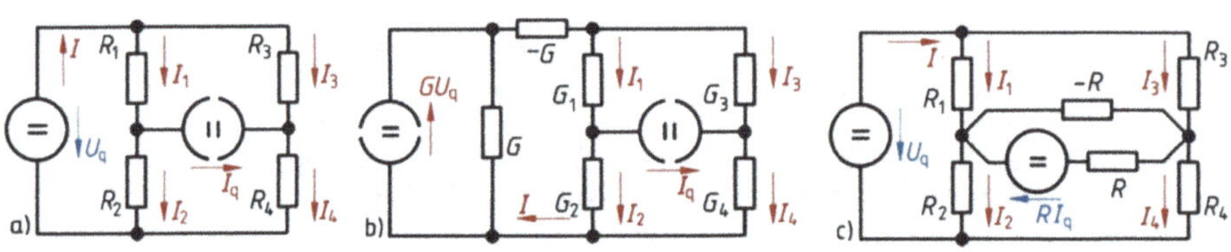

2.73 Brückenschaltung (a), umgestellt auf gleichwertige Schaltungen mit Stromquellen (b) und Spannungsquellen (c)

Bild **2.**73b und c zeigen die Ergebnisse, die durch Einbau der in Bild **2.**72 wiedergegebenen Ersatzschaltungen entstehen. Die Schaltung in Bild **2.**72b ist auch schon auf Leitwerte G umgestellt worden, wie dies für das in Abschn. 2.3.6 erläuterte Knotenpunktpotential-Verfahren erforderlich ist.

Natürlich kann man auch die Quellen analog zu Beispiel 2.51 und 2.52 verdoppeln. Man findet so einfachere Schaltungen, in denen aber nur noch jeweils 3 Ströme mit den ursprünglichen 6 Strömen übereinstimmen.

2.3.2.4 Stern-Dreieck-Umwandlung. Der Gesamtwiderstand des Netzwerks in Bild **2.**74 zwischen den Klemmen *a* und *b* läßt sich nicht mehr einfach mit den in Abschn. 2.2 für Reihen-Parallelschaltungen abgeleiteten Gleichungen bestimmen. (Mit den Kirchhoffschen Gesetzen ist auch diese Aufgabe grundsätzlich lösbar; dies wäre jedoch recht aufwendig.)

Das Netzwerk in Bild **2.**74 ist aus mehreren Stern- und Dreieckschaltungen nach Bild **2.**75 zusammengesetzt, die ineinander überführt werden können, wie nun nachgewiesen werden soll. (Die Bezeichnungen Sternschaltung und Dreieckschaltung kann man mit ihrer Form erklären; die Dreieckschaltung ist eine Abart der Ringschaltung.)

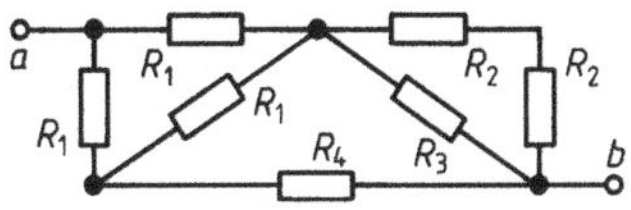

2.74 Netzwerk

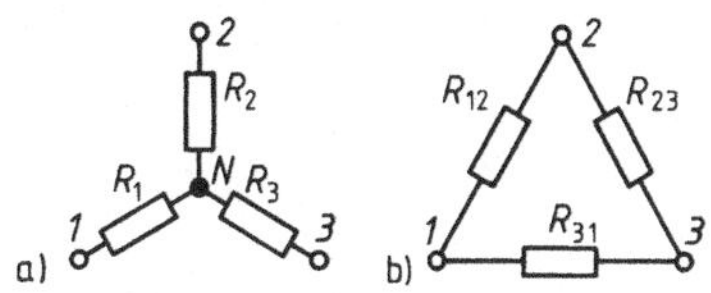

2.75 Sternschaltung (a) und Dreieckschaltung (b)

Zwischen den Anschlußpunkten *1, 2* und *3* und dem Sternpunkt *N* der Sternschaltung liegen nach Bild **2.**75a die Widerstände R_1, R_2, R_3 und zwischen den Anschlußpunkten *1, 2* und *3* der Dreieckschaltung nach Bild **2.**75b die Widerstände R_{12}, R_{23}, R_{31}. Die Dreieckschaltung soll in die äquivalente Sternschaltung umgewandelt werden. Die Netzwerkumwandlung verlangt gleiche Widerstände zwischen den Anschlußpunkten

$$1,\,2\colon\quad R_1+R_2=\frac{R_{12}(R_{23}+R_{31})}{R_{12}+R_{23}+R_{31}}$$

$$2,\,3\colon\quad R_2+R_3=\frac{R_{23}(R_{31}+R_{12})}{R_{12}+R_{23}+R_{31}}$$

$$3,\,1\colon\quad R_1+R_3=\frac{R_{31}(R_{12}+R_{23})}{R_{12}+R_{23}+R_{31}}$$

Hieraus ergeben sich die äquivalenten Widerstände der Sternschaltung

$$R_1=\frac{R_{12}R_{31}}{R_{12}+R_{23}+R_{31}},\qquad R_2=\frac{R_{12}R_{23}}{R_{12}+R_{23}+R_{31}},$$

$$R_3=\frac{R_{23}R_{31}}{R_{12}+R_{23}+R_{31}} \tag{2.84}$$

Es ist also stets das Produkt der am jeweils betrachteten Knoten der Dreieckschaltung liegenden Widerstände durch die Summe aller Widerstände der Dreieckschaltung zu dividieren. Für die zugehörigen Leitwerte gilt

$$G_1 = G_{12} + G_{31} + \frac{G_{12}\,G_{31}}{G_{23}}, \qquad G_2 = G_{12} + G_{23} + \frac{G_{12}\,G_{23}}{G_{31}}$$

$$G_3 = G_{23} + G_{31} + \frac{G_{23}\,G_{31}}{G_{12}} \tag{2.85}$$

Die folgende Gleichung entsteht also aus der vorhergehenden jeweils durch zyklisches Vertauschen der Indizes.

Aus den Ansatzgleichungen folgt nach entsprechender Auflösung für die Widerstände der äquivalenten Dreieckschaltung

$$R_{12} = R_1 + R_2 + \frac{R_1\,R_2}{R_3}, \qquad R_{23} = R_2 + R_3 + \frac{R_2\,R_3}{R_1},$$

$$R_{31} = R_3 + R_1 + \frac{R_3\,R_1}{R_2} \tag{2.86}$$

Daher gilt für die zugehörigen Leitwerte

$$G_{12} = \frac{G_1\,G_2}{G_1 + G_2 + G_3}, \qquad G_{23} = \frac{G_2\,G_3}{G_1 + G_2 + G_3},$$

$$G_{31} = \frac{G_3\,G_1}{G_1 + G_2 + G_3} \tag{2.87}$$

Hier ist stets das Produkt der an den jeweils betrachteten Knoten liegenden Leitwerte durch die Summe aller Leitwerte der Sternschaltung zu dividieren.

In Gl. (2.84) und (2.87) sowie Gl. (2.85) und (2.86) sind bei jeweils gleichem Gleichungsaufbau Widerstand und Leitwert gegeneinander vertauscht. Bei der Netzwerkumwandlung Stern in Dreieck oder umgekehrt wird entweder ein Knotenpunkt durch eine Masche oder eine Masche durch einen Knotenpunkt ersetzt. Stern- und Dreieckschaltung zeigen also wieder duales Verhalten.

In der Schaltungstechnik treten Stern- und Dreieckschaltungen häufiger auf – insbesondere in Dreiphasensystemen, s. Abschn. 4. Dort sind dann meist alle in Stern geschalteten Widerstände $R_\curlywedge$ bzw. die in Dreieck geschalteten Widerstände $R_\triangle$ jeweils untereinander gleich groß (d. i. eine symmetrische Widerstandsschaltung). Wenn für diesen Fall äquivalente Schaltungen gefordert werden, muß nach Gl. (2.84) bis (2.87) gefordert werden

$$R_\triangle = 3\,R_\curlywedge \quad \text{oder} \quad G_\curlywedge = 3\,G_\triangle \tag{2.88}$$

Beispiel 2.54. Die Schaltung in Bild 2.74 enthält die Widerstände $R_1 = 30\ \Omega$, $R_2 = 10\ \Omega$, $R_3 = R_4 = 20\ \Omega$. Der Widerstand R_{ab} zwischen den Klemmen a und b soll berechnet werden.

Die linke obere Dreieckschaltung in Bild 2.74 wird umgeformt in eine äquivalente Sternschaltung, deren Widerstände nach Gl. (2.88) $R_\curlywedge = R_\triangle/3 = 30\ \Omega/3 = 10\ \Omega$ (s. Bild

2.76) betragen. Das rechte obere Dreieck wird nach Gl. (2.43) und (2.62) zusammengefaßt zu dem Widerstand

$$R_p = \frac{1}{\dfrac{1}{R_3} + \dfrac{1}{2R_2}} = \frac{1}{\dfrac{1}{20\,\Omega} + \dfrac{1}{2 \cdot 20\,\Omega}} = 13{,}33\,\Omega$$

Daher beträgt der Gesamtwiderstand

$$R_{ab} = R_\lambda + \frac{(R_\lambda + R_p)(R_\lambda + R_4)}{2R_\lambda + R_p + R_4} = 10\,\Omega + \frac{(10\,\Omega + 13{,}33\,\Omega)(10\,\Omega + 20\,\Omega)}{2 \cdot 10\,\Omega + 13{,}33\,\Omega + 20\,\Omega} = 23{,}12\,\Omega$$

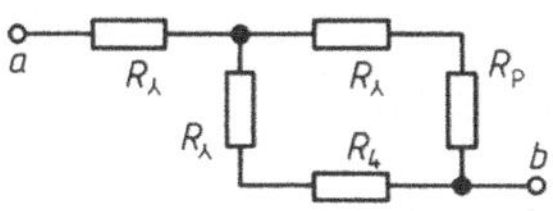

2.76 Umgeformtes Netzwerk von Bild 2.74

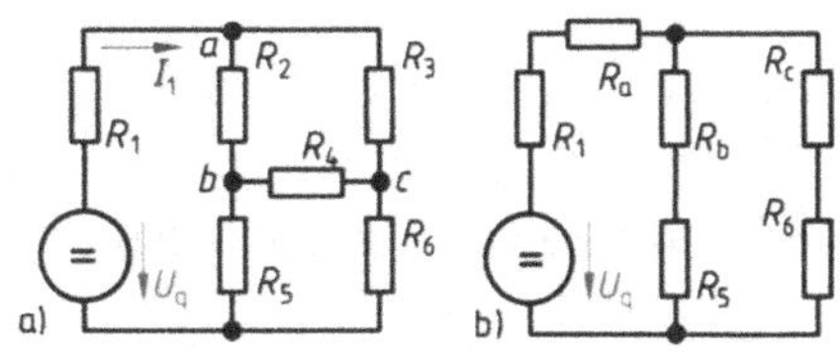

2.77 Brückenschaltung (a) und nach Umformung (b)

Beispiel 2.55. Die Brückenschaltung in Bild 2.77a besteht aus den Widerständen $R_1 = R_3 = 6\,\Omega$, $R_2 = 4\,\Omega$, $R_4 = R_5 = 10\,\Omega$, $R_6 = 5\,\Omega$ und liegt an der Quellenspannung $U_q = 6$ V. Wie groß ist der Strom I_1?

Wir formen das rechte obere Dreieck in eine äquivalente Sternschaltung um und finden mit Gl. (2.84) für die Widerstände in Bild 2.77b

$$R_a = \frac{R_2 R_3}{R_2 + R_3 + R_4} = \frac{4\,\Omega \cdot 6\,\Omega}{4\,\Omega + 6\,\Omega + 10\,\Omega} = 1{,}2\,\Omega$$

$$R_b = \frac{R_2 R_4}{R_2 + R_3 + R_4} = \frac{4\,\Omega \cdot 10\,\Omega}{20\,\Omega} = 2\,\Omega \qquad R_c = \frac{R_3 R_4}{R_2 + R_3 + R_4} = \frac{6\,\Omega \cdot 10\,\Omega}{20\,\Omega} = 3\,\Omega$$

Somit ist nach Gl. (2.43) und (2.65) der Gesamtwiderstand

$$R_g = R_1 + R_a + \frac{(R_b + R_5)(R_c + R_6)}{R_b + R_5 + R_c + R_6}$$

$$= 6\,\Omega + 1{,}2\,\Omega + \frac{(2\,\Omega + 10\,\Omega)(3\,\Omega + 5\,\Omega)}{2\,\Omega + 10\,\Omega + 3\,\Omega + 5\,\Omega} = 12\,\Omega$$

und es fließt nach dem Ohmschen Gesetz der Strom $I_1 = U_q / R_g = 6\ \text{V}/(12\,\Omega) = 0{,}5$ A.

2.3.2.5 Vertauschungssatz. Es sollen mit Bild 2.78 zwei Schaltungen betrachtet werden, in denen die vorgegebenen Widerstände gleich, der vorgegebene Quellenstrom I_q und die gesuchte Teilspannung U_3 jedoch gegeneinander vertauscht sind.

Es soll die Spannung U_3 bestimmt werden. Zur Lösung ermittelt man für die Schaltung in Bild **2.**78a und **2.**78b zunächst mit der Stromteilerregel die Teilströme

$$I_3 = I_q \frac{R_1}{R_1 + R_2 + R_3} \qquad I_1 = I_q \frac{R_3}{R_1 + R_2 + R_3}$$

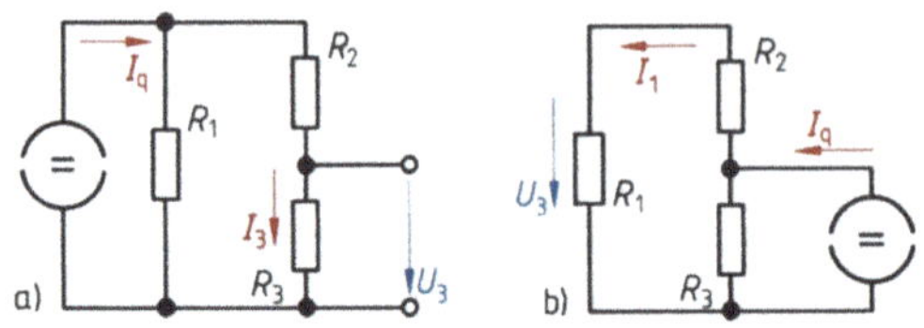

2.78
Netzwerk vor (a) und nach (b) dem Vertauschen von Strom und Spannung

und findet dann für beide Schaltungen mit dem Ohmschen Gesetz

$$U_3 = I_3 R_3 = I_1 R_1 = I_q \frac{R_1 R_3}{R_1 + R_2 + R_3} \tag{2.89}$$

Man kann daher auch mit der Schaltung in Bild **2.**78b die gesuchte Spannung berechnen. Den hier für ein bestimmtes Beispiel gelieferten Beweis kann man allgemein führen, so daß man diesen Vertauschungssatz, der auch als Reziprozitätssatz bezeichnet wird, stets anwenden kann. In dem betrachteten Fall scheint seine Anwendung allerdings wenig nützlich zu sein, denn der Rechenaufwand ist für beide Schaltungen gleich. Vorteile bietet dieses Verfahren allerdings, wenn wegen der vorgegebenen Zahlenwerte die Schaltung mit den vertauschten Größen einfacher zu berechnen ist. Man beachte, daß hier jeweils nur 2 Größen gegeneinander ausgetauscht werden und die übrigen Spannungen und Ströme der beiden Schaltungen natürlich nicht einander entsprechen, also verändert sind.

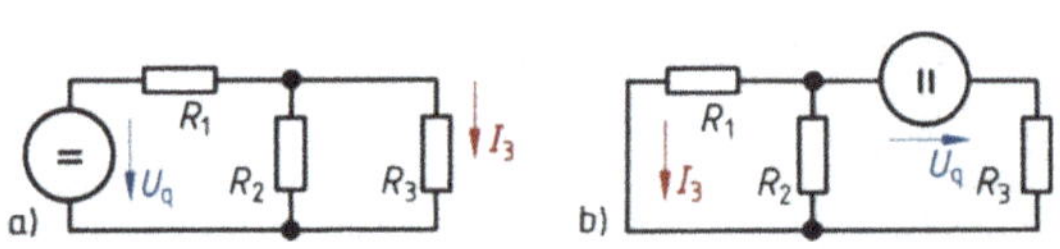

2.79 Netzwerk vor (a) und nach (b) dem Vertauschen von Strom und Spannung

Beispiel 2.56. Die Schaltung in Bild **2.**79 enthält die Widerstände $R_1 = R_2 = 10\,\Omega$ und $R_3 = 2\,\Omega$ sowie die Quellenspannung $U_q = 7$ V. Es ist der Strom I_3 zu bestimmen.
Wir suchen die Lösung mit der Schaltung in Bild **2.**79b und finden sofort den Strom

$$I_3 = \frac{U_q/2}{R_3 + (R_1/2)} = \frac{7\,\text{V}/2}{2\,\Omega + (10\,\Omega/2)} = 0{,}5\ \text{A}$$

Mit der Schaltung in Bild **2.**79a ist die Rechnung etwas umständlicher; sie führt zum gleichen Ergebnis.

2.3.3 Überlagerungsgesetz

Das in Abschn. 2.3.1 erklärte Aufstellen von Strom- und Spannungsgleichungen liefert für umfangreiche Netzwerke Gleichungssysteme mit vielen Unbekannten, und ihre Lösung erfordert einigen Aufwand. Wenn in solchen Netzwerken mehrere Quellen auftreten, kann man diese Gleichungssysteme vermeiden, wenn man jede Quelle einzeln auf das Netzwerk einwirken läßt, ihre Wirkungen berechnet und sie zu den Gesamtwirkungen überlagert. Es wird dann das Überlagerungsgesetz, das auch Superpositionsverfahren genannt wird, angewandt.

Die Elektrotechnik kennt vielerlei Netzwerke mit mehreren Quellen - beispielsweise in der Energietechnik bei der Parallelschaltung von Generatoren oder in vermaschten Verteilungsnetzen (s. Band IX) sowie in der Nachrichtentechnik in Netzwerken mit vielen aktiven Zweipolen (z. B. Transistoren). Es soll jetzt zunächst das Vorgehen mit einem Beispiel erklärt und anschließend auf das Anwenden des Überlagerungsverfahrens beim Schnittverfahren und beim Einführen einer Kompensationsquelle hingewiesen werden.

2.3.3.1 Vorgehen. Das Überlagerungsgesetz darf nur auf Schaltungen, die die in Abschn. 2.3.2.1 zusammengestellten Bedingungen einhalten, angewendet werden. Es müssen daher alle Schaltungselemente konstante Werte aufweisen, also linear, d. h. unabhängig von Strom und Spannung, und die Quellen außerdem rückwirkungsfrei sein. Das Überlagerungsverfahren kann nur für Ströme und Spannungen, jedoch nicht für Leistungen benutzt werden. Wenn diese Voraussetzungen erfüllt sind, kann man das Netzwerk in folgender Reihenfolge berechnen:

a) Analog zu Abschn. 2.3.2.3, Punkt a) bis c) wird die Schaltung übersichtlich dargestellt und so weit wie möglich vereinfacht; alle Schaltungsglieder und Zweige erhalten im Formelzeichen durchnumerierte Zählpfeile.

b) Alle im Netzwerk befindlichen Quellen werden bis auf eine als energiemäßig nicht vorhanden angesehen. Bei einer Spannungsquelle nach Abschn. 2.1.1.1 wird daher die Quellenspannung $U_{q\mu}=0$ und bei einer Stromquelle nach Abschn. 2.1.1.2 der Quellenstrom $I_{q\mu}=0$ gesetzt. In jedem Fall bleibt der innere Widerstand R_i bzw. der innere Leitwert G_i weiterhin wirksam, während die ideale Spannungsquelle widerstandslos überbrückt und die ideale Stromquelle unterbrochen ist.

c) Für die Schaltung werden jeweils unter der Voraussetzung, daß nur eine einzige Quelle und alle Quellen nacheinander wirksam sind, die Teilströme in den Zweigen des Netzwerks berechnet.

d) Die Teilströme der einzelnen Netzwerkzweige werden unter Beachtung der durch die Zählpfeile festgelegten Vorzeichen zu den wirklichen Zweigströmen addiert.

In den folgenden Abschnitten wird dieses Überlagerungsverfahren vielfältig angewendet, und hierbei werden die erreichbaren Vorteile für Rechnung und Anschauung deutlich. Es hat für die numerische Berechnung von Schaltungen nach der Einführung programmierbarer Taschenrechner an Bedeutung verloren, ist aber Grundlage für viele Betrachtungen von linearen Netzwerken (z. B. in Abschn. 2.3.4 bis 2.3.7, 3.3.1, 3.3.5, 3.4, 3.6, 4.3, 4.4, 5.1, 5.2, 6.2, 6.3.2, 7 und 8.7) und für das Bestimmen allgemeiner Gleichungen (s. z. B. Abschn. 3.6) weiterhin sehr wichtig.

Beispiel 2.57. Die in Beispiel 2.24 behandelte Schaltung nach Bild **2.**80a soll jetzt mit dem Überlagerungsverfahren für den Verbraucherwiderstand $R_a = 4\,\Omega$ nachgerechnet, also der Verbraucherstrom I_a bestimmt werden.

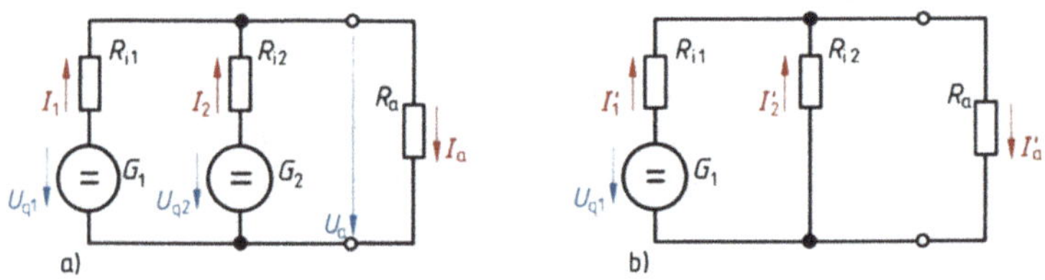

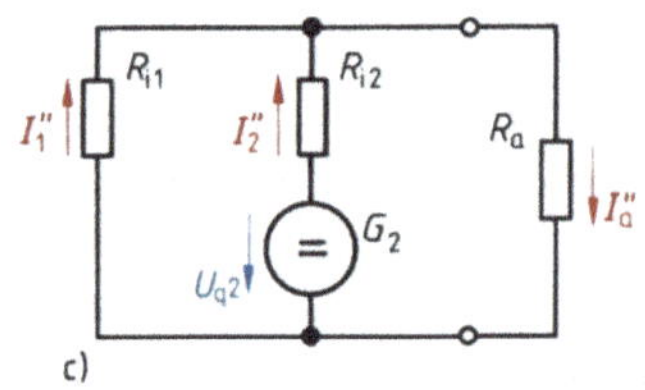

2.80 Auflösung einer Schaltung (a) in 2 Teilschaltungen (b, c) mit je einer wirksamen Spannungsquelle G_1 bzw. G_2 zur Anwendung des Überlagerungsgesetzes

Wir betrachten zunächst die Schaltung in Bild **2.**80b. Mit dem Gesamtwiderstand nach Gl. (2.44) und (2.63)

$$R'_g = R_{i1} + \frac{1}{\dfrac{1}{R_a} + \dfrac{1}{R_{i2}}} = 0{,}25\,\Omega + \frac{1}{\dfrac{1}{4\,\Omega} + \dfrac{1}{0{,}12\,\Omega}} = 0{,}3665\,\Omega$$

erhält man nach dem Ohmschen Gesetz den Strom

$$I'_1 = U_{q1}/R'_g = 300\,\text{V}/(0{,}3665\,\Omega) = 818{,}5\,\text{A}$$

und mit der Stromteilerregel den Teilstrom

$$I'_a = \frac{I'_1}{1 + (R_a/R_{i2})} = \frac{818{,}5\,\text{A}}{1 + (4\,\Omega/0{,}12\,\Omega)} = 23{,}84\,\text{A}$$

In entsprechender Weise ergibt sich für die Schaltung in Bild **2.**80c der Gesamtwiderstand

$$R''_g = R_{i2} + \frac{1}{\dfrac{1}{R_a} + \dfrac{1}{R_{i1}}} = 0{,}12\,\Omega + \frac{1}{\dfrac{1}{4\,\Omega} + \dfrac{1}{0{,}25\,\Omega}} = 0{,}3553\,\Omega$$

der Strom $I_2'' = U_{q2}/R_g'' = 270\ \text{V}/(0{,}3553\ \Omega) = 759{,}9\ \text{A}$ und der Teilstrom

$$I_a'' = \frac{I_2''}{1+(R_a/R_{i1})} = \frac{759{,}9\ \text{A}}{1+(4\ \Omega/0{,}25\ \Omega)} = 44{,}7\ \text{A}$$

Durch Überlagerung findet man somit – in voller Übereinstimmung mit Beispiel 2.24 – den wahren Strom $I_a = I_a' + I_a'' = 23{,}84\ \text{A} + 44{,}7\ \text{A} = 68{,}54\ \text{A}$.

Beispiel 2.58. Die Ströme des Netzwerks in Bild **2.**63, Beispiel 2.45 sollen jetzt mit dem Überlagerungsverfahren bestimmt werden.

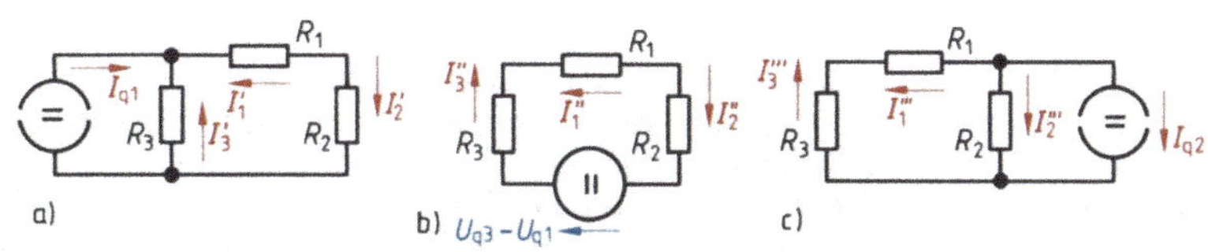

2.81 Teilschaltungen für die 3 Überlagerungsschritte des Netzwerks von Bild **2.**63

Es werden nacheinander die in Bild **2.**81 dargestellten Ersatzschaltungen betrachtet. Für die Schaltung in Bild **2.**81a findet man mit der Stromteilerregel den Strom

$$I_1' = -I_2' = \frac{-I_{q1} R_3}{R_1 + R_2 + R_3} = \frac{-6{,}5\ \text{A} \cdot 0{,}4\ \Omega}{2\ \Omega + 5\ \Omega + 0{,}4\ \Omega} = -0{,}3514\ \text{A}$$

und es ist

$$I_3' = -I_{q1}' - I_1' = -6{,}5\ \text{A} + 0{,}3514\ \text{A} = -6{,}149\ \text{A}$$

Die Schaltung in Bild **2.**81b führt den Strom

$$I_1'' = I_2'' = -I_3'' = \frac{U_{q3} - U_{q1}}{R_1 + R_2 + R_3} = \frac{10\ \text{V} - 16\ \text{V}}{7{,}4\ \Omega} = -0{,}8108\ \text{A}$$

In der Schaltung von Bild **2.**81c fließen die Ströme

$$I_1''' = -I_3''' = \frac{-I_{q2} R_2}{R_1 + R_2 + R_3} = \frac{-4{,}8\ \text{A} \cdot 5\ \Omega}{7{,}4\ \Omega} = -3{,}343\ \text{A}$$

$$I_2''' = -I_{q2} - I_1''' = -4{,}8\ \text{A} + 3{,}243\ \text{A} = -1{,}557\ \text{A}$$

Daher betragen in Übereinstimmung mit Beispiel 2.45 die wahren Ströme

$$I_1 = I_1' + I_1'' + I_1''' = -0{,}3514\ \text{A} - 0{,}8108\ \text{A} - 3{,}243\ \text{A} = -4{,}405\ \text{A}$$

$$I_2 = I_2' + I_2'' + I_2''' = 0{,}3514\ \text{A} + 0{,}8108\ \text{A} - 1{,}557\ \text{A} = -0{,}3948\ \text{A}$$

$$I_3 = I_3' + I_3'' + I_3''' = -6{,}149\ \text{A} + 0{,}8108\ \text{A} + 3{,}243\ \text{A} = -2{,}095\ \text{A}$$

Beispiel 2.59. Es soll für die Spannung U_{ab} in Bild **2.**82 die allgemeine Bestimmungsgleichung angegeben werden.

Für den 1. Fall, daß nur die Quellenspannung U_q wirksam ist, muß die Stromquelle für I_q als Unterbrechung angesehen werden, und es gilt

$$U_{ab}' = U_q$$

Für den 2. Fall, daß nur der Quellenstrom I_q fließt, ist die Spannungsquelle für U_q widerstandslos überbrückt, und es herrscht die Spannung

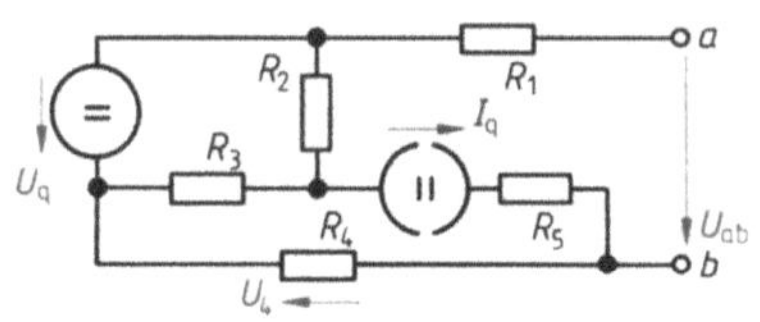

2.82 Netzwerk

$$U_4 = R_4 I_q = -U''_{ab}$$

Daher erhält man durch Überlagerung die Spannung

$$U_{ab} = U'_{ab} + U''_{ab} = U_q - R_4 I_q$$

2.3.3.2 Schnittverfahren und Kompensationsquelle. Mitunter lassen sich einzelne Zweigströme oder Zweigspannungen einer Schaltung leichter bestimmen, wenn man das Netzwerk an einer Stelle auftrennt und die dort herrschende Spannung berechnet. Dies läuft praktisch auf das Anwenden einer Ersatz-Spannungsquelle (s. Abschn. 2.3.4) hinaus, so daß hier auf eine Ableitung verzichtet werden kann. Dieses Schnittverfahren wird in Abschn. 4.3.2.2 auf Dreiphasennetze angewandt und dort erläutert.

Das Einführen einer Kompensationsquelle hat Vorteile, wenn sich in einem Zweig Widerstände geringfügig ändern und man die sich hieraus ergebenden Strom- oder Spannungsänderungen möglichst genau bestimmen möchte - also z. B. bei Spannungsteilern oder Brückenschaltungen. Man kann dann diese Kompensationsquelle - unter Ausschaltung der übrigen Quellen, also mit Anwendung des Überlagerungsgesetzes - auf die Schaltung wirken lassen und erhält so unmittelbar den Differenzstrom ΔI. Bei der großen Genauigkeit der heute angewandten Taschenrechner liefern die in Abschn. 2.3.4 behandelten Ersatzquellen meist auch in diesen Fällen ausreichende Ergebnisse. Weitere Erläuterungen findet man in [16].

2.3.4 Ersatzquellen

Recht häufig braucht ein Netzwerk nur bezüglich des Einflusses eines Schaltungsteils, z. B. eines äußeren Widerstands R_a, wie dies Abschn. 2.1.3 bei der Leistungsanpassung oder Beispiel 2.24 und 2.57 für parallele Generatoren untersuchen, oder in einzelnen Zweigen betrachtet zu werden, wie dies in Beispiel 2.50 geschieht. Für solche Untersuchungen wäre es vorteilhaft, wenn der übrige Schaltungsteil in eine Schaltung, die insgesamt einfachere Betrachtungen ermöglicht, umgewandelt werden könnte. In Abschn. 2.2.1.5, 2.2.2.5 und 2.3.2 sowie Beispiel 2.51 und 2.52 konnten schon solche einfacheren Ersatzschaltungen gefunden werden. Jetzt müssen diese Umformungen verallgemeinert werden.

Betrachtet werden wieder nur lineare Schaltungsteile, die also aus konstanten linearen Schaltungselementen bestehen und deren Quellen (streng betrachtet stets Zweipolquellen) rückwirkungsfrei (s. Abschn. 2.3.2.1) sind. Es soll jetzt abgeleitet werden, daß ein Netzwerk, das aus beliebig vielen festen Widerständen und Spannungsquellen G bestehen darf, bezüglich seiner beiden Ausgangsklemmen a und b durch eine einzige Spannungsquelle mit der Quellenspannung U_{qE} und dem inneren Widerstand R_{iE} ersetzt werden darf. Dann kann man es aber auch als eine einzige Stromquelle mit dem Quellenstrom I_{qE} und dem inneren Leitwert $G_{iE} = 1/R_{iE}$ auffassen.

2.3.4.1 Ersatz-Spannungsquelle. Es soll die Schaltung in Bild **2.**83 a betrachtet und ihre Umwandlung in die Ersatz-Spannungsquelle in Bild **2.**83 d hergeleitet werden. Die in Bild **2.**83 a und b gestrichelt eingerahmten Schaltungsteile sind mit den Quellenspannungen U_{q1} und U_{q2}, den Widerständen R_1 bis R_4 sowie den Klemmen *a* und *b* ein aktiv wirkender Zweipol. Wenn an diese Klemmen kein Verbraucher angeschlossen ist, herrscht an ihnen die Leerlaufspannung U_{al}. Schaltet man nun wie in Bild **2.**83 b eine weitere Spannungsquelle mit der Quellenspannung $U_{qE} = U_{al}$ so in den Stromkreis, daß sie der Klemmenspannung U_a entgegenwirkt, so kann man die Klemmenspannung auf $U_a = 0$ kompensieren.

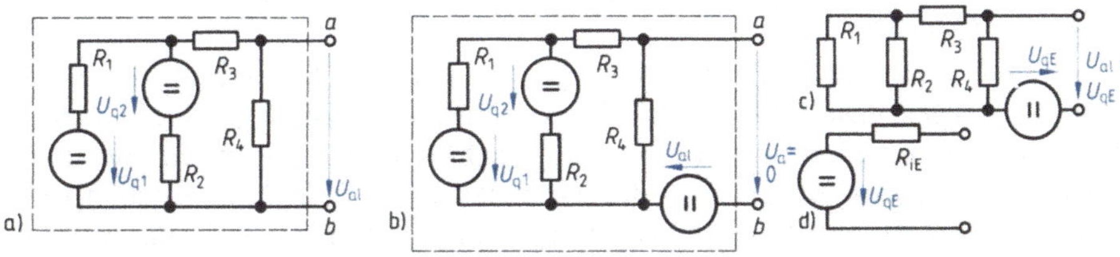

2.83 Aktiv wirkender Zweipol (a) mit den Ausgangsklemmen *a* und *b* nach dem Unwirksammachen der Spannungsquellen (b) und Einführen einer Ersatz-Quellenspannung U_{qE} (c) sowie endgültige Ersatz-Spannungsquelle (d) mit innerem Ersatzwiderstand R_{iE}

Läßt man anschließend wie in Bild **2.**83 c die ursprünglichen Spannungsquellen mit den Quellenspannungen U_{q1} und U_{q2} fort und kehrt die Richtung der neu eingeführten Quellenspannung U_{qE} um, so herrscht an den Klemmen *a* und *b* wieder die vorher vorhandene Klemmenspannung U_a. Auf diese Weise kann man die Quellenspannungen U_{q1} und U_{q2} durch eine Ersatz-Quellenspannung U_{qE} voll wirksam ablösen.

Um auch die Widerstände R_1 bis R_4 wie in Bild **2.**83 d durch einen einzigen inneren Ersatzwiderstand R_{iE} wiedergeben zu können, braucht man nur den Gesamtwiderstand dieser zusammengesetzten Schaltung zu kennen. Für die Schaltung in Bild **2.**83 c gilt beispielsweise mit Gl. (2.44), (2.61) und (2.64)

$$\frac{1}{R_{iE}} = \frac{1}{R_g} = \frac{1}{R_4} + \frac{1}{R_3 + \dfrac{R_1 R_2}{R_1 + R_2}}$$

Die auf diese Weise ermittelte Ersatz-Spannungsquelle (bzw. Ersatz-Zweipolquelle) hat alle Eigenschaften der in Abschn. 2.1.1.1 ausführlich betrachteten Spannungsquelle. Im Leerlauf (Index l) tritt daher an den Klemmen a und b des aktiv wirkenden und im Innern beliebig geschalteten Zweipols stets die Ersatz-Quellenspannung

$$U_{qE} = U_{al} \tag{2.90}$$

der Ersatz-Spannungsquelle auf. Entsprechend fließt im Kurzschluß (Index k) der Klemmen a und b nach Abschn. 2.1.1 der Ersatz-Quellenstrom

$$I_{qE} = I_{ak} \tag{2.91}$$

einer Ersatz-Stromquelle. Es gilt dann entsprechend Gl. (2.10) allgemein für den inneren Ersatzwiderstand

$$R_{iE} = U_{qE}/I_{qE} = U_{al}/I_{ak} = 1/G_{iE} \tag{2.92}$$

der gleich dem Kehrwert des inneren Ersatzleitwerts G_{iE} ist. Es brauchen also jeweils nur zwei dieser 3 Kenngrößen bekannt zu sein, um die dritte berechnen zu können.

Praktisch findet man die Kenngrößen der Ersatzquelle am einfachsten in der folgenden Weise: Die Ersatz-Quellenspannung U_{qE} läßt sich meist schnell ermitteln, wenn die betrachtete Schaltung Spannungsquellen enthält und somit die Leerlaufspannung U_{al} für die Klemmen a und b leicht angegeben werden kann. Der Ersatz-Quellenstrom I_{qE} kann oft bequem bestimmt werden, wenn die betrachtete Schaltung als Quellen nur Stromquellen aufweist und daher der Kurzschlußstrom I_{ak} an den Klemmen a und b einfach berechnet werden kann. Den inneren Ersatzwiderstand R_{iE} erhält man, indem man alle Spannungsquellen im aktiv wirkenden Zweipol widerstandslos überbrückt, also kurzschließt und alle Stromquellen unterbricht und den dann zwischen den Klemmen a und b noch wirksamen Widerstand R_{ab} ermittelt.

Die Ersatz-Quellenspannung U_{qE} wird also auf die gleiche Weise ermittelt wie die Trennstellen-Quellenspannung U_{qT} des Schnittverfahrens, und bei der Ersatzquelle ist schließlich der gleiche Widerstand $R_{iE} + R_a$ wirksam wie beim letzten Schritt des Schnittverfahrens nach Abschn. 2.3.3.2. Der Satz von der Ersatzquelle wird daher auch durch das Schnittverfahren, das das Überlagerungsgesetz anwendet, bewiesen.

Für die gefundene Ersatz-Spannungsquelle gelten alle in Abschn. 2.1 abgeleiteten Zusammenhänge. Es können also mit Gl. (2.3) und (2.4) Verbraucherstrom und Quellenkennlinie berechnet und nach Abschn. 2.1.3 die Anpassungsbedingung für den äußeren Widerstand R_a festgelegt, oder es kann auch nach Abschn. 2.1.2.5 das Zusammenarbeiten mit nichtlinearen Verbrauchern untersucht werden.

Beispiel 2.60. Es sind die Kennwerte der Ersatz-Spannungsquelle für die in Bild 2.84a angegebene Schaltung zu ermitteln, bei der 2 Spannungsquellen G_1 und G_2 mit der Quellenspannung $U_{q1} = 13$ V, dem Innenwiderstand $R_{i1} = 2\,\Omega$, der Quellenspannung $U_{q2} = 10$ V, dem Innenwiderstand $R_{i2} = 3\Omega$ über einen Widerstand $R = 7\,\Omega$ parallelgeschaltet sind.

Für den bei Kurzschluß aller Spannungsquellen zwischen den Klemmen a und b des aktiven Zweipols liegenden inneren Ersatzwiderstands gilt

$$\frac{1}{R_{iE}}=\frac{1}{R_{i2}}+\frac{1}{R_{i1}+R}=\frac{1}{3\,\Omega}+\frac{1}{2\,\Omega+7\,\Omega}=\frac{1}{2{,}25\,\Omega}$$

Im Leerlauf fließt der Strom

$$I_2=\frac{U_{q1}-U_{q2}}{R_{i1}+R_{i2}+R}=\frac{13\text{ V}-10\text{ V}}{2\,\Omega+3\,\Omega+7\,\Omega}=0{,}25\text{ A}$$

Nach dem Maschensatz herrscht dann an den Klemmen a und b die Leerlaufspannung

$$U_{aL}=R_{i2}I_2+U_{q2}=3\,\Omega\cdot 0{,}25\text{ A}+10\text{ V}=10{,}75\text{ V}$$

Die Ersatz-Spannungsquelle in Bild **2.84**b hat also die Kennwerte Ersatz-Quellenspannung $U_{qE}=10{,}75$ V und innerer Ersatzwiderstand $R_{iE}=2{,}25\,\Omega$.

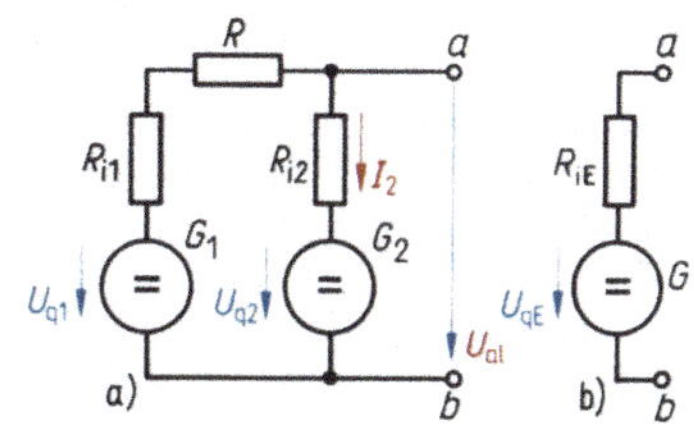

2.84
Umwandlung eines aktiven Zweipols (a) mit 2 über Widerstände zusammengeschalteten Spannungsquellen G_1 und G_2 zu einer Ersatz-Spannungsquelle (b)

Beispiel 2.61. Die Schaltung in Bild **2.84**a soll auf einen äußeren Widerstand R_a die größtmögliche Leistung $P_{a\,max}$ übertragen. Wie groß muß dann der äußere Widerstand R_a sein? Welche Leistung $P_{a\,max}$ wird ihm zugeführt? Welche verfügbare Leistungen könnten die beiden Spannungsquellen einzeln liefern?

Wir verwenden die Kennwerte der in Beispiel 2.60 berechneten Ersatz-Spannungsquelle und finden mit Gl. (2.23) die Anpassungsbedingung

$$R_a=R_{iE}=2{,}25\,\Omega$$

Hierfür beträgt nach Gl. (2.25) die Nutzleistung

$$P_{a\,max}=U_{qE}^2/(4R_{iE})=10{,}75^2\,\text{V}^2/(4\cdot 2{,}25\,\Omega)=12{,}84\text{ W}$$

Die Spannungsquellen hätten einzeln als Leistung verfügbar

$$P_{a1\,max}=U_{q1}^2/(4R_{i1})=13^2\,\text{V}^2/(4\cdot 2\,\Omega)=21{,}13\text{ W}$$
$$P_{a2\,max}=U_{q2}^2/(4R_{i2})=10^2\,\text{V}^2/(4\cdot 3\,\Omega)=8{,}33\text{ W}$$

Es werden also nur $P_{a\,max}/(P_{a1\,max}+P_{a2\,max})=12{,}84\text{ W}/(21{,}13\text{ W}+8{,}33\text{ W})=0{,}4346=$ 43,46% ausgenutzt, was einmal auf den zusätzlichen Widerstand R, aber auch auf die Parallelschaltung, die wegen der unterschiedlichen Quellenspannungen Ausgleichsströme verursacht, zurückzuführen ist.

2.3.4.2 Ersatz-Stromquelle. Nach Abschn. 2.1.1 kann man jeden aktiven Zweipol sowohl als Spannungsquelle als auch als Stromquelle auffassen. Die mit Gl. (2.90) bis (2.92) berechenbaren Kenngrößen einer Ersatzquelle kann man daher ebensogut einer Ersatz-Stromquelle wie einer Ersatz-Spannungsquelle zuordnen. Beide sind gleichwertig. Welche Ersatzschaltung man wählt, hängt von den in Abschn. 2.1.1.3 dargestellten, gerade geltenden Gesichtspunkten ab. Mit Gl. (2.8) kann man die Klemmenspannung am Verbraucher, mit Gl. (2.9) die Quellenkennlinie berechnen.

Beispiel 2.62. Für die Schaltung in Bild 2.85, die aus den Widerständen $R_1 = 1$ kΩ, $R_2 = 2$ kΩ, $R_3 = 3$ kΩ besteht und den Quellenstrom $I_q = 50$ mA führt, sollen die Kennwerte der Ersatz-Stromquelle in Bild 2.85b bestimmt werden.

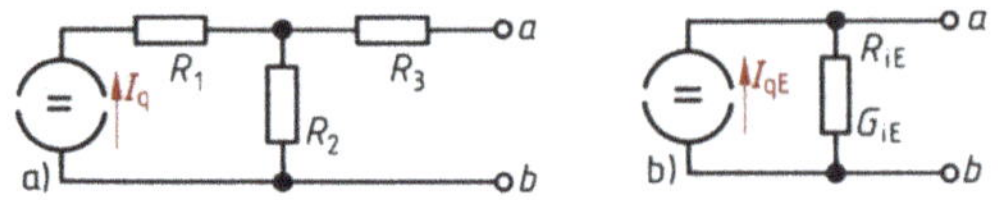

2.85
Aktiver Zweipol (a) mit Ersatz-Stromquelle (b)

Die Stromteilerregel von Tafel 2.40 liefert sofort den Kurzschlußstrom

$$I_{ak} = \frac{I_q}{1 + (R_3/R_2)} = \frac{50 \text{ mA}}{1 + (3 \text{ k}\Omega/2 \text{ k}\Omega)} = 20 \text{ mA}$$

also den Ersatz-Quellenstrom $I_{qE} = I_{ak} = 20$ mA. Um den inneren Ersatzleitwert zu ermitteln, wird die Stromquelle unterbrochen, so daß auch der Widerstand R_1 unwirksam bleibt, und es gilt für ihn

$$G_{iE} = \frac{1}{R_{ab}} = \frac{1}{R_2 + R_3} = \frac{1}{2 \text{ k}\Omega + 3 \text{ k}\Omega} = 0{,}2 \text{ mS}$$

Beispiel 2.63. Für die Schaltung in Bild 2.62 sollen die Kenngrößen der Ersatz-Stromquelle bestimmt und der Verlauf des Stromes $I_5 = f(G_5)$ im Bereich $G_5 = 1/R_5 = 0$ bis 5 S dargestellt werden.

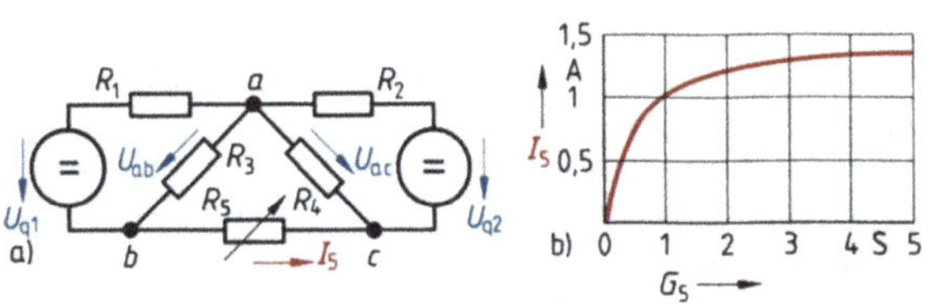

2.86
Netzwerk (a) mit Stromverlauf $I_5 = f(R_5)$ (b) für Beispiel 2.63

Wir betrachten zunächst die Schaltung in Bild 2.86a für $R_5 = \infty$, also für Leerlauf. Hierfür ergibt die Spannungsteilerregel die Teilspannungen

$$U_{ab} = \frac{U_{q1}}{1 + (R_1/R_3)} = \frac{24 \text{ V}}{1 + (1\,\Omega/30\,\Omega)} = 23{,}23 \text{ V}$$

$$U_{ac} = \frac{U_{q2}}{1 + (R_2/R_4)} = \frac{20 \text{ V}}{1 + (2\,\Omega/40\,\Omega)} = 19{,}05 \text{ V}$$

Der Maschensatz liefert also die Leerlaufspannung

$$U_{bcl} = U_{ab} - U_{ac} = 23{,}23 \text{ V} - 19{,}05 \text{ V} = 4{,}178 \text{ V}$$

Der innere Ersatzwiderstand wird durch die parallelen Widerstände R_1 und R_3, die mit den parallelen Widerständen R_2 und R_4 in Reihe liegen, gebildet. Daher ist nach Gl. (2.44) und (2.62)

$$R_{iE} = \frac{1}{\frac{1}{R_1}+\frac{1}{R_3}} + \frac{1}{\frac{1}{R_2}+\frac{1}{R_4}} = \frac{1}{\frac{1}{1\,\Omega}+\frac{1}{30\,\Omega}} + \frac{1}{\frac{1}{2\,\Omega}+\frac{1}{40\,\Omega}} = 2{,}873\,\Omega$$

und somit beträgt der innere Ersatzleitwert $G_{iE}=1/R_{iE}=1/(2{,}873\,\Omega)=0{,}3481$ S. Nach Gl. (2.92) ist ferner der Ersatz-Quellenstrom

$$I_{qE}=U_{al}/R_{iE}=4{,}178\text{ V}/(2{,}873\,\Omega)=1{,}455\text{ A}$$

Mit Gl. (2.9) gilt für den gesuchten Strom

$$I_5=\frac{I_{qE}\,G_5}{G_{iE}+G_5}=\frac{I_{qE}}{1+(G_{iE}/G_5)}$$

Sein Verlauf ist für den Leitwertbereich $G_5=0$ bis 5 S berechnet worden und in Bild **2.**86b dargestellt.

2.3.5 Maschenstrom-Verfahren

Wenn die z Zweigströme eines Netzwerks durch unmittelbares Anwenden der Kirchhoffschen Gesetze nach Abschn. 2.3.1 bestimmt werden sollen, benötigt man nach Abschn. 2.3.1.2 bei $k=r+1$ Knotenpunkten $r=k-1$ Stromgleichungen und $m=z-r$ Spannungsgleichungen, also ein System von $z=m+r$ Gleichungen, dessen Lösung bei $z>3$ einigen Aufwand erfordert. Es soll nun ein Verfahren erklärt werden, daß nur m Gleichungen erfordert und daher schneller zu einfacheren Lösungen führt. Es kann auch in ein Schema gebracht werden, das Fehler vermeiden hilft.

2.3.5.1 Vorgehen. Es sollen für das Netzwerk von Bild **2.**62 die Zweigströme bestimmt werden. Daher ist das Netzwerk nochmals in Bild **2.**87a dargestellt und in Bild 2.87b der zugehörige Graph (s. Abschn. 2.3.1.2) angegeben. Mit dem vollständigen Baum und den unabhängigen Zweigen in Bild **2.**87b erkennt man, daß eine Lösung mit den Kirchhoffschen Gesetzen nach Abschn. 2.3.1 das Aufstellen von $k=2$ Knotenpunktgleichungen und $m=3$ Maschengleichungen verlangt.

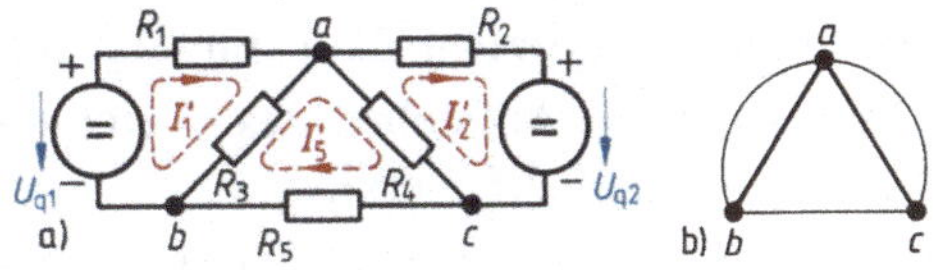

2.87
Netzwerk (a) mit Maschenströmen I'_1 bis I'_3 und Graph (b) mit vollständigem Baum

Man kann aber auch, wie in Bild **2.**87a angedeutet, fiktive Maschenströme (oder Kreisströme) definieren, wobei sie nach Bild **2.**62 teilweise mit den Zweigströmen $I_1=I'_1$, $I_2=-I'_2$ und $I_5=-I'_5$ übereinstimmen und die übrigen Zweigströme $I_3=I'_5-I'_1$ und $I_4=I'_2-I'_5$ sich durch Überlagerung nach Abschn. 2.3.3 ergeben. Auf diese Weise kann man die vorher $z=5$ unbekannten

Zweigströme auf $m=3$ unbekannte Maschenströme, also das zu lösende Gleichungssystem in erwünschter Weise reduzieren. Ganz allgemein schrumpft somit bei z Zweigströmen und k Knotenpunkten das Gleichungssystem auf

$$m=z+1-k \tag{2.93}$$

Maschengleichungen zusammen.

Für das Aufstellen der Maschengleichungen und das Bestimmen der Zweigströme empfiehlt sich analog zu Abschn. 2.3.1.3 das folgende Vorgehen:

a) Die zu untersuchende Schaltung soll wie in Abschn. 2.3.1.1 erläutert vereinfacht sein und nur Widerstände R_μ und Quellenspannung $U_{q\mu}$ enthalten; Leitwerte und Stromquellen sind also entsprechend Abschn. 2.3.2 umzuwandeln. (Auf das unmittelbare Einführen von eingeprägten Strömen [76] wird hier nicht eingegangen.)

b) In die Schaltung werden die Zählpfeile für die Quellenspannungen $U_{q\mu}$ (von + nach −) und für die durchnumerierten Zweigströme (Richtung beliebig wählbar) eingetragen.

c) Es wird ein Graph mit einem vollständigen Baum und einem System von m unabhängigen Zweigen entsprechend Abschn. 2.3.1.2 gebildet. Sollen nur einzelne Zweigströme bestimmt werden, wird der vollständige Baum so gewählt, daß diese Zweigströme in unabhängigen Zweigen fließen, also mit einem Maschenstrom übereinstimmen.

d) Mit jedem unabhängigen Zweig wird eine Masche gebildet und für sie ein durchnumerierter Maschenstrom I'_μ eingezeichnet (s. Bild **2.**87a). Der Umlaufsinn des Maschenstroms kann beliebig gewählt werden; wir werden aber in diesem Buch, um Fehler zu vermindern, stets eine Zählrichtung im Uhrzeigersinn (also rechtsherum) voraussetzen.

e) Anschließend müssen unter Beachtung des Kirchhoffschen Maschensatzes (s. Abschn. 1.3.3.2) die m Maschengleichungen aufgestellt werden. Fließen durch einen Widerstand mehrere Maschenströme, so sind die durch jeden Maschenstrom verursachten Teilspannungen vorzeichenrichtig einzuführen. Maschenströme benachbarter Maschen, die im Widerstand den gleichen Zählsinn wie der eigentliche Maschenstrom haben, erhalten das positive Vorzeichen - bei entgegengesetztem Zählsinn dagegen das negative Vorzeichen.

f) Man kann das Aufstellen des Gleichungssystems auch schematisieren; dies wird in Abschn. 2.3.5.2 erklärt.

g) Es empfiehlt sich stets, das erhaltene Gleichungssystem als Matrizengleichung hinzuschreiben und die Symmetrie der Widerstandsmatrix durch Spiegelung an der Hauptdiagonalen zu überprüfen. Nur wenn für die Koeffizienten $a_{ik}=a_{ki}$ eingehalten ist, kann die Matrix richtig sein (s. Abschn. 2.3.5.2).

h) Das Gleichungssystem kann man heute am einfachsten unmittelbar mit einem Taschenrechnerprogramm lösen (s. Band VII). Hier wird das Anwenden mit der Determinantenrechnung gezeigt (s. Abschn. 8.4). Einzelne Zweigströme, die mit den gewählten Maschenströmen übereinstimmen, erhält man unmittelbar.

i) Die übrigen Zweigströme ergeben sich durch Überlagern der entsprechenden Maschenströme.

Dieses Vorgehen soll mit dem folgenden Beispiel 2.64 erläutert werden.

Beispiel 2.64. Das Netzwerk in Bild 2.87 hat die Kennwerte von Beispiel 2.44. Es sind die Ströme I_1, I_2 und I_5 zu bestimmen.

Die unter a) bis d) beschriebenen Schritte sind in Bild 2.87 schon verwirklicht. Es werden jetzt die Maschengleichungen aufgestellt.

Masche *ab*: $(R_1+R_3)I_1' - R_3 I_5' - U_{q1} = 0$

Masche *abc*: $-R_3 I_1' - R_4 I_2' + (R_3+R_4+R_5) I_5' = 0$

Masche *ac*: $(R_2+R_4) I_2' - R_4 I_5' + U_{q2} = 0$

Wir ordnen dieses Gleichungssystem zur Matrizengleichung (s. Abschn. 8.4)

$$\begin{bmatrix} (R_1+R_3) & 0 & -R_3 \\ 0 & (R_2+R_4) & -R_4 \\ -R_3 & -R_4 & (R_3+R_4+R_5) \end{bmatrix} \cdot \begin{bmatrix} I_1' \\ I_2' \\ I_5' \end{bmatrix} = \begin{bmatrix} U_{q1} \\ -U_{q2} \\ 0 \end{bmatrix}$$

Die Nennerdeterminante ist

$$D = \begin{vmatrix} (R_1+R_3) & 0 & -R_3 \\ 0 & (R_2+R_4) & -R_4 \\ -R_3 & -R_4 & (R_3+R_4+R_5) \end{vmatrix}$$
$$= (R_1+R_3)(R_2+R_4)(R_3+R_4+R_5) - R_3^2(R_2+R_4) - R_4^2(R_1+R_3)\,^{1)}$$
$$= (1\,\Omega+30\,\Omega)(2\,\Omega+40\,\Omega)(30\,\Omega+40\,\Omega+5\,\Omega)$$
$$-30^2\,\Omega^2(2\,\Omega+40\,\Omega) - 40^2\,\Omega^2(1\,\Omega+30\,\Omega) = 10250\,\Omega^3$$

Außerdem erhält man die Zählerdeterminanten

$$D_1' = \begin{vmatrix} U_{q1} & 0 & -R_3 \\ -U_{q2} & (R_2+R_4) & -R_4 \\ 0 & -R_4 & (R_3+R_4+R_5) \end{vmatrix}$$
$$= U_{q1}(R_2+R_4)(R_3+R_4+R_5) - U_{q2} R_3 R_4 - U_{q1} R_4^2$$
$$= 24\,\text{V}(2\,\Omega+40\,\Omega)(30\,\Omega+40\,\Omega+5\,\Omega) - 20\,\text{V}\cdot 30\,\Omega\cdot 40\,\Omega - 24\,\text{V}\cdot 40^2\,\Omega^2$$
$$= 13200\,\text{V}\Omega^2$$

$$D_2' = \begin{vmatrix} (R_1+R_3) & U_{q1} & -R_3 \\ 0 & -U_{q2} & -R_4 \\ -R_3 & 0 & (R_3+R_4+R_5) \end{vmatrix}$$
$$= -U_{q2}(R_1+R_3)(R_3+R_4+R_5) + U_{q1} R_3 R_4 + U_{q2} R_3^2$$
$$= -20\,\text{V}(1\,\Omega+30\,\Omega)(30\,\Omega+40\,\Omega+5\,\Omega) + 24\,\text{V}\cdot 30\,\Omega\cdot 40\,\Omega + 20\,\text{V}\cdot 30^2\,\Omega^2$$
$$= 300\,\text{V}\Omega^2$$

[1]) Diese Gleichung könnte noch vereinfacht werden; meist lohnt sich dieser Aufwand aber nicht - das Umformen fördert eher Rechenfehler.

$$D'_5 = \begin{vmatrix} (R_1+R_3) & 0 & U_{q1} \\ 0 & (R_2+R_4) & -U_{q2} \\ -R_3 & -R_4 & 0 \end{vmatrix}$$

$$= U_{q1} R_3(R_2+R_4) - U_{q2} R_4(R_1+R_3)$$

$$= 24\,\text{V}\cdot 30\,\Omega(2\,\Omega+40\,\Omega) - 20\,\text{V}\cdot 40\,\Omega(1\,\Omega+30\,\Omega) = 5440\,\text{V}\Omega^2$$

Daher betragen die Ströme

$$I_1 = I'_1 = D'_1/D = 13\,200\,\text{V}\Omega^2/(10\,250\,\Omega^3) = 1{,}288\,\text{A}$$

$$I_2 = -I'_2 = -D'_2/D = -300\,\text{V}\Omega^2/(10\,250\,\Omega^3) = -29{,}27\,\text{mA}$$

$$I'_5 = -I'_5 = -D'_5/D = -5440\,\text{V}\Omega^2/(10\,250\,\Omega^3) = -0{,}5307\,\text{A}$$

2.3.5.2 Aufstellen der Matrizengleichung. Wenn man das für Beispiel 2.63 aufgestellte Gleichungssystem und die zugehörige geordnete Matrizengleichung auf ihre Eigenschaften hin untersucht, erkennt man, daß die Maschengleichungen einem bestimmten Schema folgen, das man für das Aufstellen der Gleichungen nutzen kann. Es gilt nämlich ganz allgemein die Matrizengleichung (s. Abschn. 8.4)

$$\begin{bmatrix} R_{11} & R_{12} & \dots & R_{1n} \\ R_{21} & R_{22} & \dots & R_{2n} \\ \vdots & \vdots & & \vdots \\ R_{n1} & R_{n2} & \dots & R_{nn} \end{bmatrix} \cdot \begin{bmatrix} I'_1 \\ I'_2 \\ \vdots \\ I'_n \end{bmatrix} = \begin{bmatrix} -U'_{q1} \\ -U'_{q2} \\ \vdots \\ -U'_{qn} \end{bmatrix} \tag{2.94}$$

Wenn der Spaltenvektor für die Maschenströme I'_k nach den Indizes geordnet ist, ergibt sich ein symmetrischer Aufbau der Koeffizienten-Matrix von Gl. (2.94). Jeder Maschenstrom I'_k ist in seiner Masche mit allen Widerständen, die er durchfließt, verknüpft. Die Hauptdiagonale der Widerstandsmatrix (Koeffizienten-Determinante s. Abschn. 8.4) ist mit den Summenwiderständen R_{11}, R_{22} ... R_{nn} der gewählten Maschen besetzt.

Die Nebendiagonalen der Widerstandsmatrix enthalten die Widerstände R_{ki}, die von den Maschenströmen I'_k und I'_i durchflossen werden. Sind die Zählpfeile für diese Maschenströme I'_k und I'_i an diesen Koppelwiderständen R_{ki} gleichsinnig, so erhält dieser Widerstandswert das positive, anderenfalls das negative Vorzeichen. Spiegelbildlich zur Hauptdiagonale liegende Koppelwiderstände sind gleich, was eine einfache Überprüfung der Widerstandsmatrix ermöglicht.

Die Spannungen U'_{qk} stellen die Summen der Quellenspannungen in den betrachteten Maschen dar. Die Zahlenwerte der einzelnen Quellenspannungen $U_{q\mu}$ treten hierbei mit positivem Vorzeichen auf, wenn ihr Zählpfeil mit dem Umlaufsinn des zugehörigen Maschenstroms I'_k übereinstimmt; sie erhalten das negative Vorzeichen, wenn die Zählrichtungen entgegengesetzt sind. Man achte darauf, daß nach Gl. (2.94) die Vorzeichen des Spaltenvektors der Quellenspannungen dann insgesamt nochmals umzukehren sind, was in Gl. (2.94) durch die vorgesetzten Minuszeichen vorgeschrieben wird.

Beispiel 2.65. Für die Brückenschaltung von Bild **2.**88a werden die allgemeinen Gleichungen für die Ströme durch die Widerstände R_1, R_2 und R_3 gesucht. Man stelle die Matrizengleichung für eine Lösung nach dem Maschenstrom-Verfahren auf.

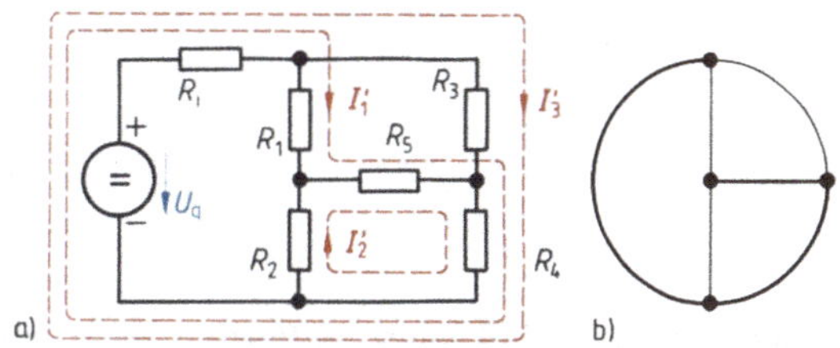

2.88
Brückenschaltung (a) mit Maschenströmen und Graph (b) mit vollständigem Baum

An dem Graph in Bild **2.**88b erkennt man, daß $m=3$ Maschengleichungen benötigt werden. Da die Gleichungen für die Ströme I_1, I_2 und I_3 gesucht werden, sollen die Widerstände R_1, R_2 und R_3 zu unabhängigen Zweigen gehören und daher nur von den Maschenströmen I_1', I_2' und I_3' durchflossen werden. Hiermit ergeben sich die in Bild **2.**88a eingetragenen Maschen. Man kann sofort angeben

$$\begin{bmatrix} (R_i+R_1+R_5+R_4) & (R_5+R_4) & (R_i+R_4) \\ (R_5+R_4) & (R_2+R_5+R_4) & R_4 \\ (R_i+R_4) & R_4 & (R_i+R_3+R_4) \end{bmatrix} \cdot \begin{bmatrix} I_1' \\ I_2' \\ I_3' \end{bmatrix} = \begin{bmatrix} U_q \\ 0 \\ U_q \end{bmatrix}$$

2.3.6 Knotenpunktpotential-Verfahren

Wenn man in dem Netzwerk von Bild **2.**87 einem der $k=3$ Knotenpunkte, z.B. dem Punkt a, willkürlich das Potential $\varphi_a = U_a' = 0$ zuordnet, haben die beiden übrigen Knotenpunkte b und c gegenüber diesem B e z u g s k n o t e n p u n k t a die Potentiale U_{ab}' und U_{ac}'. Gelingt es, diese Spannungen U_{ab}' und U_{ac}' zu bestimmen, so können auch alle übrigen Teilspannungen und die Zweigströme leicht berechnet werden.

Während also die ursprüngliche Aufgabe in Abschn. 2.3.1 darin bestand, $z=6$ unbekannte Zweigströme in Anwendung der Kirchhoffschen Gesetze durch Ansetzen der $z=6$ Strom- und Spannungsgleichungen zu suchen, und diese Aufgabe in Abschn. 2.3.5 auf das Aufstellen von $m=3$ Maschengleichungen für $m=3$ unbekannte (fiktive) Maschenströme vereinfacht werden konnte, brauchen bei dem nun zu erläuternden Knotenpunktpotential-Verfahren im Fall des hier zu betrachtenden Netzwerks von Bild **2.**62 nur noch $r=2$ Knotenpunktsgleichungen für die $r=2$ Knotenpunktpotentiale angegeben zu werden. Bei k Knotenpunkten benötigt man also allgemein

$$r=k-1 \tag{2.95}$$

Knotenpunktsgleichungen. Das Knotenpunktpotential-Verfahren hat also Vorteile beim Aufsuchen der Lösung, wenn die Anzahl r der unabhängigen Knotenpunktgleichungen (d.i. die Anzahl der Zweige des vollständigen Baums) kleiner ist als die Anzahl m der unabhängigen Maschengleichungen (d.i. die

Anzahl der unabhängigen Zweige). Dies kann man am einfachsten mit einem Graphen untersuchen, wie er für das Netzwerk in Bild **2**.62 bzw. **2**.87a und **2**.89a in Bild **2**.89b dargestellt ist.

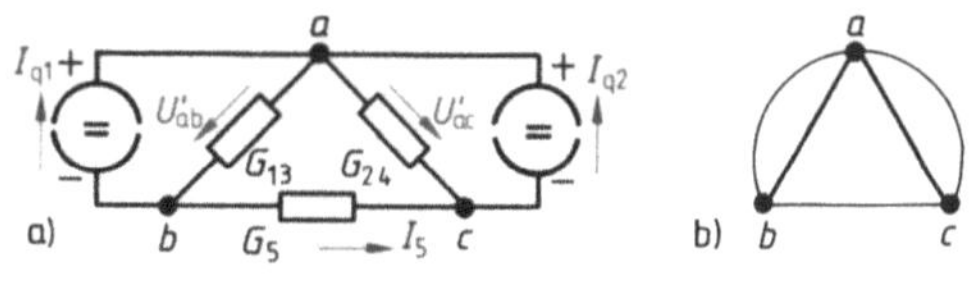

2.89
Netzwerk von Bild **2**.87, umgeformt auf Stromquellen und Leitwerte (a) und Graph (b) mit vollständigem Baum

Nachteilig ist, daß man außerdem, um ein übersichtliches Koeffizientenschema zu erhalten, vor dem Ansetzen der Gleichungen alle Spannungsquellen in gleichwertige Stromquellen mit den Quellenströmen $I_{q\mu}$ umwandeln muß. (Auf die auch mögliche unmittelbare Berücksichtigung eingeprägter Spannungen [76] soll hier nicht eingegangen werden.) (In Bild **2**.89a sind schon die Leitwerte $G_1+G_3=G_{13}$ und $G_2+G_4=G_{24}$ jeweils zusammengefaßt.)

2.3.6.1 Vorgehen. Für das Aufstellen der Knotenpunktgleichungen und das Bestimmen der Teilspannungen bzw. Zweigströme empfiehlt sich entsprechend Abschn. 2.3.5.1 das folgende systematische Vorgehen:

a) Alle Widerstände werden in Leitwerte und alle Spannungsquellen in Stromquellen umgerechnet. Parallele Leitwerte und Stromquellen werden zusammengefaßt.

b) Für einen beliebig wählbaren Bezugsknotenpunkt wird das Potential $\varphi=0$ festgelegt. Wenn man den Knotenpunkt mit den meisten Zweiganschlüssen als Bezugsknotenpunkt wählt, erhält man das einfachste Gleichungssystem.

c) Vom Bezugsknotenpunkt aus werden strahlenförmig zu allen übrigen Knotenpunkten im Formelzeichen durchnumerierte Spannungs-Zählpfeile für die Knotenpunktpotentiale U'_k eingetragen. Dies sind gleichzeitig die Strom-Zählpfeil-Richtungen für die betreffenden Zweige. Die Zählpfeile für die Quellenströme müssen in der Quelle von − nach + weisen. Die Strom-Zählpfeile für die übrigen Zweige können beliebig gewählt werden.

d) Für die r Knotenpunkte nach Gl. (2.95) sind anschließend die r Stromgleichungen aufzustellen, wobei die durch die Zählpfeile festgelegten Vorzeichen zu beachten sind. (Für den Bezugsknotenpunkt wird keine Gleichung angegeben.)

e) Man kann auch sofort die Matrizengleichung nach Abschn. 2.3.6.2 bilden.

f) Man sollte stets das gefundene Gleichungssystem als Matrizengleichung hinschreiben und die notwendige Symmetrie der Leitwertmatrix durch Spiegeln an der Hauptdiagonale überprüfen. Es muß $a_{ik}=a_{ki}$ erfüllt sein (s. Abschn. 2.3.6.2).

g) Das Gleichungssystem läßt sich wieder am einfachsten mit einem Taschenrechnerprogramm (s. Band VII) sowie mit der Determinantenrechnung (s. Abschn. 8.4) lösen. Es liefert unmittelbar die Zweigspannungen, die mit den gewählten Knotenpunktpotentialen übereinstimmen.

h) Mit den gefundenen Knotenpunktpotentialen U'_k kann man durch Anwenden des Maschensatzes die übrigen Zweigspannungen und über das Ohmsche Gesetz schließlich alle Zweigströme ermitteln.

Das folgende Beispiel zeigt dieses Vorgehen.

Beispiel 2.66. Für das Netzwerk in Bild **2.**87 sind mit den Kennwerten von Beispiel 2.44 unter Anwendung des Knotenpunktpotential-Verfahrens die Ströme I_1, I_2 und I_5 zu berechnen.

Wir benutzen die Schaltung in Bild **2.**89a und bestimmen daher zunächst entsprechend Gl. (2.10) die Quellenströme

$$I_{q1} = U_{q1}/R_1 = 24\ \text{V}/(1\ \Omega) = 24\ \text{A}$$

$$I_{q2} = U_{q2}/R_2 = 20\ \text{V}/(2\ \Omega) = 10\ \text{A}$$

sowie die Leitwerte $G_1 = 1/R_1 = 1/(1\ \Omega) = 1\ \text{S}$, $G_2 = 1/R_2 = 1/(2\ \Omega) = 0{,}5\ \text{S}$, $G_3 = 1/R_3 = 1/(30\ \Omega) = 0{,}03333\ \text{S}$, $G_4 = 1/R_4 = 1/(40\ \Omega) = 0{,}025\ \text{S}$, $G_5 = 1/R_5 = 1/(5\ \Omega) = 0{,}2\ \text{S}$ und $G_{13} = G_1 + G_3 = 1\ \text{S} + 0{,}03333\ \text{S} = 1{,}033\ \text{S}$, $G_{24} = G_2 + G_4 = 0{,}5\ \text{S} + 0{,}025\ \text{S} = 0{,}525\ \text{S}$.

In Bild **2.**89a sind schon strahlenförmig vom Knotenpunkt *a* aus die Spannungs-Zählpfeile U'_{ab} und U'_{ac} zu den Knotenpunkten *b* und *c* eingetragen. Dann gilt nach dem Knotenpunktsatz für

Knoten *b*: $-I_{q1} + I_{13} - I_5 = 0$
Knoten *c*: $-I_{q2} + I_5 + I_{24} = 0$

Wir setzen jetzt ein

$$I_{13} = G_{13}\,U'_{ab}, \qquad I_{24} = G_{24}\,U'_{ac}, \qquad I_5 = G_5(U'_{ac} - U'_{ab})$$

und erhalten

$$-I_{q1} + G_{13}\,U'_{ab} - G_5(U'_{ac} - U'_{ab}) = 0$$

$$-I_{q2} + G_5(U'_{ac} - U'_{ab}) + G_{24}\,U'_{ac} = 0$$

oder geordnet nach den beiden unbekannten Spannungen

$$(G_{13} + G_5)\,U'_{ab} - G_5\,U'_{ac} = I_{q1}$$

$$-G_5\,U'_{ab} + (G_5 + G_{24})\,U'_{ac} = I_{q2}$$

Wir schreiben dieses Gleichungssystem wieder als Matrizengleichung

$$\begin{bmatrix} (G_{13}+G_5) & -G_5 \\ -G_5 & (G_5+G_{24}) \end{bmatrix} \cdot \begin{bmatrix} U'_{ab} \\ U'_{ac} \end{bmatrix} = \begin{bmatrix} I_{q1} \\ I_{q2} \end{bmatrix}$$

Die Leitwertmatrix ergibt die Koeffizienten-Determinante

$$D = \begin{vmatrix} (G_{13}+G_5) & -G_5 \\ -G_5 & (G_5+G_{24}) \end{vmatrix} = (G_{13}+G_5)(G_5+G_{24}) - G_5^2$$

$$= (1{,}033\ \text{S} + 0{,}2\ \text{S})(0{,}2\ \text{S} + 0{,}525\ \text{S}) - 0{,}2^2\ \text{S}^2 = 0{,}8542\ \text{S}^2$$

Außerdem findet man die Zähler-Determinanten

$$D'_{ab} = \begin{vmatrix} I_{q1} & -G_5 \\ I_{q2} & (G_5 + G_{24}) \end{vmatrix} = (G_5 + G_{24}) I_{q1} + G_5 I_{q2}$$

$$= (0{,}2\ \text{S} + 0{,}525\ \text{S})\ 24\ \text{A} + 0{,}2\ \text{S} \cdot 10\ \text{A} = 19{,}4\ \text{SA}$$

$$D'_{ac} = \begin{vmatrix} (G_{13} + G_5) & I_{q1} \\ -G_5 & I_{q2} \end{vmatrix} = (G_{13} + G_5) I_{q2} + G_5 I_{q1}$$

$$= (1{,}033\ \text{S} + 0{,}2\ \text{S})\ 10\ \text{A} + 0{,}2\ \text{S} \cdot 24\ \text{A} = 17{,}13\ \text{SA}$$

Daher sind die Spannungen

$$U'_{ab} = D'_{ab}/D = 19{,}4\ \text{SA}/(0{,}8542\ \text{S}^2) = 22{,}71\ \text{V}$$

$$U'_{ac} = D'_{ac}/D = 17{,}13\ \text{SA}/(0{,}8542\ \text{S}^2) = 20{,}06\ \text{V}$$

Nach Bild **2.**62 und **2.**89a gilt daher für die Ströme

$$I_1 = \frac{U_{q1} - U'_{ab}}{R_1} = \frac{24\ \text{V} - 22{,}72\ \text{V}}{1\ \Omega} = 1{,}288\ \text{A}$$

$$I_2 = \frac{U_{q2} - U'_{ac}}{R_2} = \frac{20\ \text{V} - 20{,}06\ \text{V}}{2\ \Omega} = -29{,}27\ \text{mA}$$

$$I_3 = \frac{U'_{ac} - U'_{ab}}{R_5} = \frac{20{,}06\ \text{V} - 22{,}72\ \text{V}}{5\ \Omega} = -0{,}5307\ \text{A}$$

Man beachte, daß die Ergebnisse voll mit denen von Beispiel 2.64 übereinstimmen, weil hier entsprechend Abschn. 8.1.2.2 die Genauigkeit des Taschenrechners genutzt wurde.

2.3.6.2 Aufstellen der Matrizengleichung. Ebenso wie in Abschn. 2.3.5.2 für die Maschengleichungen kann man nun auch das Aufstellen der Stromgleichungen für das Knotenpunktpotential-Verfahren in ein einfaches Schema bringen und ganz allgemein die Matrizengleichung

$$\begin{bmatrix} +G_{11} & -G_{12} & \cdots & -G_{1n} \\ -G_{21} & +G_{22} & \cdots & -G_{2n} \\ \vdots & \vdots & & \vdots \\ -G_{n1} & -G_{n2} & \cdots & +G_{nn} \end{bmatrix} \cdot \begin{bmatrix} U'_1 \\ U'_2 \\ \vdots \\ U'_n \end{bmatrix} = \begin{bmatrix} -I'_{q1} \\ -I'_{q2} \\ \vdots \\ -I'_{qn} \end{bmatrix} \qquad (2.96)$$

bilden. Wenn der Spaltenvektor für die Knotenpunktpotentiale U'_k nach den Indizes geordnet ist, ist auch die Matrix von Gl. (2.96) symmetrisch aufgebaut. Jedes Knotenpunktpotential U'_k ist mit allen Leitwerten, die mit dem betrachteten Knotenpunkt unmittelbar verbunden sind, verknüpft. Die Hauptdiagonale der Leitwertmatrix (also der Koeffizienten-Determinante) ist daher mit den Summenleitwerten G_μ der benachbarten (also der verbundenen) Zweige besetzt.

Die Nebendiagonalen der Leitwertmatrix enthalten die stets negativen Koppelleitwerte G_{ik}, die zwischen zwei Knotenpunkten liegen. Befindet sich zwischen zwei Knotenpunkten unmittelbar kein Leitwert, so wird an die entsprechende Stelle der Leitwertmatrix eine Null gesetzt. Spiegelbildlich zur Hauptdiagonale liegende Koppelleitwerte $G_{ik} = G_{ki}$ sind gleich. Dies ermöglicht wieder eine einfache Prüfung der Leitwertmatrix.

Die Ströme I'_{qk} stellen die Summe der den Knotenpunkten aufgeprägten Quellenströme dar. Ihre Zahlenwerte werden positiv gezählt, wenn sie zum Knotenpunkt zufließen, und negativ, wenn sie abfließen. Man beachte wieder, daß sie jedoch wegen der Minuszeichen im Spaltenvektor der Ströme in Gl. (2.96) endgültig das entgegengesetzte Vorzeichen erhalten.

Beispiel 2.67. Das Netzwerk in Bild **2.**90a besteht aus den Widerständen $R_1 = 1\,\Omega$, $R_2 = 20\,\Omega$, $R_3 = 40\,\Omega$, $R_4 = 4\,\Omega$, $R_5 = 5\,\Omega$ und führt den Quellenstrom $I_{q1} = 2$ A und die Quellenspannung $U_{q2} = 10$ V. Die Spannung U_4 soll bestimmt werden.

Wir wollen diese Aufgabe mit dem Knotenpunktpotential-Verfahren lösen, müssen hierfür aber noch die Schaltung umformen, also z. B. die Quellenspannung U_{q2} ersetzen. Daher wandeln wir die linke Stromquelle zunächst entsprechend Abschn. 2.1.1 in eine Spannungsquelle mit der Quellenspannung $U_{q1} = R_1 I_{q1} = 1\,\Omega \cdot 2\,\text{A} = 2$ V um und legen dann entsprechend Abschn. 2.3.2.3 eine weitere Quelle parallel zu U_{q2}. Wir dürfen dann am Knotenpunkt d die Schaltung auftrennen und erhalten so das Netzwerk in Bild **2.**90b.

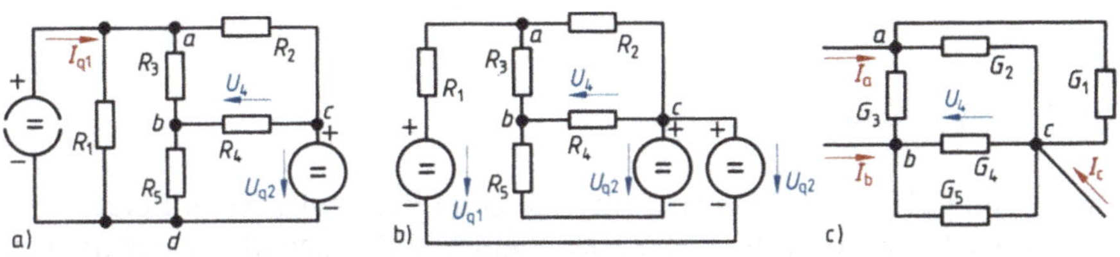

2.90 Netzwerk (a) mit Umwandlung der Quellen (b) und Vorbereitung auf Anwendung des Knotenpunktpotential-Verfahrens (c)

Nun können wir die Spannungsquellen wieder in Stromquellen umwandeln und finden so die Schaltung in Bild **2.**90c mit den den Knotenpunkten eingeprägten Strömen

$$I_a = (U_{q1} - U_{q2})/R_1 = (2\,\text{V} - 10\,\text{V})/1\,\Omega = -8\,\text{A}$$

$$I_b = -U_{q2}/R_5 = -10\,\text{V}/(5\,\Omega) = -2\,\text{A}$$

Außerdem benötigen wir noch die Leitwerte $G_1 = 1/R_1 = 1/(1\,\Omega) = 1$ S, $G_2 = 1/R_2 = 1/(20\,\Omega) = 0{,}05$ S, $G_3 = 1/R_3 = 1/(40\,\Omega) = 0{,}025$ S, $G_4 = 1/R_4 = 1/(4\,\Omega) = 0{,}25$ S und $G_5 = 1/R_5 = 1/(5\,\Omega) = 0{,}2$ S. Mit Gl. (2.96) kann man sofort die Matrizengleichung

$$\begin{bmatrix} (G_1 + G_2 + G_3) & -G_3 \\ -G_3 & (G_3 + G_4 + G_5) \end{bmatrix} \cdot \begin{bmatrix} U'_{ca} \\ U'_{cb} \end{bmatrix} = \begin{bmatrix} -I_a \\ -I_b \end{bmatrix}$$

angeben. Es gilt dann für die gesuchte Spannung

$$U_4 = U'_{cb} = \frac{\begin{vmatrix} (G_1+G_2+G_3) & -I_a \\ -G_3 & -I_b \end{vmatrix}}{\begin{vmatrix} (G_1+G_2+G_3) & -G_3 \\ -G_3 & (G_3+G_4+G_5) \end{vmatrix}}$$

$$= \frac{\begin{vmatrix} (1\,\text{S}+0{,}05\,\text{S}+0{,}025\,\text{S}) & 8\,\text{A} \\ -0{,}025\,\text{S} & 2\,\text{A} \end{vmatrix}}{\begin{vmatrix} (1\,\text{S}+0{,}05\,\text{S}+0{,}025\,\text{S}) & -0{,}025\,\text{S} \\ -0{,}025\,\text{S} & (0{,}025\,\text{S}+0{,}25\,\text{S}+0{,}2\,\text{S}) \end{vmatrix}}$$

$$= 2{,}35\,\text{SA}/(0{,}51\,\text{S}^2) = 4{,}608\,\text{V}$$

Beispiel 2.68. Für die Schaltung in Bild **2.**91 soll die Matrizengleichung entsprechend Gl. (2.96) bei Annahme des Bezugsknotenpunkts *d* aufgestellt werden.

In Bild **2.**91 sind schon die Zählpfeile für die unbekannten Teilspannungen eingetragen. Man kann daher sofort entsprechend Abschn. 2.3.6.2 angeben

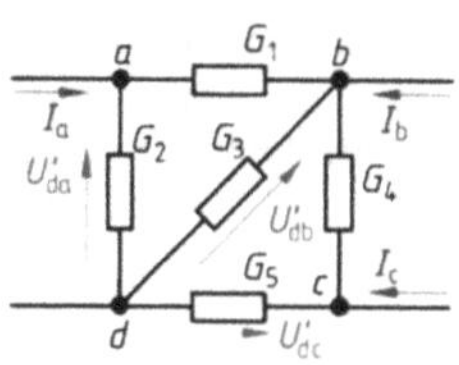

$$\begin{bmatrix} (G_1+G_2) & -G_1 & 0 \\ -G_1 & (G_1+G_3+G_4) & -G_4 \\ 0 & -G_4 & (G_4+G_5) \end{bmatrix} \cdot \begin{bmatrix} U'_{da} \\ U'_{db} \\ U'_{dc} \end{bmatrix} = \begin{bmatrix} -I_a \\ -I_b \\ -I_c \end{bmatrix}$$

2.91 Netzwerk

2.3.7 Anwendungen

Die Kirchhoffschen Gesetze sind die Grundlage eines jeden Berechnungsverfahrens für elektrische Netzwerke. Durch Aufstellen der möglichen und hinreichenden unabhängigen Strom- und Spannungsgleichungen kann man jede Netzwerkaufgabe lösen - nicht nur für lineare, sondern mit den entsprechenden Rechenverfahren grundsätzlich auch für nichtlineare Schaltungen. Abschn. 2.3.1.3 beschreibt die zu beachtenden Regeln. Da z unbekannte Zweigströme ein System von z Gleichungen erfordern, ist der Rechenaufwand für umfangreiche Netzwerke groß.

Es lohnt sich immer, die vorliegenden Netzwerke, wie in Abschn. 2.3.1.1 dargestellt, so weit wie möglich zu vereinfachen - möglich ist dies aber nur für lineare und rückwirkungsfreie Schaltungsteile. Die für solche Netzumformungen zu beachtenden Regeln findet man in Abschn. 2.3.2.2 und 2.3.2.3. Wenn sich die Widerstände von Netzwerken nicht mit den in Abschn. 2.2 behandelten Gesetzen für Reihen- und Parallelschaltungen zusammenfassen lassen und somit der Gesamtwiderstand nicht einfach zu berechnen ist, kann man die Stern-Dreieck-Umwandlung nach Abschn. 2.3.2.4 anwenden. In Sonderfällen kann auch der Vertauschungssatz von Abschn. 2.3.2.5 vorteilhaft eingesetzt werden.

Das Überlagerungsverfahren nach Abschn. 2.3.3 eignet sich besonders für die Berechnung von Netzwerken mit linearen Schaltungsgliedern und mehreren rückwirkungsfreien Spannungs- und Stromquellen, wenn die Wirkungen der einzelnen Quellen einfach zu bestimmen sind. Auf diese Weise können einzelne Zweigströme oder die Stromverteilung in einem vermaschten Netz ermittelt werden. Das Überlagerungsgesetz wird in der Elektrotechnik ganz allgemein auf viele allgemeine Überlegungen (s. Abschn. 2.3.4 bis 2.3.6, 3.3.1, 3.3.5, 3.4, 3.6, 4.3, 4.4, 5.1, 5.2, 6.2, 6.3.2 und 7) angewendet, hat aber nach Einführung der programmierbaren Taschenrechner für das Finden numerischer Lösungen nur noch eine geringe praktische Bedeutung.

Mit der Schnittmethode nach Abschn. 2.3.3.2 kann man besonders gut einzelne Zweigspannungen und -ströme berechnen, wenn die Spannung an der Trennstelle leicht zu bestimmen ist. Wenn die Änderung eines Zweigstroms durch Änderung eines Zweigwiderstands bestimmt werden soll, kann eine Kompensationsquelle eingeführt werden. Wenn ein programmierbarer Taschenrechner zur Verfügung steht, der umfangreiche Gleichungssysteme zu lösen vermag, ist es jedoch meist wenig zweckmäßig, diese Verfahren einzusetzen, da z. B. das Maschenstromverfahren dann schneller das Ergebnis liefert.

Ersatzquellen nach Abschn. 2.3.4 können vorteilhaft eingeführt werden, wenn an zwei Klemmen einer Schaltung veränderbare Widerstände angeschlossen sind und ihre Wirkungen berechnet werden sollen. Sie sind unentbehrlich, wenn die Leistungsanpassung eines äußeren Widerstands entsprechend Abschn. 2.1.3 untersucht werden muß oder dieser äußere Widerstand nichtlinear ist. Ob zweckmäßig Ersatz-Spannungs- oder Ersatz-Stromquelle gewählt werden, richtet sich nach den in Abschn. 2.1.1.3 erläuterten Gesichtspunkten.

Das Maschenstrom-Verfahren nach Abschn. 2.3.5 liefert die geringere Anzahl Gleichungen, wenn entsprechend Abschn. 2.3.1.2 die Anzahl m der unabhängigen Maschengleichungen kleiner ist als die Anzahl r der unabhängigen Knotenpunktsgleichungen, und das Knotenpunktpotential-Verfahren nach Abschn. 2.3.6 für den umgekehrten Fall. (Die Entscheidung für das Verfahren mit der geringsten Anzahl von Gleichungen trifft man am einfachsten mit dem zum Netzwerk gehörenden Graph nach Abschn. 2.3.1.2.) Beide Verfahren haben daher in umfangreichen Netzwerken große Vorteile gegenüber der unmittelbaren Anwendung der Kirchhoffschen Gesetze, die ein System von $z = m + r$ Gleichungen verlangen. Allerdings muß man beim Maschenstrom-Verfahren das Netzwerk auf das alleinige Verwenden von Widerständen und Spannungsquellen - beim Knotenpunktpotential-Verfahren dagegen auf Leitwerte und Stromquellen bzw. eingeprägte Ströme einrichten. Beide Verfahren erleichtern entscheidend die Analyse umfangreicher Netzwerke und ermöglichen ihre Berechnung durch den Digitalrechner. Nach Vereinfachen und Ordnen des Netzwerks in eindeutige Zweige und Knotenpunkte kann sofort ganz schematisch die zugehörige Matrizengleichung aufgestellt werden.

Mit Digitalrechnern kann man heute auch Gleichungssysteme höherer Ordnung sehr schnell lösen (mit Taschenrechnern bis zur 8. Ordnung - s. Band VII).

Es sollen jetzt noch einige Anwendungen dieser Berechnungsverfahren an typischen Geräten und Anlagen der Gleichstromtechnik erläutert werden.

2.3.7.1 Spannungsteiler. Der Spannungsteiler, der in stetig einstellbarer Ausführung auch als Potentiometer bezeichnet wird, wird im Laboratorium und Prüffeld, am häufigsten in der Nachrichtentechnik in den verschiedenartigsten Schaltungen benutzt, um von einer vorhandenen, festen Eingangsspannung U_e bestimmte Teilspannungen abgreifen zu können. Das kann mit zwei in Reihe geschalteten Widerständen geschehen oder auch nach Bild **2.**92a mit einem Widerstand R_S, auf dem ein Einstellkontakt g verschoben werden kann (Stellwiderstand). Bezeichnet man die beiden Widerstände links und rechts vom Einstellkontakt g mit R_1 und R_2, beträgt also der Gesamtwiderstand des Spannungsteilers $R_S = R_1 + R_2$, so herrscht im Leerlauf, also für $R_a = \infty$, nach der Spannungsteilerregel mit dem Spannungsteiler-Widerstandsverhältnis $g = R_1/R_S$ das Spannungsverhältnis

$$U_{al}/U_e = R_1/(R_1 + R_2) = R_1/R_S = g \tag{2.97}$$

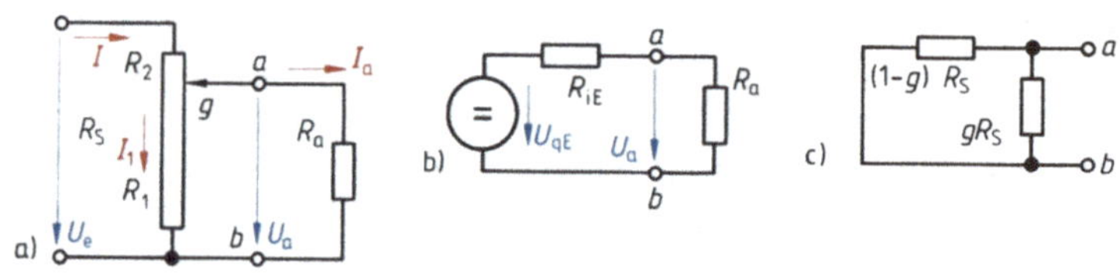

2.92 Belasteter Spannungsteiler (a) mit Ersatz-Spannungsquelle (b) und Schaltung des Widerstands $R_{ab} = R_{iE}$ (c)

Belasteter Spannungsteiler. Wenn entsprechend Bild **2.**92 a ein endlicher Verbraucherwiderstand R_a an den Spannungsteiler angeschlossen ist, wird sich die Klemmenspannung U_a mit der Last ändern. Der Verlauf der Einstellkennlinien $U_a/U_e = f(g)$ soll jetzt mit dem Parameter Verbraucher-Widerstandsverhältnis $p = R_S/R_a$ durch Anwenden einer Ersatz-Spannungsquelle (Bild **2.**92b) ermittelt werden. Wir wollen also den Spannungsteiler allgemein und mit normierten Größen g und p betrachten. Nach Gl. (2.97) hat diese Ersatz-Spannungsquelle die Ersatz-Quellenspannung

$$U_{qE} = U_{al} = g\,U_e$$

Den inneren Ersatzwiderstand findet man mit Bild **2.**92c; es gilt nach Gl. (2.64) für den Widerstand zwischen den Klemmen a und b, also für den inneren Ersatzwiderstand

$$R_{iE} = \frac{g(1-g)R_S^2}{gR_S + (1-g)R_S} = g(1-g)R_S$$

Es fließt somit nach Einführen des Verbraucher-Widerstandsverhältnisses $p = R_S/R_a$ und des maximalen Verbraucherstroms $I_{a\,max} = U_e/R_a$ bzw. der maximalen Verbraucherspannung $U_{a\,max} = U_e$ und Erweitern mit R_a der relative Verbraucherstrom

$$I_{ar} = \frac{I_a}{I_{a\,max}} = \frac{U_{qE}}{R_{iE} + R_a} \cdot \frac{R_a}{U_e} = \frac{g\,U_e}{g(1-g)R_S + R_a} \cdot \frac{R_a}{U_e} = \frac{g}{1 + pg(1-g)} \tag{2.98}$$

bei der relativen Verbraucherspannung

$$U_{ar} = \frac{U_a}{U_{a\,max}} = \frac{R_a I_a}{U_e} = \frac{g}{1 + pg(1-g)} \tag{2.99}$$

Relativer Verbraucherstrom I_{ar} und relative Verbraucherspannung U_{ar} sind also identisch. Man bezeichnet Gl. (2.99) auch als Einstellkennlinie; sie ist in Bild **2.**93 a für einige Parameterwerte p dargestellt. Bei großen Verbraucherwiderstandsverhältnissen p liegt also ein vom linearen Verlauf stark abweichendes Einstellverhalten vor und gegen Ende des Stellbereichs g steigen Strom I_a und Spannung U_a relativ stark an.

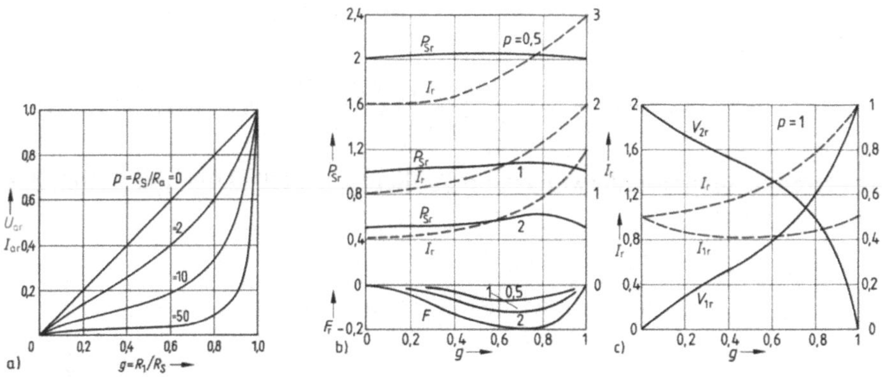

2.93 Einstellkennlinien $U_{ar} = I_{ar}$ (a) sowie relativer Linearitätsfehler F_r, relativer Netzstrom I_r, relativer Teilerstrom I_{1r}, relative Verluste V_{1r} und relative Leistungsaufnahme P_{Sr} (b, c) des Spannungsteilers für verschiedene Verbraucher-Widerstandsverhältnisse p abhängig vom Einstellverhältnis g

Ganz allgemein gilt für den relativen Strom- bzw. Spannungsanstieg

$$\frac{dI_{ar}}{dg} = \frac{dU_{ar}}{dg} = \frac{1 + pg^2}{[1 + pg(1-g)]^2} \tag{2.100}$$

Man muß also vorsichtig nachstellen, um keinen plötzlichen Spannungsanstieg zu erhalten.

Der relative Linearitätsfehler ist dann

$$F_r = U_{ar} - \frac{U_{al}}{U_e} = \frac{g}{1+pg(1-g)} - g = \frac{g[1-1-pg(1-g)]}{1+pg(1-g)}$$

$$= \frac{pg^2(g-1)}{1+pg(1-g)} = I_{ar}pg(g_3-1) \tag{2.101}$$

Er ist in Bild **2.**93b für einige Parameterwerte p dargestellt. Sein Maximum liegt dort in der Nähe von $g=0,7$ und wandert offenbar für $p \to 0$ gegen $g=0,5$.

Im oberen Spannungsteilerwiderstand R_2 fließt der relative Strom

$$I_r = \frac{I}{I_{a\,max}} = \frac{U_e}{R_2 + \dfrac{R_1 R_a}{R_1 + R_a}} \cdot \frac{R_a}{U_e} = \frac{R_a(R_1+R_a)}{R_2(R_1+R_a)+R_1 R_a}$$

$$= \frac{1}{p} \cdot \frac{g+1/p}{(1-g)(g+1/p)+g/p} = \frac{1}{p} \cdot \frac{1+pg}{1+pg(1-g)} = I_{ar}+1 \tag{2.102}$$

Dieser Strom führt zu Stromwärmeverlusten $V_2 = I^2 R_2$, die auf die maximal vom Verbraucherwiderstand R_a aufgenommene Leistung $P_{a\,max} = U_e^2/R_a$ bezogen werden. Daher gilt mit $R_2/R_a = (R_2/R_S)(R_S/R_a) = p(1-g)$ für die relativen Verluste

$$V_{2r} = \frac{I^2 R_2 R_a}{U_e^2} = I_r^2 \frac{R_2}{R_a} = \frac{1-g}{p}\left(\frac{1+pg}{1+pg(1-g)}\right)^2 = p(1-g)\,I_r^2 \tag{2.103}$$

Im unteren Spannungsteilerwiderstand R_1 fließt nach Gl. (2.98) und (2.102) der relative Strom

$$I_{1r} = I_r - I_{ar} = \frac{1}{p} \cdot \frac{1+pg}{1+pg(1-g)} - \frac{g}{1+pg(1-g)}$$

$$= \frac{1}{p} \cdot \frac{1}{1+pg(1-g)} = \frac{I_{ar}}{pg} \tag{2.104}$$

Daher entstehen hier mit $R_1/R_a = (R_1/R_S)(R_S/R_a) = pg$ die relativen Verluste

$$V_{1r} = \frac{I_1^2 R_1 R_a}{U_e^2} = I_{1r}^2 \frac{R_1}{R_a} = \frac{g}{p} \cdot \frac{1}{[1+pg(1-g)]^2} = I_{ar} I_{1r} \tag{2.105}$$

und die gesamte relative Leistungsaufnahme des Spannungsteilers ist

$$P_{Sr} = P_S/P_{a\,max} = V_{1r} + V_{2r} \tag{2.106}$$

Bild **2.**93 b zeigt den Verlauf des relativen Netzstroms I_r; er ist nach Bild **2.**93 c größer als der relative Teilerstrom I_{1r}, so daß der Spannungsteiler für seinen größten Wert bei $g \to 1$ zu bemessen ist. Nach Bild **2.**93 b wächst er reziprok mit dem Verbraucher-Widerstandsverhältnis p.

Bild **2.**93 c macht außerdem deutlich, daß sich die Verluste V in den Teilwiderständen R_1 und R_2 abhängig vom Spannungsteilerverhältnis g entgegengesetzt verhalten. Ihre Summe, die Leistungsaufnahme P_S des Spannungsteilers durchläuft nach Bild **2.**93 b ein Maximum, das bei größeren Werten p ausgeprägter ist und im Bereich $0{,}5 < g < 1$ liegt. Sie wächst ebenfalls mit dem Verbraucher-Widerstandsverhältnis p.

Gl. (2.98) bis (2.104) und Bild **2.**93 zeigen wieder recht deutlich, welche Vorteile es bei solchen allgemeinen Untersuchungen hat zu normieren, also alle Größen auf entsprechende charakteristische gleichartige physikalische Größen zu beziehen. Auf diese Weise gewinnt man allgemein gültige Aussagen, die man leicht auf bestimmte Anordnungen anwenden kann.

Beispiel 2.69. Der Widerstand $R_a = 100\,\Omega$ soll über einen Spannungsteiler an einem Gleichstromnetz mit der Nennspannung $U_N = 220$ V im Spannungsbereich $U_a = 0$ bis 220 V betrieben werden.

a) Zur Verfügung stehen Spannungsteilerwiderstände $R_S = 50\,\Omega$, $100\,\Omega$, $200\,\Omega$. Es sind die Ströme I und Leistungsaufnahmen P_S, für die die Spannungsteiler dann bemessen sein müssen, zu bestimmen.

Mit $I_{a\,max} = U_N/R_a = 220\text{ V}/(100\,\Omega) = 2{,}2$ A ergeben sich nach Gl. (2.102) bei $g = 1$ die Ströme für $R_S = 50\,\Omega$ mit $p = R_S/R_a = 50\,\Omega/(100\,\Omega) = 0{,}5$

$$I = I_{a\,max}\frac{1}{p}(1+p) = I_{a\,max}\left(1+\frac{1}{p}\right) = 2{,}2\text{ A}\left(1+\frac{1}{0{,}5}\right) = 6{,}6\text{ A}$$

für $R_S = 100\,\Omega$ mit $p = 100\,\Omega/(100\,\Omega) = 1$

$$I = 2{,}2\text{ A}\left(1+\frac{1}{1}\right) = 4{,}4\text{ A}$$

für $R_S = 200\,\Omega$ mit $p = 200\,\Omega/(100\,\Omega) = 2$

$$I = 2{,}2\text{ A}\left(1+\frac{1}{2}\right) = 3{,}3\text{ A}$$

Mit $P_{a\,max} = U_N I_{a\,max} = 220\text{ V} \cdot 2{,}2\text{ A} = 484$ W ist nach Bild **2.**93 b und Gl. (2.106) für $p = 0{,}5$

$$P_S \approx 2{,}06\,P_{a\,max} = 2{,}06 \cdot 484\text{ W} = 997\text{ W}$$

für $p = 1$

$$P_S \approx 1{,}09\,P_{a\,max} = 1{,}09 \cdot 484\text{ W} = 527{,}6\text{ W}$$

und für $p = 2$

$$P_S \approx 0{,}63 \cdot P_{a\,max} = 0{,}63 \cdot 484\text{ W} = 304{,}9\text{ W}$$

b) Für $p=0{,}7$ soll der relative Linearitätsfehler F_r bestimmt werden. Bei welchem Spannungsteilerwiderstand erhält man bei $p=0{,}7$ einen relativen Linearitätsfehler $|F_r| \leqq 0{,}05$?

Nach Gl. (2.101) beträgt der relative Linearitätsfehler bei $p=0{,}5$

$$F_r = \frac{pg^2(g-1)}{1+pg(1-g)} = \frac{0{,}5 \cdot 0{,}7^2(0{,}7-1)}{1+0{,}5 \cdot 0{,}7(1-0{,}7)} = -0{,}06652$$

bei $p=1$

$$F_r = \frac{1 \cdot 0{,}7^2(0{,}7-1)}{1+1 \cdot 0{,}7(1-0{,}7)} = -0{,}1215 = -12{,}15\%$$

und bei $p=2$

$$F_r = \frac{2 \cdot 0{,}7^2(0{,}7-1)}{1+2 \cdot 0{,}7(1-0{,}7)} = -0{,}207 = -20{,}7\%$$

Den Spannungsteilerwiderstand findet man über den Ansatz

$$|F_r| = \left| \frac{\mathrm{p} \cdot 0{,}7^2(0{,}7-1)}{1+\mathrm{p} \cdot 0{,}7(1-0{,}7)} \right| = \frac{0{,}147\,\mathrm{p}}{1+0{,}21\,\mathrm{p}} \leqq 0{,}05$$

Die Lösung dieser Ungleichung ist $p \leqq 0{,}3663$; daher muß der Spannungsteilerwiderstand sein

$$R_S \leqq p\,R_a = 0{,}3663 \cdot 100\,\Omega = 36{,}63\,\Omega$$

Beispiel 2.70. Ein Spannungsteiler nach Bild 2.92a ist an die Netzspannung $U=120$ V angeschlossen und soll bei Belastung mit dem Strom $I_{a1}=0{,}3$ A die Spannung $U_{a1}=42$ V und bei dem Strom $I_{a2}=0{,}7$ A die Spannung $U_{a2}=39$ V liefern. Wie groß müssen die Spannungsteilerwiderstände R_1 und R_2 gewählt werden?

Man berechnet zuerst mit Gl. (2.6) den inneren Widerstand

$$R_{iE} = \frac{U_{a1}-U_{a2}}{I_{a2}-I_{a1}} = \frac{42\,\mathrm{V}-39\,\mathrm{V}}{0{,}7\,\mathrm{A}-0{,}3\,\mathrm{A}} = 7{,}5\,\Omega$$

und mit Gl. (2.4) die Quellenspannung

$$U_{qE} = I_{a1}R_{iE} + U_{a1} = 0{,}3\,\mathrm{A} \cdot 7{,}5\,\Omega + 42\,\mathrm{V} = 44{,}25\,\mathrm{V}$$

der Ersatz-Spannungsquelle. Zur Berechnung des Teilwiderstands R_1 geht man davon aus, daß der Kurzschlußstrom $I_{ak}=U/R_1$ des Spannungsteilers und der Quellenstrom $I_{qE}=U_{qE}/R_{iE}$ der Ersatzquelle übereinstimmen müssen. Aus $U/R_1=U_{qE}/R_{iE}$ folgt also der Widerstand

$$R_1 = R_{iE}\,U/U_{qE} = 7{,}5\,\Omega \cdot 120\,\mathrm{V}/(44{,}25\,\mathrm{V}) = 20{,}35\,\Omega$$

Für den Innenwiderstand der Ersatzspannungsquelle gilt auch $R_{iE}=R_1R_2/(R_1+R_2)$. Daher ist der zweite Teilerwiderstand

$$R_2 = \frac{1}{\dfrac{1}{R_1}-\dfrac{1}{R_{iE}}} = \frac{1}{\dfrac{1}{20{,}35\,\Omega}-\dfrac{1}{7{,}5\,\Omega}} = 11{,}88\,\Omega$$

Doppel-Spannungsteiler. Mehrfach-Spannungsteiler benutzt man zur feinstufigen Spannungseinstellung in der in Bild **2.**94 dargestellten Schaltung oder auch mit zwei Abgriffen am Teilerwiderstand R_{S1}. Es soll jetzt die Einstellungskennlinie $U_a/U_e = f(g_1, g_2)$ abgeleitet werden, wobei g_1 und g_2 die Stellungen der linearen Abgriffe bezeichnen und außerdem noch die Parameter $p_1 = R_{S1}/R_{S2}$ und $p_2 = R_{S2}/R_a$ auftreten.

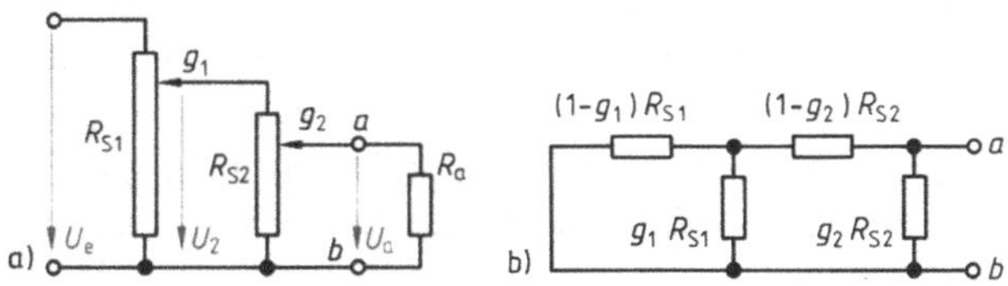

2.94
Doppel-Spannungsteiler (a) mit Schaltung des Widerstands R_{ab} (b)

Wir wollen wieder auf die Ersatz-Spannungsquelle in Bild **2.**92b übergehen und müssen daher zunächst die Ersatz-Quellenspannung bestimmen, die sich bei Anwendung von Gl. (2.99) als Teilspannung

$$U_{qE} = U_{al} = \frac{g_2 R_{S2} g_1 U_e}{g_1(1-g_1)R_{S1} + R_{S2}} = \frac{g_1 g_2 U_e}{1 + p_1 g_1(1-g_1)}$$

am Teilerwiderstand R_{S2} für $R_a = 0$ einstellt. Für den inneren Ersatzwiderstand gilt die Schaltung in Bild **2.**94b. Durch zweifaches Anwenden von Gl. (2.64) und Einführen der Parameter $p_1 = R_{S1}/R_{S2}$ sowie $p_2 = R_{S2}/R_a$ findet man

$$R_{iE} = R_{ab} = \frac{g_2 R_{S2}\left[(1-g_2)R_{S2} + \dfrac{g_1 R_{S1}(1-g_1)R_{S1}}{g_1 R_{S1} + (1-g_1)R_{S1}}\right]}{g_2 R_{S2} + (1-g_2)R_{S2} + \dfrac{g_1 R_{S1}(1-g_1)R_{S1}}{g_1 R_{S1} + (1-g_1)R_{S1}}}$$

$$= \frac{g_2[(1-g_2) + p_1 g_1(1-g_1)]}{1 + p_1 g_1(1-g_1)} R_{S2}$$

Daher ist das gesuchte Spannungsverhältnis

$$\frac{U_a}{U_e} = \frac{R_a U_{qE}}{R_{iE} + R_a} = \frac{g_1 g_2}{1 + p_1 g_1(1-g_1)} \cdot \frac{R_a}{\dfrac{g_2[(1-g_2) + p_1 g_1(1-g_1)]}{1 + p_1 g_1(1-g_1)} R_{S2} + R_a}$$

$$= \frac{g_1 g_2}{1 + p_1 p_2 g_1 g_2(1-g_1) + p_2 g_2(1-g_2)} \qquad (2.107)$$

2.3.7.2 Parallele Generatoren. Quellen mit ungefähr gleicher Quellenspannung werden häufig parallel geschaltet, um größere Ströme erzeugen und beim Ausfall eines Generators noch mit verminderter Leistung weiterfahren zu können. Besonders die drehenden Maschinen müssen aus Wartungsgründen gelegentlich außer Betrieb genommen werden. Kraftwerke haben daher stets mehrere parallel laufende Generatoren (s. Band IX). Auch im Kraftfahrzeug arbeiten z. B. Lichtmaschine und Akkumulator parallel.

Schon in Abschn. 2.2.2.5 wird das Parallelschalten von Quellen angesprochen und in Beispiel 2.24 eine Ersatz-Spannungsquelle hierfür abgeleitet, die sich sehr gut für das Bestimmen von Verbraucherstrom und -spannung eignet. Es sollen jetzt noch alle Stromgleichungen entwickelt und in einem Beispiel der Stromverlauf abhängig vom Verbraucherwiderstand R_a betrachtet werden.

Da nur 3 Ströme gesucht werden, ist das Ansetzen der Knotenpunkt- und Maschengleichungen nach Kirchhoff noch nicht zu aufwendig, sondern führt am schnellsten zum Ziel. Nach Bild 2.95 erhält man für den oberen Knotenpunkt die Stromgleichung

$$I_1 + I_2 - I_a = 0 \tag{2.108}$$

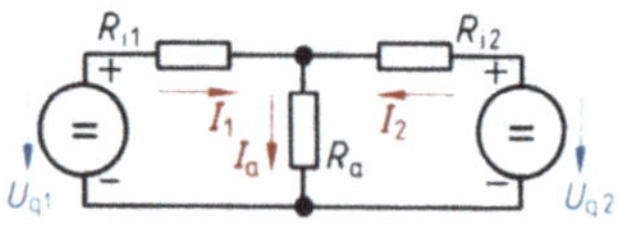

2.95 Parallele Spannungsquellen mit Verbraucher R_a

sowie für die linke und die rechte Masche die Spannungsgleichungen

$$-U_{q1} + R_{i1} I_1 + R_a I_a = 0$$

$$U_{q2} - R_a I_a - R_{i2} I_2 = 0$$

Aus ihnen kann man die Generatorströme

$$I_1 = (U_{q1} - R_a I_a)/R_{i1} \tag{2.109}$$

$$I_2 = (U_{q2} - R_a I_a)/R_{i2} \tag{2.110}$$

und nach Einsetzen in Gl. (1.108) den Verbraucherstrom

$$I_a = I_1 + I_2 = \frac{U_{q1} - R_a I_a}{R_{i1}} + \frac{U_{q2} - R_a I_a}{R_{i2}}$$

$$= \frac{R_{i1} U_{q2} + R_{i2} U_{q1}}{R_{i1} R_{i2} + R_{i2} R_a + R_a R_{i1}} \tag{2.111}$$

finden. Während der Verbraucherstrom nach Gl. (2.111) stets positive Werte annimmt, der Strom also in Richtung des in Bild 2.95 eingetragenen Strom-Zählpfeils I_a fließt, können sich für die Generatorströme I_1 und I_2 nach Gl. (2.109) und (2.110) abhängig von den vorgegebenen Quellenspannungen U_{q1} und U_{q2} sowie dem eingestellten Verbraucherwiderstand R_a auch negative Werte ergeben, was bedeutet, daß in diesem Fall die Ströme entgegengesetzt zu ihrem Strom-Zählpfeil fließen.

Beim Parallelbetrieb von Generatoren sollen die Quellenspannungen normalerweise so eingestellt sein, daß die Generatoren im Verhältnis ihrer Nennströme, also ihrer Leistungsfähigkeit, belastet werden. Eine Ausnahme von dieser Regel ergibt sich beim Parallelbetrieb mit einem Akkumulator, der im folgenden Beispiel behandelt wird.

Beispiel 2.71. Ein Generator mit der Quellenspannung $U_{q1} = 300$ V und dem inneren Widerstand $R_{i1} = 0{,}25\ \Omega$ arbeitet mit einer Akkumulatorbatterie mit der Quellenspannung $U_{q2} = 270$ V und dem inneren Widerstand $R_{i2} = 0{,}12\ \Omega$ nach Bild **2.**95 parallel auf einen Verbraucher R_a. Wie verteilt sich der insgesamt abgegebene Strom I_a auf die beiden Quellen, wenn sich der Verbraucherwiderstand im Bereich $0 < R_a < 10\ \Omega$ ändert? Die Einzelströme sind abhängig vom Verbraucherwiderstand darzustellen.

Die Ströme können unmittelbar mit Gl. (2.111) sowie (2.109) und (2.110) berechnet werden; ihre Werte werden zweckmäßig in einer Tabelle bestimmt und sind in Bild **2.**96 eingetragen und kurvenmäßig dargestellt. Die Batterie ist bei $R_a = 2{,}25\ \Omega$ mit $I_2 = 0$ stromlos, da hierbei die Klemmenspannung U_a mit 270 V gerade gleich der Quellenspannung U_{q2} und ferner der Strom $I_a = I_1 = 120$ A ist. Bei $R_a > 2{,}25\ \Omega$ wird die Batterie geladen und bei $R_a < 2{,}25\ \Omega$ entladen.

Dieser Übergang vom Lade- in den Entladezustand tritt z. B. in den elektrischen Anlagen von Kraftfahrzeugen auf. Während der Fahrt wird die Batterie aus der Lichtmaschine geladen, und gleichzeitig werden die Verbraucher gespeist. Die Ströme verteilen sich je nach dem Verbraucherwiderstand R_a, der Generator- und der Akkumulator-Quellenspannung, die von der Motordrehzahl bzw. dem Ladezustand abhängen. Im Stillstand entnehmen die Verbraucher ihre Energie allein der Batterie.

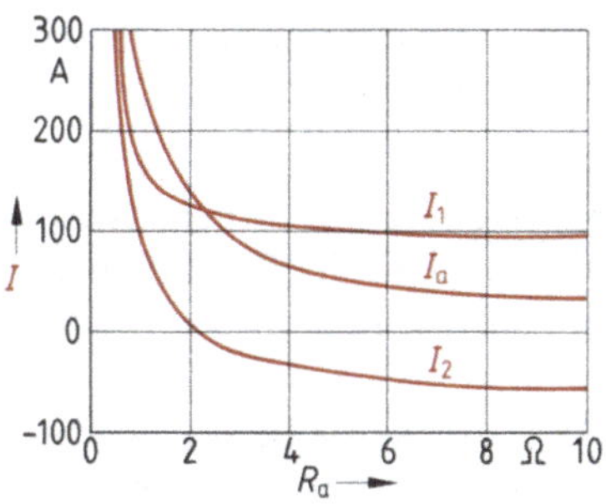

2.96 Ströme I_1, I_2, I_a für Beispiel 2.71 abhängig vom Verbraucherwiderstand R_a

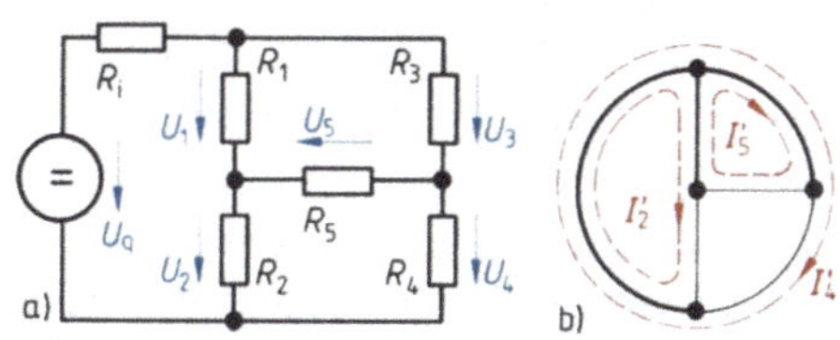

2.97 Brückenschaltung (a) mit gerichtetem Graph (b)

2.3.7.3 Brückenschaltungen. Eine Schaltung nach Bild **2.**97 a, die man sich aus zwei Spannungsteilern zusammengesetzt denken kann, wird ganz allgemein als Brückenschaltung bezeichnet. Zwischen den Brückenwiderständen R_1 bis R_4 tritt im Mittelzweig die Brückenspannung (auch Diagonalspannung genannt) U_5 auf. Die Brückenwiderstände sind häufig veränderbar, und der Widerstand R_5 gehört meist zu einem Meßgerät. Mit Brückenschaltungen kann man beispielsweise Widerstände oder über diese geänderten Widerstände mittelbar auch Temperaturen, Dehnungen, Kräfte, Drehmomente, Wege u. ä. (s. Band IV) messen. Daher soll ihr Verhalten in einigen wichtigen Punkten hier kurz untersucht werden; auf ihre vielfältigen Schaltungsmöglichkeiten kann nicht eingegangen werden. Für Wechselstrombrücken s. Abschn. 3.4.2.1.

Abgeglichene Brücke. In einer abgeglichenen Brückenschaltung ist die Brükkenspannung $U_5 = 0$, was z. B. mit einem empfindlichen Spannungsmesser (z. B.

Galvanometer als Nullgerät – s. Band IV) festgestellt werden kann. In diesem Fall muß gelten

$$U_1 : U_2 = U_3 : U_4 \tag{2.112}$$

so daß nach der Spannungsteilerregel auch das Widerstandsverhältnis

$$R_1 : R_2 = R_3 : R_4 \tag{2.113}$$

erfüllt sein muß. Mit einer Wheatstone-Brücke, die meist stetig veränderbare Widerstände R_3 und R_4 (z. B. als Schleifdraht) und einen stufig (z. B. in Zehnerpotenzen) einstellbaren Widerstand R_2 enthält, kann man durch einen solchen Abgleich den unbekannten Widerstand

$$R_1 = R_2 R_3 / R_4 \tag{2.114}$$

bestimmen. Kleine Widerstandswerte (unter 1 Ω) kann man mit der Wheatstone-Brücke nicht mehr ausreichend genau messen, da die Kontaktwiderstände mitgemessen werden. Für kleinere Widerstandswerte wird daher eine abgewandelte Schaltung, die Thomson-Brücke (s. Band IV) benutzt.

Ausschlagbrücke. Es soll jetzt untersucht werden, wie sich die Brückenspannung U_5 mit dem Widerstand R_1 ändert. Da in diesem Fall die Spannung U_5 den Zeiger eines Meßgeräts zum Ausschlag bringt, spricht man hier von einer Ausschlagbrücke.

Zum Bestimmen der allgemeinen Gleichung für die Brückenspannung U_5 benutzen wir mit dem Graphen in Bild **2**.97b das Maschenstromverfahren nach Abschn. 2.3.5, da es hier das einfachste Gleichungssystem liefert. Man kann entsprechend Abschn. 2.3.5.2 sofort die Matrizengleichung

$$\begin{bmatrix} (R_i + R_1 + R_2) & R_i & -R_1 \\ R_i & (R_i + R_3 + R_4) & R_3 \\ -R_i & R_3 & (R_1 + R_3 + R_5) \end{bmatrix} \cdot \begin{bmatrix} I'_2 \\ I'_4 \\ I'_5 \end{bmatrix} = \begin{bmatrix} U_q \\ U_q \\ 0 \end{bmatrix} \tag{2.115}$$

angeben. Sie hat die Koeffizienten-Determinante

$$\begin{aligned} D = &\begin{vmatrix} (R_i + R_1 + R_2) & R_i & -R_1 \\ R_i & (R_i + R_3 + R_4) & R_3 \\ -R_1 & R_3 & (R_1 + R_3 + R_5) \end{vmatrix} \\ &= (R_i + R_1 + R_2)(R_i + R_3 + R_4)(R_1 + R_3 + R_5) - 2 R_i R_1 R_3 \\ &\quad - R_1^2 (R_i + R_3 + R_4) - R_3^2 (R_i + R_1 + R_2) - R_i^2 (R_1 + R_3 + R_5) \\ &= R_i^2 R_5 + R_i R_5 (R_1 + R_3 + R_4) + R_i (R_1 + R_3)(R_2 + R_4) \\ &\quad + R_1 R_2 (R_3 + R_4) + R_3 R_4 (R_1 + R_2) + R_5 (R_1 + R_2)(R_3 + R_4) \end{aligned} \tag{2.116}$$

Außerdem benötigt man noch die Zählerdeterminante

$$D_5 = \begin{vmatrix} (R_i + R_1 + R_2) & R_i & U_q \\ R_i & (R_i + R_3 + R_4) & U_q \\ -R_1 & R_3 & 0 \end{vmatrix}$$
$$= U_q[-R_i R_1 + R_i R_3 + R_1(R_i + R_3 + R_4) - R_3(R_i + R_1 + R_2)]$$
$$= U_q(R_1 R_4 - R_2 R_3) \qquad (2.117)$$

Daher gilt allgemein für die Brückenspannung

$$U_5 = R_5 I_5 = R_5 D_5/D \qquad (2.118)$$

Es soll hier darauf verzichtet werden, Gl. (2.116) und (2.117) in Gl. (2.118) einzusetzen, da dies zu einem recht unübersichtlichen Ausdruck führt. Gl. (2.116) läßt den großen Einfluß des Innenwiderstandes R_i auf die Brückenspannung U_5 bei Änderung des Widerstands R_1 erkennen. Daher muß für eine Ausschlagbrücke entweder eine Spannungsquelle mit vernachlässigbar kleinem Innenwiderstand R_i oder noch besser eine Konstantspannungsquelle eingesetzt werden. (Nach Beispiel 2.51 ist auch eine Konstantstromquelle geeignet.)

Konstantspannungsquelle. Mit $R_i = 0$ vereinfacht sich Gl. (2.118) zur Brückenspannung

$$U_5 = \frac{U_q R_5(R_1 R_4 - R_2 R_3)}{R_1 R_2(R_3 + R_4) + R_3 R_4(R_1 + R_2) + R_5(R_1 + R_2)(R_3 + R_4)} \qquad (2.119)$$

Hier übt noch der Meßgerätewiderstand R_5 einen erheblichen Einfluß aus. Auch ihn kann man vermeiden, wenn man vor das Nullgerät einen Meßverstärker mit sehr großem Eingangswiderstand, also $R_5 = \infty$, schaltet (s. Band IV).

Meßverstärker. Mit $R_5 = \infty$ vereinfacht sich Gl. (2.119) weiter, und man findet für die auf die Quellenspannung U_q bezogene, also die relative Brükkenspannung

$$\frac{U_5}{U_q} = \frac{R_1 R_4 - R_2 R_3}{(R_1 + R_2)(R_3 + R_4)} \qquad (2.120)$$

Diese Gleichung soll nun Ausgangspunkt für einige Anwendungen sein.

Viertelbrücke. Die Schaltung in Bild **2.**98a wird z. B. angewandt, um mit temperaturabhängigen Widerständen Temperaturen zu bestimmen. Die Brücke

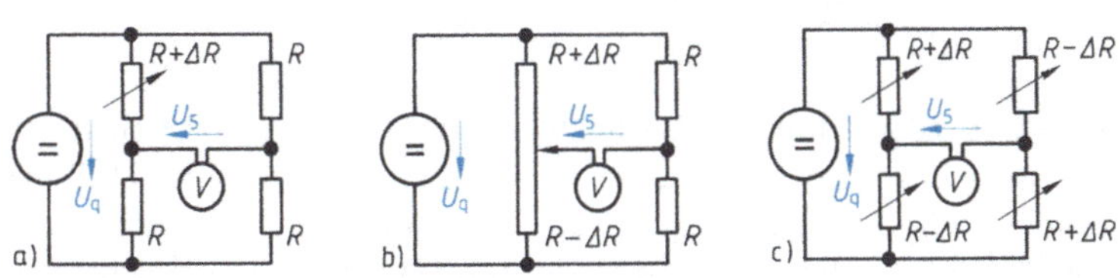

2.98 Viertel- (a), Halb- (b) und Vollbrücke (c)

ist vorher mit den Widerständen $R_1 = R_2 = R_3 = R_4 = R$ abgeglichen worden. Der veränderbare Widerstand $R + \Delta R$ befindet sich dann dort, wo die Temperatur gemessen werden soll. Wenn man die Widerstandsänderung ΔR auf die Brückenwiderstände R bezieht, erhält man aus Gl. (2.120) für die relative Brückenspannung

$$\frac{U_5}{U_q} = \frac{(R+\Delta R)R - R^2}{(2R+\Delta R)2R} = \frac{\Delta R/R}{2\left(2+\dfrac{\Delta R}{R}\right)} \tag{2.121}$$

Für Widerstandsänderungen $\Delta R \ll R$ läßt sich Gl. (2.120) vereinfachen in

$$\frac{U_5}{U_q} \approx \frac{1}{4} \cdot \frac{\Delta R}{R} \tag{2.122}$$

Der Verlauf der Brückenspannung entsprechend Gl. (2.121) und (2.122) ist in Bild **2.**99 dargestellt. Die Vereinfachung von Gl. (2.122) ist daher etwa im Bereich $-0{,}3 < (\Delta R/R) < 0{,}4$ zulässig.

Halbbrücke. Die Schaltung nach Bild **2.**98b kann beispielsweise ausgenutzt werden, wenn ein elektrisch zu messender Weg oder Drehwinkel auf dem Abgriff eines Spannungsteilers (Potentiometer) abgebildet werden kann. Der Schieberkontakt sorgt dann für den oberen Widerstand $R_1 = R + \Delta R$ und den unteren Widerstand $R_2 = R - \Delta R$, wenn vorher wie bei der Viertelbrücke abgeglichen worden ist. Daher findet man mit Gl. (2.120) hier für die relative Brückenspannung

$$\frac{U_5}{U_q} = \frac{(R+\Delta R)R - (R-\Delta R)R}{4R} = \frac{1}{2} \cdot \frac{\Delta R}{R} \tag{2.123}$$

deren Verlauf wieder in Bild **2.**99 gezeigt ist.

Vollbrücke. Die Schaltung in Bild **2.**98c wird z. B. zum Messen von Biege- und Drehmomenten mit Dehnungsmeßstreifen (s. Band IV) eingesetzt. Die Widerstandswerte dieser Meßstreifen, die auf den beanspruchten Maschinenteilen aufgeklebt sind, ändern sich mit der Dehnung. Bei vier gleichen Meßstreifen mit den gleichen Widerständen R sowie richtiger Befestigung und Schaltung gilt für die Brückenwiderstände $R_1 = R + \Delta R$, $R_2 = R - \Delta R$, $R_3 = R - \Delta R$ und $R_4 = R + \Delta R$. Daher gilt nach Gl. (2.120) für die relative Brückenspannung

$$\frac{U_5}{U_q} = \frac{(R+\Delta R)^2 - (R-\Delta R)^2}{4R} = \frac{\Delta R}{R} \tag{2.124}$$

Bild **2.**99 zeigt, daß die Vollbrücke die größte relative Brückenspannung liefert, also am empfindlichsten ist. Während Voll- und Halbbrücke nach Gl. (2.123) und (2.124) einen linearen Verlauf der Brückenspannung gewährleisten, ändert sie sich dagegen in der (außerdem unempfindlichen) Viertelbrücke nichtlinear.

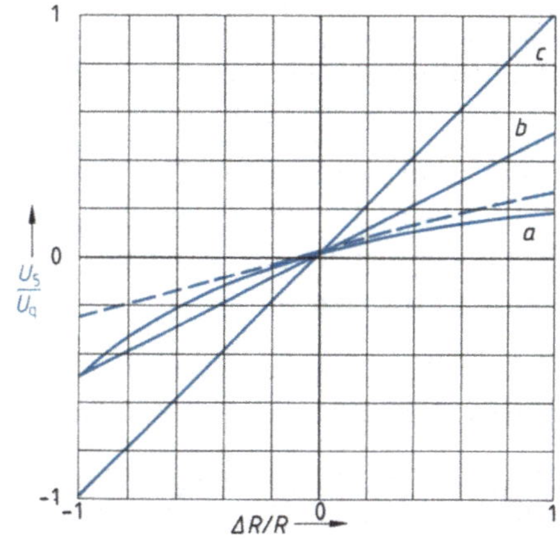

2.99
Verlauf der relativen Brückenspannung U_5/U_q abhängig von der relativen Widerstandsänderung $\Delta R/R$ für Viertelbrücke (a) mit wahrem Verlauf nach Gl. (2.121) (——) und Näherung nach Gl. (2.122) (- - -), Halbbrücke (b) und Vollbrücke (c)

Beispiel 2.72. Eine Wheatstone-Brücke sei mit einem Nullgerät versehen, das bei der relativen Brückenspannung $U_{5\,\mathrm{min}}/U_q = 10^{-3}$ gerade noch einen Ausschlag zeigt. Welche Widerstandsänderung $\Delta R_1/R_1$ kann dann im Stellbereich $0{,}01 < (R_1/R_2) < 100$ gerade noch erkannt werden?

Wir setzen voraus, daß zunächst entsprechend Gl. (2.113) abgeglichen worden ist und somit auch Gl. (2.114) gilt. Eine Änderung des Widerstands R_1 auf $R_1 + \Delta R_1$ führt nur dann zu einem sichtbaren Ausschlag, wenn entsprechend Gl. (2.120) gilt

$$\frac{U_{5\,\mathrm{min}}}{U_q} = \frac{(R_1 + \Delta R_1)R_4 - R_2 R_3}{(R_1 + \Delta R_1 + R_2)(R_3 + R_4)}$$

Wir führen nun die Bedingung von Gl. (2.113) und relative Widerstände ein und finden so

$$\frac{U_{5\,\mathrm{min}}}{U_q} = \frac{\Delta R_1/R_1}{\left(1 + \dfrac{\Delta R_1}{R_1} + \dfrac{R_2}{R_1}\right)\left(1 + \dfrac{R_1}{R_2}\right)} = \frac{\Delta R_1/R_1}{2 + \dfrac{R_1}{R_2} + \dfrac{R_2}{R_1} + \dfrac{\Delta R_1}{R_1}\left(1 + \dfrac{R_1}{R_2}\right)}$$

Umgestellt nach $\Delta R_1/R_1$ erhält man daher erst erkennbare Zeigerausschläge bei der relativen Widerstandsänderung

$$\frac{\Delta R_1}{R_1} = \frac{2 + \dfrac{R_1}{R_2} + \dfrac{R_2}{R_1}}{\dfrac{U_q}{U_{5\,\mathrm{min}}} - \dfrac{R_1}{R_2} + 1}$$

Mit den vorgegebenen Zahlenwerten ergibt sich der in Bild 2.100 wiedergegebene Verlauf des Ansprechwerts der Widerstandsänderung. Es wird deutlich, daß jeweils am unteren und obe-

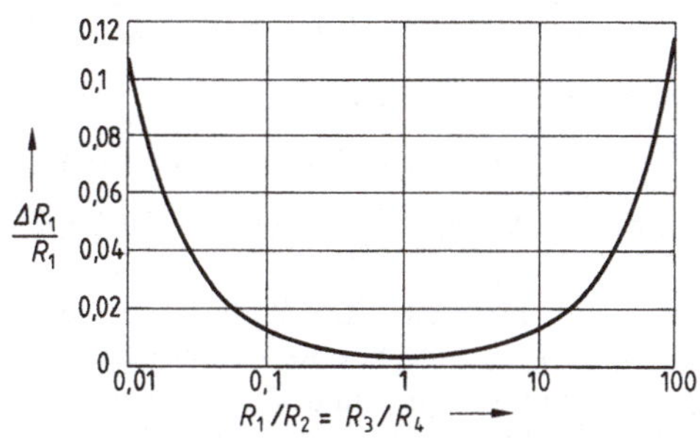

2.100 Feststellbare relative Widerstandsänderung $\Delta R_1/R_1$ abhängig vom Widerstandsverhältnis $R_1/R_2 = R_3/R_4$ bei der Empfindlichkeit $U_5/U_q = 10^{-3}$

ren Ende des Meßbereichs die Ansprechempfindlichkeit stark nachläßt, der Meßfehler hier also größer wird und somit die Wheatstone-Brücke möglichst nur im mittleren Teil des Meßbereichs benutzt werden sollte. In ausgeführten Widerstandsmeßbrücken werden daher auch häufig die stetig veränderbaren Brückenwiderstände R_3 und R_4 in feste vorgeschaltete Widerstände und die eigentlichen verstellbaren Widerstände unterteilt, und es wird so der Meßbereich notwendigerweise eingeengt.

Bild 2.99 und 2.100 zeigen nochmals, welche großen Vorteile bezogene Darstellungen haben: Sie lassen sich gut vergleichen und leicht auf andere Zahlenwerte übertragen.

2.3.7.4 Nichtlineare Netzwerke. Es soll jetzt noch an Beispielen die Behandlung von Netzwerken mit nichtlinearen Widerständen gezeigt werden.

Beispiel 2.73. Die Schaltung in Bild 2.101a führt den Quellenstrom $I_q = 100$ mA und enthält die linearen Widerstände $R_1 = 2$ kΩ, $R_2 = 1$ kΩ und $R_3 = 250$ Ω. Der Widerstand R_4 soll a) ein VDR-Widerstand und b) ein PTC-Widerstand (s. Abschn. 1.2.2.4) mit den Kennlinien von Bild 2.101b sein. Es soll die Leistungsaufnahme des Widerstands R_4 bestimmt werden.

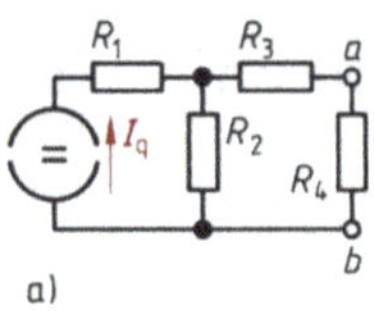

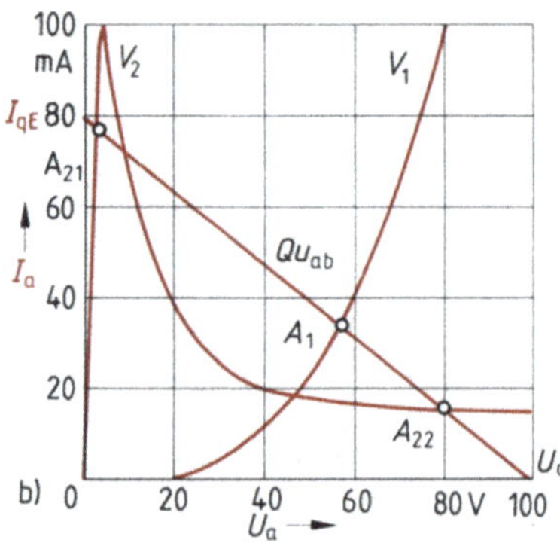

2.101 Netzwerk (a) mit Quellenkennlinie Qu_{ab} bezüglich der Klemmen a und b und Verbraucherkennlinien V für Widerstand R_4 (b)
V_1 VDR-, V_2 PTC-Widerstand, A Arbeitspunkte

Wir müssen das Netzwerk von Bild 2.101a bezüglich der Klemmen a und b in eine Ersatzquelle umwandeln. Diese hat nach Abschn. 2.3.4 und der Stromteilerregel den Quellenstrom

$$I_{qE} = \frac{I_q}{1 + (R_3/R_2)} = \frac{100\ \text{mA}}{1 + (250\ \Omega + 1\ \text{k}\Omega)} = 80\ \text{mA}$$

bzw. die Quellenspannung

$$U_{qE} = R_2 I_q = 1\ \text{k}\Omega \cdot 100\ \text{mA} = 100\ \text{V}$$

Mit diesen Werten kann sofort die Quellenkennlinie Qu_{ab} in Bild 2.101b eingetragen werden.

Sie liefert für den VDR-Widerstand den Arbeitspunkt A_1 mit den Kennwerten $I_{a1} = 34$ mA, $U_{a1} = 57$ V, also die Leistung $P_{a1} = I_{a1} U_{a1} = 34\ \text{mA} \cdot 57\ \text{V} = 1{,}938$ W.

Quellenkennlinie Qu_{ab} und Verbraucherkennlinie V_2 des PTC-Widerstands haben zwar drei Schnittpunkte; nach Abschn. 1.2.2.4 sind aber nur die beiden eingetragenen Arbeitspunkte A_{21} und A_{22} stabil. Für den Arbeitspunkt A_{21} findet man mit den Kennwerten $I_{a21} = 77$ mA und $U_{a21} = 3$ V die Leistung $P_{a21} = I_{a21} U_{a21} = 77\ \text{mA} \cdot 3\ \text{V} = 231$ mW und für A_{22} mit $I_{a22} = 16$ mA und $U_{a22} = 80$ V schließlich $P_{a22} = I_{a22} U_{a22} = 16\ \text{mA} \cdot 80\ \text{V} = 1{,}28$ W.

Beim Einschalten des PTC-Widerstands stellt sich der Arbeitspunkt A_{21} ein; der Arbeitspunkt A_{22} kann durch ein kurzzeitiges Erhöhen des Quellenstroms auf I_q 100 mA · 105 mA/(80 mA) = 131 mA und anschließendes Zurückgehen auf $I_q = 100$ mA erreicht werden.

Beispiel 2.74. Ein selbsterregter, kompensierter Gleichstrom-Nebenschlußgenerator (s. Band II) mit dem Schaltzeichen von Bild **2.**102a und der Ersatzschaltung von Bild **2.**102b hat den Innenwiderstand $R_i = 0{,}9\ \Omega$, den Erregerkreiswiderstand $R_E = 400\,\Omega$ und die Leerlaufkennlinie $U_{aL} = f(I_E)$ von Tafel **2.**103. Es sollen für den Verbraucherwiderstand $R_a = 7{,}5\ \Omega$ Verbraucherspannung U_a und Verbraucherstrom I_a bestimmt werden.

2.102 Schaltbild (a) und Ersatzschaltbild (b) des selbsterregten Gleichstrom-Nebenschlußgenerators

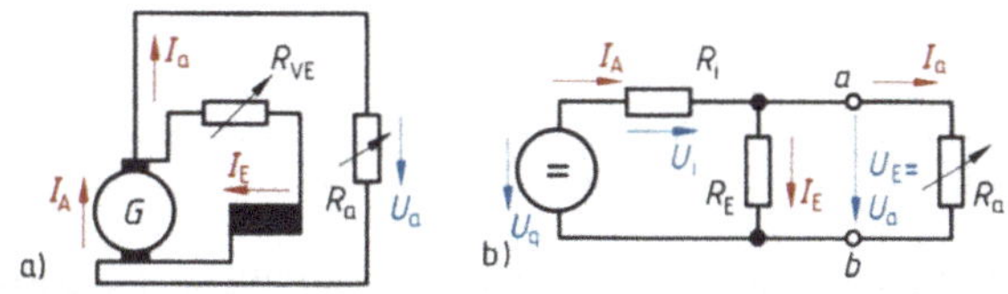

Das genormte Schaltzeichen in Bild **2.**102a gibt in einer Art Kurzschrift den Aufbau des Generators wieder. Der Anker soll sich mit fester Umdrehungsfrequenz drehen. In der Erregerwicklung wird über den Erregerstrom I_E ein magnetisches Feld erzeugt, das nach Abschn. 1.4.4.2 im Anker eine Quellenspannung U_q erzeugt. Wenn mit dem Widerstand R_{VE} der Erregerstrom I_E verändert wird, kann die in Tafel **2.**103 und Bild **2.**104a wiedergegebene Leerlaufkennlinie gemessen werden. Sie zeigt die für den im magnetischen Kreis hauptsächlich verwendeten Werkstoff Eisen stets auftretende Sättigung, also ein nichtlineares Verhalten. Wir wollen hier voraussetzen, daß die Leerlaufkennlinie für $I_A = 0$ bestimmt, also $U_q = f(I_E)$ ermittelt wurde.

Tafel **2.**103 Leerlaufkennlinie und Berechnung der Quellenkennlinie

I_E in A	U_q in V	$U_E = U_a = R_E I_E$ in V	$U_i = U_q - U_E$ in V	$I_A = U_i/R_i$ in A	$I_a = I_A - I_E$ in A
0	10	0	10	11,11	11,11
0,1	66	40	25	27,78	27,68
0,2	122	80	42	46,67	46,47
0,3	178	120	58	64,44	64,14
0,4	213	160	53	58,89	58,49
0,5	238	200	38	42,22	41,72
0,6	255	240	15	16,67	16,07
0,7	270	280	−10		
0,8	283				
0,9	292				
1,0	298				

Wegen der Remanenz (= Restmagnetismus – s. Band I, Teil 2 und 3) mißt man auch schon bei $I_E = 0$ die Spannung $U_{aR} = 10$ V. Sie ermöglicht einen kleinen Erregerstrom, somit ein vergrößertes Magnetfeld und so das für die Selbsterregung notwendige Aufmagnetisieren.

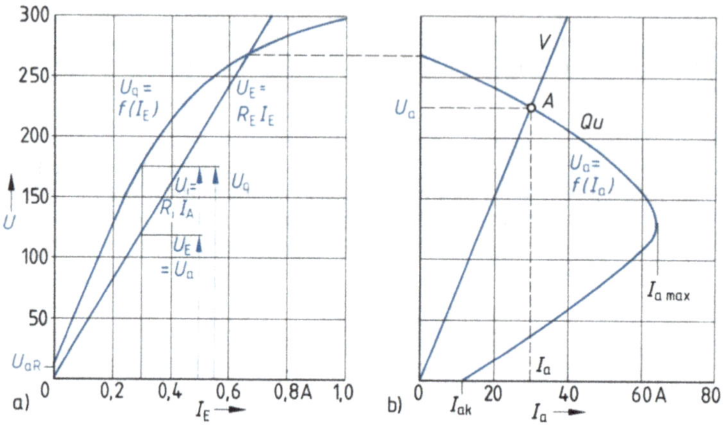

2.104 Leerlaufkennlinie $U_q = f(I_E)$ mit Widerstandsgerade $U_E = f(I_E)$ (a) und Quellenkennlinie *Qu* mit Verbraucherkennlinie *V* (b) für Beispiel 2.74

Wir müssen jetzt zunächst aus der gemessenen Leerlaufkennlinie $U_q = f(I_E)$ die Quellenkennlinie $U_a = f(T_a)$ bestimmen. Daher ist in Bild **2.**104a außerdem die Widerstandsgerade $U_E = f(I_E)$ eingetragen; sie verläuft durch den Koordinaten-Nullpunkt und z. B. bei dem angenommenen Strom $I_{E1} = 0{,}6$ A durch den Punkt $U_{E1} = R_E I_{E1} = 400\,\Omega \cdot 0{,}6$ A $= 240$ V.

Mit der Ersatzschaltung von Bild **2.**102b gilt, wie auch in Bild **2.**104a eingetragen, für die Quellenspannung $U_q = U_E + U_i$. Die innere Teilspannung $U_i = U_q - U_E$ wird in Tafel **2.**103 bestimmt und hieraus der Ankerstrom $I_A = U_i / R_i = U_i / 0{,}9\,\Omega$ berechnet. Da nach Bild **2.**102b der Verbraucherstrom $I_a = I_A - I_E$ ist, kann nun mit $U_a = U_E$ die Quellenkennlinie $U_a = f(I_a)$ in Tafel **2.**103 berechnet und in Bild **2.**104b dargestellt werden.

Wenn nun z. B. mit einem angenommenen Strom $I_{a1} = 20$ A ein Punkt der Verbraucherkennlinie $U_{a1} = R_a I_{a1} = 7{,}5\,\Omega \cdot 20$ A $= 150$ V ermittelt ist, kann diese in Bild **2.**103b eingetragen und als Schnittpunkt mit der Quellenkennlinie der Arbeitspunkt *A* mit den Kennwerten $U_a = 225$ V und $I_a = 30$ A bestimmt werden.

Es sei noch darauf hingewiesen, daß der betrachtete Nebenschlußgenerator nach Bild **2.**104b maximal den Verbraucherstrom $I_{a\,max} = 65$ A abgeben kann und im Kurzschluß nur den Strom $I_{ak} = 11{,}11$ A führt.

2.4 Übungsaufgaben zu Abschnitt 2

Die folgenden Beispiele enthalten zunächst nur Aufgabenstellungen; die Lösungen und u. U. Lösungshinweise stehen im Anhang 1. Diese Übungsaufgaben sollen dem Leser eine Kontrolle seines Kenntnisstands ermöglichen. Sie können meist in mehrfacher Weise gelöst werden. Es wird empfohlen, auf sie die verschiedenen, in Abschn. 2 behandelten Verfahren nacheinander anzuwenden, um so einmal Sicherheit im Gebrauch dieser Methoden zu gewinnen und außerdem Erfahrungen zu sammeln, wann die einzelnen Verfahren Vorteile haben. Diese Aufgaben sollen also zum aktiven Lernen durch Üben anregen.

Beispiel 2.75. Bild **2.**105 gibt die Ersatzschaltung einer langen Leitung wieder und soll die Widerstände $R_1 = 0{,}1\ \Omega$ und $R_2 = 10\ \Omega$ bei der Eingangsspannung $U = 220$ V enthalten. Es ist der Verlauf des Stromes $I_a = f(R_a)$ im Widerstandsbereich $1\ \text{m}\Omega \leqq R_a \leqq 1\ \text{k}\Omega$ zu bestimmen.

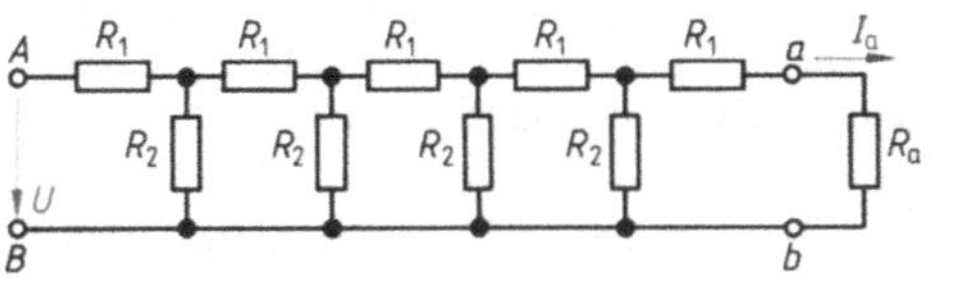

2.105 Ersatzschaltung einer Leitung

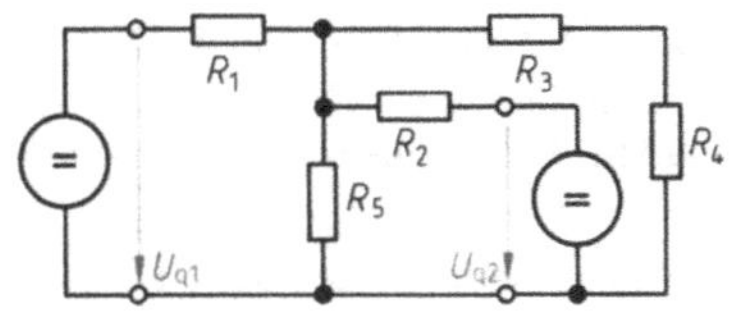

2.106 Netzwerk

Beispiel 2.76. Die Schaltung nach Bild **2.**106 enthält die Quellenspannungen $U_{q1} = 10$ V, $U_{q2} = 8$ V und die Widerstände $R_1 = 3\ \Omega$, $R_2 = 2\ \Omega$, $R_3 = 6\ \Omega$ und $R_5 = 10\ \Omega$. Welche Ströme liefern die beiden Spannungsquellen?

Beispiel 2.77. Bei der Temperatur $\vartheta = 20°$C beträgt ein Widerstand aus Kupfer mit dem Temperaturbeiwert $\alpha = 3{,}92\ \text{kK}^{-1}$ $R_1 = 8\ \Omega$. In Reihe zu ihm liegt der temperaturunabhängige Widerstand $R_2 = 4\ \Omega$ und parallel zu beiden der ebenfalls temperaturunabhängige Widerstand $R_3 = 6\ \Omega$. Bei welcher Temperatur ist der dieser Schaltung zufließende Gesamtstrom I um 4% größer als bei 20°C, wenn die Schaltung an konstanter Spannung liegt?

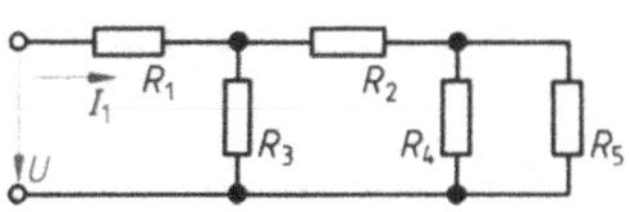

2.107 Netzwerk

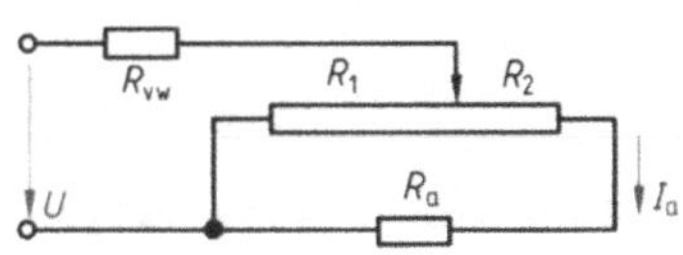

2.108 Stromteiler mit Vorwiderstand R_{VW}

Beispiel 2.78. Die Schaltung in Bild **2.**107 enthält die Widerstände $R_1 = R_3 = R_4 = 20\ \Omega$ und $R_2 = 10\ \Omega$. Wie groß muß der Widerstand R_5 sein, wenn bei der Spannung $U = 60$ V der Strom $I_1 = 2$ A fließen soll?

Beispiel 2.79. Ein Spannungsteiler nach Bild **2.**92a mit dem Gesamtwiderstand $R_S = 200\ \Omega$ wird von der Klemmenspannung $U = 20$ V gespeist. Wie groß müssen die Teilwiderstände R_1 und R_2 gewählt werden, wenn am Verbraucher die Spannung $U_a = 8$ V bei dem Strom $I_a = 20$ mA herrschen soll?

Beispiel 2.80. Zur Einstellung von Strömen können Stromteiler mit Vorwiderstand R_{VW} nach Bild **2.**108 verwendet werden. Für $R_1 + R_2 = 25\ \Omega$, $R_{VW} = 10\ \Omega$ und $R_a = 5\ \Omega$ soll der Strom I_a für die Stellung des Abgriffs an den beiden Enden ($R_1 = 0$ und $R_2 = 0$) und in der Mitte ($R_1 = R_2$) berechnet werden. Die Klemmenspannung ist $U = 220$ V.

Beispiel 2.81. Bei dem in Abschn. 2.3.8.1 behandelten Doppel-Spannungsteiler nach Bild **2.**94 seien die Eingangsspannung $U_e = 220$ V und die Widerstände $R_{S1} = R_{S2} = R_a = 1{,}5$ kΩ. Wie groß ist die Spannung U_a, wenn die Abgriffe jeweils in der Mitte stehen?

Beispiel 2.82. Eine Meßbrücke enthält 4 Widerstände $R = 350\ \Omega$, von denen 3 temperaturunabhängig sind und einer aus Kupfer mit dem Temperaturbeiwert $\alpha = 4\ \mathrm{kK}^{-1}$ besteht. Die Brücke wird mit der Gleichspannung $U_q = 6{,}3$ V gespeist. Im Mittelzweig der Brücke liegt das Meßgerät mit dem Meßwerkwiderstand $R_5 = 80\ \Omega$. Wie groß ist der Strom I_5 im Mittelzweig bei der Temperatur $\vartheta = 32{,}7\,°\mathrm{C}$, wenn bei 20°C abgeglichen wurde?

Beispiel 2.83. Zwei gleiche Batterien mit je der Quellenspannung $U_q = 14$ V und dem Innenwiderstand $R_i = 0{,}2\ \Omega$ sollen sowohl in Reihen- als auch in Parallelschaltung denselben Strom I durch einen Außenwiderstand R_a treiben. Wie groß muß R_a sein?

Beispiel 2.84. In der Schaltung nach Bild **2.**109 zum Durchmessen eines Parallelbetriebs von 2 Generatoren sind die inneren Widerstände $R_{i1} = 0{,}07\ \Omega$ und $R_{i2} = 0{,}025\ \Omega$, die Widerstände der 2 Strommesser je $R_I = 0{,}06\ \Omega$, der 3 Spannungsmesser je $R_U = 30\ \Omega$. An den Meßgeräten werden abgelesen: $I_1 = 7{,}3$ A; $I_2 = 4{,}7$ A; $U_1 = 10{,}4$ V; $U_2 = 9{,}1$ V; $U_V = 8{,}6$ V. a) Wie groß sind die Quellenspannungen U_{q1} und U_{q2}? b) Welche Werte haben die Widerstände R_1 und R_2? c) Wie groß ist der Verbraucherwiderstand R_a? d) Die Quellenspannung U_{q1} des Generators *1* wird so geändert, daß der Strom $I_1 = 0$ wird. Wie groß werden bei gleichbleibender Quellenspannung U_{q2}, dann U_2, I_2 und U_a?

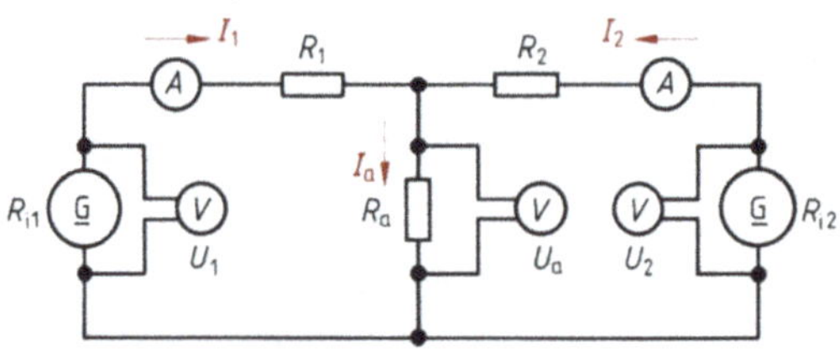

2.109 Schaltung mit Meßgeräten

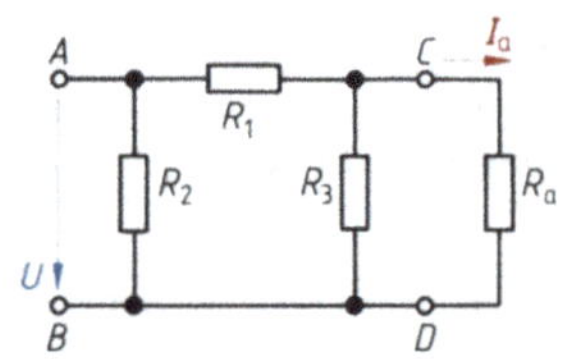

2.110 Netzwerk

Beispiel 2.85. Die Schaltung in Bild **2.**110 enthält die Widerstände $R_1 = 10\ \Omega$, $R_2 = 20\ \Omega$, $R_3 = 30\ \Omega$ und liegt an der Spannung $U = 120$ V. Für die Widerstände $R_{a1} = 20\ \Omega$ und $R_{a2} = 75\ \Omega$ sind die Ströme I_{a1} und I_{a2} zu berechnen.

Beispiel 2.86. Die Schaltung in Bild **2.**111 enthält die Widerstände $R_1 = 1\ \Omega$, $R_2 = 10\ \Omega$, $R_3 = 20\ \Omega$. Bei der Spannung $U = 37$ V fließen die Ströme $I_1 = 17$ A und $I_5 = 4$ A. Wie groß sind die Widerstände R_4 und R_5?

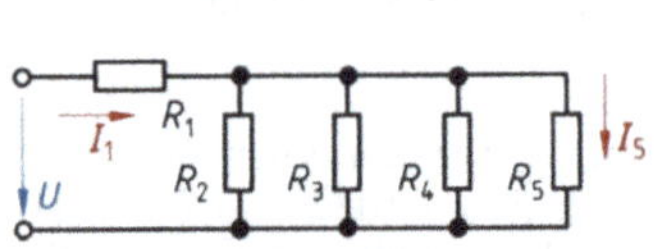

2.111 Reihen-Parallelschaltung

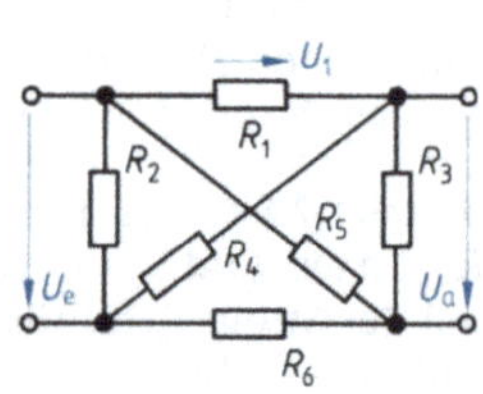

2.112 Netzwerk

Beispiel 2.87. Das Netzwerk in Bild **2.**112 besteht aus den Widerständen $R_1 = 3$ kΩ, $R_2 = 1{,}5$ kΩ, $R_3 = 1{,}7$ kΩ, $R_4 = 6$ kΩ, $R_5 = 1$ kΩ, $R_6 = 2$ kΩ und liegt an der Eingangsspannung $U_e = 120$ V. Wie groß sind Teilspannung U_1 und Ausgangsspannung U_a?

Beispiel 2.88. Man bestimme für die Schaltungen in Bild **2.**113 a und b die allgemeinen Gleichungen für den Strom I_3 sowie die Spannung U_3.

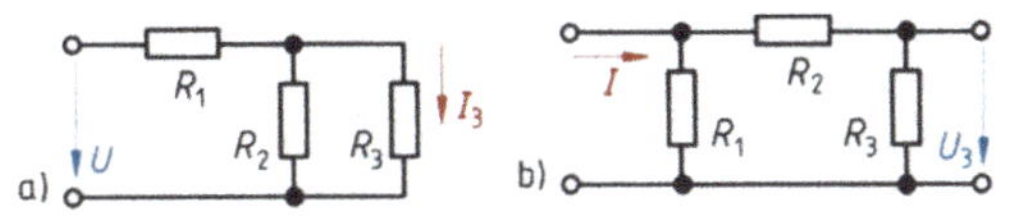

2.113 Netzwerke aus 3 Widerständen mit Spannungs- (a) und Stromeinspeisung (b)

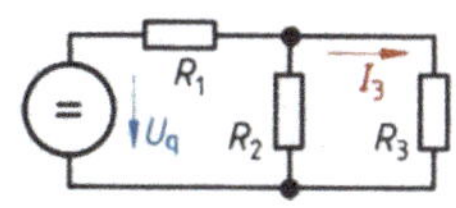

2.114 Netzwerk

Beispiel 2.89. Die Schaltung in Bild **2.**114 enthält bei der Spannung $U_q = 100$ V die Widerstände $R_1 = 10\,\Omega$ und $R_2 = 20\,\Omega$. Es soll für die Änderung des Widerstands R_3 von $R_3 = 30\,\Omega$ auf $R_3' = 35\,\Omega$ die Änderung ΔI_3 des Stromes I_3 bestimmt werden.

Beispiel 2.90. Das Netzwerk in Bild **2.**115 enthält die Widerstände $R_1 = 1\,\Omega$, $R_2 = 3\,\Omega$, $R_3 = 2\,\Omega$, $R_4 = 4\,\Omega$, $R_5 = 5\,\Omega$, und es fließt der Quellenstrom $I_{q1} = 10$ A. Wie groß muß der Quellenstrom I_{q2} sein, wenn der Widerstand R_4 stromlos bleiben soll?

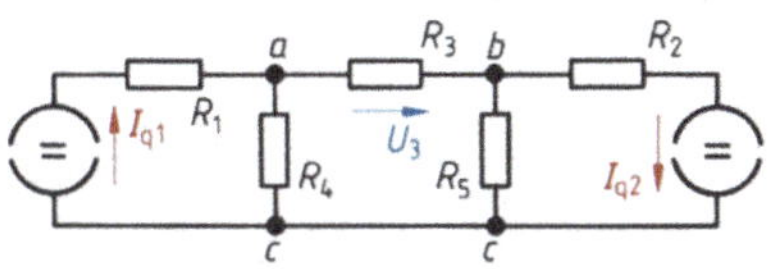

2.115 Netzwerk

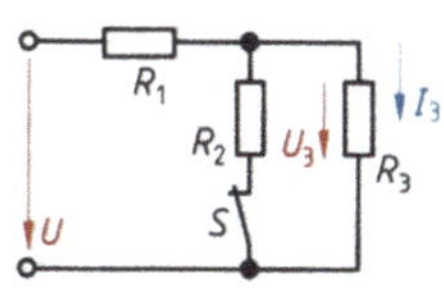

2.116 Netzwerk

Beispiel 2.91. Die Schaltung in Bild **2.**116 enthält die Widerstände $R_1 = 100\,\Omega$ und $R_2 = 80\,\Omega$ und liegt an der Spannung $U = 220$ V. Der nichtlineare Widerstand R_3 hat die Stromkennlinie $I_3 = 1\ (\mu\text{A/V}^3)\ U_3^3$. Wie groß ist der Strom I_3 bei a) offenem und b) geschlossenem Schalter S, und c) bei welcher Spannung U' fließen in den Widerständen R_2 und R_3 gleich große Ströme?

Beispiel 2.92. Die Schaltung in Bild **2.**117 besteht aus den Widerständen $R_1 = 1$ kΩ, $R_2 = 3$ kΩ, $R_3 = 2$ kΩ und Quellen mit dem Quellenstrom $I_{q1} = 20$ mA und der Quellenspannung $U_{q3} = 10$ V. Wie groß ist der Strom I_2 für $R_a = \infty$? Auf welchen Widerstandswert R_a wird die größtmögliche Leistung übertragen, und wie groß ist diese Leistung $P_{a\,max}$?

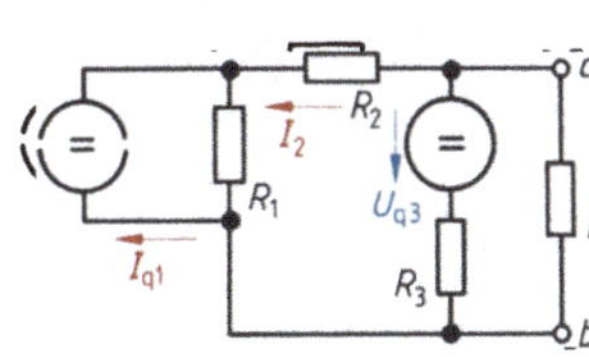

2.117 Netzwerk

Beispiel 2.93. Das Netzwerk in Bild **2.**118 enthält die Widerstände $R_1=R_5=1$ kΩ, $R_2=R_3=R_4=3$ kΩ und führt den Quellenstrom $I_q=100$ mA. Die Ausgangsspannung U_5 soll bestimmt werden.

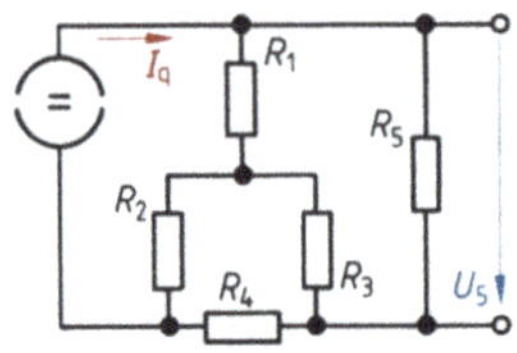

2.118 Netzwerk

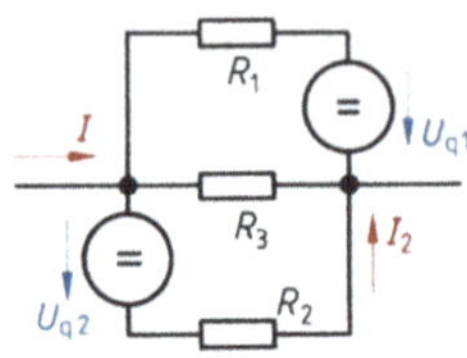

2.119 Netzwerk

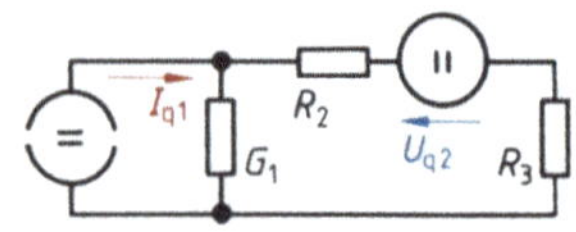

2.120 Netzwerk

Beispiel 2.94. Die Schaltung in Bild **2.**119 besteht aus den Widerständen $R_1=2\ \Omega$, $R_2=4\ \Omega$, $R_3=10\ \Omega$ und Quellen mit den Quellenspannungen $U_{q1}=20$ V, $U_{q2}=24$ V. Außerdem fließt der Strom $I=20$ A. Der Strom I_2 soll bestimmt werden.

Beispiel 2.95. Das Netzwerk in Bild **2.**120 enthält den Leitwert $G_1=2$ mS und den Widerstand $R_2=1$ kΩ. Es fließt der Quellenstrom $I_{q1}=3$ mA, und es herrscht die Quellenspannung $U_{q2}=1{,}2$ V. Auf welchen Widerstandswert R_3 kann welche maximale Leistung übertragen werden?

Beispiel 2.96. Die Schaltung in Bild **2.**121 besteht aus den Widerständen $R_1=10\ \Omega$, $R_2=12\ \Omega$, $R_3=100\ \Omega$, $R_4=200\ \Omega$, $R_5=300\ \Omega$, $R_6=400\ \Omega$ und Quellen mit den Quellenspannungen $U_{q1}=100$ V, $U_{q2}=120$ V. Die Ströme I_4 und I_5 sollen bestimmt werden.

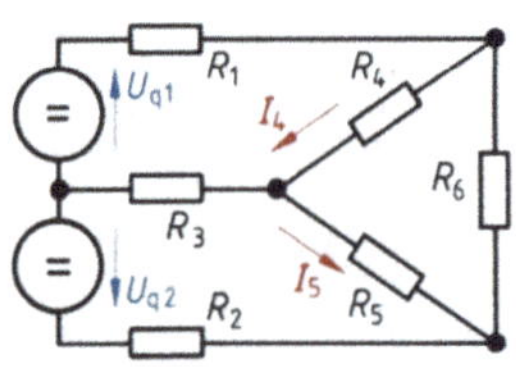

2.121 Netzwerk

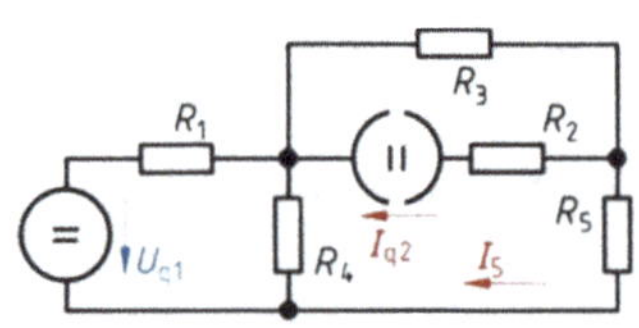

2.122 Netzwerk

Beispiel 2.97. Für das Netzwerk in Bild **2.**122 soll die allgemeine Gleichung für den Strom I_5 aufgestellt werden. Die übrigen bezeichneten Größen seien bekannt.

Beispiel 2.98. Die Schaltung in Bild **2.**123 besteht aus den Widerständen $R_1=10\ \Omega$, $R_2=R_3=30\ \Omega$, $R_4=40\ \Omega$, $R_5=50\ \Omega$, $R_6=60\ \Omega$ und Quellen mit den Quellenspannungen $U_{q1}=10$ V, $U_{q2}=20$ V und dem Quellenstrom $I_{q3}=3$ A. Der Strom I_6 soll berechnet werden.

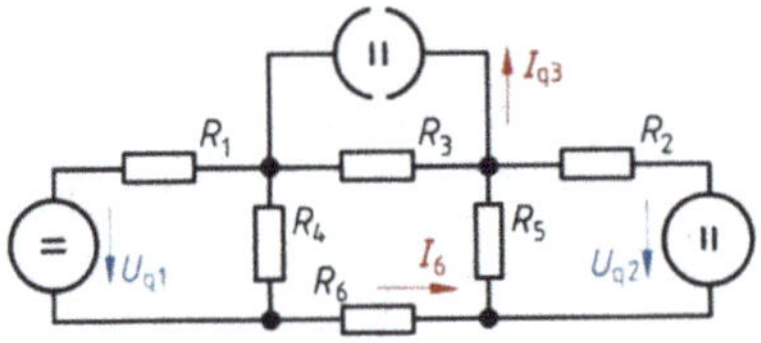

2.123 Netzwerk

Beispiel 2.99. Das Netzwerk in Bild 2.124 enthält die Leitwerte $G_1 = 10$ mS, $G_2 = 5$ mS, $G_3 = 4$ mS, $G_4 = 3$ mS, $G_5 = 2$ mS, und es fließen die Quellenströme $I_{q1} = 3$ mA, $I_{q2} = 2$ mA, $I_{q3} = 5$ mA, $I_{q4} = 6$ mA. Es sollen die Ströme I_4 und I_5 bestimmt werden.

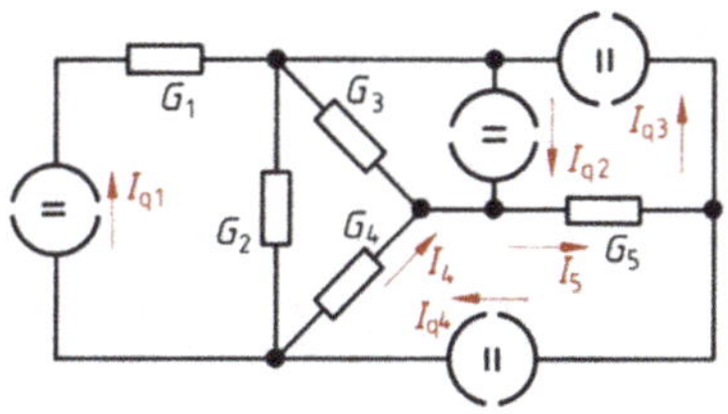

2.124 Netzwerk

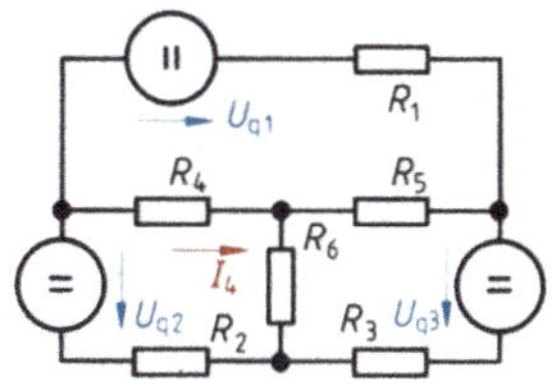

2.125 Netzwerk

Beispiel 2.100. Das Netzwerk in Bild 2.125 enthält die Widerstände $R_1 = 10\ \Omega$, $R_2 = 5\ \Omega$, $R_3 = 3\ \Omega$, $R_4 = 50\ \Omega$, $R_5 = 40\ \Omega$, $R_6 = 20\ \Omega$, und es herrschen die Quellenspannungen $U_{q1} = 100$ V, $U_{q2} = 80$ V, $U_{q3} = 50$ V. Es ist der Strom I_4 zu berechnen und ein hierfür geeigneter vollständiger Baum anzugeben.

Beispiel 2.101. Das Netzwerk von Bild 2.126 führt die Quellenströme $I_{q1} = 4$ mA, $I_{q2} = 2$ mA und die Quellenspannung $U_q = 20$ V. Für welchen Widerstandswert R ist der Strom $I = 0$?

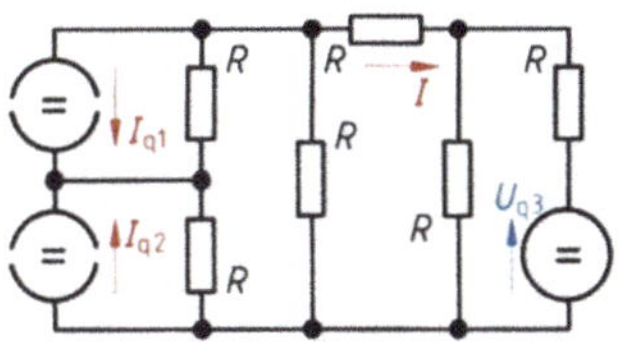

2.126 Netzwerk

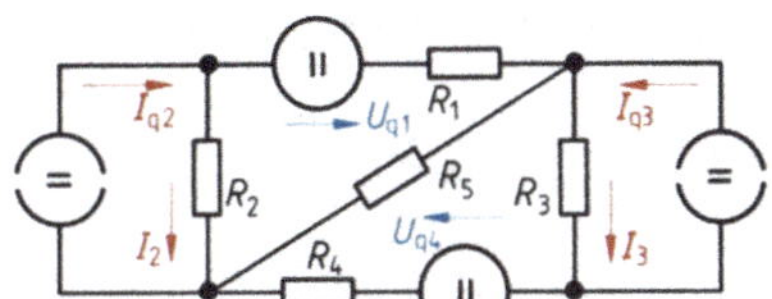

2.127 Netzwerk

Beispiel 2.102. Das Netzwerk in Bild 2.127 besteht aus den Widerständen $R_1 = 10\ \Omega$, $R_2 = 20\ \Omega$, $R_3 = 30\ \Omega$, $R_4 = 40\ \Omega$, $R_5 = 50\ \Omega$ und Quellen mit den Quellenströmen $I_{q2} = 2$ A, $I_{q3} = 3$ A. Die Ströme I_2 und I_3 sollen bestimmt werden.

Beispiel 2.103. Das Netzwerk in Bild 2.128 soll so umgeformt werden, daß es für eine Behandlung mit a) dem Maschenstrom- und b) dem Knotenpunktpotential-Verfahren geeignet ist. Außerdem ist die allgemeine Matrizengleichung zur einfachsten Berechnung c) der Ströme I_2 und I_5 anzusetzen.

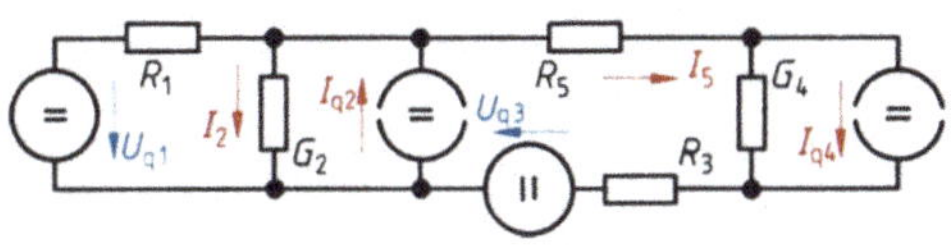

2.128 Netzwerk

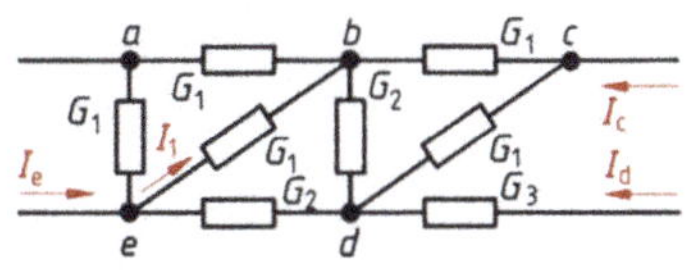

2.129 Netzwerk

Beispiel 2.104. Die Schaltung nach Bild 2.129 enthält die Leitwerte $G_1 = 2$ S, $G_2 = 4$ S und $G_3 = 5$ S. Es fließen die Ströme $I_c = 10$ A, $I_d = 5$ A und $I_e = -15$ A. Der Strom I_1 soll bestimmt werden.

Beispiel 2.105. Für das Netzwerk in Bild 2.130 sind alle Widerstände sowie der Quellenstrom I_{q1} und die Quellenspannung U_{q2} bekannt. Es soll in Schaltungen, die für die Anwendung a) des Maschenstrom- und b) des Knotenpunktpotential-Verfahrens geeignet sind, umgewandelt werden. Ferner ist nachzuweisen, welches dieser Verfahren das einfachere Gleichungssystem zur Berechnung des Stromes I_6 liefert.

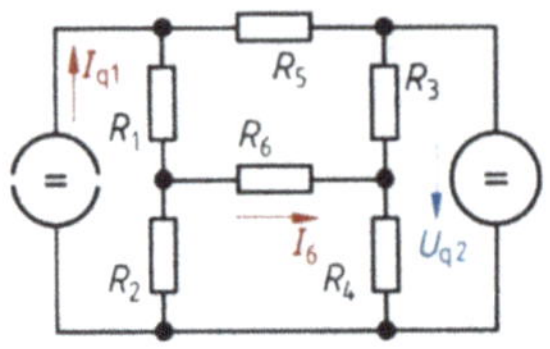

2.130 Netzwerk

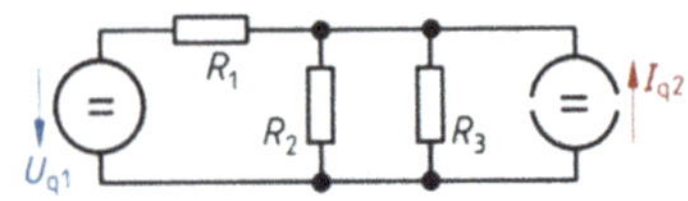

2.131 Netzwerk

Beispiel 2.106. Die Schaltung in Bild 2.131 enthält die Widerstände $R_1 = 20\,\Omega$, $R_2 = 10\,\Omega$, $R_3 = 30\,\Omega$ und Quellen mit der Quellenspannung $U_{q1} = 100$ V sowie dem Quellenstrom $I_{q2} = 5$ A. Es sind alle in den Widerständen und Quellen umgesetzten Leistungen zu bestimmen.

Beispiel 2.107. Die Schaltung in Bild 2.132 besteht aus den Leitwerten $G_1 = 10$ mS, $G_2 = 20$ mS, $G_3 = 30$ mS, $G_4 = 40$ mS, $G_5 = 50$ mS und Quellen mit der Quellenspannung $U_q = 100$ V und dem Quellenstrom $I_q = 2$ A. Der Strom I_2 soll mit dem Knotenpunktpotential-Verfahren berechnet werden.

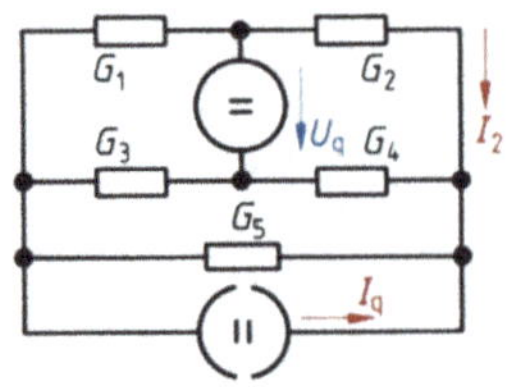

2.132 Netzwerk

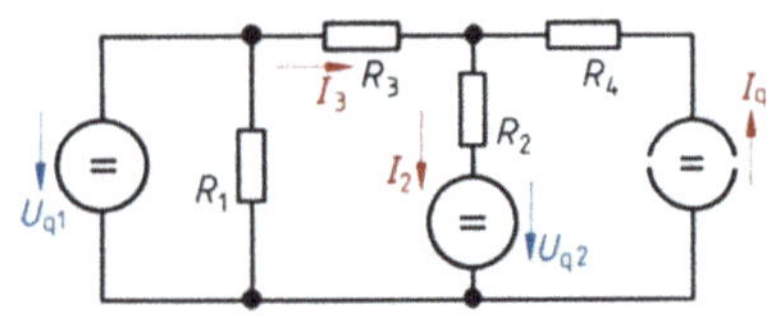

2.133 Netzwerk

Beispiel 2.108. Es soll für den Strom I_2 in der Schaltung von Bild 2.133 die Bestimmungsgleichung abgeleitet werden.

3 Sinusstrom

Für elektrische Vorgänge unterscheiden wir die in Bild **1**.6 dargestellten Stromarten[1]). Beim Wechselstrom i nach Bild **3**.1 ändern sich Größe und Richtung periodisch mit der Zeit t; d. h., nach Ablauf der Periodendauer T (s. Abschn. 3.1.1.1) wiederholt sich der Verlauf der zeitlichen Änderung. Mit n als ganzer Zahl gilt also für eine Wechselgröße allgemein

$$f(t) = f(t + nT) \tag{3.1}$$

Außerdem ist der lineare Mittelwert einer reinen Wechselgröße während einer Periode Null (s. Abschn. 3.1.1.3).

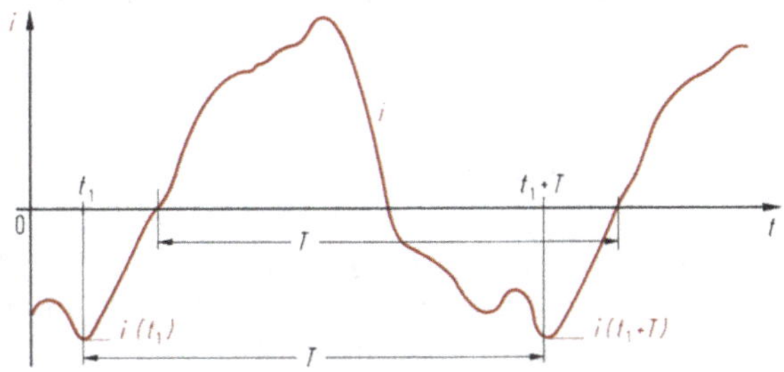

3.1
Zeitlicher Verlauf eines Wechselstroms $i = f(t)$
T Periodendauer

Eine Wechselgröße kann innerhalb einer Periode einen beliebigen Verlauf zeigen (s. Abschn. 5). Wir werden uns hier zunächst nur mit den rein sinusförmigen Wechselgrößen, die nach DIN 5488 auch Sinusgrößen genannt werden, befassen, ihre Erzeugung und ihre Kenngrößen betrachten, einfache Darstellungsmöglichkeiten für sie beschreiben und ihre Wirkung in den passiven (idealisierten) Zweipolen Wirkwiderstand R, Induktivität L und Kapazität C untersuchen. Anschließend werden zusammengesetzte Schaltungen und Netzwerke betrachtet und Anwendungen (z. B. beim Transformator und bei Zweitoren) untersucht. In Abschn. 4 wird die Darstellung auf verkettete Mehrphasensysteme, in Abschn. 5 auf Wechselgrößen beliebiger Kurvenform und in Abschn. 6 auf veränderbare Frequenzen erweitert. Einschaltvorgänge (s. Abschn. 7) werden hierbei zunächst vernachlässigt, d. h., alle Betrachtungen gelten für stationäre Vorgänge.

---

[1]) Hier wird bei der Beschreibung grundlegender Definitionen, wie allgemein üblich, lediglich von Strömen gesprochen; selbstverständlich gelten sie auch für Spannungen.

3.1 Eigenschaften und Darstellung der Sinusgrößen

In Abschn. 1.4.4.2 ist abgeleitet und beschrieben, wie Sinusspannung in den Generatoren der Energietechnik grundsätzlich erzeugt wird. Diese Generatoren werden eingehend in Band II, die zugehörigen Kraftwerke in Band IX behandelt. Außerdem formt man heute in Wechselrichtern, die sich aus steuerbaren Halbleiterbauelementen (Thyristoren - s. Band III, Teil 2) zusammensetzen, Gleichstrom - z. B. aus Batterien - in Wechselstrom um. In der Nachrichtentechnik werden zur Erzeugung von Wechselspannung ebenfalls statische Einrichtungen, wie Schaltungen mit Röhren, Transistoren (s. Band III), Schwingkreisen (s. Abschn. 6.1) und anderen Bauelementen (s. Band III, XI, XII) eingesetzt. Es sollen jetzt die Eigenschaften von Wechselgrößen und die Darstellung der Sinusgrößen durch Zeitfunktionen, in Zeit- und Zeigerdiagrammen sowie durch komplexe Größen behandelt werden.

3.1.1 Kennwerte von Wechselgrößen

Während Gl. (3.1) ganz allgemein die funktionale Bedingung für eine Wechselgröße wiedergibt, kann man eine zeitlich sinusförmig sich ändernde Größe ebenso allgemein durch die Funktion

$$x = \hat{x} \sin[(\omega t) + \varphi_x] \tag{3.2}$$

beschreiben. Der Zeitwert x wird hier durch einen kleinen Buchstaben als Formelzeichen (auch bei den Zeitwerten von Strom i und Spannung u) oder durch den Index t (z. B. beim Fluß Φ_t in Bild **1.**48) gekennzeichnet. Der Scheitelwert $\hat{x}$ (Kennzeichen ^) ist schon in Abschn. 1.1.3.3 eingeführt worden. Die übrigen Bestimmungsstücke dieser Zeitfunktion sollen jetzt einzeln betrachtet werden.

3.1.1.1 Periodendauer und Frequenz. Eine Sinusschwingung nach Gl. (3.2) wiederholt sich nach Ablauf des Winkels $2\pi = 360° = \omega T$. Mit der Kreisfrequenz ω gilt somit für die in Bild **3.**3 dargestellte Periodendauer

$$T = 2\pi/\omega \tag{3.3}$$

Eine Periode einer Sinusschwingung enthält zwei einander entgegengesetzt gleiche Halbschwingungen. Meist arbeitet man jedoch mit dem Reziprokwert der Periodendauer, der Frequenz

$$f = 1/T \tag{3.4}$$

für die die Einheit Hertz ($Hz = s^{-1}$) eingeführt ist. Sie gibt somit die Anzahl der Perioden je Sekunde an.

Wichtige Frequenzbereiche der Elektrotechnik sind in Tafel 3.2 zusammengestellt. Üblich sind für die allgemeinen Versorgungsnetze in der ganzen Welt 50 Hz - mit Ausnahme von Nordamerika, wo 60 Hz angetroffen werden. Nach Tafel 3.2 herrschen in der Energietechnik die kleineren Frequenzen vor, wobei allerdings für bestimmte Fertigungsverfahren Frequenzen bis zu 1 GHz zur Anwendung kommen. Die Nachrichtentechnik überstreicht den gesamten Frequenzbereich; neuere Entwicklungen neigen zu immer größeren Frequenzen (Höchstfrequenz). Tafel 3.2 stellt gleichzeitig die verschiedenen Anwendungsgebiete der Sinusstromtechnik heraus.

Tafel 3.2 Frequenz- und Anwendungsbereiche von Sinusströmen

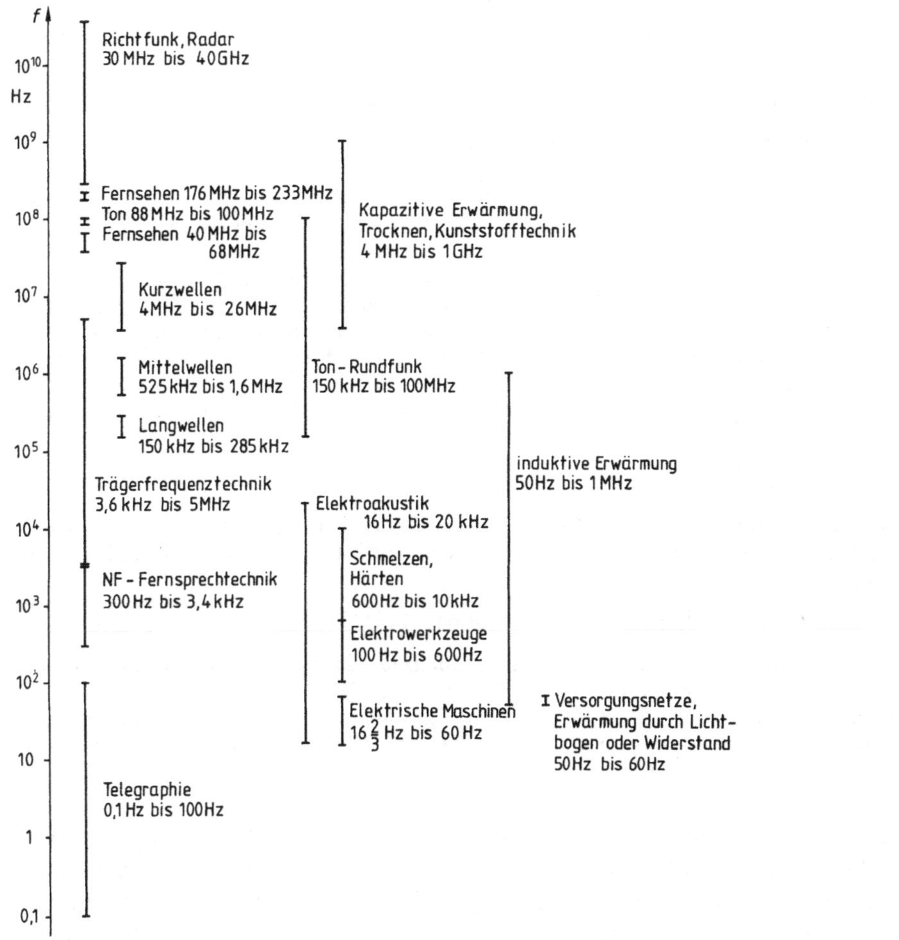

Die Kreisfrequenz

$$\omega = 2\pi f = 2\pi / T \tag{3.5}$$

unterscheidet sich lediglich durch den Faktor 2π von der Frequenz f und ermöglicht so eine einfachere Schreibweise der Zeitfunktion (und anderer Größen - s. Abschn. 3.2.1). Sie wird in s^{-1} gemessen (nicht in Hz).

Beispiel 3.1. In einer Wicklung mit der Windungszahl $N=30$ ändert sich ein Fluß des Scheitelwerts $\hat{\Phi}=700$ mVs mit der Frequenz $f=50$ Hz nach der Funktion $\Phi_t=\hat{\Phi}\sin(\omega t-\pi/2)$ (s. Bild 3.7b). Periodendauer T und Zeitfunktion u_q der induzierten Quellenspannung sind zu bestimmen.

Für die Periodendauer gilt nach Gl. (3.4)

$$T=1/f=1/(50\text{ Hz})=0{,}02\text{ s}$$

Der normale Sinusstrom wiederholt also seinen Verlauf nach jeweils 20 ms.

Mit der Kreisfrequenz $\omega=2\pi f=2\pi\cdot 50\text{ Hz}=314{,}2\text{ s}^{-1}$ nach Gl. (3.5) erhält man die Flußfunktion

$$\Phi_t=\hat{\Phi}\sin(\omega t-\pi/2)=-\hat{\Phi}\cos(\omega t)=-700\text{ mVs}\cos(314{,}2\text{ s}^{-1}t)$$

und nach Gl. (1.60) die Spannungsfunktion

$$u_q=N\,\mathrm{d}\Phi_t/\mathrm{d}t=-N\,\mathrm{d}[\hat{\Phi}\cos(\omega t)]\mathrm{d}t=N\omega\hat{\Phi}\sin(\omega t)$$
$$=30\cdot 314{,}2\text{s}^{-1}\cdot 700\text{ mVs}\sin(314{,}2\text{ s}^{-1}t)=6{,}597\text{ kV}\sin(314{,}2\text{ s}^{-1}t)$$

Beispiel 3.2. Eine Rahmenantenne (s. Band XI) hat die Fläche $A=900\text{ cm}^2$ und die Windungszahl $N=50$. Sie wird von einer elektromagnetischen Welle mit dem Scheitelwert der magnetischen Wechselfeldstärke $\hat{H}=0{,}1\ \mu\text{A/cm}$ und der Frequenz $f=5$ MHz senkrecht und homogen durchsetzt. Wie groß ist der Scheitelwert $\hat{u}_q$ der so in dieser Antenne induzierten Spannung?

Mit der Permeabilität von Luft $\mu_0=1{,}256\ \mu\text{T m/A}$ tritt nach Gl. (1.48) der Scheitelwert der Induktion

$$\hat{B}=\mu_0\hat{H}=(1{,}256\ \mu\text{T m/A})\ 0{,}1\ \mu\text{A/cm}=12{,}56\text{ pT}$$

auf. (Die Feldgrößen von elektromagnetischen Wellen sind verglichen mit den entsprechenden Größen elektrischer Maschinen extrem klein.) Der Scheitelwert des Flusses beträgt dann nach Gl. (1.52)

$$\hat{\Phi}=\hat{B}A=12{,}56\text{ pT}\cdot 900\text{ cm}^2=1{,}13\text{ pVs}$$

Daher wird nach Gl. (1.103) mit der Kreisfrequenz $\omega=2\pi f=2\pi\cdot 5\text{ MHz}=31{,}42\cdot 10^6\text{ s}^{-1}$ der Scheitelwert der Spannung $\hat{u}_q=N\omega\hat{\Phi}=50\cdot 31{,}42\cdot 10^6\text{ s}^{-1}\cdot 1{,}13\text{ pVs}=1{,}776$ mV in die Antenne induziert. Diese Spannung kann in Empfängern der Nachrichtentechnik nach entsprechender Verstärkung ausgenutzt werden. Bei UKW-Antennen tritt nur eine Spannung von wenigen µV auf.

3.1.1.2 Phasenlage. Schon in Bild 1.48 ist das Zeitdiagramm, also der zeitliche Verlauf eines Sinusflusses Φ_t und einer durch ihn verursachten Sinus-Quellenspannung u_q dargestellt. Diese Sinusgrößen erreichen zu verschiedenen Zeiten t ihre Scheitelwerte und Nulldurchgänge. Man sagt, diese Größen haben unterschiedliche Phasenlagen; sie sind gegeneinander phasenverschoben.

Bild 3.3 zeigt die sinusförmigen Verläufe eines Stromes $i=\hat{i}\sin(\omega t-\varphi_I)$ und einer Spannung $u=\hat{u}\sin(\omega t-\varphi_U)$. Ganz allgemein beginnt somit eine Sinusfunktion zur Zeit $t=0$ mit dem Wert $x_0=\hat{x}\sin\varphi_x$ und geht um den Nullphasenwinkel φ_x früher als die normale Sinusfunktion $\sin(\omega t)$ durch Null. Hierbei

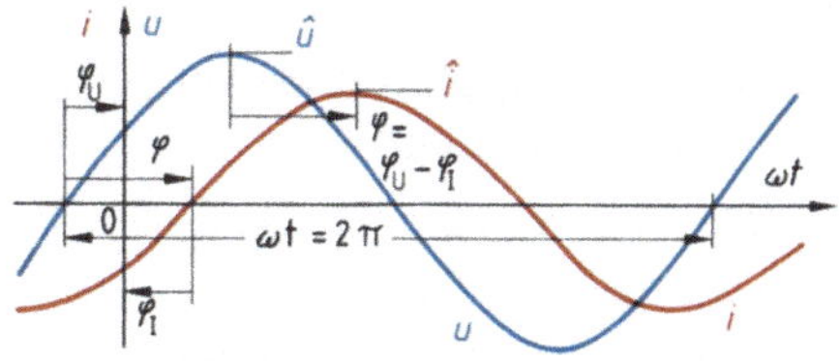

3.3
Sinusstrom $i = \hat{i} \sin(\omega t + \varphi_I)$
und Sinusspannung $u = \hat{u} \sin(\omega t + \varphi_U)$
φ Phasenwinkel

ist streng auf das Vorzeichen des Winkels zu achten: In Bild 3.3 ist z. B. der Nullphasenwinkel der Spannung $\varphi_U = 30°$ und der des Stromes $\varphi_I = -60°$. Der Nullphasenwinkel ist also ganz allgemein eine gerichtete Größe, die positive und negative Zahlenwerte annehmen kann und daher auch durch einen Einfachpfeil (mit nur einer Pfeilspitze) gekennzeichnet werden muß. Er wird positiv angegeben, wenn seine Pfeilspitze in die positive Winkel-Zählrichtung weist. Um den Nullphasenwinkel also vorzeichenrichtig aus einem Zeitdiagramm, z. B. Bild 3.3, entnehmen zu können, muß man den Winkelpfeil vom positiven Nulldurchgang (die Sinuslinie wird nach dem Nulldurchgang positiv) aus zur Ordinatenachse richten; die Pfeilspitzen müssen also stets an der Ordinatenachse liegen. Der zugehörige Wert des Nullphasenwinkels φ_x wird dann positiv angegeben, wenn sein Pfeil in Richtung der positiven Winkelzählrichtung weist, bzw. negativ bei entgegengesetzter Richtung.

Wichtiger als der Nullphasenwinkel nach Gl. (3.2) ist in der Wechselstromtechnik die Phasenverschiebung zwischen zwei Sinusfunktionen, die dann einfach Phasenwinkel φ genannt wird. Diese Phasenverschiebung zwischen zwei Sinusfunktionen $f_1(t)$ und $f_2(t)$ mit den Nullphasenwinkeln φ_1 und φ_2 wird ebenfalls durch einen Einfachpfeil gekennzeichnet, der von $f_1(t)$ nach $f_2(t)$ oder umgekehrt weist. Ihr Betrag ergibt sich als Summe aus φ_1 und φ_2, wobei die Winkel φ_1 und φ_2 mit ihrem Vorzeichen in diese Summe eingeführt werden müssen (s. Bild 3.3). Bei der Angabe des zwischen zwei Sinusgrößen auftretenden Phasenwinkels muß also stets angegeben werden, welche dieser beiden Größen als Bezugsgröße gelten soll.

In Bild 3.3 sind Strom i und Spannung u gegeneinander phasenverschoben. DIN 40110 legt fest, daß stets der Strom als Bezugsgröße genommen wird. Wenn dann z. B. der Nullphasenwinkel des Stromes $\varphi_I = 0$ gewählt wird, ist der Phasenwinkel φ mit dem Nullphasenwinkel der Spannung φ_U identisch. Allgemein gilt nach DIN 40110 für den Phasenwinkel

$$\varphi = \varphi_U - \varphi_I \tag{3.6}$$

Auf diese Weise wird der Phasenwinkel φ stets zwischen Strom i und Spannung u gemessen. (Nach Abschn. 3.2.1 ist dies auch der Phasenwinkel des komplexen Widerstands $\underline{Z}$ und ebenso der komplexen Leistung $\underline{S}$; der Phasenwinkel φ_Y des komplexen Leitwerts $\underline{Y}$ hat jedoch das entgegengesetzte Vorzeichen. Da die meisten Versorgungsnetze Konstantspannungssysteme sind, gäbe es gewichtige Gründe, die Spannung als Bezugsgröße zu wählen. Wir müssen uns hier aber an die Definition in DIN 40110 halten.)

Für die Verhältnisse von Bild 3.3 kann man völlig gleichwertig sagen:

a) Mit den Nullphasenwinkel $\varphi_I = -\pi/3 = -60°$ und $\varphi_U = \pi/6 = 30°$ beträgt der Phasenwinkel $\varphi = \varphi_U - \varphi_I = (\pi/6) - (-\pi/3) = 30° - (-60°) = \pi/2 = 90°$.

b) Die Spannung u eilt gegenüber dem Strom i um den Phasenwinkel $|\varphi| = 90°$ vor.

c) Der Strom i eilt der Spannung u um $|\varphi| = 90°$ nach.

(Eine Aussage, daß der Strom gegenüber der Spannung um $\varphi = -90°$ nacheilt, wäre mißverständliche Tautologie.)

Für Phasenwinkel komplexer Größen - z. B. Ströme, Spannungen, Leistungen, Widerstände und Leitwerte - s. Abschn. 3.1.3. Wenn abweichend von Gl. (3.6) nicht der Strom I als Bezugsgröße gewählt ist oder genommen werden kann, wird dies in diesem Buch durch einen Index am Formelzeichen φ gekennzeichnet; so wird z. B. der Phasenwinkel $\varphi_{U\Phi}$ zwischen der Spannung u und dem Fluß Φ_t gemessen, die Spannung also als Bezugsgröße bestimmt (s. Bild 3.7).

3.1.1.3 Mittelwerte. Da eine Sinusgröße nach Gl. (3.2) ihren Zeitwert x ständig zwischen Null und positivem bzw. negativem Scheitelwert $\hat{x}$ ändert, und die Angabe der Zeitfunktion umständlich ist, besteht der Wunsch, sie durch möglichst wenige kennzeichnende Werte ausreichend zu beschreiben. Man könnte z. B. für die Spannung stets den Scheitelwert $\hat{u}$ benutzen, da er nach Abschn. Band I, Teil 2 die größte elektrische Feldstärke festlegt und somit die elektrische Beanspruchung bestimmt. Da die magnetischen Kräfte auf stromdurchflossene Leiter entweder linear (z. B. bei einem Leiter im Magnetfeld - s. Abschn. 1.4.4.1) oder quadratisch (z. B. Kräfte zwischen zwei Leitern - s. Abschn. 1.4.4.1) vom Strom bestimmt werden, muß man für die Berechnung der mechanischen Beanspruchungen auch mit dem Scheitelwert $\hat{i}$ des Stromes rechnen.

Bei nichtsinusförmigen Verläufen (s. Abschn. 5) sagt der Scheitelwert nichts über den Verlauf der Funktion aus. Da der Verlauf aber allein maßgebend ist für die summarischen Wirkungen, z. B. der Energie, die mit einem Strom, der über eine bestimmte Zeit fließt, auftritt, ist es zweckmäßiger, Kennwerte zu definieren, die die mittleren Wirkungen - z. B. von Leistung, Strom oder Spannung - unabhängig von ihren Kurvenformen wiedergeben. Für die Festlegung solcher Kenngrößen müssen wir von den wichtigsten Wirkungen des elektrischen Stromes ausgehen. Man unterscheidet nach DIN 5483 ganz allgemein für zeitabhängige periodische (also auch nichtsinusförmige) Wechselgrößen folgende Kennwerte:

Linearer Mittelwert. In elektrochemischen Anlagen kommt es darauf an, elektrische Ladung Q zu transportieren. Fließt nun entsprechend Gl. (1.3) der Wechselstrom $i = \mathrm{d}Q_t/\mathrm{d}t$, so wird in der Zeit t die Ladung

$$Q = \int_0^t i\,\mathrm{d}t \tag{3.7}$$

befördert. Wenn man einen bestimmten Gleichstrom I daher für den Ladungstransport mit einem beliebigen Strom i vergleichen will, muß man hierzu den linearen Mittelwert

$$\bar{i} = \frac{1}{T} \int_0^T i \, dt \tag{3.8}$$

heranziehen. Bei einem reinen Wechselstrom, also auch beim Sinusstrom $i = \hat{i} \sin(\omega t)$, ergibt diese Integration über eine Periode T natürlich Null, da die Flächen der positiven und negativen Halbschwingung gleich groß sind. Die Ladung Q_t wird sich in der einen Halbperiode in die eine und in der folgenden Halbperiode in die andere Richtung bewegen, ohne daß hierbei ein resultierender, einseitig gerichteter Ladungstransport zustandekommt. Der lineare Mittelwert wird erst für Gleichströme und Mischströme (s. Abschn. 5) von Null verschieden.

Gleichrichtwert. Einen über einen längeren Zeitraum wahrnehmbaren, einseitig gerichteten Ladungstransport erhält man, wenn entsprechend Bild **3.4** der Sinusstrom i, z.B. mit den in Band III beschriebenen Dioden, gleichgerichtet wird (s.a. Abschn. 5.3.2). Weisen beide Halbschwingungen dieselbe Stromrichtung auf, wie z.B. bei der in Bild **3.4**a dargestellten Zweiweggleichrichtung, so

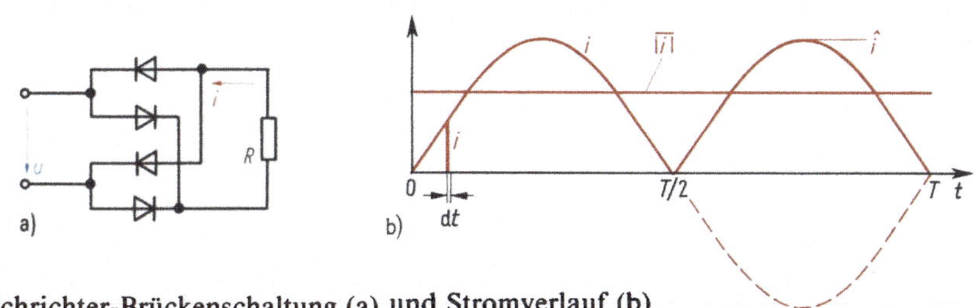

3.4 Gleichrichter-Brückenschaltung (a) und Stromverlauf (b)
$\overline{|i|}$ Gleichrichtwert, $\hat{i}$ Scheitelwert

stellt der dann auftretende Mittelwert das Integral über die Beträge des Stromes $|i|$ dar und wird Gleichrichtwert

$$\overline{|i|} = \frac{1}{T} \int_0^T |i| \, dt \tag{3.9}$$

genannt. Wird dagegen bei der Gleichrichtung nur eine Halbschwingung von der Ventilschaltung durchgelassen und die zweite gesperrt, so spricht man von einer Einweggleichrichtung (s. Abschn. 5.3.2), und es ergibt sich der Halbperiodenmittelwert

$$\overline{|i_{HP}|} = \frac{1}{T} \int_0^{T/2} i \, dt \tag{3.10}$$

der bei Sinusstrom i natürlich nur halb so groß wie der Gleichrichtwert nach Gl. (3.9) ist. Für andere Kurvenformen s. Abschn. 5.

In Gleichrichterschaltungen ist die Elektrizitätsmenge Q vom Gleichrichtwert des Stromes $\overline{|i|}$ abhängig, der daher z. B. bei elektrolytischen Vorgängen (s. Band I, Teil 3) oder der Ladung von Kondensatoren nach Abschn. 1.2.4 zu berücksichtigen ist.

Bei Sinusgrößen $i = \hat{i}\sin(\omega t)$ bzw. $u = \hat{u}\sin(\omega t)$ erhält man das Verhältnis von Gleichricht- zu Scheitelwert

$$\frac{\overline{|i|}}{\hat{i}} = \frac{\overline{|u|}}{\hat{u}} = \frac{1}{T}\int_0^T |\sin(\omega t)|\,\mathrm{d}(\omega t) = \frac{2}{\pi} = 0{,}6366 \qquad (3.11)$$

(Für andere Kurvenformen s. Abschn. 5.)

Beispiel 3.3. Ein Sinusstrom mit dem Scheitelwert $\hat{i} = 10$ A fließt durch die Gleichrichter-Brückenschaltung von Bild 3.4a. Welche Elektrizitätsmenge Q wird während der Zeit $t = 2$ h befördert?

Nach Gl. (3.11) ist der Gleichrichtwert des Stromes $\overline{|i|} = 0{,}6366\,\hat{i} = 0{,}6366 \cdot 10\text{ A} = 6{,}366$ A. Somit beträgt nach Gl. (1.2) die Elektrizitätsmenge

$$Q = \overline{|i|}\,t = 6{,}366\text{ A} \cdot 2\text{ h} = 12{,}73\text{ Ah}$$

Effektivwert. Nach Abschn. 1.5.3 ist für die meisten Wirkungen des elektrischen Stromes die auf den Verbraucher übertragene elektrische Arbeit $W = UIt$ und daher die Leistung $P = UI = I^2R = U^2/R$ maßgebend. So ist nach Abschn. 1.4.1.1 die Wärmewirkung dem in Bild 3.5 eingetragenen Quadrat des Stromes $i^2 = \hat{i}^2\sin^2(\omega t)$ proportional.

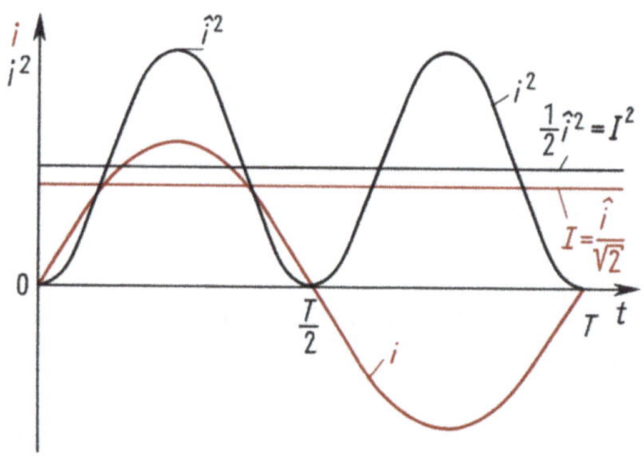

3.5 Zur Bildung des Effektivwerts I eines Sinusstroms $i = \hat{i}\sin(\omega t)$

Bildet man den Mittelwert dieser Quadratkurve, den wir mit I^2 bezeichnen wollen, so findet man

$$I^2 = \frac{1}{T}\int_0^T i^2\,\mathrm{d}t = \frac{\hat{i}^2}{T}\int_0^T \sin^2(\omega t)\,\mathrm{d}t = \frac{\hat{i}^2}{\omega T}\int_0^T \sin^2(\omega t)\,\mathrm{d}(\omega t) = \frac{\hat{i}^2}{2} \qquad (3.12)$$

Dieser Mittelwert I^2 ist also halb so groß wie das Scheitelwertquadrat $\hat{i}^2$, was Bild 3.5 auch unmittelbar erkennen läßt. Dieser quadratische Mittelwert

$$I=\sqrt{\frac{1}{T}\int_0^T i^2\,\mathrm{d}t} \tag{3.13}$$

wird als Effektivwert bezeichnet und ist somit der Wechselstrom, der z. B. Wärmewirkungen in gleicher Größe wie ein Gleichstrom mit demselben Betrag verursacht.

Ganz allgemein gilt für das Verhältnis der Effektivwerte I bzw. U, die üblicherweise auch wie bei Gleichstromgrößen durch große Buchstaben als Formelzeichen gekennzeichnet werden, zu den Scheitelwerten $\hat{i}$ bzw. $\hat{u}$ bei Sinusgrößen

$$\frac{I}{\hat{i}}=\frac{U}{\hat{u}}=\sqrt{\frac{1}{\omega T}\int_0^T \sin^2(\omega t)\,\mathrm{d}(\omega t)}=1/\sqrt{2}=0{,}7071 \tag{3.14}$$

So erhält man auch über Gl. (1.103) und (3.5) mit der Frequenz f, der Windungszahl N und dem Scheitelwert des magnetischen Flusses $\hat{\Phi}$ den Effektivwert der induzierten Quellenspannung

$$U_\mathrm{q}=\frac{\hat{u}_\mathrm{q}}{\sqrt{2}}=\frac{N\omega}{\sqrt{2}}\hat{\Phi}=\frac{2\pi}{\sqrt{2}}Nf\hat{\Phi}=4{,}443\,Nf\hat{\Phi} \tag{3.15}$$

Diese Spannungsgleichung für eine Spule wird häufig für die Berechnung induzierter Sinusspannungen benutzt.

Scheitelfaktor. Als Scheitelfaktor

$$\xi=\hat{i}/I=\hat{u}/U \tag{3.16}$$

bezeichnet man ganz allgemein das Verhältnis von Scheitelwert $\hat{i}$ bzw. $\hat{u}$ zu Effektivwert I bzw. U. Nach Gl. (3.14) beträgt der Scheitelfaktor für Sinusgrößen $\xi=\hat{i}/I=\hat{u}/U=\sqrt{2}=1{,}414$. Wie Abschn. 3.14 zeigt, kann er für Strom und Spannung eines Zweipols unterschiedliche Werte annehmen, wenn die Kurvenformen von Strom und Spannungen voneinander abweichen.

Formfaktor. Der Formfaktor

$$F=I/\overline{|i|}=U/\overline{|u|} \tag{3.17}$$

stellt das Verhältnis von Effektivwert I bzw. U zu Gleichrichtwert $\overline{|i|}$ bzw. $\overline{|u|}$ dar und wird gern zur Beurteilung der Kurvenform (insbesondere bei nichtsinusförmigen Wechselgrößen) herangezogen (s. Abschn. 5). Nach Gl. (3.11) und (3.14) ist der Formfaktor von Sinusgrößen $F=I/\overline{|i|}=(\hat{i}/\sqrt{2})/(\pi\hat{i}/2)=\pi/(2\sqrt{2})=1{,}111$.

Beispiel 3.4. Die übliche Netzspannung beträgt $U=220$ V bei der Netzfrequenz $f=50$ Hz. Es sind der Gleichrichtwert $\overline{|u|}$ und die Zeitfunktion u dieser Spannung zu bestimmen.

Da die Netzspannung sinusförmig ist, gilt der Formfaktor $F = 1{,}111$, und wir erhalten mit Gl. (3.17) den Gleichrichtwert

$$\overline{|u|} = U/F = 220\ \mathrm{V}/1{,}111 = 198\ \mathrm{V}$$

Für die Zeitfunktion benötigen wir den mit Gl. (3.14) berechenbaren Scheitelwert

$$\hat{u} = \sqrt{2}\, U = \sqrt{2} \cdot 220\ \mathrm{V} = 311{,}1\ \mathrm{V}$$

und die mit Gl. (3.5) bestimmbare Kreisfrequenz

$$\omega = 2\pi f = 2\pi \cdot 50\ \mathrm{Hz} = 314{,}2\ \mathrm{s}^{-1}$$

und finden somit den zeitlichen Verlauf der Netzspannung

$$u = \hat{u} \sin(\omega t) = 311{,}1\ \mathrm{V} \sin(314{,}2\ \mathrm{s}^{-1} t)$$

3.1.1.4 Messung der Kennwerte. Der Lichtstrahl eines trägheitsarmen Drehspulmeßwerks (Lichtstrahloszillograph) und der Elektronenstrahl eines Elektronenstrahloszilloskops (s. Band IV) können den Zeitwerten von Spannung u und Strom i folgen, so daß bei entsprechender Zeitablenkung der Kurvenverlauf betrachtet werden kann. Somit kann man mit diesen Meßgeräten auch die Scheitelwerte $\hat{u}$ bzw. $\hat{i}$ und die Frequenz f bestimmen.

Normale Drehspulmeßgeräte (s. Band IV) haben dagegen eine so große träge Masse, daß der Zeiger den Zeitwerten nicht mehr folgen kann, sondern sich auf den linearen Mittelwert nach Gl. (3.8) einstellt. Bei reinem Wechselstrom bleibt er daher auf Null stehen. Schaltet man dem Drehspulmeßwerk einen Einweggleichrichter vor, z. B. nach Abschn. 5.3.2, so zeigt es den halben Gleichrichtwert, also den Halbperiodenmittelwert nach Gl. (3.10), und mit einem vorgeschalteten Zweiweggleichrichter, z. B. in der Brückenschaltung von Bild 3.4a, den Gleichrichtwert nach Gl. (3.9).

Das in Band IV behandelte Dreheisenmeßgerät stellt sich bei genügender Trägheit des Meßwerks auf den Effektivwert der Wechselgröße ein, da die Anziehungskraft der Eisenteile vom Quadrat der magnetischen Induktion B_t und somit vom Quadrat des erregten Stromes i abhängt (s. Abschn. 1.4.3.1). Für Einzelheiten der Meßgeräte und Meßverfahren s. Band IV.

Beispiel 3.5. Ein Wechselstrom wird einmal mit einem Drehspulmeßgerät und vorgeschaltetem Gleichrichter zu $\overline{|i|} = 5{,}0$ A[1]) und anschließend mit einem Dreheisenmeßgerät zu $I = 6{,}0$ A gemessen. Ist dies ein Sinusstrom?

Nach Gl. (3.17) hat der Wechselstrom den Formfaktor $F = I/\overline{|i|} = 6{,}0\ \mathrm{A}/(5{,}0\ \mathrm{A}) = 1{,}2$. Er ist wegen $F \neq 1{,}11$ also nicht sinusförmig.

[1]) Vielfachmeßgeräte für Gleich- und Wechselstrom sind meist in dieser Art geschaltet, die Skala ist aber für Sinusstrom kalibriert, so daß ein solches Meßgerät in diesem Fall $\overline{|i|} F_s = 5{,}0\ \mathrm{A} \cdot 1{,}11 = 5{,}55$ A anzeigen würde.

3.1.2 Zeigerdiagramm

Es liegt nahe, Sinusgrößen x, wie z. B. in Bild 3.3, als Zeitfunktionen $x=f(t)$ darzustellen und die Zeitwerte x als Sinuslinien über der Zeit t aufzutragen. Dies ist aber ein ziemlich aufwendiges Verfahren, insbesondere wenn mehrere Größen nebeneinander betrachtet oder z. B. auch addiert werden sollen. Es soll daher jetzt gezeigt werden, wie man solche sinusförmig zeitabhängigen Größen symbolisch darstellen kann.

3.1.2.1 Zeiger. Wir führen mit Bild 3.6 einen Zeiger (Einfachpfeil) ein. Er wird an seiner Spitze mit dem unterstrichenen Formelzeichen des Scheitelwerts der Sinusgröße (also z. B. bei der Spannung mit $\underline{\hat{u}}$) bezeichnet, und seine Länge entspricht diesem Scheitelwert. Das Unterstreichen soll darauf hinweisen, daß dieses Formelzeichen nicht nur die physikalische Größe, sondern auch die Zeigereigenschaften symbolisieren soll.

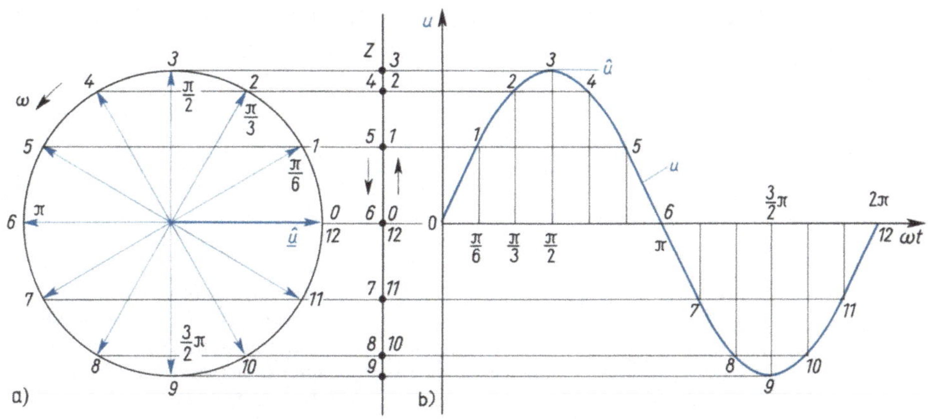

3.6 Zusammenhang zwischen Zeigerdiagramm (a) und Zeitdiagramm (b)
Z Zeitlinie

Dreht sich nun in Bild 3.6 der Spannungszeiger $\underline{\hat{u}}$ im mathematisch positiven Sinn (d. h. also entgegengesetzt wie ein Uhrzeiger) mit der Winkelgeschwindigkeit ω, so stellen die Projektionen der Zeigerspitze auf die ruhende Zeitlinie Z die Zeitwerte $u=\hat{u}\sin(\omega t)$ dar, wie das für 12 Zeigerstellungen und die zugehörigen Zeitwerte in Bild 3.6 gezeigt ist. Eine im Zeitdiagramm dargestellte Sinuslinie läßt sich somit als Projektion eines gleichmäßig drehenden Zeigers auf eine stillstehende Zeitlinie deuten.

Die Winkelgeschwindigkeit ω des Zeigers ist gleich der Kreisfrequenz $\omega=2\pi f$ der betrachteten Schwingung. (In Bild 3.6 liegt die Zeitlinie Z willkürlich parallel zur Ordinatenachse. Zum gleichen Ergebnis würde man auch kommen, wenn man den Zeiger stillstehen, die Zeitlinie im Uhrzeigersinn drehen und wieder die Projektion des Zeigers auf der Zeitlinie als Zeitwert nehmen würde.) Ebenso wie die Sinusschwingung einer physikalischen Größe ist auch ihr Zeiger durch 4 Kennwerte eindeutig festgelegt:

1. Die Art (Qualität) der Sinusgröße wird durch das an der Zeigerspitze stehende Formelzeichen (z. B. $\underline{\hat{u}}, \underline{\hat{i}}, \underline{\hat{\Phi}}$) angegeben. Der Unterstrich symbolisiert hierbei den Zeigercharakter der Größe.

2. Der Betrag der Sinusgröße wird durch die Länge des Zeigers ausgedrückt. Hierfür benötigt man einen Maßstab (z. B. 1 cm ≙ 20 V oder 1 cm ≙ 5 A usw.), den man zweckmäßig gesondert in das Zeigerdiagramm einträgt (s. Bild **3.**10).

3. Nach Abschn. 3.1.1.2 können sich zwei gleichfrequente Sinusgrößen meist noch durch die Phasenlage unterscheiden. Sie wird im Zeigerdiagramm durch den Phasenwinkel φ zwischen den Zeigern berücksichtigt. Bild **3.**7 enthält als Beispiel das aus Bild **1.**48 b übernommene Zeitdiagramm und das zugehörige Zeigerdiagramm mit dem Phasenwinkel $\varphi_{U\Phi} = \varphi_U - \varphi_\Phi$, für den, da ein Strom i nicht auftritt, die Spannung u_q als Bezugsgröße gewählt ist. Die Zuordnung zu den Zeitpunkten *1* und *2* ist leicht zu erkennen.

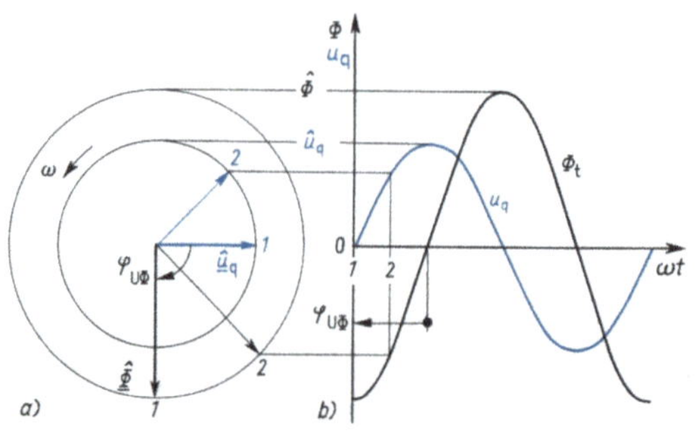

3.7 Zeigerdiagramm (a) und Zeitdiagramm (b) für Fluß Φ_t und Quellenspannung u_q entsprechend Beispiel 3.1
1, *2* Zeitpunkte

4. Die Frequenz f der Sinusschwingung bestimmt nach Gl. (3.5) die Winkelgeschwindigkeit ω der drehenden Zeiger. Zeigerdiagramme können daher, wenn der Phasenwinkel φ auch beim Drehen erhalten bleiben soll, nur gleichfrequente Vorgänge wiedergeben (Ausnahmen s. Abschn. 5.4). Da nur feststehende Zeiger gezeichnet werden können, sind die Zeigerdiagramme in Bild **3.**6 und **3.**7 gewissermaßen Momentaufnahmen der drehenden Zeiger.

Die Vorstellung eines drehenden Zeigers ist für die Entwicklung des Zeitdiagramms aus dem Zeigerdiagramm nützlich, für die Bestimmung des Zeitwerts ist sie sogar nötig. Für alle anderen Aufgaben kann man die stetige Drehung mit der Winkelgeschwindigkeit ω aber vernachlässigen, darf also von einem in der Bildebene feststehenden Zeiger ausgehen.

Da bei Sinusgrößen außerdem das Verhältnis von Scheitelwert $\hat{x}$ zu Effektivwert X durch den konstanten Scheitelfaktor $\xi = \sqrt{2}$ bestimmt wird, man in der praktischen Sinusstromtechnik aber überwiegend mit dem Effektivwert arbeitet, darf man schließlich auch die Länge des Zeigers nach diesem Effektivwert festlegen. Wählen wir z. B. für den Effektivwert des Stromes den Maßstab 1 A $\hat{=}$ 5 cm, so bedeutet dies für den Scheitelwert nur 1 A $\hat{=}$ 5 cm $\sqrt{2} = 7{,}071$ cm. Bild 3.8b und 3.9 zeigen nebeneinander die geometrisch ähnlichen Zeigerdiagramme für Effektivwerte und Scheitelwerte. Beiden Darstellungen können die gleichen Aussagen (z. B. über die Phasenlage) entnommen werden.

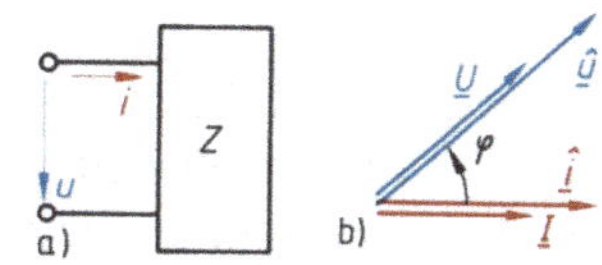

3.8
Zweipol Z mit Zählpfeilen u, i (a) im Verbraucher-Zählpfeil-System (VZS) und zugehöriges Zeigerdiagramm (b)

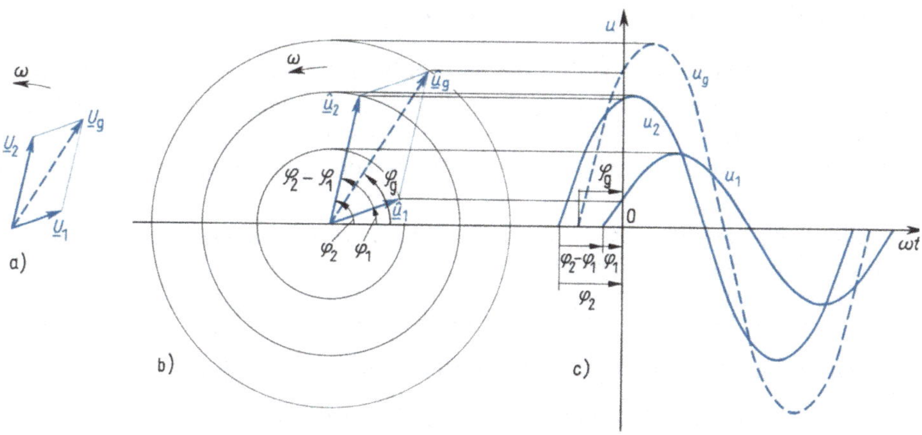

3.9 Addition von zwei Sinusspannungen $u_1 + u_2 = u_g$ im Zeigerdiagramm mit Effektivwerten (a), mit Scheitelwerten (b) und im Zeitdiagramm (c)

3.1.2.2 Zählpfeile. Nach Abschn. 1.3.1.4 ist zur Untersuchung eines Netzwerks eine Ersatzschaltung mit vollständig eingetragenen Zählpfeilen unabdingbar. Erst sie ermöglichen die unzweideutige Zuordnung von Strömen und Spannungen - insbesondere ihrer Richtungen. Daher verlangt auch das Zeigerdiagramm in Bild 3.8b die Ersatzschaltung mit den Zählpfeilen von Bild 3.8a. Da in diesem Buch immer nur das Verbraucher-Zählpfeil-System (VZS), bei dem die Zählpfeile von Spannung u und Strom i an jedem Zweipol gleich gerichtet sind, angewandt wird, genügt es nach Abschn. 1.3.1.4, vereinbarungsgemäß jeweils nur einen dieser beiden Zählpfeile anzugeben.

Zeiger und Zählpfeile sind Einfachpfeile, müssen jedoch streng unterschieden werden. Die in Bild 3.7a eingetragenen Zählpfeile können keinesfalls die Richtung von Strom i und Spannung u bezeichnen, da diese z. B. nach Bild 3.2 periodisch Richtung und Größe wechseln. Sie sind auch keine Zeiger im Sinne von Bild 3.8b, da z. B. die Bestimmungsgröße φ fehlt und ihre Länge keine Aussage über den Wert der zugehörigen Größe macht. Die in Bild 3.8a eingetragenen Zählpfeile sollen vielmehr nur angeben, *in welcher Richtung* Strom i und Spannung u *positiv gezählt werden*; dies ist z. B. für das Anwenden der Kirchhoffschen Gesetze nach Abschn. 3.4.1.3 ausschlaggebend. Auch wäre ein Zeigerdiagramm ohne die zugehörige Schaltung mit vollständig eingetragenen Zählpfeilen zweideutig; denn in Bild 3.8a könnten die Zählpfeile ja auch entgegengesetzte Richtungen haben. Deutlich wird dies z. B. in Beispiel 3.6.

An die Spitze der Zählpfeile setzen wir in diesem Buch entweder wie in Bild 3.8a die Formelzeichen der Zeitwerte i, u und sagen hiermit, daß die vorgeschriebene Zählweise für beliebige Strom- oder Spannungsverläufe gelten soll, oder wir bezeichnen sie wie in Bild 3.10 mit den Formelzeichen $\underline{I}$, $\underline{U}$ und legen so fest, daß Sinusgrößen betrachtet werden.

3.1.2.3 Addition und Subtraktion von Sinusgrößen. Die Anwendung der Kirchhoffschen Sätze oder des Überlagerungsgesetzes verlangen eine Addition oder Subtraktion von Sinusgrößen. Wie Bild 3.9c zeigt, ergibt die Addition von zwei Sinusschwingungen gleicher Frequenz wieder eine Sinusschwingung [1], [8], [27].

In Bild 3.9c werden die beiden Spannungen $u_1 = \hat{u}_1 \sin(\omega t + \varphi_1)$ und $u_2 = \hat{u}_2 \sin(\omega t - \varphi_2)$ zur Gesamtspannung

$$u_g = \hat{u}_g \sin(\omega t + \varphi_g) = \hat{u}_1 \sin(\omega t + \varphi_1) + \hat{u}_2 \sin(\omega t + \varphi_2) \tag{3.18}$$

überlagert. Durch Anwendung der Additionstheoreme erhält man

$$\begin{aligned} u_g &= \hat{u}_1[\sin(\varphi t)]\cos\varphi_1 + \hat{u}_1[\cos(\omega t)]\sin\varphi_1 - \hat{u}_2[\sin(\omega t)]\cos\varphi_2 \\ &\quad + \hat{u}_2[\cos(\omega t)]\sin\varphi_2 \\ &= (\hat{u}_1 \cos\varphi_1 + \hat{u}_2 \cos\varphi_2)\sin(\omega t) + (\hat{u}_1 \sin\varphi_1 + \hat{u}_2 \sin\varphi_2)\cos(\omega t) \end{aligned}$$

Ein Vergleich mit Gl. (3.18) zeigt, daß man setzen darf

$$\hat{u}_g \sin\varphi_g = \hat{u}_1 \sin\varphi_1 + \hat{u}_2 \sin\varphi_2 \tag{3.19}$$

$$\hat{u}_g \cos\varphi_g = \hat{u}_1 \cos\varphi_1 + \hat{u}_2 \cos\varphi_2 \tag{3.20}$$

Durch Division dieser beiden Gleichungen erhält man $\tan\varphi_g = \sin\varphi_g / \cos\varphi_g$ bzw. den resultierenden *Phasenwinkel*

$$\varphi_g = \arctan \frac{\hat{u}_1 \sin\varphi_1 + \hat{u}_2 \sin\varphi_2}{\hat{u}_1 \cos\varphi_1 + \hat{u}_2 \cos\varphi_2} \tag{3.21}$$

Wenn man nun Gl. (3.19) und (3.20) quadriert und addiert, findet man mit

$$\begin{aligned} \hat{u}_g^2 \sin^2\varphi_g + \hat{u}_g^2 \cos^2\varphi_g = \hat{u}_g^2 \\ &= (\hat{u}_1 \sin\varphi_1 + \hat{u}_2 \sin\varphi_2)^2 + (\hat{u}_1 \cos\varphi_1 + \hat{u}_2 \cos\varphi_2)^2 \\ &= u_1^2 + \hat{u}_2^2 + 2\hat{u}_1 \hat{u}_2[(\cos\varphi_1)\cos\varphi_2 + (\sin\varphi_1)\sin\varphi_2] \end{aligned}$$

sowie mit $(\cos\varphi_1)\cos\varphi_2+(\sin\varphi_1)\sin\varphi_2=\cos(\varphi_1-\varphi_2)$ den Scheitelwert der Summenspannung

$$\hat{u}_g=\sqrt{\hat{u}_1^2+\hat{u}_2^2+2\hat{u}_1\hat{u}_2\cos(\varphi_1-\varphi_2)} \tag{3.22}$$

bzw. durch Anwendung der Additionstheoreme ihren Zeitwert

$$u_g=\hat{u}_g[\cos\varphi_g\sin(\omega t)+\sin\varphi_g\cos(\omega t)]=\hat{u}_g\sin(\omega t+\varphi_g) \tag{3.23}$$

Da die Subtraktion wegen

$$u_1-u_2=u_1+(-u_2)$$

als Addition mit Umkehr des Vorzeichens der abzuziehenden Größe gedeutet werden darf, ist hiermit bewiesen, daß ganz allgemein Addition oder Subtraktion von gleichfrequenten Sinusschwingungen stets wieder zu Sinusschwingungen derselben Frequenz führen.

Im Zeitdiagramm von Bild **3.**9c muß man die Zeitwerte punktweise addieren, was recht mühsam ist. Da, wie in Abschn. 3.1.2.1 nachgewiesen, die Sinuslinien als von drehenden Zeigern erzeugt gedeutet werden können, müssen diese Zeiger aber auch unmittelbar zusammengesetzt werden dürfen. Sie müssen dann wie in Bild **3.**9b geometrisch, d. h. unter Beachtung von Phasenlage und Betrag, addiert werden. Dabei dürfen die Zeiger beliebig parallel in der Ebene verschoben werden. Hier hat der resultierende Spannungszeiger bei Anwendung des Kosinussatzes den Betrag

$$\hat{u}_g=\sqrt{\hat{u}_1^2+\hat{u}_2^2-2\hat{u}_1\hat{u}_2\cos(\pi-\varphi_1+\varphi_2)}=\sqrt{\hat{u}_1^2+\hat{u}_2^2+2\hat{u}_1\hat{u}_2\cos(\varphi_1-\varphi_2)}$$

und den resultierenden Phasenwinkel

$$\varphi_g=\arctan\frac{\hat{u}_1\sin\varphi_1+\hat{u}_2\sin\varphi_2}{\hat{u}_1\cos\varphi_1+\hat{u}_2\cos\varphi_2}$$

Diese Ergebnisse findet man auch, wenn man auf die Spannungszeiger $\underline{\hat{u}}_1$ und $\underline{\hat{u}}_2$ den Kosinussatz [1], [8], [27] anwendet. Man hat daher eine sehr einfach zu handhabende Vorschrift für das Arbeiten mit Zeigern gefunden:

Sinusgrößen werden addiert oder subtrahiert, indem man ihre Zeiger nach Betrag und Phase geometrisch addiert oder subtrahiert. Bei Phasengleichheit ist die geometrische Summe gleich der algebraischen. Das Minuszeichen in u_1-u_2 bedeutet, daß der Zeiger für u_2 um $\pi=180°$ zu drehen ist und anschließend u_1 und $-u_2$ zu addieren sind.

In Bild **3.**9a wird mit den Effektivwerten, also lediglich mit einem anderen Maßstab, gearbeitet. Die Ergebnisse erhält man in völlig gleicher Weise; daher darf man in Gl. (3.21) und (3.22) auch alle Scheitelwerte durch die zugehörigen Effektivwerte ersetzen. Schließlich dürfen wir Gl. (3.21) und (3.22) noch auf beliebige Summen und Differenzen der Spannungen $u_1=\hat{u}_1\sin(\omega t+\varphi_1)$, $u_2=\hat{u}_2\sin(\omega t+\varphi_2)$ und $u_3=\hat{u}_3\sin(\omega t+\varphi_3)$ erweitern.

Für die Summenspannung

$$u_g = \hat{u}_1 \sin(\omega t + \varphi_1) + \hat{u}_2 \sin(\omega t + \varphi_2) - \hat{u}_3 \sin(\omega t + \varphi_3)$$

gilt dann z. B. mit den Effektivwerten

$$U_g^2 = U_1^2 + U_2^2 + U_3^2 + 2\,U_1\,U_2 \cos(\varphi_1 - \varphi_2) - 2\,U_2\,U_3 \cos(\varphi_2 - \varphi_3) - 2\,U_3\,U_1 \cos(\varphi_3 - \varphi_1) \tag{3.24}$$

und $$\varphi_g = \arctan \frac{U_1 \sin\varphi_1 + U_2 \sin\varphi_2 - U_3 \sin\varphi_3}{U_1 \cos\varphi_1 + U_2 \cos\varphi_2 - U_3 \cos\varphi_3} \tag{3.25}$$

Beispiel 3.6. Von 2 Spannungen mit den Effektivwerten $U_1 = 30$ V und $U_2 = 50$ V eilt $\underline{U}_1$ um den Phasenwinkel $\varphi_{21} = 60°$ gegenüber $\underline{U}_2$ voraus. Wie groß sind die Effektivwerte der Gesamtspannungen und ihre Phasenwinkel gegenüber der Bezugsspannung $\underline{U}_2$, wenn die Generatoren G mit den Spannungen $\underline{U}_1$ und $\underline{U}_2$ nach Bild **3.**10a in Summenreihenschaltung oder nach Bild **3.**10b in Gegenreihenschaltung liegen?

Man trägt zunächst die Spannungszeiger $\underline{U}_1$ und $\underline{U}_2$ unter dem Winkel φ_{21} gegeneinander auf. Der dabei benutzte Spannungsmaßstab ist rechts im Bild **3.**10d mit eingetragen. In Bild **3.**10c wird für die Summenreihenschaltung der Zeiger $\underline{U}_1$ in seiner vorgegebenen Richtung an den Zeiger $\underline{U}_2$ angetragen. In einem etwas größeren Zeigerdiagramm könnte man nun genau genug die Summenspannung U_s und den zugehörigen Phasenwinkel φ_s ablesen.

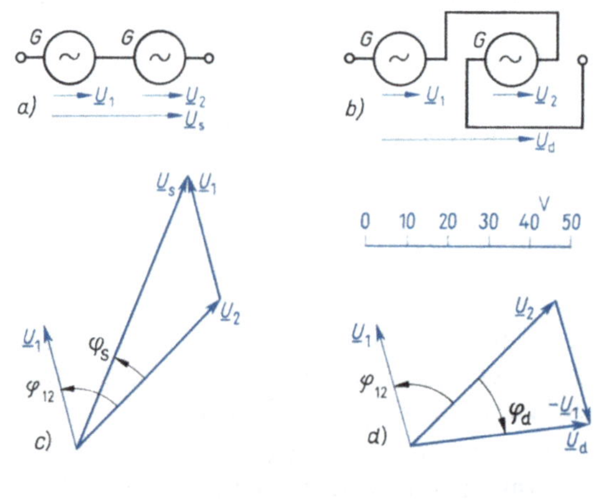

3.10
Addition (a) und Subtraktion (b) der beiden Sinusspannungen $\underline{U}_1$ und $\underline{U}_2$ mit Zeigerdiagrammen (c, d) zu Beispiel 3.6

Wir berechnen noch mit Gl. (3.22) die Summenspannung

$$U_s = \sqrt{U_1^2 + U_2^2 + 2\,U_1\,U_2 \cos\varphi} = \sqrt{30^2\,\text{V}^2 + 50^2\,\text{V}^2 + 2 \cdot 30\,\text{V} \cdot 50\,\text{V} \cos 60°} = 70\,\text{V}$$

und mit Gl. (3.21) ihren Phasenwinkel

$$\varphi_s = \arctan \frac{U_1 \sin\varphi + U_2 \sin 0°}{U_1 \cos\varphi + U_2 \cos 0°} = \arctan \frac{30\,\text{V} \sin 60° + 50\,\text{V} \sin 0°}{30\,\text{V} \cos 60° + 50\,\text{V} \cos 0°} = 21{,}79°$$

Zur Ermittlung der Differenzspannung $\underline{U}_d = \underline{U}_2 - \underline{U}_1$ müssen wir in Bild **3.**10d den Spannungszeiger $\underline{U}_1$ in umgekehrter Richtung als $-\underline{U}_1$ an die Spitze des Zeigers $\underline{U}_2$ antragen. Mit Gl. (3.24) und (3.25) erhalten wir den Betrag der Differenzspannung

$$U_d = \sqrt{U_1^2 + U_2^2 - 2\,U_1\,U_2\cos\varphi} = \sqrt{30^2\,\text{V}^2 + 50^2\,\text{V}^2 - 2\cdot 30\,\text{V}\cdot 50\,\text{V}\,\cos 60°} = 43{,}59\,\text{V}$$

und ihren Phasenwinkel

$$\varphi_d = \arctan\frac{-U_1\sin\varphi + U_2\sin 0°}{-U_1\cos\varphi + U_2\cos 0°} = \arctan\frac{-30\,\text{V}\sin 60° + 0}{-30\,\text{V}\cos 60° + 50\,\text{V}} = -36{,}59°$$

Die Summenspannung $\underline{U}_s$ eilt also gegenüber der Spannung $\underline{U}_2$ vor, die Differenzspannung $\underline{U}_d$ aber wegen des negativen Phasenwinkels nach.

Beispiel 3.7. Im Gebiet hoher Frequenzen (z. B. bei Fernsehempfängern) gebräuchliche Antennen bestehen aus mehreren Dipolen, die in einer Ebene nebeneinander in gleichen Abständen angeordnet sind (s. Band XI). Die in diesen Dipolen induzierten Sinusspannungen haben je nach Einfallsrichtung der Welle unterschiedliche Phasenlagen. Bei 5 vorhandenen Dipolen sei angenommen, daß in jedem eine Spannung vom Scheitelwert $\hat{u}_1 = 22\,\mu\text{V}$ erzeugt wird, wobei von Dipol zu Dipol die Phasenverschiebung $\varphi_1 = 36°$ besteht. Mit dem Zeigerdiagramm soll der Effektivwert der Summenspannung der 5 in Reihe liegenden Dipole ermittelt werden.

Der Effektivwert der Einzelspannungen ist nach Abschn. 3.1.1.3 mit dem Scheitelfaktor $\xi = \sqrt{2}$ dann $U_1 = \hat{u}_1/\xi = 22\,\mu\text{V}/\sqrt{2} = 15{,}56\,\mu\text{V}$. Die Zusammensetzung der Teilspannungen zeigt Bild 3.11. Man erhält die Summenspannung $U_g = 50{,}35\,\mu\text{V}$.

Bei optimaler Einfallsrichtung der Welle hätten die Spannungen in allen Dipolen gleiche Phasenlage. Dann können die Teilspannungen also algebraisch addiert werden. Es ergäbe sich in diesem Fall die Summenspannung $U_g = 5\cdot 15{,}56\,\mu\text{V} = 77{,}78\,\mu\text{V}$.

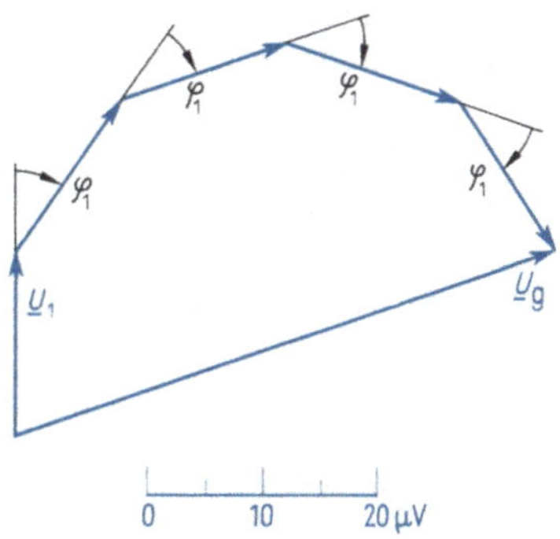

3.11 Zeigerdiagramm zu Beispiel 3.7

Beispiel 3.8. Zwei um 90° phasenverschobene, sich zeitlich sinusförmig ändernde Hochfrequenzfelder von 20 MHz induzieren je in einer Spule eine Sinusspannung. Es sind bei Spule *1* der induzierende Flußscheitelwert $\hat{\Phi}_1 = 20\,\text{fVs}$, die Windungszahl $N_1 = 80$, bei Spule *2* sind $\hat{\Phi}_2 = 17\,\text{fVs}$ und $N_2 = 130$. Beide Spulen werden in Reihe geschaltet.

a) Zu bestimmen sind die Effektivwerte U_{q1} und U_{q2} der beiden induzierten Spannungen.

Man erhält nach Gl. (3.15) die Quellenspannungen

$$U_{q1} = 4{,}443\,f N\hat{\Phi}_1 = 4{,}443\cdot 20\,\text{MHz}\cdot 80\cdot 20\,\text{fVs} = 14{,}22\,\mu\text{V}$$

$$U_{q2} = 4{,}443\cdot 20\,\text{MHz}\cdot 130\cdot 17\,\text{fVs} = 19{,}64\,\mu\text{V}$$

b) Wie groß ist die Summenspannung U_{qg}?

Da die Spannungszeiger senkrecht aufeinanderstehen, kann man die geometrische Summe nach dem Satz des Pythagoras berechnen und findet den Effektivwert

$$U_{qg} = \sqrt{U_{q1}^2 + U_{q2}^2} = \sqrt{14{,}22^2 + 19{,}64^2}\,\mu\text{V} = 24{,}25\,\mu\text{V}$$

Beispiel 3.9. Bei der Auswertung von Meßgrößen in Sicherheitsschaltungen - beispielsweise bei Anlagen der Verkehrssicherung - wird häufig nach Bild 3.12 die Summe zweier konstanter Spannungen $\underline{U}_1$ und $\underline{U}_2$ gleicher Frequenz gebildet. Dabei muß oft sichergestellt werden, daß der Phasenwinkel φ_{12} zwischen den Spannungen $\underline{U}_1$ und $\underline{U}_2$ einen Grenzwert nicht überschreitet. Ein Maß für den Phasenwinkel φ_{12} ist der Höchstwert der in einer einfachen Schaltung zu bildenden Summenspannung $\underline{U}=\underline{U}_1+\underline{U}_2$. Die Spannungen $U_1=3$ V und $U_2=2$ V treten nach Bild 3.12a in zwei in Reihe geschalteten Induktivitäten L_1 und L_2 auf, so daß sich $\underline{U}$ als Gesamtspannung der Reihenschaltung ergibt.

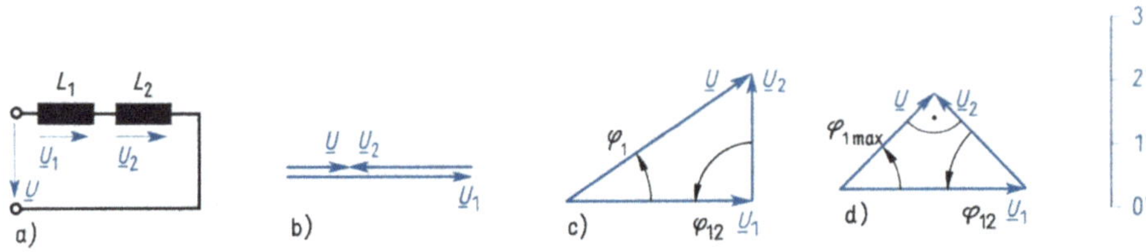

3.12 Reihenschaltung (a) der Induktivitäten L_1 und L_2 mit den Zeigerdiagrammen der Teilspannungen $\underline{U}_1$ und $\underline{U}_2$ und der Gesamtspannung $\underline{U}$ für
a) Spannungen $\underline{U}_1$ und $\underline{U}_2$ gegenphasig
b) Phasenwinkel $\varphi_{12}=90°$
c) Phasenwinkel φ_1 mit Größtwert

a) Wie groß ist die Gesamtspannung $\underline{U}$ bei Gegenphasigkeit der Spannungen $\underline{U}_1$ und $\underline{U}_2$?

Nach Bild 3.12b erhält man $\underline{U}=\underline{U}_1+\underline{U}_2=3\text{ V}-2\text{ V}=1\text{ V}$.

b) Zu bestimmen sind weiter Gesamtspannung $\underline{U}$ und Phasenwinkel φ_1 zwischen den Spannungen $\underline{U}$ und $\underline{U}_1$, wenn der Phasenwinkel $\varphi_{12}=90°$ beträgt.

Da die Spannungen U_1 und U_2 im Zeigerdiagramm senkrecht aufeinanderstehen (Bild 3.12c), gilt nach dem Satz des Pythagoras für die Gesamtspannung

$$U=\sqrt{U_1^2+U_2^2}=\sqrt{3^2+2^2}\text{ V}=3{,}606\text{ V}$$

Der Phasenwinkel φ_1 zwischen den Spannungen $\underline{U}$ und $\underline{U}_1$ läßt sich aus dem Ansatz $\tan\varphi_1=U_2/U_1=2\text{ V}/(3\text{ V})=0{,}6667$ berechnen; es ist somit $\varphi=33{,}69°$.

c) Schließlich soll der Höchstwert des Phasenwinkels $\varphi_{1\max}$ zwischen den Spannungen $\underline{U}$ und $\underline{U}_1$, die dann auftretende Spannung U und der in diesem Fall auftretende Phasenwinkel φ_{12} ermittelt werden.

Der Höchstwert des Phasenwinkels $\varphi_{1\max}$ tritt auf, wenn die Spannungszeiger $\underline{U}$ und $\underline{U}_2$ senkrecht aufeinanderstehen (Bild 3.12d). Da dann $\underline{U}_1$ die Hypotenuse des rechtwinkligen Dreiecks ist, gilt

$$\sin\varphi_{1\max}=U_2/U_1=2\text{ V}/(3\text{ V})=0{,}6667 \quad \text{somit} \quad \varphi_{1\max}=41{,}81°$$

und

$$U=\sqrt{U_1^2-U_2^2}=\sqrt{3^2-2^2}\text{ V}=2{,}236\text{ V}$$

Für den in Bild 3.12d angegebenen Phasenwinkel erhält man

$$\varphi_{12}=180°-90°-\varphi_{1\max}=180°-90°-41{,}81°=48{,}19°$$

3.1.3 Komplexe Größen der Sinusstromtechnik

In Abschn. 3.1.2.1 ist mit Bild **3.**6 ein mit fester Winkelgeschwindigkeit ω umlaufender Drehzeiger, dessen Projektion auf eine Zeitlinie eine Sinusfunktion liefert, eingeführt und dieser ist bei den Anwendungen, z. B. in Bild **3.**9a und **3.**10 zu einem Festzeiger vereinfacht worden. Festzeiger werden in ihrer Länge durch den Betrag der Größe, z. B. die Effektivwerte U, I oder die Scheitelwerte $\hat{u}$, $\hat{i}$ und in ihrer Lage durch ihre Nullphasenwinkel φ_U, φ_I bzw. den Phasenwinkel $\varphi = \varphi_U - \varphi_I$ festgelegt. Nach Abschn. 3.1.2.3 kann man mit Hilfe dieser Zeiger leicht gleichfrequente Sinusfunktionen addieren und subtrahieren. Auf diese Weise kann man das umständliche punktweise Überlagern von Sinusfunktionen durch die einfache geometrische Addition von Zeigern ersetzen.

Wenn man nun den Zeiger in die komplexe Zahlenebene einträgt - und zwar zunächst ausgehend vom Koordinaten-Nullpunkt, so kann man die Zeigerspitze und somit den Zeiger selbst durch eine komplexe Zahl vollständig beschreiben. Hierdurch wird das geometrische Zeigerzusammensetzen in eine reine Zahlenrechnung überführt. Auf diese Weise wird die betrachtete Sinusschwingung aus dem umständlich zu handhabenden Zeitbereich in die einfacher zu übersehene komplexe Ebene transformiert. Die Begriffe der und die Regeln für die komplexe Rechnung sind in Abschn. 8.2 zusammengestellt.

Anschließend wird die komplexe Rechnung auf Zeigerdiagramme für Spannung, Strom, Leistung sowie Widerstand und Leitwert angewendet. Hierdurch wird der eigentliche Charakter der betrachteten Sinusgrößen natürlich nicht verändert, d. h., sie bleiben weiterhin abhängig von der Zeit t sinusförmig schwingende Größen. Man wechselt vielmehr nur aus dem etwas umständlich zu handhabenden Zeitbereich in einen Zeigerbereich über, der mit der komplexen Rechnung einfacher zu berechnen ist. Diese komplexe Darstellung von Sinusgrößen und ihre Behandlung mit der komplexen Rechnung nennt man daher auch die symbolische Methode.

Sie benötigt für die Charakterisierung von Sinusströmen und -spannungen in linearen Netzwerken neben der Frequenz nur noch die Angabe von Scheitelwert oder Effektivwert und Phasenwinkel.

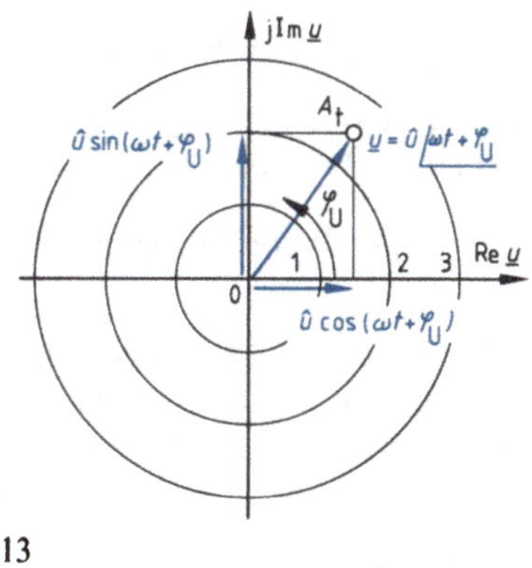

3.13 Spannungs-Drehzeiger $\underline{u} = \hat{u} \, \underline{/\omega t + \varphi_U}$

3.1.3.1 Komplexe Drehzeiger. Nach Abschn. 8.2.1 kann ein Punkt A_t (Bild **3.**13) in der komplexen, in Polarkoordinaten vermessenen Zahlenebene, der vom Koordinaten-Nullpunkt den Abstand $\hat{u}$, also eine dem Scheitelwert der Sinusspannung proportionale Entfernung hat und zur Zeit $t=0$ den Winkel φ_U, also den Nullphasenwinkel der betrachteten Spannung, aufweist sowie mit der Winkelgeschwindigkeit ω - d. i. gleichzeitig die Kreisfrequenz der Sinusspannung - um den Koordinaten-Nullpunkt dreht, mathematisch durch den Ausdruck

$$\underline{u}=\hat{u}\,e^{j(\omega t+\varphi_U)}=\hat{u}\,e^{j\omega t}e^{j\varphi_U}=\hat{u}\,\underline{/\omega t+\varphi_U}=\hat{u}\,\underline{/\omega t}\,\underline{/\varphi_U} \tag{3.26}$$

beschrieben werden. Mit dem Drehfaktor $e^{j\omega t}=\underline{/\omega t}$[1]) nach Gl. (8.13) und dem Winkelfaktor $e^{j\varphi_U}=\underline{/\varphi_U}$ nach Gl. (8.9) ist dies ein komplexer Drehzeiger, der genau dem Drehzeiger $\underline{u}$ in Bild 3.6a entspricht. Da nach Gl. (8.16) sein Imaginärteil

$$\mathrm{Im}\,\underline{u}=\hat{u}\sin(\omega t+\varphi_U)=u \tag{3.27}$$

den Zeitwert der Spannung u darstellt, wird $\underline{u}$ in Gl. (3.26) auch der komplexe Zeitwert (oder Augenblickswert) der Spannung u genannt. Man kann daher aus Gl. (3.26) sofort den Zeitwert u der Spannung oder aus dem komplexen Zeitwert des Stromes

$$\underline{i}=\hat{i}\,\underline{/\omega t+\varphi_I} \tag{3.28}$$

den Zeitwert des Stromes $i=\mathrm{Im}\,\underline{i}$ bestimmen.

Es sei hier schon darauf hingewiesen, daß es mit der komplexen Frequenz $s=\sigma+j\omega$ die als Operator s für Übertragungsfunktionen (s. Abschn. 6.2) und bei der Laplace-Transformation (s. Abschn. 8.7) angewandt wird, auch einen allgemeinen Frequenzfaktor e^S gibt. Es ist allgemein nicht üblich, das Formelzeichen dieses komplexen Operators s zu unterstreichen.

Beispiel 3.10. Man gebe für die in Beispiel 3.4 behandelte normale Netzspannung $U=220$ V bei der Frequenz $f=50$ Hz den komplexen Zeitwert für den Nullphasenwinkel $\varphi_U=-60°$ an und bestimme den Zeitwert u für die Zeit $t=12$ ms.

Nach Gl. (3.26) erhält man mit dem Scheitelwert $\hat{u}=311{,}1$ V aus Beispiel 3.4 und der Kreisfrequenz $\omega=314{,}2\ \mathrm{s}^{-1}$ aus Beispiel 3.1 den komplexen Zeitwert

$$\underline{u}=\hat{u}\,e^{j(\omega t+\varphi_U)}=311{,}1\ \mathrm{V}\,e^{j(314{,}2\ \mathrm{s}^{-1}t-60°)}=\hat{u}\,\underline{/\omega t+\varphi_U}=311{,}1\ \mathrm{V}\,\underline{/314{,}2\ \mathrm{s}^{-1}t-60°}$$

Aus Gl. (3.27) erhält man, wenn man die Winkel einheitlich entweder in Bogenmaß oder Grad umrechnet, den Zeitwert der Spannung

$$u=\mathrm{Im}\,\underline{u}=\hat{u}\sin(\omega t+\varphi_U)=311{,}1\ \mathrm{V}\sin(314{,}2\ \mathrm{s}^{-1}\cdot 12\ \mathrm{ms}-60°)=126{,}5\ \mathrm{V}$$

3.1.3.2 Komplexer Festzeiger. Nach Abschn. 3.1.2.1 benötigt man die konstante Drehung der Drehzeiger mit der Winkelgeschwindigkeit ω nur zur (seltenen) Bestimmung der Zeitwerte, kann also für die meisten Betrachtungen auf den Drehfaktor $e^{j\omega t}=\underline{/\omega t}$ verzichten. Wenn man aus dem komplexen Zeit-

[1]) Zur Anwendung und Benennung des Versorzeichens $\underline{/\quad}$ s. Abschn. 8.2.1.

wert der Spannung

$$\underline{u} = \hat{u}\, e^{j\omega t}\, e^{j\varphi_U} = \underline{\hat{u}}\, e^{j\omega t} \qquad (3.29)$$

diesen Drehfaktor eliminiert, bleibt ein Festzeiger, der komplexe Scheitelwert der Spannung

$$\underline{\hat{u}} = u\, e^{j\varphi_U} = u \,\underline{/\varphi_U} \qquad (3.30)$$

übrig. Dies entspricht also dem Zeiger zur Zeit $t=0$, wobei φ_U der Nullphasenwinkel und $\underline{/\varphi_U}$ der Winkelfaktor nach Gl. (8.9) ist. Da sich Scheitelwert und Effektivwert nur durch den für Sinusgrößen festen Scheitelfaktor $\xi = \sqrt{2}$ unterscheiden, darf man auch ebenso mit dem komplexen Effektivwert der Spannung oder (noch einfacher) mit der komplexen Spannung

$$\underline{U} = U e^{j\varphi_U} = U \,\underline{/\varphi_U} \qquad (3.31)$$

oder analog mit dem komplexen Strom

$$\underline{I} = I e^{j\varphi_I} = I \,\underline{/\varphi_I} \qquad (3.32)$$

arbeiten. Hierbei wird, wie in Bild 3.14, der Stromzeiger $\underline{I}$ meist als Bezugszeiger in die positive reelle Achse gelegt, und die Spannung

$$\underline{U} = U \,\underline{/\varphi} = U_W + j\, U_b \qquad (3.33)$$

kann in einen Realteil, die Wirkkomponente U_w, und einen Imaginärteil, die Blindkomponente U_b, zerlegt werden (s. Abschn. 3.3.1).

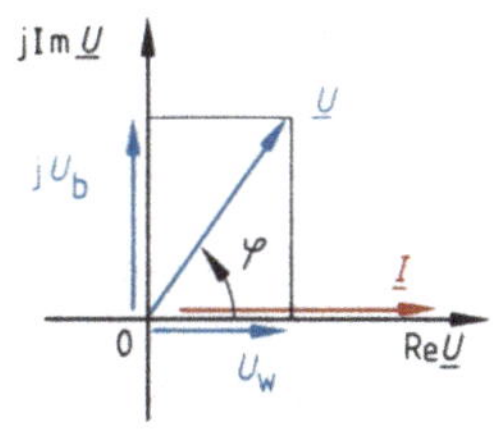

3.14 Zerlegung des Spannungszeigers $\underline{U}$ in Wirk- und Blindkomponente U_w bzw. U_b

Die Anwendung eines allgemeinen Ohmschen Gesetzes auf die komplexen Zeitwerte von Strom und Spannung liefert ebenfalls komplexe Größen, nämlich nach Abschn. 3.2.2.4 den komplexen Widerstand

$$\underline{Z} = \frac{\underline{u}}{\underline{i}} = \frac{\hat{u}\, e^{j\omega t} e^{j\varphi_U}}{\hat{i}\, e^{j\omega t} e^{j\varphi_I}} = \frac{\hat{u}}{\hat{i}} \,\underline{/\varphi_U - \varphi_I} = Z \,\underline{/\varphi} = R + jX \qquad (3.34)$$

und den komplexen Leitwert

$$\underline{Y} = \frac{\underline{i}}{\underline{u}} = \frac{\hat{i}\, e^{j\omega t} e^{j\varphi_I}}{\hat{u}\, e^{j\omega t} e^{j\varphi_U}} = \frac{\hat{i}}{\hat{u}} \,\underline{/\varphi_I - \varphi_U} = \frac{1}{\underline{Z}} = \frac{1}{Z\,\underline{/\varphi}} = \frac{1}{Z} \,\underline{/-\varphi} = G + jB \qquad (3.35)$$

Diese Festzeiger werden in Abschn. 3.2.1 ausführlich behandelt. In der Exponentialform treten also der Phasenwinkel φ nach Abschn. 3.1.1.2 und die Beträge Scheinwiderstand Z und Scheinleitwert Y auf. Die Komponenten werden als Wirkwiderstand R, Blindwiderstand X, Wirkleitwert G und Blindleitwert B bezeichnet. In Abschn. 3.2.1.5 wird außerdem eine komplexe Leistung

$$\underline{S} = S e^{j\varphi} = S \,\underline{/\varphi} = P + jQ \qquad (3.36)$$

also wieder ein Festzeiger, definiert. Neben dem Phasenwinkel φ wird hier mit der Scheinleistung S, der Wirkleistung P und der Blindleistung Q gearbeitet. Während die Leistung $S_t = ui$ im allgemeinen Fall ebenfalls sinusförmig schwingt, also die komplexe Leistung auch eine Sinusgröße symbolisieren soll, sind Widerstände und Leitwerte üblicherweise natürlich feste Werte. (Ihre komplexen Werte wurden früher Widerstands- bzw. Leitwertoperatoren genannt, obwohl der Begriff Operator umfassender ist.) Komplexe Größen symbolisieren also nicht nur Sinusgrößen sondern auch andere Größen der Sinusstromtechnik.

Beispiel 3.11. Man bilde in der komplexen Zahlenebene mit den beiden komplexen Strömen $\underline{I}_1 = (2 + \mathrm{j}\,5)$ A und $\underline{I}_2 = 6\ \mathrm{A}\underline{/-30°}$ den Summenstrom $\underline{I}_S = \underline{I}_1 + \underline{I}_2$ und den Differenzstrom $\underline{I}_D = \underline{I}_2 - \underline{I}_1$.

Wir formen zunächst die Exponentialform $\underline{I}_2 = 6\ \mathrm{A}\underline{/-30°}$ z. B. mit Gl. (8.7) in die Komponentenform

$$\underline{I}_2 = (5{,}196 - \mathrm{j}\,3{,}0)\ \mathrm{A}$$

um und berechnen dann die Summe

$$\underline{I}_S = (2 + 5{,}196)\ \mathrm{A} + \mathrm{j}(5 - 3)\ \mathrm{A} = (7{,}196 + \mathrm{j}\,2)\ \mathrm{A}$$

mit dem Betrag nach Gl. (8.10)

$$I_S = \sqrt{7{,}196^2 + 2^2}\ \mathrm{A} = 7{,}469\ \mathrm{A}$$

und dem Phasenwinkel z. B. nach Gl. (8.11) oder unmittelbar mit dem Taschenrechner (s. Band VII)

$$\varphi = \arctan(2\ \mathrm{A}/7{,}196\ \mathrm{A}) = 15{,}53°$$

Es ist also $\underline{I}_S = 7{,}469\ \mathrm{A}\underline{/15{,}53°}$.

In ähnlicher Weise erhält man für die Differenz $\underline{I}_D = \underline{I}_2 - \underline{I}_1 = (5{,}196 - 2)\ \mathrm{A} + \mathrm{j}(-3 - 5)\ \mathrm{A} = (3{,}196 - \mathrm{j}\,8)\ \mathrm{A} = 8{,}615\ \mathrm{A}\underline{/-68{,}22°}$. Bild 3.15 zeigt diese Zusammenhänge.

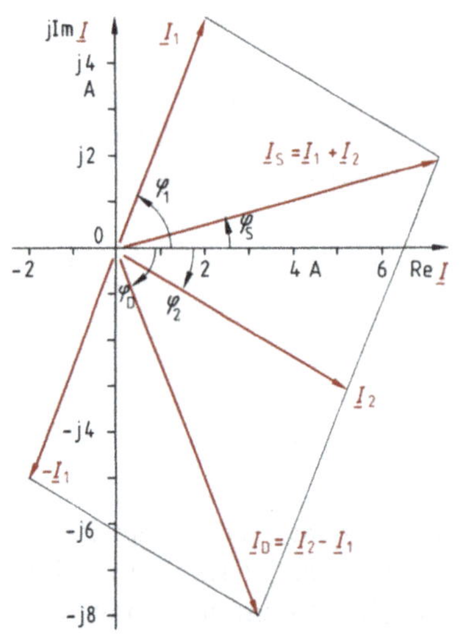

3.15 Summe $\underline{I}_S = \underline{I}_1 + \underline{I}_2$ und Differenz $\underline{I}_D = \underline{I}_2 - \underline{I}_1$ von zwei komplexen Strömen $\underline{I}_1$ und $\underline{I}_2$

3.1.3.3 Bezugsgröße.

Nach Abschn. 3.1.1.2 wird in diesem Buch der Phasenwinkel φ ganz allgemein entsprechend Gl. (3.6) und DIN 40110 von der Bezugsgröße Strom $\underline{I}$ aus gemessen. Es wird daher bei den Darstellungen in Zeigerdiagrammen und in der komplexen Ebene auch versucht, die Phasenwinkel φ wie in Bild 3.14 und in der Mathematik üblich von dem positiven Teil der reellen Achse aus zu zählen. Dies bereitet bei der Darstellung komplexer Widerstände und Leistungen (s. Bild **3**.30 und **3**.26) meist keine Schwierigkeiten. In Strom- und Spannungszeigerdiagrammen muß dann der Stromzeiger $\underline{I}$ wie in Bild **3**.13 als Bezugsgröße in der reellen Achse liegen, was auch für die Betrachtung von Reihenschaltungen (s. Abschn. 3.2.2) und für Spannungs-Ortskurven Vorteile hat.

Bei Parallelschaltungen (s. Abschn. 3.2.3) und ganz allgemein bei Strom-Ortskurven ist es dagegen vorteilhafter, den Spannungszeiger in Richtung des positiven Teils der Realachse zu legen. In diesem Fall und in Leitwertdiagrammen liegt die Spitze des Pfeils für den Phasenwinkel φ am positiven Ast der reellen Achse, oder es wird der Phasenwinkel $\varphi_Y = -\varphi$ eingetragen (s. Bild **3**.47).

Wenn bezogene komplexe Größen, z.B. das komplexe Spannungsverhältnis $\underline{U}_a/\underline{U}_e$ (vielleicht als Ortskurve) dargestellt werden soll, wird auch die Größe, auf die bezogen wird, als Bezugsgröße angesehen, der Phasenwinkel φ also von der Eingangsspannung $\underline{U}_e$ zur Ausgangsspannung $\underline{U}_a$ gemessen - s. Bild **3**.44b. In allen anderen Fällen muß die Bezugsgröße angegeben werden. Die Koordinatenachsen der komplexen Zahlenebene werden bei maßstäblichen Darstellungen i.allg. wie in Bild **3**.15 beziffert; für bezogene Größen, die dann reine Zahlenwerte sind, werden sie mit $\text{Re}\,\underline{r}$ und $\text{j}\,\text{Im}\,\underline{r}$ gekennzeichnet (s. Abschn. 8.2).

Während also nach Abschn. 3.1.1.2 der Phasenwinkel stets wie in Bild **3**.14 zwischen Strom- und Spannungszeiger gemessen wird, der Strom $\underline{I}$ daher für ihn Bezugsgröße ist, enthalten Angaben wie $\underline{U} = 20\,\text{V}\,\underline{/60^\circ}$ oder $\underline{I} = 6\,\text{A}\,\underline{/-30^\circ}$ die Nullphasenwinkel $\varphi_U = 60^\circ$ bzw. $\varphi_I = -30^\circ$, die wie in Bild **3**.14 und **3**.15 vom positiven Teil der reellen Achse ausgehen.

3.1.3.4 Symbolische Methode. Die physikalische Größe Sinusspannung ist durch die Gleichung für den Zeitwert $u = \hat{u}\sin(\omega t + \varphi_U)$ eindeutig bestimmt; sie wird also durch den Scheitelwert $\hat{u}$ (bzw. den Effektivwert $U = \hat{u}/\sqrt{2}$), die Kreisfrequenz ω [bzw. die Frequenz $f = \omega/(2\pi)$ oder die Periodendauer $T = 1/f$] und den Nullphasenwinkel φ_U (bzw. die Phasenverschiebung φ bezüglich des zugehörigen Sinusstroms i) bei der Zeit t festgelegt. In Abschn. 3.1.2 und 3.1.3 wird dargestellt, daß es für das Berechnen elektrischer Sinusstrom-Schaltungen einfacher ist, nicht mit dem Zeitwert, sondern mit Zeigern oder komplexen Größen, also z.B. dem komplexen Effektivwert $\underline{U} = U\,\underline{/\varphi}$ oder dem komplexen Scheitelwert $\underline{\hat{u}} = \hat{u}\,\underline{/\varphi}$ zu rechnen.

Während der Zeitverlauf z.B. mit einem Oszilloskop (s. Band IV) dargestellt und die übrigen in Abschn. 3.1.1 eingeführten Kennwerte mit üblichen Meßgeräten (s. Band IV) bestimmt werden können, sind Strom- und Spannungszeiger oder komplexe Ströme, Spannungen, Leistungen, Widerstände usw. mit ihren reellen und imaginären Komponenten keine physikalischen Größen im ursprünglichen Sinn mehr, sondern Rechengrößen, die durch Transformation der Sinusgrößen aus dem Zeitbereich in einen Zeiger- bzw. komplexen Zahlen-

Tafel 3.16 Schema der Transformation von Sinusgrößen in den komplexen Bereich (dargestellt am Beispiel der Addition von Sinusspannungen)

Originalbereich = Zeitbereich	Sinusgrößen z. B. $u_1 = \sqrt{2}\, U_1 \sin(\omega t + \varphi_{U1})$ $u_2 = \sqrt{2}\, U_2 \sin(\omega t + \varphi_{U2})$	direkte Lösung → $u_1 + u_2 = u_g$ (z. B. punktweises Addieren der Zeitwerte)	Ergebnis $u_g = \sqrt{2}\, U_g \sin(\omega t + \varphi_g)$
indirekte Lösung			
Transformation	Bilden der komplexen Spannungen bzw. Spannungszeiger ↓	Bilden des Zeitwerts aus dem Imaginärteil des komplexen Zeitwerts ↑	Rücktransformation $u_g = \mathrm{Im}\, \underline{u}_g$
Bildbereich = komplexer bzw. Zeigerbereich	$\underline{U}_1 = U_1 \underline{/\varphi_{U1}}$ $= U_{1w} + \mathrm{j}\, U_{1b}$ $\underline{U}_2 = U_2 \underline{/\varphi_{U2}}$ $= U_{2w} + \mathrm{j}\, U_{2b}$	→ $\underline{U}_1 + \underline{U}_2 = \underline{U}_g$ $= (U_{1w} + U_{2w}) + \mathrm{j}(U_{1b} + U_{2b})$ Addition komplexer Zahlen bzw. Zeiger	$\underline{u}_g = \sqrt{2}\, \underline{U}_g \underline{/\omega t}$ $\underline{U}_g = U_g \underline{/\varphi_g}$ nach Bild 3.9 oder Abschn. 8.2.2.2

bereich entstehen (s. Tafel 3.16). Man nennt dieses Vorgehen daher auch symbolische Methode der Sinusstromtechnik, und es sind für das Transformieren und das Arbeiten mit Zeigern und das Rechnen mit komplexen Größen besondere Regeln zu beachten (s. Abschn. 8.2). Man beachte auch, daß beim Rechnen mit Festzeigern die wichtige Bestimmungsgröße Kreisfrequenz nicht mehr unmittelbar auftritt, Rechenoperationen aber i. allg. (bis auf die komplexe Leistung, der die Kreisfrequenz 2ω - s. Abschn. 3.2.1.4 - zuzuordnen ist) nur für Größen gleicher Frequenz im Zeigerbereich zulässig sind (weitere Ausnahmen s. Abschn. 5.4).

Diese Transformation erleichtert das Berechnen von Sinusstromschaltungen sehr und hat daher große Vorteile. Man darf aber, weil die Größen hierbei ihre Einheit behalten, nicht schließen, daß komplexe Ströme und Spannungen reale physikalische Größen sind; sie haben nur die gleichen Bestimmungsstücke. Sie müssen im Formelzeichen durch einen Unterstrich deutlich gekennzeichnet werden, wenn man Verwechslungen und hierdurch bedingte Fehler vermeiden will. In der Mathematik sind weitere Transformationen üblich und nützlich. In Abschn. 8.1.2.1 sind die für die Berechnung von Schaltungen der analogen Elektrotechnik wichtigsten aufgeführt.

Da man mit Taschenrechnern einfach komplex rechnen kann (s. Band VII), einige programmierbare Rechner außerdem eine eigene komplexe Arithmetik in Modulprogrammen enthalten und diese leicht in andere Programme eingebaut werden kann (s. Band VII), ist diese symbolische Methode noch wichtiger geworden. Band VII enthält daher mehrere Programme für komplexe Sinusgrößen.

3.2 Grundgesetze für Sinusstrom

Während sich bei Gleichstrom im stationären Zustand die durch den elektrischen Strom bzw. die Spannung verursachten magnetischen und elektrischen Felder auf die Strom- und Spannungsverteilung und die Leistung nicht auswirken, sondern allein die Wirkungen des Strömungsfeldes zu beachten sind, müssen bei Wechselstrom die in den Feldern gespeicherten Energien berücksichtigt werden. Da jeder Wechselstrom mit magnetischen und elektrischen Feldern verbunden ist, wird eine sofortige vollständige Behandlung schwierig. Wir werden daher zunächst idealisierte Zweipole betrachten, die die auftretenden Wirkungen konzentriert zeigen, und anschließend die gewonnenen Erkenntnisse verallgemeinern.

Auf diese Weise können wir die bei Gleichstrom eingeführte Behandlung von Stromkreisen mit Ohmschem Gesetz und Kirchhoffschen Gesetzen auf den Sinusstrom übertragen und einfache Sinusstrom-Schaltungen berechnen. Wir werden hierfür die in Abschn. 3.1 eingeführten Zeiger und komplexen Größen benutzen.

3.2.1 Verhalten der Grundzweipole

Nach Abschn. 1.3.1.1 bezeichnet man alle Bauelemente mit nur zwei Anschlußklemmen als Zweipol und für den Fall, daß sie keine elektrische Energie erzeugen, als passiven Zweipol. In Gleichstromschaltungen sind als passive Zweipole nur Widerstände R wirksam. Induktivitäten L verursachen bei konstantem Gleichstrom I keine Spannung, und Kapazitäten C wirken bei Gleichstrom wie eine Leitungsunterbrechung. Schaltungen für Gleichstrom brauchen daher nach Abschn. 2 nur bezüglich ihrer Widerstände R untersucht zu werden.

Da nun aber jeder Strom i mit einem magnetischen Feld verkettet ist und seine zeitliche Änderung nach dem Induktionsgesetz Gl. (1.61) eine von der Induktivität L abhängige induktive Spannung $u_L = L\,di/dt$ verursacht, darf man bei Wechselstrom diese Spannung im allgemeinen nicht mehr vernachlässigen. Außerdem ist jede Spannung u mit einem elektrischen Feld verbunden, und ihre zeitliche Änderung führt nach Gl. (1.70) an einer Kapazität C zu einer Änderung der Ladung $Q_t = Cu$ und nach Gl. (1.71) zu einem entsprechenden Ladestrom $i = dQ_t/dt = C\,du/dt$, dessen Größe durch die Kapazität C bestimmt wird.

Bei Sinusstrom sind daher die 3 passiven Zweipole Widerstand R, Induktivität L und Kapazität C, die den Zusammenhang zwischen Spannungen und Strömen festlegen, zu beachten. Wir werden diese 3 Zweipole zunächst jeweils einzeln betrachten, also idealisierte Zweipole voraussetzen bzw. beim Widerstand R allein die Wirkungen des Strömungsfeldes, bei der Induktivität L nur die Wirkungen des magnetischen Feldes und bei der Kapazität C nur die Wirkungen des elektrostatischen Feldes berücksichtigen.

Zum Schluß werden wir mit den bei den idealisierten Zweipolen gewonnenen Erkenntnissen die Eigenschaften eines allgemeinen passiven Sinusstrom-Zweipols, der die Wirkungen von Strömungsfeld sowie magnetischem und elektrostatischem Feld in sich vereint, ableiten können.

3.2.1.1 Wirkwiderstand. Auch bei Sinusstrom wird in einem Widerstand R elektrische Energie irreversibel in die Energieform Wärme überführt. In Analogie zu dieser nicht umkehrbaren Energieumwandlung werden auch andere gewollt einseitigen Energieumwandlungen wie z. B. im Motor in mechanische Energie, symbolisch durch Wirkwiderstände R beschrieben. Wir betrachten hier zunächst reine, d. h., idealisiert angenommene Wirkwiderstände, wie sie z. B. als Glühlampen und Heizgeräte vorkommen, deren elektrostatische und magnetische Felder vernachlässigbar klein sind.

Spannung, Strom und Phasenwinkel. Der reine Wirkwiderstand R (auch Resistanz genannt) bzw. der reine Wirkleitwert $G=1/R$ (auch Konduktanz genannt) liegen entsprechend Bild **3.**17c an der Sinusspannung $u=\hat{u}\sin(\omega t)$. Dann besagt das Ohmsche Gesetz für den Zeitwert des Stromes

$$i=Gu=\frac{\hat{u}}{R}=\frac{\hat{u}}{R}\sin(\omega t)=\hat{i}\sin(\omega t) \tag{3.37}$$

Strom i und Spannung u sind also bei konstantem (linearem) Wirkwiderstand R in jedem Augenblick einander proportional; beide haben also die gleiche Phasenlage. Der Phasenwinkel zwischen Strom und Spannung ist $\varphi=0$.

Im Schaltbild **3.**17a sind die Formelzeichen für die komplexen Effektivwerte von Klemmenspannung $\underline{U}$ und Strom $\underline{I}$ mit Zählpfeilen entsprechend dem Verbraucher-Zählpfeil-System (VZS nach Abschn. 1.3.1.4) eingetragen. Die Formelzeichen an den Zählpfeilen sind unterstrichen, um deutlich auf die Zeigereigenschaften dieser komplexen Größen hinzuweisen.

Im Zeigerdiagramm von Bild **3.**17b liegen die Zeiger horizontal, so daß sich in dem zugehörigen Zeitdiagramm in Bild **3.**17c für die Zeit $t=0$ auch $u=0$ und $i=0$ ergeben. Grundsätzlich kann man die Zeiger beliebig legen, wie man ja auch die Zeitfunktion der Sinusspannung beliebig beginnen lassen kann. Das Zeigerdiagramm ist sowohl für die komplexen Effektivwerte $\underline{U}$ und $\underline{I}$ als auch die komplexen Scheitelwerte $\underline{\hat{u}}$ und $\underline{\hat{i}}$ angegeben.

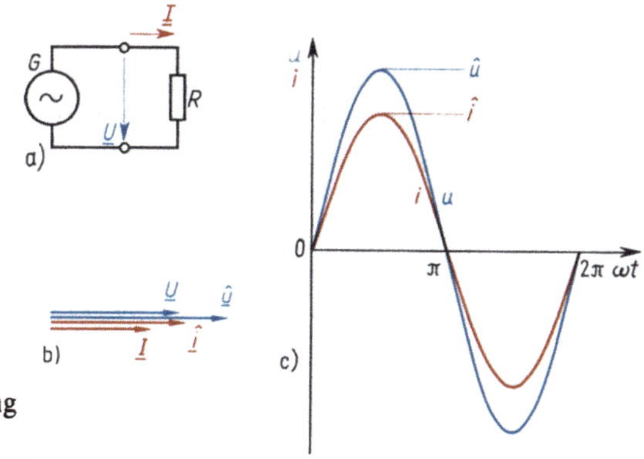

3.17
Wirkwiderstand R an Sinusspannung
a) Schaltung mit Zählpfeilen (VZS)
b) Zeigerdiagramm von Spannung und Strom
c) Zeitdiagramm
G Generator

Nach Gl. (3.37) ergibt die Anwendung des Ohmschen Gesetzes auf die Scheitelwerte

$$\hat{\imath} = G\,\hat{u} = \hat{u}/R \tag{3.38}$$

bzw. auf die Effektivwerte

$$I = G\,U = U/R \tag{3.39}$$

In gleicher Weise erhält man mit dem komplexen Effektivwert der Spannung $\underline{U}$ den komplexen Effektivwert des Stromes

$$\underline{I} = G\,\underline{U} = \underline{U}/R \tag{3.40}$$

bzw. mit dem komplexen Scheitelwert der Spannung $\underline{u}$ den komplexen Scheitelwert des Stromes

$$\underline{i} = G\,\underline{u} = \underline{u}/R \tag{3.41}$$

Der Sinusstrom-Wirkwiderstand R hat zwar den gleichen physikalischen Charakter, kann jedoch einen anderen Wert als der Gleichstromwiderstand nach Abschn. 1.2.2 annehmen, wenn z. B. in den Leitern Stromverdrängung (s. Abschn. 3.3.2.1) auftritt, im umgebenden magnetischen oder elektrostatischen Feld Verluste (s. Abschn. 3.3.2.3 und 3.3.2.4) entstehen oder auf eine andere Weise (z. B. mit einem Transformator nach Abschn. 3.5) Energie dem Sinusstromkreis entnommen wird. Für die rechnerische Behandlung dieser Erscheinungen s. Abschn. 3.3.3.

Wirkleistung. Für den Zeitwert der Leistung gilt analog zu Gl. (1.17)

$$P_t = u\,i = i^2 R = u^2/R = \hat{u}\,\hat{\imath}\,\sin^2(\omega t) \tag{3.42}$$

Bild **3.**18a zeigt den Verlauf dieser Leistung während einer Periode. Der Zeitwert der Sinusleistung P_t schwingt mit der doppelten Frequenz von Sinusspannung bzw. Sinusstrom, bleibt jedoch immer positiv, da Spannung u und Strom i stets gleichzeitig entweder positiv oder negativ sind. Der Wirkwiderstand R nimmt also stets elektrische Leistung auf. Summiert man nun die elektrische Energie $\mathrm{d}W = u\,i\,\mathrm{d}t$ (schraffierter Flächenstreifen in Bild **3.**18c mit Basis $\mathrm{d}t$ und Ordinate $u\,i$) von der Zeit $t=0$ bis $t=T$, so erhält man die in einer Periodendauer T umgesetzte Energie

$$W = \int_0^T u\,i\,\mathrm{d}t = \int_0^T \hat{u}\,[\sin(\omega t)]\,\hat{i}\sin(\omega t) = \frac{1}{2}\,\hat{u}\,\hat{i}\,T = \frac{\hat{u}}{\sqrt{2}} \cdot \frac{\hat{i}}{\sqrt{2}}\,T = U\,I\,T$$

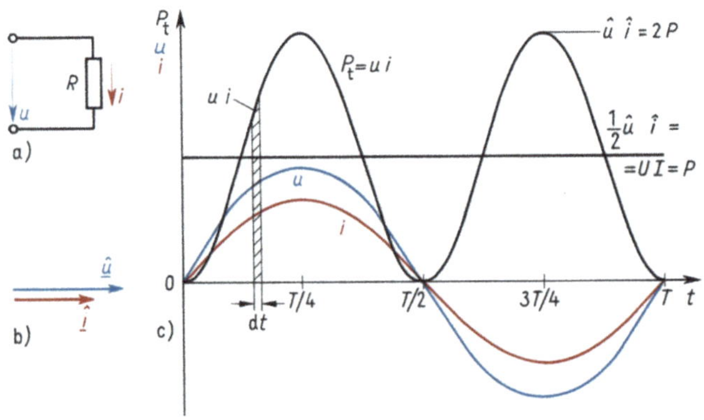

3.18 Leistungumsatz in einem Wirkwiderstand R an Sinusspannung
a) Schaltung mit Zählpfeilen (VZS), b) Zeigerdiagramm für Spannung $\hat{u}$ und Strom $\hat{i}$, c) Zeitdiagramm von Spannung u, Strom i und Leistung P_t

Auch hier ist es wieder sinnvoll, mit einer mittleren (und somit mit Gleichstrom vergleichbaren) Leistung, der Wirkleistung

$$P = \frac{1}{T}\int_0^T u\,i\,\mathrm{d}t = \frac{W}{T} = \frac{1}{2}\,\hat{u}\,\hat{i} = \frac{\hat{u}}{\sqrt{2}} \cdot \frac{\hat{i}}{\sqrt{2}} = U I = R I^2 = U^2 R \qquad (3.43)$$

zu arbeiten. Mit den Effektivwerten von Spannung U und Strom I erhält man so Bestimmungsgleichungen, wie sie mit Gl. (1.19) und (1.16) für Gleichstrom gelten. Ein Heizofen für die Nennspannung U und die Nennleistungsaufnahme P erzeugt somit die gleiche Wärme an Gleich- und Sinusspannung gleichen Zahlenwerts.

Als Einheiten werden wieder verwendet: W für die Leistung und Ws = J = Nm für die Arbeit nach Gl. (1.20).

Beispiel 3.12. Eine Kochplatte, deren Stromaufnahme allein durch ihren Wirkwiderstand bestimmt wird, nimmt an der Sinusspannung $U = 220$ V die Wirkleistung $P = 2$ kW auf. Wie groß ist der Wirkwiderstand R? Welche Scheitelwerte erreichen Strom i und Wirkleistung P_t?

Mit Gl. (3.43) erhält man den Wirkwiderstand $R = U^2/P = 220^2\ \mathrm{V}^2/(2\ \mathrm{kW}) = 24{,}2\ \Omega$.

Nach Gl. (3.43) fließt der Strom $I = P/U = 2\ \mathrm{kW}/(220\ \mathrm{V}) = 9{,}091\ \mathrm{A}$. Dieser Effektivwert ist nach Gl. (3.15) bei dem Scheitelfaktor $\xi = \sqrt{2}$ mit dem Scheitelwert $\hat{i} = \xi I = \sqrt{2} \cdot 9{,}901\ \mathrm{A} = 12{,}86\ \mathrm{A}$ verbunden.

Nach Gl. (3.42) und (3.43) sowie Bild 3.18 gilt für den Scheitelwert der umgesetzten Wirkleistung $\hat{P}_t = 2P = 2 \cdot 2\ \mathrm{kW} = 4\ \mathrm{kW}$.

3.2.1.2 Induktivität. Es soll eine reine Induktivität L betrachtet, also nur der Einfluß des magnetischen Feldes berücksichtigt und der Leiterwiderstand und die Wirkungen des elektrostatischen Feldes vernachlässigt werden. Da nach Gl. (1.62) die Induktivität $L = N^2/R_m$ von der Windungszahl N einer Spule und dem magnetischen Widerstand R_m des magnetischen Kreises, nach Gl. (1.31) ihr Drahtwiderstand $R = l/(\gamma A)$ hingegen von Leiterlänge l, elektrischer Leitfähigkeit γ und Leiterquerschnitt A abhängt, kann man bei einer solchen Drossel durch konstruktive Maßnahmen erreichen, daß die Wirkungen des Wirkwiderstands R gegenüber den Wirkungen der Induktivität L vernachlässigbar klein bleiben.

Spannung, Strom und Phasenwinkel. In der Schaltung von Bild 3.19a, ist der Wirkwiderstand $R = 0$, so daß die Klemmenspannung u gleich ist der nach Gl. (1.61) durch den Strom induzierten Spannung

$$u_L = L\,\mathrm{d}i/\mathrm{d}t = u \tag{3.44}$$

und es gilt, wenn wir in Bild 3.19c den Stromverlauf $i = -\hat{i}\cos(\omega t) = \hat{i}\sin(\omega t - \pi/2)$ voraussetzen[1]), für den Spannungsverlauf

$$u = L\,\mathrm{d}i/\mathrm{d}t = -L\hat{i}\,\mathrm{d}[\cos(\omega t)]/\mathrm{d}t = \omega L\hat{i}\sin(\omega t) = \hat{u}\sin(\omega t) \tag{3.45}$$

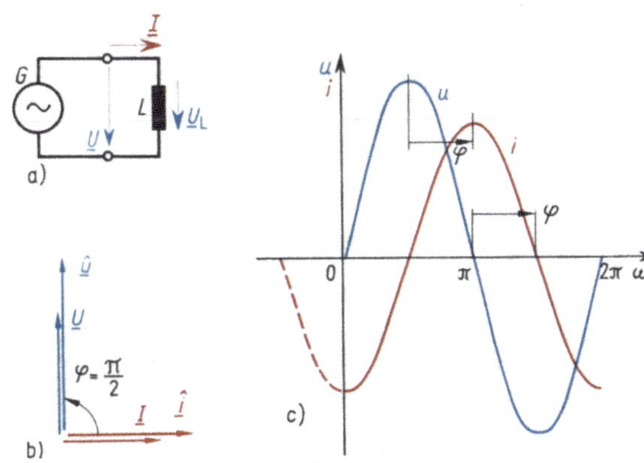

3.19
Induktivität L an Sinusspannung
a) Schaltung mit Zählpfeilen (VZS)
b) Zeigerdiagramm von Spannung und Strom
c) zugehöriges Zeitdiagramm
G Generator

[1]) Wir machen diesen an sich ja willkürlichen mathematischen Ansatz, damit die Bilder in Abschn. 3.2. durch übereinstimmenden Verlauf der Spannung $u = \hat{u}\sin(\omega t)$ leichter miteinander verglichen werden können. Man darf hieraus aber nicht schließen, daß beim Einschalten einer Sinusspannung der Strom i sofort auf seinen negativen Scheitelwert springt. Für Einschaltvorgänge s. Abschn. 7.

In komplexer Schreibweise muß über eine Differentiation des komplexen Drehzeigers $\underline{i}=\hat{i}\underline{/\omega t}$ des Stromes der komplexe Drehzeiger der Spannung

$$\underline{u}=L\frac{\mathrm{d}\underline{i}}{\mathrm{d}t}=L\hat{i}\frac{\mathrm{d}\,\mathrm{e}^{\mathrm{j}\omega t}}{\mathrm{d}t}=\mathrm{j}\omega L\hat{i}\mathrm{e}^{\mathrm{j}\omega t}=\mathrm{j}\omega L\underline{i} \tag{3.46}$$

gebildet werden.

Strom i und Spannung u sind einander also nicht mehr für alle Zeitpunkte proportional, sondern zeigen nach Gl. (3.45) und (3.46) eine Phasenverschiebung um $\pi/2=90°$. Die Spannung u eilt dem Strom i um den Phasenwinkel $\varphi=\pi/2=90°$ vor, was sowohl im Zeigerdiagramm von Bild **3.**19b als auch im Zeitdiagramm von Bild **3.**19c deutlich wird.

Induktiver Blindwiderstand. Nach Gl. (3.45) gilt für den Scheitelwert der Spannung

$$\hat{u}=\omega L\hat{i}=X_{\mathrm{L}}\hat{i} \tag{3.47}$$

wobei man in formaler Anwendung des Ohmschen Gesetzes sowie unter Anwendung von Gl. (3.16) den Faktor

$$X_{\mathrm{L}}=\omega L=\hat{u}/\hat{i}=U/I \tag{3.48}$$

als Widerstand, u. zw. hier als induktiven Blindwiderstand, deuten darf. (Der Zusatz „Blind-" wird anschließend beim Begriff Blindleistung erläutert.) Gl. (3.46) führt zu dem komplexen Verhältnis

$$\frac{\underline{i}}{\underline{u}}=\frac{\hat{\underline{i}}}{\hat{\underline{u}}}=\frac{\underline{I}}{\underline{U}}=\frac{1}{\mathrm{j}\omega L}=\frac{1}{\mathrm{j}X_{\mathrm{L}}}=\mathrm{j}B_{\mathrm{L}} \tag{3.49}$$

Der induktive Blindleitwert

$$B_{\mathrm{L}}=-1/(\omega L)=-1/X_{\mathrm{L}} \tag{3.50}$$

muß daher negative Werte annehmen.

Das allgemeine Formelzeichen für Blindwiderstände (allgemein auch Reaktanz genannt) ist X und für die reziproken Blindleitwerte (auch Suszeptanz genannt) B, während die induktiven Größen durch den Index L gekennzeichnet sind.

Nach Gl. (3.50) kann man auch den komplexen Blindwiderstand $\mathrm{j}X_{\mathrm{L}}$ und den komplexen Blindleitwert $\mathrm{j}B_{\mathrm{L}}$ definieren und beide dann wie in Bild **3.**20a bzw. d in der komplexen Widerstands- bzw. Leitwert-Ebene darstellen. Wenn man hierbei die Abhängigkeit von der Kreisfrequenz ω berücksichtigt, ist dies schon eine Ortskurve (s. Abschn. 8.3), die für den induktiven Blindwiderstand $\mathrm{j}X_{\mathrm{L}}$ mit der positiven Imaginärachse übereinstimmt und linear nach der Kreisfrequenz ω beziffert werden kann. Die Ortsgerade für den induktiven

Blindleitwert jB_L liegt in der negativen Imaginärachse und hat eine reziproke Unterteilung für die Kreisfrequenz ω. Für weitere Einzelheiten zu den Ortskurven s. Abschn. 8.3.

Die Diagramme in Bild 3.20b, c, e, f nennt man wegen der dargestellten Abhängigkeit von der Kreisfrequenz ω Frequenzgang, wobei man die Darstellung der Beträge in Bild 3.20b und e als Amplitudengang und die Darstellung des Phasenwinkels in Bild 3.20c und f als Phasengang bezeichnet. Bei kleinen Frequenzen verursacht daher eine Induktivität L nur kleine Blindwiderstände bzw. große Blindleitwerte, bei großen Frequenzen dagegen große induktive Spannungen. Der Phasenwinkel beträgt unabhängig von der Frequenz $\varphi = -\varphi_B = 90°$, ist also für den induktiven Blindwiderstand identisch mit dem Phasenwinkel φ zwischen Strom und Spannung.

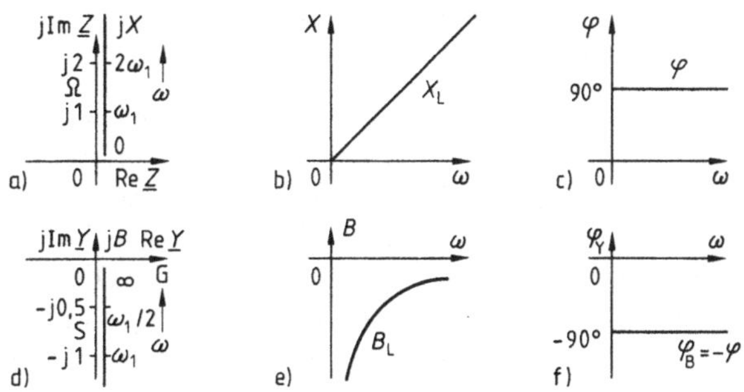

3.20
Ortskurven (a, d), Amplitudengänge (b, e) und Phasengänge (c, f) des induktiven Blindwiderstands (a, b, c) und des induktiven Blindleitwerts (d, e, f)

Beispiel 3.13. An eine Spule mit vernachlässigbar kleinem Wirkwiderstand R wird die Sinusspannung $U = 125$ V mit der Frequenz $f = 40$ Hz gelegt. Der Strommesser zeigt den Sinusstrom $I = 10$ A an. Welche Induktivität L hat die Spule?

Mit Gl. (3.48) ergibt sich die Induktivität

$$L = \frac{U}{I\omega} = \frac{U}{I \cdot 2\pi f} = \frac{125 \text{ V}}{10 \text{ A} \cdot 2\pi \cdot 40 \text{ s}^{-1}} = 49{,}73 \text{ mH}$$

Man kann also durch Messung von Spannung, Strom und Frequenz die Induktivität L bestimmen, sofern der Wirkwiderstand R gegenüber dem induktiven Blindwiderstand X_L vernachlässigbar klein ist.

Beispiel 3.14. Hausgeräte mit kleinen Stromwendermotoren können Funkstörungen verursachen, da das Bürstenfeuer am Stromwender eine Quelle hochfrequenter Störspannungen ist. Schaltet man nun eine Spule in die Netzzuleitung, so wird die Spuleninduktivität für die Netzfrequenz einen geringen Blindwiderstand bedeuten, hochfrequenten Störungen aber einen großen Blindwiderstand entgegenstellen und deren Eindringen in das Netz behindern. Welchen Blindwiderstand weist z. B. die Induktivität $L = 0{,}2$ mH für die Netzfrequenz $f_N = 50$ Hz und die Rundfunkfrequenz $f_R = 1$ MHz auf?

Für die Netzkreisfrequenz $\omega_N = 2\pi f = 2\pi \cdot 50 \text{ Hz} = 314{,}2 \text{ s}^{-1}$ erhält man nach Gl. (3.48) den Blindwiderstand

$$X_{LN} = \omega L = 314{,}2 \text{ s}^{-1} \cdot 0{,}2 \text{ mH} = 62{,}83 \text{ m}\Omega$$

Mit $f_R/f_N = 1$ MHz/50 Hz = 20000 wächst dieser Blindwiderstand für die Rundfunkfrequenz auf

$$X_{LR} = X_{LN} f_R/f_N = 62{,}83\ \text{m}\Omega \cdot 20000 = 1257\ \Omega$$

Beispiel 3.15. Eine Ringspule nach Bild **1.**25 soll einen vernachlässigbar kleinen Wicklungswiderstand R haben. Sie besteht aus $N = 5000$ Windungen und hat den mittleren Ringdurchmesser $d_m = 20$ cm bei dem Windungsdurchmesser $d_N = 3$ cm. Wie groß ist die Induktivität L dieser Spule? Welcher Strom I fließt bei Anschluß an die Sinusspannung $U = 22$ V, $f = 50$ Hz?

Die Ringspule hat den Windungsquerschnitt $A_N = \pi d_N/4 = \pi \cdot 3^2\ \text{cm}^2/4 = 7{,}069\ \text{cm}^2$ und die mittlere Feldlinienlänge $l_m = \pi d_m = \pi \cdot 20\ \text{cm} = 62{,}82$ cm. Mit der Permeabilität von Luft $\mu_0 =$ 12,56 nH/cm finden wir somit nach Gl. (1.62) die Induktivität

$$L = N^2 \Lambda = \frac{N^2 \mu_0 A_N}{l_M} = \frac{5000^2\ (12{,}56\ \text{nH/cm})\ 7{,}069\ \text{cm}^2}{62{,}82\ \text{cm}} = 35{,}33\ \text{mH}$$

Mit der Kreisfrequenz $\omega = 2\pi f = 2\pi \cdot 50\ \text{Hz} = 314{,}2\ \text{s}^{-1}$ ist daher der induktive Blindwiderstand $X_L = 314{,}2\ \text{s}^{-1} \cdot 35{,}33\ \text{mH} = 11{,}1\ \Omega$, und es fließt der Strom $I = U/X_L = 22\ \text{V}/(11{,}1\ \Omega) = 1{,}98$ A.

Induktive Blindleistung. Mit Bild **3.**21 betrachten wir den Zeitwert der Leistung ui. Er schwingt hier zwar weiterhin mit der doppelten Netzfrequenz, aber es wechseln immer durch Schraffur gekennzeichnete Flächen positiver Energiezufuhr W_m (etwa zwischen den Zeiten $t = T/4$ und $t = T/2$) mit jeweils gleich großen negativen, also Energieabgabe, ab. Die Induktivität L nimmt somit in der einen Spannungs-Viertelperiode Energie auf, baut dann ein magnetisches Feld auf, das in der nächsten Viertelperiode unter Energieabgabe wieder abgebaut wird. Die z. B. bei jedem Scheitelwert $\hat{i}$ des Stromes im magnetischen Feld der Induktivität L nach Gl. (1.91) enthaltene Energie $W_m = L\hat{i}^2/2$ wird in der einen Viertelperiode gespeichert, in der nächsten jedoch wieder zurückgeliefert.

Die mittlere Leistung, also die Wirkleistung, ist somit $P = 0$. Daher wird hier auch der Zeitwert der Leistung nicht mehr mit dem Formelzeichen P_t, sondern

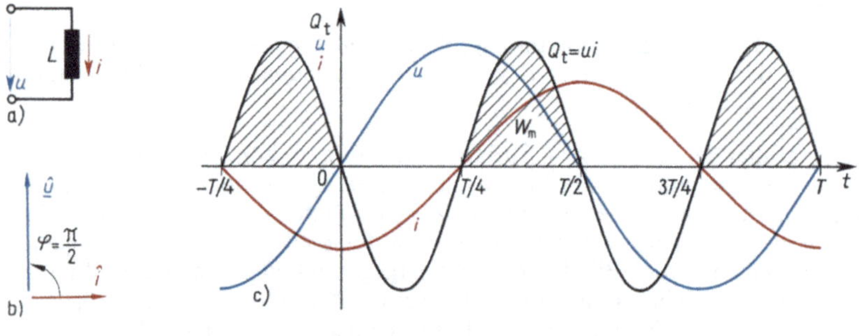

3.21 Leistungsumsatz in einer Induktivität L an Sinusspannung
a) Schaltung mit Zählpfeilen (VZS)
b) Zeigerdiagramm für Spannung $\hat{u}$ und Strom $\hat{i}$
c) Zeitdiagramm von Spannung u, Strom i und Leistung Q_t

mit Q_t bezeichnet. Es wird keine elektrische Energie in Wärme oder mechanische Arbeit umgewandelt. Deshalb wird

$$Q = UI = I^2 X_L = -U^2 B_L \tag{3.51}$$

als Blindleistung bezeichnet. Die Leistung Q_t schwingt mit doppelter Frequenz $2f$ und der Amplitude

$$Q = UI = Q = ui/2 \tag{3.52}$$

Induktive Blindleistung hat nach DIN 40110 positive Zahlenwerte - ebenso wie der induktive Blindwiderstand X_L, während wegen $B_L = -1/X_L$ nach Gl. (3.50) im letzten Term von Gl. (3.51) dann ein negatives Vorzeichen auftreten muß.

Die Einheit der Blindleistung ist an sich auch das Watt. Um diese aber deutlich von der Wirkleistung zu unterscheiden, werden Blindleistungen nach DIN 1301 mit der Einheit Var (Einheitenzeichen var) angegeben. Da Aufbau und Weiterleitung von Blindleistung dem Stromlieferanten Kosten bereiten, wird ihre Einschränkung bei der Energieübertragung angestrebt (s. Abschn. 3.4.2.2). Oft muß auch die vom Verbraucher beanspruchte Blindarbeit (meist in BkWh angegeben) bezahlt werden. Für die Messung s. Band IV. Analog zur Blindleistung Q arbeitet man auch mit Blindwiderstand X und Blindleitwert B nach Gl. (3.48) und (3.50).

Beispiel 3.16. Für die in Beispiel 3.13 und 3.15 behandelten Schaltungen sind die Blindleistungen zu bestimmen.

Man erhält für Beispiel 3.13 die Blindleistung

$$Q = UI = 125\ \text{V} \cdot 10\ \text{A} = 1250\ \text{var}$$

und entsprechend für Beispiel 3.15

$$Q = UI = 22\ \text{V} \cdot 1{,}98\ \text{A} = 43{,}56\ \text{var}$$

3.2.1.3 Kapazität. Es soll eine reine Kapazität C betrachtet, also nur der Einfluß des elektrischen Feldes berücksichtigt und der Zuleitungswiderstand sowie eventuelle Ableitungen und dielektrischen Verluste, aber auch das magnetische Feld des Stromes vernachlässigt werden. Bei einem Plattenkondensator hängt nach Gl. (1.73) die Kapazität $C = \varepsilon A/a$ beispielsweise von Dielektrizitätszahl ε, Fläche A und Plattenabstand a ab, so daß durch die Konstruktion des Kondensators zu erreichen ist, daß die getroffenen Vernachlässigungen in einem großen Frequenzbereich zulässig werden.

Spannung, Strom und Phasenwinkel. In der Schaltung von Bild 3.22a gilt nach Gl. (1.71) für den Ladestrom einer Kapazität C

$$i = C\,\mathrm{d}u/\mathrm{d}t \tag{3.53}$$

Legt man nun wieder wie bei den vorhergehenden Betrachtungen die Sinusspannung $u = \hat{u}\sin(\omega t)$ an, so fließt der Sinusstrom

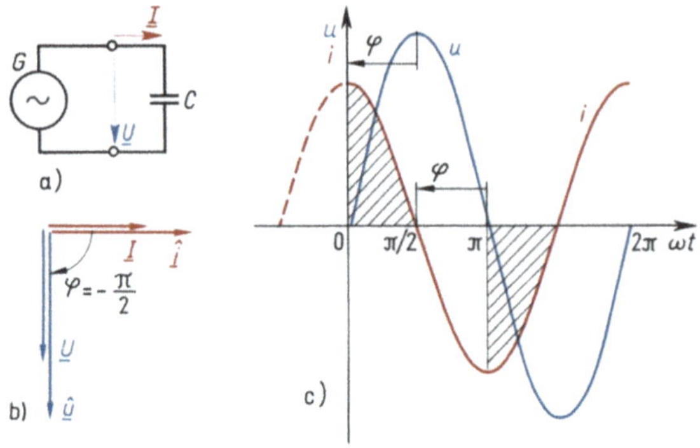

3.22
Kapazität C an Sinusspannung
a) Schaltung mit Zählpfeilen (VZS)
b) Zeigerdiagramm von Spannung und Strom
c) zugehöriges Zeitdiagramm
G Generator

$$i = C\,\mathrm{d}[\hat{u}\sin(\omega t)]/\mathrm{d}t = \omega C\hat{u}\cos(\omega t)$$

oder wegen $\cos(\omega t) = \sin(\omega t + \pi/2)$

$$i = \omega C\hat{u}\sin(\omega t + \pi/2) = \hat{i}\sin(\omega t + \pi/2) \tag{3.54}$$

In komplexer Schreibweise liefert die Differentiation des komplexen Drehzeigers $\underline{u} = \hat{u}\,\underline{/\omega t}$ der Spannung den komplexen Drehzeiger des Stromes

$$\underline{i} = C\frac{\mathrm{d}\underline{u}}{\mathrm{d}t} = C\hat{u}\frac{\mathrm{d}\,\mathrm{e}^{\mathrm{j}\omega t}}{\mathrm{d}t} = \mathrm{j}\omega C\hat{u}\,\mathrm{e}^{\mathrm{j}\omega t} = \mathrm{j}\omega C\underline{u} \tag{3.55}$$

Der Strom i eilt somit bei der Kapazität C gegenüber der Spannung u um den Phasenwinkel $90° = \pi/2$ vor. (Bei der Induktivität L eilt er nach Abschn. 3.2.1.2 um einen gleich großen Phasenwinkel nach.) Zeigerdiagramm und Zeitdiagramm in Bild **3.**22b und c zeigen diese Voreilung. Man sagt jedoch hier, da der Strom I nach DIN 40110 Bezugsgröße ist, der Phasenwinkel beträgt $\varphi = -\pi/2 = -90°$.

Kapazitiver Blindwiderstand. Nach Gl. (3.53) gilt für den Scheitelwert des Stromes

$$\hat{i} = \omega C\hat{u} = B_C\hat{u} \tag{3.56}$$

wobei man wieder in formaler Anwendung des Ohmschen Gesetzes den Faktor

$$B_C = \omega C = \hat{i}/\hat{u} = I/U \tag{3.57}$$

als Leitwert, u. zw. als kapazitiven Blindleitwert, deutet. (Index C gilt für kapazitiv.) Gl. (3.55) führt daneben zu dem komplexen Verhältnis

$$\frac{\underline{u}}{\underline{i}} = \frac{\hat{\underline{u}}}{\hat{\underline{i}}} = \frac{\underline{I}}{\underline{U}} = \frac{1}{\mathrm{j}\omega C} = \frac{1}{\mathrm{j}B_C} = \mathrm{j}X_C \tag{3.58}$$

Der kapazitive Blindwiderstand

$$X_C = -1/(\omega C) = -1/B_C \tag{3.59}$$

muß daher negative Werte annehmen. Mit Gl. (3.58) können wir den komplexen Blindwiderstand $\mathrm{j}X_C$ und den komplexen Blindleitwert $\mathrm{j}B_C$ definieren und beide wie in Bild **3.**23 a bzw. d in der komplexen Widerstands- bzw. Leitwertsebene darstellen. Ein Vergleich von Bild **3.**20 und Bild **3.**23 zeigt, daß

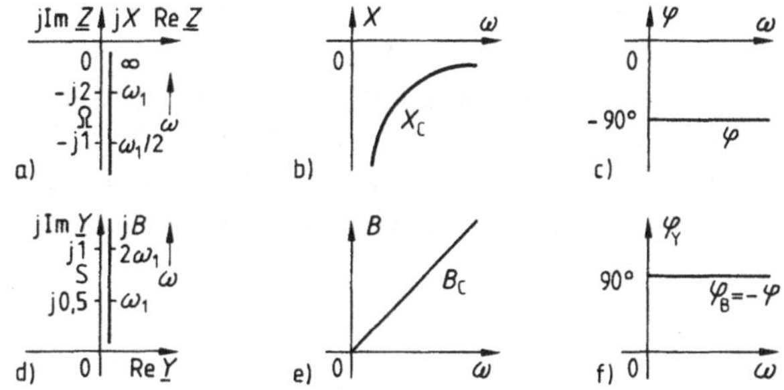

3.23
Ortskurven (a, d), Amplitudengänge (b, e) und Phasengänge (c, f) des kapazitiven Blindwiderstands (a, b, c) und des kapazitiven Blindleitwerts (d, e, f)

sich Induktivität L und Kapazität C bezüglich der Frequenzabhängigkeit ihrer Blindwiderstände X und Blindleitwerte B sowie der Phasenwinkel φ und φ_B gerade entgegengesetzt, also invers, verhalten. Während die Induktivität L bei der Kreisfrequenz $\omega = 0$ den Blindwiderstand $X_L = 0$ hat, zeigt die Kapazität C den Blindwiderstand $X_C = 0$ bei $\omega = \infty$. Entsprechendes gilt für $X = \infty$. Auch die Phasenwinkel φ und φ_B sind genau entgegengesetzt, also gegenphasig.

Beispiel 3.17. An einem Kondensator mit der Kapazität $C = 8\,\mu\mathrm{F}$ liegt die Sinusspannung $U = 220$ V. Der Strommesser zeigt den Strom $I = 0{,}55$ A an. Welche Frequenz liegt vor?

Durch Auflösen von Gl. (3.56) nach ω bzw. $f = \omega/(2\pi)$ erhält man die Frequenz

$$f = \frac{I}{2\pi U C} = \frac{0{,}55\ \mathrm{A}}{2\pi \cdot 220\ \mathrm{V}\,\mu\mathrm{F}} = 49{,}74\ \mathrm{Hz}$$

Beispiel 3.18. Die in der Nachrichtentechnik gebräuchlichen hohen Frequenzen erfordern meist eine Berücksichtigung der verhältnismäßig kleinen, durch die geometrische Anordnung der Schaltung selbst bedingten Schaltkapazität C, die einen niederohmigen Blindwiderstand X_C zwischen zwei Punkten hervorrufen kann. In einer Schaltung wird bei der Frequenz $f = 100$ MHz und der Spannung $U = 60$ mV der durch die Schaltkapazität C verursachte Strom $I = 0{,}6$ mA gemessen.

a) Wie groß sind Blindleitwert B_C und Schaltkapazität C?

Für den Blindleitwert gilt nach Gl. (3.57)

$$B_C = I/U = 0{,}6\ \mathrm{mA}/(60\ \mathrm{mV}) = 10\ \mathrm{mS}$$

und man erhält mit der Kreisfrequenz $\omega = 2\pi f$ die Schaltkapazität

$$C = B_C/\omega = B_C/(2\pi f) = 10\ \mathrm{mS}/(2\pi \cdot 100\ \mathrm{MHz}) = 15{,}92\ \mathrm{pF}$$

b) Wie groß ist bei gleichbleibender Spannung U der Strom I', wenn die Frequenz auf $f' = 2$ GHz erhöht wird?

Der Strom darf nach Gl. (3.56) proportional mit der Frequenz umgerechnet werden; er beträgt daher

$$I' = If'/f = 0{,}6\ \text{mA} \cdot 2\ \text{GHz}/(100\ \text{MHz}) = 12\ \text{mA}$$

Kapazitive Blindleistung. Proportional zur Sinusspannung u schwingt auch nach Gl. (1.70) und (1.71) die in der Kapazität C gespeicherte Ladung $Q_t = Cu = \int i\,dt$. Während der 1. Viertelperiode ($\omega t = 0$ bis $\pi/2$) wird die Kapazität mit wachsender Spannung aufgeladen. Die zur Zeit $t = T/4$ (also $\omega t = \pi/2$) gespeicherte elektrische Energie W_e ist in Bild 3.24c durch die schraffierte Fläche dargestellt. In der 2. Viertelperiode wird die Kapazität bei abnehmender Spannung entladen, in der dritten wieder (mit entgegengesetzter Ladung) aufgeladen usw. Der Scheitelwert der in der Kapazität gespeicherten elektrischen Energie ist nach Gl. (1.92) $W_e = C\hat{u}^2/2$. Mit der Ladung pendelt also auch elektrische Energie zwischen Kapazität und Generator hin und her.

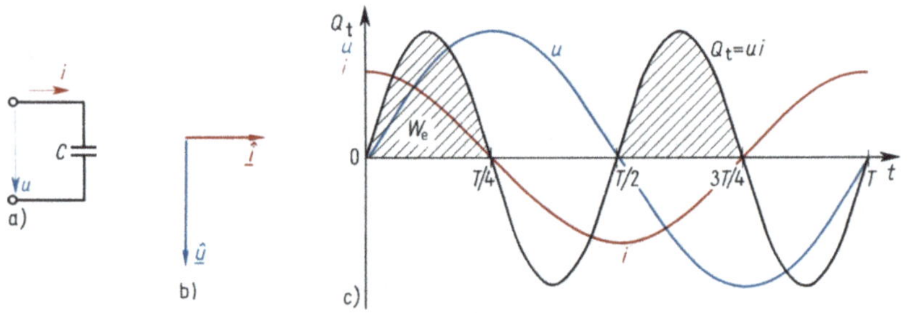

3.24 Leistungsumsatz in einer Kapazität C an Sinusspannung
a) Schaltung mit Zählpfeilen (VZS)
b) Zeigerdiagramm von Spannung $\hat{u}$ und Strom $\hat{i}$
c) Zeitdiagramm von Spannung u, Strom i und Leistung Q_t

In Bild 3.24c ist außer Spannung u und Strom i noch der zeitliche Verlauf der Leistung $Q_t = ui$ eingezeichnet. Die mittlere Leistung, also die Wirkleistung, ist wieder $P = 0$. Im Vergleich zu Bild 3.22 schwingt der Zeitwert der Leistung Q_t bei der Kapazität C jedoch entgegengesetzt zur Leistungsschwingung bei der Induktivität L. Wir setzen daher auch die Blindleistung

$$Q = -UI = -U^2 B_C = I^2 X_C \tag{3.60}$$

einer Kapazität C im Gegensatz zu Gl. (3.51) negativ an. Das entgegengesetzte Verhalten der Blindleistungen bei Induktivität L und Kapazität C wird z. B. in Schwingkreisen (s. Abschn. 6) und bei der Blindstromkompensation (s. Abschn. 3.4.2.2) genutzt. Für den Scheitelwert der Leistungsschwingung gilt wieder Gl. (3.52).

Beispiel 3.19. Ein Kabel von 24 km Länge hat die Kapazität $C = 3\ \mu\text{F}$ und soll mit der Sinusspannung $U = 6$ kV bei der Frequenz $f = 50$ Hz ($\omega = 314{,}2\ \text{s}^{-1}$) auf Isolationsfähigkeit bzw. Durchschlagsfestigkeit geprüft werden. Man berechne den auftretenden Ladestrom (kapazitiven Blindstrom) sowie die Blindleistung.

Da das Kabel mit seiner Kapazität einen rein kapazitiven Widerstand darstellt[1]), ist der aufgenommene Strom reiner Blindstrom, die Leistung also eine reine Blindleistung. Die Wirkleistung ist Null. Man erhält nach Gl. (3.57) für den Strom

$$I_C = U\omega C = 6000\ \text{V} \cdot 314{,}2\ \text{s}^{-1} \cdot 3\ \mu\text{F} = 5{,}655\ \text{A}$$

und nach Gl. (3.60) für die Blindleistung

$$Q = -UI_C = -6\ \text{kV} \cdot 5{,}65\ \text{A} = -33{,}9\ \text{kvar}$$

Der Transformator, der für die Prüfung benutzt wird, muß für diese erhebliche Leistung bemessen sein. Vermeiden kann man dies, indem man die kapazitive Blindleistung des Kabels durch die induktive einer Drossel kompensiert, wie Abschn. 3.4.2.2 zeigt.

Blindwiderstandsdiagramm. Bei den Blindwiderständen X und Blindleitwerten B arbeitet man nach Gl. (3.48) und (3.57) mit den Produkten ωL und ωC bzw. ihren negativen Kehrwerten $-1/(\omega L)$ und $-1/(\omega C)$, wobei neben den Parametern Induktivität L und Kapazität C noch die Kreisfrequenz $\omega = 2\pi f$ bzw. die Frequenz f auftreten. Aus Gl. (3.48) wird mit $X_L = \omega L = 2\pi f L$ dann nach Logarithmierung[2])

$$\lg\{X_L\} = \lg 2\pi + \lg\{f\} + \lg\{L\} \tag{3.61}$$

bzw. aus Gl. (3.57) mit $B_C = \omega C = 2\pi f C$

$$\lg\{B_C\} = \lg 2\pi + \lg\{f\} + \lg\{C\} \tag{3.62}$$

Die Funktionen $\lg\{X_L\} = f(\lg\{f\})$ bzw. $\lg\{B_C\} = f(\lg\{f\})$ sowie ihre reziproken Funktionen $\lg\{|B_L|\}$ und $\lg\{|X_C|\}$ werden mit doppeltlogarithmischem Maßstab (also auf doppeltlogarithmischem Papier) Geraden. Bild **3.**25a zeigt eine solche Darstellung für eine Frequenzdekade und Bild **3.**25b mit einem anderen Maßstab für mehrere Dekaden.

Mit diesem Blindwiderstandsdiagramm kann man sehr schnell Blindwiderstände X oder, da $B = -1/X$ ist, mit der reziproken rechten Skala Blindleitwerte B für Überschlagsrechnungen bestimmen. Mit der Darstellung in Bild **3.**25a erreicht man bei größerem Maßstab Genauigkeiten von etwa 5%. Dieses Diagramm kann man sich auch leicht selbst auf kariertem Papier entwerfen, wenn man berücksichtigt, daß eine lineare Teilung, wie z. B. in Bild **3.**25a, mit den Werten der Normzahlenreihe R10 zu versehen ist. Man setzt dabei $2\pi = 6{,}28 \approx 6{,}3$ und erhält somit eine Normzahl, so daß auch die Diagonalen auf den Achsen linear geteilte Strecken vorfinden.

---

[1]) Der durch die dielektrischen Verluste (s. Abschn. 3.3.2.4) bedingte kleine Wirkstrom wird hier vernachlässigt.

[2]) $\{X_L\}$ weist darauf hin, daß der Logarithmus nur von einer dimensionslosen (außerdem stets positiven) Zahl gebildet werden kann und daher von der physikalischen Größe X_L nur ihr Zahlenwert genommen werden darf.

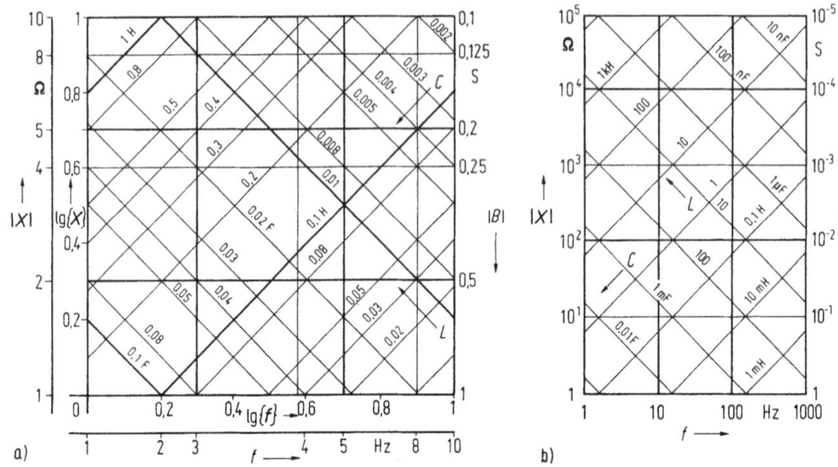

3.25 Blindwiderstandsdiagramm für eine Dekade (a) und mehrere Dekaden (b)

Beispiel 3.20. Für die Induktivität $L = 80$ mH und die Kapazität $C = 40$ nF sind bei der Frequenz $f = 800$ Hz Blindwiderstand X und Blindleitwert B mit dem Blindwiderstandsdiagramm zu bestimmen.

Mit Bild **3**.25a finden wir die Zahlenfolge, mit Bild **3**.25b die Zehnerpotenz. Daher sind (in Klammern genaue Werte)

$$X_L = 400\ (402{,}1)\ \Omega \qquad B_L = -2{,}5\ (2{,}487)\ \text{mS}$$

$$X_C = -5\ (4{,}974)\ \text{k}\Omega \qquad B_C = 0{,}2\ (0{,}2011)\ \text{mS}$$

3.2.1.4 Allgemeiner passiver Sinusstrom-Zweipol. Bei den einfachen Zweipolen Wirkwiderstand R, Induktivität L und Kapazität C betragen die Phasenwinkel 0°, −90° oder +90°. Es ist leicht einzusehen, daß in Schaltungen, die diese 3 Grundelemente R, L und C enthalten, der Phasenwinkel zwischen Strom und Spannung die Werte $-90° \leqq \varphi \leqq 90°$ annehmen kann. Faßt man eine solche gemischte Schaltung als allgemeinen passiven Sinusstrom-Zweipol auf, so kann der Phasenwinkel zwischen Strom und Spannung dieses Zweipols zwischen −90° und +90° liegen.

Ohmsches Gesetz für Sinusstrom. Um auch bei diesem allgemeinen Zweipol mit dem Ohmschen Gesetz arbeiten zu können, faßt man hier den scheinbar wirksamen Widerstand

$$Z = U/I = \hat{u}/\hat{i} \tag{3.63}$$

als den Scheinwiderstand der Schaltung auf. Entsprechend nennt man die reziproke Größe Scheinleitwert

$$Y = 1/Z = I/U = \hat{i}/\hat{u} \tag{3.64}$$

Wenn man diese Gleichungen analog zu Gl. (3.49) und (3.58) auf eine komplexe Schreibweise erweitert, findet man - s. Gl. (3.34) - den komplexen Widerstand

$$\underline{Z} = \underline{u}/\underline{i} = \underline{\hat{u}}/\underline{\hat{i}} = \underline{U}/\underline{I} = Z\underline{/\varphi} = R + \mathrm{j}X \tag{3.65}$$

und - s. Gl. (3.35) - den komplexen Leitwert

$$\underline{Y} = \underline{I}/\underline{U} = Y\underline{/\varphi_Y} = 1/\underline{Z} = (1/Z)\underline{/-\varphi} = G + \mathrm{j}B \tag{3.66}$$

Hierbei wird schon berücksichtigt, daß der komplexe Widerstand $\underline{Z}$ auch als Summe von Real- und Imaginärteil, nämlich von Wirkwiderstand R und Blindwiderstand jX, und der komplexe Leitwert $\underline{Y}$ entsprechend als Summe von Wirkleitwert G und Blindleitwert jB aufgefaßt werden darf.

Spannung, Strom und Phasenwinkel. Der Scheinwiderstand Z liegt nach Bild **3**.26a an der Sinusspannung u, die wieder wie bei den übrigen Sinusstrom-Zweipolen einen Sinusstrom i verursacht. Er hat die Phasenverschiebung φ, die zwischen $-90°$ und $+90°$ betragen kann. In Bild **3**.26b und c ist der Phasenwinkel $\varphi = 45°$ vorausgesetzt; die Spannung u eilt hier also dem Strom i um 45° vor. Der Scheinwiderstand hat in dem betrachteten Fall offensichtlich bezüglich der Phasenverschiebung Eigenschaften, die zwischen denen von Wirkwiderstand R und Induktivität L liegen; er wird also diese Grundelemente enthalten. Man sagt auch: Der betrachtete Scheinwiderstand verhält sich induktiv.

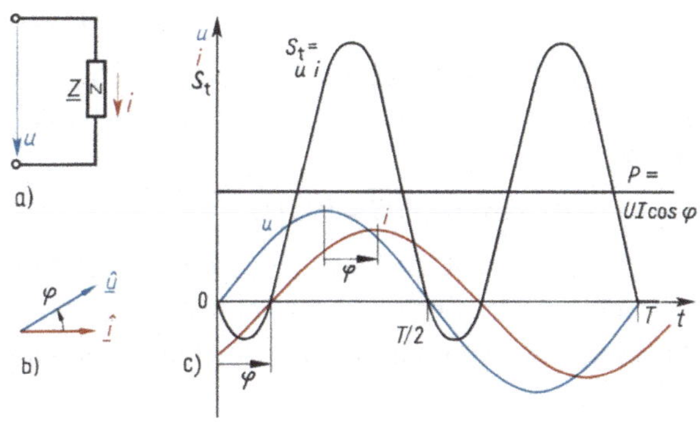

3.26
Leistungsumsatz in einem Scheinwiderstand Z an Sinusspannung
a) Schaltung mit Zählpfeilen (VZS)
b) Zeigerdiagramm von Spannung $\hat{u}$ und Strom $\hat{i}$
c) Zeitdiagramm von Spannung u, Strom i und Leistung S_t

Leistungen. In Bild **3**.26c ist auch der Zeitwert der Leistung S_t dargestellt. Mit dem Zeitwert der Spannung $u = \hat{u}\sin(\omega t + \varphi)$ und dem Zeitwert des Stromes $i = \hat{i}\sin(\omega t)$ erhält man diesen Zeitwert der Leistung

$$S_t = u\,i = \hat{u}\hat{i}\sin(\omega t)\sin(\omega t + \varphi)$$

Wegen $\sin(\omega t + \varphi) = \sin(\omega t)\cos\varphi + \cos(\omega t)\sin\varphi$ und $\sin^2(\omega t) = [1 - \cos(2\omega t)]/2$ bzw. $\sin(\omega t)\cos(\omega t) = [\sin(2\omega t)]/2$ und $-\cos(2\omega t)\cos\varphi + \sin(2\omega t)\sin\varphi = -\cos(2\omega t + \varphi)$ ist

$$[\sin(\omega t)]\sin(\omega t+\varphi)=[\sin^2(\omega t)]\cos\varphi+\sin(\omega t)[\cos(\omega t)]\cos\varphi$$

$$=\frac{1}{2}\{[1-\cos(2\omega t)]\cos\varphi+[\sin(2\omega t)]\sin\varphi\}=\frac{1}{2}[\cos\varphi-\cos(2\omega t+\varphi)]$$

Daher gilt mit $\hat{u}=\sqrt{2}\,U$ und $\hat{i}=\sqrt{2}\,I$ für den Zeitwert der Leistung

$$S_t=\frac{\hat{u}\hat{i}}{2}[\cos\varphi-\cos(2\omega t+\varphi)]=UI\cos\varphi-UI\cos(2\omega t+\varphi) \tag{3.67}$$

Wie bei Gleichstrom bestimmt also das Produkt UI die Leistung, die aber nur als Scheinleistung

$$S=UI=I^2Z=U^2/Z \tag{3.68}$$

des Zweipols aufgefaßt werden darf, und daher in der Einheit VA angegeben wird. (Obwohl VA = W ist, wird die Scheinleistung zur Unterscheidung in VA angegeben.) Die Scheinleistung ist beispielsweise für die elektrische und magnetische Bemessung elektrischer Maschinen wichtig, da die Leiterquerschnitte der Wicklungen wegen der Stromwärmeverluste I^2R vom Strom I und die Eisenquerschnitte nach Gl. (3.15) von der Spannung U bestimmt werden.

Nach Gl. (3.67) wird ein konstanter Leistungswert $S\cos\varphi$ von einer Leistungsschwingung $S\cos(2\omega t+\varphi)$ mit doppelter Kreisfrequenz 2ω des Sinusstroms und dem Scheitelwert Scheinleistung S überlagert. Die Leistung hat daher den Mittelwert

$$P=S\cos\varphi=UI\cos\varphi=ZI^2\cos\varphi=U^2\cos\varphi/Z \tag{3.69}$$

der im Mittel als Arbeit im Verbraucher umgesetzt und daher Wirkleistung genannt wird. Mit dem Leistungsfaktor (als $\cos\varphi$ auch Wirkfaktor genannt)

$$\lambda=\cos\varphi=P/S=P/(UI) \tag{3.70}$$

für Sinusstrom erkennt man dann sofort, welcher Anteil der Scheinleistung als Wirkleistung in eine andere Energieart umgewandelt wird.

Gl. (3.67) darf man mit den vor ihr stehenden Additionstheoremen auch schreiben

$$S_t=UI[1-\cos(2\omega t)]\cos\varphi+UI[\sin(2\omega t)]\sin\varphi$$

$$=P-P\cos(2\omega t)+Q\sin(2\omega t) \tag{3.71}$$

wenn man die Blindleistung

$$Q=UI\sin\varphi=S\sin\varphi \tag{3.72}$$

und den Blindfaktor

$$\beta=\sin\varphi=Q/S=Q/(UI) \tag{3.73}$$

einführt. Die Leistungsschwingung S_t darf somit auch gedeutet werden als Mittelwert, der Wirkleistung P, der von einer Wirkleistungsschwingung $P\cos(2\omega t)$ und einer Blindleistungsschwingung $Q\sin(2\omega t)$ überlagert wird.

Diese Leistungsschwingungen haben jeweils die doppelte Netzkreisfrequenz 2ω und die Scheitelwerte Wirkleistung P oder Blindleistung Q. Wegen $\cos^2\varphi + \sin^2\varphi = 1$ ist dann auch $S^2 = P^2 + Q^2$, und es gilt für die Scheinleistung

$$S = \sqrt{P^2 + Q^2} \qquad (3.74)$$

Man kann auch die komplexe Leistung

$$\underline{S} = S\underline{/\varphi} = UI\underline{/\varphi} = P + \mathrm{j}Q$$

definieren. Es liegt nahe, mit der komplexen Spannung $\underline{U} = U\underline{/\varphi_U}$ und dem komplexen Strom $\underline{I} = I\,\underline{/\varphi_I}$ das komplexe Produkt

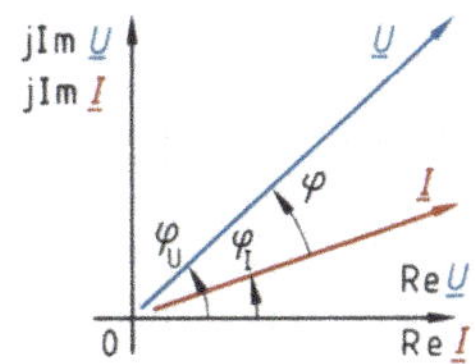

3.27 Spannungs- und Stromzeiger in der komplexen Ebene

$$\underline{U}\,\underline{I} = U\underline{/\varphi_U}\,I\,\underline{/\varphi_I} = UI\underline{/\varphi_U + \varphi_I}$$

zu bilden. Nach Bild **3.27** ist jedoch der Phasenwinkel $\varphi = \varphi_U - \varphi_I$, so daß auf diese Weise die komplexe Leistung nicht berechnet werden kann. Man erhält sie vielmehr mit dem konjugiert komplexen Strom $\underline{I}^* = I\underline{/-\varphi_I}$ aus

$$\underline{S} = \underline{U}\,\underline{I}^* = U\underline{/\varphi_U}\,I\underline{/-\varphi_I} = UI\,\underline{/\varphi_U - \varphi_I} = UI\underline{/\varphi} = S\underline{/\varphi} = P + \mathrm{j}Q \qquad (3.75)$$

Die Zeiger Wirkleistung $\underline{P}$ und Blindleistung $\underline{Q}$ müssen daher geometrisch zum Zeiger komplexe Leistung $\underline{S}$ zusammengesetzt werden.

Zusammenhängende Betrachtung der Eigenschaften der passiven Sinusstrom-Zweipole. Schaltung, Zeigerdiagramm, Widerstand, Phasenwinkel, Leistungen und andere Eigenschaften der passiven Sinusstrom-Zweipole sind in Tafel **3.28** zusammengestellt. Die unterschiedlichen Verhaltensweisen sind gut miteinander zu vergleichen. Neben den deutschen Bezeichnungen seien hier auch noch die im angelsächsischen und romanischen Sprachbereich üblichen Begriffe zusammengefaßt:

Scheinwiderstand = Impedanz	Scheinleitwert = Admittanz
Wirkwiderstand = Resistanz	Wirkleitwert = Konduktanz
Blindwiderstand = Reaktanz	Blindleitwert = Suszeptanz

induktiver Blindwiderstand = Induktanz (auch Reaktanz)

kapazitiver Blindwiderstand = Kondensanz oder Kapazitanz

Tafel 3.28 Eigenschaften passiver Sinusstrom-Zweipole

Bezeichnung	Wirkwiderstand R	Induktivität L	Kapazität C	allgemeiner komplexer Sinusstromwiderstand $\underline{Z}$
Schaltzeichen	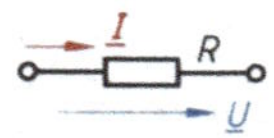	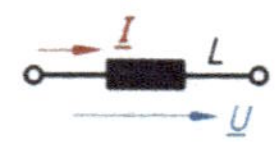	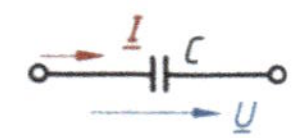	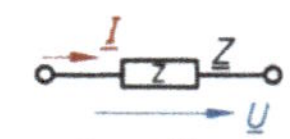
Zeigerdiagramm	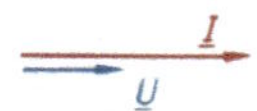	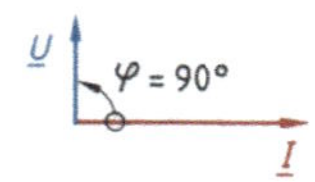	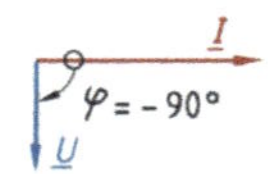	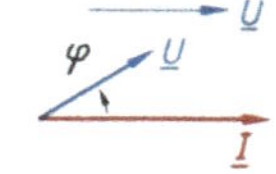
Grundgesetz	$u = R\,i$	$u = L\,\mathrm{d}i/\mathrm{d}t$	$u = \frac{1}{C}\int i\,\mathrm{d}t$	
Ohmsches Gesetz				
für Beträge	$I = G\,U = U/R$	$I = -B_L\,U = U/X_L$	$I = B_C\,U = -U/X_C$	$I = Y\,U = U/Z$
komplex	$\underline{I} = G\,\underline{U} = \underline{U}/R$	$\underline{I} = \mathrm{j}\,B_L\,\underline{U} = \underline{U}/\mathrm{j}X_L$	$\underline{I} = \mathrm{j}\,B_C\,\underline{U} = \underline{U}/\mathrm{j}X_C$	$\underline{I} = \underline{Y}\,\underline{U} = \underline{U}/\underline{Z}$
Widerstand	$R = U/I$	$X_L = \omega L = U/I$	$X_C = \frac{-1}{\omega C} = \frac{-U}{I}$	$Z = U/I$
komplex		$\mathrm{j}X_L = \mathrm{j}\omega L$	$\mathrm{j}X_C = 1/(\mathrm{j}\omega C)$	$\underline{Z} = \underline{U}/\underline{I} = R + \mathrm{j}X$
Leitwert	$G = I/U = 1/R$	$B_L = -1/(\omega L)$	$B_C = \omega C$	$Y = I/U = 1/Z$
komplex		$\mathrm{j}B_L = 1/(\mathrm{j}\omega L)$	$\mathrm{j}B_C = \mathrm{j}\omega C$	$\underline{Y} = \underline{I}/\underline{U} = 1/\underline{Z} = G + \mathrm{j}B$
Phasenwinkel	$\varphi = 0°$	$\varphi = 90°$	$\varphi = -90°$	$\varphi = \arctan(Q/P)$
Wirkfaktor	$\cos\varphi = 1$	$\cos\varphi = 0$	$\cos\varphi = 0$	$\cos\varphi = P/S = R/Z = G/Y$
Blindfaktor	$\sin\varphi = 0$	$\sin\varphi = 1$	$\sin\varphi = -1$	$\sin\varphi = Q/S = X/Z = -B/Y$
Wirkleistung	$P = U\,I$	$P = 0$	$P = 0$	$P = U\,I\cos\varphi = S\cos\varphi$
Blindleistung	$Q = 0$	$Q = U\,I$	$Q = -U\,I$	$Q = U\,I\sin\varphi = S\sin\varphi$

Beispiel 3.21. Ein Verbraucher nimmt bei der Sinusspannung $U = 220$ V den Strom $I = 10$ A und die Leistung $P = 1500$ W auf. Wie groß sind Scheinleistung S, Wirkfaktor $\cos\varphi$, Blindfaktor $\sin\varphi$, Blindleistung Q und Scheinwiderstand Z?

Die Scheinleistung beträgt nach Gl. (3.67)

$$S = UI = 220\ \text{V} \cdot 10\ \text{A} = 2200\ \text{VA}$$

Der Wirkfaktor ist daher nach Gl. (3.70)

$$\lambda = \cos\varphi = P/S = 1500\ \text{W}/(2200\ \text{VA}) = 0{,}6818$$

Der Phasenwinkel hat also den Betrag $\varphi = 47{,}01°$ und der zugehörige Blindfaktor $\sin|\varphi| = 0{,}7315$. (Ob Phasenwinkel und Blindleistung positive oder negative Zahlenwerte haben, ist aus der Aufgabenstellung nicht zu entnehmen.) Der Betrag der Blindleistung wird dann nach Gl. (3.72)

$$|Q| = S \sin|\varphi| = 2200\ \text{VA} \cdot 0{,}7315 = 1609\ \text{var}$$

bei dem Scheinwiderstand nach Gl. (3.62)

$$Z = U/I = 220\ \text{V}/(10\ \text{A}) = 22\ \Omega$$

Beispiel 3.22. Der Motor eines Staubsaugers nimmt bei der Klemmenspannung $U = 220$ V und der Frequenz $f = 50$ Hz den Strom $I = 0{,}8$ A auf. Der Wirkfaktor beträgt $\cos\varphi = 0{,}78$. Wie groß ist der Arbeitspreis K_W für die Zeit $t = 0{,}5$ h Staubsaugen, wenn die Arbeitskosten $k_W = 0{,}2$ DM/kWh berechnet werden?

Nach Gl. (3.69) ist die Wirkleistung $P = UI\cos\varphi = 220\ \text{V} \cdot 0{,}8\ \text{A} \cdot 0{,}78 = 137{,}3$ W. Der Elektrizitätszähler zeigt nach der Zeit $t = 0{,}5$ h die Arbeit $W = Pt = 137\ \text{W} \cdot 0{,}5 = 0{,}06864$ kWh an. Sie kostet 0,06864 kWh · 0,2 DM/kWh = 0,01373 DM.

Beispiel 3.23. Eine mit Wasser gefüllte Grube von 4,5 m^3 Volumen ist in 3 Stunden durch eine Pumpe zu leeren. Das Wasser soll dabei auf 15 m Höhe gefördert werden. Die Pumpe hat den Wirkungsgrad $\eta_P = 20\%$, der antreibende Wechselstrommotor $\eta_M = 70\%$. Der Motor liegt an der Spannung $U = 220$ V mit der Frequenz $f = 50$ Hz und hat betriebsmäßig den Wirkfaktor $\cos\varphi = 0{,}85$.

a) Welche Leistung muß die Pumpe abgeben?

Die Pumpe soll in der Zeit $t = 3\ \text{h} = 10\,800$ s die Masse $m = 4500$ kg Wasser auf die Höhe $h = 15$ m bei der Fallbeschleunigung $g = 9{,}81\ \text{m/s}^2$ fördern. Mit der Arbeit $W = Fh$ bzw. Kraft $F = mg$ erhält man daher die Pumpenleistung

$$P_P = W/t = Fh/t = mgh/t = 4500\ \text{kg}\ (9{,}81\ \text{m/s}^2)\ 15\ \text{m}/(10\,800\ \text{s}) = 61{,}31\ \text{W}$$

b) Für welche Leistungsabgabe ist der Antriebsmotor zu bestellen?

Der Antriebsmotor muß abgeben, was die Pumpe aufnimmt; er ist für die Leistung $P_M = P_P/\eta_P = 61{,}31\ \text{W}/0{,}2 = 306{,}6$ W zu bestellen.

c) Welchen Strom nimmt der Motor im Betrieb auf?

Der Motor nimmt die Wirkleistung $P = P_M/\eta_M = 306{,}6\ \text{W}/0{,}7 = 437{,}9$ W vom Netz auf. Somit ergibt sich nach Gl. (3.69) der Nennstrom

$$I = \frac{P}{U\cos\varphi} = \frac{437{,}9\ \text{W}}{220\ \text{V} \cdot 0{,}85} = 2{,}342\ \text{A}$$

3.2.1.5 Allgemeiner Sinusstromkreis. Es sollen jetzt mit Bild 3.29 die Kenntnisse von den passiven Sinusstrom-Zweipolen auf einen allgemeinen Sinusstromkreis mit Quellen und Verbrauchern angewandt und auf diese Weise erweitert werden. Hierbei ist für alle Größen das Verbraucher-Zählpfeil-System (VZS - s. Abschn. 1.3.1.4) gewählt. In Bild 3.29a und c sind daher die Zählpfeile von Strom und Spannung so eingezeichnet, daß sie jeweils in den Zweipolen in die gleiche Richtung weisen. Es sind verschiedene Betrachtungsweisen möglich.

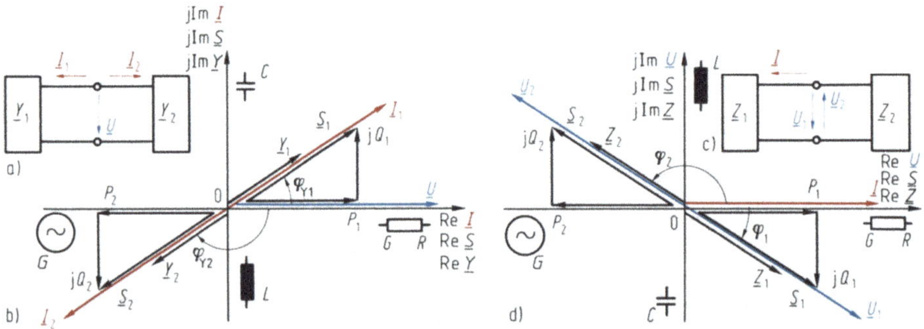

3.29 Schaltungen (a, c) von Sinusstrom-Zweipolen mit Zählpfeilen im Verbraucher-Zählpfeil-System (VZS) und Zeigerdiagramme (b, d) für Spannung $\underline{U}$, Strom $\underline{I}$, Leistungen $\underline{S}$, P, Q, komplexe Widerstände $\underline{Z}$ und komplexe Leitwerte $\underline{Y}$ jeweils für Bezugszeiger $\underline{U}$ (a, b) und Bezugszeiger $\underline{I}$ (c, d)

Wir wählen zunächst die Spannung $\underline{U}$ als Bezugszeiger und legen sie wie in Bild 3.29b in die positive Achse. Der Strom $\underline{I}_1$ soll gegenüber der Spannung $\underline{U}$ um den Phasenwinkel φ_{Y1} voreilen. Mit $\underline{U} = U$ und $\underline{I}_1 = I_1\underline{/\varphi_{Y1}}$ ist daher nach Gl. (3.65) der komplexe Leitwert $\underline{Y}_1 = \underline{I}_1/\underline{U} = I_1\underline{/\varphi_{Y1}}/U = Y_1\underline{/\varphi_{Y1}}$ wirksam. Gleichzeitig wird die komplexe Leistung $\underline{S}_1 = \underline{U}^*\underline{I}_1 = UI_1\underline{/\varphi_{Y1}}$ umgesetzt. Strom $\underline{I}_1$, Leitwert $\underline{Y}_1$ und komplexe Leistung $\underline{S}_1$ haben also die gleiche Phasenlage φ_{Y1}. Wirkleistung P_1 und Blindleistung Q_1 sind positiv. Das Verhalten des Zweipols $\underline{Y}_1$ wird somit durch Wirkwiderstände R und Kapazitäten C, deren Symbole an den Achsen der komplexen Ebene stehen, bestimmt.

Bild 3.29c und d geht dagegen von dem Strom $\underline{I}$ als Bezugsgröße aus. Betrachten wir zunächst nur das Verhalten des Zweipols $\underline{Z}_1$, so gilt nun in der komplexen Ebene $\underline{I} = I$ und $\underline{U}_1 = U_1\underline{/\varphi_1}$, und es ist nach Gl. (3.64) der komplexe Widerstand $\underline{Z}_1 = \underline{U}_1/\underline{I}_1 = U_1\underline{/\varphi_1}/I = Z_1\underline{/\varphi_1}$ bzw. nach Gl. (3.75) die komplexe Leistung $\underline{S}_1 = \underline{U}_1\underline{I}^* = U_1I\underline{/\varphi_1}$ wirksam. Hier haben daher Spannung $\underline{U}$, Widerstand $\underline{Z}_1$ und komplexe Leistung $\underline{S}_1$ den gleichen Phasenwinkel. Während sich an der Zusammensetzung des Zweipols aus Wirkwiderständen R und Kapazitäten C nichts geändert haben kann, haben sich jedoch gegenüber der Betrachtungsweise von Bild 3.29a und b die Vorzeichen von Phasenwinkel φ_1 und Blindleistung Q_1 umgekehrt.

In DIN 40110 ist die Betrachtungsweise von Bild 3.29c und d genormt. Dort wird also der Strom $\underline{I}$ als Bezugsgröße gewählt und somit der Phasenwinkel φ des komplexen Widerstandes (s.a. Bild 3.30) als maßgebende Größe für das Vorzeichen festgelegt. In diesem Sinn ist in diesem Buch der Phasenwinkel φ zu verstehen: Wir meinen also stets den Phasenwinkel φ des komplexen Widerstands $\underline{Z}$, wenn wir weiterhin nur noch φ angeben, setzen hiermit den Strom $\underline{I}$ als Bezugszeiger voraus und erhalten somit für einen induktiven Verbraucher eine positive Blindleistung Q. Zur Unterscheidung wird demgegenüber der Phasenwinkel des komplexen Leitwerts, der auch von der Spannung $\underline{U}$ zum Strom $\underline{I}$ gemessen wird, mit φ_Y bezeichnet.

Weiterhin liefert Bild 3.29 wichtige Aufschlüsse über das Zusammenwirken von Erzeuger und Verbraucher im Wechselstromkreis: Der zuerst betrachtete Zweipol $\underline{Y}_1$ bzw. $\underline{Z}_1 = 1/\underline{Y}_1$ muß wegen des Phasenwinkels $-90° \leqq \varphi_1 \leqq 90°$ ein Verbraucher (also ein passiv wirkender Zweipol) sein, der Wirkleistung P_1 und kapazitive Blindleistung Q_1 aufnimmt. Entsprechend dem Verbraucher-Zählpfeil-System müssen in Bild 3.29b die Zählpfeile für die Spannungen $\underline{U}_1$ und $\underline{U}_2$ entgegengesetzt gerichtet sein. Es gilt also $\underline{U}_2 = -\underline{U}_1$, was in Bild 3.29d die Gegenphasigkeit dieser beiden Spannungen bedeutet. Dann sind aber auch $\underline{Z}_2 = -\underline{Z}_2$ bzw. $\underline{Y}_2 = -\underline{Y}_1$ und $\underline{S}_2 = -\underline{S}_1$. Der Zweipol $\underline{Z}_2$ muß also ein Erzeuger bzw. ein aktiv wirkender Zweipol sein, der die Wirkleistung $P_2 = -P_1$ und die induktive Blindleistung $Q_2 = -Q_1$ erzeugt.

Es können daher in dieser Weise immer nur Wirkleistungserzeuger und Wirkleistungsverbraucher zusammenwirken, und Kapazität C und Induktivität L müssen sich gegenseitig die Blindleistung zur Verfügung stellen, wie das auch schon aus Bild 3.21 und 3.24 hervorgeht. Generatoren der Wechselstromtechnik müssen somit nicht nur Wirkleistung erzeugen, sondern auch als Kapazität C oder Induktivität L wirken können.

Eine Betrachtung von Bild 3.29a und b führt zu den gleichen Ergebnissen. Hier ist lediglich zu beachten, daß bei Wahl der Spannung $\underline{U}$ als Bezugszeiger und Anwendung des Verbraucher-Zählpfeil-Systems zwei gegenphasige Ströme $\underline{I}_1$ und $\underline{I}_2$ einzuführen sind und die Vorzeichen von Phasenwinkel und Blindleistung entgegengesetzt wie in Bild 3.29d sind. Nach DIN 40110 ist die Betrachtungsweise in Bild 3.28c und d genormt.

Komplexe Widerstands- und Leitwertsebenen. Man kann die Betrachtungen in Bild 3.29 auf den komplexen Widerstand $\underline{Z} = R + \mathrm{j}X$ nach Gl. (3.64) und den komplexen Leitwert $\underline{Y} = G + \mathrm{j}B$ nach Gl. (3.65) beschränken und so mit komplexen Widerstands- und Leitwertsebenen wie in Bild 3.30 arbeiten. Die Achsen der komplexen Zahlenebene sind dort durch die zugehörigen Grundzweipole gekennzeichnet. Zur Realachse gehören bei umfassender Betrachtung sowohl positive Widerstandswerte R, die in passiven Zweipolen auftreten, als auch negative Werte, die zu einem Sinusgenerator gehören, also das Kennzeichen von aktiven Zweipolen sind.

Nach Gl. (3.65) sind komplexer Widerstand $\underline{Z}$ und komplexer Leitwert $\underline{Y}=1/\underline{Z}$ inverse Größen, deren Phasenwinkel sich nur durch das Vorzeichen unterscheiden, die also entgegengesetzte Vorzeichen haben und deren Beträge einander reziprok sind. Widerstandsebene und Leitwertebene haben unterschiedliche Einheiten (normalerweise Ω und S = 1/Ω) und deshalb i. allg. auch verschiedene Maßstäbe.

In Bild 3.30a und c sind schon Schaltungen eingetragen, die den komplexen Widerstand $\underline{Z}=R+\text{j}X$ bzw. den komplexen Leitwert $\underline{Y}=G+\text{j}B$ verwirklichen. Es soll hiermit schon darauf hingewiesen werden, daß das Arbeiten mit der Widerstandsebene stets eine Reihenschaltung der Teilwiderstände R und X, die Leitwertebene jedoch eine Parallelschaltung der Teilleitwerte G und B voraussetzt. In den folgenden Abschnitten wird auf diese Zusammenhänge näher eingegangen.

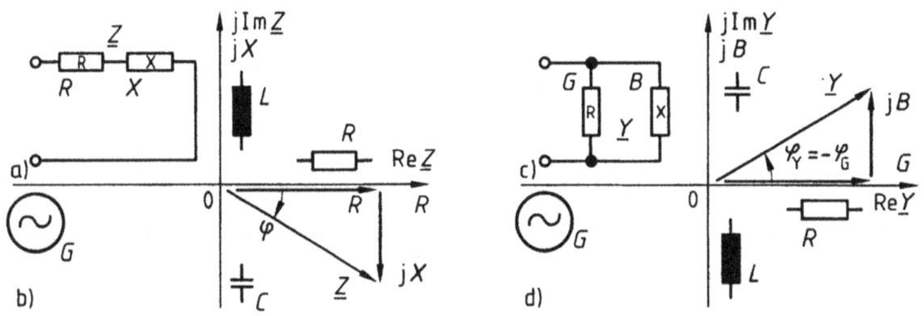

3.30 Komplexe Widerstandsebene (b) mit zugehöriger Ersatzschaltung (a) und komplexe Leitwertsebene (d) mit zugehöriger Ersatzschaltung (c)

Beispiel 3.24. Der Zweipol $\underline{Z}_1$ in Bild 3.29c nimmt bei der Klemmenspannung $\underline{U}_1=220\ \text{V}\ \underline{/-40°}$ den Strom $\underline{I}_1=6$ A auf. Es sind alle Leistungen und die komplexen Widerstände $\underline{Z}_1$ und $\underline{Z}_2$ zu bestimmen.

Wir finden mit Gl. (3.75) die komplexe Leistung

$$\underline{S}_1=U_1 I_1\ \underline{/\varphi_1}=220\ \text{V}\cdot 6\ \text{A}\ \underline{/-40°}=1320\ \text{VA}\ \underline{/-40°}$$
$$=1011\ \text{W}-\text{j}\,848{,}5\ \text{var}=P_1+\text{j}\,Q_1$$

Daher verbraucht der Zweipol $\underline{Z}_1$ die Wirkleistung $P_1=1011$ W und die kapazitive Blindleistung $Q_1=-848{,}5$ var, der Zweipol $\underline{Z}_2$ dagegen die Wirkleistung $P_2=-1011$ W (er ist also ein aktiver Zweipol bzw. Generator) und die (induktive) Blindleistung $Q_2=848{,}5$ var.

Nach Gl. (3.64) ist der komplexe Widerstand

$$\underline{Z}_1=\underline{U}_1/I_1=(220\ \text{V}\ \underline{/-40°})/(6\ \text{A})=Z_1\ \underline{/\varphi_1}=36{,}67\ \Omega\ \underline{/-40°}$$
$$=(28{,}09-\text{j}\,23{,}57)\,\Omega=R_1+\text{j}\,X_1$$

mit dem Wirkwiderstand $R_1=28{,}09\ \Omega$ und dem kapazitiven Blindwiderstand $X_1=-23{,}57\ \Omega$ sowie nach Bild 3.29d der komplexe Widerstand $\underline{Z}_2=Z_2\ \underline{/\varphi_2}$ $=-\underline{Z}_1=Z_1\ \underline{/\pi+\varphi_1}=36{,}67\ \Omega\ \underline{/180°-40°}=36{,}67\ \Omega\ \underline{/140°}=(-28{,}09+\text{j}\,23{,}57)\,\Omega=R_2+$ $\text{j}X_2$ mit dem (generatorischen) Wirkwiderstand $R_2=-28{,}09\ \Omega$ und dem induktiven Blindwiderstand $X_2=23{,}57\ \Omega$. Der passive Zweipol $\underline{Z}_1$ besteht daher aus Wirkwiderstand R und Kapazität C, der aktive Zweipol $\underline{Z}_2$ muß sich dagegen wie ein Wirkleistungserzeuger, also ein Generator G, in Verbindung mit einer Induktivität L verhalten.

3.2.2 Reihenschaltung von Zweipolen

Grundlage für die Berechnung aller elektrischen Schaltungen sind die in Abschn. 1.3 erläuterten Kirchhoffschen Gesetze. Für Reihenschaltungen ist das 2. Kirchhoffsche Gesetz, der Maschensatz nach Abschn. 1.3.3.2, zu beachten. Es können dann leicht die in Abschn. 2.2.1 für Gleichstrom abgeleiteten Zusammenhänge durch Beachten der in Abschn. 3.2.1 dargestellten Eigenschaften der Grundzweipole auf Sinusstrom übertragen werden. Es wird sich zeigen, daß sich bei Sinusstrom viel mehr Schaltungsmöglichkeiten ergeben und auch Ortskurven bei Änderung der Parameter auftreten.

3.2.2.1 Komplexer Maschensatz. Für die Zeitwerte der n Teilspannungen u_μ einer Masche gilt Gl. (1.81). Die dort verlangte Summe von Sinusspannungen läßt sich nach Abschn. 3.1.2.3 als die geometrische Summe der Zeiger $\underline{\hat{u}}_\mu$ bzw. $\underline{U}_\mu$ berechnen. Daher darf man auch für eine Masche für die Summe der n komplexen Teilspannungs-Scheitelwerte

$$\sum_{\mu=1}^{n} \underline{\hat{u}}_\mu = 0 \tag{3.76}$$

und ebenso für die Summe der n komplexen Teilspannungen (Effektivwerte) angeben

$$\sum_{\mu=1}^{n} \underline{U}_\mu = 0 \tag{3.77}$$

wie dies Bild 3.31 zeigt. Bei Sinusspannung lassen sich daher die Aufgaben des Zeitbereichs in der komplexen Ebene lösen. Wir werden deshalb in den folgenden Abschnitten auch die umständlich zu handhabenden Zeitdiagramme nur noch in Sonderfällen betrachten.

Beispiel 3.25. Die Schaltung in Bild 3.31a zeigt die Spannungen $\underline{U}_{q1} = 100\ \text{V}\angle -100°$, $\underline{U}_{q2} = 50\ \text{V}\angle -90°$, $\underline{U}_1 = 80\ \text{V}\angle 20°$, $\underline{U}_2 = 70\ \text{V}\angle -20°$, $\underline{U}_3 = 90\ \text{V}\angle -40°$. Die Spannung $\underline{U}_4$ ist zu bestimmen.

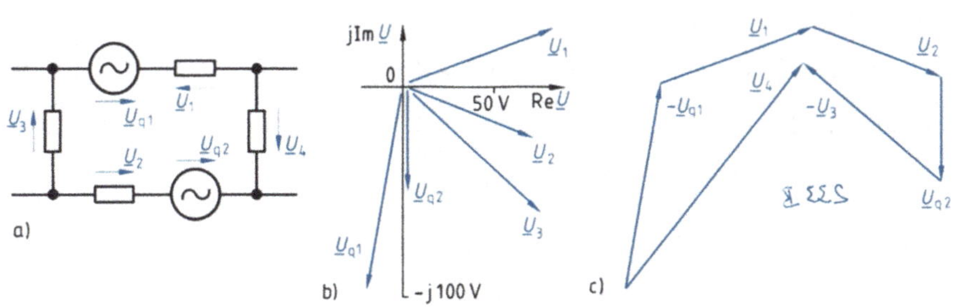

3.31 Masche (a) mit komplexen Spannungen (b) und Zeigerdiagramm der Spannungssumme (c) $\underline{U}_4 = -\underline{U}_{q1} + \underline{U}_1 + \underline{U}_2 + \underline{U}_{q2} - \underline{U}_3$

Die graphische Lösung mit dem Zeigerdiagramm zeigt Bild 3.31c. Zur Lösung mit der komplexen Rechnung wird entsprechend Gl. (3.77) die Spannungsgleichung $\underline{U}_{q1}-\underline{U}_1+\underline{U}_4-\underline{U}_{q2}-\underline{U}_2+\underline{U}_3=0$ aufgestellt, und es werden alle Spannungen in ihre Komponentenform gebracht (z.B. beim Taschenrechner über den Befehl P→R). Es ist dann folgende Summe zu bilden

$$\begin{aligned}
-\underline{U}_{q1} &= (\;17{,}36+\mathrm{j}\;98{,}48)\,\mathrm{V}\\
\underline{U}_1 &= (\;75{,}16+\mathrm{j}\;27{,}36)\,\mathrm{V}\\
\underline{U}_{q2} &= (\;0\;-\mathrm{j}\;50\;)\,\mathrm{V}\\
\underline{U}_2 &= (\;65{,}78-\mathrm{j}\;23{,}94)\,\mathrm{V}\\
-\underline{U}_3 &= (-68{,}94+\mathrm{j}\;57{,}85)\,\mathrm{V}\\
\hline
\underline{U}_4 &= (\;89{,}36-\mathrm{j}\,109{,}75)\,\mathrm{V} = 141{,}5\;\mathrm{V}\underline{/-50{,}85^\circ}
\end{aligned}$$

3.2.2.2 Reihenschaltung von zwei Grundzweipolen. Es sollen nacheinander einige Reihenschaltungen von Grundzweipolen bzw. von Widerständen, also vom Wirkwiderstand $R=1/G$, induktivem Blindwiderstand $X_L=\omega L$ und kapazitivem Blindwiderstand $X_C=-1/(\omega C)$, betrachtet werden.

Reihenschaltung von Wirkwiderstand und Induktivität. In der Reihenschaltung von Bild 3.32 treten mit Gl. (3.40) die Teilspannung $\underline{U}_R=R\underline{I}$ und mit Gl. (3.49) die Teilspannung $\underline{U}_L=\mathrm{j}X_L\underline{I}$ auf. Man kann nach Gl. (3.73) und wie in Bild 3.32b die komplexe Gesamtspannung

$$\underline{U}=\underline{U}_R+\underline{U}_L=R\underline{I}+\mathrm{j}X_L\underline{I}=(R+\mathrm{j}X_L)\underline{I}=\underline{Z}\,\underline{I} \tag{3.78}$$

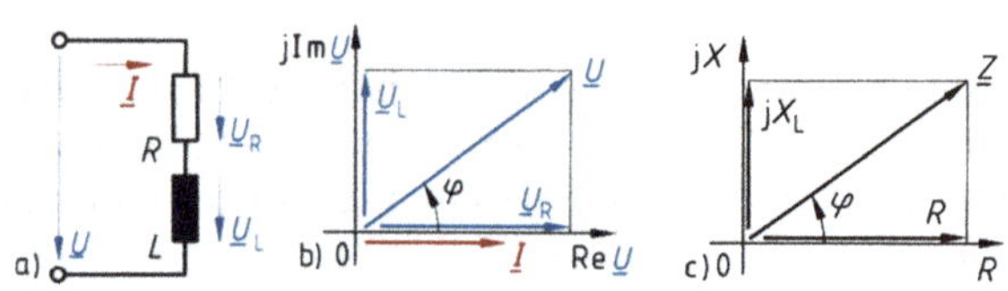

3.32 Reihenschaltung (a) von Wirkwiderstand R und Induktivität L mit Zeigerdiagrammen für Spannungen (b) und Widerstände (c)

angeben. Wenn man Gl. (3.78) durch den Strom $\underline{I}$ dividiert (bzw. wie in Bild 3.32c den Maßstab ändert), findet man nach Gl. (3.59) den komplexen Widerstand

$$\underline{Z}=\underline{U}/\underline{I}=R+\mathrm{j}X_L=R+\mathrm{j}\omega L=Z\underline{/\varphi} \tag{3.79}$$

mit dem Betrag

$$Z=U/I=\sqrt{R^2+X_L^2}=\sqrt{R^2+(\omega L)^2} \tag{3.80}$$

und dem Phasenwinkel

$$\varphi=\arctan(X_L/R)=\arctan(\omega L/R) \tag{3.81}$$

Man beachte, daß der Phasenwinkel φ des komplexen Widerstands und die Phasenwinkel φ von komplexer Spannung und komplexer Leistung gleich sind.

Er liegt mit $0° \leqq \varphi \leqq 90°$ im 1. Quadranten. Für die Wirkleistung findet man analog zu Gl. (3.43)

$$P = R I^2 = U_R^2 / R \tag{3.82}$$

und für die Blindleistung entsprechend Gl. (3.47)

$$Q = X_L I^2 = \omega L I^2 = U_L^2 / X_L = U_L^2 / (\omega L) \tag{3.83}$$

sowie nach Tafel **3.**28 und Bild **3.**29 für den Wirkfaktor

$$\lambda = \cos\varphi = U_R / U = R / Z \tag{3.84}$$

und für den Blindfaktor

$$\beta = \sin\varphi = U_L / U = X_L / Z = \omega L / Z \tag{3.85}$$

Reihenschaltung von Wirkwiderstand und Kapazität. Die Reihenschaltung in Bild **3.**33a hat nach Gl. (3.40) und (3.53) die Teilspannungen $\underline{U}_R = R\underline{I}$ und $\underline{U}_C = \mathrm{j} X_C \underline{I}$. Daher herrscht nach Gl. (3.73) und Bild **3.**33a die komplexe Gesamtspannung

$$\underline{U} = \underline{U}_R + \underline{U}_C = R\underline{I} + \mathrm{j} X_C \underline{I} = (R + \mathrm{j} X_C)\underline{I} = \underline{Z}\underline{I} \tag{3.86}$$

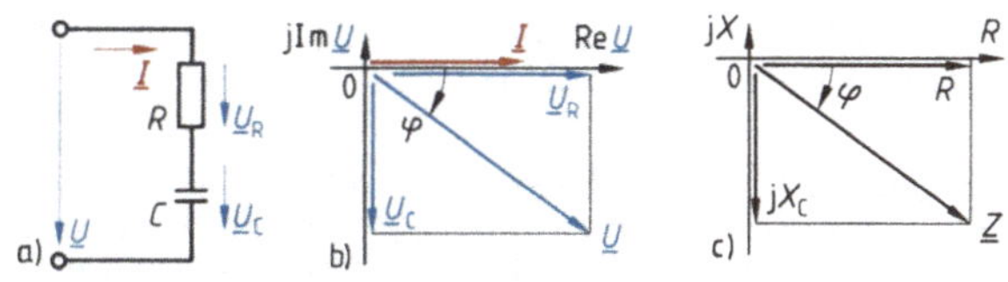

3.33
Reihenschaltung (a) von Wirkwiderstand R und Kapazität C mit Zeigerdiagrammen für Spannungen (b) und Widerstände (c)

und es wird nach Gl. (3.59) und Bild **3.**33c der komplexe Widerstand

$$\underline{Z} = \underline{U}/\underline{I} = R + \mathrm{j} X_C = R - \mathrm{j}\frac{1}{\omega C} = Z\underline{/\varphi} \tag{3.87}$$

mit dem Betrag

$$Z = U/I = \sqrt{R^2 + X_C^2} = \sqrt{R^2 + (1/\omega C)^2} \tag{3.88}$$

und dem Phasenwinkel

$$\varphi = \arctan(X_C / R) = \arctan[-1/(\omega C R)] \tag{3.89}$$

Für Wirkleistung und Wirkfaktor gelten wieder Gl. (3.82) und (3.84). Für die Blindleistung findet man

$$Q = X_C I^2 = -I^2/(\omega C) = U_C^2 / X_C = -\omega C U_C^2 \tag{3.90}$$

und für den Blindfaktor

$$\beta = \sin\varphi = -U_C / U = X_C / Z = -1/(\omega C Z) \tag{3.91}$$

Reihenschaltung von Induktivität und Kapazität. Dieser verlustlose Schwingkreis wird in Abschn. 6.1 ausführlich behandelt.

Beispiel 3.26. Man bestimme den komplexen Widerstand $\underline{Z}$ der Reihenschaltung von Wirkwiderstand $R=30\,\Omega$ und induktivem Widerstand $X_L=75{,}4\,\Omega$ in Komponenten- und Exponentialform.

Nach Gl. (3.75) gilt für die Komponentenform $\underline{Z}=R+\mathrm{j}X_L=(30+\mathrm{j}\,75{,}4)\,\Omega$, die man mit dem Taschenrechner oder über Gl. (3.76) und (3.77) in die Exponentialform $\underline{Z}=81{,}15\,\Omega\,\underline{/68{,}3^\circ}$ umrechnen kann. Die Spannung $\underline{U}=\underline{I}\,\underline{Z}$ eilt also dem Strom $\underline{I}$ um den Phasenwinkel $\varphi=68{,}3^\circ$ voraus.

Beispiel 3.27. Der Wirkwiderstand $R=20\,\Omega$ liegt in Reihe mit einer unbekannten Induktivität L an der Sinusspannung $U=120$ V bei der Frequenz $f=600$ Hz, und es fließt der Strom $I=1{,}5$ A. Wie groß sind Induktivität L und Phasenwinkel φ?

Zunächst wird nach Gl. (3.80) der Scheinwiderstand $Z=U/I=120\text{ V}/(1{,}5\text{ A})=80\,\Omega$. Die Kreisfrequenz ist $\omega=2\pi f=2\pi\cdot 600\text{ s}^{-1}=3770\text{ s}^{-1}$; man erhält den induktiven Blindwiderstand $X_L=\sqrt{Z^2-R^2}=\sqrt{80^2-20^2}\,\Omega=77{,}46\,\Omega$; schließlich ist die Induktivität $L=X_L/\omega=77{,}46\,\Omega/(3770\text{ s}^{-1})=20{,}55$ mH. Der Phasenwinkel wird mit Gl. (3.81) bestimmt; es ist $\tan\varphi=X_L/R=77{,}46\,\Omega/(20{,}0\,\Omega)=3{,}873$ und daher $\varphi=75{,}52^\circ$. Die Spannung eilt dem Strom um $75{,}52^\circ$ voraus.

Beispiel 3.28. Welcher induktive Widerstand X_L muß mit dem Wirkwiderstand $R=84\,\Omega$ in Reihe geschaltet werden, damit zwischen Spannung und Strom der Phasenwinkel $\varphi=60^\circ$ erzwungen wird?

Für $\varphi=60^\circ$ ist $\tan\varphi=\tan 60^\circ=\sqrt{3}=X_L/R$; daher muß der induktive Widerstand $X_L=R\tan\varphi_Z=84\,\Omega\,\sqrt{3}=145\,\Omega$ sein.

Beispiel 3.29. Wirkwiderstand $R=500\,\Omega$ und Kapazität $C=5\,\mu\text{F}$ liegen in Reihe. Für die Frequenz $f=50$ Hz ($\omega=314{,}2\text{ s}^{-1}$) ist der komplexe Widerstand in Exponentialform zu bestimmen. Es sind nach Gl. (3.88) und (3.89) mit $X_C=-1/(\omega C)=-1/(314{,}2\text{ s}^{-1}\cdot 5\,\mu\text{F})=-636{,}6\,\Omega$

$$Z=\sqrt{R^2+X_C^2}=\sqrt{500^2+636{,}6^2}\,\Omega=809{,}5\,\Omega$$

$$\varphi=\arctan(X_C/R)=\arctan(-636{,}6\,\Omega/500\,\Omega)=-51{,}85^\circ$$

Es ist also der komplexe Widerstand $\underline{Z}=809{,}5\,\Omega\,\underline{/-51{,}85^\circ}$ wirksam; d. h., die Spannung $\underline{U}=\underline{I}\,\underline{Z}$ eilt dem Strom um $51{,}85^\circ$ nach.

Beispiel 3.30. Die Schaltung in Bild 3.34 enthält die Wirkwiderstände $R_1=20$ kΩ und $R_2=5$ kΩ. Wie groß muß der kapazitive Blindwiderstand X_C gemacht werden, wenn beide Wirkwiderstände die gleiche Wirkleistung umsetzen sollen?

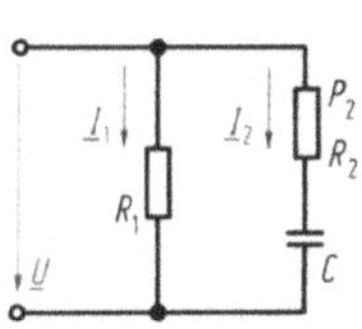

3.34 Schaltung für Beispiel 3.30

Für die Wirkleistung gilt nach Gl. (3.43)

$$P_1=R_1 I_1^2=P_2=R_2 I_2^2$$

Daher müssen die Ströme die Bedingungen $I_2/I_1=\sqrt{R_1/R_2}$ einhalten, und man erhält den Scheinwiderstand

$$Z_2=U/I_2=(U/I_1)\sqrt{R_2/R_1}=R_1\sqrt{R_2/R_1}=\sqrt{R_1 R_2}$$
$$=\sqrt{20\text{ k}\Omega\cdot 5\text{ k}\Omega}=10\text{ k}\Omega$$

Der kapazitive Blindwiderstand muß dann nach Gl. (3.88) betragen

$$X_C = -\sqrt{Z_2^2 - R_2^2} = -\sqrt{10^2 - 5^2}\ \text{k}\Omega = -8{,}66\ \text{k}\Omega$$

3.2.2.3 Allgemeine Reihenschaltung. Auch hier sollen wieder charakteristische Beispiele betrachtet werden.

Reihenschaltung von Wirkwiderstand, Induktivität und Kapazität. In der Reihenschaltung von Bild 3.35a herrschen die Teilspannungen $\underline{U}_R = R\underline{I}$, $\underline{U}_L = \mathrm{j}X_L\underline{I}$ und $\underline{U}_C = \mathrm{j}X_C\underline{I}$. Daher ergibt sich mit Gl. (3.77) und Bild 3.35a und b die komplexe Gesamtspannung

$$\underline{U} = \underline{U}_R + \underline{U}_L - \underline{U}_C = R\underline{I} + \mathrm{j}X_L\underline{I} + \mathrm{j}X_C\underline{I} = \underline{Z}\,\underline{I} =$$
$$= [R + \mathrm{j}(X_L + X_C)]\underline{I} = \left[R + \mathrm{j}\left(\omega L - \frac{1}{\omega C}\right)\right]\underline{I} \tag{3.92}$$

Es ist also der komplexe Widerstand

$$\underline{Z} = \underline{U}\,\underline{I} = Z\angle\varphi = R + \mathrm{j}(X_L + X_C) = R + \mathrm{j}\left(\omega L - \frac{1}{\omega C}\right) \tag{3.93}$$

mit dem Betrag

$$Z = \frac{U}{I} = \sqrt{R^2 + (X_L + X_C)^2} = \sqrt{R^2 + \left(\omega L - \frac{1}{\omega C}\right)^2} \tag{3.94}$$

und dem Phasenwinkel

$$\varphi = \arctan\frac{X_L + X_C}{R} = \arctan\frac{\omega L - 1/(\omega C)}{R} \tag{3.95}$$

wirksam. Nach Bild 3.35b und c kompensieren sich Teile der Blindspannungen und Blindwiderstände, und die Teilspannungen können größer als die Gesamtspannung sein. Im Fall $\omega L > 1/(\omega C)$ überwiegt der induktive Blindwiderstand, die Schaltung verhält sich also induktiv, und der Phasenwinkel φ ist positiv. In Bild 3.35 liegt der Fall $1/(\omega C) > \omega L$ vor; daher ist dort ein kapazitives Verhalten mit einem negativen Phasenwinkel φ festzustellen.

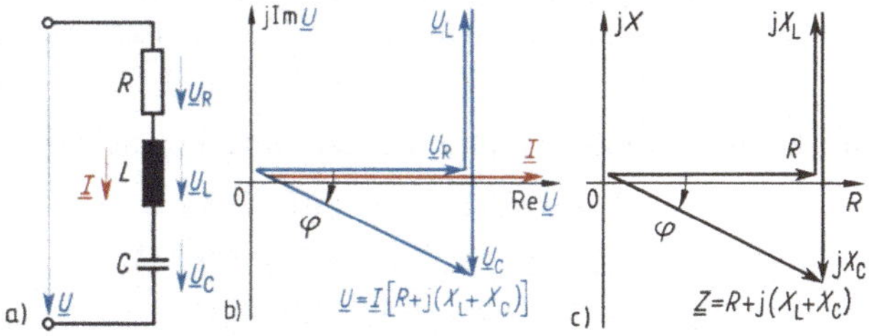

3.35 Reihenschaltung (a) von Wirkwiderstand R, Induktivität L und Kapazität C mit Zeigerdiagrammen für Spannung und Strom (b) und Widerstände (c)

In einer Schaltung nach Bild 3.35a können auch bei einer bestimmten Frequenz, der Resonanzfrequenz, wegen $X_L = -X_C$ Spannung $\underline{U} = \underline{U}_R$ und Widerstand $\underline{Z} = R$ rein reell werden. Dieses in Schwingkreisen auftretende Verhalten wird in Abschn. 6.2 näher untersucht.

Beispiel 3.31. Die Schaltung in Bild 3.36a nimmt an der Sinusspannung $U = 30$ V bei Anschluß an den Klemmen *a* und *b* den Strom $I' = 15$ mA, bei Anschluß an den Klemmen *b* und *c* den Strom $I'' = 8{,}3$ mA und bei Anschluß an den Klemmen *a* und *c* den Strom $I = 6$ mA und die Wirkleistung $P = 108$ mW auf. Stellt der Blindwiderstand X eine Induktivität L oder eine Kapazität C dar? Wie groß sind Widerstand R und Blindwiderstand X?

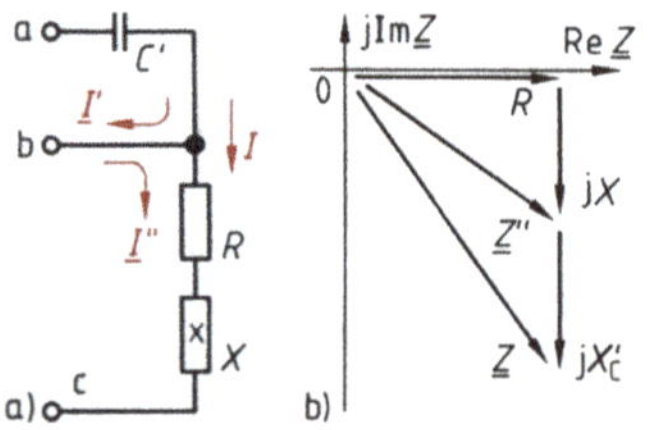

3.36 Reihenschaltung (a) mit Widerstandsdiagramm (b)

Wir bestimmen zunächst mit Gl. (3.82) den Wirkwiderstand $R = P/I^2 = 108\ \text{mW}/(6\ \text{mA})^2 = 3\ \text{k}\Omega$ und mit Gl. (3.80) die Scheinwiderstände $Z = U/I = 30\ \text{V}/(6\ \text{mA}) = 5\ \text{k}\Omega$, $Z' = U/I' = 30\ \text{V}/(15\ \text{mA}) = 2\ \text{k}\Omega = X'_C$ und $Z'' = U/I'' = 30\ \text{V}/(8{,}3\ \text{mA}) = 3{,}615\ \text{k}\Omega$. Sie können zusammen nur das Widerstandsdiagramm in Bild 3.36b bilden. Daher stellt auch der Blindwiderstand X ebenso wie C' eine Kapazität dar. Er hat nach Gl. (3.88) den Wert

$$X = -\sqrt{Z''^2 - R^2} = -\sqrt{3{,}615^2 - 3^2}\ \text{k}\Omega = -2\ \text{k}\Omega$$

Beispiel 3.32. Ein Verbraucher besteht aus der Reihenschaltung von Wirkwiderstand $R_V = 35\ \Omega$ und Induktivität $L_V = 190$ mH und ist für die Nennspannung $U_V = 10$ kV bei der Frequenz $f = 50$ Hz ($\omega = 314{,}2\ \text{s}^{-1}$) ausgelegt. Er ist nach Bild 3.37a über eine Leitung, die als Reihenschaltung von Wirkwiderstand $R_L = 8\ \Omega$ und Induktivität $L = 22{,}1$ mH aufzufassen ist, an einen Generator G angeschlossen. Der Innenwiderstand dieses Generators enthält den Wirkwiderstand $R_G = 3{,}5\ \Omega$ und die Induktivität $L_G = 45$ mH. Welche Quellenspannung $\underline{U}_q$ muß der Generator erzeugen, und welche Klemmenspannung U_G tritt dann auf?

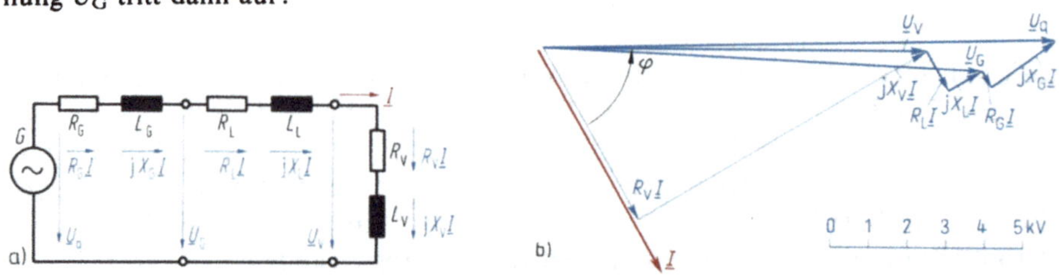

3.37 Ersatzschaltung (a) einer Energieübertragung mit Wirkwiderständen und Induktivitäten des Generators (R_G, L_G), der Leitung (R_L, L_L) und des Verbrauchers (R_V, L_V) bei den Klemmenspannungen am Generator $\underline{U}_G$ und am Verbraucher $\underline{U}_V$ sowie der Quellenspannung $\underline{U}_q$ und zugehöriges Zeigerdiagramm (b) für Beispiel 3.32

Wir bestimmen zunächst für die Ersatzschaltung die induktiven Blindwiderstände

$$X_V = \omega L_V = 314{,}2\ \text{s}^{-1} \cdot 190\ \text{mH} = 59{,}69\ \Omega$$

$$X_L = \omega L_L = 314{,}2\ \text{s}^{-1} \cdot 22{,}1\ \text{mH} = 6{,}943\ \Omega$$

$$X_G = \omega L_G = 314{,}2\ \text{s}^{-1} \cdot 45\ \text{mH} = 14{,}14\ \Omega$$

Im Verbraucher soll mit dem Scheinwiderstand

$$Z_V = \sqrt{R_v^2 + X_v^2} = \sqrt{35^2 + 59{,}69^2}\ \Omega = 69{,}19\ \Omega$$

der Strom $I_V = U/Z_V = 10$ kV/(69,19 Ω) = 144,5 A bei dem Phasenwinkel

$$\varphi_V = \arctan(X_V/R_V) = \arctan(59{,}69\ \Omega/35\ \Omega) = 59{,}6°$$

fließen. Dieser Strom verursacht die Teilspannungen

$$R_L I = 8\ \Omega \cdot 144{,}5\ \text{A} = 1156\ \text{V} \qquad X_L I = 6{,}943\ \Omega \cdot 144{,}5\ \text{A} = 1003\ \text{V}$$
$$R_G I = 3{,}5\ \Omega \cdot 144{,}5\ \text{A} = 505{,}9\ \text{V} \qquad X_G I = 14{,}14\ \Omega \cdot 144{,}5\ \text{A} = 2044\ \text{V}$$

Mit den in Bild **3**.37a eingetragenen Zählpfeilen für alle Teilspannungen und den sich hieraus ergebenden Maschengleichungen $\underline{U}_G = \underline{U}_V + R_L \underline{I} + jX_L \underline{I}$ sowie $\underline{U}_q = \underline{U}_G + R_G \underline{I} + jX_G \underline{I}$ kann man das Zeigerdiagramm von Bild **3**.37b zeichnen. Der vorgegebene Spannungszeiger $\underline{U}_V = 10$ kV wird waagerecht gelegt und der Stromzeiger $\underline{I}$ nacheilend mit dem Phasenwinkel $\varphi_V = -59{,}6°$ angetragen. (Mithilfe dieses Stromes könnte man noch die Verbraucherspannung $\underline{U}_V$ wie in Bild **3**.37b in ihre Teilspannungen $R_V \underline{I}$ - in Phase mit dem Stromzeiger $\underline{I}$ - und $jX_L \underline{I}$ - um 90° voreilend gegenüber $\underline{I}$ - zerlegen.) Analog müssen die Wirkspannungen $R_L \underline{I}$ und $R_G \underline{I}$ in Phase mit dem Stromzeiger $\underline{I}$ und die induktiven Blindspannungen $jX_L \underline{I}$ und $jX_G \underline{I}$ um 90° voreilend gegenüber $\underline{I}$ geometrisch addiert werden. Wir lesen aus Bild **3**.37b schließlich die Klemmenspannung $U_G = 11{,}4$ kV und die Quellenspannung $U_q = 13{,}5$ kV ab. Die auftretenden Spannungsunterschiede $U_q - U_G = 13{,}5\ \text{kV} - 11{,}4\ \text{kV} = 2{,}1\ \text{kV} = 0{,}21\ U_V$ und $U_G - U_V = 11{,}4\ \text{kV} - 10\ \text{kV} = 1{,}4\ \text{kV} = 0{,}14\ U_V$ wären für normale Energieübertragungen zu groß, da sie auch entsprechende Verluste zur Folge hätten; sie ermöglichen hier das anschauliche Zeigerdiagramm von Bild **3**.37b.

Beispiel 3.33. Für die Schaltung von Beispiel 3.32 in Bild **3**.37a mit dem Strom $I = 144{,}5$ A sind nun aus den gegebenen Werten Größe und Phasenwinkel der im Generator erzeugten Quellenspannung $\underline{U}_q$ mit der komplexen Rechnung zu bestimmen.

In Reihe liegen drei komplexe Widerstände: der komplexe Verbraucherwiderstand $\underline{Z}_V = R_V + jX_V = 35\ \Omega + j59{,}7\ \Omega$, der komplexe Widerstand der Übertragungsleitung $\underline{Z}_L = R_L + jX_L = 8\ \Omega + j6{,}95\ \Omega$ und schließlich noch der komplexe Innenwiderstand des Generators $\underline{Z}_G = R_G + jX_G = 3{,}5\ \Omega + j14{,}2\ \Omega$. Der resultierende Wirkwiderstand der Reihenschaltung ist

$$R = R_V + R_L + R_G = 35\ \Omega + 8\ \Omega + 3{,}5\ \Omega = 46{,}5\ \Omega$$

Ebenso berechnet man den gesamten Blindwiderstand

$$X = X_V + X_L + X_G = 59{,}69\ \Omega + 6{,}943\ \Omega + 14{,}14\ \Omega = 80{,}77\ \Omega$$

Der gesamte komplexe Widerstand der Reihenschaltung ist somit

$$\underline{Z} = R + jX = 46{,}5\ \Omega + j80{,}77\ \Omega = 93{,}2\ \Omega\ \underline{/60{,}07°}$$

Die im Generator induzierte Quellenspannung $\underline{U}_q$ muß den Strom $\underline{I}$ durch den komplexen Widerstand $\underline{Z}$ treiben. Also ist

$$\underline{U}_q = \underline{I}\,\underline{Z} = 144{,}5\ \text{A} \cdot 93{,}2\ \Omega\ \underline{/60{,}07°} = 13{,}47\ \text{kV}\underline{/60{,}07°}$$

Die Quellenspannung $\underline{U}_q$ hat also praktisch die gleiche Phasenlage zum Strom $\underline{I}$ wie die Verbraucherspannung $\underline{U}_V$, was Bild **3**.37b auch angenähert bestätigt.

Beispiel 3.34. Wirkwiderstand $R=50\ \Omega$, Kapazität $C=1\ \mu F$ und Induktivität $L=0{,}1$ mH liegen nach Bild 3.35a in Reihe. Bei welchen Kreisfrequenzen führt die Schaltung an der Sinusspannung $U=100$ V den Strom $I=1$ A?

Der Scheinwiderstand $Z=U/I=100\ V/(1\ A)=100\ \Omega$ kann nach Bild 3.38 sowohl im kapazitiven als auch im induktiven Bereich auftreten. Dann gilt mit $\underline{Z}=R+\mathrm{j}X$ für den wirksamen Blindwiderstand

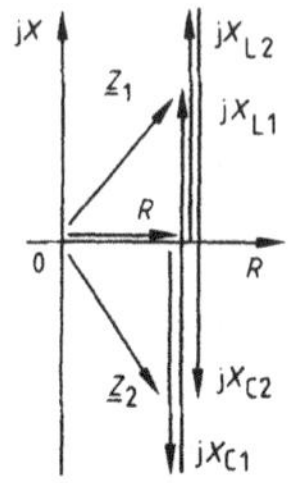

3.38 Widerstandsdiagramm für Beispiel 3.33

$$X=\sqrt{Z^2-R^2}=\sqrt{100^2-50^2}\ \Omega=\pm 86{,}6\ \Omega$$

Gleichzeitig gilt für diesen Blindwiderstand nach Bild 3.38 auch $X=X_L+X_C=\omega L-1/(\omega C)$, und man erhält die quadratische Gleichung $\omega^2 L-\omega X-(1/C)=0$ mit den Lösungen für $X=86{,}6\ \Omega$

$$\omega_1=\frac{X}{2L}+\sqrt{\left(\frac{X}{2L}\right)^2+\frac{1}{CL}}=\frac{86{,}6\,\Omega}{2\cdot 0{,}1\ \mathrm{mH}}+\sqrt{\left(\frac{86{,}6\ \Omega}{2\cdot 0{,}1\ \mathrm{mH}}\right)^2+\frac{1}{1\ \mu\mathrm{F}\cdot 0{,}1\ \mathrm{mH}}}=866\cdot 10^3\ \mathrm{s}^{-1}$$

$$\omega_2=-11{,}55\ \mathrm{s}^{-1}$$

sowie für $X=-86{,}6\ \Omega$ die Kreisfrequenzen $\omega_1=-866\ \mathrm{ms}^{-1}$ und $\omega_2=11{,}55\ \mathrm{s}^{-1}$, wobei nur die positiven Werte verwirklicht werden können.

Reihenschaltung mehrerer komplexer Widerstände. Eine Erweiterung von Gl. (3.93) bis (3.95) auf die Reihenschaltung von n komplexen Widerständen nach Bild 3.39a liefert den komplexen Gesamtwiderstand

$$\underline{Z}_g=Z_g\,\underline{/\varphi}=R+\mathrm{j}X=\sum_{\mu=1}^{\mu=n}\underline{Z}_\mu=\sum_{\mu=1}^{\mu=n}R_\mu+\mathrm{j}\sum_{\mu=1}^{\mu=n}X_\mu \tag{3.96}$$

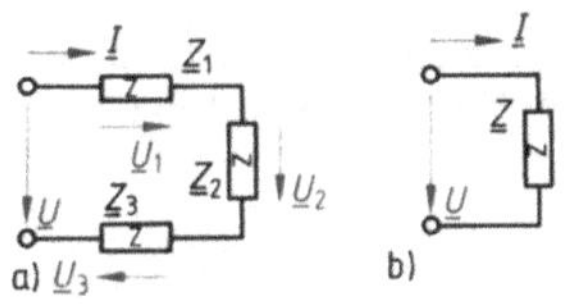

3.39 Reihenschaltung (a) von 3 komplexen Widerständen $\underline{Z}_1$, $\underline{Z}_2$, $\underline{Z}_3$ und Ersatzschaltung $\underline{Z}_g$ (b)

mit dem Betrag

$$Z_g=U/I=\sqrt{(\sum R_\mu)^2+(\sum X_\mu)^2} \tag{3.97}$$

und dem Phasenwinkel

$$\varphi=\arctan(\sum X_\mu/\sum R_\mu) \tag{3.98}$$

Bei der Reihenschaltung der beiden komplexen Widerstände $\underline{Z}_1=Z_1\underline{/\varphi_1}$ und $\underline{Z}_2=Z_2\underline{/\varphi_2}$ erhält man für den Betrag der Summe mit dem Kosinussatz

$$Z_g=|\underline{Z}_1+\underline{Z}_2|=\sqrt{Z_1^2+Z_2^2+2\,Z_1\,Z_2\cos(\varphi_1-\varphi_2)} \tag{3.99}$$

was man nach Gl. (8.21) leicht auf mehrere Widerstände erweitern kann.

Beispiel 3.35. Die drei komplexen Widerstände $\underline{Z}_1=10\ \Omega\,\underline{/30^\circ}$, $\underline{Z}_2=20\ \Omega\,\underline{/-45^\circ}$ und $\underline{Z}_3=30\ \Omega\,\underline{/50^\circ}$ liegen nach Bild 3.39a in Reihe an der Sinusspannung $\underline{U}=200$ V. Es soll der komplexe Strom $\underline{I}$ berechnet werden.

Wir bilden zunächst in der folgenden Weise (z. B. mit einem Taschenrechner über den Befehl P→R) die Komponenten der komplexen Widerstände, addieren sie und formen dann die Summe wieder in die Exponentialform des Gesamtwiderstandes um.

$$\begin{aligned}
\underline{Z}_1 &= 10\,\Omega\,\underline{/30^\circ} &&= (\ 8{,}66+\mathrm{j}\ 5{,}0\ )\,\Omega\\
\underline{Z}_2 &= 20\,\Omega\,\underline{/-45^\circ} &&= (14{,}14-\mathrm{j}\,14{,}14)\,\Omega\\
\underline{Z}_3 &= 30\,\Omega\,\underline{/50^\circ} &&= (19{,}28+\mathrm{j}\,22{,}98)\,\Omega\\
\hline
\underline{Z}_g &= 44{,}3\,\Omega\,\underline{/18{,}2^\circ} &&= (42{,}08+\mathrm{j}\,13{,}84)\,\Omega = \underline{Z}_1+\underline{Z}_2+\underline{Z}_3
\end{aligned}$$

Es fließt daher der Strom $\underline{I}=\underline{U}/\underline{Z}_g=200\ \mathrm{V}/(44{,}3\ \Omega\ \underline{/18{,}2^\circ})=4{,}515\ \mathrm{A}\ \underline{/-18{,}2^\circ}$.

3.2.2.4 Ortskurven. In den Schaltungen von Bild **3**.32, **3**.33, **3**.35, **3**.36, **3**.39 können die Wirk- und Blindwiderstände (diese z. B. über die Kreisfrequenz ω) verändert werden. Bei kontinuierlicher Änderung einzelner Widerstände oder der Frequenz beschreiben dann die Spitzen der Zeiger des komplexen Widerstands $\underline{Z}$ und des komplexen Stroms $\underline{I}$ (bei fester Spannung $\underline{U}$) oder der komplexen Spannung $\underline{U}$ (bei festem Strom $\underline{I}$) Ortskurven. Einfache Ortskurven sind schon in Abschn. 3.2.1.2 und 3.2.1.3 betrachtet worden; weitere Erläuterungen findet man in Abschn. 8.3.

Widerstands- und Spannungs-Ortskurven. Wir dürfen hier gleich mit Bild **3**.40 drei verschiedene einfache Fälle nebeneinander betrachten. In Bild **3**.40a ist die Reihenschaltung von festem Blindwiderstand X mit veränderbarem Wirkwiderstand pR dargestellt. Dann gilt für den komplexen Widerstand

$$\underline{Z}=pR+\mathrm{j}X \tag{3.100}$$

was nach Bild **3**.40b durch eine zur reellen Achse parallele Ortsgerade $\underline{Z}=f(p)$ mit einer im Parameter p linearen Bezifferung wiedergegeben wird.

Die Reihenschaltung aus Wirkwiderstand R und Induktivität L in Bild **3**.40c wird mit veränderbarer Kreisfrequenz ω betrieben. Für den Frequenzgang des komplexen Widerstands erhält man daher

$$\underline{Z}=R+\mathrm{j}\omega L \tag{3.101}$$

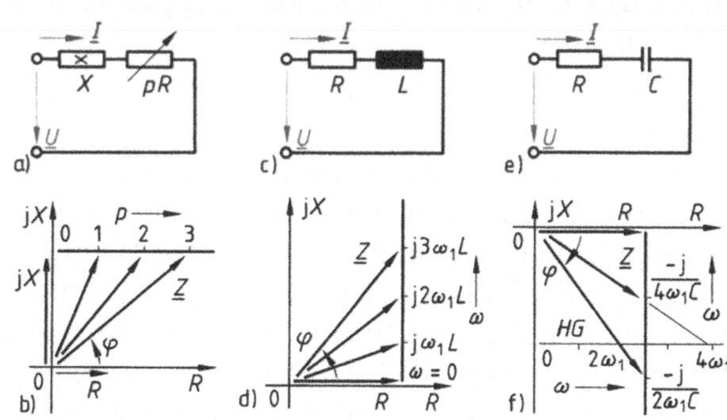

3.40
Reihenschaltungen (a, c, e)
und zugehörige Widerstands-Ortsgeraden $\underline{Z}=f(p)$ und $\underline{Z}=f(\omega)$ (b, d, f) mit
a, b veränderbarem Wirkwiderstand R und festem Blindwiderstand X
c, d festem Wirkwiderstand R und fester Induktivität L bei veränderbarer Kreisfrequenz ω
e, f festem Wirkwiderstand R und fester Kapazität C bei veränderbarer Kreisfrequenz ω

Die Ortskurve $\underline{Z}=f(\omega)$ ist nach Bild **3.**40d eine Parallele zum positiven Teil der Imaginärachse mit linearer Bezifferung nach der Kreisfrequenz ω.

Entsprechend wird der Frequenzgang des komplexen Widerstands der Reihenschaltung aus Wirkwiderstand R und Kapazität C in Bild **3.**40e durch die komplexe Funktion

$$\underline{Z}=R-\mathrm{j}/(\omega C) \tag{3.102}$$

und eine Parallele zum negativen Teil der Imaginärachse als Ortskurve $\underline{Z}=f(\omega)$ wiedergegeben. Allerdings hat diese Ortskurve eine reziproke Bezifferung, die wie in Bild **8.**15 über eine linear unterteilte Hilfsgerade *HG* gefunden werden kann.

Wegen des komplexen Ohmschen Gesetzes, das nach Gl. (3.59) bei festem Strom $\underline{I}$ für die Spannung

$$\underline{U}=\underline{Z}\,\underline{I} \tag{3.103}$$

festlegt, unterscheidet sich eine Spannungs-Ortskurve $\underline{U}=f(p)$ oder $\underline{U}=f(\omega)$ nur um den festen, komplexen Faktor $\underline{I}$ von der zugehörigen Widerstands-Ortskurve $\underline{Z}=f(p)$ oder $\underline{Z}=f(\omega)$.

Strom-Ortskurven. In der Schaltung von Bild **3.**40a fließt nach Gl. (3.100) der komplexe Strom

$$\underline{I}=\frac{\underline{U}}{\underline{Z}}=\frac{\underline{U}}{pR+jX} \tag{3.104}$$

was bei dem Parameter p nach Gl. (8.51) der komplexen Gleichung eines Kreises (oder, wenn für p nur positive Werte zugelassen werden, eines Halbkreises) durch den Koordinaten-Nullpunkt entspricht. Den größten Strom erhält man für $p=0$, also

$$\underline{I}_{\mathrm{m}}=\underline{U}/(\mathrm{j}X)=-\mathrm{j}\underline{U}/X \tag{3.105}$$

Wenn man außerdem die Spannung $\underline{U}$ in die reelle Achse legt, und beachtet, daß dann die Stromzeiger wegen der induktiven Schaltung nur im Quadranten *IV* liegen können, kann man hiermit den Halbkreis *K* als $\underline{I}=f(p)$ in Bild **3.**41 zeichnen. Gl. (3.104) stellt gegenüber Gl. (3.100) eine Inversion (s. Abschn. 8.3.2.1) dar, bei der die Winkel ihr Vorzeichen umkehren. Als Hilfsgerade *HG* für die Bezifferung des Ortskreises benutzt man daher gern die Widerstands-Ortsgerade aus Bild **3.**40b und legt sie aus dem Quadranten *I* in den Quadranten *IV*. Strahlen vom Koordinaten-Nullpunkt verbinden dann auf Hilfsgerade *HG* und Ortskreis *K* die Punkte gleicher Bezifferung.

Wir betrachten nun noch die Schaltung in Bild **3.**40e und wollen hierfür die Ortskurve des Frequenzgangs für den Strom $\underline{I}$ ableiten. Mit Gl. (3.102) erhält man die komplexe Stromfunktion

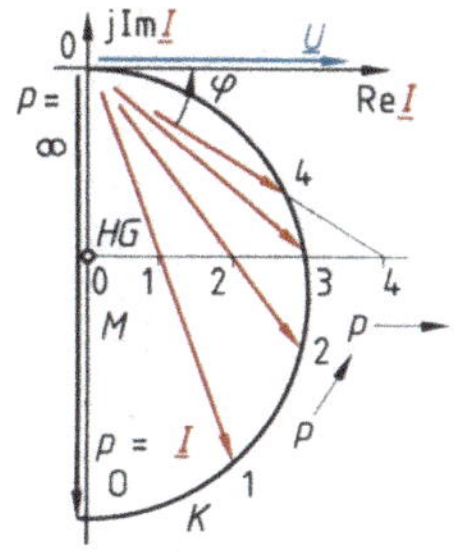

3.41 Stromortskurve $\underline{I}=f(p)$ für die Reihenschaltung in Bild 3.40a

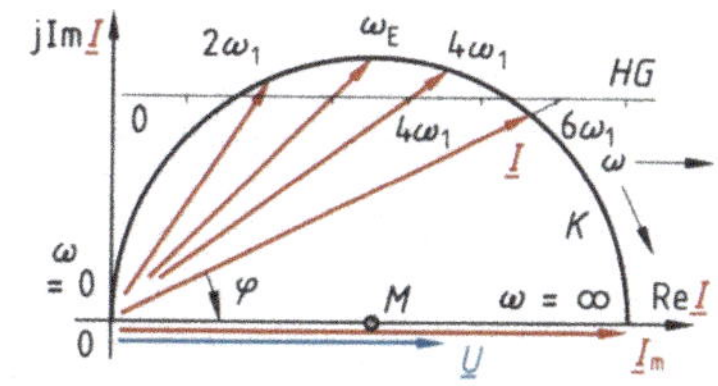

3.42 Strom-Ortskurve $\underline{I}=f(\omega)$ für die Reihenschaltung in Bild 3.40e

$$\underline{I}=\frac{\underline{U}}{\underline{Z}}=\frac{\underline{U}}{R-\mathrm{j}/(\omega C)} \tag{3.106}$$

die für die Kreisfrequenz $\omega=\infty$ den größten Stromwert

$$\underline{I}_{\mathrm{m}}=\underline{U}/R \tag{3.107}$$

erreicht. Wir legen wieder den Spannungszeiger $\underline{U}$ in die reelle Achse und beachten, daß die Stromzeiger wegen der kapazitiven Schaltung nur im Quadranten *I* liegen können. Daher kann nun in Bild 3.42 der Stromkreis *K* gezeichnet werden. Für die Bezifferung des Kreises übernehmen wir die Hilfsgerade *HG* aus Bild 3.40f und spiegeln sie an der reellen Achse. Jetzt verbinden Strahlen vom Koordinaten-Nullpunkt gleiche Frequenzwerte auf Hilfsgerade *HG* und Kreis *K*.

Die das Frequenzverhalten einer Schaltung kennzeichnende Eckkreisfrequenz ω_{E} (dieser Begriff wird in Abschn. 7.2 erläutert) ist mit dem Phasenwinkel $|\varphi|=45°$, also $\tan\varphi=1$ und daher $|X|=R$ verbunden. Sie ist daher für die Schaltung in Bild 3.40e

$$\omega_{\mathrm{E}}=1/(RC) \tag{3.108}$$

Die Ortskurven der Reihenschaltung von Wirkwiderstand *R*, Induktivität *L* und Kapazität *C*, die einen Schwingkreis bilden, werden ausführlich in Abschn. 7.1 behandelt.

Man beachte, daß in Bild 3.41 und 3.42 wegen der Festlegung in DIN 40110, den Phasenwinkel φ vom Strom $\underline{I}$ zur Spannung $\underline{U}$ zu messen, entgegen der sonst in der Mathematik üblichen Handhabung der Phasenwinkel φ jeweils zum positiven Teil der Realachse hin gemessen werden muß.

Beispiel 3.36. Wirkwiderstand $R=20\ \Omega$ und Induktivität $L=0{,}5$ H befinden sich in der Reihenschaltung von Bild 3.40c an der Sinusspannung $U=220$ V. Die Ortskurven der Frequenzgänge von Widerstand $\underline{Z}$ und Strom $\underline{I}$ sollen dargestellt werden.

Die Eckfrequenz ist $\omega_{\mathrm{E}}=R/L=20\ \Omega/(0{,}5\ \mathrm{H})=40\ \mathrm{s}^{-1}$. Daher haben wir in der Widerstands-Ortskurve von Bild 3.43a bei $\varphi=45°$ die Kreisfrequenz $\omega_{\mathrm{E}}=40\ \mathrm{s}^{-1}$, und die Ortsgerade kann entsprechend linear unterteilt werden.

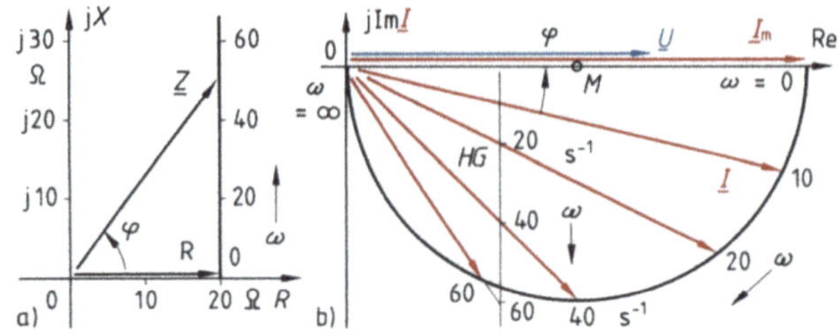

3.43
Widerstands- (a) und Strom-Ortskurve (b) für die Reihenschaltung in Bild **3.40**c für Beispiel 3.36

Mit Gl. (3.101) erhalten wir die komplexe Stromfunktion $\underline{I}=\underline{U}/\underline{Z}=\underline{U}/(R+\mathrm{j}\omega L)$, die bei der Kreisfrequenz $\omega=0$ den größten Strom $\underline{I}_m=\underline{U}/R=220\ \mathrm{V}/(20\ \Omega)=11\ \mathrm{A}$ ergibt und Stromzeiger im Quadranten *IV* liefert. Hiermit können wir den Ortskreis in Bild **3.43**b zeichnen. Wir übernehmen noch die an der reellen Ache gespiegelte Widerstands-Ortsgerade in den Quadranten *IV* und können dann mit Strahlen vom Koordinaten-Nullpunkt aus die Strom-Ortskurve mit der Kreisfrequenz ω beziffern.

Beispiel 3.37. Das RC-Glied in Bild **3.44** besteht aus Wirkwiderstand $R=1\ \mathrm{k\Omega}$ und Kapazität $C=1\ \mu\mathrm{F}$. Die Frequenzgang-Ortskurve des Spannungsverhältnisses $\underline{U}_a/\underline{U}_e$ und der Amplitudengang $U_a/U_e=f(\omega)$ sollen im Bereich $\omega=0$ bis $\omega=10000\ \mathrm{s}^{-1}$ dargestellt werden.

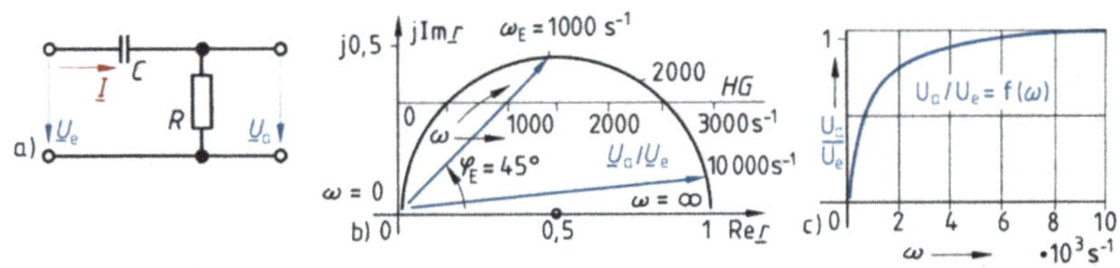

3.44 RC-Glied (a) Ortskurve des Spannungsverhältnisses $\underline{U}_a/\underline{U}_e$ (b) und Amplitudengang $U_a/U_e=f(\omega)$ (c) für Beispiel 3.37

Die Ausgangsspannung ist nach Gl. (3.102) $\underline{U}_a=R\underline{I}=R\,\underline{U}_e/[R-\mathrm{j}/(\omega C)]$, und daher gilt für das Spannungsverhältnis $\underline{U}_a/\underline{U}_e=R/[R-\mathrm{j}/(\omega C)]$. Es nimmt für $\omega=\infty$ den größten Wert $\underline{U}_a/\underline{U}_e=1$ an, so daß der Ortskreis den Durchmesser 1 bekommen muß. Wegen der kapazitiven Schaltung haben daher die Phasenwinkel positive Werte, und es wird der Ortskreis wie in Bild **3.44**b in den 1. Quadranten gelegt. Nach Gl. (3.108) beträgt die Eckkreisfrequenz $\omega_E=1/(RC)=1/(1\ \mathrm{k\Omega}\cdot 1\ \mu\mathrm{F})=1000\ \mathrm{s}^{-1}$ bei dem Phasenwinkel $|\varphi|=45°$, so daß nun mit einer beliebigen Parallelen zur reellen Achse als Hilfsgerade *HG* der Kreis mit der Kreisfrequenz ω beziffert werden kann. Wir greifen die Beträge U_a/U_e aus der Ortskurve in Bild **3.44**b ab und tragen sie als Amplitudengang in Bild **3.44**c auf.

3.2.3 Parallelschaltung von Zweipolen

Bei der Parallelschaltung von Sinusstrom-Zweipolen ist das 1. Kirchhoffsche Gesetz in komplexer Form anzuwenden. Mit ihm sollen verschiedene Parallelschaltungen untersucht und ihre Ortskurven abgeleitet werden.

3.2.3.1 Komplexer Knotenpunktsatz. Nach dem 1. Kirchhoffschen Gesetz, das mit Gl. (1.76) mathematisch formuliert ist, summieren sich die Zeitwerte der n Zweigströme i_μ eines Knotenpunkts zu Null. Die Summe von Sinusströmen darf man aber nach Abschn. 3.1.2.3 auch über die geometrische Summe der Zeiger $\underline{\hat{i}}_\mu$ bzw. $\underline{I}_\mu$ (s. Bild **3.**45c) oder nach Abschn. 3.1.3 über die Summe der komplexen Ströme $\underline{\hat{i}}_\mu$ bzw. $\underline{I}_\mu$ berechnen. Daher gilt für die n komplexen Zweigstrom-Scheitelwerte

$$\sum_{\mu=1}^{n} \underline{\hat{i}}_\mu = 0 \tag{3.109}$$

und für die n komplexen Zweigströme (Effektivwerte)

$$\sum_{\mu=1}^{n} \underline{I}_\mu = 0 \tag{3.110}$$

Dies ist in Bild **3.**45 veranschaulicht.

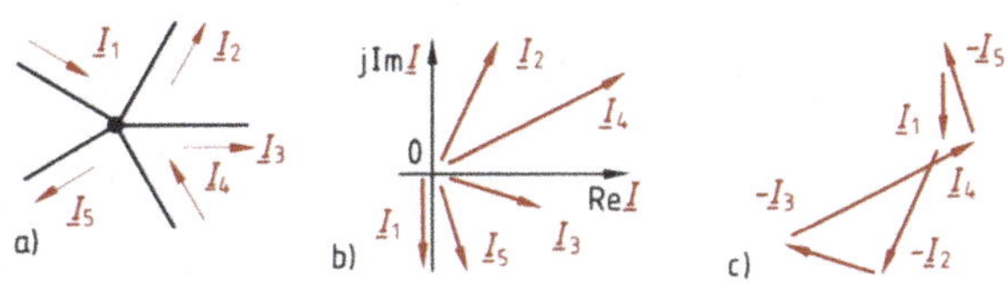

3.45
Knotenpunkt (a) mit komplexen Strömen (b) und Zeigerdiagramm (c) der Stromsumme $\underline{I}_1 - \underline{I}_2 - \underline{I}_3 + \underline{I}_4 - \underline{I}_5 = 0$

Beispiel 3.38. Vier Sinusstrom-Zweipole liegen entsprechend Bild **3.**46a parallel und führen folgende Ströme

$I_1 = 0{,}4$ A bei $\cos\varphi_1 = 0{,}2$ induktiv,

$I_2 = 0{,}8$ A bei $\cos\varphi_2 = 1$,

$I_3 = 0{,}7$ A bei $\cos\varphi_3 = 0{,}7$ induktiv und

$I_4 = 0{,}6$ A bei $\cos\varphi_4 = 0{,}5$ kapazitiv.

Gesamtstrom I und zugehöriger Wirkfaktor $\cos\varphi$ sollen bestimmt werden.

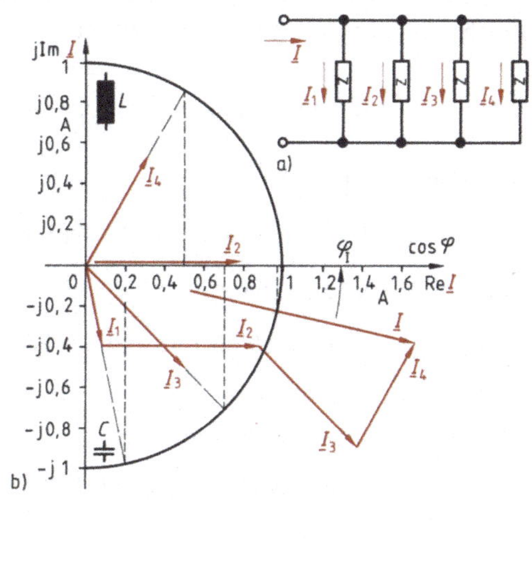

3.46
Parallelschaltung (a) und Zeigerdiagramm der Ströme (b)

Wir tragen in Bild 3.46b unter Anwendung des Einheitskreises, der in der reellen Achse unmittelbar den Leistungsfaktor $\cos\varphi$ angibt, die Stromzeiger $\underline{I}_1$ bis $\underline{I}_4$ auf, bilden die Stromsumme $\underline{I}=\underline{I}_1+\underline{I}_2+\underline{I}_3+\underline{I}_4$ und lesen ab den Betrag $I=1{,}7$ A und den Leistungsfaktor $\cos\varphi=0{,}98$ ind. Eine komplexe Rechnung liefert den etwas genaueren Wert $\underline{I}=1{,}711$ A $\underline{/12{,}56°}$, also $\cos\varphi=0{,}9761$.

3.2.3.2 Parallelschaltung von zwei Grundzweipolen. Es sollen nun zunächst einige Parallelschaltungen von Grundzweipolen betrachtet werden. Hierbei empfiehlt es sich wieder, bei Parallelschaltungen von vornherein mit den Leitwerten, also mit Wirkleitwert $G=1/R$, mit induktivem Blindleitwert $B_L=-1/(\omega L)$ und kapazitivem Blindleitwert $B_C=\omega C$, zu arbeiten.

Parallelschaltung von Wirkleitwert und Induktivität. Für die Parallelschaltung in Bild 3.47a können wir mit Gl. (3.40) den Teilstrom $\underline{I}_R=G\underline{U}$ und mit Gl. (3.49) den Teilstrom $\underline{I}_L=\mathrm{j}B_L\underline{U}$ angeben. Daher fließt nach Gl. (3.110) und wie in Bild 3.47a dargestellt der komplexe Gesamtstrom

$$\underline{I}=\underline{I}_R+\underline{I}_L=G\underline{U}+\mathrm{j}B_L\underline{U}=(G+\mathrm{j}B_L)\underline{U}=\underline{Y}\underline{U} \tag{3.111}$$

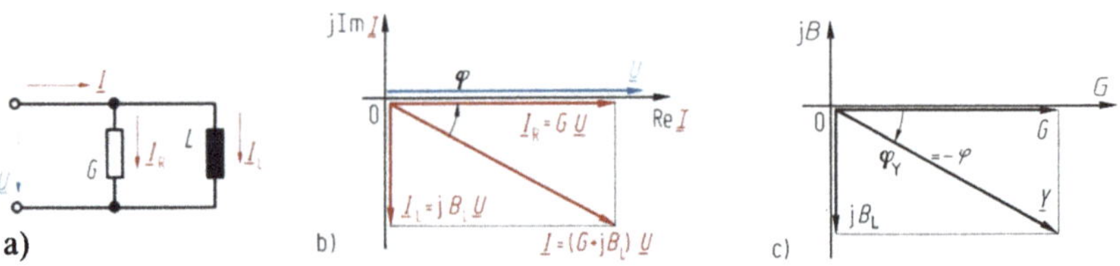

3.47 Parallelschaltung (a) von Wirkleitwert G und Induktivität L mit Zeigerdiagrammen für Spannung und Ströme (b) sowie der Leitwerte (c)

und es ist nach Bild 3.47c, wenn durch die reelle Spannung U dividiert (bzw. der Maßstab geändert) wird, bzw. nach Gl. (3.60) der komplexe Leitwert

$$\underline{Y}=\underline{I}/\underline{U}=G+\mathrm{j}B_L=G-\mathrm{j}\frac{1}{\omega L}=Y\underline{/\varphi_Y}=Y\underline{/-\varphi} \tag{3.112}$$

mit dem Betrag

$$Y=I/U=\sqrt{G^2+B_L^2}=\sqrt{G^2+(1/\omega L)^2} \tag{3.113}$$

und dem Phasenwinkel

$$\varphi_Y=\arctan(B_L/G)=\arctan[-1/(\omega L G)]=-\varphi \tag{3.114}$$

wirksam. Für den Phasenwinkel gilt $0° \leqq 90° \leqq \varphi$.
Für die Wirkleistung findet man

$$P=GU^2=RI_R^2=I_R^2/G=U^2/R \tag{3.115}$$

und für die Blindleistung

$$Q = -B_L U^2 = X_L I_L^2 = \omega L I_L^2 = U^2/(\omega L) \tag{3.116}$$

Entsprechend gilt für den Wirkfaktor

$$\lambda = \cos\varphi = I_R/I = G/Y = 1/(R Y) \tag{3.117}$$

und für den Blindfaktor

$$\beta = \sin\varphi = I_L/I = -B_L/Y = 1/(\omega L Y) \tag{3.118}$$

Parallelschaltung von Wirkleitwert und Kapazität. Für die Parallelschaltung in Bild **3.**48a kann man mit Gl. (3.40) den Teilstrom $\underline{I}_R = G\underline{U}$ und mit Gl. (3.53) den Teilstrom $\underline{I}_C = \mathrm{j}B_C\underline{U}$ ermitteln. Dann fließt nach Bild **3.**48a und Gl. (3.106) der komplexe Gesamtstrom

$$\underline{I} = \underline{I}_R + \underline{I}_C = G\underline{U} + \mathrm{j}B_C\underline{U} = (G + \mathrm{j}B_C)\underline{U} = \underline{Y}\,\underline{U} \tag{3.119}$$

und es ist nach Gl. (3.60) und Bild **3.**48c der komplexe Leitwert

$$\underline{Y} = \underline{I}/\underline{U} = G + \mathrm{j}B_C = G + \mathrm{j}\omega C = Y\underline{/\varphi_Y} = Y\underline{/-\varphi} \tag{3.120}$$

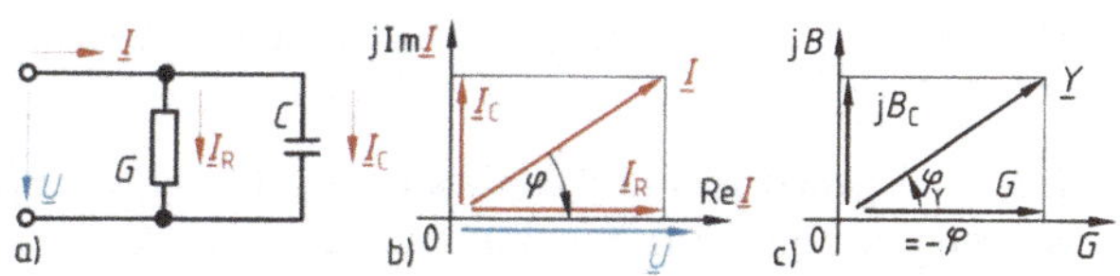

3.48 Parallelschaltung (a) von Wirkleitwert G und Kapazität C mit Zeigerdiagrammen für Spannung und Ströme (b) sowie der Leitwerte (c)

mit dem Betrag

$$Y = I/U = \sqrt{G^2 + B_C^2} = \sqrt{G^2 + (\omega C)^2} \tag{3.121}$$

und dem Phasenwinkel

$$\varphi_Y = \arctan(B_C/G) = \arctan(\omega C/G) = -\varphi \tag{3.122}$$

Der Phasenwinkel hat hier Werte $-90° \leqq \varphi \leqq 0°$.

Für die Wirkleistung P und den Wirkfaktor $\cos\varphi$ gelten wieder Gl. (3.115) und (3.117). Für die Blindleistung findet man

$$Q = -B_C U^2 = X_C I_C^2 = -\omega C U^2 = -I_C^2/(\omega C) \tag{3.123}$$

sowie für den Blindfaktor

$$\beta = \sin\varphi = -I_C/I = -B_C/Y = -\omega C/Y \tag{3.124}$$

Parallelschaltung von Induktivität und Kapazität. Dieser verlustlose Schwingkreis wird in Abschn. 6.1 ausführlich behandelt.

Beispiel 3.39. Ein Wirkwiderstand R und ein Blindwiderstand X liegen nach Bild **3.**49 parallel an der Sinusspannung $U = 220$ V bei der Frequenz $f = 50$ Hz und nehmen den Strom $I = 0{,}5$ A sowie die Wirkleistung $P = 90$ W auf. Wirkwiderstand R und Induktivität L bzw. Kapazität C sollen bestimmt werden.

Bei der Scheinleistung $S = UI = 220\ \text{V} \cdot 0{,}5\ \text{A} = 110$ VA treten nach Gl. (3.66) der Wirkfaktor $\cos\varphi = P/S = 90\ \text{W}/(110\ \text{VA}) = 0{,}8182$ und der Phasenwinkel $|\varphi| = 35{,}1°$ auf. Da das Vorzeichen des Phasenwinkels aus den vorliegenden Angaben nicht bestimmt werden kann, können sowohl die Verhältnisse in Bild **3.**47 als auch in Bild **3.**48 vorliegen.

Wir finden mit Gl. (3.58) den Scheinleitwert $Y = I/U = 0{,}5\ \text{A}/(220\ \text{V}) = 2{,}272$ mS und daher mit Gl. (3.113) den Wirkwiderstand $R = 1/(Y\cos\varphi) = 1/(2{,}272\ \text{mS} \cdot 0{,}8182) = 537{,}9\ \Omega$. Mit der Kreisfrequenz $\omega = 2\pi f = 2\pi \cdot 50\ \text{Hz} = 314{,}2\ \text{s}^{-1}$ und $\sin|\varphi| = 0{,}5752$ ist nun entweder nach Gl. (3.114) die Induktivität

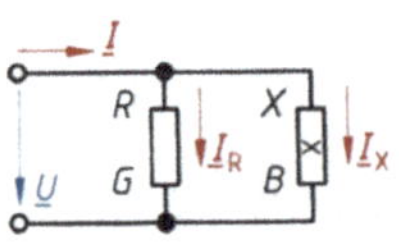

3.49 Parallelschaltung

$$L = \frac{1}{\omega Y \sin\varphi} = \frac{1}{314{,}2\ \text{s}^{-1} \cdot 2{,}272\ \text{mS} \cdot 0{,}5752} = 2{,}436\ \text{H}$$

oder nach Gl. (3.120) die Kapazität

$$C = -Y\sin\varphi/\omega = -2{,}272\ \text{mS}(-0{,}5752)/(314{,}2\ \text{s}^{-1}) = 4{,}16\ \mu\text{F}$$

vorhanden. Um dies zu entscheiden, müßte eine zusätzliche Messung gemacht werden (s. Beispiel 3.40).

3.2.3.3 Allgemeine Parallelschaltung. Wir gehen nun zu beliebigen Parallelschaltungen über und betrachten hierfür wieder einige Beispiele.

Parallelschaltung von Wirkleitwert, Induktivität und Kapazität. Die Parallelschaltung in Bild **3.**50a führt die Teilströme $\underline{I}_R = G\underline{U}$, $\underline{I}_L = \text{j}B_L\underline{U}$ und $\underline{I}_C = \text{j}B_C\underline{U}$, so daß sich der Gesamtstrom

$$\underline{I} = \underline{I}_R + \underline{I}_L + \underline{I}_C = G\underline{U} + \text{j}B_L\underline{U} + \text{j}B_C\underline{U} = Y\underline{U}$$
$$= [G + \text{j}(B_L + B_C)]\underline{U} = \left[G + \text{j}\left(\omega C - \frac{1}{\omega L}\right)\right]\underline{U} \qquad (3.125)$$

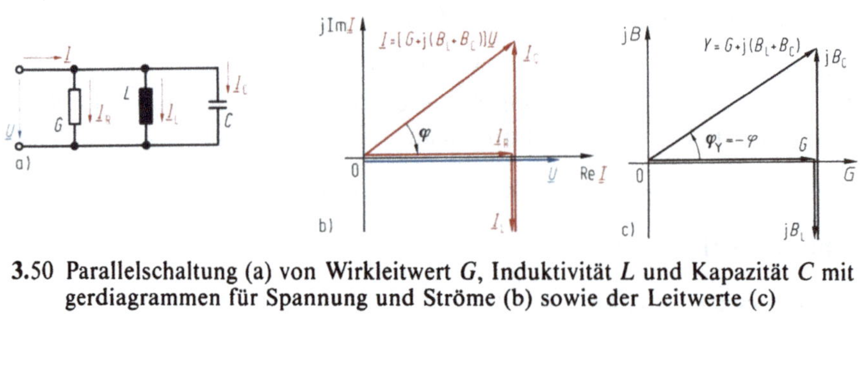

3.50 Parallelschaltung (a) von Wirkleitwert G, Induktivität L und Kapazität C mit Zeigerdiagrammen für Spannung und Ströme (b) sowie der Leitwerte (c)

ergibt. Es tritt also der komplexe Leitwert

$$\underline{Y} = \underline{I}/\underline{U} = Y\angle\varphi_Y = G + j(B_L + B_C) = G + j\left(\omega C - \frac{1}{\omega L}\right) \quad (3.126)$$

mit dem Betrag

$$Y = \frac{I}{U} = \sqrt{G^2 + (B_L + B_C)^2} = \sqrt{G^2 + \left(\omega C - \frac{1}{\omega L}\right)^2} \quad (3.127)$$

und dem Phasenwinkel

$$\varphi_Y = \arctan(B_L + B_C)/G = \arctan\frac{\omega C - (1/\omega L)}{G} = -\varphi \quad (3.128)$$

auf. Nach Bild **3.**50b und c kompensieren sich Teile der Blindströme bzw. Blindleitwerte, und die Teilströme können größer als der Gesamtstrom sein. Im Fall $\omega C > 1/(\omega L)$ überwiegt der kapazitive Blindleitwert, und der Stromzeiger $\underline{I}$ liegt im Quadrant *I*, ist also kapazitiv mit einem negativen Phasenwinkel φ wie in Bild **3.**50. Für $1/(\omega L) > \omega C$ gerät der Stromzeiger $\underline{I}$ dagegen in den Quadranten *IV*, die Schaltung verhält sich induktiv, der Phasenwinkel φ wird positiv.

In Bild **3.**50 können auch mit $I_L = I_C$ und $-B_L = B_C$ Strom $\underline{I} = I_R$ und Leitwert $\underline{Y} = G$ rein reell werden. Wir sprechen in diesem Fall von Resonanz und nennen die Schaltung dann einen Schwingkreis, der in Abschn. 6.2 ausführlich behandelt wird. Bei der Blindstromkompensation (s. Abschn. 3.4.2.2) wird dieses Verhalten zur Verbesserung des Leistungsfaktors im Netz benutzt.

Beispiel 3.40. Es ist ein einfaches Meßverfahren anzugeben, mit dem sehr schnell festgestellt werden kann, ob der Blindleitwert *B* in Bild **3.**49 und Beispiel 3.39 zu einer Kapazität *C* oder zu einer Induktivität *L* gehört.

Wenn eine Parallelschaltung von Wirkleitwert und Induktivität nach Bild **3.**47a vorläge, würde die Zuschaltung einer Kapazität *C'*, die etwa den gleichen Blindleitwert $|B_C|$ wie die Induktivität *L* aufweist, also nach Beispiel 3.39 etwa die Kapazität $C' = 4\ \mu F$ hat, zu dem Stromzeigerdiagramm in Bild **3.**51b führen, also den Netzstrom auf

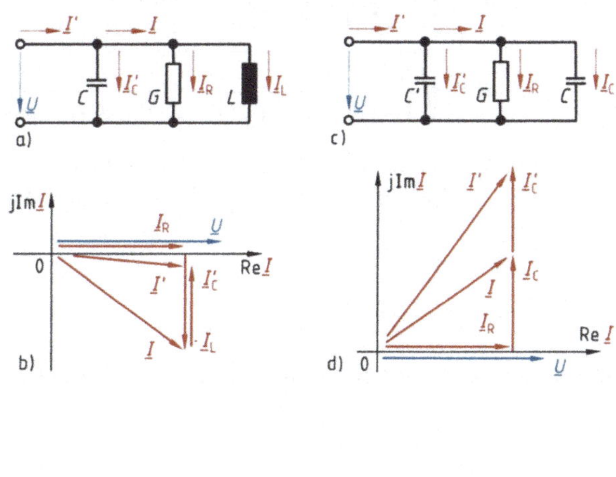

3.51
Parallelschaltung von Wirkleitwert *G* und Induktivität *L* (a) sowie Wirkleitwert *G* und Kapazität *C* (c) mit Zusatzkapazität *C'* und zugehörige Spannungs- und Stromzeigerdiagramme (b, d) für Beispiel 3.40

$I' \approx I_R = U/R = 220\ \text{V}/(537{,}9\ \Omega) = 0{,}409\ \text{A}$ verringern. Dagegen würde die Parallelschaltung von Wirkleitwert G und Kapazität C in Bild **3.**51 c zu dem Stromzeigerdiagramm in Bild **3.**51 d gehören, so daß der Strom $I_C = I \sin\varphi = 0{,}5\ \text{A} \cdot 0{,}5752 = 0{,}2876\ \text{A}$ und der Netzstrom

$$I' \approx \sqrt{I_R^2 + (2\,I_C)^2} = \sqrt{0{,}409^2 + (2 \cdot 0{,}2876)^2}\ \text{A} = 0{,}7058\ \text{A}$$

fließen. Wählt man also eine Zusatzkapazität in der Größenordnung des zu bestimmenden Blindleitwerts, so zeigt eine Vergrößerung des Netzstroms an, daß eine kapazitive Schaltung, die Verringerung des Netzstroms jedoch, daß ein induktiver Kreis vorliegt.

Parallelschaltung mehrerer komplexer Leitwerte. Man darf Gl. (3.126) bis (3.128) auf die Parallelschaltung von n komplexen Leitwerten erweitern und erhält dann den komplexen Gesamtleitwert

$$\underline{Y} = Y\underline{/\varphi} = G + \text{j}B = \sum_{\mu=1}^{\mu=n} \underline{Y}_\mu = \sum_{\mu=1}^{\mu=n} G_\mu + \text{j} \sum_{\mu=1}^{\mu=n} B_\mu \tag{3.129}$$

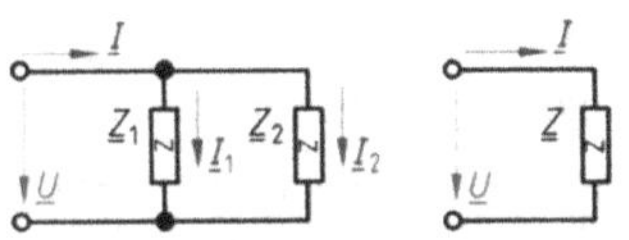

3.52 Parallelschaltung (a) von zwei komplexen Widerständen $\underline{Z}_1$ und $\underline{Z}_2$ und Ersatzwiderstand $\underline{Z}$ (b)

mit dem Betrag

$$Y = I/U = \sqrt{(\textstyle\sum G_\mu)^2 + (\sum B_\mu)^2} \tag{3.130}$$

und dem Phasenwinkel

$$\varphi = \arctan(\textstyle\sum B_\mu / \sum G_\mu) \tag{3.131}$$

Wenn nur zwei komplexe Widerstände $\underline{Z}_1 = Z_1\,\underline{/\varphi_1} = 1/\underline{Y}_1$ und $\underline{Z}_2 = Z_2\,\underline{/\varphi_2} = 1/\underline{Y}_2$ nach Bild **3.**52 parallelgeschaltet sind, erhält man wegen $\underline{Y} = \underline{Y}_1 + \underline{Y}_2 = 1/Z$ den komplexen Gesamtwiderstand

$$\underline{Z} = R + \text{j}X = \frac{\underline{Z}_1 \underline{Z}_2}{\underline{Z}_1 + \underline{Z}_2} \tag{3.132}$$

für dessen Betrag bei Anwendung des Kosinussatzes bzw. von Gl. (3.21) gilt

$$Z = \frac{Z_1 Z_2}{\sqrt{Z_1^2 + Z_2^2 + 2 Z_1 Z_2 \cos(\varphi_1 - \varphi_2)}} = Z_1 \sqrt{\frac{1}{1 + (Z_1/Z_2)^2 + 2(Z_1/Z_2)\cos(\varphi_1 - \varphi_2)}} \tag{3.133}$$

Analog zu Gl. (2.62) kann man auch für n Zweipole mit den komplexen Kehrwerten der Teilwiderstände $\underline{Z}_\mu$ den komplexen Gesamtwiderstand

$$\underline{Z} = \frac{1}{\dfrac{1}{\underline{Z}_1} + \dfrac{1}{\underline{Z}_2} + \dfrac{1}{\underline{Z}_3} + \cdots + \dfrac{1}{\underline{Z}_n}} \tag{3.134}$$

bestimmen. Ein Vorgehen nach Gl. (3.134) ermöglicht für programmierbare Taschenrechner mit komplexer Arithmetik ein schnelleres und weniger fehleranfälliges Durchrechnen (s. Band VII).

Beispiel 3.41. Die beiden komplexen Widerstände $\underline{Z}_1 = 10\,\Omega\,\underline{/30^\circ}$ und $\underline{Z}_2 = 20\,\Omega\,\underline{/-45^\circ}$ sind parallelgeschaltet. Der resultierende Gesamtwiderstand $\underline{Z}$ ist zu bestimmen.

Wir formen in der folgenden Weise die Exponentialformen von $\underline{Z}_1$ und $\underline{Z}_2$ in die Komponentenform um, bilden ihre Summe und formen diese wieder in die Exponentialform um.

$$\underline{Z}_1 = 10\,\Omega\,\underline{/30^\circ} \qquad = (8{,}66 + \mathrm{j}\,5{,}0)\,\Omega$$

$$\underline{Z}_2 = 20\,\Omega\,\underline{/-45^\circ} \qquad = (14{,}14 - \mathrm{j}\,14{,}14)\,\Omega$$

$$\underline{Z}_1 + \underline{Z}_2 = 24{,}56\,\Omega\,\underline{/-21{,}84^\circ} = (22{,}80 - \mathrm{j}\,9{,}14)\,\Omega$$

Daher ist nach Gl. (3.132) der komplexe Gesamtwiderstand

$$\underline{Z} = \frac{\underline{Z}_1 \underline{Z}_2}{\underline{Z}_1 + \underline{Z}_2} = \frac{10\,\Omega\,\underline{/30^\circ} \cdot 20\,\Omega\,\underline{/-45^\circ}}{24{,}56\,\Omega\,\underline{/-21{,}84^\circ}} = 8{,}142\,\Omega\,\underline{/6{,}84^\circ} = (8{,}084 + \mathrm{j}\,0{,}9797)\,\Omega$$

Gl. (3.134) liefert mit einem Taschenrechner unmittelbar das Ergebnis (s. Band VII)

$$\underline{Z} = \frac{1}{\dfrac{1}{\underline{Z}_1} + \dfrac{1}{\underline{Z}_2}} = \frac{1}{\dfrac{1}{10\,\Omega\,\underline{/30^\circ}} + \dfrac{1}{20\,\Omega\,\underline{/-45^\circ}}} = 8{,}141\,\Omega\,\underline{/6{,}85^\circ}$$

Beispiel 3.42. Die beiden komplexen Widerstände $\underline{Z}_1 = 10\,\Omega\,\underline{/30^\circ}$ und $\underline{Z}_2 = 20\,\Omega\,\underline{/-45^\circ}$ liegen parallel an der Sinusspannung $\underline{U} = 10$ V. Der Strom I soll berechnet werden.

Ohne Kenntnis des Ergebnisses von Beispiel 3.41 findet man mit Gl. (3.129) den Betrag des Gesamtwiderstands

$$Z = Z_1 \sqrt{\frac{1}{1 + (Z_1/Z_2)^2 + 2(Z_1/Z_2)\cos(\varphi_1 - \varphi_2)}}$$

$$= 10\,\Omega \sqrt{\frac{1}{1 + (10/20)^2 + 2(10/20)\cos(30^\circ + 45^\circ)}} = 8{,}141\,\Omega$$

und mit Gl. (3.57) den Strom $I = U/Z = 10\ \mathrm{V}/(8{,}141\,\Omega) = 1{,}228$ A.

Beispiel 3.43. Die beiden Zweipole mit dem Wirkwiderstand $R_1 = 50\,\Omega$ und der in Reihe liegenden Induktivität $L_1 = 0{,}16$ H, ferner dem Wirkwiderstand $R_2 = 80\,\Omega$ und der in Reihe liegenden Kapazität $C_2 = 20\,\mu\mathrm{F}$ sind an die Sinusspannung $\underline{U} = U = 500$ V bei der Frequenz $f = 60$ Hz angeschlossen. Es sollen die Widerstände $\underline{Z}_1$ und $\underline{Z}_2$, Leitwerte $\underline{Y}_1$ und $\underline{Y}_2$ und Teilströme $\underline{I}_1$ und $\underline{I}_2$ sowie der Gesamtstrom $\underline{I}_g$ ermittelt werden.

Aus den gegebenen Daten erhält man mit der Kreisfrequenz $\omega = 2\pi f = 2\pi \cdot 60\ \mathrm{s}^{-1} = 376{,}7\ \mathrm{s}^{-1}$ unmittelbar die komplexen W i d e r s t ä n d e

$$\underline{Z}_1 = R_1 + \mathrm{j}\omega L_1 = 50\,\Omega + \mathrm{j}\,376{,}7\ \mathrm{s}^{-1} \cdot 0{,}16\ \mathrm{H} = 50\,\Omega + \mathrm{j}\,60{,}32\,\Omega = 78{,}35\,\Omega\,\underline{/50{,}34^\circ}$$

$$\underline{Z}_2 = R_2 - \mathrm{j}/(\omega C) = 80\,\Omega - \mathrm{j}/(376{,}7\ \mathrm{s}^{-1} \cdot 20 \cdot 10^{-6}\ \mathrm{F})$$

$$= 80\,\Omega - \mathrm{j}\,132{,}6\,\Omega = 154{,}9\,\Omega\,\underline{/-58{,}9^\circ}$$

und die komplexen Leitwerte

$$\underline{Y}_1 = \frac{1}{\underline{Z}_1} = \frac{1}{78{,}35\ \Omega\ \underline{/50{,}34^\circ}} = 12{,}76\ \text{mS}\ \underline{/-50{,}34^\circ} = 8{,}146\ \text{mS} - \text{j}\,9{,}825\ \text{mS}$$

$$\underline{Y}_2 = \frac{1}{\underline{Z}_2} = \frac{1}{154{,}9\ \Omega\ \underline{/-58{,}9^\circ}} = 6{,}456\ \text{mS}\ \underline{/58{,}9^\circ} = 3{,}334\ \text{mS} + \text{j}\,5{,}528\ \text{mS}$$

Für die komplexen Ströme ergibt sich nach Gl. (3.60)

$$\underline{I}_1 = \underline{U}/\underline{Z}_1 = 500\ \text{V}/(78{,}35\ \Omega\ \underline{/50{,}34^\circ}) = 6{,}382\ \text{A}\ \underline{/-50{,}34^\circ} = (4{,}073 - \text{j}\,4{,}913)\ \text{A}$$

$$\underline{I}_2 = \underline{U}/\underline{Z}_2 = 500\ \text{V}/(154{,}9\ \Omega\ \underline{/-58{,}9^\circ}) = 3{,}223\ \text{A}\ \underline{/58{,}9^\circ} = (1{,}667 + \text{j}\,2{,}764)\ \text{A}$$

Für den komplexen Gesamtstrom erhält man

$$\underline{I}_g = \underline{I}_1 + \underline{I}_2 = 4{,}073\ \text{A} - \text{j}\,4{,}913\ \text{A} + 1{,}667\ \text{A} + \text{j}\,2{,}764\ \text{A} = 5{,}74\ \text{A} - \text{j}\,2{,}149\ \text{A}$$
$$= 6{,}129\ \text{A}\ \underline{/-20{,}52^\circ}$$

3.2.3.4 Ortskurven. In den Schaltungen von Bild 3.47, 3.48 und 3.50 können grundsätzlich die Wirk- und Blindleitwerte (diese z. B. über die Kreisfrequenz ω) verändert werden. Bei kontinuierlicher Änderung dieser Leitwerte mit den Parametern p oder ω beschreiben dann die Spitzen der Zeiger des komplexen Leitwerts $\underline{Y}$ und des komplexen Stroms $\underline{I}$ bei fester Sinusspannung $\underline{U}$ Ortskurven $\underline{Y}=f(p)$ oder $\underline{Y}=f(\omega)$ bzw. $\underline{I}=f(p)$ oder $\underline{I}=f(\omega)$. Wenn die Spannung $\underline{U}=U$ als reelle Größe vorausgesetzt wird, ist der Ortskurvenverlauf des Leitwerts Y wegen $\underline{I}=\underline{Y}\,U$ bis auf den festen Faktor U mit der Strom-Ortskurve identisch. Ebenso könnte in diesen Schaltungen der Strom $\underline{I}$ konstant eingeprägt sein; dann würde die Spannung $\underline{U}=\underline{I}/\underline{Y}$ einer Spannungsortskurve $\underline{U}=f(p)$ oder $\underline{U}=f(\omega)$ folgen.

Änderung der Belastung. Wir betrachten mit Bild 3.53 eine Parallelschaltung von festem Blindleitwert B mit dem veränderbaren Wirkleitwert pG, der vom

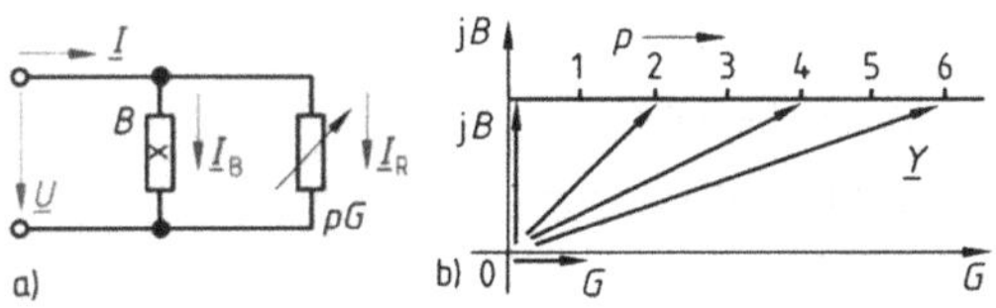

3.53 Parallelschaltung (a) mit veränderbarem Wirkleitwert pG und Ortsgerade der Leitwerte $\underline{Y}=f(p)$ (b)

Parameter p abhängig sein soll. Dann gilt für den komplexen Leitwert

$$\underline{Y} = pG + \text{j}B \qquad (3.135)$$

und für den komplexen Strom

$$\underline{I} = \underline{Y}\,U = U(pG + \text{j}B) \qquad (3.136)$$

für die nach Gl. (8.41) die Ortskurve eine Gerade parallel zur reellen Achse ist. Sie kann linear nach dem Parameter p beziffert werden.

Frequenzgang. Die Darstellung der Frequenzabhängigkeit einer Schaltung nennt man Frequenzgang. Wir wollen hier zunächst nur die Ortskurve des Frequenzgangs betrachten; Amplituden- und Phasengang sind z. B in Bild 3.20 und 3.23 dargestellt.

Die Änderung der Kreisfrequenz ω wirkt sich auf den kapazitiven Blindleitwert $B_C = \omega C$ aus, so daß man für die Schaltung in Bild 3.54a mit dem komplexen Leitwert

$$\underline{Y} = G + j\omega C \tag{3.137}$$

und dem komplexen Strom

$$\underline{I} = \underline{Y}\, U = U(G + j\omega C) = G\, U + j\omega C\, U \tag{3.138}$$

als Ortskurve für beide nach Gl. (8.42) eine Parallele zur positiven Imaginärachse als Ortsgerade findet. Sie wird wie in Bild 3.54b linear mit der Kreisfrequenz ω beziffert.

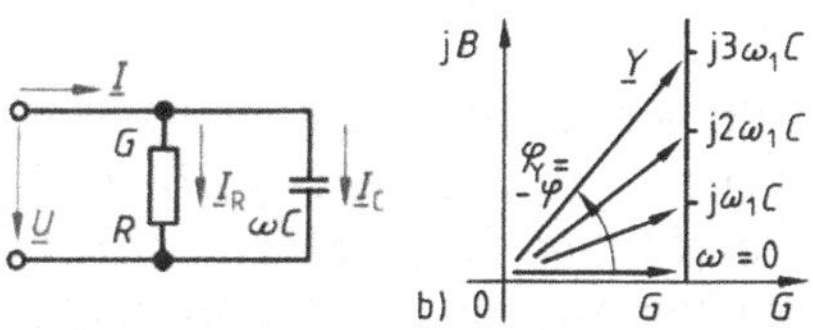

3.54 Parallelschaltung (a) von festem Wirkleitwert G und fester Kapazität C bei veränderbarer Kreisfrequenz ω und Ortsgerade (b) der Leitwerte $\underline{Y} = f(\omega)$

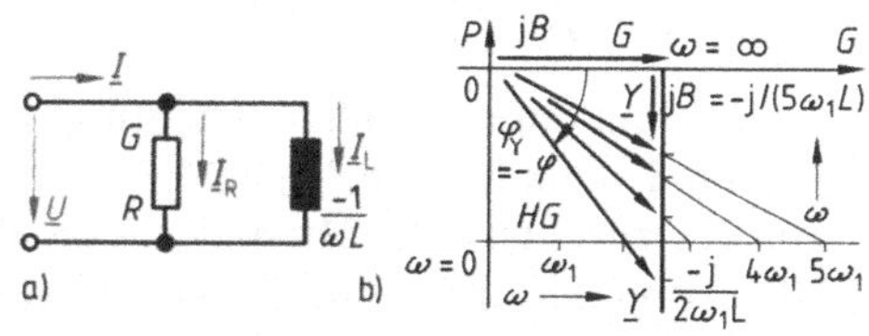

3.55 Parallelschaltung (a) von festem Wirkleitwert G und fester Induktivität L bei veränderbarer Kreisfrequenz ω und Ortsgerade (b) der Leitwerte $\underline{Y} = f(\omega)$

Die Schaltung in Bild 3.55a zeigt bei Frequenzänderungen einen anderen induktiven Blindleitwert $B_L = -1/(\omega L)$ und daher insgesamt den komplexen Leitwert

$$\underline{Y} = G - j/(\omega L) \tag{3.139}$$

sowie den komplexen Strom

$$\underline{I} = \underline{Y}\, U = U[G - j/(\omega L)] \tag{3.140}$$

die zwar wieder als Ortsgerade eine Parallele zur negativen Imaginärachse haben, deren Bezifferung jetzt aber reziprok zur Kreisfrequenz ω sein muß. Analog zu Bild 8.15 ist dann eine Hilfsgerade HG mit linearer Teilung nützlich, wobei wir den Pol P in den Koordinaten-Nullpunkt legen. Die Hilfsgerade HG hat auf der Imaginärachse den Wert $\omega = 0$; ihre lineare Unterteilung findet man am einfachsten durch Berechnung eines bestimmten Werts, z. B. der Eckkreisfrequenz

$$\omega_E = R/L = 1/(LG) \tag{3.141}$$

für die wegen $\omega_E L = R = 1/G$ nach Gl. (3.110) der Phasenwinkel $\varphi = \arctan [-1/(\omega L G)] = -45°$ ist.

Die wichtige Ortskurve des Schwingkreises, der aus der Parallelschaltung von Wirkleitwert G, Induktivität L und Kapazität C besteht, wird ausführlich in Abschn. 6.1.2.5 behandelt.

Für die Schaltung von Bild 3.55 erhält man bei dem eingeprägten Strom $\underline{I}$ nach Gl. (3.140) die komplexe Spannungsfunktion

$$\underline{U} = \frac{\underline{I}}{\underline{Y}} = \frac{\underline{I}}{G - \mathrm{j}/(\omega L)} \tag{3.142}$$

die für die Kreisfrequenz $\omega = \infty$ den größten Spannungswert

$$\underline{U}_m = \underline{I}/G \tag{3.143}$$

erreicht. Der Phasenwinkel $|\varphi| = 45°$ verlangt $\tan|\varphi| = 1$ und daher $|B| = G$; er tritt also auf bei der Eckkreisfrequenz

$$\omega_E = 1/(G L) \tag{3.144}$$

Da es sich um eine induktive Schaltung handelt, können alle Spannungszeiger $\underline{U}$ nur im 1. Quadranten liegen. Der Spannungs-Frequenzgang $\underline{U} = f(\omega)$ ist invers zur Leitwerts-Ortskurve von Bild 3.55b und kann daher mit den Größen von Gl. (3.143) und (3.144) sofort gezeichnet werden. Als Bezifferungsgerade kann auch noch die an der reellen Achse gespiegelte Hilfsgerade HG aus Bild 3.55b übernommen und mit Hilfe der Eckkreisfrequenz ω_E linear unterteilt werden. An die Zeigerspitzen $\underline{U}$ kann man anschließend die zu diesen Strahlen gehörenden Werte der Bezifferungsgeraden HG schreiben.

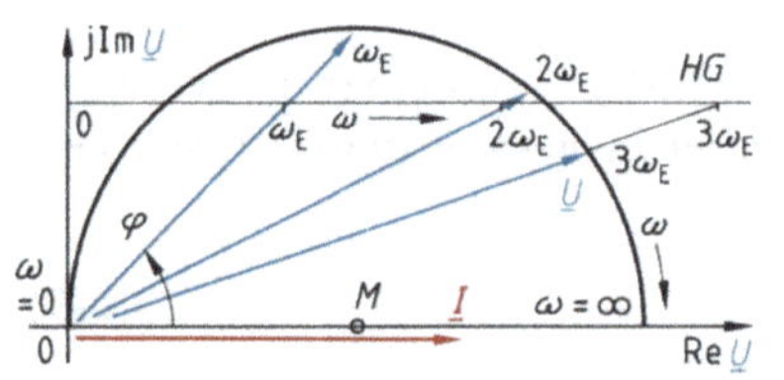

3.56
Spannungsortshalbkreis $\underline{U} = f(\omega)$ für die Parallelschaltung von Bild 3.55a

Die Spannungs-Ortskurve $\underline{U} = f(p)$ für die Schaltung in Bild 3.53a stellt wegen der zu Bild 3.53b notwendigen Inversion einen Halbkreis im 4. Quadranten durch den Koordinaten-Nullpunkt mit dem Mittelpunkt M auf dem negativen Teil der Imaginärachse dar, während der Spannungs-Frequenzgang $\underline{U} = f(\omega)$ für die Schaltung in Bild 3.54a ebenfalls ein Halbkreis im 4. Quadranten durch den Koordinaten-Nullpunkt ist, dessen Mittelpunkt aber auf dem positiven Ast der Realachse liegt.

Beispiel 3.44. Für die Parallelschaltung des Wirkleitwerts $G = 0{,}1$ S mit der Induktivität $L = 0{,}5$ mH nach Bild 3.55a, die an der Sinusspannung $U = 20$ V liegt, soll der Frequenzgang des Stromes $\underline{I} = f(\omega)$ bestimmt werden.

Für die Kreisfrequenz $\omega = \infty$ ist der induktive Blindleitwert $B_L = -1/(\omega L) = 0$, und es ist allein der Wirkleitwert $G = 0{,}1$ S wirksam, der den Strom $I_R = G\,U = 0{,}1\text{ S}\cdot 20\text{ V} = 2$ A verursacht. Nach Gl. (3.141) tritt dann die Eckkreisfrequenz $\omega_E = 1/(LG) = 1/(0{,}5\text{ mH}\cdot 0{,}1\text{ S}) = 20\text{ ms}^{-1}$ bei dem Phasenwinkel $\varphi_Y = -45°$ auf.

Wir legen daher in Bild 3.57 den Spannungszeiger $\underline{U}$ und den Stromzeiger $\underline{I}_R = 2$ A in die reelle Achse und ziehen durch den Punkt 2 A nach unten parallel zur Imaginärachse die Stromortsgerade. Bei dem Punkt (2 A, $-$j2 A) tritt die Eckkreisfrequenz $\omega_E = 20\text{ ms}^{-1}$ auf, so daß wir nun hierdurch eine waagerechte (bzw. zur Realachse parallele) Hilfsgerade *HG* ziehen können. Sie hat auf der Imaginärachse die Kreisfrequenz $\omega = 0$ und kann mit ω_E leicht linear unterteilt werden. Durch Strahlen vom Koordinaten-Nullpunkt (bzw. Pol *P*) können die Frequenzwerte schließlich auf die Ortsgerade übertragen werden.

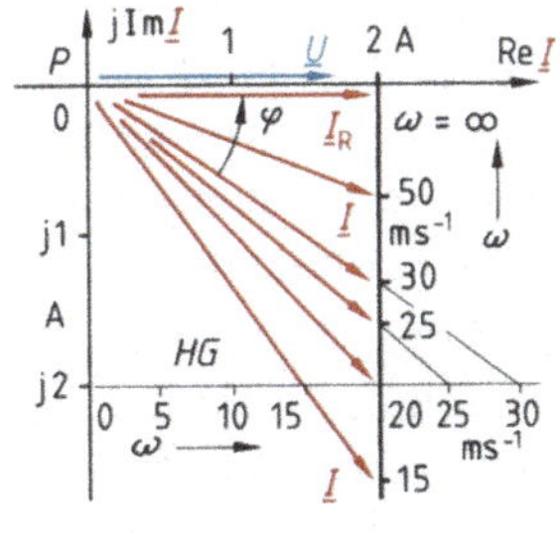

3.57 Stromortsgerade $\underline{I} = f(\omega)$ für Beispiel 3.44

3.3 Netzumformung

In Abschn. 2.3.2 wird die Netzumformung für Gleichstromnetzwerke behandelt. Die dortigen Überlegungen sollen jetzt auf Sinusstromnetzwerke übertragen werden, wobei wieder die in Abschn. 2.3.2.1 einzeln erläuterten Voraussetzungen zu beachten sind. Dies bedeutet insbesondere, daß die zu betrachtenden Netzwerke linear sind, die in ihnen enthaltenen Schaltungsglieder Wirkwiderstand *R*, Induktivität *L* und Kapazität *C* also unabhängig von Strom *i*, Spannung *u* und Frequenz *f* feste Werte haben und die Quellen keine Rückwirkungen zeigen.

Bei Sinusstrom ist also auch die Veränderliche Frequenz *f* bzw. Kreisfrequenz ω zu berücksichtigen. Es sind bedingt äquivalente Schaltungen, die nur bei fester Frequenz gleichwertig, und unbedingt äquivalente Schaltungen (s. Abschn. 6.4.1.2), die dies unabhängig von der Frequenz sind, zu unterscheiden. Die meisten Ersatzschaltungen, die man für Sinusstromverbraucher angeben kann, sind nur bedingt, z. B. in einem gewissen Frequenzbereich, äquivalent. Es sollen hier zunächst die verschiedenen Ersatzschaltungen betrachtet und auf die Bauelemente der Sinusstromtechnik angewandt werden. Hierbei ist auch die Stromverdrängung zu behandeln. Schließlich wird das Umwandeln von Netzteilen auf gemischte Schaltungen angewendet.

3.3.1 Ersatzschaltungen

In Abschn. 3.2.2 und 3.2.3 werden Reihen- und Parallelschaltungen von Grundzweipolen zu allgemeinen Sinusstrom-Zweipolen nach Abschn. 3.2.1.4 zusammengefaßt. Es muß daher umgekehrt möglich sein, einen allgemeinen Sinusstrom-Zweipol in Reihen- und Parallelschaltungen von Grundzweipolen zu zerlegen. Mit diesen Reihen- und Parallel-Ersatzschaltungen und der Umwandlung der einen in die andere Ersatzschaltung wollen wir uns nun befassen.

Bei einer solchen Analyse eines Sinusstromverbrauchers werden Strom $\underline{I}$ oder Spannung $\underline{U}$ bzw. komplexer Widerstand $\underline{Z}$ oder komplexer Leitwert $\underline{Y}$ in ihre Komponenten zerlegt, wobei die Ersatzschaltungen für eine bestimmte Frequenz f das gleiche Verhalten wie der untersuchte Sinusstromverbraucher haben, was man als bedingte Äquivalenz bezeichnet.

Bedingt äquivalente Schaltungen erhält man auch bei der Stern-Dreieck-Umwandlung, während die unbedingte Äquivalenz weitere Überlegungen erfordert. In diesem Zusammenhang soll auch die Dualität nochmals zusammenhängend untersucht werden.

3.3.1.1 Reihen-Ersatzschaltung. In Abschn. 3.2.2 werden Reihenschaltungen von Grundzweipolen R, L, C zu komplexen Gesamtwiderständen $\underline{Z}$ zusammengefaßt. Jetzt ist umgekehrt die Aufgabe zu lösen, einen Scheinwiderstand Z in die Reihenschaltung von Grundzweipolen R, X zu zerlegen. Hierbei sollen selbstverständlich alle Eigenschaften nach außen hin unverändert bleiben.

Wirk- und Blindkomponenten. Die komplexen Größen Spannung $\underline{U}$, Strom $\underline{I}$ und Widerstand $\underline{Z}=\underline{U}/\underline{I}$ der zu untersuchenden Schaltung sollen bekannt sein. Dann kann man mit dem Strom $\underline{I}$ als Bezugszeiger in Bild 3.58c die Spannung $\underline{U}$ in eine rein reelle Komponente, die Wirkspannung

$$U_w = U\cos\varphi \tag{3.145}$$

und in eine hierzu senkrechte, rein imaginäre Komponente, die gegenüber dem Strom um 90° phasenverschoben ist, nämlich die Blindspannung

$$U_b = U\sin\varphi \tag{3.146}$$

zerlegen. Für die Gesamtspannung gilt daher allgemein

$$\underline{U} = U_w + \mathrm{j}\,U_b = \underline{U}_w + \underline{U}_b \tag{3.147}$$

Die Wirkspannung U_w eines passiven Zweipols hat unter diesen Voraussetzungen stets einen positiven Wert, während die Blindspannung U_b ebenso wie der Phasenwinkel φ positive und negative Werte annehmen kann.

In Bild 3.58 sind noch Thaleskreise eingezeichnet, die über der Hypotenuse eines rechtwinkeligen Dreiecks geschlagen den rechten Winkel als Peripheriewinkel einschließen. In Verbindung mit dem Stromzeiger $\underline{I}$ findet man über ihn sehr schnell – auch ohne die Achsen der komplexen Zahlenebene – Wirk- und Blindkomponenten der Spannung $\underline{U}$ sowie die Teilwiderstände und Teilleistungen.

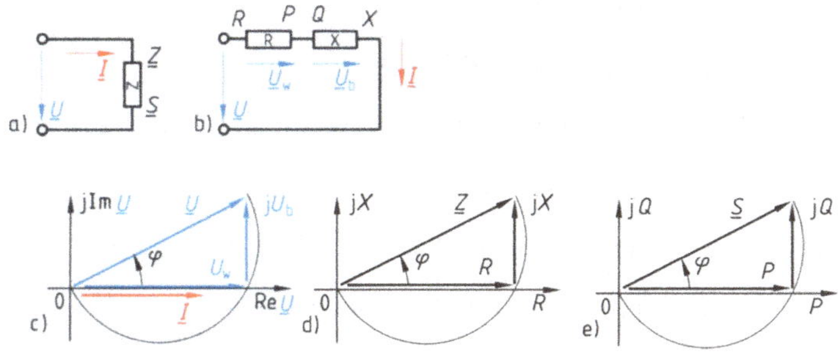

3.58 Sinusstrom-Zweipol (a) mit Reihen-Ersatzschaltung (b) und Zeigerdiagrammen der Spannungskomponenten (c), Widerstände (d) und Leistungen (e)

Ersatzschaltung. Der Zerlegung der Spannung $\underline{U}$ in ihre Komponenten $\underline{U}_w$ und $\underline{U}_b$ liegt eine Reihenschaltung zugrunde, wobei nach Bild 3.58b die Wirkspannung $\underline{U}_w$ an dem Wirkwiderstand

$$R = U_w/I = U\cos\varphi/I = Z\cos\varphi \tag{3.148}$$

und die Blindspannung $\underline{U}_b$ an dem Blindwiderstand

$$X = U_b/I = U\sin\varphi/I = Z\sin\varphi \tag{3.149}$$

auftritt. Der Blindwiderstand gehört bei positiven Werten $X = \omega L$ zu einer Induktivität L und bei negativen Werten $X = -1/(\omega C)$ zu einer Kapazität C. Der Phasenwinkel φ hat das gleiche Vorzeichen wie der Phasenwinkel φ von Spannung $\underline{U}$ und Leistung $\underline{S}$.

Auf diese Weise wird der Sinusstrom-Zweipol in Bild 3.58a durch eine Reihenschaltung in Bild 3.58b mit dem komplexen Widerstand

$$\underline{Z} = R + \mathrm{j}X = Z\,\underline{/\varphi} \tag{3.150}$$

ersetzt (s. Bild 3.58e). Andererseits geht eine Angabe des komplexen Widerstands nach Gl. (3.150) schon von einer solchen Reihen-Ersatzschaltung aus (s. Bild 3.29a).

Leistungen. In Bild 3.58f ist das Zeigerdiagramm der zugehörigen Leistungen dargestellt. Während Wirkspannung U_w, Wirkwiderstand R und Wirkleistung P bei dem vorliegenden passiven Zweipol stets positive Werte zeigen, sind die Vorzeichen von Blindspannung U_b, Blindwiderstand X, Blindleistung Q und Phasenwinkel φ des komplexen Widerstands $\underline{Z}$ untereinander gleich.

Die komplexe Leistung $\underline{S} = P + \mathrm{j}Q$ besteht daher bei der Reihen-Ersatzschaltung aus der Wirkleistung

$$P = U_w I = R I^2 = Z I^2 \cos\varphi \tag{3.151}$$

und der Blindleistung

$$Q = U_b I = X I^2 = Z I^2 \sin\varphi \tag{3.152}$$

Es treten außerdem noch der Zeitwert der Wirkleistung

$$P_t = u_w i = \hat{u}\hat{i}\cos\varphi[\sin^2(\omega t)] \tag{3.153}$$

und der Zeitwert der Blindleistung

$$Q_t = u_b i = \hat{u}\hat{i}\sin\varphi[\sin(\omega t)]\cos(\omega t) \tag{3.154}$$

auf.

Beispiel 3.45. Eine Drossel (s. Abschn. 3.3.3.3) nimmt bei der Sinusspannung $U = 220$ V den Strom $I = 2$ A und die Wirkleistung $P = 150$ W auf. Die Teilwiderstände der Reihen-Ersatzschaltung von Bild **3.**59b sind zu bestimmen.

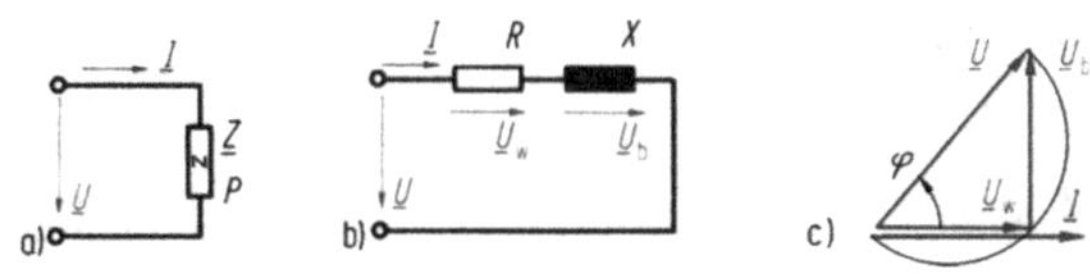

3.59 Drossel (a) mit Reihen-Ersatzschaltung (b) und Zeigerdiagramm (c)

Wir berechnen zunächst mit Gl. (3.66) den Wirkfaktor

$$\lambda = \cos\varphi = P/(UI) = 150 \text{ W}/(220 \text{ V} \cdot 2 \text{ A}) = 0{,}3409$$

und erhalten hiermit auch den Blindfaktor $\beta = \sin\varphi = 0{,}94$. Daher können wir die Spannung $\underline{U}$ nach Gl. (3.145) in die Wirkspannung

$$U_w = U\cos\varphi = 220 \text{ V} \cdot 0{,}341 = 75{,}0 \text{ V}$$

und nach Gl. (3.146) in die Blindspannung

$$U_b = U\sin\varphi = 220 \text{ V} \cdot 0{,}94 = 206{,}8 \text{ V}$$

zerlegen, zu denen nach Gl. (3.148) und (3.149) der Wirkwiderstand

$$R = U_w/I = 75{,}0 \text{ V}/(2 \text{ A}) = 37{,}5\ \Omega$$

und der Blindwiderstand

$$X = U_b/I = 206{,}8 \text{ V}/(2 \text{ A}) = 103{,}4\ \Omega$$

gehören.

3.3.1.2 Parallel-Ersatzschaltung. Der Sinusstrom-Zweipol von Bild **3.**60a soll jetzt in die Parallelschaltung von Bild **3.**60b umgewandelt werden.

Wirk- und Blindkomponenten. Wenn wieder wie in Abschn. 3.2.4.1 Spannung $\underline{U}$, Strom $\underline{I}$ und komplexer Leitwert $\underline{Y} = \underline{I}/\underline{U}$ bekannt sind, kann man das Zeigerdiagramm in Bild **3.**60c zeichnen und für den Strom $\underline{I}$ eine rein reelle Komponente, den Wirkstrom

$$I_w = I\cos\varphi \tag{3.155}$$

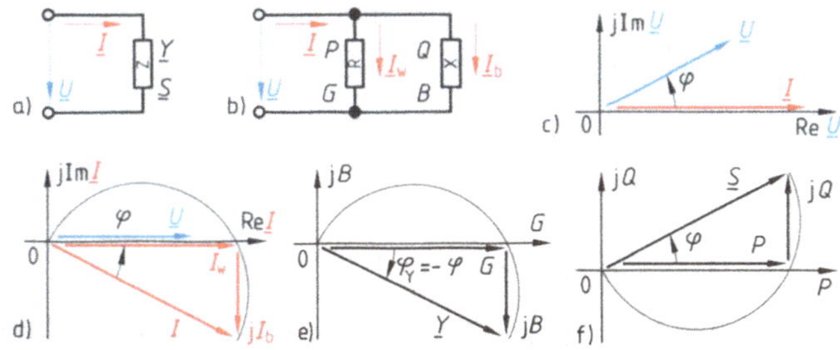

3.60 Sinusstrom-Zweipol (a) mit Parallel-Ersatzschaltung (b) und Zeigerdiagrammen der Stromkomponenten (c), Leitwerte (d) und Leistungen (c)

und eine hierzu senkrechte, rein imaginäre Komponente, die gegenüber dem Spannungszeiger $\underline{U}$ um 90° phasenverschoben ist, nämlich den Blindstrom

$$I_b = -I \sin\varphi \tag{3.156}$$

angeben. Für den Gesamtstrom gilt daher allgemein

$$\underline{I} = I_w + \mathrm{j}\, I_b = \underline{I}_w + \underline{I}_b \tag{3.157}$$

Der Wirkstrom I_w eines passiven Zweipols zeigt stets positive Werte, während der Blindstrom I_b ebenso wie der Phasenwinkel φ positive oder negative Werte annehmen kann.

Ersatzschaltung. Bei der Zerlegung des Stromes $\underline{I}$ in seine Komponenten $\underline{I}_w$ und $\underline{I}_b$ haben wir stillschweigend die Ersatzschaltung in Bild **3**.60b vorausgesetzt; denn in einer Parallelschaltung fließt der Wirkstrom $\underline{I}_w$ in einem Wirkleitwert

$$G = I_w/U = I \cos\varphi/U = Y \cos\varphi \tag{3.158}$$

und der Blindstrom $\underline{I}_b$ in dem Blindleitwert

$$B = I_b/U = -I \sin\varphi/U = -Y \sin\varphi \tag{3.159}$$

der bei positiven Werten $B = \omega C$ zu einer Kapazität C und bei negativen Werten $B = -1/(\omega L)$ zu einer Induktivität L gehört. Auf diese Weise wird der Sinusstrom-Zweipol in Bild **3**.60a durch die Parallel-Ersatzschaltung in Bild **3**.60b mit dem komplexen Leitwert

$$\underline{Y} = G + \mathrm{j} B = Y\underline{/\varphi} \tag{3.160}$$

ersetzt (s. Bild **3**.60d). Andererseits ist die Angabe eines komplexen Leitwerts nach Gl. (3.160) nur unter Voraussetzung einer Parallel-Ersatzschaltung sinnvoll (s. Bild **3**.26).

Leistungen. Nach Bild 3.60f gilt mit der komplexen Leistung $\underline{S}=P+\mathrm{j}Q$ für die Wirkleistung

$$P=UI_{\mathrm{w}}=GU^2=YU^2\cos\varphi \qquad (3.161)$$

und die Blindleistung

$$Q=-UI_{\mathrm{b}}=-BU^2=YU^2\sin\varphi \qquad (3.162)$$

Neben dem allgemeinen Zeitwert der Leistung $S_{\mathrm{t}}=ui$ können wir für die Parallelschaltung noch den Zeitwert der Wirkleistung

$$P_{\mathrm{t}}=ui_{\mathrm{w}}=\hat{u}\hat{i}\cos\varphi\sin^2(\omega t+\varphi) \qquad (3.163)$$

und den Zeitwert der Blindleistung

$$Q_{\mathrm{t}}=ui_{\mathrm{b}}=-\hat{u}\hat{i}\sin\varphi[\sin(\omega t+\varphi)]\cos(\omega t+\varphi) \qquad (3.164)$$

angeben.

Scheitelwerte von Wirk- und Blindleistungsschwingung sind bei Parallel- und Reihen-Ersatzschaltung gleich, die beiden Leistungsschwingungen in den Ersatzschaltungen haben jedoch eine abweichende Phasenlage.

Beispiel 3.46. Für die in Beispiel 3.45 behandelte Drossel sollen nun die Teilleitwerte der Parallel-Ersatzschaltung in Bild 3.61b bestimmt werden.

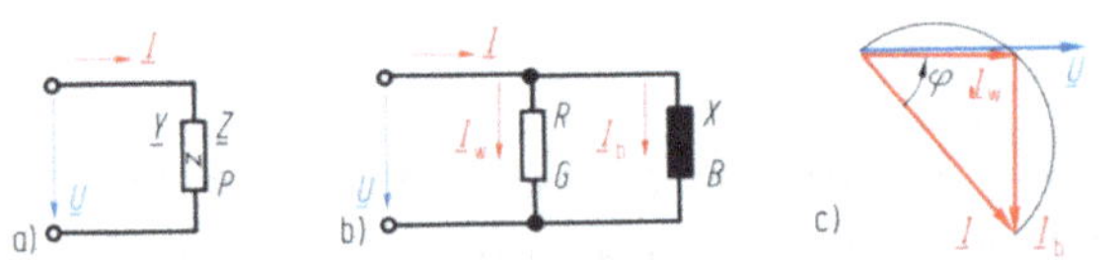

3.61
Drossel (a) mit Parallel-Ersatzschaltung (b) und Zeigerdiagramm (c)

Mit dem Wirkfaktor $\cos\varphi=0{,}3409$ und dem Blindfaktor $\sin\varphi=0{,}94$ berechnen wir nach Gl. (3.151) den Wirkstrom

$$I_{\mathrm{w}}=I\cos\varphi=2\,\mathrm{A}\cdot 0{,}3409=0{,}6818\ \mathrm{A}$$

und nach Gl. (3.152) den Blindstrom

$$I_{\mathrm{b}}=-I\sin\varphi=-2\ \mathrm{A}\cdot 0{,}94=-1{,}88\ \mathrm{A}$$

Gl. (3.154) und (3.155) liefern daher den Wirkleitwert

$$G=I_{\mathrm{w}}/U=0{,}6818\ \mathrm{A}/(220\ \mathrm{V})=3{,}099\ \mathrm{mS}$$

und den Blindleitwert

$$B=I_{\mathrm{b}}/U=-1{,}88\ \mathrm{A}/(220\ \mathrm{V})=-8{,}546\ \mathrm{mS}$$

Dies entspricht dem Wirkwiderstand $R=1/G=1/(3{,}099\ \mathrm{mS})=322{,}7\ \Omega$ und dem Blindwiderstand $X=-1/B=-1/(-8{,}546\ \mathrm{mS})=117\ \Omega$. Diese Werte unterscheiden sich erheblich von den in Beispiel 3.45 für die Reihen-Ersatzschaltung berechneten. Man darf daher beide Schaltungen nicht verwechseln.

3.3.1.3 Bedingt gleichwertige Schaltungen. In Tafel 3.62 sind die Eigenschaften und Kenngrößen der beiden möglichen Ersatzschaltungen mit ihren Bestimmungsgleichungen einander gegenübergestellt. In der zweiten Spalte sind die Verhältnisse beim allgemeinen Sinusstrom-Zweipol, die in der gleichen Weise auch für die Ersatzschaltungen gelten, angegeben.

Es sei nochmals darauf hingewiesen, daß die Aufspaltung des Stromes $\underline{I}=\underline{I}_w+\underline{I}_b$ in Wirk- und Blindstrom sowie die Angabe des komplexen Leitwerts $\underline{Y}=G+\mathrm{j}B$ von einer Parallel-Ersatzschaltung ausgeht, während die Zerlegung der Spannung $\underline{U}=\underline{U}_w+\underline{U}_b$ in Wirk- und Blindspannung sowie das Arbeiten mit dem komplexen Widerstand $\underline{Z}=R+\mathrm{j}X$ grundsätzlich eine Reihen-Ersatzschaltung zugrundelegt.

Die Phasenwinkel φ_Y des Leitwerts $\underline{Y}$ bzw. φ des Widerstands $\underline{Z}$ sowie Blindstrom $\underline{I}_b$ und Blindspannung $\underline{U}_b$ haben stets entgegengesetzte Vorzeichen, da in der Parallelschaltung die Spannung $\underline{U}$ und in der Reihenschaltung der Strom $\underline{I}$ in die reelle Achse gelegt sind.

Umfangreiche Netzwerke bestehen meist aus vielen Reihen- und Parallelschaltungen von Grund-Zweipolen. Da man Parallelschaltungen am einfachsten mit Leitwerten und Reihenschaltungen am besten mit Widerständen durchrechnen kann, ist es dann häufig nötig, Parallelschaltungen durch gleichwertige Reihenschaltungen und umgekehrt zu ersetzen.

Bedingt gleichwertig (für vollständige Äquivalenz s. Abschn. 6.4.1.2) sind Parallel- und Reihen-Ersatzschaltungen, wenn mit dem komplexen Leitwert $\underline{Y}=G+\mathrm{j}B$ und dem komplexen Widerstand $\underline{Z}=R+\mathrm{j}X$ die Bedingung $\underline{Y}=1/\underline{Z}$ bzw.

$$\underline{Y}\,\underline{Z}=(G+\mathrm{j}B)(R+\mathrm{j}X)=1 \tag{3.165}$$

erfüllt ist. Wenn man Gl. (3.165) nach der ersten Klammer auflöst und den Nenner konjugiert komplex erweitert, findet man den komplexen Leitwert

$$\underline{Y}=G+\mathrm{j}B=\frac{1}{R+\mathrm{j}X}=\frac{R-\mathrm{j}X}{R^2+X^2} \tag{3.166}$$

bzw. für die Parallel-Ersatzschaltung den Wirkleitwert

$$G=R/(R^2+X^2) \tag{3.167}$$

und den Blindleitwert

$$B=-X/(R^2+X^2) \tag{3.168}$$

In analoger Weise ergibt sich durch Auflösen von Gl. (3.165) nach der zweiten Klammer der komplexe Widerstand

$$\underline{Z}=R+\mathrm{j}X=\frac{1}{G+\mathrm{j}B}=\frac{G-\mathrm{j}B}{G^2+B^2} \tag{3.169}$$

Tafel 3.62 Vergleich von Parallel- und Reihen-Ersatzschaltung

Größe	Allgemeiner Sinusstrom-Zweipol	Reihen-Ersatzschaltung	Parallel-Ersatzschaltung
Schaltung	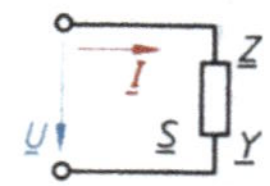	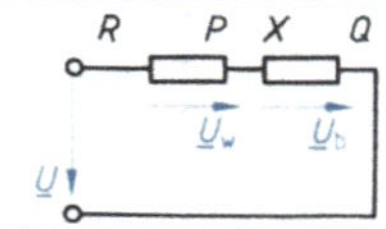	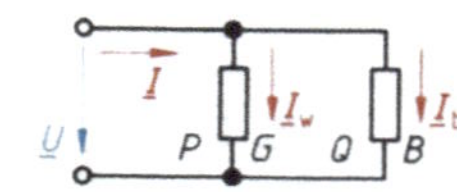
Zeigerdiagramm	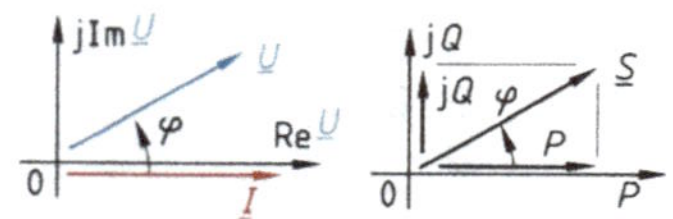	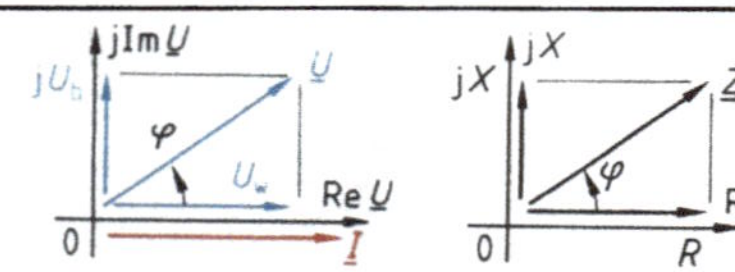	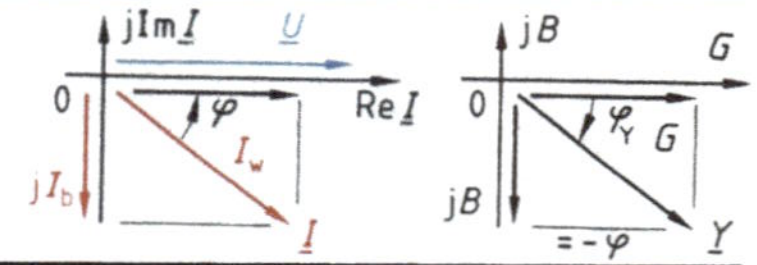
komplexer Widerstand $\underline{Z}$ bzw. komplexer Leitwert $\underline{Y}$	$\underline{Z}=\underline{U}/\underline{I}=1/\underline{Y}$ $\underline{Y}=\underline{I}/\underline{U}=1/\underline{Z}$	$\underline{Z}=Z\,\angle\varphi=R+\mathrm{j}X$ $Z=U/I=\sqrt{R^2+X^2}$	$\underline{Y}=Y\,\angle{-\varphi}=G+\mathrm{j}B$ $Y=I/U=\sqrt{G^2+B^2}$
komplexe Leistung $\underline{S}$ Wirkleistung P Blindleistung Q	$=S\,\angle\varphi=UI\,\angle\varphi=\underline{U}\,\underline{I}^*$ $=P+\mathrm{j}Q$ $=S\cos\varphi=UI\cos\varphi$ $=S\sin\varphi=UI\sin\varphi$	$=\underline{Z}\,I^2=(R+\mathrm{j}X)\,I^2$ $=U_\mathrm{w}I=U_\mathrm{w}^2/R=RI^2$ $=U_\mathrm{b}I=U_\mathrm{b}^2/X=XI^2$	$=\underline{Y}^*\,U^2=(G-\mathrm{j}B)\,U^2$ $=UI_\mathrm{w}=I_\mathrm{w}^2/G=GU^2$ $=-UI_\mathrm{b}=-I_\mathrm{b}^2/B=-BU^2$
Phasenwinkel φ $\tan\varphi$ Wirkfaktor $\cos\varphi$ Blindfaktor $\sin\varphi$	$=\arctan\varphi=\arccos\varphi$ $=\arcsin\varphi$ $=Q/P$ $=P/S=P/(UI)$ $=Q/S=Q/(UI)$	$=\varphi$ $=U_\mathrm{b}/U_\mathrm{w}=X/R$ $=U_\mathrm{w}/U=R/Z$ $=U_\mathrm{b}/U=X/Z$	$=-\varphi_\mathrm{Y}$ $=-I_\mathrm{b}/I_\mathrm{w}=-B/G$ $=I_\mathrm{w}/I=G/Y$ $=-I_\mathrm{b}/I=-B/Y$
Wirkstrom bzw. -spannung Blindstrom bzw. -spannung		$U_\mathrm{w}=U\cos\varphi=RI$ $U_\mathrm{b}=U\sin\varphi=XI$	$I_\mathrm{w}=I\cos\varphi=GU$ $I_\mathrm{b}=-I\sin\varphi=-BU$
Wirkleitwert bzw. -widerstand Blindleitwert bzw. -widerstand		$R=Z\cos\varphi=U_\mathrm{w}/I$ $X=Z\sin\varphi=U_\mathrm{b}/I$	$G=Y\cos\varphi=I_\mathrm{w}/U$ $B=-Y\sin\varphi=-I_\mathrm{b}/U$

Vorzeichen der Blindgrößen	Phasenwinkel φ, Blindleistung Q	Blindspannung U_b	Blindwiderstand X	Blindstrom I_b	Blindleitwert B
induktiv	positiv	negativ	$=\omega L$	positiv	$=-1/(\omega L)$
kapazitiv	negativ	positiv	$=-1/(\omega C)$	negativ	$=\omega C$

und für die Reihen-Ersatzschaltung der Wirkwiderstand

$$R = G/(G^2 + B^2) \tag{3.170}$$

bzw. der Blindwiderstand

$$X = -B/(G^2 + B^2) \tag{3.171}$$

Für Sonderfälle darf man mit den Näherungsgleichungen von Tafel 3.63 rechnen. Hierbei bleibt der Fehler für $a/b > 10$ unter 1%, steigt aber bei $a/b = 5$ schon auf 4 bzw. 6,7%.

Tafel 3.63 Näherungsgleichungen für die Umrechnung von Ersatzschaltungen

Sonderfall a b	Wirkgröße	Blindgröße
$G \gg B$	$R = 1/G$	$X = -B/G^2$
$B \gg G$	$R = G/B^2$	$X = -1/B$
$R \gg X$	$G = 1/R$	$B = -X/R^2$
$X \gg R$	$G = R/X^2$	$B = -1/X$

Gl. (3.167), (3.168), (3.170) und (3.171) weisen auf die Dualität von Parallel- und Reihenschaltung hin. Man beachte jedoch, daß die Blindgrößen B und X von der Kreisfrequenz ω abhängen, die betrachteten Ersatzschaltungen daher nur für eine bestimmte Frequenz f gleichwertig, also nur bedingt äquivalent sind (s. Abschn. 6.4.1.2).

Wenn ein Taschenrechner, der unmittelbar kartesische in Polarkoordinaten umzuwandeln vermag, zur Verfügung steht, kann man die Ergebnisse von Gl. (3.167), (3.168), (3.170) und (3.171) auch unmittelbar über die Inversion (s. Abschn. 8.3.2.1) des komplexen Widerstands in den komplexen Leitwert bzw. umgekehrt finden, wobei Komponenten- in Exponentialform und umgekehrt umzuwandeln sind. Außerdem enthält Band VII ein Taschenrechnerprogramm zur unmittelbaren Umrechnung der Zweipole (auch Induktivität L und Kapazität C) der Reihen- in die der Parallelschaltung und umgekehrt.

Beispiel 3.47. Die Schaltung in Bild 3.64 besteht aus den Wirkwiderständen $R_1 = 2$ kΩ und $R_2 = 500$ Ω sowie der Kapazität $C = 1$ μF und liegt bei der Frequenz $f = 50$ Hz an der Sinusspannung $U = 50$ V. Der Strom $\underline{I}$ soll bestimmt werden.

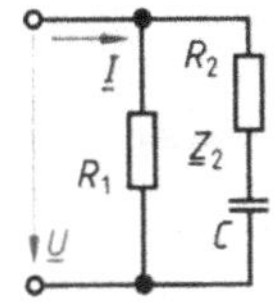

3.64 Netzwerk zu Beispiel 3.47

Mit der Kreisfrequenz $\omega = 2\pi f = 2\pi \cdot 50$ Hz $= 314{,}2$ s^{-1} und dem kapazitivem Blindwiderstand

$$X_C = -1/(\omega C) = -1/(314{,}2 \text{ s}^{-1} \cdot 1 \text{ μF}) = -3{,}183 \text{ kΩ}$$

erhalten wir zunächst den komplexen Widerstand $\underline{Z}_2 = R_2 + \mathrm{j}X_C = (500 - \mathrm{j}3{,}183)$ Ω, den wir in den komplexen Leitwert $\underline{Y}_2 = G_2 + \mathrm{j}B_2$ umwandeln. Mit Gl. (3.167) findet man den Wirkleitwert

$$G_2 = \frac{R_2}{R_2^2 + X_C^2} = \frac{500\ \Omega}{500^2\ \Omega^2 + 3183^2\ \Omega^2} = 0{,}0482\ \text{mS}$$

sowie mit Gl. (3.164) den Blindleitwert

$$B_2 = \frac{-X_C}{R_2^2 + X_C^2} = \frac{3183\ \Omega}{500^2\ \Omega^2 + 3183^2\ \Omega^2} = 0{,}3066\ \text{mS}$$

Mit dem Wirkleitwert $G_1 = 1/R_1 = 1/(2\ \text{k}\Omega) = 0{,}5$ mS ergibt sich daher der Gesamtleitwert $\underline{Y} = G_1 + \underline{Y}_2 = (G_1 + G_2) + \text{j}\,B_2 = (0{,}5\ \text{mS} + 0{,}0482\ \text{mS}) + \text{j}\,0{,}3066\ \text{mS} = 0{,}5482\ \text{mS} + \text{j}\,0{,}3066\ \text{mS} = 0{,}6281\ \text{mS}\ \underline{/29{,}22°}$ und daher schließlich der gesuchte Strom $\underline{I} = \underline{Y}\,\underline{U} = 0{,}6281\ \text{mS}\ \underline{/29{,}22°} \cdot 50\ \text{V} = 31{,}41\ \text{mA}\ \underline{/29{,}22°}$.

Beispiel 3.48. Vor die Schaltung in Bild **3.**64 soll jetzt der Wirkwiderstand $R_3 = 500\ \Omega$ und die Induktivität $L = 0{,}5$ H geschaltet sein. Welcher Strom fließt in dieser Schaltung nach Bild **3.**65?

Wir bestimmen zunächst den Blindwiderstand $X_L = \omega L = 314{,}2\ \text{s}^{-1} \cdot 0{,}5\ \text{H} = 157{,}1\ \Omega$. Nun müssen wir den in Beispiel 3.47 ermittelten Leitwert $\underline{Y} = G + \text{j}B = 0{,}5482\ \text{mS} + \text{j}\,0{,}3066\ \text{mS}$ in den Widerstand $\underline{Z}_4 = R_4 + \text{j}X_4$ umwandeln. Mit Gl. (3.170) erhalten wir den Wirkwiderstand

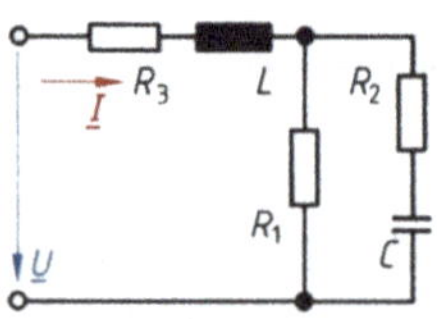

3.65 Netzwerk zu Beispiel 3.48

$$R_4 = \frac{G}{G^2 + B^2} = \frac{0{,}5482\ \text{mS}}{0{,}5482^2\ (\text{mS})^2 + 0{,}3066^2\ (\text{mS})^2} = 1390\ \Omega$$

und mit Gl. (3.171) den Blindwiderstand

$$X_4 = \frac{-B}{G^2 + B^2} = \frac{-0{,}3066\ \text{mS}}{0{,}5482^2\ (\text{mS})^2 + 0{,}3066^2\ (\text{mS})^2} = -777{,}1\ \Omega$$

Somit ist schließlich der Gesamtwiderstand $\underline{Z} = (R_3 + R_4) + \text{j}(X_L + X_4) = (500\ \Omega + 1390\ \Omega) + \text{j}(157{,}1\ \Omega - 777{,}1\ \Omega) = 1890\ \Omega - \text{j}\,620\ \Omega = 1989\ \Omega\ \underline{/-18{,}16°}$, und es fließt der Strom $\underline{I} = \underline{U}/\underline{Z} = 50\ \text{V}/(1989\ \Omega\ \underline{/-18{,}16°}) = 25{,}13\ \text{mA}\ \underline{/18{,}16°}$.

Beispiel 3.49. Es liegen 2 Parallelschaltungen mit dem Wirk- bzw. induktiven Blindwiderstand $R_1 = 20\ \Omega$, $X_L = 14\ \Omega$ und dem Wirk- bzw. kapazitiven Blindwiderstand $R_2 = 40\ \Omega$, $X_C = -21\ \Omega$ nach Bild **3.**66a in Reihe. Für beide Parallelschaltungen sind die Reihen-Ersatzschaltungen entsprechend Bild **3.**66b zu ermitteln, mit denen dann für den eingeprägten Strom $\underline{I} = 10$ A die beiden Teilspannungen $\underline{U}_1$ und $\underline{U}_2$ und die Gesamt-

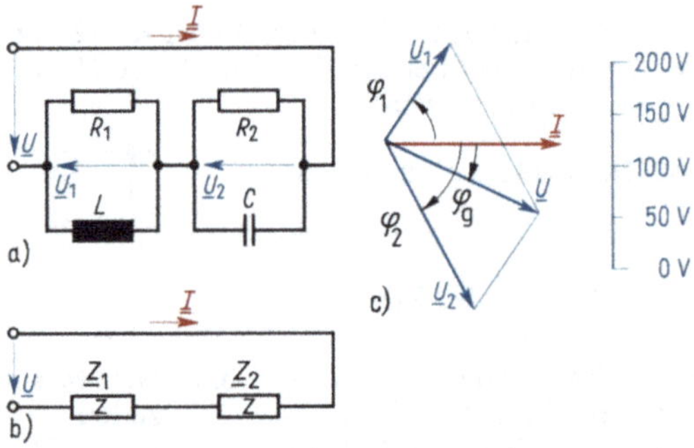

3.66
Kettenschaltung (a) aus zwei Parallelschaltungen mit Reihen-Ersatzschaltung (b) und Zeigerdiagramm (c)

spannung $\underline{U}$ bestimmt werden sollen. Die Leitwerte der 4 Zweipole sind

$$\left.\begin{aligned} G_1 &= 1/R_1 = 1/(20\,\Omega) = 0{,}05\text{ S} \\ B_L &= -1/X_L = -1/(14\,\Omega) = -0{,}07143\text{ S} \end{aligned}\right\} \underline{Y}_1 = (50 - \mathrm{j}\,71{,}43)\text{ mS}$$

$$\left.\begin{aligned} G_2 &= 1/R_2 = 1/(40\,\Omega) = 0{,}025\text{ S} \\ B_C &= -1/X_C = 1/(21\,\Omega) = 0{,}04762\text{ S} \end{aligned}\right\} \underline{Y}_2 = (25 + \mathrm{j}\,47{,}62)\text{ mS}$$

Durch Bilden der Exponentialform der komplexen Leitwerte und ihrer Reziprokwerte sowie der Rückwandlung in die Komponentenform (unmittelbar mit dem Taschenrechner) findet man die komplexen Reihen-Ersatzwiderstände $\underline{Z}_1 = 11{,}47\,\Omega\,\underline{/55{,}01°} = (6{,}577 + \mathrm{j}\,9{,}396)\,\Omega$ und $\underline{Z}_2 = 18{,}59\,\Omega\,\underline{/-62{,}3°} = (8{,}643 - \mathrm{j}\,16{,}46)\,\Omega$ und den Gesamtwiderstand

$$\underline{Z}_g = (6{,}577 + 8{,}643)\,\Omega + \mathrm{j}(9{,}396 - 16{,}46)\,\Omega = (15{,}22 - \mathrm{j}\,7{,}066)\,\Omega = 16{,}78\,\Omega\,\underline{/-24{,}9°}$$

Es herrschen die beiden komplexen Teilspannungen

$$\underline{U}_1 = \underline{I}\,\underline{Z}_1 = 10\text{ A} \cdot 11{,}47\,\Omega\,\underline{/+55{,}01°} = 114{,}5\text{ V}\,\underline{/+55{,}01°}$$

$$\underline{U}_2 = \underline{I}\,\underline{Z}_2 = 10\text{ A} \cdot 18{,}59\,\Omega\,\underline{/-62{,}3°} = 185{,}9\text{ V}\,\underline{/-62{,}3°}$$

und die komplexe Gesamtspannung

$$\underline{U} = \underline{I}\,\underline{Z}_g = 10\text{ A} \cdot 16{,}78\,\Omega\,\underline{/-24{,}9°} = 167{,}8\text{ V}\,\underline{/-24{,}9°}$$

In Bild 3.66c ist das Zeigerdiagramm der Spannungen dargestellt. Im induktiven Teil *1* eilt die Spannung $\underline{U}_1$ dem Strom $\underline{I}$ voraus, im kapazitiven Teil *2* eilt $\underline{U}_2$ nach. Auch die Gesamtspannung $\underline{U}$ ist nacheilend, so daß die ganze Schaltung überwiegend kapazitiven Charakter hat.

Beispiel 3.50. Die Schaltung in Bild 3.67 enthält die Wirkwiderstände $R_1 = 100\,\Omega$, $R_2 = 10\,\Omega$, die kapazitiven Blindwiderstände $X_{C1} = -70\,\Omega$, $X_{C2} = -20\,\Omega$ und den induktiven Blindwiderstand $X_L = 20\,\Omega$. Sie ist an die Sinusspannung $\underline{U} = 220$ V angeschlossen. Der komplexe Strom $\underline{I}$ ist zu bestimmen.

Wir müssen den Gesamtwiderstand $\underline{Z}_g$ oder den Gesamtleitwert $\underline{Y}_g$ berechnen. Wir beginnen, den gestrichelten Kästchen in Bild 3.67 folgend, mit dem komplexen Widerstand $\underline{Z}_2 = R_2 + \mathrm{j}X_{C2} = 10\,\Omega - \mathrm{j}\,20\,\Omega$ und wandeln ihn mit Gl. (3.167) und (3.168) oder unmittelbar mit dem Taschenrechner (s. Abschn. 8.1.2.2 und Band VII) in den Leitwert $\underline{Y}_2 = G_2 + \mathrm{j}B_2 = (20 - \mathrm{j}\,40)$ mS der Parallel-Ersatzschaltung um. Parallel liegt der induktive Blindleitwert $B_L = -1/X_L = -1/(20\,\Omega) = -50$ mS, so daß die Parallelschaltung von R_2, C_2 und L den komplexen Leitwert

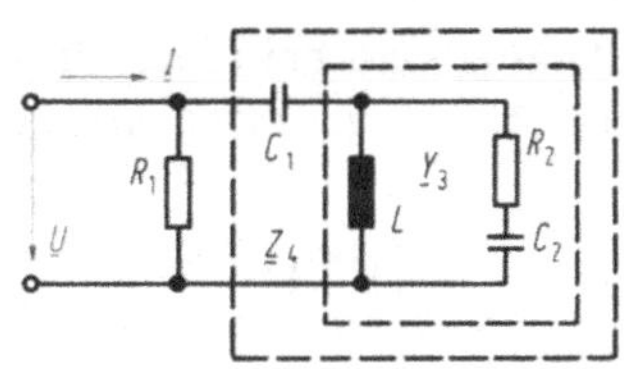

3.67 Netzwerk zu Beispiel 3.50

$$\underline{Y}_3 = G_2 + \mathrm{j}B_2 + \mathrm{j}B_L = 20\text{ mS} + \mathrm{j}\,40\text{ mS} - \mathrm{j}\,50\text{ mS} = (20 - \mathrm{j}\,10)\text{ mS} = G_3 + \mathrm{j}B_3$$

ergibt. Diesen müssen wir wieder mit Gl. (3.170) und (3.171) oder unmittelbar mit dem Taschenrechner in die Größen der zugehörigen Reihen-Ersatzschaltung umwandeln. Wir erhalten den komplexen Widerstand $\underline{Z}_3 = R_3 + \mathrm{j}X_3 = (40 + \mathrm{j}\,20)\,\Omega$. Mit $X_{C1} = -70\,\Omega$ finden wir den komplexen Widerstand

$$\underline{Z}_4 = R_3 + \mathrm{j}X_3 + \mathrm{j}X_{C1} = 40\,\Omega + \mathrm{j}\,20\,\Omega - \mathrm{j}\,70\,\Omega = (40 - \mathrm{j}\,50)\,\Omega = R_4 + \mathrm{j}X_4$$

den wir wieder in den komplexen Leitwert der Parallel-Ersatzschaltung $\underline{Y}_4 = G_4 +$

$\mathrm{j}B_4 = (9{,}756 + \mathrm{j}\,12{,}2)\,\mathrm{mS}$ umrechnen müssen, so daß wir mit dem Wirkleitwert $G_1 = 1/R_1 = 1/(100\,\Omega) = 10\ \mathrm{mS}$ schließlich den komplexen Gesamtleitwert

$$\underline{Y}_g = G_4 + \mathrm{j}B_4 + G_1 = 9{,}756\ \mathrm{mS} + \mathrm{j}\,12{,}2\ \mathrm{mS} + 10\ \mathrm{mS} = (19{,}76 + \mathrm{j}\,12{,}2)\,\mathrm{mS}$$
$$= 23{,}22\ \mathrm{mS}\ \underline{/31{,}69^\circ}$$

erhalten. Es fließt also der komplexe Strom

$$\underline{I} = \underline{Y}_g \underline{U} = (23{,}22\ \mathrm{mS}\ \underline{/31{,}69^\circ})\ 220\ \mathrm{V} = 5{,}108\ \mathrm{A}\ \underline{/31{,}69^\circ}$$

3.3.1.4 Stern-Dreieck-Umwandlung. Jede Sternschaltung kann für eine feste Frequenz in eine bedingt äquivalente Dreieckschaltung umgerechnet werden und umgekehrt ebenso. Wir stellen zu diesem Zweck die in Abschn. 2.3.2.4 für Gleichstrom abgeleiteten Umrechnungsformeln auf Sinusstrom um und erhalten unter Benutzung der in Bild 3.68 angegebenen Formelzeichen bei Umrechnung einer Dreieckschaltung in eine Sternschaltung für die komplexen Widerstände bzw. Leitwerte

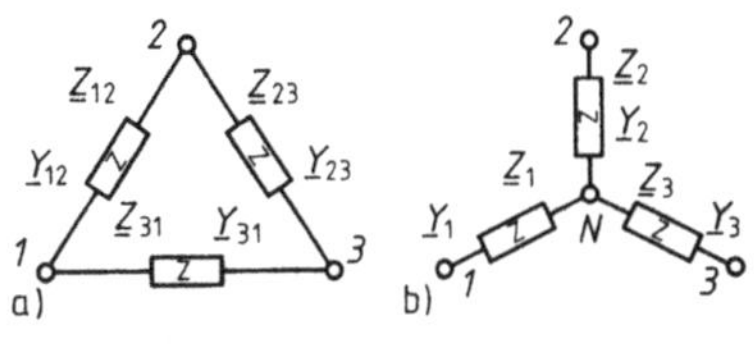

3.68 Bedingt äquivalente Dreieck- (a) und Sternschaltung (b)

$$\underline{Z}_1 = \frac{\underline{Z}_{12}\underline{Z}_{31}}{\underline{Z}_{12} + \underline{Z}_{23} + \underline{Z}_{31}} \tag{3.172}$$

$$\underline{Y}_1 = \underline{Y}_{12} + \underline{Y}_{31} + \frac{\underline{Y}_{12}\underline{Y}_{31}}{\underline{Y}_{23}} \tag{3.173}$$

Die übrigen Widerstände findet man durch zyklisches Vertauschen der Indizes. Der komplexe Sternschaltungswiderstand $\underline{Z}_k$ zwischen den Knotenpunkten k und N ergibt sich also, wenn man das komplexe Produkt der am Knoten k liegenden komplexen Dreiecksschaltungswiderstände durch die komplexe Summe aller Dreiecksschaltungswiderstände dividiert.

Analog sind bei einer Umwandlung einer Sternschaltung in eine bedingt äquivalente Dreieckschaltung die komplexen Widerstände bzw. Leitwerte

$$\underline{Z}_{12} = \underline{Z}_1 + \underline{Z}_2 + \frac{\underline{Z}_1\underline{Z}_2}{\underline{Z}_3} \tag{3.174}$$

$$\underline{Y}_{12} = \frac{\underline{Y}_1\underline{Y}_2}{\underline{Y}_1 + \underline{Y}_2 + \underline{Y}_3} \tag{3.175}$$

Den komplexen Dreiecksschaltungsleitwert zwischen den Knotenpunkten i und k erhält man also, indem man das komplexe Produkt der an den Knoten i und k liegenden komplexen Sternschaltungsleitwerte durch die komplexe Summe aller Sternschaltungsleitwerte dividiert.

Da bei dieser Umwandlung jeweils eine Masche durch einen Knotenpunkt und umgekehrt ersetzt werden, zeigen Stern- und Dreieckschaltung wieder ein duales Verhalten: Gl. (3.172) und (3.175) bzw. (3.173) und (3.174) haben also einen jeweils gleichen Aufbau; man erhält die eine aus der anderen, wenn man

Widerstände und Leitwerte gegeneinander vertauscht. Ein Taschenrechnerprogramm für die komplexe Stern-Dreieck-Umwandlung enthält Band VII.

Wenn die komplexen Widerstände $\underline{Z}_{\curlywedge}$ bzw. $\underline{Z}_{\triangle}$ oder Leitwerte $\underline{Y}_{\curlywedge}$ bzw. $\underline{Y}_{\triangle}$ untereinander gleich groß sind, gilt außerdem

$$\underline{Z}_{\triangle} = 3\underline{Z}_{\curlywedge} \quad \text{und} \quad \underline{Y}_{\curlywedge} = 3\underline{Y}_{\triangle} \qquad (3.176)$$

Beispiel 3.51. Passive Zweitore, d. s. Schaltungen mit 4 Anschlußklemmen, werden nach Abschn. 3.6 in Ersatzschaltungen meist als T- oder Π-Schaltung aufgefaßt. Die Π-Schaltung in Bild **3.**69a besteht aus Wirkwiderstand $R = 5$ kΩ und den Blindwiderständen $X_L = 10$ kΩ und $X_C = -20$ kΩ. Sie soll in die bedingt äquivalente T-Schaltung von Bild **3.**69b umgerechnet werden.

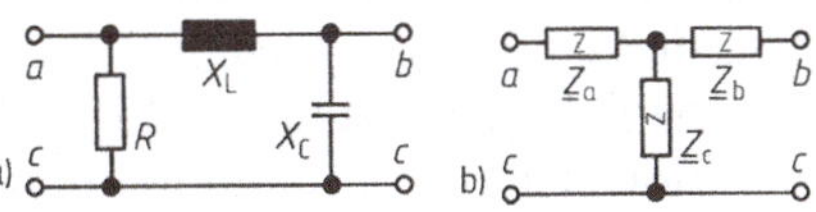

3.69
Vierpol in Π-Schaltung (a) und T-Schaltung (b)

Die Π-Schaltung nach Bild **3.**69a ist eine Dreieckschaltung, die T-Schaltung nach Bild **3.**69b eine Sternschaltung. Daher gilt mit $R + jX_L + jX_C = 5\ \text{k}\Omega + j(10\ \text{k}\Omega - 20\ \text{k}\Omega) = 11{,}18\ \text{k}\Omega \underline{/-63{,}43^\circ}$ und Gl. (3.172) für die komplexen Widerstände der T-Schaltung

$$\underline{Z}_a = \frac{jX_L R}{R + jX_L + jX_C} = \frac{j10\ \text{k}\Omega \cdot 5\ \text{k}\Omega}{11{,}18\ \text{k}\Omega \underline{/-63{,}43^\circ}} = 4{,}47\ \text{k}\Omega \underline{/153{,}43^\circ}$$

$$\underline{Z}_b = \frac{jX_L jX_C}{R + jX_L + jX_C} = \frac{j10\ \text{k}\Omega(-j20\ \text{k}\Omega)}{11{,}18\ \text{k}\Omega \underline{/-63{,}43^\circ}} = 17{,}89\ \text{k}\Omega \underline{/63{,}43^\circ}$$

$$\underline{Z}_c = \frac{jX_C R}{R + jX_L + jX_C} = \frac{-j20\ \text{k}\Omega \cdot 5\ \text{k}\Omega}{11{,}18\ \text{k}\Omega \underline{/-63{,}43^\circ}} = 8{,}944\ \text{k}\Omega \underline{/-26{,}57^\circ}$$

Wie bei dem komplexen Widerstand $\underline{Z}_a$ können also bei einer solchen Umwandlung Phasenwinkel $|\varphi| > 90^\circ$ auftreten.

Beispiel 3.52. Die Schaltung in Bild **3.**70 enthält den Wirkwiderstand $R = 5$ kΩ und die Blindwiderstände $X_L = 10$ kΩ und $X_C = -20$ kΩ und liegt an der Sinusspannung $\underline{U} = 100$ V. Es soll der Gesamtstrom $\underline{I}$ bestimmt werden. Man kann beispielsweise die obere Dreieckschaltung in Bild **3.**70a in eine bedingt äquivalente Sternschaltung umwandeln und erhält dann Bild **3.**70b. Da hier die gleichen Zahlenwerte wie in Beispiel 3.51 vorliegen, dürfen wir von dort auch die komplexen Sternschaltungswiderstände $\underline{Z}_a = 4{,}472\ \text{k}\Omega \underline{/153{,}43^\circ} = -4{,}0\ \text{k}\Omega + j2{,}0\ \text{k}\Omega$, $\underline{Z}_b = 17{,}89\ \text{k}\Omega \underline{/63{,}43^\circ} = 8{,}0\ \text{k}\Omega + j16{,}0$ kΩ und $\underline{Z}_c = 8{,}944\ \text{k}\Omega \underline{/-26{,}57^\circ} = 8{,}0\ \text{k}\Omega - j4{,}0\ \text{k}\Omega$ übernehmen. Hiermit finden wir die Teilwiderstände $\underline{Z}_a + jX_C = -4\ \text{k}\Omega + j2\ \text{k}\Omega - j20\ \text{k}\Omega = -4\ \text{k}\Omega - j18\ \text{k}\Omega = 18{,}44\ \text{k}\Omega \underline{/-102{,}53^\circ}$ und $\underline{Z}_c + jX_L = 8\ \text{k}\Omega - j4\ \text{k}\Omega + j10\ \text{k}\Omega = 8\ \text{k}\Omega + j6\ \text{k}\Omega = 10\ \text{k}\Omega \underline{/36{,}87^\circ}$. Beide liegen parallel und bilden mit $\underline{Z}_a + jX_C + \underline{Z}_c + jX_L = -4\ \text{k}\Omega - j18\ \text{k}\Omega + 8\ \text{k}\Omega + j6\ \text{k}\Omega = 4\ \text{k}\Omega - j12\ \text{k}\Omega = 12{,}65\ \text{k}\Omega \underline{/-71{,}57^\circ}$ den Widerstand

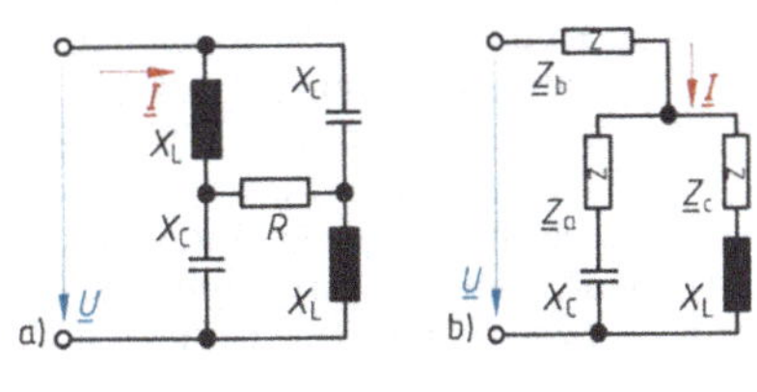

3.70
Netzwerk (a) mit Ersatzschaltung (b)

$$\underline{Z}_p = \frac{(\underline{Z}_a + \mathrm{j}X_C)(\underline{Z}_c + \mathrm{j}X_L)}{\underline{Z}_a + \mathrm{j}X_C + \underline{Z}_c + \mathrm{j}X_L} = \frac{18{,}44\ \mathrm{k\Omega}\ \underline{/-102{,}53^\circ} \cdot 10\ \mathrm{k\Omega}\ \underline{/36{,}87^\circ}}{12{,}65\ \mathrm{k\Omega}\ \underline{/-71{,}57^\circ}}$$

$$= 14{,}58\ \mathrm{k\Omega}\ \underline{/5{,}91^\circ} = 14{,}5\ \mathrm{k\Omega} + \mathrm{j}\,1{,}5\ \mathrm{k\Omega}$$

so daß insgesamt der Widerstand $\underline{Z} = \underline{Z}_b + \underline{Z}_p = 8\ \mathrm{k\Omega} + \mathrm{j}\,16\ \mathrm{k\Omega} + 14{,}5\ \mathrm{k\Omega} + \mathrm{j}\,1{,}5\ \mathrm{k\Omega} = 22{,}5\ \mathrm{k\Omega} + \mathrm{j}\,17{,}5\ \mathrm{k\Omega} = 28{,}5\ \mathrm{k\Omega}\ \underline{/37{,}87^\circ}$ auftritt und der Strom $\underline{I} = \underline{U}/\underline{Z} = 100\ \mathrm{V}/(28{,}5\ \mathrm{k\Omega}\ \underline{/37{,}87^\circ}) = 3{,}508\ \mathrm{mA}\ \underline{/-37{,}87^\circ}$ fließt.

3.3.1.5 Duale Schaltungen. Das in Abschn. 2.2.3.2 erläuterte duale Verhalten von Schaltungen ist vor allem in der Sinusstromtechnik von großer Bedeutung. Wie schon in Bild **2.**43 gezeigt, läßt sich das betriebliche Verhalten des zwischen Erzeuger und Verbraucher liegenden Netzwerks, hier also der Verbindungsleitung, im einfachsten Fall kennzeichnen entweder durch den längs der Leitung liegenden Widerstand R_L oder durch den quer zur Leitung angeordneten Widerstand R_Q. Im Sinusstromkreis können nun an die Stelle der Wirkwiderstände im allgemeinen Fall überall komplexe Widerstände treten (s. Bild **3.**71). Hiermit nimmt die bei der Umwandlung eines Längsgliedes in ein Quer-

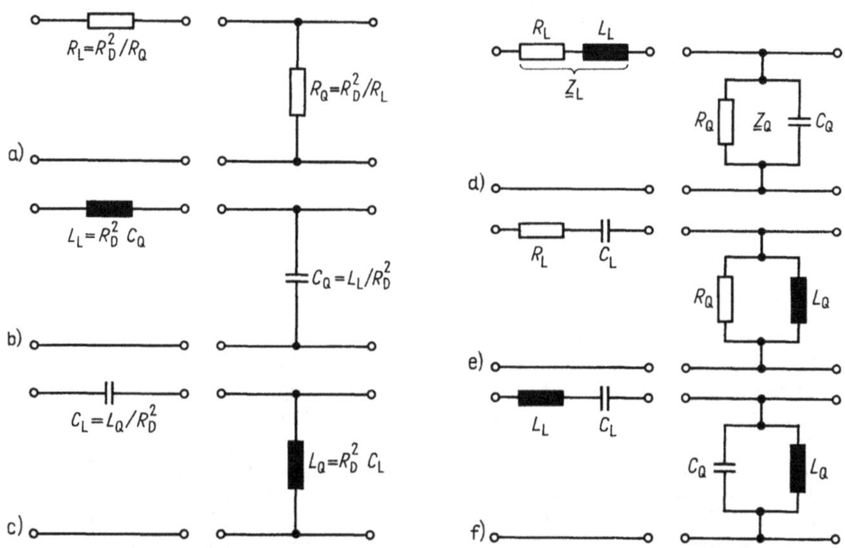

3.71 Zueinander duale Schaltungen mit dem Quadrat der Dualitätskonstanten R_D^2, dargestellt am Beispiel der in Bild **2.**43 angegebenen Verbindungsleitung zwischen Stromerzeuger und Verbraucher für verschiedene Schaltungselemente
a) Widerstand R_L umgewandelt in Widerstand R_Q
b) Induktivität L_L umgewandelt in Kapazität C_Q
c) Kapazität C_L umgewandelt in Induktivität L_Q
d) Reihenschaltung von Widerstand R_L und Induktivität L_L umgewandelt in Parallelschaltung von Widerstand R_Q und Kapazität C_Q
e) Reihenschaltung von Widerstand R_L und Kapazität C_L umgewandelt in Parallelschaltung von Widerstand R_Q und Induktivität L_Q
f) Reihenschaltung von Induktivität L_L und Kapazität C_L umgewandelt in Parallelschaltung von Kapazität C_Q und Induktivität L_Q

glied die duale Zuordnung kennzeichnende Gl. (2.73) mit dem Quadrat der Dualitätskonstanten $\underline{Z}_D^2 = \underline{Z}_i \underline{Z}_a$ die verallgemeinerte komplexe Form

$$\underline{Z}_Q = \underline{Z}_D^2 / \underline{Z}_L \qquad (3.177)$$

an. Die zueinander dualen komplexen Widerstände $\underline{Z}_Q$ und $\underline{Z}_L$ verhalten sich widerstandsreziprok; in ihrem Frequenzverhalten sind sie invers, da der im Querzweig liegende komplexe Widerstand $\underline{Z}_Q$ unendlich wird, wenn der komplexe Widerstand $\underline{Z}_L$ im Längszweig Null ist und umgekehrt. Es müssen also induktive Blindwiderstände durch kapazitive Blindwiderstände ersetzt werden und umgekehrt. Bei der Umrechnung der einzelnen über die Dualitätskonstante $\underline{Z}_D$ miteinander verknüpften Schaltungsglieder wird unter jeweiliger Vertauschung von Längs- und Querzweig aus einer Induktivität eine Kapazität und umgekehrt aus einer Kapazität eine Induktivität. Es sind also umzurechnen eine Induktivität L_Q im Querzweig in eine Kapazität C_L im Längszweig, eine Kapazität C_Q im Querzweig in eine Induktivität L_L im Längszweig, eine Induktivität L_L im Längszweig in eine Kapazität C_Q im Querzweig und eine Kapazität C_L im Längszweig in eine Induktivität L_Q im Querzweig. Nach Gl. (3.177) lassen sich ganz allgemein Schaltungen als zueinander dual oder widerstandsreziprok bezeichnen, wenn sich ihre komplexen Widerstände $\underline{Z}_Q$ und $\underline{Z}_L$ für alle Frequenzen wie $\underline{Z}_Q = \underline{Z}_D^2 / \underline{Z}_L$ verhalten.

Wir wollen nun duale Beziehungen zwischen beliebigen Zweipolen angeben. Wir nehmen dabei entsprechend den meist vorliegenden Betriebsbedingungen einen reellen Innenwiderstand R_i der Quelle und einen reellen Verbraucherwiderstand R_a an. Die Gleichung

$$\underline{Z}_Q = R_D^2 / \underline{Z}_L \quad \text{mit} \quad R_D^2 = R_i R_a \qquad (3.178)$$

führt für das zwischen Erzeuger und Verbraucher liegende Netzwerk, im vorliegenden Fall also für die Verbindungsleitung, zu folgenden Zusammenhängen:

a) Umwandlung einer Längsinduktivität L_L in eine Querkapazität C_Q und umgekehrt: Mit $\underline{Z}_L = j\omega L_L$ und $\underline{Z}_Q = 1/(j\omega C_Q)$ gilt $1/(j\omega C_Q) = R_D^2/(j\omega L_L)$ und somit für die Querkapazität

$$C_Q = L_L / R_D^2 \qquad (3.179)$$

b) Umwandlung einer Längskapazität C_L in eine Querinduktivität L_Q und umgekehrt: Mit $\underline{Z}_L = 1/(j\omega C_L)$ und $\underline{Z}_Q = j\omega L_Q$ gilt $j\omega L_Q = R_D^2 j\omega C_L$ und somit für die Querinduktivität

$$L_Q = R_D^2 C_L \qquad (3.180)$$

Gl. (3.179) und (3.180) zeigen, daß beim dualen Vertauschen von Induktivität L und Kapazität C das Quadrat der Dualitätskonstanten

$$R_D^2 = L/C \qquad (3.181)$$

durch das Verhältnis L/C gegeben ist. Liegen in der umzuwandelnden Schaltung zwei Zweipole in Reihe, fließt durch beide also der gleiche Strom, müssen in der hierzu dualen Schaltung die beiden dualen Zweipolelemente an der gleichen Spannung liegen, müssen also parallelgeschaltet sein. Bei der Umwandlung der einen Schaltung in die andere geht die Reihenschaltung in eine Parallelschaltung und umgekehrt die Parallelschaltung in eine Reihenschaltung über. Ein aus der Reihenschaltung von Wirkwiderstand R_L und Induktivität L_L aufgebauter komplexer Längswiderstand $\underline{Z}_L = R_L + j\omega L_L$ erscheint nach dualer Umwandlung als Parallelschaltung des Querwiderstands R_Q und der Querkapazität C_Q, geht also über in den komplexen Querleitwert $1/\underline{Z}_Q = \underline{Y}_Q = G_Q + j\omega C_Q$ mit dem Wirkleitwert $G_Q = 1/R_Q$. Hier ist die Dualitätsbedingung für jeden einzelnen Zweipol zu erfüllen; es gilt also

$$R_D^2 = L_L/C_Q = R_L R_Q = \underline{Z}_L \underline{Z}_Q = \underline{Z}_L/\underline{Y}_Q$$

Eine Reihenschaltung im Längszweig aus Induktivität L_L und Kapazität C_L geht über in eine Parallelschaltung im Querzweig mit Kapazität C_Q und Induktivität L_Q entsprechend der Bedingung

$$R_D^2 = L_L/C_Q = L_Q/C_L \qquad (3.182)$$

Dargestellt am Beispiel der in Bild **2.**43 angegebenen Verbindungsleitung zwischen Erzeuger und Verbraucher sind in Bild **3.**71 mehrere zueinander duale Schaltungen angegeben.

Da in einem beliebig zusammengesetzten Netzwerk jeder Zweipol und jede in der gegebenen Schaltung auftretende Teilschaltung das jeweils zugeordnete duale Gegenstück in der dualen Schaltung haben muß, lassen sich auch umfangreiche Netzwerke in dieser Weise umwandeln.

Beispiel 3.53. Werden, wie in der Nachrichtentechnik üblich, Leitungen zur Übertragung von Signalen mit hohen Frequenzen betrieben, muß bei der Aufstellung einer Ersatzschaltung der Leitung außer dem beispielsweise in Bild **2.**43a angegebenen Längswiderstand R_L die Induktivität L_L berücksichtigt werden, die längs der Leitung einen oft den Wirkwiderstand R_L überschreitenden induktiven Blindwiderstand $X_L = \omega L_L$ hervorruft. Es ergibt sich dann zwischen einer Spannungsquelle mit dem Innenwiderstand R_i und dem Verbraucherwiderstand R_a die in Bild **3.**72a dargestellte Ersatzschaltung der

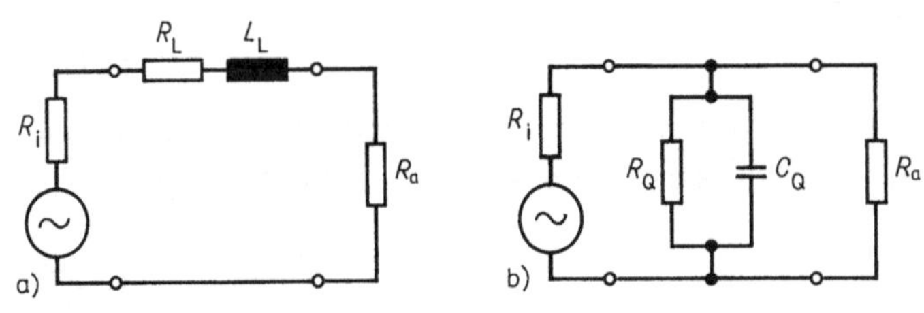

3.72 Zueinander duale Ersatzschaltungen einer Übertragungsleitung zwischen einer Spannungsquelle mit dem Innenwiderstand R_i und einem Verbraucherwiderstand R_a
a) Schaltung mit Wirkwiderstand R_L und Induktivität L_L in Reihenschaltung im Längszweig
b) Schaltung mit Wirkwiderstand R_Q und Kapazität C_Q in Parallelschaltung im Querzweig

Übertragungsleitung mit der Reihenschaltung des Längswiderstands R_L und der Längsinduktivität L_L. Für $R_i = 2\,\Omega$, $R_a = 45\,\Omega$ und $R_L = 13\,\Omega$, $L_L = 1{,}5$ mH ist die zu dieser Ersatzschaltung duale Schaltung anzugeben und zu bemessen.

Aus der vom gleichen Strom durchflossenen Reihenschaltung von Längswiderstand R_L und Längsinduktivität L_L wird eine an der gleichen Spannung liegende, in Bild 3.72b angegebene Parallelschaltung von Querwiderstand R_Q und Querkapazität C_Q. Mit dem Quadrat der Dualitätskonstanten $R_D^2 = R_i R_a = 2\,\Omega \cdot 45\,\Omega = 90\,\Omega^2$ wird nach Gl. (2.73) der Querwiderstand $R_Q = R_D^2/R_L = 90\,\Omega^2/(13\,\Omega) = 6{,}923\,\Omega$ und nach Gl. (3.179) die Querkapazität $C_Q = L_L/R_D^2 = 1{,}5\,\text{mH}/(90\,\Omega^2) = 16{,}67\,\mu\text{F}$.

Beispiel 3.54. Als Teil einer Frequenzweiche liegt zwischen einer Quelle und einem Verbraucher die in Bild 3.73 dargestellte Schaltung, bestehend aus der Reihenschaltung der Kapazität $C_{L1} = 75$ pF mit der Parallelschaltung von Induktivität $L_{L2} = 1{,}8\,\mu$H und Kapazität $C_{L2} = 220$ pF. Es ist die hierzu duale Schaltung anzugeben und zu bemessen, wenn das Quadrat der Dualitätskonstanten $R_D^2 = 6 \cdot 10^3\,\Omega^2$ beträgt.

Bei der dualen Umwandlung geht der Längszweig in einen Querzweig über, wobei aus der Reihenschaltung eine Parallelschaltung wird und umgekehrt und ferner Kapazität und Induktivität gegeneinander ausgetauscht werden. Die Größen der in Bild 3.73 angegebenen dualen Schaltung sind entsprechend Gl. (3.179) und (3.180) mit der Ausgangsschaltung verknüpft durch

$$L_{L2}/C_{Q2} = L_{Q2}/C_{L2} = L_{Q1}/C_{L1} = R_D^2$$

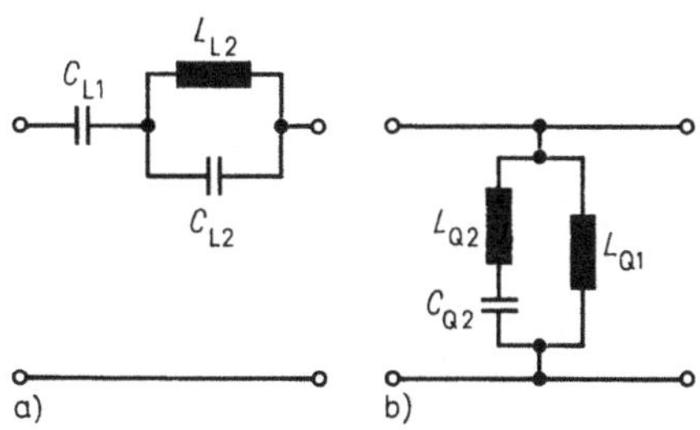

3.73 Duale Schaltungen und Blindwiderstände im Längs- (a) und Querzweig (b)

Im einzelnen erhält man die Querinduktivitäten bzw. die Querkapazität

$$L_{Q1} = R_D^2 C_{L1} = 6 \cdot 10^3\,\Omega^2 \cdot 75\,\text{pF} = 0{,}45\,\mu\text{H}$$

$$L_{Q2} = R_D^2 C_{L2} = 6 \cdot 10^3\,\Omega^2 \cdot 220\,\text{pF} = 1{,}32\,\mu\text{H}$$

$$C_{Q2} = L_{L2}/R_D^2 = 1{,}8\,\mu\text{H}/(6 \cdot 10^3\,\Omega^2) = 300\,\text{pF}$$

Beispiel 3.55. Im Längszweig der Ersatzschaltung einer Verbindungsleitung zwischen Spannungsquelle und Verbraucher sind nach Bild 3.74a Wirkwiderstand R_L, Induktivität L_L und Kapazität C_L in Reihe geschaltet. Die duale Ersatzschaltung ist anzugeben.

3.74
Duale Schaltungen
a) Reihenschaltung von Wirkwiderstand R_L, Induktivität L_L und Kapazität C_L im Längszweig
b) Parallelschaltung von Wirkwiderstand R_Q, Induktivität L_Q und Kapazität C_Q im Querzweig

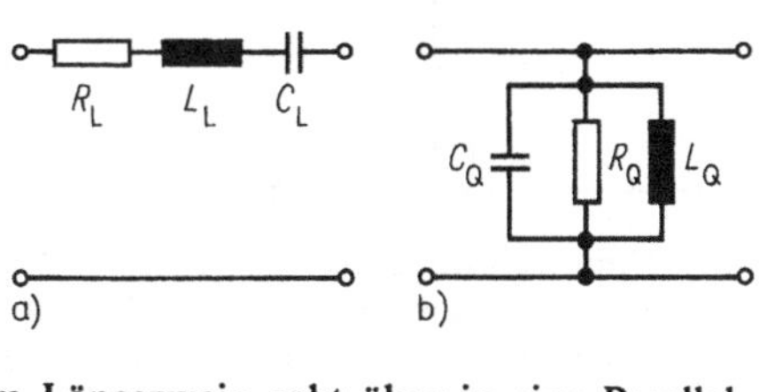

Die Reihenschaltung der 3 Grundzweipole im Längszweig geht über in eine Parallelschaltung im Querzweig entsprechend Bild 3.74b. Dabei entspricht dem Längswiderstand R_L nach Gl. (2.73) ein Querwiderstand $R_Q = R_D^2/R_L$. Aus der Längsinduktivität wird nach Gl. (3.179) die Querkapazität $C_Q = L_L/R_D^2$, und die Längskapazität C_L erscheint nach Gl. (3.180) als Querinduktivität $L_Q = R_D^2 C_L$.

In der Nachrichtentechnik sind bei der Berechnung von Schaltungen häufiger Reihenschaltungen in duale Parallelschaltungen umzuwandeln. Für die Praxis wichtig ist dabei vor allem, daß ein in der Reihenschaltung niederohmiger Widerstand R_L für $R_D^2 \gg R_L$ in der Parallelschaltung als hochohmiger Widerstand R_Q auftritt, dessen Größe zunimmt, wenn der Wert des Widerstands R_L abnimmt. Die angenommene Forderung $R_D^2 \gg R_L$ ist bei vernachlässigbarem Innenwiderstand der Spannungsquelle und großem Verbraucherwiderstand praktisch immer erfüllt.

Beispiel 3.56. Zwischen einer Spannungsquelle mit dem Innenwiderstand R_i und einem Verbraucherwiderstand $R_a = R_i$ liegen die in Bild 3.75a bis d angegebenen, aus den im Längs- und Querzweig liegenden komplexen Widerständen $\underline{Z}_{La}$ und $\underline{Z}_{Qa}$ aufgebauten Netzwerke.

a) Die hierzu dualen Netzwerke sind anzugeben.

Bei der dualen Umwandlung geht der zweimal vorhandene komplexe Längswiderstand $\underline{Z}_{La}$ in den komplexen Querwiderstand $\underline{Z}_{Qb}$ über, und an die Stelle des zwischen den bei-

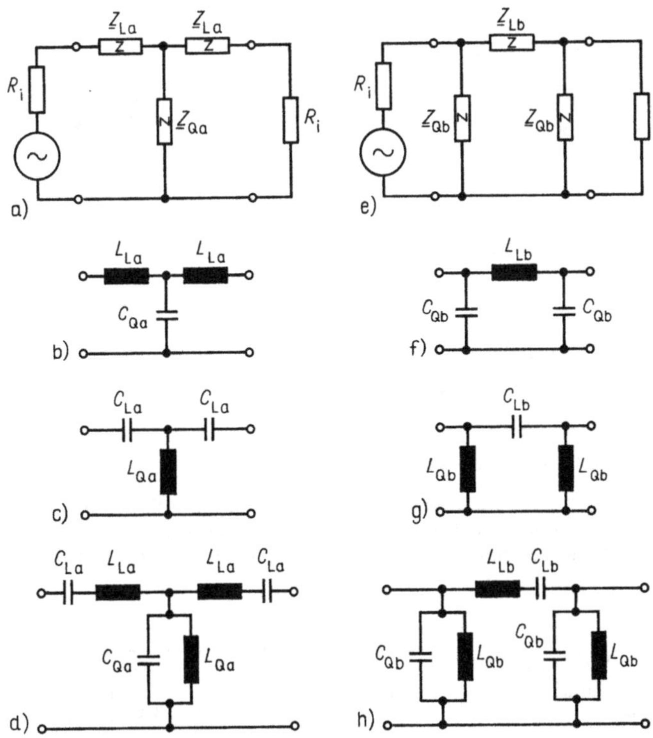

3.75 Umwandlung eines aus komplexen Widerständen im Längs- und Querzweig aufgebauten Netzwerks in die duale Schaltung

a) bis d) Netzwerk in T-Schaltung (Sternschaltung) zwischen Spannungsquelle mit dem Innenwiderstand R_i und dem Verbraucherwiderstand $R_a = R_i$, dargestellt für den allgemeinen Fall (a) sowie Ausführung für Tiefpaß (b), Hochpaß (c) und Bandpaß (d)

e) bis h) duales Netzwerk in Π-Schaltung (Dreieckschaltung) für die den Fällen a) bis d) entsprechenden Schaltungen e) bis h) den komplexen Längswiderständen $\underline{Z}_{La}$ liegenden komplexen Querwiderstands $\underline{Z}_{Qa}$ tritt ein komplexer Längswiderstand $\underline{Z}_{Lb}$. Das Netzwerk geht über in die in Bild **3**.75e bis h dargestellten Schaltungen. Bei der Umwandlung gilt nach Gl. (3.178) $\underline{Z}_{Qb}=R_D^2/\underline{Z}_{La}$ und $\underline{Z}_{Lb}=R_D^2/\underline{Z}_{Qa}$. In den vorliegenden Schaltungen ist $R_D^2=R_i^2$.

Entsprechend der Anordnung der 3 komplexen Widerstände ist das gegebene Netzwerk eine T-Schaltung, das duale Netzwerk eine Π-Schaltung.

b) Bestimme für eine nur aus Blindwiderständen aufgebaute T-Schaltung die duale Π-Schaltung für folgende durch Schaltungsbeispiele angegebene Fälle

1. Bild **3**.75b: $\underline{Z}_{La}=j\omega L_{La}$ $\qquad$ $\underline{Z}_{Qa}=1/(j\omega C_{Qa})$
2. Bild **3**.75c: $\underline{Z}_{La}=1/(j\omega C_{La})$ $\qquad$ $\underline{Z}_{Qa}=j\omega L_{Qa}$
3. Bild **3**.75d: $\underline{Z}_{La}=j\omega L_{La}+1/(j\omega C_{La})$ $\qquad$ $\underline{Z}_{Qa}=\dfrac{1}{\underline{Y}_{Qa}}=\dfrac{1}{j\omega C_{Qa}+1/(j\omega L_{Qa})}$

An die Stelle der in Bild **3**.75b bis d dargestellten T-Schaltungen treten jeweils die in Bild **3**.75f bis h angegebenen Π-Schaltungen. Es gilt mit den unter a) abgeleiteten Ansätzen und Gl. (3.179) und (3.180)

zu 1.: $\underline{Z}_{Qb}=1/(j\omega C_{Qb})$ mit $C_{Qb}=L_{La}/R_D^2$ $\qquad$ $\underline{Z}_{Lb}=j\omega L_{Lb}$ mit $L_{Lb}=R_D^2 C_{Qa}$

zu 2.: $\underline{Z}_{Qb}=j\omega L_{Qb}$ mit $L_{Qb}=R_D^2 C_{La}$ $\qquad$ $\underline{Z}_{Lb}=1/(j\omega C_{Lb})$ mit $C_{Lb}=L_{Qa}/R_D^2$

zu 3.: $\underline{Z}_{Qb}=\dfrac{1}{\underline{Y}_{Qb}}=\dfrac{1}{j\omega C_{Qb}+1/(j\omega L_{Qb})}$ $\qquad$ $\underline{Z}_{Lb}=j\omega L_{Lb}+1/(j\omega C_{Lb})$

mit $C_{Qb}=L_{La}/R_D^2$ und $L_{Qb}=R_D^2 C_{La}$ $\qquad$ mit $L_{Lb}=R_D^2 C_{Qa}$ und $C_{Lb}=L_{Qa}/R_D^2$

Alle 3 Schaltungen gehören zur Gruppe der Siebschaltungen. Man bezeichnet die erste Schaltung als Tiefpaß, da für niedrige Frequenzen der Längswiderstand klein und der Querwiderstand groß ist. Die zweite Schaltung heißt Hochpaß, hier ist umgekehrt für hohe Frequenzen der Längswiderstand klein und der Querwiderstand groß. Bei der dritten Schaltung ist ein kleiner Längswiderstand und ein großer Querwiderstand nur innerhalb eines bestimmten Frequenzbereichs vorhanden, sie wird daher Bandpaß genannt (s. a. Abschn. 6.3.2.3).

In Abschn. 2.2.3.2 wird auf die Dualität der Quellen hingewiesen und in Bild **2**.44 dargestellt. Im Sinusstromkreis besteht nach Abschn. 3.3.5 und 6.1.4 ebenfalls ganz allgemein Dualität zwischen Spannungsquelle und Stromquelle. Ein Vergleich von Gl. (6.59) und (6.60) zeigt, daß beim Übergang von der einen Quelle auf die andere komplexe Ströme und Spannungen sowie komplexe Widerstände und Leitwerte gegeneinander ausgetauscht werden; bei der Spannungsquelle ist die komplexe Quellenspannung $\underline{U}_q$ mit dem komplexen Innenwiderstand $\underline{Z}_i$, bei der Stromquelle der komplexe Quellenstrom $\underline{I}_q$ mit dem komplexen Innenleitwert $\underline{Y}_i$ verknüpft.

Nach Gl. (3.178) bzw. (2.73) ist das Quadrat der Dualitätskonstanten $R_D^2=R_i R_a$ durch die Widerstände R_i und R_a festgelegt. Diese Bedingung ist immer dann zu erfüllen, wenn bei Annahme gleichen Stromes durch den Verbraucherwiderstand in beiden Schaltungen nur das zwischen Erzeuger und Verbraucher liegende Netzwerk in eine duale Schaltung umgewandelt werden soll. Fällt diese einschränkende Bedingung fort, soll also die gesamte Schaltung einschließlich Erzeuger und Verbraucher in die zugehörige duale Schaltung umgewandelt werden, kann für das Quadrat der Dualitätskonstanten R_D^2 eine beliebige reelle Größe angenommen werden, da definitionsgemäß ein Zweipol zu einem zweiten dual ist, wenn das Produkt beider komplexen Widerstände eine Konstante ergibt. Zweckmäßigerweise wird man R_D^2 so wählen, daß möglichst viele Bauelemente der Schaltung in einen leicht realisierbaren Bemessungsbereich fallen. Die Dualitätskonstante R_D ist auch frei anzunehmen, wenn der Verbraucherwiderstand R_a keinen endlichen Wert hat und somit Gl. (3.178) nicht ausgewertet werden kann, wenn also die umzuwandelnde Schaltung im Leerlaufbetrieb ($R_a = \infty$) oder im Kurzschlußbetrieb ($R_a = 0$) arbeitet. Während bei der dualen Umwandlung der Ausgang der Schaltung beispielsweise vom Leerlauf- in den Kurzschlußbetrieb übergeht, besteht in Verallgemeinerung der Gl. (3.178) Proportionalität zwischen dem Eingangswiderstand der einen Schaltung und dem Eingangsleitwert der anderen Schaltung mit dem beliebig wählbaren Proportionalitätsfaktor R_D^2.

3.3.2 Verluste bei Sinusstrom

Elektrische Bauelemente zeigen bei Gleichstrom und Sinusstrom gleicher Größe I meist unterschiedliche Stromwärmeverluste RI^2, so daß man zwischen Gleichstromwiderstand R_- und Sinusstromwiderstand $R_\sim$ unterscheiden muß. Es zeigt sich, daß der Sinusstromwiderstand um so größer wird, je größer Leitungsquerschnitt A und Frequenz f des Sinusstroms sind. Diese Erscheinung ist auf die Stromverdrängung (Skineffekt) zurückzuführen. Außerdem treten, wenn Eisenteile ummagnetisiert werden, in ihnen zusätzliche Eisenverluste auf. Wenn Isolierstoffe elektrischen Wechselfeldern ausgesetzt sind, fließen in ihnen Ströme wegen ihres endlichen Widerstands, und es werden dielektrische Verluste verursacht. Diese Erscheinungen werden in Band I, Teil 2 und 3 ausführlich besprochen; sie sollen hier nur so weit erläutert werden, daß sie anschließend in den Ersatzschaltungen der Bauelemente berücksichtigt werden können.

3.3.2.1 Wesen der Stromverdrängung. In Bild 3.76a ist das magnetische Feld der Induktion B im Innern eines Leiters dargestellt, wenn dieser von einem Gleichstrom durchflossen wird. In dem schraffierten Feldring entsteht dann

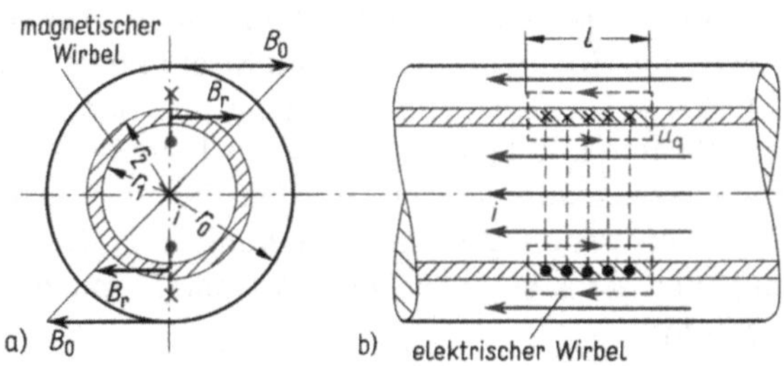

3.76 Verkettung von magnetischem und elektrischem Wirbel in einem vom Sinusstrom i durchflossenen Leiter
a) Querschnitt
b) Längsschnitt

bei Sinusstrom i eine Wirbelspannung u_q, die der sie verursachenden Flußänderung $d\Phi_t/dt$ und somit dem Strom i entgegenwirkt. In den inneren Schichten des Leiters hat sie die entgegengesetzte Richtung wie der Strom i, in den äußeren Schichten jedoch die gleiche. Daher wird die wirksame elektrische Feldstärke und somit schließlich die Stromdichte innen verringert und außen vergrößert: Der Strom wird in die der Leiteroberfläche näheren Schichten verdrängt. Dadurch werden die Stromwärmeverluste und somit der Wirkwiderstand $R_\sim$ größer.

Hinzu kommt, daß die Ströme im Leiterinnern infolge dieser Stromverdrängung kaum noch mit Fluß verkettet sind, während der Strom in der Leiteroberfläche die ursprüngliche Flußverkettung behält. Dies führt noch zu einer Phasenverschiebung zwischen den Strömen im Innern und am Rand und somit zu einer Änderung der Induktivität des Leiters. Wir betrachten die Verhältnisse zunächst mit dem folgenden einfachen Beispiel.

Beispiel 3.57. Ein runder Draht mit dem Außendurchmesser $d_a = 1$ cm besteht aus Kupfer mit der Leitfähigkeit $\gamma = 56$ S m/mm^2. Für die Frequenz $f = 10$ kHz ist die Erhöhung des Wirkwiderstands und die Verminderung der inneren Induktivität infolge Stromverdrängung zu bestimmen.

Wir teilen den Kupferdraht entsprechend Bild 3.77 in 4 Teilleiter mit gleichem Querschnitt und dementsprechend gleichen Gleichstrom-Teilleiter-Widerständen R_t auf. Wenn wir uns nun diese Teilleiter auf der mittleren Teilleiterphase konzentriert vorstellen (den äußeren allerdings auf dem Außendurchmesser d_a), erhalten wir die Abmessungen von Bild 3.77a. Der so aus 3 Rohren und einem inneren massiven Kern bestehende Leiter sei an seinen Enden wieder kurzgeschlossen. Wir betrachten diesen Leiter für die Länge l.

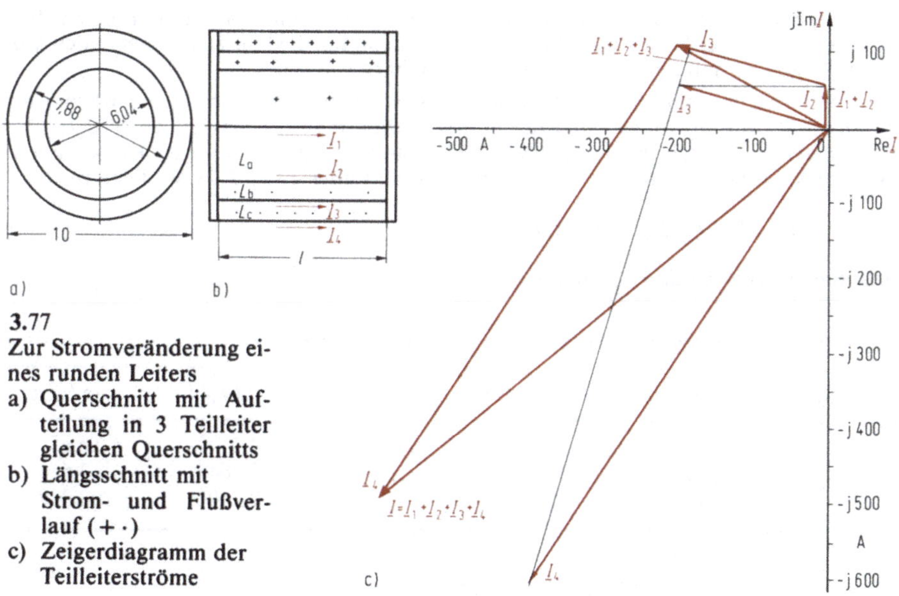

3.77
Zur Stromveränderung eines runden Leiters
a) Querschnitt mit Aufteilung in 3 Teilleiter gleichen Querschnitts
b) Längsschnitt mit Strom- und Flußverlauf (+ ·)
c) Zeigerdiagramm der Teilleiterströme

Dann gilt mit den in Bild 3.77b eingetragenen Zählpfeilen für die vom inneren Draht und dem inneren Rohr gebildete Masche die komplexe Spannungsgleichung

$$R_1 \underline{I}_1 - R_2 \underline{I}_2 + \mathrm{j}\omega L_a \underline{I}_1 = 0 \tag{3.183}$$

Die beiden inneren Rohre bilden ebenfalls eine Masche, wobei hier aber der Fluß Φ_b

mit den Strömen $\underline{I}_1+\underline{I}_2$ verkettet ist. Daher findet man hierfür die Spannungsgleichung

$$R_2\underline{I}_2-R_3\underline{I}_3+\mathrm{j}\omega L_b(\underline{I}_1+\underline{I}_2)=0 \tag{3.184}$$

und schließlich in analoger Weise für die äußere Masche

$$R_3\underline{I}_3-R_4\underline{I}_4+\mathrm{j}\omega L_c(\underline{I}_1+\underline{I}_2+\underline{I}_3)=0 \tag{3.185}$$

Da wir die Teilleiter-Widerstände $R_1=R_2=R_3=R_4=R_t$ gewählt haben, erhalten wir nach Dividieren mit R_t die komplexen Bestimmungsgleichungen für die Ströme

$$\underline{I}_2=\underline{I}_1+\mathrm{j}\frac{\omega L_a}{R_t}\underline{I}_1 \tag{3.186}$$

$$\underline{I}_3=\underline{I}_2+\mathrm{j}\frac{\omega L_b}{R_t}(\underline{I}_1+\underline{I}_2) \tag{3.187}$$

$$\underline{I}_4=\underline{I}_3+\mathrm{j}\frac{\omega L_c}{R_t}(\underline{I}_1+\underline{I}_2+\underline{I}_3) \tag{3.188}$$

und somit auch den komplexen Gesamtstrom

$$\underline{I}=\underline{I}_1+\underline{I}_2+\underline{I}_3+\underline{I}_4 \tag{3.189}$$

Da die Induktivitäten L_a bis L_c und die Teilleiter-Widerstände berechenbar sind, kann man hiermit schließlich nach Annahme eines Stromes I_1 alle Ströme bestimmen. Bild **3**.77 zeigt das zugehörige Zeigerdiagramm, das schon für die hier zu betrachtenden Verhältnisse gilt, so daß der Strom I_1 vernachlässigbar klein wird.

Die Induktivitäten sind für die von den Flüssen Φ_a bis Φ_c durchsetzten Räume mit $L_t=\mu_0 A_m/l_m=\mu_0(d_a-d_i)l/l_m$ und der mittleren Weglänge $l_m=2\pi(d_a-d_i)/\ln(d_a/d_i)$ bei $\mu_0=4\pi$ nH/cm zu berechnen. Mit dem Widerstand $R_t=l/(\gamma A_t)$ und der Kreisfrequenz $\omega=2\pi f$ kann man dann alles zusammenfassen und über Tafel **3**.78 die Faktoren

$$\omega L_t/R_t=(1/2)f\mu_0\gamma A_t\ln(d_a/d_i) \tag{3.190}$$

bestimmen. (Hier ist $d_{ia}=0{,}1$ mm gesetzt!)

Tafel **3**.78 Bestimmung der Faktoren $\omega L_t/R_t$ für Beispiel 3.57

Abschnitt	d_i in mm	d_a in mm	d_a/d_i	$\ln(d_a/d_i)$	$\omega L_t/R_t$
a	0,1	6,036	60,36	4,1	56,65
b	6,036	7,865	1,303	0,2646	3,656
c	7,865	10,0	1,271	0,2401	3,318

Mit der Annahme $\underline{I}_1=1{,}0$ A bilden wir nun

$$\underline{I}_2=\underline{I}_1+\mathrm{j}56{,}65\underline{I}_1=1\text{ A}+\mathrm{j}56{,}65\text{ A} \qquad I_2=56{,}66\text{ A}$$

$$\begin{aligned}\underline{I}_3=\underline{I}_2+\mathrm{j}3{,}656(\underline{I}_1+\underline{I}_2)&=1\text{ A}+\mathrm{j}56{,}65\text{ A}+\mathrm{j}3{,}656(2\text{ A}+\mathrm{j}56{,}65\text{ A})\\&=-206{,}1\text{ A}+\mathrm{j}63{,}96\text{ A} \qquad I_3=215{,}8\text{ A}\end{aligned}$$

$$\begin{aligned}\underline{I}_4=\underline{I}_3+\mathrm{j}3{,}318\underline{I}_3&=-206{,}1\text{ A}+\mathrm{j}63{,}96\text{ A}+\mathrm{j}3{,}318(-204{,}1\text{ A}+\mathrm{j}123{,}6\text{ A})\\&=-616{,}2\text{ A}-\mathrm{j}613{,}2\text{ A} \qquad I_4=869{,}3\text{ A}\end{aligned}$$

$$
\begin{array}{lll}
 & \underline{I}_1 = 1\ \mathrm{A} & \\
 & \underline{I}_2 = 1\ \mathrm{A} + \mathrm{j}56{,}65\ \mathrm{A} & \\
\hline
\underline{I}_1 + \underline{I}_2 & = 2\ \mathrm{A} + \mathrm{j}56{,}65\ \mathrm{A} & |\underline{I}_1 + \underline{I}_2| = 56{,}68\ \mathrm{A} \\
 & \underline{I}_3 = -206{,}1\ \mathrm{A} + \mathrm{j}63{,}96\ \mathrm{A} & \\
\hline
\underline{I}_1 + \underline{I}_2 + \underline{I}_3 & = -204{,}1\ \mathrm{A} + \mathrm{j}\,123{,}6\ \mathrm{A} & |\underline{I}_1 + \underline{I}_2 + \underline{I}_3| = 238{,}6\ \mathrm{A} \\
 & \underline{I}_4 = -616{,}2\ \mathrm{A} - \mathrm{j}613{,}2\ \mathrm{A} & \\
\hline
\underline{I} = \underline{I}_1 + \underline{I}_2 + \underline{I}_3 + \underline{I}_4 & = -802{,}2\ \mathrm{A} - \mathrm{j}489{,}6\ \mathrm{A} & I = 939{,}8\ \mathrm{A}
\end{array}
$$

Wir haben also den Fall berechnet, daß bei Gleich- und Sinusstromanschluß der Strom $I = 939{,}8$ A fließt. Das Verhältnis von Sinusstrom-Wirkwiderstand zu Gleichstromwiderstand erhalten wir, wenn wir das Verhältnis der Verluste

$$
k_W = \frac{R_\sim}{R_-} = \frac{V_\sim}{V_-} = \frac{I_1^2 + I_2^2 + I_3^2 + I_4^2}{4(I/4)^2} = \frac{4(1^2 + 56{,}66^2 + 215{,}8^2 + 869{,}3^2)\,\mathrm{A}^2}{939{,}8^2\ \mathrm{A}^2} = 3{,}8
$$

bilden. Für den Faktor der Induktivitätsverminderung müssen wir mit der magnetischen Energie $W_m = LI^2/2$, der Induktivität der Teilabschnitte $L_t = \mu_0 l \ln(d_a/d_i)/(4\pi)$ und der inneren Induktivität des ganzen Leiters für Gleichstrom $L_{i-} = \mu_0 l/(8\pi)$ (Ableitung s. Band I, Teil 2) das Verhältnis der magnetischen Energien

$$
k_X = \frac{L_{i\sim}}{L_{i-}} = \frac{L_a I_2 + L_b |\underline{I}_1 + \underline{I}_2|^2 + L_c |\underline{I}_1 + \underline{I}_2 + \underline{I}_3|^2}{L_{i-} I^2}
$$

$$
= \frac{2}{I^2}\left[\ln\left(\frac{d_{aa}}{d_{ia}}\right) I_1^2 + \ln\left(\frac{d_{ab}}{d_{ib}}\right) |\underline{I}_1 + \underline{I}_2|^2 + \ln\left(\frac{d_{ac}}{d_{ic}}\right) |\underline{I}_1 + \underline{I}_2 + \underline{I}_3|^2\right]
$$

$$
= \frac{2}{939{,}8^2\ \mathrm{A}^2}(4{,}1 \cdot 1^2 + 0{,}2646 \cdot 56{,}68^2 + 0{,}2401 \cdot 238{,}6^2)\,\mathrm{A}^2 = 0{,}03289
$$

berechnen. Bild 3.79 liefert $k_W = 3{,}98$ und $k_X = 0{,}027$. Die Übereinstimmung ist also ausreichend. Noch bessere Ergebnisse würde man mit einer feineren Unterteilung des Drahtquerschnitts erhalten.

Das Zeigerdiagramm in Bild 3.77c zeigt sehr deutlich, daß schon bei dieser für die Nachrichtentechnik relativ niedrigen Frequenz zwischen Innenschicht und Außenschicht des Drahtes sehr große Unterschiede von Stromdichte und Phasenlage auftreten, also auch ein gestreckter Draht nicht einfach als Wirkwiderstand R_- aufgefaßt werden darf.

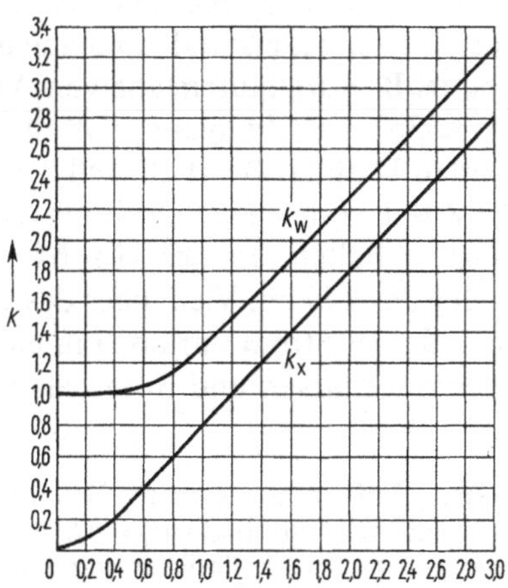

3.79 Widerstandsfaktor k_W und Blindwiderstandsfaktor k_X der Stromverdrängung für runde Leiter

3.3.2.2 Berechnung der Stromverdrängung. Die genaue Berechnung der Stromverdrängung führt zu Besselschen Funktionen, die wir hier nicht behandeln können [40], [71]. Sie hängt mit dem Leiterradius r_0, der Frequenz f, der elektrischen Leitfähigkeit γ des Leiters, seiner Permeabilitätszahl μ_r und der Induktionskonstanten μ_0 von dem reduzierten Leiterradius

$$
x = 0{,}5\, r_0 \sqrt{\pi f \gamma \mu_r \mu_0} \tag{3.191}
$$

ab und kann mit Wirkwiderstandsfaktor k_W und Blindwiderstandsfaktor k_X Bild 3.79 entnommen werden. Hiermit gilt dann, wenn der Index $_-$ die Gleichstromgrößen und der Index $_\sim$ die Sinusstromgrößen bezeichnet, für den Wirkwiderstand

$$R_\sim = k_W R_- \tag{3.192}$$

und für den inneren induktiven Leiter-Blindwiderstand

$$X_{Li\sim} = k_X R_- \tag{3.193}$$

Als Näherung kann man nach [40] benutzen für $x < 1$

$$k_W \approx 1 + (x^4/3) \tag{3.194}$$

$$k_X \approx x^2(1 - x^4/6) \tag{3.195}$$

und für $x > 1$

$$k_W \approx 0{,}25 + x + [3/(64x)] \tag{3.196}$$

$$k_X \approx x - \frac{3}{64x} + \frac{3}{128x^2} \tag{3.197}$$

Wegen der meist großen äußeren Induktivität ist (vor allem bei höheren Frequenzen) die Änderung der inneren Induktivität häufig zu vernachlässigen.

Nach Gl. (3.191) und Bild 3.79 hat der Leiterradius entscheidenden Einfluß auf die Stromverdrängung, während die Frequenz f nur mit ihrer Wurzel wirksam wird. Bei Freileitungen und Kabeln der Energietechnik für 50 Hz oder 60 Hz darf man bei mäßigen Leiterquerschnitten als Wirkwiderstand den Gleichstromwiderstand annehmen. Leiter, die weitgehend in Eisen gebettet sind (z. B. Käfigläuferstäbe von Asynchronmaschinen), zeigen dagegen eine so große Stromverdrängung, daß diese zur Verbesserung des Anlaufs ausgenutzt werden kann (s. Band II, Teil 1 und 2). In den Ständerwicklungen kann man die Zusatzverluste durch Stromverdrängung mit Gitterstäben (s. Band II, Teil 1) klein halten. In der Hochfrequenztechnik kann der Wirkwiderstand nach Bild 3.79 ein Vielfaches des Gleichstromwiderstands betragen. Dann darf man, da der Strom nur noch in einer sehr dünnen Randschicht fließt, den Leiterkern fortlassen und Rohre als Leiter einsetzen.

Beispiel 3.58. Man berechne für eine Doppelleitung der Länge $l = 60$ km aus Bronzedraht mit der Leitfähigkeit $\gamma = 47{,}6$ Sm/mm^2 und dem Durchmesser $d = 2{,}5$ mm für die Frequenz $f = 8$ kHz die Widerstandserhöhung durch Stromverdrängung.

Bei dem Leiterquerschnitt $A = \pi d^2/4 = \pi \cdot 2{,}5\ \text{mm}^2/4 = 4{,}909\ \text{mm}^2$ ist der Gleichstromwiderstand

$$R_- = \frac{2l}{\gamma A} = \frac{2 \cdot 60\ \text{km}}{47{,}6\ \text{S(m/mm}^2) \cdot 4{,}909\ \text{mm}^2} = 513{,}6\ \Omega$$

Man erhält mit dem Leiterradius $r_0 = d/2 = 2{,}5$ mm$/2 = 1{,}25$ mm, der Permeabilitätszahl $\mu_r = 1$ für Luft und der Induktionskonstante $\mu_0 = 4\pi$ nΩs/cm den reduzierten Leiterradius

$$x = \frac{r_0}{2}\sqrt{\pi f \gamma \mu_r \mu_0} = \frac{0{,}125 \text{ cm}}{2} = \sqrt{\pi \cdot 8 \text{ kHz} \cdot 4{,}76 \cdot 10^5 \frac{\text{S}}{\text{cm}} \cdot 4\pi \frac{\text{n}\Omega\text{s}}{\text{cm}}} = 0{,}7663$$

und den Wirkwiderstandsfaktor

$$k_W \approx 1 + (x^4/3) = 1 + (0{,}766^4/3) = 1{,}115 \ (\approx 1{,}1 \text{ nach Bild } 3.79).$$

Dann ist mit Gl. (3.192) der Wirkwiderstand

$$R_\sim = k_W R_- = 1{,}115 \cdot 513{,}6\ \Omega = 572{,}6\ \Omega$$

Die Widerstandserhöhung durch Stromverdrängung beträgt somit $R_\sim - R_- = 572{,}6\ \Omega - 513{,}6\ \Omega = 59\ \Omega$.

Beispiel 3.59. Für eine Leitung aus Kupferdraht mit dem Durchmesser $d = 3{,}0$ mm und der Leitfähigkeit $\gamma = 57$ Sm/mm² soll der Wirkwiderstand $R_\sim$ je km Doppelleitung unter Berücksichtigung der Stromverdrängung zwischen den Frequenzen $f = 0$ bis 200 kHz ermittelt und als Kurve aufgetragen werden.
Der Gleichstromwiderstand beträgt

$$R_- = \frac{2l}{\gamma \pi d^2/4} = \frac{2000 \text{ m}}{(57 \text{ Sm/mm}^2)\pi \cdot 3{,}0^2 \text{ mm}^2/4} = 4{,}964\ \Omega$$

Benötigt wird außerdem der reduzierte Leiterradius

$$x = 0{,}5 r_0 \sqrt{\pi f \gamma \mu_r \mu_0} = 0{,}5 \cdot 0{,}15 \text{ cm} \sqrt{\pi f \cdot 57 \text{ (Sm/mm}^2) \cdot 1 \cdot 4\pi \text{ nH/cm}}$$
$$= 0{,}01125 \sqrt{f \text{s}}$$

Für 4 Frequenzen aus dem genannten Bereich erhält man mit Tafel 3.80 Parameter von $x = 2{,}52$ und mehr, so daß für die Berechnung des Widerstandsfaktors k_W Gl. (3.196) zu benutzen ist. Da $3/(64x)$ schon bei $x = 2{,}52$ den kleinen Wert 0,018 hat, kann dieses Glied vernachlässigt werden, so daß $k_W \approx 0{,}25 + x$ bleibt. Hiermit sind Widerstandsfaktor k_W und Wirkwiderstand $R_\sim$ in Tafel 3.80 berechnet und in Bild 3.81 wiedergegeben.

Tafel 3.80 Bestimmung des Wirkwiderstands für Beispiel 3.59

f in kHz	50	100	150	200
$\sqrt{f}$ in $\sqrt{\text{Hz}}$	223,6	316,2	387,9	447,2
x	2,516	3,558	4,357	5,031
k_W	2,765	3,808	4,607	5,281
$R_\sim = k_W \cdot 4{,}964\Omega$	13,73	18,9	22,87	26,22

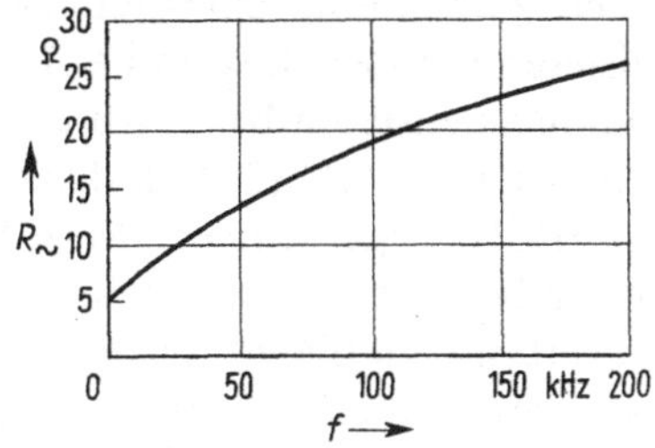

3.81 Abhängigkeit des Wirkwiderstands $R_\sim$ von der Frequenz f (Beispiel 3.59)

3.3.2.3 Eisenverluste. Die in Abschn. 1.4.2.1 abgeleitete magnetische Energie W_m verschwindet, wenn der Strom Null wird, wieder aus der Induktivität L. Befindet sich jedoch Eisen im magnetischen Feld, so wird auch ein Teil der zugeführten elektrischen Energie beim Ummagnetisieren der Molekularmagnete irreversibel in Wärmeenergie umgewandelt. Man nennt dies die Hysteresearbeit. Daneben werden in massiven Metallteilen durch Wechselflüsse Wechselspannungen induziert, die flächenhafte Ströme, also Wirbelströme, und daher mit dem Widerstand der Strombahn nach Abschn. 1.4.1 Verluste verursachen. Ferromagnetische Werkstoffe zeigen daher Eisenverluste, die aus Hysterese- und Wirbelstromverlusten bestehen.

Hystereseverlust. Beim Aufmagnetisieren von ferromagnetischen Stoffen benötigt man nach Bild 3.82 für die Kurve $B_A = f(H)$ eine größere magnetische Feldstärke H als bei der Entmagnetisierung für die Kurve $B_E = f(H)$. Den meßtechnisch zu findenden Kurvenverlauf nennt man Hystereseschleife.

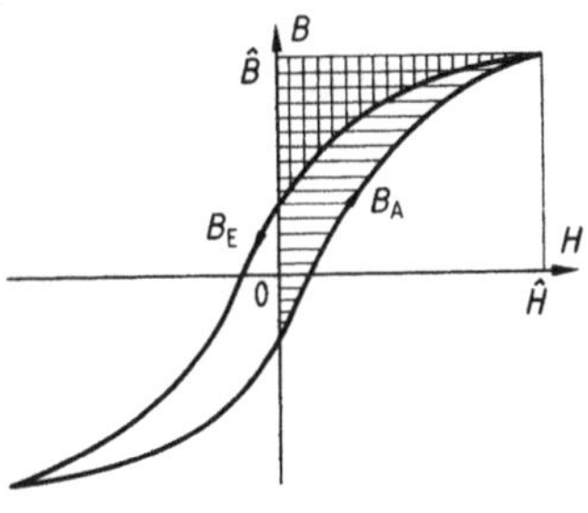

3.82 Hysterese des Eisens

Beim Magnetisieren wird mit dem Strom i nach Gl. (1.60) die Spannung $u_q = N\,\mathrm{d}\Phi_t/\mathrm{d}t$ wirksam und somit die elektrische Energie

$$\mathrm{d}W_t = i\,\mathrm{d}t\,N\,\mathrm{d}\Phi_t/\mathrm{d}t = i\,N\,\mathrm{d}\Phi_t = H_t l A\,\mathrm{d}B_t$$

zugeführt. Mit den Voraussetzungen für Gl. (1.54) darf iN durch $H_t l$ ersetzt und mit denen für Gl. (1.52) $\mathrm{d}\Phi_t = A\,\mathrm{d}B_t$ gesetzt werden. Außerdem spielt die Zeitabhängigkeit dann keine Rolle mehr (der Index t entfällt), und man erhält allgemein für die aufzubringende Energie

$$W_m = lA \int_0^B H\,\mathrm{d}B \qquad (3.198)$$

Dieses Integral läßt sich mit dem Kurvenverlauf in Bild 3.82 nicht mehr allgemein gültig lösen. Eine graphische Integration ergibt jedoch für das Aufmagnetisieren mit dem Beginn bei $H=0$ die waagerecht schraffierte Fläche und das Entmagnetisieren bis $H=0$ die senkrecht schraffierte Fläche als Ergebnis des Integrals in Gl. (3.198). Daher ist der Flächeninhalt der Hystereseschleife allgemein ein Maß für die aufzubringende Hysteresearbeit. Wird diese Schleife mit der Frequenz f-mal umfahren, vergrößern sich die Hystereseverluste mit diesem Faktor f. Außerdem zeigen Werkstoffe mit schmaler Hystereseschleife (d.s. weichmagnetische Stoffe) geringe und Werkstoffe mit breiter Hystereseschleife (hartmagnetische Stoffe) große Hystereseverluste. Die in Abschn. 3.5.3 behandelten Transformatoren sollen stets geringe Hystereseverluste aufweisen.

Wirbelstromverlust. Wird ein massiver metallischer Leiter wie in Bild **3.**83a von einem magnetischen Wechselfluß Φ_t durchsetzt, so sind die in Bild **3.**83 rot eingetragenen Strombahnen mit Teilen dieses Flusses verkettet, und es entstehen nach Gl. (1.57) Spannungen, die Wirbelströme zur Folge haben. Für den Scheitelwert der Spannung gilt Gl. (1.103), für die Größe der Ströme das Ohmsche Gesetz und für die auftretenden Verluste Gl. (1.85). Da Kreisfrequenz bzw. Winkelgeschwindigkeit ω und Frequenz f nach Gl. (3.5) einander proportional sind und für den Leitwert Gl. (1.31) gilt, kann man für diese Wirbelstromverluste bei Sinusfluß angeben

$$V_{\mathrm{Wi}} = f^2 \hat{\Phi}^2 A/l \tag{3.199}$$

Sie wachsen also im Gegensatz zu den Hystereseverlusten mit dem Quadrat der Frequenz f. Man kann sie klein halten, wenn man wie in Bild **3.**83b durch Aufteilung des massiven Leiters in Teilleiter den Scheitelwert des Flusses $\hat{\Phi}$ und den Querschnitt A verringert sowie den Stromweg l verlängert. Daher werden die Eisenteile magnetischer Kreise, die von Wechselfluß durchsetzt werden (z. B. Transformatoren nach Abschn. 3.5) aus dünnen (z. B. 0,3 mm oder 0,5 mm dick), gegeneinander isolierten Blechen zusammengesetzt.

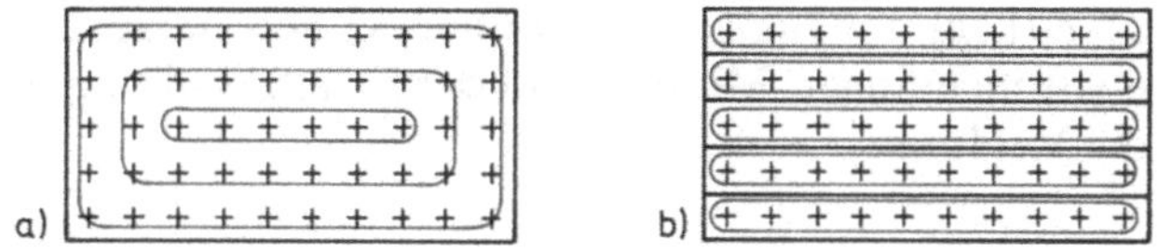

3.83
Wirbelströme i in einem massiven (a) und einem quer zur Flußrichtung (+) geblechten Leiter (b)

Wirbelströme treten nicht nur im Eisen, sondern auch in anderen massiven Leitern auf; sie werden z. B. in Wirbelstrombremsen oder Wirbelstrom-Drehzahlmessern ausgenutzt. Wirbelfelder wirken sich ebenfalls im Skineffekt, also bei der Stromverdrängung (s. Abschn. 3.3.2.1) aus.

3.3.2.4 Dielektrische Verluste. Da alle Isolierstoffe nur einen endlichen Widerstand R bzw. die Ableitung G aufweisen, fließt im Dielektrikum zwischen den Elektroden, wie in Beispiel 1.14 gezeigt, ein Strom I_R, der mit der anliegenden Spannung U die Ableitungsverluste

$$V_R = U I_R = U^2/R = G U^2 \tag{3.200}$$

verursacht. Auch fließen über die Oberfläche von Isolatoren Ströme I_F, die besonders bei verschmutzter und feuchter Oberfläche zu beachten sind. Mit dem Oberflächenwiderstand R_F und der anliegenden Spannung U gilt für diese Oberflächenverluste

$$V_F = U I_F = I_F^2 R_F = U^2/R_F \tag{3.201}$$

Ableitungs- und Oberflächenverluste treten schon bei Gleichspannung auf.

Elektrische Wechselfelder bewirken ferner ein ständiges Umpolarisieren der Elementarteilchen, verursachen auf diese Weise molekulare Reibungsverluste und erzeugen so Wärme. Eine Isolation darf daher nach Bild **3.**84a aufgefaßt

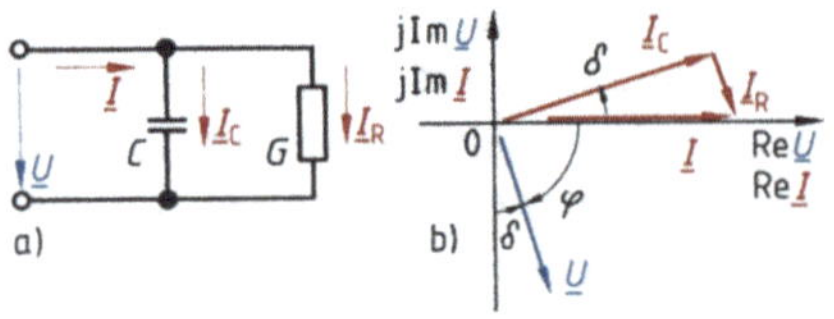

3.84
Ersatzschaltung einer Isolation (a) und zugehöriges Zeigerdiagramm (b)

werden als Parallelschaltung einer Kapazität C, die nach Gl. (1.73) die unmittelbaren Wirkungen des elektrostatischen Feldes wiedergibt, und eines Wirkleitwerts G, in dem die erläuterten Verluste, nämlich die Ableitungs-, Oberflächen- und dielektrischen Verluste, zusammengefaßt auftreten. Für diese Ersatzschaltung gilt bei Sinusstrom das Zeigerdiagramm in Bild **3**.84b mit dem Phasenwinkel φ. Meist wird jedoch nicht dieser Winkel $|\varphi|$, der in der Nähe von 90° liegen soll, sondern der Verlustwinkel $\delta = 90° + \varphi$ bzw. der Verlustfaktor

$$\tan\delta = I_R/I_C = -X_C/R = G/(\omega C) \tag{3.202}$$

angegeben. Er ist also mit der Kreisfrequenz ω auch von der Frequenz $f = \omega/(2\pi)$ abhängig - wie Bild **3**.85 für einige Dielektrika zeigt, allerdings meist nichtlinear. Mit ihm und der Ersatzschaltung in Bild **3**.84b gilt dann für die Verluste

$$V_d = G\,U^2 = U^2 \omega C \tan\delta \tag{3.203}$$

Für weitere Einzelheiten s. Band I, Teil 3.

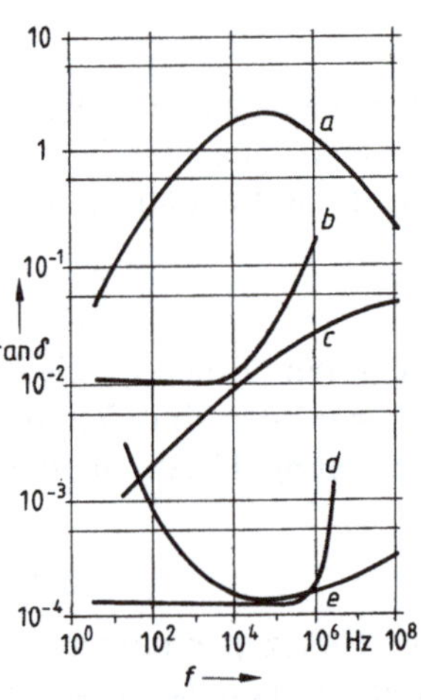

Dielektrische Verluste können Isolierstoffe bei großen elektrischen Feldstärken und hohen Frequenzen merklich erwärmen. Die Temperaturen dürfen aber bestimmte Grenzwerte nicht übersteigen, da sie sonst frühzeitig altern (s. Band I, Teil 3); man muß daher für eine ausreichende Kühlung sorgen. In der Elektrowärmetechnik werden dagegen dielektrische Verluste zum Aufheizen von Isolierstoffen, zum Trocknen, Kochen, in der Heilbehandlung und für andere Zwecke angewandt.

3.85 Abhängigkeit des Verlustfaktors $\tan\delta$ von der Frequenz f beim Elektrolyt-Kondensator (a), für Papier (b), Kunststoffolie (c), Styroflex (d) und Keramik (e)

3.3.3 Ersatzschaltungen für Bauelemente

Die in Abschn. 3.2.1 betrachteten Grund-Zweipole kommen in dieser idealisierten Form praktisch nicht vor. In den ausgeführten Bauelementen, wie Leitungen, Vorwiderständen, Stellwiderständen, Drosselspulen und Kondensatoren, wird stets elektrische Energie in Wärme umgewandelt, während das elektrische Feld periodisch mit dem magnetischen Feld wechselt. In diesen Bauelementen sind also gleichzeitig Wirkwiderstand *R*, Induktivität *L* und Kapazität *C* wirksam. Die zugehörigen Ersatzschaltungen wollen wir jetzt betrachten.

3.3.3.1 Sinusstrom-Leitung. Eine Sinusstrom-Leitung, die aus zwei parallelen Leitern besteht und z. B. eine Freileitung oder ein Kabel darstellen kann, baut abwechselnd magnetische und elektrische Felder auf und zeigt Stromwärmeverluste im Leiter selbst und u. U. dielektrische Verluste (s. Abschn. 3.3.2.4) in der Isolation. Die Ersatzschaltung in Bild **3.**86 berücksichtigt alle diese Erscheinungen, nämlich die Stromwärmeverluste $R i^2$ im Längswiderstand *R*, die dielektrischen Verluste $G u^2$ im Querleitwert *G*, die Wirkungen des magnetischen Feldes in der Induktivität *L* und die Wirkungen des elektrischen Feldes (z. B. Ladungserscheinungen) in der Kapazität *C*. Hierbei soll auch die Stromverdrängung berücksichtigt sein.

Für lange Leitungen bezieht man die Größen *R*, *L*, *G* und *C* meist auf die Leiterlänge und spricht dann z. B. von Widerstands**belägen**, Induktivitätsbelägen usw. Bei Kabeln ist die Kapazität *C* relativ groß und daher wichtig; für kurze Freileitungen darf man die Ableitung *G* und die Kapazität *C* jedoch meist vernachlässigen. Für die hohen Frequenzen der Nachrichtentechnik ist daneben eine eigene Leitungstheorie entwickelt worden, die in Band XI erläutert wird.

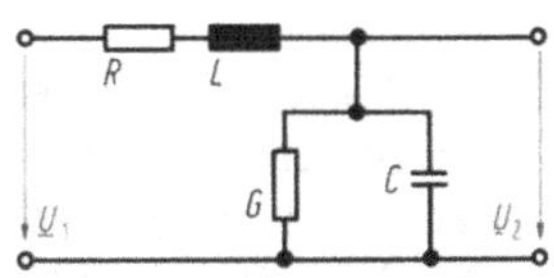

3.86 Ersatzschaltung einer Sinusstrom-Leitung

Für die Anwendung der Leitungstheorie bei der Energieverteilung s. Band VI und IX.

3.3.3.2 Widerstandsgerät. Im Gegensatz zu dem idealisierten Zweipol Wirkwiderstand *R* sprechen wir hier von dem ausgeführten Widerstandsgerät, wie es als Heizofen, Stellwiderstand, Meßwiderstand o. ä. benutzt wird. Es wird meist als Drahtwiderstand gewickelt, z. B. auf Keramikzylinder, und stellt somit eine Spule dar. Daher erweist sich ein solcher Widerstand nicht nur als gewünschter Wirkwiderstand *R*, sondern enthält außerdem noch Induktivität *L* und auch Kapazität *C*, da sich zwischen den verschiedenen Leiterteilen ein elektrisches Feld aufbauen kann. In erster Näherung verhält sich dann ein Widerstandsgerät wie die Ersatzschaltung in Bild **3.**87. Nach Gl. (3.132) gilt für den komplexen Widerstand

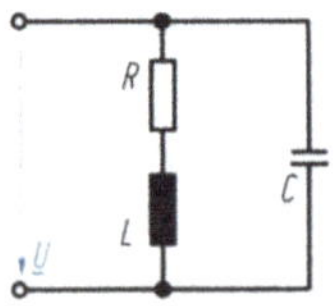

3.87 Ersatzschaltung eines Widerstandsgeräts

$$\underline{Z}=\frac{\mathrm{j}X_C(R+\mathrm{j}X_L)}{R+\mathrm{j}(X_L+X_C)}=\frac{\mathrm{j}X_C(R+\mathrm{j}X_L)[R-\mathrm{j}(X_L+X_C)]}{R^2+(X_L+X_C)^2}$$

$$=\frac{-\mathrm{j}\dfrac{1}{\omega C}(R+\mathrm{j}\omega L)\left[R-\mathrm{j}\left(\omega L-\dfrac{1}{\omega C}\right)\right]}{R^2+\left(\omega L-\dfrac{1}{\omega C}\right)^2}$$

$$=\frac{R+\mathrm{j}\omega(L-CR^2-\omega^2CL^2)}{\omega^2C^2\left[R^2+\left(\omega L-\dfrac{1}{\omega C}\right)^2\right]} \qquad (3.204)$$

und es tritt der Fehlwinkel

$$\alpha=\arctan\omega\left(\frac{L}{R}-CR-\frac{\omega^2CL^2}{R}\right) \qquad (3.205)$$

auf. Wenn man das Glied mit ω^2 vernachlässigt und kleine Fehlwinkel erzielen will, müssen demnach bei kleinen Wirkwiderständen R Induktivität L klein und Kapazität C groß, bei großen Wirkwiderständen R dagegen Induktivität L groß und Kapazität C klein gemacht werden. Für Meßwiderstände kennt man daher bei kleinen und großen Widerstandswerten unterschiedliche Bauarten (s. Band IV).

3.3.3.3 Drossel. Die in einer Drosselspule auftretenden Verluste verhindern, daß sie als reine Induktivität angesehen werden darf. Wenn die Drossel einen Eisenkern hat, treten Eisenverluste als Hysterese- und Wirbelstromverluste (s. Abschn. 3.3.2.3) auf, die in der Ersatzschaltung von Bild 3.88a in dem parallel zur Induktivität L liegenden Eisenverlustwiderstand R_{Fe} umgesetzt werden.

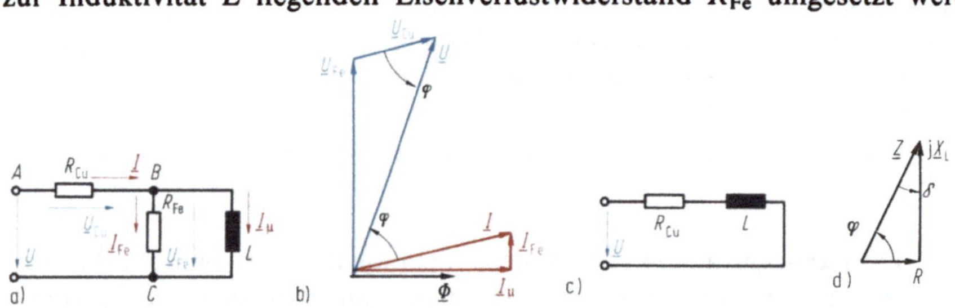

3.88 Vollständige Ersatzschaltung (a) für kleine Frequenzen mit zugehörigem Zeigerdiagramm (b) sowie vereinfachte Ersatzschaltung (c) mit zugehörigem Widerstandsdiagramm (d) einer Drossel

Außerdem ist noch der Wicklungswiderstand R_{Cu} zu berücksichtigen, der Stromwärmeverluste verursacht und entsprechend Bild 3.88a vor die Parallelschaltung von R_{Fe} und L geschaltet zu denken ist. Das zugehörige Zeigerdiagramm in Bild 3.88b zeigt, daß der Phasenwinkel zwischen Strom und Spannung kleiner als $\pi/2=90°$ ist. Bild **3.**88a und b gelten für Drosseln der Energietechnik, deren Stromverlauf noch in Abschn. 5.3.3.1 näher untersucht wird. Da bei Luftdrosseln der Eisenkern fehlt, können auch keine Eisenverluste auftreten, und es gilt für niedrige bis mittlere Frequenzen die Ersatzschaltung von Bild **3.**88c. Auch hiermit bleibt der Phasenwinkel $|\varphi|$ kleiner als 90°. Man gibt aber meist den Verlustwinkel $\delta=90°-\varphi$ entsprechend Bild **3.**88d bzw. den Verlustfaktor

$$\tan\delta = R/X_L = R/(\omega L) \tag{3.206}$$

oder den Kehrwert, den Gütefaktor (s. Abschn. 6.1.2.2)

$$Q_L = 1/\tan\delta = \omega L/R \tag{3.207}$$

an. Bei den höchsten Frequenzen muß man auch wieder die Windungskapazitäten, z. B. mit der Ersatzschaltung in Bild **3.**87, berücksichtigen. Für Einzelheiten von Meßspulen s. Band IV bzw. von Hochfrequenzspulen s. Band XI.

Beispiel 3.60. Eine Drossel zeigt bei Gleichstrom den Widerstand $R_- = 45\,\Omega$ und nimmt an Sinusspannung $U=220$ V bei der Frequenz $f=50$ Hz ($\omega=314{,}2\ \text{s}^{-1}$) den Strom $I=0{,}5$ A und die Leistung $P=25$ W auf. Die Kenngrößen der Ersatzschaltung in Bild **3.**88a sind zu bestimmen.

Die Drossel hat nach Tafel **3.**62 und Bild **3.**88b den Phasenwinkel

$$\varphi = \arccos P/(UI) = \arccos 25\ \text{W}/(220\ \text{V}\cdot 0{,}5\ \text{A}) = 76{,}86°$$

Wir setzen $R_{Cu}=R_-=45\,\Omega$ und erhalten so die Teilspannung $U_{Cu}=R_{Cu}I=45\,\Omega\cdot 0{,}5\ \text{A}=22{,}5$ V und die Kupferverluste $V_{Cu}=R_{Cu}I^2=45\,\Omega\cdot 0{,}5^2\ \text{A}^2=11{,}25$ W. Nach Bild **3.**88b gilt dann für die Teilspannung

$$\begin{aligned} U_{Fe} &= \sqrt{(U-U_{Cu}\cos\varphi)^2+(U_{Cu}\sin\varphi)^2} \\ &= \sqrt{(220\ \text{V}-22{,}5\ \text{V}\cdot\cos 76{,}86°)^2+(22{,}5\ \text{V}\cdot\sin 76{,}86°)^2} = 216\ \text{V} \end{aligned}$$

Auf sie entfallen die Eisenverluste $V_{Fe}=P-V_{Cu}=25\ \text{W}-11{,}25\ \text{W}=13{,}75$ W. Daher beträgt der Eisenverlustwiderstand $R_{Fe}=U_{Fe}^2/V_{Fe}=216^2\ \text{V}^2/(13{,}75\ \text{W})=3{,}393\ \text{k}\Omega$ bzw. der Eisenverluststrom $I_{Fe}=V_{Fe}/U_{Fe}=13{,}75\ \text{W}/(216\ \text{V})=0{,}0636$ A. Beim Magnetisierungsstrom dürfen wir daher mit $I_\mu=I=0{,}5$ A rechnen, so daß der Blindwiderstand $X_L=U_{Fe}/I_\mu=216\ \text{V}/(0{,}5\ \text{A})=432\,\Omega$ und die Induktivität $L=X_L/\omega=432\,\Omega/(314{,}2\ \text{s}^{-1})=1{,}375$ H auftreten.

3.3.3.4 Kondensator. Nur Kondensatoren mit Vakuum oder Gas als Dielektrikum können als reine Kapazität C angesprochen werden. Alle anderen Dielektrika sind nach Abschn. 3.3.2.4 mit dielektrischen Verlusten behaftet. Hinzu kommen Stromwärmeverluste, die im Oberflächenwiderstand und im endlichen Isolationswiderstand zwischen den Elektroden entstehen. Diese Verluste V kann man in dem in Bild **3.**84 zur erwünschten Kapazität C parallelgeschalteten Wirkleitwert G erzeugt denken. Mit dem Verlustwinkel $\delta=90°+\varphi$ erhält man dann für diese einfache Parallelschaltung den Verlustfaktor von Gl. (3.202).

Für höhere Frequenzen muß man noch die Induktivität L der Zuleitung, der Elektroden und des elektrischen Feldes zwischen ihnen beachten, so daß von einer bestimmten Resonanzfrequenz (s. Abschn. 6.1) an der Kondensator sich nicht mehr kapazitiv, sondern induktiv verhält. Für Einzelheiten zu Meßkondensatoren s. Band IV, für Kondensatoren der Nachrichtentechnik s. Band XI.

Beispiel 3.61. An einem verlustbehafteten Kondensator werden bei der Frequenz $f=$ 1 MHz gemessen Kapazität $C=2{,}55$ nF und Verlustfaktor $\tan\delta=1{,}0\cdot 10^{-3}$ (z. B. bei Calan, Calit und Frequenta).

a) Wie groß sind die dielektrischen Verluste bei der Spannung $U=350$ V?

Aus Gl. (3.203) erhält man die Verluste

$$V_d=2\pi f C U^2 \tan\delta=2\pi\cdot 1\ \text{MHz}\cdot 2{,}55\ \text{nF}\cdot 350^2\ \text{V}^2\cdot 1{,}0\cdot 10^{-3}=1{,}963\ \text{W}$$

b) Zur Berücksichtigung der dielektrischen Verluste wird eine Parallel-Ersatzschaltung nach Bild 3.84a angenommen. Der Ersatzleitwert G ist zu berechnen.

Mit den Verlusten gilt

$$G=V_d/U^2=2\pi f C \tan\delta=2\pi\cdot 1\ \text{MHz}\cdot 2{,}55\ \text{nF}\cdot 1{,}0\cdot 10^{-3}=16{,}02\ \mu\text{S}$$

3.3.4 Gemischte Schaltungen

Während in Abschn. 3.2.2 und 3.2.3 nur einfachere Reihen- und Parallelschaltungen behandelt werden, wollen wir uns nun umfangreicheren Schaltungen und Netzwerken zuwenden. Wir werden feststellen, daß sich für einige Aufgaben die anschauliche Lösung mit dem Zeigerdiagramm anbietet, während andere Aufgaben der Sinusstromtechnik leichter durch Anwendung der komplexen Rechnung zu lösen sind.

3.3.4.1 Anwendung des Zeigerdiagramms. Zeigerdiagramme stellen die Verhältnisse in einer Sinusstromschaltung durchsichtig und zusammenhängend dar. Man sollte bei der Lösung einer Sinusstromaufgabe daher möglichst immer das zugehörige Zeigerdiagramm aufstellen. Häufig wird auch anhand von Überlegungen an einem nur qualitativ skizzierten Zeigerdiagramm ein schneller oder einfacher Lösungsweg erkennbar. Dem Anfänger sei zusätzlich empfohlen, längere komplexe Rechnungen mit Zeigerdiagrammen zu überprüfen, da sonst leicht Fehler übersehen werden. Groß und sorgfältig gezeichnete Zeigerdiagramme liefern meist ausreichend genaue Ergebnisse. Ergänzende Berechnungen mit dem Taschenrechner zu Zeigerdiagrammen bietet Band VII an.

Anschaulicher Lösungsweg. Mit den folgenden Beispielen wollen wir zeigen, daß man mit Zeigerdiagrammen die Phasenlagen und Beträge von Strömen und Spannungen besonders anschaulich bestimmen kann. Verwiesen sei hierfür auch auf die Beispiele 3.6, 3.7, 3.9, 3.25, 3.31, 3.32, 3.34, 3.38, 3.40, 3.49, 3.57, 3.60 und die Übungsaufgaben in Abschn. 3.7, sowie auf Band VII.

Beispiel 3.62. An der Frequenz $f = 16\frac{2}{3}$ Hz von Bahnstromversorgungen neigen die Glühlampen zu einem mit dem Auge noch wahrnehmbaren Flackern. Um diese unangenehme Erscheinung zu vermindern, können jeweils 2 Glühlampen in Parallelschaltung mit phasenverschobenen Strömen betrieben werden.

Eine hierfür geeignete Schaltung besteht aus 2 parallelen Zweigen, deren Teilspannungen gegeneinander um 90° und gegen die Netzspannung $\underline{U}$ um je 45° nach Bild 3.89a phasenverschoben sein sollen, so daß also in einem Zweig ein induktiver, im anderen ein kapazitiver Widerstand liegen muß. Die Netzspannung soll $U = 220$ V betragen. Die Glühlampen wirken praktisch als Wirkwiderstände und sind für $U_G = 120$ V bei $I_G = 0{,}3333$ A (also für die Leistung $P = 40$ W) ausgelegt. Zu ermitteln sind die erforderlichen Vorwiderstände R_{VW}, die notwendige Induktivität L bzw. Kapazität C, um die genannten Phasenbedingungen zu erfüllen, und der Gesamtstrom I.

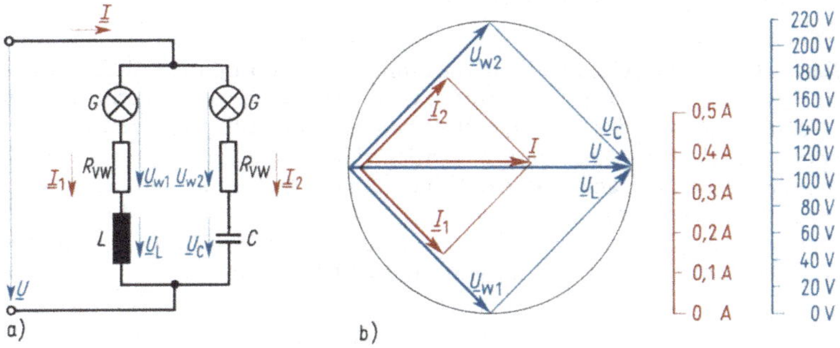

3.89 Lampenschaltung (a) für $16\frac{2}{3}$ Hz mit Zeigerdiagramm (b)
G Glühlampe

Im Zeigerdiagramm von Bild 3.89b sind die 4 Teilspannungen

$$U_{w1} = U_{w2} = U_C = U_L = U \cos 45° = 220\ \text{V} \cdot \sqrt{2}/2 = 155{,}6\ \text{V}$$

dem Betrag nach gleich. Die beiden Vorwiderstände R_{VW} müssen die Spannung

$$U_{VW} = U \cos 45° - U_G = 155{,}6\ \text{V} - 120\ \text{V} = 35{,}6\ \text{V}$$

aufnehmen, also den Widerstand $R_{VW} = U_{VW}/I_G = 35{,}6\ \text{V}/(0{,}3333\ \text{A}) = 106{,}7\ \Omega$ aufweisen.

Mit der Kreisfrequenz $\omega = 2\pi f = 2\pi \cdot 16\frac{2}{3}\,\text{s}^{-1} = 104{,}7\,\text{s}^{-1}$ erhält man nach Gl. (3.48) die Induktivität

$$L = \frac{U_L}{I_1 \omega} = \frac{155{,}6\ \text{V}}{0{,}3333\ \text{A} \cdot 104{,}7\ \text{s}^{-1}} = 4{,}556\ \text{H}$$

und nach Gl. (3.59) die Kapazität

$$C = \frac{I_2}{U_C \omega} = \frac{0{,}3333\ \text{A}}{155{,}6\ \text{V} \cdot 104{,}7\ \text{s}^{-1}} = 20{,}46\ \mu\text{F}$$

Der dem Netz entnommene Strom ist schließlich nach dem Zeigerdiagramm in Bild 3.89b

$$I = \sqrt{2}\, I_G = \sqrt{2} \cdot 0{,}3333\ \text{A} = 0{,}4714\ \text{A}$$

Beispiel 3.63. Ein komplexer Widerstand $\underline{Z}_1 = 200\,\Omega\,\underline{/-70^\circ}$ liegt entsprechend der Schaltung in Bild 3.90a parallel zu einem komplexen Widerstand $\underline{Z}_2$, und alle Sinusströme betragen $I_1 = I_2 = I = |\underline{I}_1 + \underline{I}_2| = 0{,}6$ A. Der Widerstand $\underline{Z}_2$ ist zu bestimmen.

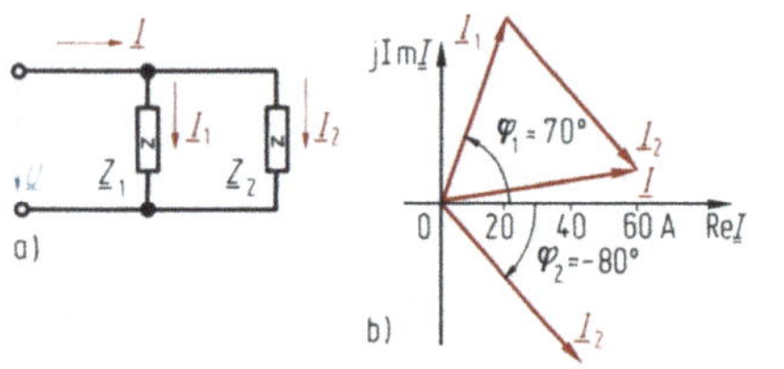

3.90 Parallelschaltung (a) mit Zeigerdiagramm (b) für Beispiel 3.63

Es fließt bezogen auf eine reelle Spannung $\underline{U}$ der Strom $\underline{I}_1 = 0{,}6\text{ A}\,\underline{/70^\circ}$, und die Zeiger der drei Ströme müssen wie in Bild 3.90b ein gleichseitiges Dreieck bilden. Daher fließt der Strom $\underline{I}_2 = 0{,}6\text{ A}\,\underline{/-50^\circ}$, zu dem der komplexe Widerstand $\underline{Z}_2 = 200\,\Omega\,\underline{/50^\circ}$ gehört.

Beispiel 3.64. Drosseln werden gern mit der Schaltung in Bild 3.91a nach der einfach zu handhabenden Drei-Strommesser-Methode untersucht. Die eingeschalteten Strommesser weisen so geringe Innenwiderstände auf, daß die durch sie verursachten Spannungsabfälle vernachlässigt werden dürfen. Parallel zur zu untersuchenden Drossel, die als Parallelschaltung des Wirkwiderstands R_{Dr} mit der Induktivität L aufgefaßt wird ist der Wirkwiderstand $R_1 = 20\,\Omega$ geschaltet. Es werden die Sinusströme $I = 10$ A, $I_1 = 5$ A und $I_{Dr} = 7$ A bei der Frequenz $f = 50$ Hz ($\omega = 314{,}2\text{ s}^{-1}$) gemessen. Wirkleitwert G_{Dr} und Induktivität L der Drossel sind zu bestimmen.

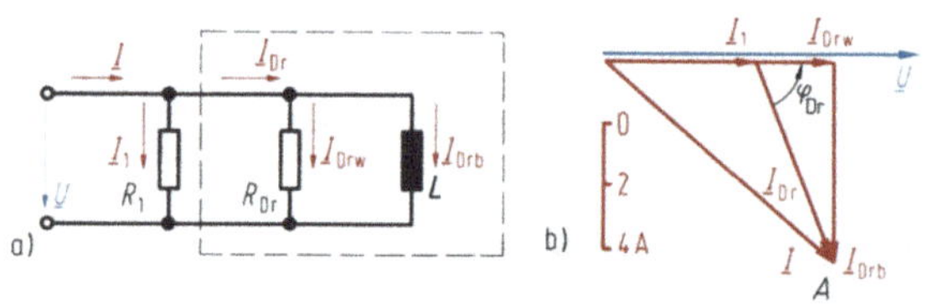

3.91 Drossel in Drei-Strommesser-Schaltung (a) mit Zeigerdiagramm (b)

Das Zeigerdiagramm in Bild 3.91b geht von dem Spannungszeiger $\underline{U}$ aus. Der Strom $\underline{I}_1$ liegt mit ihr in Phase. Die Phasenlage der übrigen Ströme findet man, wenn man um den Fußpunkt des Stromzeigers $\underline{I}_1$ einen Kreis mit dem Radius $I = 10$ A und um seine Spitze einen Kreis mit dem Radius $I_{Dr} = 7$ A schlägt und so den Schnittpunkt A bestimmt. (Hierbei müssen die Ströme $\underline{I}$ und $\underline{I}_{Dr}$ gegenüber der Spannung $\underline{U}$ nacheilen.) Anschließend kann man den Strom $\underline{I}_{Dr}$ in Wirkkomponente I_{Drw} und Blindkomponente I_{Drb} zerlegen. Außerdem gilt nach Bild 3.91b mit dem Kosinussatz

$$\cos(180^\circ + \varphi_{Dr}) = \frac{I_{Dr}^2 + I_1^2 - I^2}{2 I_{Dr} I_1} = \frac{7^2\,\text{A}^2 + 5^2\,\text{A}^2 - 10^2\,\text{A}^2}{2 \cdot 7\,\text{A} \cdot 5\,\text{A}} = -0{,}3714$$

und man erhält den Phasenwinkel $\varphi_{Dr} = 68{,}2^\circ$ mit $\cos\varphi_{Dr} = 0{,}3714$ und $\sin\varphi_{Dr} = -0{,}9285$. Hiermit finden wir nach Tafel 3.62 die Wirkkomponente $I_{Drw} = I_{Dr}\cos\varphi_{Dr} = 7\text{ A} \cdot 0{,}3714 = 2{,}6$ A und die Blindkomponente $I_{Drb} = -I_{Dr}\sin\varphi_{Dr} = -7\text{ A} \cdot 0{,}9285 = -6{,}5$ A, also auch mit der Spannung $U = R_1 I_1 = 20\,\Omega \cdot 10\text{ A} = 200$ V den Wirkleitwert

$$G_{Dr} = I_{Drw}/U = 2{,}6\text{ A}/(200\text{ V}) = 13\text{ mS}$$

und die Induktivität

$$L = \frac{-1}{\omega B_L} = \frac{-I_{Drb}}{\omega U} = \frac{-(-6{,}5\text{ A})}{314{,}2\text{ s}^{-1} \cdot 220\text{ V}} = 94{,}04\text{ mH}$$

Beispiel 3.65. Die Schaltung in Bild 3.92a enthält die Wirkwiderstände $R_1 = 10\ \Omega$ und $R_2 = 40\ \Omega$ sowie die Kapazität $C = 110\ \mu F$ und die Induktivität $L = 254$ mH. Sie liegt an der Sinusspannung $U = 220$ V bei der Frequenz $f = 50$ Hz. Alle Ströme und Spannungen sind zu bestimmen.

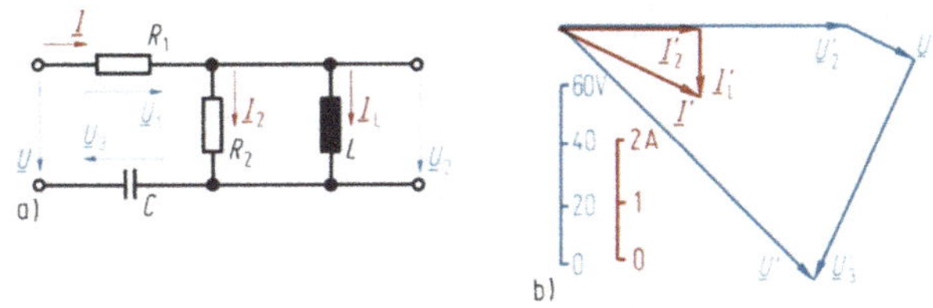

3.92
Schaltung (a) und Zeigerdiagramm (b) für Beispiel 3.65

Wir nehmen in diesem Fall zunächst die Spannung $U_2' = 100$ V an. Für die Kreisfrequenz $\omega = 2\pi f = 2\pi \cdot 50\ \text{Hz} = 314{,}2\ \text{s}^{-1}$ erhält man nach Gl. (3.48) und (3.54) die Blindwiderstände $X_L = \omega L = 314{,}2\ \text{s}^{-1} \cdot 254\ \text{mH} = 79{,}8\ \Omega$ und $X_C = -1/(\omega C) = -1/(314{,}2\ \text{s}^{-1} \cdot 110\ \mu\text{F}) = -28{,}93\ \Omega$. Mit $U_2' = 100$ V finden wir entsprechend Gl. (3.39) und (3.48) die Ströme

$$I_2' = U_2'/R_2 = 100\ \text{V}(40\ \Omega) = 2{,}5\ \text{A}$$

$$I_L' = U_2'/X_L = 100\ \text{V}/(79{,}8\ \Omega) = 1{,}253\ \text{A}$$

$$I' = \sqrt{I_2'^2 + I_L'^2} = \sqrt{2{,}5^2\ \text{A}^2 + 1{,}253^2\ \text{A}^2} = 2{,}797\ \text{A}$$

und mit Gl. (3.39) und Tafel 3.27 auch die Spannungen

$$U_1' = R_1\, I' = 10\ \Omega \cdot 2{,}797\ \text{A} = 27{,}97\ \text{V}$$

$$U_3' = -X_C I' = 28{,}93\ \Omega \cdot 2{,}797\ \text{A} = 80{,}9\ \text{V}$$

Nun können wir z. B. mit den Maßstäben für die Spannung $m_U = 10$ V/cm und den Strom $m_I = 0{,}5$ A/cm das Zeigerdiagramm zeichnen. (Im Druck wird hier $m_U = 40$ V/cm und $m_I = 2$ A/cm; zur Erzielung ausreichender Ergebnisse müssen jedoch größere Maßstäbe benutzt werden.) Wir beginnen mit dem Spannungszeiger $\underline{U}_2'$ und legen den Stromzeiger $\underline{I}_2'$ gleichphasig, den Stromzeiger $\underline{I}_L'$ jedoch um 90° nacheilend in die Bildebene. Nach Gl. (3.107) erhält man als Summe den Stromzeiger $\underline{I}' = \underline{I}_2' + \underline{I}_L'$. Anschließend müssen wir in Phase mit dem Strom $\underline{I}'$ den Spannungszeiger $\underline{U}_1'$ an $\underline{U}_2'$ und mit 90°-Nacheilung zu $\underline{I}'$ den Spannungszeiger $\underline{U}_3'$ an $\underline{U}_1'$ antragen. Somit finden wir mit Gl. (3.73) die Spannungssumme $\underline{U}' = \underline{U}_1 + \underline{U}_2 + \underline{U}_3$ und entnehmen dem Zeigerdiagramm in Bild 3.92b den Betrag $U' = 124$ V.

Da aber tatsächlich die Spannung $U = 220$ V an der Schaltung liegt, müssen wir noch alle Spannungen und Ströme im Verhältnis $U/U' = 220\ \text{V}/(124\ \text{V})$ umrechnen und erhalten so schließlich $U_1 = 50$ V, $U_2 = 179$ V, $U_3 = 145$ V und $I = 5{,}01$ A, $I_2 = 4{,}48$ A, $I_L = 2{,}25$ A.

Beispiel 3.66. Die Brückenschaltung von Bild 3.93a liegt an der Sinusspannung $U = 100$ V und enthält die Wirkwiderstände $R_2 = 6\ \text{k}\Omega$, $R_3 = 10\ \text{k}\Omega$ und die kapazitiven Blindwiderstände $X_{C1} = -9\ \text{k}\Omega$, $X_{C4} = -5\ \text{k}\Omega$. Die Spannung U_{CD} ist zu bestimmen.

Nach Gl. (3.84) fließt durch den Scheinwiderstand

$$Z_1 = \sqrt{R_2^2 + X_{C1}^2} = \sqrt{6^2 + 9^2}\ \text{k}\Omega = 10{,}82\ \text{k}\Omega$$

der Strom

$$I_1 = U/Z_1 = 100\ \text{V}/(10{,}82\ \text{k}\Omega) = 9{,}245\ \text{mA}$$

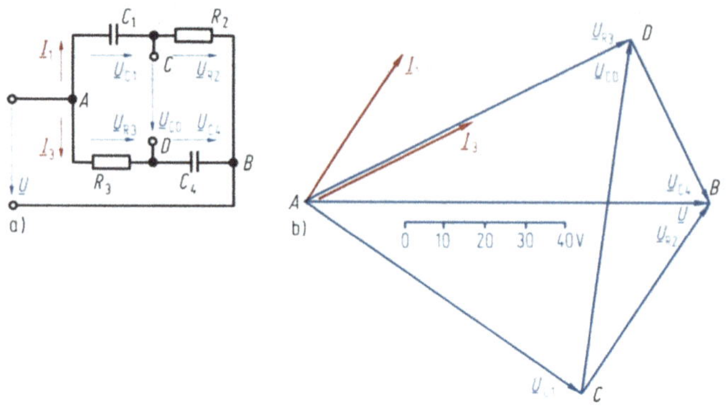

3.93
Brückenschaltung (a) mit Zeigerdiagramm (b) für Beispiel 3.66

und wir erhalten nach Tafel 3.27 die Teilspannungen

$$U_{C1} = -X_{C1} I_1 = 9\ \mathrm{k\Omega} \cdot 9{,}245\ \mathrm{mA} = 83{,}21\ \mathrm{V}$$

$$U_{R2} = R_2 I_1 = 6\ \mathrm{k\Omega} \cdot 9{,}245\ \mathrm{mA} = 55{,}47\ \mathrm{V}$$

In gleicher Weise finden wir

$$Z_3 = \sqrt{R_3^2 + X_{C4}^2} = \sqrt{10^2 + 5^2}\ \mathrm{k\Omega} = 11{,}18\ \mathrm{k\Omega}$$

$$I_3 = U/Z_3 = 100\ \mathrm{V}/(11{,}2\ \mathrm{k\Omega}) = 8{,}94\ \mathrm{mA}$$

$$U_{R3} = R_3 I_3 = 10\ \mathrm{k\Omega} \cdot 8{,}94\ \mathrm{mA} = 89{,}4\ \mathrm{V}$$

$$U_{C4} = X_{C4} I_3 = 5\ \mathrm{k\Omega} \cdot 8{,}94\ \mathrm{mA} = 44{,}72\ \mathrm{V}$$

Die Ströme $\underline{I}_1$ und $\underline{I}_3$ eilen gegenüber der komplexen Spannung $\underline{U}$ vor und liegen mit den Teilspannungen $\underline{U}_{R2}$ bzw. $\underline{U}_{R3}$ in Phase, während die komplexen Teilspannungen $\underline{U}_{C1}$ und $\underline{U}_{C4}$ entsprechend um $\pi/2 = 90°$ gegenüber diesen Strömen nacheilen. Außerdem schreibt der Kirchhoffsche Maschensatz die Spannungsbedingungen $\underline{U} = \underline{U}_{C1} + \underline{U}_{R2} = \underline{U}_{R3} + \underline{U}_{C4}$ und für die gesuchte Spannung $\underline{U}_{CD} = \underline{U}_{R3} - \underline{U}_{C1}$ vor. Nach Wahl eines geeigneten Spannungsmaßstabs können wir unter Beachtung dieser Bedingungen nun das Zeigerdiagramm in Bild 3.93b zeichnen und aus ihm ablesen $U_{CD} = 87$ V.

Einhaltung eines bestimmten Phasenwinkels. Wenn für Spannungen oder Ströme eine bestimmte Phasenbedingung vorgeschrieben ist, lassen sich die Verhältnisse häufig mit einem Zeigerdiagramm, das nicht immer maßstabsgerecht sein muß, schnell übersehen. Man findet dann meist eine leichte Lösung. Dies wollen wir an einigen Beispielen zeigen.

Beispiel 3.67. Wirkleitwert G und kapazitiver Blindwiderstand $X_C = -3\ \mathrm{k\Omega}$ liegen nach Bild 3.50a parallel an der Sinusspannung U, so daß diese den Phasenwinkel $\varphi = -50°$ gegenüber dem Strom $\underline{I}$ zeigt. Wie groß muß ein induktiver Blindwiderstand X_L sein, der parallelgeschaltet den Phasenwinkel auf $\varphi = 50°$ bringt?

Mit dem zugehörigen Zeigerdiagramm in Bild 3.94 erkennt man sofort, daß der induktive Blindstrom I_L doppelt so groß wie der kapazitive Blindstrom I_C, der induktive Blindwiderstand $X_L = X_C/2 = 3\ \mathrm{k\Omega}/2 = 1{,}5\ \mathrm{k\Omega}$ also halb so groß wie der kapazitive sein muß.

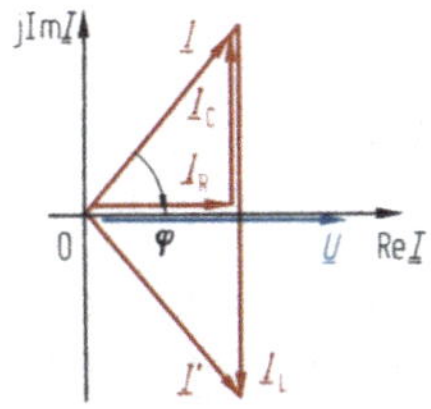

3.94 Stromzeigerdiagramm zu Beispiel 3.67

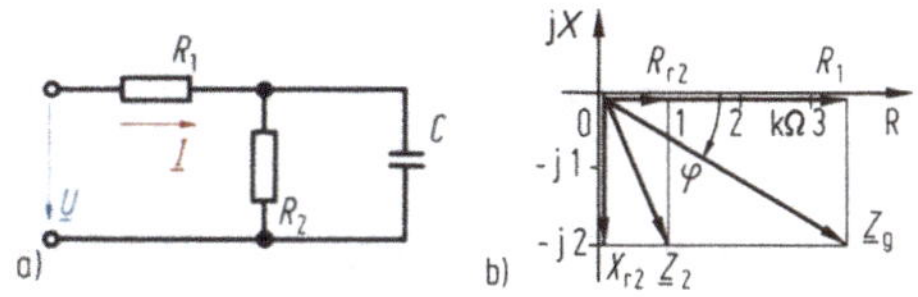

3.95 Schaltung (a) und Widerstandsdiagramm (b) für Beispiel 3.68

Beispiel 3.68. Die Schaltung in Bild 3.95a enthält den Wirkwiderstand $R_2 = 5$ kΩ und den Blindwiderstand $X_C = -2{,}5$ kΩ. Wie groß muß der Wirkwiderstand R_1 sein, wenn der Phasenwinkel zwischen Strom $\underline{I}$ und Spannung $\underline{U}$ hier $\varphi = -30°$ betragen soll?

Wir berechnen zunächst mit Gl. (3.134) den komplexen Widerstand

$$\underline{Z}_2 = \frac{1}{\dfrac{1}{R_2} + \dfrac{1}{\mathrm{j}X_C}} = \frac{1}{\dfrac{1}{5\ \mathrm{k\Omega}} + \dfrac{1}{-\mathrm{j}2{,}5\ \mathrm{k\Omega}}} = (1 - \mathrm{j}2)\ \mathrm{k\Omega} = R_2 + \mathrm{j}X_2$$

und zeichnen mit ihm das Widerstandsdiagramm in Bild 3.95b. Es ist sofort zu sehen, daß der Wirkwiderstand $R_1 = 2{,}5$ kΩ betragen muß.

Beispiel 3.69. Die Schaltung in Bild 3.96 enthält die Kapazitäten $C_1 = 80$ nF, $C_2 = 110$ nF und den Wirkwiderstand $R_2 = 4$ kΩ. Wie groß muß der Wirkwiderstand R_1 gewählt werden, wenn die Sinusspannungen $\underline{U}$ und $\underline{U}_2$ bei der Kreisfrequenz $\omega = 5000\ \mathrm{s}^{-1}$ in Phase liegen sollen?

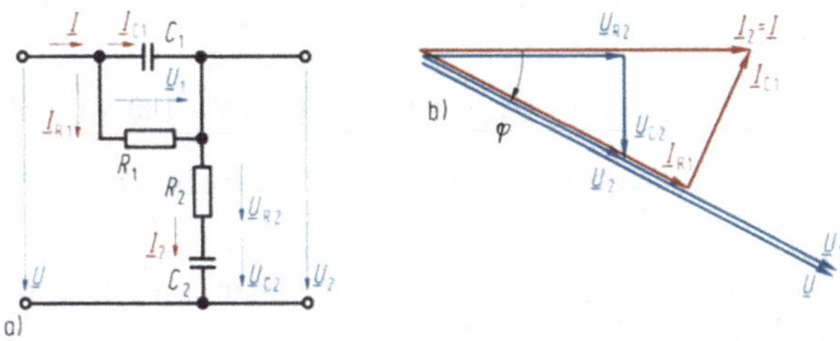

3.96 Schaltung (a) und Zeigerdiagramm (b) für Beispiel 3.69

Wir entwerfen zunächst das Zeigerdiagramm in Bild 3.96b, das nicht maßstabsgerecht sein muß. Wenn wir einen Strom $\underline{I}_2$ annehmen, liegt die Teilspannung $\underline{U}_{R2}$ mit ihm in Phase, die Teilspannung $\underline{U}_{C2}$ eilt um 90° nach. Mit $\underline{U}_2 = \underline{U}_{R2} + \underline{U}_{C2}$ erhalten wir auch den Phasenwinkel φ. Da die Spannungen $\underline{U}$ und $\underline{U}_2$ in Phase liegen sollen, kann die Spannung $\underline{U}_1$ auch nur die gleiche Phasenlage haben. Gleichzeitig gilt für die Ströme $\underline{I} = \underline{I}_2$, so daß nun $\underline{I}_2$ in die Komponenten $\underline{I}_{R1}$ und $\underline{I}_{C1}$ zerlegt werden muß, wobei $\underline{I}_{R1}$ mit $\underline{U}_1$ in Phase zu liegen kommt und $\underline{I}_{C1}$ um 90° gegenüber $\underline{U}_1$ voreilt. Auch hier taucht der Phasenwinkel φ auf, für den nun gilt

$$-\tan\varphi = \frac{U_{C2}}{U_{R2}} = \frac{1}{\omega C_2 R_2} = \frac{I_{C1}}{I_{R1}} = \omega C_1 R_1$$

Daher finden wir schließlich den gesuchten Wirkwiderstand

$$R_1 = \frac{1}{\omega^2 C_1 C_2 R_2} = \frac{1}{5000^2\,\mathrm{s}^{-2} \cdot 80\,\mathrm{nF} \cdot 110\,\mathrm{nF} \cdot 4\,\mathrm{k\Omega}} = 1{,}136\,\mathrm{k\Omega}$$

Beispiel 3.70. Die Schaltung nach Bild 3.97a liegt mit den Widerständen $R_1 = 6\,\mathrm{k\Omega}$ und $X_{L1} = 2\,\mathrm{k\Omega}$ an der Sinusspannung $U = 220$ V. Der Strom $\underline{I}_1 = 30$ mA soll in Phase mit der Spannung $\underline{U}$ sein (z. B. im Spannungspfad eines Leistungsmessers, s. Band IV). Wie groß müssen dann die Widerstände R_3 und X_{L2} sein?

Wir erhalten die Teilspannungen

$$U_{R1} = R_1 I_1 = 6\,\mathrm{k\Omega} \cdot 30\,\mathrm{mA} = 180\,\mathrm{V}, \qquad U_{L1} = X_{L1} I_1 = 2\,\mathrm{k\Omega} \cdot 30\,\mathrm{mA} = 60\,\mathrm{V}$$

$$U_2 = \sqrt{U_{R1}^2 + U_{L1}^2} = \sqrt{180^2\,\mathrm{V}^2 + 60^2\,\mathrm{V}^2} = 190\,\mathrm{V}$$

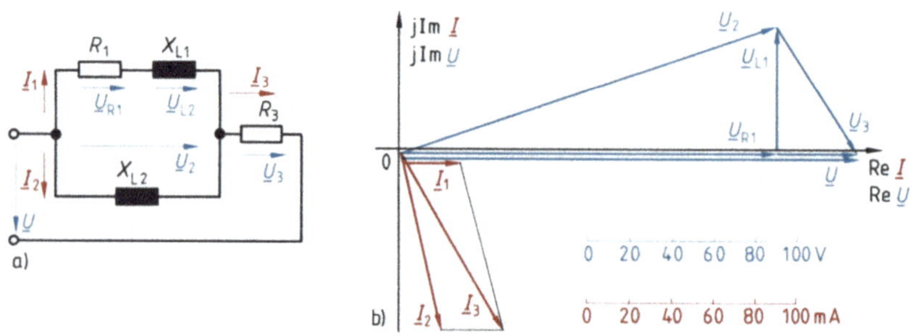

3.97 Schaltung (a) und Zeigerdiagramm (b) zur 0°-Phasenbedingung

Hiermit können wir mit dem Bezugszeiger $\underline{I}_1$ das Spannungs-Zeigerdiagramm nach Bild 3.97b aufstellen sowie die Spannung

$$U_3 = \sqrt{(U - U_{R1})^2 + U_{L1}^2} = \sqrt{(220\,\mathrm{V} - 180\,\mathrm{V})^2 + 60^2\,\mathrm{V}^2} = 72{,}11\,\mathrm{V}$$

berechnen. Der Strom $\underline{I}_3$ muß jetzt die gleiche Phasenlage wie die Teilspannung $\underline{U}_3$ haben, während der Strom $\underline{I}_2$ gegenüber $\underline{U}_2$ um 90° nacheilen soll. Eine Parallele zum Stromzeiger $\underline{I}_2$ durch die Zeigerspitze von $\underline{I}_1$ legt somit das Strom-Zeigerdiagramm fest, und man kann aus Bild 3.97b entnehmen $I_2 = 0{,}1$ A sowie $I_3 = 0{,}114$ A. Daher müssen die Widerstände betragen

$$X_{L2} = U_2/I_2 = 190\,\mathrm{V}/(0{,}1\,\mathrm{A}) = 1{,}9\,\mathrm{k\Omega} \text{ und } R_3 = U_3/I_3 = 71\,\mathrm{V}/(0{,}114\,\mathrm{A}) = 632{,}5\,\Omega$$

Beispiel 3.71. In der Schaltung von Bild 3.98a hat die Spule *1* den Wirkwiderstand $R_1 = 200\,\Omega$, die Induktivität $L_1 = 1{,}5$ H und die Windungszahl $N_1 = 800$. Sie liegt an der Sinusspannung $U = 220$ V bei der Frequenz $f = 50$ Hz ($\omega = 314{,}2\,\mathrm{s}^{-1}$) und soll zusammen mit der Spule *2* durch Überlagerung eine konstante Kraftwirkung [nach Gl. (1.99) $\sim \Phi_{1t}^2 + \Phi_{2t}^2$] der Flüsse Φ_{1t} und Φ_{2t} (z. B. in einem Wechselstromrelais oder einem Wechselstrommotor) erzeugen. Die Spule *2* muß dann nach Bild 3.98c einen um $\pi/2$ zeitlich versetzten Fluß Φ_{2t} führen, was eine um den Phasenwinkel $\varphi_2 = 90°$ gegenüber $\underline{U}_1$ phasenverschobene Spannung $\underline{U}_2$ verlangt, die man über eine Kapazität C erzwingen kann. Diese Kapazität C, die Windungszahl N_2 und alle Ströme sind zu bestimmen. Der Zeitwert der aufgenommenen Wirkleistung ist zu ermitteln.

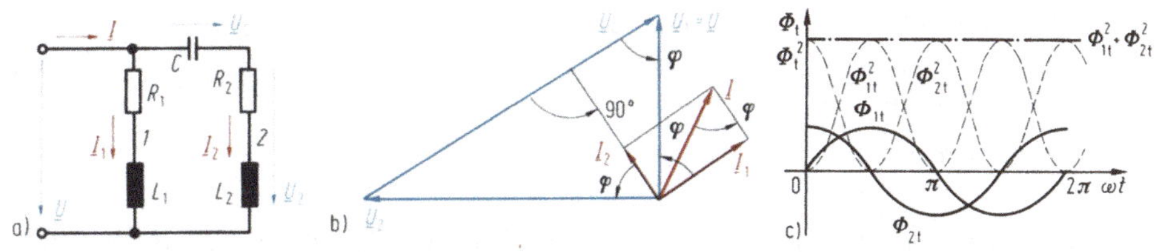

3.98 Schaltung (a), Zeigerdiagramm (b) und Zeitdiagramm (c) für Beispiel 3.71

Zunächst wollen wir mit dem Zeigerdiagramm in Bild 3.98b die Verhältnisse allgemein untersuchen. Die Spule *1* liegt unmittelbar an der Spannung $\underline{U}=\underline{U}_1$ und führt bei dem Phasenwinkel φ den Strom $\underline{I}_1$. Die Spannung $\underline{U}_2$ soll gegenüber der Spannung $\underline{U}_1$ um 90° phasenverschoben sein. Mit der Kapazität C ist nur eine Voreilung zu erreichen. Gleichzeitig muß der Strom $\underline{I}_2$ gegenüber der Kondensatorspannung $\underline{U}_C$ um 90° voreilen und $\underline{U}_2+\underline{U}_C=\underline{U}_1=\underline{U}$ sein. Die Spannungen U_1 und U_2 können daher unterschiedlich groß sein; sie sollen aber einen gleich großen Fluß

$$\hat{\Phi}=\frac{U_1}{4{,}44 f N_1}=\frac{U_2}{4{,}44 f N_2}$$

nach Gl. (3.14) erzeugen, so daß für die Windungszahl $N_2=N_1 U_2/U_1$ gelten muß. Bei gleichem magnetischem Widerstand gilt dann nach Gl. (1.62) für die Induktivität

$$L_2=L_1(N_2/N_1)^2 \tag{3.208}$$

Für die Wicklung sollen Spule *2* und Spule *1* mit dem Drahtquerschnitt A den gleichen Gesamtquerschnitt $N_1A_1=N_2A_2$ und gleiche mittlere Windungslänge l_m sowie elektrische Leitfähigkeit γ zur Verfügung haben, so daß man den Wicklungs-Wirkwiderstand nach Gl. (1.36) aus

$$R_2=\frac{N_2 l_m}{\gamma A_1}=\frac{N_1 l_m}{\gamma A_1}\left(\frac{N_2}{N_1}\right)^2=R_1\left(\frac{N_2}{N_1}\right)^2 \tag{3.209}$$

berechnen kann. Dann gilt aber auch für den komplexen Widerstand

$$\underline{Z}_2=R_2+\mathrm{j}\omega L_2=\underline{Z}_1(N_2/N_1)^2 \tag{3.210}$$

und es tritt bei beiden Spulen nach Gl. (3.37) derselbe Phasenwinkel

$$\varphi=\arctan(\omega L_1/R_1) \tag{3.211}$$

auf. Man erhält also den Strom

$$I_2=U_2/Z_2=U_1(N_2/N_1)/Z_1(N_2/N_1)^2=I_1(N_1/N_2) \tag{3.212}$$

Die geometrischen Beziehungen in Bild 3.98b liefern uns nun die Bestimmungsgleichungen für die Windungszahl

$$N_2=N_1 U_2/U_1=N_1\tan|\varphi| \tag{3.213}$$

die Kondensatorspannung $U_C=U/\cos\varphi$, den kapazitiven Blindleitwert

$$Y_C=\omega C=\frac{I_2}{U_C}=\frac{I_1\cos\varphi}{U\tan|\varphi|}$$

bzw. die Kapazität

$$C = \frac{\cos\varphi}{\omega Z_1 \tan|\varphi|} \tag{3.214}$$

und den Gesamtstrom

$$I = I_1/\sin|\varphi| \tag{3.215}$$

Im Wirkwiderstand R_1 wird der Zeitwert der Leistung $P_{t1} = R_1 i_1^2 = R_1 \hat{i}_1 \sin_1^2(\omega t)$ und im Wirkwiderstand $R_2 = R_1(N_2/N_1)^2$ mit dem voreilenden Strom $i_2 = \hat{i}_2 \sin(\omega t + \pi/2) = \hat{i}_1 (N_1/N_2) \sin(\omega t + \pi/2)$ der Zeitwert der Leistung $P_{t2} = R_2 i_2^2 = R_1 (N_2/N_1)^2 i_1^2 (N_1/N_2)^2 \cdot \sin^2(\omega t + \pi/2)$ umgesetzt. Wir erhalten somit wieder die in Bild 3.98e für die Flüsse dargestellten Verläufe. Die Schaltung in Bild 3.98a nimmt daher eine zeitlich konstante Wirkleistung aus dem Netz auf. Auch hier zeigt sich, daß der zeitliche Verlauf der Wirkleistung von der vorliegenden Schaltung bzw. von der gewählten Ersatzschaltung abhängt, eine Aussage also nur für bestimmte Schaltungen Sinn hat.

Nach Einsetzen der Zahlenwerte finden wir die Kenngrößen

$$\underline{Z}_1 = R_1 + j\omega L_1 = 200\,\Omega + j314{,}2\,\text{s}^{-1} \cdot 1{,}5\,\text{H} = 200\,\Omega + j471{,}2\,\Omega = 511{,}9\,\Omega\,\underline{/67°}$$

$$C = \frac{\cos\varphi}{\omega Z_1 \tan|\varphi|} = \frac{0{,}3907}{314{,}2\,\text{s}^{-1} \cdot 511{,}9\,\Omega \cdot 2{,}36} = 1{,}031\,\mu\text{F}$$

$$N_2 = N_1 \tan|\varphi| = 800 \cdot 2{,}356 = 1885$$

$$I_1 = U_1/Z_1 = 220\,\text{V}/(511{,}9\,\Omega) = 0{,}4298\,\text{A}$$

$$I_2 = I_1/\tan|\varphi| = 0{,}4298\,\text{A}/(2{,}356) = 0{,}1824\,\text{A}$$

$$I = I_1/\sin|\varphi| = 0{,}4298\,\text{A}/(0{,}9205) = 0{,}4669\,\text{A}$$

3.3.4.2 Anwendung der komplexen Rechnung. Jede Sinusstromaufgabe läßt sich mit der komplexen Rechnung lösen. Anfänger machen hierbei jedoch leicht Fehler, so daß die parallele Darstellung in einem Zeigerdiagramm dringend empfohlen wird. Die komplexe Rechnung ermöglicht eine größere Genauigkeit des Ergebnisses als das Zeigerdiagramm, wenn dieses nicht sehr groß und sorgfältig gezeichnet wird. Ganz allgemein eignet sich die komplexe Rechnung für Lösungen mit dem Taschenrechner – insbesondere für Taschenrechnerprogramme, die in Band VII behandelt werden. Sie hat weiterhin Vorteile, wenn Real- oder Imaginärteil allein betrachtet werden dürfen oder allgemeine Lösungen in Gleichungsform angestrebt werden. Für diese Fälle wollen wir wieder einige Beispiele betrachten.

Hohe Genauigkeitsforderungen. Wir wollen jetzt einige Aufgaben, die schon mit Zeigerdiagrammen gelöst wurden, komplex nachrechnen.

Beispiel 3.72. Für die Schaltung in Bild 3.92 (Beispiel 3.65) sind komplexer Strom $\underline{I}_1$ und komplexe Spannung $\underline{U}_2$ zu berechnen.

Wir bestimmen zunächst für die parallelen Widerstände $R_2 = 10\,\Omega$ und $X_L = 80\,\Omega$ über

$$\frac{1}{\underline{Z}_2} = \frac{1}{R_2} + \frac{1}{jX_L} = \frac{1}{40\,\Omega} + \frac{1}{j80\,\Omega} = (25 - j12{,}5)\,\text{mS} = 27{,}95\,\text{mS}\,\underline{/-26{,}57°}$$

$$= \frac{1}{35{,}78\,\Omega\,\underline{/26{,}57°}} = \frac{1}{(32 + j16)\,\Omega}$$

(am einfachsten mit dem Taschenrechner) den Ersatzwiderstand $\underline{Z}_2$ und finden dann mit $\underline{Z}_1 = R_1 + \mathrm{j}X_C = (10 - \mathrm{j}\,28{,}9)\,\Omega$ den Gesamtwiderstand

$$\underline{Z} = \underline{Z}_1 + \underline{Z}_2 = (10 - \mathrm{j}\,28{,}9)\,\Omega + (32 + \mathrm{j}\,16)\,\Omega = (42 - \mathrm{j}\,12{,}9)\,\Omega = 43{,}94\,\Omega\ \underline{/-17{,}07^\circ}$$

Daher fließt, bezogen auf die reelle Spannung $U = 220$ V, der Strom

$$\underline{I} = \underline{U}/\underline{Z} = 220\ \mathrm{V}/(43{,}94\,\Omega\ \underline{/-17{,}07^\circ}) = 5{,}007\ \mathrm{A}\ \underline{/17{,}07^\circ}$$

Für die Spannung am Ausgang gilt (wieder bezogen auf die reelle Spannung U)

$$\underline{U}_2 = \underline{Z}_2\underline{I} = (35{,}78\,\Omega\ \underline{/26{,}57^\circ})(5{,}007\ \mathrm{A}\ \underline{/17{,}07^\circ}) = 179{,}2\ \mathrm{V}\ \underline{/43{,}64^\circ}$$

Beispiel 3.73. Die Spannung $\underline{U}_{CD}$ in der Schaltung von Bild 3.93a (Beispiel 3.66) ist jetzt mit der komplexen Rechnung zu bestimmen.
Mit dem Blindwiderstand $X_{C1} = -9$ kΩ und dem Wirkwiderstand $R_2 = 6$ kΩ fließt bei der Spannung $\underline{U} = U = 100$ V der komplexe Strom

$$\underline{I}_1 = \frac{\underline{U}}{R_2 + \mathrm{j}X_{C1}} = \frac{100\ \mathrm{V}}{6\ \mathrm{k\Omega} - \mathrm{j}\,9\ \mathrm{k\Omega}} = \frac{100\ \mathrm{V}}{10{,}82\ \mathrm{k\Omega}\ \underline{/-56{,}31^\circ}} = 9{,}245\ \mathrm{mA}\ \underline{/56{,}31^\circ}$$

sowie durch den Wirkwiderstand $R_3 = 10$ kΩ und den Blindwiderstand $X_{C4} = -5$ kΩ der komplexe Strom

$$\underline{I}_3 = \frac{\underline{U}}{R_3 + \mathrm{j}X_{C4}} = \frac{100\ \mathrm{V}}{10\ \mathrm{k\Omega} - \mathrm{j}\,5\ \mathrm{k\Omega}} = \frac{100\ \mathrm{V}}{11{,}2\ \mathrm{k\Omega}\ \underline{/-26{,}6^\circ}} = 8{,}944\ \mathrm{mA}\ \underline{/26{,}57^\circ}$$

Diese Ströme verursachen die komplexen Teilspannungen

$$\underline{U}_{C1} = \mathrm{j}X_{C1}\underline{I}_1 = -\mathrm{j}\,9\ \mathrm{k\Omega}\cdot 9{,}245\ \mathrm{mA}\ \underline{/56{,}31^\circ} = 83{,}2\ \mathrm{V}\ \underline{/-33{,}69^\circ} = 69{,}23\ \mathrm{V} - \mathrm{j}\,46{,}15\ \mathrm{V}$$

$$\underline{U}_{R3} = R_3\underline{I}_3 = 10\ \mathrm{k\Omega}\cdot 8{,}944\ \mathrm{mA}\ \underline{/26{,}57^\circ} = 89{,}44\ \mathrm{V}\ \underline{/26{,}57^\circ} = 80\ \mathrm{V} + \mathrm{j}\,40\ \mathrm{V}$$

so daß wir die komplexe Brückenspannung (bezogen auf die reelle Spannung U)

$$\underline{U}_{CD} = \underline{U}_{R3} - \underline{U}_{C1} = 80\ \mathrm{V} + \mathrm{j}\,40\ \mathrm{V} - 69{,}23\ \mathrm{V} + \mathrm{j}\,46{,}15\ \mathrm{V}$$
$$= 10{,}77\ \mathrm{V} + \mathrm{j}\,86{,}15\ \mathrm{V} = 86{,}82\ \mathrm{V}\ \underline{/82{,}87^\circ}$$

erhalten.

0°-, 45°- oder 90°-Bedingung. Komplexe Gleichungen können nach Abschn. 8.2.2.6 in Realteil und Imaginärteil aufgespalten werden. Wird nun an den Phasenwinkel die Bedingung $\varphi = 0^\circ$ oder $|\varphi| = 90^\circ$ geknüpft, so verschwindet eine der beiden so entstandenen Gleichungen, und man erhält auf einfache Weise die gesuchten Bestimmungsgleichungen. Für die Bedingung $|\varphi| = 45^\circ$ muß dagegen $\tan|\varphi| = 1$ sein.

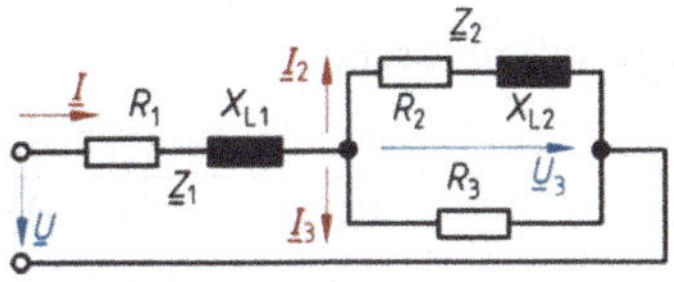

3.99
90°-Schaltung

Beispiel 3.74. Die Schaltung nach Bild 3.99 besteht aus den Widerständen $R_1 = 200\,\Omega$, $X_{L1} = 300\,\Omega$, $R_2 = 400\,\Omega$ und $X_{L2} = 500\,\Omega$ und liegt an der Sinusspannung $U = 220$ V. Der Widerstand R_3 ist so bemessen, daß zwischen dem Strom $\underline{I}_2$ und der Spannung $\underline{U}$ der Phasenwinkel $\varphi_2 = 90^\circ$ auftritt (z.B. zur Blindleistungsmessung, s. Band IV).

Wir müssen den funktionalen Zusammenhang zwischen Spannung $\underline{U}$ und Strom $\underline{I}_2$ finden. Es ist zunächst

$$\underline{U}=\underline{I}_1\left(\underline{Z}_1+\frac{\underline{Z}_2 R_3}{\underline{Z}_2+R_3}\right)$$

Mit $\underline{I}_1=\underline{I}_2+\underline{I}_3$ sowie $\underline{U}_3=\underline{I}_2\underline{Z}_2=\underline{I}_3 R_3$ wird $\underline{I}_3=\underline{I}_2\underline{Z}_2/R_3$ bzw. $\underline{I}_1=\underline{I}_2+(\underline{I}_2\underline{Z}_2/R_3)=\underline{I}_2(\underline{Z}_2+\underline{Z}_3)/R_3$ und

$$\underline{U}=\underline{I}_2\left(\frac{\underline{Z}_2+R_3}{R_3}\right)\left(\underline{Z}_1+\frac{\underline{Z}_2 R_3}{\underline{Z}_2+R_3}\right)=\frac{\underline{I}_2}{R_3}(\underline{Z}_1\underline{Z}_2+\underline{Z}_2 R_3+R_3\underline{Z}_1)$$

Mit $\underline{Z}_1=R_1+\mathrm{j}X_{L1}$ und $\underline{Z}_2=R_2+\mathrm{j}X_{L2}$ erhält man

$$\underline{U}=\frac{\underline{I}_2}{R_3}[(R_1+\mathrm{j}X_{L1})(R_2+\mathrm{j}X_{L2})+(R_2+\mathrm{j}X_{L2})R_3+R_3(R_1+\mathrm{j}X_{L1})]$$
$$=\frac{\underline{I}_2}{R_3}[(R_1R_2-X_{L1}X_{L2}+R_2R_3+R_1R_3)+\mathrm{j}(X_{L1}R_2+X_{L2}R_1+X_{L2}R_3+X_{L1}R_3)]$$

Der Phasenwinkel $\varphi=90°$ zwischen $\underline{I}_2$ und $\underline{U}$ liegt nur vor, wenn der Realteil verschwindet, also für $R_1R_2-X_{L1}X_{L2}+R_2R_3+R_1R_3=0$ oder mit dem Widerstand

$$R_3=\frac{X_{L1}X_{L2}-R_1R_2}{R_1+R_2}=\frac{300\,\Omega\cdot 500\,\Omega-200\,\Omega\cdot 400\,\Omega}{200\,\Omega+400\,\Omega}=116{,}7\,\Omega$$

Diese Aufgabe ist also nur für $X_{L1}X_{L2}-R_1R_2>0$ lösbar.

Beispiel 3.75. Wie lautet für die Schaltung in Bild 3.100 die Bestimmungsgleichung für die Induktivität L, wenn die Spannungen $\underline{U}_a$ und $\underline{U}_e$ gegeneinander um den Phasenwinkel $|\varphi_{13}|=45°$ phasenverschoben sein sollen?

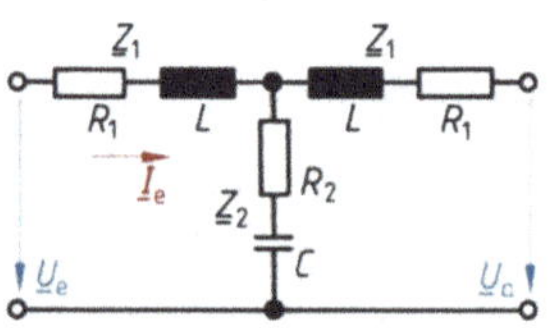

3.100 Netzwerk

Mit $\underline{I}_a=0$ ist die Ausgangsspannung $\underline{U}_a=\underline{Z}_2\underline{I}_1$ und der Eingangsstrom $\underline{I}_e=\underline{U}_e/(\underline{Z}_1+\underline{Z}_2)$. Daher gilt für das Spannungsverhältnis mit den komplexen Widerständen $\underline{Z}_1=R_1+\mathrm{j}\omega L$ und $\underline{Z}_2=R_2-\mathrm{j}/(\omega C)$ nach Erweiterung mit ωC und dem konjugiert komplexen Nenner

$$\frac{\underline{U}_e}{\underline{U}_a}=\frac{\underline{Z}_1+\underline{Z}_2}{\underline{Z}_2}=\frac{R_1+\mathrm{j}\omega L+R_2-\mathrm{j}/(\omega C)}{R_2-\mathrm{j}/(\omega C)}=\frac{R_1\omega C+\mathrm{j}\omega^2LC+R_2\omega C-\mathrm{j}}{R_2\omega C-\mathrm{j}}$$
$$=\frac{1-\omega^2LC+R_2\omega^2C^2(R_1+R_2)+\mathrm{j}\omega C(R_1+\omega^2LCR_2)}{1+\omega^2C^2R_2^2}$$

Es muß nun sein

$$\frac{1-\omega^2LC+R_2\omega^2C^2(R_1+R_2)}{\omega C(R_1+\omega^2LCR_2)}=1$$

so daß man für die Induktivität findet

$$L=\frac{1+R_2\omega^2C^2(R_1+R_2)-\omega CR_1}{\omega^2C(1+\omega CR_2)}$$

Weitere Beispiele enthält Abschn. 3.4.1.1.

Allgemeine Lösungen. In Beispiel 3.74 ist schon unter Anwendung der komplexen Rechnung zunächst die allgemeine Lösung der Aufgabe bestimmt und anschließend durch Einsetzen der Zahlenwerte die gewünschte Größe berechnet worden. Ähnliche allgemeine Ableitungen findet man in Abschn. 3.2.2 bis 3.2.4. Wir wollen hier noch ein weiteres Beispiel betrachten.

Beispiel 3.76. Unter welchen Bedingungen fließt in der Schaltung von Bild 3.101 unabhängig von dem eingestellten Verbraucherwiderstand R_a ein konstanter Verbraucherstrom I_a?

Für die Verbraucherspannung gilt

$$\underline{U}_a = R_a \underline{I}_a = \underline{I}_C/(j\omega C)$$

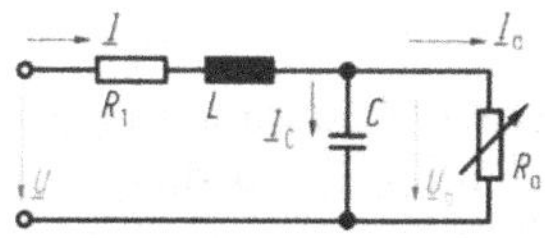

3.101 Schaltung zu Beispiel 3.76

und für die äußere Masche die komplexe Spannungsgleichung

$$\underline{U} = \underline{I}(R_1 + j\omega L) + R_a \underline{I}_a$$

sowie für den oberen Knotenpunkt mit $\underline{I}_C = j\omega C R_a \underline{I}_a$ die komplexe Spannungsgleichung

$$\underline{I} = \underline{I}_a + \underline{I}_C = \underline{I}_a(1 + j\omega C R_a)$$

Wir finden daher die komplexe Spannung

$$\underline{U} = \underline{I}_a(1 + j\omega C R_a)(R_1 + j\omega L) + R_a \underline{I}_a$$

und den komplexen Strom

$$\underline{I}_a = \frac{\underline{U}}{R_a + (1 + j\omega C R_a)(R_1 + j\omega L)} = \frac{\underline{U}}{R_1 + j\omega L + R_a(1 - \omega^2 C L + j\omega C R_1)}$$

Er bleibt dann vom Verbraucherwiderstand R_a unbeeinflußt, wenn $1 - \omega^2 C L + j\omega C R_1 = 0$ wird. Daher muß der Wirkwiderstand $R_1 = 0$ sein, die Induktivität den Wert $L = U/(\omega I_a)$ und die Kapazität den Wert $C = 1/(\omega^2 L)$ annehmen.

3.3.4.3 Smith-Diagramm. Wenn umfangreichere Netzwerke wie in Bild 3.61, 3.65 oder 3.67 vorliegen, kann man, wie in Beispiel 3.48 dargestellt, durch Umrechnen von Parallel- in Reihen-Ersatzschaltungen und umgekehrt den komplexen Gesamtwiderstand finden. Dies ist ein rechnerisch etwas umständlicher Weg, der jetzt durch graphische Verfahren vereinfacht werden soll.

Graphische Umrechnung von Ersatzschaltungen. Wir stellen in Bild 3.102 den komplexen Widerstand $\underline{Z} = R_r + jX_r$ in der komplexen Widerstandsebene dar und lesen für den Phasenwinkel ab

$$\sin\varphi = X_r/Z = Z/X_p$$

$$\cos\varphi = R_r/Z = Z/R_p$$

Daher erhält man mit

$$Z^2 = R_r^2 + X_r^2 = R_r R_p = X_r X_p \tag{3.216}$$

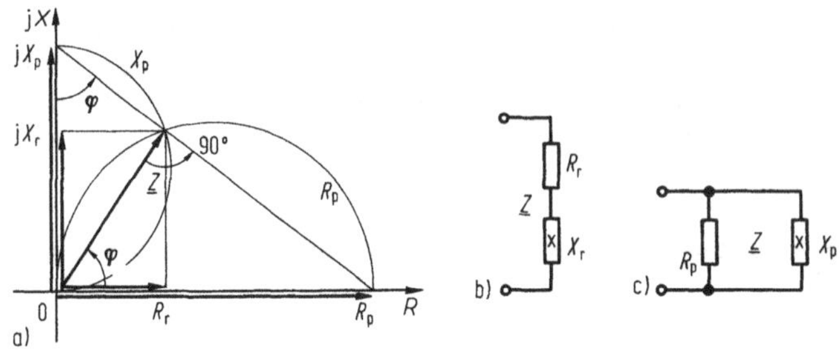

3.102 Graphische Umrechnung von Ersatzschaltungen in der komplexen Widerstandsebene (a) mit Reihen-Ersatzschaltung (b) und Parallel-Ersatzschaltung (c)

einen Zusammenhang, den auch Gl. (3.165) und (3.166) liefern würden. Somit werden durch das Diagramm in Bild **3.**102a auch Gl. (3.165) und (3.166) erfüllt.

Wenn man also wie in Bild **3.**102a den komplexen Widerstand $\underline{Z}$ in der komplexen Widerstandsebene darstellt, findet man die Widerstände der Reihen-Ersatzschaltung als Komponenten auf der reellen bzw. imaginären Achse. Die Widerstände der Parallel-Ersatzschaltung erhält man dagegen erst, wenn man an die Zeigerspitze $\underline{Z}$ eine Senkrechte auf den Zeiger $\underline{Z}$ anträgt und die hiervon auf den Achsen abgeschnittenen Komponenten bestimmt. Die Thaleskreise über R_p und X_p schneiden sich in der Zeigerspitze $\underline{Z}$.

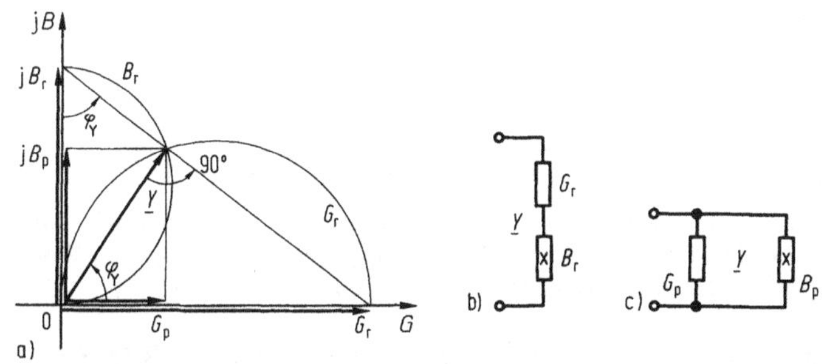

3.103 Graphische Umrechnung von Ersatzschaltungen in der komplexen Leitwertsebene (a) mit Reihen-Ersatzschaltung (b) und Parallel-Ersatzschaltung(c)

In der komplexen Leitwertsebene nach Bild **3.**103a ergeben sich duale Verhältnisse, da die Reihen-Ersatzwiderstände durch die Parallel-Ersatzleitwerte und analog die übrigen Größen gegeneinander vertauscht sind.

Beispiel 3.77. Ein Widerstand $R_r=2\,\Omega$ und ein Blindwiderstand $X_r=1\,\Omega$ liegen nach Bild **3.**102b in Reihe. Die Kenngrößen der Parallel-Ersatzschaltung sind graphisch zu bestimmen.

Wie in Bild **3.**102a zeichnen wir mit den Komponenten R_r und X_r den Widerstandszeiger $\underline{Z}=R_r+\mathrm{j}X_r=2\,\Omega+\mathrm{j}\,1\,\Omega$ und tragen an der Zeigerspitze eine Senkrechte zu $\underline{Z}$ an. Sie liefert auf den Koordinatenachsen den Parallel-Ersatz-Wirkwiderstand $R_p=5\,\Omega$ und den Parallel-Ersatz-Blindwiderstand $X_p=2{,}5\,\Omega$.

Schmidt-Buschbeck-Diagramm. In Bild **3.**103a gehören zu den Größen der Reihen-Ersatzschaltung rechtwinkelige Koordinaten, zu den Größen der Parallel-Ersatzschaltung dagegen Thaleskreise, die man, um auch kapazitive Blindwiderstände berücksichtigen zu können, natürlich zu vollen Kreisen, die auch den negativen Imaginärbereich bestreichen, erweitern muß. Zweckmäßigerweise werden diese Vollkreise dann noch mit $G_p = 1/R_p$ und $B_p = -1/X_p$ für die Leitwerte beziffert.

Auf diese Weise erhält man das Schmidt-Buschbeck-Diagramm von Bild 3.104. Die Widerstände R_r und X_r sind also dort im rechtwinkeligen (kartesischen) $\underline{Z}$-Gitternetz, die Leitwerte G_p und B_p dagegen im orthogonalen $\underline{Y}$-Kreisgitternetz abzulesen. (Orthogonal bedeutet, daß die Kreisordinaten rechte Winkel bilden.) Dieses Inversionsdiagramm verknüpft die inversen Größen

$$\underline{Z} = R_r + \mathrm{j}X_r = \frac{1}{\underline{Y}} = \frac{1}{G_p + \mathrm{j}B_p} \tag{3.217}$$

miteinander (s. Band XI). Um nicht stets von neuem entsprechende Gitternetze herstellen zu müssen, verwendet man zweckmäßig Kreisdiagramm-Papier[1]).

Die verwendeten Widerstände und Leitwerte müssen noch durch Abspalten eines Faktors so normiert werden, daß der gewählte Maßstab optimal ausgenutzt wird, in dem z. B. durch den Scheinwiderstand Z_n, der zweckmäßig eine Zehnerpotenz betragen soll, dividiert wird. Ein normierter komplexer Widerstand wird dann

$$\frac{\underline{Z}}{Z_n} = \frac{R + \mathrm{j}X}{Z_n} = \frac{R}{Z_n} + \mathrm{j}\frac{X}{Z_n} \tag{3.218}$$

Den komplexen Gesamtwiderstand $\underline{Z}$ einer Reihenschaltung erhält man nach Abschn. 3.2.2 durch Summation der Teilwiderstände und den komplexen Gesamtleitwert $\underline{Y}$ einer Parallelschaltung nach Abschn. 3.2.3 durch Summation der Teilleitwerte.

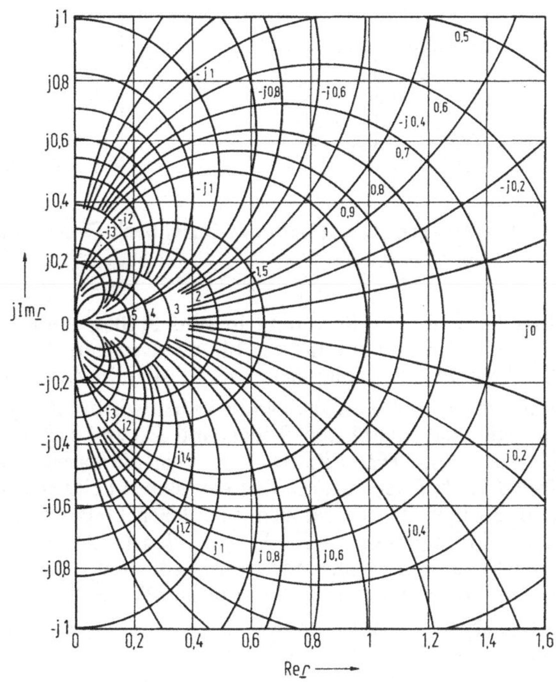

3.104 Gitternetz für Schmidt-Buschbeck-Diagramm

[1]) Zu beziehen im Fachhandel.

Im Schmidt-Buschbeck-Diagramm sind Widerstands- und Leitwertsnetz überlagert, und für jeden Punkt kann man die Widerstands- und Leitwertskomponenten sofort angeben. Für die Summation von weiteren Widerständen oder Leitwerten muß man dann die in Bild 3.105 wiedergegebenen Richtungen einschlagen. Wir üben dieses Verfahren mit dem folgenden Beispiel.

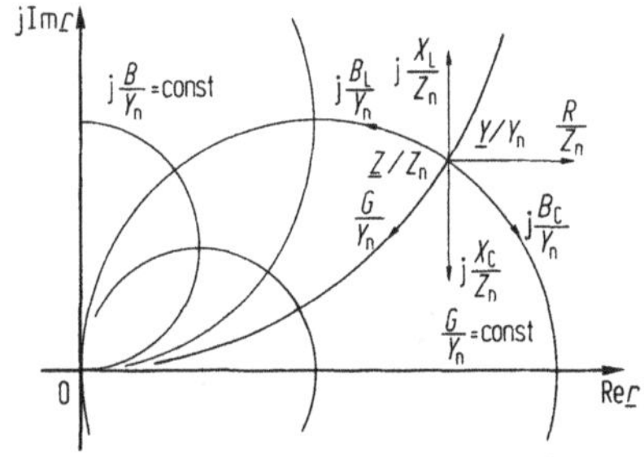

3.105 Summationsrichtungen im Schmidt-Buschbeck-Diagramm

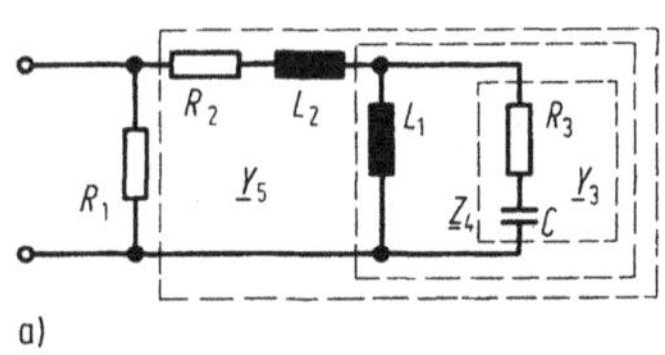

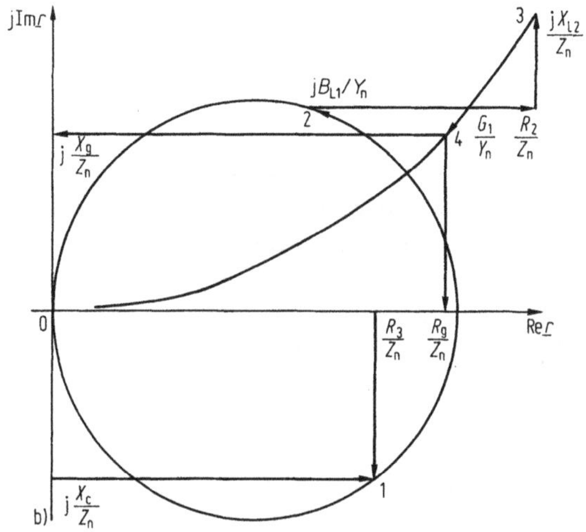

3.106 Netzwerk (a) mit Schmidt-Buschbeck-Diagramm (b)

Beispiel 3.78. Die Schaltung in Bild 3.106a enthält die Wirkwiderstände $R_1 = 5\,\mathrm{k\Omega}$, $R_2 = 670\,\Omega$, $R_3 = 1\,\mathrm{k\Omega}$ und die Blindwiderstände $X_{L1} = 1\,\mathrm{k\Omega}$, $X_{L2} = 285\,\Omega$, $X_C = -500\,\Omega$. Der komplexe Gesamtwiderstand $\underline{Z}_g$ ist zu bestimmen.

Wir normieren alle Widerstände, indem wir durch $Z_n = 1\,\mathrm{k\Omega}$ dividieren. Jetzt beginnen wir mit dem komplexen Widerstand $\underline{Z}_3$ und gehen mit $R_3/Z_n = 1\,\mathrm{k\Omega}/(1\,\mathrm{k\Omega}) = 1$ und $\mathrm{j}X_C/Z_n = -\mathrm{j}\,500\,\Omega/(1\,\mathrm{k\Omega}) = -\mathrm{j}\,0{,}5$ über die kartesischen Koordinaten zum Punkt *1* in Bild 3.106b, finden also so den komplexen Leitwert $\underline{Y}_3$ (in orthogonalen Kreiskoordinaten). Zu ihm müssen wir den komplexen Leitwert $\mathrm{j}B_{L1}$ addieren. Wir bilden den normierten Blindleitwert $-Z_n/X_{L1} = -1\,\mathrm{k\Omega}/(1\,\mathrm{k\Omega}) = -1$. Um diesen Wert müssen wir anschließend in orthogonalen Kreiskoordinaten, also auf Kreisen, von Punkt *1* zu Punkt *2* gehen. Wir erhalten so den komplexen Widerstand $\underline{Z}_4$.

Als nächstes müssen wir nun den komplexen Widerstand $\underline{Z}_2 = R_2 + \mathrm{j}X_{L2}$ hinzufügen. Hierzu brauchen wir nur um die normierten Widerstände $R_2/Z_n = 670\,\Omega/(1\,\mathrm{k\Omega}) = 0{,}67$ und $X_{L2}/Z_n = 285\,\Omega/(1\,\mathrm{k\Omega}) = 0{,}285$ in kartesischen Koordinaten zum Punkt *3* fortzuschreiten. Der zugehörige komplexe Leitwert $\underline{Y}_5$ könnte abgelesen werden. Wir addieren jedoch gleich den normierten Wirkleitwert $Z_n/R_1 = 1\,\mathrm{k\Omega}/(5\,\mathrm{k\Omega}) = 0{,}2$ hinzu und finden schließlich den Punkt *4* mit den normierten Werten $R_g/Z_n = 1{,}21$ und $X_g/Z_n = 0{,}52$ und somit den komplexen Gesamtwiderstand

$$\underline{Z}_g = \left(\frac{R_g}{Z_n} + j\frac{X_g}{Z_n}\right) Z_n = (1{,}21 + j\,0{,}52)\ \mathrm{k\Omega}$$

Übergang zum Smith-Diagramm. Das Schmidt-Buschbeck-Diagramm hat den Nachteil, daß immer nur ein endlicher Bereich der Widerstandsebene betrachtet werden kann. Vom Logarithmieren ist aber bekannt, daß man durch eine geeignete Transformation (s. Abschn. 8.1.2.1) auch größere Bereiche zur Darstellung bringen kann. Wenn man nun den komplexen Widerstand $\underline{Z}$ auf

$$\underline{r} = \frac{\underline{Z} - 1}{\underline{Z} + 1} \tag{3.219}$$

transformiert[1]), erhält man für einige Werte von $\underline{Z}$ die in Tafel **3.**107 ausgerechneten Werte für $\underline{r}$ in der normalen kartesischen komplexen Zahlenebene. Führt man diese Rechnung weiter durch, findet man schließlich das Smith-Diagramm[2]) von Bild **3.**108, in dem der äußere Kreis die Abbildung der Imaginärachse darstellt, die reelle Achse weiterhin waagerecht verläuft und so die gesamte rechte Halbebene der komplexen Widerstandsebene innerhalb des Begrenzungskreises abgebildet ist.

Tafel **3.**107 Transformation in die komplexe $\underline{r}$-Ebene

$\underline{Z}$	$\underline{Z}-1$	$\underline{Z}+1$	$\underline{r}$
0	-1	1	-1
1	0	2	0
∞	∞	∞	1
j1	j1 − 1	j1 + 1	j1
j∞	j∞	j∞	1
−j1	−j1 − 1	−j1 + 1	−j1
−j∞	−j∞	−j∞	1

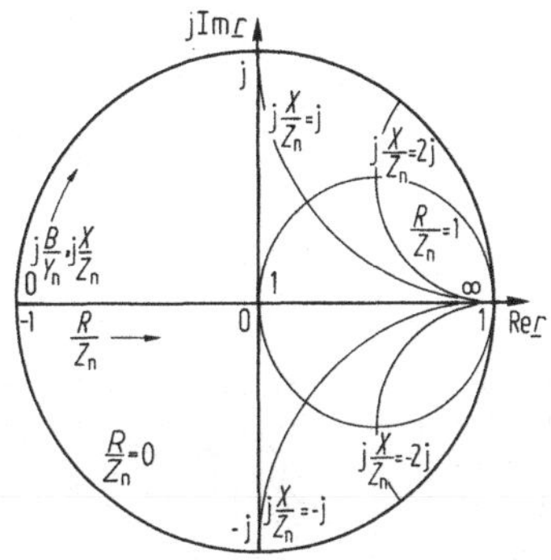

3.108 Rechtwinklige komplexe Zahlenebene, überlagert mit orthogonaler $\underline{r}$-Ebene

In Bild **3.**108 ist die ursprüngliche komplexe Ebene mit kartesischen Koordinaten schon fortgelassen. Man hat dann im Gegensatz zum Schmidt-Buschbeck-Diagramm nur noch orthogonale Kreiskoordinaten. (In der Nachrichtentechnik nennt man die Darstellung in Bild **3.**108 auch komplexe Reflexionsfaktorebene, die Grundlage des Leitungsdiagramms ist – s. Band XI.)

---

[1]) Dies ist in der Nachrichtentechnik (s. Band XI, XII) ein komplexer Reflexionsfaktor.

[2]) Zu beziehen im Fachhandel.

Mit dem komplexen Leitwert $\underline{Y}=1/\underline{Z}$ erhält man für Leitwerte die Transformation

$$\underline{r}=\frac{\underline{Z}-1}{\underline{Z}+1}=\frac{(1/\underline{Y})-1}{(1/\underline{Y})+1}=\frac{1-\underline{Y}}{1+\underline{Y}}=-\frac{\underline{Y}-1}{\underline{Y}+1} \tag{3.220}$$

Man darf daher auch die Widerstände $\underline{Z}$ durch die Leitwerte $\underline{Y}$ ersetzen und für sie das Smith-Diagramm anwenden, muß jedoch das entgegengesetzte Vorzeichen, also eine Drehung um 180°, berücksichtigen. Im Smith-Diagramm bedeutet dies, daß z. B. von dem Widerstandspunkt $\underline{Z}$ durch den Diagrammittelpunkt eine Gerade zu ziehen ist, die im gleichen Abstand vom Mittelpunkt ($R/Z_n=1$, $X/Z_n=0$) den Leitwert $\underline{Y}$ ergibt, wie dies in Bild **3.**109 für ein Beispiel eingetragen ist.

Beispiel 3.79. Zu dem komplexen Leitwert $\underline{Y}=(0{,}02-\mathrm{j}\,0{,}04)$ mS ist im Smith-Diagramm der komplexe Widerstand $\underline{Z}$ aufzusuchen.

Wir normieren mit $Y_n=0{,}1$ mS auf $\underline{Y}/Y_n=(0{,}02-\mathrm{j}\,0{,}04)$ mS/(0,1 mS) $=0{,}2-\mathrm{j}\,0{,}4$, ziehen wie in Bild **3.**109 von dem Diagrammpunkt $\underline{Y}/Y_n$ eine Gerade durch den Mittelpunkt und finden auf dem selben Radius den normierten Widerstand $\underline{Z}/Z_n=2+\mathrm{j}\,1$ bzw. mit $Z_n=1/Y_n$ schließlich $\underline{Z}=(\underline{Z}/Z_n)/Y_n=(2+\mathrm{j}\,1)/(0{,}1\text{ mS})=(20+\mathrm{j}\,10)$ kΩ.

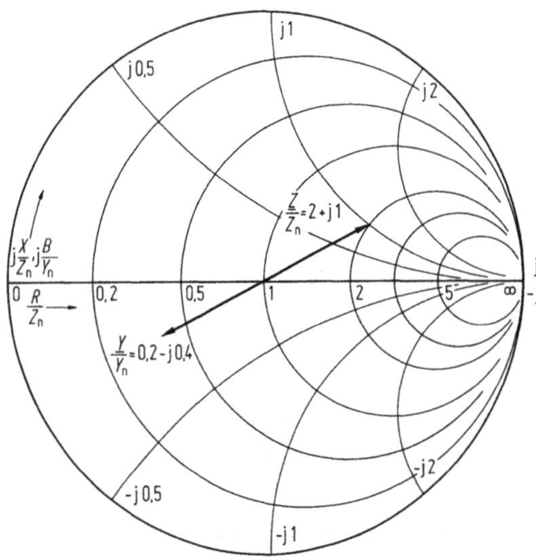

3.109 Gitternetz für Smith-Diagramm

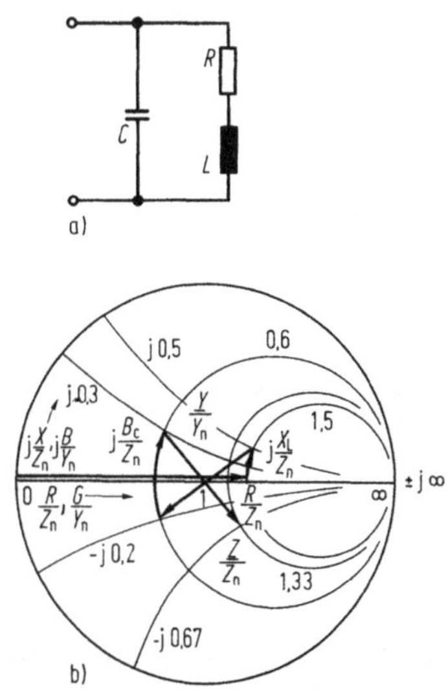

3.110 Parallelschaltung (a) mit Smith-Diagramm (b)

Anwendung. Das Smith-Diagramm wird für die Bestimmung von Gesamtwiderständen umfangreicherer Netzwerke, bei der Widerstandstransformation (s. Band XI) und für die Untersuchung von Leitungen (s. Band XI) mit Vorteil eingesetzt. Hier beschränken wir uns darauf, den Gesamtwiderstand eines Netzwerks zu bestimmen.

Beispiel 3.80. Die Schaltung in Bild 3.110a enthält die Widerstände $R=15$ kΩ, $X_L=5$ kΩ und $X_C=-20$ kΩ. Der komplexe Gesamtwiderstand ist zu bestimmen.

Wir bilden zunächst mit $Z_n=10$ kΩ die normierten Widerstände $R/Z_n=15$ kΩ/(10 kΩ) $=1{,}5$, $X_L/Z_n=5$ kΩ/(10 kΩ)$=0{,}5$ und $X_C/Z_n=-20$ kΩ/(10 kΩ)$=-2$ bzw. den normierten Leitwert $B_C/Y_n=-Z_n/X_C=-1/(-2)=0{,}5$. Der weitere Lösungsweg ist in Bild 3.110b eingetragen. Wir finden $\underline{Y}/Y_n=0{,}6+\mathrm{j}0{,}3$ bzw. $\underline{Z}/Z_n=1{,}33-\mathrm{j}0{,}67$ und somit $\underline{Z}=(\underline{Z}/Z_n)Z_n=(13{,}3-\mathrm{j}6{,}7)$ kΩ.

Es wird empfohlen, die Beispiele 3.48 und 3.78 ebenfalls mit dem Smith-Diagramm zu lösen. Für weitere Beispiele s. Band XI.

3.3.5 Ersatzquellen

Nach Abschn. 2.3.4 stellt das Umwandeln von Netzwerkteilen in Ersatzquellen grundsätzlich ebenfalls eine Netzumformung dar. Man braucht für die Anwendung auf Sinusstrom nur die für Gleichstrom abgeleiteten Zusammenhänge zu erweitern; d. h., in den Schaltungen und Gleichungen die bei Gleichstrom reellen Ströme, Spannungen, Widerstände und Leitwerte auf komplexe Größen $\underline{I}$, $\underline{U}$, $\underline{Z}$ und $\underline{Y}$ umzustellen.

Hiernach kann man jedes Sinusstromnetzwerk, das die beiden Anschlußklemmen *a* und *b* und beliebig viele Quellen enthält, als aktiv wirkenden Zweipol ansehen und daher für diese Klemmen *a* und *b* durch eine Ersatz-Spannungsquelle mit der Ersatzquellenspannung $\underline{U}_{qE}$ oder durch eine Ersatz-Stromquelle mit dem Ersatzquellenstrom $\underline{I}_{qE}$ völlig gleichwertig ersetzen. Beide Ersatzschaltungen haben den gleichen komplexen inneren Ersatzwiderstand $\underline{Z}_{iE}=1/\underline{Y}_{iE}$ bzw. -leitwert $\underline{Y}_{iE}$ und sind analog zu Bild 2.83d und 2.85b nach Bild 3.111b und c geschaltet.

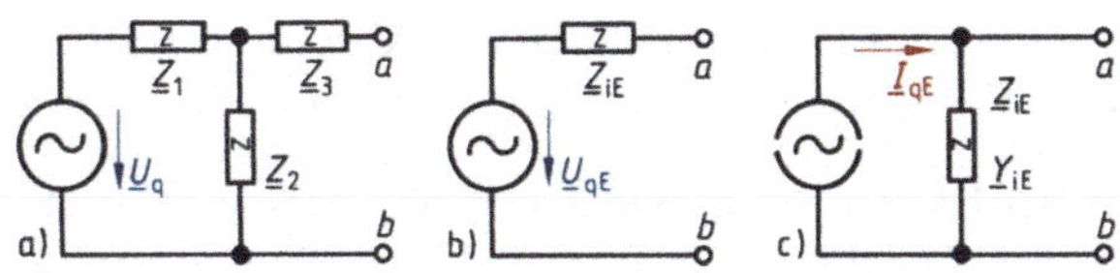

3.111 Aktives Sinusstrom-Netzwerk (a) mit Ersatz-Spannungsquelle (b) und Ersatz-Stromquelle (c)

Die Kennwerte der Ersatzquellen erhält man, wie in Bild 3.112 für das Beispiel von Bild 3.111a dargestellt, durch die folgenden Überlegungen: Im Leerlauf, also bei offenen Klemmen *a* und *b*, müssen in den Schaltungen von Bild

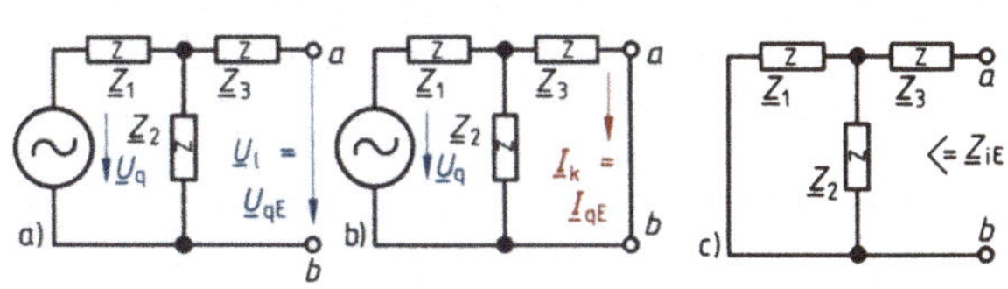

3.112 Bestimmung der Ersatzquellen-Kenngrößen
a) Leerlauf an den Klemmen *a* und *b*, b) Kurzschluß an den Klemmen *a* und *b*, c) komplexer innerer Ersatzwiderstand $\underline{Z}_{iE}$

3.111b und 3.112a die gleichen komplexen Spannungen

$$\underline{U}_{qE} = \underline{U}_{al} \qquad (3.221)$$

auftreten. Man findet also die komplexe Ersatz-Quellenspannung $\underline{U}_{qE}$ als Leerlaufspannung $\underline{U}_{al}$ an den Klemmen *a* und *b*.

Bei Kurzschluß der Klemmen *a* und *b* fließt in Bild 3.111c über diese Klemmen der komplexe Ersatz-Quellenstrom $\underline{I}_{qE}$ und in Bild 3.112b der Kurzschlußstrom $\underline{I}_{ak}$. Beide müssen mit

$$\underline{I}_{qE} = \underline{I}_{ak} \qquad (3.222)$$

gleich sein, so daß der gesuchte Quellenstrom der Kurzschlußstrom über die Klemmen *a* und *b* ist.

Für den komplexen inneren Ersatzwiderstand von Bild 3.111b und c gilt in gleicher Weise

$$\underline{Z}_{iE} = 1/\underline{Y}_{iE} = \underline{U}_{qE}/\underline{I}_{qE} = \underline{U}_{al}/\underline{I}_{ak} \qquad (3.223)$$

wobei man bei der Ersatz-Stromquelle besser mit dem komplexen inneren Ersatzleitwert $\underline{Y}_{iE} = 1/\underline{Z}_{iE}$ arbeitet. Den inneren Widerstand $\underline{Z}_{iE}$ findet man auch durch eine Betrachtung nach Bild 3.112c, wenn man den Widerstand zwischen den Klemmen *a* und *b* bestimmt. Spannungsquellen müssen hierbei widerstandslos überbrückt, Stromquellen dagegen als Unterbrechungen gewertet werden.

Ersatzquellen finden vor allen Dingen Anwendung, wenn ein Netzwerk in einem bestimmten Zweig untersucht werden soll, dieser z. B. veränderbare Widerstände enthält und ihre Auswirkungen auf Zweigstrom und -spannung – z. B. als Ortskurve oder Kennlinie – bestimmt oder auch eine maximale Leistung (Leistungsanpassung – s. Abschn. 6.1.3) auf ihn übertragen werden soll. Das Vorgehen soll jetzt an mehreren Beispielen gezeigt werden.

Beispiel 3.81. Der in Bild 3.113a angegebene belastete Spannungsteiler besteht aus der Reihenschaltung der beiden komplexen Widerstände $\underline{Z}_1$ und $\underline{Z}_2$ und wird zwischen den Anschlußklemmen *a* und *b* des komplexen Widerstands $\underline{Z}_2$ durch den Verbraucherwiderstand $\underline{Z}_a$ belastet. Es ist die Ersatz-Spannungsquelle des belasteten Spannungsteilers anzugeben.

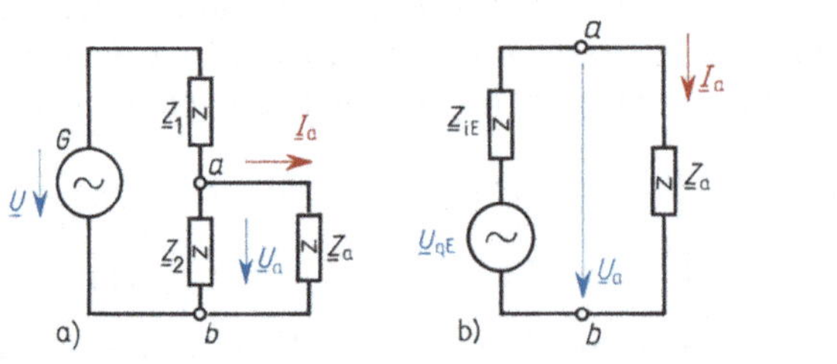

3.113
Aus komplexen Widerständen aufgebauter belasteter Spannungsteiler
a) Schaltung mit Verbraucherwiderstand $\underline{Z}_a$
b) Ersatz-Spannungsquelle mit Verbraucherwiderstand $\underline{Z}_a$

Zum Bestimmen des Innenwiderstands $\underline{Z}_{iE}$ der Ersatz-Spannungsquelle denken wir uns die widerstandslose Spannungsquelle *G* kurzgeschlossen. Zwischen den Klemmen *a* und *b* des passiv gewordenen Zweipols, d. h. vom Verbraucher aus gesehen, ergibt sich dann entsprechend der Parallelschaltung der Spannungsteilerwiderstände der Ersatz-Innenwiderstand

$$\underline{Z}_{iE} = \underline{Z}_1 \underline{Z}_2 / (\underline{Z}_1 + \underline{Z}_2)$$

Zum Bestimmen der Quellenspannung $\underline{U}_{qE}$ der Ersatz-Spannungsquelle denken wir uns den Verbraucherwiderstand $\underline{Z}_a$ abgeklemmt. Zwischen den Anschlußklemmen *a* und *b* am Spannungsteilerwiderstand $\underline{Z}_2$ liegt dann die Leerlaufspannung

$$\underline{U}_{al} = \underline{U}\,\underline{Z}_2 / (\underline{Z}_1 + \underline{Z}_2) = \underline{U}_{qE}$$

die gleich der Quellenspannung $\underline{U}_{qE}$ ist. Mit den Kenngrößen $\underline{U}_{qE}$, $\underline{Z}_{iE}$ ist die gesuchte Ersatz-Spannungsquelle des belasteten Spannungsteilers entsprechend der in Bild 3.113b dargestellten Schaltung bestimmt, so daß das Zusammenarbeiten mit dem Verbraucherwiderstand $\underline{Z}_a$ in einfacher Form angegeben werden kann.

Beispiel 3.82. Der in Bild 3.113a mit den komplexen Widerständen $\underline{Z}_1$ und $\underline{Z}_2$ dargestellte Spannungsteiler werde nur aus den kapazitiven Blindwiderständen X_1 und X_2 mit den Kapazitäten $C_1 = 20$ pF und $C_2 = 10$ pF gebildet. Er wird entsprechend Bild 3.114a von der widerstandslosen Quelle *G* mit der Quellenspannung $U_q = 120$ mV und der Frequenz $f = 100$ MHz gespeist und mit dem veränderbaren Widerstand R_a belastet. Es sind die Ortskurven für den Verbraucherstrom $\underline{I}_a = f(R_a)$ und die Verbraucherspannung $\underline{U}_a = f(R_a)$ zu bestimmen.

Der innere Ersatzwiderstand ist durch die beiden parallelen Kapazitäten festgelegt, und man erhält mit der inneren Ersatzkapazität $C_{iE} = C_1 + C_2 = 20\text{ pF} + 10\text{ pF} = 30\text{ pF}$ den inneren Ersatzblindwiderstand

$$X_{iE} = -1/(2\pi f C_{iE}) = -1/(2\pi \cdot 100\text{ MHz} \cdot 30\text{ pF}) = -53{,}05\ \Omega$$

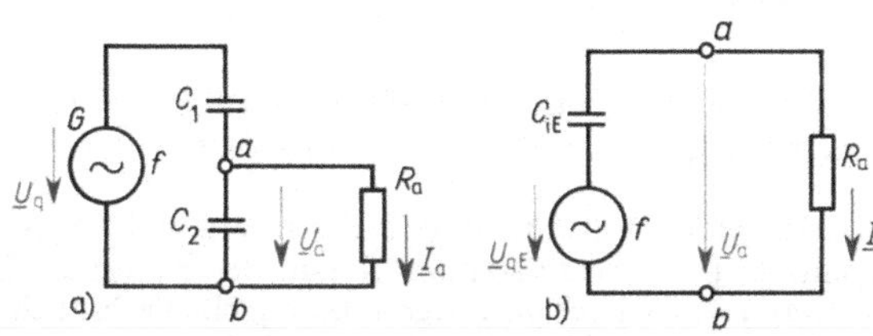

3.114
Belasteter kapazitiver Spannungsteiler
a) Schaltung mit Verbraucherwiderstand R_a
b) Ersatz-Spannungsquelle mit Verbraucherwiderstand R_a

Für die Quellenspannung $\underline{U}_{qE}$ der Ersatz-Spannungsquelle in (Bild 3.114b) gilt entsprechend dem Ansatz in Beispiel 3.81

$$\underline{U}_q = \underline{U}_q \frac{\mathrm{j}X_2}{\mathrm{j}(X_1 + X_2)} = 120\text{ mV}\frac{20\text{ pF}}{30\text{ pF}} = 80\text{ mV}$$

Da die Quellenspannung R_a der Ersatz-Spannungsquelle mit der Generatorquellenspannung $\underline{U}_q$ nur durch das Kapazitätsverhältnis C_1/C_{iE} verknüpft ist, stimmt sie in der Phasenlage mit der Generatorspannung überein und ist im Betrag frequenzunabhängig. Somit wird nach dem Ohmschen Gesetz mit $\underline{Z}_{iE} = \mathrm{j}X_{iE}$ und bei reellem Verbraucherwiderstand $\underline{U}_{qE}$ der Verbraucherstrom

$$\underline{I}_a = \frac{\underline{U}_{qE}}{Z_{iE} + \underline{Z}_a} = \frac{\underline{U}_{qE}}{\mathrm{j}X_{iE} + R_a} = \frac{\underline{U}_{qE}}{R_a - \mathrm{j}[1/(\omega C_{iE})]}$$

und die Verbraucherspannung

$$\underline{U}_a = \underline{I}_a R_a$$

Nach Gl. (8.51) ist daher die Ortskurve des Verbraucherstroms $\underline{I}_a$ ein Halbkreis, der für $R_a = \infty$ durch den Koordinaten-Nullpunkt geht und für $R_a = 0$ den Größtwert

$$\underline{I}_{a(R_a=0)} = \mathrm{j}\,2\pi f C_{iE} \underline{U}_{qE} = \mathrm{j}\,2\pi \cdot 100\ \mathrm{MHz} \cdot 30\ \mathrm{pF} \cdot 80\ \mathrm{mV} = \mathrm{j}\,1{,}508\ \mathrm{mA}$$

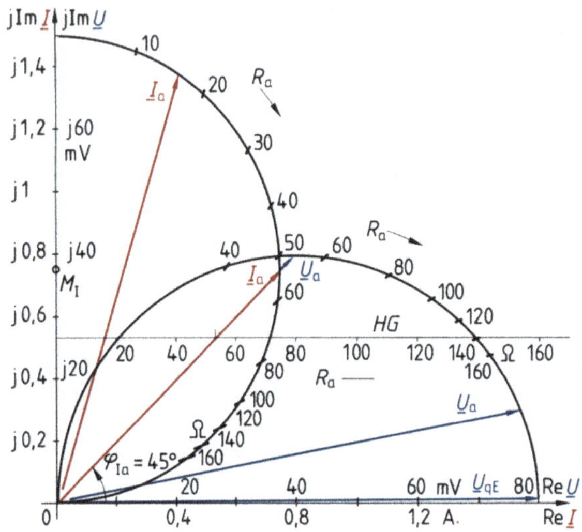

3.115 Ortskurven $\underline{I}_a = f(R_a)$ und $\underline{U}_a = f(R_a)$ für Beispiel 3.82

hat, wenn man die Ersatzquellenspannung $\underline{U}_{qE}$ als Bezugsgröße auffaßt und in die reelle Achse legt. Er kann, wie in Bild 3.115 dargestellt, durch eine Hilfsgerade *HG* analog zu Bild 3.38 beziffert werden. Für $R_a = 1/(2\pi f C_{iE}) = 1/(2\pi \cdot 100\ \mathrm{MHz} \cdot 30\ \mathrm{pF}) = 53{,}05\ \Omega$ ergibt sich der Phasenwinkel $\varphi_{Ia} = 45°$, so daß diese Parametrierungsgerade zur reellen Achse mit einem günstigen Maßstab gezeichnet werden kann.

Die Ortskurve der Verbraucherspannung $\underline{U}_a = f(R_a)$ ist nach Beispiel 8.11 ebenfalls ein Halbkreis, der nach Bild 3.114b bei $R_a = \infty$ den Durchmesser $\underline{U}_{a(R_a=\infty)} = \underline{U}_{qE} = 80\ \mathrm{mV}$ hat und daher leicht in Bild 3.115 angegeben werden kann. Er hat wegen $\underline{U}_a = R_a \underline{I}_a$ die gleichen Phasenwinkel φ_a und somit auch dieselbe Parametrierungsgerade *HG* wie die Strom-Ortskurve $\underline{I}_a = f(R_a)$.

Beispiel 3.83. In der in Bild 3.116a dargestellten Brückenschaltung mit der Quellenspannung $\underline{U}_q$, 3 Widerständen R und der Kapazität C mit dem Blindwiderstand $X_C = -1/(\omega C) = -R$ liegt im Diagonalzweig ein Verbraucherwiderstand R_a. Zur Berechnung des durch den Verbraucherwiderstand R_a fließenden Stromes $\underline{I}_a$ ist die Brückenschaltung als Ersatz-Spannungsquelle anzugeben.

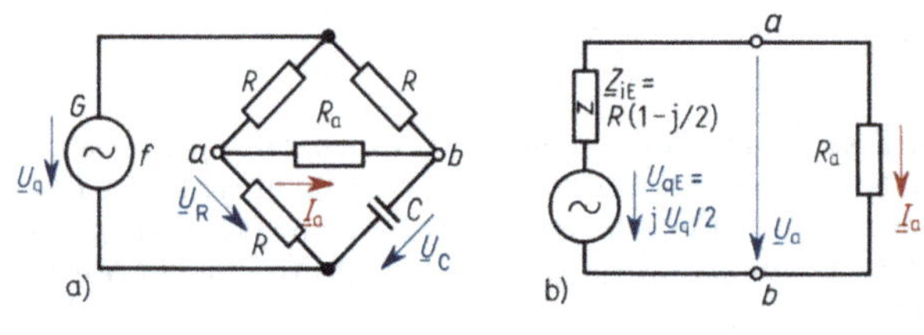

3.116 Belastete Brückenschaltung
a) Schaltung
b) Ersatz-Spannungsquelle mit Verbraucherwiderstand R_a

Der Innenwiderstand $\underline{Z}_{iE}$ der Ersatz-Spannungsquelle ergibt sich bei kurzgeschlossenem Generator *G* von den Klemmen *a* und *b* des Verbraucherwiderstandes R_a aus gesehen aus der Reihenschaltung einer Parallelschaltung der beiden Widerstände R und einer Parallelschaltung von Widerstand R und Kondensator C. Es gilt für den komplexen inneren Ersatzwiderstand

$$\underline{Z}_{\mathrm{iE}}=\frac{R}{2}+\frac{R\,\mathrm{j}X_{\mathrm{C}}}{R+\mathrm{j}X_{\mathrm{C}}} \quad \text{und mit} \quad X_{\mathrm{C}}=-R \quad \text{ferner}$$

$$\underline{Z}_{\mathrm{iE}}=\frac{R}{2}-\frac{\mathrm{j}R^2}{R-\mathrm{j}R}=R\left(\frac{1}{2}-\frac{\mathrm{j}}{1-\mathrm{j}}\right)=R\left(\frac{1}{2}-\frac{\mathrm{j}(1+\mathrm{j})}{(1-\mathrm{j})(1+\mathrm{j})}\right)=R\left(1-\frac{\mathrm{j}}{2}\right)$$

Die bei dem Verbraucherwiderstand $R_{\mathrm{a}}=\infty$ an den Anschlußklemmen *a* und *b* auftretende Ersatz-Quellenspannung $\underline{U}_{\mathrm{qE}}=\underline{U}_{\mathrm{R}}-\underline{U}_{\mathrm{C}}$ ist durch die Differenz der in Bild **3.**116a eingetragenen Teilspannungen $\underline{U}_{\mathrm{R}}$ und $\underline{U}_{\mathrm{C}}$ gegeben. Die Spannungsteilung im linken Zweig ergibt $\underline{U}_{\mathrm{R}}=\underline{U}_{\mathrm{q}}/2$, die Spannungsteilung im rechten Brückenzweig führt zu der Kondensatorspannung

$$\underline{U}_{\mathrm{C}}=\underline{U}_{\mathrm{q}}\frac{\mathrm{j}X_{\mathrm{C}}}{R+\mathrm{j}X_{\mathrm{C}}}=\underline{U}_{\mathrm{q}}\frac{-\mathrm{j}R}{R-\mathrm{j}R}=-\underline{U}_{\mathrm{q}}\frac{\mathrm{j}}{1-\mathrm{j}}$$

Somit wird die Ersatz-Quellenspannung

$$\underline{U}_{\mathrm{qE}}=\frac{\underline{U}_{\mathrm{q}}}{2}+\underline{U}_{\mathrm{q}}\frac{\mathrm{j}}{1-\mathrm{j}}=\underline{U}_{\mathrm{q}}\left(\frac{1}{2}+\frac{\mathrm{j}}{1-\mathrm{j}}\right)=\underline{U}_{\mathrm{q}}\left(\frac{1}{2}+\frac{\mathrm{j}(1+\mathrm{j})}{(1-\mathrm{j})(1+\mathrm{j})}\right)$$

$$=\underline{U}_{\mathrm{q}}\left(\frac{1}{2}+\frac{\mathrm{j}-1}{2}\right)=\frac{\mathrm{j}\underline{U}_{\mathrm{q}}}{2}$$

Daher gilt mit dem im Diagonalzweig der Brücke liegenden Verbraucherwiderstand R_{a} nach Bild **3.**116b und dem Ohmschen Gesetz für den Verbraucherstrom

$$\underline{I}_{\mathrm{a}}=\frac{\underline{U}_{\mathrm{qE}}}{\underline{Z}_{\mathrm{iE}}+\underline{Z}_{\mathrm{a}}}=\frac{\mathrm{j}\underline{U}_{\mathrm{q}}/2}{R(1-\mathrm{j}/2)+R_{\mathrm{a}}}$$

Beispiel 3.84. In der in Bild **3.**114 (Beispiel 3.82) dargestellten Schaltung ist die Kapazität C_2 durch eine Induktivität L zu ersetzen, die bei nichtangeschlossenem Verbraucherwiderstand R_{a} zusammen mit der Kapazität $C_1=20$ pF vom Generator aus gesehen den kleinstmöglichen Widerstand bildet (Bild **3.**117a). Wie groß muß die Induktivität L sein, und wie groß werden bei Anschluß eines Verbraucherwiderstands $R_{\mathrm{a}}=60\ \Omega$ an die Klemmen *a* und *b* der Verbraucherstrom $\underline{I}_{\mathrm{a}}$ und die Verbraucherspannung $\underline{U}_{\mathrm{a}}$?

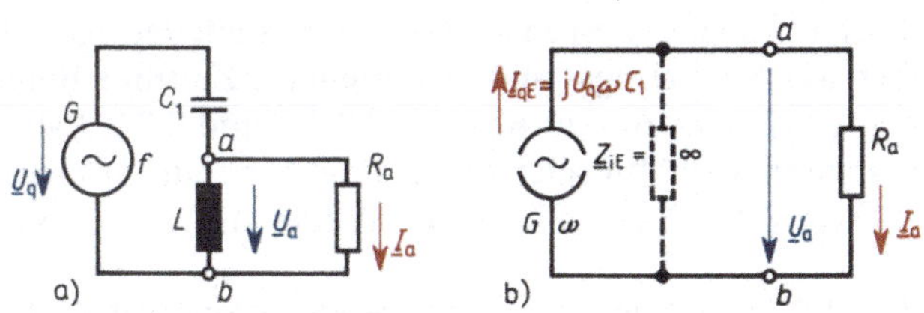

3.117 Belasteter, aus verschiedenartigen Blindwiderständen aufgebauter Spannungsteiler
a) Schaltung mit Verbraucherwiderstand R_{a}
b) Ersatz-Stromquelle mit Verbraucherwiderstand R_{a}

Es wird hier zweckmäßig die Schaltung von Bild **3.**117a in die Ersatz-Stromquelle von Bild **3.**117b umgewandelt. Der geforderte kleinstmögliche Widerstand ergibt sich bei der Reihenschaltung von Induktivität L und Kapazität C_1, wenn die zugeordneten Blindwiderstände ωL und $-1/(\omega C_1)$ betragsmäßig gleich groß sind. Es gilt also $\omega L-1/(\omega C_1)=0$ und somit für die Induktivität

$$L=1/(\omega^2 C_1)=1/(4\pi^2 f^2 C_1)=1/(4\pi^2\cdot 100^2\ \mathrm{MHz}^2\cdot 20\ \mathrm{pF})=0{,}1267\ \mu\mathrm{H}$$

Der bei Überbrückung der Quelle G zwischen den (offenen) Anschlußklemmen *a* und *b* liegende innere Ersatzwiderstand $\underline{Z}_{\mathrm{iE}}$ ist entsprechend der dann vorhanden Parallelschaltung von Induktivität L und Kapazität C_2

$$\underline{Z}_{\mathrm{iE}}=\frac{\mathrm{j}\omega L[1/(\mathrm{j}\omega C_2)]}{\mathrm{j}[\omega L-1/(\omega C_2)]}$$

erreicht also bei $\omega L=1/(\omega C_2)$ (Resonanz s. Abschn. 6.1) den Wert $\underline{Z}_{\mathrm{iE}}=\infty$. Der bei Klemmenkurzschluß von der Quelle gelieferte Quellenstrom ist

$$\underline{I}_{\mathrm{q}}=\frac{\underline{U}}{1/(\mathrm{j}\omega C_1)}=\mathrm{j}\underline{U}\cdot 2\pi f C_1=\mathrm{j}\,120\ \mathrm{mV}\cdot 2\pi\cdot 100\ \mathrm{MHz}\cdot 20\ \mathrm{pF}=\mathrm{j}\,1{,}508\ \mathrm{mA}$$

Die das Zusammenarbeiten der Ersatz-Stromquelle mit dem Verbraucherwiderstand R_{a} kennzeichnende Schaltung (Bild 3.117b) zeigt, daß für $\underline{Z}_{\mathrm{iE}}=\infty$ der Verbraucherstrom

$$\underline{I}_{\mathrm{a}}=\underline{I}_{\mathrm{q}}=\mathrm{j}\,1{,}508\ \mathrm{mA}$$

beträgt. Somit wird die Verbraucherspannung $\underline{U}_{\mathrm{a}}=\underline{I}_{\mathrm{a}}R_{\mathrm{a}}=\mathrm{j}\,1{,}508\ \mathrm{mA}\cdot 60\ \Omega=\mathrm{j}\,90{,}48\ \mathrm{mV}$. Weitere Anwendungen finden sich in Abschn. 3.3.1.1, 3.4.3, 6.1.3 und 6.5.

3.4 Sinusstrom-Netzwerke

In Abschn. 3.3 sind zusammenhängend die verschiedenen Möglichkeiten zur Umformung von ganzen oder Teilen von Netzwerken für Sinusstrom dargestellt. Im folgenden Abschnitt sollen die restlichen, in Abschn. 2.2.1.3, 2.2.2.3, 2.3.1, 2.3.3, 2.3.5 und 2.3.6 für Gleichstrom abgeleiteten Behandlungsmethoden auf Sinusstrom übertragen und angewendet werden. Es werden hier nur lineare Schaltungsglieder und rückwirkungsfreie Quellen vorausgesetzt.

3.4.1 Lineare Maschennetze

3.4.1.1 Komplexe Spannungs- und Stromteilerregel. Netzwerke bestehen vielfach aus Spannungs- und Stromteilern. Zu ihrer Berechnung braucht man nur die für Gleichstrom in Abschn. 2.2.1.3 und 2.2.2.3 abgeleiteten und zusammengestellten Verhältnisgleichungen auf Sinusstrom zu übertragen. Die Ergebnisse enthält Tafel 3.118. Sie zeigen wieder das duale Verhalten von Reihenschal-

Tafel 3.118 Komplexe Spannungs- und Stromteilergleichungen

Spannungsteiler	Stromteiler
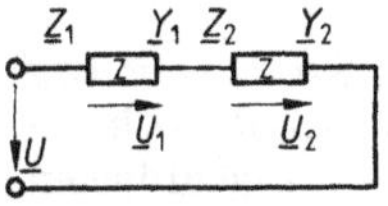	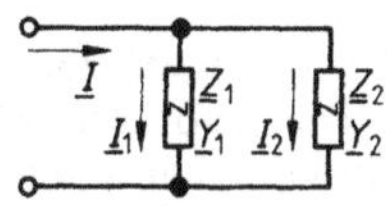
$\dfrac{\underline{U}_1}{\underline{U}_2}=\dfrac{\underline{Z}_1}{\underline{Z}_2}=\dfrac{\underline{Y}_2}{\underline{Y}_1}$	$\dfrac{\underline{I}_1}{\underline{I}_2}=\dfrac{\underline{Y}_1}{\underline{Y}_2}=\dfrac{\underline{Z}_2}{\underline{Z}_1}$
$\dfrac{\underline{U}_1}{\underline{U}}=\dfrac{\underline{Z}_1}{\underline{Z}_1+\underline{Z}_2}=\dfrac{\underline{Y}_2}{\underline{Y}_1+\underline{Y}_2}=\dfrac{1}{1+(\underline{Z}_2/\underline{Z}_1)}$	$\dfrac{\underline{I}_1}{\underline{I}}=\dfrac{\underline{Y}_1}{\underline{Y}_1+\underline{Y}_2}=\dfrac{\underline{Z}_2}{\underline{Z}_1+\underline{Z}_2}=\dfrac{1}{1+(\underline{Z}_1/\underline{Z}_2)}$

tung und Parallelschaltung. Da das komplexe Rechnen mit den Gleichungen von Tafel **3.**118 einigen Aufwand erfordert, liegt es nahe, es durch Taschenrechnerprogramme zu vereinfachen; ihre Anwendung wird in Band VII gezeigt.

Beispiel 3.85. Für die Schaltung in Bild **3.**119a bestimme man die allgemeine Gleichung für den Strom $\underline{I}_3$.

Nach Tafel **3.**118 gilt für das Stromverhältnis

$$\frac{\underline{I}_3}{\underline{I}_1}=\frac{\underline{Y}_3}{\underline{Y}_2+\underline{Y}_3}=\frac{\underline{Z}_2}{\underline{Z}_2+\underline{Z}_3}=\frac{1}{1+(\underline{Z}_3/\underline{Z}_2)}$$

wobei mit dem komplexen Gesamtwiderstand

$$\underline{Z}=\underline{Z}_1+\frac{\underline{Z}_2\underline{Z}_3}{\underline{Z}_2+\underline{Z}_3}=\frac{\underline{Z}_1\underline{Z}_2+\underline{Z}_1\underline{Z}_3+\underline{Z}_2\underline{Z}_3}{\underline{Z}_2+\underline{Z}_3}$$

der Strom $\underline{I}_1=\underline{U}/\underline{Z}$ fließt. Daher erhält man nach Erweiterung mit $\underline{Y}_1\underline{Y}_2\underline{Y}_3$ bei $\underline{Y}_1=1/\underline{Z}_1$, $\underline{Y}_2=1/\underline{Z}_2$, $\underline{Y}_3=1/\underline{Z}_3$ den gesuchten komplexen Strom

$$\underline{I}_3=\underline{I}_1\frac{\underline{Z}_2}{\underline{Z}_2+\underline{Z}_3}=\frac{\underline{U}\underline{Z}_2}{\underline{Z}_1\underline{Z}_2+\underline{Z}_2\underline{Z}_3+\underline{Z}_3\underline{Z}_1}=\frac{\underline{U}\underline{Y}_1\underline{Y}_3}{\underline{Y}_1+\underline{Y}_2+\underline{Y}_3} \tag{3.224}$$

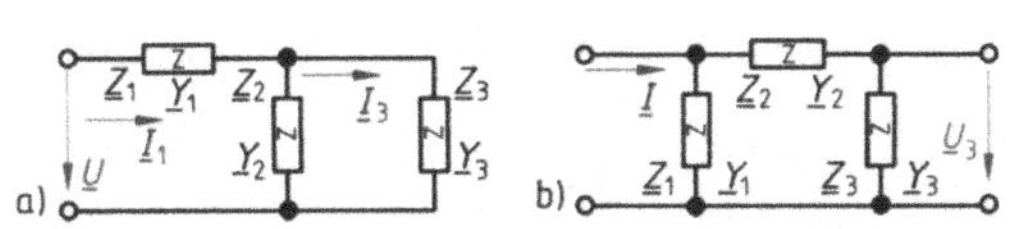

3.119 Duale Netzwerke

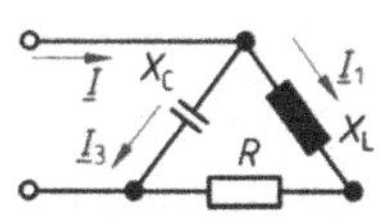

3.120 Stromteiler

Beispiel 3.86. Man bestimme für die Schaltung in Bild **3.**119b die allgemeine Gleichung für die Spannung $\underline{U}_3$.

Da der Reihenzweig $\underline{Z}_1$ in Bild **3.**119a zum Parallelzweig in Bild **3.**119b und die Parallelschaltung der Widerstände $\underline{Z}_2$ und $\underline{Z}_3$ in Bild **3.**119a zur Reihenschaltung in Bild **3.**119b umgewandelt worden sind, sind beide Schaltungen dual. Wir brauchen daher in der Bestimmungsgleichung (3.224) nur Leitwerte und Widerstände bzw. Spannungen und Ströme gegeneinander zu vertauschen und erhalten so sofort die gesuchte komplexe Spannung

$$\underline{U}_3=\frac{\underline{I}\underline{Y}_2}{\underline{Y}_1\underline{Y}_2+\underline{Y}_2\underline{Y}_3+\underline{Y}_3\underline{Y}_1}=\frac{\underline{I}\underline{Z}_1\underline{Z}_3}{\underline{Z}_1+\underline{Z}_2+\underline{Z}_3} \tag{3.225}$$

Beispiel 3.87. Die Schaltung in Bild **3.**120 besteht aus Wirkwiderstand $R=5\,\Omega$ und den Blindwiderständen $X_L=10\,\Omega$ und $X_C=-20\,\Omega$ und führt den Strom $\underline{I}=3$ A. Die Teilströme $\underline{I}_1$ und $\underline{I}_3$ sollen bestimmt werden.

Wir wollen die Stromteilerregel von Tafel **3.**118 anwenden und bilden daher zunächst $\underline{Z}_1=R+\mathrm{j}X_L=5\,\Omega+\mathrm{j}\,10\,\Omega=11{,}18\,\Omega\,\underline{/63{,}43°}$ und $\underline{Z}_1+\underline{Z}_3=R+\mathrm{j}X_L+\mathrm{j}X_C=5\,\Omega+\mathrm{j}(10\,\Omega-20\,\Omega)=5\,\Omega-\mathrm{j}\,10\,\Omega=11{,}18\,\Omega\,\underline{/-63{,}43°}$. Hiermit finden wir die Ströme

$$\underline{I}_1 = \frac{\underline{I}\,\mathrm{j}X_C}{\underline{Z}_1+\underline{Z}_3} = \frac{3\,\mathrm{A}\cdot 20\,\Omega\,\angle{-90°}}{11{,}18\,\Omega\,\angle{-63{,}43°}} = 5{,}37\,\mathrm{A}\,\angle{-26{,}57°}$$

$$\underline{I}_3 = \frac{\underline{I}\,\underline{Z}_1}{\underline{Z}_1+\underline{Z}_3} = \frac{3\,\mathrm{A}\cdot 11{,}18\,\Omega\,\angle{63{,}43°}}{11{,}18\,\Omega\,\angle{-63{,}43°}} = 3\,\mathrm{A}\,\angle{126{,}83°}$$

Beispiel 3.88. Die Schaltung in Bild 3.121 enthält die Induktivität $L=1$ mH, die Kapazität $C=1$ nF und den Wirkwiderstand $R_1=1$ kΩ. Wie groß muß der Widerstand R_2 sein, wenn die Sinusspannungen $\underline{U}_1$ und $\underline{U}_2$ gegeneinander um $|\varphi_{12}|=90°$ phasenverschoben sein sollen?

Die komplexe Spannungsteilerregel von Tafel 3.118, angewandt auf die Parallelschaltung, liefert das komplexe Spannungsverhältnis

$$\frac{\underline{U}_1}{\underline{U}_2} = \frac{\dfrac{R_1\mathrm{j}\omega L}{R_1+\mathrm{j}\omega L}}{\dfrac{R_2/\mathrm{j}\omega C}{R_2+(1/\mathrm{j}\omega C)}} = \frac{\mathrm{j}R_1\omega L}{R_1+\mathrm{j}\omega L}\cdot\frac{R_2-\mathrm{j}/(\omega C)}{-\mathrm{j}R_2/(\omega C)} = \frac{(R_1L/C)+\mathrm{j}R_1R_2\omega L}{(R_2L/C)-\mathrm{j}(R_1R_2/\omega C)}$$

$$= \frac{[(R_1L/C)+\mathrm{j}R_1R_2\omega L][(R_2L/C)+\mathrm{j}(R_1R_2/\omega C)]}{(R_2L/C)^2+(R_1R_2/\omega C)^2}$$

Wegen der Bedingung $|\varphi_{12}|=90°$ muß der Realteil mit

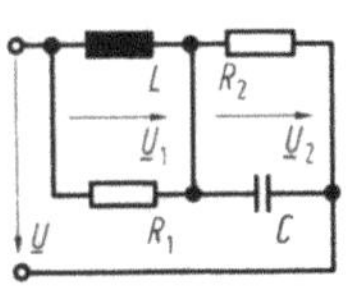

3.121 Schaltung zu Beispiel 3.88

$$R_1R_2\left(\frac{L}{C}\right)^2-(R_1R_2)^2\frac{L}{C}=0$$

verschwinden; es muß also $L/C=R_1R_2$ sein und der Widerstand

$$R_2=\frac{L}{CR_2}=\frac{1\,\mathrm{mH}}{1\,\mathrm{nF}\cdot 1\,\mathrm{k\Omega}}=1\,\mathrm{k\Omega}$$

betragen.

Beispiel 3.89. Eine Meßwerkspule, die den Wirkwiderstand $R_2=10$ kΩ und den induktiven Blindwiderstand $X_{L2}=3$ kΩ aufweist, soll an der Sinusspannung $\underline{U}=U=220$ V den Strom $\underline{I}_2=I_2=20$ mA führen. Strom $\underline{I}_2$ und Spannung $\underline{U}$ sollen also in Phase liegen. Hierfür wendet man die Schaltung in Bild 3.122 an. Die Widerstände R_1 und X_{L3} sind zu bestimmen.

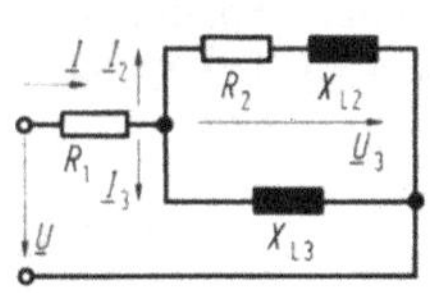

3.122 Schaltung zu Beispiel 3.89

Wir müssen zunächst den Zusammenhang zwischen Spannung $\underline{U}$ und Strom $\underline{I}_2$ herstellen. Die komplexe Stromteilerregel von Tafel 3.118 liefert das komplexe Stromverhältnis

$$\frac{\underline{I}_2}{\underline{I}} = \frac{\dfrac{\mathrm{j}X_{L3}(R_2+\mathrm{j}X_{L2})}{R_2+\mathrm{j}(X_{L2}+X_{L3})}}{R_2+\mathrm{j}X_{L2}} = \frac{\mathrm{j}X_{L3}}{R_2+\mathrm{j}(X_{L2}+X_{L3})}$$

Gleichzeitig gilt für die komplexe Spannung

$$\underline{U}=\underline{I}\left[R_1+\frac{\mathrm{j}X_{L3}(R_2+\mathrm{j}X_{L2})}{R_2+\mathrm{j}(X_{L2}+X_{L3})}\right]=\underline{I}_2\left[R_1+\frac{\mathrm{j}X_{L3}(R_2+\mathrm{j}X_{L2})}{R_2+\mathrm{j}(X_{L2}+X_{L3})}\right]\frac{R_2+\mathrm{j}(X_{L2}+X_{L3})}{\mathrm{j}X_{L3}}$$

$$=\underline{I}_2\left[\frac{R_1}{\mathrm{j}X_{L3}}\{R_2+\mathrm{j}(X_{L2}+X_{L3})\}+R_2+\mathrm{j}X_{L2}\right]$$

$$=\underline{I}_2\left[R_2+R_1+\frac{R_1X_{L2}}{X_{L3}}+\mathrm{j}\left(X_{L2}-\frac{R_1R_2}{X_{L3}}\right)\right]$$

Wegen der Bedingung $\varphi_2=0$ muß der Imaginärteil $X_{L2}-(R_1R_2/X_{L3})$ verschwinden. Der Realteil liefert $U=I_2[R_1+R_2+(R_1X_{L2}/X_{L3})]$. Für die beiden Unbekannten R_1 und X_{L3} liegen somit zwei Gleichungen vor. Aus der 1. Gleichung erhält man $X_{L3}=R_1R_2/X_{L2}$. Setzt man dies in die 2. Gleichung ein, findet man schließlich den gesuchten Wirkwiderstand

$$R_1=\frac{U}{I_2}-R_2-\frac{X_{L2}^2}{R_2}=\frac{220\ \mathrm{V}}{20\ \mathrm{mA}}-10\ \mathrm{k\Omega}-\frac{(3\ \mathrm{k\Omega})^2}{10\ \mathrm{k\Omega}}=100\ \Omega$$

und den induktiven Blindwiderstand

$$X_{L3}=\frac{R_1R_2}{X_{L2}}=\frac{100\ \Omega\cdot 10\ \mathrm{k\Omega}}{3\ \mathrm{k\Omega}}=333{,}3\ \Omega$$

Beispiel 3.90. Die Schaltung von Bild 3.123 besteht aus Wirkwiderstand $R=5\ \mathrm{k\Omega}$ und den Blindwiderständen $X_L=10\ \mathrm{k\Omega}$ und $X_C=-20\ \mathrm{k\Omega}$. Es fließt der Strom $\underline{I}_q=10$ mA. An die Klemmen a und b sollen Wirkwiderstände $R_a=0$ bis ∞ angeschlossen werden. Die Stromfunktion $I_a=f(R_a)$ soll im Bereich 0 bis 15 kΩ bestimmt werden.

Es wird zunächst die Ersatz-Stromquelle berechnet. Beim Kurzschluß der Klemmen a und b ist auch der Blindwiderstand X_C widerstandslos überbrückt. Es liegt ein Stromteiler vor, und mit dem Widerstand $R+\mathrm{j}X_L=5\ \mathrm{k\Omega}+\mathrm{j}\,10\ \mathrm{k\Omega}=11{,}18\ \mathrm{k\Omega}\ \underline{/63{,}43^\circ}$ ergeben sich nach Tafel 3.118 Kurzschlußstrom bzw. Ersatzquellenstrom

$$\underline{I}_{qE}=\underline{I}_{ak}=\frac{\underline{I}_qR}{R+\mathrm{j}X_L}=\frac{10\ \mathrm{mA}\cdot 5\ \mathrm{k\Omega}}{11{,}18\ \mathrm{k\Omega}\ \underline{/63{,}43^\circ}}=4{,}472\ \mathrm{mA}\ \underline{/-63{,}43^\circ}$$

Außerdem beträgt der komplexe innere Ersatzwiderstand

$$\underline{Z}_{iE}=\frac{\mathrm{j}X_C(R+\mathrm{j}X_L)}{R+\mathrm{j}(X_L+X_C)}=\frac{-\mathrm{j}\,20\ \mathrm{k\Omega}\cdot 11{,}18\ \mathrm{k\Omega}\ \underline{/63{,}43^\circ}}{11{,}18\ \mathrm{k\Omega}\ \underline{/63{,}43^\circ}}$$
$$=20\ \mathrm{k\Omega}\ \underline{/36{,}86^\circ}=16\ \mathrm{k\Omega}+\mathrm{j}\,12\ \mathrm{k\Omega}$$

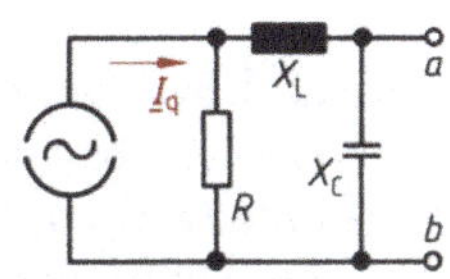

3.123 Netzwerk

Dann kann man nach Gl. (3.223) auch mit der Ersatzquellenspannung $\underline{U}_{qE}=\underline{Z}_{iE}\underline{I}_{qE}=20\ \mathrm{k\Omega}\ \underline{/36{,}86^\circ}\cdot 4{,}472\ \mathrm{mA}\ \underline{/-63{,}43^\circ}=89{,}44\ \mathrm{V}\underline{/-26{,}57^\circ}$ arbeiten.

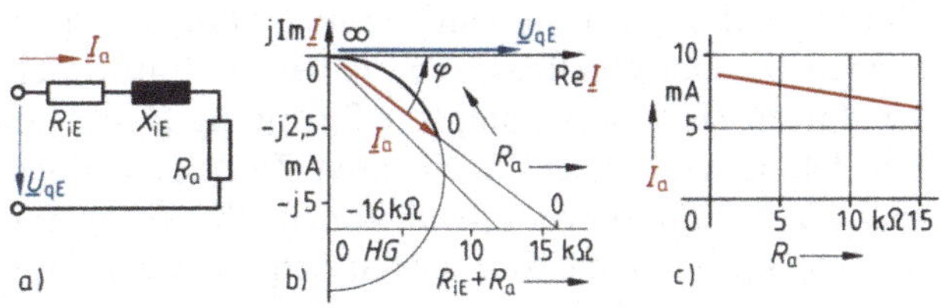

3.124 Ersatzschaltung (a) mit Strom-Ortskurve (b) und Stromfunktion $I_a=f(R_a)$ (c)

Mit der Ersatzquellenspannung $U_{qE}=89{,}44$ V und dem inneren Ersatzwiderstand $\underline{Z}_{iE}=R_{iE}+\mathrm{j}X_{iE}=16\ \mathrm{k\Omega}+\mathrm{j}\,12\ \mathrm{k\Omega}$ liegt eine Schaltung wie in Bild 3.37 bzw. Bild 3.124a vor, für deren Strom gilt

$$\underline{I}_a=\underline{U}_{qE}/(R_{iE}+\mathrm{j}X_{iE}+R_a)$$

Es muß sich daher eine Strom-Ortskurve wie in Bild 3.38 ergeben, wenn wir, da es hier nur auf die Beträge ankommt, eine reelle Quellenspannung $\underline{U}_{qE} = 89{,}44$ V voraussetzen. Die Stromortskurve ist Teil eines Kreises, der den Durchmesser $U_q/X_i = 89{,}44$ V/(12 kΩ) = 7,453 mA hat und daher wie in Bild 3.124b gezeichnet werden kann. Für die (reziproke) Bezifferung des Kreises können wir eine waagerechte Hilfsgerade HG angeben. Da sich für $R_{iE} + R_a = X_{iE} = 12$ kΩ der Phasenwinkel $\varphi = 45°$ ergeben muß, können wir die Hilfsgerade HG linear in Widerstandswerte unterteilen und die Werte $R_a = (R_{iE} + R_a) - R_{iE}$ auf den Kreis übertragen. Die so gefundenen Beträge I_a sind in Bild 3.124c dargestellt.

Beispiel 3.91. Es soll für den komplexen Strom $\underline{I}_4$ in der Brückenschaltung von Bild 3.125 die Bestimmungsgleichung aufgestellt werden.

Man darf die Spannungsquelle nach Abschn. 2.3.2.3 und wie in Bild 3.125b dargestellt verdoppeln und kann sie anschließend, wie in Bild 3.125c angegeben, in Stromquellen umwandeln. Mit der Stromteilerregel erhält man so die Bestimmungsgleichung

$$\underline{I}_4 = \left(\frac{\underline{U}_q}{\underline{Z}_3} - \underline{I}_q\right) \frac{\underline{Z}_3}{\underline{Z}_3 + \underline{Z}_4} = \frac{\underline{U}_q - \underline{Z}_3 \underline{I}_q}{\underline{Z}_3 + \underline{Z}_4}$$

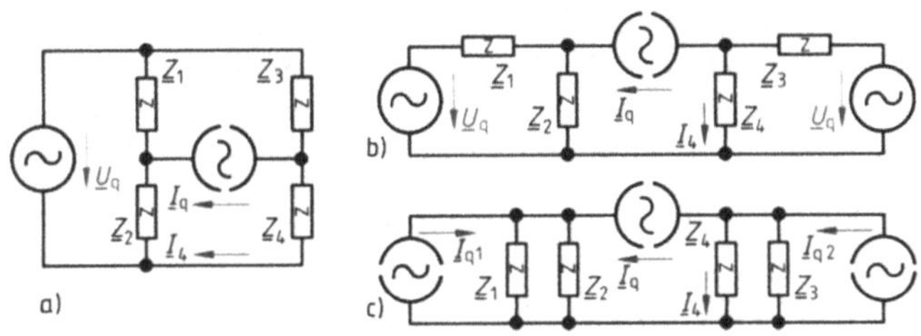

3.125 Brückenschaltung (a) mit Verdopplung der Spannungsquelle (b) und Umwandlung in Stromquellen (c)

3.4.1.2 Überlagerungsgesetz. Wenn mehrere Quellen (Spannungs- oder Stromquellen - s. Abschn. 3.3.5) beliebiger Größe oder Frequenz in einem Netzwerk zusammenwirken, benutzt man zur Berechnung der Ströme oder Spannungen u.a. das Überlagerungsgesetz. Man darf es aber nur in linearen Schaltungen, bei rückwirkungsfreien Quellen und für lineare Größen anwenden.

Linear ist eine Schaltung, wenn die eingebauten Zweipole Wirkwiderstand R, Induktivität L und Kapazität C unabhängig von Strom I und Spannung U feste Werte behalten und die Quellen unabhängig von der Last feste Quellenspannungen U_q oder Quellenströme I_q liefern. Lineare Größen, die überlagert werden dürfen, sind dann komplexe Spannung $\underline{U}$ und komplexer Strom $\underline{I}$, die nach dem Ohmschen Gesetz in linearen Zweipolen linear voneinander abhängen. Dies gilt bei Sinusstrom nicht nur für die komplexen Effektivwerte $\underline{I}$ und $\underline{U}$, sondern auch für die komplexen Scheitelwerte $\hat{\underline{i}}$ und $\hat{\underline{u}}$. Die Wirkleistung, die sich nach Gl. (3.82) bzw. (3.115) quadratisch mit Spannung U oder Strom I ändert, darf dagegen nicht überlagert werden.

Wenn also in einem umfangreichen Netzwerk ein System linearer Gleichungen das Verhalten beschreibt, darf man die einzelnen Einflußgrößen nacheinander getrennt betrachten. Dadurch erspart man sich die Auflösung eines Gleichungssystems mit vielen Unbekannten, deren Anzahl bei Sinusstrom gegenüber Gleichstrom wegen Real- und Imaginärteil meist doppelt so groß ist. Die resultierenden Wirkungen findet man durch Überlagerung der Einzelwirkungen.

Ein Netzwerk mit mehreren Quellen wird bei Anwendung des Überlagerungsgesetzes nacheinander jeweils für den Fall berechnet, daß nur eine Quelle wirksam ist. Alle übrigen idealen Spannungsquellen werden als spannungslos (bzw. kurzgeschlossen), alle übrigen idealen Stromquellen dagegen als stromlos (bzw. unterbrochen) angesehen, während die zugehörigen inneren Widerstände und Leitwerte (in Reihe zur Spannungsquelle bzw. parallel zur Stromquelle) natürlich wirksam bleiben. Wenn n Quellen auftreten, müssen auch n Überlagerungen vorgenommen werden. Jede Rechnung liefert für jeden Zweig (bis auf die Stromquellenzweige) n Teilströme, die als Summe - unter Beachtung der Phasenlage - den tatsächlichen Zweigstrom ergeben.

Die Schnittmethode nach Abschn. 2.3.3.2 stellt die Umkehrung des Überlagerungsverfahrens dar. Sie wird bei der Behandlung von unsymmetrischen Belastungen in Dreiphasennetzen angewandt (s. Abschn. 4.3.2.2) und dort ausführlich betrachtet. Für den normalen Sinusstrom ist sie nicht wichtig.

Beispiel 3.92. Das Netzwerk in Bild **3.**126a besteht aus Wirkwiderstand $R=5\,\Omega$, den Blindwiderständen $X_L=10\,\Omega$ und $X_C=-20\,\Omega$ sowie den komplexen Widerständen $\underline{Z}_b=100\,\Omega\,\underline{/-30^\circ}$ und $\underline{Z}_c=50\,\Omega\,\underline{/50^\circ}$ und führt die Ströme $\underline{I}_{qb}=-\mathrm{j}4$ A und $\underline{I}_{qc}=3$ A. Es sollen alle Ströme berechnet werden.

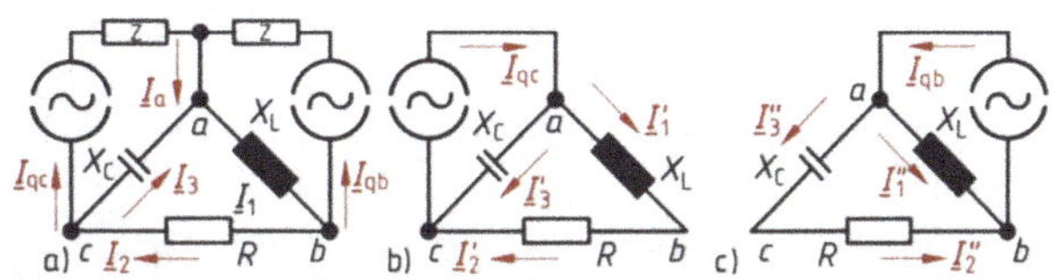

3.126
Netzwerk (a) und Teilschaltungen (b, c) für Überlagerungsverfahren

Wir betrachten für die Überlagerung nacheinander Bild **3.**126b und c und dürfen hier die Widerstände $\underline{Z}_c$ und $\underline{Z}_b$ unbeachtet lassen, da sie die Stromverteilung nicht beeinflussen. Wir erkennen, daß Bild **3.**126b mit Bild **3.**120 übereinstimmt. Daher liefert Beispiel 3.87 schon die Teilergebnisse $\underline{I}'_1=\underline{I}'_2=5{,}37\text{ A}\,\underline{/-26{,}57^\circ}=4{,}803\text{ A}-\mathrm{j}2{,}402\text{ A}$ und $\underline{I}'_3=3\text{ A}\,\underline{/126{,}83^\circ}=-1{,}799\text{ A}+\mathrm{j}2{,}401\text{ A}$.

In analoger Weise findet man mit $\underline{Z}_2=R+\mathrm{j}X_C=5\,\Omega-\mathrm{j}20\,\Omega=20{,}62\,\Omega\,\underline{/-75{,}96^\circ}$ und $\underline{Z}_1+\underline{Z}_2=R+\mathrm{j}X_L+\mathrm{j}X_C=11{,}18\,\Omega\,\underline{/-63{,}43^\circ}$ die Teilströme

$$\underline{I}''_1=\frac{\underline{I}_{qb}\underline{Z}_2}{\underline{Z}_1+\underline{Z}_2}=\frac{-\mathrm{j}4\text{ A}\cdot 20{,}62\,\Omega\,\underline{/-75{,}96^\circ}}{11{,}18\,\Omega\,\underline{/-63{,}43^\circ}}=7{,}377\text{ A}\,\underline{/-102{,}53^\circ}$$

$$=-1{,}601\text{ A}-\mathrm{j}7{,}202\text{ A}$$

$$\underline{I}''_2=\underline{I}''_3=\frac{\underline{I}_{qb}\mathrm{j}X_L}{\underline{Z}_1+\underline{Z}_2}=\frac{-\mathrm{j}4\text{ A}\cdot\mathrm{j}10\,\Omega}{11{,}18\,\Omega\,\underline{/-63{,}43^\circ}}=3{,}578\text{ A}\,\underline{/63{,}43^\circ}$$

$$=1{,}6\text{ A}+\mathrm{j}3{,}2\text{ A}$$

Die resultierenden Ströme finden wir durch Überlagerung. Nach Bild 3.126 gilt

$$\underline{I}_1 = \underline{I}_1' + \underline{I}_1'' = 4{,}803\ \text{A} - \text{j}\,2{,}402\ \text{A} - 1{,}601\ \text{A} - \text{j}\,7{,}202\ \text{A} = 3{,}202\ \text{A} - \text{j}\,9{,}604\ \text{A}$$
$$= \underline{10{,}12\ \text{A}\ \angle -71{,}56^\circ}$$

$$\underline{I}_2 = \underline{I}_2' - \underline{I}_2'' = 4{,}803\ \text{A} - \text{j}\,2{,}402\ \text{A} - 1{,}6\ \text{A} - \text{j}\,3{,}2\ \text{A} = 3{,}203\ \text{A} - \text{j}\,5{,}602\ \text{A}$$
$$= \underline{6{,}453\ \text{A}\ \angle -60{,}24^\circ}$$

$$\underline{I}_3 = -\underline{I}_3' - \underline{I}_3'' = 1{,}799\ \text{A} - \text{j}\,2{,}401\ \text{A} - 1{,}6\ \text{A} - \text{j}\,3{,}2\ \text{A} = 0{,}199\ \text{A} - \text{j}\,5{,}601\ \text{A}$$
$$= \underline{5{,}605\ \text{A}\ \angle -87{,}97^\circ}$$

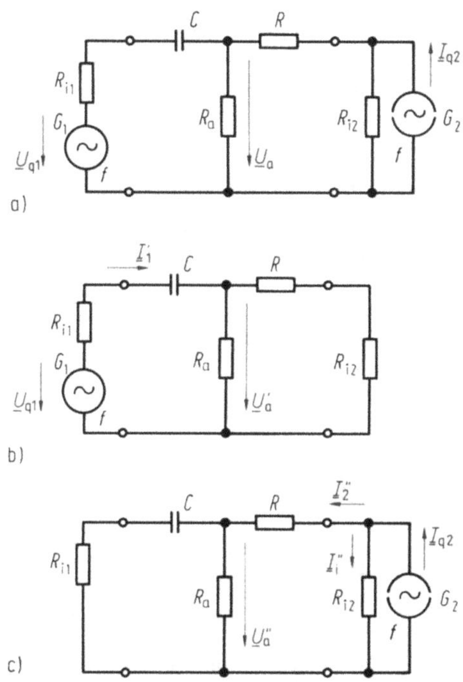

3.127
Gleichzeitige Speisung des Verbraucherwiderstands R_a durch die Spannungsquelle $G_1(\underline{U}_{q1}, R_{i1})$ über die Kapazität C und durch die Stromquelle $G_2(\underline{I}_{q2}, R_{i2})$ über den Widerstand R
a) Schaltung
b) Schaltung bei Abschalten der Stromquelle G_2
c) Schaltung bei Überbrücken der Spannungsquelle G_1

Beispiel 3.93. Ein Verbraucherwiderstand $R_a = 25\ \Omega$ ist nach der in Bild 3.127a dargestellten Schaltung über die Kapazität $C = 0{,}1\ \mu\text{F}$ an eine Sinusspannungsquelle G_1 (Quellenspannung $\underline{U}_{q1} = 120\ \text{V}$, Innenwiderstand $R_{i1} = 2\ \Omega$, Frequenz $f = 50\ \text{kHz}$) und über den Wirkwiderstand $R = 150\ \Omega$ an eine Sinusstromquelle G_2 (Quellenstrom $\underline{I}_{q2} = 3{,}7\ \text{A}\ \underline{\angle 13^\circ}$, Innenwiderstand $R_{i2} = 1\ \text{k}\Omega$, Frequenz $f = 50\ \text{kHz}$) angeschlossen. Welche Spannung $\underline{U}_a$ liegt am Verbraucherwiderstand R_a?

Wird zunächst die Stromquelle G_2 energiemäßig als nicht vorhanden angesehen, liegt nach Bild 3.127b der Verbraucherwiderstand R_a in einer Parallelschaltung mit dem Widerstand

$$R' = \frac{R_a(R + R_{i2})}{R_a + R + R_{i2}} = \frac{25\ \Omega(150\ \Omega + 1000\ \Omega)}{25\ \Omega + 150\ \Omega + 1000\ \Omega} = 24{,}49\ \Omega$$

Mit $\omega = 2\pi f$ ist der Blindwiderstand $X_C = -1/(2\pi f C) = -1/(\text{j}\,2\pi \cdot 50\ \text{Hz} \cdot 0{,}1\ \mu\text{F}) = -31{,}8\ \Omega$ wirksam, und es gilt für den durch die Spannungsquelle G_1 verursachten Strom

$$\underline{I}_1' = \underline{U}_{q1}/[R_{i1} - \text{j}X_C + R'] = 120\ \text{V}/(2\ \Omega - \text{j}\,31{,}83\ \Omega + 24{,}5\ \Omega)$$
$$= 120\ \text{V}/(41{,}39\ \Omega\ \underline{\angle -50{,}19^\circ}) = 2{,}859\ \text{A}\ \underline{\angle 50{,}19^\circ}$$

Am Verbraucherwiderstand R_a liegt die von der Spannungsquelle G_1 hervorgerufene Spannung

$$\underline{U}'_a = \underline{I}'_1 R_{p1} = 2{,}859\ \mathrm{A}\ \underline{/50{,}19°} \cdot 24{,}49\ \Omega = 71\ \mathrm{V}\ \underline{/50{,}19°}$$

Wird sodann die Spannungsquelle G_1 energiemäßig als nicht vorhanden angesehen, liegt nach Bild **3.**127c der Verbraucherwiderstand R_a in der Parallelschaltung

$$\underline{Z}'' = \frac{R_a(R_{i1} - \mathrm{j}X_C)}{R_a + R_{i1} - \mathrm{j}X_C} = \frac{25\ \Omega(2\ \Omega - \mathrm{j}\,31{,}83\ \Omega)}{25\ \Omega + 2\ \Omega - \mathrm{j}\,31{,}83\ \Omega} = 19{,}1\ \Omega\ \underline{/-36{,}71°}$$
$$= 15{,}31\ \Omega - \mathrm{j}\,11{,}42\ \Omega$$

Somit gilt mit $\underline{I}''_2 = \underline{I}_{q2} - \underline{I}''_{i2}$ und $\underline{I}''_{i2} = \underline{I}''_2(R + \underline{Z}'')/R_{i2}$ für den in das Netzwerk hineinfließenden Strom

$$\underline{I}''_2 = \underline{I}_{q2}/[1 + (R + \underline{Z}'')/R_{i2}] = 3{,}7\ \mathrm{A}\ \underline{/13°}/[1 + (150\ \Omega + 15{,}31\ \Omega - \mathrm{j}\,11{,}42\ \Omega)/1000\ \Omega]$$
$$= 3{,}175\ \mathrm{A}\ \underline{/13{,}56°}$$

Am Verbraucherwiderstand R_a liegt die von der Stromquelle G_2 hervorgerufene Spannung

$$\underline{U}''_a = \underline{I}''_2 \underline{Z}'' = (3{,}175\ \mathrm{A}\ \underline{/13{,}56°})\, 19{,}1\ \Omega\ \underline{/-36{,}71°} = 60{,}64\ \mathrm{V}\ \underline{/-23{,}15°}$$

Nach dem Überlagerungsgesetz gilt für die gesuchte Verbraucherspannung

$$\underline{U}_a = \underline{U}'_a + \underline{U}''_a = 71\ \mathrm{V}\ \underline{/50{,}19°} + 60{,}64\ \mathrm{V}\ \underline{/-23{,}15°}$$
$$= (45{,}45 + \mathrm{j}\,55{,}54)\ \mathrm{V} + (55{,}76 - \mathrm{j}\,23{,}84)\ \mathrm{V} = 105{,}8\ \mathrm{V}\ \underline{/16{,}88°}$$

3.4.1.3 Anwendung der Kirchhoffschen Gesetze. Für jedes beliebige, auch nichtlineare und nicht rückwirkungsfreie Netzwerk gelten die in Abschn. 1.3.2 und 1.3.3 erläuterten Kirchhoffschen Gesetze. Daher kann man auch jedes Sinusstrom-Netzwerk durch Aufstellen der komplexen Strom- und Spannungsgleichungen für die Knotenpunkte und Netzmaschen lösen. Man muß jedoch streng die in Abschn. 2.3.1.3 zusammengestellten Regeln für das Vorgehen beachten, und man sollte sich hierbei, um Mißverständnisse und andere Fehler auszuschließen, stets nur des Verbraucher-Zählpfeil-Systems (s. Abschn. 1.3.1.4) bedienen.

Gegenüber Gleichstrom (s. Abschn. 2.3.1) müssen bei Sinusstrom alle Gleichungen komplex angesetzt werden. Durch Einführen der Real- und Imaginärteile bzw. Wirk- und Blindkomponenten (s. Abschn. 3.3.1) kann man ein solches System aus n komplexen Gleichungen auch entsprechend Abschn. 8.2.2.6 in ein System von $2n$ reellen Gleichungen überführen. Das Gleichungssystem kann in beiden Fällen mit Determinanten (s. Abschn. 8.4) und auch mit Taschenrechnerprogrammen (s. Band VII) gelöst werden.

Es muß, um die Phasenwinkel definieren zu können, entweder eine Bezugsgröße (Strom oder Spannung) festgelegt werden, oder alle Phasenwinkel sind auf den positiven Ast der reellen Achse der komplexen Ebene zu beziehen. Für die Bedeutung der im Ergebnis auftretenden Vorzeichen s. Abschn. 8.2.1.

Beispiel 3.94. Die Schaltung von Bild 3.128 besteht aus dem Wirkwiderstand $R = 5\,\Omega$ und den Blindwiderständen $X_L = 10\,\Omega$ und $X_C = -20\,\Omega$ und führt die Ströme $\underline{I}_b = -j4$ A und $\underline{I}_c = 3$ A. Die übrigen Ströme sollen bestimmt und zusammen mit den zugehörigen Spannungen in einem Zeigerdiagramm dargestellt werden.

Zunächst vervollständigen wir mit Bild 3.128b die Zählpfeile und tragen dort den Umlaufsinn ein. Dann finden wir sofort mit dem komplexen Knotenpunktsatz von Gl. (3.110) den Strom $\underline{I}_a = \underline{I}_b + \underline{I}_c = -j4\text{ A} + 3\text{ A} = 5\text{ A}\,\underline{/-53{,}13^\circ}$. Für die Knotenpunkte *b* und *c* machen wir analog die Ansätze

$$\underline{I}_1 - \underline{I}_2 = \underline{I}_b \quad \text{und} \quad \underline{I}_2 - \underline{I}_3 = \underline{I}_c$$

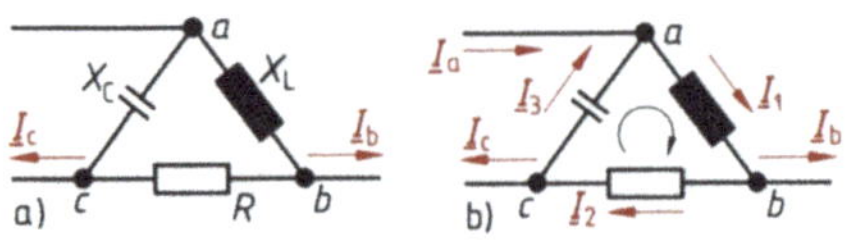

3.128 Netzmasche (a) mit Zählpfeilen (b)

Außerdem gilt mit dem komplexen Maschensatz von Gl. (3.77) die Spannungsgleichung

$$jX_L\underline{I}_1 + R\underline{I}_2 + jX_C\underline{I}_3 = 0$$

so daß wir die komplexe Matrizengleichung (s. Abschn. 8.4)

$$\begin{bmatrix} 1 & -1 & 0 \\ 0 & 1 & -1 \\ jX_L & R & jX_C \end{bmatrix} \cdot \begin{bmatrix} \underline{I}_1 \\ \underline{I}_2 \\ \underline{I}_3 \end{bmatrix} = \begin{bmatrix} \underline{I}_b \\ \underline{I}_c \\ 0 \end{bmatrix}$$

erhalten. Die Lösung dieses Gleichungssystems findet man leicht mit der komplexen Koeffizienten-Determinante (s. Abschn. 8.4)

$$\underline{D} = \begin{vmatrix} 1 & -1 & 0 \\ 0 & 1 & -1 \\ jX_L & R & jX_C \end{vmatrix}$$
$$= jX_C + jX_L + R = j(-20\,\Omega + 10\,\Omega) + 5\,\Omega = 5\,\Omega - j10\,\Omega = 11{,}18\,\Omega\,\underline{/-63{,}43^\circ}$$

und den komplexen Zähler-Determinanten

$$\underline{D}_1 = \begin{vmatrix} \underline{I}_b & -1 & 0 \\ \underline{I}_c & 1 & -1 \\ 0 & R & jX_C \end{vmatrix}$$
$$= jX_C\underline{I}_b + R\underline{I}_b + jX_C\underline{I}_C = -j20\,\Omega(-j4\text{ A} + 3\text{ A}) + 5\,\Omega(-j4\text{ A})$$
$$= -80\text{ V} - j80\text{ V} = 113{,}1\text{ V}\,\underline{/-135^\circ}$$

$$\underline{D}_2 = \begin{vmatrix} 1 & \underline{I}_b & 0 \\ 0 & \underline{I}_c & -1 \\ jX_L & 0 & jX_C \end{vmatrix}$$
$$= jX_C\underline{I}_c - jX_L\underline{I}_b = j[-20\,\Omega \cdot 3\text{ A} - 10\,\Omega(-j4\text{ A})] = -40\text{ V} - j60\text{ V}$$
$$= 72{,}11\text{ V}\,\underline{/-123{,}69^\circ}$$

$$\underline{D}_3 = \begin{vmatrix} 1 & -1 & \underline{I}_b \\ 0 & 1 & \underline{I}_c \\ jX_L & R & 0 \end{vmatrix}$$
$$= -jX_L\underline{I}_c - jX_L\underline{I}_b - R\underline{I}_c = -j10\,\Omega[3\text{ A} + (-j4\text{ A})] - 5\,\Omega \cdot 3\text{ A}$$
$$= -55\text{ V} - j30\text{ V} = 62{,}65\text{ V}\,\underline{/-151{,}4^\circ}$$

Es gilt dann für die Ströme nach Gl. (8.66)

$$\underline{I}_1=\underline{D}_1/\underline{D}=113{,}1\ \text{V}\ \underline{/-135^\circ}\,/(11{,}18\ \Omega\ \underline{/-63{,}43^\circ})=10{,}12\ \text{A}\ \underline{/-71{,}57^\circ}$$
$$\underline{I}_2=\underline{D}_2/\underline{D}=72{,}11\ \text{V}\ \underline{/-123{,}7^\circ}\,/(11{,}18\ \Omega\ \underline{/-63{,}43^\circ})=6{,}45\ \text{A}\ \underline{/-60{,}26^\circ}$$
$$\underline{I}_3=\underline{D}_3/\underline{D}=62{,}65\ \text{V}\ \underline{/-151{,}4^\circ}\,/(11{,}18\ \Omega\ \underline{/-63{,}43^\circ})=5{,}604\ \text{A}\ \underline{/-87{,}97^\circ}$$

Diese Ströme verursachen die Spannungen

$$\underline{U}_1=\mathrm{j}X_L\underline{I}_1=\mathrm{j}10\ \Omega\cdot 10{,}12\ \text{A}\ \underline{/-71{,}57^\circ}=101{,}2\ \text{V}\ \underline{/18{,}43^\circ}$$
$$\underline{U}_2=R\underline{I}_2=5\ \Omega\cdot 6{,}45\ \text{A}\ \underline{/-60{,}26^\circ}=32{,}25\ \text{V}\ \underline{/-60{,}26^\circ}$$
$$\underline{U}_3=\mathrm{j}X_C\underline{I}_3=-\mathrm{j}20\ \Omega\cdot 5{,}608\ \text{A}\ \underline{/-88{,}5^\circ}=112{,}2\ \text{V}\ \underline{/-178{,}5^\circ}$$

Strom- und Spannungszeiger sind in Bild **3.**129 dargestellt. Dieses Zeigerdiagramm beweist, daß die aufgestellten Knotenpunkt- und Maschengleichungen erfüllt werden. Die Ströme stimmen mit den in Beispiel 3.91 berechneten überein.

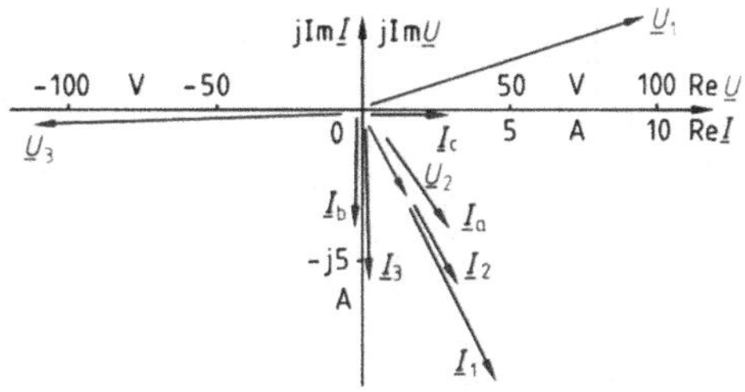

3.129 Zeigerdiagramm für Beispiel 3.94

3.4.1.4 Maschenstrom-Verfahren.

In Abschn. 2.3.5 wird ausführlich dargestellt, daß man für ein Netzwerk, das z Zweigströme führt und das somit z voneinander unabhängige Gleichungen zum Bestimmen dieser Gleichströme erfordert, bei k Knotenpunkten nach Gl. (2.93) nur $m=z+1-k$ voneinander unabhängige Gleichungen benötigt, wenn man m Maschenströme $\underline{I}'_\mu$ definiert. Dieses Verfahren kann man sofort auf Sinusströme übertragen, wenn man in diesen Gleichungen überall die reellen Gleichstromgrößen durch die komplexen Sinusstromgrößen $\underline{Z}$, $\underline{I}$ und $\underline{U}$ ersetzt. Man erhält dann die komplexe Matrizengleichung

$$\begin{bmatrix} \underline{Z}_{11} & \underline{Z}_{12} & \cdots & \underline{Z}_{1n} \\ \underline{Z}_{21} & \underline{Z}_{22} & \cdots & \underline{Z}_{2n} \\ \vdots & \vdots & & \vdots \\ \underline{Z}_{n1} & \underline{Z}_{n2} & \cdots & \underline{Z}_{nn} \end{bmatrix} \cdot \begin{bmatrix} \underline{I}'_1 \\ \underline{I}'_2 \\ \vdots \\ \underline{I}'_n \end{bmatrix} = \begin{bmatrix} -\underline{U}'_{q1} \\ -\underline{U}'_{q2} \\ \vdots \\ -\underline{U}'_{qn} \end{bmatrix} \tag{3.226}$$

Die Hauptdiagonale der komplexen Widerstandsmatrix (Koeffizienten-Determinante - s. Abschn. 8.4) ist mit den komplexen Summenwiderständen $\underline{Z}_{11}, \underline{Z}_{22} \ldots \underline{Z}_{nn}$ der gewählten Maschen besetzt. Die Nebendiagonalen enthalten komplexe Widerstände $\underline{Z}_{ik}$, die von mindestens zwei Maschenströmen durchflossen werden. Sind die Zählpfeile für die Maschenströme $\underline{I}'_i$ und $\underline{I}'_k$ an diesen Koppelwiderständen $\underline{Z}_{ik}$ gleichsinnig, so erhält dieser Widerstand das positive, andernfalls das negative Vorzeichen. Spiegelbildlich zur Hauptdiagonalen liegende Koppelwiderstände $\underline{Z}_{ik}=\underline{Z}_{ki}$ sind gleich. Die Spannungen $\underline{U}'_{q\mu}$ stellen die Summen der komplexen Quellenspannungen in den betrachteten Maschen dar. Die einzelnen Quellenspannungen $\underline{U}_q$ erscheinen hierbei mit positivem Vorzeichen, wenn ihr Zählpfeil mit dem Zählpfeil des zugehörigen Maschenstroms $\underline{I}'_\mu$ übereinstimmt; sie erhalten das negative Vorzeichen, wenn die Zählrichtungen entgegengesetzt sind.

Ferner müssen die in Abschn. 2.3.5 zusammengestellten Regeln sinngemäß angewandt werden. Wir üben dieses Vorgehen mit den folgenden Beispielen.

Beispiel 3.95. Für die Schaltung in Bild 3.130 sind die komplexe Matrizengleichung der Maschenströme und die zugehörige reelle Matrizengleichung anzugeben.

Analog zu Gl. (3.226) und mit den angegebenen Regeln findet man

$$\begin{bmatrix} (\underline{Z}_1+\underline{Z}_3+\underline{Z}_4) & -\underline{Z}_3 & -\underline{Z}_4 \\ -\underline{Z}_3 & (\underline{Z}_2+\underline{Z}_3+\underline{Z}_5) & -\underline{Z}_5 \\ -\underline{Z}_4 & -\underline{Z}_5 & (\underline{Z}_4+\underline{Z}_5+\underline{Z}_6) \end{bmatrix} \cdot \begin{bmatrix} \underline{I}'_1 \\ \underline{I}'_2 \\ \underline{I}'_3 \end{bmatrix} = \begin{bmatrix} \underline{U}_{q1} \\ -\underline{U}_{q2} \\ 0 \end{bmatrix}$$

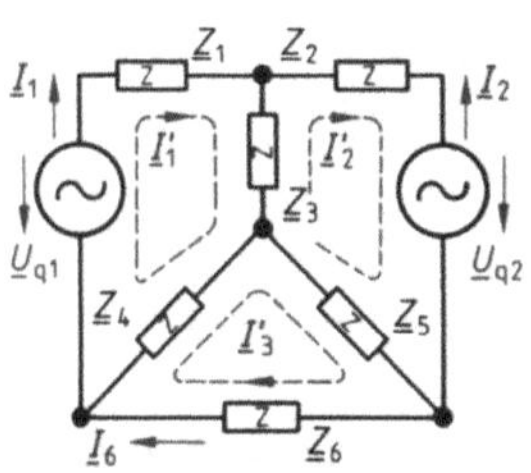

3.130 Netzwerk mit Maschenströmen

Für die 1. Gleichung gilt daher

$$(\underline{Z}_1+\underline{Z}_3+\underline{Z}_4)\underline{I}'_1-\underline{Z}_3\underline{I}'_2-\underline{Z}_4\underline{I}'_3=\underline{U}_{q1}$$

Mit den zugehörigen Wirk- und Blindkomponenten ist auch

$$\begin{aligned}(R_1+\mathrm{j}X_1+R_3+\mathrm{j}X_3+R_4+\mathrm{j}X_4)(I'_{1\mathrm{w}}+\mathrm{j}I'_{1\mathrm{b}})\\ -(R_3+\mathrm{j}X_3)(I'_{2\mathrm{w}}+\mathrm{j}I'_{2\mathrm{b}})-(R_4+\mathrm{j}X_4)(I'_{3\mathrm{w}}+\mathrm{j}I'_{3\mathrm{b}})\\ =(U_{\mathrm{q1w}}+\mathrm{j}U_{\mathrm{q1b}})\end{aligned}$$

was man in Realteil

$$\begin{aligned}(R_1+R_3+R_4)I'_{1\mathrm{w}}-(X_1+X_3+X_4)I'_{1\mathrm{b}}-R_3I'_{2\mathrm{w}}\\ +X_3I'_{2\mathrm{b}}-R_4I'_{3\mathrm{w}}+X_4I'_{3\mathrm{b}}=U_{\mathrm{q1w}}\end{aligned}$$

und Imaginärteil

$$(X_1+X_3+X_4)I'_{1\mathrm{w}}+(R_1+R_3+R_4)I'_{1\mathrm{b}}-X_3I'_{2\mathrm{w}}-R_3I'_{2\mathrm{b}}-X_4I'_{3\mathrm{w}}-R_4I'_{3\mathrm{b}}=U_{\mathrm{q1b}}$$

auflösen kann. Daher gilt mit $R_{134}=R_1+R_3+R_4$, $R_{235}=R_2+R_3+R_5$, $R_{456}=R_4+R_5+R_6$ und $X_{134}=X_1+X_3+X_4$, $X_{235}=X_2+X_3+X_5$, $X_{456}=X_4+X_5+X_6$ auch die reelle Matrizengleichung

$$\begin{bmatrix} R_{134} & -X_{134} & -R_3 & X_3 & -R_4 & X_4 \\ X_{134} & R_{134} & -X_3 & -R_3 & -X_4 & -R_4 \\ -R_3 & X_3 & R_{235} & -X_{235} & -R_5 & X_5 \\ -X_3 & -R_3 & X_{235} & R_{235} & -X_5 & -R_5 \\ -R_4 & X_4 & -R_5 & X_5 & R_{456} & -X_{456} \\ -X_4 & -R_4 & -X_5 & -R_5 & R_{456} & R_{456} \end{bmatrix} \cdot \begin{bmatrix} I'_{1\mathrm{w}} \\ I'_{1\mathrm{b}} \\ I'_{2\mathrm{w}} \\ I'_{2\mathrm{b}} \\ I'_{3\mathrm{w}} \\ I'_{3\mathrm{b}} \end{bmatrix} = \begin{bmatrix} U_{\mathrm{q1w}} \\ U_{\mathrm{q1b}} \\ -U_{\mathrm{q2w}} \\ -U_{\mathrm{q2b}} \\ 0 \\ 0 \end{bmatrix}$$

Beispiel 3.96. Beispiel 3.52 soll jetzt mit dem Maschenstrom-Verfahren gelöst werden. Wir zeichnen für das Netzwerk in Bild 3.131a zunächst den Graph in Bild 3.131b mit einem vollständigen Baum und wählen in Bild 3.131a die Maschenströme so, daß $\underline{I}'_1=\underline{I}$ ist. Analog zu Gl. (3.226) und mit den angegebenen Regeln finden wir die Matrizengleichung

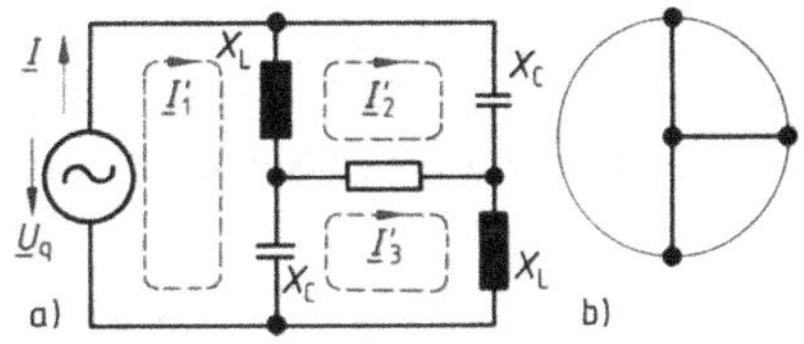

3.131
Netzwerk mit Zweigströmen (a) und vollständigem Baum (b)

$$\begin{bmatrix} (jX_L+jX_C) & -jX_L & -jX_C \\ -jX_L & (R+jX_L+jX_C) & -R \\ -jX_C & -R & (R+jX_L+jX_C) \end{bmatrix} \cdot \begin{bmatrix} \underline{I}'_1 \\ \underline{I}'_2 \\ \underline{I}'_3 \end{bmatrix} = \begin{bmatrix} \underline{U}_q \\ 0 \\ 0 \end{bmatrix}$$

Mit $R=5\,\text{k}\Omega$, $X_L=10\,\text{k}\Omega$ und $X_C=-20\,\text{k}\Omega$ sowie $jX_L+jX_C=j(10\,\text{k}\Omega-20\,\text{k}\Omega)=-j\,10\,\text{k}\Omega$ und $R+jX_L+jX_C=5\,\text{k}\Omega-j\,10\,\text{k}\Omega=11{,}18\,\text{k}\Omega\,\underline{/-63{,}43^\circ}$ können wir sofort Zahlenwerte einsetzen und erhalten

$$\begin{bmatrix} -j\,10\,\text{k}\Omega & -j\,10\,\text{k}\Omega & j\,20\,\text{k}\Omega \\ -j\,10\,\text{k}\Omega & (11{,}18\,\text{k}\Omega\,\underline{/-63{,}43^\circ}) & -5\,\text{k}\Omega \\ j\,20\,\text{k}\Omega & -5\,\text{k}\Omega & (11{,}18\,\text{k}\Omega\,\underline{/-63{,}43^\circ}) \end{bmatrix} \cdot \begin{bmatrix} \underline{I}'_1 \\ \underline{I}'_2 \\ \underline{I}'_3 \end{bmatrix} = \begin{bmatrix} 100\,\text{V} \\ 0 \\ 0 \end{bmatrix}$$

Die Koeffizienten-Matrix hat den Wert

$$\underline{D} = \begin{vmatrix} -j\,10 & -j\,10 & j\,20 \\ -j\,10 & (11{,}18\,\underline{/-63{,}43^\circ}) & -5 \\ j\,20 & -5 & (11{,}18\,\underline{/-63{,}43^\circ}) \end{vmatrix} \text{k}\Omega^3$$

$$=[-j\,10\cdot 11{,}18^2\,\underline{/-2\cdot 63{,}43^\circ}-10\cdot 5\cdot 20-20\cdot 10\cdot 5+20^2\cdot 11{,}18\,\underline{/-63{,}43^\circ} +j\,5^2\cdot 10+10^2\cdot 11{,}18\,\underline{/-63{,}43^\circ}]\,\text{k}\Omega^3=4031\,\text{k}\Omega^3\,\underline{/-97{,}13^\circ}$$

Für die Zähler-Determinante ergibt sich

$$\underline{D}_1 = \begin{vmatrix} 100\,\text{V} & -j\,10\,\text{k}\Omega & j\,20\,\text{k}\Omega \\ 0 & 11{,}18\,\text{k}\Omega\,\underline{/-63{,}43^\circ} & -5\,\text{k}\Omega \\ 0 & -5\,\text{k}\Omega & 11{,}18\,\text{k}\Omega\,\underline{/-63{,}43^\circ} \end{vmatrix}$$

$$=100\,\text{V}[11{,}18^2\,\underline{/-2\cdot 63{,}43^\circ}-5^2]\,\text{k}\Omega^2=14\,140\,\text{V}\,\text{k}\Omega^2\,\underline{/-135^\circ}$$

und daher für den gesuchten Strom

$$\underline{I}=\underline{I}'_1=\frac{\underline{D}_1}{\underline{D}}=\frac{14\,140\,\text{V}\,\text{k}\Omega^2\,\underline{/-135^\circ}}{4031\,\text{k}\Omega^3\,\underline{/-97{,}13^\circ}}=3{,}508\,\text{mA}\,\underline{/-37{,}87^\circ}$$

Dieses Ergebnis stimmt mit dem von Beispiel 3.52 überein.

3.4.1.5 Knotenpunktpotential-Verfahren. Wenn man in dem Netzwerk von Bild 3.128 einem der Knotenpunkte, z. B. dem Knoten *c*, willkürlich das Potential $\underline{U}'_c=0$ zuordnet, haben die übrigen Knotenpunkte *a, b, d* gegenüber diesem Bezugs-Knotenpunkt die Potentiale $\underline{U}'_{ca}$, $\underline{U}'_{cb}$ und $\underline{U}'_{cd}$. Gelingt es, diese Spannungen $\underline{U}'_{ca}$, $\underline{U}'_{cb}$, $\underline{U}'_{cd}$ zu bestimmen, so können auch die übrigen Teilspannungen und die Zweigströme leicht berechnet werden. Hierdurch hat man die ursprüngliche Aufgabe, wie in Bild 3.132 insgesamt 6 unbekannte Zweigströme durch das Lösen eines Gleichungssystems mit 6 Gleichungen zu finden, auf die Lösung eines Systems von 3 Gleichungen reduziert.

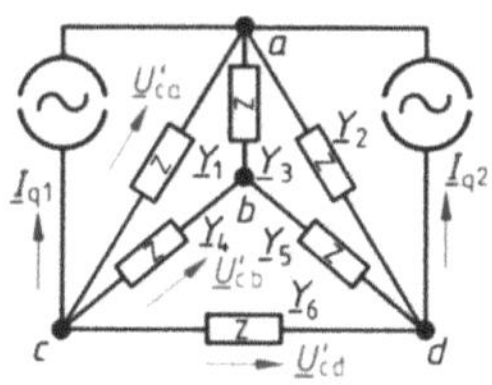

3.132 Netzwerk

Ganz allgemein findet man nach Gl. (2.95) das reduzierte Gleichungssystem bei insgesamt k Knoten durch Aufstellen der $r=(k-1)$ Knotenpunktgleichungen. Das Knotenpunktpotential-Verfahren hat also Vorteile, wenn die Anzahl r der unabhängigen Knotenpunktgleichungen kleiner ist als die Anzahl m der unabhängigen Maschengleichungen nach Gl. (2.93), was man wieder am einfachsten mit einem Graph untersuchen kann.

Um ein übersichtliches Koeffizientenschema zu erhalten, wandelt man im betrachteten Netzwerk alle Spannungsquellen in Stromquellen mit den komplexen Quellengrößen $\underline{I}_q$ und rechnet die komplexen Widerstände in die komplexen Leitwerte $\underline{Y}$ um (s. Bild 3.132). Es empfiehlt sich das in Abschn. 2.3.6 ausführlich beschriebene Vorgehen.

Meist wird man sofort die komplexe Matrizengleichung

$$\begin{bmatrix} \underline{Y}_{11} & -\underline{Y}_{12} & \cdots & -\underline{Y}_{1n} \\ -\underline{Y}_{21} & \underline{Y}_{22} & \cdots & -\underline{Y}_{2n} \\ \vdots & \vdots & & \vdots \\ -\underline{Y}_{n1} & -\underline{Y}_{n2} & \cdots & \underline{Y}_{nn} \end{bmatrix} \cdot \begin{bmatrix} \underline{U}'_1 \\ \underline{U}'_2 \\ \vdots \\ \underline{U}'_n \end{bmatrix} = \begin{bmatrix} -\underline{I}'_{q1} \\ -\underline{I}'_{q2} \\ \vdots \\ -\underline{I}'_{qn} \end{bmatrix} \qquad (3.227)$$

bilden. Hierbei ist jedes Knotenpunktpotential $\underline{U}'_k$ mit allen komplexen Leitwerten, die mit dem betrachteten Knotenpunkt unmittelbar verbunden sind, verknüpft. Die Hauptdiagonale der Leitwertmatrix (bzw. Koeffizienten-Determinante) ist mit den komplexen Summenleitwerten $\underline{Y}$ der benachbarten (also verbundenen) Zweige besetzt. Die Nebendiagonalen der Leitwertmatrix enthalten die stets mit einem negativen Vorzeichen behafteten komplexen Koppelleitwerte $\underline{Y}_{ik}$, die zwischen zwei Knotenpunkten liegen. Befindet sich zwischen zwei Knotenpunkten unmittelbar kein Leitwert, so wird an die entsprechende Stelle der Leitwertmatrix eine Null gesetzt. Spiegelbildlich zur Hauptdiagonale liegende komplexe Koppelleitwerte $\underline{Y}_{ik}=\underline{Y}_{ki}$ sind gleich. Die Ströme $\underline{I}'_{qk}$ stellen die Summe der den Knotenpunkten aufgeprägten komplexen Quellenströme dar. Sie werden positiv gezählt, wenn ihre Zählpfeile auf den Knoten weisen, und negativ, wenn sie vom Knoten weg weisen.

Beispiel 3.97. Für die Schaltung in Bild 3.132 ist die komplexe Matrizengleichung der Knotenpunktpotentiale anzugeben.

Analog zu Gl. (3.227) und mit den in Abschn. 2.3.6 angegebenen Regeln findet man

$$\begin{bmatrix} (\underline{Y}_1+\underline{Y}_2+\underline{Y}_3) & -\underline{Y}_3 & -\underline{Y}_2 \\ -\underline{Y}_3 & (\underline{Y}_3+\underline{Y}_4+\underline{Y}_5) & -\underline{Y}_5 \\ -\underline{Y}_2 & -\underline{Y}_5 & (\underline{Y}_2+\underline{Y}_5+\underline{Y}_6) \end{bmatrix} \cdot \begin{bmatrix} \underline{U}'_{ca} \\ \underline{U}'_{cb} \\ \underline{U}'_{cd} \end{bmatrix} = \begin{bmatrix} -\underline{I}_{q1}-\underline{I}_{q2} \\ 0 \\ \underline{I}_{q2} \end{bmatrix}$$

(Mit dem Bezugs-Knotenpunkt *a* hätte sich ein etwas einfacheres Gleichungssystem ergeben.)

Beispiel 3.98. Man löse das Beispiel 3.94 mit dem Knotenpunktpotential-Verfahren.
Wir vervollständigen Bild 3.128 entsprechend Bild 3.133, wählen also den Bezugs-Knotenpunkt *a*. Wirksam sind dann die Leitwerte $G=1/R=1/(5\,\Omega)=0{,}2$ S, $B_L=-1/X_L=-1/(10\,\Omega)=-0{,}1$ S und $B_C=-1/X_C=-1/(-20\,\Omega)=0{,}05$ S. Somit finden wir die komplexe Matrizengleichung

$$\begin{bmatrix} G+\mathrm{j}B_L & -G \\ -G & G+\mathrm{j}B_C \end{bmatrix} \cdot \begin{bmatrix} \underline{U}'_{ab} \\ \underline{U}'_{ac} \end{bmatrix} = \begin{bmatrix} \underline{I}_b \\ \underline{I}_c \end{bmatrix}$$

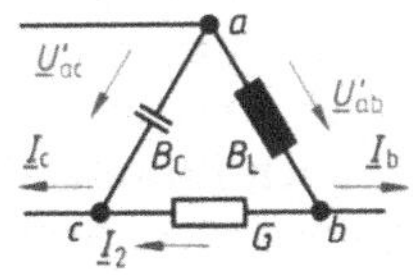

3.133 Netzmasche

bzw. mit $G+\mathrm{j}B_L==0{,}2\,\mathrm{S}-\mathrm{j}\,0{,}1\,\mathrm{S}=0{,}2236\,\mathrm{S}\,\underline{/-26{,}57^\circ}$ und $G+\mathrm{j}B_C=0{,}2\,\mathrm{S}+\mathrm{j}\,0{,}05\,\mathrm{S}=0{,}206\,\mathrm{S}\,\underline{/14{,}04^\circ}$ und den übrigen Zahlenwerten

$$\begin{bmatrix} 0{,}2236\,\mathrm{S}\,\underline{/-26{,}57^\circ} & -0{,}2\,\mathrm{S} \\ -0{,}2\,\mathrm{S} & 0{,}2062\,\mathrm{S}\,\underline{/14{,}04^\circ} \end{bmatrix} \cdot \begin{bmatrix} \underline{U}'_{ab} \\ \underline{U}'_{ac} \end{bmatrix} = \begin{bmatrix} -\mathrm{j}4\,\mathrm{A} \\ 3\,\mathrm{A} \end{bmatrix}$$

Wir erhalten die komplexe Koeffizienten-Determinante

$$\underline{D} = \begin{vmatrix} 0{,}2236\,\mathrm{S}\,\underline{/-26{,}57^\circ} & -0{,}2\,\mathrm{S} \\ -0{,}2\,\mathrm{S} & 0{,}2062\,\mathrm{S}\,\underline{/14{,}04^\circ} \end{vmatrix}$$
$$=0{,}2236\,\mathrm{S}\cdot 0{,}2062\,\mathrm{S}\,\underline{/-26{,}57^\circ+14{,}04^\circ}-0{,}2^2\,\mathrm{S}^2$$
$$=(0{,}005044-\mathrm{j}\,0{,}01001)\,\mathrm{S}^2=0{,}01121\,\mathrm{S}^2\,\underline{/-63{,}26^\circ}$$

und die komplexen Zähler-Determinanten

$$\underline{D}'_{ab} = \begin{vmatrix} -\mathrm{j}4\,\mathrm{A} & -0{,}2\,\mathrm{S} \\ 3\,\mathrm{A} & 0{,}2062\,\mathrm{S}\,\underline{/14{,}04^\circ} \end{vmatrix}$$
$$=-\mathrm{j}4\,\mathrm{A}\cdot 0{,}2062\,\mathrm{S}\,\underline{/14{,}04^\circ}+3\,\mathrm{A}\cdot 0{,}2\,\mathrm{S}=(0{,}7999-\mathrm{j}\,0{,}7994)\,\mathrm{AS}$$
$$=1{,}131\,\mathrm{AS}\,\underline{/-44{,}98^\circ}$$

$$\underline{D}'_{ac} = \begin{vmatrix} 0{,}2236\,\mathrm{S}\,\underline{/-26{,}57^\circ} & -\mathrm{j}4\,\mathrm{A} \\ -0{,}2\,\mathrm{S} & 3\,\mathrm{A} \end{vmatrix}$$
$$=3\,\mathrm{A}\cdot 0{,}2236\,\mathrm{S}\,\underline{/-26{,}57^\circ}-\mathrm{j}4\,\mathrm{A}\cdot 0{,}2\,\mathrm{S}=(0{,}601-\mathrm{j}\,1{,}101)\,\mathrm{AS}$$
$$=1{,}253\,\mathrm{AS}\,\underline{/-61{,}35^\circ}$$

Daher sind die komplexen Spannungen

$$\underline{U}'_{ab}=\underline{D}'_{ab}/\underline{D}=1{,}131\,\mathrm{AS}\,\underline{/-44{,}98^\circ}/(0{,}01121\,\mathrm{S}^2\,\underline{/-63{,}26^\circ})=100{,}9\,\mathrm{V}\,\underline{/18{,}28^\circ}$$

$$\underline{U}'_{ac}=\underline{D}'_{ac}/\underline{D}=1{,}253\,\mathrm{AS}\,\underline{/-61{,}68^\circ}/(0{,}01121\,\mathrm{S}^2\,\underline{/-63{,}26^\circ})=111{,}8\,\mathrm{V}\,\underline{/1{,}58^\circ}$$

Diese Spannungen müßten mit $\underline{U}_1=101{,}2\,\mathrm{V}\,\underline{/18{,}43^\circ}$ und $\underline{U}_3=-112{,}2\,\mathrm{V}\,\underline{/178{,}5^\circ}=112{,}2\,\mathrm{V}\,\underline{/1{,}5^\circ}$ von Beispiel 3.94 übereinstimmen. Wegen der geringen Abweichungen dürfen wir die weiteren Berechnungen unterlassen.

3.4.2 Anwendungen

In den Abschnitten 3.1 bis 3.4 sind die für die Behandlung von Netzwerken für Sinusstrom wichtigen Methoden ausführlich dargestellt. Ob für die Lösung einer Aufgabe ein Zeigerdiagramm aufgestellt oder sie unmittelbar mit der komplexen Rechnung gesucht oder vielleicht beide angewendet werden sollten, wird in Abschn. 3.3.4 untersucht. Die Vor- und Nachteile und die wichtigsten Anwendungsgebiete der übrigen Verfahren werden in Abschn. 2.3.7 für Gleichstrom einzeln behandelt; diese Gesichtspunkte gelten ebenso für Sinusstrom. Nach Abschn. 3.1 und 3.2 sind bei Sinusstrom lediglich außer dem Widerstand R noch Blindwiderstände X und somit schließlich komplexe Widerstände $\underline{Z}$, Leitwerte $\underline{Y}$, Ströme $\underline{I}$ und Spannungen $\underline{U}$ zu berücksichtigen. Es sind also für Sinusstrom alle bei Gleichstrom auftretenden reellen Größen durch komplexe Größen zu ersetzen. Dies ist außerordentlich wichtig, wird aber von Anfängern häufig unterlassen.

Diese allgemeinen Feststellungen sollen durch die folgenden Anwendungsbeispiele und die Übungsaufgaben in Abschn. 3.8 ergänzt werden. (Spannungsteiler für Sinusstrom werden in Beispiel 3.83, 3.84 und 3.86 behandelt.) Weitere Beispiele findet man in Band VII und [16], [26], [44], [79], [87].

3.4.2.1 Wechselstrombrücken. Brückenschaltungen für Gleichstrom werden in Abschn. 2.3.7.3 betrachtet. Bild **3.**134 zeigt eine allgemeine Brückenschaltung für Sinusstrom, deren Abgleichbedingung jetzt abgeleitet werden soll.

Man spricht vom Abgleich einer Brückenschaltung, wenn die Spannung im Diagonalzweig $\underline{U}_5=0$ verschwindet, also für die Ströme $\underline{I}_1=\underline{I}_2$ und $\underline{I}_3=\underline{I}_4$ gilt und die Spannungen an den parallelen Brückenzweigen mit $\underline{U}_1=\underline{U}_3$ und $\underline{U}_2=\underline{U}_4$ gleich sind. Es muß also $\underline{Z}_1\underline{I}_1=\underline{Z}_3\underline{I}_3$ und $\underline{Z}_2\underline{I}_2=\underline{Z}_4\underline{I}_4$ oder nach Division beider Gleichungen

$$\underline{Z}_1/\underline{Z}_2=\underline{Z}_3/\underline{Z}_4 \quad \text{oder} \quad \underline{Z}_1\underline{Z}_4=\underline{Z}_2\underline{Z}_3 \tag{3.228}$$

sein. Dies verlangt auch $Z_1\underline{/\varphi_1}\,Z_4\underline{/\varphi_4}=Z_2\underline{/\varphi_2}\,Z_3\underline{/\varphi_3}$ oder für die Beträge der Widerstände

$$Z_1 Z_4=Z_2 Z_3 \tag{3.229}$$

und ihre Phasenwinkel

$$\varphi_1+\varphi_4=\varphi_2+\varphi_3 \tag{3.230}$$

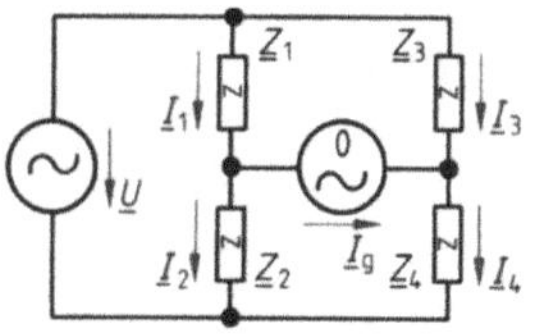

3.134 Allgemeine Sinusstrom-Brückenschaltung

Nach Band IV gibt es sehr viele Wechselstrombrükken, von denen jetzt einige in Beispielen untersucht werden sollen.

Beispiel 3.99. Die Abgleichbedingungen der Schering-Brücke (s. Band IV) nach Bild **3.**135 sind abzuleiten.

Auch hier gilt Gl. (3.228). Mit $\underline{Z}_1 = R_1 + jX_1$ und $\underline{Z}_2 = jX_2$ sowie $\underline{Z}_3 = R_3$ und $\underline{Z}_4 = jR_4X_4/(R_4 - jX_4)$ ist somit

$$\frac{(R_1 - jX_1)(+jR_4X_4)}{R_4 + jX_4} = jX_2R_3$$

oder $R_4X_1X_4 + jR_1R_4X_4 = R_3X_2X_4 + jR_3R_4X_2$. Realteil und Imaginärteil müssen für sich gleich sein. Also sind beim Realteil $R_4X_1X_4 = R_3X_2X_4$ und beim Imaginärteil $R_1X_4R_4 = R_3R_4X_2$.

Es muß also sein $X_1 = X_2R_3/R_4$ oder mit $X = -1/(\omega C)$ auch

$$C_1 = C_2R_4/R_3$$

sowie

$$R_1 = R_3X_2/X_4 = R_3C_4/C_2$$

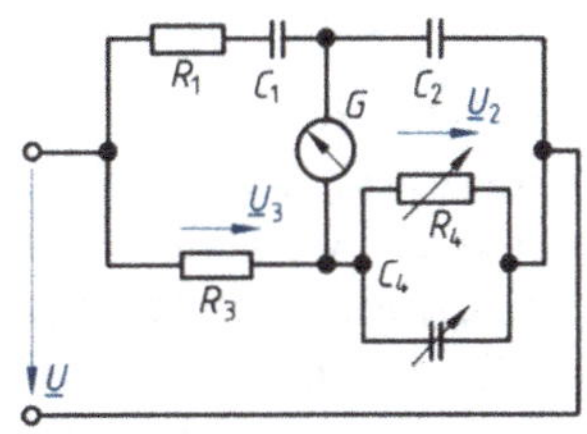

3. 135 Schering-Brücke

Die Brücke arbeitet demnach für Wirkwiderstand R und Kapazität C frequenzunabhängig. Da aber Wirkwiderstand R_1 und Kapazität C_1 frequenzabhängig sein können, ist diese Abhängigkeit mit der Schering-Brücke besonders einfach zu ermitteln. Sie dient insbesondere der Bestimmung des frequenzabhängigen Verlustfaktors $\tan\delta$ nach Abschn. 3.3.2.4.

Beispiel 3.100. Man gebe für die Kapazitätsmeßbrücke in Bild **3.**136 die Bestimmungsgleichungen für die Kapazität C_1 und den Verlustfaktor $\tan\delta$ an.

Gl. (3.229) ergibt, wenn ein gegenüber ωC_2 vernachlässigbar großer Leitwert G_2 vorausgesetzt wird, für die Beträge $R_4/(\omega C_1) = R_3/(\omega C_2)$ und somit die Kapazität

$$C_1 = C_2R_4/R_3$$

Die Wirkwiderstände R_3 und R_4 haben die Phasenwinkel $\varphi_3 = \varphi_4 = 0$, und für die Verlustwinkel gilt wegen ihrer Definition $\delta_1 = 90° + \varphi_1$ bzw. $\delta_2 = 90° + \varphi_2$ nach Gl. (3.236) auch $\delta_1 = \delta_2$. Daher findet man den Verlustfaktor

$$\tan\delta_1 = G_2/(\omega C_2)$$

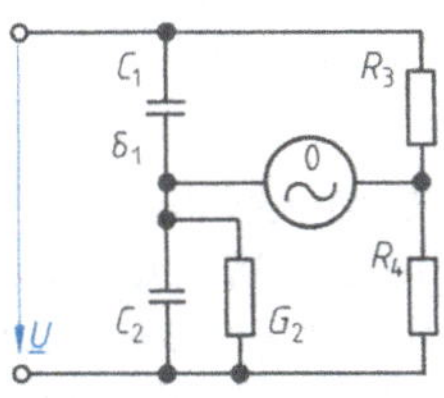

3. 136 Wien-Kapazitätsmeßbrücke mit Parallelabgleich

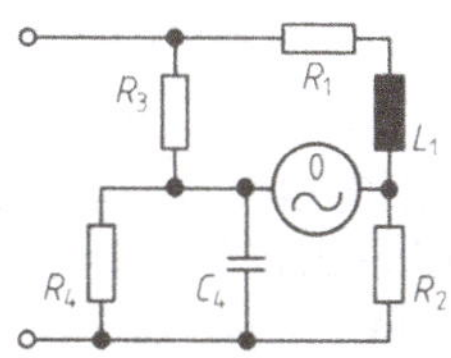

3. 137 Maxwell-Wien-Brücke

Beispiel 3.101. Mit der Maxwell-Wien-Brücke nach Bild **3.**137 wird eine Drossel bei der Frequenz $f = 6$ kHz untersucht und der Abgleich bei den Wirkwiderständen $R_2 = R_3 = 300\ \Omega$ und $R_4 = 450\ \Omega$ sowie der Kapazität $C_4 = 1{,}5\ \mu$F erreicht. Der Verlustfaktor $\tan\delta$ sowie die Induktivität L in der Reihen-Ersatzschaltung sind zu bestimmen.

Es gilt nach Gl. (3.229) und (3.230) für die Beträge $Z_1Z_4 = Z_2Z_3$ und die Phasenwinkel $\varphi_1 + \varphi_4 = \varphi_2 + \varphi_3$ bzw. mit dem Verlustwinkel $\delta_1 = 90° - \varphi_1$ und $\varphi_2 = \varphi_3 = 0$

$$\delta_1 = 90° + \varphi_4 = \delta_4$$

Da $\omega L_1 \gg R_1$ und $\omega C_4 \gg 1/R_4$ ist, dürfen wir für Gl. (3.229) $\omega L_1/(\omega C_4) = R_2 R_3$ setzen und erhalten so die Induktivität

$$L_1 = R_2 R_3 C_4 = 300\,\Omega \cdot 300\,\Omega \cdot 1{,}5\,\mu\text{F} = 135\text{ mH}$$

Für den Verlustfaktor finden wir mit Gl. (3.202) sowie der Kreisfrequenz $\omega = 2\pi f = 2\pi \cdot 6\text{ kHz} = 37\,700\text{ s}^{-1}$

$$\tan\delta_1 = \tan\delta_4 = 1/(R_4 \omega C_4) = 1/(450\,\Omega \cdot 37\,700\text{ s}^{-1} \cdot 1{,}5\,\mu\text{F}) = 0{,}0393$$

3.4.2.2 Blindstromkompensation. Enthält ein Verbraucher außer einem Wirkwiderstand R auch Blindwiderstände X, so ist der zur gewünschten Übertragung der Wirkleistung P erforderliche Strom I grundsätzlich größer als bei einem reinen Wirkwiderstand R. Ein größerer Strom verursacht aber größere Stromwärmeverluste in Zuleitung und Erzeuger bzw. verlangt dickere und teurere Zuleitungen und größere Generatoren, um die zulässigen Erwärmungen (z. B. in Kabeln und in den Generatorwicklungen) und die zulässigen Spannungsunterschiede nicht zu überschreiten. Daher muß man versuchen, den Gesamtstrom $\underline{I}$ so klein zu machen, daß er nur noch unwesentlich vom gewünschten Wirkstrom $\underline{I}_R$ abweicht, z. B. mit einer Schaltung wie in Bild **3.**52, wo der induktive Blindstrom $\underline{I}_L$ einen Teil des kapazitiven Blindstroms $\underline{I}_C$ kompensiert. Insbesondere Wechselstrommotoren haben besonders bei Teillast oft niedrige (induktive) Wirkfaktoren $\cos\varphi$ (s. Band II, Teil 1).

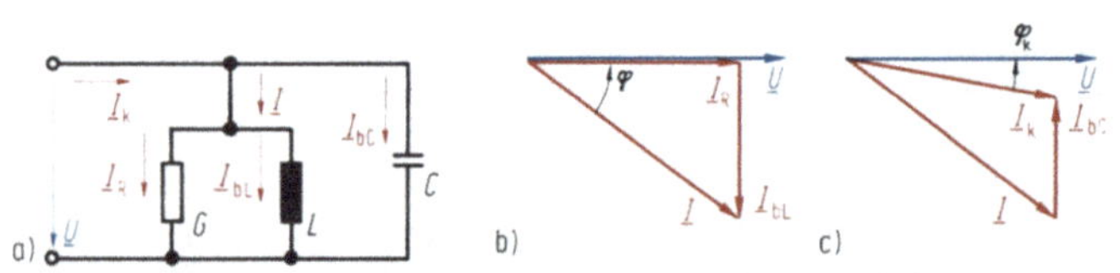

3.138 Induktiver Verbraucher G, L mit Blindstromkompensation durch Kapazität C
a) Schaltung
b) Wirk- und Blindkomponenten des Stromes
c) unvollständige Blindstromkompensation

Bild **3.**138a zeigt nochmals die Ersatzschaltung eines allgemeinen, induktiv wirkenden Verbrauchers und Bild **3.**138b die Zerlegung des Verbraucherstroms $\underline{I}$ in die Wirkkomponente $I_w = I\cos\varphi$ und die Blindkomponente $I_{bL} = I\sin\varphi$. Der zahlenmäßig gleich große, aber entgegengesetzt gerichtete kapazitive Blindstrom $\underline{I}_{bC} = -\underline{I}_{bL}$, mit dem der Strom $\underline{I}$ auf seine Wirkkomponente $\underline{I}_w$ verkleinert werden könnte, kann entweder durch die Kapazität C oder (bei großen Leistungen) durch Blindleistungsgeneratoren (auch Phasenschieber genannt – s. Band II, Teil 1) erzeugt werden. Das ist natürlich aufwendig, so daß man meist nicht vollständig auf $\cos\varphi = 1$, sondern auf etwa $\cos\varphi = 0{,}9$ kompensiert, wie das mit dem Zeigerdiagramm in Bild **3.**138c beschrieben wird.

Leuchtstofflampen und Wechselstrommotoren werden häufig mit passenden Kondensatoren zur Blindstromkompensation ausgerüstet. Größere Betriebe enthalten meist in der Schaltanlage eine umschaltbare Kondensatorbatterie, deren Teile je nach dem vorliegenden Wirkfaktor zu- oder abgeschaltet werden können. Große Versorgungsbereiche werden durch eigene Blindleistungsgeneratoren kompensiert; hier können nachts fast leerlaufende Netze mit großer Ladeleistung für die Kabel und Leitungen auch induktive Blindleistungen zur Kompensation erfordern.

Beispiel 3.102. Ein Wechselstrommotor hat die mechanische Nennleistung $P_{mech} = 20\,\text{kW}$, sein Wirkungsgrad beträgt $\eta = 85\%$, sein Wirkfaktor $\cos\varphi = 0{,}75$. Der Motor liegt an der Spannung $U = 220\,\text{V}$ mit der Frequenz $f = 50\,\text{Hz}$ ($\omega = 314{,}2\,\text{s}^{-1}$). Welche Kapazität muß zur B l i n d s t r o m k o m p e n s a t i o n parallelgeschaltet werden, damit der aus dem Netz entnommene Strom mit der Spannung in Phase bleibt, also keine Blindstromkomponente mehr enthält?

Der Motor nimmt die elektrische Leistung $P = P_{mech}/\eta = 20\,\text{kW}/0{,}85 = 23{,}5\,\text{kW}$ auf. Hiermit findet man aus Gl. (3.69) den Gesamtstrom

$$I = \frac{P}{U\cos\varphi} = \frac{23\,500\,\text{W}}{220\,\text{V}\cdot 0{,}75} = 142{,}4\,\text{A}$$

Nach Tafel **3.**62 ergibt sich der Blindstrom $I_b = I\sin\varphi = 142{,}4\,\text{A}\cdot 0{,}6614 = 94{,}2\,\text{A}$, der vom Kondensatorstrom voll kompensiert werden soll. Nach Gl. (3.58) ist die Kapazität

$$C = \frac{I_b}{U\omega} = \frac{94{,}2\,\text{A}}{220\,\text{V}\cdot 314{,}2\,\text{s}^{-1}} = 1363\,\mu\text{F}$$

Vom Erzeuger fließt dann nur noch der Wirkstrom $I_w = I\cos\varphi = 142{,}4\,\text{A}\cdot 0{,}75 = 106{,}8\,\text{A}$ zum Motor.

Beispiel 3.103. Ein Verbraucher entnimmt einem Netz für die Sinusspannung $U = 20\,\text{kV}$ bei der Frequenz $f = 50\,\text{Hz}$ die Wirkleistung $P = 300\,\text{kW}$ bei dem induktiven Wirkfaktor $\cos\varphi = 0{,}8$. Der Wirkfaktor soll auf $\cos\varphi' = 0{,}95$ verbessert werden. Die erforderliche Kapazität C und die hierdurch eintretende Verringerung der Übertragungsverluste sollen bestimmt werden.

Wir zeichnen in Bild **3.**139 mit Hilfe des Einheitskreises (s. Abschn. 8.2) das Zeigerdiagramm der Leistungen. Nach Gl. (3.68) hat der Verbraucher die Scheinleistung $S = P/\cos\varphi = 300\,\text{kW}/0{,}8 = 375\,\text{kVA}$, die durch die Blindstromkompensation auf $S' = P/\cos\varphi' = 300\,\text{kW}/0{,}95 = 315{,}8\,\text{kVA}$ verringert werden soll. Hierdurch sinkt der Netzstrom im Verhältnis $I'/I = S'/S = 315{,}8\,\text{kVA}/(375\,\text{kVA}) = 0{,}8421$. Die Leistungsverluste $R_L I^2$ sinken sogar quadratisch im Verhältnis $0{,}8421^2 = 0{,}7091$.

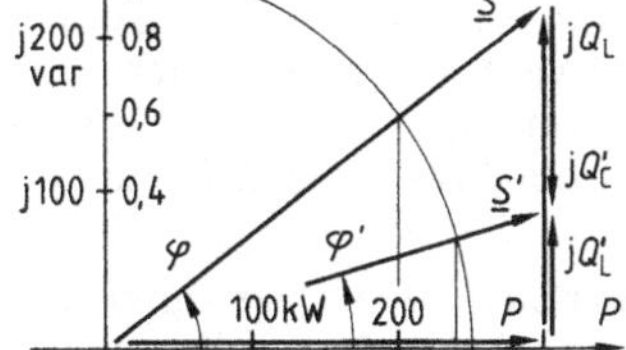

3.139 Blindstromkompensation

Mit $\sin\varphi = 0{,}6$ haben wir zunächst nach Gl. (3.72) die induktive Blindleistung $Q_L = S\sin\varphi = 375\,\text{kVA}\cdot 0{,}6 = 225\,\text{kvar}$, die durch die Blindstromkompensation mit $\sin\varphi' = 0{,}3122$ auf $Q'_L = S'\sin\varphi' = 316\,\text{kvar}\cdot 0{,}312 = 98{,}61\,\text{kvar}$ gebracht werden soll. Hierfür müssen wir nach Bild **3.**139 die kapazitive Blindleistung $Q_C = Q'_L - Q_L =$

98,61 kvar − 225 kvar = −126,4 kvar und nach Gl. (3.123) bei der Kreisfrequenz $\omega = 2\pi f = 2\pi \cdot 50$ Hz = 314,2 s^{-1} die Kapazität $C = -Q_C/(\omega U^2) = 126{,}4$ kvar/(314,2 s$^{-1} \cdot 20^2$ kV^2) = 1,006 µF aufbringen.

Beispiel 3.104. Eine Leuchtstofflampe kann man bei Vernachlässigung der Stromoberschwingungen als Wirkwiderstand R_L auffassen, dem man wegen der fallenden Strom-Spannungs-Charakteristik der Gasentladung (s. Band I, Teil 3) nach Bild **3.**140 zur Stabilisierung eine verlustbehaftete Drossel vorschaltet. Diese Reihenschaltung nimmt bei der Sinusspannung $U = 220$ V, $f = 50$ Hz den Strom $I_L = 0{,}42$ A und die Wirkleistung $P = 49$ W auf. Die Leuchtstofflampe allein verbraucht $P_L = 40$ W. Die Kapazität C verbessert den Wirkfaktor des Netzes.

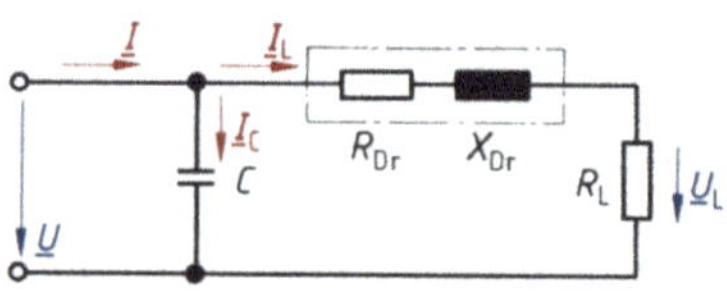

3.140 Schaltung einer Leuchtstofflampe R_L mit Vorschaltdrossel (R_{Dr}, X_{Dr}) und Kompensationskondensator C

a) Welche Spannung U_L liegt an der Leuchtstofflampe?

Weil der Wirkfaktor der Leuchtstofflampe allein $\cos\varphi_L = 1$ ist, gilt für die Spannung an der Lampe $U_L = P_L/I_L = 40$ W/(0,42 A) = 95,23 V.

b) Welchen Wirkfaktor $\cos\varphi_r$ hat die Reihenschaltung von Leuchtstofflampe und Drossel?

Die Reihenschaltung nimmt die Scheinleistung $S_r = U I_L = 220$ V · 0,42 A = 92,4 VA auf, und man findet den Wirkfaktor $\cos\varphi_r = P/S_r = 49$ W/(92,4 VA) = 0,5303.

c) Welche Kapazität C ist erforderlich, um den Wirkfaktor des Netzes auf $\cos\varphi = 1$ zu verbessern?

Die Reihenschaltung von Lampe und Drosselspule nimmt die Blindleistung $Q_r = S_r \sin\varphi_r = 92{,}4$ VA · 0,8478 = 78,33 var = $U^2 \omega C$ auf. Hiermit erhält man die Kapazität $C = Q_r/(U^2\omega) = 78{,}33$ var/(220^2 V$^2 \cdot 314{,}2$ s^{-1}) = 5,152 µF.

3.4.2.3 Ortskurven. Schon in Abschn. 3.2.1, 3.2.2.4, 3.2.3.4, 3.3.4, 3.4.1 und Beispiel 3.36, 3.37, 3.44, 3.84, 3.92 werden Zweipole und Netzwerke mit veränderbaren Kennwerten oder für variable Frequenz untersucht und in Bild **3.**20, **3.**23, **3.**40 bis **3.**44, **3.**53 bis **3.**57, **3.**103 bis **3.**111, **3.**116 und **3.**125 wird ihr Verhalten als Ortskurve dargestellt. Während Frequenzgänge nochmals zusammenhängend in Abschn. 6.3 ausführlich behandelt werden sollen, wollen wir hier noch einige Beispiele mit veränderbaren Schaltungsgliedern betrachten.

Man beachte, daß wegen des Ohmschen Gesetzes Strom-Ortskurve $\underline{I}$ und Leitwerts-Ortskurve $\underline{Y} = \underline{I}/\underline{U}$ bei fester Spannung $\underline{U}$ den gleichen Verlauf zeigen müssen und auch Spannungs-Ortskurve $\underline{U}$ und Widerstands-Ortskurve $\underline{Z} = \underline{U}/\underline{I}$ bei festem eingeprägtem Strom $\underline{I}$ bis auf den Faktor $1/\underline{I}$ identisch sind.

Beispiel 3.105. Der durch eine Reihenschaltung aus Blindwiderstand $X = 2\,\Omega = \text{const}$ und veränderbarem Wirkwiderstand R nach der Schaltung in Bild **3.**40 gegebene komplexe Widerstand $\underline{Z} = R + jX$ soll für die 3 Werte $R_0 = 0$, $R_1 = 2\,\Omega$, $R_2 = 6\,\Omega$ berechnet werden. Es sollen ferner die Ortskurven der komplexen Widerstände $\underline{Z}$ und der komplexen Leitwerte $\underline{Y}$ dargestellt werden.

In der komplexen Widerstandsebene von Bild **3.**141 werden zunächst oben die 3 komplexen Widerstände $\underline{Z}_0 = R_0 + jX = j2\,\Omega$, $\underline{Z}_1 = R_1 + jX = 2\,\Omega + j2\,\Omega$ und $\underline{Z}_2 = R_2 + jX = 6\,\Omega + j2\,\Omega$ eingetragen. Die Ortskurve des komplexen Widerstands $\underline{Z} = f(R)$ ist die horizontale Parallele im Abstand $X = 2\,\Omega$ zur reellen Achse.

Da die Phasenwinkel φ und φ_Y nur entgegengesetzte Vorzeichen haben, konstruiert man sie mit dem Spiegelkreis *Sp*, der mit beliebigem Radius um den Koordinaten-Nullpunkt geschlagen werden kann. Die Senkrechten von den Schnittpunkten des Spiegelkreises mit den Zeigern der komplexen Widerstände $\underline{Z}$ geben in ihrem Schnittpunkt mit der unteren Hälfte des Spiegelkreises die Zeiger der zugehörigen komplexen Leitwerte $\underline{Y}$ an.

Die Spitzen der Leitwertzeiger liegen als Ortskurve auf dem Halbkreis mit dem Durchmesser $Y_0 = 1/Z_0 = 1/(2\,\Omega) = 0{,}5$ S. Die Produkte ZY haben daher stets den Wert 1; je nach den gewählten Maßstäben für Z und Y kann das Produkt für die dargestellten Längen beider Zeiger jedoch von 1 abweichen.

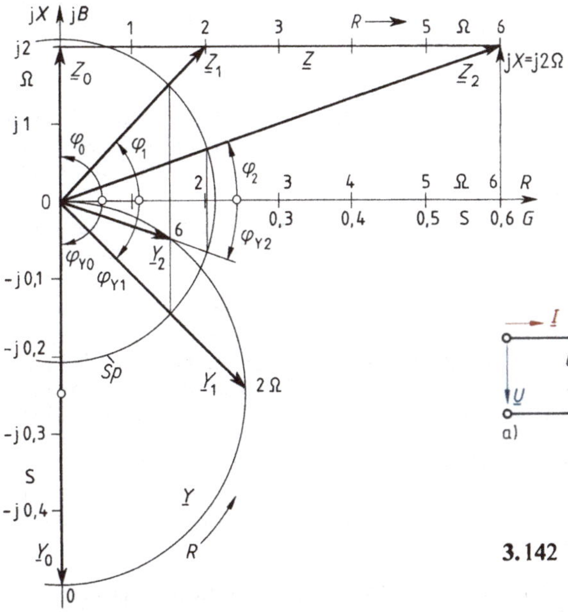

3.141 Ortskurven für komplexen Widerstand $\underline{Z} = f(R)$ und komplexen Leitwert $\underline{Y} = f(R)$ von in Reihe geschalteten Widerständen R und X für Beispiel 3.105
Sp Spiegelkreis

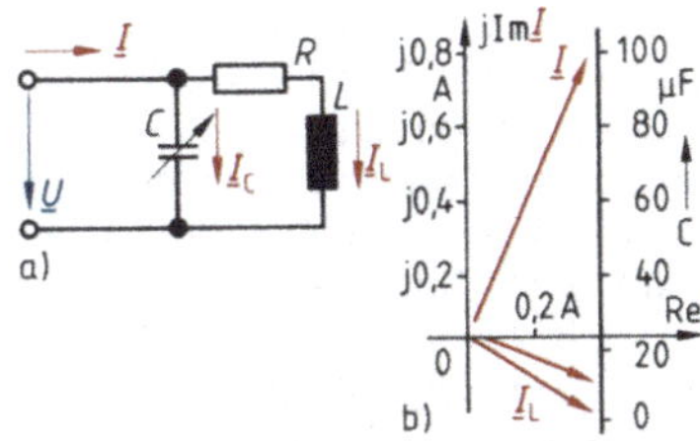

3.142 Netzwerk (a) mit Stromortsgerade (b)

Beispiel 3.106. Die Schaltung in Bild 3.142a enthält Wirkwiderstand $R = 100\,\Omega$ und Induktivität $L = 0{,}3$ H und liegt bei der Kreisfrequenz $\omega = 200\ \text{s}^{-1}$ an der Netzspannung $\underline{U} = U = 50$ V. Die Kapazität ist im Bereich $C_{\min} = 10\ \mu\text{F}$ bis $C_{\max} = 100\ \mu\text{F}$ veränderbar. Die Ortskurve des Netzstroms $\underline{I} = f(C)$ soll bestimmt werden.

Mit dem induktiven Blindwiderstand $X_L = \omega L = 200\ \text{s}^{-1} \cdot 0{,}3\ \text{H} = 60\,\Omega$ und dem komplexen Widerstand

$$\underline{Z}_L = R + jX_L = (100 + j60)\,\Omega = 116{,}6\,\Omega\ \underline{/30{,}96°}$$

erhält man den stets fließenden Strom $\underline{I}_L = \underline{U}/\underline{Z}_L = 50\ \text{V}/(116{,}6\,\Omega\ \underline{/30{,}96°}) = 0{,}4287\ \text{A}\ \underline{/-30{,}96°}$, der in Bild 3.142b als Zeiger eingetragen ist. Zusätzlich fließt bei der Kapazität $C_{\min}$ der kapazitive Strom $\underline{I}_{C\min} = j\underline{U}\omega C_{\min} = j50\ \text{V} \cdot 200\ \text{s}^{-1} \cdot 10\ \mu\text{F} = j0{,}1$ A bzw. bei $C_{\max}$ der Strom $\underline{I}_{C\max} = j\underline{U}\omega C_{\max} = j50\ \text{V} \cdot 200\ \text{s}^{-1} \cdot 100\ \mu\text{F} = j1$ A. Da der Strom $\underline{I}_C$ linear von der Kapazität C abhängt, dürfen wir in Bild 3.142b an den Stromzeiger $\underline{I}_L$ in Richtung der positiven Imaginärachse die Zeiger $\underline{I}_C$ antragen und erhalten so die gesuchte Strom-Ortskurve $\underline{I} = f(C)$.

Beispiel 3.107. Die Schaltung in 3.143a enthält Wirkwiderstand $R = 100\,\Omega$ und Kapazität $C = 40\ \mu\text{F}$ und liegt bei der Kreisfrequenz $\omega = 200\ \text{s}^{-1}$ an der Netzspannung $\underline{U} = 50$ V. Die Induktivität kann im Bereich $L = 0$ bis $L = \infty$ verändert werden. Die Ortskurven von Netzstrom $\underline{I} = f(L)$ und Schaltungswiderstand $\underline{Z} = f(L)$ sollen bestimmt werden.

Der komplexe Widerstand $\underline{Z}_L = R + j\omega L = 100\,\Omega + j200\ s^{-1} L$ folgt der Ortsgeraden in Bild **3.**143 b, die für $L=0$ bei $\underline{Z}_L = R = 100\,\Omega$ beginnt. Hiermit ist auch der Maßstab festgelegt.

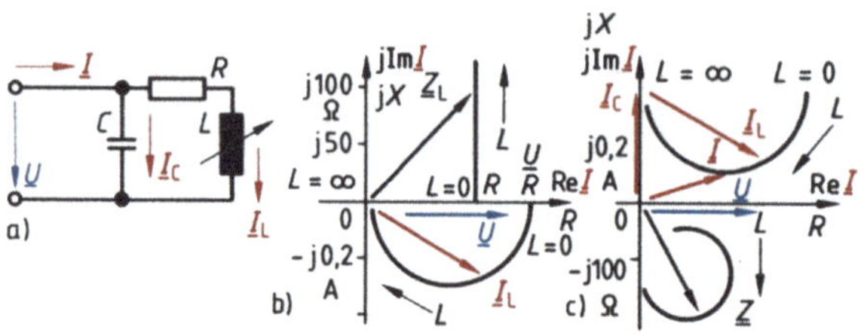

3.143
Netzwerk (a) mit Widerstands- und Strom-Ortskurve für Zweig *RL* (b) sowie für die gesamte Schaltung (c)

Der Strom $\underline{I}_L = \underline{U}/\underline{Z}_L$ hat daher als Ortskurve einen Halbkreis, der, wie in Bild **3.**143 b dargestellt, bei $L=\infty$ durch den Koordinaten-Nullpunkt verläuft, im 4. Quadranten liegt und bei $L=0$ den Maximalwert $\underline{I}_{L\max} = \underline{U}/R = 50\ \text{V}/(100\,\Omega) = 0{,}5\ \text{A}$ erreicht, so daß hiermit der Maßstab gegeben ist.

Die Ortskurve des Netzstroms $\underline{I}$ findet man, indem man zur Ortskurve $\underline{I}_L$ noch den kapazitiven Strom $\underline{I}_C = j\omega C\underline{U} = j200\ s^{-1} \cdot 40\ \mu\text{F} \cdot 50\ \text{V} = j0{,}4\ \text{A}$ addiert, wie dies in Bild **3.**143 c oben geschehen ist.

Die Ortskurve des Netzstroms $\underline{I} = f(L)$ ist wegen $\underline{Y} = \underline{I}/\underline{U}$ bei fester Spannung $\underline{U} = 50\ \text{V}$ bis auf den Faktor $1/(50\ \text{V}) = 0{,}02\ \text{V}^{-1}$ mit der Leitwerts-Ortskurve $\underline{Y} = f(L)$ identisch. Die Widerstands-Ortskurve $\underline{Z} = 1/\underline{Y}$ in Bild **3.**143 c unten erhält man daher durch Inversion der Strom-Ortskurve; sie stellt wieder einen Kreis dar. Den Maßstab findet man am einfachsten für $L=\infty$ mit $\underline{Z}_\infty = -j/(\omega C) = -j/(200\ s^{-1} \cdot 40\ \mu\text{F}) = -j125\,\Omega$. Wir bilden noch mit den Strömen $\underline{I} = 0{,}5\ \text{A} + j0{,}4\ \text{A} = 0{,}6403\ \text{A}\ \underline{/38{,}66^\circ}$ (für $L=0$) und $\underline{I} = 0{,}25\ \text{A} + j0{,}15\ \text{A} = 0{,}2915\ \text{A}\ \underline{/30{,}96^\circ}$ die Widerstände $\underline{Z} = \underline{U}/\underline{I} = 50\ \text{V}/(0{,}6403\ \text{A}\ \underline{/38{,}66^\circ}) = 78{,}09\,\Omega\ \underline{/-38{,}66^\circ}$ und $\underline{Z} = 50\ \text{V}/(0{,}2915\ \text{A}\ \underline{/30{,}96^\circ}) = 171{,}5\,\Omega\ \underline{/-30{,}96^\circ}$, so daß mit 3 Punkten die Widerstands-Ortskurve als Kreis in Bild **3.**143 c festliegt und z. B. mit einer Mittelsenkrechten-Konstruktion gezeichnet werden kann.

Beispiel 3.108. Nach Band II, Teil 1 gilt für eine Mehrphasen-Asynchronmaschine die Ersatzschaltung von Bild **3.**144. Es soll die Strom-Ortskurve $\underline{I} = f(s)$ bestimmt werden, wenn der Parameter Schlupf s den Bereich von $-\infty$ bis $+\infty$ durchlaufen kann.

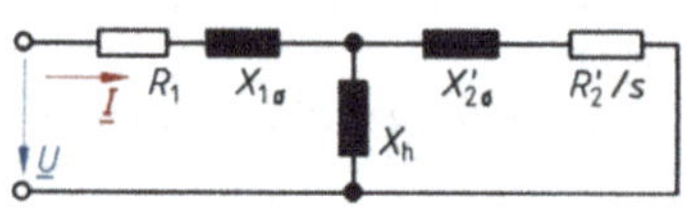

3.144
Einphasige Ersatzschaltung der Mehrphasen-Asynchronmaschine

Die Schaltung in Bild **3.**144 hat den Eingangswiderstand

$$\underline{Z} = R_1 + jX_{1\sigma} + \frac{jX_h[(R'_2/s) + jX'_{2\sigma}]}{(R'_2/s) + jX'_{2\sigma} + jX_h}$$

$$= \frac{(R_1 + jX_{1\sigma})[(R'_2/s) + j(X'_{2\sigma} + X_h)] + jX_h[(R'_2/s) + jX'_{2\sigma}]}{(R'_2/s) + j(X'_{2\sigma} + X_h)}$$

$$= \frac{(R_1 + jX_{1\sigma})[R'_2 + js(X'_{2\sigma} + X_h)] + jX_h(R'_2 + jsX'_{2\sigma})}{R'_2 + js(X'_{2\sigma} + X_h)}$$

$$= \frac{R_1R'_2 + jR'_2(X_{1\sigma} + X_h) - s[X_{1\sigma}(X'_{2\sigma} + X_h) + X_hX'_{2\sigma} - jR_1(X'_{2\sigma} + X_h)]}{R'_2 + js(X'_{2\sigma} + X_h)} \quad (3.231)$$

bzw. führt den Strom

$$I=\frac{\underline{U}}{\underline{Z}}=\frac{\underline{U}[R'_2+\mathrm{j}s(X'_{2\sigma}+X_h)]}{R_1R'_2+\mathrm{j}R'_2(X_{1\sigma}+X_h)-s[X_{1\sigma}(X'_{2\sigma}+X_h)+X_hX'_{2\sigma}-\mathrm{j}R_1(X'_{2\sigma}+X_h)]} \tag{3.232}$$

Dies ist nach Gl. (8.53) die Gleichung eines Kreises

$$\underline{I}=\frac{\underline{r}_1+s\underline{r}_2}{\underline{r}_3+s\underline{r}_4}\underline{U} \tag{3.233}$$

mit den Kenngrößen

$$\underline{r}_1=R'_2 \tag{3.234}$$

$$\underline{r}_2=\mathrm{j}(X'_{2\sigma}+X_h) \tag{3.235}$$

$$\underline{r}_3=R'_2[R_1+\mathrm{j}(X_{1\sigma}+X_h)] \tag{3.236}$$

$$\underline{r}_4=-X_{1\sigma}(X'_{2\sigma}+X_h)-X_hX'_{2\sigma}+\mathrm{j}R_1(X'_{2\sigma}+X_h) \tag{3.237}$$

Mit dem Nenner

$$N=2\{R'_2R_1^2(X'_{2\sigma}+X_h)+[X_{1\sigma}(X'_{2\sigma}+X_h)+X_hX'_{2\sigma}]R'_2(X_{1\sigma}+X_h)\} \tag{3.238}$$

erhält man nach Gl. (8.55) den Kreismittelpunkt

$$\underline{\underline{M}}=\frac{U}{N}\{2R'_2R_1(X'_{2\sigma}+X_h)-\mathrm{j}[R'_2X_{1\sigma}(X'_{2\sigma}+X_h)+R_1(X_{1\sigma}+X_h)(X'_{2\sigma}+X_h)]\}$$

$$=\frac{U}{N}(X'_{2\sigma}+X_h)\{2R_1R'_2-\mathrm{j}[R'_2X_{1\sigma}+R_1(X_{1\sigma}+X_h)]\} \tag{3.239}$$

Für den Fall $X_{1\sigma}=X'_{2\sigma}$ findet man mit

$$\underline{\underline{M}}=U\frac{2R_1R'_2-\mathrm{j}[R'_2X_{1\sigma}+R_1(X_{1\sigma}+X_h)]}{2R'_2(R_1^2+X_{1\sigma}^2+2X_{1\sigma}X_h)} \tag{3.240}$$

immer noch einen umständlichen Ausdruck. Einfachere Ausdrücke ergeben sich nach Gl. (8.57) bis (8.59) bzw. nach Einsetzen der entsprechenden Werte in Gl. (3.233) für die Schlupfwerte

$$s=0:\quad \underline{I}_L=U\underline{r}_1/\underline{r}_3=U/[R_1+\mathrm{j}(X_{1\sigma}+X_h)] \tag{3.241}$$

$$s=1:\quad \underline{I}_A=U(\underline{r}_1+\underline{r}_2)/(\underline{r}_3+\underline{r}_4)$$

$$=\frac{[R'_2+\mathrm{j}(X'_{2\sigma}+X_h)]\,U}{R_1R'_2-X_{1\sigma}(X'_{2\sigma}+X_h)-X_hX'_{2\sigma}+\mathrm{j}[R'_2(X_{1\sigma}+X_h)+R_1(X'_{2\sigma}+X_h)]} \tag{3.242}$$

$$s=\infty:\ \underline{I}_U=\frac{\underline{r}_2}{\underline{r}_4}U=\frac{\mathrm{j}(X'_{2\sigma}+X_h)\,U}{-X_{1\sigma}(X'_{2\sigma}+X_h)-X_hX'_{2\sigma}+\mathrm{j}R_1(X'_{2\sigma}+X_h)} \tag{3.243}$$

Der Schlupfwert $s=0$ entspricht dem Synchronlauf (d.i. Leerlauf), der Schlupfwert $s=1$ dem Stillstand (das entspricht dem Kurzschlußfall); beide Punkte können experimentell leicht bestimmt werden.

Beispiel 3.109. Die Ersatzschaltung von Bild 3.144 enthalte die Widerstände $R_1 = R'_2 = 1\,\Omega$, $X_{1\sigma} = X'_{2\sigma} = 3\,\Omega$, $X_h = 80\,\Omega$ und liege an der Spannung $U = 220$ V. Die Strom-Ortskurve soll bestimmt und mit Schlupfwerten beziffert werden.

Nach Gl. (3.240) ergeben sich der Mittelpunktzeiger

$$\underline{M} = \frac{R_1 - \mathrm{j}(X_{1\sigma} + X_h/2)}{R_1^2 + X_{1\sigma}^2 + 2X_{1\sigma}X_h}\,U = \frac{1\,\Omega - \mathrm{j}(3\,\Omega + 80\,\Omega/2)}{1^2\,\Omega^2 + 3^2\,\Omega^2 + 2\cdot 3\,\Omega\cdot 80\,\Omega}\,220\text{ V}$$
$$= 0{,}449\text{ A} - \mathrm{j}\,19{,}31\text{ A}$$

nach Gl. (3.241) der Strom für den Schlupfwert $s = 0$

$$\underline{I}_L = \frac{U}{R_1 + \mathrm{j}(X_{1\sigma} + X_h)} = \frac{220\text{ V}}{1\,\Omega + \mathrm{j}(3\,\Omega + 80\,\Omega)} = 0{,}032\text{ A} - \mathrm{j}\,2{,}65\text{ A}$$

nach Gl. (3.242) der Strom für $s = 1$

$$\underline{I}_A = \frac{U[R'_2 + \mathrm{j}(X'_{2\sigma} + X_h)]}{R_1^2 - X_{1\sigma}^2 - 2X_{1\sigma}X_h + \mathrm{j}\,2R_1(X_{1\sigma} + X_h)}$$
$$= \frac{220\text{ V}[1\,\Omega + \mathrm{j}(3\,\Omega + 80\,\Omega)]}{1^2\,\Omega^2 - 3^2\,\Omega^2 - 2\cdot 3\,\Omega\cdot 80\,\Omega + \mathrm{j}\,2\cdot 1\,\Omega(3\,\Omega + 80\,\Omega)} = 11{,}41\text{ A} - \mathrm{j}\,33{,}67\text{ A}$$

und nach Gl. (3.243) der Strom für $s = \infty$

$$\underline{I}_U = \frac{\mathrm{j}(X_{1\sigma} + X_h)U}{-X_{1\sigma}(X_{1\sigma} + 2X_h) + \mathrm{j}\,R_1(X_{1\sigma} + X_h)}$$
$$= \frac{\mathrm{j}(3\,\Omega + 80\,\Omega)\,220\text{ V}}{-3\,\Omega(3\,\Omega + 2\cdot 80\,\Omega) + \mathrm{j}\,1\,\Omega(3\,\Omega + 80\,\Omega)} = 6{,}161\text{ A} - \mathrm{j}\,36{,}3\text{ A}$$

Diese drei Stromzeiger sind in Bild 3.145 zusammen mit dem Mittelpunktzeiger eingetragen, so daß der Ortskreis des Stromes $\underline{I} = f(s)$ gezeichnet werden kann.

Eine der vielen möglichen Parametrierungsgeraden *HG* ergibt sich, wenn man senkrecht über dem Punkt *U* den Hilfspunkt *H* auf dem Kreis wählt und von diesem Punkt Strahlen zu den Punkten *L* und *A* zieht. Parallel zu der Geraden *HU* können unendlich viele linear unterteilte Parametrierungsgeraden angegeben werden. Wir haben eine mit einer geeigneten Unterteilung eingetragen; ihr Maßstab ist durch die Strahlen *LH* (mit $s = 0$) und *AH* (mit $s = 1$) festgelegt. Der Ortskreis kann mit Hilfe weiterer Strahlen durch den Punkt *H* und entsprechende Skalenpunkte mit den zugehörigen Parameterwerten *s* versehen werden.

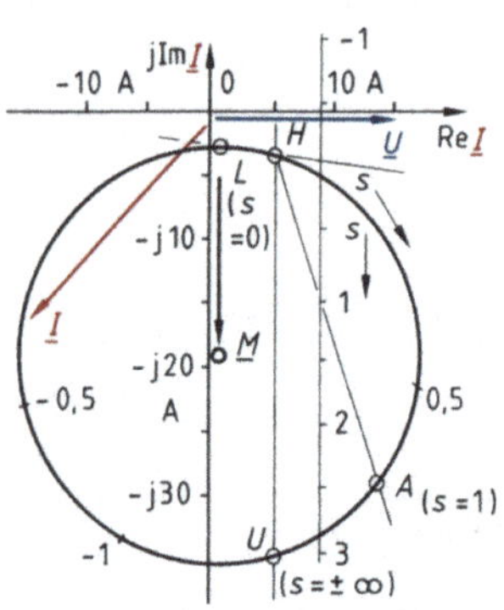

3.145 Kreisdiagramm für die Schaltung in Bild 3.144

3.5 Magnetische Kopplung

Die in Abschn. 1.2.3.4 eingeführte Gegeninduktivität tritt in der Elektrotechnik in vielfältiger Weise bei der magnetischen Kopplung zwischen Bauelementen auf. Sie wird in der Energietechnik beim Leistungstransformator zum Herauf- oder Heruntertransformieren von Wechselspannungen und -strömen (Umspanner - s. Band II, Teil 1) oder als Trenntransformator zur galvanischen Trennung von Netzteilen, in der Nachrichtentechnik im Übertrager hauptsächlich für die breitbandige Anpassung (s. Abschn. 6.4) und in der Meßtechnik beim Wandler (s. Band IV) zum Verringern von Meßspannungen bzw. -strömen genutzt. Beim Volltransformator sind dann nach Bild 3.146 mindestens 2 Wicklungen vorhanden, die von einem gemeinsamen magnetischen Feld durchsetzt sind. Die primäre Wicklung *1* ist an eine Spannungsquelle angeschlossen; sie stellt die Eingangsseite des Transformators dar, der die Energie zugeführt wird. Die sekundäre Wicklung *2* ist demgegenüber die Ausgangsseite, der Energie entnommen werden kann.

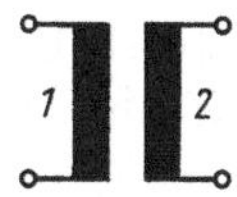

3.146
Schaltzeichen des Transformators
1 Primär-, *2* Sekundärwicklung

Neben dem Volltransformator mit getrennten Wicklungen gibt es noch den Spartransformator, der für Primär- und Sekundärseite einen gemeinsamen Wicklungsteil aufweist. Er kann auch als induktiver Spannungsteiler angesehen werden. Die Wicklungen können mit mehreren Anzapfungen versehen sein (z.B. zur Spannungseinstellung) oder mehr als zwei voneinander getrennte Wicklungen aufweisen (z.B. zur Versorgung von Verbrauchern, die galvanisch getrennt sein sollen). Für derartige Ausführungen s. Band II, Teil 1. Hier beschränken wir uns darauf, nur Zweiwicklungstransformatoren für Sinusstrom zu behandeln.

Da der Transformator ein ziemlich komplexes Gebilde darstellt, werden wir nun zunächst den idealen Übertrager, für den wir eine Reihe von Voraussetzungen treffen, behandeln und anschließend durch schrittweisen Abbau der Vernachlässigungen über den Lufttransformator zum Transformator mit Eisenkern kommen. Ziel dieser Untersuchung ist es, die im Transformator wirksamen Grundgesetze und die hierbei auftretenden Grundbegriffe herauszuarbeiten.

Magnetische Kopplung tritt außerdem in störender Weise (dann auch als Einstreuung bezeichnet) zwischen verschiedenen Netzteilen auf; daher sollen hier auch noch Netzwerke für Sinusstrom mit Gegeninduktivitäten in gleich- und gegensinniger Schaltung untersucht werden.

3.5.1 Idealer Übertrager

Wir betrachten eine Anordnung nach Bild **3.147**, die aus den beiden gleichsinnig gewickelten Spulen *1* und *2* mit den Windungszahlen N_1 und N_2 und dem

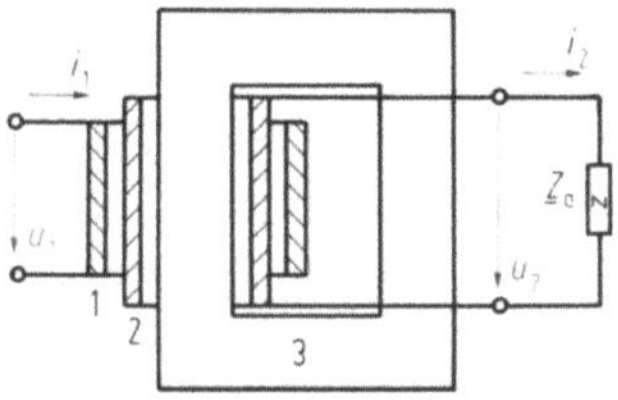

3.147 Idealer Übertrager mit Primärwicklung *1*, Sekundärwicklung *2* und Kern *3*

Kern *3* besteht. Die beiden Spulen sollen unendlich dünn sein, unendlich dicht aufeinanderliegen und Wirkwiderstände $R_1=0$ und $R_2=0$ aufweisen. Der Kern *3* soll die Permeabilität $\mu=\infty$ und keine Ummagnetisierungsverluste (s. Abschn. 3.3.2.3) haben. Wir setzen somit voraus, daß in diesem idealen Übertrager keine Verluste auftreten können, der magnetische Widerstand $R_m=0$ ist und alle Windungen der Spulen *1* und *2* stets mit demselben Sinusfluß Φ_t verkettet sind, also keine Streuung auftritt.

Es sei in diesem Zusammenhang daran erinnert, daß Drahtwiderstände im Zustand der Supraleitung (s. Abschn. 1.3.3) außerordentlich klein werden und in Magnetwerkstoffen Permeabilitätszahlen $\mu_r > 100\,000$ zu erzielen sind, unsere Voraussetzungen also nicht so ganz abwegig zu sein scheinen. (Daß bei Verwirklichung dieser Bedingungen noch andere Gesichtspunkte zu beachten sind, kann hier unberücksichtigt bleiben.)

3.5.1.1 Übersetzungsverhältnis. Es sollen jetzt zunächst die Übersetzungsverhältnisse für die Spannungen und Ströme abgeleitet werden.

Anwendung des Induktionsgesetzes. Wenn mit dem Index t und den kleinen Buchstaben *i* und *u* wieder die Zeitwerte bezeichnet werden, gilt nach Abschn. 1.2.3.2 auch beim Transformator das Induktionsgesetz

$$u_q = N\,\mathrm{d}\Phi_t/\mathrm{d}t$$

Es führt mit der Zeit *t* für sinusförmige Änderungen von Fluß Φ_t und Spannung u_q mit Effektivwert der Quellenspannung U_q, Windungszahl *N*, Frequenz *f* und Scheitelwert des Flusses $\hat{\Phi}$ nach Gl. (3.15) zur Spannungsgleichung

$$U_q = \sqrt{2}\,\pi N f \hat{\Phi}$$

Mit den obigen Voraussetzungen gilt dann für die Effektivwerte der Sinusspannungen an den Wicklungen

$$U_1 = \sqrt{2}\,\pi N_1 f \hat{\Phi} \quad \text{und} \quad U_2 = \sqrt{2}\,\pi N_2 f \hat{\Phi}$$

so daß man für das Verhältnis der Sinusspannungen das Übersetzungsverhältnis

$$\ddot{u} = U_1/U_2 = N_1/N_2 \tag{3.244}$$

angeben kann.

Anwendung des Durchflutungssatzes. Nach Abschn. 1.2.3.1 verlangt ein zeitabhängiger Fluß Φ_t in einem magnetischen Kreis mit mittlerer magnetischer Weglänge l_m, magnetischem Querschnitt A_m und Permeabilität μ sowie mit dem magnetischen Widerstand $R_m = l_m/(\mu A_m)$ den Zeitwert der Durchflutung

$$\Theta_t = i_\mu N = R_m \Phi_t = l_m \Phi_t/(\mu A_m)$$

bzw. den Magnetisierungsstrom

$$i_\mu = \frac{l_m \Phi_t}{N \mu A_m} \tag{3.245}$$

Wenn nun im idealen Übertrager die Permeabilität $\mu = \infty$ ist, bleibt auch der Strom stets $i_\mu = 0$. Im Leerlauf, d. h., wenn zwar die Sinusspannung u_1, auf der Sekundärseite aber kein Außenwiderstand angeschlossen ist, nimmt der ideale Übertrager keinen Strom auf.

Belastet wird der Transformator durch den äußeren komplexen Widerstand $\underline{Z}_a$ (s. Bild 3.147). Die sekundäre Sinusspannung u_2 bringt dann den Sinusstrom i_2 zum Fließen, der wiederum die Sinusdurchflutung $\Theta_{2t} = i_2 N_2$ erzeugt. Eine derartige Durchflutung müßte einen Fluß verursachen, der aber nicht auftreten kann. Daher muß durch einen entsprechenden primären Strom i_t das Durchflutungsgleichgewicht

$$i_1 N_1 + i_2 N_2 = 0 \tag{3.246}$$

hergestellt werden. Es verlangt, daß in den Spulen Primär- und Sekundärströme einander entgegengerichtet sind und für die Effektivwerte gilt

$$I_1 / I_2 = N_2 / N_1 = 1/ü \tag{3.247}$$

Die Ströme verhalten sich also genau umgekehrt wie die Spannungen.

3.5.1.2 Transformation der Sekundärgrößen. Ein Transformator sorgt insbesondere dafür, daß seine Ausgangsgrößen Sekundärstrom und Sekundärspannung, aber auch der sekundäre Verbraucherwiderstand mit anderen Werten an seinem Eingang in Erscheinung treten. Diese Zusammenhänge müssen jetzt untersucht werden.

Spannungen, Ströme und Leistungen. Nach Gl. (3.244) und (3.247) gilt für das Übersetzungsverhältnis des idealen Übertragers

$$ü = N_1 / N_2 = U_1 / U_2 = I_2 / I_1 \tag{3.248}$$

Die Spannung wird also zur größeren Windungszahl hinauf-, der Strom jedoch im gleichen Verhältnis reziprok herabtransformiert.

Bei gleichem Wicklungssinn sorgt das Induktionsgesetz auch dafür, daß Primär- und Sekundärspannung an den Transformatorklemmen gleichphasig sind, während das Durchflutungsgleichgewicht die Ursache dafür ist, daß im Transformator Primär- und Sekundärströme gegenphasig sind.

Für die Scheinleistungen gilt mit Gl. (3.248)

$$S_1 = U_1 I_1 = U_2 \frac{N_1}{N_2} \cdot I_2 \cdot \frac{N_2}{N_1} = U_2 I_2 = S_2 \tag{3.249}$$

Da voraussetzungsgemäß im idealen Übertrager keine Verluste auftreten, wird wegen des Gesetzes von der Erhaltung der Energie auch die primär aufgenommene Wirkleistung $P_1 = P_2$ auf der Sekundärseite wieder abgegeben.

Diese Eigenschaften des Transformators werden in den Leistungstransformatoren dazu ausgenutzt, die für eine Fernübertragung zu großen Ströme auf kleinere Werte herunterzutransformieren, wobei die Übertragungsspannung entsprechend wächst (z. B. auf 400 kV). Vor dem Verbraucher muß die Spannung jedoch wieder auf die normale Niederspannung der Verbrauchernetze (z. B. 220 V) herabtransformiert werden.

Widerstände. In der Schaltung nach Bild **3.** 148 wird in dem sekundären Scheinwiderstand Z_2 die Scheinleistung $S_2 = Z_2 I_2^2$ umgesetzt. Entsprechend muß auf der Primärseite die Scheinleistung $S_1 = Z'_2 I_1^2 = S_2$ zugeführt werden, wenn man mit Z'_2 den scheinbar wirksamen Eingangswiderstand der ganzen Schaltung bezeichnet. Durch das Zwischenschalten des Transformators mit dem Übersetzungsverhältnis $ü$ nach Gl. (3.248) ist somit der Widerstand Z_2 auf

$$Z'_2 = Z_2 (I_2/I_1)^2 = Z_2 ü^2 \tag{3.250}$$

bzw. der Eingangswiderstand der Schaltung von Z_2 auf $Z_1 = Z'_2$ transformiert worden. Widerstände werden somit quadratisch mit dem Übersetzungsverhältnis auf die größere Windungszahl hinauftransformiert.

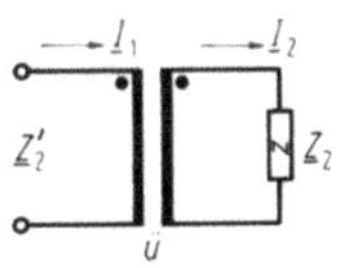

3. 148
Idealer Übertrager mit umgerechnetem komplexem Sekundärwiderstand $\underline{Z}_2$

Diese Möglichkeit, Widerstände, die z. B. durch Empfänger festgelegt sind, in gewünschter Weise in ihrer Größe verlustfrei (d. h. ohne Vorwiderstand oder Spannungsteiler) zu ändern, also z. B. dem Innenwiderstand des Senders anzupassen, wird in der Nachrichtentechnik häufig ausgenutzt (s. Band XI, XII).

Ersatzschaltungen. Die in Bild **3.** 148 und **3.** 149 benutzten Schaltzeichen für den idealen Übertrager sind aus Bild **3.** 146 abgeleitet. Die gegenüber den normalen Symbolen für Induktivitäten schlankeren Rechtecke sollen andeuten, daß dieses Schaltungselement nur die Primärgrößen auf die Sekundärseite bzw. umgekehrt übersetzt, also keine Widerstände aufweist. Bei sekundärem Leerlauf verhält es sich wie ein Scheinwiderstand $Z = \infty$, bei sekundärem Kurzschluß aber wie ein Scheinwiderstand $Z = 0$!

Bild **3.** 149 zeigt ein vollständiges elektrisches Netzwerk mit idealem Übertrager $ü$, Spannungsquelle $\underline{U}_{q1}$ mit Innenwiderstand $\underline{Z}_i$ sowie Verbraucher $\underline{Z}_a$.

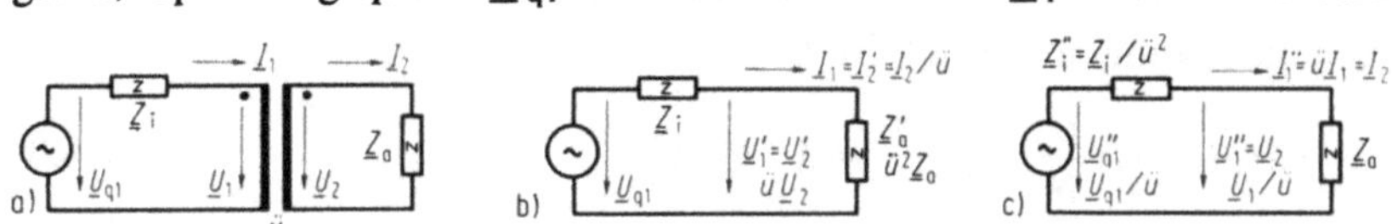

3. 149 Vollständige Schaltung (a) des idealen Übertragers sowie Ersatzschaltungen mit auf die Primärseite (b) bzw. Sekundärseite (c) umgerechneten Kenngrößen

Wenn man die Sekundärgrößen entsprechend Bild **3.**149b auf die Primärseite umrechnet (Kennzeichen '), wird $\underline{U}'_2 = \underline{U}_1$, und man darf den idealen Übertrager aus der Schaltung entfernen. Man erhält so eine Ersatzschaltung, die sich für alle Größen der Primärseite (und nach einer Rückrechnung auch auf der Sekundärseite) ebenso verhält wie die tatsächliche Schaltung in Bild **3.**149a. Für viele Betrachtungen haben solche Ersatzschaltungen Vorteile. In ähnlicher Weise können alle Rechnungen aber auch nach Bild **3.**149c auf die Sekundärseite bezogen werden (Kennzeichen "). Hierbei ist stets auf die richtige Umrechnung mit dem Übersetzungsverhältnis $\ddot{u}$ nach Gl. (3.248) zu achten (s. Bild **3.**149b und c).

Beispiel 3.110. In einer Sinusstromschaltung nach Bild **3.**149a befinden sich ein Generator mit der Quellenspannung $U_q = 100$ V und dem Innenwiderstand $R_i = 10\,\Omega$ sowie der Verbraucherwiderstand $R_a = 1$ kΩ. Durch Anpassung mit einem Transformator soll die größtmögliche Leistung auf R_a übertragen werden. Übersetzungsverhältnis $\ddot{u}$ und Verbraucherleistung P_a sind zu bestimmen.

Es muß also eine Leistungsanpassung nach Abschn. 2.1.3 bzw. 6.1.3 mit $R_i = R'_a = \ddot{u}^2 R_a$ vorgenommen werden. Hieraus ergibt sich das erforderliche Übersetzungsverhältnis

$$\ddot{u} = \sqrt{R_i/R_a} = \sqrt{10\,\Omega/(1\,\text{k}\Omega)} = 0{,}1$$

Am Verbraucher liegt dann die Spannung $U_q/(2\ddot{u})$, so daß in ihm die Leistung

$$P_a = (U_q/2\ddot{u})^2/R_a = (100\,\text{V}/2\cdot 0{,}1)^2/(1\,\text{k}\Omega) = 250\,\text{W}$$

umgesetzt wird.

Beispiel 3.111. Zwei ideale Übertrager mit den Übersetzungsverhältnissen $\ddot{u}_b = 2$ und $\ddot{u}_c = 3$ liegen nach Bild **3.**150 primär in Reihe an der Sinusspannung $U = 100$ V und arbeiten sekundär parallel auf den Widerstand $R_a = 10\,\Omega$. Aufgenommener Strom I und Verbraucherleistung P_a sollen bestimmt werden.

Durch die Schaltung wird für die Eingangsseite der beiden Transformatoren der gleiche Strom, für die Ausgangsseite aber die gleiche Ausgangsspannung festgelegt. Es müssen also gleichzeitig die Bedingungen $U_b/U_a = \ddot{u}_b = I_{ab}/I$ und $U_c/U_a = \ddot{u}_c = I_{ac}/I$ erfüllt werden. Dividieren wir beide Gleichungen durcheinander, so erhalten wir $U_b/U_c = \ddot{u}_b/\ddot{u}_c = I_{ab}/I_{ac}$. Mit $U_b + U_c = U = 100$ V muß somit $U_b = 40$ V und $U_c = 60$ V und daher $U_a = 20$ V sein. Dann ist auch $I_a = U_a/R_a = 20\,\text{V}/(10\,\Omega) = 2\,\text{A} = I_{ab} + I_{ac}$, so daß man für die Teilströme $I_{ab} = 0{,}8$ A und $I_{ac} = 1{,}2$ A und schließlich für den primären Strom $I = I_{ab}/\ddot{u}_b = I_{ac}/\ddot{u}_c = 1{,}2\,\text{A}/3 = 0{,}4$ A findet. Der Verbraucher nimmt die Leistung $P_a = U_a I_a = 20\,\text{V}\cdot 2\,\text{A} = 40$ W auf, die natürlich auch mit $UI = 100\,\text{V}\cdot 0{,}4\,\text{A} = 40$ W in die Schaltung hineingeliefert wird.

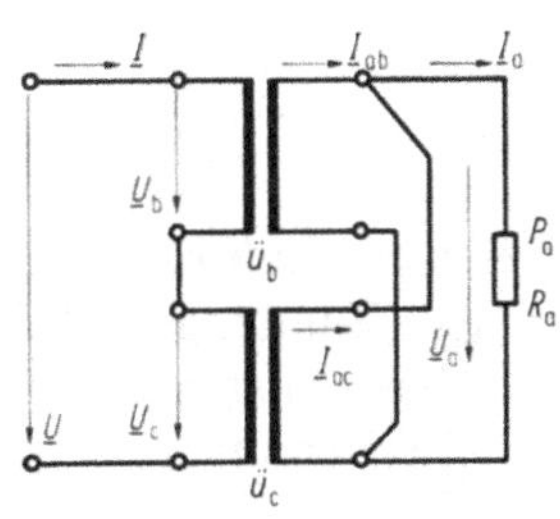

3.150 Primär in Reihe und sekundär parallel geschaltete ideale Übertrager

3.5.2 Lufttransformator

Es sollen jetzt die idealisierenden Vernachlässigungen von Abschn. 3.5.1 schrittweise durch Einführen der Permeabilität μ_0 für Luft, der Streuung und der Wicklungs-Wirkwiderstände abgebaut und so zum realen Transformator mit Luft als Medium für das magnetische Feld übergegangen werden.

3.5.2.1 Idealer Lufttransformator. Wir lassen jetzt die Voraussetzung $\mu=\infty$, die für den idealen Übertrager gilt, fallen, berücksichtigen also die Permeabilität μ_0 der Luft, lassen aber zunächst die übrigen idealisierenden, in Abschn. 3.5.1 eingeführten Vernachlässigungen noch weiter gelten. Diese Bedingungen können am besten mit dem in Bild **3.**151 dargestellten Ringtransformator mit Luftfüllung angenähert werden.

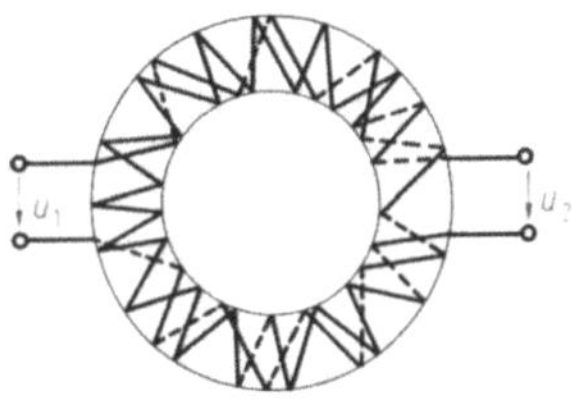

3.151 Ring-Lufttransformator

Ersatzschaltung. Wir betrachten zunächst den Leerlauf des in Bild **3.**151 dargestellten Ringtransformators. Wenn wir an die Primärklemmen die Sinusspannung u_1 anschließen, wird nach dem Induktionsgesetz bzw. der Spannungsgleichung (3.10) in der Ringspule (und nur dort) der Sinusfluß Φ_t entstehen. Mit dem Effektivwert der Spannung $U_1=\sqrt{2}\,\pi f N_1 \hat{\Phi}$ muß aber auch nach dem Durchflutungssatz bzw. Gl. (3.245) der Magnetisierungsstrom

$$I_{1\mu}=\frac{\hat{i}_1}{\sqrt{2}}=\frac{l_m\hat{\Phi}}{\sqrt{2}\mu_0 A_m N_1}=\frac{l_m U_1}{2\pi f\mu_0 A_m N_1^2}$$

fließen. Mit der Kreisfrequenz $\omega=2\pi f$, dem magnetischen Widerstand $R_m=l_m/(\mu_0 A_m)$ und der Induktivität $L_1=N_1^2/R_m$ nach Abschn. 1.2.3.3 bzw. dem Blindwiderstand $X_1=\omega L_1$ ist schließlich

$$I_{1\mu}=\frac{U_1 R_m}{\omega N_1^2}=\frac{U_1}{\omega L_1}=\frac{U_1}{X_1} \qquad (3.251)$$

Dieser rein induktive Strom läßt sich somit über die primäre Spannung U_1, die primäre Windungszahl N_1, die Frequenz f, die Permeabilität μ_0 der Luft und die Abmessungen der Ringspule, nämlich mittlere magnetische Weglänge l_m und Querschnitt A_m, bestimmen.

Das mit Gl. (3.247) für den idealen Übertrager angegebene Strom-Übersetzungsverhältnis wird durch diesen Magnetisierungsstrom gestört; es gilt also hier nur noch, wenn I_μ vernachlässigbar klein ist. Alle übrigen Eigenschaften des idealen Übertragers und die Umrechnungsgleichungen (3.244) und (3.250) bleiben erhalten; es wird also weiterhin Wirkleistung mit $P_1=P_2$ übertragen. Im Kurzschluß fließen die Ströme $I_{1k}=\infty$ und $I_{2k}=\infty$.

Das Verhalten dieses idealen Lufttransformators beschreibt man am einfachsten mit der Ersatzschaltung von Bild **3.**152a: Zu dem idealen Übertrager ist dort noch am Eingang die primäre Induktivität L_1 parallelgeschaltet. Sie führt stets den bei konstanter Spannung U_1 konstanten Magnetisierungsstrom $I_{1\mu}$.

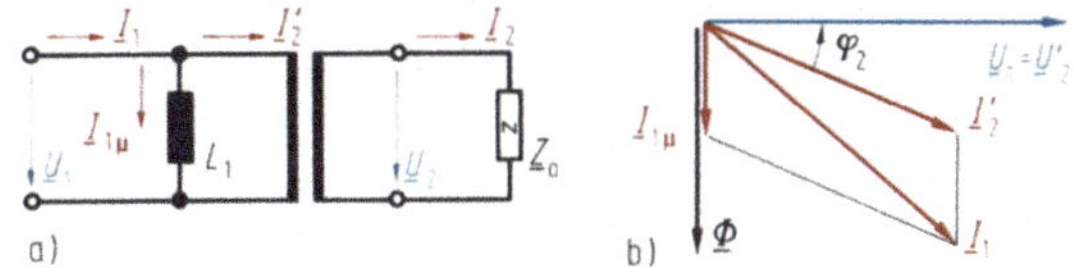

3.152
Ersatzschaltung (a) und Zeigerdiagramm (b) des idealen Lufttransformators

Zeigerdiagramm. Die Spannungen und Ströme der Ersatzschaltung in Bild **3.**152a lassen sich als Zeigerdiagramm (Bild **3.**152b) darstellen: Die Sekundärspannung $\underline{U}_2$ treibt in den Verbraucher $\underline{Z}_a$ den Sekundärstrom $\underline{I}_2$, dessen Phasenwinkel φ_2 durch den komplexen Widerstand $\underline{Z}_a$ bestimmt wird und der als mit dem Übersetzungsverhältnis $\ddot{u}$ umgerechneter Strom $\underline{I}'_2=\underline{I}_2/\ddot{u}$ auf der Primärseite des idealen Übertragers erscheint. Der Magnetisierungsstrom $\underline{I}_{1\mu}$ eilt gegenüber seiner ihn verursachenden Spannung $\underline{U}_1$ um 90° nach und liegt in Phase mit dem von ihm erzeugten Fluß $\underline{\Phi}$. Für den komplexen primären Strom gilt dann $\underline{I}_1=\underline{I}_{1\mu}+\underline{I}'_2$.

3.5.2.2 Lufttransformator mit Streuung. Man spricht von magnetischer Streuung, wenn ein Teil des erzeugten magnetischen Flusses nicht in erwünschter Weise mit der zu induzierenden Spule verkettet ist. Wir erreichen dies für den Lufttransformator recht anschaulich mit dem in Bild **3.**153 dargestellten, gleichmäßig und gleichsinnig bewickelten Ringtransformator, dessen äußere Spule den Querschnitt A_1, dessen innere sekundäre Spule aber den kleineren Querschnitt A_2 und die beide die gleiche mittlere Weglänge l_m aufweisen sollen.

Die Oberspannungsseite hat die Anschlußklemmen *U1, V1* und die Unterspannungsseite *U2, V2* (siehe DIN 42400); die Zählpfeile für die Sinusspannungen u_1 und u_2 sind gleichsinnig gewählt.

Wir untersuchen diesen Transformator in Analogie zur Zweitortheorie (s. Abschn. 3.6) zunächst im Leerlauf und im Kurzschluß und wollen dann hieraus mögliche Ersatzschaltungen ableiten.

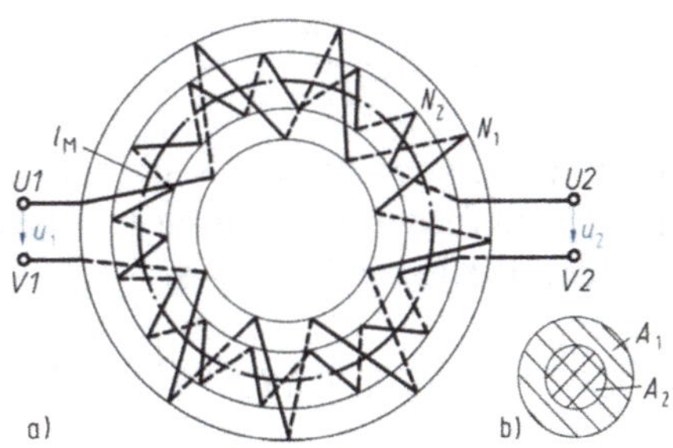

3.153 Ringtransformator mit Streuung
a) Draufsicht, b) Querschnitt

Leerlauf. Man muß hier 2 Fälle unterscheiden:

a) S p e i s u n g d e r P r i m ä r s e i t e ; S e k u n d ä r s e i t e o f f e n. Mit der primären

Induktivität $L_1 = N_1^2 \mu_0 A_1 / l_m$ fließt der primäre Leerlaufstrom (Index l für Leerlauf)

$$I_{1l} = U_1/(\omega L_1) = U_1/X_{1l} \tag{3.252}$$

(mit X_{1l} als primärem Leerlauf-Blindwiderstand), und es wird wegen des im Verhältnis der Querschnitte A_2/A_1 verringerten sekundären Flusses $\Phi_2 = \Phi_1 A_2/A_1$ die sekundäre Leerlaufspannung

$$U_{2l} = \frac{U_1}{ü} \cdot \frac{A_2}{A_1} \tag{3.253}$$

erzeugt.

b) Speisung der Sekundärseite; Primärseite offen. Mit der sekundären Induktivität $L_2 = L_1(N_2/N_1)^2 A_2/A_1$ fließt nun der sekundäre Leerlaufstrom

$$I_{2l} = U_2/(\omega L_2) = U_2/X_{2l} \tag{3.254}$$

(mit X_{2l} als sekundärem Leerlauf-Blindwiderstand) bei der primären Leerlaufspannung

$$U_{1l} = U_2 ü \tag{3.255}$$

(hier ist $\Phi_1 = \Phi_2$).

Kurzschluß. Auch hierfür unterscheidet man 2 Fälle:

a) Speisung der Primärseite; Sekundärseite kurzgeschlossen. Der sekundäre Kurzschluß (Index k) verlangt mit $u_2 = N_2 \mathrm{d}\Phi_{2l}/\mathrm{d}t = 0$, daß der sekundäre Fluß $\Phi_{2k} = 0$ wird. Die Primärseite muß aber wegen $u_1 = N_1 \mathrm{d}\Phi_{1l}/\mathrm{d}t$ den vollen Fluß $\Phi_{1k} = \Phi_{1l}$ führen. Daher wird der Flußanteil, der vorher im Leerlauf den Querschnitt A_2 durchsetzte, in den Querschnitt $A_\sigma = A_1 - A_2$ verdrängt. Er findet dort einen im Verhältnis $A_1/(A_1 - A_2)$ vergrößerten magnetischen Widerstand vor, so daß die Durchflutung Θ_{1k} in diesem Verhältnis größer als im Leerlauf Θ_{1l} werden muß. Es fließt daher ein entsprechend größerer primärer Kurzschlußstrom

$$I_{1k} = I_{1l} \frac{A_1}{A_1 - A_2} = \frac{U_1}{X_{1k}} \tag{3.256}$$

(mit X_{1k} als primärem Kurzschluß-Blindwiderstand). Wegen des nach Gl. (3.246) zu fordernden Durchflutungsgleichgewichts gilt gleichzeitig für den sekundären Kurzschlußstrom

$$I_{2k} = ü I_{1k} = ü I_{1l} \frac{A_1}{A_1 - A_2} \tag{3.257}$$

b) Speisung der Sekundärseite; Primärseite kurzgeschlossen. Analog zu dem vorher betrachteten Kurzschlußfall müssen hier die mit ihren Spulen verketteten Flüsse $\Phi_{1k}=0$ und $\Phi_{2k}=\Phi_{2l}$ sein. Bild 3.154 zeigt, daß diese Bedingungen nur dann erfüllt werden können, wenn gleichzeitig der Querschnitt zwischen Spule *1* und Spule *2*, der auch als Streuraum (Index σ) bezeichnet wird, von einem entgegengesetzt gerichteten, gleich großen Fluß durchsetzt wird. Dieser Fluß kann nur von der Kurzschlußdurchflutung der Spule *1* erzeugt werden. Mit den Induktionen B gilt daher für diese Flüsse $B_\sigma(A_1-A_2)=B_{2l}A_2$ und analog für die im Kurzschluß von der Spule *1* zu erzeugende magnetische Feldstärke

$$H_{1k}=H_\sigma=H_{2l}A_2/(A_1-A_2)$$

Die Spule *2* muß nun einmal die ursprüngliche Feldstärke des Leerlaufs H_{2l} erzeugen und außerdem die Feldstärke H_σ kompensieren. Sie hat also im Kurzschluß die magnetische Feldstärke

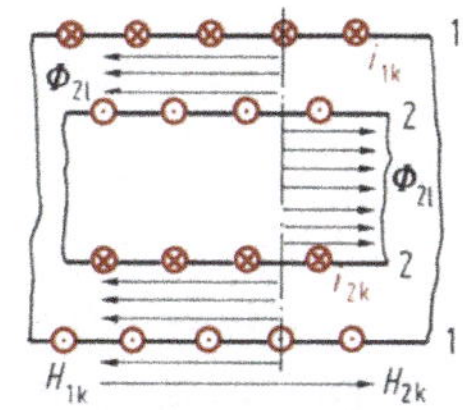

3.154 Flußverteilung bei Kurzschluß der äußeren Spule *1*

$$H_{2k}=H_{2l}+H_{1k}=H_{2l}\left(1+\frac{A_2}{A_1-A_2}\right)=H_{2l}\frac{A_1}{A_1-A_2}$$

aufzubauen. Diese Feldstärken verlangen somit die Kurzschlußströme

$$I_{1k}=I_{2l}\frac{1}{ü}\cdot\frac{A_2}{A_1-A_2}=\frac{U_1}{X_{1k}} \tag{3.258}$$

und

$$I_{2k}=I_{2l}\frac{A_1}{A_1-A_2}=\frac{U_2}{X_{2k}} \tag{3.259}$$

(mit X_{1k} als primärem und X_{2k} als sekundärem Kurzschluß-Blindwiderstand).

Beispiel 3.112. Ein Ringtransformator nach Bild 3.153 enthält Spulen mit den Windungszahlen $N_1=4000$ und $N_2=2000$, den Querschnitten $A_1=20$ cm² und $A_2=12{,}8$ cm² sowie dem mittleren Durchmesser $D_m=40$ cm. Er soll jeweils an die Sinusspannung $U_1=U_2=100$ V bei der Kreisfrequenz $\omega=50\ \text{ms}^{-1}$ angeschlossen werden. Alle Leerlauf- und Kurzschlußwerte sind zu berechnen.

Wir bestimmen zunächst mit der Induktionskonstanten $\mu_0=4\pi$ nH/cm die Induktivitäten

$$L_1=\frac{N_1^2\mu_0A_1}{\pi D_m}=\frac{4000^2\cdot 4\pi(\text{nH/cm})\,20\ \text{cm}^2}{\pi\cdot 40\ \text{cm}}=32\ \text{mH}$$

$$L_2=L_1\left(\frac{N_2}{N_1}\right)^2\cdot\frac{A_2}{A_1}=32\ \text{mH}\left(\frac{2000}{4000}\right)^2\cdot\frac{12{,}8\ \text{cm}^2}{20\ \text{cm}^2}=5{,}12\ \text{mH}$$

Dann finden wir mit dem Übersetzungsverhältnis $ü=N_1/N_2=4000/2000=2$ für Leerlauf auf der Sekundärseite mit Gl. (3.252) und (3.253) den Strom

$$I_{1l} = \frac{U_1}{\omega L_1} = \frac{100\ \text{V}}{50\ \text{ms}^{-1} \cdot 32\ \text{mH}} = 62{,}5\ \text{mA}$$

und die Spannung

$$U_{2l} = \frac{U_1}{ü} \cdot \frac{A_2}{A_1} = \frac{100\ \text{V}}{2} \cdot \frac{12{,}8\ \text{cm}^2}{20\ \text{cm}^2} = 32\ \text{V}$$

sowie für den Leerlauf auf der Primärseite

$$I_{2l} = \frac{U_2}{\omega L_2} = \frac{100\ \text{V}}{50\ \text{ms}^{-1} \cdot 5{,}12\ \text{mH}} = 390{,}6\ \text{mA}$$

$$U_{1l} = ü\, U_2 = 2 \cdot 100\ \text{V} = 200\ \text{V}$$

Mit Gl. (3.256) und (3.257) erhalten wir bei Kurzschluß auf der Sekundärseite die Ströme

$$I_{1k} = I_{1l} \frac{A_1}{A_1 - A_2} = 62{,}5\ \text{mA} \frac{20\ \text{cm}^2}{20\ \text{cm}^2 - 12{,}8\ \text{cm}^2} = 173{,}6\ \text{mA}$$

$$I_{2k} = ü\, I_{1k} = 2 \cdot 173{,}6\ \text{mA} = 347{,}2\ \text{mA}$$

und bei Kurzschluß auf der Primärseite

$$I_{1k} = \frac{I_{2l}}{ü} \cdot \frac{A_2}{A_1 - A_2} = \frac{390{,}6\ \text{mA}}{2} \cdot \frac{12{,}8\ \text{cm}^2}{20\ \text{cm}^2 - 12{,}8\ \text{cm}^2} = 347{,}2\ \text{mA}$$

$$I_{2k} = I_{2l} \frac{A_1}{A_1 - A_2} = 391\ \text{mA} \frac{20\ \text{cm}^2}{20\ \text{cm}^2 - 12{,}8\ \text{cm}^2} = 1{,}085\ \text{A}$$

Wirksam sind daher die Blindwiderstände

$$X_{1l} = U_1/I_{1l} = 100\ \text{V}/(62{,}5\ \text{mA}) = 1{,}6\ \text{k}\Omega$$

$$X_{1k} = U_1/I_{1k} = 100\ \text{V}/(173{,}6\ \text{mA}) = 576\ \Omega$$

$$X_{2l} = U_2/I_{2l} = 100\ \text{V}/(390{,}6\ \text{mA}) = 256\ \Omega$$

$$X_{2k} = U_2/I_{2k} = 100\ \text{V}/(1{,}085\ \text{A}) = 92{,}17\ \Omega$$

Ersatzschaltungen. Das Betrachten von Leerlauf und Kurzschluß reicht bei linearen Schaltungen aus, um eine Ersatzschaltung anzugeben, die alle Belastungsfälle zu errechnen gestattet. Der hier zunächst zu untersuchende idealisierte Lufttransformator mit Streuung ist verlustlos; die Ersatzschaltung kann also keine Wirkwiderstände enthalten, sondern nur Induktivitäten L bzw. induktive Blindwiderstände X (bei fester Kreisfrequenz ω). Für das vorgegebene Windungsübersetzungsverhältnis $ü_N = N_1/N_2$ können die in Bild **3.**155 dargestellten, völlig gleichwertigen Ersatzschaltungen angegeben werden. Die Blindwiderstände lassen sich mit den eingetragenen Gleichungen berechnen.

Beispiel 3.113. Der Ringtransformator von Beispiel 3.112 wird auf der Sekundärseite durch den Verbraucher $R_a = 1\ \text{k}\Omega$ belastet. Der primäre Strom I_1 ist zu berechnen.

In diesem Fall ermöglicht offensichtlich die Ersatzschaltung von Bild **3.**155a die einfachste Bestimmung. Wir rechnen zunächst den äußeren Widerstand mit Gl. (3.250) in

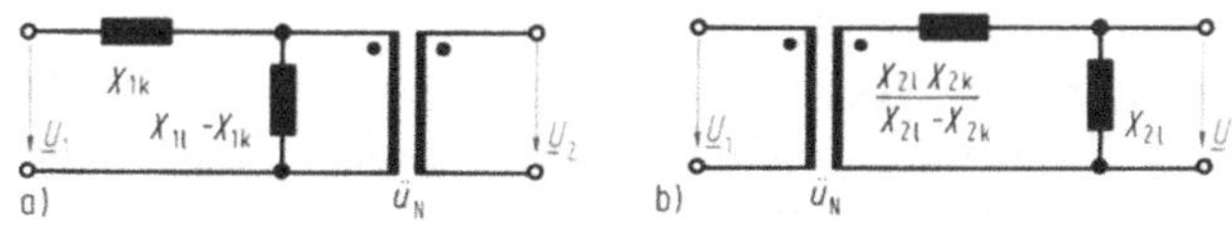

3.155 Ersatzschaltungen für idealen Lufttransformator mit Streuung mit idealem Übertrager auf Sekundär- (a) und Primärseite (b)

$R'_a = R_a \ddot{u}^2 = 1000\,\Omega \cdot 2^2 = 4000\,\Omega$ auf die Primärseite und die Parallelschaltung von R'_a und $X_{1l} - X_{1k} = 1600\,\Omega - 576\,\Omega = 1024\,\Omega$ in die äquivalenten Reihenwiderstände

$$R = \frac{R'_a (X_{1l} - X_{1k})^2}{R'^2_a + (X_{1l} - X_{1k})^2} = \frac{4000\,\Omega \cdot 1024^2\,\Omega^2}{4000^2\,\Omega^2 + 1024^2\,\Omega^2} = 246\,\Omega$$

$$X = \frac{R'^2_a (X_{1l} - X_{1k})}{R'^2_a + (X_{1l} - X_{1k})^2} = \frac{4000^2\,\Omega^2 \cdot 1024\,\Omega}{4000^2\,\Omega^2 + 1024^2\,\Omega^2} = 961\,\Omega$$

um. Es ist also primär der komplexe Widerstand $\underline{Z}_1 = R + \mathrm{j}(X_{1k} + X) = 246\,\Omega + \mathrm{j}(576\,\Omega + 961\,\Omega)$ mit dem Betrag $Z_1 = 1557\,\Omega$ wirksam, so daß der Strom $I_1 = U_1/Z_1 = 100\,\mathrm{V}/(1557\,\Omega) = 64{,}24\,\mathrm{mA}$ fließt.

Magnetische Streuung. Nach Abschn. 1.2.3.4 muß man im magnetischen Feld bei der Gegeninduktion den von einer Spule *1* erzeugten Gesamtfluß Φ_1, den hiervon mit der Spule *2* verketteten Nutz- bzw. Hauptfluß $\Phi_h = \Phi_{12}$ und die Differenz, den Streufluß $\Phi_{1\sigma} = \Phi_1 - \Phi_{12}$ unterscheiden. Wir definieren dann den Kopplungsfaktor als Verhältnis von Hauptfluß zu Gesamtfluß. Mit Anwendung der Spannungsgleichung $U = \sqrt{2}\,\pi f N \hat{\Phi}$ erhält man daher den primären Kopplungsfaktor

$$k_{12} = \frac{\Phi_{12}}{\Phi_{11}} = \frac{U_{2l}}{U_1} \cdot \frac{N_1}{N_2} = \frac{U_{2l}}{U_1} \ddot{u} \tag{3.260}$$

und den sekundären Kopplungsfaktor

$$k_{21} = \frac{\Phi_{21}}{\Phi_{22}} = \frac{U_{1l}}{U_2} \cdot \frac{N_2}{N_1} = \frac{U_{1l}}{U_2} \cdot \frac{1}{\ddot{u}} \tag{3.261}$$

Der Kopplungsfaktor stellt also das Leerlaufspannungs-Übersetzungsverhältnis für gleiche Windungszahlen dar.

Es ist sofort zu sehen, daß bei dem Ringtransformator in Bild 3.153 der primäre Kopplungsfaktor durch $k_{12} = A_2/A_1$ gegeben ist, der sekundäre aber $k_{21} = 1$ beträgt.

Entsprechend definiert man den Streufaktor als Verhältnis von Streufluß zu Gesamtfluß. Daher gilt für den primären Streufaktor

$$\sigma_1 = \Phi_{1\sigma}/\Phi_{11} = 1 - k_{12} \tag{3.262}$$

bzw. den sekundären Streufaktor

$$\sigma_2 = \Phi_{2\sigma}/\Phi_{22} = 1 - k_{21} \tag{3.263}$$

Während der Kopplungsfaktor angibt, welcher Anteil des Gesamtflusses mit beiden Spulen verkettet ist, ist der Streufaktor ein Maß dafür, welcher Flußteil lediglich mit einer, nicht aber auch gleichzeitig mit der anderen verkettet ist. Beide müssen sich daher zu 1 ergänzen.

Der Ringtransformator in Bild **3.**153 hat somit den primären Streufaktor $\sigma_1 = 1 - k_{12} = 1 - (A_2/A_1) = (A_1 - A_2)/A_1$ und den sekundären Streufaktor $\sigma_2 = 0$.

Da man bei der Lösung von Sinusstromaufgaben wegen $u_q = N\,\mathrm{d}\Phi_t/\mathrm{d}t = L\,\mathrm{d}i/\mathrm{d}t$ ganz allgemein bestrebt ist, Sinusflüsse Φ durch Induktivitäten L zu ersetzen, um dann einfacher mit den induktiven Spannungen $U_L = \omega L I$ rechnen zu können, ist es zweckmäßig, die Kopplungs- und Streufaktoren auch in eine Ersatzschaltung einzuführen, die in Bild **3.**156 dargestellt ist. Sie geht für $k_{21} = 1$ (bzw. $\sigma_2 = 0$) in die Ersatzschaltung von Bild **3.**155a über, wobei der ideale Übertrager auch wie in Bild **3.**155b zum Eingang verlegt werden könnte.

Mit Gl. (3.256) und (3.259) kann man das Verhältnis

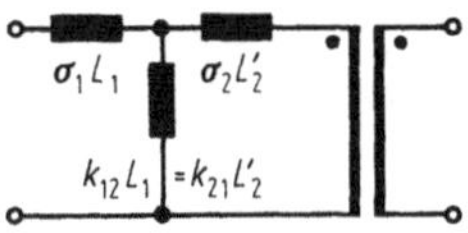

3.156 Allgemeine Ersatzschaltung des idealisierten Lufttransformators

$$\sigma = \frac{I_{1l}}{I_{1k}} = \frac{L_{1k}}{L_1} = \frac{I_{2l}}{I_{2k}} = \frac{L_{2k}}{L_2} \tag{3.264}$$

das man Gesamtstreufaktor nennt, bilden, wobei der Ringtransformator nach Bild **3.**153 den Gesamtstreufaktor $\sigma = \sigma_1 = (A_1 - A_2)/A_1$ hat. Nach Bild **3.**156 ist

$$L_{1k} = \sigma_1 L_1 + \frac{\sigma_2 L_2' k_{21} L_2'}{(\sigma_2 + k_{12}) L_2'} = \sigma_1 L_1 + \sigma_2 k_{12} L_1 = (\sigma_1 + \sigma_2 k_{12}) L_1$$

Daher ist auch ganz allgemein der Gesamtstreufaktor

$$\sigma = \sigma_1 + \sigma_2 k_{12} = \sigma_1 + \sigma_2 - \sigma_1 \sigma_2 = \sigma_1 + \sigma_2 - (1 - k_{12})(1 - k_{21}) = 1 - k_{12} k_{21} \tag{3.265}$$

Wahl der Ersatzschaltung. An einem nach Bild **3.**157 (in einem „Gedanken-Experiment") wirr gewickelten Knäueltransformator kann man offensichtlich nicht so einfach wie bei dem Ringtransformator von Bild **3.**153 die wirksamen Windungszahlen bzw. Windungsflüsse bestimmen und somit die Ersatzschaltung vorausberechnen. Es können jedoch die vier schon behandelten Leerlauf- und Kurzschlußversuche durchgeführt werden. Sie liefern mit den jeweils angelegten Spannungen U_1 bzw. U_2 die Ströme I_{1l}, I_{2l}, I_{1k}, I_{2k} und die Spannungen U_{1l}, U_{2l}. Bestimmt werden können dann sofort die Blindwiderstände (bzw. Induktivitäten L)

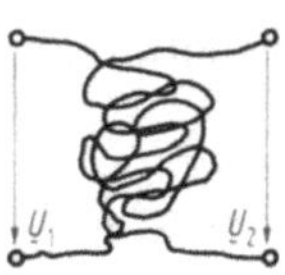

3.157 Knäueltransformator

$$X_1 = \omega L_1 = U_1/I_{1l},$$

$$X_2 = \omega L_2 = U_2/I_{2l}$$

Außerdem ist mit Bild **3.**158 sowie Gl. (3.264) und (3.265) der Gesamtstreufaktor

$$\sigma = 1 - k_{12} k_{21} = I_{1l}/I_{1k} = I_{2l}/I_{2k} = 1 - (M^2/L_1 L_2)$$

Nach Abschn. 1.2.3.4 gilt für die bei magnetischer Kopplung auftretende Gegeninduktivität

$$M = \frac{\Psi_{12}}{I_1} = \frac{N_2 \Phi_{12}}{I_1} = \frac{N_2 k_{12} \Phi_{11}}{I_1} = \frac{k_{12} L_1}{ü}$$

$$= \frac{\Psi_{21}}{I_2} = \frac{N_1 \Phi_{21}}{I_2} = \frac{N_1 k_{21} \Phi_{22}}{I_2} = ü k_{21} L_2$$

Da gleichzeitig die Leerlaufspannung der offenen Spule mit dem Leerlaufstrom der Eingangsspule erzeugt wird, gilt dann allgemein

$$\omega M = k_{12} X_1/ü = ü k_{21} X_2 = U_{2l}/I_{1l} = U_{1l}/I_{2l} \tag{3.266}$$

Es stehen also für die restlichen 3 Unbekannten k_{12}, k_{21} und $ü$ nur 2 Gleichungen zur Verfügung, so daß dieses Gleichungssystem nicht ohne weitere Annahme zu lösen ist. Wir müssen daher z. B. eine bestimmte Ersatzschaltung, die dann auch einen Kopplungsfaktor oder ein bestimmtes Übersetzungsverhältnis festlegt, für die weitere Betrachtung auswählen.

Meist beschränkt man sich auf 4 charakteristische Ersatzschaltungen:

Symmetrische Ersatzschaltung. Hier gilt mit Beachtung von Gl. (3.260), (3.261) und (3.265) für die Kopplungsfaktoren

$$k = k_{12} = k_{21} = \sqrt{k_{12} k_{21}} = \sqrt{U_{2l} U_{1l}/(U_1 U_2)} = \sqrt{1-\sigma} \tag{3.267}$$

Dann liegt mit Gl. (3.266) auch das Übersetzungsverhältnis

$$ü = \sqrt{L_1/L_2} \tag{3.268}$$

fest, das aber nun nicht mehr mit dem Windungs-Übersetzungsverhältnis $ü_N$ übereinstimmen muß.

Unsymmetrische Ersatzschaltungen. Zur Vereinfachung von Berechnungen kann es zweckmäßig sein, willkürlich $k_{12} = 1$ oder $k_{21} = 1$ zu setzen. Dann ändert sich auch das Übersetzungsverhältnis, wie in Tafel **3.**158 eingetragen.

Das wirksame Übersetzungsverhältnis hängt somit von der gewählten Ersatzschaltung ab, mit der auch, wie anhand von Bild **3.**156 deutlich wird, die magnetische Streuung willkürlich auf die Spulen *1* und *2* verteilt wird. Hieran erkennt man, daß der Streufluß auch nur in Sonderfällen, z. B. wie beim Ringtransformator von Bild **3.**153, bestimmten Wicklungen zugeordnet werden kann.

Tafel **3.**158 Ersatzschaltungen für den idealen Lufttransformator mit Streuung und Bestimmungsgleichungen für die Kenngrößen

Schaltung	k_{12}	k_{21}	σ_1	σ_2	$\ddot{u}$
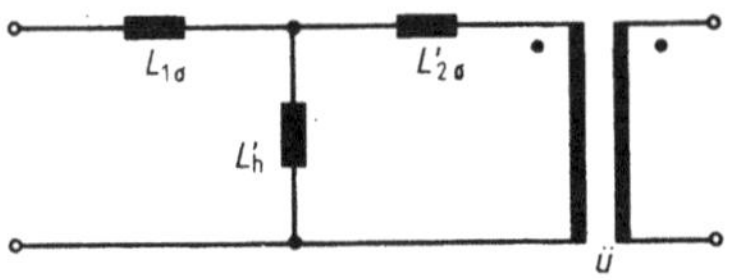	$k=\sqrt{1-\sigma} = \sqrt{\frac{U_{1\mathrm{l}}U_{2\mathrm{l}}}{U_1U_2}}$		$1-k$		$\sqrt{\frac{L_1}{L_2}} = \sqrt{\frac{U_1 I_{2\mathrm{l}}}{U_2 I_{1\mathrm{l}}}}$
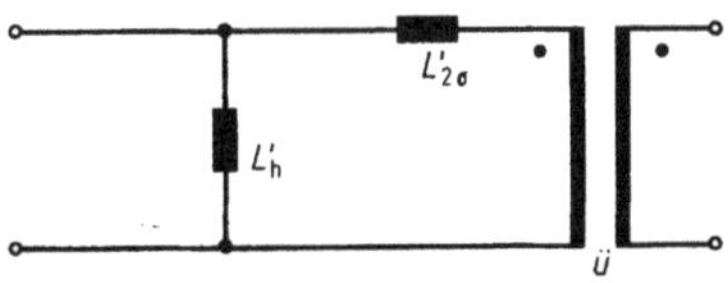	1	$k^2 = \frac{U_{1\mathrm{l}}U_{2\mathrm{l}}}{U_1U_2}$	0	$\sigma = 1-k^2$	$\frac{1}{k}\sqrt{\frac{L_1}{L_2}} = \sqrt{\frac{U_1^2 I_{2\mathrm{l}}}{I_{1\mathrm{l}}U_{1\mathrm{l}}U_{2\mathrm{l}}}}$
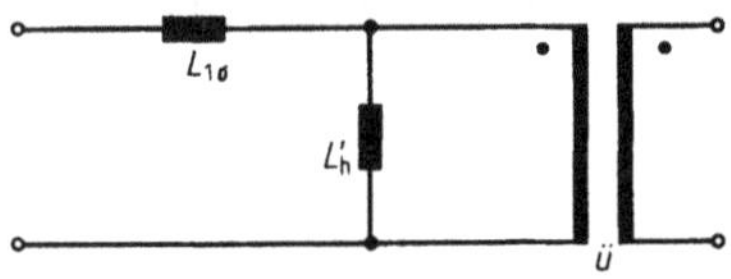	$k^2 = \frac{U_{1\mathrm{l}}U_{2\mathrm{l}}}{U_1U_2}$	1	$\sigma = 1-k^2$	0	$k\sqrt{\frac{L_1}{L_2}} = \sqrt{\frac{I_{2\mathrm{l}}U_{1\mathrm{l}}U_{2\mathrm{l}}}{I_{1\mathrm{l}}U_2^2}}$
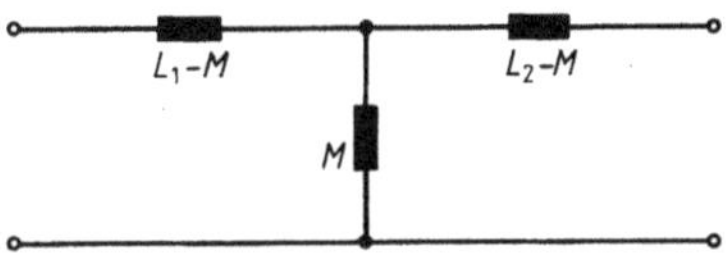	$\frac{U_{1\mathrm{l}}}{U_1}\cdot\frac{I_{1\mathrm{l}}}{I_{2\mathrm{l}}}$	$\frac{U_{2\mathrm{l}}}{U_2}\cdot\frac{I_{2\mathrm{l}}}{I_{1\mathrm{l}}}$	$1-k_{12}$	$1-k_{21}$	1

Ersatzschaltung mit Übersetzungsverhältnis $\ddot{u}=1$. In der Nachrichtentechnik wird gelegentlich mit der 4. Ersatzschaltung von Tafel **3.**158 gearbeitet. Hier ist das Übersetzungsverhältnis willkürlich mit $\ddot{u}=1$ festgelegt, so daß sich mit den Definitionen in Gl. (3.260) bis (3.263) und (3.266) sofort die in Tafel **3.**158 eingetragenen Kenngrößen mit ihren Bestimmungsgleichungen ergeben. Es kann dann der Fall eintreten, daß die Induktivitäten L_1-M oder L_2-M negative Werte annehmen, also durch eine Versuchsanordnung nicht mehr realisiert werden können. Das Verhalten des Transformators kann jedoch auch durch diese Ersatzschaltung vollständig wiedergegeben werden.

Beispiel 3.114. Die Kennwerte der Ersatzschaltungen von Tafel **3.**158 für den Ringtransformator von Beispiel 3.112 sind zu bestimmen.

a) Symmetrische Ersatzschaltung: Wir finden mit Gl. (3.268) das neue Übersetzungsverhältnis

$$\ddot{u} = \sqrt{X_{1l}/X_{2l}} = \sqrt{1600\,\Omega/256\,\Omega} = 2{,}5$$

und den Kopplungsfaktor

$$k = \sqrt{U_{2l}\,U_{1l}/(U_1\,U_2)} = \sqrt{32\,\text{V}\cdot 200\,\text{V}/(100\,\text{V}\cdot 100\,\text{V})} = 0{,}8$$

bzw. die Streufaktoren $\sigma_1 = \sigma_2 = 1 - k = 1 - 0{,}8 = 0{,}2$. Die Ersatzschaltung enthält daher die Blindwiderstände

$$X'_{\text{h}} = k\,X_{1l} = 0{,}8\cdot 1600\,\Omega = 1280\,\Omega \quad \text{und} \quad X_{1\sigma} = X'_{2\sigma} = \sigma_1\,X_{1l} = 0{,}2\cdot 1600\,\Omega = 320\,\Omega$$

b) Unsymmetrische Ersatzschaltung mit dem Kopplungsfaktor $k_{12} = 1$ (also dem Streufaktor $\sigma_1 = 0$): Hier betragen das Übersetzungsverhältnis

$$\ddot{u} = \sqrt{\frac{U_1^2\,I_{2l}}{I_{1l}\,U_{1l}\,U_{2l}}} = \sqrt{\frac{100^2\,\text{V}^2\cdot 390{,}6\,\text{mA}}{62{,}5\,\text{mA}\cdot 200\,\text{V}\cdot 32\,\text{V}}} = 3{,}125$$

der Kopplungsfaktor $k_{21} = k^2 = 0{,}8^2 = 0{,}64$, also der sekundäre Streufaktor $\sigma_2 = 1 - k_{21} = 1 - 0{,}64 = 0{,}36$ und die Blindwiderstände

$$X'_{\text{h}} = X_{1l} = 1600\,\Omega \quad \text{und} \quad X'_{2\sigma} = X'_{\text{h}}\sigma_2/k_{21} = 1600\,\Omega\cdot 0{,}36/0{,}64 = 900\,\Omega$$

c) Für die unsymmetrische Ersatzschaltung mit dem Kopplungsfaktor $k_{21} = 1$, also dem Streufaktor $\sigma_2 = 0$, sind nach Bild 3.155 mit dem Übersetzungsverhältnis $\ddot{u} = 2$ die Blindwiderstände $X_{1\sigma} = X_{1\text{k}} = 576\,\Omega$ und $X'_{\text{h}} = X_{1l} - X_{1\text{k}} = 1600\,\Omega - 576\,\Omega = 1024\,\Omega$.

d) Ersatzschaltung mit dem Übersetzungsverhältnis $\ddot{u} = 1$: Nach Beispiel 3.112 sind die Induktivitäten $L_1 = 32$ mH und $L_2 = 5{,}12$ mH. Mit den Daten von a) findet man nach Gl. (3.266) die Gegeninduktivität

$$M = k\,L_1/\ddot{u} = 0{,}8\cdot 32\,\text{mH}/2{,}5 = 10{,}24\,\text{mH}$$

Daher sind die übrigen Kennwerte der Ersatzschaltung

$$L_1 - M = 32\,\text{mH} - 10{,}24\,\text{mH} = 21{,}76\,\text{mH}$$

$$L_2 - M = 5{,}12\,\text{mH} - 10{,}24\,\text{mH} = -5{,}12\,\text{mH}$$

wobei der negative Induktivitätswert natürlich physikalisch nicht realisiert werden kann.

Die 4 Ersatzschaltungen verhalten sich für alle Ausgangs- und Eingangsgrößen völlig gleichartig, erlauben also, die Belastung des in Beispiel 3.112 behandelten Ringtransformators vollständig zu beschreiben.

Induktive Streuung. Bei den vorhergehenden Betrachtungen (jedoch nicht beim Knäueltransformator) werden unendlich dünne Spulen vorausgesetzt; jetzt wollen wir auch eine endliche Spulenbreite b nach Bild 3.159 berücksichtigen.

3.159
Schnitt durch eine Spule (a) sowie Feldverteilung (b)
H magnetische Feldstärke, B Induktion, w Energiedichte, W Energie, b, d_{i}, d_{m}, l_{m} Spulenabmessungen

Die magnetische Streuung läßt sich im allgemeinen unmittelbar aus einem Feldbild ablesen, wobei es aber auch schon schwierig sein kann, den Streufluß einer bestimmten Wicklung zuzuordnen. Bei den Spulen mit endlicher Breite oder anderer räumlicher Wicklungsverteilung (z. B. in drehenden elektrischen Maschinen) ist nun noch eine andere Art von Streuung zu beachten, die man induktive Streuung nennt. Sie betrifft Teile des magnetischen Feldes, die mit der eigenen oder der zu induzierenden Spule nicht voll verkettet sind oder trotz Verkettung dort nicht die gewünschten Wirkungen hervorrufen. Sie werden in elektrischen Maschinen durch Wicklungsfaktoren, doppeltverkettete Streuung u. ä. berücksichtigt. Für Einzelheiten s. Band II, Teil 2.

Wir betrachten hier nur den einfachen Fall der Wicklungsausdehnung nach Bild 3.159. Die dort im Ausschnitt gezeigte Spule hat bei dem Strom I und der Induktivität L nach Abschn. 1.4.2.1 die magnetische Energie $W_m = LI^2/2$ gespeichert. Man kann daher auch aus der magnetischen Energie

$$W_m = \int_V w \, dV \qquad (3.269)$$

die Induktivität L bestimmen, wenn die Verteilung der Energiedichte (s. Band I, Teil 2)

$$w = H_x B_x/2 = \mu_0 H_x^2/2 \qquad (3.270)$$

über den Spulenraum V bekannt ist. Induktion B_x bzw. magnetische Feldstärke H_x werden sich bei einer homogenen Spule nicht mit der Weglänge l_m ändern, im Spuleninnern (Durchmesser d_i) konstant sein, dagegen innerhalb der Spulenbreite b von innen nach außen linear anwachsen. Daher gilt hier für die magnetische Energie

$$W_m = \frac{1}{2}\mu_0 \left[\frac{d_i^2 \pi}{4 l_m}(NI)^2 + l_m \pi (d_i + b) \int_{x=0}^{x=b} H_x^2 \, dx\right]$$

wenn für das Spuleninnere die Induktivität normal berechnet wird. Nach Bild 3.159 dürfen wir setzen

$$\int_{x=0}^{x=b} H_x^2 \, dx = \left(\frac{NI}{l_m}\right)^2 \frac{b}{3}$$

Daher ist die magnetische Energie der endlich breiten Spule

$$W_m = \frac{1}{2}\mu_0 \frac{1}{l_m}(NI)^2 \left[\frac{d_i^2 \pi}{4} + \pi(d_i + b)\frac{b}{3}\right]$$

Mit dem Querschnitt der unendlich dünnen Spule $A = (d_i + b)^2 \pi/4$ erhalten wir somit den Verkleinerungsfaktor

$$\xi = \frac{(d_i^2 \pi/4) + \pi(d_i + b) b/3}{(d_i + b)^2 \pi/4} = \left(\frac{1}{1 + (b/d_i)}\right)^2 + \frac{4}{3} \cdot \frac{b/d_i}{1 + (b/d_i)} \qquad (3.271)$$

um den die Induktivität der endlich breiten Spule bei gleichem mittleren Windungsdurchmesser d_m gegenüber der Induktivität der unendlich dünnen Spule geringer ausfällt.

Beispiel 3.115. Für den Fall, daß die Spulenbreite 10% des Spuleninnendurchmessers beträgt, also $b/d_i = 0{,}1$ ist, soll der Verkleinerungsfaktor ξ berechnet werden.
Nach Gl. (3.271) ist der Verkleinerungsfaktor

$$\xi = \left(\frac{1}{1+(b/d_i)}\right)^2 + \frac{4}{3} \cdot \frac{b/d_i}{1+(b/d_i)} = \left(\frac{1}{1+0{,}1}\right)^2 + \frac{4}{3} \cdot \frac{0{,}1}{1+0{,}1} = 0{,}945$$

Diese Verringerung der wirksamen Induktivität um 5,5% ist natürlich nicht mehr zu vernachlässigen.

3.5.2.3 Allgemeiner Lufttransformator. Um das Verhalten des allgemeinen, wirklichen Lufttransformators vollständig beschreiben zu können, brauchen wir jetzt nur noch die letzte Einschränkung fallen zu lassen und die Wirkwiderstände der Spulen nicht mehr als verlustfrei anzusehen.

Wicklungs-Wirkwiderstände. Die primären und sekundären Wicklungs-Wirkwiderstände R_1 und R_2 lassen sich nach Abschn. 1.2.2 aus Drahtlänge, Drahtquerschnitt und elektrischer Leitfähigkeit unmittelbar berechnen, wobei hier u. U. noch die Stromverdrängung nach Abschn. 3.3.2.1 zu berücksichtigen ist. Wie bei der Ersatzschaltung der Drossel (s. Abschn. 3.3.3.2) darf man dann entsprechend Bild 3.160 die Wirkwiderstände in Reihe zu den Induktivitäten geschaltet denken.

Bei der meßtechnischen Untersuchung eines Lufttransformators ergeben die Leerlaufmessungen die komplexen Widerstände

$$\underline{Z}_{1l} = R_1 + \mathrm{j}X_{1l} = \underline{U}_1/\underline{I}_{1l} \quad \text{und} \quad \underline{Z}_{2l} = R_2 + \mathrm{j}X_{2l} = \underline{U}_2/\underline{I}_{2l}$$

Gl. (3.266) liefert unverändert die Gegeninduktivität M. Bei Zugrundelegung der symmetrischen Ersatzschaltung gilt dann für den Kopplungsfaktor

$$k = \sqrt{1-\sigma} = \omega M/\sqrt{X_{1l} X_{2l}} \tag{3.272}$$

Bei enger Kopplung ist es dagegen vorteilhafter, den Gesamtstreufaktor aus

$$\sigma \approx X_{1k}/X_{1l} = X_{2k}/X_{2l} \tag{3.273}$$

zu bestimmen, wobei der Kurzschlußversuch natürlich wieder den komplexen Widerstand

$$\underline{Z}_k = R_k + \mathrm{j}X_k = \underline{U}/\underline{I}_k$$

liefert.

Ersatzschaltung. Bild 3.160 zeigt die in Abschn. 3.5.2.3 abgeleitete Ersatzschaltung. Meist werden dann noch die Sekundärgrößen auf die Primärseite (oder umgekehrt) umgerechnet, so daß der ideale Überträger wie in Bild **3.**160b aus der Ersatzschaltung entfernt werden kann. Die Transformation der Widerstände $\underline{Z}_2 = \ddot{u}^2 \underline{Z}'_2$ mit dem Quadrat des Übersetzungsverhältnisses $\ddot{u}$ bleibt also auch hier erhalten.

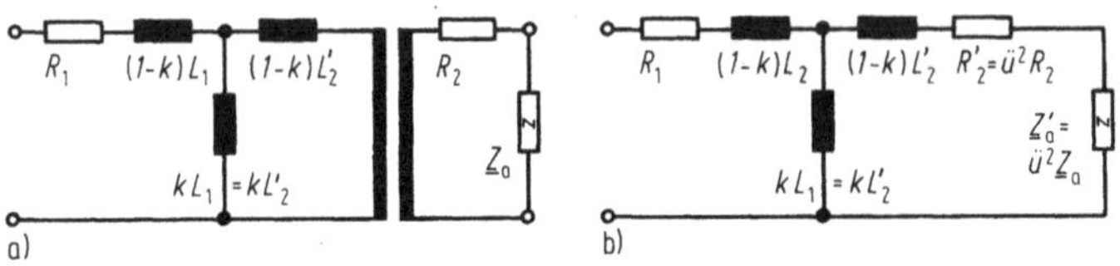

3.160 Symmetrische Ersatzschaltung des allgemeinen Lufttransformators ohne (a) und mit (b) Umrechnung der Sekundärgrößen

Beispiel 3.116. Ein Lufttransformator hat im Leerlauf bei der primären Sinusspannung $\underline{U}_1 = 40$ V den primären Leerlaufstrom $\underline{I}_{1l} = 0{,}1$ A $\underline{/-82°}$ und die sekundäre Leerlaufspannung $U_{2l} = 10$ V sowie bei der sekundären Sinusspannung $\underline{U}_2 = 20$ V den sekundären Leerlaufstrom $\underline{I}_{2l} = 0{,}4$ A $\underline{/-72°}$. Die Kenngrößen der Ersatzschaltung in Bild **3.**160a sind zu bestimmen.

Zuerst berechnen wir die komplexen Leerlauf-Widerstände

$$\underline{Z}_{1l} = \underline{U}_1 / \underline{I}_{1l} = 40 \text{ V}/(0{,}1 \text{ A} \,\underline{/-82°}) = 400\,\Omega\,\underline{/82°} = 55{,}67\,\Omega + \text{j}\,396{,}1\,\Omega$$

$$\underline{Z}_{2l} = \underline{U}_2 / \underline{I}_{2l} = 20 \text{ V}/(0{,}4 \text{ A} \,\underline{/-72°}) = 50\,\Omega\,\underline{/72°} = 15{,}45\,\Omega + \text{j}\,47{,}55\,\Omega$$

und erhalten somit die Wicklungs-Wirkwiderstände $R_1 = 55{,}67\,\Omega$ und $R_2 = 15{,}45\,\Omega$. Dann bestimmen wir mit Gl. (3.266)

$$\omega M = U_{2l}/I_{1l} = 10 \text{ V}/(0{,}1 \text{ A}) = 100\,\Omega$$

so daß wir nun für den Kopplungsfaktor mit Gl. (3.272) erhalten

$$k = \omega M / \sqrt{X_{1l} X_{2l}} = 100\,\Omega / \sqrt{396{,}1\,\Omega \cdot 47{,}55\,\Omega} = 0{,}7287$$

In der Ersatzschaltung treten daher die Blindwiderstände

$$X'_h = k X_{1l} = 0{,}7287 \cdot 396{,}1\,\Omega = 288{,}6\,\Omega$$

und $\quad X_{1\sigma} = X'_{2\sigma} = X_{1l} - X'_h = 396{,}1\,\Omega - 288{,}6\,\Omega = 107{,}5\,\Omega$

auf. Das Übersetzungsverhältnis beträgt

$$\ddot{u} = \sqrt{X_{1l}/X_{2l}} = \sqrt{396{,}1\,\Omega/(47{,}55\,\Omega)} = 2{,}886$$

Ortskurve des komplexen Eingangswiderstands. Es wird mit Tafel **3.**158 die Ersatzschaltung in Bild **3.**161 vorausgesetzt. Für den Eingangswiderstand gilt nach Gl. (3.96) und (3.132)

$$\underline{Z}_e = R_1 + \text{j}\sigma X_1 + \frac{\text{j}(1-\sigma)X_1(R'_2 + R'_a)}{R'_2 + R'_a + \text{j}(1-\sigma)X_1} \tag{3.274}$$

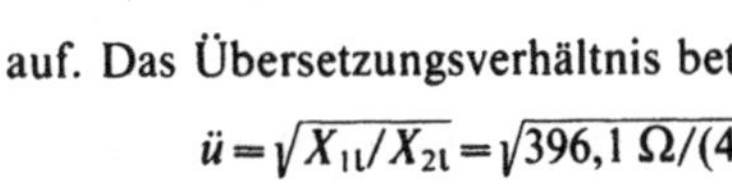

3.161 Ersatzschaltung des belasteten Transformators

Eine Erweiterung mit $j(1-\sigma)X_1 - j(1-\sigma)X_1[R'_2+R'_a+j(1-\sigma)X_1]/[R'_2+R'_a+j(1-\sigma)X_1]$ ergibt

$$\underline{Z}_e = R_1 + jX_1 + \frac{(1-\sigma)^2 X_1^2}{R'_2 + R'_a + j(1-\sigma)X_1} \tag{3.275}$$

Für die einzige Veränderliche R'_a ist der Anteil

$$\underline{Z}_T = \frac{(1-\sigma)^2 X_1^2}{R'_2 + R'_a + j(1-\sigma)X_1} \tag{3.276}$$

nach Gl. (8.51) ein Halbkreis durch den Koordinaten-Nullpunkt; er hat den Durchmesser $(1-\sigma)X_1$ bzw. den Mittelpunkt

$$\underline{M}_T = -j(1-\sigma)X_1/2 \tag{3.277}$$

Die gesuchte Widerstands-Ortskurve stellt daher einen Halbkreis dar, der nur um den konstanten Zeiger $R_1 + jX_1$ zu verschieben ist, also den Mittelpunkt

$$\underline{M}_e = R_1 + jX_1 + \underline{M}_T = R_1 + jX_1 - j(1-\sigma)X_1/2 = R_1 + j\frac{1-\sigma}{2}X_1 \tag{3.278}$$

hat. Man erhält die in Bild 3.162 eingetragene Ortskurve, für die die eingezeichnete waagerechte, linear unterteilte Parametrierungsgerade *HG* angegeben werden kann.

Bild 3.162 zeigt auch, daß nach einem Leerlaufversuch, der den Widerstandszeiger $\underline{Z}_{el}$ liefert, und einem Kurzschlußversuch, der den Zeiger $\underline{Z}_{ek}$ ergibt, der Kreismittelpunkt $\underline{M}_e$ nach Zeichnen der Mittelsenkrechten zur Verbindungsstrecke der beiden Zeigerspitzen als Schnittpunkt mit dem Wirkanteil R_1 gefunden und der Widerstands-Ortskreis sofort gezeichnet werden kann. Er ermöglicht dann die Bestimmung der Wirkwiderstände R_1 und R'_2, des primären Blindwiderstands X_1 und des Gesamtstreufaktors σ.

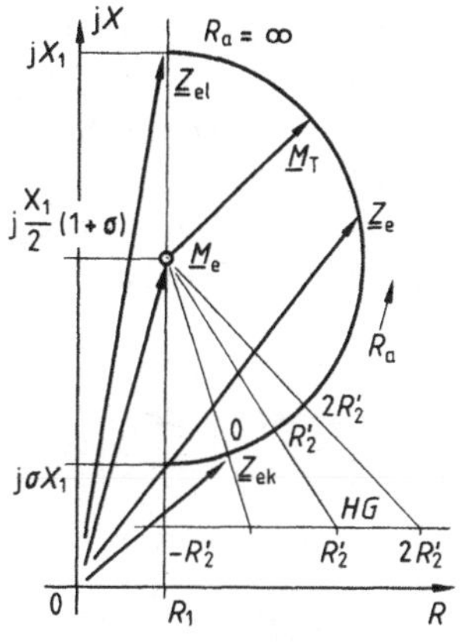

3.162 Ortskurve des komplexen Eingangswiderstands $\underline{Z}_e$ von Transformatoren

3.5.3 Transformator mit Eisenkern

Da die Permeabilität von Eisen sehr viel größer als die von Luft ist, kann man mit einem Eisenkern den Magnetisierungsstrom ganz erheblich verkleinern, was dann weiterhin die Verluste in den Wicklungen (Kupferverluste) ebenfalls verringert. Das Eisen muß jedoch ummagnetisiert werden, wodurch frequenzabhängige Eisenverluste (s. Abschn. 3.3.2.3) entstehen, die eine Verwendung für größere Frequenzen ausschließen.

3.5.3.1 Ersatzschaltung mit Zeigerdiagramm. Die für den Lufttransformator in Abschn. 3.5.2 abgeleitete Ersatzschaltung sowie das dort zu findende Zeigerdiagramm können auf den Transformator mit Eisenkern übertragen werden, wenn berücksichtigt wird, daß der Magnetisierungsstrom erheblich kleiner ist, jedoch Eisenverluste nach Abschn. 3.3.2.3 hinzukommen.

Leerlauf. Der leerlaufende Transformator verhält sich an Sinusspannung für Strom und Leistungsaufnahme genauso wie eine Drossel. Der Eisenkern verzerrt dann, wie in Abschn. 5.3.3.1 ausführlich dargestellt, mit seiner gekrümmten Magnetisierungskennlinie den Magnetisierungsstrom i_μ und verursacht so Oberschwingungen (s. Abschn. 5) des Leerlaufstroms I_ι. Gleichzeitig muß das Eisen periodisch ummagnetisiert werden, so daß nach Abschn. 3.3.2.3 Hysterese- und Wirbelstromverluste als Eisenverluste auftreten.

Den Magnetisierungsstrom gibt man meist mit seinem Effektivwert I_μ an (s. Abschn. 5.3.3); die Eisenverluste werden durch den Eisenverluststrom I_{Fe} berücksichtigt. Der Leerlaufstrom

$$I_\iota = \sqrt{I_{Fe}^2 + I_\mu^2} \tag{3.279}$$

ist jedoch erheblich kleiner als beim Lufttransformator.

Nach Abschn. 3.3.3.3 stellt die Ersatzschaltung der Drossel eine Reihen-Parallelschaltung von Wicklungswiderstand, Eisenverlustwiderstand R_{Fe} und Induktivität L dar, wobei die Induktivität nicht mehr linear ist, sondern von der Eisensättigung abhängt. Somit dürfen wir die Ersatzschaltung des Lufttransformators in Bild **3.**160b auf die Ersatzschaltung des Transformators mit Eisenkern in Bild **3.**163a erweitern.

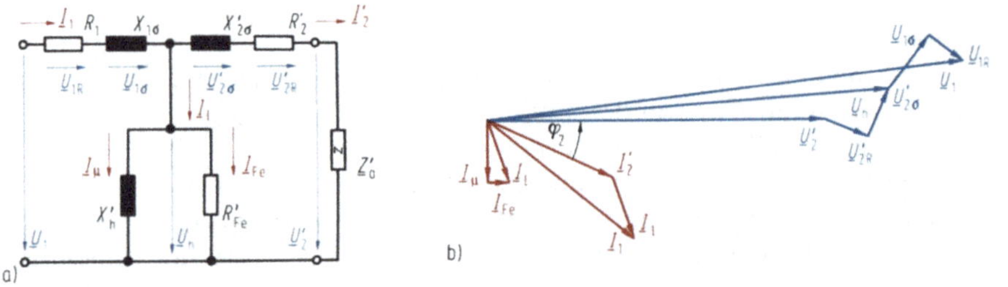

3.163 Vollständige Ersatzschaltung (a) und vollständiges Zeigerdiagramm (b) des Transformators mit Eisenkern

Belastung. In der Ersatzschaltung von Bild **3.**163a sind neben den Widerständen auch schon die auftretenden Sinusspannungen und -ströme für den Fall eingetragen, daß ein äußerer komplexer Belastungswiderstand $\underline{Z}_a$ vorhanden ist. Für die Darstellung des Zeigerdiagramms in Bild **3.**163b gehen wir davon aus, daß die komplexe Sekundärspannung $\underline{U}'_2$ mit dem komplexen Verbraucherwiderstand $\underline{Z}'_a$ Phasenlage φ_2 und Betrag I'_2 des Sekundärstroms $\underline{I}'_2$ festlegt. Dieser komplexe Strom führt dann zu den komplexen Spannungen $\underline{U}'_{2R} = R'_2 \underline{I}'_2$ und $\underline{U}'_{2\sigma} = jX'_{2\sigma}\underline{I}'_2$. Die Maschenregel ergibt die Spannung $\underline{U}_h = \underline{U}'_2 + \underline{U}'_{2R} + \underline{U}'_{2\sigma}$, die wiederum den Magnetisierungsstrom $\underline{I}_\mu = \underline{U}_h/(jX'_h)$ und den Eisenverluststrom $\underline{I}_{Fe} = \underline{U}_h/R_{Fe}$ verursacht, so daß der komplexe Leerlaufstrom $\underline{I}_l = \underline{I}_{Fe} + \underline{I}_\mu$ zum Fließen kommt. Mit der Knotenpunktregel findet man den komplexen Primärstrom $\underline{I}_1 = \underline{I}_l + \underline{I}'_2$. Er verursacht die komplexen Teilspannungen $\underline{U}_{1\sigma} = jX_{1\sigma}\underline{I}_1$ und $\underline{U}_{1R} = R_1\underline{I}_1$, so daß die komplexe Primärspannung $\underline{U}_1 = \underline{U}_h + \underline{U}_{1\sigma} + \underline{U}_{1R}$ vorhanden sein muß.

3.5.3.2 Leistungstransformator. Transformatoren mit Eisenkern werden hauptsächlich in der Energietechnik zum Übertragen großer Leistungen eingesetzt, so daß hier noch kurz die Besonderheiten dieser Leistungstransformatoren angesprochen werden sollen. Für nähere Einzelheiten, insbesondere die der hier eingesetzten Drehstromtransformatoren, s. Band II, Teil 1.

Kenngrößen. Leistungstransformatoren sind für Nennwerte ausgelegt, die auf dem Leistungsschild angegeben werden und nicht überschritten werden dürfen, wenn der Transformator keinen Schaden erleiden soll. Das Leerlauf-spannungs-Übersetzungsverhältnis U_1/U_2 teilt die Nennspannungen mit. Die Nennleistung $S_N = U_N I_N$ wird als Produkt von Nennspannung U_N und Nennstrom I_N angegeben, da die Spannung die Eisenverluste und der Strom die Kupferverluste bestimmt, ihr Produkt also die Erwärmung festlegt.

Im Leerlaufversuch wird mit dem Leerlaufstrom I_l der relative Leerlaufstrom

$$i_l = I_l/I_N \tag{3.280}$$

und mit der Leerlaufleistung P_l, die meist den Eisenverlusten V_{Fe} entspricht, da die vom Quadrat des Stromes abhängenden Kupferverluste im Leerlauf sehr klein bleiben, der Leerlauf-Wirkfaktor

$$\cos\varphi_l = \frac{P_l}{U_N I_l} = \frac{P_l}{i_l S_N} \tag{3.281}$$

bestimmt. Beim Kurzschlußversuch erhöht man bei kurzgeschlossenen Sekundärklemmen die Spannung von Null beginnend, bis der Nennstrom I_N als Kurzschlußstrom fließt. Die hierfür erforderliche Spannung U_k gibt man meist als relative Kurzschlußspannung

$$u_k = U_k/U_N \tag{3.282}$$

an. Die Kurzschlußleistungsaufnahme P_k stellt wegen der in diesem Versuch vernachlässigbar kleinen Eisenverluste, die vom Quadrat der Spannung abhängen, die bei Nennstrom I_N auftretenden Nennkupferverluste $V_{Cu\,N}$ dar. Hiermit gilt für den Kurzschluß-Wirkfaktor

$$\cos\varphi_k = \frac{P_k}{U_k I_N} = \frac{P_k}{u_k S_N} \tag{3.283}$$

Beispiel 3.117. Ein Einphasentransformator für die Nennleistung $S_N = 500$ kVA hat das Leerlauf-Spannungsübersetzungsverhältnis $U_1/U_2 = 20$ kV/400 V, den relativen Leerlaufstrom $i_l = 0{,}015$, die Leerlaufleistungsaufnahme $P_l = 1{,}0$ kW, die relative Kurzschlußspannung $u_k = 0{,}06$ und die Kurzschlußleistungsaufnahme $P_k = 8{,}0$ kW. Die auf die Oberspannungsseite bezogenen Widerstände der symmetrischen Ersatzschaltung von Bild 3.163a sind zu bestimmen.

Wir berechnen zunächst den fiktiven Nennscheinwiderstand

$$Z_{1N} = \frac{U_{1N}}{I_{1N}} = \frac{U_{1N}^2}{S_N} = \frac{20^2\ \text{kV}^2}{500\ \text{kVA}} = 800\ \Omega$$

Im Leerlauf sind nach Gl. (3.281) der Wirkfaktor

$$\cos\varphi_l = \frac{P_l}{i_l S_N} = \frac{1{,}0\ \text{kW}}{0{,}015 \cdot 500\ \text{kVA}} = 0{,}133$$

und der Scheinwiderstand

$$Z_{1l} = \frac{U_{1N}}{I_{1l}} = \frac{Z_{1N}}{i_l} = \frac{800\ \Omega}{0{,}015} = 53{,}33\ \text{k}\Omega$$

wirksam. Wenn wir die Längswiderstände R_1 und $X_{1\sigma}$ gegenüber den Querwiderständen X'_h und R_{Fe} vernachlässigen, erhält man

$$R_{Fe} = Z_{1l}/\cos\varphi_l = 53{,}33\ \text{k}\Omega/0{,}1333 = 400\ \text{k}\Omega$$

$$X'_h = Z_{1l}/\sin\varphi_l = 53{,}33\ \text{k}\Omega/0{,}9911 = 53{,}81\ \text{k}\Omega$$

Der Kurzschluß wird nach Gl. (3.283) durch den Wirkfaktor

$$\cos\varphi_k = \frac{P_k}{u_k S_N} = \frac{8{,}0\ \text{kW}}{0{,}06 \cdot 500\ \text{kVA}} = 0{,}2667$$

und den Scheinwiderstand

$$Z_{1k} = U_{1k}/I_{1N} = u_k Z_{1N} = 0{,}06 \cdot 800\ \Omega = 48\ \Omega$$

bestimmt. Wenn wir in diesem Fall die Querwiderstände R_{Fe} und X'_h als vernachlässigbar groß ansehen, gilt bei Annahme einer symmetrischen Ersatzschaltung für die Längswiderstände

$$R_1 = R'_2 = Z_{1k}\cos\varphi_k/2 = 48\ \Omega \cdot 0{,}2667/2 = 6{,}4\ \Omega$$

$$X_{1\sigma} = X'_{2\sigma} = Z_{1k}\sin\varphi_k/2 = 48\ \Omega \cdot 0{,}9638/2 = 23{,}13\ \Omega$$

Die Rechnungsergebnisse zeigen, daß die getroffenen Vernachlässigungen zulässig sind.

Spannungsänderung. Die relativen Kurzschlußspannungen von Leistungstransformatoren liegen etwa zwischen $u_k = 4\%$ bei kleineren und $u_k = 20\%$ bei großen Baueinheiten. Sie werden hauptsächlich durch die großen Streuräume zwischen Primär- und Sekundärwicklung festgelegt, dürfen andererseits aber auch nicht zu klein sein, um den Kurzschlußstrom ausreichend begrenzen zu können. Daher treten auch zwischen Leerlaufspannung $U_{2l} = U''_1$ und Vollastspannung U_2 größere Spannungsunterschiede

$$U_{2\varphi} = U_{2l} - U_2 \qquad (3.284)$$

auf, die für den Anwender in engen Grenzen bleiben müssen und hauptsächlich von der relativen Kurzschlußspannung u_k und dem Wirkfaktor $\cos\varphi$ der Last bestimmt werden.

Aus Beispiel **3.**117 geht hervor, daß sich die Querwiderstände der Ersatzschaltung zu den Längswiderständen wie $Z_l/Z_k = 1/(i_l u_k)$ verhalten und dieses Verhältnis etwa 1000 bis 2000 betragen kann, man also für die Betrachtung der Spannungsänderung die Ersatzschaltung von Bild **3.**163a zur Ersatzschaltung in Bild **3.**164a vereinfachen darf. Hiermit lassen sich die Spannungsänderungen wesentlich einfacher berechnen (s. Band II, Teil 1 und Band VII).

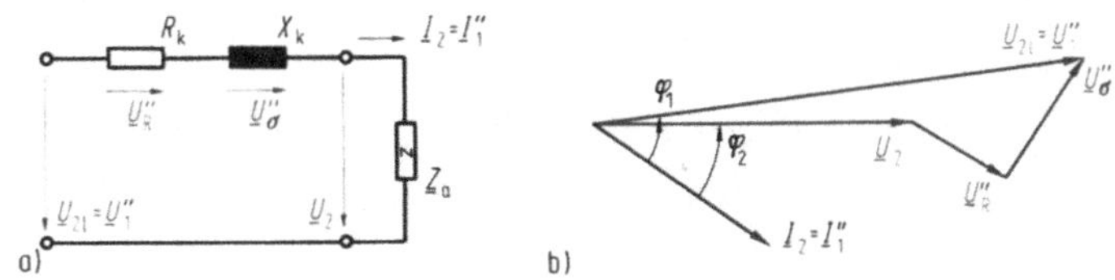

3.164 Vereinfachte Ersatzschaltung (a) mit Zeigerdiagramm (b) des Leistungstransformators

Wirkungsgrad. Transformatoren mit Eisenkern haben Eisenverluste V_{Fe}, die nach Abschn. 3.5.3.2 im Leerlaufversuch ermittelt werden, und Kupferverluste

$$V_{Cu} = V_{Cu\,N}(I/I_N)^2 \tag{3.285}$$

deren Nennwert $V_{Cu\,N}$ im Kurzschlußversuch gemessen werden kann, die sich aber quadratisch mit dem Strom I ändern. Die Verluste betragen bei dem Strom I daher

$$V = V_{Fe} + V_{Cu\,N}(I/I_N)^2 \tag{3.286}$$

Da der Wirkungsgrad η bei Leistungstransformatoren stets sehr gut ist, sollte man ihn nicht einfach mit $\eta = P_2/P_1$ aus Leistungsaufnahme P_1 und Leistungsabgabe P_2 berechnen; denn dann wird das Ergebnis sehr ungenau. Mit $P_1 = P_2 + V$ bzw. $P_2 = P_1 - V$ erhält man vielmehr

$$\eta = 1 - \frac{V}{P_1} = 1 - \frac{V}{P_2 + V} \tag{3.287}$$

Beispiel 3.118. Der Transformator von Beispiel 3.117 nimmt bei Nennspannung $U_{1N} = 20$ kV und $\cos\varphi_1 = 0{,}8$ induktiv die Leistung $P_1 = 250$ kW auf. Die sekundäre Spannung $\underline{U}_2$ und der Wirkungsgrad η sind zu bestimmen.

Es fließt der Strom

$$I_1 = \frac{P_1}{U_{1N}\cos\varphi_1} = \frac{250\ \text{kW}}{20\ \text{kV}\cdot 0{,}8} = 15{,}63\ \text{A}$$

der erheblich kleiner als der Nennstrom $I_{1N} = S_N / U_{1N} = 500$ kVA/(20 kV) = 25 A ist. Er führt zu den Spannungen

$$U'_R = 2 R_1 I_1 = 2 \cdot 6{,}4\,\Omega \cdot 15{,}63\,\text{A} = 200\,\text{V}$$

$$U'_\sigma = 2 X_{1\sigma} I_1 = 2 \cdot 23{,}13\,\Omega \cdot 15{,}63\,\text{A} = 722{,}8\,\text{V}$$

Nach Bild 3.164 findet man daher

$$\begin{array}{lll} \underline{U}_1 = & & 20000\ \text{V} + \text{j}\ 0\ \text{V} \\ -\underline{U}'_R = -U'_R(\cos\varphi_1 + \text{j}\sin\varphi_1) & = & -160\ \text{V} + \text{j}\,120\ \text{V} \\ -\underline{U}'_\sigma = -U'_\sigma(-\sin\varphi_1 + \text{j}\cos\varphi_1) & = & -433{,}6\ \text{V} - \text{j}\,578{,}3\ \text{V} \\ \hline \underline{U}'_2 = \underline{U}_1 - \underline{U}'_R - \underline{U}'_\sigma & = & 19406{,}4\ \text{V} - \text{j}\,458{,}3\ \text{V} \end{array}$$

bzw. $U'_2 = 19412$ V und $U'_2 = U_2 U_{2\text{l}} / U_{1\text{l}} = 19412\ \text{V} \cdot 400\ \text{V}/(20000\ \text{V}) = 388{,}2$ V.
Für die Verluste gilt nach Gl. (3.286)

$$V = V_{\text{Fe}} + V_{\text{CuN}}(I/I_N)^2 = 1{,}0\,\text{kW} + 8{,}0\,\text{kW}(15{,}63\,\text{A}/25\,\text{A})^2 = 4{,}127\,\text{kW}$$

so daß man nach Gl. (3.287) den Wirkungsgrad

$$\eta = 1 - \frac{V}{P_1} = 1 - \frac{4{,}127\,\text{kW}}{250\,\text{kW}} = 0{,}9835$$

erhält.

3.5.4 Netzwerke mit induktiver Kopplung

Es sollen nun 3 einfache Fälle induktiver Kopplung zwischen Spulen untersucht werden.

3.5.4.1 Reihenschaltung. Nach Bild 3.165 kann man, wenn die Spulen gleichsinnig gewickelt sind und ihre Anfänge mit einem Punkt gekennzeichnet werden (s. Abschn. 1.2.3.4), Drosseln, die induktiv gekoppelt sind, also eine Gegeninduktivität *M* aufweisen, sowohl nach Bild 3.165a durch Verbinden von

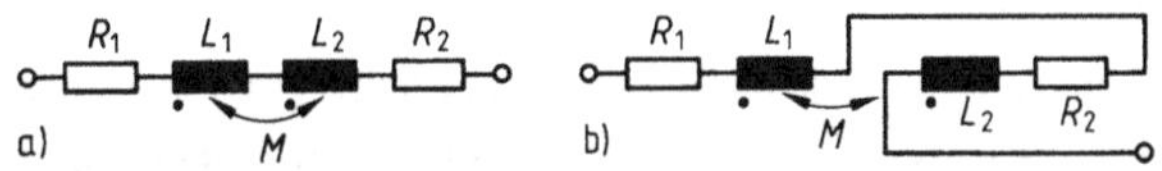

3.165 Reihen- (a) und Gegenreihenschaltung (b) von zwei induktiv gekoppelten Drosseln

Spulenanfang der einen mit dem Spulenende der anderen gleichsinnig als auch nach Bild 3.165b durch Verbinden zweier Spulenanfänge oder -enden gegensinnig in Reihe schalten. Die gleichsinnige Schaltung weist dann die Gesamtinduktivität

$$L_g = L_1 + L_2 + 2M \tag{3.288}$$

die gegensinnige Reihenschaltung dagegen die Gesamtinduktivität

$$L_g = L_1 + L_2 - 2M \tag{3.289}$$

auf.

Beispiel 3.119. Die Wicklungen des Lufttransformators von Beispiel 3.116 werden entsprechend Bild **3.**153 über a) die Klemmen *V1, U2* und b) die Klemmen *V1, V2* zusammengeschaltet. Wie groß sind dann die resultierenden Widerstände $\underline{Z}_a$ und $\underline{Z}_b$?

Zu a: Es gilt bei gleichsinniger Reihenschaltung der Spulen die Spannungsgleichung

$$\underline{U}=(R_1+\mathrm{j}X_1+\mathrm{j}\omega M+R_2+\mathrm{j}X_2+\mathrm{j}\omega M)\underline{I}=\underline{Z}_a\underline{I}$$

Daher beträgt mit den Werten von Beispiel 3.116 der komplexe Widerstand

$$\underline{Z}_a=R_1+R_2+\mathrm{j}(X_1+X_2+2\omega M)=55{,}67\,\Omega+15{,}45\,\Omega+\mathrm{j}(396{,}1+47{,}55+2\cdot 100)\Omega$$
$$=(71{,}12+\mathrm{j}\,643{,}7)\Omega=647{,}6\,\Omega\;\underline{/83{,}69°}$$

Zu b: In der Gegenreihenschaltung, also bei entgegengesetztem Wicklungssinn, erhält man dagegen die Spannungsgleichung

$$\underline{U}=(R_1+\mathrm{j}X_1-\mathrm{j}\omega M+R_2+\mathrm{j}X_2-\mathrm{j}\omega M)\underline{I}=\underline{Z}_b\underline{I}$$

Also ist der komplexe Widerstand

$$\underline{Z}_b=R_1+R_2+\mathrm{j}(X_1+X_2-2\omega M)=55{,}67\,\Omega+15{,}45\,\Omega+\mathrm{j}(396{,}1+47{,}55-2\cdot 100)\Omega$$
$$=(71{,}12+\mathrm{j}\,243{,}7)\Omega=253{,}8\,\Omega\;\underline{/73{,}33°}$$

3.5.4.2 Parallelschaltung. Hier kann man in analoger Weise die beiden Schaltungsarten nach Bild **3.**166 unterscheiden.

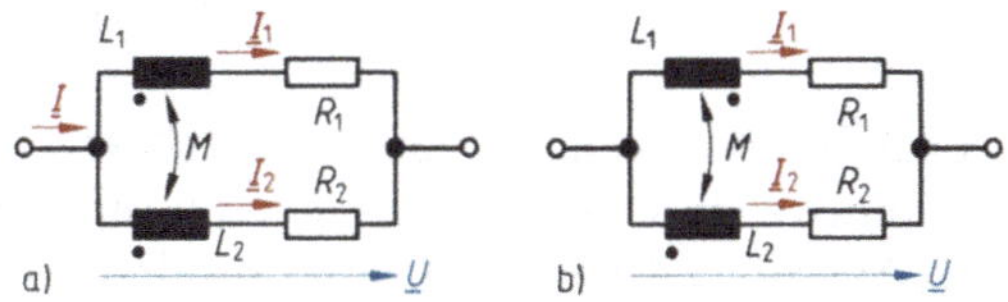

3.166
Parallel- (a) und Gegenparallelschaltung (b) von zwei induktiv gekoppelten Drosseln

Für die gleichsinnige Parallelschaltung nach Bild **3.**166a gelten die beiden Spannungsgleichungen

$$\underline{U}=(R_1+\mathrm{j}\omega L_1)\underline{I}_1+\mathrm{j}\omega M\underline{I}_2 \qquad \underline{U}=(R_2+\mathrm{j}\omega L_2)\underline{I}_2+\mathrm{j}\omega M\underline{I}_1$$

daher fließen die komplexen Teilströme

$$\underline{I}_1=\frac{R_2+\mathrm{j}\omega L_2-\mathrm{j}\omega M}{(R_1+\mathrm{j}\omega L_1)(R_2+\mathrm{j}\omega L_2)-(\mathrm{j}\omega M)^2}\underline{U}$$

$$\underline{I}_2=\frac{R_1+\mathrm{j}\omega L_1-\mathrm{j}\omega M}{(R_1+\mathrm{j}\omega L_1)(R_2+\mathrm{j}\omega L_2)-(\mathrm{j}\omega M)^2}\underline{U}$$

und der Gesamtstrom

$$\underline{I}=\underline{I}_1+\underline{I}_2=\frac{R_1+\mathrm{j}\omega L_1+R_2+\mathrm{j}\omega L_2-\mathrm{j}2\omega M}{(R_1+\mathrm{j}\omega L_1)(R_2+\mathrm{j}\omega L_2)+\omega^2 M^2}\underline{U} \qquad (3.290)$$

Der komplexe Gesamtwiderstand ist daher

$$\underline{Z}=\frac{\underline{U}}{\underline{I}}=\frac{(R_1+\mathrm{j}\omega L_1)(R_2+\mathrm{j}\omega L_2)+\omega^2 M^2}{R_1+\mathrm{j}\omega L_1+R_2+\mathrm{j}\omega L_2-\mathrm{j}2\omega M} \qquad (3.291)$$

Dagegen hat die **gegensinnige** Parallelschaltung in Bild 3.166b (bei analoger Ableitung) den komplexen Gesamtwiderstand

$$\underline{Z} = \frac{(R_1 + \mathrm{j}\omega L_1)(R_2 + \mathrm{j}\omega L_2) + \omega^2 M^2}{R_1 + \mathrm{j}\omega L_1 + R_2 + \mathrm{j}\omega L_2 + \mathrm{j}2\omega M} \tag{3.292}$$

Beispiel 3.120. Die Wicklungen des Lufttransformators von Beispiel 3.116 werden nun entsprechend Bild 3.153 über a) die Klemmen *U1*, *U2* und *V1*, *V2* sowie b) die Klemmen *U1*, *V2* und *V1*, *U2* parallelgeschaltet. Wie groß sind für diese Fälle die resultierenden komplexen Widerstände $\underline{Z}_a$ und $\underline{Z}_b$?

Zu a): Nach Gl. (3.291) erhält man den komplexen Widerstand

$$\underline{Z}_a = \frac{(R_1 + \mathrm{j}X_1)(R_2 + \mathrm{j}X_2) + \omega^2 M^2}{R_1 + \mathrm{j}X_1 + R_2 + \mathrm{j}X_2 - \mathrm{j}2\omega M}$$

$$= \frac{(400\,\Omega\,\angle 82°)(50\,\Omega\,\angle 72°) + 100^2\,\Omega^2}{55{,}67\,\Omega + \mathrm{j}396{,}1\,\Omega + 15{,}45\,\Omega + \mathrm{j}47{,}55\,\Omega - \mathrm{j}2\cdot 100\,\Omega} = \underline{46{,}7\,\Omega\,\angle 58{,}56°}$$

Zu b): In diesem Fall ist nach Gl. (3.292) der komplexe Widerstand

$$\underline{Z}_b = \frac{(R_1 + \mathrm{j}X_1)(R_2 + \mathrm{j}X_2) + \omega^2 M^2}{R_1 + \mathrm{j}X_1 + R_2 + \mathrm{j}X_2 + \mathrm{j}2\omega M}$$

$$= \frac{(400\,\Omega\,\angle 82°)(50\,\Omega\,\angle 72°) + 100^2\,\Omega^2}{55{,}67\,\Omega + \mathrm{j}396{,}1\,\Omega + 15{,}45\,\Omega + \mathrm{j}47{,}55\,\Omega + \mathrm{j}2\cdot 100\,\Omega} = \underline{18{,}3\,\Omega\,\angle 48{,}6°}$$

3.5.4.3 Netzwerke mit Gegeninduktivitäten. Es gelten natürlich weiterhin die Kirchhoffschen Gesetze, und es kann mit Vorteil das Maschenstromverfahren nach Abschn. 3.4.1.4 angewendet werden. Man muß lediglich bei der gegensinnigen Kopplung ein entgegengesetztes Vorzeichen einführen.

Beispiel 3.121. Es sind für die Schaltung in Bild 3.167 die Maschengleichungen aufzustellen.

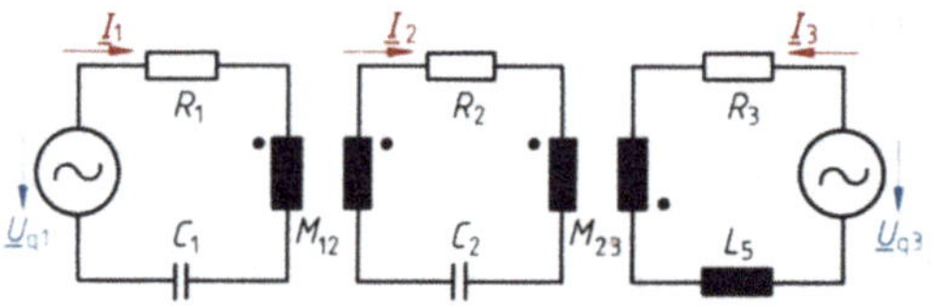

3.167 Netzwerk mit induktiver Kopplung

Unter Beachtung der in Abschn. 2.3.5 zusammengestellten Regeln erhält man die Spannungsgleichungen

$$\left[R_1 + \mathrm{j}\left(\omega L_1 - \frac{1}{\omega C_1}\right)\right]\underline{I}_1 - \mathrm{j}\omega M_{12}\underline{I}_2 = \underline{U}_{q1}$$

$$-\mathrm{j}\omega M_{12}\underline{I}_1 + \left[R_2 + \mathrm{j}\left(\omega L_2 + \omega L_4 - \frac{1}{\omega C}\right)\right]\underline{I}_2 - \mathrm{j}\omega M_{23}\underline{I}_3 = 0$$

$$\mathrm{j}\omega M_{23}\underline{I}_2 - [R_3 + \mathrm{j}(\omega L_3 + \omega L_5)]\underline{I}_3 = -\underline{U}_{q3}$$

Bei dem in diesem Buch stets angenommenen Umlaufsinn in Uhrzeigerrichtung ergibt sich in der 1. Gleichung bei M_{12} ein Minuszeichen, weil der Zählpfeil für den Strom I_2 in M_{12} entgegengesetzt zu dem für $\underline{I}_1$ gerichtet ist. Gleiches gilt für die 2. Gleichung, in der auch bei M_{23} ein Minuszeichen steht, weil der Wickelsinn, wie die Punkte zeigen, entgegengesetzt ist, die Zählpfeile für $\underline{I}_2$ und $\underline{I}_3$ jedoch gleich gerichtet sind. Schließlich enthält die 3. Gleichung ein Pluszeichen vor M_{23}, weil bei gleicher Richtung der Zählpfeile $\underline{I}_2$ und $\underline{I}_3$ sowohl der Zählpfeil $\underline{I}_3$ entgegengesetzt zum Umlaufsinn als auch der Wickelsinn gegensinnig ist.

Wenn die Kenngrößen der Schaltung bekannt sind, können mit diesen Spannungsgleichungen die 3 unbekannten Ströme berechnet werden. Weitere Beispiele findet man z. B. in [16].

3.6 Zweitore

3.6.1 Zweitor als Übertragungsnetzwerk

Sowohl in der Energietechnik als auch in der Nachrichtentechnik ist Energie von einem Erzeuger über Netzwerke zu einem Verbraucher zu übertragen. Dabei kann das Netzwerk aus einer einfachen Verbindungsleitung zwischen Erzeuger und Verbraucher bestehen, kann aber auch aus beliebigen Kombinationen von Wirk- und Blindwiderständen aufgebaut werden. In vielen Fällen ist der Aufbau des Netzwerks vorgegeben, oft aber auch unbekannt. Zum Beschreiben des betrieblichen Verhaltens des aus Erzeuger, Übertragungsnetzwerk und Verbraucher bestehenden Energie-Übertragungssystems interessieren meistens die Beziehungen zwischen den Strömen und Spannungen am Anfang und Ende des Netzwerks, also an den beiden Eingangs- und an den beiden Ausgangsklemmen. Nach der Anzahl der Klemmen bezeichnete man das als Übertragungsglied wirkende Netzwerk bisher als Vierpol. Bezogen auf Eingang und Ausgang des Übertragungsglieds wird der Vierpol nach DIN 40148 jetzt Zweitor genannt (s. Band XI).

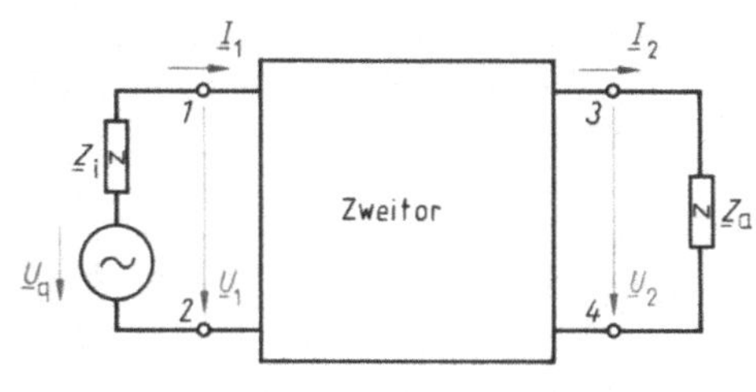

3.168
Energieübertragung zwischen einer Quelle mit komplexer Quellenspannung $\underline{U}_q$ und komplexem Innenwiderstand $\underline{Z}_i$ und einem komplexen Verbraucherwiderstand $\underline{Z}_a$ über ein Zweitor mit den beiden Eingangsklemmen *1* und *2* und den beiden Ausgangsklemmen *3* und *4* (Ketten-Pfeilsystem)

Bild 3.168 zeigt die symbolische Darstellung eines in einem Übertragungssystem liegenden Zweitors durch einen Kasten mit den beiden Eingangsklemmen *1* und *2* sowie den beiden Ausgangsklemmen *3* und *4*; über die Eingangsklemmen wird dem Zweitor von der Spannungsquelle ($\underline{U}_q$, $\underline{Z}_i$) die Energie zugeführt, über die Ausgangsklemmen wird die Energie über den komplexen Verbraucherwiderstand $\underline{Z}_a$ abgenommen.

In der klassischen Zweitortheorie ist es in Übereinstimmung mit DIN 1344 üblich, dem Ausgangsstrom $\underline{I}_2$ beim Herausfließen aus dem Zweitor eine positive Zählrichtung zuzuordnen; wir wollen uns dieser Darstellung anschließen, die nach DIN 5489 als Ketten-Pfeilsystem bezeichnet wird. Bei Zweitoren mit Transistoren (s. Band III) weicht man in der Praxis oft hiervon ab; die Rechnung wird hier übersichtlicher, wenn der in das Zweitor hineinfließende Ausgangsstrom positiv gezählt wird; man spricht nach DIN 5489 dann von einem symmetrischen Pfeilsystem.

Ein nur energieverbrauchende oder energiespeichernde Bauelemente, wie Widerstände, Spulen und Kondensatoren, enthaltendes Zweitor wird passives Zweitor genannt; sind energieverstärkende Bauelemente, beispielsweise Elektronenröhren oder Transistoren, im Zweitor vorhanden, spricht man vom aktiven Zweitor, das meist nur in einer Richtung durchgängig, also nicht umkehrbar ist. Wir wollen unsere weiteren Betrachtungen auf das passive Zweitor beschränken und setzen ferner voraus, daß nur lineare Aufbauelemente vorhanden sind; wir behandeln also nur lineare passive Zweitore, deren Ströme und Spannungen an den Klemmen des Zweitors in linearer Beziehung zueinander stehen. Sind die Übertragungseigenschaften eines Zweitors in beiden Übertragungsrichtungen unterschiedlich, nennt man dieses Zweitor richtungsunsymmetrisch. Ein richtungssymmetrisches Zweitor ändert seine Übertragungseigenschaften bei Vertauschen von Ein- und Ausgang nicht.

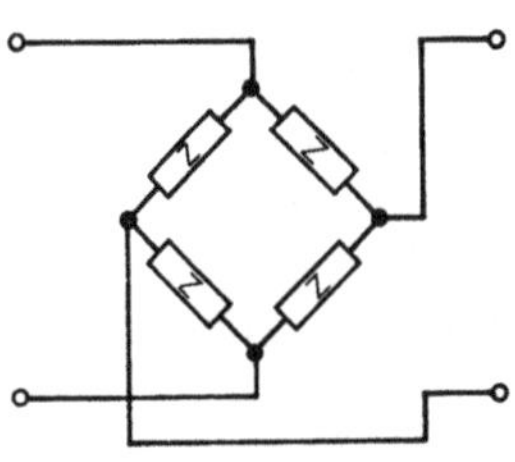

3.169 Brückenschaltung in Zweitordarstellung

Zweitore wurden bei den bisher betrachteten Netzwerken schon behandelt, ohne jedoch diese Bezeichnung anzuwenden, z. B. in dem Netzwerk in Bild 3.75; Anordnungen nach Bild 2.43 und 3.71, die ebenfalls 4 Klemmen aufweisen, jedoch Bauelemente entweder nur im Längszweig oder nur im Querzweig enthalten, bezeichnet man als entartete Zweitore. Weitere Beispiele bekannter Zweitore sind Brückenschaltungen (Bild 3.169), Kabel, Transformatoren (s. Abschn. 3.5), Siebschaltungen (s. Band XI); es können aber auch zusammengesetzte Schaltungen als Zweitor angesehen werden, etwa Richtfunkstrecken zur drahtlosen Nachrichtenübertragung zwischen Aufnahmegerät und Wiedergabegerät (s. Band XI).

3.6.2 Leerlaufwiderstand, Kurzschlußwiderstand und Wellenwiderstand

Da der komplexe Eingangsstrom $\underline{I}_1$ über das Netzwerk mit dem komplexen Ausgangsstrom $\underline{I}_2 = \underline{U}_2/\underline{Z}_a$ verknüpft ist (Bild 3.168), ist der komplexe Eingangswiderstand $\underline{Z}_1 = \underline{U}_1/\underline{I}_1$ eines Zweitors vom komplexen Abschlußwiderstand, also vom komplexen Verbraucherwiderstand $\underline{Z}_a$, abhängig. Der komplexe Verbraucherwiderstand $\underline{Z}_a$ kann zwischen den Grenzwerten $\underline{Z}_a = \infty$ und $\underline{Z}_a = 0$ schwanken, wobei man bei $\underline{Z}_a = \infty$ vom leerlaufenden und bei $\underline{Z}_a = 0$ vom kurzgeschlossenen Zweitor spricht.

Da alle vorkommenden Belastungswiderstände zwischen den Grenzfällen Leerlauf (Index l) und Kurzschluß (Index k) liegen, kann man zum Bestimmen der Übertragungseigenschaften eines Zweitors immer von diesen Randbedingungen ausgehen. Von Bedeutung sind dabei die für diese Grenzfälle auftretenden Eingangswiderstände. Der Eingangswiderstand des am Ende leerlaufenden Zweitors ($\underline{I}_2=0$) wird komplexer Leerlaufwiderstand

$$\underline{Z}_{l1}=(\underline{U}_1/\underline{I}_1)_{\text{für } \underline{I}_2=0} \tag{3.293}$$

genannt. Der Eingangswiderstand des am Ende kurzgeschlossenen Zweitors ($\underline{U}_2=0$) heißt komplexer Kurzschlußwiderstand

$$\underline{Z}_{k1}=(\underline{U}_1/\underline{I}_1)_{\text{für } \underline{U}_2=0} \tag{3.294}$$

Bei symmetrischen Zweitoren sind Leerlauf- und Kurzschlußwiderstände an Eingangs- und Ausgangsklemmen einander gleich, dort gilt also für die komplexen Widerstände $\underline{Z}_{l1}=\underline{Z}_{l2}$ und $\underline{Z}_{k1}=\underline{Z}_{k2}$, wobei die komplexen Widerstände $\underline{Z}_{l2}$ und $\underline{Z}_{k2}$ bei Leerlauf bzw. Kurzschluß an den Eingangsklemmen zwischen den Ausgangsklemmen gemessen werden.

Schaltet man Zweitore hintereinander, so wird eine Zweitorkette gebildet. Man kann sie durch Hintereinanderschalten einer sehr großen Anzahl passiver Zweitore schließlich so lang denken, daß der komplexe Eingangswiderstand $\underline{Z}_1$ völlig unabhängig wird von dem komplexen Verbraucherwiderstand $\underline{Z}_a$ am Ausgang des Zweitors. Es ist dann am Eingang des Zweitors selbst zwischen Leerlauf und Kurzschluß am Ausgang des Zweitors kein Unterschied zwischen Leerlaufwiderstand $\underline{Z}_{l1}$ und Kurzschlußwiderstand $\underline{Z}_{k1}$ mehr festzustellen. Man bezeichnet den dann vorhandenen Eingangswiderstand des Zweitors als komplexen Wellenwiderstand $\underline{Z}_L$. Dieser Name stammt aus der Theorie der Leitungen, bei der Vorgänge der Wellenausbreitung eine Rolle spielen (s. Band XI); man hat ihn in die Zweitortheorie übernommen ohne Rücksicht darauf, daß in einem Zweitor mit konzentrierten Elementen keine Wellenausbreitung vorhanden ist.

Anstelle der sehr langen Zweitorkette kann man auch nur ein einziges Zweitor an den Generator anschließen und den komplexen Verbraucherwiderstand $\underline{Z}_a$ gleich dem komplexen Wellenwiderstand $\underline{Z}_L$ machen, ohne daß sich der komplexe Eingangswiderstand $\underline{Z}_1$ ändert, da ja bei der sehr langen Zweitorkette der Ausgang des ersten Zweitors mit dem komplexen Eingangswiderstand der restlichen Zweitorkette, praktisch also mit dem komplexen Wellenwiderstand, belastet wird. Durch Messen des komplexen Eingangswiderstands des Zweitors ist nicht zu erkennen, ob eine Hintereinanderschaltung einer sehr großen Anzahl von Zweitoren tatsächlich vorliegt oder ob sie nur durch Abschluß des Zweitors mit dem komplexen Wellenwiderstand nachgebildet wird. Man kann also sagen, daß der komplexe Wellenwiderstand $\underline{Z}_L$ eines symmetrischen Zweitors derjenige komplexe Abschlußwiderstand $\underline{Z}_a$ ist, bei dem an den Eingangsklemmen der gleiche komplexe Eingangswiderstand $\underline{Z}_1=\underline{Z}_a=\underline{Z}_L$ auftritt.

Durch Messung und Rechnung (s. Band XI) läßt sich zeigen, daß der komplexe Wellenwiderstand

$$\underline{Z}_L = \sqrt{\underline{Z}_l \underline{Z}_k} \tag{3.295}$$

gleich dem geometrischen Mittel aus dem komplexen Leerlaufwiderstand $\underline{Z}_l$ und dem komplexen Kurzschlußwiderstand $\underline{Z}_k$ ist. Bei einem unsymmetrischen Zweitor treten zwischen Eingangsklemmen und Ausgangsklemmen zwei unterschiedliche komplexe Wellenwiderstände $\underline{Z}_{L1}$ und $\underline{Z}_{L2}$ auf.

3.6.3 Zweitorgleichungen

Um das betriebliche Verhalten eines Zweitors vollständig zu beschreiben, wird der Zusammenhang zwischen den an den Eingangsklemmen und an den Ausgangsklemmen auftretenden 4 komplexen Größen Eingangsspannung $\underline{U}_1$, Eingangsstrom $\underline{I}_1$, Ausgangsspannung $\underline{U}_2$ und Ausgangsstrom $\underline{I}_2$ in der als Zweitorgleichung bezeichneten Form angegeben. Zur Darstellung des gleichen physikalischen Zusammenhangs gibt es mehrere Zweitorgleichungen, die sich in der mathematischen Darstellung unterscheiden. Der Aufbau der Zweitorgleichungen hängt davon ab, welche 2 Größen von den miteinander verknüpften 4 Größen jeweils gegeben sind. Wir wollen uns hier auf die Darstellung einiger wichtiger Formen der Zweitorgleichungen beschränken.

3.6.3.1 Leitwertform. Mit Zweitorgleichungen in der Leitwertform werden komplexer Eingangsstrom $\underline{I}_1$ und komplexer Ausgangsstrom $\underline{I}_2$ berechnet, wenn komplexe Eingangsspannung $\underline{U}_1$ und komplexe Ausgangsspannung $\underline{U}_2$ gegeben sind. Zum Aufstellen der Zweitorgleichungen wenden wir den Überlagerungssatz (Abschn. 2.3.3 und 3.4.1.2) an. Wir nehmen an, daß einmal nur die komplexe Eingangsspannung $\underline{U}_1$ auf das Zweitor einwirkt und dabei am Zweitorausgang ein Klemmenkurzschluß die Bedingung $\underline{U}_2 = 0$ erzwingt und daß im anderen Fall nur die komplexe Ausgangsspannung $\underline{U}_2$ am Zweitor liegt und ein Klemmenkurzschluß am Zweitoreingang die Forderung $\underline{U}_1 = 0$ erfüllt. Für $\underline{U}_2 = 0$ fließen die komplexen Teilströme

$$\underline{I}'_1 = \underline{Y}_{11} \underline{U}_1 \quad \text{und} \quad \underline{I}'_2 = \underline{Y}_{21} \underline{U}_1 \tag{3.296}$$

Die Faktoren vor der komplexen Eingangsspannung $\underline{U}_1$ stellen komplexe Leitwerte dar. $\underline{Y}_{11}$ wird komplexer primärer Kurzschlußleitwert genannt; $\underline{Y}_{21}$ heißt komplexer primärer Kernleitwert, da hier Eingangsspannung und Ausgangsstrom miteinander verknüpft werden.
Für $\underline{U}_1 = 0$ ergeben sich die komplexen Teilströme

$$\underline{I}''_1 = \underline{Y}_{12} \underline{U}_2 \quad \text{und} \quad \underline{I}''_2 = \underline{Y}_{22} \underline{U}_2 \tag{3.297}$$

Die Faktoren vor der komplexen Ausgangsspannung $\underline{U}_2$ stellen ebenfalls komplexe Leitwerte dar. $\underline{Y}_{12}$ heißt komplexer sekundärer Kernleitwert (bei aktiven Zweitoren auch Rückwärtssteilheit genannt); $\underline{Y}_{22}$ ist der sekundäre komplexe Kurzschlußleitwert.

Um zu den Zweitorgleichungen zu kommen, bilden wir nach dem Überlagerungssatz $\underline{I}_1 = \underline{I}'_1 + \underline{I}''_1$ und $\underline{I}_2 = \underline{I}'_2 + \underline{I}''_2$ und erhalten die Leitwertform

$$\begin{aligned} \underline{I}_1 &= \underline{Y}_{11}\underline{U}_1 + \underline{Y}_{12}\underline{U}_2 \\ \underline{I}_2 &= \underline{Y}_{21}\underline{U}_1 + \underline{Y}_{22}\underline{U}_2 \end{aligned} \tag{3.298}$$

Da die auch als komplexe $\underline{Y}$-Parameter $\underline{Y}_{11}$, $\underline{Y}_{12}$, $\underline{Y}_{21}$, $\underline{Y}_{22}$ bezeichneten Faktoren von den komplexen Spannungen $\underline{U}_1$ und $\underline{U}_2$ bei gegebenem Netzwerk durch Rechnung und bei unbekanntem Aufbau des Zweitors durch Messung entsprechend den Definitionsgleichungen (3.296) und (3.297) stets bestimmbar sind, gibt Gl. (3.298) die Übertragungseigenschaften des Zweitors vollständig an.

Man kann diesem Gleichungssystem eine formale Ersatzschaltung zuordnen, die nur den Inhalt der Gl. (3.298) angibt, also lediglich das Verhalten des Zweitors zwischen den Eingangsklemmen und den Ausgangsklemmen zeigt, ohne hiermit eine Aussage machen zu müssen über die physikalischen Vorgänge im Zweitor selbst. Nach Gl. (3.298) läßt sich der Zweitoreingang nachbilden durch eine Ersatz-Stromquelle mit dem komplexen inneren Leitwert $\underline{Y}_{11}$ und der komplexen Einströmung $\underline{Y}_{12}\underline{U}_2$; der Zweitorausgang entspricht einer Ersatz-Stromquelle mit der komplexen Einströmung $\underline{Y}_{21}\underline{U}_1$ und dem komplexen Innenleitwert $\underline{Y}_{22}$. Bild 3.170 zeigt diese Ersatzschaltung für die Zweitorgleichungen in Leitwertform. In der Praxis werden Zweitorgleichungen oft durch Ersatzschaltungen wiedergegeben, da sie den Zusammenhang zwischen Eingangs- und Ausgangsgrößen anschaulich darstellen.

Der komplexe eingangsseitige Quellenstrom $\underline{I}_{q1} = \underline{Y}_{12}\underline{U}_2$ hängt von der Ausgangsspannung $\underline{U}_2$ ab – der ausgangsseitige Quellenstrom $\underline{I}_{q2} = \underline{Y}_{21}\underline{U}_1$ dagegen von der Eingangsspannung $\underline{U}_1$. Man bezeichnet solche Ersatzquellen daher auch als gesteuerte Quellen. Sie werden insbesondere in Ersatzschaltungen für Verstärker eingesetzt (s. Band XII).

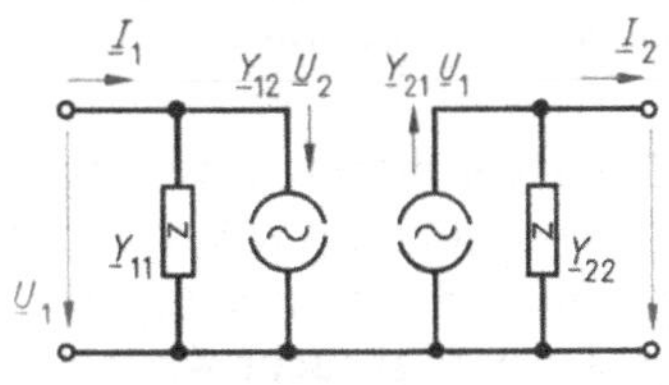

3.170 Ersatzschaltung für die Zweitorgleichungen in Leitwertform

3.6.3.2 Widerstandsform. Mit Zweitorgleichungen in der Widerstandsform werden komplexe Eingangsspannung $\underline{U}_1$ und komplexe Ausgangsspannung $\underline{U}_2$ berechnet, wenn komplexer Eingangsstrom $\underline{I}_1$ und komplexer Ausgangsstrom $\underline{I}_2$ bekannt sind. Zum Aufstellen der Zweitorgleichungen addieren wir wieder nach dem Überlagerungssatz die komplexen Teilspannungen $\underline{U}'_1$ und $\underline{U}''_1$ sowie $\underline{U}'_2$ und $\underline{U}''_2$ einerseits für Leerlauf am Zweitorausgang ($\underline{I}_2 = 0$) bei Einspeisung am Zweitoreingang sowie andererseits für Leerlauf am Zweitoreingang ($\underline{I}_1 = 0$)

bei Einspeisung am Zweitorausgang. Bei dem komplexen Strom $\underline{I}_2=0$ gilt für die komplexen Spannungen

$$\underline{U}_1'=\underline{Z}_{11}\underline{I}_1 \quad \text{und} \quad \underline{U}_2'=\underline{Z}_{21}\underline{I}_1 \tag{3.299}$$

Die Faktoren vor dem komplexen Eingangsstrom $\underline{I}_1$ stellen komplexe Widerstände dar. $\underline{Z}_{11}$ ist der komplexe primäre Leerlaufwiderstand; $\underline{Z}_{21}$ heißt komplexer primärer Kernwiderstand (oder auch Übertragungswiderstand). Bei dem Strom $\underline{I}_1=0$ gilt für die Spannungen

$$\underline{U}_1''=\underline{Z}_{12}\underline{I}_2 \quad \text{und} \quad \underline{U}_2''=\underline{Z}_{22}\underline{I}_2 \tag{3.300}$$

Die Faktoren vor dem komplexen Ausgangsstrom $\underline{I}_2$ stellen ebenfalls komplexe Widerstände dar. $\underline{Z}_{12}$ heißt komplexer sekundärer Kernwiderstand (oder auch Übertragungswiderstand rückwärts); $\underline{Z}_{22}$ ist der komplexe sekundäre Leerlaufwiderstand.

Somit lauten mit den Spannungen $\underline{U}_1=\underline{U}_1'+\underline{U}_1''$ und $\underline{U}_2=\underline{U}_2'+\underline{U}_2''$ die Zweitorgleichungen in der Widerstandsform

$$\underline{U}_1=\underline{Z}_{11}\underline{I}_1+\underline{Z}_{12}\underline{I}_2 \tag{3.301}$$

$$\underline{U}_2=\underline{Z}_{21}\underline{I}_1+\underline{Z}_{22}\underline{I}_2 \tag{3.302}$$

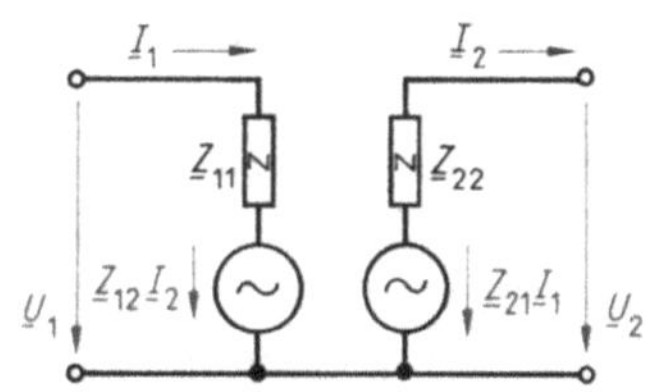

3.171 Ersatzschaltung für die Zweitorgleichungen in Widerstandsform

Die Faktoren vor den Strömen $\underline{I}_1$ und $\underline{I}_2$ werden komplexe $\underline{Z}$-Parameter genannt. Ein Vergleich der beiden Zweitorgleichungen (3.298) und (3.301) zeigt, daß die komplexen $\underline{Z}$-Parameter dual zu den komplexen $\underline{Y}$-Parametern sind. Für symmetrische Zweitore gilt $\underline{Z}_{12}=\underline{Z}_{21}$ bzw. $\underline{Y}_{12}=\underline{Y}_{21}$. Bild 3.171 zeigt eine Ersatzschaltung für die Zweitorgleichungen in der Widerstandsform mit gesteuerten Spannungsquellen.

3.6.3.3 Hybridform. Zweitorgleichungen werden in der Hybridform angegeben, wenn komplexe Ausgangsspannung $\underline{U}_2$ sowie komplexer Eingangsstrom $\underline{I}_1$ gegeben sind und komplexe Eingangsspannung $\underline{U}_1$ sowie komplexer Ausgangsstrom $\underline{I}_2$ gesucht werden. Eine dem bisherigen Vorgehen entsprechende Betrachtung für Kurzschluß ($\underline{U}_1=0$) am Eingang des Zweitors und Leerlauf ($\underline{I}_2=0$) am Ausgang des Zweitors führt zu den komplexen Zweitorgleichungen

$$\underline{U}_1=\underline{H}_{11}\underline{I}_1+\underline{H}_{12}\underline{U}_2 \tag{3.303}$$

$$\underline{I}_2=\underline{H}_{21}\underline{I}_1+\underline{H}_{22}\underline{U}_2 \tag{3.304}$$

Die als komplexe $\underline{H}$-Parameter bezeichneten Faktoren vor komplexem Strom $\underline{I}_1$ und komplexer Spannung $\underline{U}_2$ haben folgende Bedeutung: $\underline{H}_{11}$ ist der komplexe Eingangswiderstand bei sekundärseitigem Kurzschluß, $\underline{H}_{12}$ ist der die Spannungsrückwirkung kennzeichnende komplexe primäre Leerlaufwiderstand; $\underline{H}_{21}$ gibt bei sekundärseitigem Kurzschluß die komplexe

Stromverstärkung an, und $\underline{H}_{22}$ ist der komplexe Ausgangsleitwert bei primärseitigem Leerlauf.

Zweitorgleichungen in der Hybridform werden vor allem bei der Berechnung von Verstärkerschaltungen mit Transistoren eingesetzt (s. Band XII). Bild 3.172 zeigt die Ersatzschaltung für die Zweitorgleichungen in Hybridform.

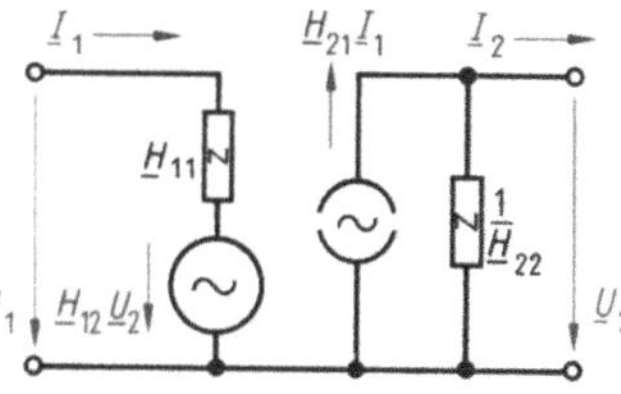

3.172
Ersatzschaltung für die Zweitorgleichungen in Hybridform

3.6.3.4 Kettenform. Vor allem in der Nachrichtentechnik, bei der häufig Übertragungssysteme mit vielen hintereinandergeschalteten Zweitoren eingesetzt werden, sind oft komplexe Eingangsspannung $\underline{U}_1$ und komplexer Eingangsstrom $\underline{I}_1$ in Abhängigkeit von komplexer Ausgangsspannung $\underline{U}_2$ und komplexem Ausgangsstrom $\underline{I}_2$ anzugeben. Aus einer Leerlauf- und Kurzschlußbetrachtung am Zweitorausgang ($\underline{I}_2=0$; $\underline{U}_2=0$) ergeben sich die Zweitorgleichungen

$$\underline{U}_1=\underline{A}_{11}\underline{U}_2+\underline{A}_{12}\underline{I}_2 \tag{3.305}$$

$$\underline{I}_1=\underline{A}_{21}\underline{U}_2+\underline{A}_{22}\underline{I}_2 \tag{3.306}$$

Die als komplexe $\underline{A}$-Parameter bezeichneten Faktoren vor $\underline{U}_2$ und $\underline{I}_2$ haben folgende Bedeutung: $\underline{A}_{11}$ gibt die komplexe reziproke Spannungsübersetzung im Leerlauf an, $\underline{A}_{21}$ ist der komplexe primäre Leerlaufkernleitwert, $\underline{A}_{12}$ ist der komplexe primäre Kurzschlußkernwiderstand, und $\underline{A}_{22}$ gibt die komplexe reziproke Stromübersetzung im Kurzschluß an.

3.6.3.5 Zweitor-Parameter. Da jedes Gleichungspaar der Zweitorgleichungen für sich allein das Verhalten des Zweitors vollständig beschreibt, gibt es auch einen festen Zusammenhang zwischen den einzelnen komplexen Zweitor-Parametern $\underline{Y}$, $\underline{Z}$, $\underline{H}$ und $\underline{A}$. Hierauf wird in Band XI näher eingegangen. Dort werden auch die besonderen Vorteile der Zweitortheorie erkennbar; hier wollen wir uns beschränken auf die Methodik bei der Beschreibung des Übertragungsverhaltens eines Netzwerks durch die Zweitorgleichungen. Band VII enthält ein Taschenrechnerprogramm zum Umrechnen der Zweitorparameter.

Beispiel 3.122. Zu dem in Bild 3.173a angegebenen Zweitor (verlustloses Siebglied, s. Band XI) sind die komplexen Zweitor-Parameter $\underline{A}_{11}$ bis $\underline{A}_{22}$ zu ermitteln.

Die gesuchten Parameter sind in Gl. (3.305) und (3.306) enthalten. Die zu ihrer Bestimmung notwendigen Betriebsbedingungen sind in den Teilbildern 3.173b bis e dargestellt. Wir berechnen zunächst die (hier reelle) reziproke Spannungsübersetzung

$$\underline{A}_{11}=\left(\frac{\underline{U}_1}{\underline{U}_{2\mathrm{l}}}\right)_{\underline{I}_2=0}=\frac{\mathrm{j}\omega L+1/(\mathrm{j}\omega C)}{1/(\mathrm{j}\omega C)}=1-\omega^2 LC$$

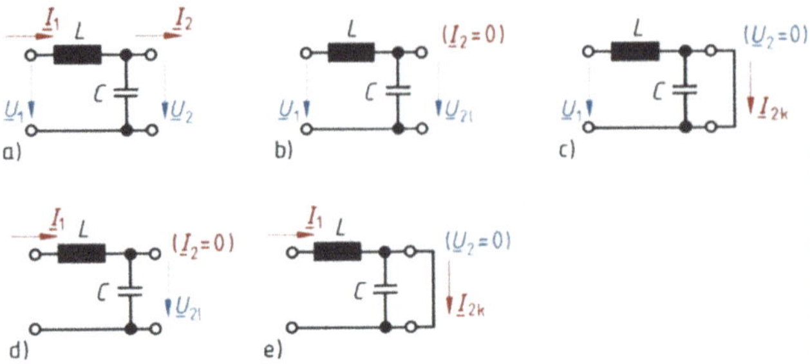

3.173
Zweitor als verlustloses Siebglied mit Schaltung (a) und Betriebsbedingungen der Schaltung zur Berechnung der Zweitor-Parameter A_{11} (b), A_{12} (c), A_{21} (d) und A_{22} (e)

beim Ausgangsstrom $\underline{I}_2=0$, also mit der bei Leerlauf auftretenden Ausgangsspannung $\underline{U}_{2l}$ entsprechend Bild 3.173b. Analog gilt nach Bild 3.173c für den (hier imaginären) primären Kurzschlußkernwiderstand

$$\underline{A}_{12}=\left(\frac{\underline{U}_1}{\underline{I}_{2k}}\right)_{\underline{U}_2=0}=\mathrm{j}\omega L$$

und nach Bild 3.173e für die (hier reelle) reziproke Stromübersetzung im Kurzschluß

$$\underline{A}_{22}=\left(\frac{\underline{I}_1}{\underline{I}_{2k}}\right)_{\underline{U}_2=0}=1$$

sowie nach Bild 3.173d für den (hier imaginären) primären Leerlaufkernleitwert

$$\underline{A}_{21}=\left(\frac{\underline{I}_1}{\underline{U}_{2l}}\right)_{\underline{I}_2=0}=\mathrm{j}\omega C$$

Die Parameter $\underline{A}_{11}$, $\underline{A}_{12}$, $\underline{A}_{21}$ sind hier frequenzabhängige Größen.

Beispiel 3.123. Zur Widerstandsanpassung eines Verbrauchers an einen Generator werden in der Nachrichtentechnik bei höheren Frequenzen neben dem Übertrager Resonanzschaltungen aus verlustlosen Blindwiderständen benutzt (s. Band XI und Abschn. 6.1.3.4). Wir betrachten sie als Zweitor mit vorgegebenem Abschlußwiderstand. Durch Wahl und Schaltung der Blindwiderstände läßt sich erreichen, daß der für die Anpassung geforderte Widerstandswert am Eingang des Zweitors auftritt. Das in Beispiel 3.120 betrachtete verlustlose Zweitor soll nach der Schaltung in Bild 3.174 für die Kreisfrequenz $\omega=3000\,\mathrm{s}^{-1}$ zur Transformation eines Verbraucherwiderstands $R_2=750\,\Omega$ benutzt werden. Welchen komplexen Eingangswiderstand $\underline{Z}_1$ erhält man bei der Induktivität $L=120$ mH und der Kapazität $C=(1/3)\,\mu$F? Die Lösung soll allgemein und mit Zahlenwerten für die Spannung $\underline{U}_2=75$ V angegeben werden.

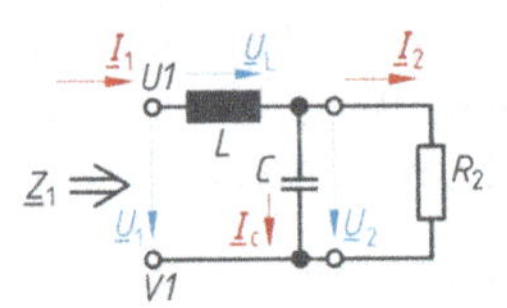

3.174
Widerstandstransformation mit verlustlosen Zweitoren
a) Schaltung
b) komplexer Ersatzwiderstand

Die allgemeine Lösung ergibt sich wieder aus Gl. (3.305) und (3.306) und dem Ausgangsstrom $\underline{I}_2=\underline{U}_2/R_2$. Man erhält für den komplexen Eingangswiderstand

$$\underline{Z}_1=\frac{\underline{U}_1}{\underline{I}_1}=\frac{\underline{A}_{11}\underline{U}_2+(\underline{A}_{12}\underline{U}_2/R_2)}{\underline{A}_{21}\underline{U}_2+(\underline{A}_{22}\underline{U}_2/R_2)}=R_2\,\frac{\underline{A}_{11}+(\underline{A}_{12}/R_2)}{\underline{A}_{21}R_2+\underline{A}_{22}}$$

Bei der Zahlenrechnung werden zunächst die in Beisp. 3.122 allgemein abgeleiteten komplexen Zweitor-Parameter und die für $\underline{Z}_1$ benötigten Quotienten bzw. Faktoren

$$\underline{A}_{11} = 1 - \omega^2 LC = 1 - 3^2\,\text{ms}^{-2} \cdot 120\,\text{mH}(1/3)\,\mu\text{F} = 1 - 0{,}36 = 0{,}64$$

$$\underline{A}_{12}/R_2 = \text{j}\omega L/R_2 = \text{j}\,3\,\text{ms}^{-1} \cdot 120\,\text{mH}/(750\,\Omega) = \text{j}\,0{,}48$$

$$\underline{A}_{21}R_2 = \text{j}\omega CR_2 = \text{j}\,3\,\text{ms}^{-1}(1/3)\,\mu\text{F} \cdot 750\,\Omega = \text{j}\,0{,}75 \qquad \underline{A}_{22} = 1$$

bestimmt. Somit wird der komplexe Eingangswiderstand

$$\underline{Z}_1 = 750\,\Omega\,\frac{0{,}64 + \text{j}\,0{,}48}{1 + \text{j}\,0{,}75} = 480\,\Omega = R_1$$

Bei geeigneter Wahl von L, C und ω kann also der Wirkwiderstand R_2 in einen anderen Wirkwiderstand R_1 transformiert werden (s.a. Abschn. 6.1.3.4).

Beispiel 3.124. Ein Übertragungsnetzwerk besteht aus dem in Bild **3.**175 dargestellten richtungssymmetrischen Zweitor in Π-Schaltung (Dreieckschaltung).

a) Es sind die Zweitorgleichungen für komplexen Strom $\underline{I}_1$ und komplexe Spannung $\underline{U}_1$ aufzustellen, und es ist der Zusammenhang zwischen dem komplexen Eingangswiderstand $\underline{Z}_1$ und einem komplexen Verbraucherwiderstand $\underline{Z}_a$ abzuleiten.

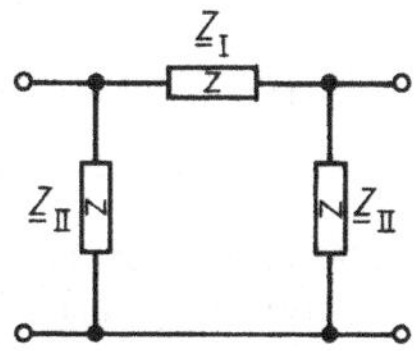

3.175 Richtungssymmetrisches Zweitor in Π-Schaltung

Um bei gegebenen Ausgangsgrößen die Eingangsgrößen berechnen zu können, müssen die Zweitorgleichungen in Kettenform angegeben werden, also die komplexen $\underline{A}$-Parameter für Gl. (3.305) und (3.306) bestimmt werden.

Für $\underline{I}_2 = 0$, also Leerlauf am Zweitorausgang, gilt für die komplexen $\underline{A}$-Parameter

$$\underline{A}_{11} = \underline{U}_1/\underline{U}_2 = (\underline{Z}_{I} + \underline{Z}_{II})/\underline{Z}_{II} = 1 + (\underline{Z}_{I}/\underline{Z}_{II}) \quad \text{und} \quad \underline{A}_{21} = \underline{I}_1/\underline{U}_2$$

Es muß noch der komplexe Eingangsstrom $\underline{I}_1$ ermittelt werden; er setzt sich bei Leerlauf am Zweitorausgang zusammen aus dem komplexen Anteil $\underline{U}_1/\underline{Z}_{II}$ über dem komplexen Widerstand $\underline{Z}_{II}$ am Eingang und aus dem komplexen Anteil $\underline{U}_2/\underline{Z}_{II}$ über die Reihenschaltung der komplexen Widerstände $\underline{Z}_{I}$ und $\underline{Z}_{II}$ am Ausgang. Die komplexe Eingangsspannung $\underline{U}_1$ ergibt sich aus der Summe der Spannungsabfälle am komplexen Widerstand $\underline{Z}_{II}$ am Ausgang und am komplexen Längswiderstand $\underline{Z}_{I}$, der vom komplexen Strom $\underline{U}_2/\underline{Z}_{II}$ durchflossen wird. Es ist also $\underline{U}_1 = \underline{U}_2 + \underline{U}_2\underline{Z}_{I}/\underline{Z}_{II}$. Hiermit wird der komplexe Strom

$$\underline{I}_1 = (\underline{U}_1/\underline{Z}_{II}) + (\underline{U}_2/\underline{Z}_{II}) = (\underline{U}_2/\underline{Z}_{II}) + (\underline{U}_2\underline{Z}_{I}/\underline{Z}_{II}^2) + (\underline{U}_2/\underline{Z}_{II})$$

und somit der komplexe primäre Kurzschlußkernwiderstand

$$\underline{A}_{21} = (2/\underline{Z}_{I}) + (\underline{Z}_{I}/\underline{Z}_{II}^2) = (2\underline{Z}_{II} + \underline{Z}_{I})/\underline{Z}_{II}^2$$

Für $\underline{U}_2 = 0$, also Kurzschluß am Zweitorausgang, erhält man ferner die komplexen $\underline{A}$-Parameter

$$\underline{A}_{12} = \underline{U}_1/\underline{I}_2 = \underline{Z}_{I}$$

$$\underline{A}_{22} = \underline{I}_1/\underline{I}_2 = (\underline{Z}_{I} + \underline{Z}_{II})/\underline{Z}_{II} = \underline{A}_{11} = 1 + (\underline{Z}_{I}/\underline{Z}_{II})$$

Um den Zusammenhang zwischen dem komplexen Verbraucherwiderstand $\underline{Z}_a$ und dem komplexen Eingangswiderstand $\underline{Z}_1$ angeben zu können, führen wir den Ansatz $\underline{Z}_a = \underline{U}_2/\underline{I}_2$ in die Gleichung für $\underline{Z}_1$ ein, indem wir Zähler und Nenner mit $1/\underline{I}_2$ multiplizieren. Dann erhalten wir als Funktion des komplexen Verbraucherwiderstands $\underline{Z}_a$ den komplexen Eingangswiderstand

$$\underline{Z}_1=\frac{\underline{U}_1}{\underline{I}_1}=\frac{\underline{A}_{11}\underline{U}_2+\underline{A}_{12}\underline{I}_2}{\underline{A}_{21}\underline{U}_2+\underline{A}_{22}\underline{I}_2}\cdot\frac{1/\underline{I}_2}{1/\underline{I}_2}=\frac{\underline{A}_{11}\underline{Z}_a+\underline{A}_{12}}{\underline{A}_{21}\underline{Z}_a+\underline{A}_{22}}$$

Der gesuchte Zusammenhang ist durch die $\underline{A}$-Parameter bestimmt. Das Zweitor transformiert den komplexen Widerstand $\underline{Z}_a$ in den komplexen Eingangswiderstand $\underline{Z}_1$. Diese Eigenschaft des Zweitors wird sehr häufig in der Nachrichtentechnik ausgenutzt, um Leistungsanpassung (s. Abschn. 6.1.3) zu erreichen.

b) Zwischen welchen Grenzwerten kann der Eingangswiderstand des Zweitors schwanken, und wie groß ist der Wellenwiderstand des Zweitors?

Die Grenzwerte sind durch Leerlaufwiderstand $\underline{Z}_{l1}$ nach Gl. (3.293) und Kurzschlußwiderstand $\underline{Z}_{k1}$ nach Gl. (3.294) gegeben. Für $\underline{I}_2=0$ wird der komplexe Leerlaufwiderstand

$$\underline{Z}_{l1}=\frac{\underline{Z}_{11}(\underline{Z}_1+\underline{Z}_{11})}{\underline{Z}_{11}+\underline{Z}_1+\underline{Z}_{11}}=\frac{\underline{Z}_{11}(\underline{Z}_1+\underline{Z}_{11})}{2\underline{Z}_{11}+\underline{Z}_1}$$

Für $\underline{U}_2=0$ ist der komplexe Kurzschlußwiderstand

$$\underline{Z}_{k1}=\underline{Z}_{11}\underline{Z}_1/(\underline{Z}_{11}+\underline{Z}_1)$$

Daher gilt für den komplexen Wellenwiderstand $\underline{Z}_L$ nach Gl. (3.295) als geometrischem Mittel aus Leerlaufwiderstand und Kurzschlußwiderstand

$$\underline{Z}_L=\sqrt{\underline{Z}_{l1}\underline{Z}_{k1}}=\sqrt{\frac{\underline{Z}_{11}(\underline{Z}_1+\underline{Z}_{11})\underline{Z}_{11}\underline{Z}_1}{(2\underline{Z}_{11}+\underline{Z}_1)(\underline{Z}_{11}+\underline{Z}_1)}}=\underline{Z}_{11}\sqrt{\frac{\underline{Z}_1}{2\underline{Z}_{11}+\underline{Z}_1}}$$

Beispiel 3.125. Für das in Bild 3.176 dargestellte Zweitor mit Wirkwiderstand $R=300\,\Omega$ und den Blindwiderständen $X_L=40\,\Omega$, $X_C=-100\,\Omega$ sind die Zweitorgleichungen aufzustellen für den Fall, daß komplexer Eingangsstrom $\underline{I}_1$ und komplexer Ausgangsstrom $\underline{I}_2$ bekannt sind und komplexe Eingangsspannung $\underline{U}_1$ und komplexe Ausgangsspannung $\underline{U}_2$ gesucht werden.

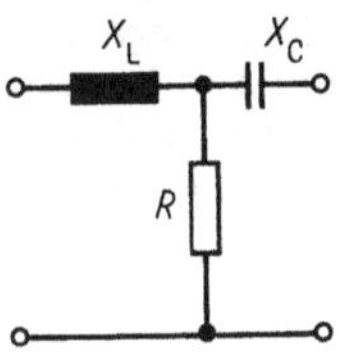

3.176 Zweitor in T-Schaltung

Der geforderte Zusammenhang läßt sich durch die Widerstandsform der Zweitorgleichungen angeben; es müssen also die komplexen $\underline{Z}$-Parameter entsprechend ihrer Festlegung in Gl. (3.301) und (3.302) bestimmt werden. Für $\underline{I}_2=0$, also Leerlauf am Zweitorausgang, ergeben sich die komplexen $\underline{Z}$-Parameter

$$\underline{Z}_{11}=\underline{U}_1/\underline{I}_1=\mathrm{j}X_L+R=\mathrm{j}40\,\Omega+300\,\Omega=302\,\Omega\,\underline{/7{,}03^\circ}$$

und

$$\underline{Z}_{21}=\underline{U}_2/\underline{I}_1=R=300\,\Omega$$

Für $\underline{I}_1=0$, also Leerlauf am Zweitoreingang, erhält man ferner die komplexen $\underline{Z}$-Parameter

$$\underline{Z}_{12}=\underline{U}_1/\underline{I}_2=-\underline{Z}_{21}=-R=-300\,\Omega$$

und

$$\underline{Z}_{22}=\underline{U}_2/\underline{I}_2=-(\mathrm{j}X_C+R)=-(-\mathrm{j}\,100\,\Omega+300\,\Omega)=316\,\Omega\,\underline{/171{,}57^\circ}$$

Nach Einsetzen der komplexen $\underline{Z}$-Parameter gilt für die komplexe Eingangsspannung

$$\underline{U}_1=(302\,\Omega\,\underline{/7{,}03^\circ})\underline{I}_1-300\,\Omega\,\underline{I}_2$$

und für die komplexe Ausgangsspannung

$$\underline{U}_2 = (300\,\Omega)\underline{I}_1 - (316\,\Omega \angle{-18{,}43°})\underline{I}_2$$

Beide Gleichungen ermöglichen für die gegebene Schaltung für beliebige komplexe Ströme $\underline{I}_1$ und $\underline{I}_2$ die Berechnung der komplexen Spannungen $\underline{U}_1$ und $\underline{U}_2$.

Beispiel 3.126. An einem nach Bild 3.177 in T-Schaltung aufgebauten symmetrischen Zweitor werden bei Leerlauf am Zweitorausgang ($\underline{I}_2 = 0$) und Generatoranschluß am Zweitoreingang für den Sonderfall, in dem das Zweitor nur Wirkwiderstände enthält, Eingangsspannung $U_1 = 12$ V, Eingangsstrom $I_1 = 15{,}25$ mA und Ausgangsspannung $U_2 = 7{,}75$ V gemessen.

a) Wie groß sind die Widerstände $\underline{Z}_\text{I}$ und $\underline{Z}_\text{II}$ des Zweitors?

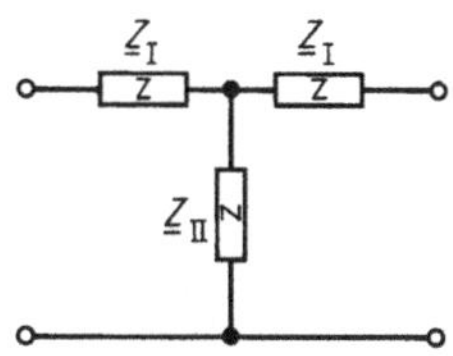

3.177
Richtungssymmetrisches Zweitor in T-Schaltung

Aus den Meßwerten lassen sich die in den Zweitorgleichungen in Widerstandsform nach Gl. (3.301) und (3.302) enthaltenen $\underline{Z}$-Parameter angeben. Es ist für $I_2 = 0$ der $\underline{Z}$-Parameter

$$Z_{11} = U_1/I_1 = 12\text{ V}/(15{,}25\text{ mA}) = 787\,\Omega$$

Aus der Schaltung finden wir $Z_{11} = Z_\text{I} + Z_\text{II} = 787\,\Omega$. Für $I_2 = 0$ ist ferner der $\underline{Z}$-Parameter

$$Z_{21} = U_2/I_1 = 7{,}75\text{ V}/(15{,}25\text{ mA}) = 510\,\Omega$$

und nach der Schaltung auch $Z_{21} = Z_\text{II} = 510\,\Omega = R_\text{II}$. Somit wird

$$Z_\text{I} = Z_{11} - Z_\text{II} = 787\,\Omega - 510\,\Omega = 277\,\Omega = R_\text{I}$$

Das gesuchte Zweitor hat im Längszweig die beiden Wirkwiderstände $R_\text{I} = 277\,\Omega$ und im Querzweig den Wirkwiderstand $R_\text{II} = 510\,\Omega$. Da es sich hier um ein nur aus Wirkwiderständen aufgebautes lineares Zweitor handelt, sind auch die $\underline{Z}$-Parameter reell. Derartige Zweitore werden in der Praxis zum Einstellen oder Messen von Spannungs- oder Stromverhältnissen benutzt und als Eichleitung bezeichnet.

b) Wie groß ist der Wellenwiderstand der Eichleitung?

Nach Gl. (3.295) gilt für den Wellenwiderstand $\underline{Z}_\text{L} = \sqrt{\underline{Z}_\text{l1}\underline{Z}_\text{k1}}$. Im vorliegenden Fall ist nach Gl. (3.293) für $I_2 = 0$ der Leerlaufwiderstand am Eingang

$$Z_\text{l1} = Z_\text{I} + Z_\text{II} = 277\,\Omega + 510\,\Omega = 787\,\Omega = Z_{11}$$

und nach Gl. (3.294) für $U_2 = 0$ der Kurzschlußwiderstand am Eingang

$$Z_\text{k1} = Z_\text{I} + \frac{1}{\dfrac{1}{Z_\text{I}} + \dfrac{1}{Z_\text{II}}} = 277\,\Omega + \frac{1}{\dfrac{1}{277\,\Omega} + \dfrac{1}{510\,\Omega}} = 456{,}5\,\Omega$$

Der Eingangswiderstand dieses Zweitors schwankt also immer zwischen 456,5 Ω und 787 Ω. In diesem Bereich liegt als geometrisches Mittel der Wellenwiderstand

$$Z_\text{L} = \sqrt{Z_\text{I}(Z_\text{I} + 2Z_\text{II})} = \sqrt{277\,\Omega(277\,\Omega + 2 \cdot 510\,\Omega)} = 600\,\Omega$$

Eichleitungen mit diesem Wellenwiderstand kommen in der Nachrichtentechnik häufig vor.

3.6.4 Beschaltete Zweitore

Die in Abschnitt 3.6.3 angegebenen Zweitorgleichungen beschreiben die Abhängigkeiten, die für lineare und zeitinvariante Netzwerke zwischen den Strömen und Spannungen an beiden Toren bestehen. Ein vollständiges Übertragungssystem nach Bild 3.178 besteht aus dem Zweitor, dem komplexen Verbraucherwiderstand $\underline{Z}_a$ und dem speisenden Generator, der durch seine komplexe Quellenspannung $\underline{U}_q$ und den komplexen Innenwiderstand $\underline{Z}_i$ gekennzeichnet ist.

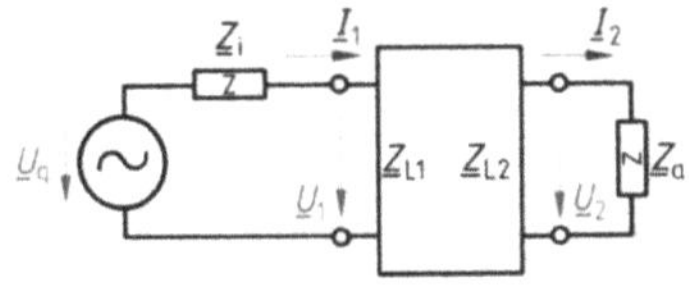

3.178
Allgemeines Übertragungssystem

Da das Übertragungsverhalten des beschalteten Zweitors von dem gewählten komplexen Verbraucher- und Innenwiderstand mitbestimmt wird, beschränkt man sich bei der Beurteilung des Gesamtsystems vielfach auf die wichtigsten Betriebsparameter, wie z. B. den komplexen Eingangs-, Ausgangs- und Wellenwiderstand und die komplexen Spannungs- bzw. Strom-Übertragungsfaktoren - s. Band XI und [23], [38], [62], [66].

Zur Bestimmung der wichtigsten Übertragungsfaktoren geht man von bekannten Zweitorgleichungen aus, wie z. B. von der Widerstandsform nach Gl. (3.301) und (3.302), und berücksichtigt den durch den komplexen Verbraucherwiderstand $\underline{Z}_a$ bedingten linearen Zusammenhang

$$\underline{U}_2 = \underline{Z}_a \underline{I}_2 \tag{3.307}$$

zwischen Ausgangsstrom $\underline{I}_2$ und Ausgangsspannung $\underline{U}_2$. Eingangsstrom $\underline{I}_1$ und Eingangsspannung

$$\underline{U}_1 = \underline{U}_q - \underline{Z}_i \underline{I}_1 \tag{3.308}$$

sind über den komplexen Innenwiderstand des Generators $\underline{Z}_i$ und seine Quellenspannung $\underline{U}_q$ miteinander verknüpft. Aus der Lösung des Gleichungssystems, das Gl. (3.101) und (3.102) sowie (3.107) und (3.108) umfaßt, lassen sich die wichtigsten Betriebsparameter angeben.

3.6.4.1 Komplexer Eingangswiderstand. Ausgehend von dem in Bild 3.178 dargestellten Übertragungssystem ist der komplexe Eingangswiderstand

$$\underline{Z}_1 = \underline{U}_1 / \underline{I}_1 \tag{3.309}$$

als Verhältnis von Eingangsspannung $\underline{U}_1$ zu Eingangsstrom $\underline{I}_1$ definiert und von dem gewählten komplexen Verbraucherwiderstand und den Zweitorparametern abhängig.

Zur Bestimmung des komplexen Eingangswiderstands $\underline{Z}_1$ setzt man Gl. (3.307) in (3.302) ein und erhält zunächst das Verhältnis der komplexen Ströme

$$\frac{\underline{I}_2}{\underline{I}_1}=\frac{\underline{Z}_{21}}{\underline{Z}_a-\underline{Z}_{22}} \tag{3.310}$$

das in Verbindung mit Gl. (3.301) und (3.309) den komplexen Eingangswiderstand

$$\underline{Z}_1=\underline{Z}_{11}+\frac{\underline{Z}_{12}\underline{Z}_{21}}{\underline{Z}_a-\underline{Z}_{22}} \tag{3.311}$$

bestimmt.

In Tafel **3.**179 sind auch die Gleichungen für den komplexen Eingangswiderstand zusammengestellt, die sich auf die Zweitorparameter in der Leitwert-, Hybrid- oder Kettenform beziehen.

Tafel **3.**179 Wichtigste Zweitor-Kenngrößen für Ketten-Zählpfeile nach Bild **3.**178

	Widerstandsform	Leitwertform	Hybridform	Kettenform
$\underline{Z}_1=\frac{\underline{U}_1}{\underline{I}_1}=$	$\frac{\underline{Z}_{11}\underline{Z}_a-\Delta\underline{Z}}{\underline{Z}_a-\underline{Z}_{22}}$	$\frac{1-\underline{Y}_{22}\underline{Z}_a}{\underline{Y}_{11}-\underline{Z}_a\Delta\underline{Y}}$	$\frac{\underline{H}_{11}-\underline{Z}_a\Delta\underline{H}}{1-\underline{H}_{22}\underline{Z}_a}$	$\frac{\underline{A}_{11}\underline{Z}_a+\underline{A}_{12}}{\underline{A}_{21}\underline{Z}_a+\underline{A}_{22}}$
$\underline{Z}_2=-\frac{\underline{U}_2}{\underline{I}_2}=$	$\frac{-(\underline{Z}_{22}\underline{Z}_i+\Delta\underline{Z})}{\underline{Z}_i+\underline{Z}_{11}}$	$\frac{-(1+\underline{Z}_i\underline{Y}_{11})}{\underline{Z}_i\Delta\underline{Y}+\underline{Y}_{22}}$	$\frac{-(\underline{H}_{11}+\underline{Z}_i)}{\underline{H}_{22}\underline{Z}_i+\Delta\underline{H}}$	$\frac{\underline{A}_{22}\underline{Z}_i+\underline{A}_{12}}{\underline{A}_{21}\underline{Z}_i+\underline{A}_{11}}$
$\underline{Z}_{L1}=$	$\sqrt{\frac{\underline{Z}_{11}\Delta\underline{Z}}{\underline{Z}_{22}}}$	$\sqrt{\frac{\underline{Y}_{22}}{\underline{Y}_{11}\Delta\underline{Y}}}$	$\sqrt{\frac{\underline{H}_{11}}{\underline{H}_{22}}\Delta\underline{H}}$	$\sqrt{\frac{\underline{A}_{11}\underline{A}_{12}}{\underline{A}_{22}\underline{A}_{21}}}$
$\underline{Z}_{L2}=$	$\sqrt{\frac{\underline{Z}_{22}\Delta\underline{Z}}{\underline{Z}_{11}}}$	$\sqrt{\frac{\underline{Y}_{11}}{\underline{Y}_{22}\Delta\underline{Y}}}$	$\sqrt{\frac{\underline{H}_{11}}{\underline{H}_{22}\Delta\underline{H}}}$	$\sqrt{\frac{\underline{A}_{22}\underline{A}_{12}}{\underline{A}_{11}\underline{A}_{21}}}$
$\underline{T}_U=\frac{\underline{U}_2}{\underline{U}_1}=$	$\frac{\underline{Z}_{21}\underline{Z}_a}{\underline{Z}_{11}\underline{Z}_a-\Delta\underline{Z}}$	$\frac{\underline{Y}_{21}\underline{Z}_a}{1-\underline{Y}_{22}\underline{Z}_a}$	$\frac{\underline{H}_{21}\underline{Z}_a}{\underline{H}_{11}-\underline{Z}_a\Delta\underline{H}}$	$\frac{\underline{Z}_a}{\underline{A}_{11}\underline{Z}_a+\underline{A}_{12}}$
$\underline{T}_I=\frac{\underline{I}_2}{\underline{I}_1}=$	$\frac{\underline{Z}_{21}}{\underline{Z}_a-\underline{Z}_{22}}$	$\frac{\underline{Y}_{21}}{\underline{Y}_{11}-\underline{Z}_a\Delta\underline{Y}}$	$\frac{\underline{H}_{21}}{1-\underline{H}_{22}\underline{Z}_a}$	$\frac{1}{\underline{A}_{21}\underline{Z}_a+\underline{A}_{22}}$
Determinanten	$\Delta\underline{Z}=\underline{Z}_{11}\underline{Z}_{22}-\underline{Z}_{12}\underline{Z}_{21}$	$\Delta\underline{Y}=\underline{Y}_{11}\underline{Y}_{22}-\underline{Y}_{12}\underline{Y}_{21}$	$\Delta\underline{H}=\underline{H}_{11}\underline{H}_{22}-\underline{H}_{12}\underline{H}_{21}$	$\Delta\underline{A}=\underline{A}_{11}\underline{A}_{22}-\underline{A}_{12}\underline{A}_{21}$

3.6.4.2 Komplexer Ausgangswiderstand. Der komplexe Ausgangswiderstand

$$\underline{Z}_2=-\underline{U}_2/\underline{I}_2 \tag{3.312}$$

ist wegen der gewählten Ketten-Zählpfeile (s. Bild **3.**178) durch das negative Verhältnis von Ausgangsspannung $\underline{U}_2$ zu Ausgangsstrom $\underline{I}_2$ definiert, wobei das Zweitor eingangsseitig mit dem komplexen Innenwiderstand

$$\underline{Z}_i = -\underline{U}_1/\underline{I}_1 \tag{3.313}$$

abgeschlossen ist und die Generatorspannung verschwindet ($\underline{U}_q = 0$).
Setzt man Gl. (3.313) in (3.301) ein, so erhält man über das Verhältnis der komplexen Ströme

$$\frac{\underline{I}_1}{\underline{I}_2} = \frac{-\underline{Z}_{12}}{\underline{Z}_i + \underline{Z}_{11}} \tag{3.314}$$

und über Gl. (3.302) und (3.313) den komplexen Ausgangswiderstand

$$\underline{Z}_2 = \frac{\underline{Z}_{21}\underline{Z}_{12}}{\underline{Z}_i + \underline{Z}_{11}} - \underline{Z}_{22} \tag{3.315}$$

Für die Leitwert-, Hybrid- und Kettenform der Zweitorgleichungen sind in Tafel **3.**179 die entsprechenden Gleichungen für den komplexen Ausgangswiderstand $\underline{Z}_2$ zusammengestellt. Der komplexe Eingangswiderstand $\underline{Z}_1$ wird hiernach von dem gewählten Verbraucherwiderstand $\underline{Z}_a$ mitbestimmt, während der komplexe Ausgangswiderstand $\underline{Z}_2$ auch von dem komplexen Innenwiderstand $\underline{Z}_i$ der Spannungsquelle abhängt.

3.6.4.3 Komplexer Wellenwiderstand. Die eingangs- und ausgangsseitigen komplexen Wellenwiderstände $\underline{Z}_{L1}$ und $\underline{Z}_{L2}$ sind zwei charakteristische Kenngrößen des Zweitors, die im Gegensatz zum komplexen Eingangs- und Ausgangswiderstand von der äußeren Beschaltung unabhängig sind.
Die komplexen Wellenwiderstände sind nach Gl. (3.295) als geometrisches Mittel aus komplexem Leerlauf- und Kurzschlußwiderstand definiert und für die betrachteten Zweitorparameter in Tafel **3.**179 mit angegeben.

3.6.4.4 Komplexe Übertragungsfaktoren. Das Verhältnis der komplexen eingangs- und ausgangsseitigen Ströme und Spannungen ist für viele Übertragungssysteme eine charakteristische Kenngröße. Der komplexe Stromübertragungsfaktor

$$\underline{T}_I = \frac{\underline{I}_2}{\underline{I}_1} = \frac{\underline{Z}_{21}}{\underline{Z}_a - \underline{Z}_{22}} \tag{3.316}$$

ist schon mit Gl. (3.310) für das in Bild **3.**178 dargestellte Übertragungssystem angegeben, während der komplexe Spannungsübertragungsfaktor

$$\underline{T}_U = \frac{\underline{U}_2}{\underline{U}_1} = \frac{\underline{Z}_{21}\underline{Z}_a}{\underline{Z}_{11}(\underline{Z}_a - \underline{Z}_{22}) + \underline{Z}_{12}\underline{Z}_{21}} \tag{3.317}$$

durch Gl. (3.301), (3.302) und (3.316) bestimmt ist.

Die in der Nachrichtentechnik eingesetzten Übertragungssysteme werden im allgemeinen durch Betriebs-Übertragungsfaktoren beschrieben. Als komplexen Eingangsstrom $\underline{I}_1$ bzw. als Eingangsspannung $\underline{U}_1$ legt man allerdings den Wert zugrunde, der sich bei eingangsseitiger Anpassung ($\underline{Z}_1 = \underline{Z}_i$) ergeben würde.

Der komplexe Betriebs-Stromübertragungsfaktor

$$\underline{T}_{IB} = \frac{\underline{I}_2}{\underline{I}_k/2} \tag{3.318}$$

bezieht den komplexen Ausgangsstrom $\underline{I}_2$ auf den halben komplexen Kurzschlußstrom $\underline{I}_k = \underline{U}_q/\underline{Z}_i$ des speisenden Generators, während der komplexe Betriebs-Spannungsübertragungsfaktor

$$\underline{T}_{UB} = \frac{\underline{U}_2}{\underline{U}_q/2} \tag{3.319}$$

als Verhältnis der komplexen Ausgangsspannung $\underline{U}_2$ zur halben komplexen Quellenspannung $\underline{U}_q$ definiert ist.

Häufig gibt man nur den komplexen Betriebs-Übertragungsfaktor

$$\underline{T}_B = \sqrt{\underline{T}_{UB}\underline{T}_{IB}} = \sqrt{\frac{4\underline{U}_2\underline{I}_2}{\underline{U}_q\underline{I}_K}} = \frac{2\underline{U}_2}{\underline{U}_q}\sqrt{\frac{\underline{Z}_i}{\underline{Z}_a}} \tag{3.320}$$

an, der als geometrisches Mittel aus Betriebs-Spannungs- und Betriebs-Stromübertragungsfaktor festgelegt ist.

Die physikalische Bedeutung des Betriebs-Übertragungsfaktors ist am Beispiel reeller Beschaltungswiderstände $\underline{Z}_i = R_i$ und $\underline{Z}_a = R_a$ besonders gut zu erkennen. Das Betragsquadrat des Betriebsübertragungsfaktors

$$T_B^2 = \frac{U_2^2}{R_a} \cdot \frac{4R_i}{U_q^2} \tag{3.321}$$

läßt sich als Verhältnis zweier Wirkleistungen deuten. Dem Verbraucherwiderstand wird die Wirkleistung U_2^2/R_a zugeführt, während die Spannungsquelle günstigstenfalls die Wirkleistung $U_q^2/(4R_i)$ abzugeben vermag.

Das maximale Wirkleistungsverhältnis, d.h. eingangs- und ausgangsseitige Anpassung, erzielt man für reelle Beschaltungswiderstände, wenn Eingangs- und Ausgangswiderstand mit dem zugehörigen Wellenwiderstand übereinstimmen, also für

$$R_i = \underline{Z}_1 = \underline{Z}_{L1} \quad \text{und} \quad R_a = \underline{Z}_2 = \underline{Z}_{L2} \tag{3.322}$$

Beispiel 3.127. Die Zweitorparameter eines Transistors (s. Band III) in Hybridform $H_{11} = 2{,}7\ \text{k}\Omega$, $H_{12} = 1{,}5 \cdot 10^{-4}$, $H_{21} = -220$, $H_{22} = -18\ \mu\text{S}$ sind bekannt. Das Zweitor ist nach Bild 3.178 mit dem Ausgangswiderstand $R_a = 22\ \text{k}\Omega$ abgeschlossen und wird durch eine Quelle mit der Quellenspannung $U_q = 100\ \mu\text{V}$ und dem Innenwiderstand $R_i = 1{,}8\ \text{k}\Omega$ erregt. Wie groß sind Eingangswiderstand R_1, Ausgangswiderstand R_2, Wellenwiderstände R_{L1} und R_{L2}, Stromübertragungsfaktor T_I, Spannungsübertragungsfaktor T_U und Betriebs-Übertragungsfaktor T_B?

Die Kenngrößen dieser Zweitorschaltung lassen sich mit den in Tafel **3.**179 zusammengestellten Gleichungen berechnen. Wegen der vorgegebenen rein reellen Werte sind sie ebenfalls reell. Mit der Determinanten

$$\Delta \underline{H} = \underline{H}_{11}\underline{H}_{22} - \underline{H}_{12}\underline{H}_{21} = -2{,}7\ \text{k}\Omega \cdot 18\ \mu\text{S} + 1{,}5 \cdot 10^{-4} \cdot 220 = -0{,}0156$$

und den reellen Innen- und Abschlußwiderständen R_i und R_a erhält man den Eingangswiderstand

$$R_1 = \underline{Z}_1 = \frac{\underline{H}_{11} - \underline{Z}_a \Delta \underline{H}}{1 - \underline{H}_{22}\underline{Z}_a} = \frac{2{,}7\ \text{k}\Omega + 22\ \text{k}\Omega \cdot 0{,}0156}{1 + 18\ \mu\text{S} \cdot 22\ \text{k}\Omega} = 2{,}18\ \text{k}\Omega$$

und den Ausgangswiderstand

$$R_2 = \underline{Z}_2 = \frac{-(\underline{H}_{11} + \underline{Z}_i)}{\underline{H}_{22}\underline{Z}_i + \Delta \underline{H}} = \frac{-(2{,}7\ \text{k}\Omega + 1{,}8\ \text{k}\Omega)}{-18\ \mu\text{S} \cdot 1{,}8\ \text{k}\Omega - 0{,}0156} = 93{,}75\ \text{k}\Omega$$

Der eingangsseitige Wellenwiderstand

$$R_{L1} = \underline{Z}_{L1} = \sqrt{\frac{\underline{H}_{11}}{\underline{H}_{22}} \Delta \underline{H}}\ \sqrt{\frac{-2{,}7\ \text{k}\Omega \cdot 0{,}0156}{-18\ \mu\text{S}}} = 1{,}53\ \text{k}\Omega$$

und der ausgangsseitige Wellenwiderstand

$$R_{L2} = \underline{Z}_{L2} = \sqrt{\frac{\underline{H}_{11}}{\underline{H}_{22}\Delta \underline{H}}}\ \sqrt{\frac{2{,}7\ \text{k}\Omega}{18\ \mu\text{S} \cdot 0{,}0156}} = 98{,}06\ \text{k}\Omega$$

sind nur durch die Zweitorparameter bestimmt.
Mit dem Eingangswiderstand R_1 findet man nach Bild **3.**178 den Eingangsstrom

$$\underline{I}_1 = \frac{\underline{U}_q}{\underline{Z}_i + \underline{Z}_1} = \frac{100\ \mu\text{V}}{2{,}7\ \text{k}\Omega + 2{,}18\ \text{k}\Omega} = 20{,}49\ \text{nA}$$

und die Eingangsspannung

$$\underline{U}_1 = \frac{\underline{Z}_1\underline{U}_q}{\underline{Z}_i + \underline{Z}_1} = \underline{Z}_1\underline{I}_1 = 20{,}49\ \text{nA} \cdot 2{,}18\ \text{k}\Omega = 44{,}67\ \mu\text{V}$$

Beim Stromübertragungsfaktor

$$\underline{T}_I = \frac{\underline{I}_2}{\underline{I}_1} = \frac{\underline{H}_{21}}{1 - \underline{H}_{22}\underline{Z}_a} = \frac{-220}{1 + 18\ \mu\text{S} \cdot 22\ \text{k}\Omega} = -157{,}6$$

fällt auf, daß man wegen der gewählten Ketten-Zählpfeile ein negatives Vorzeichen erhält. Der Spannungsübertragungsfaktor

$$\underline{T}_U = \frac{\underline{U}_2}{\underline{U}_1} = \frac{\underline{H}_{21}\underline{Z}_a}{\underline{H}_{11} - \underline{Z}_a \Delta \underline{H}} = \frac{-220 \cdot 22\ \text{k}\Omega}{2{,}7\ \text{k}\Omega + 22\ \text{k}\Omega \cdot 0{,}0156} = -1590$$

wird häufig auch als Spannungsverstärkung bezeichnet.
Nach Gl. (3.319) ist der Betriebs-Spannungsübertragungsfaktor

$$\underline{T}_{UB} = \frac{\underline{U}_2}{\underline{U}_q/2} = \frac{\underline{U}_2}{\underline{U}_1} \cdot \frac{\underline{U}_1}{\underline{U}_q/2} = \underline{T}_U \frac{2\underline{Z}_1}{\underline{Z}_i + \underline{Z}_1} = -1590\ \frac{2 \cdot 2{,}18\ \text{k}\Omega}{1{,}8\ \text{k}\Omega + 2{,}18\ \text{k}\Omega} = -1742$$

Entsprechend beträgt nach Gl. (3.318) der Betriebs-Stromübertragungsfaktor

$$\underline{T}_{\mathrm{IB}} = \frac{\underline{I}_2}{\underline{I}_{\mathrm{K}}/2} = \frac{\underline{I}_2}{\underline{I}_1} \cdot \frac{\underline{I}_1}{\underline{I}_{\mathrm{K}}/2} = \underline{T}_{\mathrm{I}} \frac{2\underline{Z}_{\mathrm{i}}}{\underline{Z}_{\mathrm{i}} + \underline{Z}_{\mathrm{I}}} = -157{,}6 \cdot \frac{2 \cdot 1{,}8\,\mathrm{k\Omega}}{1{,}8\,\mathrm{k\Omega} + 2{,}18\,\mathrm{k\Omega}} = -142{,}5$$

Nach Gl. (3.320) erhält man den Betriebs-Übertragungsfaktor

$$\underline{T}_{\mathrm{B}} = \sqrt{\underline{T}_{\mathrm{UB}} \underline{T}_{\mathrm{IB}}} = \sqrt{1590 \cdot 142{,}5} = 498{,}4$$

Den maximalen Betriebs-Übertragungsfaktor würde man nach Abschn. 3.6.4.4 für diese Schaltung mit reellen Wellenwiderständen erhalten, wenn Verbraucher- und Innenwiderstand mit den entsprechenden Wellenwiderständen übereinstimmen, d. h. die Bedingungen $R_{\mathrm{i}} = R_{\mathrm{L1}}$ und $R_{\mathrm{a}} = R_{\mathrm{L2}}$ erfüllt wären.

3.7 Übungsaufgaben zu Abschn. 3

Der Umfang von Abschn. 3 weist darauf hin, wie vielfältig Aufgaben und Berechnungsverfahren bei den Netzwerken für Sinusstrom sind und welche Bedeutung ihnen zukommt. Daher werden hier weitere Aufgaben gestellt; ihre Lösungen findet man im Anhang 1.

Welcher Lösungsweg zweckmäßig ist, lernt man am ehesten durch Üben. Man erfährt so, welche Methode für welche Fälle besonders geeignet ist und wie Schaltungsberechnungen angegangen werden sollten. Die in Abschn. 2 und 3 behandelten Verfahren werden auch in Abschn. 4, 6 und 7 angewandt. Weitere Beispiele enthält Band VII (mit Anwendung programmierbarer Taschenrechner) sowie [16], [26], [44], [79], [87].

Beispiel 3.128. Ein Wechselstrommotor gibt die Nennleistung $P_2 = 1{,}4$ kW an der Welle ab und entnimmt dem elektrischen Netz bei der Nennspannung $U = 220$ V den Nennstrom $I = 11{,}5$ A mit dem Wirkfaktor $\cos\varphi = 0{,}79$. Welchen Wirkungsgrad η hat der Motor bei Nennlast und welche Stromkosten K verursachen 100 h Motorbetrieb mit Nennlast bei dem Arbeitspreis $k = 0{,}11$ DM/kWh? Welcher Gesamtwirkfaktor $\cos\varphi'$ stellt sich ein, wenn zu dem mit Nennlast arbeitenden Motor ein Heizofen mit der Leistungsaufnahme $P_{\mathrm{H}} = 1$ kW parallel geschaltet wird? In welcher Zeit t kann der mit Nennlast belastete Motor bei dem mechanischen Gesamtwirkungsgrad $\eta_{\mathrm{mech}} = 50\%$ die Masse $m = 100$ kg (Erdbeschleunigung $g = 9{,}81$ m/s^2) um die Höhe $h = 25$ m heben?

Beispiel 3.129. Eine Drossel mit dem Wirkwiderstand $R = 5{,}2\,\Omega$ liegt bei der Frequenz $f = 50$ Hz an der Sinusspannung $U = 30$ V und führt dann den Strom $I = 4$ A. Wie groß ist in der Reihen-Ersatzschaltung die Induktivität L?

Beispiel 3.130. Die Reihenschaltung von Wirkwiderstand $R = 12\,\Omega$ und Kapazität $C = 50\,\mu$F entnimmt einem Netz mit der Sinusspannung $U = 30$ V den Strom $I = 1$ A. Die Netzfrequenz ist zu bestimmen.

Beispiel 3.131. Bei welcher Frequenz eilt in einer Drossel, bestehend aus der Reihenschaltung des Wirkwiderstands $R = 20\,\Omega$ und der Induktivität $L = 36$ mH, die Sinusspannung $\underline{U}$ gegenüber dem Strom $\underline{I}$ um den Phasenwinkel $\varphi = 35°$ vor?

Beispiel 3.132. Kapazität $C=20$ nF und Induktivität $L=0{,}3$ H liegen parallel an der Sinusspannung $U=80$ V. Bei welcher Frequenz fließt der Gesamtstrom $I=80$ mA?

Beispiel 3.133. Wirkwiderstand R und induktiver Blindwiderstand $X_L=20\ \Omega$ liegen parallel an der Sinusspannung U, so daß der Phasenwinkel $\varphi=-60°$ beträgt. Wie groß muß ein kapazitiver Blindwiderstand X_C sein, wenn nach seiner parallelen Zuschaltung der Phasenwinkel auf $\varphi=60°$ gehen soll?

Beispiel 3.134. Die Schaltung nach Bild 3.180 mit den Widerständen $R_1=1$ kΩ, $R_2=2$ kΩ, $X_{C1}=-2$ kΩ und $X_{C2}=-4$ kΩ liegt an der Sinusspannung $\underline{U}=320$ V. Zu bestimmen ist die komplexe Spannung $\underline{U}_{C2}$.

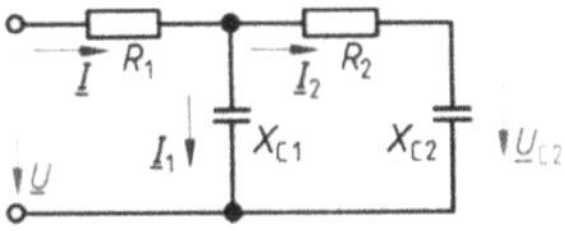

3.180 RC-Schaltung

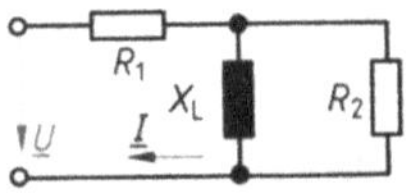

3.181 Netzwerk

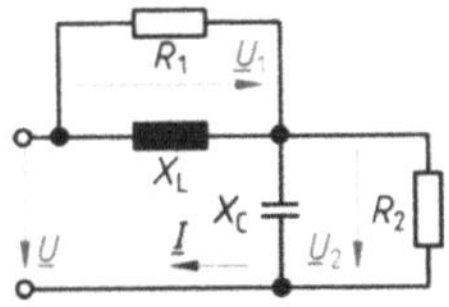

3.182 Netzwerk

Beispiel 3.135. Die Schaltung nach Bild 3.181 liegt mit den Widerständen $R_1=5\ \Omega$, $R_2=100\ \Omega$ und $X_L=25\ \Omega$ an der Sinusspannung $\underline{U}=100$ V. Es sind komplexer Strom $\underline{I}$ und komplexe Leistung $\underline{S}$ zu bestimmen.

Beispiel 3.136. Die Schaltung in Bild 3.182 mit den Widerständen $R_1=1{,}5$ kΩ, $R_2=2{,}5$ kΩ, $X_L=1$ kΩ, $X_C=-1{,}5$ kΩ soll den Sinusstrom $\underline{I}=10$ mA aufnehmen. Wie groß muß dann die Eingangsspannung U sein?

Beispiel 3.137. Wie groß müssen in der Schaltung von Bild 3.183 Blindwiderstand X_C und Sinusspannung U gewählt werden, damit in den Wirkwiderständen $R_1=164\ \Omega$ und $R_2=100\ \Omega$ gleiche Wirkleistungen $P_1=P_2=50$ W umgesetzt werden?

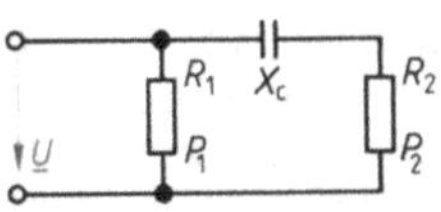

3.183 RC-Schaltung

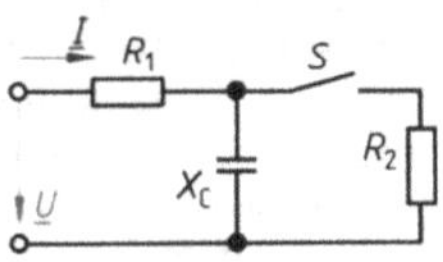

3.184 Konstantstromschaltung

Beispiel 3.138. Die Schaltung nach Bild 3.184 mit den Widerständen $R_1=1$ kΩ und $X_C=-2$ kΩ liegt an der Sinusspannung $U=220$ V. Wie groß ist der Strom I? Wie groß muß der Widerstand R_2 sein, wenn nach Schließen des Schalters S der Strom I seinen Betrag nicht ändern soll?

Beispiel 3.139. Für die Schaltung nach Bild 3.182 ist die Bedingung, um zwischen den Sinusspannungen $\underline{U}_1$ und $\underline{U}_2$ den Phasenwinkel $\varphi_{12}=90°$ zu erreichen, zu ermitteln.

Beispiel 3.140. Die Phasenschieberbrücke (s. Band IV) nach Bild 3.185 enthält die Widerstände $R=37{,}2\ \Omega$, $R_1=10\ \Omega$ sowie $X_L=30\ \Omega$ und liegt an der Sinusspannung $\underline{U}=200$ V. Die Brückenspannung $\underline{U}_{CD}$ ist zu bestimmen.

Beispiel 3.141. Wie kann man mit der Phasenschieberbrücke nach Bild 3.185 zwischen Klemmenspannung $\underline{U}$ und Brückenspannung $\underline{U}_{CD}$ den Phasenwinkel $\varphi_{CD}=90°$ erreichen?

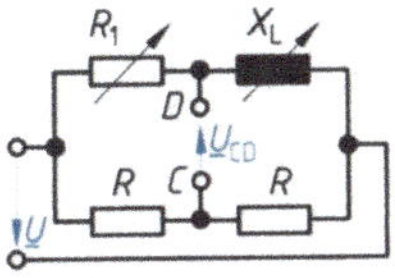

3.185 Brückenschaltung

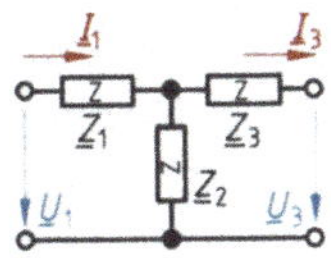

3.186 Kompensationsschaltung

Beispiel 3.142. Die Kompensationsschaltung (s. Band IV) nach Bild 3.186 hat drei komplexe Widerstände $\underline{Z}_1=\underline{Z}_3=R+j\omega L$ und $\underline{Z}_2=R_2-(j/\omega C)$. Wie ist die Bedingung für das komplexe Spannungsverhältnis $\underline{U}_1/\underline{U}_3$, bei der der Strom $\underline{I}_3$ verschwindet?

Beispiel 3.143. Bei welcher Induktivität L in der Schaltung nach Bild 3.186 sind die Spannungen $\underline{U}_1$ und $\underline{U}_3$ gegeneinander um den Winkel $\varphi_{12}=45°$ phasenverschoben?

Beispiel 3.144. Ein Mittelfrequenz-Induktionsofen nimmt bei der Sinusspannung $U=750$ V und der Frequenz $f=1000$ Hz die Wirkleistung $P=750$ kW mit dem Wirkfaktor $\cos\varphi=0{,}06$ induktiv auf. Welche Blindleistung Q muß eine Kondensatorbatterie liefern, und wie groß ist die zugehörige Kapazität C, wenn der speisende Mittelfrequenzgenerator vollkommen von der Blindleistungslieferung entlastet werden soll? Welche Ströme fließen bei kompensiertem Ofen durch den Mittelfrequenzgenerator, die Kondensatorbatterie und die Ofenspule?

Beispiel 3.145. Bei der Prüfung eines Einleiterölkabels mit der Sinusspannung $U=435$ kV bei der Frequenz $f=50$ Hz wird der Strom $I=6{,}5$ A und der Verlustfaktor $\tan\delta=0{,}0023$ gemessen. Welche Wirkleistung P entnimmt das Kabel der Spannungsquelle? Welche induktive Blindleistung Q muß eine Drossel aufnehmen, um das speisende Netz von der Lieferung der Ladeleistung für das Kabel zu entlasten?

Beispiel 3.146. Ein Verbraucher entnimmt dem Netz bei der Sinusspannung $U=220$ V und der Frequenz $f=50$ Hz die Wirkleistung $P=2$ kW bei dem Wirkfaktor $\cos\varphi=0{,}5$ induktiv. Welche Kapazität C muß ein parallel zum Verbraucher geschalteter Kondensator haben, um den Gesamtwirkfaktor auf $\cos\varphi'=0{,}85$ induktiv zu verbessern?

Beispiel 3.147. Die Schaltung in Bild 3.187 mit den Widerständen $R_1=R_3=500\,\Omega$, $R_2=2$ kΩ, der Induktivität $L=0{,}5$ H und der Kapazität $C=1$ µF liegt bei der Frequenz $f=50$ Hz an der Sinusspannung $\underline{U}=100$ V. Der komplexe Strom $\underline{I}$ soll berechnet werden.

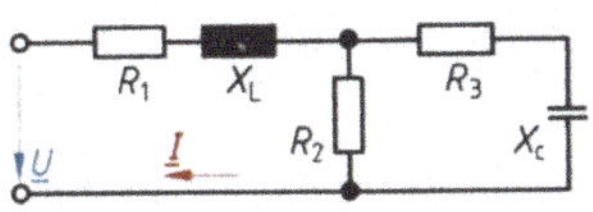

3.187 Netzwerk

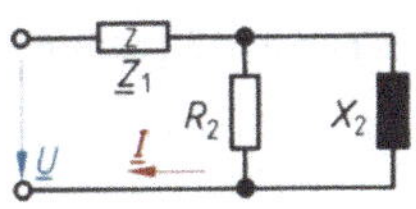

3.188 Netzwerk

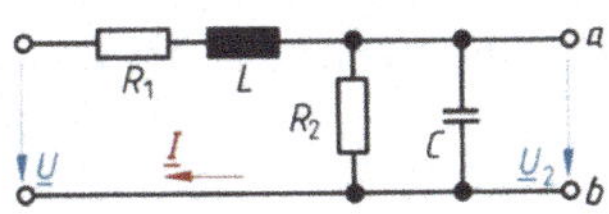

3.189 Netzwerk

Beispiel 3.148. In der Schaltung von Bild 3.188 mit den Widerständen $R_2=1$ kΩ und $X_2=3$ kΩ soll der Strom $\underline{I}_1=4\text{ mA}\,\underline{/30°}$ fließen. Welche Teilwiderstände muß der komplexe Widerstand $\underline{Z}_1$ aufweisen, wenn die Schaltung an der Sinusspannung $\underline{U}=10$ V liegt?

Beispiel 3.149. Die Schaltung in Bild 3.189 nimmt an der Sinusspannung $U_l=100$ V bei der Frequenz $f=1$ kHz den Strom $I_l=1{,}2$ A und die Wirkleistung $P_l=20$ W (Leerlauf)

auf. Werden die Klemmen a und b widerstandslos überbrückt, fließt bei der Spannung $U_k = 10$ V der Strom $I_k = 12{,}5$ A bei der Wirkleistung $P_k = 100$ W (Kurzschluß). Wirkwiderstände R_1, R_2, Induktivität L und Kapazität C sollen bestimmt werden.

Beispiel 3.150. Für die Schaltung von Bild 3.190 mit den Widerständen $\underline{Z}_1 = 1\ \text{k}\Omega\ \underline{/25°}$, $R_2 = 1{,}5\ \text{k}\Omega$, $R_3 = 2\ \text{k}\Omega$, $X_C = -2\ \text{k}\Omega$, $X_L = 1{,}2\ \text{k}\Omega$ soll das komplexe Spannungsverhältnis $\underline{U}_a/\underline{U}_e$ bestimmt werden.

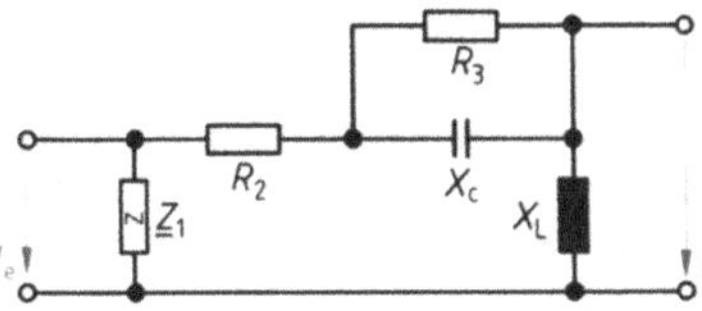

3.190 Netzwerk

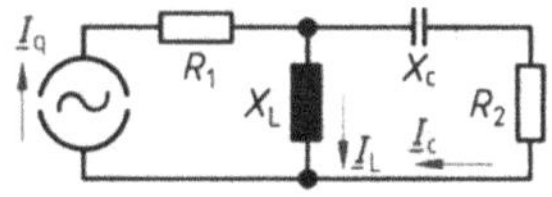

3.191 Netzwerk

Beispiel 3.151. Die Schaltung von Bild 3.191 mit den Widerständen $R_1 = 100\ \Omega$, $R_2 = 200\ \Omega$, $X_L = 300\ \Omega$, $X_C = -400\ \Omega$ führt den Quellenstrom $\underline{I}_q = 150$ mA. Es sind die übrigen komplexen Ströme und die komplexe Quellenleistung zu berechnen.

Beispiel 3.152. Die Schaltung von Bild 3.192 enthält die Widerstände $R = 1\ \text{k}\Omega$, $X_C = -2\ \text{k}\Omega$, $\underline{Z}_a = 1{,}5\ \text{k}\Omega\ \underline{/-30°}$ und weist die Quellenspannung $\underline{U}_q = \text{j}\,10$ V und den Quellenstrom $\underline{I}_q - \text{j}\,6$ mA auf. Die komplexe Leistung $\underline{S}_a$ soll bestimmt werden.

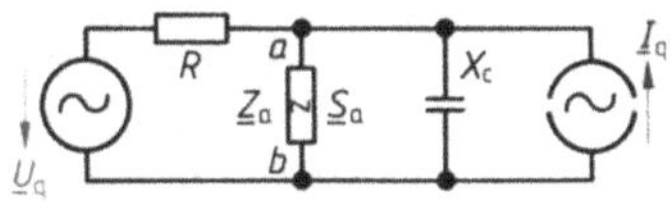

3.192 Netzwerk

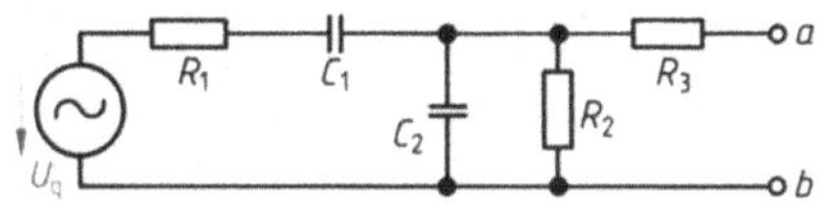

3.193 Netzwerk

Beispiel 3.153. Die Schaltung in Bild 3.193 besteht aus den Widerständen $R_1 = 2\ \text{k}\Omega$, $R_2 = 4{,}007\ \text{k}\Omega$, $R_3 = 3\ \text{k}\Omega$ und den Kapazitäten $C_1 = 30$ nF, $C_2 = 47{,}04$ nF und liegt bei der Kreisfrequenz $\omega = 2{,}5\ \text{ms}^{-1}$ an der Quellenspannung $\underline{U}_q = 24$ V. Es soll für die Klemmen a, b die Ersatzquelle mit Quellenspannung $\underline{U}_{qE}$, Quellenstrom $\underline{I}_{qE}$ und Innenwiderstand $\underline{Z}_{iE}$ berechnet werden.

Beispiel 3.154. Die Schaltung in Bild 3.194 enthält die Widerstände $X_C = -1\ \text{k}\Omega$ und $\underline{Z} = 1\ \text{k}\Omega\ \underline{/45°}$ und eine Quelle mit der komplexen Quellenspannung $U_q = 20\ \text{V}\ \underline{/27°}$. Es sind die Kennwerte der Ersatzquelle für die Klemmen a, b zu bestimmen.

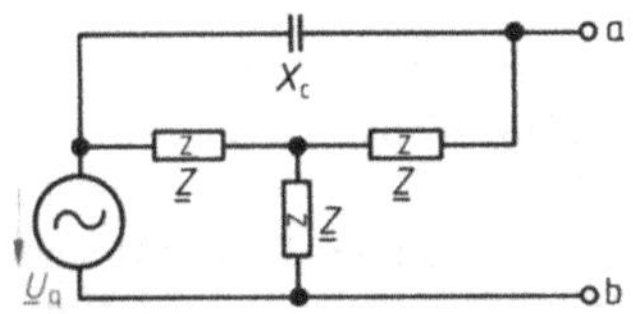

3.194 Netzwerk

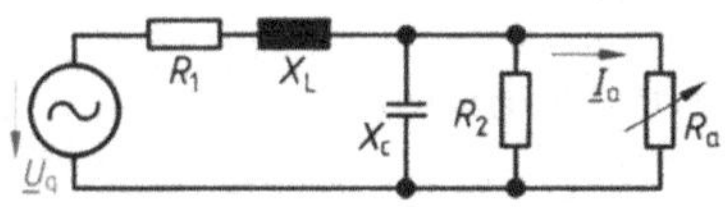

3.195 Netzwerk

Beispiel 3.155. Die Schaltung in Bild 3.195 enthält die Widerstände $R_1 = 10\ \Omega$, $R_2 = 100\ \Omega$, $X_L = 50\ \Omega$, $X_C = -200\ \Omega$ und liegt an der Quellenspannung $\underline{U}_q = 48$ V. Für die Widerstandswerte $R_a = 10\ \Omega$, $20\ \Omega$, $50\ \Omega$ und $100\ \Omega$ sollen die Ströme I_a berechnet werden.

Beispiel 3.156. Für das Netzwerk in Bild 3.196 mit den Widerständen $\underline{Z}_1 = 47\ \Omega\ \angle 53°$, $\underline{Z}_2 = 35\ \Omega\ \angle -85°$, $R = 15\ \Omega$, $X_L = 30\ \Omega$, $X_C = -60\ \Omega$ und den Quellenströmen $\underline{I}_{q1} = -\mathrm{j}\,2$ A und $\underline{I}_{q2} = 1{,}5$ A sind die komplexen Ströme $\underline{I}_1$, $\underline{I}_2$ und $\underline{I}_3$ zu bestimmen.

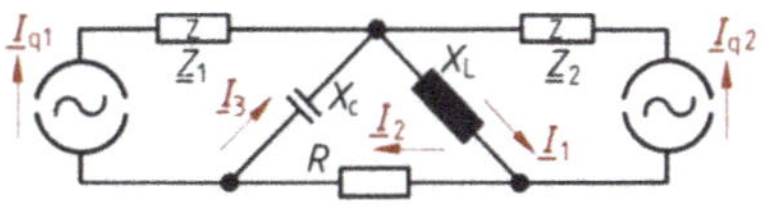

3.196 Netzwerk

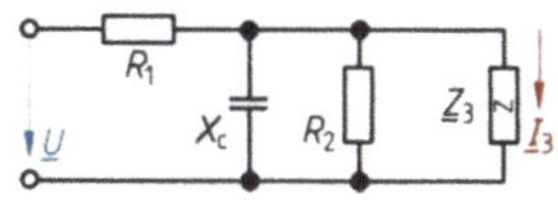

3.197 Netzwerk

Beispiel 3.157. Für die Schaltung in Bild 3.197 soll die Bestimmungsgleichung für den komplexen Strom $\underline{I}_3$ abgeleitet werden.

Beispiel 3.158. Die Masche in Bild 3.198 besteht aus den Widerständen $\underline{Z}_3 = 37\ \Omega\ \angle -47°$, $\underline{Z}_4 = 25\ \Omega\ \angle 54°$, $X_L = 40\ \Omega$, $X_C = -100\ \Omega$, und es fließen die Ströme $\underline{I}_a = \mathrm{j}\,2{,}5$ A, $\underline{I}_b = -\mathrm{j}\,1$ A, $\underline{I}_c = \mathrm{j}\,1$ A. Es sollen die komplexen Ströme $\underline{I}_1$ und $\underline{I}_2$ berechnet werden.

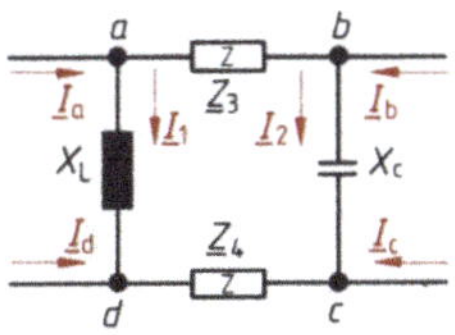

3.198 Netzmasche

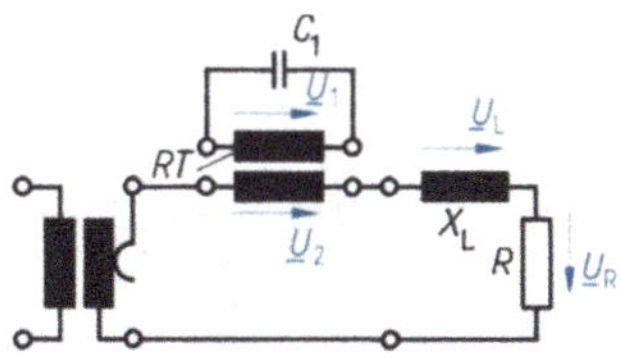

3.199 Industrieofen mit Blindstromkompensation über Reihenkapazität C_1 und Reihentransformator *RT*

Beispiel 3.159. Einen Industrieofen für die Frequenz $f = 50$ Hz mit seiner Zuleitung kann man nach Bild 3.199 als die Reihenschaltung des Wirkwiderstands R mit dem induktiven Blindwiderstand X_L auffassen. Der Ofen entnimmt dem Netz bei dem Nennstrom $I = 50$ kA die Wirkleistung $P = 5$ MW und die Blindleistung $Q = 8$ Mvar. Der Reihenkondensator C_1 wird über den Reihentransformator RT mit dem Übersetzungsverhältnis $U_1/U_2 = 10\,500$ V/140 V in die Ofenzuleitung geschaltet und verbessert den Wirkfaktor auf $\cos\varphi = 0{,}98$ induktiv. Der Reihentransformator ist als idealer Transformator zu betrachten, d. h., Verluste, Streuung und Magnetisierungsstrom sind vernachlässigbar. Welchen kapazitiven Widerstand X_C und welche Kapazität C müßte der Kondensator haben, wenn man ihn direkt in die Ofenzuleitung schalten würde, und wie groß muß die Kapazität C_1 für die gewählte Schaltung mit Reihentransformator sein?

Beispiel 3.160. Ein idealer Übertrager mit den Windungszahlen $N_1 = 3000$ und $N_2 = 1000$ wird in den Schaltungen nach Bild 3.200 bei der Eingangsspannung $\underline{U}_e = 100$ V durch den Wirkwiderstand $R_a = 60\ \Omega$ belastet. Für beide Fälle sollen die Ströme I_1 und I_2 und die Verbraucherleistung P_a berechnet werden.

3.200 Idealer Übertrager in normaler Schaltung (a) und als Zusatztransformator (b)

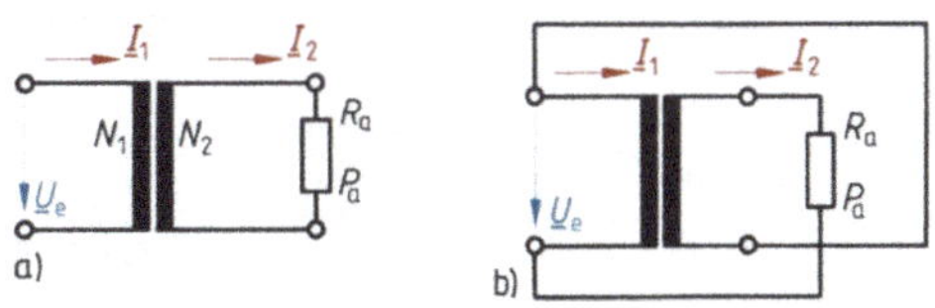

Beispiel 3.161. Für die Ersatzschaltung von Bild 3.201 mit den Widerständen $R_1 = 20\ \Omega$, $R'_2 = 10\ \Omega$, den Induktivitäten $L_{1\sigma} = 10$ mH, $L'_{2\sigma} = 5$ mH, $L'_h = 100$ mH, dem Übersetzungsverhältnis $ü = 0{,}5$ und der Frequenz $f = 1$ kHz sollen die Kopplungsfaktoren k_{12}, k_{21}, die Streufaktoren σ_1, σ_2 und σ sowie der Eingangswiderstand $\underline{Z}_e$ für $R_a = \infty$ und $R_a = 1$ kΩ bestimmt werden.

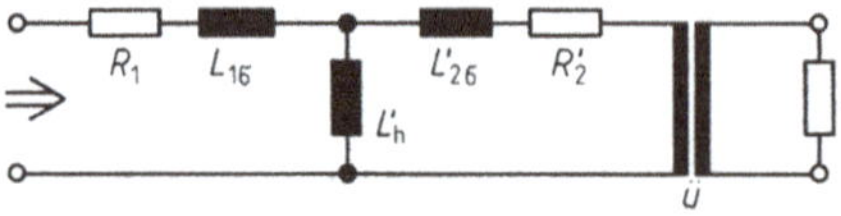

3.201
Transformator-Ersatzschaltung

Beispiel 3.162. Die Ersatzschaltung eines Transformators nach Bild 3.202a enthält bei dem Übersetzungsverhältnis $ü = 0{,}25$ die Widerstände $R_1 = 100\ \Omega$, $R_2 = 2$ kΩ, $X_{1\sigma} = X'_{2\sigma} = 200\ \Omega$, $X_h = 1000\ \Omega$, $\underline{Z}_a = 5$ kΩ $\angle 60°$. Die Eingangsspannung beträgt $\underline{U}_e = 20$ V. Es sollen die Kenngrößen der Ersatzspannungsquelle nach Bild 3.201b sowie der Ersatzschaltungen von Bild 3.202c und d bestimmt werden.

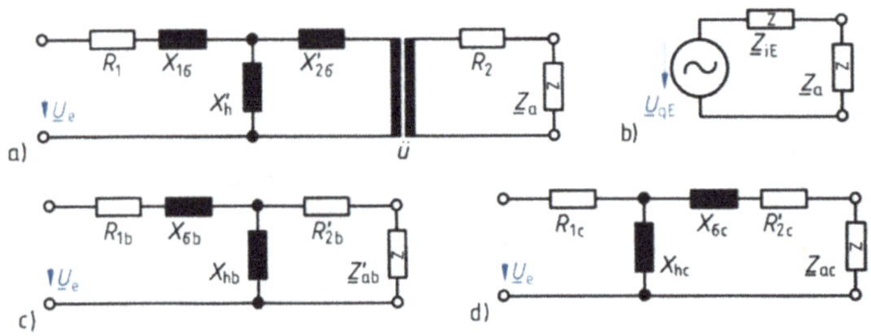

3.202 Symmetrische Ersatzschaltung des Transformators (a) mit Ersatzquelle (b) und Umformung in zwei unsymmetrische Ersatzschaltungen (c und d)

Beispiel 3.163. Der Betrieb von Natriumdampf-Entladungslampen erfordert Streufeldtransformatoren, die beim Einschalten eine hohe Zündspannung liefern und im Betrieb durch ihren großen Streublindwiderstand den Strom der Gasentladungslampe begrenzen. Bild 3.203 zeigt eine Meßschaltung des Streufeldtransformators. Für den Belastungsversuch wird die Lampe durch den Wirkwiderstand R ersetzt. Dieser Versuch ergibt die Betriebswerte: $I_1 = 0{,}45$ A; $I_2 = 0{,}3$ A; $I_3 = 0{,}745$ A; $U_1 = 220$ V; $U_2 = 240$ V; $U_3 = 395$ V; $P_1 = 73$ W. Der Eigenverbrauch der verwendeten Meßgeräte ist vernachlässigbar klein. Eine Brückenmessung liefert außerdem die Wicklungs-Wirkwiderstände $R_1 = 9\ \Omega$ und $R_2 = 15\ \Omega$. Es wird vorausgesetzt, daß Primär- und Sekundärwicklung des Transformators in gleichem Maße zur Phasendrehung der Sekundärspannung gegenüber der Primärspannung beitragen. Man zeichne das Zeigerdiagramm der Transformatorspannungen für die Primär- und Sekundärseite und ermittle hieraus den primären und sekundären Streublindwiderstand $X_{1\sigma}$ bzw. $X_{2\sigma}$ sowie das Windungszahlverhältnis N_1/N_2. Das Zeigerdiagramm ist durch die Ströme zu vervollständigen, und der primäre Hauptblindwiderstand X'_h sowie der Eisenverlustwiderstand R_{Fe} sind zu ermitteln.

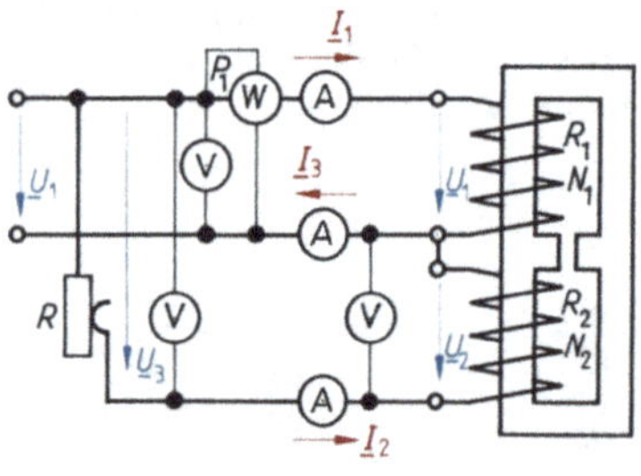

3.203
Streufeldtransformator mit Meßschaltung

Beispiel 3.164. Mit Eichleitungen (s. Beispiel 3.124) können Spannungs- oder Stromverhältnisse eingestellt oder gemessen werden. Bei dem in Bild 3.204 nur aus Wirkwiderständen aufgebauten linearen Zweitor sei der Zusammenhang zwischen Eingangs- und Ausgangsgrößen durch die Gleichungen

$$U_1 = \frac{5}{4} U_2 + \frac{90}{4} \Omega I_2$$

und

$$I_1 = \frac{1}{40} \mathrm{S}\, U_2 + \frac{5}{4} I_2$$

gegeben. Berechne aus diesen Zweitorgleichungen für den Widerstand $R_3 = 30\,\Omega$ die Widerstände R_1 und R_2.

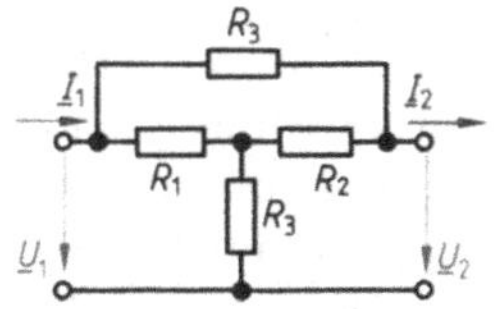

3.204 Aus Wirkwiderständen aufgebaute Eichleitung als Zweitor

Beispiel 3.165. Die komplexen Zweitorparameter eines symmetrischen Tiefpasses sind in der Widerstandsform $\underline{Z}_{11} = -\underline{Z}_{22} = -\mathrm{j}\,14{,}5\,\Omega$, $\underline{Z}_{21} = -\underline{Z}_{12} = -\mathrm{j}\,52\,\Omega$ bekannt. Das Filter wird gemäß Bild 3.178 mit der Quellenspannung $\underline{U}_q = 2$ V gespeist, Innen- und Abschlußwiderstand betragen $R_i = R_a = 50\,\Omega$. Wie groß sind komplexer Wellenwiderstand $\underline{Z}_L$, Eingangswiderstand $\underline{Z}_1$, Spannungsübertragungsfaktor $\underline{T}_U$, und komplexe Spannung $\underline{U}_2$?

4 Mehrphasen-Sinusstrom

In Abschn. 3 werden die Sinusstromverbraucher jeweils als Zweipol an eine einzige Sinusspannung angeschlossen. Man nennt dieses Sinusstromsystem Einphasenwechselstrom. Generatoren, die nur eine einzige spannungserzeugende Wicklung enthalten, sind aber schlecht ausgenutzt. Man kann ebenso gut z. B. drei gleichartige Wicklungen über den Umfang verteilt unterbringen und so gleichzeitig drei gleich große, gegeneinander phasenverschobene Sinusspannungen erzeugen. Dies ist ein Grund, warum heute etwa 99% der elektrischen Energie in Dreiphasengeneratoren erzeugt wird. Weitere Begründungen sollen in diesem Abschnitt abgeleitet werden.

Zunächst sollen einige neue Begriffe sowie die in Mehrphasensystemen üblichen Schaltungen erläutert werden. Anschließend beschränken wir uns auf das wichtigste Mehrphasensystem, das Dreiphasen- oder Drehstromsystem genannt wird. Hierbei sollen Erzeuger und Verbraucher betrachtet und gleichmäßige und ungleichmäßige Belastungen der 3 Phasen untersucht werden. Mit den symmetrischen Komponenten wird schließlich ein besonderes Verfahren zur Berechnung unsymmetrischer Dreiphasensysteme eingeführt.

4.1 Mehrphasensysteme

4.1.1 Begriffe

Ein Mehrphasengenerator mit m gegeneinander versetzten Wicklungssträngen oder Strangwicklungen erzeugt mit diesen m Strängen oder Phasen auch m Sinusspannungen.

4.1.1.1 Dreiphasengenerator. Die $m=3$ Strangwicklungen sind über den Umfang des Generators gleichmäßig verteilt; bei einer zweipoligen Maschine nach Bild 4.1a müssen alle Wicklungsachsen bzw. die Wicklungsanfänge *U1, V1, W1* daher um $360°/3=120°=2\pi/3$ räumlich gegeneinander versetzt sein. Wenn die Wicklungsstränge gleiche wirksame Windungszahlen N aufweisen und nacheinander vom gleichen Fluß mit dem Scheitelwert $\hat{\Phi}$ durchsetzt werden, herrschen an ihnen nach Gl. (3.15) Spannungen mit gleicher Frequenz f

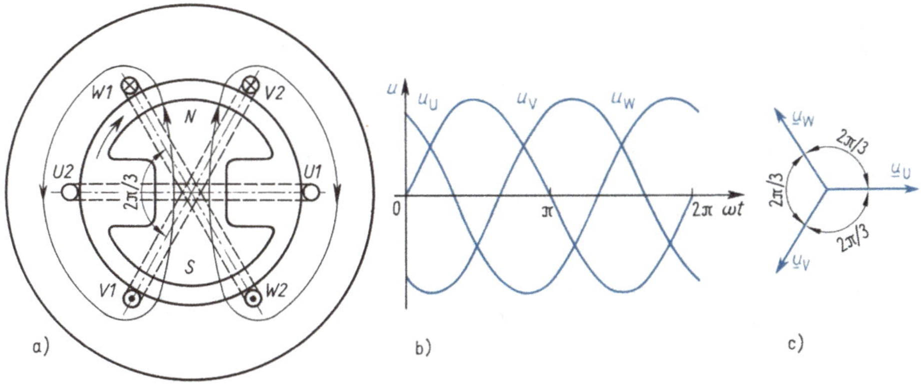

4.1 Dreiphasengenerator im Querschnitt (a) mit den 3 Strangwicklungen *U, V, W* und Zeit- (b) und Zeigerdiagramm (c) der Strangspannungen u_U, u_V, u_W

und gleichem Effektivwert $U = 4{,}443 f N \hat{\Phi}$ bzw. gleichem Scheitelwert $\hat{u}$, und die erzeugten Spannungen sind nach Bild **4.**1b um je 120° zeitlich gegeneinander phasenverschoben. Die Spannungen unterscheiden sich also nur im Nullphasenwinkel (s. Abschn. 3.1.1.2) um jeweils 120° = 2π/3. Bei rein sinusförmiger Flußänderung gilt daher für die Zeitwerte der Strangspannungen

$$u_U = \hat{u}_U \sin(\omega t), \quad u_V = \hat{u}_V \sin\left(\omega t - \frac{2\pi}{3}\right), \quad u_W = \hat{u}_W \sin\left(\omega t - \frac{4\pi}{3}\right) \tag{4.1}$$

bzw. nach Bild **4.**1c für die komplexen Effektivwerte

$$\underline{U}_U = \underline{U}_{Str}, \quad \underline{U}_V = \underline{U}_{Str} \underline{/-120°}, \quad \underline{U}_W = \underline{U}_{Str} \underline{/-240°} \tag{4.2}$$

Nach Bild **4.**1b und c ist aber auch gleichzeitig stets

$$u_U + u_V + u_W = 0 \quad \text{und} \quad \underline{U}_U + \underline{U}_V + \underline{U}_W = 0 \tag{4.3}$$

Der räumlichen Verdrehung der Wicklungsstränge entspricht also eine gleiche zeitliche Phasenverschiebung der Spannungen, und die Summe der Zeitwerte bzw. die Summe der komplexen Effektivwerte (oder komplexen Scheitelwerte) verschwindet.

Für Einzelheiten zu dem in Bild **4.**1a im Prinzip dargestellten Dreiphasen-Synchrongenerator s. Band II, Teil 1.

4.1.1.2 Sternschaltung. Es hat Vorteile, in Schaltbildern die drei Wicklungsstränge *U, V, W* (mit den Wicklungsanfängen *U1, V1, W1* und den Wicklungsenden *U2, V2, W2*) wie in Bild **4.**2 durch drei im Winkel von 120° zueinander stehende Wicklungs-Schaltzeichen darzustellen. Für die abgehenden Leitungen, die Außenleiter, verwendet man die Klemmenbezeichnungen *L1, L2, L3*.

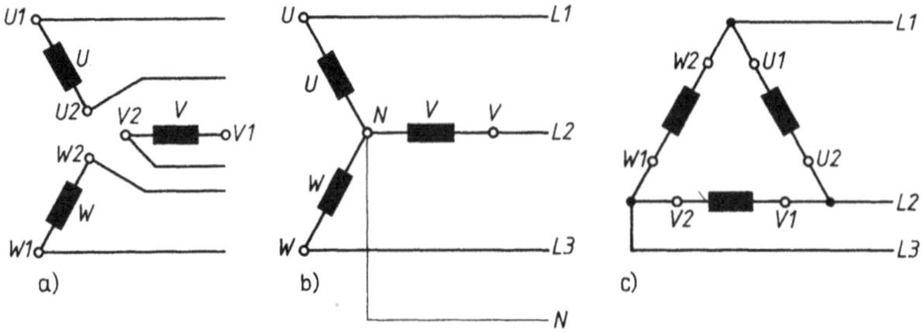

4.2 Offenes (a) und verkettetes Dreiphasensystem in Sternschaltung mit Vierleiternetz (b) sowie in Dreieckschaltung mit Dreileiternetz (c)

Wie in Bild 4.2a könnte man jeden Wicklungsstrang durch zwei Leitungen an die Verbraucher anschließen, bekäme dann aber insgesamt $2m=6$ Zuleitungen. Wenn man dagegen wie in Bild 4.2b die drei Wicklungsstränge in einer Gegenreihenschaltung mit den drei Wicklungsenden *U2, V2, W2* in einem Sternpunkt bzw. Mittelpunkt *N* zusammenfaßt, erhält man eine Sternschaltung und benötigt nur noch $(m+1)$ Zuleitungen, nämlich 3 Außenleiter *L1, L2, L3* und einen Mittelleiter *N*, der gewissermaßen der gemeinsame Rückleiter ist.

Dieses verkettete Vierleiternetz stellt das normale Verteilungssystem für Verbraucher dar; es liefert insgesamt 6 Spannungen, die sich in Größe und Phasenlage unterscheiden. Seine Möglichkeiten und Vorteile werden in Abschn. 4.3.1 erläutert.

4.1.1.3 Dreieckschaltung. Wegen Gl. (4.3) darf man die 3 Stränge eines Dreiphasengenerators offenbar auch in einer Summenreihenschaltung nach Bild 4.2c miteinander verbinden, ohne daß in dieser Ringschaltung ein Kreisstrom zum Fließen kommt. Hier sind jeweils Ende des ersten Stranges mit dem Anfang des zweiten usw. verbunden. Beim Dreiphasengenerator entsteht im Schaltbild ein Dreieck, so daß man sie auch Dreieckschaltung nennt.

Die Dreieckschaltung vermeidet den Mittelleiter; sie bildet mit den 3 Außenleitern *L1, L2, L3* ein Dreileiternetz, das für die elektrische Energieübertragung in Mittel-, Hoch- und Höchstspannungsnetzen über weite Entfernungen benutzt wird (s. Band IX). Die angeschlossenen Einrichtungen, wie Generator, Transformator und Verbraucher, können aber auch in Stern geschaltet sein (s. Abschn. 4.2 und 4.3).

4.1.1.4 Benennungen. Nach DIN 40108 unterscheidet man in Mehrphasensystemen:

In den Strombahnen nennt man den einzelnen Zweipol (Wicklung, Widerstand usw.) Strang. Die zum Verbraucher führenden Leiter heißen Außenleiter. Als Mittelpunkt *N* bezeichnet man einen Punkt, der allen gleichwertigen Strombahnen gemeinsam ist; in Mehrphasensystemen ist dies der Sternpunkt. Von ihm geht der Mittelleiter N aus. Ein Strang liegt also zwischen zwei Außenleitern oder einem Außenleiter und dem Mittelleiter.

Eine Spannung zwischen Außenleiter und Mittelpunkt wird in diesem Buch Leiter-Mittelpunktspannung U_M genannt. (Nach DIN 40108 soll sie mit U_N bezeichnet werden, was aber zu Verwechslungen mit der Nennspannung U_N nach DIN 4897 führen kann, so daß wir hier den Index M vorziehen.) Sie muß nicht (s. Abschn. 4.3.2.2) mit der Sternspannung $U_\curlywedge$ zwischen Außenleiter und Sternpunkt übereinstimmen. Zwischen Sternpunkt und einem anderen Potential, z. B. Mittelpunkt oder Erde, kann eine Sternpunktspannung U_E (s. Abschn. 4.3.2.2) auftreten.

Die Spannung zwischen zwei (aufeinander folgenden) Außenleitern wird Außenleiterspannung U genannt. (Wenn bei einem Mehrphasensystem von der Spannung U gesprochen wird, ist stets die Außenleiterspannung gemeint.) Sie ist beim Dreiphasensystem mit der Dreieckspannung $U_\triangle$ identisch. Als Strangspannung U_{Str} bezeichnet man die Spannung an einer Strangwicklung oder einem Verbraucherstrang.

Bei den Strömen unterscheiden wir den Außenleiterstrom I im Außenleiter, den Strangstrom I_{Str} im Wicklungs- oder Verbraucherstrang und den Mittelleiterstrom I_M im Mittelleiter. (Mit dem Strom I eines Mehrphasensystems ist also stets der Außenleiterstrom gemeint.) Die Indizes 1, 2, 3 beziehen sich auf die Außenleiter *L1, L2, L3*.

Die Wirkleistung des Mehrphasensystems wird wieder mit P, die Scheinleistung mit S und die Blindleistung mit Q bezeichnet. Alle Größen ohne Index beziehen sich also auf die Gesamtschaltung oder die Außenleiter.

4.1.2 Symmetrische Mehrphasensysteme

Jetzt sollen die Erkenntnisse, die mit dem Dreiphasensystem gewonnen wurden, verallgemeinert und so die Eigenschaften von Mehrphasensystemen beschrieben werden.

4.1.2.1 Phasenzahl. Ein Mehrphasen-Spannungssystem mit der Strang- oder Phasenzahl m wird als symmetrisch bezeichnet, wenn alle Strangspannungen gleich groß und gegeneinander um den Winkel $2\pi/m$ zeitlich phasenverschoben sind.

Grundsätzlich können beliebige Phasenzahlen m ausgeführt werden. Bild **4**.3 zeigt die Spannungszeigerdiagramme für einige Mehrphasensysteme, deren Phasenzahl durch 3 teilbar ist. Die Phasenzahlen $m = 6$, 12, 24, 36 kommen bei Stromrichtern vor; sie können über Transformatoren aus dem Dreiphasensystem gewonnen werden (s. Band II, Teil 1).

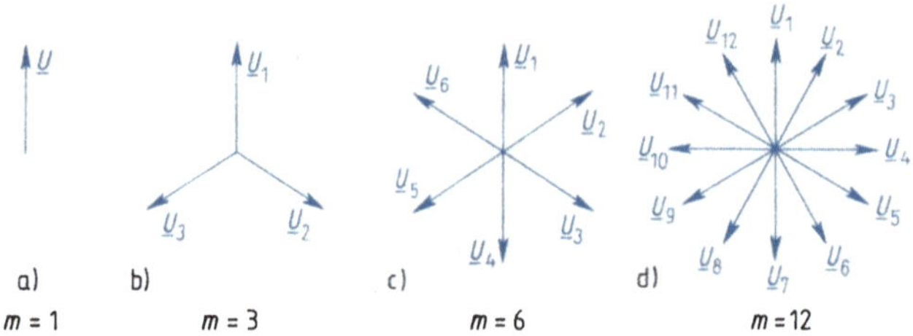

4.3 Mehrphasen-Spannungssysteme für verschiedene Phasenzahlen *m*

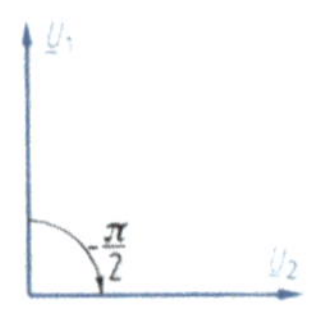

4.4 Unsymmetrisches Zweiphasensystem

Das symmetrische Zweiphasensystem, dessen Spannungen den Phasenwinkel $\pi = 180°$ gegeneinander aufweisen, kann nicht mehr als das Einphasensystem leisten; es wird daher nicht eingesetzt. Demgegenüber hat das unsymmetrische Zweiphasensystem nach Bild **4.**4 ähnliche Eigenschaften wie das symmetrische Dreiphasensystem: Es benötigt mindestens $m+1=3$ Leiter, nämlich 2 Außenleiter und einen (i. allg. dickeren) Mittelleiter und kann ebenfalls Drehfelder erzeugen (s. Band II, Teil 1). Da es praktisch nur bei Einphasenmotoren (s. Band II, Teil 1) und für die Zweiachsentheorie elektrischer Maschinen angewandt wird, verzichten wir hier auf eine weitere Behandlung.

Während beim Einphasensystem (s. Abschn. 3.2.1.4 – und somit auch beim symmetrischen Zweiphasensystem) der Zeitwert der Leistung mit doppelter Netzfrequenz schwingt, ist bei den symmetrischen Mehrphasensystemen mit $m>2$ (und auch beim unsymmetrischen Zweiphasensystem) bei symmetrischer Last der Zeitwert der Summenleistung konstant, was für das Dreiphasensystem in Abschn. 4.2.2.1 gezeigt wird. Außerdem kann man, was für das Dreiphasensystem in Abschn. 4.2.2.2 abgeleitet wird, mit symmetrischen Mehrphasensystemen bei $m>2$ (und auch mit dem unsymmetrischen Zweiphasensystem) Drehfelder erzeugen. Beides ist sehr wichtig für die elektrische Energietechnik, insbesondere die Drehfeldmaschinen (s. Band II, Teil 1, Band IX).

4.1.2.2 Schaltungen. Ganz allgemein gilt bei symmetrischer Belastung eines symmetrischen Mehrphasensystems für die Summe der komplexen Strang- und Außenleiterspannungen und -ströme

$$\sum_{\mu=1}^{m} \underline{U}_\mu = 0 \quad \text{und} \quad \sum_{\mu=1}^{m} \underline{I}_\mu = 0 \tag{4.4}$$

Hieraus ergeben sich folgende Schaltungsmöglichkeiten: Bei der Sternschaltung nach Bild **4.**5a sind die Stränge mit ihren Strangenden zum Sternpunkt zusammengeschaltet. Bei symmetrischer Belastung verschwindet nach Gl. (4.4) die Stromsumme, so daß der Mittelleiter eingespart werden kann. Zwischen zwei Außenleitern herrscht entsprechend der vorliegenden Gegenreihenschaltung von zwei Strängen die Differenz von zwei Strangspannungen.

In der Ringschaltung von Bild **4.5**b sind jeweils Anfang und Ende benachbarter Strangwicklungen zusammengeschaltet. Dies ist zulässig, weil nach Gl. (4.4) die Spannungssumme allgemein verschwindet. Zwischen je zwei Außenleitern wird die jeweilige Strangspannung wirksam. An jedem Abzweigpunkt für den Außenleiter muß der Knotenpunktsatz (s. Abschn. 3.2.3.1) beachtet werden.

Ring- und Sternschaltung können ebenso wie für den Erzeuger auch beim Verbraucher für den Anschluß von *m* Widerständen oder anderen Zweipolen angewendet werden. Sie werden für das Dreiphasensystem in Abschn. 4.2 näher untersucht.

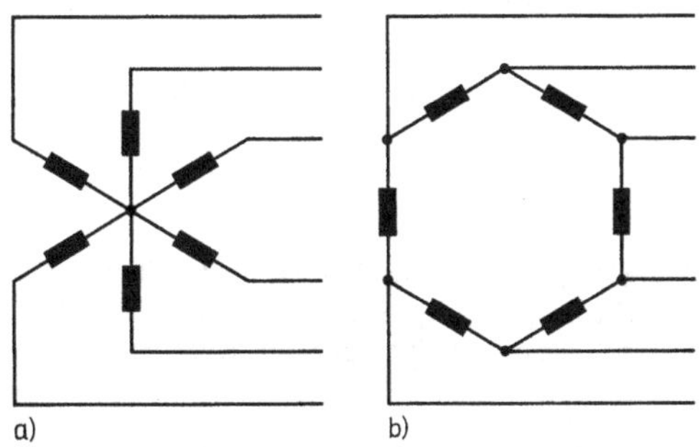

4.5 Sechsphasen-Stern- (a) und -Ringschaltung (b)

4.2 Symmetrisches Dreiphasensystem

In Abschn. 4.1.1.1 wird gezeigt, wie ein symmetrisches Dreiphasensystem erzeugt werden kann und wie ein Dreiphasengenerator geschaltet werden darf. Wir wenden uns jetzt den Verbrauchern zu, die aus 3 gleichartigen Zweipolen $\underline{Z}$ bestehen sollen und die man in Stern oder Dreieck schalten darf. Wir betrachten die hierbei auftretenden Spannungen, Ströme und Leistungen sowie die Erzeugung von Drehfeldern.

4.2.1 Spannungen und Ströme

In den folgenden Schaltbildern sind Zählpfeile für Spannungen und Ströme eingetragen, die bei den komplexen Außenleiterströmen $\underline{I}_1$, $\underline{I}_2$, $\underline{I}_3$ und den komplexen Sternspannungen $\underline{U}_1$, $\underline{U}_2$, $\underline{U}_3$ auf den Mittelpunkt *N* des Verbrauchers weisen. Bei den komplexen Außenleiterspannungen $\underline{U}_{12}$, $\underline{U}_{23}$, $\underline{U}_{31}$ und den komplexen Strangströmen $\underline{I}_{12}$, $\underline{I}_{23}$, $\underline{I}_{31}$ der Dreieckschaltung geben die Indizes die Richtung der Zählpfeile an; z. B. weist der Zählpfeil $\underline{I}_{12}$ von *L1* nach *L2* oder von *U* nach *V*.

4.2.1.1 Sternschaltung. Bild **4.6**a zeigt ein Vierleiternetz mit Erzeuger (links) und Verbraucher (rechts), beide in Sternschaltung, wobei die je 3 Stränge jeweils so angeordnet sind, daß die Klemmen *U, V, W* bzw. *L1, L2, L3* bei einem Umlauf im Uhrzeigersinn aufeinander folgen. Der symmetrische Verbraucher besteht aus 3 völlig gleichen komplexen Widerständen $\underline{Z}$, die von den komplexen Strömen $\underline{I}_1$, $\underline{I}_2$, $\underline{I}_3$ durchflossen werden.

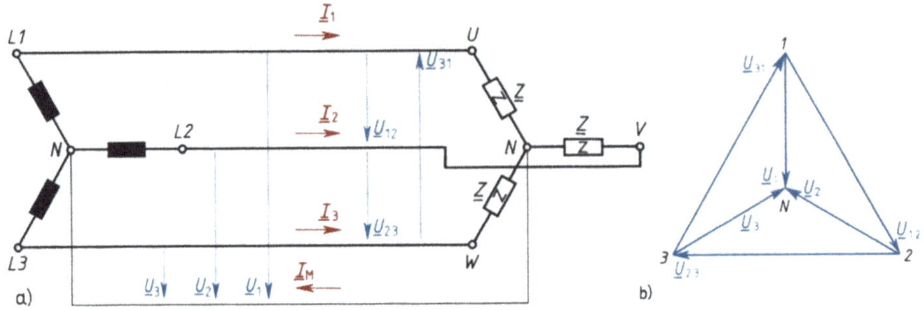

4.6 Dreiphasenstromübertragung mit Erzeuger (links) und Verbraucher (rechts) in Sternschaltung (a) mit Zählrichtungen für Spannungen und Ströme sowie zugehöriges Spannungszeigerdiagramm (b)

Nach Gl. (4.2) werden im Generator die komplexen Strangspannungen

$$\underline{U}_1, \quad \underline{U}_2 = \underline{U}_1 \underline{/-120^\circ}, \quad \underline{U}_3 = \underline{U}_1 \underline{/120^\circ} \tag{4.5}$$

erzeugt; sie sind in Bild 4.6b als Spannungszeigerstern dargestellt. Für die Außenleiterspannungen gilt nach dem Maschensatz (s. Abschn. 3.2.2.1) bei den in Bild 4.6a eingetragenen Zählrichtungen

$$\underline{U}_{12} = \underline{U}_1 - \underline{U}_2, \quad \underline{U}_{23} = \underline{U}_2 - \underline{U}_3, \quad \underline{U}_{31} = \underline{U}_3 - \underline{U}_1 \tag{4.6}$$

Zur Bildung der Außenleiterspannung $\underline{U}_{12}$ sind also die Spannungszeiger $\underline{U}_1$ und $-\underline{U}_2$ zusammenzusetzen, was am einfachsten am Spannungszeigerstern in Bild 4.6b geschieht, wo die drei Außenleiterspannungen den Zeigerstern der Strangspannung als gleichseitiges Dreieck umschließen. Die komplexen Außenleiterspannungen

$$\underline{U}_{12} = \underline{U}, \quad \underline{U}_{23} = \underline{U} \underline{/-120^\circ}, \quad \underline{U}_{31} = \underline{U} \underline{/120^\circ} \tag{4.7}$$

sind wieder gegeneinander um je $120^\circ = 2\pi/3$ phasenverschoben und haben gleiche Beträge U. Nach Bild 4.6b gilt daher für das Verhältnis Außenleiterspannung U zu Strangspannung U_{Str} bzw. Sternspannung $U_{\curlywedge} = U_{Str}$ bei der Sternschaltung

$$U/U_{\curlywedge} = 2\cos 30^\circ = 2 \cdot \sqrt{3}/2 = \sqrt{3} \tag{4.8}$$

Die Außenleiterspannung U bei symmetrischer Sternschaltung eines symmetrischen Dreiphasensystems ist also $\sqrt{3}$ mal so groß wie die Sternspannung bzw. Leiter-Mittelpunktspannung $U_{\curlywedge}$.

Bei einem symmetrischen Verbraucher muß das Spannungszeigerdiagramm von Bild 4.6b sowohl für Erzeuger als auch Verbraucher in Bild 4.6a gelten. Die komplexen Strangspannungen $\underline{U}_1$, $\underline{U}_2$, $\underline{U}_3$ werden daher in dem Verbraucher die komplexen Strangströme bzw. Außenleiterströme

$$\underline{I}_1 = \underline{I}, \quad \underline{I}_2 = \underline{I} \underline{/-120^\circ}, \quad \underline{I}_3 = \underline{I} \underline{/120^\circ} \tag{4.9}$$

zum Fließen bringen. Für den komplexen Mittelleiterstrom in Bild **4.**6a gilt mit Gl. (4.4)

$$\underline{I}_M = \underline{I}_1 + \underline{I}_2 + \underline{I}_3 = 0 \tag{4.10}$$

In diesem Fall der symmetrischen Last darf der Mittelleiter daher auch fortgelassen werden.

Beispiel 4.1. Ein Verbraucher, der aus 3 komplexen Widerständen $\underline{Z} = (80 + \mathrm{j}\,125{,}5)\,\Omega = 148{,}8\,\Omega\,\underline{/57{,}48^\circ}$ besteht, liegt an einem Dreiphasennetz mit der Außenleiterspannung $U = 6$ kV. Der Außenleiterstrom I ist zu bestimmen.
Mit der Sternspannung $U_\curlywedge = U/\sqrt{3} = 6\,\text{kV}/\sqrt{3} = 3{,}464$ kV nach Gl. (4.8) erhalten wir den Strom

$$\underline{I} = \underline{I}_{\text{Str}} = \underline{U}_\curlywedge/\underline{Z} = 3{,}464\,\text{kV}/(148{,}8\,\Omega\,\underline{/57{,}48^\circ}) = 23{,}27\,\text{A}\,\underline{/-57{,}48^\circ}$$

der gegenüber der zugehörigen Strangspannung (jedoch nicht gegenüber einer Außenleiterspannung) um den Phasenwinkel $\varphi = 57{,}48^\circ$ nacheilt.

4.2.1.2 Dreieckschaltung. Nach Bild **4.**7a sind Außenleiterspannung U und Strangspannung $U_{\text{Str}} = U$ jeweils gleich groß. In einer symmetrischen Dreieckschaltung, die aus 3 gleichen komplexen Widerständen $\underline{Z}$ besteht, verursachen also die komplexen Außenleiterspannungen $\underline{U}_{12}$, $\underline{U}_{23}$, $\underline{U}_{31}$ die komplexen Strangströme

$$\underline{I}_{12} = \underline{U}_{12}/\underline{Z}, \quad \underline{I}_{23} = \underline{U}_{23}/\underline{Z}, \quad \underline{I}_{31} = \underline{U}_{31}/\underline{Z} \tag{4.11}$$

die gleich groß und gegeneinander um 120° phasenverschoben sind, wie das in Bild **4.**7b dargestellt ist. Nach Bild **4.**7a gilt für die komplexen Außenleiterströme

$$\underline{I}_1 = \underline{I}_{12} - \underline{I}_{31} = \underline{I}, \qquad \underline{I}_2 = \underline{I}_{23} - \underline{I}_{12} = \underline{I}\,\underline{/-120^\circ},$$
$$\underline{I}_3 = \underline{I}_{31} - \underline{I}_{23} = \underline{I}\,\underline{/120^\circ} \tag{4.12}$$

die wieder einfach als Dreieckseiten in Bild **4.**7b gefunden werden können.

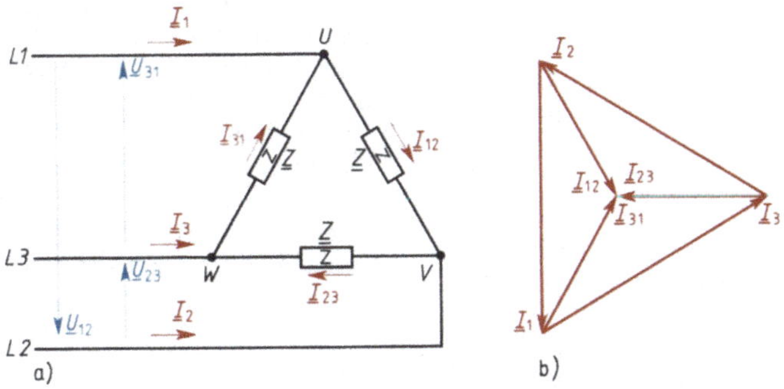

4.7 Belastung eines Dreileiternetzes mit einer Dreieckschaltung (a) und zugehöriges Stromzeigerdiagramm (b)

Die Außenleiterströme $\underline{I}_1$, $\underline{I}_2$, $\underline{I}_3$ haben somit bei symmetrischer Belastung ebenfalls den gleichen Betrag I und sind ebenfalls um 120° gegeneinander phasenverschoben. Aus dem gleichseitigen Dreieck in Bild **4.**7b erhält man für das Verhältnis von Außenleiterstrom I zu Strangstrom I_{Str} der symmetrischen Dreieckschaltung

$$I/I_{Str} = 2\cos 30° = \sqrt{3} \tag{4.13}$$

Der Außenleiterstrom I bei symmetrischer Dreieckschaltung eines symmetrischen Dreiphasensystems ist also $\sqrt{3}$mal so groß wie der Strangstrom I_{Str}, d.i. der Dreieckstrom $I_{\triangle}$.

Beispiel 4.2. Ein Dreiphasenverbraucher mit 3 gleichen Widerständen (z.B. ein Dreiphasenofen) soll einem Netz mit der Nennspannung $U = 220$ V den Strom $I = 20$ A entnehmen.

a) Wie groß müssen die drei Scheinwiderstände $Z_{\curlywedge}$ in der Sternschaltung sein?

Nach Gl. (4.8) wirkt die Sternspannung $U_{\curlywedge} = U/\sqrt{3} = 220\ \text{V}/\sqrt{3} = 127$ V als Strangspannung bei dem Strangstrom $I_{Str} = I = 20$ A. Man benötigt daher drei Widerstände mit dem Wert

$$Z_{\curlywedge} = U_{\curlywedge}/I_{Str} = 127\ \text{V}/(20\ \text{A}) = 6{,}35\ \Omega$$

b) Welche Scheinwiderstände $Z_{\triangle}$ muß demgegenüber die Dreieckschaltung aufweisen?

Hier fließt nach Gl. (4.13) der Strangstrom $I_{Str} = I_{\triangle} = I/\sqrt{3} = 20\ \text{A}/\sqrt{3} = 11{,}54$ A bei der Strangspannung $U_{Str} = U = 220$ V, so daß drei Widerstände mit dem Wert

$$Z_{\triangle} = U/I_{Str} = 220\ \text{V}/(11{,}54\ \text{A}) = 19{,}05\ \Omega = 3Z_{\curlywedge}$$

zusammenzuschalten sind. In der Dreieckschaltung müssen daher die Einzelwiderstände dreimal so groß wie in der Sternschaltung sein (s.a. Abschn. 2.3.2.4).

Beispiel 4.3. Je 3 Widerstände $R = 100\ \Omega$ und $X_C = -200\ \Omega$ liegen in der Schaltung von Bild **4.**8 an einem Dreiphasennetz mit der Außenleiterspannung $U = 380$ V. Der komplexe Außenleiterstrom $\underline{I}$ ist zu berechnen.

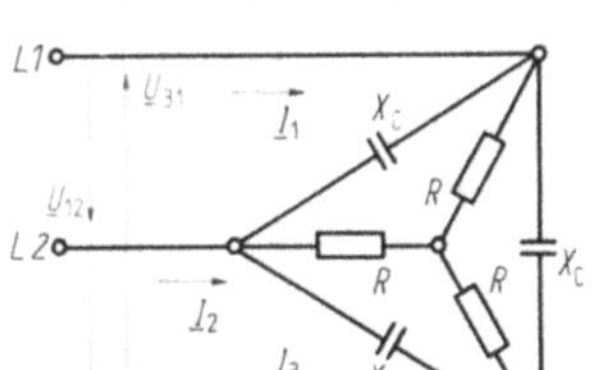

4.8 Symmetrische Belastung eines Dreileiternetzes

Der Wirkwiderstand R liegt nach Gl. (4.8) an der Strangspannung $U_{Str} = U/\sqrt{3} = 380\ \text{V}/\sqrt{3} = 219{,}4$ V und führt daher den Strangstrom $I_{StrR} = U_{Str}/R = 219{,}4\ \text{V}/(100\ \Omega) = 2{,}194$ A. Der kapazitive Blindwiderstand X_C liegt an der Außenleiterspannung U und führt daher den Strangstrom $I_{StrC} = U/(-X_C) = 380\ \text{V}/(200\ \Omega) = 1{,}9$ A.

Der Strangstrom I_{StrR} fließt auch als Wirkstrom $I_w = I_{StrR}$ im Außenleiter. Für den Blindanteil erhalten wir mit Gl. (4.13) $I_b = \sqrt{3}\,I_{StrC} = \sqrt{3} \cdot 1{,}9\ \text{A} = 3{,}291$ A. Der Außenleiterstrom hat somit den Betrag

$$I = \sqrt{I_w^2 + I_b^2} = \sqrt{2{,}194^2 + 3{,}291^2}\ \text{A} = 3{,}955\ \text{A}$$

und für die zugehörige Sternspannung den Phasenwinkel

$$\varphi = -\arctan(I_b/I_w) = -\arctan(3{,}291\ \text{A}/2{,}194\ \text{A}) = -56{,}31°$$

4.2.2 Leistung und Drehfeld

In der Leistungsübertragung und der Drehfelderzeugung unterscheidet sich ein symmetrisches Dreiphasensystem in bemerkenswerter Weise vom Einphasensystem.

4.2.2.1 Leistung. Bild **4.**6 und **4.**7 zeigen, daß jedem Außenleiterstrom zwei Außenleiterspannungen unterschiedlicher Phasenlage zugeordnet werden können, Außenleiterstrom $\underline{I}$ und Außenleiterspannung $\underline{U}$ aber niemals gleichzeitig an einem Verbraucher-Teilwiderstand auftreten, Phasenwinkel zwischen Außenleitergrößen also nicht sinnvoll angegeben werden können. Der für Mehrphasensysteme mitgeteilte Phasenwinkel φ bezieht sich daher stets auf die Stranggrößen. Er tritt also z. B. auf zwischen einem Außenleiterstrom $\underline{I}_\mu$ und der zugehörigen Sternspannung $\underline{U}_\mu$. Bei der Angabe des Phasenwinkels φ wird daher meist stillschweigend eine Sternschaltung des Verbrauchers vorausgesetzt.

Im ersten Strang der Schaltung von Bild **4.**6a wird nach Abschn. 3.2.1.4 der Zeitwert der Leistung $S_t = U_{Str} I_{Str} \cos\varphi - U_{Str} I_{Str} \cos(2\omega t + \varphi)$ umgesetzt. In den übrigen Strängen verläuft der Zeitwert der Leistung ebenso, allerdings mit einer Phasenverschiebung von 120°. Insgesamt wird dann mit Gl. (4.1) dem symmetrischen Dreiphasenverbraucher der Zeitwert der Leistung

$$S_t = 3\, U_{Str} I_{Str} \cos\varphi - U_{Str} I_{Str}[\cos(2\omega t + \varphi) + \cos(2\omega t + \varphi - 120°)$$
$$+ \cos(2\omega t + \varphi + 120°)]$$

zugeführt, wobei jedoch der Ausdruck in der eckigen Klammer ebenso wie Gl. (4.4) Null ist. Ein symmetrisches Dreiphasensystem überträgt also den konstanten Zeitwert der Leistung

$$S_t = 3\, U_{Str} I_{Str} \cos\varphi \tag{4.14}$$

Diese zeitlich konstante Leistung kann daher z. B. in einem Motor auch wieder in eine zeitlich konstante mechanische Leistung überführt werden, und es entstehen zeitlich konstante Drehmomente.

Wir vergleichen nun nochmals Sternschaltung und Dreieckschaltung. Es gilt für die Spannungen

$$U_{\curlywedge} = U_{Str} = U/\sqrt{3}, \qquad U_{\triangle} = U_{Str} = U \tag{4.15}$$

für die Ströme

$$I_{\curlywedge} = I_{Str} = I, \qquad I_{\triangle} = I_{Str} = I/\sqrt{3} \tag{4.16}$$

für die Scheinleistung der 3 Stränge

$$S = 3\, U_{Str} I_{Str} \tag{4.17}$$

bzw. nach Einsetzen von Gl. (4.15) und (4.16)

$$S=\sqrt{3}\,U I \tag{4.18}$$

und somit auch nach Abschn. 3.2.1.4 für die gesamte Wirkleistung

$$P=\sqrt{3}\,U I \cos\varphi \tag{4.19}$$

und für die gesamte Blindleistung

$$Q=\sqrt{3}\,U I \sin\varphi \tag{4.20}$$

Die Leistungen eines symmetrischen Dreiphasennetzes bei symmetrischer Belastung sind also, gleichgültig ob Stern- oder Dreieckschaltung vorliegt, durch dieselben Gl. (4.18) bis (4.20) zu berechnen, wenn Außenleiterspannung U und Außenleiterstrom I bekannt sind. Der zu berücksichtigende Phasenwinkel φ tritt jedoch nicht zwischen diesen Außenleitergrößen I und U, sondern zwischen den Stranggrößen I_{Str} und U_{Str} auf. Ein Vergleich von Gl. (4.14) und (4.19) zeigt, daß der konstante Zeitwert S_t der übertragenen Leistung mit der Wirkleistung P übereinstimmt.

Beispiel 4.4. Die Leistungen der in Beispiel 4.3 behandelten Schaltung sind zu berechnen.

Wir finden die Wirkleistung

$$P=3\,U_{\text{StrR}} I_{\text{StrR}}=3\cdot 219{,}4\ \text{V}\cdot 2{,}194\ \text{A}=\sqrt{3}\,U I_{\text{w}}=\sqrt{3}\cdot 380\ \text{V}\cdot 2{,}194\ \text{A}=1{,}444\ \text{kW}$$

die kapazitive Blindleistung

$$Q=-3\,U_{\text{StrC}} I_{\text{StrC}}=-3\cdot 380\ \text{V}\cdot 1{,}9\ \text{A}=-\sqrt{3}\,U I_{\text{b}}=-\sqrt{3}\cdot 380\ \text{V}\cdot 3{,}291\ \text{A}$$
$$=-2{,}166\ \text{kvar}$$

und die Scheinleistung

$$S=\sqrt{P^2+Q^2}=\sqrt{1{,}444^2+2{,}166^2}\ \text{kVA}=\sqrt{3}\,U I=\sqrt{3}\cdot 380\ \text{V}\cdot 3{,}955\ \text{A}=2{,}603\ \text{kVA}$$

Beispiel 4.5. Ein Dreiphasenmotor für die Nennleistung $P_{2\text{N}}=20$ kW bei der Außenleiterspannung $U=380$ V, aber sonst gleichen Daten wie in Beispiel 3.102 soll von $\cos\varphi=0{,}75$ auf $\cos\varphi_{\text{k}}=1$ kompensiert werden. Wie müssen die Kondensatoren in den drei Strängen bemessen sein, wenn sie in Stern oder Dreieck geschaltet sind?

Der Motor stellt eine symmetrische Belastung dar, und alle Leistungen verteilen sich gleichmäßig auf die drei Stränge. Zur Kompensation ist die Blindleistung $Q_{\text{C}}=-Q_{\text{b}}=P_{2\text{N}}\sin\varphi/(\eta\cos\varphi)=P_{2\text{N}}\tan\varphi/\eta=-20\ \text{kW}\cdot 0{,}8819/0{,}85=-20{,}75$ kvar erforderlich, so daß jeder Strang $Q_{\text{Str}}=Q_{\text{C}}/3=-20{,}75\ \text{kvar}/3=-6{,}917$ kvar decken muß.

Bei Sternschaltung der drei Kondensatoren sind diese für die Spannung $U_{\text{Str}}=U/\sqrt{3}=380\ \text{V}/\sqrt{3}$ zu bemessen, so daß mit der Blindleistung $Q_{\text{Str}}=U_{\text{Str}}^2\omega C_\curlywedge$ bei der Kreisfrequenz $\omega=314{,}2\ \text{s}^{-1}$ je Strang die Kapazität

$$C_\curlywedge=\frac{-Q_{\text{Str}}}{U_{\text{Str}}^2\omega}=\frac{6917\ \text{var}}{(380\ \text{V}/\sqrt{3})^2\cdot 314{,}2\ \text{s}^{-1}}=457{,}4\ \mu\text{F}$$

erforderlich ist.

Bei Dreieckschaltung sind die Kondensatoren für die Spannung $U=380$ V zu bemessen, was die Kapazität

$$C_\Delta = \frac{-Q_{\mathrm{Str}}}{U^2\omega} = \frac{6917\ \mathrm{var}}{380^2\ \mathrm{V}^2 \cdot 314{,}2\ \mathrm{s}^{-1}} = 152{,}5\ \mu\mathrm{F}$$

also nur ⅓ der für die Sternschaltung errechneten Kapazitäten bei $\sqrt{3}$facher Spannung erfordert. Daher wird für die Blindstromkompensation meist die Dreieckschaltung angewandt.

4.2.2.2 Drehfelderzeugung. Wenn man eine Wicklungsanordnung nach Bild **4.**1a nun umgekehrt wie in Abschn. 4.1.1.1 nicht ein Dreiphasen-Spannungssystem erzeugen läßt, sondern an ein Dreiphasen-Spannungssystem nach Bild **4.**1b anschließt, werden in den Strangwicklungen, da sie gleichartig aufgebaut sind und gleiche Wirk- und Blindwiderstände aufweisen, auch 3 Ströme fließen, die im Betrag gleich groß und im Phasenwinkel um 120° gegeneinander phasenverschoben sind. Es liegt also auch hier eine symmetrische Belastung vor.

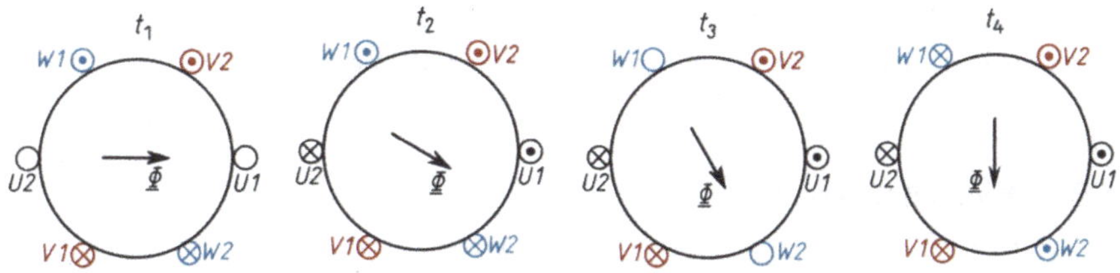

4.9 Entstehung eines Drehfelds aus 3 um 120° gegeneinander phasenverschobenen Strömen in 3 räumlich um 120° gegeneinander verdrehten Wicklungen. (Die Farben rot und blau stellen hier nicht Ströme und Spannungen dar, sondern mit schwarz den Strang *U*, rot den Strang *V* und blau den Strang *W*)

Mit Bild **4.**9 betrachten wir nun die Stromverteilung in den 3 Strängen zu aufeinander folgenden Zeitpunkten t_1 bis t_4, die um je $\omega t=30°$ auseinander liegen. Es wird vorausgesetzt, daß der Strom im Strang *U* zum Zeitpunkt t_1 gerade $i_{\mathrm{U}}=0$ ist und anschließend über die Zeitpunkte t_2 und t_3 zur Zeit t_4 seinen positiven Scheitelwert $\hat{i}_{\mathrm{U}}$ erreicht. Dies entspricht dem Spannungsverlauf u_{U} in Bild **4.**1b. In ähnlicher Weise verläuft der Strom i_{V} in diesem Zeitbereich ganz im Negativen, und der Strom i_{W} verkleinert sich von positiven Zeitwerten bis zum halben negativen Scheitelwert.

Die jeweiligen Stromrichtungen sind mit farbiger Unterscheidung der Stränge in Bild **4.**9 eingetragen und bilden eine resultierende Durchflutung, deren Richtung die in Bild **4.**9 eingezeichnete Richtung des Flusses $\underline{\Phi}$ bestimmt. Während also die Zeit um $\omega t=90°$ fortgeschritten ist, hat sich auch der Fluß $\underline{\Phi}$ um 90° räumlich gedreht. Auf diese Weise kann man mit einer entsprechend verteilten Wicklungsanordnung und Anschluß an ein Mehrphasensystem ein drehendes magnetisches Feld, das Drehfeld genannt wird, erzeugen.

In der zweipoligen Anordnung von Bild **4.1**a dreht sich das Drehfeld mit Netzfrequenz, also z.B. bei $f = 50$ Hz mit der Drehzahl $n = 50\ \mathrm{s}^{-1} = 3000\ \mathrm{min}^{-1}$. Kleinere Drehfeld-Drehzahlen ergeben sich mit entsprechend höherpoligen Wicklungsanordnungen (z.B. $1000\ \mathrm{min}^{-1}$ bei einer sechspoligen Maschine). Drehfeldmaschinen kann man besonders einfach und betriebssicher aufbauen (s. Band II, Teil 1); sie haben daher eine große Bedeutung für elektrische Antriebe (s. Band VIII).

Da das symmetrische Dreiphasensystem in entsprechenden Wicklungssystemen Drehfelder erzeugen kann, nennt man es auch Drehstromsystem und die zugehörigen Motoren Drehstrommotoren.

4.3 Unsymmetrische Dreiphasenbelastung

Wir betrachten nun zunächst das normale Vierleiternetz, an das Einphasen- und Dreiphasenverbraucher angeschlossen werden können und so im allgemeinen eine unsymmetrische Stromverteilung in den Außenleitern verursachen. Während das Vierleiternetz noch recht einfach berechnet werden kann, müssen beim Dreileiternetz und bei den unsymmetrischen Dreiphasenverbrauchern noch einige zusätzliche Überlegungen angestellt werden.

4.3.1 Vierleiternetz

Elektrische Energie wird an Kleinverbraucher über Vierleiternetze verteilt. Dies ist meist mit unsymmetrischer Belastung des Dreiphasennetzes verbunden.

4.3.1.1 Elektrische Energieverteilung. Bis auf die Gleichstromversorgung von Fahrzeugen und einige wenige Sonderfälle (z.B. Einphasen-Bahnnetz mit 16⅔ Hz oder Batteriegeräte) wird heute elektrische Energie in großen Dreiphasen-Synchrongeneratoren, die Leistungen bis zu 2 GVA mit Spannungen bis zu 30 kV erzeugen können, gewonnen. Sie wird in einem Maschinentransformator anschließend aufgespannt (s. Abschn. 3.5) und bei Spannungen von z.B. 20 kV, 60 kV, 110 kV, 220 kV, 380 kV über Dreileiternetze zu den Verteilungstransformatoren geleitet. Die Sekundärseite dieser Transformatoren besteht im allgemeinen aus Vierleiternetzen.

Bild **4.10**a zeigt ein solches Vierleiternetz mit einigen zwischen dem Mittelleiter *N* und den Außenleitern *L1, L2, L3* angeschlossenen Einphasenverbrauchern sowie einem nur mit den Außenleitern verbundenen Dreiphasenmotor *M*. Dieses Vierleiternetz liefert nach Bild **4.10**b sechs Spannungen, nämlich 3 Außenleiterspannungen $\underline{U}_{12}$, $\underline{U}_{23}$, $\underline{U}_{31}$, und 3 Leiter-Mittelpunktspannungen $\underline{U}_1, \underline{U}_2, \underline{U}_3$. Üblicherweise ist die Außenleiterspannung in diesem Verteilungsnetz $U = 380$ V, und entsprechend beträgt die Leiter-Mittelpunktspannung $U_\curlywedge = 380\ \mathrm{V}/\sqrt{3} = 219{,}4\ \mathrm{V} \approx 220$ V. Aus diesem Grund werden die Einphasenverbraucher an 220 V, die Dreiphasenverbraucher aber an 380 V gelegt.

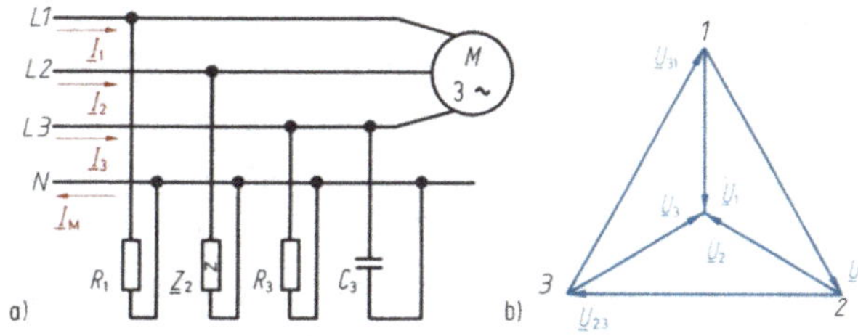

4.10 Vierleiternetz mit beliebigen Einphasenlasten und Dreiphasenmotor *M* (a) und zugehöriges Spannungszeigerdiagramm (b)

Beispiel 4.6. Es ist zu untersuchen, ob ein Durchlauferhitzer für die Leistung $P_1 = 21$ kW günstiger für Einphasenanschluß an 220 V oder Dreiphasenanschluß an 380 V ausgelegt werden kann.

Bei Einphasenanschluß an die Spannung $U_\curlywedge = 220$ V fließt bei dem Leistungsfaktor $\cos\varphi = 1$ der Strom

$$I_\curlywedge = P_1 / U_\curlywedge = 21 \text{ kW}/(220 \text{ V}) = 95{,}45 \text{ A}$$

Demgegenüber hat man bei Dreiphasenanschluß an $U = 380$ V nur den Außenleiterstrom

$$I = P_1/(\sqrt{3}\, U) = 21 \text{ kW}/(\sqrt{3} \cdot 380 \text{ V}) = 31{,}91 \text{ A}$$

Der Strom ist also auf ⅓ zurückgegangen.

Bei Dreiphasenanschluß benötigt man zur Erzielung eines gleichen Spannungsabfalls 3 Zuleitungen, die einzeln nur ⅙ des Querschnitts einer Zuleitung für Einphasenanschluß zu haben brauchen – bei Einphasenanschluß dagegen insgesamt wegen der Doppelleitung noch die doppelte Länge und somit auch die vierfache Kupfermasse, wenn auf den Zuleitungen gleiche Spannungsabfälle und Leistungsverluste zugelassen werden. Da man den Mittelleiter auf Erdpotential legt, sind alle Zuleitungen gegen die gleiche Spannung zu isolieren, der Isolieraufwand ist für die 3 Dreiphasenadern aber etwas größer. Dreiphasenstrom verlangt außerdem 3 Einzelwiderstände im Durchlauferhitzer, dreipolige Schalter und Dreiphasenzähler. Sobald der Strom in einer Verbraucherzuleitung etwa 30 A übersteigt, ist dieser Aufwand wirtschaftlich gerechtfertigt, so daß man für ähnliche Fälle Dreiphasenstrom bevorzugt.

4.3.1.2 Allgemeine Belastung. Mit dem in Bild **4.**10a dargestellten Vierleitersystem wird den Verbrauchern das in Bild **4.**10b angegebene Spannungssystem auch bei beliebiger Belastung zur Verfügung gestellt, wenn durch große Leiterquerschnitte und entsprechende Verteilungstransformatoren dafür gesorgt wird, daß die Spannungsabfälle auf den Zuleitungen vernachlässigbar klein bleiben.

Die Ströme und Leistungen der Einphasenverbraucher können dann, wie in Abschn. 3 dargestellt, berechnet werden. Sie setzen sich geometrisch zur Gesamtleistung und zu den Außenleiterströmen und zum Mittelleiterstrom zusammen, wie dies im folgenden Beispiel deutlich wird.

Beispiel 4.7. Ein Dreiphasen-Vierleiternetz 220 V/380 V, 50 Hz ($\omega = 314{,}2\,\text{s}^{-1}$) speist wie in Bild **4.**10 folgende Einphasenverbraucher

an *L1-N* $P_1 = 17{,}5$ kW, $\cos\varphi_1 = 1$

an *L2-N* $S_2 = 23$ kVA, $\cos\varphi_2 = 0{,}72$ induktiv

an *L3-N* $P_3 = 10$ kW parallel zu der Kapazität $C = 300\,\mu\text{F}$

Es sollen die Leistungen und alle Ströme bestimmt werden.

Wir berechnen zunächst mit der Leiter-Mittelpunktspannung $U_\curlywedge = 220$ V die Ströme und Phasenwinkel

$$I_1 = P_1/U_\curlywedge = 17{,}5\,\text{kW}/(220\,\text{V}) = 79{,}55\,\text{A} \quad \text{bei } \varphi_1 = 0°$$

$$I_2 = S_2/U_\curlywedge = 23\,\text{kVA}/(220\,\text{V}) = 104{,}5\,\text{A} \quad \text{bei } \varphi_2 = 43{,}95°$$

und Wirk- und Blindkomponente des Stromes $\underline{I}_3$

$$I_{3\text{w}} = P_3/U_\curlywedge = 10\,\text{kW}/(220\,\text{V}) = 45{,}45\,\text{A}$$

$$I_{3\text{b}} = U_\curlywedge\,\omega\,C = 220\,\text{V}\cdot 314{,}2\,\text{s}^{-1}\cdot 300\,\mu\text{F} = 20{,}73\,\text{A}$$

sowie den Betrag

$$I_3 = \sqrt{I_{3\text{w}}^2 + I_{3\text{b}}^2} = \sqrt{45{,}45^2 + 20{,}73^2}\,\text{A} = 49{,}96\,\text{A}$$

mit dem Phasenwinkel

$$\varphi_3 = -\arctan(I_{3\text{b}}/I_{3\text{w}}) = -\arctan(20{,}73\,\text{A}/45{,}45\,\text{A}) = -24{,}52°$$

In Bild **4.**11 haben wir den Spannungszeigerstern umgekehrt zu Bild **4.**10b aufgetragen, da sich so die Zeiger der Außenleiterströme übersichtlicher analog zu Gl. (4.10) zum Mittelleiterstrom $\underline{I}_\text{M}$ zusammensetzen lassen. Die Stromzeiger werden also mit den Phasenwinkeln φ_1, φ_2, φ_3 zu den zugehörigen Leiter-Mittelpunktspannungen eingezeichnet und geometrisch zu dem Mittelleiterstrom $I_\text{M} = 58$ A addiert, der fast mit dem Außenleiterstrom $\underline{I}_1$ gegenphasig ist.

Vom Generator muß insgesamt die Wirkleistung

$$P = P_1 + S_2\cos\varphi_2 + P_3 = 17{,}5\,\text{kW} + 23\,\text{kVA}\cdot 0{,}72 + 10\,\text{kW} = 44{,}06\,\text{kW}$$

geliefert werden.

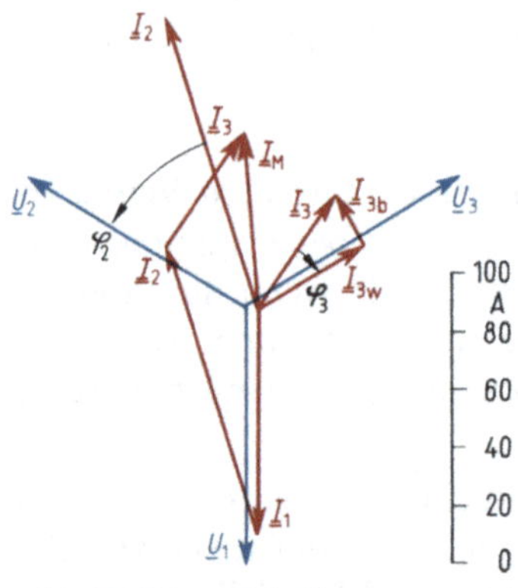

4.11 Strom- und Spannungszeigerdiagramm zu Beispiel 4.7

Es hat wenig Sinn, für unsymmetrische Belastungen einen mittleren Wirkfaktor als Verhältnis der Summe der Wirk- zur Summe der Scheinleistungen zu berechnen, da dieser im allgemeinen keine Auskunft über die allein wichtigen, im einzelnen Strang auftretenden Strom-Leistungsverhältnisse geben kann. In der Praxis wird daher häufig neben der Summen-Scheinleistung des Systems noch der zugelassene Grad der Unsymmetrie (s. Abschn. 4.4.3.3) angegeben, da nur so die maximal zugelassene Belastung in einer Phase beschrieben werden kann. Wird nur eine Leistung angegeben, so stellt sie die zulässige Gesamtleistung bei gleichmäßiger Verteilung auf die drei Phasen dar; die zulässige Phasenbelastung beträgt ein Drittel dieser Leistung.

Unsymmetrische Schaltungen oder Belastungen werden gern mit symmetrischen Komponenten behandelt. Für dieses Verfahren s. Abschn. 4.4.

Beispiel 4.8. Welche Wirkleistungen dürfen bei der dreiphasigen Anschlußleistung $S_N = 16{,}5$ kVA aus einem Drehstromnetz für 380 V/220 V durch Einphasenverbraucher für die Spannung $U = 220$ V bei dem Wirkfaktor $\cos\varphi = 0{,}8$ entnommen werden?

Bei dieser Anschlußleistung dürfen die Außenleiter den Strom

$$I = \frac{S_N}{\sqrt{3}\,U} = \frac{16{,}5\ \text{kVA}}{\sqrt{3}\cdot 380\ \text{V}} = 25{,}06\ \text{A}$$

führen. Die maximal zu entnehmende einphasige Wirkleistung beträgt daher

$$P_E = U I \cos\varphi = 220\ \text{V}\cdot 25{,}06\ \text{A}\cdot 0{,}8 = 4{,}411\ \text{kW} = 0{,}8\ S_N/3$$

4.3.2 Dreileiternetz

Es soll jetzt untersucht werden, wie sich der eigentliche Dreiphasenverbraucher verhält, wenn seine Teilwiderstände, z. B. infolge irgendwelcher Störungen, unterschiedlich groß oder verschiedenartig sind.

4.3.2.1 Dreieckschaltung. Ungleiche komplexe Widerstände $\underline{Z}_{12}, \underline{Z}_{23}, \underline{Z}_{31}$ verursachen mit den symmetrisch bleibenden komplexen Außenleiterspannungen $\underline{U}_{12}, \underline{U}_{23}, \underline{U}_{31}$ die unsymmetrischen komplexen Strangströme

$$\underline{I}_{12} = \frac{\underline{U}_{12}}{\underline{Z}_{12}}, \quad \underline{I}_{23} = \frac{\underline{U}_{23}}{\underline{Z}_{23}}, \quad \underline{I}_{31} = \frac{\underline{U}_{31}}{\underline{Z}_{31}} \tag{4.21}$$

die sich in Betrag und Phasenlage unterscheiden können. Analog zu Gl. (4.12) kann man hieraus die Außenleiterströme $\underline{I}_1, \underline{I}_2, \underline{I}_3$ zusammensetzen, die wieder in Betrag und Phasenlage verschieden sein können, also im allgemeinen Fall auch wieder ein unsymmetrisches Stromsystem bilden.

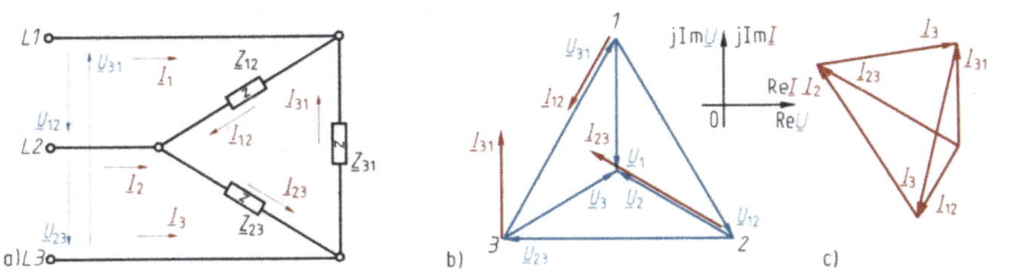

4.12 Dreieckschaltung unsymmetrischer Widerstände (a) mit Zeigerdiagramm für Spannungen (b) und Ströme (c)

Beispiel 4.9. Ein Verbraucher ist nach Bild **4.** 12a in Dreieck geschaltet und besteht aus den komplexen Widerständen $\underline{Z}_{12}=50\ \Omega\ \angle 60^\circ$, $\underline{Z}_{23}=25\ \Omega\ \angle 30^\circ$, $\underline{Z}_{31}=40\ \Omega\ \angle -30^\circ$. Er liegt an einem Dreileiternetz mit der Außenleiterspannung $U=380$ V. Alle Ströme und ihre Phasenwinkel sind zu bestimmen.

Mit den komplexen Spannungen $\underline{U}_{12}=380\ \text{V}\ \angle -60^\circ$, $\underline{U}_{23}=-380$ V, $\underline{U}_{31}=380\ \text{V}\ \angle 60^\circ$ berechnen wir zunächst die komplexen Strangströme

$$\underline{I}_{12}=\underline{U}_{12}/\underline{Z}_{12}=380\ \text{V}\ \angle -60^\circ/(50\ \Omega\ \angle 60^\circ)=7{,}6\ \text{A}\ \angle -120^\circ$$

$$\underline{I}_{23}=\underline{U}_{23}/\underline{Z}_{23}=380\ \text{V}\ \angle 180^\circ/(25\ \Omega\ \angle 30^\circ)=15{,}2\ \text{A}\ \angle 150^\circ$$

$$\underline{I}_{31}=\underline{U}_{31}/\underline{Z}_{31}=380\ \text{V}\ \angle 60^\circ/(40\ \Omega\ \angle -30^\circ)=9{,}5\ \text{A}\ \angle 90^\circ$$

Sie sind in Bild **4.** 12b mit den zugehörigen Spannungen dargestellt. Die Zusammensetzung zu den Außenleiterströmen kann man mit dem Zeigerdiagramm der Ströme in Bild **4.** 12c vornehmen. Mit der komplexen Rechnung erhält man mit den Strangströmen in Komponentenform $\underline{I}_{12}=(-3{,}8-\text{j}\,6{,}58{,}2)$ A, $\underline{I}_{23}=(-13{,}16+\text{j}\,7{,}6)$ A, $\underline{I}_{31}=\text{j}\,9{,}5$ A nach Bild **4.** 12a die komplexen Außenleiterströme

$$\underline{I}_1=\underline{I}_{12}-\underline{I}_{31}=(-3{,}8-\text{j}\,6{,}582)\ \text{A}-\text{j}\,9{,}5\ \text{A}$$
$$=(-3{,}8-\text{j}\,16{,}082)\ \text{A}=16{,}52\ \text{A}\ \angle -103{,}3^\circ$$

$$\underline{I}_2=\underline{I}_{23}-\underline{I}_{12}=(-13{,}16+\text{j}\,7{,}6)\ \text{A}-(-3{,}8-\text{j}\,6{,}582)\ \text{A}$$
$$=(-16{,}96+\text{j}\,14{,}18)\ \text{A}=22{,}11\ \text{A}\ \angle 140{,}1^\circ$$

$$\underline{I}_3=\underline{I}_{31}-\underline{I}_{23}=\text{j}\,9{,}5\ \text{A}-(-13{,}16+\text{j}\,7{,}6)\ \text{A}$$
$$=(13{,}16+\text{j}\,1{,}9)\ \text{A}=13{,}3\ \text{A}\ \angle 8{,}22^\circ$$

Nach Bild 4.12c gilt auch hier wieder $\underline{I}_1+\underline{I}_2+\underline{I}_3=0$.

4.3.2.2 Sternschaltung. Eine unsymmetrische Sternschaltung nach Bild **4.** 13, die am Dreileiternetz liegt, kann keinen Mittelleiterstrom I_M ausbilden, so daß ihr im Gegensatz zum Vierleiternetz die Bedingung

$$\underline{I}_\text{M}=\underline{I}_1+\underline{I}_2+\underline{I}_3=0 \tag{4.22}$$

aufgezwungen wird. Dann sind auch nicht mehr die Sternspannungen gleich groß und symmetrisch, und es tritt zwischen dem Verbraucher-Sternpunkt N' und dem Erzeuger-Mittelpunkt N eine komplexe Sternpunktspannung $\underline{U}_\text{M}$ auf. Wir wollen jetzt drei Verfahren zur Bestimmung der Kenngrößen betrachten.

Netzumformung. Nach Abschn. 3.3.1.4 kann man jede Sternschaltung in eine äquivalente Dreieckschaltung umrechnen, so daß dann die Außenleiterströme oder Leistungen wie in Abschn. 4.3.2.1 bestimmt werden können.

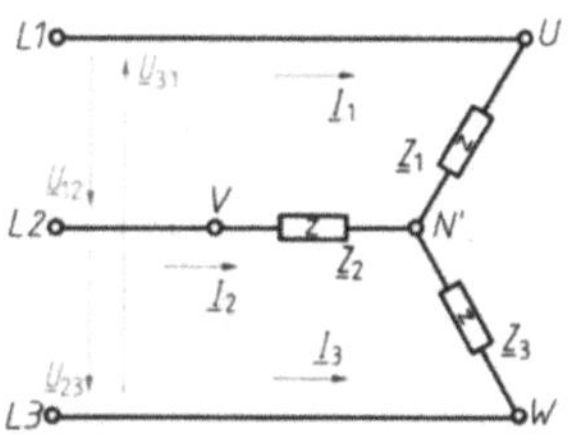

4. 13 Sternschaltung unsymmetrischer Widerstände

Beispiel 4.10. Ein Verbraucher nach Bild **4.** 13 enthält die Widerstände $\underline{Z}_1=20\ \Omega$, $\underline{Z}_2=40\ \Omega$, $\underline{Z}_3=100\ \Omega$ und stellt daher einen unsymmetrischen, reinen Wirkverbraucher dar. Die Leistungsaufnahme P_1 ist zu bestimmen.

Wir rechnen die Sternschaltung in eine äquivalente Dreieckschaltung um und erhalten mit Gl. (3.174) die Widerstände

$$\underline{Z}_{12}=\underline{Z}_1+\underline{Z}_2+\frac{\underline{Z}_1\underline{Z}_2}{\underline{Z}_3}=20\,\Omega+40\,\Omega+\frac{20\,\Omega\cdot 40\,\Omega}{100\,\Omega}=68\,\Omega=R_{12}$$

$$\underline{Z}_{23}=\underline{Z}_2+\underline{Z}_3+\frac{\underline{Z}_2\underline{Z}_3}{\underline{Z}_1}=40\,\Omega+100\,\Omega+\frac{40\,\Omega\cdot 100\,\Omega}{20\,\Omega}=340\,\Omega=R_{23}$$

$$\underline{Z}_{31}=\underline{Z}_3+\underline{Z}_1+\frac{\underline{Z}_3\underline{Z}_1}{\underline{Z}_2}=100\,\Omega+20\,\Omega+\frac{100\,\Omega\cdot 20\,\Omega}{40\,\Omega}=170\,\Omega=R_{31}$$

und somit die gesamte Wirkleistung

$$P=P_1+P_2+P_3=U^2\left(\frac{1}{R_{12}}+\frac{1}{R_{23}}+\frac{1}{R_{31}}\right)$$

$$=380^2\,\mathrm{V}^2\left(\frac{1}{68\,\Omega}+\frac{1}{340\,\Omega}+\frac{1}{170\,\Omega}\right)=339{,}8\,\mathrm{W}$$

Schnittmethode. Nach Abschn. 2.3.3.2 kann man, um Ströme und Spannungen in umfangreichen Netzwerken zu bestimmen, die vorliegende Schaltung an einer günstig erscheinenden Stelle auftrennen, die an dieser Trennstelle dann wirkende Spannung ermitteln und, da sie ja fälschlicherweise eingeführt wurde, sie in einem zweiten Schritt durch eine entgegengesetzt wirkende Quellenspannung wieder kompensieren.

Das ursprüngliche Dreiphasennetz mit der Trennstelle wird dann zu bestimmten Teilströmen bzw. -spannungen führen, die zusätzlich eingeführte Spannungsquelle aber ebenso. Alle Teilgrößen müssen schließlich unter Anwendung des Überlagerungsgesetzes (s. Abschn. 2.3.3 und 3.4.1.2) zu den tatsächlich auftretenden Spannungen und Strömen zusammengesetzt werden.

Unsymmetrische Dreiphasenverbraucher in Sternschaltung können mit diesem Verfahren besonders gut berechnet werden, wenn mindestens zwei der drei komplexen Widerstände gleichartig sind, also den gleichen Phasenwinkel aufweisen oder sich im Phasenwinkel um $\varphi=180°$ unterscheiden, also z. B. reine Blindwiderstände sind. Dies untersuchen wir wieder mit Beispielen.

Beispiel 4.11. Ein in Stern geschalteter Verbraucher belastet mit den Wirkwiderständen $R_1=10\,\Omega$, $R_2=20\,\Omega$ und $R_3=30\,\Omega$ ein Dreileiternetz (Bild **4.**14 a). Wie groß sind die von den Verbraucherwiderständen aufgenommenen Ströme I_1, I_2 und I_3 bei der Außenleiterspannung $U=380$ V?

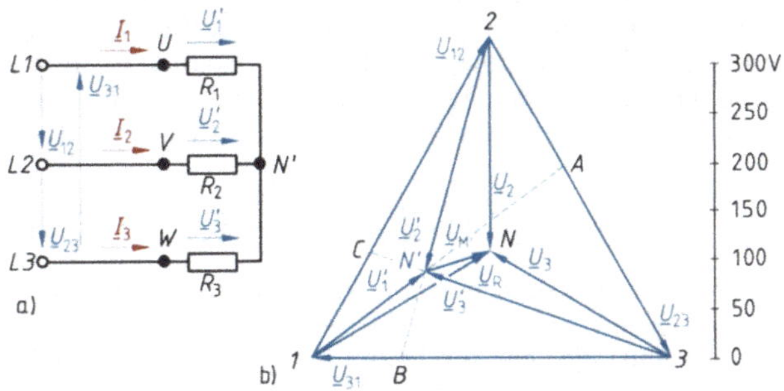

4.14
Unsymmetrische Belastung eines Dreileiternetzes (a) mit Zeigerdiagramm (b) für Beispiel 4.11

Es liegt eine unsymmetrische Belastung in einem Netz ohne Mittelleiter vor, für die wir die Verbraucherspannungen mit der Schnittmethode bestimmen wollen. Wir nehmen zunächst an, daß die Schaltung an der Klemme *V* unterbrochen ist. Dann wirkt auf die Reihenschaltung der Wirkwiderstände R_2 und R_3 nur die Spannung $\underline{U}_{23}$, die also im Verhältnis $R_2/R_3 = 20\,\Omega/(30\,\Omega) = 2/3$ aufgeteilt wird und den Punkt *A* in Bild **4.**14b ergibt. An der Schnittstelle herrscht dann die Spannung $\underline{U}_{1A}$. Um die Schaltung in den ursprünglichen Zustand zu versetzen, müßte man diese Spannung mit umgekehrtem Vorzeichen auf die Reihenschaltung der Wirkwiderstände R_1 und R_2 parallel zu R_3 wirken lassen. Wegen der reinen Wirkwiderstände kann der Verbrauchersternpunkt *N'* nur auf $\underline{U}_{1A}$ liegen.

Durch Aufschneiden an den Punkten *U* bzw. *W* erhalten wir auf die gleiche Weise die Punkte *B* und *C*. Der Verbrauchersternpunkt *N'* kann dann nur der Schnittpunkt der 3 Spannungen $\underline{U}_{1A}$, $\underline{U}_{2B}$ und $\underline{U}_{3C}$ sein. Das Zeigerdiagramm in Bild **4.**14b liefert die Sternspannungen $U_1' = 150$ V, $U_2' = 250$ V und $U_3' = 275$ V. Somit sind die Verbraucherströme $I_1 = U_1'/R_1 = 150\text{ V}/(10\,\Omega) = 15$ A, $I_2 = U_2'/R_2 = 250\text{ V}/(20\,\Omega) = 12{,}5$ A und $I_3 = U_3'/R_3 = 275\text{ V}/(30\,\Omega) = 9{,}16$ A.

Beispiel 4.12. Die eine Zuleitung zu einem leerlaufenden, in Stern geschalteten Dreiphasentransformator wird unterbrochen, so daß mit der Erdkapazität C_E und den induktiven Blindwiderständen X_L des Transformators bei Vernachlässigung aller übrigen Widerstände die Schaltung nach Bild **4.**15a entsteht. Es ist zu untersuchen, welche Spannungen für $X_C = -1/(\omega C_E) = -3X_L$ an den Wicklungen des Transformators liegen.

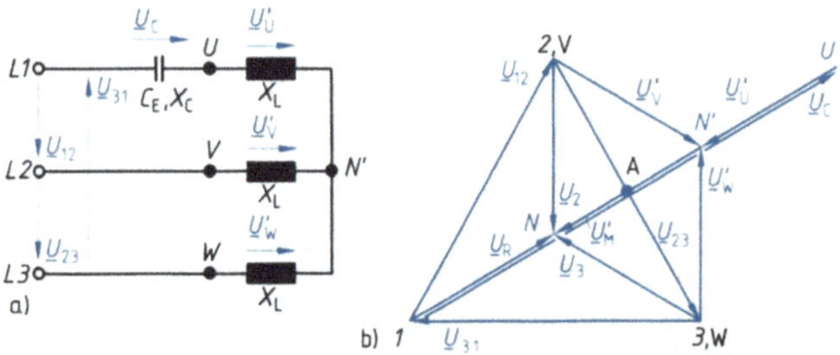

4.15 Leerlaufender Dreiphasentransformator mit Unterbrechung einer Zuleitung, die durch eine Erdkapazität C_E überbrückt ist (Beispiel 4.12)
a) Ersatzschaltung, b) Zeigerdiagramm der Spannungen für den Fall $X_C = -3X_L$

Wir wenden wie in Beisp. 4.11 die Schnittmethode an und erhalten den Punkt *A* in Bild **4.**15b, wenn wir die Leitung *L1* unterbrochen und nur die Spannung $\underline{U}_{23}$ wirksam denken. Die Spannung $\underline{U}_{1A}$ muß dann zur Wiederherstellung der ursprünglichen Schaltung auf die Reihenschaltung der Blindwiderstände X_C und X_L des Anschlusses *U* mit der Parallelschaltung der beiden Blindwiderstände X_L der Anschlüsse *V* und *W* wirken. Hiermit erhalten wir die Spannung $\underline{U}_C$ am Kondensator bzw. das Spannungsverhältnis

$$\frac{\underline{U}_C}{\underline{U}_{1A}} = \frac{jX_C}{jX_C + j\,1{,}5\,X_L} = \frac{X_C}{X_C + 1{,}5\,X_L} = \frac{-3X_L}{-3X_L + 1{,}5\,X_L} = -2$$

Wegen der entgegengesetzten Vorzeichen der Blindwiderstände muß also $\underline{U}_C = 2\underline{U}_{1A}$ sein. Wegen $X_C = -3X_L$ ist $\underline{U}_U' = -\underline{U}_C/3$. Trägt man in Bild **4.**15b den Spannungszeiger $\underline{U}_C$ ein und fügt man die Spannung $\underline{U}_U'$ hinzu, so erhält man den Transformatorsternpunkt *N'* und die Transformatorspannungen $\underline{U}_U'$, $\underline{U}_V'$ und $\underline{U}_W'$.

Wir erkennen, daß die Strangspannungen des Transformators die ursprüngliche Größe behalten haben, die Phasenfolge jedoch umgekehrt ist. Vor der Störung stimmten die Transformatorspannungen mit dem rechtsdrehenden Spannungssystem $\underline{U}_1$, $\underline{U}_2$, $\underline{U}_3$ überein, jetzt folgen $\underline{U}'_U$, $\underline{U}'_V$ und $\underline{U}'_W$ linksherum aufeinander. An den Dreiphasentransformator angeschlossene Drehfeldmaschinen würden ihre Drehrichtung umkehren. Man spricht in diesem Fall von „Kippung".

Komplexe Berechnung. Im Dreileiternetz gilt für die Außenleiterströme stets die Bedingung von Gl. (4.22). Führt man nun die komplexen Leitwerte $\underline{Y}_1 = 1/\underline{Z}_1$, $\underline{Y}_2 = 1/\underline{Z}_2$, $\underline{Y}_3 = 1/\underline{Z}_3$ ein, so kann man mit den komplexen Strangspannungen $\underline{U}'_1$, $\underline{U}'_2$, $\underline{U}'_3$ und den zugehörigen komplexen Strangströmen

$$\underline{I}_1 = \underline{Y}_1 \underline{U}'_1, \quad \underline{I}_2 = \underline{Y}_2 \underline{U}'_2, \quad \underline{I}_3 = \underline{Y}_3 \underline{U}'_3$$

für Gl. (4.22) auch setzen

$$\underline{Y}_1 \underline{U}'_1 + \underline{Y}_2 \underline{U}'_2 + \underline{Y}_3 \underline{U}'_3 = 0 \tag{4.23}$$

Nach dem Spannungszeigerdiagramm in Bild **4.**16 gilt mit der komplexen Sternpunktspannung $\underline{U}_M$ für die komplexen Strangspannungen

$$\underline{U}'_1 = \underline{U}_1 - \underline{U}_M, \quad \underline{U}'_2 = \underline{U}_2 - \underline{U}_M, \quad \underline{U}'_3 = \underline{U}_3 - \underline{U}_M \tag{4.24}$$

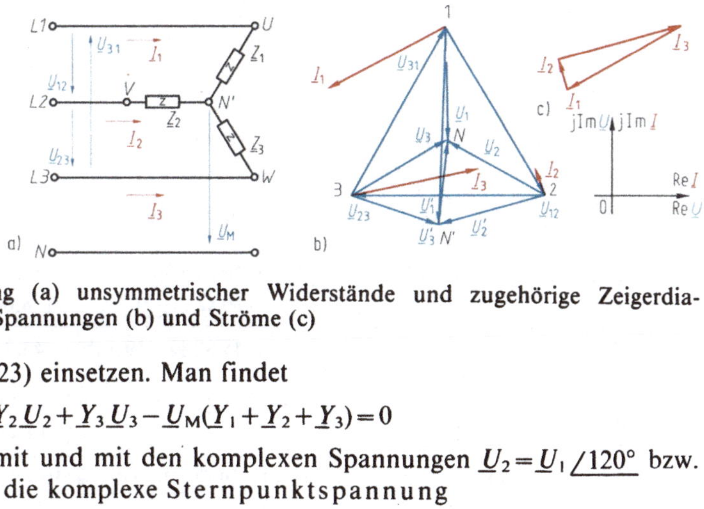

4.16 Sternschaltung (a) unsymmetrischer Widerstände und zugehörige Zeigerdiagramme für Spannungen (b) und Ströme (c)

die wir in Gl. (4.23) einsetzen. Man findet

$$\underline{Y}_1 \underline{U}_1 + \underline{Y}_2 \underline{U}_2 + \underline{Y}_3 \underline{U}_3 - \underline{U}_M(\underline{Y}_1 + \underline{Y}_2 + \underline{Y}_3) = 0$$

so daß sich hiermit und mit den komplexen Spannungen $\underline{U}_2 = \underline{U}_1 \underline{/120^\circ}$ bzw. $\underline{U}_3 = \underline{U}_1 \underline{/-120^\circ}$ die komplexe Sternpunktspannung

$$\underline{U}_M = \frac{\underline{Y}_1 \underline{U}_1 + \underline{Y}_2 \underline{U}_2 + \underline{Y}_3 \underline{U}_3}{\underline{Y}_1 + \underline{Y}_2 + \underline{Y}_3} = \underline{U}_1 \frac{\underline{Y}_1 + \underline{Y}_2 \underline{/120^\circ} + \underline{Y}_3 \underline{/120^\circ}}{\underline{Y}_1 + \underline{Y}_2 + \underline{Y}_3}$$

$$= \underline{U}_1 \frac{\underline{Z}_1 \underline{Z}_2 \underline{/120^\circ} + \underline{Z}_2 \underline{Z}_3 + \underline{Z}_3 \underline{Z}_1 \underline{/-120^\circ}}{\underline{Z}_1 \underline{Z}_2 + \underline{Z}_2 \underline{Z}_3 + \underline{Z}_3 \underline{Z}_1} \tag{4.25}$$

ergibt. Mit den Ansätzen von Gl. (4.24) erhält man schließlich die komplexe Strangspannung

$$\underline{U}'_1 = \underline{U}_1 - \frac{\underline{Y}_1 \underline{U}_1 + \underline{Y}_2 \underline{U}_2 + \underline{Y}_3 \underline{U}_3}{\underline{Y}_1 + \underline{Y}_2 + \underline{Y}_3} = \frac{\underline{Y}_2(\underline{U}_1 - \underline{U}_2) + \underline{Y}_3(\underline{U}_1 - \underline{U}_3)}{\underline{Y}_1 + \underline{Y}_2 + \underline{Y}_3} = \frac{\underline{U}_{12} \underline{Y}_2 - \underline{Y}_3 \underline{U}_{31}}{\underline{Y}_1 + \underline{Y}_2 + \underline{Y}_3} \tag{4.26}$$

Da nach Bild 4.16 auch $\underline{U}_{31}=\underline{U}_{12}\,\underline{/120^\circ}=-\underline{U}_{12}\,\underline{/-60^\circ}$ ist, setzt man auch

$$\underline{U}_1=\underline{U}_{12}\frac{\underline{Y}_2+\underline{Y}_3\,\underline{/-60^\circ}}{\underline{Y}_1+\underline{Y}_2+\underline{Y}_3} \tag{4.27}$$

Dann gilt für den zugehörigen komplexen Strom

$$\underline{I}_1=\underline{Y}_1\underline{U}'_1=\underline{Y}_1\underline{U}_{12}\frac{\underline{Y}_2+\underline{Y}_3\,\underline{/-60^\circ}}{\underline{Y}_1+\underline{Y}_2+\underline{Y}_3}=\underline{U}_{12}\frac{\underline{Z}_3+\underline{Z}_2\,\underline{/-60^\circ}}{\underline{Z}_1\underline{Z}_2+\underline{Z}_2\underline{Z}_3+\underline{Z}_3\underline{Z}_1} \tag{4.28}$$

Die übrigen Ströme findet man durch Vertauschen der Indizes. Gl. (4.27) und (4.28) können gut für das automatisierte Berechnen von komplexen Strömen und Spannungen auf einem einfachen programmierbaren Taschenrechner benutzt werden [s. Band VII].

Beispiel 4.13. Eine Sternschaltung nach Bild 4.16a enthält die komplexen Widerstände $\underline{Z}_1=20\,\Omega\,\underline{/60^\circ}$, $\underline{Z}_2=\mathrm{j}40\,\Omega$, $\underline{Z}_3=10\,\Omega\,\underline{/-30^\circ}$ und liegt an einem symmetrischen Dreiphasen-Spannungsnetz mit der Außenleiterspannung $U=380$ V. Alle Spannungen und Ströme sollen bestimmt werden.

Wir bilden zunächst in Zwischenrechnungen

$$\begin{array}{llll}
\underline{Z}_1\underline{Z}_2=20\,\Omega\,\underline{/60^\circ}\cdot\mathrm{j}40\,\Omega & =800\,\Omega^2\,\underline{/150^\circ} & =(-692{,}8+\mathrm{j}400)\,\Omega^2\\
\underline{Z}_2\underline{Z}_3=\mathrm{j}40\,\Omega\cdot10\,\Omega\,\underline{/-30^\circ} & =400\,\Omega^2\,\underline{/60^\circ} & =(\;\;200+\mathrm{j}346{,}4)\,\Omega^2\\
\underline{Z}_3\underline{Z}_1=10\,\Omega\,\underline{/-30^\circ}\cdot20\,\Omega\,\underline{/60^\circ} & =200\,\Omega^2\,\underline{/30^\circ} & =(\;\;173{,}2+\mathrm{j}100)\,\Omega^2\\
\hline
\underline{Z}_1\underline{Z}_2+\underline{Z}_2\underline{Z}_3+\underline{Z}_3\underline{Z}_1 & =904{,}7\,\Omega^2\,\underline{/110{,}7^\circ} & =(-319{,}6+\mathrm{j}846{,}4)\,\Omega^2
\end{array}$$

$$\begin{array}{llll}
\underline{Z}_1\,\underline{/-60^\circ} & =20\,\Omega\,\underline{/60^\circ-60^\circ} & =\;20\,\Omega\\
\underline{Z}_2 & =\mathrm{j}40\,\Omega & = \qquad +\mathrm{j}40\,\Omega\\
\hline
\underline{Z}_2+\underline{Z}_1\,\underline{/-60^\circ} & =44{,}72\,\Omega\,\underline{/63{,}43^\circ} & =(20\;\;+\mathrm{j}40)\,\Omega
\end{array}$$

$$\begin{array}{llll}
\underline{Z}_2\,\underline{/-60^\circ} & =40\,\Omega\,\underline{/90^\circ-60^\circ} & =40\,\Omega\,\underline{/30^\circ} & =(34{,}64+\mathrm{j}20)\,\Omega\\
\underline{Z}_3 & & =10\,\Omega\,\underline{/-30^\circ} & =(\;8{,}66-\mathrm{j}5)\,\Omega\\
\hline
\underline{Z}_3+\underline{Z}_2\,\underline{/-60^\circ} & = & =45{,}82\,\Omega\,\underline{/19{,}11^\circ} & =(43{,}3+\mathrm{j}15)\,\Omega
\end{array}$$

$$\begin{array}{llll}
\underline{Z}_3\,\underline{/-60^\circ} & =10\,\Omega\,\underline{/-30^\circ-60^\circ} & =10\,\Omega\,\underline{/-90^\circ} & =(\;0-\mathrm{j}10\;\;)\,\Omega\\
\underline{Z}_1 & =20\,\Omega\,\underline{/60^\circ} & & =(10+\mathrm{j}17{,}32)\,\Omega\\
\hline
\underline{Z}_1+\underline{Z}_3\,\underline{/-60^\circ} & & =12{,}39\,\Omega\,\underline{/36{,}21^\circ} & =(10+\mathrm{j}7{,}32)\,\Omega
\end{array}$$

$$\begin{array}{llll}
\underline{Z}_1\underline{Z}_2\,\underline{/120^\circ} & =800\,\Omega^2\,\underline{/150^\circ+120^\circ} & =800\,\Omega^2\,\underline{/-90^\circ} & =(\;\;0-\mathrm{j}800)\,\Omega^2\\
\underline{Z}_2\underline{Z}_3 & & & =(200+\mathrm{j}346{,}4)\,\Omega^2\\
\underline{Z}_3\underline{Z}_1\,\underline{/-120^\circ} & =200\,\Omega^2\,\underline{/30^\circ-120^\circ} & =200\,\Omega^2\,\underline{/-90^\circ} & =(\;\;0-\mathrm{j}200)\,\Omega^2\\
\hline
\underline{Z}_1\underline{Z}_2\,\underline{/-120^\circ}\;+\underline{Z}_2\underline{Z}_3+\underline{Z}_3\underline{Z}_1\,\underline{/120^\circ} & & =683{,}5\,\Omega^2\,\underline{/-72{,}99^\circ} & =(200-\mathrm{j}653{,}6)\,\Omega^2
\end{array}$$

Wenn wir wie in Bild 4.16b mit dem Bezugszeiger $\underline{U}_{23}=-380$ V arbeiten, sind gleichzeitig die komplexen Spannungen $\underline{U}_{12}=380\text{ V}\,\underline{/-60^\circ}$ und $\underline{U}_{31}=380\text{ V}\,\underline{/60^\circ}$. Hiermit erhalten wir die komplexen Ströme

$$\underline{I}_1=\underline{U}_{12}\frac{\underline{Z}_3+\underline{Z}_2\,\underline{/-60^\circ}}{\underline{Z}_1\underline{Z}_2+\underline{Z}_2\underline{Z}_3+\underline{Z}_3\underline{Z}_1}=380\text{ V}\,\underline{/-60^\circ}\;\frac{45{,}82\,\Omega\,\underline{/19{,}11^\circ}}{904{,}7\,\Omega^2\,\underline{/110{,}7^\circ}}\;19{,}25\text{ A}\,\underline{/-151{,}6^\circ}$$

$$\underline{I}_2=\underline{U}_{23}\frac{\underline{Z}_1+\underline{Z}_3\,\angle\,-60^\circ}{\underline{Z}_1\underline{Z}_2+\underline{Z}_2\underline{Z}_3+\underline{Z}_3\underline{Z}_1}=380\text{ V}\,\angle\,180^\circ\,\frac{12{,}4\,\Omega\,\angle\,36{,}21^\circ}{904{,}7\,\Omega^2\,\angle\,110{,}7^\circ}=\underline{5{,}2\text{ A}\,\angle\,105{,}5^\circ}$$

$$\underline{I}_3=\underline{U}_{31}\frac{\underline{Z}_2+\underline{Z}_1\,\angle\,-60^\circ}{\underline{Z}_1\underline{Z}_2+\underline{Z}_2\underline{Z}_3+\underline{Z}_3\underline{Z}_1}=380\text{ V}\,\angle\,60^\circ\,\frac{44{,}72\,\Omega\,\angle\,63{,}43^\circ}{904{,}7\,\Omega^2\,\angle\,110{,}7^\circ}=\underline{18{,}78\text{ A}\,\angle\,12{,}73^\circ}$$

und die komplexen Spannungen

$$\underline{U}'_1=\underline{Z}_1\underline{I}_1=(20\,\Omega\,\angle\,60^\circ)\,19{,}25\text{ A}\,\angle\,151{,}6^\circ=\underline{385\text{ V}\,\angle\,-91{,}6^\circ}$$
$$\underline{U}'_2=\underline{Z}_2\underline{I}_2=(40\,\Omega\,\angle\,90^\circ)\,5{,}2\text{ A}\,\angle\,105{,}5^\circ=\underline{208\text{ V}\,\angle\,-164{,}5^\circ}$$
$$\underline{U}'_3=\underline{Z}_3\underline{I}_3=(10\,\Omega\,\angle\,-30^\circ)\,18{,}78\text{ A}\,\angle\,12{,}73^\circ=\underline{187{,}8\text{ V}\,\angle\,-17{,}27^\circ}$$

und mit $\underline{U}_1=220\text{ V}\,\angle\,-90^\circ$ die komplexe Sternpunktspannung

$$\underline{U}_M=\underline{U}_1\frac{\underline{Z}_1\underline{Z}_2\,\angle\,120^\circ+\underline{Z}_2\underline{Z}_3+\underline{Z}_3\underline{Z}_1\,\angle\,-120^\circ}{\underline{Z}_1\underline{Z}_2+\underline{Z}_2\underline{Z}_3+\underline{Z}_3\underline{Z}_1}$$
$$=220\text{ V}\,\angle\,-90^\circ\,\frac{683{,}5\,\Omega^2\,\angle\,-72{,}99^\circ}{904{,}7\,\Omega^2\,\angle\,110{,}7^\circ}=\underline{166{,}2\text{ V}\,\angle\,86{,}31^\circ}$$

Die Zeigerdiagramme in Bild **4.**16b und c zeigen, daß diese Lösung offensichtlich alle Bedingungen erfüllt. Da man beim komplexen Rechnen leicht Fehler machen kann, ist eine solche Kontolle mit einem Zeigerdiagramm unbedingt erforderlich.

4.4 Symmetrische Komponenten für Dreiphasensysteme

Die Betrachtungen in Abschn. 4.3 gehen davon aus, daß dem Verbraucher ein symmetrisches Dreiphasen-Spannungssystem zur Verfügung gestellt wird. Die in Abschn. 4.3 behandelten unsymmetrischen Dreiphasenverbraucher führen aber zu unsymmetrischen Stromsystemen, die im allgemeinen unsymmetrische Spannungsabfälle auf den Zuleitungen bzw. in den vorgeschalteten Transformatoren verursachen, so daß dann auch nicht mehr ein symmetrisches Spannungssystem am Verbraucher liegt. Auch die Schaltung selbst kann Ursache von Unsymmetrien sein.

Wenn nicht leicht zu überschauende Vorgänge berechnet werden sollen, empfiehlt es sich meist, die auftretenden Größen in einer Analyse in Komponenten zu zerlegen, deren Eigenschaften man kennt und mit denen man leichter weiterrechnen kann. Anschließend kann man in einer Synthese die Zwischenergebnisse zu den gesuchten Größen zusammensetzen. Das Rechnen mit Wirk- und Blindkomponenten (s. Abschn. 3.3.1) folgt z. B. diesem Grundsatz. Voraussetzung für die Zulässigkeit eines solchen Vorgehens ist jedoch, daß lineare Bauelemente vorliegen, also das Überlagerungsgesetz angewandt werden darf (s. Abschn. 2.3.3 und 3.4.1.2).

Für Dreiphasensysteme kennt man symmetrische Komponenten, α-β-0-Komponenten und d-q-0-Komponenten [30], [80]; wir beschränken uns hier auf die

Betrachtung symmetrischer Komponenten (s.a. Band II und Band IX). Wir wollen nun zunächst sehen, wie man unsymmetrische Dreiphasensysteme aus symmetrischen Komponenten, also symmetrischen Dreiphasensystemen (und u.U. einem Einphasensystem), zusammensetzen kann. Dies wird dann umgekehrt einen Weg zur Zerlegung unsymmetrischer Dreiphasensysteme aufzeigen. Schließlich müssen die Wirkungen der symmetrischen Komponenten betrachtet werden.

4.4.1 Synthese unsymmetrischer Dreiphasensysteme

Nach Abschn. 4.3 unterscheidet man beim Dreiphasensystem Drei- und Vierleiternetze. Für das Dreileiternetz gelten die Bedingungen von Gl. (4.4) und (4.22); die Summe der Außenleiterspannungen und -ströme muß also stets verschwinden, während das Vierleiternetz auch Mittelleiterspannungen und -ströme führen kann. Wir werden daher Drei- und Vierleiternetze nacheinander betrachten.

Für die Ableitung der Zusammenhänge benutzen wir hier vorzugsweise die Spannungen, in den Beispielen dagegen meist die Ströme. Für beide Größen gelten dieselben Gesetze der Synthese und Analyse.

4.4.1.1 Einführung eines Drehfaktors. Nach Gl. (4.1) sind die Strangspannungen des Dreiphasensystems bei der Strangzahl $m=3$ um den Winkel

$$\varphi_{\mathrm{p}}=2\pi/m=2\pi/3=120° \tag{4.29}$$

gegeneinander phasenverschoben; sie haben außerdem den gleichen Betrag U_{Str} bzw. Scheitelwert $\sqrt{2}\,U_{\mathrm{Str}}$. Ein Dreiphasen-Spannungssystem ist daher z.B. durch die 3 Spannungen

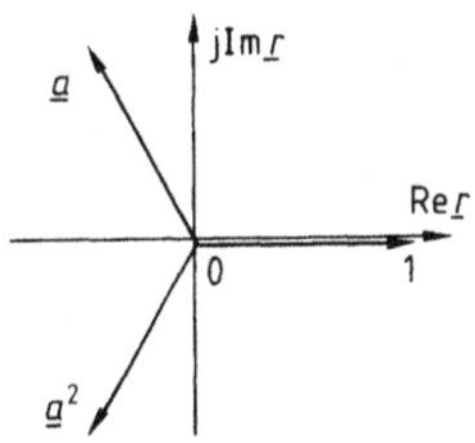

4.17 Drehfaktor $\underline{a}$

$$\underline{U},\ \underline{U}\,\underline{/-120°},\ \underline{U}\,\underline{/120°}$$

hinreichend gekennzeichnet. Für viele Berechnungen hat es Vorteile, hier den Drehfaktor (Bild 4.17)

$$\underline{a}=\mathrm{e}^{\mathrm{j}\,120°}=\underline{/120°}=-\frac{1}{2}+\mathrm{j}\frac{\sqrt{3}}{2} \tag{4.30}$$

einzuführen. Eine Drehung um $240°=-120°$ ist daher durch $\underline{a}^2=\underline{/120°}\cdot\underline{/120°}=\underline{/240°}=\underline{/-120°}$ gegeben, während $\underline{a}^3=1$ und somit eine Multiplikation mit 1 ist, also keine Änderung des Zeigers bedeutet.

Einige Produkte, Summen, Differenzen u.ä. sind in Bild 4.18 dargestellt. Hier folgen mit n für alle ganzen Zahlen noch einige Werte

$$\underline{a}=\underline{a}^{(1+3n)}=1/\underline{a}^{(2+3n)}=-\frac{1}{2}+\mathrm{j}\frac{\sqrt{3}}{2} \tag{4.31}$$

$$\underline{a}^2=\underline{a}^{(2+3n)}=1/\underline{a}^{(1+3n)}=-\frac{1}{2}-\mathrm{j}\frac{\sqrt{3}}{2} \tag{4.32}$$

$$\underline{a}^3 = \underline{a}^{3n} = 1/\underline{a}^{3n} = 1 \tag{4.33}$$

$$1 - \underline{a}^2 = 2 + \underline{a} = -\underline{a}(2\underline{a}+1) = \sqrt{3}\ \underline{/30^\circ} \tag{4.34}$$

$$\underline{a} - \underline{a}^2 = 2\underline{a} + 1 = -(2\underline{a}^2+1) = \sqrt{3}\ \underline{/90^\circ} \tag{4.35}$$

$$\underline{a} - 1 = \underline{a}(2+\underline{a}) = -(2+\underline{a}^2) = \sqrt{3}\ \underline{/150^\circ} \tag{4.36}$$

$$\underline{a}^2 - 1 = -(2+\underline{a}) = \underline{a}(2\underline{a}+1) = \sqrt{3}\ \underline{/-150^\circ} \tag{4.37}$$

$$\underline{a}^2 - \underline{a} = -(2\underline{a}+1) = 2\underline{a}^2 + 1 = \sqrt{3}\ \underline{/-90^\circ} \tag{4.38}$$

$$1 - \underline{a} = -\underline{a}(2+\underline{a}) = 2 + \underline{a}^2 = \sqrt{3}\ \underline{/-30^\circ} \tag{4.39}$$

Beachtenswert sind die Zusammenhänge

$$1 + \underline{a} + \underline{a}^2 = 0 \tag{4.40}$$

$$(\underline{a} - \underline{a}^2) + (\underline{a}^2 - 1) + (1 - \underline{a}) = 0 \tag{4.41}$$

$$(\underline{a} - \underline{a}^2) = \underline{a}(1 - \underline{a}) = \underline{a}^2(\underline{a}^2 - 1) \tag{4.42}$$

Komplexe Brüche, die den Drehfaktor $\underline{a}$ im Nenner enthalten, kann man durch Anwendung der in Gl. (4.30) bis (4.42) bzw. Bild 4.18 dargestellten Zusammenhänge vereinfachen bzw. ausrechnen.

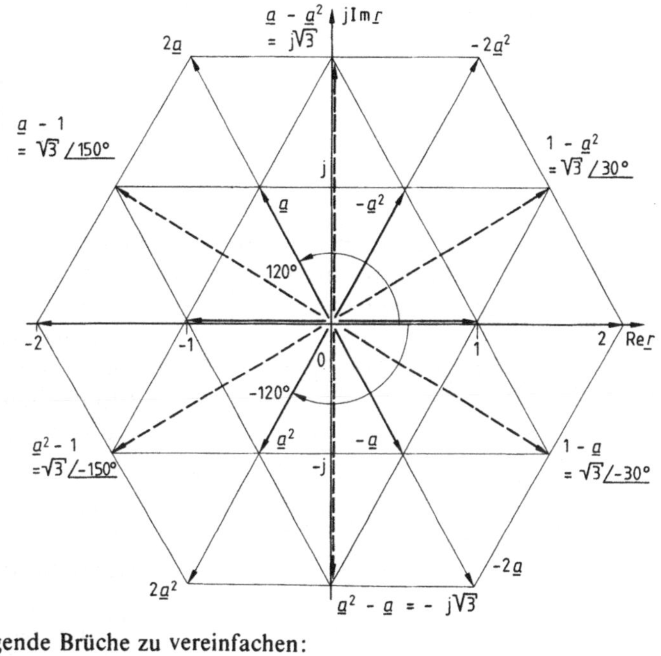

4.18 Summen, Differenzen und Produkte des Drehzeigers $\underline{a}$

Beispiel 4.14. Es sind folgende Brüche zu vereinfachen:

a) $$\frac{\underline{a}-1}{\underline{a}} = \frac{\underline{a}}{\underline{a}} - \frac{1}{\underline{a}} = 1 - \underline{a}^2 = \sqrt{3}\ \underline{/30^\circ}$$

b) $$\frac{\underline{a}-1}{1-\underline{a}^2} = \frac{\sqrt{3}\ \underline{/150^\circ}}{\sqrt{3}\ \underline{/30^\circ}} = \underline{/120^\circ} = \underline{a}$$

c) $$\frac{\underline{a}}{\underline{a}^2-1} = \frac{\underline{/120^\circ}}{\sqrt{3}\ \underline{/-150^\circ}} = \frac{1}{\sqrt{3}}\ \underline{/270^\circ} = -\mathrm{j}\,0{,}577$$

d)
$$\frac{1-4\underline{a}}{3(1-\underline{a})}=\frac{1-4(-0{,}5+\mathrm{j}\,0{,}866)}{3\sqrt{3}\,\underline{/-30^\circ}}=\frac{3-\mathrm{j}\,3{,}464}{3\sqrt{3}\,\underline{/-30^\circ}}$$
$$=\frac{4{,}5825\,\underline{/-49{,}1^\circ}}{3\sqrt{3}\,\underline{/-30^\circ}}=0{,}882\,\underline{/19{,}1^\circ}$$

Mit dem Drehfaktor $\underline{a}$ besteht daher ein symmetrisches Dreiphasen-Spannungssystem, dessen Spannungszeiger wie üblich rechtsherum aufeinander folgen, aus den 3 komplexen Spannungen

$$\underline{U},\ \underline{a}^2\underline{U},\ \underline{a}\,\underline{U}$$

4.4.1.2 Dreileiternetz. Die Zeiger der Außenleiterspannungen $\underline{U}_{12}$, $\underline{U}_{23}$, $\underline{U}_{31}$ und Außenleiterströme $\underline{I}_1$, $\underline{I}_2$, $\underline{I}_3$ bilden nach Gl. (4.4) und (4.22) stets geschlossene Zeigerdreiecke. Ein solches Dreiphasen-Strom- oder Spannungssystem ist unsymmetrisch, wenn die Ströme und Spannungen nicht mehr die Symmetriebedingungen $\underline{I}$, $\underline{a}^2\underline{I}$, $\underline{a}\,\underline{I}$ bzw. $\underline{U}$, $\underline{a}^2\underline{U}$, $\underline{a}\,\underline{U}$ erfüllen, also unterschiedlich groß sind und/oder von 120° abweichende Phasenwinkel gegeneinander aufweisen.

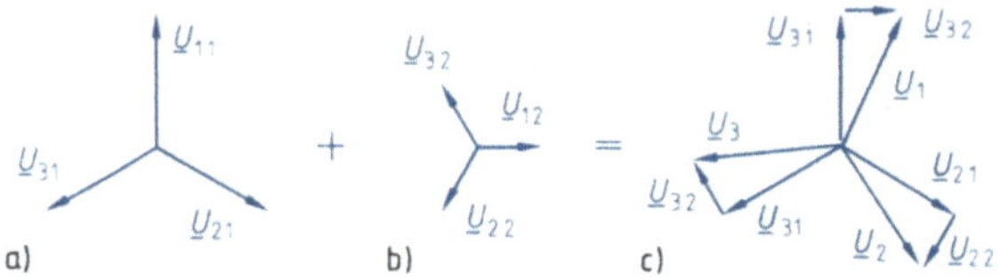

4.19 Synthese von zwei symmetrischen Spannungssystemen (a, b) gleicher Phasenfolge zu einem symmetrischen Dreiphasen-Spannungssystem (c)

Wie Bild **4.**19 zeigt, kann man zwei Spannungssysteme gleicher Phasenfolge nur wieder zu einem neuen symmetrischen Dreiphasen-Spannungssystem zusammensetzen. Wir wollen aber nun untersuchen, ob man nicht symmetrische Dreiphasensysteme entgegengesetzter Phasenfolge zu unsymmetrischen Dreiphasensystemen überlagern kann.

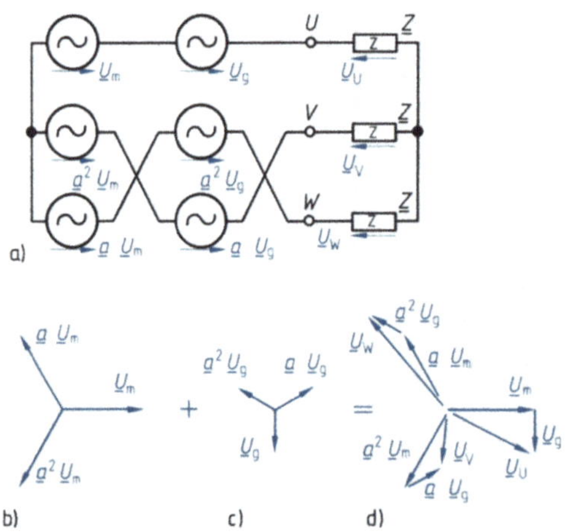

4.20 Synthese eines unsymmetrischen Dreiphasen-Spannungssystems (d) aus Mitsystem (b) und Gegensystem (c) mit zugehöriger Schaltung (a)

In Bild **4.**20b ist das Zeigerdiagramm eines normalen symmetrischen Dreiphasen-Spannungssystems mit den Strangspannungen

$$\underline{U}_{\mathrm{mU}}=\underline{U}_{\mathrm{m}}$$
$$\underline{U}_{\mathrm{mV}}=\underline{U}_{\mathrm{m}}\,\underline{/-120^\circ}=\underline{a}^2\,\underline{U}_{\mathrm{m}}$$
$$\underline{U}_{\mathrm{mW}}=\underline{U}_{\mathrm{m}}\,\underline{/120^\circ}=\underline{a}\,\underline{U}_{\mathrm{m}} \qquad (4.43)$$

dargestellt, wobei wieder der Drehfaktor $\underline{a}$ nach Abschn. 4.4.1.1 eingeführt ist. Da die Größen mit den Indizes 1, 2, 3 rechtsherum aufeinander folgen, hat dieses System die normale Phasenfolge. Es würde einen normal geschalteten Drehstrommotor (s. Band II) rechtsherum drehen lassen. Daher bezeichnet man es als Mitsystem, was durch den Index m gekennzeichnet wird.

Das in Bild 4.20c dargestellte symmetrische Dreiphasen-Spannungssystem ist kleiner als das Mitsystem (es könnte natürlich auch größer sein und eine ganz andere Phasenlage haben), und die Indizes folgen linksherum aufeinander. Das wesentliche Kennzeichen ist also die entgegengesetzte Phasenfolge.[1]) Es würde in einem normal geschalteten Dreiphasenmotor daher auch ein entgegengesetzt umlaufendes Drehfeld erzeugen (s. Band II, Teil 1). Man nennt es daher Gegensystem und kennzeichnet es durch den Index g. Es besteht demnach aus den drei Spannungen

$$\begin{aligned} \underline{U}_{gU} &= \underline{U}_g \\ \underline{U}_{gV} &= \underline{U}_g \underline{/120^\circ} = \underline{a}\,\underline{U}_g \\ \underline{U}_{gW} &= \underline{U}_g \underline{/-120^\circ} = \underline{a}^2\,\underline{U}_g \end{aligned} \tag{4.44}$$

Die Spannungen $\underline{U}_m = U_m \underline{/\varphi_m}$ und $\underline{U}_g = U_g \underline{/\varphi_g}$ dürfen also in Betrag (U_m bzw. U_g) und Phasenlage (φ_m bzw. φ_g) beliebig voneinander abweichen.

Lassen wir nun Mit- und Gegensystem wie in Bild 4.20a in einer Reihenschaltung zusammenwirken, entstehen in der dargestellten Sternschaltung an den drei völlig gleichen komplexen Widerständen $\underline{Z}$ die Spannungen

$$\underline{U}_U = \underline{U}_{mR} + \underline{U}_{gU} = \underline{U}_m + \underline{U}_g \tag{4.45}$$

$$\underline{U}_V = \underline{U}_{mS} + \underline{U}_{gV} = \underline{a}_2 \underline{U}_m + \underline{a}\,\underline{U}_g \tag{4.46}$$

$$\underline{U}_W = \underline{U}_{mT} + \underline{U}_{gW} = \underline{a}\,\underline{U}_m + \underline{a}^2\,\underline{U}_g \tag{4.47}$$

Ihre Zeiger sind in Bild 4.20d dargestellt und bilden also ein unsymmetrisches Dreiphasen-Spannungssystem. Wegen $1 + \underline{a} + \underline{a}^2 = 0$ ist auch $\underline{U}_m + \underline{a}^2 \underline{U}_m + \underline{a}\,\underline{U}_m = 0$ und $\underline{U}_g + \underline{a}\,\underline{U}_g + \underline{a}^2 \underline{U}_g = 0$ und somit weiterhin $\underline{U}_U + \underline{U}_V + \underline{U}_W = 0$ eingehalten.

Mitsystem und Gegensystem der Spannungen oder Ströme nennt man die symmetrischen Komponenten von Spannung und Strom. Ganz allgemein kann man sich daher jedes unsymmetrische dreiphasige Strom- und Spannungssystem im Dreileiternetz aus symmetrischen Strom- oder Spannungskomponenten, also aus Mitsystem und Gegensystem, zusammengesetzt denken.

---

[1]) Man beachte, daß die komplexen Zeitwerte $\underline{u}_m = \sqrt{2}\, U_m \underline{/\omega t + \varphi_{Um}}$ und $\underline{u}_g = \sqrt{2}\, U_g \underline{/\omega t + \varphi_{Ug}}$ jeweils durch mathematisch positive (also linksherum) mit der Winkelgeschwindigkeit ω drehende Zeitzeiger betrachtet werden müssen, diese Zeiger-Drehrichtung also nichts mit der Phasenfolge oder der zugehörigen Motor-Drehrichtung zu tun hat. Wir arbeiten hier außerdem nur mit Festzeigern (s. Abschn. 8.2).

Beispiel 4.15. Die in Bild 4.21 dargestellten Stromkomponenten $\underline{I}_m = \mathrm{j}I$ und $\underline{I}_g = -\mathrm{j}I$ sind zu einem unsymmetrischen Stromsystem zusammenzusetzen.

Die Zeiger von Mit- und Gegensystem sind in Bild 4.21c überlagert. Danach gilt für die resultierenden Ströme

$$I_U = 0 \quad \text{und} \quad \underline{I}_V = -\underline{I}_W = -\mathrm{j}\sqrt{3}\,\underline{I}_m$$

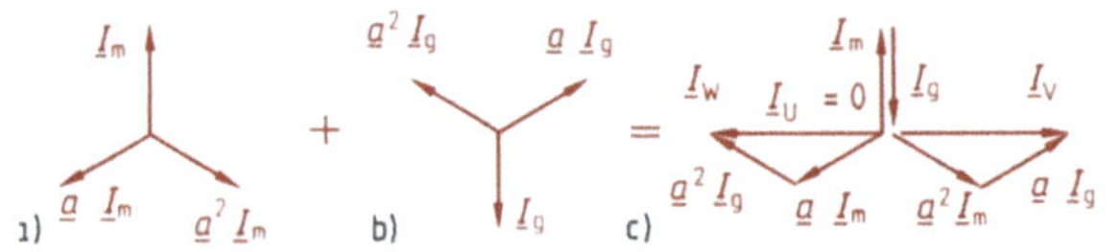

4.21 Synthese von Mitsystem (a) und Gegensystem (b) gleicher Größe und entgegengesetzter Phasenlage zu einem unsymmetrischen Dreiphasen-Stromsystem (c)

4.4.1.3 Vierleiternetz. Im Vierleiternetz können nach Abschn. 4.3.1 Mittelleiterstrom $\underline{I}_M$ und Sternpunktspannung $\underline{U}_M$ auftreten. Sie werden im Mittelleiter, der früher auch Nulleiter genannt wurde, wirksam. Es liegt daher nahe, diese Erscheinung durch ein in den Mittelleiter geschaltetes Einphasensystem zu berücksichtigen und es Nullsystem zu nennen. Es wird durch den Index 0 gekennzeichnet.

Bild 4.22a zeigt die Schaltung der beiden Dreiphasengeneratoren für die Spannungskomponenten $\underline{U}_m$ und $\underline{U}_g$ in Reihe zu dem Einphasengenerator für die Nullkomponente $\underline{U}_0$ und Bild 4.22b bis d die entsprechenden Spannungszeiger, die in Bild 4.22e zu einem unsymmetrischen Dreiphasen-Spannungssystem mit den Strangspannungen

$$\underline{U}_U = \underline{U}_{mU} + \underline{U}_{gU} + \underline{U}_{0U} = \underline{U}_m + \underline{U}_g + \underline{U}_0 \tag{4.48}$$

$$\underline{U}_V = \underline{U}_{mV} + \underline{U}_{gV} + \underline{U}_{0V} = \underline{a}^2\,\underline{U}_m + \underline{a}\,\underline{U}_g + \underline{U}_0 \tag{4.49}$$

$$\underline{U}_W = \underline{U}_{mW} + \underline{U}_{gV} + \underline{U}_{0V} = \underline{a}\,\underline{U}_m + \underline{a}^2\,\underline{U}_g + \underline{U}_0 \tag{4.50}$$

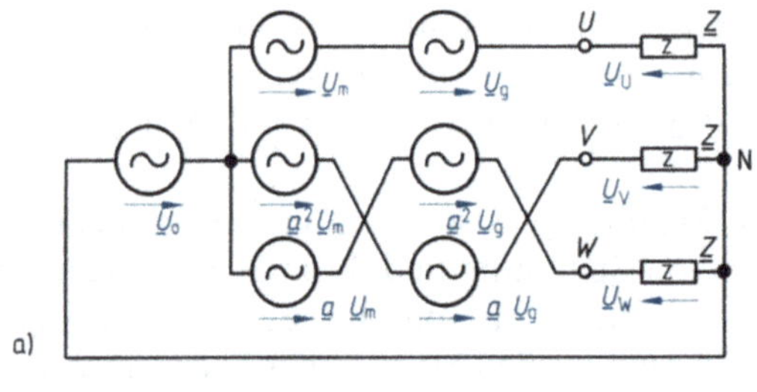

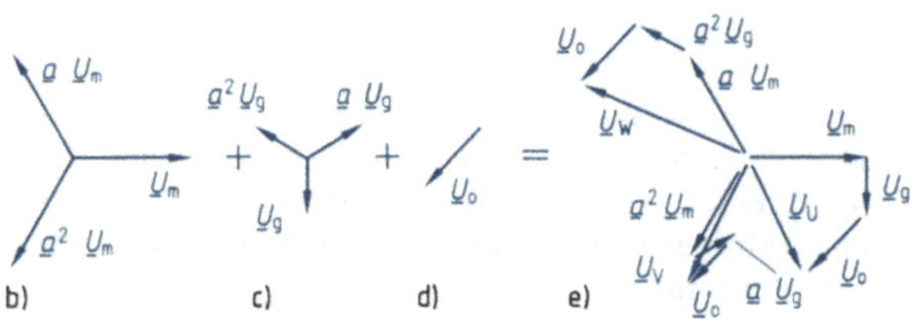

4.22 Synthese von Mitsystem (b), Gegensystem (c) und Nullsystem (d) zu einem unsymmetrischen Dreiphasen-Spannungssystem (e) mit zugehöriger Schaltung (a)

überlagert sind. Wir verallgemeinern Gl. (4.48) bis (4.50) noch für das unsymmetrische Spannungssystem $\underline{U}_a, \underline{U}_b, \underline{U}_c$, das also Stern- oder Dreieckspannungen repräsentieren kann, jedoch Strangspannungen vertreten muß, und schreiben es als Matrizengleichung (s. Abschn. 8.4)

$$\begin{bmatrix} \underline{U}_a \\ \underline{U}_b \\ \underline{U}_c \end{bmatrix} = \begin{bmatrix} 1 & 1 & 1 \\ \underline{a}^2 & \underline{a} & 1 \\ \underline{a} & \underline{a}^2 & 1 \end{bmatrix} \cdot \begin{bmatrix} \underline{U}_m \\ \underline{U}_g \\ \underline{U}_0 \end{bmatrix} \tag{4.51}$$

wobei alle Spannungen $\underline{U}$ durch Ströme $\underline{I}$ ersetzt werden dürfen. Im Vierleiternetz kann man sich daher jedes unsymmetrische Strom- oder Spannungssystem aus den symmetrischen Strom- oder Spannungskomponenten, also aus Mitsystem $\underline{U}_m$ bzw. $\underline{I}_m$, Gegensystem $\underline{U}_g$ bzw. $\underline{I}_g$ und Nullsystem $\underline{U}_0$ bzw. $\underline{I}_0$, zusammengesetzt denken.

Beispiel 4.16. Die in Bild 4.23 dargestellten Stromkomponenten $\underline{I}_m = \underline{I}_g = \underline{I}_0 = \underline{I}$ sind zu einem unsymmetrischen Stromsystem zu überlagern.

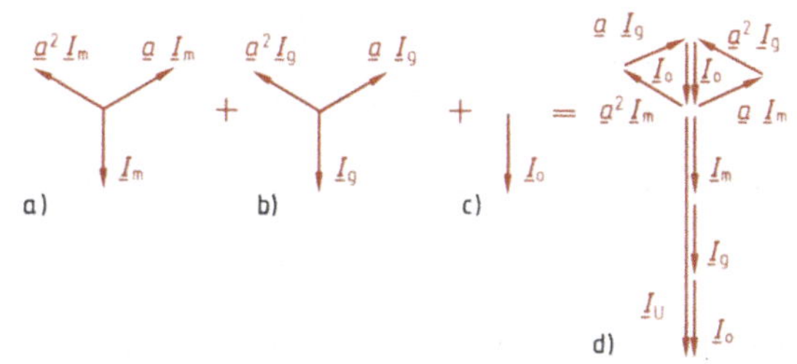

4.23
Synthese von Mitsystem (a), Gegensystem (b) und Nullsystem (c) gleicher Größe und Phasenlage zu einem unsymmetrischen Dreiphasen-Stromsystem (d)

Mit-, Gegen- und Nullsystem sind in Bild 4.23d zum resultierenden unsymmetrischen Dreiphasen-Stromsystem zusammengesetzt. Es gilt also

$$\underline{I}_U = \underline{I}_m + \underline{I}_g + \underline{I}_0 = 3\underline{I} = \underline{I}_M \quad \text{sowie} \quad I_V = I_W = 0$$

Es ergibt sich eine rein einsträngige Belastung. Man beachte, daß sich Nullkomponente des Stromes $\underline{I}_0$ und Mittelleiterstrom $\underline{I}_M$ durch den Faktor 3 unterscheiden.

4.4.2 Analyse unsymmetrischer Dreiphasensysteme

Die meisten Vorgänge und Betrachtungsweisen kann man umkehren. Meist will man unsymmetrische Belastungen und Schaltungen in symmetrische Komponenten zerlegen, für die man die Berechnungsverfahren des symmetrischen Dreiphasensystems oder des einphasigen Nullsystems anwenden darf. Auch hier unterscheidet man wieder Drei- und Vierleiternetze, also Belastungen, die entweder geschlossene Zeigerdreiecke oder beliebige Zeigerdiagramme liefern.

4.4.2.1 Geschlossene Zeigerdreiecke. Wenn man in dem Ansatz von Gl. (4.45) bis (4.47) die Gl. (4.46) mit dem Drehfaktor $\underline{a}$ und Gl. (4.47) mit $\underline{a}^2$ erweitert, erhält man mit $1+\underline{a}+\underline{a}^2=0$ (s. Abschn. 4.4.1.1) durch Addition dieser Gleichungen

$$\begin{array}{ll} \underline{U}_U & =\underline{U}_m+\ \underline{U}_g \\ \underline{a}\,\underline{U}_V & =\underline{U}_m+\underline{a}^2\,\underline{U}_g \\ \underline{a}^2\,\underline{U}_W & =\underline{U}_m+\ \underline{a}\,\underline{U}_g \\ \hline \underline{U}_U+\underline{a}\,\underline{U}_V+\underline{a}^2\,\underline{U}_W=3\,\underline{U}_m+0 & \end{array}$$

Daher lautet die Bestimmungsgleichung für die Spannung des Mitsystems

$$\underline{U}_m = (\underline{U}_U+\underline{a}\,\underline{U}_V+\underline{a}^2\,\underline{U}_W)/3 \tag{4.52}$$

Durch Erweiterung von Gl. (4.46) mit $\underline{a}^2$ und Gl. (4.47) mit $\underline{a}$ findet man in ähnlicher Weise

$$\begin{array}{ll} \underline{U}_U & =\ \underline{U}_m+\underline{U}_g \\ \underline{a}^2\,\underline{U}_V & =\underline{a}\ \underline{U}_m+\underline{U}_g \\ \underline{a}\,\underline{U}_W & =\underline{a}^2\,\underline{U}_m+\underline{U}_g \\ \hline \underline{U}_U+\underline{a}^2\,\underline{U}_V+\underline{a}\,\underline{U}_W=0+3\,\underline{U}_g & \end{array}$$

und die Bestimmungsgleichung für die Spannung des Gegensystems

$$\underline{U}_g = (\underline{U}_U+\underline{a}^2\,\underline{U}_V+\underline{a}\,\underline{U}_W)/3 \tag{4.53}$$

Mit diesen Spannungskomponenten $\underline{U}_m$ und $\underline{U}_g$ für den Strang U sind dann entsprechend Gl. (4.43) und (4.44) natürlich auch die Spannungskomponenten für die beiden anderen Stränge festgelegt. Gl. (4.52) und (4.53) kann man durch Anwendung der komplexen Rechnung auswerten, wobei entsprechend Abschn. 4.4.1.1 der Drehfaktor $\underline{a}=\underline{/120^\circ}=-0{,}5+\mathrm{j}\,0{,}866$ und $\underline{a}^2=\underline{/-120^\circ}=-0{,}5-\mathrm{j}\,0{,}866$ zu beachten ist.

Graphische Analyse. Gl. (4.52) und (4.53) können auch als Vorschrift für eine graphische Lösung im Zeigerdiagramm gedeutet werden. Nach Gl. (4.52) erhält man die Spannungskomponente $3\,\underline{U}_m$, wenn man zum Spannungszeiger $\underline{U}_U$ den um 120° vorgedrehten Spannungszeiger $\underline{U}_V$ und den um 120° zurückgedrehten Spannungszeiger $\underline{U}_W$ addiert. In analoger Weise muß man zur Bestimmung der Spannungskomponente $3\,\underline{U}_g$ den Spannungszeiger $\underline{U}_V$ um 120° zurück- und den Spannungszeiger $\underline{U}_W$ um 120° vordrehen.

Wenn man, wie in Bild **4.24**b für das unsymmetrische Stromsystem des folgenden Beispiels 4.17 dargestellt, mit den Zeigerbeträgen U_V und U_W (bzw. I_V und I_W) Kreise um den Koordinatennullpunkt 0 schlägt, kann man durch zweimaliges Abtragen der Radien auf diesen Kreisen schnell ohne Zuhilfenahme eines Winkelmessers allein mit dem Zirkel die geforderten Drehungen um ±120° vornehmen.

Eine weitere Konstruktionsvorschrift erhält man durch Berücksichtigung von Gl. (4.4) oder (4.22). Wegen $\underline{U}_U+\underline{U}_V+\underline{U}_W=0$ darf man noch $\underline{U}_W=-(\underline{U}_U+\underline{U}_V)$ in Gl. (4.52) einführen und erhält dann unter Berücksichtigung von Abschn. 4.4.1.1

$$3\,\underline{U}_m=\underline{U}_U(1-\underline{a}^2)+\underline{U}_V(\underline{a}-\underline{a}^2)=\sqrt{3}\,\underline{U}_U\,\underline{/30^\circ}+\sqrt{3}\,\underline{U}_V\,\underline{/90^\circ} \tag{4.54}$$

und somit für die Spannungskomponente des Mitsystems

$$\underline{U}_m=\frac{\underline{U}_U+\underline{U}_V\,\underline{/60^\circ}}{\sqrt{3}\,\underline{/-30^\circ}} \tag{4.55}$$

Man findet die Mitkomponente der Spannung demnach auch, wenn man den Spannungszeiger $\underline{U}_V$ um den Winkel 60° vordreht, diesen neuen Zeiger zum Spannungszeiger $\underline{U}_U$ addiert und den so erhaltenen Summenzeiger durch $\sqrt{3}$ dividiert und um den Winkel −30° zurückdreht.

In ähnlicher Weise ergibt sich aus Gl. (4.53) für die Spannung des Gegensystems

$$3\,\underline{U}_g=\underline{U}_U(1-\underline{a})+\underline{U}_V(\underline{a}^2-\underline{a})=\sqrt{3}\,\underline{U}_U\,\underline{/-30^\circ}+\sqrt{3}\,\underline{U}_V\,\underline{/-90^\circ}$$

$$\sqrt{3}\,\underline{U}_g\,\underline{/30^\circ}=\underline{U}_U+\underline{U}_V\,\underline{/-60^\circ} \tag{4.56}$$

$$\underline{U}_g=\frac{\underline{U}_U+\underline{U}_V\,\underline{/-60^\circ}}{\sqrt{3}\,\underline{/30^\circ}} \tag{4.57}$$

Um das Gegensystem zu erhalten, braucht man also nur den Spannungszeiger $\underline{U}_V$ um den Winkel −60° zurückzudrehen, mit dem Spannungszeiger $\underline{U}_U$ zu addieren, den Summenzeiger durch $\sqrt{3}$ zu dividieren und um den Winkel 30° vorzudrehen.

Zeiger kann man graphisch sehr einfach um 60° drehen, wenn man für den betroffenen Zeiger wie in Bild 4.24 die beiden möglichen gleichseitigen Dreiecke mit einem Zirkel konstruiert. Man kann

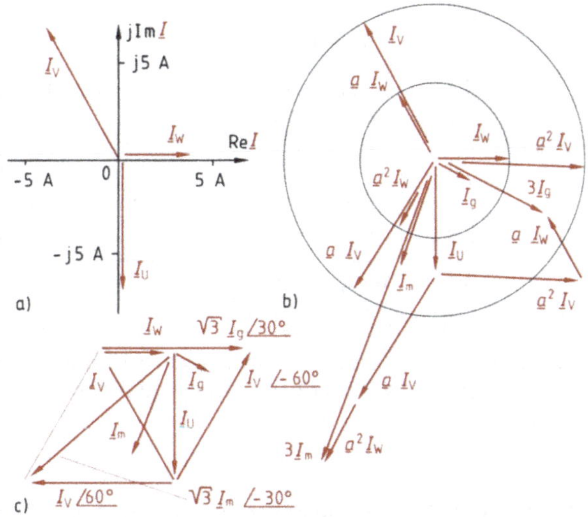

4.24 Graphische Zerlegung eines unsymmetrischen Stromsystems (a) in seine symmetrischen Stromkomponenten durch Drehung der Stromzeiger (b) und Dreieckskonstruktion (c)

dann leicht die Vorschriften von Gl. (4.54) und (4.56) erfüllen, so daß die Abstände der freien Ecken dieser Dreiecke zu der freien Ecke des geschlossenen unsymmetrischen Zeigerdreiecks ein Maß für die symmetrischen Komponenten darstellen, wie dies Bild **4.**24c für ein unsymmetrisches Dreiphasen-Stromsystem zeigt.

Da man in entsprechend bemessenen Netzwerken leicht Phasenverschiebungen von ±60° verwirklichen kann, werden die Vorschriften von Gl. (4.54) und (4.56) auch zur unmittelbaren Messung der symmetrischen Komponenten in Dreileiternetzen herangezogen (s. Band IX). Die notwendige Addition kann man z. B. in Summenstromwandlern vornehmen.

Beispiel 4.17. Für die in Bild **4.**24a in einem Zeigerdiagramm dargestellten Ströme $\underline{I}_U = -j7$ A, $\underline{I}_V = -4$ A$+j7$ A, $\underline{I}_W = 4$ A sind die symmetrischen Stromkomponenten $\underline{I}_m$ und $\underline{I}_g$ zu bestimmen.

Wir zeigen die Lösung in 3 Verfahren:

a): Gl. (4.52) und (4.53) legen die Lösung mit dem Zeigerdiagramm von Bild **4.**24b nahe. Das Verfahren zur Drehung der Zeiger $\underline{I}_V$ und $\underline{I}_W$ um ±120° mit dem Zirkel ist unmittelbar aus Bild **4.**24b zu ersehen.

b): Die Konstruktionsvorschriften von Gl. (4.54) und (4.56) sind in Bild **4.**24c verwirklicht. Die mit I_V als Dreieckseite möglichen gleichseitigen Dreiecke sind zu erkennen. Dieses Verfahren eignet sich besonders zum schnellen Finden der Beträge der symmetrischen Komponenten.

c): Die komplexe Lösung von Gl. (4.52) und (4.53) finden wir mit folgendem Schema

$$\begin{array}{ll}
\underline{I}_U = (0-j7)\,\text{A} & = (\;0 \quad - j7\;)\,\text{A} \\
\underline{a}\,\underline{I}_V = (-0{,}5+j0{,}866)(-4+j7)\,\text{A} & = (-4{,}05 - j6{,}96)\,\text{A} \\
\underline{a}^2\underline{I}_W = (-0{,}5-j0{,}866)\cdot 4\,\text{A} & = (-2 \quad - j3{,}46)\,\text{A} \\
\hline
3\underline{I}_m = 18{,}5\,\text{A}\,\underline{/-109{,}2^\circ} & = (-6{,}05 - j17{,}42)\,\text{A} \\
\underline{I}_m = 6{,}167\,\text{A}\,\underline{/-109{,}2^\circ} &
\end{array}$$

$$\begin{array}{ll}
\underline{I}_U = & = (\;0 \quad -j7\;)\,\text{A} \\
\underline{a}^2\underline{I}_V = (-0{,}5-j0{,}866)(-4+j7)\,\text{A} & = (\;8{,}05 - j0{,}04)\,\text{A} \\
\underline{a}\,\underline{I}_W = (-0{,}5+j0{,}866)\cdot 4\,\text{A} & = (-2 \quad +j3{,}46)\,\text{A} \\
\hline
3\underline{I}_g = 7{,}03\,\text{A}\,\underline{/-30{,}6^\circ} & = (\;6{,}05 - j3{,}58)\,\text{A} \\
\underline{I}_g = 2{,}343\,\text{A}\,\underline{/-30{,}6^\circ} &
\end{array}$$

Es empfiehlt sich, parallel zu einer solchen komplexen Berechnung stets das Zeigerdiagramm in Bild **4.**24b oder c wenigstens qualitativ zu zeichnen und so die Rechnung zu kontrollieren.

4.4.2.2 Beliebige Zeigerdiagramme. Für den allgemeinen Fall, daß drei völlig beliebige Spannungen $\underline{U}_a$, $\underline{U}_b$, $\underline{U}_c$ vorliegen, Gl. (4.4) oder (4.22) also nicht erfüllt ist, erfordert das Gleichungssystem (4.48) bis (4.50) bzw. die Matrizengleichung (4.51) für die 3 unbekannten Spannungskomponenten $\underline{U}_m$, $\underline{U}_g$, $\underline{U}_0$ auch drei voneinander unabhängige Gleichungen. Die Koeffizienten-Determinante

$$\underline{D} = \begin{vmatrix} 1 & 1 & 1 \\ \underline{a}^2 & \underline{a} & 1 \\ \underline{a} & \underline{a}^2 & 1 \end{vmatrix} = 3(\underline{a} - \underline{a}^2) = \mathrm{j}3\sqrt{3}$$

von Gl. (4.51) läßt sich anhand von Gl. (8.67) bestimmen und hat bei Beachtung von Gl. (4.35) einen endlichen Wert, so daß dieser notwendigen Bedingung Genüge getan wird.

Für Mit- und Gegensystem gelten weiterhin Gl. (4.52) und (4.53), aber nicht mehr Gl. (4.54) bis (4.57), da hierfür Gl. (4.4) oder (4.22) erfüllt sein müssen. Die Bestimmungsgleichungen für das Nullsystem findet man durch Addition von Gl. (4.48) bis (4.50)

$$\begin{aligned} \underline{U}_{\mathrm{U}} &= \underline{U}_{\mathrm{m}} + \underline{U}_{\mathrm{g}} + \underline{U}_0 \\ \underline{U}_{\mathrm{V}} &= \underline{a}^2 \underline{U}_{\mathrm{m}} + \underline{a}\,\underline{U}_{\mathrm{g}} + \underline{U}_0 \\ \underline{U}_{\mathrm{W}} &= \underline{a}\,\underline{U}_{\mathrm{m}} + \underline{a}^2 \underline{U}_{\mathrm{g}} + \underline{U}_0 \\ \hline \underline{U}_{\mathrm{U}} + \underline{U}_{\mathrm{V}} + \underline{U}_{\mathrm{W}} &= 0 + 0 + 3\underline{U}_0 \end{aligned}$$

Daher gilt für die Spannungskomponente des Nullsystems

$$\underline{U}_0 = (\underline{U}_{\mathrm{U}} + \underline{U}_{\mathrm{V}} + \underline{U}_{\mathrm{W}})/3 \tag{4.58}$$

Ein Nullsystem kann daher nicht auftreten, wenn die Summe der 3 Strangspannungen (oder der 3 Strangströme) verschwindet. Ein Vergleich von Gl. (4.10) mit Gl. (4.58) weist darauf hin, daß in einem Vierleiternetz der Strom des Nullsystems $\underline{I}_0 = (\underline{I}_{\mathrm{U}} + \underline{I}_{\mathrm{V}} + \underline{I}_{\mathrm{W}})/3$ nur 1/3 des Mittelleiterstroms $\underline{I}_{\mathrm{M}} = \underline{I}_{\mathrm{U}} + \underline{I}_{\mathrm{V}} + \underline{I}_{\mathrm{W}}$ beträgt.

Bei der graphischen Ermittlung der symmetrischen Komponenten eines allgemeinen unsymmetrischen Systems bestimmt man zweckmäßig zunächst anhand von Gl. (4.58) die Nullkomponente, was man natürlich wieder allein im Zeigerdiagramm oder ergänzt durch eine komplexe Rechnung durchführen kann. Wenn man anschließend das unsymmetrische System von der Nullkomponente befreit, indem man von allen unsymmetrischen Spannungen bzw. Strömen die Nullkomponente abzieht, erhält man ein System, für das Gl. (4.4) oder (4.22) erfüllt ist. Für ein derartiges System kann man aber die in Abschn. 4.4.2.1 und Beispiel 4.17 erläuterten graphischen Verfahren anwenden. Ein solches Vorgehen wird in dem folgenden Beispiel 4.18 dargestellt.

Mit den allgemeinen Strangspannungen $\underline{U}_{\mathrm{a}}$, $\underline{U}_{\mathrm{b}}$, $\underline{U}_{\mathrm{c}}$ erhält man also die allgemeinen Bestimmungsgleichungen für die Spannungskomponenten

$$\begin{aligned} \underline{U}_{\mathrm{m}} &= \frac{1}{3}(\underline{U}_{\mathrm{a}} + \underline{a}\,\underline{U}_{\mathrm{b}} + \underline{a}^2 \underline{U}_{\mathrm{c}}) \\ \underline{U}_{\mathrm{g}} &= \frac{1}{3}(\underline{U}_{\mathrm{a}} + \underline{a}^2 \underline{U}_{\mathrm{b}} + \underline{a}\,\underline{U}_{\mathrm{c}}) \\ \underline{U}_0 &= \frac{1}{3}(\underline{U}_{\mathrm{a}} + \underline{U}_{\mathrm{b}} + \underline{U}_{\mathrm{c}}) \end{aligned} \tag{4.59}$$

Dieses Gleichungssystem kann man auch als Matrizengleichung

$$\begin{bmatrix} \underline{U}_m \\ \underline{U}_g \\ \underline{U}_0 \end{bmatrix} = \frac{1}{3} \begin{bmatrix} 1 & \underline{a} & \underline{a}^2 \\ 1 & \underline{a}^2 & \underline{a} \\ 1 & 1 & 1 \end{bmatrix} \cdot \begin{bmatrix} \underline{U}_a \\ \underline{U}_b \\ \underline{U}_c \end{bmatrix} \tag{4.60}$$

schreiben. Alle komplexen Spannungen $\underline{U}$ können wieder durch die entsprechenden komplexen Ströme $\underline{I}$ ersetzt werden.

Band VII enthält ein Taschenrechnerprogramm zur Bestimmung der symmetrischen Komponenten nach Gl. (4.52), (4.53) und (4.58) bzw. (4.59).

Beispiel 4.18. Für die in Bild **4.**25a in einem Zeigerdiagramm dargestellten Ströme $\underline{I}_U = -\text{j}5$ A, $\underline{I}_V = -4$ A$+\text{j}9$ A, $\underline{I}_W = 4$ A$+\text{j}2$ A sind die symmetrischen Stromkomponenten $\underline{I}_m$, $\underline{I}_g$, $\underline{I}_0$ zu bestimmen.

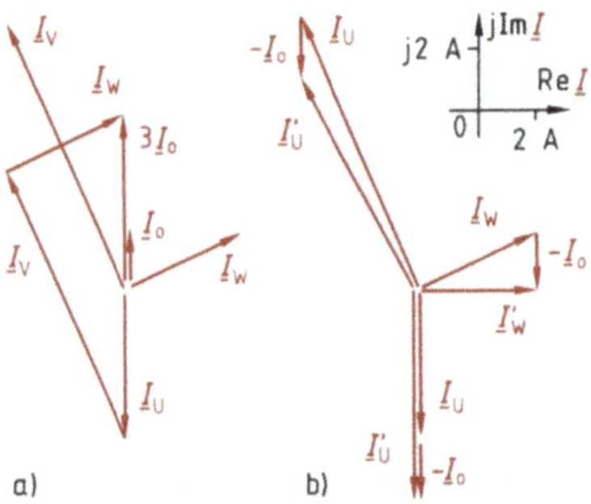

4.25 Graphische Bestimmung der Nullkomponente (a) und Entfernen der Nullkomponente (b) aus dem unsymmetrischen Stromsystem

Wir bilden die Stromsumme

$$\begin{aligned} \underline{I}_U &= (\ \ 0-\text{j}5)\,\text{A} \\ \underline{I}_V &= (-4+\text{j}9)\,\text{A} \\ \underline{I}_W &= (\ \ 4+\text{j}2)\,\text{A} \\ \hline 3\underline{I}_0 &= \ \ \ 0+\text{j}6\ \text{A} \end{aligned}$$

und erhalten daher die Nullkomponente $\underline{I}_0 = \text{j}2$ A, die wir auch sofort mit dem Zeigerdiagramm in Bild **4.**25a gefunden hätten.

Wenn wir nun wie in Bild **4.**25b von den Strömen $\underline{I}_U$, $\underline{I}_V$, $\underline{I}_W$ die Nullkomponente $\underline{I}_0$ abziehen, erhalten wir mit den neuen Strömen $\underline{I}'_U$, $\underline{I}'_V$, $\underline{I}'_W$ das schon in Beispiel 4.17 behandelte unsymmetrische Stromsystem. Es treten also außerdem die Mitkomponente $\underline{I}_m = 6{,}167\ \text{A}\ \underline{/-109{,}2^\circ}$ und die Gegenkomponente $\underline{I}_g = 2{,}343\ \text{A}\ \underline{/-30{,}6^\circ}$ auf.

4.4.3 Eigenschaften symmetrischer Komponenten

Um mit symmetrischen Komponenten arbeiten zu können, muß man noch ihre Eigenschaften und Wirkungen kennen. Sie finden in den Anlagen und Geräten natürlich komplexe Widerstände und Leitwerte vor und setzen in ihnen Leistungen um.

4.4.3.1 Widerstände und Leitwerte. Spannung $\underline{U}$, Strom $\underline{I}$ und komplexer Widerstand $\underline{Z}$ bzw. komplexer Leitwert $\underline{Y}$ sind ganz allgemein durch das Ohmsche Gesetz $\underline{I} = \underline{U}/\underline{Z} = \underline{Y}\,\underline{U}$ miteinander verknüpft. In gleicher Weise muß man auch den symmetrischen Komponenten komplexe Widerstände und Leitwerte zuordnen. Man definiert also die (im allgemeinen Fall natürlich komplexe) Mitimpedanz

$$\underline{Z}_m = \underline{U}_m/\underline{I}_m = 1/\underline{Y}_m \tag{4.61}$$

und die Gegenimpedanz

$$\underline{Z}_g = \underline{U}_g / \underline{I}_g = 1/\underline{Y}_g \tag{4.62}$$

und die entsprechenden inversen komplexen Leitwerte $\underline{Y}_m$ und $\underline{Y}_g$. Sie werden wirksam, wenn an die Schaltung oder das zu betrachtende Gerät symmetrische Dreiphasenspannungssysteme normaler oder entgegengesetzter Phasenfolge gelegt werden und hierbei symmetrische Ströme fließen. (Bei Dreiphasenmaschinen muß beim Auftreten der Gegenimpedanz auch gleichzeitig die zum Drehwillen entgegengesetzte Drehrichtung erzwungen sein – s. Band II, Teil 1.)

Die Nullimpedanz

$$\underline{Z}_0 = \underline{U}_0 / \underline{I}_0 = 1/\underline{Y}_0 \tag{4.63}$$

(mit dem zugehörigen inversen komplexen Leitwert $\underline{Y}_0$) tritt dagegen auf, wenn die drei Stränge an der gleichen Sinusspannung $\underline{U}_0$ liegen und in ihnen die drei gleich großen und gleichphasigen Ströme $\underline{I}_0$ fließen.

Für die Messung von Mit- und Gegenimpedanz kann man daher die in Bild **4**.2b und **4**.2c dargestellten Schaltungen, nämlich eine Stern- oder eine Dreieckschaltung, benutzen. Die zugehörige Impedanz darf man aber nur für den Strang, also entweder mit den Stern- oder mit den Dreieckgrößen, jedoch nicht mit den Außenleiterwerten, berechnen.

Für die Messung der Nullimpedanz setzt man entweder die Reihenschaltung der Stränge in Bild **4**.26a oder die Parallelschaltung in Bild **4**.26b ein. Meist hat wegen der größeren Klemmenspannung bei kleinerem Meßstrom die Reihenschaltung Vorteile.

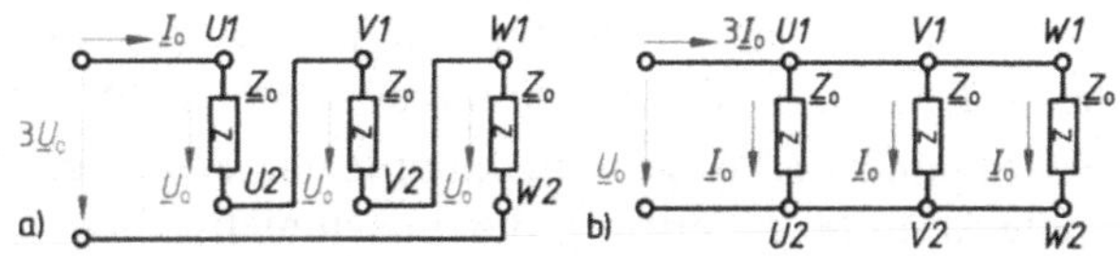

4.26 Reihenschaltung (a) und Parallelschaltung (b) der Stränge zur Bestimmung der Nullimpedanz

Wie man in einfachen Fällen die komplexen Widerstände von Mit-, Gegen- und Nullsystem berechnen kann, soll das folgende Beispiel zeigen. Schaltungen und Geräte, die magnetische Verkettungen oder drehzahlabhängige wirksame Widerstände zeigen, müssen gesondert betrachtet werden (s. Band II und IX).

Beispiel 4.19. Das in Bild **4**.27a dargestellte Vierleiternetz enthält die komplexen Verbraucherwiderstände $\underline{Z}_a$, die komplexen Leitungswiderstände $\underline{Z}_L$ und den komplexen Mittelleiterwiderstand $\underline{Z}_M$. Es sind Mit-, Gegen- und Nullimpedanz zu bestimmen.

Bei Anschluß eines symmetrischen Dreiphasennetzes beliebiger Phasenfolge fließt kein Mittelleiterstrom, und der Mittelleiterwiderstand $\underline{Z}_M$ bleibt unwirksam. Im Strang treten daher die komplexen Widerstände

$$\underline{Z}_m = \underline{Z}_g = \underline{Z}_L + \underline{Z}_a$$

als Mit- und Gegenimpedanz auf.

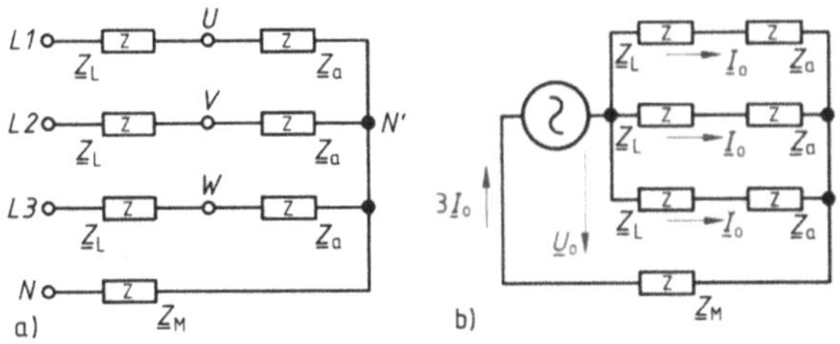

4.27 Ersatzschaltung (a) und Nullimpedanz-Meßschaltung (b) eines Vierleiternetzes

Schließt man dagegen nach Bild 4.27b ein Nullsystem an, gilt für einen Umlauf in einer Masche

$$\underline{U}_0=\underline{I}_0(\underline{Z}_L+\underline{Z}_a)+3\underline{Z}_M\underline{I}_0$$

und man findet für die Nullimpedanz

$$\underline{Z}_0=\underline{U}_0/\underline{I}_0=\underline{Z}_L+\underline{Z}_a+3\underline{Z}_M$$

Widerstände im Mittelleiter gehen also mit ihrem dreifachen Wert in die Nullimpedanz ein.

4.4.3.2 Leistungen. Nach Gl. (3.75) setzt sich die komplexe Leistung eines Stranges

$$\underline{S}=P+\mathrm{j}Q=UI\,\underline{/\varphi}=\underline{U}\,\underline{I}^*$$

aus Wirkleistung P und Blindleistung Q zusammen und läßt sich als Produkt von Spannung $\underline{U}$ und konjugiert komplexem Strom $\underline{I}^*$ berechnen. Im Dreiphasensystem ist nun zu berücksichtigen, daß nach Gl. (4.32) $\underline{a}^*=\underline{a}^2$ ist, zu dem Strom $\underline{I}_{mW}=\underline{a}\,\underline{I}_m$ also der konjugiert komplexe Strom $\underline{I}^*_{mW}=\underline{a}^2\underline{I}^*_m$ gehört.

Die Summe der folgenden komplexen Strangleistungen stellt daher die gesamte komplexe Leistung des unsymmetrischen Dreiphasensystems dar. Die sich hierbei ergebenden Produkte sind schon zweckmäßig unter Beachtung von Gl. (4.48) bis (4.50) zusammengefaßt.

$$\begin{aligned}
\underline{S}_U=\underline{U}_U\underline{I}_U \quad &=(\underline{U}_{mU}+\underline{U}_{gU}+\underline{U}_{0U})(\underline{I}^*_{mU}+\underline{I}^*_{gU}+\underline{I}^*_{0U})\\
&=(\underline{U}_m+\underline{U}_g+\underline{U}_0)(\underline{I}^*_m+\underline{I}^*_g+\underline{I}^*_0)\\
\underline{S}_V=\underline{U}_V\underline{I}_V \quad &=(\underline{U}_{mV}+\underline{U}_{gV}+\underline{U}_{0V})(\underline{I}^*_{mV}+\underline{I}^*_{gV}+\underline{I}^*_{0V})\\
&=(\underline{a}^2\underline{U}_m+\underline{a}\,\underline{U}_g+\underline{U}_0)(\underline{a}\,\underline{I}^*_m+\underline{a}^2\underline{I}^*_g+\underline{I}^*_0)\\
\underline{S}_W=\underline{U}_W\underline{I}_W \quad &=(\underline{U}_{mW}+\underline{U}_{gW}+\underline{U}_{0W})(\underline{I}^*_{mW}+\underline{I}^*_{gW}+\underline{I}^*_{0W})\\
&=(\underline{a}\,\underline{U}_m+\underline{a}^2\underline{U}_g+\underline{U}_0)(\underline{a}^2\underline{I}^*_m+\underline{a}\,\underline{I}^*_g+\underline{I}^*_0)
\end{aligned}$$

$$\begin{aligned}
\underline{S}=\underline{S}_U+\underline{S}_V+\underline{S}_W=3\,&\underline{U}_m\underline{I}^*_m+3\,\underline{U}_g\underline{I}^*_g+3\,\underline{U}_0\underline{I}^*_0\\
&+(\underline{U}_g+\underline{a}\,\underline{U}_g+\underline{a}^2\underline{U}_g+\underline{U}_0+\underline{a}\,\underline{U}_0+\underline{a}^2\underline{U}_0)\underline{I}^*_m\\
&+(\underline{U}_m+\underline{a}\,\underline{U}_m+\underline{a}^2\underline{U}_m+\underline{U}_0+\underline{a}\,\underline{U}_0+\underline{a}^2\underline{U}_0)\underline{I}^*_g\\
&+(\underline{U}_m+\underline{a}\,\underline{U}_m+\underline{a}^2\underline{U}_m+\underline{U}_g+\underline{a}\,\underline{U}_g+\underline{a}^2\underline{U}_g)\underline{I}^*_0
\end{aligned}$$

Dabei sind wegen $1+\underline{a}+\underline{a}^2=0$ (Bild **4.**17) die Spannungssummen in den drei Klammern null.

Mit den Leistungen des Mitsystems

$$\underline{S}_m=3\,\underline{U}_m\underline{I}_m^*=3\,U_m I_m \,\underline{/\varphi_m} \tag{4.64}$$

des Gegensystems

$$\underline{S}_g=3\,\underline{U}_g\underline{I}_g^*=3\,U_g I_g \,\underline{/\varphi_g} \tag{4.65}$$

und des Nullsystems

$$\underline{S}_0=3\,\underline{U}_0\underline{I}_0^*=3\,U_0 I_0 \,\underline{/\varphi_0} \tag{4.66}$$

erhält man daher die gesamte komplexe Leistung des unsymmetrischen Dreiphasensystems

$$\underline{S}=\underline{S}_m+\underline{S}_g+\underline{S}_0 \tag{4.67}$$

Während man sonst nur lineare Größen, also z. B. Spannungen und Ströme, überlagern darf, kann man die komplexen Leistungen der symmetrischen Komponenten oder auch ihre Komponenten, z. B. die Wirkleistungen, zur gesamten Wirkleistung

$$P=P_m+P_g+P_0 \tag{4.68}$$

einfach summieren. Dies gilt auch für die Verluste und die Arbeit. Die Bedeutung dieser Aussage wird in Band II, Teil 1 erläutert.

Beispiel 4.20. Das in Beispiel 4.18 behandelte Stromsystem arbeitet auf eine Sternschaltung, die aus den drei gleich großen Widerständen $R=10\,\Omega$ besteht. Die umgesetzte Wirkleistung ist zu bestimmen.

Nach Beispiel 4.17 und 4.18 sind die Stromkomponenten $I_m=6{,}17$ A, $I_g=2{,}34$ A und $I_0=2{,}0$ A wirksam. In der vorliegenden Schaltung ist $\underline{Z}_m=\underline{Z}_g=\underline{Z}_0=R=10\,\Omega$. Daher beträgt mit $P_m=3\,R\,I_m^2$, $P_g=3\,R\,I_g^2$, $P_0=3\,R\,I_0^2$ die insgesamt umgesetzte Wirkleistung

$$P=3\,R(I_m^2+I_g^2+I_0^2)=3\cdot 10\,\Omega(6{,}17^2+2{,}34^2+2{,}0^2)\,\mathrm{A}^2=1426\ \mathrm{W}$$

Man berechne zur Kontrolle diese Leistung mit den tatsächlich fließenden Strömen I_U, I_V, I_W.

4.4.3.3 Anwendungen. Durch die symmetrischen Komponenten kann man das verkettete unsymmetrische Dreiphasensystem in drei voneinander entkoppelte Systeme, deren Eigenschaften bekannt sind, transformieren. Diese Aufspaltung des ursprünglichen Systems macht die zu untersuchenden Vorgänge durchsichtiger und ermöglicht einfachere Berechnungen. Mit symmetrischen Komponenten lassen sich besonders gut Störungen im Dreiphasennetz, die z. B. als ein- oder zweisträngige Kurzschlüsse bzw. Erdschlüsse (s. Band IX) auftreten, oder Störungen an Dreiphasenmotoren, wie z. B. Zuleitungs- und Wicklungsunterbrechungen (s. Band II, Teil 1), oder auch das Verhalten von Transformatoren und Generatoren bei unsymmetrischer Belastung (s. Band II,

Teil 1) oder auch die Wirkungsweise, das Betriebsverhalten und die Bemessung bzw. Optimierung von Einphasenmotoren (s. Band II, Teil 1) rechnerisch behandeln. Sie stellen daher ein wichtiges Berechnungsverfahren für die elektrische Energietechnik dar und werden in Band II und IX vielfältig angewandt.

Ganz allgemein nennt man das Verhältnis der Beträge von Gegenkomponente zu Mitkomponente bei Strom und Spannung, also

$$I_g/I_m \quad \text{bzw.} \quad U_g/U_m \tag{4.69}$$

Unsymmetriegrad; er ist ein wichtiges Maß für die Belastung von Synchrongeneratoren (s. Band II, Teil 1).

Beispiel 4.21. Es ist der Unsymmetriegrad des in Beispiel 4.17 betrachteten unsymmetrischen Stromsystems anzugeben.

Nach Gl. (4.69) beträgt mit den Stromkomponenten $I_m = 6{,}167$ A und $I_g = 2{,}343$ A der Unsymmetriegrad

$$I_g/I_m = 2{,}343\ \text{A}/(6{,}167\ \text{A}) = 0{,}3799$$

4.5 Übungsaufgaben zu Abschnitt 4

Beispiel 4.22. Ein elektrischer Durchlauferhitzer für den Anschluß an das 380-V-Dreiphasennetz enthält 3 in Stern geschaltete Heizwicklungen und entnimmt die Leistung $P = 12$ kW. Man ermittle den Strangstrom I_{Str} und die Widerstände R_{Str} der Heizwicklungen.

Beispiel 4.23. Ein Dreiphasenmotor gibt seine Nennleistung $P_2 = 9$ kW an der Welle ab und entnimmt dem Netz bei der Nennspannung $U = 380$ V, $f = 50$ Hz den Nennstrom $I = 20$ A mit dem Wirkfaktor $\cos\varphi = 0{,}81$. Welche Wirk-, Blind- und Scheinleistung P, Q und S entnimmt der Motor dem Netz? Welchen Wirkungsgrad η hat der Motor?

Beispiel 4.24. Ein Verbraucher, der nach Bild 4.12a in Dreieck geschaltet ist und aus den Widerständen $\underline{Z}_{12} = 100\ \Omega\ \underline{/-90^\circ}$, $\underline{Z}_{23} = 100\ \Omega$ und $\underline{Z}_{31} = 173\ \Omega\ \underline{/60^\circ}$ besteht, liegt an einem Dreileiternetz mit der Außenleiterspannung $\underline{U}_{12} = U = 380$ V. Man bestimme die Außenleiterströme $\underline{I}_1$, $\underline{I}_2$ und $\underline{I}_3$ und die Winkel φ_1, φ_2 und φ_3, die die zugehörigen Sternspannungen gegenüber ihnen haben. Welche Wirkleistung P entnimmt die Schaltung dem Netz, und welche Leistungen P_1, P_2 und P_3 sind an 3 Leistungsmessern zu erwarten, die jeweils vom Außenleiterstrom durchflossen werden und an der zugehörigen Sternspannung liegen?

Beispiel 4.25. In einem Vierleiternetz der Spannung 380 V/220 V sind zwischen je einem Außenleiter und dem Mittelleiter nach Bild 4.28 die Widerstände $R = 100\ \Omega$, $X_C = -100\ \Omega$ und $X_L = 100\ \Omega$ angeschlossen. Welcher Strom $\underline{I}_M$ fließt im Mittelleiter?

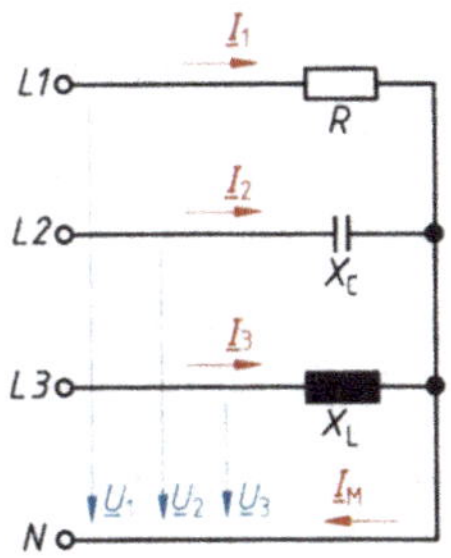

4.28 Unsymmetrische Belastung eines Vierleiternetzes

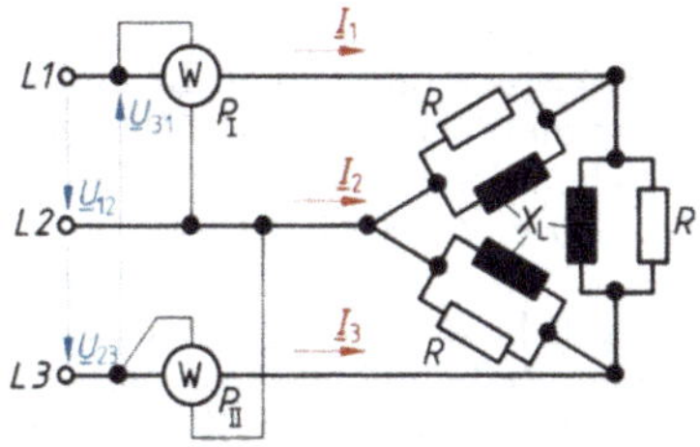

4.29 Leistungsmesserschaltung nach der Zweiwattmetermethode in einem Dreiphasennetz mit symmetrischer, in Dreieck geschalteter Belastung

Beispiel 4.26. Ein Dreiphasennetz für $U = 500$ V ist nach Bild 4.29 symmetrisch belastet durch die Parallelschaltung der Wirkwiderstände $R = 80\ \Omega$ mit den induktiven Blindwiderständen $X_L = 60\ \Omega$ zwischen den einzelnen Außenleitern. Wie groß sind die Außenleiterströme I_1, I_2 und I_3? Welche Wirk-, Blind- und Scheinleistung P, Q und S wird dem Netz entommen? Welche Teilleistungen P_I und P_{II} zeigen die beiden Leistungsmesser an? (Für die Dreiphasen-Leistungsmessung vgl. Band IV.)

Beispiel 4.27. In einem Dreiphasennetz für $U = 380$ V, $f = 50$ Hz, sind jeweils zwischen einem der Leiter *L1*, *L2* bzw. *L3* und dem Mittelleiter die Reihenschaltung des Wirkwiderstandes $R = 20\ \Omega$ mit dem induktiven Blindwiderstand $X_L = 15\ \Omega$ angeschlossen, so daß das Netz symmetrisch in Sternschaltung belastet ist. Welche Wirkleistung P mit welchem Wirkfaktor $\cos\varphi$ entnimmt die Widerstandsanordnung dem Netz? Welchen Gesamtwirkfaktor $\cos\varphi'$ hat das Netz, wenn zusätzlich zur Verbesserung des Wirkfaktors eine Kondensatorbatterie angeschlossen wird, die aus 3 in Dreieck geschalteten Kondensatoren mit je $C = 20\ \mu$F besteht?

Beispiel 4.28. Eine Maschinenfabrik entnimmt dem Dreiphasennetz mit der Außenleiterspannung $U = 10$ kV, $f = 50$ Hz die Wirkleistung $P = 500$ kW mit dem Wirkfaktor $\cos\varphi = 0{,}7$ induktiv. Der Wirkfaktor soll durch in Dreieck geschaltete Kondensatoren verbessert werden.

a) Das Verhältnis der Verluste V_L der Zuleitung ohne Blindstromkompensation zu den Verlusten V'_L, wenn auf $\cos\varphi' = 0{,}9$ kompensiert wird, zu den Zuleitungsverlusten V''_L, wenn auf $\cos\varphi'' = 1$ kompensiert wird, ist zu bestimmen.

b) Welche Kapazitäten C' bzw. C'' muß der einzelne Kondensator der in Dreieck geschalteten Kondensatorbatterie haben, um den Wirkfaktor auf $\cos\varphi' = 0{,}9$ bzw. $\cos\varphi'' = 1$ zu verbessern?

Beispiel 4.29. Um bei großen einphasigen Lasten, wie sie z. B. beim Einsatz von Induktionsöfen großer Leistung auftreten, eine symmetrische Belastung des Dreiphasennetzes zu erreichen, verwendet man Symmetrierschaltungen nach Bild 4.30. Die durch den Wirkwiderstand R dargestellte einphasige Belastung nimmt den

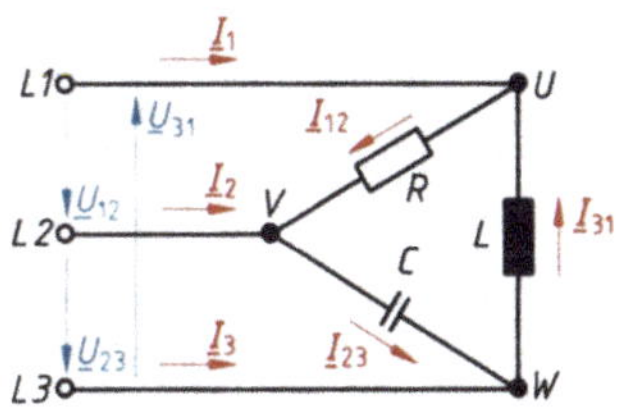

4.30
Schaltung zur Symmetrierung einer einphasigen Belastung R des Dreiphasennetzes
L Induktivität, C Kapazität als Symmetriereinrichtung

Strom $I_{12}=10$ A auf und soll durch die zwischen *L1* und *L3* geschaltete (verlustlose) Drosselspule und den an *L2* und *L3* angeschlossenen Kondensator in eine für das Dreiphasennetz symmetrische Belastung mit dem Wirkfaktor $\cos\varphi=1$ umgewandelt werden. Welche Werte müssen Induktivität L und Kapazität C für ein Dreiphasennetz mit $U=500$ V, $f=50$ Hz haben?

Beispiel 4.30. Ein Dreiphasennetz für $U=380$ V wird in Dreieckschaltung durch die folgenden Reihenschaltungen eines Wirkwiderstandes mit einem Blindwiderstand belastet: $R_{12}=3\,\Omega$ in Reihe mit $X_{12}=-4\,\Omega$, $R_{23}=11\,\Omega$ in Reihe mit $X_{23}=13{,}4\,\Omega$, $R_{31}=5\,\Omega$ in Reihe mit $X_{31}=-2{,}3\,\Omega$. Man ermittle die Außenleiterströme $\underline{I}_1$, $\underline{I}_2$ und $\underline{I}_3$ mit der Spannung $\underline{U}_{12}$ als Bezugszeiger.

Beispiel 4.31. Ein Dreileiternetz mit der Außenleiterspannung $U=380$ V wird mit der Schaltung nach Bild **4**.31 belastet. Man ermittle die Spannungen und Ströme der Verbraucher für die Widerstände $X_C=-100\,\Omega$, $R=50\,\Omega$ und $X_L=25\,\Omega$.

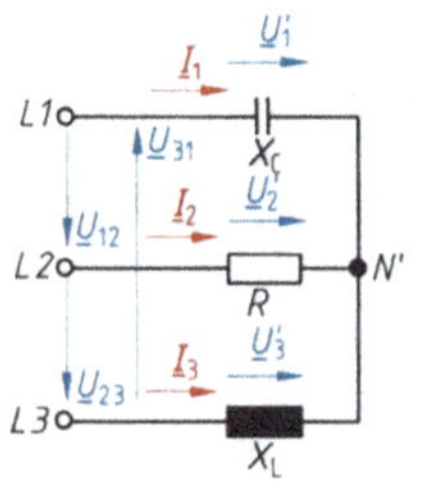

4.31 Unsymmetrische Belastung eines Dreileiternetzes

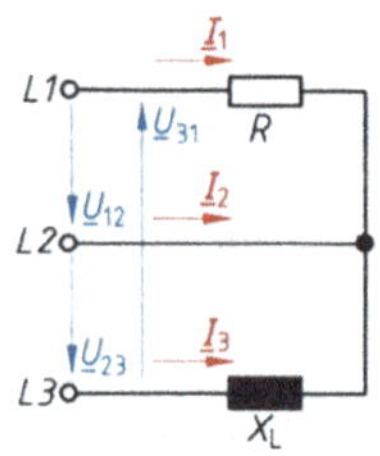

4.32 Unsymmetrische Belastung eines Dreileiternetzes

Beispiel 4.32. Der Wirkwiderstand $R=100\,\Omega$ und der induktive Blindwiderstand $X_L=100\,\Omega$ sind entsprechend Bild **4**.32 an ein Dreileiternetz für $U=500$ V angeschlossen. Man ermittle die Außenleiterströme I_1, I_2 und I_3 und die Phasenwinkel φ_1, φ_2 und φ_3 der zugehörigen Sternspannungen. Welche Leistungen würden 3 Leistungsmesser anzeigen, die jeweils vom Außenleiterstrom durchflossen werden und an der zugehörigen Sternspannung liegen?

Beispiel 4.33. In einem Dreileiternetz mißt man die Spannungen $U_{12}=380$ V, $U_{23}=400$ V, $U_{31}=360$ V. Es ist der Unsymmetriegrad U_g/U_m zu bestimmen.

Beispiel 4.34. Für die Ströme von a) Beispiel 4.24 und b) Beispiel 4.25 bestimme man die symmetrischen Komponenten für die Außenleiterströme I_1, I_2, I_3.

5 Allgemeiner Wechselstrom und Mischstrom

In Abschn. 3 und 4 wird vorausgesetzt, daß die betrachteten Wechselgrößen sinusförmig verlaufen. Die reine Sinusform tritt aber nur selten auf, so daß wir nun diese Vereinfachung verlassen und uns den allgemeinen periodischen Schwingungen zuwenden müssen.

Meist werden schon in den Generatoren (s. Abschn. 1.1.4.5 und 1.4.4.2) keine rein sinusförmigen Spannungen erzeugt. Transformatoren (s. Abschn. 5.3.3) benötigen Magnetisierungsströme, die wegen der Sättigung der Eisenkerne verzerrt sind; sie können nichtsinusförmige Teilspannungen verursachen. Auch Gleichrichter (s. Abschn. 5.3.2) verzerren den Strom.

In der Nachrichtentechnik werden neben elektronischen Generatoren mit fast sinusförmiger Spannung Rechteck-, Sägezahn-, Impuls- und andere Generatoren eingesetzt, die entsprechende Kurvenformen der von ihnen erzeugten Spannungen und Ströme verursachen (s. Band XI). Mikrophone und Sender liefern zeitabhängige, meist ständig wechselnde Frequenzen. Daneben werden zur Verstärkung, Modulation und Mischung nichtlineare Bauglieder eingesetzt, die zu entsprechenden Verzerrungen der Ausgangsgrößen führen. Die Impulstechnik arbeitet mit zeitlich eng begrenzten Impulsen, die ebenfalls nicht sinusförmig sind.

Wir wollen nun zunächst die Behandlung solcher periodischen, nichtsinusförmigen Vorgänge mit der Fourier-Reihe und die hierbei gebräuchlichen Kenngrößen allgemein betrachten. Anschließend soll das Verhalten linearer Netzwerke bei nichtsinusförmigen Wechselgrößen und schließlich die Wirkung nichtlinearer Bauglieder sowie die Überlagerung elektrischer Ströme und Spannungen sowie die Modulation unterschiedlicher Frequenz behandelt werden.

5.1 Nichtsinusförmiger Wechselstrom

Nach Abschn. 8.5 läßt sich jeder periodische Vorgang in eine Reihe von Sinusschwingungen, deren Frequenzen ein Vielfaches der Grundfrequenz sind, zerlegen. In der Elektrotechnik werden diese Fourier-Reihen durch besondere Kenngrößen charakterisiert.

5.1.1 Fourier-Reihen

In Abschn. 8.5 wird beschrieben, wie man periodische Vorgänge, also auch allgemeine nichtsinusförmige Wechselströme und -spannungen, mit Fourier-Reihen beschreiben und ihre Koeffizienten ermitteln kann. Es genügt daher hier, zwei Beispiele zu betrachten.

Beispiel 5.1. Man gebe die Stromfunktion $i = 2\,\text{A}\sin(100\,\text{s}^{-1}t) + 0{,}5\,\text{A}\cos(300\,\text{s}^{-1}t)$ a) als reelle und b) als komplexe Fourier-Reihe an und zeichne den Kurvenverlauf sowie Amplituden- und Phasenspektrum.

Mit Gl. (8.76) finden wir die Amplituden $c_1 = b_1 = 2$ A und $c_3 = a_3 = 0{,}5$ A sowie mit Gl. (8.77) die Nullphasenwinkel $\varphi_1 = \arcsin(b_1/c_1) = \pi/2$ und $\varphi_3 = \arccos(a_3/c_3) = 0$, so daß wir die Fourier-Reihe

$$i = 2\,\text{A}\cos\left(100\,\text{s}^{-1}t + \frac{2}{\pi}\right) + 0{,}5\,\text{A}\cos(300\,\text{s}^{-1}t)$$

hinschreiben können. Mit Gl. (8.80) ergeben sich die Spektren

$$\underline{d}_1 = \frac{1}{2}(a_1 - \text{j}b_1) = \frac{1}{2}(0 - \text{j}2\,\text{A}) = -\text{j}1\,\text{A}$$

$$\underline{d}_{-1} = \frac{1}{2}(a_1 + \text{j}b_1) = \frac{1}{2}(0 - \text{j}2\,\text{A}) = \text{j}1\,\text{A}$$

$$\underline{d}_3 = \frac{1}{2}(a_3 - \text{j}b_3) = \frac{1}{2}(0{,}5\,\text{A} - \text{j}0) = 0{,}25\,\text{A}$$

$$\underline{d}_{-3} = \frac{1}{2}(a_3 + \text{j}b_3) = \frac{1}{2}(0{,}5 + \text{j}0\,\text{A}) = 0{,}25\,\text{A}$$

Daher gilt hier noch nach Gl. (8.79) die komplexe Fourier-Reihe

$$\underline{i} = 0{,}25\,\text{A}\,\text{e}^{-\text{j}300\,\text{s}^{-1}t} + \text{j}1\,\text{A}\,\text{e}^{-\text{j}100\,\text{s}^{-1}t} - \text{j}1\,\text{A}\,\text{e}^{\text{j}100\,\text{s}^{-1}t} + 0{,}25\,\text{A}\,\text{e}^{\text{j}300\,\text{s}^{-1}t}$$

Die Stromkurve ist in Bild **5**.1a dargestellt; sie ähnelt sehr dem Magnetisierungsstromverlauf in Bild **5**.11. Amplituden- und Phasenspektrum in Bild **5**.1b und c ermöglichen schnelle Vergleiche mit anderen Verläufen.

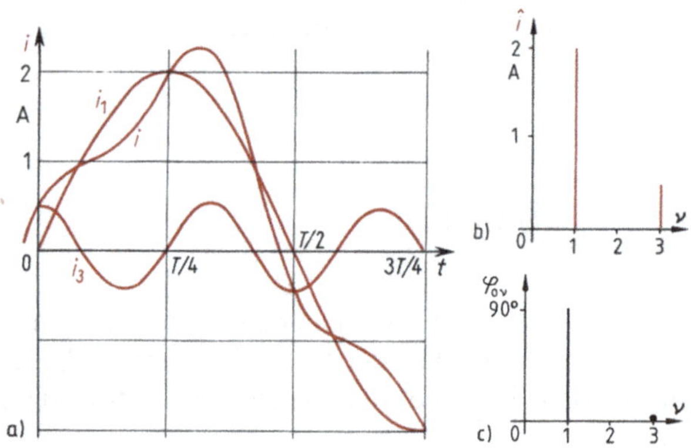

5.1
Strom $i = 2\,\text{A}\sin(100\,\text{s}^{-1}t) + 0{,}5\,\text{A}\cos(300\,\text{s}^{-1}t)$ (a) sowie Amplituden- (b) und Phasenspektrum (c) zu Beispiel 5.1

Beispiel 5.2. Man gebe an, für welche Winkel β die 3. Teilschwingung in einer trapezförmigen Zeitfunktion verschwindet, und zeichne für diesen Fall die Stromkurve für $\hat{i} = 1$ A aus den Teilströmen i_1 und i_5.

Nach Tafel 8.26 verschwindet die 3. Teilschwingung für $\sin(3\beta) = 0$, also $3\beta = \pi$ oder $\beta = \pi/3 = 60°$, und wir erhalten für den Strom die (abgebrochene) Fourier-Reihe

$$i = \frac{4}{\pi\beta}\hat{i}\left[(\sin\beta)\sin(\omega t) + \frac{1}{25}\sin(5\beta)\sin(5\omega t)\right]$$

$$= \frac{4\cdot 3}{\pi^2}\,1\,\mathrm{A}\left[(\sin 60°)\sin(\omega t) + \frac{1}{25}\sin(5\cdot 60°)\sin(5\omega t)\right]$$

$$= 1{,}053\ \mathrm{A}\sin(\omega t) - 0{,}0442\ \mathrm{A}\sin(5\omega t)$$

Sie ist in Bild 5.2 mit Teilschwingungen und Summenschwingung dargestellt. Die Trapezkurve wird also recht gut angenähert.

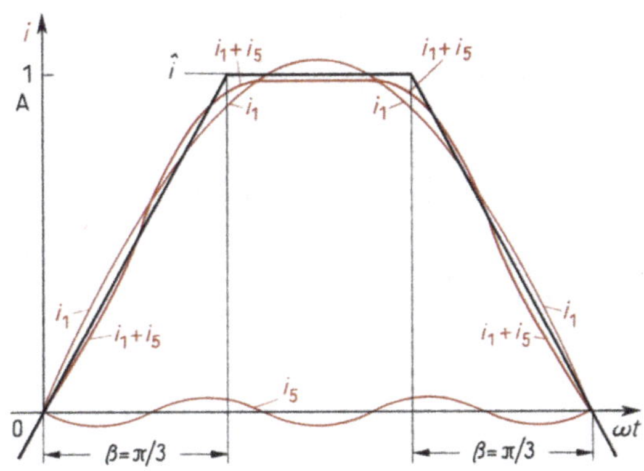

5.2
Teilschwingungen einer trapezförmigen Stromkurve i für Beispiel 5.2

5.1.2 Kenngrößen

Periodische Ströme, die außer einem Wechselstrom $i_\sim$, der der Definition von Gl. (3.1) genügt, noch einen Gleichstrom I_-, der dem linearen Mittelwert $\bar{i} = I_-$ entspricht, enthalten, nennt man Mischstrom

$$i = \bar{i} + i_\sim \tag{5.1}$$

Analoges gilt für Mischspannungen, so daß wir im folgenden alle Kenngrößen für die periodische Größe y angeben wollen.

Mit Gl. (8.74) wird die Definition des linearen Mittelwerts von Gl. (3.8) auf beliebige periodische Vorgänge übernommen. Ebenso gilt hier die Definition des Effektivwerts von Gl. (3.13) Es ist also bei Anwendung des Index eff für den Effektivwert

$$y_{\mathrm{eff}} = \sqrt{\frac{1}{T}\int_0^T y^2\,\mathrm{d}t} = \sqrt{\frac{1}{T}\int_0^T \sum_{\nu=0}^{\infty} y_\nu^2\,\mathrm{d}t}$$

$$= \sqrt{\frac{1}{T}\int_0^T (y_0 + y_1 + y_2 + \ldots)^2\,\mathrm{d}t} \tag{5.2}$$

Quadriert man nun den Klammerausdruck, so ergeben sich außer den Quadraten y_1^2, y_2^2 usw. auch Produkte $y_1 y_2$, $y_1 y_3$, $y_2 y_3$ usw. Für die über eine Periode T der niederen Teilschwingungszahl integrierten Produkte gilt jedoch bei ganzzahligen Teilschwingungszahlen μ und ν ganz allgemein

$$\int_0^T \sin(\mu\omega t+\varphi_\mu)\sin(\nu\omega t+\varphi_\nu)\,\mathrm{d}t=0 \tag{5.3}$$

Daher bleibt in Gl. (5.2) nur die Summe der Quadrate y_1^2, y_2^2 usw. übrig, und man erhält allgemein den Effektivwert

$$y_{\text{eff}}=\sqrt{\sum_{\nu=0}^{\infty} y_{\nu\text{eff}}^2} \tag{5.4}$$

bzw. den Effektivwert des Wechselanteils

$$y_{\text{eff}\sim}=\sqrt{\sum_{\nu=1}^{\infty} y_{\nu\text{eff}}^2}=\sqrt{y_{\text{eff}}^2-\bar{y}^2} \tag{5.5}$$

Ferner bleiben gültig die Definitionen von Gl. (3.9), (3.16) und (3.17), nämlich für den Gleichrichtwert

$$\overline{|y|}=\frac{1}{T}\int_0^T |y|\,\mathrm{d}t \tag{5.6}$$

für den Scheitelfaktor

$$\xi=\hat{y}/y_{\text{eff}\sim}=\hat{i}/I_\sim=\hat{u}/U_\sim \tag{5.7}$$

und den Formfaktor

$$F=y_{\text{eff}\sim}/\overline{|y|}=I_\sim/\overline{|i|}=U_\sim/\overline{|u|} \tag{5.8}$$

Zur Kennzeichnung des Anteils der Oberschwingungen und somit der Abweichung von der Sinusform benutzt man bei den Effektivwerten von Grundschwingung $y_{1\text{eff}}$ und Teilschwingungen $y_{\nu\text{eff}}$ insbesondere den Klirrfaktor

$$k=\frac{1}{y_{\text{eff}}}\sqrt{\sum_{\nu=2}^{\infty} y_{\nu\text{eff}}^2}=\frac{1}{y_{\text{eff}}}\sqrt{y_{\text{eff}}^2-y_{1\text{eff}}^2} \tag{5.9}$$

Mit dem Klirrfaktor ν-ter Ordnung

$$k_\nu=y_{\nu\text{eff}}\Big/\sqrt{\sum_{\nu=1}^{\infty} y_{\nu\text{eff}}^2} \tag{5.10}$$

kann man den Einfluß der ν-ten Teilschwingung erkennen. Dann gilt auch allgemein

$$k=\sqrt{\sum_{\nu=2}^{\infty} k_\nu^2} \tag{5.11}$$

Daneben arbeitet man noch bei dem Effektivwert $y_{\text{eff}\sim}$ des Wechselanteils mit dem Schwingungsgehalt

$$s = y_{\text{eff}\sim}/y_{\text{eff}} = I_{\sim}/I = U_{\sim}/U \tag{5.12}$$

und dem Grundschwingungsgehalt

$$g = y_{1\,\text{eff}}/y_{\text{eff}} = \sqrt{1-k^2} = I_1/I = U_1/U \tag{5.13}$$

Es gilt also $k^2+g^2=1$. Für weitere Kenngrößen s. DIN 40110. Die Kenngrößen können für Strom und Spannung unterschiedliche Werte annehmen (s. Beispiel 5.4 und 5.6).

Beispiel 5.3. Für die beiden Ströme $i_b = 3\,\text{A}\sin(\omega t) + 1\,\text{A}\sin(3\omega t)$ und $i_c = 3\,\text{A}\sin(\omega t) + 1\,\text{A}\sin(3\omega t + \pi)$ – s. Bild 5.3 – sind Effektivwert I, Gleichrichtwert $\overline{|i|}$, Scheitelfaktor ξ, Formfaktor F, Klirrfaktor k und Grundschwingungsgehalt g zu bestimmen.

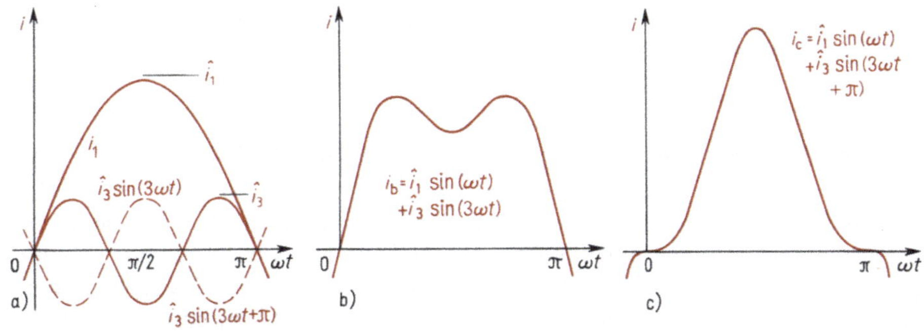

5.3 Synthese von Stromkurven
a) Teilströme, b) $i_b = \hat{i}_1\sin(\omega t) + \hat{i}_3(3\omega t)$, c) $i_c = \hat{i}_1\sin(\omega t) + \hat{i}_3(3\omega t + \pi)$

Die Teilschwingungen haben nach Gl. (3.14) die Effektivwerte $I_1 = \hat{i}_1/\sqrt{2} = 3\,\text{A}/\sqrt{2} = 2{,}12\,\text{A}$ und $I_3 = \hat{i}_3/\sqrt{2} = 1\,\text{A}/\sqrt{2} = 0{,}707\,\text{A}$. Daher erhält man mit Gl. (5.4) für beide Ströme den gleichen Effektivwert

$$I_b = I_c = \sqrt{I_1^2 + I_3^2} = \sqrt{2{,}12^2\,\text{A}^2 + 0{,}707^2\,\text{A}^2} = 2{,}24\,\text{A} = 1{,}055\,I_1$$

Dagegen ergeben sich mit Gl. (5.6) die unterschiedlichen Gleichrichtwerte

$$\overline{|i_b|} = \hat{i}_1 \frac{1}{T}\int_0^T |y|\,\mathrm{d}t = \hat{i}_1 \frac{1}{\pi}\int_0^\pi \left[\sin(\omega t) + \frac{1}{3}\sin(3\omega t)\right]\mathrm{d}(\omega t)$$

$$= \hat{i}_1 \frac{2}{\pi}\cdot\frac{11}{9} = 0{,}778\,\hat{i}_1 = 0{,}778\cdot 3\,\text{A} = 2{,}333\,\text{A}$$

$$\overline{|i_c|} = \hat{i}_1 \frac{1}{T}\int_0^T \left[\sin(\omega t) + \frac{1}{3}\sin(3\omega t + \pi)\right]\mathrm{d}(\omega t) = \hat{i}_1 \frac{2}{\pi}\cdot\frac{8}{9} = 0{,}558\cdot 3\,\text{A} = 1{,}667\,\text{A}$$

Die Integration wird durch Betrachtung von Bild 5.3a erleichtert. Man erkennt, daß zu der Fläche unter der Halbschwingung von i_1 beim Strom i_b resultierend zweimal die Flächen unter der Halbschwingung von i_3 hinzukommen, während für den Strom i_c einmal diese Fläche abzuziehen ist. Wegen $\hat{i}_3 = \hat{i}_1/3$ und $T_3 = T_1/3$ beträgt das Integral für eine Halbperiode von i_3 außerdem nur 1/9 des Integrals der Halbperiode des Stromes i_1.

Zur Berechnung des Scheitelfaktors müssen wir zunächst die Scheitelwerte der Ströme i_b und i_c bestimmen. Für den Strom i_b nehmen wir an, daß er bei $\omega t = \pi/6$ auftritt. (Tatsächlich erscheint er bei einem etwas größeren Winkel und ist dann unbedeutend größer.) Es sind dann die Scheitelwerte

$$\hat{i}_b = \hat{i}_1 \sin(\pi/6) + \hat{i}_3(3\pi/6) = 3\text{ A} \sin(30°) + 1\text{ A} \sin(\pi/2) = 2{,}5\text{ A}$$

$$\hat{i}_c = \hat{i}_1 + \hat{i}_3 = 3\text{ A} + 1\text{ A} = 4\text{ A}$$

und man findet mit Gl. (5.7) die Scheitelfaktoren $\xi_b = \hat{i}_b/I = 2{,}5\text{ A}/(2{,}24\text{ A}) = 1{,}116$ sowie $\xi_c = \hat{i}_c/I = 4\text{ A}/(2{,}24\text{ A}) = 1{,}787$. Mit Gl. (5.8) erhält man die Formfaktoren $F_b = I/\overline{|i_b|} = 2{,}24\text{ A}/(2{,}333\text{ A}) = 0{,}962$ und $F_c = I/\overline{|i_c|} = 2{,}24\text{ A}/(1{,}667\text{ A}) = 1{,}344$.

Beide Ströme haben nach Gl. (5.9) den gleichen Klirrfaktor

$$k = \sqrt{I_3^2}/I = I_3/I = 0{,}707\text{ A}/(2{,}24\text{ A}) = 0{,}316$$

und nach Gl. (5.13) ebenso den gleichen Grundschwingungsgehalt $g = I_1/I = 2{,}12\text{ A}/(2{,}24\text{ A}) = 0{,}947$. Zwei unterschiedliche Verläufe können somit durchaus gleiche Teilschwingungen und gleiche Werte für Effektivwert, Klirrfaktor und Grundschwingungsgehalt aufweisen.

5.2 Nichtsinusförmige Vorgänge in linearen Netzwerken

Jetzt sollen das Verhalten der verschiedenen Wechselstrom-Zweipole bei nichtsinusförmigen Strömen und Spannungen und die dabei auftretenden Leistungen betrachtet werden. Da Wirkwiderstand R, induktiver Blindwiderstand $X_L = \omega L$ und kapazitiver Blindwiderstand $X_C = -1/(\omega C)$ in unterschiedlicher Weise von der Kreisfrequenz ω abhängig sind, finden auch die Oberschwingungen in diesen linearen Zweipolen abweichende Widerstände vor. Die Ströme verhalten sich daher bei Anlegen nichtsinusförmiger Spannungen verschieden, und es treten lineare Verzerrungen auf.

5.2.1 Einfluß der Wechselstrom-Zweipole

Hier wird nun nacheinander dargestellt, wie sich Wirkwiderstand R, Induktivität L und Kapazität C bei nichtsinusförmigen Spannungen und Strömen verhalten und Induktivität L und Kapazität C lineare Verzerrungen verursachen.

Wirkwiderstand. Strom $i = u/R$ und Spannung u sind nach Gl. (3.37) bei konstantem Wirkwiderstand R unabhängig von der Kreisfrequenz ω_v stets einander proportional. Strom i und Spannung u zeigen daher immer den gleichen Kurvenverlauf.

Induktivität. Die Spannung $u = L\,\mathrm{d}i/\mathrm{d}t$ ist hier nach Gl. (3.45) bei konstanter Induktivität L dem Differentialquotienten $\mathrm{d}i/\mathrm{d}t$ des Stromes i proportional.

Bei nichtsinusförmigem Stromverlauf muß daher eine dem Strom i nicht mehr proportionale Spannung u erwartet werden.

Für den bei der Ordnungszahl ν und der zugehörigen Kreisfrequenz $\omega_\nu = \nu\omega$ wirksamen induktiven Blindwiderstand darf man Gl. (3.48) erweitern auf

$$X_{L\nu} = \omega_\nu L = \nu\omega L \tag{5.14}$$

Er wächst also mit der Ordnungszahl ν der Teilschwingungen, so daß bei vorgegebenem Spannungsverlauf u die Strom-Teilschwingungen für zunehmende Ordnungszahlen stark abgedämpft werden. Die Stromkurve erscheint daher unter dem Einfluß einer Induktivität L weniger verzerrt als die angelegte Spannungsschwingung, d.h., ihr Klirrfaktor ist kleiner (s. Beispiel 5.4). Daher werden in Reihe geschaltete Induktivitäten als Glättungsdrossel, z.B. in Gleichrichterschaltungen, oder als Entstördrossel in den Zuleitungen zu Geräten, die störende Funkfrequenzen erzeugen, angewandt.

Kapazität. Der Strom $i = C\,du/dt$ hängt in diesem Fall nach Gl. (3.53) bei konstanter Kapazität C von dem Differentialquotienten du/dt der Spannung u ab. Nichtsinusförmige Spannungen führen daher dazu, daß auch hier Spannung u und Strom i nicht mehr proportional verlaufen.

Der in Gl. (3.57) angegebene kapazitive Blindleitwert kann mit der Ordnungszahl ν und der zugehörigen Kreisfrequenz $\omega_\nu = \nu\omega$ analog zu Gl. (5.14) somit ganz allgemein angegeben werden als

$$B_{C\nu} = \omega_\nu C = \nu\omega C = -1/X_{C\nu} \tag{5.15}$$

Er nimmt daher mit der Ordnungszahl ν der Teilschwingungen zu. Daher wird der reziproke kapazitive Blindwiderstand $X_{C\nu}$ mit der Ordnungszahl ν kleiner. Dadurch treten die Oberschwingungen in der Stromkurve bei kapazitiver Belastung viel stärker in Erscheinung als in der Spannungsschwingung. Man benutzt daher auch in Reihe geschaltete Kondensatoren zum Nachweis bestimmter, sonst nicht deutlich in der Spannungskurve erkennbarer Oberschwingungen. Auch werden Entstörkondensatoren parallel zu Störspannungsquellen geschaltet, um hochfrequente Spannungen von der als abstrahlende Antenne wirkenden Zuleitung fernzuhalten.

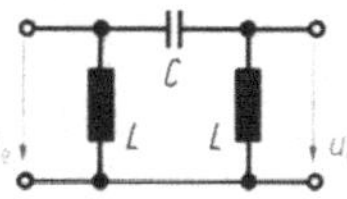

5.4 Hochpaß

Netzwerke, die aus Kapazitäten C und Induktivitäten L wie z.B. in Bild **5.4** zusammengesetzt sind, können daher auch als Siebglieder oder Pässe (s. Band XI) benutzt werden. Das Zweitor in Bild **5.4** wird z.B. zwischen Sender und Empfänger geschaltet. Für kleine Frequenzen bilden die parallelliegenden Induktivitäten nahezu einen Kurzschluß, während die Kapazität dem Verbraucherstrom einen großen Widerstand entgegensetzt. Der Durchgang von Wechselströmen kleiner Frequenz wird in diesem Fall erschwert, so daß es sich hier um einen Hochpaß handelt. Durch Vertauschen von Induktivitäten und Kapazitäten erhält man einen Tiefpaß und in Verbindung mit Schwingkreisen Bandpässe, die bestimmte Frequenzen durchlassen, oder Bandsperren, die bestimmte Frequenzen sperren (s. Abschn. 6 und Band XI).

Beispiel 5.4. Eine dreieckförmige Spannung hat die Periodendauer $T=20$ ms und den Scheitelwert $\hat{u}=300$ V. Sie wird a) an die Induktivität $L=0{,}1$ H und b) an die Kapazität $C=102\ \mu$F gelegt. Man berechne die Stromverläufe sowie die zugehörigen Klirrfaktoren und stelle Spannungs- und Stromschwingungen dar.

Nach Tafel **8**.26 genügt es bei einer Dreieckkurve, Grundschwingung und 3. Teilschwingung zu berücksichtigen. So erhält man mit der Frequenz $f=1/T=1/(20\text{ ms})=50$ Hz und der Kreisfrequenz $\omega=2\pi f=2\pi\cdot 50\text{ Hz}=314\text{ s}^{-1}$ die Spannungsgleichung

$$u=\frac{8}{\pi^2}\hat{u}\left[\sin(\omega t)-\frac{1}{9}\sin(3\omega t)\right]=\frac{8}{\pi^2}300\text{ V}\left[\sin(314\text{ s}^{-1}t)-\frac{1}{9}\sin(3\cdot 314\text{ s}^{-1}t)\right]$$
$$=244\text{ V}\sin(314\text{ s}^{-1}t)-27\text{ V}\sin(942\text{ s}^{-1}t)$$

und mit Gl. (5.9) den Klirrfaktor

$$k=\sqrt{\frac{U_3^2}{U_1^2+U_3^2}}=\sqrt{\frac{\hat{u}_3^2}{\hat{u}_1^2+\hat{u}_3^2}}=\frac{\hat{u}_3}{\sqrt{\hat{u}_1^2+\hat{u}_3^2}}=\frac{1/9}{\sqrt{1^2+(1/9^2)}}=0{,}1104$$

Der Spannungsverlauf $u=u_1+u_3$ mit den Scheitelwerten $\hat{u}_1=244$ V und $\hat{u}_3=27$ V ist in Bild **5**.5 dargestellt.

Für die Grundschwingung ergibt sich der induktive Blindwiderstand $X_{L1}=\omega L=314{,}2\text{ s}^{-1}\cdot 0{,}1\text{ H}=31{,}42\ \Omega$ und für die 3. Teilschwingung nach Gl. (5.14) $X_{L3}=3\omega L=3X_{L1}=3\cdot 31{,}42\ \Omega=94{,}25\ \Omega$. Nach Abschn. 3.2.1.2 gilt dann für den Stromverlauf

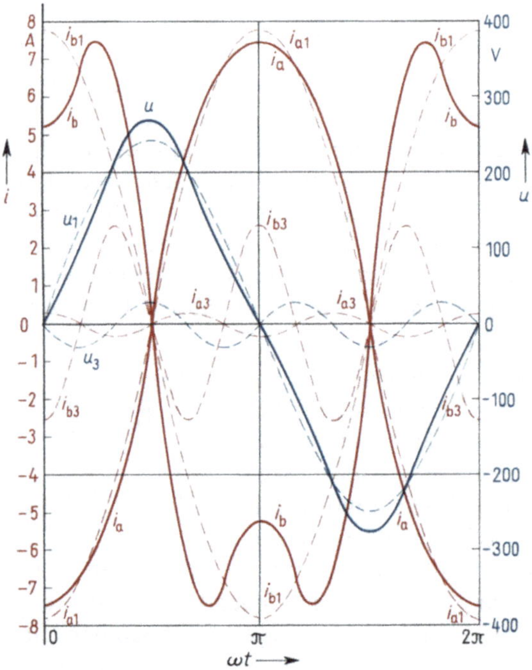

5.5
Spannung $u=u_1+u_3$ und Ströme $i_a=i_{a1}+i_{a3}$ von Induktivität L bzw. $i_b=i_{b1}+i_{b3}$ von Kapazität C zu Beispiel 5.4

$$i_a = (\hat{u}_1/X_{L1})\sin\left((\omega t) - \frac{\pi}{2}\right) - (\hat{u}_3/X_{L3})\sin\left(3\omega t - \frac{\pi}{2}\right)$$
$$= (244\ \text{V}/31{,}42\ \Omega)\sin\left(314{,}2\ \text{s}^{-1}t - \frac{\pi}{2}\right) - (27\ \text{V}/94{,}25\ \Omega)\sin\left(942{,}5\ \text{s}^{-1}t - \frac{\pi}{2}\right)$$
$$= -7{,}767\ \text{A}\cos(314{,}2\ \text{s}^{-1}t) + 0{,}2865\ \text{A}\cos(942{,}5\ \text{s}^{-1}t)$$

Der Klirrfaktor beträgt analog zur Spannung

$$k_a = \frac{\hat{i}_{a3}}{\sqrt{\hat{i}^2_{a1} + \hat{i}^2_{a3}}} = \frac{0{,}2865\ \text{A}}{\sqrt{7{,}767^2\ \text{A}^2 + 0{,}2865^2\ \text{A}^2}} \approx \frac{0{,}2865}{7{,}767} = 0{,}03689$$

Der Strom $i_{a1} + i_{a3}$ ist mit seinen Teilschwingungen in Bild 5.5 eingetragen. Die 3. Teilschwingung dieses Stromes i_a weist also unter dem Einfluß der Induktivität L eine relativ kleinere Amplitude auf als die 3. Teilschwingung der vorgegebenen Spannung.

Analog erhält man für den kapazitiven Blindwiderstand der Grundschwingung $X_{C1} = -1/(\omega C) = -1/(314{,}2\ \text{s}^{-1} \cdot 102\ \mu\text{F}) = -31{,}21\ \Omega$ und den der 3. Teilschwingung $X_{C3} = -1/(3\omega C) = X_{C1}/3 = -31{,}21\ \Omega/3 = -10{,}4\ \Omega$. Nach Abschn. 3.2.1.3 ergibt sich hiermit der Strom

$$i_b = (\hat{u}_1/X_{C1})\sin(\omega t + \pi/2) - (\hat{u}_3/X_{C3})\sin(3\omega t + \pi/2)$$
$$= [244\ \text{V}/(-31{,}21\ \Omega)]\sin(314{,}2\ \text{s}^{-1}t + \pi/2)$$
$$-[27\ \text{V}/(-10{,}4\ \Omega)]\sin(942{,}5\ \text{s}^{-1}t + \pi/2)$$
$$= 7{,}818\ \text{A}\cos(314{,}2\ \text{s}^{-1}t) - 2{,}596\ \text{A}\cos(942{,}5\ \text{s}^{-1}t)$$

der mit seinen Teilschwingungen i_{b1} und i_{b3} in Bild 5.5 eingezeichnet ist. Hier erhält man den Klirrfaktor

$$k_b = \frac{\hat{i}_{b3}}{\sqrt{\hat{i}^2_{b1} + \hat{i}^2_{b3}}} = \frac{2{,}596\ \text{A}}{\sqrt{7{,}818^2\ \text{A}^2 + 2{,}596^2\ \text{A}^2}} = 0{,}3151$$

Die 3. Teilschwingung des Stromes hat unter dem Einfluß der Kapazität C eine relativ größere Amplitude als die 3. Teilschwingung der Spannung angenommen. Um den wahren Strom i_b zu erhalten, müßte man hier noch höhere Teilschwingungen berücksichtigen. Im Fall a) beträgt also der Klirrfaktor des Stromes nur etwa ⅓, im Fall b) dagegen rund das 3fache des Klirrfaktors der Spannung.

5.2.2 Leistungen

Als Scheinleistung von oberschwingungshaltigen Wechselgrößen ist analog zum oberschwingungsfreien Sinusstrom mit

$$S = UI \tag{5.16}$$

das Produkt der Effektivwerte von Spannung U und Strom I nach Gl. (5.2) definiert. Für die Wirkleistung gilt bei beliebigen Schwingungsformen unverändert nach Gl. (3.43)

$$P = \frac{1}{T}\int_0^T u i \,\mathrm{d}t \tag{5.17}$$

Wenn man berücksichtigt, daß nach Gl. (5.3) das Integral der Produkte verschieden frequenter Sinusgrößen über eine Periode stets verschwindet, ist die Wirkleistung der oberschwingungsbehafteten Wechselgrößen gleich der Summe der Wirkleistungen der Teilschwingungen

$$P = \sum_{\nu=1}^{\infty} P_\nu = \sum_{\nu=1}^{\infty} U_\nu I_\nu \cos\varphi_\nu \tag{5.18}$$

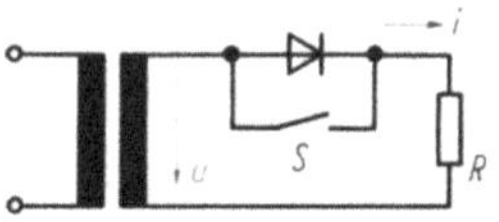

5.6 Gleichrichter-Schaltung für Beispiel 5.5

Für den Leistungsfaktor gilt dann allgemein

$$\lambda = P/S \tag{5.19}$$

Die Blindleistung

$$Q = \sqrt{S^2 - P^2} \tag{5.20}$$

erhält man wie bei sinusförmigen Vorgängen über die quadratische Differenz von Scheinleistung S und Wirkleistung P. Da sich diese im allgemeinen von der Grundschwingungs-Blindleistung Q_1 unterscheidet, definiert man für sinusförmigen Spannungsverlauf und nichtsinusförmigen Stromverlauf nach DIN 40110 noch die Verzerrungsleistung

$$D = \sqrt{Q^2 - Q_1^2} \tag{5.21}$$

Beispiel 5.5. Die Schaltung in Bild 5.6 enthält den Wirkwiderstand $R = 20\ \Omega$ und wird über einen Transformator, der bei Öffnen des Schalters S ein Übertragen des Gleichstroms auf das speisende Sinusnetz verhindern soll, an die Sinusspannung $U = 100$ V angeschlossen. Es sollen die Ströme und alle Leistungen für a) geschlossenen und b) geöffneten Schalter S berechnet werden.

Bei geschlossenem Schalter S ist der Gleichrichter kurzgeschlossen. Es fließt der Strom $I = U/R = 100\ \text{V}/(20\ \Omega) = 5$ A mit dem Scheitelwert $\hat{i} = \sqrt{2}\,I = \sqrt{2}\cdot 5\ \text{A} = 7{,}071$ A. Bei dem vorliegenden reinen Wirkverbraucher sind Wirk- und Scheinleistung zahlenmäßig gleich, nämlich $P = UI = 100\ \text{V}\cdot 5\ \text{A} = 500$ W und $S = 500$ VA. Außerdem sind Blindleistung $Q = 0$ und Verzerrungsleistung $D = 0$.

Nach Öffnen des Schalters S kann der Strom nur noch in der positiven Halbschwingung durch den als verlustlos angesehenen Gleichrichter fließen. Hierdurch wird die Wirkleistung auf $P' = P/2 = 500\ \text{W}/2 = 250$ W halbiert. Der Transformator liefert weiterhin den Effektivwert der Spannung $U = 100$ V. Für den Effektivwert des Stromes findet man nach Gl. (5.2)

$$I' = \sqrt{\frac{1}{2\pi}\int_0^{\pi} \hat{i}^2 \sin^2(\omega t)\,\mathrm{d}(\omega t)} = \frac{\hat{i}}{2} = \frac{7{,}071\ \text{A}}{2} = 3{,}536\ \text{A}$$

so daß in diesem Fall mit der Scheinleistung $S' = UI' = 100\ \text{V}\cdot 3{,}536\ \text{A} = 353{,}6$ VA die Blindleistung

$$Q' = \sqrt{S'^2 - P'^2} = \sqrt{353{,}6^2 - 250^2}\ \text{var} = 250\ \text{var}$$

auftritt. Da der Verbraucher ein reiner Wirkwiderstand ist, kann diese Blindleistung nur als Verzerrungsleistung $D = Q' = 250$ var durch den Gleichrichter verursacht sein.

5.3 Nichtlineare Wechselstromkreise

Schaltungen, die nichtlineare Bauelemente enthalten, wie z. B. strom- oder spannungsabhängige Widerstände, Gleichrichter u. ä., verursachen auch beim Anlegen von Sinusgrößen Oberschwingungen, die man nichtlineare Verzerrungen nennt. Es treten dann zusätzliche Frequenzen auf, die im Eingangssignal nicht vorhanden sind [56]. Hier sollen jetzt einige wichtige Ursachen für diese Erscheinungen betrachtet werden.

5.3.1 Nichtlineare Verzerrungen

Die Kennlinie eines nichtlinearen Widerstands, die z. B. in Bild 5.7a dargestellt ist, kann ganz allgemein mit den Faktoren c_i durch ein Polynom

$$I = \sum_{i=1}^{\infty} c_i U^i \tag{5.22}$$

beschrieben werden. Wird nun dieser Widerstand an die Sinusspannung $u = \hat{u}\sin(\omega t)$ angeschlossen, so verursachen die einzelnen Spannungs-Zeitwerte entsprechend Gl. (5.22) Strom-Zeitwerte, die in Bild 5.7c punktweise ermittelt sind und zu einem nichtlinearen Stromverlauf führen. Wenn man das Polynom von Gl. (5.22) auf die drei Glieder

$$i = c_1 u + c_2 u^2 + c_3 u^3 \tag{5.23}$$

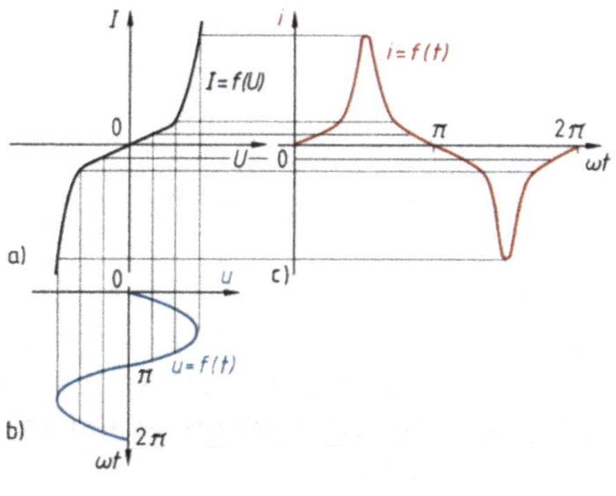

5.7 Nichtlinearer Widerstand an Sinusspannung mit Kennlinie (a), Spannungsverlauf (b) und Stromverlauf (c)

beschränkt, erhält man beispielsweise bei sinusförmiger Aussteuerung den Strom

$$i = c_1 \hat{u}\sin(\omega t) + c_2 \hat{u}^2 \sin^2(\omega t) + c_3 \hat{u}^3 \sin^3(\omega t)$$

bzw. wegen $\sin^2(\omega t) = [1 - \cos(2\omega t)]/2$ und $\sin^3(\omega t) = [3\sin(\omega t) - \sin(3\omega t)]/4$ den Stromverlauf

$$i = \frac{c_2}{2}\hat{u}^2 + \left(c_1 + \frac{3}{4}c_3\hat{u}^2\right)\hat{u}\sin(\omega t) + \frac{c_2}{2}\hat{u}^2 \sin\left(2\omega t - \frac{\pi}{2}\right)$$
$$- \frac{c_3}{4}\hat{u}^3 \sin(3\omega t) \tag{5.24}$$

Außer der Grundschwingung mit der Kreisfrequenz ω treten in diesem Fall noch ein Gleichstromglied und zwei Oberschwingungen mit den Teilschwingungszahlen $\nu = 2$ und $\nu = 3$ auf.

Solche Erscheinungen zeigen z. B. Elektronenröhren und Halbleiterbauelemente (s. Band III), da ihre Kennlinien nichtlinear sind. Zur rechnerischen Behandlung empfiehlt sich eine Annäherung dieser Funktionen, beispielsweise durch Parabel, Taylor- und Fourier-Reihe [8], [56]. Sie können hier aus Umfangsgründen nicht näher behandelt werden.

Beispiel 5.6. Ein Varistor, d. i. ein Widerstand, der aus feinen, unter großem Druck aufeinander gepreßten Kristallen aus Siliziumkarbid besteht, hat die Stromkennlinie $I = c\,U^3$. Für den Anschluß an eine Sinusspannung $u = \hat{u}\sin(\omega t)$ sind Stromverlauf und Klirrfaktor zu berechnen.

Es ergibt sich wegen $\sin^3(\omega t) = [3\sin(\omega t) - \sin(3\omega t)]/4$ der verzerrte Strom

$$i = c u^3 = c\hat{u}^3 \sin^3(\omega t) = \frac{3}{4} c\hat{u}^3 \sin(\omega t) - \frac{1}{4} c u^3 \sin(3\omega t)$$

Zusätzlich zur Grundschwingung ist also eine Oberschwingung mit dreifacher Frequenz entstanden. Nach Gl. (5.9) ergibt sich der Klirrfaktor des Stromes

$$k = \sqrt{\frac{I_3^2}{I_1^2 + I_3^2}} = \frac{\hat{i}_3}{\sqrt{\hat{i}_1^2 + \hat{i}_3^2}} = \frac{1}{\sqrt{3^2 + 1^2}} = 0{,}3162$$

5.3.2 Gleichrichterschaltungen

Ein elektrisches Ventil, das im einfachsten Fall eine Diode (z. B. eine Zweielektrodenröhre, ein Quecksilberdampf-Gleichrichter oder ein Halbleiter-Gleichrichter nach Band III) ist, läßt den elektrischen Strom nur in einer Richtung passieren. Er wird insbesondere zur Umformung von Wechselstrom in Gleichstrom eingesetzt.

Für die Gleichrichtung werden verschiedene Schaltungen, die mit steigendem Aufwand an Bauelementen (z. B. Anzahl der Ventile, Transformator, Glättungsmittel) auch steigenden Ansprüchen genügen, eingesetzt. Hier werden mit Tafel **5.**8 die vier wichtigsten Schaltungen, der erzielbare Spannungs- und Stromverlauf und die zugehörigen Kenngrößen betrachtet.

Es wird hierfür vorausgesetzt, daß ideale Gleichrichterventile benutzt werden, die für die Durchlaßrichtung den Innenwiderstand $R_i = 0$ und für die Sperrrichtung entsprechend $R_i = \infty$ zeigen. Die Schaltungen liegen jeweils an einer Sinusspannung $u = \hat{u}\sin(\omega t)$ mit dem Scheitelwert $\hat{u}$ und der Kreisfrequenz ω bzw. der Periodendauer $T = 1/f = 2\pi/\omega$. Die ideelle gleichgerichtete Spannung u_{di} verläuft dann periodisch und läßt sich durch eine Fourier-Reihe beschreiben, die in Tafel **5.**8 angegeben ist.

Gleichrichterschaltungen unterscheidet man nach der Pulszahl p, die die Anzahl der aufeinander folgenden Kommutierungen während einer Periode T be-

Tafel 5.8 Gleichrichterschaltungen mit Spannungsverlauf und Kennwerten (n ganze Zahlen)

Schaltung	Spannung	Fourier-Reihe, Kennwerte
1. 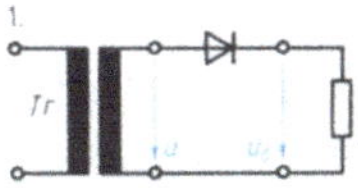	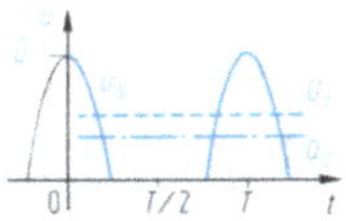	$\frac{u_{di}}{\hat{u}} = \frac{1}{\pi} + \frac{1}{2}\cos(\omega t) - \frac{2}{\pi}\sum_{\nu=2}^{\infty}\frac{1}{\nu^2-1}\cos(\nu\omega t)$ $p=1,\ \nu=2n,\ \bar{u}_{di}/\hat{u}=1/\pi,\ U_d/\hat{u}=1/2$ $w=1{,}21,\ \xi=2,\ F=\pi/2$
2. 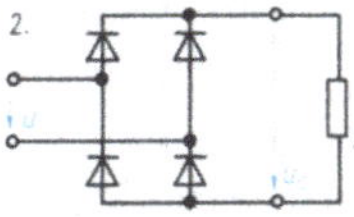	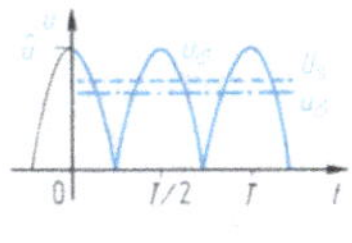	$\frac{u_{di}}{\hat{u}} = \frac{2}{\pi}\left[1-2\sum_{\nu=2}^{\infty}\frac{1}{\nu^2-1}\cos(\nu\omega t)\right]$ $p=2,\ \nu=2n,\ \bar{u}_{di}/\hat{u}=2/\pi,\ U_d/\hat{u}=1/\sqrt{2}$ $w=0{,}483,\ \xi=\sqrt{2},\ F=\pi/(2\sqrt{2})$
3. 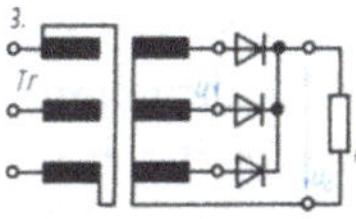	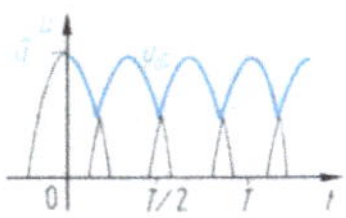	$\frac{u_{di}}{\hat{u}} = \frac{3\sqrt{3}}{\pi}\left[\frac{1}{2}-\sum_{\nu=3}^{\infty}\frac{(-1)^\nu}{\nu^2-1}\cos(\nu\omega t)\right]$ $p=3,\ \nu=3n,\ \bar{u}_{di}/\hat{u}=0{,}827,\ U_d/\hat{u}=0{,}8407$ $w=0{,}183,\ \xi=1{,}1859,\ F=1{,}0165$
4. 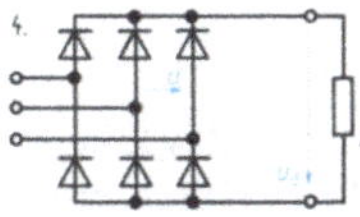	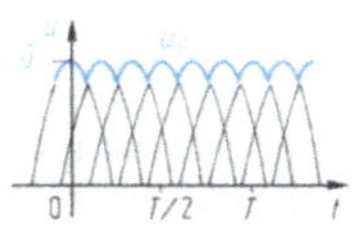	$\frac{u_{di}}{\hat{u}} = \frac{3}{\pi}\left[1+2\sum_{\nu=6}^{\infty}\frac{(-1)^{\nu/2}}{\nu^2-1}\cos(\nu\omega t)\right]$ $p=6,\ \nu=6n,\ \bar{u}_{di}/\hat{u}=0{,}9549,\ U_d/\hat{u}=0{,}9558,$ $w=0{,}042,\ x=1{,}0463,\ F=1{,}0009$

zeichnet. Mit den ganzen Zahlen $n=1, 2, 3, \ldots$ treten nach Tafel 5.8 nur bestimmte Teilschwingungszahlen ν auf. Ideeller linearer Mittelwert $\bar{u}_{di}$ der gleichgerichteten Spannung und Gleichrichtwert sind definitionsgemäß (s. Abschn. 3.1.1.3) identisch. Außerdem können Effektivwert U_d, Scheitelfaktor ξ und Formfaktor F Tafel 5.8 entnommen werden. Zur Kennzeichnung der Güte einer Gleichrichtung benutzt man die Welligkeit

$$w = \sqrt{\sum_{\nu=1}^{\infty} U_{\nu i}^2}\,/\bar{u}_{di} = U_{\sim i}/\bar{u}_{di} \tag{5.25}$$

also das Verhältnis von Wechselspannungsanteil $U_{\sim i}$ zu Gleichrichtwert $\bar{u}_{di}$. Die in Tafel 5.8 angegebenen Gleichungen gelten auch für den Strom i_d, wenn reine Wirkwiderstände R als Belastung und verlustlose ideale Gleichrichter und Transformatoren vorausgesetzt werden.

Die 1. Schaltung in Tafel 5.8 wird als Einwegschaltung bezeichnet. Wenn der Gleichstrom vom Wechselstromnetz ferngehalten werden soll, muß als Eingang ein Transformator *Tr* vorgesehen werden. (Er muß auch für diesen sekundären Gleichstrom erwärmungsmäßig bemessen sein.) Die 2. Schaltung gibt eine Einphasen-Brückenschaltung, die eine Zweiweg-Gleichrichtung ermöglicht, wieder.

Die 3. Schaltung in Tafel 5.8 ist eine Dreiphasen-Mittelpunktschaltung. Der Sternpunkt des sekundär in Stern geschalteten Eingangstransformators *Tr* ist mit dem Verbraucher *R* verbunden. Primär muß der Dreiphasentransformator in Dreieck geschaltet sein, um den unsymmetrischen Belastungen durch die Gleichrichter gewachsen zu sein. Von den parallelliegenden Gleichrichterventilen führt nur jeweils dasjenige mit der größten Spannung auch Strom. Dieses Übergehen des Stromes von einem zum anderen Ventil nennt man Kommutierung. Auf diese Weise entsteht hier eine dreipulsige Gleichrichtung. Die 4. Schaltung in Tafel 5.8 ist eine sechspulsige Dreiphasen-Brückenschaltung.

Man erkennt aus den Werten von Tafel 5.8, daß mit steigender Pulszahl p die Welligkeit w geringer wird und Gleichrichtwert $\bar{u}_{di}$ und Effektivwert U_d sich dem Scheitelwert $\hat{u}$ der Sinusspannung nähern. Für Zwecke der Nachrichtentechnik, also geringe Leistungen, und Meßzwecke wird noch häufig die Einweggleichrichtung mit Selenzellen, dann jedoch meist mit Spitzengleichrichtung (s. Band IV) eingesetzt. In der Leistungselektronik werden heute Brückenschaltungen mit Siliziumzellen bevorzugt (s. Band III).

Beispiel 5.7. Eine Einphasen-Brückenschaltung mit den Kennwerten von Tafel 5.8 liegt bei der Frequenz $f=50$ Hz$(\omega=314{,}2\ \mathrm{s}^{-1})$ an der Sinusspannung $U=220$ V. Durch eine vor den Verbraucherwiderstand $R=100\ \Omega$ geschaltete Induktivität L soll die 2. Harmonische des Stromes auf $I_2=0{,}1\,\bar{i}_d$ begrenzt werden. Für welche Kennwerte muß diese Glättungsdrossel bemessen sein?

Bei Vernachlässigung aller Spannungsabfälle in den Gleichrichterventilen ist nach Tafel 5.8 der lineare Mittelwert der Spannung $\bar{u}_d=2\hat{u}/\pi=2\sqrt{2}\,U/\pi=2\sqrt{2}\cdot 220\ \mathrm{V}/\pi=198{,}1$ V wirksam, und es tritt der lineare Mittelwert des Stromes $\bar{i}_d=\bar{u}_d/R=198{,}1\ \mathrm{V}/(100\ \Omega)=1{,}981$ A auf.

Die 2. Harmonische der gleichgerichteten Spannung hat nach Tafel 5.8 den Scheitelwert

$$\hat{u}_2=\hat{u}\,\frac{2\cdot 2}{\pi(\nu^2-1)}=\hat{u}\,\frac{4}{3\pi}=\sqrt{2}\,U\,\frac{4}{3\pi}=\frac{\sqrt{2}\cdot 220\ \mathrm{V}\cdot 4}{3\pi}=132\ \mathrm{V}$$

Ohne Glättungsdrossel würde diese Spannung den Strom $I'_2=u_2/(\sqrt{2}\,R)=132\ \mathrm{V}/(\sqrt{2}\cdot 100\ \Omega)=0{,}9337$ A zum Fließen bringen. Es soll aber nur der Strom

$$I_2=\frac{\hat{u}_3/\sqrt{2}}{\sqrt{R^2+(2\omega L)^2}}=0{,}1\,\bar{i}_d=0{,}1\cdot 1{,}981\ \mathrm{A}=0{,}1981\ \mathrm{A}$$

fließen. Daher muß nach Umstellung dieser Gleichung die Induktivität

$$L=\frac{1}{2\omega}\sqrt{\frac{1}{2}\left(\frac{\hat{u}_2}{I_2}\right)^2-R^2}=\frac{1}{2\cdot 314{,}2\ \mathrm{s}^{-1}}\sqrt{\frac{1}{2}\left(\frac{132\ \mathrm{V}}{0{,}1981\ \mathrm{A}}\right)^2-100^2\ \Omega^2}=0{,}7329\ \mathrm{H}$$

in der Glättungsdrossel verwirklicht und diese für den Strom

$$I\approx\sqrt{\bar{i}_d^2+I_2^2}=\sqrt{1{,}981^2\ \mathrm{A}^2+0{,}1981^2\ \mathrm{A}^2}\approx 2{,}0\ \mathrm{A}$$

ausgelegt sein.

5.3.3 Eisendrossel

Eine Induktivität mit Eisenkern nimmt an einer Sinusspannung einen verzerrten Magnetisierungsstrom auf, da die nichtlineare Magnetisierungskennlinie $B=f(H)$ wegen der Spannung $U=4{,}443\,fN\Phi$ und des Flusses $\Phi=BA$ (s. Abschn. 1.2.3) sowie der Durchflutung $\Theta=\sum_{\mu} H_\mu l_\mu$ bzw. $\Theta=IN$ (s. Abschn. 1.2.3) eine ebenso nichtlineare Kennlinie $i=f(u)$ verursacht. Es sollen nun die sich hieraus ergebenden Verläufe von Magnetisierungsstrom und Leistung betrachtet werden.

5.3.3.1 Magnetisierungsstrom. In Bild **5**.9a ist die Magnetisierungskennlinie einer Drossel ohne nennenswerte Eisenverluste dargestellt. Nach Bild **3**.7 ist die Sinusspannung u mit dem Sinusfluß Φ_t bzw. der um den Phasenwinkel $\varphi=\pi/2$ nacheilenden Sinusinduktion B_t verbunden. Wenn man jetzt zu einer bestimmten Zeit t die zugehörige Induktion B_t in Bild **5**.9b aufsucht, kann man in Bild **5**.9a den erforderlichen Strom i finden. Man klappt diesen Wert in die Ordinatenachse und überträgt ihn auf das Zeitdiagramm in Bild **5**.9b. Auf diese Weise kann man den zugehörigen Stromverlauf punktweise ermitteln.

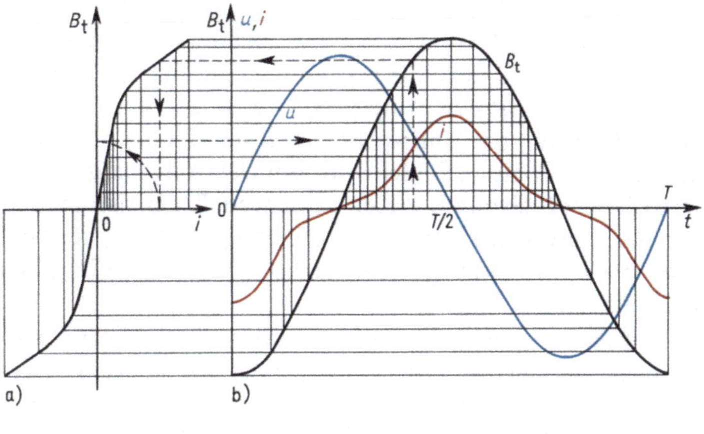

5.9 Magnetisierungskennlinie (a) einer Drossel mit Eisenkern und vernachlässigbar geringen Eisenverlusten sowie Zeitdiagramm (b) von Spannung u, Induktion B_t und Strom i mit Kennzeichnung eines Zeitwerts durch Pfeile

In Bild 5.9b treten Nulldurchgang von Strom i und Induktion B_t zu gleichen Zeiten auf, und die Stromkurve ist vollsymmetrisch. Sie enthält also nach Abschn. 8.5.2.2 nur ungeradzahlige Oberschwingungen.

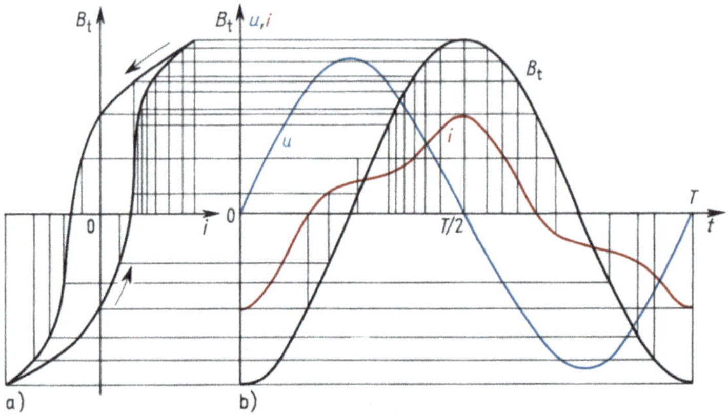

5.10 Hystereseschleife (a) einer Drossel mit Eisenkern und großen Eisenverlusten sowie Zeitdiagramm (b) von Spannung u, Induktion B_t und Strom i

Die Fläche der Hystereseschleife stellt nach Abschn. 3.3.2.3 ein Maß für die Hystereseverluste dar. Da die Hysteresekurve in Bild 5.10a mit Wechselstromerregung aufgenommen sein soll, muß ihr Flächeninhalt ebenfalls die Wirbelstromverluste (s. Abschn. 3.3.2.3) wiedergeben, so daß er insgesamt die Eisenverluste V_{Fe} repräsentiert. Diese führen in Bild 5.10b zu einer weiter verzerrten, d.h. unsymmetrischen und phasenverschobenen Stromkurve. Eine Fourier-Analyse zeigt, daß sie ebenfalls nur ungeradzahlige, aber gegeneinander phasenverschobene Harmonische aufweist.

5.3.3.2 Leistung. In Bild 5.11a sind Spannung u und Strom i aus Bild 5.10b übernommen, und es ist die zugehörige Leistung $S_t = u\,i$ gebildet. Die verzerrte Leistungskurve hat den Mittelwert $P = P_1 = U_1 I_1 \cos\varphi_1$, der nach Abschn. 5.2.2 als Wirkleistung bei Sinusspannung $u_1 = \hat{u}_1 \sin(\omega t)$ nur mit der Grundschwingung i_1 des Stromes gebildet wird. Ein elektrodynamischer Leistungsmesser (s. Band IV) mißt ebenfalls diesen Mittelwert P, der sich im allgemeinen Fall aus den Eisenverlusten V_{Fe} und den Kupferverlusten V_{Cu} der Wicklung zusammensetzt, nach der Voraussetzung für Bild 5.10a allerdings den letzteren Anteil vernachlässigt.

In Bild 5.11a ist auch noch die quadrierte Stromkurve i^2 mit ihrem Mittelwert I^2 eingetragen, der zum Effektivwert I des Stromes führt. Der angegebene Winkel β darf nicht als Phasenwinkel des Stromes angesprochen werden, und man kann das Zeitdiagramm von Bild 5.11a nicht sofort in ein Zeigerdiagramm überführen, da dies nach Abschn. 3.1.2 nur für gleichfrequente Größen dargestellt werden darf.

Um auch für verzerrte Ströme mit einem Zeigerdiagramm arbeiten zu können, ersetzt man den verzerrten Strom durch einen sinusförmigen Ersatzstrom, der den gleichen Effektivwert I hat. Hierfür erhält man den Leistungsfaktor $\lambda = \cos\varphi = P/(UI)$ und kann dann mit dem fiktiven Phasenwinkel φ, der wegen der von den Oberströmen erzeugten Verzerrungsblindleistung im allgemeinen nicht mit dem Phasenwinkel φ_1 der Grundschwingung übereinstimmt, die sinusförmigen Ersatzgrößen in Bild **5.**11b darstellen.

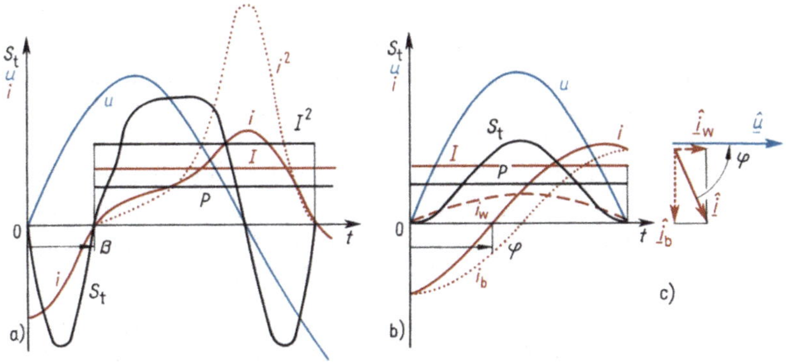

5.11 Spannungs-, Strom- und Leistungsverlauf einer Eisendrossel
a) u Sinusspannung, i verzerrter Strom, i^2 quadrierter Strom mit Mittelwert I^2 und Effektivwert I, $S_t = ui$ Leistung, P Wirkleistung zur Deckung der Eisenverluste V_{Fe}
b) i Ersatzstrom mit gleichem Effektivwert $I = \hat{i}/\sqrt{2}$, i_w Wirkstrom, i_b Blindstrom, φ Phasenwinkel

Zeigerdiagramme für Drosseln, Transformatoren, elektrische Maschinen u.ä. mit Eisenkernen, die verzerrte Ströme verursachen, gelten stets für solche Ersatzgrößen. Die Wirkkomponente I_w wird dann als Eisenverluststrom I_{Fe} und die Blindkomponente I_b als Magnetisierungsstrom I_μ bezeichnet. Man beachte, daß Strom i_w und Leistung S_t so in Bild **5.**11b den Verlauf des Grundschwingungs-Wirkstroms i_{1w} und der von ihm erzeugten Leistungsschwingung S_{1t} wiedergeben, i_b dagegen eine Ersatzgröße für den verzerrten Magnetisierungsstrom i_μ ist.

5.4 Überlagerung bei unterschiedlicher Frequenz

Auf jeden linearen Stromkreis und seine linearen Zustandsgrößen (z.B. Strom und Spannung) darf man nach Abschn. 2.3.3 und 3.4.1.2 das Überlagerungsgesetz anwenden. Eine solche ungestörte Überlagerung liegt z.B. vor, wenn zwei Quellen, die Spannungen unterschiedlicher Frequenz (auch

Gleichspannung) liefern, in Reihe liegen und auf lineare Verbraucher arbeiten. Wichtig für die Praxis sind die Überlagerung von Gleich- und Sinusstrom sowie die zur Schwebung führende Überlagerung zweier verschieden frequenter Schwingungen.

5.4.1 Reihenschaltung von Gleich- und Sinusstromquellen

Eine Reihenschaltung von Gleichstromquelle und Sinusstromquelle findet man sehr häufig in der Nachrichtentechnik - vorwiegend bei Verstärker- und Senderschaltungen. Hier wird mit der Gleichstromquelle ein Arbeitspunkt festgelegt, um den herum die Sinusstromquelle den Verstärker oder Sender aussteuert (s. Band III, XI und XII).

Wenn die eine Quelle die Gleichspannung u_- und die andere die Sinusspannung $u_\sim$ liefert, erhält man bei einer Reihenschaltung nach dem Überlagerungsgesetz einfach durch Addition die resultierende Spannung $u = u_- + u_\sim$. Dies wird mit dem folgenden Beispiel näher erläutert.

Beispiel 5.8. Der Verbraucherwiderstand $R_a = 4\,\Omega$ wird von zwei in Reihe geschalteten Generatoren nach Bild **5.**12a gespeist. Der Gleichspannungsgenerator (Schaltzeichen =) hat die Quellenspannung $U_{q-} = 25$ V und den inneren Widerstand $R_{i-} = 0{,}5\,\Omega$, der Sinusspannungsgenerator (Schaltzeichen ~) hat die Quellenspannung $U_{q\sim} = 15$ V, den inneren Widerstand $R_{i\sim} = 1\,\Omega$ und die Frequenz $f = 5$ kHz. Es ist der zeitliche Verlauf der am Verbraucherwiderstand R_a auftretenden Spannung u_a maßstäblich aufzuzeichnen.

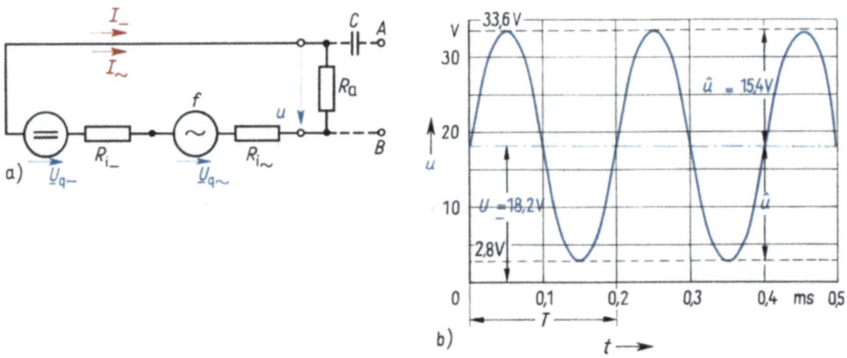

5.12 Reihenschaltung (a) von Gleichstrom- und Sinusstromquelle und zeitlicher Verlauf der Spannung am Verbraucherwiderstand R_a (b)

Denken wir uns nach den Regeln des Überlagerungsgesetzes (s. Abschn. 2.3.3) zunächst die Sinusstromquelle kurzgeschlossen, dann fließt durch den Verbraucherwiderstand R_a der Gleichstrom

$$I_- = \frac{U_{q-}}{R_{i-} + R_{i\sim} + R_a} = \frac{25\text{ V}}{0{,}5\,\Omega + 1{,}0\,\Omega + 4\,\Omega} = 4{,}55\text{ A}$$

so daß am Verbraucherwiderstand R_a die Gleichspannung $U_{a-} = I_- R_a = 4{,}55\,\mathrm{A} \cdot 4\,\Omega = 18{,}2\,\mathrm{V}$ auftritt. Andererseits ergibt sich bei Kurzschluß der Gleichstromquelle für den durch den Verbraucherwiderstand R_a fließenden Sinusstrom der Effektivwert

$$I_{\sim} = \frac{U_{q\sim}}{R_{i-} + R_{i\sim} + R_a} = \frac{15\,\mathrm{V}}{0{,}5\,\Omega + 1{,}0\,\Omega + 4\,\Omega} = 2{,}73\,\mathrm{A}$$

und somit liegt am Verbraucherwiderstand R_a die Sinusspannung

$$U_{a\sim} = I_{\sim} R_a = 2{,}73\,\mathrm{A} \cdot 4\,\Omega = 10{,}9\,\mathrm{V}$$

mit dem Scheitelwert $\hat{u}_a = \sqrt{2}\, U_{a\sim} = \sqrt{2} \cdot 10{,}9\,\mathrm{V} = 15{,}4\,\mathrm{V}$.

Da sich nach dem Überlagerungsgesetz die Zustandsgrößen in Gleichstrom- und Sinusstromkreis einfach addieren, gilt für den gesuchten zeitlichen Verlauf der am Verbraucherwiderstand R_a auftretenden Spannung

$$u_a = U_{a-} + \hat{u}_a \sin(2\pi f t) = 18{,}2\,\mathrm{V} + 15{,}4\,\mathrm{V} \sin(2\pi \cdot 5\,\mathrm{kHz}\, t)$$

Sie ist in Bild **5.**12b als ausgezogene Linie maßstäblich dargestellt. Als Nullinie der Sinusspannung (linearer Mittelwert) tritt die strichpunktiert dargestellte Gleichspannung U_{a-} auf, so daß die Spannung am Verbraucherwiderstand R_a im Takt der Frequenz $f = 5\,\mathrm{kHz}$, also mit der Periodendauer $T = 1/f = 0{,}2\,\mathrm{ms}$ schwankt zwischen dem Höchstwert $U_{a-} + \hat{u}_a = 18{,}2\,\mathrm{V} + 15{,}4\,\mathrm{V} = 33{,}6\,\mathrm{V}$ und dem Kleinstwert $U_{a-} - \hat{u}_a = 18{,}2\,\mathrm{V} - 15{,}4\,\mathrm{V} = 2{,}8\,\mathrm{V}$.

Im allgemeinen Wechselstromkreis sind neben Wirkwiderständen sehr häufig Blindwiderstände zu berücksichtigen. Auch in diesen Fällen werden beim Anwenden des Überlagerungsgesetzes Gleich- und Sinusströme getrennt berechnet, wobei zusätzlich zu beachten ist, daß für den Gleichstromkreis verlustfreie Induktivitäten einen Kurzschluß darstellen und verlustfreie Kondensatoren als unendlich großer Widerstand wirken, d. h. den Gleichstromkreis unterbrechen. Mit Kondensatoren kann man daher auch Wechselstromvorgänge vom Gleichstrom trennen. Um beispielsweise in der Schaltung nach Bild **5.**12 die am Verbraucherwiderstand R_a liegende Sinusspannung $\hat{u}_a \sin(\omega t)$ allein zu erhalten, müßte, wie in Bild **5.**12a gestrichelt eingezeichnet, die Spannung am Verbraucherwiderstand R_a über einen zwischengeschalteten Kondensator C zwischen den Klemmen A und B abgenommen werden. Dies nutzt man für Verstärkerschaltungen häufig aus (s. Band XII).

Es sei nochmals ausdrücklich darauf verwiesen, daß bei nichtlinearem Verhalten der Schaltung, z. B. für Spulen mit Eisen, das Überlagerungsgesetz nicht angewendet werden darf.

5.4.2 Reihenschaltung zweier Sinusstromquellen unterschiedlicher Frequenz

Bei der Überlagerung von Schwingungen unterschiedlicher Frequenz hängt der zeitliche Verlauf der resultierenden Schwingung von der Differenzfrequenz der beiden Schwingungen ab. Recht anschaulich ist zunächst der Fall, in dem bei

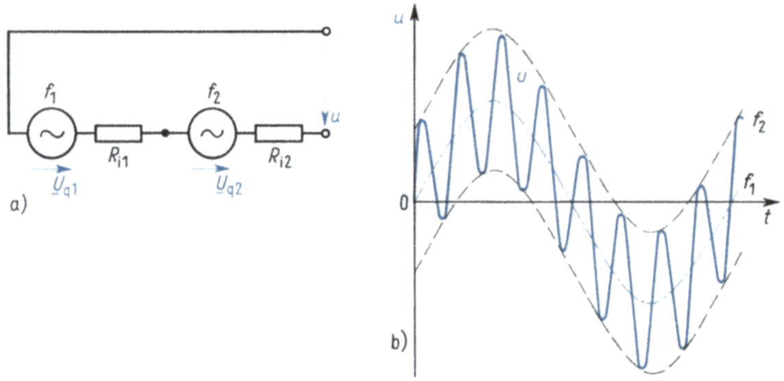

5.13 Reihenschaltung (a) von zwei Sinusstromquellen unterschiedlicher Frequenz und zeitlicher Verlauf der Spannung für $f_2 \gg f_1$ (b)

der Schaltung nach Bild **5.**13a die eine Frequenz f_2 mehrfach größer als die andere Frequenz f_1 ist. Hier kann man sich vorstellen, daß, abgeleitet aus Bild **5.**12b anstelle der dort angegebenen Gleichspannung U_{a-} jetzt der jeweilige Zeitwert der tieferen Frequenz f_1 die in Bild **5.**13b strichpunktiert eingezeichnete Nullinie der höheren Frequenz f_2 angibt. Man erhält dann zwischen den gestrichelt eingezeichneten Hüllkurven der Frequenz f_1 den in Bild **5.**13b durch die ausgezogene Linie dargestellten resultierenden Spannungsverlauf u.

Diese Vorstellung versagt, wenn die Frequenz f_2 vergleichbar groß zu f_1 wird. Aus der Addition der Zeitwerte der beiden Spannungsverläufe verschiedener Frequenz läßt sich dann nicht mehr unmittelbar erkennen, zwischen welchen Hüllkurven und mit welcher Frequenz die resultierende Spannung verläuft. Um auch in diesem Fall den bei der Überlagerung entstehenden Verlauf der resultierenden Spannung $u = \hat{u}_1 \cos(\omega_1 t) + \hat{u}_2 \cos(\omega_2 t)$ angeben zu können, müssen zeitlicher Verlauf des Scheitelwerts der Hüllkurve und jeweilige Frequenz der resultierenden Spannung aus einem allgemeinen Ansatz berechnet werden.

5.4.2.1. Zeigerdiagramm. Wir wollen diesen Ansatz aus einem Zeigerdiagramm ableiten, das die geometrische Addition der Einzelzeiger zum resultierenden Zeiger angibt. Dabei müssen wir bedenken, daß mit unterschiedlichen Frequenzen ablaufende Vorgänge nicht ohne weiteres in einem Zeigerdiagramm dargestellt werden können, da die Einzelzeiger mit verschiedener Winkelgeschwindigkeit umlaufen. Zum Aufstellen des gesuchten Ansatzes können jedoch für einen ganz bestimmten, beliebig herausgesuchten Augenblick die Einzelzeiger geometrisch zum resultierenden Zeiger addiert werden, da die Zeiger für den betrachteten Augenblick feststehen, so daß Bild **5.**14 gilt.

Um bei ungleichen Frequenzen einen allgemein gültigen Ansatz für den resultierenden Zeiger aufstellen zu können, gehen wir von den kom-

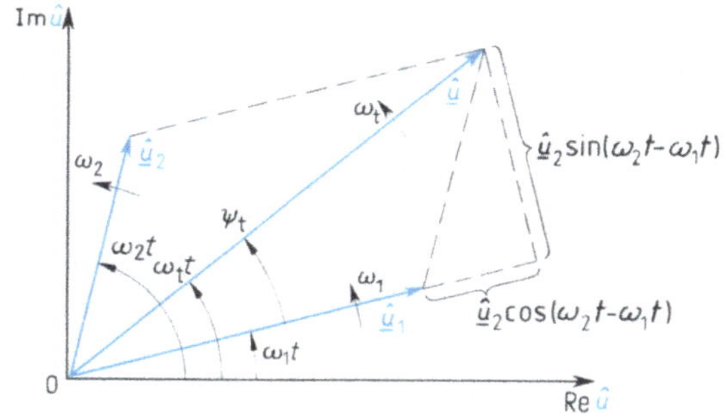

5.14
Geometrische Addition der Einzelzeiger $\underline{u}_1$ und $\underline{u}_2$ mit den Kreisfrequenzen ω_1 und ω_2 zum resultierenden Zeiger $\underline{u}$ mit der Kreisfrequenz ω in einem vorgegebenen Zeitpunkt t

plexen Zeitwerten aus. Es soll die Spannungssumme

$$\underline{u} = \underline{u}_1 + \underline{u}_2 \quad \text{aus } \underline{u}_1 = \sqrt{2}\,\underline{U}_{q1}\,e^{j\omega_1 t} \text{ und } \underline{u}_2 = \sqrt{2}\,\underline{U}_{q2}\,e^{j\omega_2 t}$$

mit

$$\underline{U}_{q1} = (\hat{u}_1/\sqrt{2})\,e^{j\varphi_1} \text{ und } \underline{U}_{q2} = (\hat{u}_2/\sqrt{2})\,e^{j\varphi_2}$$

gebildet werden. Betrachtet man anstelle eines festen Zeitpunkts einen bestimmten Zeitabschnitt, so läßt sich aus dem Zeigerdiagramm leicht erkennen, daß wegen der unterschiedlichen Winkelgeschwindigkeiten der Zeiger $\underline{\hat{u}}_1$ und $\underline{\hat{u}}_2$ der durch Überlagerung entstehende Zeiger $\underline{\hat{u}}$ in Abhängigkeit von der Zeit nicht konstant ist, sondern in zweierlei Hinsicht stetigen Änderungen unterliegt:

a) Die Amplitude $\hat{u}$ hängt von dem jeweiligen Phasenunterschied $(\omega_2 t - \omega_1 t)$ zwischen den Einzelzeigern ab; sie erreicht ihren Höchstwert bei algebraischer Addition $\hat{u}_1 + \hat{u}_2$ für Gleichphasigkeit beider Einzelzeiger und ihren Kleinstwert bei algebraischer Subtraktion $\hat{u}_1 - \hat{u}_2$ für Gegenphasigkeit beider Einzelzeiger. Es ist also $\hat{u} \neq \text{const}$, also $\hat{u} = f(t)$, künftig einfach als $\hat{u}_t$ bezeichnet. Aus dem Zeigerdiagramm läßt sich sofort ablesen für diesen zeitabhängigen Scheitelwert

$$\hat{u}_t = \sqrt{\hat{u}_1^2 + \hat{u}_2^2 + 2\,\hat{u}_1\,\hat{u}_2 \cos(\omega_2 t - \omega_1 t)} \tag{5.26}$$

b) Bei konstanter Winkelgeschwindigkeit der Einzelzeiger bleibt die Winkelgeschwindigkeit des resultierenden Zeigers im allgemeinen nicht konstant, da der Winkel ψ_t in Bild 5.14 von der jeweiligen Phasenlage der Einzelzeiger abhängt; es gilt dem Zeigerdiagramm entsprechend für die zeitabhängige Phasenlage des resultierenden Zeigers

$$\omega_t t = \omega_1 t + \psi_t \tag{5.27}$$

Der resultierende Zeiger läuft also mit zeitabhängiger Winkelgeschwindigkeit bzw. Kreisfrequenz ω_t um. Aus der zeitlichen Änderung des Phasenwinkels der resultierenden Spannung, also mit Gl. (5.27), kann man die zeitabhängige Kreisfrequenz

$$\omega_t = d(\omega_t t)/dt = [(d\omega_1 t)/dt] + d\psi_t/dt \tag{5.28}$$

bestimmen. Es ergibt sich also wieder ein komplexer Zeitwert $\underline{u}=\sqrt{2}\,\underline{U}\,e^{j\omega_t t}$ mit der komplexen Spannung $\underline{U}=(\hat{u}_t/\sqrt{2})\,e^{j\varphi}$, die beide über ω_t und $\hat{u}_t$ zeitabhängig sind.

5.4.2.2 Schwebung. Die Berechnung des bei der Überlagerung zweier Sinusschwingungen verschiedener Frequenz auftretenden zeitlichen Amplituden- und Frequenzverlaufs der resultierenden Spannung kann man durch folgende Annahme erleichtern: Wir führen eine Relativbetrachtung (Bild 5.15a) ein, in

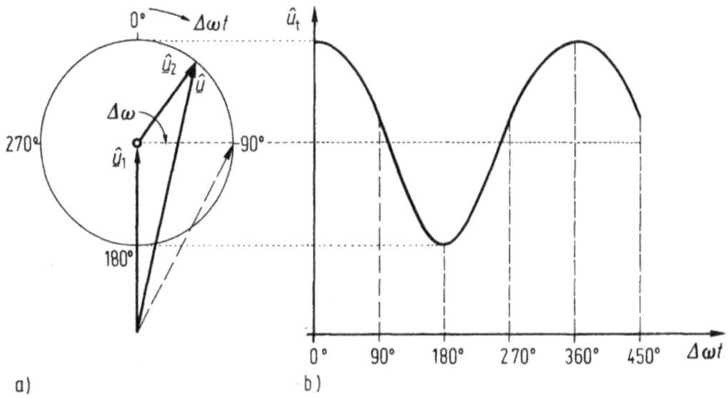

5.15 Überlagerung eines feststehenden Zeigers $\underline{\hat{u}}_1$ mit einem mit der Kreisdifferenzfrequenz $\Delta\omega=\omega_2-\omega_1$ umlaufenden Zeiger $\underline{\hat{u}}_2$
a) Zeigerdiagramm
b) Amplitudenverlauf $\hat{u}_t$ nach Gl. (5.28) (gestrichelt eingezeichnet Wert für $\Delta\omega t=90°$)

dem wir den Zeiger der Spannung der Frequenz f_1 als feststehend ansehen, so daß wir dann nur noch die Änderung der Scheitelwerte $\hat{u}_2$ gegenüber $\hat{u}_1$ zu berücksichtigen brauchen, die durch die Kreisfrequenzdifferenz

$$\Delta\omega=\omega_2-\omega_1 \tag{5.29}$$

gegeben ist. Mit dem Amplitudenverhältnis der Einzelspannungen

$$A=\hat{u}_2/\hat{u}_1 \tag{5.30}$$

wird aus Gl. (5.26) der in Bild 5.15b dargestellte Amplitudenverlauf

$$\hat{u}_t=\hat{u}_1\sqrt{1+A^2+2A\cos(\Delta\omega t)} \tag{5.31}$$

der auch unmittelbar dem Zeigerdiagramm in Bild 5.15a entnommen werden kann; er ist nicht mehr sinusförmig.

Aus dem Zeigerdiagramm in Bild 5.14 läßt sich ferner bei Berücksichtigung von Gl. (5.29) und (5.30) der zeitabhängige Phasenwinkel

$$\psi_t=\arctan\frac{\hat{u}_2\sin(\omega_2 t-\omega_1 t)}{\hat{u}_1+\hat{u}_2\cos(\omega_2 t-\omega_1 t)}=\arctan\frac{\sin(\Delta\omega t)}{(1/A)+\cos(\Delta\omega t)} \tag{5.32}$$

ablesen. Setzt man Gl. (5.32) in Gl. (5.28) ein, so erhält man nach Differentiation die zeitabhängige Kreisfrequenz

$$\omega_t = \omega_1 + \Delta\omega \frac{A^2 + A\cos(\Delta\omega t)}{1 + A^2 + 2A\cos(\Delta\omega t)} \tag{5.33}$$

Für die Praxis sehr wichtig ist der Fall $A = 1$. Hier wird nach Gl. (5.31) der Amplitudenverlauf

$$\hat{u}_t = \hat{u}_1 \sqrt{2[1 + \cos(\Delta\omega t)]} \tag{5.34}$$

Je nach Größe des zeitlich veränderlichen Phasenunterschieds zwischen den Einzelzeigern entsprechend $-1 < \cos(\Delta\omega t) < +1$ liegt die resultierende Amplitude bei Änderung nach einer cos-Halbschwingung entsprechend dem Rhythmus der Frequenzdifferenz $\Delta\omega$ im Bereich $0 < \hat{u} < 2\hat{u}_1$. Man bezeichnet daher den Kurvenverlauf bei Überlagerung zweier Schwingungen gleicher Amplitude und verschiedener Frequenz als Schwebung und die Frequenzdifferenz $\Delta f = \Delta\omega/(2\pi)$ als Schwebungsfrequenz (s. a. [13]). Nach Gl. (5.33) gilt bei Berücksichtigung von Gl. (5.29) für die Kreisfrequenz der Schwebung

$$\omega_t = \omega_1 + (\Delta\omega/2) = (\omega_1 + \omega_2)/2 = \text{const} \tag{5.35}$$

Die Frequenz der bei der Überlagerung der beiden Spannungen der Frequenz f_1 und f_2 entstehenden resultierenden Spannung ist bei Amplitudengleichheit der Einzelspannungen daher der Mittelwert aus den Einzelfrequenzen.

Mit Gl. (5.34) und (5.35) gilt allgemein für den zeitlichen Verlauf der resultierenden Spannung

$$u = \hat{u}_1 \sqrt{2[1 + \cos(\omega_2 - \omega_1)t]} \sin[(\omega_1 + \omega_2)/2]t$$

Sie hat die Frequenz $(f_1 + f_2)/2$ und ist in Bild **5.16** zwischen den gestrichelt eingezeichneten Hüllkurven nach Gl. (5.34) dargestellt. Charakteristisch für die Schwebung ist nicht nur der mit $\Delta f = f_2 - f_1$ halbwellenförmige Amplitudenverlauf der Hüllkurve [Periodendauer der Hüllkurve $T_H = 1/(f_2 - f_1)$], sondern auch der Phasensprung an der Nullstelle der Hüllkurve. Er läßt sich leicht anschaulich aus dem Zeigerdiagramm erklären, da an der Nullstelle der Hüllkurve die Einzelzeiger um 180° gegeneinander verschoben sind und bei weiterer Zunahme dieser Phasenverschiebung der auf $\hat{u}_1$, also auf $\omega_1 t$, bezogene Winkel ψ_t sein Vorzeichen wechselt; dies entspricht aber, wie auch aus Gl. (5.27) ersichtlich, einem Phasensprung um 180°. Das Zustandekommen der

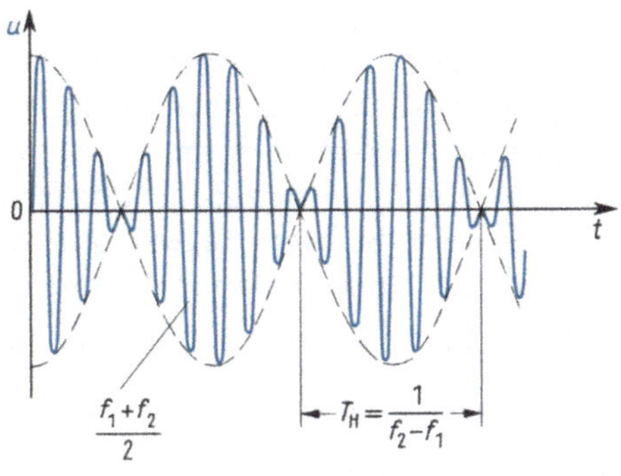

5.16 Zeitlicher Verlauf der resultierenden Spannung u als Schwebung bei dem Amplitudenverhältnis $A = 1$

Schwebung läßt sich anschaulich auch dadurch erklären, daß wegen der geringen Frequenzdifferenz Δf zu gewissen Zeiten beide Spannungen einmal gleichphasig sind und sich dann zum Maximalwert $2\hat{u}_1$ algebraisch addieren, während einige Zeit später beide Spannungen gegenphasig sind, so daß wegen der algebraischen Subtraktion die resultierende Spannung hier Null wird.

Für die Praxis ist weiterhin der Fall $A \rightarrow 0$ interessant, bei dem die Hüllkurve nach Gl. (5.31) bei nur geringem Unterschied zwischen Höchstwert und Kleinstwert eine gute cos-Funktion mit der Frequenz $\Delta f = f_2 - f_1$ ist. Hiermit ist durch Überlagerung zweier nahe beieinander liegender Frequenzen mit möglichst unterschiedlichen Amplituden eine Schwingung sehr niedriger Frequenz zu gewinnen. Man nutzt dies in der Nachrichtentechnik.

Im Bereich $0 < A < 1$ treten neben nichtsinusförmigen Amplitudenänderungen der Hüllkurve nach Gl. (5.31) laufende Änderungen des Zeitwerts der Frequenz auf, wie sie Gl. (5.33) entsprechen. Die in Bild **5.16** dargestellte Schwebungskurve tritt nur bei linearem Verhalten des Stromkreises auf; Nichtlinearitäten führen beim Vorhandensein zweier Schwingungen verschiedener Frequenz zur Modulation, die sich durch multiplikative Verknüpfung ergibt und in Abschn. 5.5 behandelt wird.

5.5 Modulation

Während bei der Überlagerung (s. Abschn. 5.4) Schwingungen gleicher oder unterschiedlicher Frequenz addiert werden, werden bei der Modulation Schwingungen unterschiedlicher Frequenz multipliziert. Infolge der Multiplikation treten neue, vor der Modulation nicht vorhandene Frequenzen auf, die es beispielsweise in der Nachrichtentechnik (s. Band XI) ermöglichen, das Frequenzband einer Nachrichtenfunktion in einen anderen Frequenzbereich zu verschieben. Diese Verschiebung wird hauptsächlich eingesetzt zur Anpassung einer Nachrichtenübertragung an die Eigenschaften der Übertragungsstrecke, beispielsweise beim Einsatz hoher Frequenzen bei der Übertragung durch Strahlung sowie zur mehrfachen Ausnutzung einer Übertragungsstrecke, beispielsweise bei der Trägerfrequenztechnik (s. Band XI). Wir beschränken uns hier auf die Modulation kontinuierlicher Schwingungen.

Aufgabe der Modulation ist es, eine hochfrequente Trägerschwingung

$$u_T = \hat{u}_T \cos(\omega_T t) \tag{5.36}$$

mit der Amplitude $\hat{u}_T$ und der Kreisfrequenz ω_T im Takt der niederfrequenten Signalschwingung

$$u_M = \hat{u}_M \cos(\omega_M t) \tag{5.37}$$

mit der Amplitude $\hat{u}_M$ und der Kreisfrequenz ω_M zu beeinflussen. Wirkt die Signalschwingung auf die Amplitude $\hat{u}_T$ der Trägerschwingung ein, erhält man die Amplitudenmodulation; bei Steuerung der Kreisfrequenz ω_T der Trägerschwingung im Takt der Signalschwingung ergibt sich die Frequenzmodulation. Beide Modulationsarten können auch kombiniert auftreten [24], [63].

5.5.1 Amplitudenmodulation

Durch Verändern der Amplitude $\hat{u}_{Tt}$ der hochfrequenten Trägerschwingung im Takt der niederfrequenten Signalschwingung u_M gilt für den Zeitwert der Amplitude der hochfrequenten Trägerschwingung

$$\hat{u}_{Tt} = \hat{u}_T + \hat{u}_M \cos(\omega_M t) = \hat{u}_T \left[1 + \frac{\hat{u}_M}{\hat{u}_T} \cos(\omega_M t) \right] \tag{5.38}$$

Ausgehend von Gl. (5.36) ergibt sich mit Gl. (5.38) für die Spannung der amplitudenmodulierten Schwingung

$$u_{AMt} = \hat{u}_{Tt} \cos(\omega_T t) = \hat{u}_T \left[1 + \frac{\hat{u}_M}{\hat{u}_T} \cos(\omega_M t) \right] \cos(\omega_T t) \tag{5.39}$$

Mit dem Modulationsgrad

$$m = \hat{u}_M / \hat{u}_T \tag{5.40}$$

geht Gl. (5.39) über in

$$u_{AMt} = \hat{u}_T [1 + m \cos(\omega_M t)] \cos(\omega_T t) \tag{5.41}$$

Daher handelt es sich bei der Modulation im Gegensatz zur Überlagerung um eine Multiplikation von Signal- und Trägerschwingung, durch die zusätzlich zur Signal- und Trägerschwingung weitere ursprünglich nicht vorhandene Schwingungen unterschiedlicher Frequenzen auftreten. Durch Einführen der Additionstheoreme geht Gl. (5.41) über in

$$u_{AMt} = \hat{u}_T \cos(\omega_T t) + \frac{1}{2} m \hat{u}_T \cos[(\omega_T + \omega_M) t] + \frac{1}{2} m \hat{u}_T \cos[(\omega_T - \omega_M) t] \tag{5.42}$$

Die modulierte Schwingung setzt sich also aus drei Schwingungen zusammen: der Trägerschwingung mit der Kreisfrequenz ω_T und den zwei Seitenschwingungen mit den durch Summe und Differenz von ω_T und ω_M gebildeten Kreisfrequenzen $(\omega_T + \omega_M)$ und $(\omega_T - \omega_M)$. Die Kreisfrequenz der Signalschwingung ω_M tritt bei unveränderter Amplitude der Trägerschwingung als untere und obere Seitenfrequenz der Trägerfrequenz auf, ist also durch den Modulationsvorgang aus ihrer ursprünglichen Frequenzlage in den

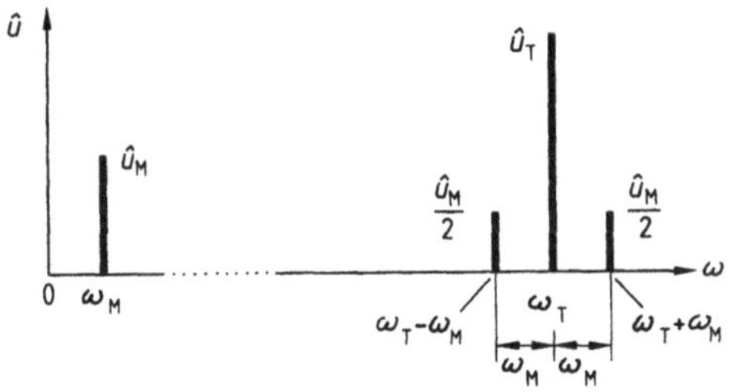

5.17
Amplitudenspektrum der amplitudenmodulierten Schwingung (rechter Teil)
ω_M Kreisfrequenz und $\hat{u}_M$ Amplitude der Signalschwingung
ω_T Kreisfrequenz und $\hat{u}_T$ Amplitude der Trägerschwingung

Bereich der Trägerfrequenz verschoben. Es ergibt sich somit das in Bild **5.**17 dargestellte Amplitudenspektrum der amplitudenmodulierten Schwingung.

Da außer der Trägerschwingung auch die beiden Seitenschwingungen einen Anteil zur Gesamtleistung der modulierten Schwingung liefern, ergibt sich für die Leistung der amplitudenmodulierten Schwingung $P_{AM}=P_T+2P_S$ mit der Trägerleistung P_T und der Leistung einer Seitenschwingung P_S. Bezogen auf die Trägerleistung P_T und die Quadrate der Effektivwerte der Seitenschwingungen in Gl. (5.42) wird

$$P_{AM}=P_T\left(1+2\frac{m^2}{4}\right)=P_T\left(1+\frac{m^2}{2}\right) \qquad (5.43)$$

Für den Modulationsgrad $m=1$ steigt die Leistung der modulierten Schwingung P_{AM} auf das 1,5fache der Trägerleistung P_T. Für $m=1$ kann die Signalschwingung gerade noch unverzerrt als Amplitudenschwankung der Trägerschwingung dargestellt werden, da dann $\hat{u}_M=\hat{u}_T$ ist. In der Nachrichtentechnik sind daher Modulationsgrade $0<m<1$ üblich.

Der zeitliche Verlauf der amplitudenmodulierten Schwingung kann entweder über Gl. (5.41) berechnet oder aus dem Auftreten der in Gl. (5.42) erkennbaren drei Schwingungen mit den Kreisfrequenzen $\omega_T-\omega_M$, ω_T, $\omega_T+\omega_M$ mit einem Zeigerdiagramm dargestellt werden. Um das Zeigerdiagramm für Schwingungen unterschiedlicher Frequenz auswerten zu können, betrachten wir den Zeiger der Trägerschwingung als feststehend, so daß sich die Zeiger der beiden Seitenschwingungen relativ zum Zeiger der Trägerschwingung im einander entgegengesetztem Umlaufsinn mit der Modulationskreisfrequenz ω_M als Winkelgeschwindigkeit bewegen. Die stets in die Richtung des Zeigers der Trägerschwingung fallende Resultierende der Zeiger der beiden Seitenschwingungen ergibt zusammen mit der konstanten Amplitude der Trägerschwingung die periodisch zwischen den Werten $u_{AM\,max}=\hat{u}_T+\hat{u}_M$ und $u_{AM\,min}=\hat{u}_T-\hat{u}_M$ schwankende Amplitude der amplitudenmodulierten Schwingung. Bild **5.**18 zeigt Signalschwingung, Trägerschwingung und amplitudenmodulierte Schwingung in Zusammenhang mit dem Zeigerdiagramm. Die gestrichelt eingezeichnete umhüllende Randkurve der modulierten Trägerschwingung entspricht dem Zeitverlauf der modulierenden Signalschwingung.

Die zur Erzeugung der Amplitudenmodulation notwendige Multiplikation von Signalschwingung und Trägerschwingung ergibt sich bei der Aussteuerung einer nichtlinearen Kennlinie (s. Band XI und [56]). Der Modulationsvorgang kann als eine Verschiebung des Arbeitspunkts auf der nichtlinearen Kennlinie aufgefaßt werden. Durch die Nichtlinearität treten stets Summen- und Differenzfrequenzen auf.

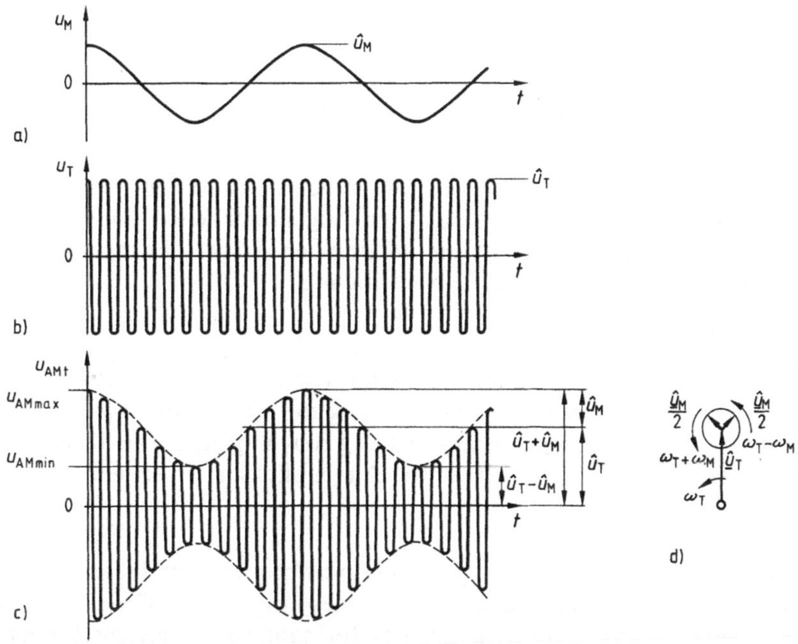

5.18 Amplitudenmodulierte Schwingung mit dem Modulationsgrad $m=0{,}5$
a) Signalschwingung $u_M=\hat{u}_M\cos(\omega_M t)$
b) Trägerschwingung $u_T=\hat{u}_T\cos(\omega_T t)$
c) amplitudenmodulierte Trägerschwingung $u_{AMt}=[\hat{u}_T+\hat{u}_M\cos(\omega_M t)]\cos(\omega_T t)$
d) Zeigerdiagramm

Beispiel 5.9. Eine amplitudenmodulierte Trägerschwingung der Amplitude $\hat{u}_T=10$ V und der Frequenz $f_T=1$ MHz schwankt im Takt der Signalschwingung mit der Frequenz $f_M=9$ kHz zwischen den Amplituden $u_{AM\,max}=14$ V und $u_{AM\,min}=6$ V.

Modulationsgrad m und Amplitudenspektrum der amplitudenmodulierten Schwingung sind zu bestimmen. Um welchen Faktor erhöht sich die Leistung der Trägerschwingung durch die Amplitudenmodulation?

Aus Bild 5.18 ergeben sich die Spannungen

$$u_{AM\,max}=\hat{u}_T+\hat{u}_M=10\text{ V}+\hat{u}_M=14\text{ V},\qquad u_{AM\,min}=\hat{u}_T-\hat{u}_M=10\text{ V}-\hat{u}_M=6\text{ V}$$

und somit durch Subtraktion $u_{AM\,max} - u_{AM\,min} = 2\hat{u}_M = 8$ V, so daß die Signalschwingung die Amplitude $\hat{u}_M = 4$ V hat. Nach Gl. (5.40) wird dann der Modulationsgrad $m = \hat{u}_M/\hat{u}_T = 4\ \text{V}/(10\ \text{V}) = 0{,}4$.

Im Amplitudenspektrum der amplitudenmodulierten Schwingung gibt es nach Gl. (5.42) bei der Frequenz $f_T - f_M = 1\ \text{MHz} - 9\ \text{kHz} = 0{,}991$ MHz die untere Seitenschwingung der Amplitude $m\hat{u}_T/2 = 0{,}4 \cdot 10\ \text{V}/2 = 2$ V, bei der Frequenz $f_T = 1$ MHz die Trägerschwingung der Amplitude $\hat{u}_T = 10$ V und bei der Frequenz $f_T + f_M = 1\ \text{MHz} + 9\ \text{kHz} = 1{,}009$ MHz die obere Seitenschwingung der Amplitude $m\hat{u}_T/2 = 0{,}4 \cdot 10\ \text{V}/2 = 2$ V. Die Leistung der Trägerschwingung erhöht sich nach Gl. (5.43) um den Faktor $P_{AM}/P_t = 1 + (m^2/2) = 1 + (0{,}4^2/2) = 1{,}08$.

5.5.2 Frequenzmodulation

Bei der Frequenzmodulation wird durch den Zeitwert der niederfrequenten Signalschwingung $u_M = \hat{u}_M \cos(\omega_M t)$ die Augenblickskreisfrequenz ω_{Tt} der weiterhin mit konstanter Amplitude arbeitenden Trägerschwingung geändert. Es gilt für die frequenzmodulierte Schwingung

$$u_{FMt} = \hat{u}_T \cos[\omega_{Tt} t] \tag{5.44}$$

Die Augenblickskreisfrequenz ω_{Tt} schwankt periodisch um die Kreisfrequenz ω_T der unmodulierten Trägerschwingung mit einem Anteil ω_{pt}, dessen Maximalwert die größte Frequenzabweichung $\Delta\omega_T$ angibt, die als Kreisfrequenzhub bezeichnet wird. Es gilt für die Augenblickskreisfrequenz

$$\omega_{Tt} = \omega_T + \omega_{pt} \tag{5.45}$$

Infolge der Änderung der Augenblickskreisfrequenz der Trägerschwingung ergibt sich im Zeigerdiagramm anstelle einer konstanten Winkelgeschwindigkeit des Zeigers bei unmodulierter Trägerschwingung eine periodisch schwankende Änderung der Winkelgeschwindigkeit. Sie führt zur Phasenwinkeländerung

$$\Phi_t = \Phi + \Phi_{pt} \tag{5.46}$$

mit dem stetig anwachsenden Anteil $\Phi = \omega_T t$ und dem der Signalschwingung entsprechenden periodisch schwankenden Anteil Φ_{pt}. Der Zeiger pendelt mit

$$\Phi_{pt} = \Delta\Phi \cos(\omega_M t) \tag{5.47}$$

während einer Periode der modulierenden Schwingung um den mit konstanter Winkelgeschwindigkeit ω_T umlaufenden Trägerzeiger hin und her. Allgemein gilt bei der zu einem kleinen Zeitabschnitt dt gehörenden Änderung des Phasenwinkels $d\Phi_t$ für den Augenblickswert der Kreisfrequenz

$$\omega_{Tt} = d\Phi_t/dt \tag{5.48}$$

Somit wird die in Gl. (5.45) festgelegte Augenblickskreisfrequenz mit Gl. (5.46) und (5.47)

$$\omega_{Tt} = \frac{d[\omega_T t + \Delta\Phi \cos(\omega_M t)]}{dt} = \omega_T - \Delta\Phi\,\omega_M \sin(\omega_M t)$$

$$= \omega_T - \Delta\omega_T \sin(\omega_M t) = \omega_T + \omega_{pt} \qquad (5.49)$$

Unter Vernachlässigung der Integrationskonstanten ergibt sich für den Fall sinusförmiger Modulation mit dem Kreisfrequenzhub $\Delta\omega_T$ die mit der Kreisfrequenzänderung ω_{pt} verbundene Phasenschwankung

$$\Phi_{pt} = \int \omega_{pt}\,dt = \frac{\Delta\omega_T}{\omega_M}\cos(\omega_M t) = \Delta\Phi \cos(\omega_M t) \qquad (5.50)$$

Der Höchstwert der Phasenschwankung, der Phasenhub, auch Modulationsindex genannt,

$$\Delta\Phi = \Delta\omega_T/\omega_M \sim \hat{u}_M/\omega_M \qquad (5.51)$$

ist proportional der Amplitude $\hat{u}_M$ und umgekehrt proportional der Kreisfrequenz ω_M der Signalschwingung.

Wegen der auftretenden Phasenwinkeländerung wird die Frequenzmodulation auch als Winkelmodulation bezeichnet, da der Phasenwinkel Φ_t der Trägerschwingung durch den Modulationsvorgang gesteuert wird. Für den zeitlichen Verlauf der frequenzmodulierten Schwingung gilt

$$u_{FMt} = \hat{u}_T \cos[\omega_T t + \Delta\Phi \cos(\omega_M t)] \qquad (5.52)$$

mit der periodischen Phasenschwankung nach Gl. (5.47) $\Phi_{pt} = \Delta\Phi \cos(\omega_M t)$ gegenüber der stetigen Phasenwinkeländerung des unmodulierten Trägerzeigers $\Phi = \omega_T t$ und mit der Augenblickskreisfrequenz entsprechend Gl. (5.49) $\omega_{FMt} = \omega_T - \Delta\Phi\,\omega_M \sin(\omega_M t)$.

Bild **5.**19 zeigt, ausgehend von der Signalschwingung u_M in Bild **5.**19a die zugehörigen Kurvenverläufe für den Augenblickswert ω_{Tt} der Kreisfrequenz (Bild **5.**19b) und für die gegenüber $\Phi = \omega_T t$ auftretende Phasenschwankung Φ_{pt} (Bild **5.**19c) sowie den zeitlichen Verlauf u_{FMt} der frequenzmodulierten Schwingung (Bild **5.**19d). Zwischen den Kurven für ω_{Tt} und Φ_{pt} tritt entsprechend Gl. (5.48) die 90°-Phasenverschiebung auf, d. h., an den Punkten größter Phasenwinkelabweichung $\pm\Delta\Phi$ ergibt sich als Wert der Augenblickskreisfrequenz die Kreisfrequenz ω_T der Trägerschwingung. Im Zeigerdiagramm, in dem der Zeiger der frequenzmodulierten Schwingung um den unmodulierten Trägerzeiger hin und her pendelt, bedeutet dies, daß der resultierende Zeiger im Umkehrpunkt bei größter Phasenwinkelabweichung relativ zum Trägerzeiger in Ruhe ist.

Der deutsche UKW-Rundfunk arbeitet nach dem Verfahren der Frequenzmodulation mit dem maximalen Frequenzhub $\Delta\omega_T/(2\pi) = 75$ kHz; für die maximale Signalfrequenz $\omega_M/(2\pi) = 15$ kHz ist der Phasenhub $\Delta\Phi = 5$, für $\omega_M/(2\pi) = 5$ kHz ist $\Delta\Phi = 15$.

Zur Berechnung des Spektrums einer frequenzmodulierten Schwingung muß auf Band XI verwiesen werden. Neben der meist vorhandenen Trägerkreisfrequenz ω_T tritt

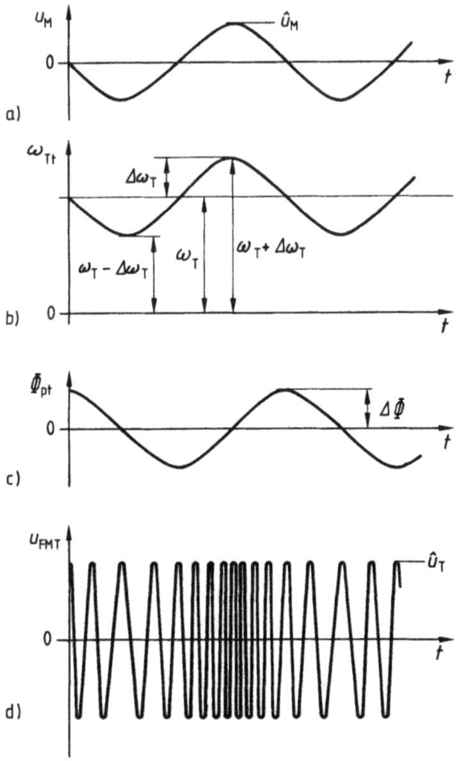

5.19 Frequenzmodulierte Schwingung
a) Signalschwingung u_M
b) Augenblickswert der Kreisfrequenz ω_{Tt}
c) periodische Phasenschwankung Φ_{pt} gegenüber $\Phi = \omega_T t$
d) frequenzmodulierte Trägerschwingung $u_{FMt} = \hat{u}_T \cos[\omega_T t + \Delta\Phi \cos(\omega_M t)]$

eine theoretisch unendlich große Anzahl von Seitenkreisfrequenzen ($\omega_T \pm n\omega_M$) auf, die jeweils im Abstand der Signalkreisfrequenz ω_M symmetrisch zum Träger liegen, jedoch schließlich vernachlässigbar kleine Amplituden haben. Bei der Frequenzmodulation nimmt die Anzahl der zu berücksichtigenden Spektrallinien mit wachsendem Phasenhub $\Delta\Phi$ schnell zu. Das Frequenzband einer frequenzmodulierten Schwingung ist bei den praktisch angewandten Phasen- und Frequenzhüben wesentlich breiter als das einer amplitudenmodulierten Schwingung. In der Praxis bedeutet diese Vergrößerung der Bandbreite eine Leistungsaufteilung auf Trägerfrequenz und viele Seitenfrequenzen und damit eine geringere Anfälligkeit gegenüber einer u. U. auftretenden Störfrequenz, die nur an einer Stelle des sehr breiten Spektrums einwirkt. Die Frequenzmodulation ermöglicht daher bei großem Frequenzhub eine bessere Störunterdrückung als die Amplitudenmodulation.

Im Gegensatz zur Amplitudenmodulation führt die Frequenzmodulation nicht zur Vergrößerung der Leistungsaufnahme, da die resultierende Amplitude der frequenzmodulierten Schwingung durch die Modulation nicht verändert wird. Die Summe der Trägerleistung und der Leistungen aller Seitenschwingungen ist stets gleich der Leistung der unmodulierten Trägerschwingung; die Gesamtleistung wird entsprechend dem Phasenhub auf das gesamte Spektrum verteilt (s. Band XI).

5.6 Übungsaufgaben zu Abschnitt 5

Mit den folgenden Beispielen kann der Leser den Umgang mit den in Abschn. 5 eingeführten neuen Begriffen und Kenngrößen üben sowie die auftretenden Größenordnungen und einige praktische Anwendungen kennenlernen.

Beispiel 5.10. Die 3 Sekundärwicklungen eines Gleichrichtertransformators liefern nacheinander jede während ⅓ der Periodendauer den konstanten Strom $i = 100$ A und sind während ⅔ der Periodendauer stromlos.

Welcher Strom bestimmt die Erwärmung der einzelnen Transformatorwicklungen? Man bestimme außerdem seinen Formfaktor.

Beispiel 5.11. Ein Gleichrichter entnimmt dem Wechselstromnetz den Strom i nach Bild 5.20. Welchen Effektivwert I hat der Wechselstrom?

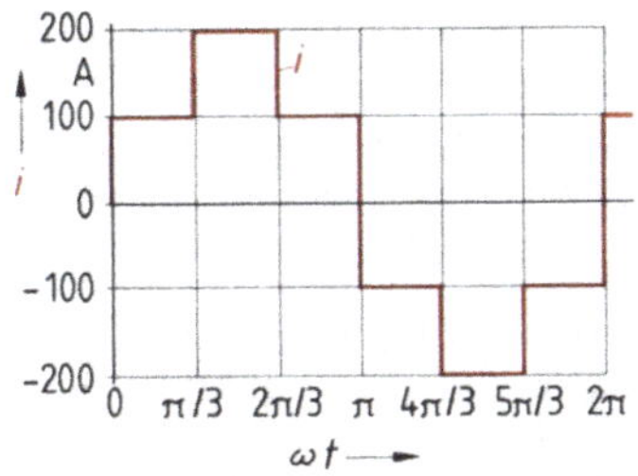

5.20 Zeitlicher Verlauf des von einem Gleichrichter aufgenommenen Netzstromes i

Beispiel 5.12. Die Freileitung der Energietechnik kann man außer zum Transport der niederfrequenten Energie auch gleichzeitig zur Nachrichtenübertragung mit Hochfrequenz bei etwa 100 kHz benutzen, die durch einen Kondensator auf die Leitung übertragen wird. Dieser Kondensator ist einerseits an der Freileitung und andererseits über eine Spule, deren Widerstand bei 50 Hz vernachlässigbar klein ist, an Erde angeschlossen.

Welcher Strom I fließt bei der Frequenz $f_1 = 50$ Hz und der Spannung $U_1 = 63{,}5$ kV über den Kondensator mit der Kapazität $C = 4400$ pF? Welchen kapazitiven Widerstand hat der Kondensator bei der Hochfrequenz $f_2 = 100$ kHz? Welchen Widerstand hat die Induktivität $L = 2$ mH, die im Zuge der Leitung liegt und ein Abfließen der Hochfrequenzenergie auf unerwünschte Wege verhindern soll, bei $f_1 = 50$ Hz und bei $f_2 = 100$ kHz?

Beispiel 5.13. Um bei der Nachrichtenübertragung auf Hochspannungsleitungen das Abfließen der Hochfrequenzenergie auf unerwünschte Wege zu vermeiden, hat man in die Hochspannungsleitung eine Drosselspule mit dem Wirkwiderstand $R = 4$ mΩ und der Induktivität $L = 0{,}2$ mH eingeschaltet. Wie groß ist die an der Drosselspule auftretende Teilspannung, wenn durch sie der Strom $I = 400$ A der Betriebsfrequenz $f = 50$ Hz fließt, und welche Leistung wird in der Drosselspule in Wärme umgesetzt?

Beispiel 5.14. In einem Dreiphasennetz mit der Außenleiterspannung $U = 6$ kV, 50 Hz sind an die Außenleiter *L1*, *L2* und *L3* jeweils die Reihenschaltung der Kapazität $C = 79{,}5$ µF und der Induktivität $L = 5{,}1$ mH angeschlossen und zu einem Sternpunkt zusammengeschaltet. Für welchen Strom I ist die Drosselspule zu bemessen, und welche kapazitive Blindleistung Q_C liefert die Schaltung bei der Netzfrequenz? Welchen Widerstand hat der Saugkreis in jedem Strang für eine Oberschwingung 5facher Netzfrequenz?

Beispiel 5.15. In der Schaltung nach Bild 5.21a liegt der Wirkwiderstand $R = 100$ Ω bei geschlossenem Schalter S an der Sinusspannung $U_1 = 220$ V. Der Eigenverbrauch der

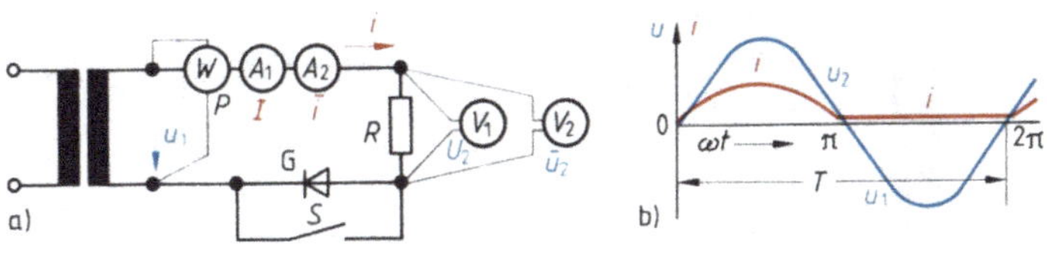

5.21 Einweggleichrichtung (a) mit Zeitdiagramm (b), S Schalter

eingeschalteten Meßgeräte sei vernachlässigbar klein. Die Meßgeräte A_1 und V_1 haben ein Dreheisenmeßwerk, die Meßgeräte A_2 und V_2 ein Drehspulmeßwerk, und W ist ein elektrodynamischer Leistungsmesser (s. Band IV).

a) Der Schalter S sei geschlossen. Welche Werte zeigen die Meßgeräte an?

b) Der Schalter S sei offen, so daß der ideale Gleichrichter G in den Kreis eingeschaltet ist. Welche Werte zeigen die Meßgeräte jetzt an?

c) Man vergleiche alle Leistungen bei offenem und geschlossenem Schalter S miteinander.

d) Es sind für den Fall des offenen Schalters S Schwingungsgehalt, Grundschwingungsgehalt, Oberschwingungsgehalt, Welligkeit, Formfaktor und Scheitelfaktor des Stromes zu bestimmen.

e) Man berechne bei offenem Schalter S die Scheitelwerte aller Teilspannungen für $\hat{u}_\nu > 10$ V und bilde hieraus durch Überlagerung die Spannungskurve u_2.

Beispiel 5.16. Der Widerstand $R = 2{,}4\,\Omega$ ist an eine Mischspannung angeschlossen, die aus der Grundschwingung mit dem Scheitelwert $\hat{u}_1 = 210$ V und der Frequenz $f = 50$ Hz ($\omega = 314{,}2\,\text{s}^{-1}$) und der 3. Teilschwingung mit dem Scheitelwert $\hat{u}_3 = 28$ V besteht. Der Strom soll durch eine vorgeschaltete, verlustlos angenommene Drossel so geglättet werden, daß seine 3. Teilschwingung nur $k = 5\%$ der Grundschwingung ausmacht. Welche Induktivität L muß die Drossel haben? Auf wieviel Prozent sinkt die Grundschwingung des Stromes durch die vorgeschaltete Glättungsdrossel ab?

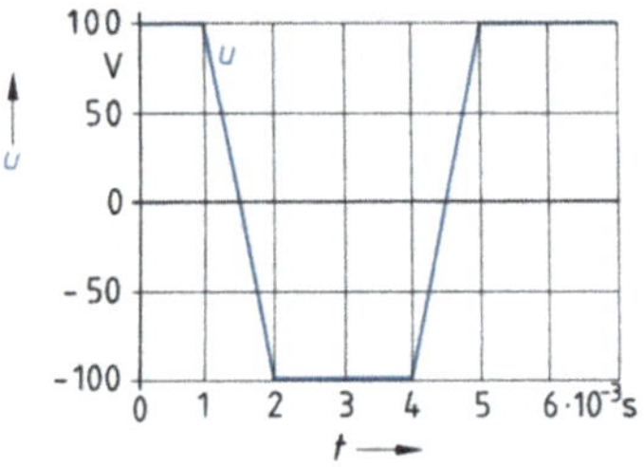

5.22 Spannungsverlauf u für Beispiel 5.17

Beispiel 5.17. Eine Wechselspannung hat den Scheitelwert $\hat{u} = 100$ V und die Kurvenform von Bild 5.22. Zu ermitteln sind Verlauf, Effektivwert und Scheitelfaktor der Ströme bei Anschluß a) der Kapazität $C = 2{,}5\,\mu\text{F}$ und b) der Induktivität $L = 0{,}2$ H.

Beispiel 5.18. Die Gleichrichter-Brückenschaltung nach Bild 5.23a liegt an der Sinusspannung $U = 220$ V und sorgt für eine Zweiweg-Gleichrichtung. Sie wird durch den Widerstand $R = 50\,\Omega$ belastet.

a) Der Schalter S sei geschlossen. Welche Werte zeigen dann die Spannungsmesser V_1 und V_2 sowie die Strommesser A_1 bis A_4, die jeweils Gleichrichtwert bzw. Effektivwert messen können?

b) Dem Widerstand sei nach Öffnen des Schalters S eine verlustlose ideale Glättungsdrossel mit der Induktivität $L = \infty$ vorgeschaltet. Welche Werte zeigen jetzt die Meßgeräte A_1 bis A_4 und V_1 bis V_4 an? Wie groß sind Scheinleistung, Wirkleistung und Leistungsfaktor?

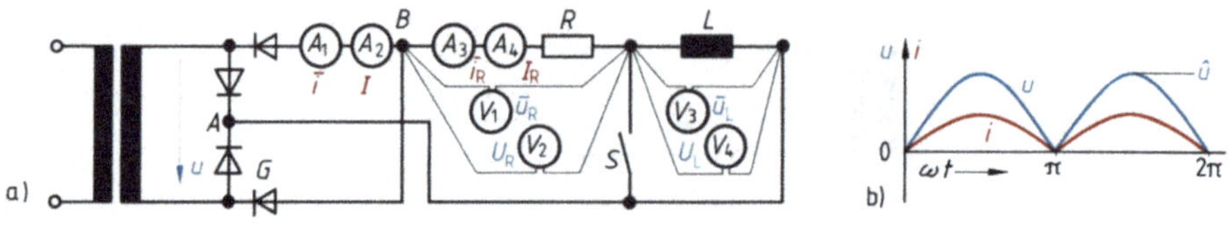

5.23 Zweiweggleichrichtung (a) mit Zeitdiagramm (b), S Schalter

Beispiel 5.19. Ergänzend zu dem in Bild 5.15b dargestellten Amplitudenverlauf der bei der Reihenschaltung zweier Sinusstromquellen unterschiedlicher Spannungen $\hat{u}_1$ und $\hat{u}_2$ und unterschiedlicher Kreisfrequenzen ω_1 und ω_2 auftretenden resultierenden Spannung $\hat{u}_t$ ist anzugeben, bei welchem Winkel $\Delta\omega t$ im zeitlichen Frequenzverlauf ω_t der resultierenden Spannung die größte Abweichung gegenüber der Kreisfrequenz ω_1 auftritt. Wie groß ist diese Abweichung ε allgemein und für die Amplitudenverhältnisse $A = \hat{u}_2/\hat{u}_1 = 0{,}5$ bzw. 2 und 3?

Beispiel 5.20. Ein mit Amplitudenmodulation arbeitender Sender mit der Trägerfrequenz $f_T = 1$ MHz überträgt ein niederfrequentes Frequenzband von $f_1 = 30$ Hz bis $f_2 = 9$ kHz. Welche Frequenzen treten im Amplitudenspektrum auf? Welche Bandbreite ist erforderlich?

Beispiel 5.21. Es ist der Modulationsgrad m einer amplitudenmodulierten Schwingung zu bestimmen, bei der das Verhältnis der Effektivwerte der amplitudenmodulierten Schwingung zur unmodulierten Trägerschwingung $I/I_T = 1{,}1$ gemessen wird.

6 Sinusstrom veränderbarer Frequenz

Nach Abschn. 3.2.1.2 und 3.2.1.3 ändern sich die Blindwiderstände und -leitwerte von Induktivität L und Kapazität C mit der Frequenz f bzw. der Kreisfrequenz ω. In Abschn. 3.2.2.4 und 3.2.3.4 sowie Bild **3**.20, **3**.23, **3**.42 bis **3**.44, **3**.54 bis **3**.57 und Beispiel **3**.36, **3**.37, **3**.44 werden auch schon Ortskurven mit dem Parameter Frequenz betrachtet.

Ein besonders wichtiges Beispiel für die Frequenzabhängigkeit elektrischer Netzwerke stellen die Schwingkreise dar, die hier zunächst zusammenhängend untersucht und angewendet werden sollen. Anschließend wird bei der Übertragungsfunktion der Frequenzbegriff erweitert, so ein allgemein gültiges Kennzeichen elektrischer Netzwerke gefunden und auf diese Weise der Übergang in Abschn. 7 zu beliebigen Eingangsfunktionen erleichtert. Hieraus ergibt sich dann auch eine allgemeine Betrachtung von Frequenzgängen als Ortskurve und Bodediagramm.

6.1 Schwingkreise

Es soll nun das Zusammenwirken von Induktivität L und Kapazität C in elektrischen Schaltungen bei fester Eingangs-Sinusgröße Spannung $\underline{U}$ oder Strom $\underline{I}$ veränderbarer Frequenz f im stationären Zustand näher untersucht werden. Hierbei hat man zu beachten, daß nach Abschn. 1.4.2.1 bei Sinusstrom mit dem Scheitelwert des Stromes $\hat{i}$ die Induktivität L den Scheitelwert der magnetischen Energie

$$\hat{W}_{\mathrm{m}} = \hat{i}^2 L/2 \tag{6.1}$$

und die Kapazität C nach Abschn. 1.4.2.2 bei dem Scheitelwert der Spannung $\hat{u}$ den Scheitelwert der elektrischen Energie

$$\hat{W}_{\mathrm{e}} = \hat{u}^2 C/2 \tag{6.2}$$

speichern kann. Wie schon in Abschn. 3.2.1.2 und 3.2.1.3 erläutert und aus Bild **3**.21 und **3**.24 ersichtlich, treten diese Scheitelwerte der Energie zu verschiedenen Zeiten auf.

Wir betrachten zunächst Schaltungen, die keine Wirkwiderstände enthalten, die also verlustlos sind, und anschließend den allgemeinen verlustbehafteten Schwingkreis sowie seine Anwendung bei der Leistungsanpassung.

6.1.1 Verlustlose Schwingkreise

Da die (idealisierten) Zweipole Induktivität L und Kapazität C verlustfrei sind, bleibt jede Kombination dieser Blindwiderstände ebenfalls ohne bleibende Energieumwandlung. Wir wollen nun das Verhalten solcher Blindwiderstandskombinationen bei veränderbarer Frequenz f bzw. Kreisfrequenz $\omega = 2\pi f$ untersuchen.

6.1.1.1 Resonanz. Wir betrachten sofort in Tafel **6.**1 Parallel- und Reihenschaltung von Induktivität L und Kapazität C nebeneinander, da ja Parallel- und Reihenschaltung sich dual verhalten und die verwendeten Zweipole außerdem duale Bauelemente sind.

In Tafel **6.**1 sind die Ortskurven von Leitwert $\underline{Y}$ der Parallelschaltung sowie Widerstand $\underline{Z}$ der Reihenschaltung sowie die zugehörigen Amplituden- und

Tafel **6.**1 Leitwert bzw. Widerstand einfacher verlustloser Schwingkreise

	Parallelschaltung	Reihenschaltung
Schaltung	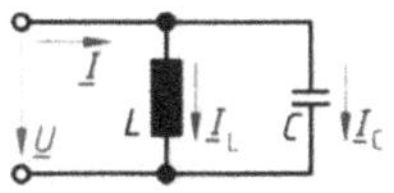	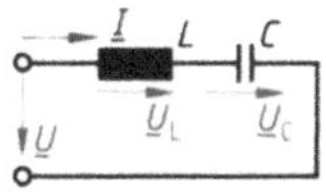
Leitwert bzw. Widerstand	$\underline{Y} = \mathrm{j}B = \mathrm{j}(B_C + B_L) = \mathrm{j}\left(\omega C - \frac{1}{\omega L}\right)$	$\underline{Z} = \mathrm{j}X = \mathrm{j}(X_L + X_C) = \mathrm{j}\left(\omega L - \frac{1}{\omega C}\right)$
Ortskurve	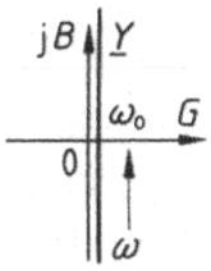	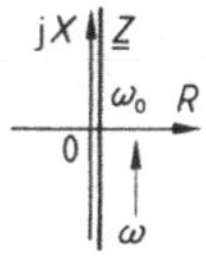
Amplitudengang	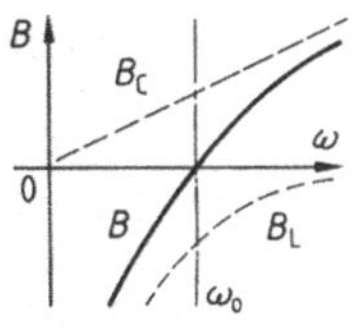	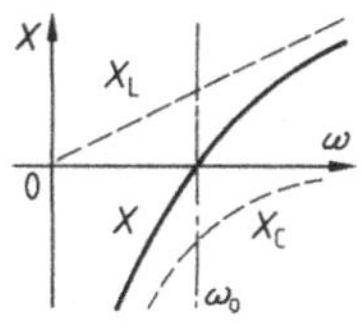
Phasengang	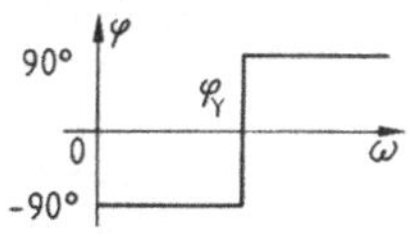	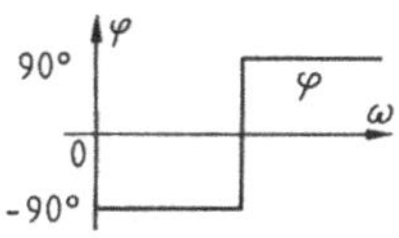

Phasengänge dargestellt. Ortskurven und Amplitudengänge zeigen jeweils gleiche Verläufe.

Für den Blindleitwert $B=0$ verschwindet in der Parallelschaltung der Strom $\underline{I}=\mathrm{j}B\underline{U}$; in diesem Fall wird also der Schaltung von außen keine Leistung zugeführt. Dann darf man aber auch die Eingangsklemmen vom Generator lösen.

Ist nun z. B. die Kapazität C mit elektrischer Energie W geladen, so liegt trotzdem nach Gl. (6.2) an der Kapazität C die Spannung $u=\sqrt{2\,W_{\mathrm{et}}/C}$, die in einer entsprechenden Spannung der Induktivität L ihr Gleichgewicht finden muß. Daher fließt ein Strom, der bei seinem Scheitelwert $\hat{i}$ die magnetische Energie nach Gl. (6.1) in der Induktivität L hervorruft.

In Bild **6.**2b ist eine Periode der um 90° phasenverschobenen Sinusverläufe der Spannung u und der Ströme i_{L} und i_{C} aufgetragen. Mit den in Bild **6.**2a nach dem Verbraucher-Zählpfeil-System (VZS - s. Abschn. 3.1.2.2) eingetragenen Zählpfeilen für Spannung u und Ströme i ergeben sich die von Halbpe-

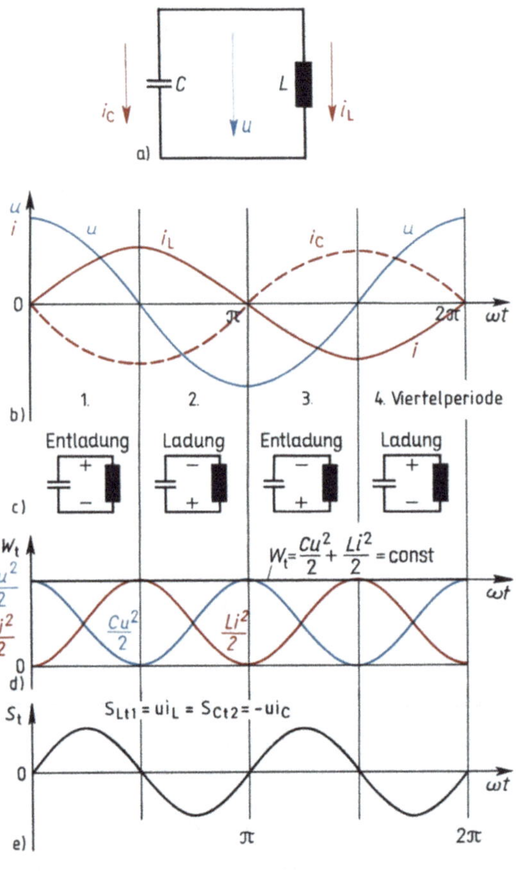

6.2
Zeitlicher Verlauf von Strom i, Spannung u, Energie W_{t} und Leistung S_{t} im verlustfreien Schwingkreis aus Induktivität L und Kapazität C

a) Ersatzschaltung mit Strom- und Spannungs-Zählpfeilen (VZS nach Abschn. 3.1.2.2)
b) Ströme i_{L} und i_{C} sowie Spannung u
c) Polaritäten in den Viertelperioden
d) Energie W_{t} in Induktivität L und Kapazität C
e) Leistung S_{t}, die von der Induktivität L aufgenommen (S_{Lt1}) und von der Kapazität C abgegeben (S_{Ct2}) wird

riode zu Halbperiode wechselnden Polaritäten, die in Bild **6.**2c eingetragen sind. (Bei positiven Werten für u stimmt die Wirkungsrichtung mit der Richtung des Zählpfeils überein, bei negativen Werten ist sie dagegen entgegengesetzt.)

Während der Entladung des Kondensators in der ersten und dritten Viertelperiode fließt der Strom von + nach − durch die Induktivität L, während der Ladung dagegen von − nach +. In Bild **6.**2d sind die zeitlichen Verläufe der dielektrischen Energie $W_{et} = Cu^2/2$ in der Kapazität C nach Gl. (1.92) und der magnetischen Energie $W_{mt} = Li^2/2$ in der Induktivität L nach Gl. (1.91) wiedergegeben. Da im verlustfreien Schwingkreis keine Energie irreversibel umgeformt (z. B. in Wärme) und, wenn die Schwingung einmal besteht, auch keine Energie mehr zugeführt wird, ist der gesamte Energieinhalt

$$W = W_t = W_{et} + W_{mt} = (Cu^2/2) + Li^2/2 = \text{const} \tag{6.3}$$

des Schwingkreises in jedem Zeitpunkt konstant. Die Energie schwingt innerhalb des Kreises hin und her, wobei abwechselnd Kapazität C und Induktivität L Erzeuger und Verbraucher sind. Zur Zeit $t = 0$ ist mit dem Scheitelwert der Spannung $\hat{u}$ die Kapazität C auf die maximale Energie $\hat{W}_e = C\hat{u}^2/2$ aufgeladen. Sie wirkt anschließend als Erzeuger und treibt den Entladestrom i durch die als Verbraucher wirkende Induktivität L, bis bei $\omega t = \pi/2$ mit dem Scheitelwert des Stromes $\hat{i}$ die Induktivität die maximale Energie $\hat{W}_m = L\hat{i}^2/2$ in ihrem Magnetfeld gespeichert hat. Danach wirkt die Induktivität als Erzeuger und lädt die Kapazität von der Spannung $u = 0$ bis zum Scheitelwert $\hat{u}$ bei $\omega t = \pi$ mit kleiner werdendem Strom i auf; nach Bild **6.**2d müssen beide Energie-Scheitelwerte gleich groß sein.

Die Leistung $S_t = \mathrm{d}W_t/\mathrm{d}t$ wechselt von Viertel- zu Viertelperiode ihr Vorzeichen. Die von der Induktivität L aufgenommene Leistung $S_{Lt1} = u i_L$ ist in der 1. Viertelperiode positiv und muß mit der von der Kapazität C abgegebenen Leistung $S_{Ct2} = -u i_C$ in jedem Augenblick identisch sein (s. a. Abschn. 3.2.1.5); in der 2. Viertelperiode kehrt sich dagegen die Leistungsrichtung um, Leistung S_t und Energie W_{et} bzw. W_{mt} schwingen nach Bild **6.**2d und e mit der doppelten Frequenz des Sinusstroms ebenfalls sinusförmig.

Auf diese Weise wird ständig elektrische Energie in magnetische (und umgekehrt) umgewandelt. Die Energie pendelt zwischen Kapazität C und Induktivität L, und daher nennt man eine solche Schaltung einen Schwingkreis. Für weitere Erläuterungen s. Abschn. 7.4.

In dem hier betrachteten Fall $B = 0$ findet ein vollständiger Energieaustausch ohne jede Beteiligung eines Generators statt. Man nennt diesen Zustand Resonanz.

Analog darf man in der Reihenschaltung die Eingangsklemmen für den Fall Blindwiderstand $X = 0$ kurzschließen. Parallelschaltung mit offenen und Reihenschaltung mit kurzgeschlossenen Eingangsklemmen sind ja bei gleichen Größen L und C völlig identisch. Der Resonanzfall tritt auch bei der gleichen

Kreisfrequenz auf, nämlich nach Tafel **6.**1 für $\omega_0 C = 1/(\omega_0 L)$, also bei der Kennkreisfrequenz

$$\omega_0 = 1/\sqrt{LC} \tag{6.4}$$

bzw. bei der Kennfrequenz

$$f_0 = \frac{\omega_0}{2\pi} = \frac{1}{2\pi\sqrt{LC}} \tag{6.5}$$

(Diese Größen werden nach DIN 1311 hier auch Eigenfrequenz bzw. Eigenkreisfrequenz genannt; wir beschränken diesen Begriff jedoch auf die Eigenkreisfrequenz ω_d nach Abschn. 6.2.1.4.)

Ganz allgemein spricht man bei verlustlosen Schwingkreisen von Parallelresonanz, wenn der Eingangsstrom mit $I = 0$ verschwindet, also der Blindleitwert $B = 0$ oder der Blindwiderstand $X = \infty$ wird, und von Reihenresonanz, wenn die Eingangsspannung mit $U = 0$ verschwindet, also $B = \infty$ oder $X = 0$ wird.

Nach Tafel **6.**1 ist bei Resonanz der Phasenwinkel $\varphi = 0$; beim Parallelschwingkreis beträgt er $\varphi = 90°$ für Kreisfrequenzen $\omega < \omega_0$, beim Reihenschwingkreis dagegen für Kreisfrequenzen $\omega > \omega_0$. Bei der Resonanzfrequenz springt er um 180° von positiven 90° auf negative und umgekehrt.

6.1.1.2 Kennleitwert, Kennwiderstand und Verstimmung. Wir wollen nun noch die Leitwert- bzw. Widerstandsgleichungen in Tafel **6.**1 mit der Kennkreisfrequenz ω_0 erweitern und hierbei setzen

$$C = \frac{1}{\omega_0^2 L} \qquad L = \frac{1}{\omega_0^2 C} \qquad \frac{1}{\omega_0 L} = \sqrt{\frac{C}{L}} \qquad \frac{1}{\omega_0 C} = \sqrt{\frac{L}{C}}$$

Somit wird in der Parallelschaltung

$$\begin{aligned} B &= \omega C - \frac{1}{\omega L} = \frac{\omega_0}{\omega_0}\omega C - \frac{\omega_0}{\omega_0}\cdot\frac{1}{\omega L} \\ &= \frac{\omega}{\omega_0}\cdot\frac{1}{\omega_0 L} - \frac{\omega_0}{\omega}\cdot\frac{1}{\omega_0 L} = \frac{1}{\omega_0 L}\left(\frac{\omega}{\omega_0} - \frac{\omega_0}{\omega}\right) = \sqrt{\frac{C}{L}}\left(\frac{\omega}{\omega_0} - \frac{\omega_0}{\omega}\right) \end{aligned}$$

und in der Reihenschaltung

$$\begin{aligned} X &= \omega L - \frac{1}{\omega C} = \frac{\omega_0}{\omega_0}\omega L - \frac{\omega_0}{\omega_0}\cdot\frac{1}{\omega C} \\ &= \frac{\omega}{\omega_0}\cdot\frac{1}{\omega_0 C} - \frac{\omega_0}{\omega}\cdot\frac{1}{\omega_0 C} = \frac{1}{\omega_0 C}\left(\frac{\omega}{\omega_0} - \frac{\omega_0}{\omega}\right) = \sqrt{\frac{L}{C}}\left(\frac{\omega}{\omega_0} - \frac{\omega_0}{\omega}\right) \end{aligned}$$

Hier führt man nun zweckmäßig ein den Kennleitwert

$$Y_0 = \sqrt{C/L} = 1/Z_0 = \omega_0 C = 1/(\omega_0 L) \tag{6.6}$$

den Kennwiderstand

$$Z_0=\sqrt{L/C}=1/Y_0=\omega_0 L=1/(\omega_0 C) \tag{6.7}$$

die relative Frequenz

$$\Omega=\omega/\omega_0=f/f_0 \tag{6.8}$$

und die Verstimmung

$$v=\frac{\omega}{\omega_0}-\frac{\omega_0}{\omega}=\frac{f}{f_0}-\frac{f_0}{f}=\Omega-\frac{1}{\Omega} \tag{6.9}$$

Diese normierte Darstellung hat den Vorteil, daß man für

die Parallelschaltung	und die Reihenschaltung mit	
$B=Y_0 v$	$X=Z_0 v$	(6.10)

völlig analoge Zusammenhänge erhält.

Häufig interessiert man sich nur für das Schwingkreisverhalten in der Nähe der Resonanz, also für kleine Kreisfrequenzabweichungen $\Delta\omega=|\omega-\omega_0|$ bzw. für kleine Verstimmungen v. Allgemein gilt

$$v=\frac{\omega}{\omega_0}-\frac{\omega_0}{\omega}=\frac{\omega^2-\omega_0^2}{\omega\omega_0}=\frac{(\omega+\omega_0)(\omega-\omega_0)}{\omega\omega_0}$$

sowie mit $\omega+\omega_0\approx 2\omega$ die Näherung

$$v_n=\frac{2\omega(\omega-\omega_0)}{\omega\omega_0}=\frac{2(\omega-\omega_0)}{\omega_0}=2\left(\frac{\omega}{\omega_0}-1\right)=\frac{2(f-f_0)}{f_0}=2\left(\frac{f}{f_0}-1\right) \tag{6.11}$$

Aus Gl. (6.10) wird in diesem Fall

$$B=2Y_0\left(\frac{\omega}{\omega_0}-1\right) \qquad X=2Z_0\left(\frac{\omega}{\omega_0}-1\right) \tag{6.12}$$

Beispiel 6.1. Ein Reihenresonanz-Schwingkreis besteht aus der Kapazität $C=1\ \mu F$ und der Induktivität $L=0{,}5$ mH. Kennkreisfrequenz ω_0, Kennfrequenz f_0, Kennwiderstand Z_0 und Blindwiderstand X für die Kreisfrequenz $\omega=0{,}9\omega_0$ sind zu bestimmen.

Nach Gl. (6.4) tritt Resonanz auf bei der Kennkreisfrequenz $\omega_0=1/\sqrt{LC}=1/\sqrt{0{,}5\ \text{mH}\cdot 1\ \mu\text{F}}=44{,}72\cdot\text{ms}^{-1}$ bzw. bei der Kennfrequenz $f_0=\omega_0/(2\pi)=44{,}72\cdot\text{ms}^{-1}/(2\pi)=7{,}118$ kHz. Weiterhin beträgt nach Gl. (6.7) der Kennwiderstand $Z_0=\sqrt{L/C}=\sqrt{0{,}5\ \text{mH}/(1\ \mu\text{F})}=22{,}36\ \Omega$.

Für die Kreisfrequenz $\omega=0{,}9\omega_0$ haben wir nach Gl. (6.9) die Verstimmung $v=0{,}9-(1/0{,}9)=-0{,}2111$ und somit nach Gl. (6.10) den Blindwiderstand $X=Z_0 v=22{,}36\ \Omega(-0{,}2111)=-4{,}721\ \Omega$. Mit der Näherung von Gl. (6.12) ergäbe sich

$$X=2Z_0\left(\frac{\omega}{\omega_0}-1\right)=2\cdot 22{,}36\ \Omega(0{,}9-1)=-4{,}472\ \Omega$$

also eine Abweichung von 5,274%.

6.1.1.3 Schwingkreise aus drei Blindwiderständen. Aus drei Reaktanzzweipolen L und C kann man insgesamt vier verschiedenartige Schaltungen bilden, die in

Tafel **6.4** mit ihren Eigenschaften zusammenhängend dargestellt sind. Im folgenden Beispiel leiten wir ab, wie man diese Eigenschaften ermitteln kann.

Beispiel 6.2. Es soll der Verlauf des Blindwiderstands X als Funktion der Kreisfrequenz ω für die Schaltung in Bild **6.3** bestimmt werden.

Für die gemischte Schaltung in Bild **6.3** findet man nach Gl. (3.132) und (3.96) den komplexen Widerstand

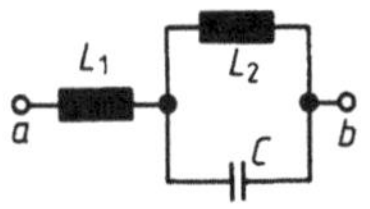

6.3 Schwingkreis

$$\underline{Z} = \mathrm{j}X_1 + \frac{\mathrm{j}X_2\,\mathrm{j}X_C}{\mathrm{j}X_2 + \mathrm{j}X_C} = \mathrm{j}\omega L_1 + \frac{\mathrm{j}\omega L_2(-\mathrm{j}/\omega C)}{\mathrm{j}\omega L_2 - \mathrm{j}(1/\omega C)}$$

bzw. den Blindwiderstand

$$X = \omega L_1 - \frac{L_2/C}{\omega L_2 - (1/\omega C)}$$

Wir erweitern den Bruch mit ωC und erhalten schließlich, wenn wir den ganzen Ausdruck auf einen Nenner bringen, den Blindwiderstand

$$X = \omega L_1 - \frac{\omega L_2}{\omega^2 L_2 C - 1} = \frac{\omega^3 L_1 L_2 C - \omega L_1 - \omega L_2}{\omega^2 L_2 C - 1} \tag{6.13}$$

Nach Abschn. 6.1.1.1 liegt Parallelresonanz vor, wenn der Blindwiderstand $X = \infty$ wird, d.h., wenn nach der Funktionentheorie (s. Abschn. 8.6.1) mit dem Nenner $\omega_p^2 L_2 C - 1 = 0$ ein Pol auftritt. Wir erhalten daher die 1. Kennkreisfrequenz

$$\omega_p = 1/\sqrt{L_2 C} \tag{6.14}$$

In analoger Weise ergibt sich eine Reihenresonanz, wenn der Blindwiderstand $X = 0$ wird, d.h., wenn nach der Funktionentheorie mit dem Zähler $\omega_r^3 L_1 L_2 C - \omega_r L_1 - \omega_r L_2 = 0$ eine Nullstelle erscheint. Als Lösung der quadratischen Gleichung $\omega_r^2 L_1 L_2 C - L_1 - L_2 = 0$ ergibt sich die 2. Kennkreisfrequenz

$$\omega_r = \sqrt{\frac{L_1 + L_2}{L_1 L_2 C}} = \frac{1}{\sqrt{\dfrac{L_1 L_2}{L_1 + L_2} C}} \tag{6.15}$$

(Negative Frequenzwerte sind nicht möglich.)

Diese Lösungen können wir auch einfacher finden: In Bild **6.3** bilden bei den offenen Klemmen a und b Induktivität L_2 und Kapazität C offenbar einen Reihenschwingkreis, für den man sofort mit Gl. (6.4) die Kennkreisfrequenz in Gl. (6.14) angeben kann. Bei kurzgeschlossenen Klemmen a und b liegen die Induktivitäten L_1 und L_2 parallel, ergeben also die resultierende Induktivität $L_1 L_2/(L_1 + L_2)$, so daß wieder mit Gl. (6.4) sofort die Kennkreisfrequenz von Gl. (6.15) gefunden wird.

Bei den Polen geht die Funktion $X = f(\omega)$ jeweils mit wachsender Kreisfrequenz auf $+\infty$ und beginnt dann wieder mit $-\infty$. Gleiches gilt für die Funktion $B = f(\omega)$ bei den Nullstellen der Blindleitwertsfunktion.

Aussagen über die Steigung von Blindwiderstand X bzw. Blindleitwert B in der Nähe von $\omega = 0$ bzw. $\omega = \infty$ erhält man durch Betrachtungen an der Schaltung. Für $\omega \to 0$ geht z.B. in Tafel **6.4** A der Blindwiderstand $-1/(\omega C) \to -\infty$, so daß die Anfangssteigung von X durch eine Reihenschaltung mit $\omega(L_1 + L_2)$

festgelegt ist. Für $\omega \to \infty$ geht in Tafel **6.**4A dagegen $-1/(\omega C) \to -0$, und daher wird die Endsteigung von X allein durch ωL_1 bestimmt.

Auf diese Weise ergeben sich die Amplitudengänge in Tafel **6.**4.

Tafel **6.**4 Eigenschaften von Schwingkreisen aus drei Blindwiderständen

Schaltung	Kennkreisfrequenz	Amplitudengang von Blindleitwert B und Blindwiderstand X
A 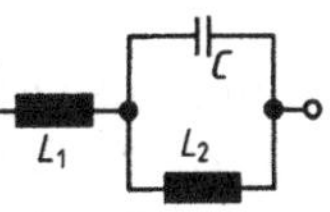	$\omega_p = 1/\sqrt{L_2 C}$ $\omega_r = \sqrt{\frac{L_1 + L_2}{L_1 L_2 C}}$	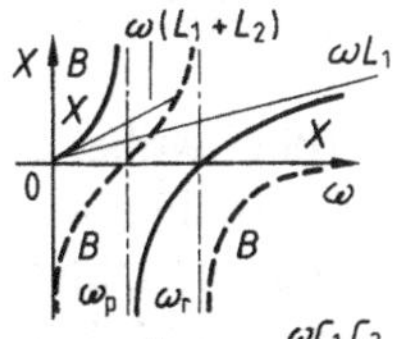
B 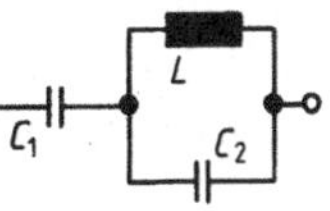	$\omega_p = 1/\sqrt{L C_2}$ $\omega_r = \frac{1}{\sqrt{L(C_1 + C_2)}}$	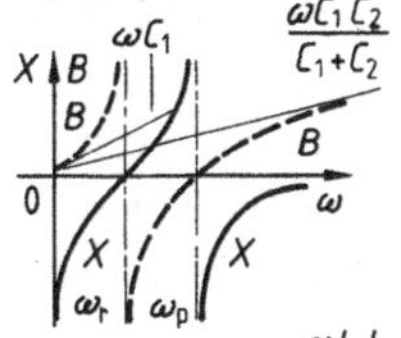
C 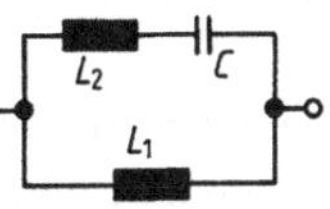	$\omega_p = \frac{1}{\sqrt{C(L_1 + L_2)}}$ $\omega_r = 1/\sqrt{L_2 C}$	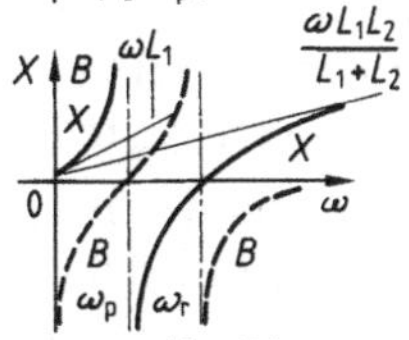
D 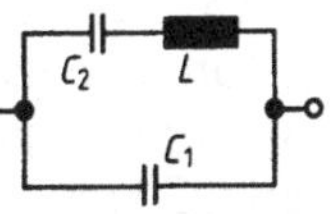	$\omega_p = \sqrt{\frac{C_1 + C_2}{C_1 C_2 L}}$ $\omega_r = 1/\sqrt{L C_2}$	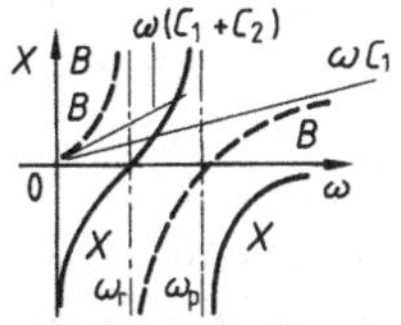

6.1.1.4 Reaktanzsätze von Foster. Wir wollen nun die möglichen Schaltungen von Induktivität L und Kapazität C, die auch Reaktanzzweipole genannt werden, systematisch betrachten. In Bild **3.**20 und **3.**23 sind der frequenzabhängige Verlauf von Blindleitwert B und Blindwiderstand X dargestellt. Sie haben bei $\omega = 0$ oder $\omega = \infty$ stets entweder die Werte 0 oder $\pm\infty$. Gleiches kann man für die Schaltungen mit 2 Reaktanzzweipolen in Tafel **6.**1 aussagen. Außerdem werden hier bei der Kennkreisfrequenz ω_0 noch Leitwert B bzw. Widerstand X gleich 0 bzw. ∞.

Bei den Schwingkreisen mit 3 Reaktanzzweipolen in Abschn. 6.1.1.3 und Tafel **6.**4 gilt analoges, wobei hier noch jeweils 2 Kennfrequenzen auftreten. Außerdem können wir Gl. (6.13) durch Einsetzen der Kennkreisfrequenzen von Gl. (6.14) und (6.15) in die Form

$$X = \omega(L_1 + L_2)\,\frac{1-(\omega/\omega_r)^2}{1-(\omega/\omega_p)^2} \tag{6.16}$$

bringen. Ganz allgemein kann nun der Amplitudengang des Blindwiderstands eines verlustlosen Schwingkreises, der aus beliebig vielen Induktivitäten L und Kapazitäten C bestehen darf, mit

$$X=K\frac{\left[1-\left(\frac{\omega}{\omega_{r1}}\right)^2\right]\left[1-\left(\frac{\omega}{\omega_{r2}}\right)^2\right]\cdots\left[1-\left(\frac{\omega}{\omega_{ri}}\right)^2\right]\cdots}{\left[1-\left(\frac{\omega}{\omega_{p1}}\right)^2\right]\left[1-\left(\frac{\omega}{\omega_{p2}}\right)^2\right]\cdots\left[1-\left(\frac{\omega}{\omega_{pi}}\right)^2\right]\cdots} \tag{6.17}$$

beschrieben werden, wobei die Kennkreisfrequenzen ω_{ri} zu Reihenresonanzen gehören, also Nullstellen bezeichnen, und die Kennkreisfrequenzen ω_{pi} zu Parallelresonanzen gehören, also Pole angeben. Die Schaltung in Bild **6.**3 hat den Kennwert $K=\omega(L_1+L_2)$; d.i. der Blindwiderstand für sehr kleine Frequenzen weit unterhalb der niedrigsten Kennfrequenz. Sie stellt demnach für Gleichstrom bzw. $\omega=0$ einen Kurzschluß dar, so daß in diesem Fall der Kennwert K einen induktiven Blindwiderstand ergibt. Wenn kein Gleichstrompfad in der Schaltung vorhanden ist, erhält man in Gl. (6.17) einen kapazitiven Blindwiderstand $K=X_C=-1/(\omega C)$. In entsprechender Weise enthält der Amplitudengang des Blindleitwerts B als K induktive oder kapazitive Blindleitwerte mit entgegengesetztem Vorzeichen.

Ganz allgemein geht der Bruch in Gl. (6.17) für $\omega\to 0$ gegen 1. Die Konstante K gibt daher den Blindwiderstand X bzw. Blindleitwert B für $\omega\to 0$ wieder. Man findet sie am einfachsten, indem man das Verhalten des Schwingkreises weit unterhalb der kleinsten Kennfrequenz untersucht und hierfür den Gesamtblindwiderstand $X_{(\omega\to 0)}=K$ bestimmt. Bei einer Reihenschaltung von Kapazität C und Induktivität L kann man dann L gegenüber C vernachlässigen, und bei einer Parallelschaltung schließt die Induktivität L die Kapazität C kurz.

Eine Verallgemeinerung der hier gefundenen Eigenschaften der Amplitudengänge von Blindwiderstand $X=f(\omega)$ bzw. Blindleitwert $B=f(\omega)$ führt zu den folgenden, von Foster gefundenen Reaktanzsätzen:

1. Die Differentialquotienten $dX/d\omega$ und $dB/d\omega$ sind stets positiv.
2. Blindwiderstand X und Blindleitwert B durchlaufen in Abhängigkeit von der Kreisfrequenz ω bzw. der Frequenz f abwechselnd Nullstellen (bei den Kennkreisfrequenzen ω_r für Reihenresonanz) und Pole (bei den Kennkreisfrequenzen ω_p für Parallelresonanz).
3. Bei Gleichstrom (also $f=0$ bzw. $\omega=0$) sind Blindwiderstand X und Blindleitwert B entweder 0 oder $-\infty$.
4. Bei unendlich hohen Frequenzen (also $f=\infty$ bzw. $\omega=\infty$) sind Blindwiderstand X und Blindleitwert B entweder 0 oder $+\infty$.
5. Die Amplitudengänge von Blindwiderstand $X=f(\omega)$ und Blindleitwert $B=f(\omega)$ sind durch die Lage der Pole und Nullstellen sowie durch die Konstante K vollständig bestimmt.

6. In **kanonischen**[1]) Schaltungen ist die Anzahl der Nullstellen und Pole (einschließlich der bei den Kreisfrequenzen $\omega=0$ und $\omega=\infty$ auftretenden) stets um 1 größer als die Anzahl der in der Schaltung verwendeten Zweipole L und C.

Beispiel 6.3. Man bestimme für die Schaltung in Bild **6.**5 die Kennkreisfrequenzen und den Amplitudengang des Blindwiderstands.

Wir betrachten die Schaltung in Bild **6.**5 zunächst bei offenen Eingangsklemmen und finden dann für die Reihenschaltung von Induktivität L und Kapazitäten C_2 und C_3 bei der wirksamen Kapazität $C_2C_3/(C_2+C_3)$ eine Parallelresonanz mit der Kennkreisfrequenz

$$\omega_p = \frac{1}{\sqrt{\dfrac{LC_2C_3}{C_2+C_3}}} = \sqrt{\frac{C_2+C_3}{LC_2C_3}}$$

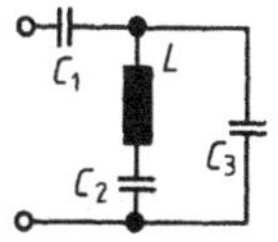

6.5 Schwingkreis

Bei kurzgeschlossenen Eingangsklemmen liegen die Kapazitäten C_1 und C_3 parallel in Reihe mit C_2 und der Induktivität L. Es ist also insgesamt die Kapazität $C_2(C_1+C_3)/(C_1+C_2+C_3)$ wirksam, und wir erhalten eine Reihenresonanz für die Kennkreisfrequenz

$$\omega_r = \frac{1}{\sqrt{\dfrac{LC_2(C_1+C_3)}{C_1+C_2+C_3}}} = \sqrt{\frac{C_1+C_2+C_3}{LC_2(C_1+C_3)}}$$

Für $\omega\to 0$ ist ωL vernachlässigbar klein und daher der Blindwiderstand

$$K = \frac{-1}{\dfrac{\omega C_1(C_2+C_3)}{C_1+C_2+C_3}} = -\frac{C_1+C_2+C_3}{\omega C_1(C_2+C_3)}$$

anzusetzen. Der Amplitudengang $X=f(\omega)$ folgt deshalb Gl. (6.17). Bei $\omega=0$ ist somit $X=-\infty$. Außerdem wird für $\omega=\infty$ nach Bild **6.**5 der Blindwiderstand $X=0$, so daß insgesamt nur der Amplitudengang der Schaltung D in Tafel **6.**4 möglich bleibt.

Man beachte, daß trotz der 4 Schaltungselemente nur 2 Kennkreisfrequenzen auftreten, Satz 6. von Foster also offenbar nicht anzuwenden ist, da es sich hier um keine kanonische Schaltung handelt.

Beispiel 6.4. Die Schaltung in Bild **6.**6 enthält die Kapazitäten $C_1=10\,\mu F$ und $C_2=5\,\mu F$ sowie die Induktivitäten $L_1=0{,}2$ H und $L_2=0{,}6$ H. Die Kennkreisfrequenzen und der Amplitudengang des Blindwiderstands X sollen bestimmt werden.

Analog zu Beispiel 6.2 findet man hier den Blindwiderstand, der wieder durch Erweitern auf die Normalform von Gl. (6.17) gebracht wird

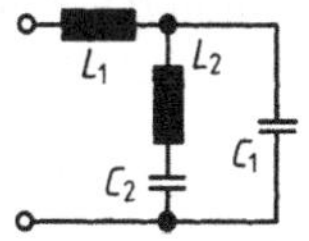

6.6 Schwingkreis

[1]) Ein Schwingkreis ist kanonisch, wenn das gewünschte Frequenzverhalten durch die kleinste Anzahl von Zweipolen erreicht ist. So lassen sich z. B. unmittelbar in Reihe oder parallel liegende, völlig gleichartige Zweipole zusammenfassen, also auch zwei Schwingkreise gleicher Kennfrequenz. Es ist daher oft nicht sofort zu erkennen, ob eine umfangreichere Schaltung kanonisch ist.

$$X=\omega L_1+\frac{-\dfrac{1}{\omega C_1}\left(\omega L_2-\dfrac{1}{\omega C_2}\right)}{\omega L_2-\left(\dfrac{1}{\omega C_1}+\dfrac{1}{\omega C_2}\right)}=\omega L_1+\frac{1-\omega^2 L_2 C_2}{\omega(C_1+C_2)\left(\omega^2\cdot\dfrac{L_2 C_1 C_2}{C_1+C_2}-1\right)}$$

$$=\frac{-1}{\omega(C_1+C_2)}\cdot\frac{-\omega^2 L_1(C_1+C_2)\left(\omega^2\dfrac{L_2 C_1 C_2}{C_1+C_2}-1\right)-1+\omega^2 L_2 C_2}{\omega^2\cdot\dfrac{L_2 C_1 C_2}{C_1+C_2}-1}$$

$$=\frac{-1}{\omega(C_1+C_2)}\cdot\frac{-\omega^4 L_1 L_2 C_1 C_2+\omega^2[L_2 C_2+L_1(C_1+C_2)]-1}{\omega^2\cdot\dfrac{L_2 C_1 C_2}{C_1+C_2}-1}$$

Parallelresonanz tritt für $X=\infty$ auf, also für $\omega L_1=\infty$ bzw. $\omega=\infty$ oder

$$\frac{-\dfrac{1}{\omega C_1}\left(\omega L_2-\dfrac{1}{\omega C_2}\right)}{\omega L_2-\left(\dfrac{1}{\omega C_1}+\dfrac{1}{\omega C_2}\right)}=\infty \quad \text{also} \quad \omega L_2-\left(\frac{1}{\omega C_1}+\frac{1}{\omega C_2}\right)=0$$

woraus sich sofort die Parallelresonanz-Kennkreisfrequenz ω_p errechnen ließe. Entsprechend haben wir Reihenresonanz für $X=0$, d.h. für

$$\omega L_1=\frac{\dfrac{1}{\omega C_1}\left(\omega L_2-\dfrac{1}{\omega C_2}\right)}{\omega L_2-\left(\dfrac{1}{\omega C_1}+\dfrac{1}{\omega C_2}\right)}$$

woraus wieder die Reihenresonanz-Kennkreisfrequenzen bestimmt werden könnten. Wir wählen hier den Weg über die Normalform, da sie anschließend eine leichtere Diskussion des Amplitudengangs erlaubt, und finden dann die Pole und Nullstellen durch Nullsetzen von Nenner und Zähler.

Es ist also

$$K=-1/[\omega(C_1+C_2)]$$

und wir erhalten durch Nullsetzen des Nenners die Parallel-Kennkreisfrequenz

$$\omega_p=\sqrt{\frac{C_1+C_2}{L_2 C_1 C_2}}=\sqrt{\frac{10\,\mu\text{F}+5\,\mu\text{F}}{0{,}6\text{ H}\cdot 10\,\mu\text{F}\cdot 5\,\mu\text{F}}}=707\text{ s}^{-1}$$

und durch Nullsetzen des Zählers die Quadrate der Reihenresonanz-Kennkreisfrequenzen

$$\omega_{r1,2}^2=\frac{1}{2L_1 L_2 C_1 C_2}\{L_1(C_1+C_2)+L_2 C_2\pm\sqrt{[L_1(C_1+C_2)+L_2 C_2]^2-4L_1 L_2 C_1 C_2}\}$$

$$\omega_{r1}^2=\frac{1}{2\cdot 0{,}2\text{ H}\cdot 0{,}6\text{ H}\cdot 10\,\mu\text{F}\cdot 5\,\mu\text{F}}\{0{,}2\text{ H}(0\,\mu\text{F}+5\,\mu\text{F})+0{,}6\text{ H}\cdot 5\,\mu\text{F}$$

$$+\sqrt{[0{,}2\text{ H}(0\,\mu\text{F}+5\,\mu\text{F})+0{,}6\text{ H}\cdot 5\,\mu\text{F}]^2-4\cdot 0{,}2\text{ H}\cdot 0{,}6\text{ H}\cdot 10\,\mu\text{F}\cdot 5\,\mu\text{F}}\}$$

$$=788\cdot 10^3\text{ s}^{-2}$$

$$\omega_{r2}^2=212\cdot 10^3\text{ s}^{-2}$$

Nur die positiven Wurzeln, nämlich $\omega_{r1} = 888\ \mathrm{s}^{-1}$ und $\omega_{r2} = 460\ \mathrm{s}^{-1}$, sind physikalisch real.

Die drei gefundenen Kennkreisfrequenzen sind in Bild 6.7 eingetragen. Die Funktion $X = f(\omega)$ geht mit dem ermittelten Faktor K für $\omega \to 0$ gegen $X_4 = -\infty$ und außerdem wegen ω^4 im Zähler gegenüber ω^3 im Nenner für $\omega \to \infty$ gegen $X = \infty$. Weiterhin wird die Endsteigung durch ωL_1 festgelegt; denn für $\omega \to \infty$ wird L_2 durch C_1 überbrückt. Da bei ω_{r1} und ω_{r2} Nullstellen und bei ω_p ein Pol auftreten, läßt sich der Amplitudengang von Bild 6.7 vollständig angeben.

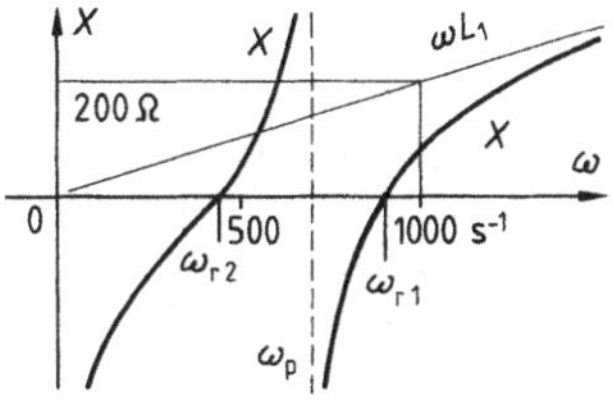

6.7 Amplitudengang des Blindwiderstands $X = f(\omega)$ zu Beispiel 6.4

Beispiel 6.5. Nach Tafel 6.4 zeigen Schaltung B und D den gleichen Amplitudengang des Blindwiderstands $X = f(\omega)$, wenn die Kreisfrequenzen

$$\omega_p = \frac{1}{\sqrt{L_B C_{2b}}} = \sqrt{\frac{C_{1D} + C_{2D}}{C_{1D} C_{2D} L_D}}$$

$$\omega_r = \frac{1}{\sqrt{L_B (C_{1B} + C_{2B})}} = \frac{1}{\sqrt{L_D C_{2D}}}$$

und die Faktoren

$$K = \frac{-1}{\omega C_{1B}} = \frac{-1}{\omega (C_{1D} + C_{2D})}$$

übereinstimmen. Es ist zu untersuchen, unter welchen Bedingungen die eine Schaltung Vorteile vor der anderen hat.

Wenn wir voraussetzen, daß die Größen L_B, C_{1B} und C_{2B} bekannt sind, haben wir offenbar 3 Gleichungen für die 3 unbekannten Größen L_D, C_{1D} und C_{2D} der äquivalenten Schaltung. Wir beseitigen in den obigen Gleichungen die Wurzeln durch Quadrieren und die Brüche durch Erweitern und erhalten das Gleichungssystem

$$C_{1D} C_{2D} L_D = (C_{1D} + C_{2D}) L_B C_{2B} \tag{6.18}$$

$$L_D C_{2D} = L_B (C_{1B} + C_{2B}) \tag{6.19}$$

$$C_{1D} + C_{2D} = C_{1B} \tag{6.20}$$

Durch Einsetzen von Gl. (6.20) in (6.18) wird

$$C_{2D} L_D (C_{1B} - C_{2D}) = C_{1B} L_B C_{2B} \tag{6.21}$$

Mit Gl. (6.19) ist gleichzeitig

$$L_D = (C_{1B} + C_{2B}) L_B / C_{2D} \tag{6.22}$$

Eingesetzt in Gl. (6.21) findet man schließlich die Kapazität

$$C_{2D} = C_{1B} \frac{C_{1B}}{C_{1B} + C_{2B}} \tag{6.23}$$

Dies in Gl. (6.20) eingeführt, ergibt die Kapazität

$$C_{1D} = C_{1B} - \frac{C_{1B}^2}{C_{1B} + C_{2B}} = C_{2B} \frac{C_{1B}}{C_{1B} + C_{2B}} \tag{6.24}$$

Mit Gl. (6.22) und (6.23) erhält man ferner die Induktivität

$$L_D = L_B \left(\frac{C_{1B}+C_{2B}}{C_{1B}}\right)^2 \tag{6.25}$$

Es tritt hier also der Faktor $(C_{1B}+C_{2B})/C_{1B}$ auf, um den in Schaltung D die Induktivität quadratisch größer und die Kapazitäten reziprok kleiner werden. Da die Vergrößerung der Induktivität meist mehr Aufwand erfordert, als bei der Verkleinerung der Kapazitäten gewonnen wird, bevorzugt man meist die Schaltung B.

6.1.2 Verlustbehaftete Schwingkreise

In Abschn. 6.1.1 wird das grundsätzliche Zusammenwirken von Induktivität L und Kapazität C behandelt. Da aber in der Praxis derartige Schwingkreise auch stets Wirkwiderstände R enthalten und somit Verluste auftreten, müssen wir jetzt die Überlegungen von Abschn. 6.1.1 auf Schwingkreise mit Wirkwiderständen übertragen.

Es sollen hierbei weiterhin die in Abschn. 6.1.1.2 eingeführten Kenngrößen, nämlich Kennleitwert Y_0, Kennwiderstand Z_0 und Verstimmung v, benutzt werden. Als Resonanz wird hier ganz allgemein wieder der Fall angesehen, daß Blindwiderstand $X=0$ bzw. Blindleitwert $B=0$ werden, also mit $Z_p=R$ bzw. $Y_p=G$ rein reelle komplexe Widerstände $\underline{Z}_p$ bzw. Leitwerte $\underline{Y}_p$, also die Phasenwinkel $\varphi=\varphi_y=0$, bei der Resonanzkreisfrequenz ω_p bzw. der Resonanzfrequenz $f_p=\omega_p/(2\pi)$ auftreten. Wir untersuchen zunächst einfache Parallel- und Reihenschwingkreise.

6.1.2.1 Einfluß von Leitwert und Widerstand. Wir betrachten mit Tafel **6.**8 wieder analog zu Tafel **6.**1 Parallel- und Reihenschaltung von Wirkwiderstand R, Kapazität C und Induktivität L nebeneinander. Gleichungen, Zeigerdiagramme sowie Amplituden- und Phasengang für Leitwert $\underline{Y}$ bzw. Widerstand $\underline{Z}$ folgen unmittelbar aus Ohmschem Gesetz und Kirchhoffschen Regeln sowie Abschn. 3.2.2.3 und 3.2.3.3.

Parallelresonanz tritt nun wieder für $B=0$ und Reihenresonanz für $X=0$, d.h. nach Abschn. 6.1.1.1 sowie Gl. (6.4) und (6.5) für die Kennkreisfrequenz $\omega_0=1/\sqrt{LC}$ bzw. bei der Kennfrequenz $f_0=\omega_0/(2\pi)=1/(2\pi\sqrt{LC})$ auf. Man beachte jedoch, daß ganz allgemein Kennkreisfrequenz ω_0 und Resonanzkreisfrequenz ω_p nicht übereinstimmen müssen.

Außerdem zeigt Tafel **6.**8, daß sich Parallel- und Reihenschwingkreis auch unter Berücksichtigung des Wirkwiderstands R dual verhalten und daher gleich behandelt werden dürfen. Wir wollen daher anschließend die Betrachtungen normieren.

Beispiel 6.6. Einen Kondensator faßt man meist als Parallelschaltung von Kapazität C mit dem Wirkleitwert G_C und eine Drossel als Reihenschaltung von Induktivität L und Wirkwiderstand R_L auf (s. Abschn. 3.3.3.3 und 3.3.3.4). Eine Parallelschaltung von Kon-

Tafel 6.8 Leitwert bzw. Widerstand einfacher verlustbehafteter Schwingkreise

	Parallelschwingkreis	Reihenschwingkreis
Schaltung	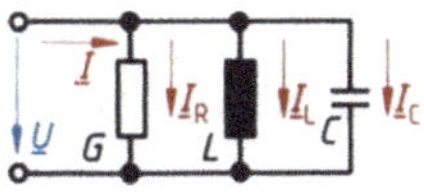	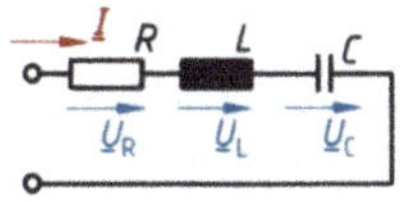
Leitwert bzw. Widerstand	$\underline{Y}=G+\mathrm{j}(B_C+B_L)$ $=G+\mathrm{j}\left(\omega C-\frac{1}{\omega L}\right)$ $=G+\mathrm{j}\,Y_0 v$	$\underline{Z}=R+\mathrm{j}(X_L+X_C)$ $=R+\mathrm{j}\left(\omega L-\frac{1}{\omega C}\right)$ $=R+\mathrm{j}\,Z_0 v$
Ortskurve	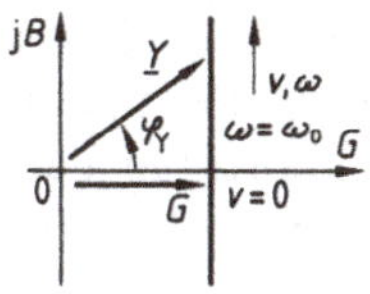	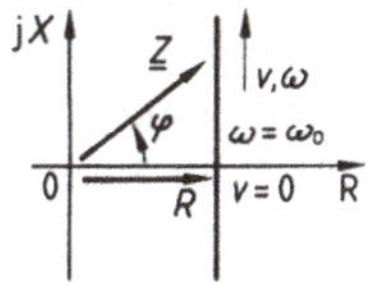
Amplitudengang	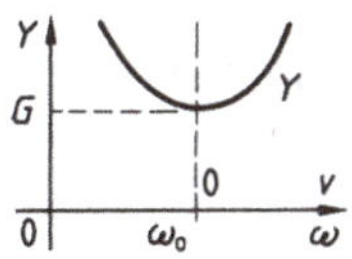	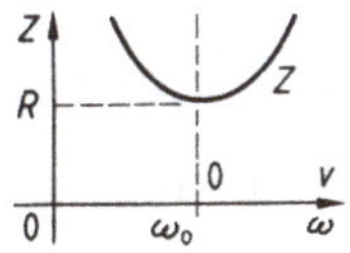
Phasengang	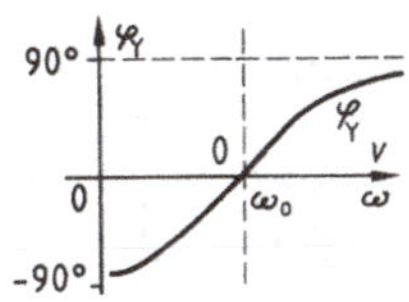	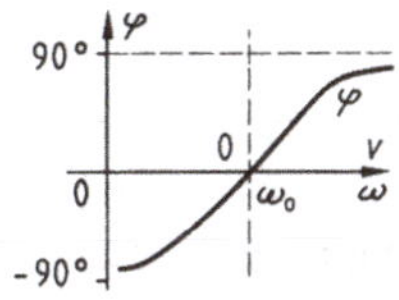

densator und Drossel ergibt dann die Schaltung in Bild 6.9. Für diesen Schwingkreis sind die Gleichungen für Resonanzkreisfrequenz ω_p und Resonanzleitwert G_p zu bestimmen.

Für den komplexen Leitwert der Schaltung in Bild 6.9 finden wir

$$\underline{Y}=G_C+\mathrm{j}\omega C+\frac{1}{R_L+\mathrm{j}\omega L}=G+\mathrm{j}B \tag{6.26}$$

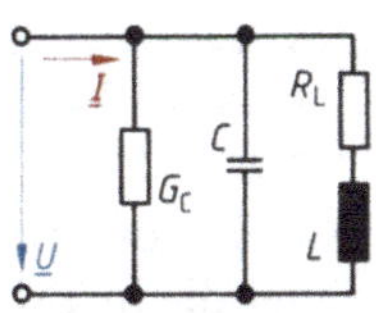

6.9 Schwingkreis

Die Resonanzkreisfrequenz ω_p tritt auf für

$$B=\omega_p C-\frac{\omega_p L}{R_L^2+(\omega_p L)^2}=0$$

Über $\quad \omega_p C=\frac{\omega_p L}{R_L^2+(\omega_p L)^2}$

und mit Kennkreisfrequenz $\omega_0 = 1/\sqrt{LC}$ und Kennwiderstand $Z_0 = \sqrt{L/C}$ findet man daher die Resonanzkreisfrequenz

$$\omega_\mathrm{p} = \sqrt{\frac{L - R_\mathrm{L}^2 C}{L^2 C}} = \omega_0 \sqrt{1 - \left(\frac{R_\mathrm{L}}{Z_0}\right)^2} \tag{6.27}$$

wobei für $R_\mathrm{L} \ll Z_0$ das Glied $(R_\mathrm{L}/Z_0)^2$ vernachlässigt werden darf. Für den Resonanzleitwert erhält man

$$G_\mathrm{p} = G_\mathrm{C} + \frac{R_\mathrm{L}}{R_\mathrm{L}^2 + (\omega_\mathrm{p} L)^2}$$

bzw. mit $R_\mathrm{L}^2 + \omega_\mathrm{p}^2 L^2 = R_\mathrm{L}^2 + \omega_0^2 L^2 (Z_0^2 - R_\mathrm{L}^2)/Z_0^2 = Z_0^2$

$$G_\mathrm{p} = G_\mathrm{C} + (R_\mathrm{L}/Z_0^2) \tag{6.28}$$

6.1.2.2 Gütefaktor und Dämpfung. Energiespeicherung in Kondensatoren und Drosseln ist mit Verlusten verbunden. Die Qualität eines technischen Energiespeichers wird daher durch das Verhältnis der maximal gespeicherten Energie $\hat{W}$ zu der in einer Periodendauer T verbrauchten Verlustenergie PT angegeben. Mit der Kreisfrequenz $\omega = 2\pi f = 2\pi/T$ gilt daher für den Gütefaktor

$$Q = 2\pi\, \hat{W}/(PT) = \omega\, \hat{W}/P \tag{6.29}$$

bzw. für die reziproke Größe, den Verlustfaktor

$$\tan\delta = 1/Q = P/(\omega\, \hat{W}) \tag{6.30}$$

Tafel 6.10 Gütefaktor von Kondensator und Drossel

	Kondensator	Drossel
Ersatzschaltung	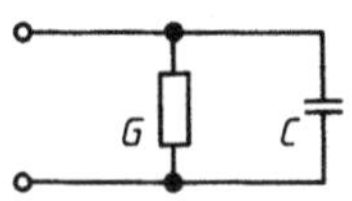	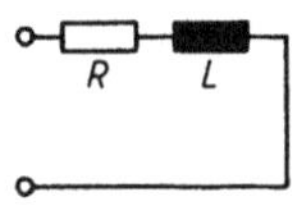
Maximal gespeicherte Energie $\hat{W}$	$=\frac{1}{2}C\hat{u}^2$ $=\frac{1}{2\omega}B\hat{u}^2$	$=\frac{1}{2}L\hat{i}^2$ $=\frac{1}{2\omega}X\hat{i}^2$
Verlustleistung P	$=GU^2=\frac{1}{2}G\hat{u}^2$	$=RI^2=\frac{1}{2}R\hat{i}^2$
Gütefaktor $Q=\omega\,\hat{W}/P$	$=B/G=\omega C/G$	$=X/R=\omega L/R$

Für die normalen Ersatzschaltungen von Kondensator und Drossel erhält man daher die in Tafel 6.10 abgeleiteten Bestimmungsgleichungen für den Gütefaktor.

Reihen- und Parallel-Schwingkreise führen im Resonanzfall maximale Ströme bzw. Spannungen und speichern daher bei der Kennkreisfrequenz ω_0 maximale Energien. Die Ersatzschaltung des Kondensators entspricht offenbar dem Parallelschwingkreis, wenn die Induktivität L gerade stromlos ist und die gesamte Energie in der Kapazität C gespeichert ist. Daher stellt der in Tafel **6.**10 angegebene Gütefaktor für die Kennkreisfrequenz ω_0 auch den Gütefaktor des Parallelschwingkreises dar. Analog gibt die Ersatzschaltung der Drossel den Reihenschwingkreis für den Augenblick wieder, in dem die Kapazität gerade spannungslos ist, die gesamte Energie also in der Induktivität L gespeichert ist. Somit gilt der in Tafel **6.**10 vermerkte Gütefaktor auch für den Reihenschwingkreis.

Wenn man jetzt noch Kennleitwert bzw. Kennwiderstand von Gl. (6.6) und (6.7) einführt, findet man für den Gütefaktor des einfachen, verlustbehafteten Parallel- bzw. Reihenschwingkreises

$$Q=\frac{\omega_0 C}{G}=\frac{Y_0}{G}=\frac{\omega_0 L}{R}=\frac{Z_0}{R} \tag{6.31}$$

Bei Schwingkreisen arbeitet man außerdem noch gern mit den Begriffen Dämpfung

$$d=1/Q=G/Y_0=R/Z_0 \tag{6.32}$$

die also den Reziprokwert des Gütefaktors darstellt, und Dämpfungsgrad

$$\vartheta=d/2=1/(2Q) \tag{6.33}$$

der für die allgemeine Schwingungslehre Vorteile bietet (s. Abschn. 7.4.1).

Befinden sich in einer Schaltung mehrere Energieverbraucher mit den Verlustleistungen P_i und der Resonanzkreisfrequenz ω_p sowie der maximal gespeicherten Energie $\hat{W}$, gilt in Erweiterung von Gl. (6.29) für den Gütefaktor

$$\frac{1}{Q}=\frac{1}{\omega_p \hat{W}}\sum_{i=1}^{i=i} P_i=\sum_{i=1}^{i=i}\frac{1}{Q_i} \tag{6.34}$$

Zur Bestimmung des resultierenden Gütefaktors kann man daher die Kehrwerte der einzelnen Gütefaktoren Q_i summieren. Der resultierende Gütefaktor ist daher stets geringer als die einzelnen Gütefaktoren.

Beispiel 6.7. Man leite die Gleichung für den Gütefaktor Q der Schaltung in Bild **6.**9 ab.

Mit den Gütefaktoren für den Kondensator $Q_C=\omega_p C/G_C$ und die Drossel $Q_L=\omega_p L/R_L$ erhalten wir nach Gl. (6.34)

$$\frac{1}{Q}=\frac{1}{Q_L}+\frac{1}{Q_C}=\frac{R_L}{\omega_p L}+\frac{G_C}{\omega_p C}=\frac{1}{\omega_p C}\left(G_C+R_L\frac{C}{L}\right)$$

Daher ist mit $Z_0=\sqrt{L/C}$ nach Gl. (6.7) und $G_p=G_C+(R_L/Z_0^2)$ nach Gl. (6.28) der Gütefaktor

$$Q=\frac{\omega_p C}{G_C+(R_L C/L)}=\frac{\omega_p C}{G_C+(R_L/Z_0^2)}=\frac{\omega_p C}{G_p} \tag{6.35}$$

6.1.2.3 Normierung. Wir führen nun noch mit Gütefaktor Q nach Gl. (6.29) bzw. Dämpfung d und Verstimmung v nach Gl. (6.9) die normierte Verstimmung

$$v_r=Qv=Q\left(\frac{\omega}{\omega_0}-\frac{\omega_0}{\omega}\right)=\frac{v}{d} \tag{6.36}$$

ein und dürfen dann mit komplexem Leitwert $\underline{Y}$ bzw. komplexem Widerstand $\underline{Z}$ von Tafel 6.8 für den normierten Leitwert- bzw. Widerstands-Frequenzgang angeben

$$\underline{F}=\underline{Y}/G=\underline{Z}/R=1+\mathrm{j}v\,Y_0/G=1+\mathrm{j}v\,Z_0/R=1+\mathrm{j}v_r \tag{6.37}$$

Somit haben wir eine einheitliche Betrachtungs- und Darstellungsweise für Parallel- und Reihenschwingkreis gefunden und können hiermit nun das charakteristische Verhalten untersuchen; es ist in Bild 6.11 dargestellt und wird in den folgenden Abschnitten näher betrachtet.

6.1.2.4 Bandbreite. Aus Bild 6.11b ergibt sich, daß der Leitwert Y des Parallelschwingkreises und der Widerstand Z des Reihenschwingkreises für die normierte Verstimmung $v_r=0$ ein Minimum annehmen und bei $v_r=\pm 1$ um den Faktor $\sqrt{2}$ größer als dieses Minimum sind. Die zu der normierten Verstim-

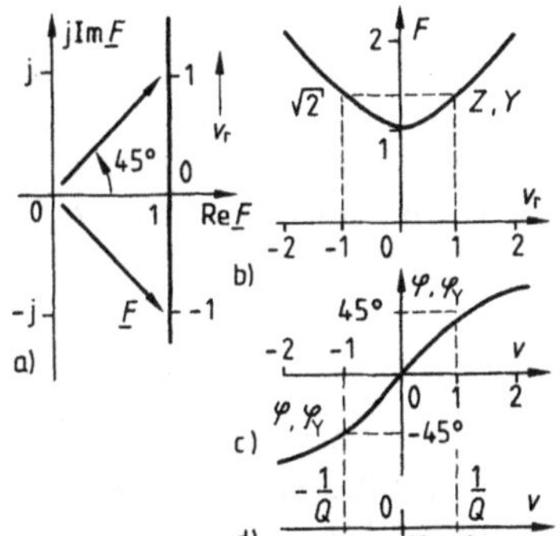

6.11
Ortskurve (a), Amplitudengang (b) und Phasengang (c) des normierten Leitwert- und Widerstands-Frequenzgangs sowie zugehörige Verstimmungs- und Kreisfrequenzskala (d)

mung $v_r=\pm 1$ gehörenden Kreisfrequenzen ω_1 und ω_2 werden Grenzfrequenzen genannt. (Da bei ihnen gleichzeitig die Phasenwinkel $\pm 45°$ auftreten, werden sie gelegentlich auch durch die Formelzeichen ω_{-45} und ω_{+45} bezeichnet und 45°-Verstimmung genannt.) Mit Gl. (6.9) und dem Gütefaktor Q gilt daher für diese Grenzfrequenzen die Verstimmung

$$v_{1,2}=\left(\frac{\omega_{1,2}}{\omega_0}-\frac{\omega_0}{\omega_{1,2}}\right)=\pm\frac{1}{Q} \tag{6.38}$$

die zu der quadratischen Gleichung

$$\omega_{1,2}^2 \mp \frac{\omega_0}{Q}\omega_{1,2} - \omega_0^2 = 0$$

führt. Es können nur positive Werte der Grenzfrequenzen auftreten, so daß man die Lösungen

$$\omega_{1,2} = \pm\frac{\omega_0}{2Q} + \omega_0\sqrt{1+(1/4Q^2)} = \omega_0\left[\pm\frac{1}{2Q} + \sqrt{1+(1/4Q^2)}\right]$$

$$= \omega_0(\pm\vartheta + \sqrt{1+\vartheta^2}) \tag{6.39}$$

findet. Hier ergibt der Dämpfungsgrad ϑ einen besonders einfachen Ausdruck.

Die Differenz der Grenzfrequenzen ω_1 und ω_2 bzw. f_1 und f_2 bezeichnet man als **Bandbreite** der Kreisfrequenzen

$$b_\omega = \omega_2 - \omega_1 = \omega_0/Q = d\,\omega_0 = 2\vartheta\omega_0 \tag{6.40}$$

oder der Frequenzen

$$b_f = f_2 - f_1 = f_0/Q = d f_0 = 2\vartheta f_0 \tag{6.41}$$

Daher gilt auch allgemein für die Güte

$$Q = \omega_0/b_\omega = f_0/b_f \tag{6.42}$$

Außerdem ist mit Gl. (6.39)

$$\omega_1\omega_2 = \omega_0^2 \tag{6.43}$$

und es gilt für die **Kennkreisfrequenz**

$$\omega_0 = \sqrt{\omega_1\omega_2} \tag{6.44}$$

Meist interessiert nur das Verhalten des Schwingkreises in der Nähe der Resonanz. Dann kann man mit der angenäherten Verstimmung v_n nach Gl. (6.11) arbeiten.

Wenn man den relativen Fehler der Näherung

$$p = \frac{v_n - v}{v} = \frac{v_n}{v} - 1 = \frac{2\omega}{\omega+\omega_0} - 1 = \frac{2\omega-\omega-\omega_0}{\omega+\omega_0} = \frac{\omega-\omega_0}{\omega+\omega_0} = \frac{\Delta\omega}{2\omega_0+\Delta\omega} \tag{6.45}$$

zuläßt und die Kreisfrequenzabweichung $\Delta\omega = \omega - \omega_0$ einführt, erhält man hiermit die relative **Frequenzabweichung**

$$\Delta\Omega = \Delta\omega/\omega_0 = \Delta f/f_0 = 2p/(1-p) \tag{6.46}$$

Für die Grenzkreisfrequenzen ω_1 und ω_2 ist mit der Bandbreite b_ω nach Gl. (6.40) die Kreisfrequenzabweichung $\Delta\omega_b = |\omega_1 - \omega_0| = \omega_2 - \omega_0 = b_\omega/2$. Daher gilt mit Gl. (6.45) bei Anwendung der Näherung für den hier auftretenden **Fehler**

$$p = \frac{b_\omega/2}{2\omega_0 + (b_\omega/2)} = \frac{1}{(4\omega_0/b_\omega)+1} = \frac{1}{1+4Q} \tag{6.47}$$

Beispiel 6.8. Ein Parallelschwingkreis nach Tafel **6.**8 besteht aus Wirkleitwert $G = 3\ \mu S$, Induktivität $L = 1{,}5\ mH$ und Kapazität $C = 120\ pF$. Kennkreisfrequenz ω_0, Kennfrequenz f_0, Güte Q, Dämpfung d, Dämpfungsgrad ϑ, Bandbreiten b_ω und b_f sowie die Grenzfrequenzen f_1 und f_2 sind zu bestimmen. Gleichzeitig soll ermittelt werden, welche Frequenzabweichung Δf bei Anwendung der Näherungsformel für die Verstimmung zugelassen werden darf, wenn der Fehler nicht größer als $p = 0{,}05$ werden soll, und welcher Fehler bei Anwendung dieser Näherung an der Bandbreitengrenze auftritt.

Nach Gl. (6.4) erhalten wir die Kennkreisfrequenz

$$\omega_0 = 1/\sqrt{LC} = 1/\sqrt{1{,}5\ \mathrm{mH} \cdot 120\ \mathrm{pF}} = 2{,}357\ \mu\mathrm{s}^{-1}$$

und mit Gl. (6.5) die Kennfrequenz

$$f_0 = \omega_0/(2\pi) = 2{,}357\ \mu\mathrm{s}^{-1}/(2\pi) = 375{,}1\ \mathrm{kHz}$$

Ferner ist nach Gl. (6.31) der Gütefaktor

$$Q = \omega_0 C/G = 2{,}357\ \mu\mathrm{s}^{-1} \cdot 120\ \mathrm{pF}/(3\ \mu\mathrm{S}) = 94{,}28$$

bzw. nach Gl. (6.32) die Dämpfung

$$d = 1/Q = 1/94{,}28 = 0{,}01061$$

und nach Gl. (6.33) der Dämpfungsgrad

$$\vartheta = d/2 = 0{,}01061/2 = 0{,}005303$$

Gleichzeitig ergeben sich mit Gl. (6.40) und (6.41) die Bandbreiten

$$b_\omega = d\omega_0 = 0{,}01061 \cdot 2{,}57\ \mu\mathrm{s}^{-1} = 25\ \mathrm{ms}^{-1}$$

$$b_f = df_0 = 0{,}01061 \cdot 375{,}1\ \mathrm{kHz} = 3{,}978\ \mathrm{kHz}$$

Daher betragen die Grenzfrequenzen

$$f_1 = f_0 - (b_f/2) = 375{,}1\ \mathrm{kHz} - (3{,}978\ \mathrm{kHz}/2) = 373{,}1\ \mathrm{kHz}$$

$$f_2 = f_0 + (b_f/2) = 375{,}1\ \mathrm{kHz} + (3{,}978\ \mathrm{kHz}/2) = 377{,}1\ \mathrm{kHz}$$

Nach Gl. (6.46) darf man unterhalb der Frequenzabweichung

$$\Delta f = 2pf_0/(1-p) = 2 \cdot 0{,}05 \cdot 375{,}1\ \mathrm{kHz}/(1-0{,}05) = 39{,}48\ \mathrm{kHz}$$

mit der angenäherten Verstimmung v_n arbeiten, und bei den Grenzfrequenzen machen wir mit der angenäherten Verstimmung nach Gl. (6.47) den Fehler

$$p = 1/(1+4Q) = 1/(1+4 \cdot 94{,}28) = 0{,}002645 = 2{,}645‰$$

6.1.2.5 Ortskurven. Wir betrachten mit Tafel **6.**12 die Ortskurven der Teilspannungen des Reihenschwingkreises bei fester Eingangsspannung $\underline{U}$. Dann unterscheidet sich wegen $\underline{U}_R = R\underline{I}$ die Stromortskurve $\underline{I} = f(\omega)$ nur durch den Faktor $1/R$ von der Spannungsortskurve $\underline{U}_R = f(\omega)$. Auch können die so gewonnenen Ergebnisse nach Abschn. 6.1.2.1 unmittelbar auf die Ströme des Parallelschwingkreises bei festem Eingangsstrom übertragen werden.

Die Verhältnisse Teilspannung zu Eingangsspannung in Tafel **6.**12 lassen sich mit der Spannungsteilerregel (s. Abschn. 3.4.1.1) sofort angeben. Wir führen dann mit Gl. (6.4) die Kennkreisfrequenz $\omega_0 = 1/\sqrt{LC}$, mit Gl. (6.8) die relative Frequenz $\Omega=\omega/\omega_0=f/f_0$ und mit Gl. (6.32) die Dämpfung $d=1/Q=R/Z_0=R\omega_0 C$ ein und finden auf diese Weise die **Normalformen** der Ortskurven der relativen Teilspannungen in Tafel **6.**12.

Tafel **6.**12 Frequenzgang-Ortskurven der Teilspannungen des Reihenschwingkreises

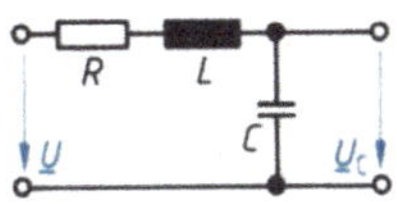	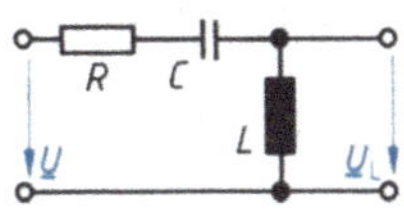	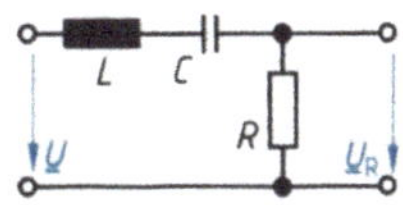
$\frac{\underline{U}_C}{\underline{U}}=\frac{jX_C}{\underline{Z}}$ $=\frac{-j/(\omega C)}{R+j\omega L-j/(\omega C)}$ $=\frac{1}{1+j\omega CR-\omega^2 LC}$ $=\frac{1}{1+jd\Omega-\Omega^2}$	$\frac{\underline{U}_L}{\underline{U}}=\frac{jX_L}{\underline{Z}}$ $=\frac{j\omega L}{R+j\omega L-j/(\omega C)}$ $=\frac{-\omega^2 LC}{1+j\omega CR-\omega^2 LC}$ $=\frac{-\Omega^2}{+jd\Omega-\Omega^2}$	$\frac{\underline{U}_R}{\underline{U}}=\frac{R}{\underline{Z}}$ $=\frac{R}{R+j\omega L-j/(\omega C)}$ $=\frac{j\omega CR}{1+j\omega CR-\omega^2 LC}$ $=\frac{jd\Omega}{1+jd\Omega-\Omega^2}$
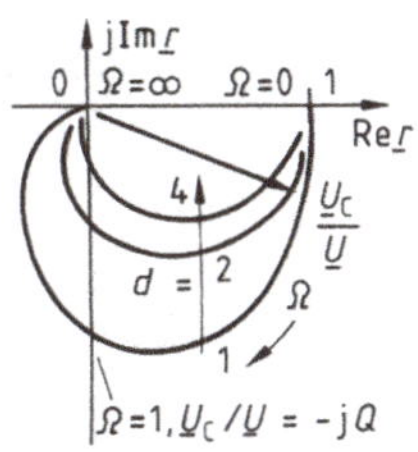	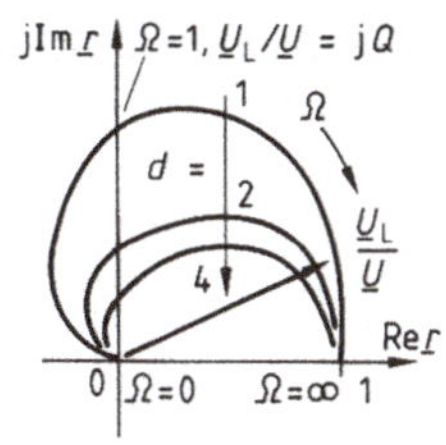	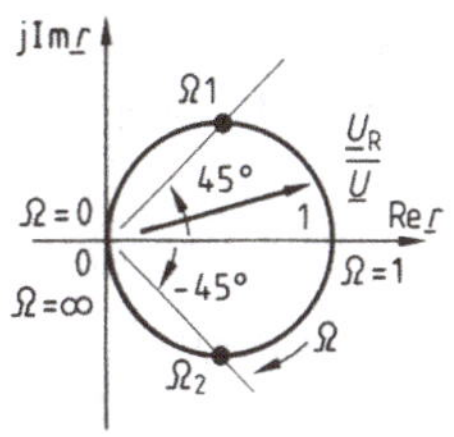

Durch Bildung der Grenzwerte für $\Omega=0,\ 1,\ \infty$ und Bestimmung einiger Zwischenwerte erhält man die in Tafel **6.**12 dargestellten Ortskurven. Nach Bild **6.**11 stellt die Ortskurve des komplexen Widerstands $\underline{Z}$ eine Gerade parallel zur Imaginärachse dar. Daher muß die Ortskurve für $R/\underline{Z}$ ein Kreis durch den Koordinaten-Nullpunkt und durch 1 sein, den Mittelpunkt also bei 0,5 haben. Für $\Omega=1$ ist auch $R/\underline{Z}=1$ und bei $\Omega=0$ bzw. $\Omega=\infty$ ferner $R/\underline{Z}=0$. Bei dem Phasenwinkel $\varphi=-45°$ tritt nach Abschn. 6.1.2.4 die relative Grenzfrequenz $\Omega_1=\omega_1/\omega_0$ und bei $\varphi=45°$ entsprechend $\Omega_2=\omega_2/\omega_0$ auf.

In den Ortskurven $\underline{U}_C=f(\omega)$ und $\underline{U}_L=f(\omega)$ erscheint der Parameter $d=1/Q$. Für die Dämpfung $d=0$ bzw. den Gütefaktor $Q=\infty$ werden diese Ortskurven unendlich groß. Sie schneiden die Imaginärachse stets für $\Omega=1$, also für Resonanz, und daher bei $-jQ$ bzw. jQ.

Kennwerte und Frequenzgänge von Schwingkreisen kann man besonders einfach mit den Taschenrechnerprogrammen von Band VII berechnen.

Beispiel 6.9. Für die Schaltung in Bild 6.13 sollen die möglichen Widerstands-Frequenzgänge $\underline{Z}=f(\omega)$ allgemein als Ortskurven ermittelt werden.
Man findet sofort für den komplexen Widerstand

$$\underline{Z}=R+\mathrm{j}X=\mathrm{j}\omega L+\frac{1}{(1/R_1)+\mathrm{j}\omega C}=\mathrm{j}\omega L+R_1\frac{1-\mathrm{j}\omega CR_1}{1+(\omega CR_1)^2}$$
$$=\frac{R_1}{1+(\omega CR_1)^2}+\mathrm{j}\omega\left[L-\frac{CR_1^2}{1+(\omega CR_1)^2}\right]$$

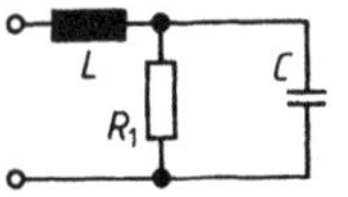

6.13 Schwingkreis

der demnach den Realteil

$$R=\frac{R_1}{1+(\omega CR_1)^2}$$

enthält, der somit für $0\leqq\omega\leqq\infty$ im Bereich $R_1\geqq R\geqq 0$ liegt.

Dabei gilt für die Kreisfrequenz

$$\omega=\frac{1}{CR_1}\sqrt{(R_1/R)-1}$$

Wir setzen dies in den Imaginärteil

$$X=\omega\left[L-\frac{CR_1^2}{1+(\omega CR_1)^2}\right]=\left(\frac{L}{CR_1}-R\right)\sqrt{\frac{R_1}{R}-1}$$

ein und erkennen, daß er für $\omega=0$ ebenfalls $X=0$ ist, für $\omega=\infty$ gegen $X=\infty$ geht und für die Kreisfrequenz

$$\omega_r=R_1\sqrt{\frac{C}{L(1+C^2R_1^2)}}$$

bei dem Realteil

$$R_r=\frac{R_1}{1+\dfrac{R_1^3C^3/L}{1+C^2R_1^2}}$$

verschwindet. Im Bereich $0<\omega<\omega_r$ nimmt daher der Blindwiderstand X negative Werte an. Wir bilden nun noch den Differentialquotienten

$$\frac{\mathrm{d}X}{\mathrm{d}R}=-\frac{R_1}{2R^2}\cdot\frac{(L/CR_1)-R}{\sqrt{(R_1/R)-1}}-\sqrt{\frac{R_1}{R}-1}$$

und sehen, daß für $R\to 0$, also $\omega\to\infty$, die Ortskurvensteigung $\mathrm{d}X/\mathrm{d}R\to-\infty$ geht. Für $R=R_1$, also $\omega=0$, wird

$$\frac{\mathrm{d}X}{\mathrm{d}R}=-\frac{1}{2R}\cdot\frac{(L/CR)-R}{\sqrt{1-1}}$$

Daher sind nur drei Ortskurvensteigungen, nämlich für

$$R_1<\sqrt{L/C}:(\mathrm{d}X/\mathrm{d}R)_{R=R_1}=-\infty$$
$$R_1=\sqrt{L/C}:(\mathrm{d}X/\mathrm{d}R)_{R=R_1}=0$$
$$R_1>\sqrt{L/C}:(\mathrm{d}X/\mathrm{d}R)_{R=R_1}=+\infty$$

möglich, und es kann der Ortskurvenverlauf in Bild 6.14 angegeben werden. Dies entspricht auch dem in Abschn. 6.1.3.2 mitgeteiltem Satz, daß Widerstands-Ortskurven für $\omega=0$ und $\omega=\infty$ stets tangential oder senkrecht in eine Koordinatenachse einmünden.

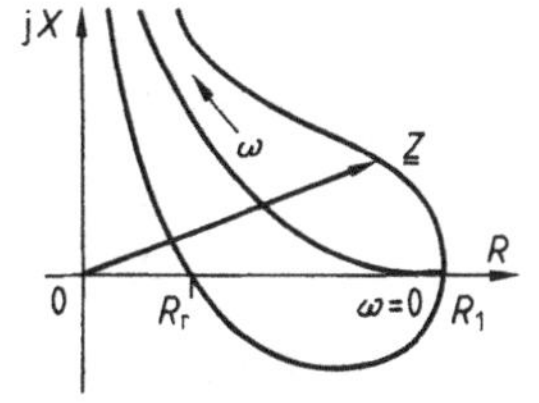

6.14 Ortskurve zu Beispiel 6.9

6.1.2.6 Resonanzüberhöhung und Resonanzanstieg. Die Ortskurven in Tafel 6.12 zeigen, daß die Teilspannungen U_C, U_L - und entsprechend die Teilströme I_L, I_C - ihr Maximum i. allg. nicht im Resonanzfall, sondern für (meist gering) abweichende relative Frequenzen $\Omega_{ü1}=\omega_{ü1}/\omega_0=f_{ü1}/f_0$ und $\Omega_{ü2}=\omega_{ü2}/\omega_0=f_{ü2}/f_0$ annehmen. Hierbei treten für U_C und I_L die relativen Frequenzen $\Omega_{ü1}<1$ und für U_L und I_C noch $\Omega_{ü2}>1$ auf.

Die Maxima findet man, wenn man

$$\frac{U_C}{U}=\frac{I_L}{I}=\frac{1}{\sqrt{(1-\Omega^2)^2+(d\Omega)^2}} \tag{6.48}$$

differenziert und den Differentialquotienten Null setzt. Es ist jedoch einfacher, mit

$$\frac{\mathrm{d}(U/U_C)}{\mathrm{d}\Omega}=\frac{\mathrm{d}[(1-\Omega^2)^2+(d\Omega)^2]^{1/2}}{\mathrm{d}\Omega}=\frac{1}{2}\cdot\frac{2(1-\Omega^2)(-2\Omega)+2d^2\Omega}{(1-\Omega^2)^2+(d\Omega)^2}$$

das Minimum für $U/U_C=I/I_L$ zu suchen. Aus $2(1-\Omega^2)(-2\Omega)-2d^2\Omega=0$ und $d^2+2\Omega^2-2=0$ erhält man so die 1. relative Frequenz für die Resonanzüberhöhung

$$\Omega_{ü1}=\frac{\omega_{ü1}}{\omega_0}=\frac{f_{ü1}}{f_0}=\sqrt{1-\left(\frac{d^2}{2}\right)}=\sqrt{1-\frac{1}{2Q^2}} \tag{6.49}$$

bzw. für kleine Dämpfungen d oder große Gütefaktoren $Q=1/d$ die Näherung

$$\Omega_{ü1}\approx 1-\frac{d^2}{4}=1-\frac{1}{4Q^2} \tag{6.50}$$

Die 2. Resonanzüberhöhung findet man analog für

$$\frac{U_L}{U}=\frac{I_C}{I}=\frac{-\Omega^2}{\sqrt{(1-\Omega^2)^2+d^2\Omega^2}}=\frac{1}{\sqrt{[(1/\Omega^2)-1]^2+(d/\Omega)^2}} \tag{6.51}$$

mit dem Differentialquotienten

$$\frac{\mathrm{d}(U_L/U)}{\mathrm{d}Q}=\frac{\mathrm{d}\sqrt{[(1/\Omega^2)-1]^2+(d/\Omega)^2}}{\mathrm{d}\Omega}$$

$$=\frac{1}{2}\cdot\frac{2[(1/\Omega^2)-1](2/\Omega^3)-2(d^2/\Omega^3)}{\sqrt{[(1/\Omega)^2-1]^2+(d/\Omega)^2}}$$

Wir setzen $2[(1/\Omega^2)-1](2/\Omega^3)-2(d^2/\Omega^3)=0$ bzw. $d^2+(2/\Omega^2)-2=0$ und erhalten die 2. relative Frequenz für die Resonanzüberhöhung

$$\Omega_{ü2}=\frac{\omega_{ü2}}{\omega_0}=\frac{f_{ü2}}{f_0}=\frac{1}{\sqrt{1-(d^2/2)}}=\frac{1}{\sqrt{1-(1/2Q^2)}} \tag{6.52}$$

sowie für kleine Dämpfungen d oder große Gütefaktoren $Q=1/d$ die Näherung

$$\Omega_{ü2}\approx 1+\frac{d^2}{4}=1+\frac{1}{4Q^2} \tag{6.53}$$

Die nach Gl. (6.50) und (6.53) berechenbaren Frequenzen weichen von der Resonanzfrequenz um weniger als 0,25% ab, wenn der Gütefaktor $Q \geqq 10$ ist, was für die meisten Schwingkreise der Nachrichtentechnik zutrifft.

Wenn man Gl. (6.49) und (6.52) in Gl. (6.48) und (6.51) einsetzt, erhält man die größten auftretenden Teilspannungen und -ströme, also die Größe der Resonanzüberhöhung

$$\left(\frac{U_C}{U}\right)_m=\left(\frac{I_L}{I}\right)_m=\left(\frac{U_L}{U}\right)_m=\left(\frac{I_C}{I}\right)_m=\frac{1}{d\sqrt{1-(d^2/4)}}=\frac{Q}{\sqrt{1-(1/4Q^2)}} \tag{6.54}$$

Demgegenüber ergeben sich für Resonanz, also für $\Omega=1$ bzw. $\omega=\omega_0$ und $f=f_0$, aus Tafel **6.**12 die Strom- und Spannungsverhältnisse

$$\left(\frac{U_C}{U}\right)_p=\left(\frac{I_L}{I}\right)_p=\left(\frac{U_L}{U}\right)_p=\left(\frac{I_C}{I}\right)_p=\frac{1}{d}=Q \tag{6.55}$$

Für den Reihenschwingkreis sind die Strom- und Spannungsverläufe - also der Amplitudengang (s. Abschn. 6.3.2.1) - abhängig von der Frequenz in Bild **6.**15 dargestellt.

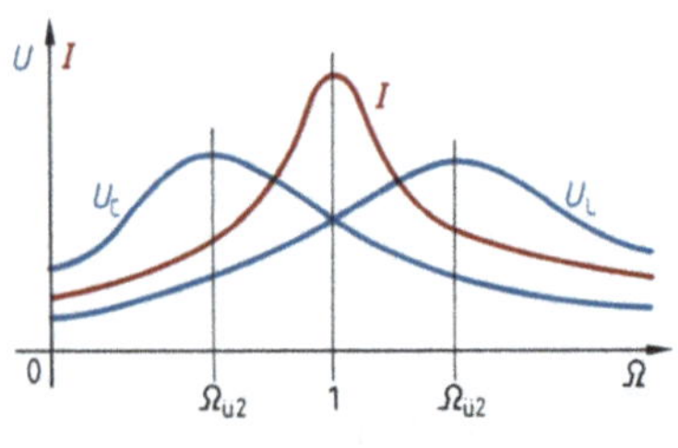

6.15
Amplitudengänge von Strom I sowie Spannungen U_C und U_L eines Reihenschwingkreises bei großem Wirkwiderstand R

Aus der Gleichung $\underline{U}_R/\underline{U}$ für die bezogene Spannung am Wirkwiderstand R in Tafel **6.**12 kann man, da beim Reihenschwingkreis allgemein der Strom $\underline{I}=\underline{U}_R/R$ und der Resonanzstrom $\underline{I}_0=\underline{U}/R$ sind, noch für den Resonanzanstieg

$$q=\frac{I}{I_0}=\frac{U_R}{U}=\frac{d\Omega}{\sqrt{(1-\Omega^2)^2+(d\Omega)^2}} \tag{6.56}$$

ableiten. Er hängt also - analog zur Bandbreite nach Abschn. 6.1.2.4 - allein von der Dämpfung d (bzw. dem Dämpfungsgrad $\vartheta = d/2$) und der relativen Frequenz $\Omega = \omega/\omega_0 = f/f_0$ ab, ist ein Maß für die Schärfe der Resonanz bzw. die Steilheit der Resonanzkurve und bestimmt häufig die Anwendung eines Schwingkreises. Seine Darstellung in Bild **6.**16 gilt entsprechend Tafel **6.**8 und Bild **6.**11 sowohl für den Reihen- als auch den Parallelschwingkreis.

Für die Analogien zwischen elektrischen und mechanischen Schwingkreisen wird auf [25] verwiesen.

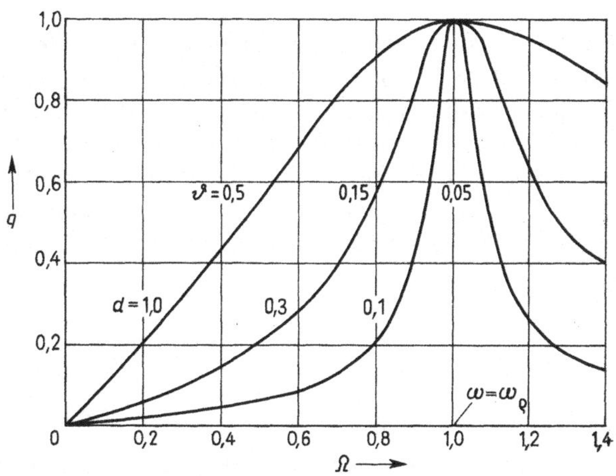

6.16 Resonanzanstieg q im Schwingkreis bei verschiedenen Dämpfungen d bzw. Dämpfungsgraden ϑ abhängig von der relativen Frequenz Ω

Beispiel 6.10. Ein Reihenschwingkreis nach Tafel **6.**8 hat die Kennfrequenz $f_0 = 800$ Hz bei dem Gütefaktor $Q = 2{,}5$ und liegt an der Spannung $U = 20$ V. Bei welchen Frequenzen $f_{ü1}$ und $f_{ü2}$ treten die Resonanzüberhöhungen auf, und wie groß sind die Teilspannungen bei den Frequenzen f_0, f_1 und f_2?

Nach Gl. (6.49) ergibt sich die 1. Resonanzüberhöhung bei der Frequenz

$$f_{ü1} = f_0 \sqrt{1 - \frac{1}{2Q^2}} = 800\ \text{Hz} \sqrt{1 - \frac{1}{2 \cdot 2{,}5^2}} = 767{,}3\ \text{Hz}$$

und nach Gl. (6.52) die 2. Resonanzüberhöhung bei der Frequenz

$$f_{ü2} = \frac{f_0}{\sqrt{1 - (1/2Q^2)}} = \frac{800\ \text{Hz}}{\sqrt{1 - (1/2 \cdot 2{,}5^2)}} = 834{,}1\ \text{Hz}$$

Bei diesen Frequenzen treten dann nach Gl. (6.54) die Spannungen

$$U_{\text{Cm}} = U_{\text{Lm}} = \frac{UQ}{\sqrt{1 - (1/4Q^2)}} = \frac{20\ \text{V} \cdot 2{,}5}{\sqrt{1 - (1/4 \cdot 2{,}5^2)}} = 51{,}03\ \text{V}$$

auf, während nach Gl. (6.55) bei f_0, also Resonanz, $U_{\text{C0}} = U_{\text{L0}} = Q\,U = 2{,}5 \cdot 20\ \text{V} = 50\ \text{V}$ ist und nach Tafel **6.**12 die Teilspannung $U_{\text{R0}} = U = 20$ V ihren Höchstwert erreicht.

6.1.3 Leistungsanpassung

In der Nachrichtentechnik besteht häufig die Aufgabe, von einem Sender, also einer Quelle, die größtmögliche Leistung auf den Empfänger, also einen Verbraucher, zu übertragen. In Abschn. 2.1.3 wird gezeigt, daß hierfür der Innenwiderstand der Quelle und der Widerstand des Verbrauchers einander angepaßt werden müssen. Wir wollen nun die dann bei Sinusstrom einzuhaltenden Bedingungen ableiten und Möglichkeiten zu ihrer Verwirklichung kennenlernen.

6.1.3.1 Zusammenwirken von Sinusstrom-Quellen und -Zweipolen. Wir betrachten mit Bild **6.**17 sofort nebeneinander die beiden möglichen Schaltungen mit Einspeisung durch Spannungs- und Stromquellen (s. Abschn. 3.3.5), wobei wir in der Reihenschaltung wieder mit Widerständen und in der Parallelschaltung mit Leitwerten arbeiten. Beide Schaltungen sind dual, so daß die Gleichungen der Reihenschaltung in die der Parallelschaltung und umgekehrt durch Vertauschen von Widerständen und Leitwerten bzw. Spannungen und Strömen übergehen.

6.17
Einfacher Sinusstromkreis mit Spannungsquelle (a) bzw. Stromquelle (b)

Die Quellen (Index i) haben den komplexen inneren Widerstand bzw. inneren Leitwert

$$\underline{Z}_i = R_i + jX_i = \frac{1}{\underline{Y}_i} \qquad \underline{Y}_i = G_i + jB_i = \frac{1}{\underline{Z}_i} \tag{6.57}$$

die Verbraucher (Index a) den komplexen Widerstand bzw. Leitwert

$$\underline{Z}_a = R_a + jX_a = \frac{1}{\underline{Y}_a} \qquad \underline{Y}_a = G_a + jB_a = \frac{1}{\underline{Z}_a} \tag{6.58}$$

Daher fließt der komplexe Sinusstrom bzw. herrscht die komplexe Sinusspannung

$$\underline{I}_a = \frac{\underline{U}_q}{\underline{Z}_i + \underline{Z}_a} \qquad \underline{U}_a = \frac{\underline{I}_q}{\underline{Y}_i + \underline{Y}_a} \tag{6.59}$$

und es wird verursacht nach der Spannungsteilerregel die Spannung

bzw. nach der Stromteilerregel der Strom

$$\underline{U}_a = \underline{U}_q \frac{\underline{Z}_a}{\underline{Z}_i + \underline{Z}_a} \qquad \underline{I}_a = \underline{I}_q \frac{\underline{Y}_a}{\underline{Y}_i + \underline{Y}_a} \tag{6.60}$$

Nach Gl. (3.75) werden daher mit $\underline{I}_a^* = \underline{U}_q^*/(\underline{Z}_i + \underline{Z}_a)^*$ bzw. $\underline{I}_a^* = \underline{I}_q^* \underline{Y}_a^*/(\underline{Y}_i + \underline{Y}_a)^*$ sowie $\mathrm{Re}\,\underline{Z}_a = R$ und $\mathrm{Re}\,\underline{Y}_a = G$, ferner $\mathrm{Re}(\underline{r}\,\underline{r}^*) = r^2$ (s. Abschn. 8.2) im Verbraucher umgesetzt die Wirkleistungen

$$P_a = \mathrm{Re}(\underline{U}_a \underline{I}_a^*) = \mathrm{Re}\,\frac{\underline{U}_q \underline{Z}_a}{\underline{Z}_i + \underline{Z}_a} \cdot \frac{\underline{U}_q^*}{(\underline{Z}_i + \underline{Z}_a)^*} = \frac{U_q^2 R_a}{|\underline{Z}_i + \underline{Z}_a|^2}$$

$$P_a = \mathrm{Re}(\underline{U}_a \underline{I}_a^*) = \mathrm{Re}\,\frac{\underline{I}_q}{\underline{Y}_i + \underline{Y}_a} \cdot \frac{\underline{I}_q^* \underline{Y}_a^*}{(\underline{Y}_i + \underline{Y}_a)^*} = \frac{I_q^2 G_a}{|\underline{Y}_i + \underline{Y}_a|^2} \tag{6.61}$$

6.1.3.2 Anpassungsbedingungen. Für den Sinusstromkreis mit Spannungsquelle kann man Gl. (6.61) umformen in

$$P_a = \frac{U_q^2 R_a}{(R_i + R_a)^2 + (X_i + X_a)^2} \tag{6.62}$$

Wenn der komplexe Innenwiderstand $\underline{Z}_i = R_i + \mathrm{j}X_i$ und die Quellenspannung U_q vorgegeben sind, hängt die Verbraucher-Wirkleistung P_a demnach von Wirkwiderstand R_a und Blindwiderstand X_a ab. Sie erreicht offensichtlich für die 1. Anpassungsbedingung

$$X_{a\,max} = -X_i \quad \text{bzw.} \quad B_{a\,max} = -B_i \tag{6.63}$$

ein Optimum. Es muß also in der Schaltung von Bild **6.**17a Reihenresonanz oder analog in der Schaltung von Bild **6.**17b Parallelresonanz vorliegen. Hiermit gilt für die Nutzleistung

$$P_a = U_q R_a / (R_i + R_a)^2 \tag{6.64}$$

Um den zu einer optimalen Nutzleistung gehörenden Verbraucher-Wirkwiderstand $R_{a\,max}$ bestimmen zu können, bilden wir den Differentialquotienten

$$\frac{\mathrm{d}P_a}{\mathrm{d}R_a} = U_q^2 \frac{(R_i + R_a)^2 - 2R_a(R_i + R_a)}{(R_i + R_a)^4}$$

und setzen ihn gleich Null. Mit $(R_i + R_a)^2 - 2R_a(R_i + R_a) = 0$ erhält man so die 2. Anpassungsbedingung

$$R_{a\,max} = R_i \quad \text{bzw.} \quad G_{a\,max} = G_i \tag{6.65}$$

die nach Abschn. 2.1.3 auch für Gleichstrom gilt. Da konjugiert komplexe Größen durch * gekennzeichnet werden und Reihenschaltung und Parallelschaltung sich dual verhalten, können wir Gl. (6.63) und (6.65) zusammenfassen zu der allgemeinen Anpassungsbedingung

$$\underline{Z}_a = \underline{Z}_i^* \quad \text{bzw.} \quad \underline{Y}_a = \underline{Y}_i^* \tag{6.66}$$

Außenwiderstand $\underline{Z}_a$ und Innenwiderstand $\underline{Z}_i$ bzw. Außenleitwert $\underline{Y}_a$ und Innenleitwert $\underline{Y}_i$ müssen daher, wenn Leistungsanpassung verlangt wird, konjugiert komplex zueinander sein.

Die verfügbare (d.h. maximal abgebbare) Leistung der Quellen ist daher

$$P_{\text{a max}} = \frac{U_{\text{q}}^2}{4R_{\text{i}}} \quad \text{bzw.} \quad P_{\text{a max}} = \frac{I_{\text{q}}^2}{4G_{\text{i}}} \tag{6.67}$$

Beispiel 6.11. Die Schaltung in Bild **6.**18 enthält Wirkwiderstand $R=40\,\Omega$, Induktivität $L=50\,\text{mH}$ und Kapazität $C=10\,\mu\text{F}$. Der Generator liefert bei der Kreisfrequenz $\omega=1000\,\text{s}^{-1}$ die Sinus-Quellenspannung $\underline{U}_{\text{q}}=50\,\text{V}$. Man bestimme den komplexen Verbraucherwiderstand $\underline{Z}_{\text{a}}$ für maximale Leistungsaufnahme $P_{\text{a max}}$, diese Leistungsaufnahme $P_{\text{a max}}$ und die zugehörige komplexe Klemmenspannung $\underline{U}_{\text{a}}$.

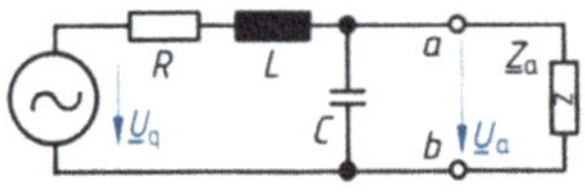

6.18 Sinusstromkreis

Wir müssen zunächst die Schaltung in Bild **6.**18 bezüglich der Klemmen *a* und *b* in eine Ersatzspannungsquelle (s. Abschn. 3.3.5) umwandeln. Mit dem induktiven Blindwiderstand $X_{\text{L}}=\omega L=1000\,\text{s}^{-1}\cdot 50\,\text{mH}=50\,\Omega$ und dem kapazitiven Blindwiderstand $X_{\text{C}}=-1/(\omega C)=-1/(1000\,\text{s}^{-1}\cdot 10\,\mu\text{F})=-100\,\Omega$ hat die Ersatzspannungsquelle unter Anwendung der Spannungsteilerregel (s. Abschn. 3.4.1.1) die komplexe Quellenspannung

$$\underline{U}_{\text{qE}}=\underline{U}_{\text{q}}\frac{\text{j}X_{\text{C}}}{R+\text{j}X_{\text{L}}+\text{j}X_{\text{C}}}=\frac{50\,\text{V}(-\text{j}\,100\,\Omega)}{40\,\Omega+\text{j}\,50\,\Omega-\text{j}\,100\,\Omega}=78{,}09\,\text{V}\,\underline{/-38{,}66^\circ}$$

und wegen $\underline{r}/\underline{r}^*=\underline{/2\alpha}$ den komplexen Innenwiderstand

$$\underline{Z}_{\text{iE}}=\frac{\text{j}X_{\text{C}}(R+\text{j}X_{\text{L}})}{R+\text{j}X_{\text{L}}+\text{j}X_{\text{C}}}=\frac{-\text{j}\,100\,\Omega(40\,\Omega+\text{j}\,50\,\Omega)}{40\,\Omega+\text{j}\,50\,\Omega-\text{j}\,100\,\Omega}$$

$$=-\text{j}\,100\,\Omega\,\underline{/2\arctan(50\,\Omega/40\,\Omega)}=97{,}56\,\Omega+\text{j}\,21{,}95\,\Omega=R_{\text{iE}}+\text{j}X_{\text{iE}}$$

Die maximale Leistungsaufnahme tritt daher nach Gl. (6.66) für $\underline{Z}_{\text{a}}=\underline{Z}_{\text{iE}}^*=R_{\text{iE}}-\text{j}X_{\text{iE}}=(97{,}56-\text{j}\,21{,}95)\,\Omega=100\,\Omega\,\underline{/-12{,}68^\circ}$ auf. Sie beträgt nach Gl. (6.67)

$$P_{\text{a max}}=U_{\text{qE}}^2/(4R_{\text{iE}})=78{,}09^2\,\text{V}^2/(4\cdot 97{,}56\,\Omega)=15{,}63\,\text{W}$$

bei der Klemmenspannung nach Gl. (6.60)

$$\underline{U}_{\text{a}}=\frac{\underline{U}_{\text{qE}}\underline{Z}_{\text{a}}}{\underline{Z}_{\text{iE}}+\underline{Z}_{\text{a}}}=\frac{\underline{U}_{\text{qE}}\underline{Z}_{\text{a}}}{2R_{\text{iE}}}=\frac{78{,}09\,\text{V}\,\underline{/-38{,}66^\circ}\cdot 100\,\Omega\,\underline{/-12{,}68^\circ}}{2\cdot 97{,}56\,\Omega}$$

$$=40{,}02\,\text{V}\,\underline{/-51{,}34^\circ}$$

Beispiel 6.12. Die Schaltung in Bild **6.**19 wird durch zwei Sinusstromquellen mit den komplexen Quellenströmen $\underline{I}_{\text{q1}}=3\,\text{A}$ und $\underline{I}_{\text{q2}}=\text{j}\,4\,\text{A}$ und den komplexen inneren Leitwerten $\underline{Y}_{\text{i1}}=5\,\text{mS}\,\underline{/30^\circ}$ und $\underline{Y}_{\text{i2}}=10\,\text{mS}\,\underline{/-60^\circ}$ gespeist. Man bestimme die verfügbaren Leistungen der beiden Stromquellen, den komplexen Verbraucherleitwert für Anpassung, die hierbei umgesetzte Verbraucherwirkleistung, die auftretenden Klemmenströme und den Anteil der Quellen an der Wirkleistungserzeugung.

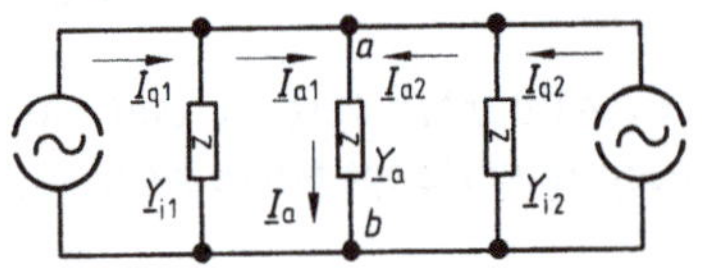

6.19
Zweifache Sinusstromeinspeisung

Nach Gl. (6.67) ergeben sich mit $\underline{Y}_{i1}=G_{i1}+\mathrm{j}B_{i1}=4{,}33\,\mathrm{mS}+\mathrm{j}\,2{,}5\,\mathrm{mS}$ und $\underline{Y}_{i2}=G_{i2}+\mathrm{j}B_{i2}=5{,}0\,\mathrm{mS}-\mathrm{j}\,8{,}66\,\mathrm{mS}$ die verfügbaren Leistungen der Quellen

$$P_{1\,\mathrm{max}}=I_{q1}^2/(4G_{i1})=3^2\,\mathrm{A}^2/(4\cdot 4{,}33\,\mathrm{mS})=519{,}6\,\mathrm{W}$$
$$P_{2\,\mathrm{max}}=I_{q2}^2/(4G_{i2})=4^2\,\mathrm{A}^2/(4\cdot 5{,}0\,\mathrm{mS})=800\,\mathrm{W}$$

Jetzt müssen wir die Schaltung in Bild **6.**19 zunächst bezüglich der Klemmen *a* und *b* in eine Ersatzstromquelle umwandeln. Nach Abschn. 3.3.5 erhalten wir den Quellenstrom $\underline{I}_{qE}=\underline{I}_{q1}+\underline{I}_{q2}=3\,\mathrm{A}+\mathrm{j}\,4\,\mathrm{A}=5\,\mathrm{A}\,\underline{/53{,}13^\circ}$ und den komplexen inneren Leitwert $\underline{Y}_{iE}=\underline{Y}_{i1}+\underline{Y}_{i2}=5\,\mathrm{mS}\,\underline{/30^\circ}+10\,\mathrm{mS}\,\underline{/-60^\circ}=9{,}33\,\mathrm{mS}-\mathrm{j}\,6{,}16\,\mathrm{mS}=G_{iE}+\mathrm{j}B_{iE}$, so daß der Verbraucher für Anpassung den komplexen Leitwert $\underline{Y}_a=G_a+\mathrm{j}B_a=G_{iE}-\mathrm{j}B_{iE}=9{,}33\,\mathrm{mS}+\mathrm{j}\,6{,}16\,\mathrm{mS}$ aufweisen muß. Nach Gl. (6.67) wird hierbei an den Verbraucher die Wirkleistung

$$P_{a\,\mathrm{max}}=I_{qE}^2/(4G_{iE})=5^2\,\mathrm{A}^2/(4\cdot 9{,}33\,\mathrm{mS})=669{,}9\,\mathrm{W}$$

abgegeben. Dies ist weniger, als sich aus der Summe der verfügbaren Leistungen ergeben würde. Am Verbraucher tritt bei Anpassung nach Gl. (6.60) die Klemmenspannung

$$\underline{U}_a=\underline{I}_{qE}/(2G_{iE})=5\,\mathrm{A}\,\underline{/53{,}13^\circ}/(2\cdot 9{,}33\,\mathrm{mS})=268\,\mathrm{V}\,\underline{/53{,}13^\circ}$$

auf. Daher liefert die Quelle *1* den Verbraucherstrom $\underline{I}_{a1}=\underline{I}_{q1}-\underline{Y}_{i1}\underline{U}_a$, was wir wieder mit folgendem Schema berechnen

$\underline{I}_{q1}$		$= 3{,}0\,\mathrm{A}$
$-\underline{Y}_{i1}\underline{U}_a=$	$-5\,\mathrm{mS}\,\underline{/30^\circ}\cdot 268\,\mathrm{V}\,\underline{/53{,}13^\circ}$	$=(-0{,}1603-\mathrm{j}\,1{,}33)\,\mathrm{A}$
$\underline{I}_{a1}$	$=3{,}136\,\mathrm{A}\,\underline{/-25{,}1^\circ}$	$=(\;2{,}84\;-\mathrm{j}\,1{,}33)\,\mathrm{A}$

Analog findet man den Strom $\underline{I}_{a2}=\underline{I}_{q2}-\underline{Y}_{i2}\underline{U}_a=-2{,}661\,\mathrm{A}+\mathrm{j}\,4{,}321\,\mathrm{A}=5{,}074\,\mathrm{A}\,\underline{/121{,}6^\circ}$. Daher liefern nach Gl. (6.61) die Stromquellen die Wirkleistungen

$$P_{a1}=\mathrm{Re}(\underline{U}_a\underline{I}_{a1}^*)=\mathrm{Re}(268\,\mathrm{V}\,\underline{/53{,}13^\circ}\cdot 3{,}136\,\mathrm{A}\,\underline{/25{,}1^\circ})$$
$$=268\,\mathrm{V}\cdot 3{,}136\,\mathrm{A}\cos(53{,}13^\circ+25{,}1^\circ)=171{,}4\,\mathrm{W}$$

$$P_{a2}=\mathrm{Re}(\underline{U}_a\underline{I}_{a2}^*)=\mathrm{Re}(268\,\mathrm{V}\,\underline{/53{,}13^\circ}\cdot 5{,}074\,\mathrm{A}\,\underline{/-121{,}6^\circ})$$
$$=268\,\mathrm{V}\cdot 5{,}074\,\mathrm{A}\cos(53{,}13^\circ-121{,}6^\circ)=499\,\mathrm{W}$$

Die Quelle *1* wird daher besonders schlecht ausgenutzt.

6.1.3.3 Fehlanpassungskreis. Wir wollen nun noch die Leistungsaufnahme P_a des Verbrauchers bei unvollständiger Anpassung und daher mit Gl. (6.61) und (6.67) das Wirkleistungsverhältnis

$$\frac{P_a}{P_{a\,\mathrm{max}}}=\frac{4R_aR_i}{(R_a+R_i)^2+(X_a+X_i)^2}=\frac{4R_a/R_i}{\left(1+\dfrac{R_a}{R_i}\right)^2+\left(\dfrac{X_a+X_i}{R_i}\right)^2} \tag{6.68}$$

betrachten. Eine Umformung in

$$\left[\frac{R_a}{R_i}-\left(2\frac{P_{a\,\mathrm{max}}}{P_a}-1\right)\right]^2+\left(\frac{X_a+X_i}{R_i}\right)^2=\left(2\frac{P_{a\,\mathrm{max}}}{P_a}-1\right)^2-1$$

zeigt, daß diese Gleichung nach Abschn. 8.3.2.3 mit den Koordinaten R_a/R_i und $(X_a+X_i)/R_i$ sowie dem Parameter $P_{a\,\mathrm{max}}/P_a$ Kreise mit den Mittelpunktskoordinaten

$$(R_a/R_i)_M=2(P_{a\,\mathrm{max}}/P_a)-1 \tag{6.69}$$

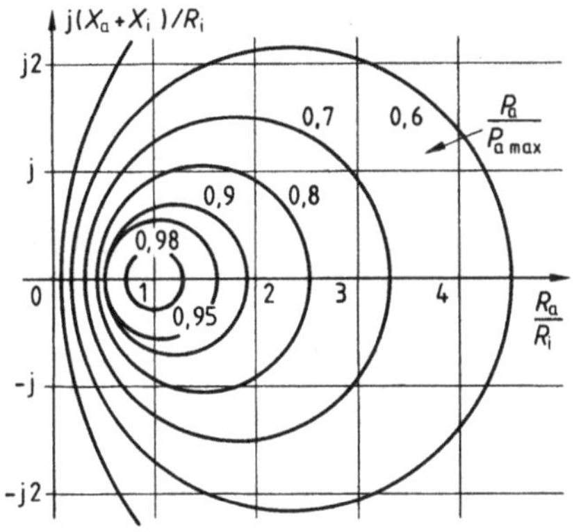

6.20 Fehlanpassungskreis

und

$$[(X_a+X_i)/R_i]_M=0 \tag{6.70}$$

und dem Radius

$$r=2\sqrt{\frac{P_{a\,max}}{P_a}\left(\frac{P_{a\,max}}{P_a}-1\right)} \tag{6.71}$$

beschreibt. Sie sind für einige Werte $P_a/P_{a\,max}$ in Bild 6.20 dargestellt. Diese Kreise können als Höhenlinien eines Bergkegels gedeutet werden. Die Bergkuppe verläuft ziemlich flach. Daher braucht nicht streng die Anpassung der Wirkwiderstände oder Wirkleitwerte sowie eine Reihen- oder Parallelresonanz eingehalten zu werden, um dem Verbraucher die verfügbare Quellenleistung möglichst vollständig zuzuführen.

Beispiel 6.13. Es ist zu prüfen, mit welcher Leistungsverminderung zu rechnen ist, wenn die in Beispiel 6.11 bestimmten Teilwiderstände R_a und X_a nur mit der Toleranz $\pm 0{,}1$ verwirklicht werden können.

Wir müssen also bei $(2+0{,}1)X_i/R_i=2{,}1\cdot 21{,}95\,\Omega/(97{,}56\,\Omega)=0{,}4725$ und 0,9 bzw. 1,1 in das Diagramm von Bild 6.20 gehen und sehen dann, daß wir innerhalb des Kreises $P_a/P_{a\,max}=0{,}95$ bleiben, die Leistungsverminderung also gering bleibt.

6.1.3.4 Resonanztransformation. Zur Einhaltung der Anpassungsbedingungen kann man Übertrager (s. Abschn. 3.5) einsetzen, die insbesondere den Vorteil haben, eine breitbandige Anpassung zu ermöglichen. In der Hochfrequenztechnik werden auch gern Resonanzschaltungen nach Bild 6.21 angewandt, die in einem schmalen Frequenzbereich benutzt werden können und deren Verhalten wir jetzt untersuchen wollen. Das Transformationszweitor (s. a. Beispiel 3.123) *abcd* soll aus reinen Blindwiderständen bestehen.

6.21 Schaltungen zur Resonanztransformation für a) $R_i > R_a$ und b) $R_a > R_i$

Wir betrachten wieder beide Schaltungen nebeneinander und finden zunächst für den komplexen Leitwert bzw. Widerstand die Anpassungsbedingungen

$$\frac{1}{R_i}=\frac{1}{jX_1}+\frac{1}{R_a+jX_2}=\frac{1}{jX_1}+\frac{R_a-jX_2}{R_a^2+X_2^2}$$

$$R_i=jX_1+\frac{1}{\dfrac{1}{R_a}+\dfrac{1}{jX_2}}=jX_1+\frac{(1/R_a)+(j/X_2)}{(1/R_a)^2+(1/X_2)^2}$$

Da Real- und Imaginärteile für sich gleich sein müssen, gilt zunächst

$$\frac{1}{R_i} = \frac{R_a}{R_a^2 + X_2^2} \qquad R_i = \frac{1/R_a}{(1/R_a)^2 + (1/X_2)^2}$$

$$\frac{1}{X_2} = \pm\sqrt{\frac{1}{R_a R_i} - \left(\frac{1}{R_a}\right)^2}$$

und man erhält die Blindwiderstände

$$X_2 = \pm\sqrt{R_a(R_i - R_a)} \qquad X_2 = \pm R_a\sqrt{R_i/(R_a - R_i)} \tag{6.72}$$

Ferner ist

$$\frac{1}{jX_1} - \frac{jX_2}{R_a^2 + X_2^2} = 0 \qquad jX_1 + \frac{j/X_2}{(1/R_a)^2 + (1/X_2)^2} = 0$$

also

$$\frac{1}{X_1} = \frac{-X_2}{R_a^2 + X_2^2} \qquad X_1 = \frac{-1/X_2}{(1/R_a)^2 + (1/X_2)^2}$$

bzw. man findet endgültig die Blindwiderstände

$$X_1 = -R_a R_i / X_2 \qquad X_1 = -R_a R_i / X_2 \tag{6.73}$$

Nach Gl. (6.72) ist daher die Schaltung in Bild **6**.21 a nur für den Fall $R_i > R_a$ und die Schaltung in Bild **6**.21 b nur für $R_a > R_i$ brauchbar. Gleichzeitig haben nach Gl. (6.73) die Blindwiderstände X_1 und X_2 stets entgegengesetzte Vorzeichen. Wenn also für X_1 eine Induktivität gewählt wird, muß X_2 zu einer Kapazität gehören und umgekehrt. Band VII enthält ein Taschenrechnerprogramm zur Bestimmung von Transformationszweitoren.

Bei Anpassung wird die in der Spannungsquelle erzeugte Wirkleistung $U_q^2/(2R_i)$ zur Hälfte [bei den inneren Verlusten $U_q^2/(4R_i)$ und dem Wirkungsgrad $\eta = 0{,}5$] als Wirkleistung U_a^2/R_a auf den Verbraucher übertragen, so daß für das Spannungsverhältnis gilt

$$U_a/U_q = (1/2)\sqrt{R_a/R_i} \tag{6.74}$$

Beispiel 6.14. Eine Sinusspannungsquelle mit der Quellenspannung $U_q = 8$ V und dem inneren Wirkwiderstand $\underline{Z}_i = R_i = 100\ \Omega$ soll auf den Wirkwiderstand $R_a = 8$ kΩ bei der Kreisfrequenz $\omega = 0{,}4\ \mu s^{-1}$ die größtmögliche Wirkleistung übertragen. Induktivität L und Kapazität C des Transformationszweitors sollen bestimmt und die Spannung am Verbraucher mit und ohne Transformationszweitor berechnet werden.

Wir müssen wegen $R_a > R_i$ die Schaltung in Bild **6**.20b benutzen und sehen für X_1 eine Induktivität L und für X_2 eine Kapazität C vor. Daher benötigen wir nach Gl. (6.72) die Kapazität

$$C = \frac{1}{\omega R_a}\sqrt{\frac{R_a - R_i}{R_i}} = \frac{1}{0{,}4\ \mu s^{-1} \cdot 8\ k\Omega}\sqrt{\frac{8\ k\Omega - 100\ \Omega}{100\ \Omega}} = 2{,}778\ nF$$

und nach Gl. (6.73) die Induktivität

$$L = -R_a R_i/(\omega X_2) = R_a R_i C = 8\ \text{k}\Omega \cdot 100\ \Omega \cdot 27{,}77\ \text{nF} = 2{,}222\ \text{mH}$$

Die Verbraucherspannung beträgt nach Gl. (6.74) mit dem Transformationszweitor

$$U_a = (U_q/2)\sqrt{R_a/R_i} = (8\ \text{V}/2)\sqrt{8\ \text{k}\Omega/100\ \Omega} = 35{,}77\ \text{V}$$

Ohne Transformationszweitor würde die Verbraucherspannung nur

$$U_a = U_q R_a/(R_a + R_i) = 8\ \text{V} \cdot 8\ \text{k}\Omega/(8\ \text{k}\Omega + 100\ \Omega) = 7{,}901\ \text{V}$$

ausmachen, und daher die Wirkleistung um den Faktor $(7{,}901\ \text{V}/35{,}77\ \text{V})^2 = 0{,}04877$ kleiner sein.

6.2 Übertragungsfunktion

Es sollen jetzt einige neue Begriffe, wie komplexe Kreisfrequenz, Erregung, Antwort und Übertragungsbeiwerte, neu eingeführt sowie mit den Berechnungsverfahren der Sinusstromtechnik und durch Aufstellen von Signalflußplänen Übertragungsfunktionen für bestimmte Netzwerke abgeleitet und in die Normalform gebracht werden. Mit der Übertragungsfunktion erhält man eine Beschreibungsfunktion für Netzwerke; sie erlaubt einen einfachen Übergang vom Frequenzgang (s. Abschn. 6.3) zum Übergangsverhalten (s. Abschn. 7) von elektrischen Schaltungen.

6.2.1 Begriffe

Wir wollen zunächst einige für die Übertragungsfunktion wichtige Begriffe kennenlernen.

6.2.1.1 Komplexe Kreisfrequenz. In Abschn. 3.1.3.1 wird der komplexe Drehzeiger - z. B. als komplexer Zeitwert der Spannung $\underline{u} = \hat{u}\ \angle\omega t + \varphi_U$ - erläutert. Er soll nun mit der Abklingkonstante σ und dem komplexen Festzeiger $\underline{\hat{u}} = \hat{u}\ \angle\varphi_U$ auf den komplexen Spannungszeitwert

$$\underline{u}_\sigma = \hat{u}\,e^{j(\omega t + \varphi_U)}\,e^{\sigma t} = \underline{\hat{u}}\,e^{(\sigma + j\omega)t} = \underline{\hat{u}}\,e^{st} \tag{6.75}$$

erweitert werden. Mit der komplexen Kreisfrequenz[1])

$$s = \sigma + j\omega \tag{6.76}$$

ergibt sich dann analog zu Gl. (3.27) der Zeitwert der Spannung

$$u = \text{Im}\,\underline{u}_\sigma = \text{Im}\,\hat{u}\,e^{j(\omega t + \varphi_U)}\,e^{\sigma t} = \hat{u}\,e^{\sigma t}\sin(\omega t + \varphi_U) \tag{6.77}$$

[1]) Das Formelzeichen für den Operator s wird ganz allgemein, obwohl es eine komplexe Größe bezeichnet, nicht unterstrichen!

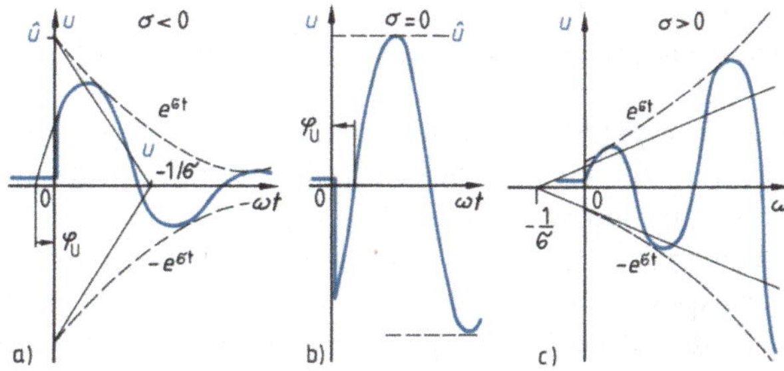

6.22
Sinusspannung mit komplexer Kreisfrequenz $s=\sigma+\mathrm{j}\omega$ für a) $\sigma<0$, b) $\sigma=0$ und c) $\sigma>0$

Man erkennt, daß die Spannung von Gl. (6.77), wie in Bild **6**.22 dargestellt, einmal sinusförmig schwingt und andererseits bei $\sigma<0$ exponentiell abklingt, bei $\sigma=0$ eine reine, ungedämpfte Sinusschwingung darstellt und für $\sigma>0$ exponentiell angefacht wird. Mit $\sigma=0$ sind alle Kreisfrequenzen von Gleichstrom bis Höchstfrequenz möglich. Die Untersuchungen in Abschn. 2 bis 4 erstrecken sich mit $\sigma=0$ nur auf den eingeschwungenen Zustand einer Schaltung, sind also eingeengt auf den Sonderfall $s=\mathrm{j}\omega$. Mit der komplexen Kreisfrequenz $s=\sigma+\mathrm{j}\omega$ wird nun der Umfang der Betrachtung erweitert. In Abschn. 7.2.2 wird gezeigt, daß die komplexe Kreisfrequenz s auch als Bildvariable s der Laplace-Transformation (s. Abschn. 8.7) aufgefaßt werden darf und somit das Finden der Ausgangsfunktion beliebiger linearer Schaltungen bei beliebiger Eingangsfunktion ermöglicht.

Zur Anwendung der Laplace-Transformation arbeitet man allerdings, wenn $u(t)$ (sprich „u von t") das Übergangsverhalten der Spannung, also den Spannungsverlauf im Zeitbereich $t=0$ bis $t=\infty$, bezeichnet (s. Abschn. 7), nach Gl. (8.111) mit der Spektraldichte der Spannung (sprich „U von s")

$$\underline{U}(s)=\int_0^\infty \mathrm{e}^{-st}u(t)\,\mathrm{d}t \tag{6.78}$$

Sie unterscheidet sich von der normalen Spannung u.a. auch durch die Einheit: Während die zeitabhängige Spannung $u(t)$ die Einheit V hat, ergibt sich nach Gl. (6.78) für die Spektraldichte der Spannung die Einheit

$$[\underline{U}(s)]=[u(t)]\cdot[t]=\mathrm{Vs} \tag{6.79}$$

Analoges gilt für die Einheit der Spektraldichte des Stromes, die As ist, während für das Verhältnis der Spektraldichten von Spannung und Strom weiterhin gilt

$$[\underline{Z}(s)]=[\underline{U}(s)]/[\underline{I}(s)]=\mathrm{Vs}/(\mathrm{As})=\Omega \tag{6.80}$$

Dies ist also ein komplexer Widerstand. Entsprechend ist auch

$$[\underline{Y}(s)]=[\underline{I}(s)]/[\underline{U}(s)]=\mathrm{As}/(\mathrm{Vs})=\mathrm{S} \tag{6.81}$$

was einem komplexen Leitwert entspricht.

Wir werden im folgenden also mit den Spektraldichten $\underline{U}(s)$ und $\underline{I}(s)$ arbeiten; ihre Bedeutung wird in Abschn. 7.2 voll erklärt.

6.2.1.2 Eingangs- und Ausgangsgrößen, Übertragungsfunktion. Zunächst betrachten wir elektrische Vierpole bzw. Zweitore (s. Abschn. 3.6) deren Eingangsfunktion x_e (Index e für Eingang) zeitlich sinusförmig verlaufen soll. Man bezeichnet dies auch als Sinuserregung. Wenn das Zweitor, wie zunächst vorausgesetzt, nur lineare Bauelemente enthält, ist auch die Ausgangsfunktion x_a (Index a für Ausgang) zeitlich sinusförmig, was man Sinusantwort nennt. Die Ausgangsgröße kann jedoch gegenüber der Eingangsgröße phasenverschoben sein, wobei sich nach Abschn. 5 der Phasenwinkel φ_a mit der Kreisfrequenz ω verändern kann.

Bild 6.23 zeigt als Beispiel ein Zweitor mit eingeprägtem Eingangs-Sinusstrom i_e, der die Ausgangsspannung u_a, die um den Phasenwinkel φ_a gegenüber dem Strom i_e nacheilt, verursacht. Um schon hier für beliebige Erregungen allgemeine Aussagen treffen zu können, kennzeichnen wir hier die Strom- und Spannungs-Zählpfeile (s. Abschn. 3.1.2.2) mit den Formelzeichen i_e, u_a für die Zeitwerte; wir beschränken diese Angaben also nicht auf die Sinuserregung.

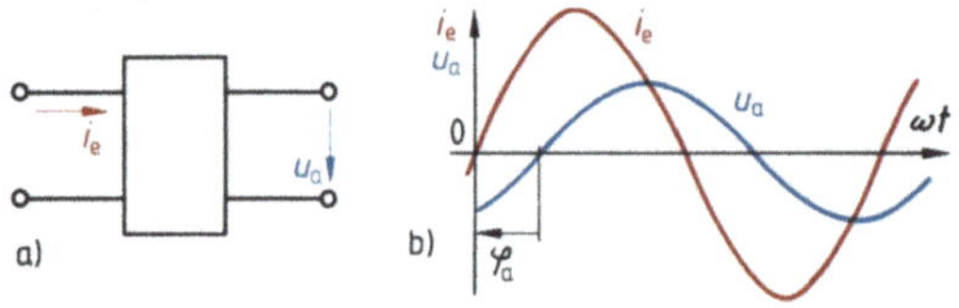

6.23
Zweitor (a) mit Verlauf (b) von Eingangsstrom i_e und Ausgangsspannung u_a

Das Verhältnis der Spektraldichten von Ausgangs- zu Eingangsgröße nennt man Übertragungsfunktion

$$\underline{F}(s)=\underline{X}_a(s)/\underline{X}_e(s) \tag{6.82}$$

Die Übertragungsfunktion des Zweitors in Bild 6.23a $\underline{F}(s)=\underline{U}_a(s)/\underline{I}_e(s)$ stellt nach Gl. (6.80) einen frequenzabhängigen komplexen Widerstand dar. Er ist offenbar für das frequenzabhängige Verhalten des Zweitors verantwortlich, enthält also z.B. Aussagen über Betrag und Phasenwinkel des Verhältnisses von Ausgangs-Sinusspannung $\underline{U}_a$ zu Eingangs-Sinusstrom $\underline{I}_e$.

6.2.1.3 Übertragungsbeiwerte. Es sollen nun anhand von Tafel 6.24 die Übertragungsfunktionen der in Abschn. 3.2.1 schon für Sinuserregung untersuchten Grundzweipole Wirkwiderstand R, Induktivität L und Kapazität C abgeleitet werden. In der 1. Zeile ist die zu betrachtende Schaltung dargestellt. In der 2. Zeile sind die für beliebige Stromverläufe i_e maßgebenden Spannungs-Zeitgleichungen mit den Gleichungsnummern ihrer Einführung in Abschn. 1 und in der 3. Zeile die komplexen Spannungsgleichungen für Sinuserregung mit den Gleichungsnummern ihrer Ableitung in Abschn. 3 angegeben. In der 4. Zeile folgt der für den Bildbereich (s. Abschn. 8.7.1.1) maßgebende symbolische Widerstand, in der 5. Zeile das zugehörige Schaltbild und in der 6. Zeile die

Übertragungsfunktion, die sich aus der 3. Zeile ergibt, wenn $j\omega$ durch s sowie $\underline{U}_a$ durch $\underline{U}_a(s)$ und $\underline{I}_e$ durch $\underline{I}_e(s)$ ersetzt werden und das Verhältnis $\underline{F}(s)=\underline{U}_a(s)/\underline{I}_e(s)$ gebildet wird, mit den hier zu beachtenden neuen Gleichungsnummern.

Tafel 6.24 Elementare Übertragungsglieder

Schaltung mit Größen für Zeitbereich	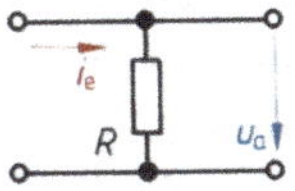	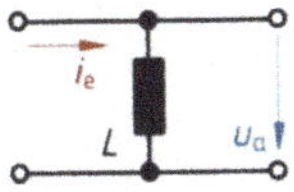	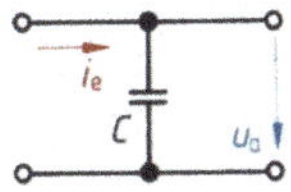
Zeitgleichung u_a	$=R i_e$ (1.27) $=K_P i_e$	$=L\dfrac{di_e}{dt}$ (1.61) $=K_D di_e/dt$	$=\dfrac{1}{C}\int i_e dt$ (1.71) $=K\int i_e dt$
komplexe Gleichung $\underline{U}_a$	$=R\underline{I}_e$ (3.40) $=K_P\underline{I}_e$	$=j\omega L\underline{I}_e$ (3.49) $=j\omega K_D\underline{I}_e$	$=\dfrac{\underline{I}_e}{j\omega C}$ (3.58) $=K_I\underline{I}_e/(j\omega)$
symbolischer Widerstand	R	Ls	$1/(Cs)$
Schaltung mit Größen für Bildbereich	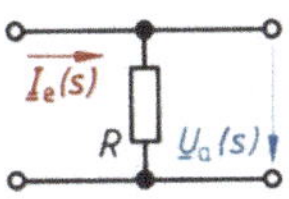	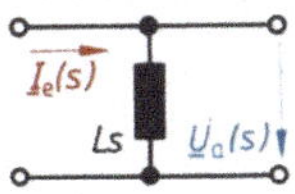	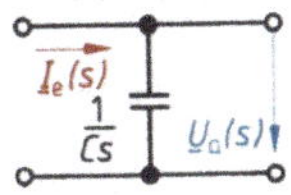
Übertragungsfunktion $\underline{F}(s)$ $=\underline{U}_a(s)/\underline{I}_e(s)=$	R (6.83) K_P (6.84)	Ls (6.85) $K_D s$ (6.86)	$\dfrac{1}{Cs}$ (6.87) K_I/s (6.88)
Bezeichnung	Proportionalglied	Differenzierglied	Integrierglied

In der 7. Zeile steht die Bezeichnung des Übertragungsgliedes; sie ergibt sich aus dem in der 2. Zeile mathematisch beschriebenen physikalischen Verhalten. Beim Wirkwiderstand R sind Spannung u_a und Strom i_e stets einander proportional. Ein solches Bauglied nennt man daher Proportionalglied (abgekürzt auch P-Glied); es wird ganz allgemein durch den Übertragungsbeiwert K_P, der auch Proportionalbeiwert genannt wird, gekennzeichnet. (Im Sonderfall von Tafel 6.24 ist $K_P=R$.)

Bei der Induktivität L ist dagegen die Ausgangsspannung u_a dem Differentialquotienten di_e/dt des Eingangsstroms i_e proportional. Hier liegt somit ein Differenzierglied (D-Glied) vor, das durch den Differenzierbeiwert K_D (in Tafel 6.24 also $K_D=L$) gekennzeichnet ist.

Die Ausgangsspannung einer Kapazität C ist gegenüber dem Integral $\int i_e \mathrm{d}t$ des Eingangsstroms i_e proportional. Dieses Integrierglied (I-Glied) wird daher durch den Integrierbeiwert K_I (in Tafel 6.24 ist $K_I = 1/C$) ausgewiesen.

Bei Anwendung der Laplace-Transformation (s. Abschn. 8.7) ist die Übertragungsfunktion im Bildbereich angesiedelt, der in der Elektrotechnik auch gleichzeitig Frequenzbereich ist. Beim Ableiten von Übertragungsfunktionen muß man daher nach Tafel 6.24 in diesem Bereich die symbolischen Widerstände, nämlich den Wirkwiderstand als Größe R, die Induktivität durch den induktiven Blindwiderstand Ls und die Kapazität C durch den kapazitiven Blindwiderstand $1/(Cs)$ berücksichtigen.

In den hier betrachteten Fällen hat der Proportionalbeiwert K_P die Einheit Ω, der Differenzierbeiwert K_D die Einheit $\mathrm{H} = \Omega\mathrm{s}$ und der Integrierbeiwert K_I die Einheit $1/\mathrm{F} = \Omega/\mathrm{s}$. Ganz allgemein können bei solchen Betrachtungen je nach den vorkommenden physikalischen Größen unterschiedliche Einheiten auftreten.

Beispiel 6.15. Es ist die Übertragungsfunktion des Spannungsteilers von Bild 6.25 zu bestimmen.

Mit der Spannungsteilerregel (s. Abschn. 3.4.1.1) kann man für die Spektraldichte der Ausgangsspannung angeben

$$\underline{U}_a(s) = \frac{R_2}{R_1 + R_2} \underline{U}_e(s)$$

Daher gilt für die Übertragungsfunktion

$$\underline{F}(s) = \frac{\underline{U}_a(s)}{\underline{U}_e(s)} = \frac{R_2}{R_1 + R_2} = K_P$$

und, weil $R_2/(R_1 + R_2)$ ein konstanter Faktor ist, liegt mit dem Proportionalbeiwert $K_P = R_2/(R_1 + R_2)$ ein Proportionalglied vor.

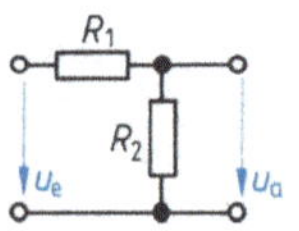

6.25 Spannungsteiler

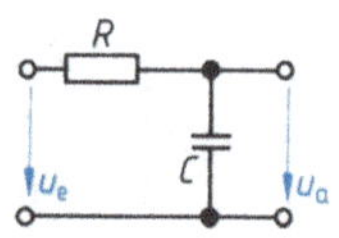

6.26 RC-Glied

6.2.1.4 Verzögerungsglieder. Nun sollen mit zwei Beispielen die Übertragungsfunktionen von zwei charakteristischen Zweitoren abgeleitet und mit ihnen noch einige weitere Kenngrößen von Übertragungsgliedern erklärt werden.

Beispiel 6.16. Es soll die Übertragungsfunktion $U_a(s)/U_e(s)$ des RC-Gliedes in Bild 6.26 ermittelt werden.

Es handelt sich wieder um einen Spannungsteiler, so daß wir mit Wirkwiderstand R und Kapazität C sowie dem kapazitiven Widerstand $1/(Cs)$ nach Gl. (6.87) und nach Erweitern mit Cs sofort die Übertragungsfunktion

$$\underline{F}(s) = \frac{\underline{U}_a(s)}{\underline{U}_e(s)} = \frac{1/Cs}{R + (1/Cs)} = \frac{1}{1 + CRs} \tag{6.89}$$

angeben können.

Beim Betrachten des Zeitverhaltens der Spannungen in Abschn. 7.1 zeigt sich, daß die Ausgangsspannung $u_a(t)$ beim sprungartigen Einschalten einer Gleichspannung $u_{e\lrcorner\ulcorner}$ (Sprungerregung) nach einer Exponentialfunktion verzögert wird. Diese Funktion wird durch die Zeitkonstante $T = CR$ gekennzeichnet. Daher führt man in Gl. (6.89) noch diese Größe ein und nennt ein Übertragungsglied, das durch die Übertragungsfunktion

$$\underline{F}(s) = \frac{1}{1 + Ts} \tag{6.90}$$

beschrieben wird, ein Verzögerungsglied 1. Ordnung (oder T_1-Glied). Analog nennen wir ein Übertragungsglied, das die inverse Übertragungsfunktion

$$\underline{F}(s) = 1 + Ts \tag{6.91}$$

aufweist, ein T_1^{-1}-Glied und ein Übertragungsglied mit der Übertragungsfunktion

$$\underline{F}(s) = 1 - Ts \tag{6.92}$$

ein T_{-1}^{-1}-Glied (s. Tafel 6.64). Ein weiteres Verzögerungsglied wird mit dem folgenden Beispiel eingeführt.

Beispiel 6.17. Es ist die Übertragungsfunktion des Schwingkreises von Bild 6.27 zu bestimmen.

Die Schaltung von Bild 6.27 darf wieder als Spannungsteiler aufgefaßt werden, so daß man nach Abschn. 3.4.1.1 für die Übertragungsfunktion nach Erweitern mit Cs und Ordnen des Nenners nach Potenzen von s findet

$$\underline{F}(s) = \frac{\underline{U}_a(s)}{\underline{U}_e(s)} = \frac{1/(Cs)}{R + Ls + 1/(Cs)} = \frac{1}{1 + RCs + LCs^2} \tag{6.93}$$

Wenn man noch in Gl. (6.93) die Kennkreisfrequenz $\omega_0 = 1/\sqrt{LC}$ nach Gl. (6.4) und den Dämpfungsgrad

$$\vartheta = \frac{1}{2Q} = \frac{R}{2\omega_0 L}$$

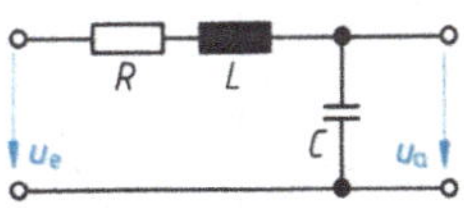

6.27 Schwingkreis

nach Gl. (6.31) und (6.33) einführt, also $RC = 2\omega_0 L \vartheta C = 2\vartheta/\omega_0$ ersetzt, erhält man die allgemeinere Form der Übertragungsfunktion

$$\underline{F}(s) = \frac{1}{1 + \dfrac{2\vartheta}{\omega_0} s + \left(\dfrac{s}{\omega_0}\right)^2} = \frac{1}{1 + 2\vartheta T_0 s + T_0^2 s^2} \tag{6.94}$$

die sich mit der Kennzeit

$$T_0 = 1/\omega_0 \tag{6.95}$$

besonders einfach schreiben läßt. Im Nenner der Übertragungsfunktion tritt der Ausdruck

$$1+2\vartheta T_0 s+T_0^2 s^2 \tag{6.96}$$

mit den Wurzeln

$$s_{1,2}=\omega_0(-\vartheta\pm\sqrt{\vartheta^2-1}) \tag{6.97}$$

auf.

Für einen Dämpfungsgrad $\vartheta>1$ liefert Gl. (6.97) zwei reelle Wurzeln. Dann darf man $1+2\vartheta T_0+T_0^2 s^2=(1+T_1 s)(1+T_2 s)$ setzen und somit dieses Glied in zwei T_1-Glieder zerlegen. Nach Abschn. 7.4.1 folgt in diesem Fall die Ausgangsspannung $u_a(t)$ nach Einschalten einer Sprungerregung $u_{e\sqcap}(t)$ dem Produkt von zwei Exponentialfunktionen, die durch die beiden Zeitkonstanten

$$T_{1,2}=T_0(\vartheta\pm\sqrt{\vartheta^2-1}) \tag{6.98}$$

gekennzeichnet sind. Man nennt daher ein solches Bauelement auch Verzögerungsglied 2. Ordnung (oder T_2-Glied).

Bei dem Dämpfungsgrad $\vartheta=1$ ergibt Gl. (6.98) die Zeitkonstanten $T_{1,2}=T_0$. Daher ist hier $1+2\vartheta T_0 s+T_0^2 s^2=(1+T_0 s)^2$; in diesem Fall kann das T_2-Glied durch zwei gleiche T_1-Glieder ersetzt werden.

Bei einem Dämpfungsgrad $\vartheta<1$ kann man zwei konjugiert komplexe Wurzeln

$$s_{1,2}=\omega_0(-\vartheta\pm \mathrm{j}\sqrt{1-\vartheta^2})=-\delta\pm \mathrm{j}\omega_d \tag{6.99}$$

berechnen; sie sind in Bild 6.28 dargestellt. Mit der Abklingkonstanten

$$\delta=\omega_0\vartheta=\omega_0\sin\Theta \tag{6.100}$$

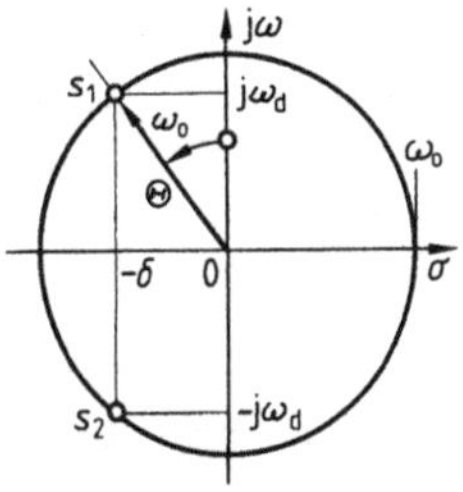

6.28 Wurzeln s_1 und s_2 in der komplexen Zahlenebene

und der Eigenkreisfrequenz

$$\omega_d=\omega_0\sqrt{1-\vartheta^2}=\omega_0\cos\Theta \tag{6.101}$$

ist daher der Dämpfungswinkel

$$\Theta=\arctan(\delta/\omega_d)=\arcsin\vartheta \tag{6.102}$$

also der Dämpfungsgrad

$$\vartheta=\sin\Theta=\delta/\omega_0 \tag{6.103}$$

und nach Bild 6.28 auch die Kennkreisfrequenz

$$\omega_0=\sqrt{\omega_d^2+\delta^2} \tag{6.104}$$

In analoger Weise zu Gl. (6.91) und (6.92) nennt man ein Übertragungsglied mit der Übertragungsfunktion

$$\underline{F}(s) = 1 + 2\vartheta T_0 s + T_0^2 s^2 \quad (6.105)$$

ein T_2^{-1}-Glied und ein Übertragungsglied, das durch die Übertragungsfunktion

$$\underline{F}(s) = 1 - 2\vartheta T_0 s + T_0^2 s^2 \quad (6.106)$$

gekennzeichnet ist, ein T_{-2}^{-1}-Glied. Für weitere Einzelheiten s. Abschn. 6.3.2 und Tafel **6**.64.

6.2.1.5 Normalform. Um anhand der Übertragungsfunktion sofort den Charakter des Übertragungsverhaltens erkennen zu können, sollte sie in die Normalform gebracht werden. Sie liegt vor, wenn die Übertragungsfunktion ein Produkt oder eine Summe der in Gl. (6.84), (6.86), (6.88) (Tafel **6**.24) sowie Gl. (6.90) bis (6.92) und (6.94), (6.105), (6.106) wiedergegebenen Grundformen darstellt.

Die Normalform der Übertragungsfunktion darf keine kürzbaren Potenzen der Bild-Variablen s enthalten - auch nicht in ihren Summanden. Außerdem soll der Nenner keine negativen Potenzen der Bild-Variablen s aufweisen. Die Übertragungsfunktion wird in Zähler und Nenner zweckmäßig nach steigenden Potenzen von s geordnet. Dabei werden konstante Faktoren so ausgeklammert, daß die niedrigste Potenz von s (meist $s^0 = 1$) nur den Koeffizienten 1 aufweist (also z. B. der Summand $1 s^0 = 1$ auftritt).

Da in Gl. (6.84) bis (6.106) die Variable s höchstens in quadratischer Form erscheint, müssen Zähler oder Nenner höheren Grades durch Aufsuchen der zugehörigen Wurzeln in Produkte von Gleichungen 1. oder 2. Ordnung umgeformt werden. Man kann hierfür z. B. die zugehörige Funktion als Kurve darstellen und die Nullstellen (s. a. Abschn. 8.5.1) auf diese Weise (u. U. durch weitere rechnerische Iteration) finden. (Für umfangreichere Gleichungen höheren Grades bedient man sich heute meist des Digitalrechners.) Die Wurzeln sind entweder rein reell, so daß sie dann T_1- (bzw. T_1^{-1}-)Glieder repräsentieren, oder konjugiert komplex, die zu T_2- (bzw. T_2^{-1}-)Gliedern gehören.

Netzwerke, die nach Abschn. 6.2.3.2 als Parallelschaltungen [Summen von Übertragungsfunktionen nach Gl. (6.124)] von elementaren Gliedern zu deuten sind, werden wir dabei analog zu DIN 19226 durch die betreffenden, aneinander gereihten Kennbuchstaben der Grundtypen kennzeichnen (z. B. PD-Glied, PI-Glied). Bei Kettenschaltungen [Reihenschaltungen, also Produkten von elementaren Übertragungsfunktionen nach Gl. (6.122)] setzen wir noch zwischen diese Kennbuchstaben Bindestriche (z. B. D-T_1-Glied). Gelegentlich können Schaltungen sowohl als Parallel- als auch als Kettenschaltung aufgefaßt werden (s. Beispiel 6.20). In der Regelungstechnik werden meist die Bezeichnungen für die Parallelschaltungen benutzt.

Beispiel 6.18. Die Übertragungsfunktion $\underline{U}_a(s)/\underline{U}_e(s)$ des RC-Gliedes in Bild **6**.29 soll bestimmt werden.

Wieder liegt ein Spannungsteiler vor, so daß man nach Einführung der Zeitkonstanten $T=C(R_1+R_2)$ und des Differenzierbeiwerts $K_D=CR_2$ findet

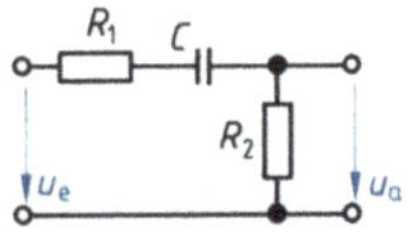

$$\underline{F}(s)=\frac{R_2}{R_1+R_2+(1/Cs)}=\frac{CR_2s}{1+C(R_1+R_2)s}=\frac{K_Ds}{1+Ts} \tag{6.107}$$

Es handelt sich also um ein D-T_1-Glied.

6.29 RC-Glied

Beispiel 6.19. Der Schwingkreis von Bild 6.30 führe den eingeprägten Strom i_e. Zu ermitteln ist die Übertragungsfunktion $\underline{U}_a(s)/\underline{I}_e(s)$.

Es ist

$$\underline{F}(s)=\frac{\underline{U}_a(s)}{\underline{I}_e(s)}=R+Ls+\frac{1}{Cs}=K_P+K_Ds+\frac{K_I}{s} \tag{6.108}$$

Wir bezeichnen diesen Schwingkreis daher als PID-Glied.

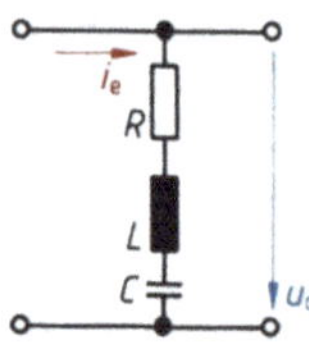

6.30 Schwingkreis

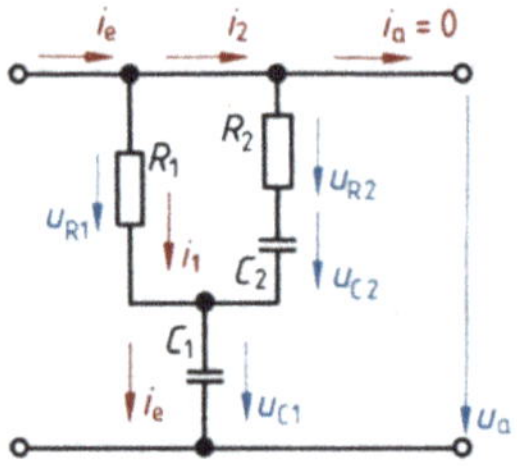

6.31 RC-Netzwerk

Beispiel 6.20. Für die in Bild 6.31 dargestellte Schaltung ist die Übertragungsfunktion $\underline{F}(s)=\underline{U}_a(s)/\underline{I}_e(s)$ anzugeben und der Übertragungsgliedtyp zu ermitteln.

Es ist mit Tafel 6.24 die Übertragungsfunktion

$$\underline{F}(s)=\frac{\underline{U}_a(s)}{\underline{I}_e(s)}=\underline{Z}(s)=\frac{1}{C_1s}+\frac{R_1(R_2+1/C_2s)}{R_1+R_2+(1/C_2s)}$$

Wir entfernen zunächst die Teilbrüche $1/(C_2s)$, erweitern also den zweiten Bruch mit C_2s, bringen dann beide verbleibenden Brüche auf einen Nenner und ordnen den ganzen Bruch so nach steigenden Potenzen von s, daß in Nenner und Zähler die Glieder mit s^0 den Wert 1 aufweisen

$$\underline{F}(s)=\frac{1}{C_1s}+\frac{C_2R_1R_2s+R_1}{C_2(R_1+R_2)s+1}=\frac{1+C_2(R_1+R_2)s+C_1C_2R_1R_2s^2+C_1R_1s}{C_1s[C_2(R_1+R_2)s+1]}$$

$$=\frac{1}{C_1s}\cdot\frac{1+[C_1R_1+C_2(R_1+R_2)]s+C_1C_2R_1R_2s^2}{1+C_2(R_1+R_2)s}$$

$$=\frac{K_I}{s}\cdot\frac{1+2\vartheta T_0s+T_0^2s^2}{1+T_{12}s} \tag{6.109}$$

In diesem Fall sind der Integrierbeiwert $K_I=1/C_1$, die Zeitkonstante $T_{12}=C_2(R_1+R_2)$ und die Kennzeit $T_0=\sqrt{C_1C_2R_1R_2}$ sowie der Dämpfungsgrad

$$\vartheta = \frac{C_1 R_1 + C_2(R_1+R_2)}{2T_0} = \frac{C_1 R_1 + C_2(R_1+R_2)}{2\sqrt{C_1 C_2 R_1 R_2}}$$

Es liegt hier also nach Abschn. 6.2.3.2 bzw. Gl. (6.88), (6.90) und (6.105) mit dem Produkt von 3 Grundtypen die Kettenschaltung von I-Glied, T_1-Glied und T_2^{-1}-Glied vor, also ein I-T_1-T_2^{-1}-Glied.

Man hätte Gl. (6.109) auch in die Form

$$\underline{F}(s) = \frac{(1/C_1 s) + [R_1 + C_2(R_1+R_2)/C_1] + C_2 R_1 R_2 s}{1 + C_2(R_1+R_2)s} = \frac{(K_I/s) + K_P + K_D s}{1 + T_{12} s} \tag{6.110}$$

bringen können, was man (bevorzugt in der Regelungstechnik) wegen der Summe von 3 Grundtypen, die nach Abschn. 6.2.3.2 eine Parallelschaltung kennzeichnet, als PID-T_1-Glied bezeichnet. Beide Aussagen sind natürlich gleichwertig. Hier sind dann außerdem der Proportionalbeiwert $K_P = R_1 + C_2(R_1+R_2)/C_1$ und der Differenzierbeiwert $K_D = C_2 R_1 R_2$.

Weitere Beispiele enthalten die folgenden Abschnitte sowie Band VII.

6.2.2 Anwendung von Verfahren der Sinusstromtechnik

In Beispiel 6.19 und 6.20 sind die Berechnungsmöglichkeiten von Reihen- und Parallelschaltungen für Sinusstrom auf die Bestimmung von Übertragungsfunktionen übernommen sowie in Beispiel 6.15 bis 6.18 die komplexe Spannungsteilerregel benutzt worden. Darüber hinaus darf man alle in Abschn. 3 behandelten Berechnungsverfahren für Sinusstrom-Netzwerke auf Übertragungsfunktionen anwenden, wenn nur überall $j\omega$ durch s ersetzt wird.

Es werden zunächst einige passive Netzwerke exemplarisch untersucht und anschließend auch aktive Bauglieder behandelt.

6.2.2.1 Passive Netzwerke. Es werden jetzt noch einige in Abschn. 3.3.1 und 3.4.1 erläuterte Verfahren eingesetzt.

Beispiel 6.21. Es soll die Übertragungsfunktion $\underline{U}_a(s)/\underline{I}_e(s)$ für die Schaltung in Bild 6.32 ermittelt werden.

Die komplexe Stromteilerregel nach Abschn. 3.4.1.1 ergibt die Spektraldichte des Stromes

$$\underline{I}_2(s) = \frac{\underline{I}_e(s)/(C_1 s)}{R + \dfrac{1}{C_1 s} + \dfrac{1}{C_2 s}} = \frac{\underline{I}_e(s) C_2 s}{C_1 s + C_2 s + R C_1 C_2 s^2}$$

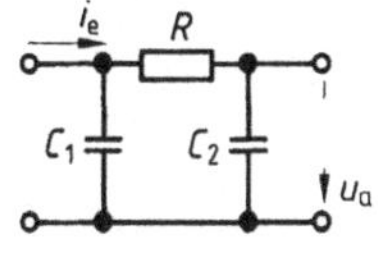

6.32 RC-Glied

und daher für die Spektraldichte der Ausgangsspannung

$$\underline{U}_a(s) = \frac{\underline{I}_2(s)}{C_2 s} = \frac{\underline{I}_e(s)}{(C_1+C_2)s + R C_1 C_2 s^2}$$

Daher ist die auf die Normalform gebrachte Übertragungsfunktion

$$\underline{F}(s)=\frac{\underline{U}_a(s)}{\underline{I}_e(s)}=\frac{1}{(C_1+C_2)s+R\,C_1\,C_2 s^2}=\frac{1}{(C_1+C_2)s}\cdot\frac{1}{1+R\,C_1\,C_2 s/(C_1+C_2)}$$

$$=\frac{K_1}{s}\cdot\frac{1}{1+Ts} \tag{6.111}$$

und es liegt ein I-T_1-Glied mit dem Integrierbeiwert $K_1=1/(C_1+C_2)$ und der Zeitkonstanten $T=R\,C_1\,C_2/(C_1+C_2)$ vor.

Beispiel 6.22. Für die Schaltung in Bild **6.**33a ist die Übertragungsfunktion zu bestimmen.

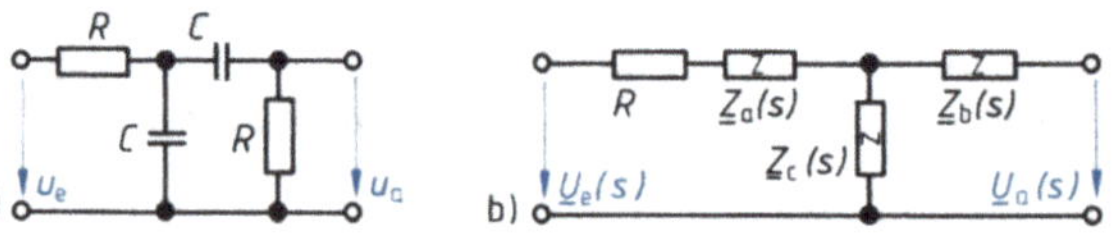

6.33 RC-Netzwerk (a) sowie nach Dreieck-Stern-Umwandlung (b)

Wir wandeln die durch die 3 Knotenpunkte festgelegte Dreieckschaltung in die in Bild **6.**33b angegebene Sternschaltung um und erhalten nach Gl. (3.172) die Widerstände

$$\underline{Z}_a(s)=\frac{1/(Cs)^2}{R+\dfrac{2}{Cs}}=\frac{1/(Cs)}{2+RCs}$$

$$\underline{Z}_b(s)=\underline{Z}_c(s)=\frac{R/(Cs)}{R+\dfrac{2}{Cs}}=\frac{R}{2+RCs}$$

Die Spannungsteilerregel von Abschn. 3.4.1.1 liefert dann die Übertragungsfunktion

$$\underline{F}(s)=\frac{\underline{U}_a(s)}{\underline{U}_e(s)}=\frac{\dfrac{R}{2+RCs}}{R+\dfrac{R+1/(Cs)}{2+RCs}}=\frac{RCs}{RCs(2+RCs)+RCs+1}$$

$$=\frac{RCs}{1+3RCs+(RCs)^2}=\frac{K_D s}{1+2\vartheta T_0 s+T_0^2 s^2} \tag{6.112}$$

Dies ist daher ein D-T_2-Glied mit dem Differenzierbeiwert $K_D=RC$ und der Kennzeit $T_0=RC$ sowie dem Dämpfungsgrad

$$\vartheta=3\,RC/(2\,T_0)=3/2=1{,}5$$

Wegen $\vartheta>1$ läßt sich das T_2-Glied durch zwei T_1-Glieder mit den Zeitkonstanten nach Gl. (6.98) ersetzen.

Beispiel 6.23. Die Übertragungsfunktion zweier nach Bild **6.**34 in Reihe geschalteter RC-Glieder ist zu bestimmen.

Mit den in Bild **6.**34 eingetragenen Zählpfeilen für Spannung und Strom sowie mit $\underline{I}(s)=\underline{I}_1(s)+\underline{I}_2(s)$ erhält man das Verhältnis der Spektraldichten von Ausgangs- zu Eingangsspannung

$$\frac{\underline{U}_a(s)}{\underline{U}_e(s)}=\frac{\underline{I}_2(s)/C_2 s}{R_2\underline{I}_2(s)+R_1\underline{I}_1(s)+R_1\underline{I}_2(s)+\underline{I}_2(s)/C_2 s}$$

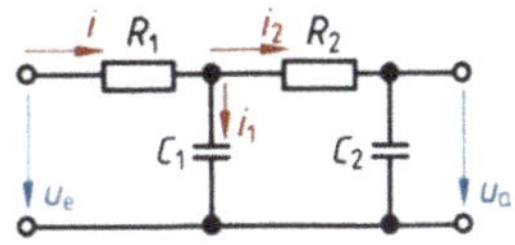

6.34 RC-Netzwerk

Für die mittlere Masche gilt außerdem

$$\underline{I}_1(s)/(C_1 s)=R_2\underline{I}_2(s)+\underline{I}_2(s)/(C_2 s)$$

so daß man angeben kann

$$\underline{I}_1(s)=\underline{I}_2(s)C_1R_2 s+\underline{I}_2(s)C_1/C_2$$

Diese Spektraldichte des Stromes setzen wir oben ein und finden so die Übertragungsfunktion

$$\underline{F}(s)=\frac{\underline{U}_a(s)}{\underline{U}_e(s)}=\frac{1}{1+[C_2(R_1+R_2)+C_1R_1]s+R_1C_1R_2C_2s^2} \tag{6.113}$$

Sie hat noch nicht die Normalform; es wird jedoch angenommen, daß hier zwar ein T_2-Glied vorliegt, es aber wegen des Dämpfungsgrades $\vartheta>1$ in zwei T_1-Glieder zerlegt werden kann, also gilt

$$\underline{F}(s)=\frac{1}{(1+T_1 s)(1+T_2 s)} \tag{6.114}$$

Ein Koeffizientenvergleich liefert zunächst $2\vartheta T_0=C_2(R_1+R_2)+C_1R_1$ und schließlich die Kennwerte

$$T_0=\sqrt{R_1C_1R_2C_2}, \qquad \vartheta=\frac{C_2(R_1+R_2)+C_1R_1}{2\sqrt{R_1C_1R_2C_2}}$$

sowie die beiden Zeitkonstanten T_1 und T_2 nach Gl. (6.98).

Beispiel 6.24. Für das Netzwerk in Bild 6.35a soll die Übertragungsfunktion in Normalform ermittelt werden.

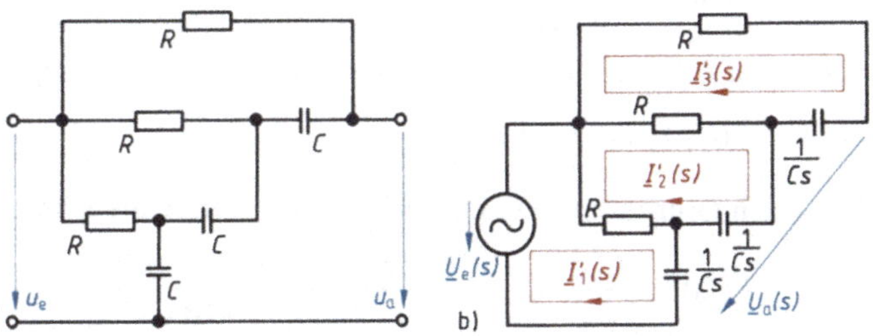

6.35 Netzwerk (a) und vorbereitet für das Maschinenstrom-Verfahren (b)

Wir wenden das Maschenstromverfahren nach Abschn. 3.4.1.4 an und finden, nachdem wir wie in Bild 6.35b die Spektraldichten der Maschenströme und der Spannungen sowie den wirksamen kapazitiven Blindwiderstand $1/(Cs)$ eingetragen haben, mit Gl. (3.226) für die in Bild 6.35b dargestellte Schaltung sofort die komplexe Matrizengleichung

$$\begin{bmatrix} \left(R+\frac{1}{Cs}\right) & -R & 0 \\ -R & \left(2R+\frac{1}{Cs}\right) & -R \\ 0 & -R & \left(2R+\frac{1}{Cs}\right) \end{bmatrix} \cdot \begin{bmatrix} \underline{I}'_1(s) \\ \underline{I}'_2(s) \\ \underline{I}'_3(s) \end{bmatrix} = \begin{bmatrix} \underline{U}_e(s) \\ 0 \\ 0 \end{bmatrix}$$

Sie hat die komplexe Koeffizienten-Determinante

$$\underline{D}(s) = R^3 + 6\frac{R^2}{Cs} + 5\frac{R}{(Cs)^2} + \frac{1}{(Cs)^3}$$

sowie die komplexen Zähler-Determinanten

$$\underline{D}_1(s) = \underline{U}_e(s)\left[3R^2 + 4\frac{R}{Cs} + \frac{1}{(Cs)^2}\right]$$

$$\underline{D}_2(s) = \underline{U}_e(s)\,R\left(2R + \frac{1}{Cs}\right)$$

$$\underline{D}_3(s) = \underline{U}_e(s)\,R^2$$

Daher gilt nach Erweitern mit Cs^3 und dem komplexen Nenner

$$\underline{N}(s) = 1 + 5RCs + 6(RCs)^2 + (RCs)^3$$

für die Spektraldichten der Maschenströme

$$\underline{I}'_1(s) = \underline{U}_e(s)\frac{Cs}{\underline{N}}[1 + 4RCs + 3(RCs)^2]$$

$$\underline{I}'_2(s) = \underline{U}_e(s)\frac{Cs}{\underline{N}}RCs(1 + 2RCs)$$

$$\underline{I}'_3(s) = \underline{U}_e(s)\frac{Cs}{\underline{N}}(RCs)^2$$

Nach Bild **6.**35b erhält man die Spektraldichte der Ausgangsspannung

$$\underline{U}_a(s) = (\underline{I}'_1 + \underline{I}'_2 + \underline{I}'_3)\frac{1}{Cs}$$

bzw. nach Ordnen und Zusammenfassen der Terme die Übertragungsfunktion

$$\underline{F}(s) = \frac{\underline{U}_a(s)}{\underline{U}_e(s)} = \frac{1 + 5RCs + 6(RCs)^2}{1 + 5RCs + 6(RCs)^2 + (RCs)^3} \tag{6.115}$$

Sie soll in ein Produkt der in Abschn. 6.2.1.4 eingeführten elementaren Übertragungsfunktionen zerlegt werden.

Wir wollen den Zähler auflösen in

$$1 + 5RCs + 6(RC)T^2s^2 = (1 + T_1 s)(1 + T_2 s) = 1 + (T_1 + T_2)s + T_1 T_2 s^2$$

und finden durch Koeffizientenvergleich

$$5RC = T_1 + T_2 \qquad 6(RC)^2 = T_1 T_2$$

Mit $T_2 = 6(RC)^2/T_1$ erhalten wir über $5RC = T_1 + 6(RC)^2/T_1$ die quadratische Gleichung $T_1^2 - 5RCT_1 + 6(RC)^2 = 0$ und die Wurzeln

$$T_1 = 3RC \quad \text{und} \quad T_2 = 2RC$$

Beispiel 8.15 liefert für den Nenner die Eigenwerte $s_1 = -1/(3{,}247\,RC)$, $s_2 = -1/(0{,}1981\,RC)$ und $s_3 = -1/(1{,}555\,RC)$. Wir finden somit schließlich die Übertragungsfunktion

$$\underline{F}(s) = \frac{(1+3RCs)(1+2RCs)}{(1+3{,}247\,RCs)(1+0{,}1981\,RCs)(1+1{,}555\,RCs)}$$

$$= \frac{(1+T_1 s)(1+T_2 s)}{(1+T_3 s)(1+T_4 s)(1+T_5 s)} \tag{6.116}$$

Dies entspricht dem Produkt von 5 Übertragungsfunktionen, die zu 2 T_1^{-1}- und 3 T_1-Gliedern gehören.

6.2.2.2 Aktive Bauglieder. Wichtige aktive Bauglieder elektrischer Schaltungen sind Generatoren und Verstärker. Netzwerke mit Generatoren können auf die in Abschn. 3.3.5 behandelten Ersatz-Spannungsquellen zurückgeführt werden, die dann eine eingeprägte konstante Quellenspannung U_{qE} liefern, deren Innenwiderstand R_{iE} aber dem Netzwerk vorzuschalten ist. Eingeprägte Ströme I_{kE} werden von Ersatz-Stromquellen erzeugt, deren Innenwiderstand R_{iE} zum Eingang des betrachteten Netzwerks parallel liegt.

Beispiel 6.25. Es ist der Einfluß des Innenwiderstandes R_{iE} der Stromquelle in Bild 6.36 auf die Übertragungsfunktion $U_a(s)/\underline{I}_e(s)$ der Kapazität C zu untersuchen.
Es gilt für die Spektraldichte der Ausgangsspannung in Bild 6.36

$$\underline{U}_a(s) = \underline{I}_C(s)/(Cs) = R_i \underline{I}_R(s)$$

Also ist $\underline{I}_R(s) = \underline{I}_C(s)/(CR_i s)$ und

$$\underline{I}_e(s) = \underline{I}_C(s) + \underline{I}_R(s) = \underline{I}_C(s)\left(1 + \frac{1}{CR_i s}\right)$$

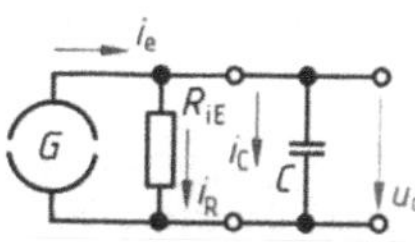

6.36 Kapazität C mit Stromeinspeisung

Somit erhält man mit dem Übertragungsbeiwert $K_P = R_i$ und der Zeitkonstanten $T = CR_i$ analog zu Gl. (6.90) die Übertragungsfunktion

$$\underline{F}(s) = \frac{\underline{U}_a(s)}{\underline{I}_e(s)} = \frac{1/Cs}{1+1/(CR_i s)} = \frac{R_i}{1+CR_i s} = \frac{K_P}{1+Ts} \tag{6.117}$$

die für $R_i \rightarrow \infty$ in

$$\underline{F}(s) = 1/(Cs) = K_I/s \tag{6.118}$$

übergeht. (Tafel 6.64 zeigt, daß beide Funktionen sich in ihrem Verhalten wesentlich unterscheiden.)

Wir betrachten nun den beschalteten Operationsverstärker nach Bild 6.37. Die hierfür eingesetzten Verstärker haben ohne Beschaltung eine Verstärkung V bis 10^5, einen Steuerstrom $I_0 < 0{,}1\,\mu\mathrm{A}$ und eine Steuerspannung

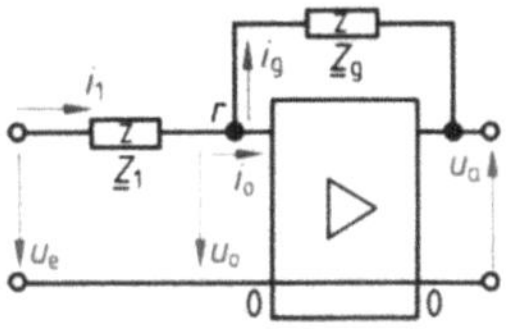

6.37 Beschalteter Operationsverstärker

$U_0 < 1$ mV. Wir dürfen daher $V = \infty$, $I_0 = 0$ und $U_0 = 0$ setzen. Der beschaltete Verstärker kehrt außerdem die Phasenlage der Ausgangsspannung u_a gegenüber seiner Eingangsspannung u_0 um, was wir durch die entgegengesetzte Richtung des Zählpfeils u_a berücksichtigen. Hierdurch wird ein Minuszeichen vor der Übertragungsfunktion vermieden. Die Klemmen *0* haben das gleiche Potential.

Der Verstärker ist mit dem komplexen Eingangswiderstand $\underline{Z}_1$ und dem komplexen Gegenkopplungswiderstand $\underline{Z}_g$ beschaltet. Der Rückkopplung dient die Klemme *r*, wo die Ströme summiert werden. Mit den oben genannten Voraussetzungen gilt dann für die Spektraldichten der Ströme

$$\underline{I}_1(s) = [\underline{U}_e(s) - \underline{U}_0(s)]/\underline{Z}_1(s) = \underline{U}_e(s)/\underline{Z}_1(s)$$

$$\underline{I}_g(s) = [\underline{U}_0(s) + \underline{U}_a(s)]/\underline{Z}_g(s) = \underline{U}_a(s)/\underline{Z}_g(s)$$

$$\underline{I}_1(s) = \underline{I}_0(s) + \underline{I}_g(s)$$

Daher ist $\underline{U}_e(s)/\underline{Z}_1(s) = \underline{U}_a(s)/\underline{Z}_g(s)$ und schließlich die Übertragungsfunktion des beschalteten Verstärkers

$$\underline{F}(s) = \underline{U}_a(s)/\underline{U}_e(s) = \underline{Z}_g(s)/\underline{Z}_1(s) \qquad (6.119)$$

Es ist aber zu beachten, daß der wie dargestellt beschaltete Operationsverstärker stets die Phasenlage umkehrt!

Beispiel 6.26. Die Übertragungsfunktionen $\underline{U}_a(s)/\underline{U}_e(s)$ der nach Bild **6.**38 beschalteten Verstärker sind zu bestimmen.

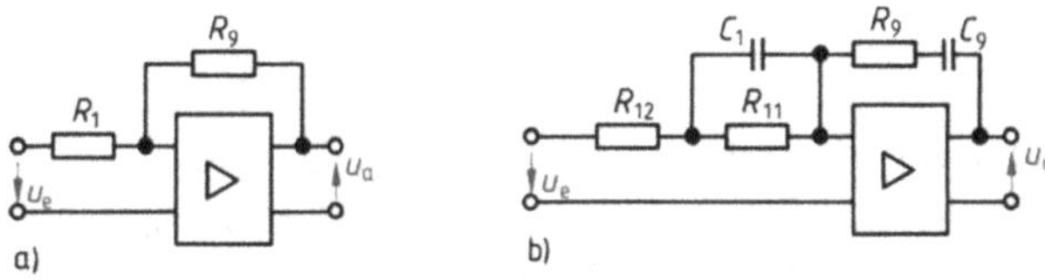

6.38 Beschaltete Operationsverstärker

Für die Schaltung in Bild **6.**38a findet man nach Gl. (6.119)

$$\underline{F}(s) = \underline{U}_a(s)/\underline{U}_e(s) = R_g/R_1 = K_P \qquad (6.120)$$

Durch diese Beschaltung kann also der Verstärkungsfaktor $V = K_P = R_g/R_1$ auf den gewünschten Wert eingestellt werden.

Die Übertragungsfunktion für die Schaltung in Bild **6.**38b ergibt sich aus

$$\underline{F}(s) = \frac{R_g + 1/(C_g s)}{R_{12} + \dfrac{R_{11}/(C_1 s)}{R_{11} + 1/C_1 s}} = \frac{\left(R_{11} + \dfrac{1}{C_1 s}\right)\left(R_g + \dfrac{1}{C_g s}\right)}{R_{12}\left(R_{11} + \dfrac{1}{C_1 s}\right) + \dfrac{R_{11}}{C_1 s}}$$

$$= \frac{(1+C_1R_{11}s)(1+C_gR_gs)}{C_gR_{12}s(1+C_1R_{11}s)+C_gR_{11}s} = \frac{1}{C_g(R_{11}+R_{12})s} \cdot \frac{(1+C_1R_{11}s)(1+C_gR_gs)}{1+\dfrac{C_1R_{11}R_{12}s}{R_{11}+R_{12}}}$$

so daß man sie nach Einführung des Integrierbeiwerts $K_1=1/[C_g(R_{11}+R_{12})]$ und der Zeitkonstanten $T_1=C_1R_{11}$, $T_g=C_gR_g$ und $T_{12}=C_1R_{11}R_{12}/(R_{11}+R_{12})$ schließlich auch schreiben darf

$$\underline{F}(s)=\frac{K_1}{s}\cdot\frac{(1+T_1s)(1+T_gs)}{1+T_{12}s}=\frac{K_P+K_Ds+(K_1/s)}{1+T_{12}s} \tag{6.121}$$

Mit dem Proportionalbeiwert $K_P=(C_1R_{11}+C_gR_g)/[C_g(R_{11}+R_{12})]$ und dem Differenzierbeiwert $K_D=C_1R_{11}R_g/(R_{11}+R_{12})$ gibt sie auch ein PID-T_1-Verhalten wieder. Daher wird diese Schaltung in der Regelungstechnik als Regelverstärker eingesetzt (s.a. Abschn. 7.5.2.2).

6.2.3 Signalflußplan

Es wird wegen der wachsenden Anzahl möglicher Anlagen immer wichtiger, analoge physikalische Zusammenhänge in Geräten, Anlagen usw. für unterschiedliche Aufgaben in gleichartigen, das ähnliche Verhalten veranschaulichenden Darstellungen zu betrachten. Hierfür bedient man sich der Blockschaltbilder, in denen Rechtecke besondere Geräteteile oder -funktionen versinnbildlichen. Wir benutzen hier Signalflußpläne, die sinnbildlich die wirkungsmäßigen Zusammenhänge zwischen den physikalischen Größen (Signalen) eines Netzwerks (oder allgemein eines Systems) oder einer Anzahl von aufeinander einwirkenden Systemen wiedergeben. Solche Signalflußpläne können dann auch als Grundlage für die Programmierung eines Analogrechners dienen.

Wir müssen nun zunächst die Elemente von Signalflußplänen kennenlernen, dann üben, wie man für elektrische Netzwerke Signalflußpläne entwickelt, anschließend sehen, wie hieraus die Übertragungsfunktionen abzuleiten sind, und schließlich die Behandlung nichtlinearer Bauglieder betrachten.

6.2.3.1 Elemente. Block und Wirkungslinie. Wir betrachten mit Bild **6.**39a eine Kapazität C, die den eingeprägten Strom i_e führt und daher die Ausgangsspannung u_a aufweist. Es soll nun die wirkungsmäßige Abhängigkeit des Ausgangssignals $\underline{U}_a(s)$ vom Eingangssignal $\underline{I}_e(s)$ in einem Signalflußplan dargestellt werden. Zu diesem Zweck versehen wir nach Bild **6.**39b ein Rechteck, den B l o c k, mit zwei Einfachpfeilen, den W i r k u n g s l i n i e n, die die Wirkungsrichtung angeben, und setzen an den Eingangspfeil die Bezeichnung $\underline{I}_e(s)$ und an den Ausgangspfeil entsprechend $\underline{U}_a(s)$.

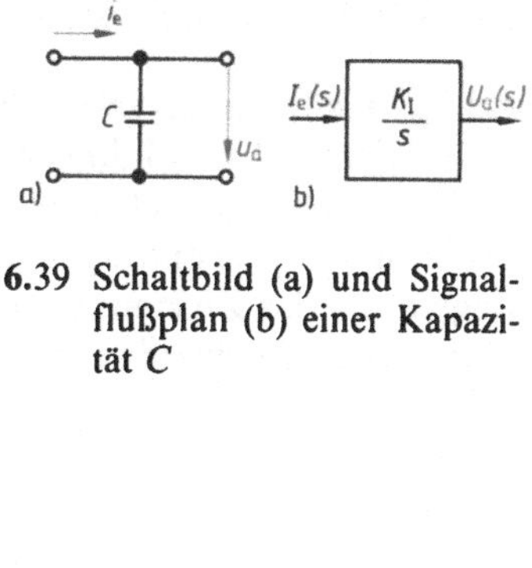

6.39 Schaltbild (a) und Signalflußplan (b) einer Kapazität C

Der Block soll die Abhängigkeit der Wirkung x_a von der Ursache x_e wiedergeben. Wir schreiben daher die in Tafel **6.**24 abgeleitete Übertragungsfunktion $\underline{F}(s) = \underline{U}_a(s)/\underline{I}_e(s) = 1/(Cs) = K_I/s$ in dieses Rechteck. Gelegentlich gibt man auch nur $\underline{F}(s)$ an. [In der Regelungstechnik ist es üblich, die Blöcke durch Eintragen der zugehörigen Übergangsfunktion (s. Tafel **6.**64) zu kennzeichnen, die Wirkungslinien dann mit den Zeitwerten (z. B. i_e und u_a) zu versehen und meist gleichzeitig auf den Block die zugehörigen Kennwerte (z. B. K_P, T) zu setzen.] Jeder Block erhält n u r j e e i n e n Eingangs- und Ausgangspfeil.

Verzweigungsstelle. Ein voller, kleiner Punkt nach Bild **6.**40a bezeichnet eine Verzweigungsstelle, die eine Wirkungslinie in mehrere Wirkungslinien aufspaltet. Das Signal wird dabei u n v e r ä n d e r t w e i t e r g e g e b e n, was einer Stromverzweigung widerspricht, aber von der Spannungsverzweigung (Parallelschaltung) bekannt ist. Beispiele für eine Verzweigungsstelle sind daher Parallelschaltungen von elektrischen Spannungen und Reihenschaltungen von Strömen.

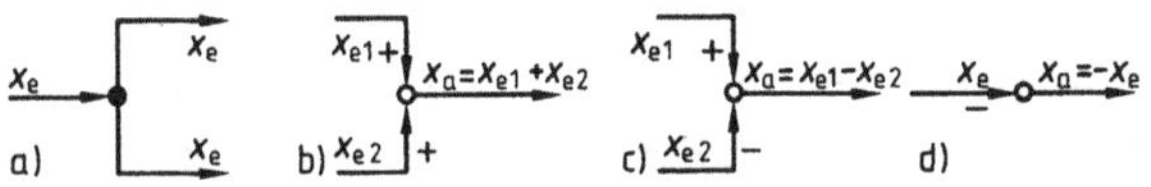

6.40 Verzweigungsstelle (a), Additionsstelle (b und c) sowie Vorzeichenumkehrstelle (d)

Additionsstelle. Ein offener Kreis bezeichnet nach Bild **6.**40b und c die Additionsstelle. Er gibt an, daß das Ausgangssignal x_a die algebraische Summe aller Eingangssignale x_{ei} ist. Hierbei sind die jeweils rechts neben der Pfeilspitze (in Pfeilrichtung gesehen) stehenden V o r z e i c h e n entsprechend Bild **6.**40b und c zu beachten. Daher empfiehlt es sich auch, wie in Bild **6.**40 stets alle Pfeilspitzen und Vorzeichen sorgfältig einzutragen. Eine Additionsstelle kann beliebig viele Eingangssignale, sie darf aber nur ein einziges Ausgangssignal aufweisen.

Beispiele für Additionsstellen findet man in der Reihenschaltung von Spannungen, in Knotenpunkten für Ströme und in Verstärkern mit parallelen Eingängen.

Vorzeichenumkehr. Die durch das Minuszeichen angezeigte Umkehr des Vorzeichens einer Größe soll im Signalflußplan möglichst nicht in einem Block bzw. in einer Teilübertragungsfunktion vorgenommen werden, da dies leicht zu Fehlern führt und die Betrachtung unübersichtlich macht. Sie sollte vielmehr überdeutlich in eine Vorzeichenumkehrstelle nach Bild **6.**40d gelegt werden.

6.2.3.2 Umformung. Die Übertragungsfunktionen einzelner Blöcke lassen sich meist leicht aufgrund ihres elektrischen Verhaltens (oder allgemein anhand der vorliegenden physikalischen Gesetzmäßigkeiten) angeben. Gewünscht wird jedoch i. allg. die Übertragungsfunktion der gesamten Schaltung, so daß nun die Regeln für das Zusammenfassen von Blöcken und Umformen der Signalflußpläne abgeleitet werden müssen.

Kettenschaltung. Nach der Definition von Gl. (6.82) hat der 2. Block in Bild **6.**41a die Ausgangsgröße $\underline{X}_a(s) = \underline{F}_2(s)\underline{X}_{e2}(s)$ und die Eingangsgröße $\underline{X}_{e2}(s) = \underline{X}_{a1}(s) = \underline{F}_1(s)\underline{X}_e(s)$, so daß für die resultierende Übertragungsfunktion gilt

$$\underline{F}_{12}(s) = \underline{X}_a(s)/\underline{X}_e(s) = \underline{F}_1(s)\underline{F}_2(s) \tag{6.122}$$

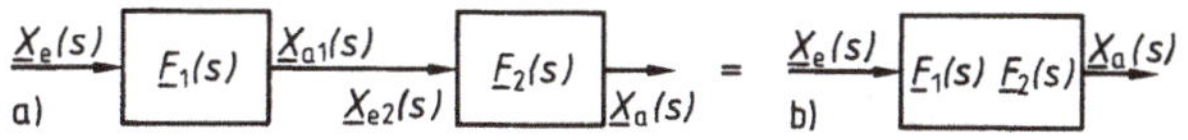

6.41 Kettenschaltung von 2 Blöcken (a) und Umformung in einen Block (b)

Bei den sehr häufig vorkommenden Kettenschaltungen von Blöcken sind also die einzelnen Übertragungsfunktionen miteinander zu multiplizieren, wenn man die gesamte Übertragungsfunktion erhalten will. Da die Reihenfolge der Blöcke in Gl. (6.119) nicht eingeht, dürfen die Blöcke beliebig in der Reihenfolge untereinander vertauscht werden.

Beispiel 6.27. Die Übertragungsfunktion $\underline{F}(s)$ der in Bild **6.**42 dargestellten Schaltung ist zu bestimmen und für den Verstärkungsfaktor $V = 1$ mit der in Beispiel 6.23 abgeleiteten Übertragungsfunktion zu vergleichen.

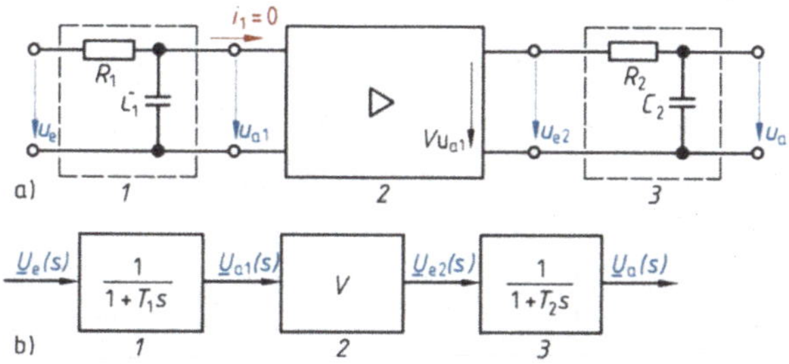

6.42 Schaltung (a) und Signalflußplan (b) eines RC-Netzwerks mit Verstärker

Nach Gl. (6.122) ist

$$\underline{F}(s) = \underline{F}_1(s)\underline{F}_2(s)\underline{F}_3(s) = \frac{V}{(1+T_1 s)(1+T_2 s)} = \frac{V}{1+(T_1+T_2)s+T_1 T_2 s^2} \tag{6.123}$$

In Beispiel 6.23 ergibt sich nach Gl. (6.113), also bei fortgelassenem Verstärker,

$$\underline{F}(s) = \frac{1}{1+(T_1+T_2+T_1 C_2/C_1)s+T_1 T_2 s^2}$$

Gl. (6.113) und (6.123) unterscheiden sich somit für $V = 1$ durch das Glied $T_1 C_2/C_1 = R_1 C_2$. Wenn daher $R_1 C_2$ hinreichend klein gegenüber $T_1 + T_2$ gemacht wird, ist auch die Schaltung nach Bild **6.**34 praktisch rückwirkungsfrei (s. a. Abschn. 6.2.3.3).

Parallelschaltung. Mit der Verzweigungsstelle von Bild **6.**40a und der Additionsstelle von Bild **6.**40c läßt sich die Parallelschaltung von Bild **6.**43 verwirklichen. Bild **6.**40 und **6.**43 machen sofort deutlich, daß bei einer Parallel-

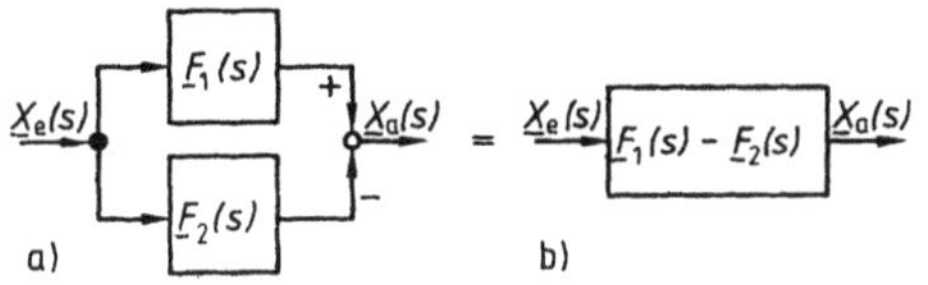

6.43
Parallelschaltung von 2 Blöcken (a) und Umformung in einen Block (b)

schaltung für die resultierende Übertragungsfunktion gilt

$$\underline{F}_{12}(s)=\underline{F}_1(s)+\underline{F}_2(s) \tag{6.124}$$

Wenn man die in Abschn. 6.2.3.1 dargestellten Richtlinien beachtet, kann man Signalflußpläne vielfältig umformen; einige Beispiele enthält Bild **6.44**.

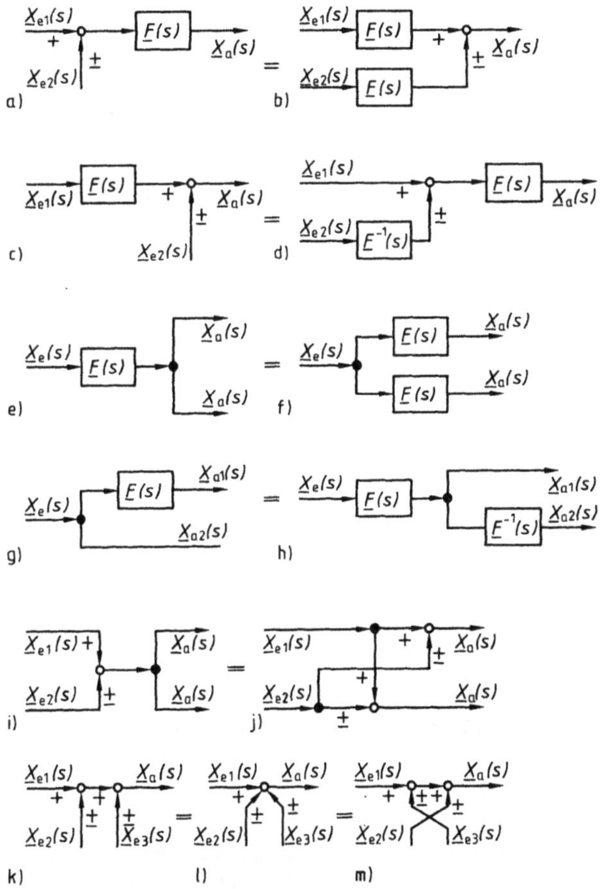

6.44
Beispiele für Umformungen in Signalflußplänen mit Verlagerung einer Additionsstelle (a bis d), Verlagerung einer Verzweigungsstelle (e bis h), Vertauschen von Additions- und Verzweigungsstelle (i, j) sowie Zusammenfassen und Vertauschen von zwei Additionsstellen (k bis m)

Beispiel 6.28. Das RC-Zweitor von Bild **6.45** a kann wie in Bild **6.45** b als Parallelschaltung von zwei RC-Gliedern aufgefaßt werden. Unter dieser Voraussetzung ist die Übertragungsfunktion $\underline{U}_a(s)/\underline{U}_e(s)$ abzuleiten.

Für den Block *1* gilt nach Gl. (6.90)

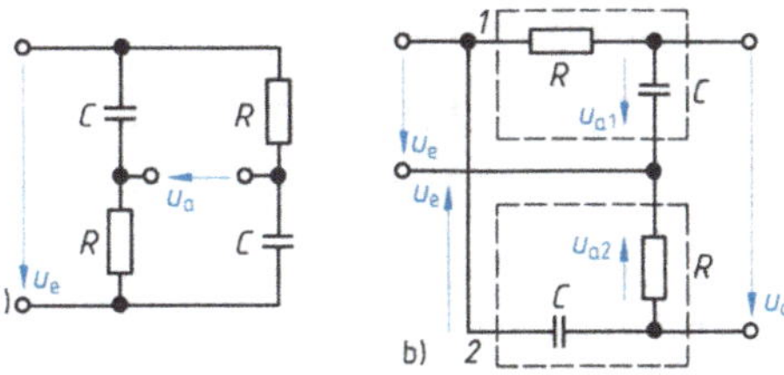

6.45
RC-Zweitor (a) als Parallelschaltung (b) von zwei RC-Gliedern

$$\underline{F}_1(s)=\frac{\underline{U}_{a1}(s)}{\underline{U}_e(s)}=\frac{1}{1+CRs}=\frac{1}{1+Ts}$$

Analog findet man für Block *2*

$$\underline{F}_2(s)=\frac{\underline{U}_{a2}(s)}{\underline{U}_e(s)}=\frac{R}{R+1/(Cs)}=\frac{CRs}{1+CRs}=\frac{Ts}{1+Ts}$$

Somit erhält man mit $\underline{U}_a(s)=\underline{U}_{a1}(s)-\underline{U}_{a2}(s)$ schließlich die Übertragungsfunktion

$$\underline{F}(s)=\underline{F}_1(s)-\underline{F}_2(s)=\frac{1}{1+Ts}-\frac{Ts}{1+Ts}=\frac{1-Ts}{1+Ts} \tag{6.125}$$

Rückkopplung. In Elektrotechnik und Regelungstechnik kommt die Rückkopplung nach Bild 6.46 (auch Rückführung genannt) recht häufig vor. Man unterscheidet Mitkopplung (in Bild 6.46a Vorzeichen „+“ an der Additionsstelle und ganz allgemein gerade Zahl von Vorzeichenumkehrstellen in der jeweiligen Schleife) und Gegenkopplung (in Bild 6.46a Vorzeichen „−“ an der Additionsstelle und ganz allgemein ungerade Zahl von Vorzeichenumkehrstellen in der jeweiligen Schleife). Wir unterscheiden außerdem den Block im Vorwärtszweig mit der Übertragungsfunktion $\underline{F}_V(s)$ und den Block im Rückführzweig mit der Übertragungsfunktion $\underline{F}_R(s)$. Eingangsgröße für den Vorwärtszweig ist $\underline{X}_{eV}(s)=\underline{X}_e(s)(\pm)\underline{X}_{aR}(s)$, so daß für die Ausgangsgröße gilt

$$\underline{X}_a(s)=\underline{F}_V(s)[\underline{X}_e(s)(\pm)\underline{X}_{aR}(s)] \tag{6.126}$$

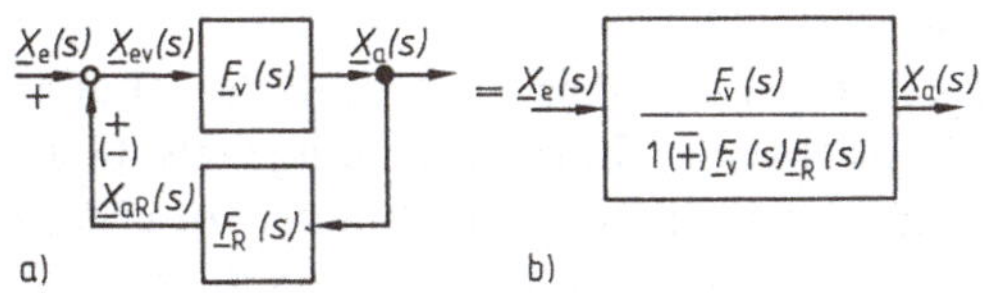

6.46
Rückkopplung (a) und Ersatzblock (b)

Sie ist gleichzeitig Eingangsgröße des Rückführzweiges, so daß sich für seine Ausgangsgröße ergibt $\underline{X}_{aR}(s)=\underline{F}_R(s)\underline{X}_a(s)$. Nach Einsetzen in Gl. (6.126) erhält man

$$\underline{X}_a(s)=\underline{F}_V(s)[\underline{X}_e(s)(\pm)\underline{X}_a(s)\underline{F}_R(s)]$$

oder

$$\underline{X}_a(s)[1(\mp)\underline{F}_V(s)\underline{F}_R(s)]=\underline{F}_V(s)\underline{X}_e(s)$$

und schließlich die resultierende Übertragungsfunktion

$$\underline{F}(s)=\frac{\underline{X}_a(s)}{\underline{X}_e(s)}=\frac{\underline{F}_V(s)}{1(\mp)\underline{F}_V(s)\underline{F}_R(s)} \tag{6.127}$$

wobei in Gl. (6.127) das Minuszeichen für die Mitkopplung und das Pluszeichen für die Gegenkopplung gilt.

6.2.3.3 Rückwirkungsfreiheit. Da die Wirkungslinien des Signalflußplans jeweils nur eine einzige Pfeilrichtung kennen, kann die Wirkung auch nur in dieser angegebenen Richtung ablaufen. Eine Rückwirkung tritt also über die Wirkungslinie nicht ein.

Wirkt nun aber doch ein vorderes Bauglied auf ein hinteres zurück, so muß hinter diesem Block eine Verzweigungsstelle angeordnet und ein weiterer Zweig als Rückkopplung, also ein Rückführzweig, zu einer Additionsstelle vor den von der Rückführung betroffenen Block geführt werden. Dabei sind natürlich die gerade vorliegenden physikalischen Zusammenhänge zu beachten.

6.2.3.4 Entwurf. Ein Signalflußplan kann nur dann aufgestellt werden, wenn die Gleichungen der physikalischen Zusammenhänge zwischen den auftretenden Größen des zu betrachtenden Systems vorliegen, die wirkungsmäßigen Zusammenhänge also in elementarer Form bekannt sind. Dies trifft für die hier zu behandelten elektrischen Netzwerke stets zu, wobei wir auch nur lineare Bauglieder und lineare Zusammenhänge betrachten wollen.

Die vorliegenden Gleichungen müssen in Elementen der Signalflußpläne versinnbildlicht werden. So verlangt z. B. eine Gleichung mit Summen oder Differenzen eine Additionsstelle und ein linearer Zusammenhang zwischen zwei Größen einen Block mit einer Übertragungsfunktion. Meist kann man diese Gleichungen in verschiedener Fassung angeben und somit auch unterschiedlich versinnbildlichen. Dann lassen sich auch unterschiedliche Signalflußpläne aufstellen, die aber doch dasselbe Gesamt-Übertragungsverhalten wiedergeben.

Beim Entwurf eines Signalflußplans haben wir also zunächst die elementaren physikalischen Zusammenhänge als Gleichung anzugeben. Um eine hinreichende Anzahl von Gleichungen zu erhalten, sind die für die Anwendung der Kirchhoffschen Gesetze geltenden Regeln zu beachten: Jedem Bauelement (z. B. R, L, C) wird eine Gleichung zugeordnet. Wenn das Netzwerk k Knoten und z Zweige enthält, gibt es nach Abschn. 2.3.1 z unbekannte Zweigströme. Die Anwendung der Knotenregel liefert $(k-1)$ voneinander unabhängige Stromgleichungen, so daß mit der Maschenregel außerdem noch $m=z-(k-1)$ voneinander unabhängige Spannungsgleichungen zu finden sind. Diese Gleichungen sollte man in den möglichen Fassungen hinschreiben. (Grundsätzlich können natürlich auch alle übrigen Verfahren zur Netzwerkberechnung eingesetzt werden.)

Anschließend muß man hierzu die entsprechenden Elemente des Signalflußplans suchen und möglichst übersichtlich unter- und nebeneinander anordnen. Dann brauchen wir diese Elemente nur noch in der von den Gleichungen vorgegebenen Weise durch Wirkungslinien miteinander zu verbinden und zum Schluß in einer übersichtlichen Anordnung darzustellen. Dabei müssen natürlich sämtliche auftretenden Größen berücksichtigt sein. (Ergeben sich mehrere Signalflußpläne, so ist derjenige zu bevorzugen, der die wenigsten bzw. gar keine D-Glieder enthält, da D-Glieder nur schwer am Analogrechner zu verwirklichen sind.)

Beispiel 6.29. Für die Schaltung in Bild 6.25 sind die möglichen Signalflußpläne zu entwerfen.

Mit Anwendung der Kirchhoffschen Regeln und des Ohmschen Gesetzes findet man die folgenden, in Elementen des Signalflußplans realisierbaren Gleichungen

	1. Fassung	2. Fassung
a)	$\underline{U}_a(s)=\underline{U}_e(s)-\underline{U}_R(s)$	$\underline{U}_R(s)=\underline{U}_e(s)-\underline{U}_a(s)$
b)	$\underline{I}(s)=\frac{1}{R}\underline{U}_R(s)$	$\underline{U}_R(s)=R\underline{I}(s)$
c)	$\underline{U}_a(s)=\frac{1}{Cs}\underline{I}(s)$	$\underline{I}(s)=Cs\underline{U}_a(s)$

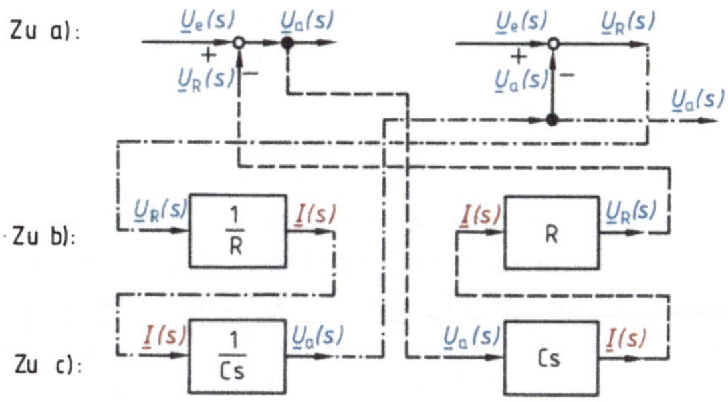

6.47
Entwurf der Signalflußpläne für Beispiel 6.29

Sie werden in Bild 6.47 durch Elemente des Signalflußplans ersetzt. Dann müssen wir ausgehend von der Eingangsgröße $\underline{U}_e(s)$ Ausgangs- und Eingangsgrößen gleicher Art bei den verschiedenen Elementen durch Wirkungslinien miteinander verbinden. Da in jeder Reihe nur zueinander inverse Blöcke vorkommen, hat aber das Verbinden innerhalb einer Reihe keinen Sinn. Im Bedarfsfall dürfen an beliebigen Punkten Verzweigungsstellen neu eingeführt werden. Schließlich sollte man noch darauf achten, daß die Ausgangsgröße $\underline{U}_a(s)$ wirklich mit einem Pfeil am Ausgang erscheint. Die auf diese Weise gefundenen beiden Signalflußpläne sind besser geordnet nochmals in Bild 6.48 dargestellt.

6.48
Mögliche Signalflußpläne bei Beispiel 6.29
a) erste und
b) zweite Fassung

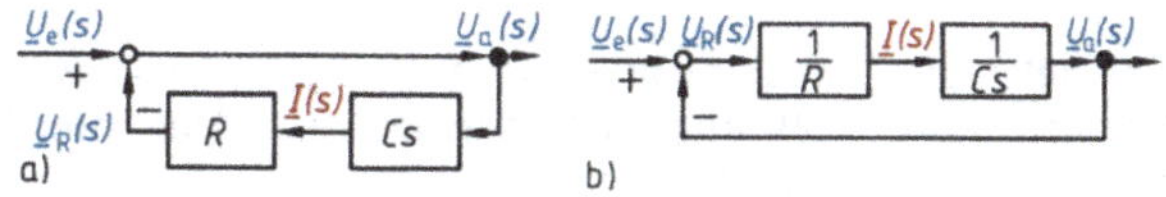

Beispiel 6.30. Für die Schaltung in Bild 6.49 ist ein Signalflußplan zu entwerfen. Hier gelten die Gleichungen

$$\underline{U}_a(s) = \underline{U}_e(s) - \underline{U}_R(s) - \underline{U}_L(s) \qquad \underline{U}_L(s) = \underline{U}_e(s) - \underline{U}_R(s) - \underline{U}_a(s) \qquad \underline{U}_R(s) = \underline{U}_e(s) - \underline{U}_L(s) - \underline{U}_a(s)$$

$$\underline{U}_R(s) = R\underline{I}(s) \qquad \underline{I}(s) = \frac{1}{R}\underline{U}_R(s)$$

$$\underline{U}_L(s) = Ls\underline{I}(s) \qquad \underline{I}(s) = \frac{1}{Ls}\underline{U}_L(s)$$

$$\underline{U}_a(s) = \frac{1}{Cs}\underline{I}(s) \qquad \underline{I}(s) = Cs\underline{U}_a(s)$$

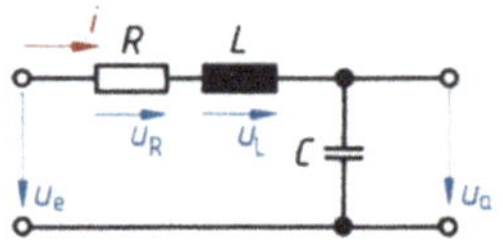

6.49 Schwingkreis

zu denen die Elemente in Bild 6.50 gehören. Hier ist nun nur einer der möglichen Signalflußpläne eingezeichnet, da die übrigen beiden möglichen Lösungen ähnlich sind und schließlich dieselbe Übertragungsfunktion liefern würden.

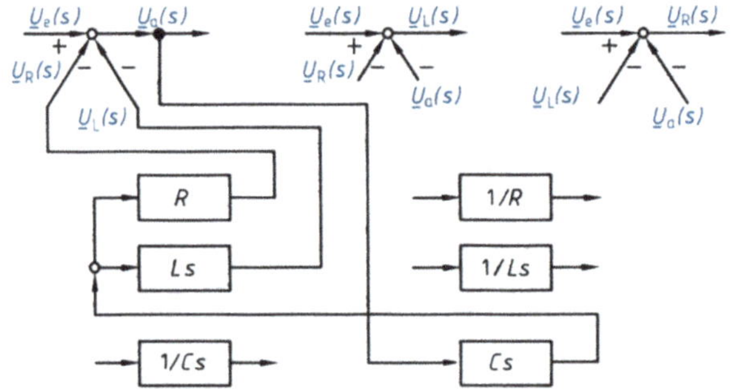

6.50
Entwurf eines Signalflußplans für Beispiel 6.30

6.2.3.5 Bestimmung der Übertragungsfunktion aus dem Signalflußplan. Die zu einem Signalflußplan gehörende Übertragungsfunktion läßt sich durch Anwendung der in Abschn. 6.2.3.2 abgeleiteten Umformungsregeln stets finden. Es ist jedoch häufig einfacher, die an den Wirkungslinien stehenden Größen als Funktion von Ausgangsgröße $\underline{X}_a(s)$ und/oder Eingangsgröße $\underline{X}_e(s)$ anzugeben, an einer Additionsstelle die zugehörige Summengleichung zu bilden und hieraus die Übertragungsfunktion $\underline{F}(s) = \underline{X}_a(s)/\underline{X}_e(s)$ abzuleiten.

Es ist dann darauf zu achten, daß beim Fortschreiten in Richtung der Wirkungslinie mit $\underline{F}_i(s) = \underline{X}_{ai}(s)/\underline{X}_{ei}(s)$ für die Ausgangsgröße $\underline{X}_{ai}(s) = \underline{F}_i(s)\underline{X}_{ei}(s)$, beim Rückwärtsschreiten (entgegen den Wirkungspfeilen), also bei einer Rückbenennung, für das Eingangssignal des i-ten Blocks jedoch gilt

$$\underline{X}_{ei}(s) = \underline{X}_{ai}(s)/\underline{F}_i(s) = \underline{F}_i^{-1}(s)\underline{X}_{ai}(s) \tag{6.128}$$

also mit der inversen Übertragungsfunktion $\underline{F}_i^{-1}(s) = 1/\underline{F}_i(s)$ gearbeitet werden muß.

Beispiel 6.31. Wir betrachten den Schwingkreis von Bild 6.49, für den der Signalflußplan in Bild 6.50 abgeleitet worden ist. Aus ihm ist die Übertragungsfunktion $\underline{F}(s) = \underline{U}_a(s)/\underline{U}_e(s)$ zu bestimmen.

Wir bringen zunächst den Signalflußplan von Bild 6.51 in die übersichtlichere Form von Bild 6.51. Dann entwickeln wir, ausgehend von der Ausgangsgröße $\underline{U}_a(s)$, mit Gl. (6.128) die Eingangsgrößen der einzelnen Blöcke als Funktion von $\underline{U}_a(s)$ und tragen diese Zusammenhänge in Bild 6.51 ein. An der Additionsstelle gilt daher

$$\underline{U}_e(s)-\underline{U}_a(s)-\underline{U}_R(s)=\underline{U}_L(s)$$

$$\underline{U}_e(s)-\underline{U}_a(s)-CRs\,\underline{U}_a(s)=LCs^2\,\underline{U}_a(s)$$

und man erhält die Übertragungsfunktion

$$\underline{F}(s)=\frac{\underline{U}_a(s)}{\underline{U}_e(s)}=\frac{1}{1+CRs+CLs^2}=\frac{1}{1+2\vartheta T_0+T_0^2 s^2} \tag{6.129}$$

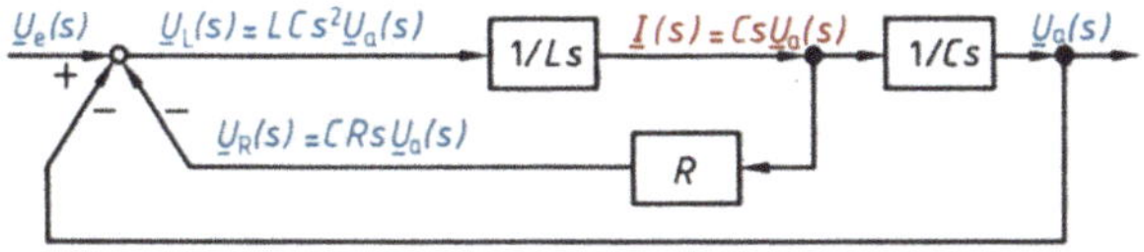

6.51
Signalflußplan für Beispiel 6.31

Beispiel 6.32. Signalflußplan und Übertragungsfunktion sind für die Schaltung in Bild 6.31 zu bestimmen.

Zuerst stellen wir die verschiedenen Strom- und Spannungsgleichungen auf

$$\underline{I}_e(s)=\underline{I}_1(s)+\underline{I}_2(s) \qquad \underline{I}_1(s)=\underline{I}_e(s)-\underline{I}_2(s) \qquad \underline{I}_2(s)=\underline{I}_e(s)-\underline{I}_1(s)$$

$$\underline{U}_a(s)=\underline{U}_{R1}(s)+\underline{U}_{C1}(s) \qquad \underline{U}_{R1}(s)=\underline{U}_a(s)-\underline{U}_{C1}(s) \qquad \underline{U}_{C1}(s)=\underline{U}_a(s)-\underline{U}_{R1}(s)$$

$$\underline{U}_{R1}(s)=\underline{U}_{R2}(s)+\underline{U}_{C2}(s) \qquad \underline{U}_{R2}(s)=\underline{U}_{R1}(s)-\underline{U}_{C2}(s) \qquad \underline{U}_{C2}(s)=\underline{U}_{R1}(s)-\underline{U}_{R2}(s)$$

$$\underline{I}_1(s)=\frac{1}{R_1}\underline{U}_{R1}(s)$$

$$\underline{I}_2(s)=\frac{1}{R_2}\underline{U}_{R2}(s)$$

$$\underline{I}_2(s)=C_2 s\,\underline{U}_{C2}(s)$$

$$\underline{I}_e(s)=C_1 s\,\underline{U}_{C1}(s)$$

$$\underline{U}_{R1}(s)=R_1\underline{I}_1(s)$$

$$\underline{U}_{R2}(s)=R_2\underline{I}_2(s)$$

$$\underline{U}_{C2}(s)=\frac{1}{C_2 s}\underline{I}_2(s)$$

$$\underline{U}_{C1}(s)=\frac{1}{C_1 s}\underline{I}_e(s)$$

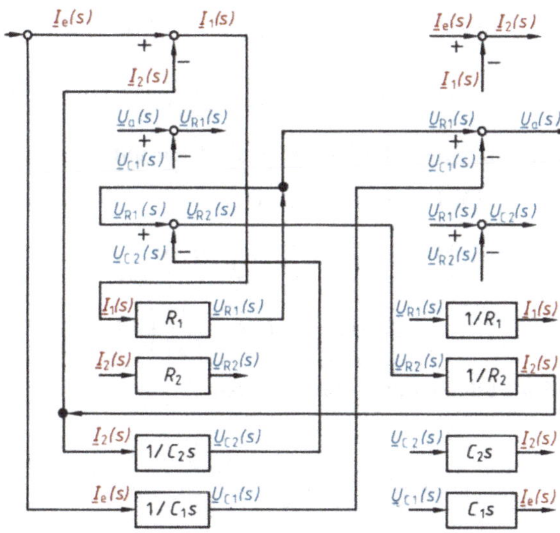

6.52 Entwurf eines Signalflußplans für Beispiel 6.32

Sie werden durch die Elemente in Bild 6.52 versinnbildlicht. Eine mögliche Verbindung und somit einer der möglichen Signalflußpläne ist ebenfalls in Bild 6.52 hergestellt. Dieser Signalflußplan ist nochmals in Bild 6.53 in übersichtlicherer Form angegeben. Die 4 Blöcke symbolisieren die 4 Bauglieder von Bild 6.31, die 3 Additionsstellen die 3 Knoten- bzw. Maschengleichungen, und alle 8 auftretenden physikalischen Größen sind berücksichtigt.

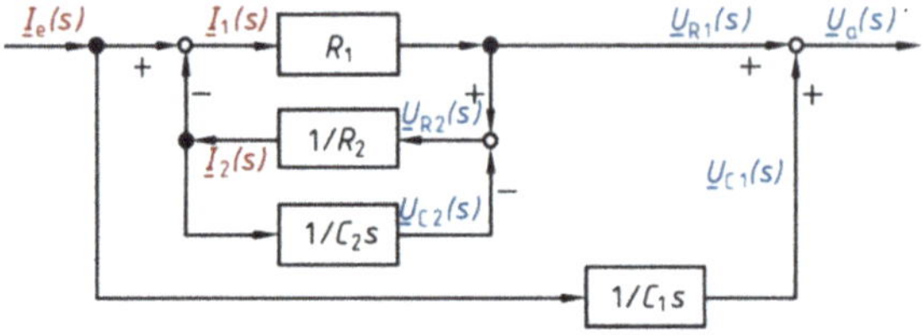

6.53 Signalflußplan für Beispiel 6.32

Aus dem Signalflußplan lesen wir nun nacheinander ab

$$\underline{U}_{C1}(s) = \frac{1}{C_1 s}\underline{I}_e(s)$$

$$\underline{U}_{R1}(s) = \underline{U}_a(s) - \underline{U}_{C1}(s) = \underline{U}_a(s) - \frac{1}{C_1 s}\underline{I}_e(s)$$

$$\underline{I}_1(s) = \frac{1}{R_1}\underline{U}_{R1}(s) = \frac{1}{R_1}\underline{U}_a(s) - \frac{1}{C_1 R_1 s}\underline{I}_e(s)$$

$$\underline{I}_2(s) = \underline{I}_e(s) - \underline{I}_1(s) = \left(1 + \frac{1}{C_1 R_1 s}\right)\underline{I}_e(s) - \frac{1}{R_1}\underline{U}_a(s)$$

$$\underline{U}_{C2}(s) = \frac{1}{C_2 s}\underline{I}_2(s) = \frac{1}{C_2 s}\left(1 + \frac{1}{C_1 R_1 s}\right)\underline{I}_e(s) - \frac{1}{C_2 R_1 s}\underline{U}_a(s)$$

$$\underline{U}_{R2}(s) = R_2 \underline{I}_2(s) = R_2\left(1 + \frac{1}{C_1 R_1 s}\right)\underline{I}_e(s) - \frac{R_2}{R_1}\underline{U}_a(s)$$

Für die mittlere Additionsstelle gilt daher mit

$$\underline{U}_{R2}(s) = \underline{U}_{R1}(s) - \underline{U}_{C2}(s)$$

$$R_2\left(1 + \frac{1}{C_1 R_1 s}\right)\underline{I}_e(s) - \frac{R_2}{R_1}\underline{U}_a(s)$$

$$= \underline{U}_a(s) - \frac{1}{C_1 s}\underline{I}_e(s) - \frac{1}{C_2 s}\left(1 + \frac{1}{C_1 R_1 s}\right)\underline{I}_e(s) + \frac{1}{C_2 R_1 s}\underline{U}_a(s)$$

und wir erhalten die Übertragungsfunktion

$$\underline{F}(s) = \frac{\underline{U}_a(s)}{\underline{I}_e(s)} = \frac{\left(1 + \frac{1}{C_1 R_1 s}\right)\left(R_2 + \frac{1}{C_2 s}\right) + \frac{1}{C_1 s}}{1 + \frac{R_2}{R_1} + \frac{1}{C_2 R_1 s}}$$

$$= \frac{1}{C_1 s} \cdot \frac{1 + [C_1 R_1 + C_2(R_1 + R_2)]s + C_1 C_2 R_1 R_2 s^2}{1 + C_2(R_1 + R_2)s} = \frac{K_1}{s} \cdot \frac{1 + 2\vartheta T_0 + T_0^2 s^2}{1 + T_{12} s}$$

also dasselbe Ergebnis wie in Beispiel 6.20.

6.2.3.6 Behandlung nichtlinearer Bauglieder. Die bisher eingesetzten Bauelemente Wirkwiderstand R, Induktivität L, Kapazität C, Verstärker V und Generator G sind lineare Schaltungsteile, deren Kenngrößen unabhängig von den auftretenden Spannungen, Strömen und (außerdem) Frequenzen konstant bleiben. Nur für solche Bauglieder können die hier abgeleiteten Gesetze gelten.

Ein Generator G, dessen Spannung über die Erregerwicklung E verstellt werden kann, hat aber z. B. die in Bild **6.**54b dargestellte Leerlaufkennlinie, die den Zusammenhang zwischen der im Anker (Index A) erzeugten Quellenspannung U_q und dem Erregerstrom I_E angibt. Wenn man voraussetzt, daß die Schaltung nur kleine Änderungen gegenüber dem gewählten Arbeitspunkt erfährt, darf man die vorhandene (z. B. wie in Bild **6.**54b gemessene) Kennlinie in einem sehr engen Arbeitsbereich durch Bildung der Kennliniensteigung linearisieren. Bei der Behandlung von Übergangsvorgängen betrachtet man dann nur die überlagerten kleinen Änderungen.

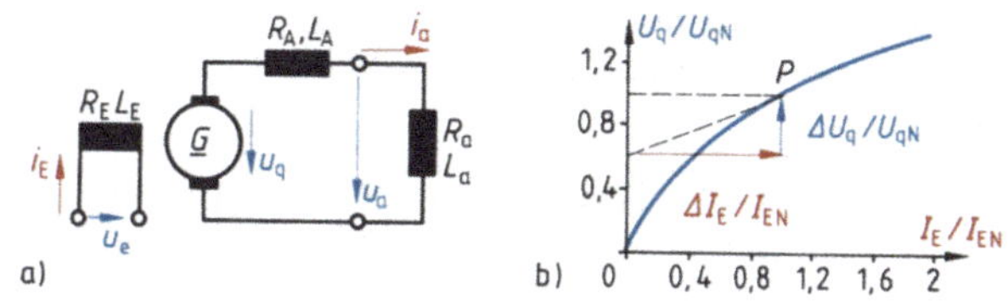

6.54 Schaltung (a) und Leerlaufkennlinie (b) eines Generators G

Beispiel 6.33. Der in Bild **6.**54a mit seiner Schaltung dargestellte Generator G habe bei der Nennspannung $U_{AN}=230$ V den Nennstrom $I_{AN}=50$ A, den relativen inneren Spannungsabfall $U_{iN}/U_{AN}=0{,}06$ und die Leerlaufkennlinie von Bild **6.**54b. Zur Erzeugung der Nenn-Quellenspannung U_{qN} wird der Nenn-Erregerstrom $I_{EN}=1{,}6$ A benötigt. Außerdem weist die Ankerwicklung die Induktivität $L_A=5{,}5$ mH und die Erregerwicklung die Induktivität $L_E=70$ H auf; die Induktivität des Verbrauchers L_a sei vernachlässigbar klein. Es ist der Signalflußplan zu entwickeln. Die zugehörigen Kenngrößen sind zu berechnen.

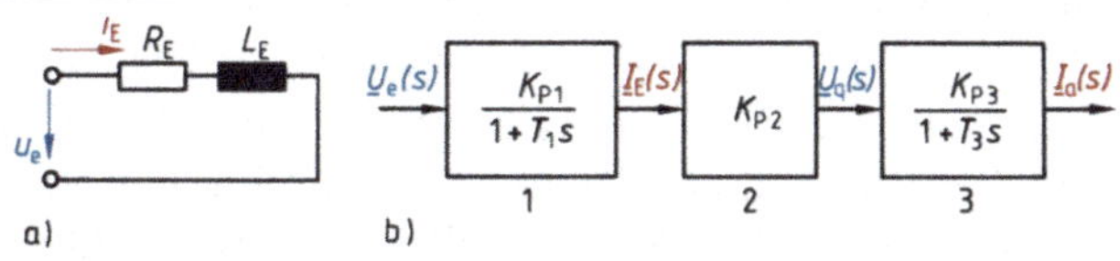

6.55 Ersatzschaltung für die Erregerwicklung (a) und Signalflußplan (b) des Generators von Bild **6.**54

Für die Erregerwicklung gilt die in Bild **6.**55a dargestellte Ersatzschaltung mit der Eingangsspannung u_e und der Ausgangsgröße Erregerstrom I_E. Somit erhält man die Übertragungsfunktion von Block *1*

$$\underline{F}_1(s)=\frac{I_E(s)}{\underline{U}_e(s)}=\frac{1}{R_E+L_E s}=\frac{1/R_E}{1+L_E s/R_E}=\frac{K_{P1}}{1+T_1 s}$$

mit dem Proportionalbeiwert

$$K_{P1}=1/R_E=I_{EN}/U_{EN}=1{,}6\text{ A}/(220\text{ V})=7{,}273\text{ mS}$$

und der Zeitkonstante

$$T_1=L_E/R_E=L_E K_{P1}=70\text{ H}\cdot 7{,}273\text{ ms}=509{,}1\text{ ms}$$

Im Block *2* wird der Erregerstrom i_E verzögerungsfrei in die Quellenspannung u_q transformiert. Für den Arbeitspunkt lesen wir in Bild **6.**54b für $\Delta I_E/I_{EN} = 1$ den Wert $\Delta U_q/U_{qN} = 0{,}4$ ab. Gleichzeitig ist unter Berücksichtigung des inneren Spannungsabfalls die Nenn-Quellenspannung $U_{qN} = U_{AN} + (U_{AN}\, U_{iN}/U_{AN}) = 230\ \text{V} + 230\ \text{V} \cdot 0{,}06 = 243{,}8\ \text{V}$. Somit dürfen wir die Steigung der Leerlaufkennlinie im Arbeitspunkt als Proportionalbeiwert

$$K_{P2} = \frac{\Delta U_q}{\Delta I_E} = \frac{\Delta U_q/U_{qN}}{\Delta I_E/I_{EN}} \cdot \frac{U_{qN}}{I_{EN}} = \frac{0{,}4 \cdot 243{,}8\ \text{V}}{1 \cdot 1{,}64\ \text{A}} = 59{,}46\ \Omega$$

einsetzen. Im Block *3* wird die Quellenspannung u_q in den Strom i_a umgewandelt. Wirksam sind hier analog zu Block *1* der Wirkwiderstand $R_A + R_a = U_{qN}/I_{AN} = 243{,}8\ \text{V}/(50\ \text{A}) = 4{,}876\ \Omega$ und die Ankerinduktivität L_A in einer Schaltung wie in Bild **6.**55a. Daher finden wir den Proportionalbeiwert

$$K_{P3} = 1/(R_A + R_a) = 1/(4{,}876\ \Omega) = 0{,}2051\ \text{S}$$

und die Zeitkonstante

$$T_3 = L_A/(R_A + R_a) = 5{,}5\ \text{mH}/(4{,}876\ \Omega) = 1{,}128\ \text{ms}$$

Mit dem resultierenden Proportionalbeiwert $K_P = K_{P1} K_{P2} K_{P3} = 7{,}273\ \text{mS} \cdot 59{,}46\ \Omega \cdot 0{,}2051\ \text{S} = 88{,}7\ \text{ms}$ ergibt sich schließlich die resultierende Übertragungsfunktion

$$\underline{F}(s) = \frac{K_P}{(1 + T_1 s)(1 + T_3 s)} = \frac{88{,}7\ \text{mS}}{(1 + 509{,}1\ \text{ms}\ s)(1 + 1{,}128\ \text{ms}\ s)}$$

6.3 Frequenzgang

In Abschn. 3 wird ausführlich beschrieben, wie Netzwerke, die die Grundzweipole Wirkwiderstand R, Induktivität L und Kapazität C enthalten, für eingeschwungene, also stationäre Zustände rechnerisch zu behandeln sind. Wir bleiben hier weiterhin bei den stationären Betriebszuständen, betrachten sie aber für veränderbare Kreisfrequenzen $\omega = 2\pi f$ bzw. Frequenzen f.

Wenn man für die Übertragungsfunktion $\underline{F}(s)$ in der Bildvariablen s den Realteil $\sigma = 0$ setzt, also sozusagen s durch $\text{j}\omega$ ersetzt, erhält man sofort einen geschlossenen und in der Normalform besonders übersichtlichen Ausdruck für den komplexen Frequenzgang $\underline{F}$, der zunächst als Ortskurve für den Parameter Kreisfrequenz ω betrachtet werden soll. Anschließend gehen wir zum Bode-Diagramm über, das aus Amplituden- und Phasengang besteht und besonders einfach aufgestellt werden kann. Taschenrechnerprogramme zum Bestimmen dieser Diagramme enthält Band VII.

6.3.1 Ortskurven des Frequenzgangs

Die mathematischen Grundlagen für die Ortskurven sind in Abschn. 8.3 zusammengestellt; weitere Ortskurven findet man in Abschn. 3.2.2.4 und 3.2.3.4.

Viele Ortskurven sind qualitativ schnell festzulegen, wenn man ihre Werte für charakteristische Kreisfrequenzen oder ihre Durchgänge durch die Achsen bestimmt. So ist es vorteilhaft und bereitet i. allg. keine größeren Schwierigkeiten, die Ortskurvenwerte für die Grenzwerte der Kreisfrequenz, nämlich für $\omega = 0$ und $\omega \to \infty$ zu bilden und in die komplexe Zahlenebene einzutragen; s. Abschn. 8.3.3.

In die schon abgeleiteten Übertragungsfunktionen haben wir stets (s. Abschn. 6.2.1.5) Zeitkonstanten T bzw. Kennzeiten T_0 einzuführen versucht. Ihre Reziprokwerte markieren hervorragende Kreisfrequenzwerte: Bei der Eckkreisfrequenz (für die Erklärung dieser Bezeichnung s. Abschn. 6.3.2.2)

$$\omega_E = 1/T \tag{6.130}$$

sind z. B. Blindwiderstand $X_C = 1/(\omega_E C)$ bzw. $X_L = \omega_E L$ ebenso groß wie der Wirkwiderstand R, so daß hierfür der Phasenwinkel $|\varphi_E| = 45°$ auftreten muß. Vom Schwingkreis (s. Abschn. 6.1.1.1) ist die Kennkreisfrequenz

$$\omega_0 = 1/\sqrt{LC} = 1/T_0 \tag{6.131}$$

bekannt, die mit dem Phasenwinkel $|\varphi_0| = 90°$ verbunden ist.

Schließlich kann man auch noch Real- oder Imaginärteil des Frequenzgangs gleich Null setzen. Hieraus läßt sich dann die Kreisfrequenz ω_i bzw. ω_r bestimmen, bei der die imaginäre (Index i) bzw. die reelle (Index r) Achse von der Ortskurve geschnitten wird. Man findet nach Abschn. 8.3.3 mit $\mathrm{Re}\underline{F} = 0$ die Kreisfrequenzen ω_i und entsprechend mit $\mathrm{Im}\underline{F} = 0$ die Werte ω_r. Erhält man für die Kreisfrequenz einen imaginären Wert, so ergibt sich für die hier zunächst nur zu betrachtenden reellen Kreisfrequenzen ω kein Schnittpunkt. Ebenso sind negative Kreisfrequenzwerte nicht realisierbar; s. Abschn. 8.3.

Es soll hier genügen, einige charakteristische Ortskurven in Beispielen zu behandeln.

Beispiel 6.34. Der Frequenzgang für das RC-Glied von Bild 6.26 mit Wirkwiderstand $R = 1\ \mathrm{k\Omega}$ und Kapazität $C = 1\ \mu\mathrm{F}$ ist als Ortskurve darzustellen.

Wir erhalten die Zeitkonstante $T = CR = 1 \cdot 10^{-6}\ \mathrm{F} \cdot 1\ \mathrm{k\Omega} = 1\ \mathrm{ms}$ und bilden zunächst den zu Gl. (6.90) inversen Frequenzgang

$$\underline{F}^{-1} = 1/\underline{F} = 1 + \mathrm{j}\omega T = 1 + \mathrm{j}\omega \cdot 1\ \mathrm{ms}$$

der in Bild 6.56 dargestellt ist. Es entsteht eine Gerade mit einer linearen Teilung für den Parameter ω. Die Eckkreisfrequenz $\omega_E = 1/T = 1/(1\ \mathrm{ms}) = 1000\ \mathrm{s}^{-1}$ ist mit dem Phasenwinkel $|\varphi_E| = 45°$ verbunden. Für $\omega = 0$ wird $\underline{F}^{-1} = 1$, für $\omega \to \infty$ entsprechend $\underline{F}^{-1} \to \mathrm{j}\omega$.

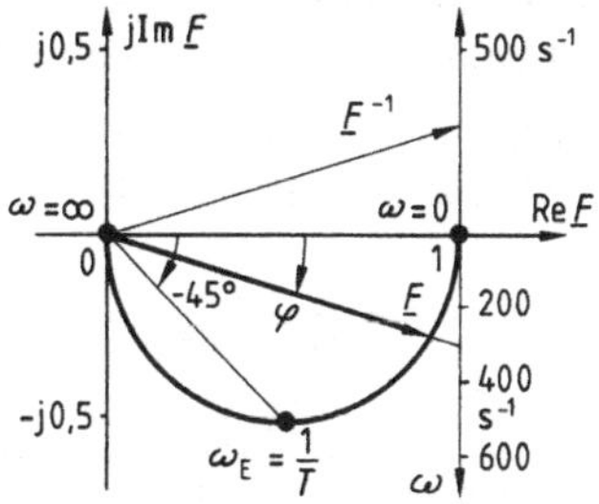

6.56 Frequenzgang-Ortskurve für die Schaltung von Bild 6.26

Den eigentlichen Frequenzgang $\underline{F}$ erhalten wir durch Inversion (s. Abschn. 8.3.2.1). Hierfür ist nämlich $\underline{F} = 1$ bei $\omega = 0$ und $\underline{F} = 0$ bei $\omega = \infty$. Die Winkel bleiben bei der Inversion erhalten und bekommen das entgegengesetzte Vorzeichen. Wir können daher die Inversionsgerade in Richtung der negativen Imaginärachse als Bezifferungsachse für die Kreisfrequenz ω fortsetzen. Aus der Geraden für $\underline{F}^{-1}$ wird durch Inversion der in Bild **6.**56 eingetragene Halbkreis, auf dessen unterem Scheitelpunkt der Wert für die Eckkreisfrequenz $\omega_E = 1/T$ liegt.

Beispiel 6.35. Für das in Bild **6.**29 dargestellte RC-Glied mit den Wirkwiderständen $R_1 = R_2 = 500\ \Omega$ und der Kapazität $C = 1\ \mu F$ ist die Ortskurve des Frequenzgangs zu bestimmen.

Wir bilden mit Gl. (6.107) den inversen Frequenzgang

$$\underline{F}^{-1} = \frac{1 + j\omega C(R_1 + R_2)}{j\omega C R_2} = \frac{1}{j\omega C R_2} + \frac{R_1 + R_2}{R_2}$$
$$= \frac{1}{j\omega\, 1\ \mu F \cdot 500\ \Omega} + \frac{500\ \Omega + 500\ \Omega}{500\ \Omega} = \frac{-j}{\omega \cdot 0{,}5\ \text{ms}} + 2$$

Daher entsteht wieder eine Ortsgerade für die Zeiger $\underline{F}^{-1}$ mit $\underline{F}^{-1} = 2$ für $\omega = \infty$ und $\underline{F}^{-1} \to -j\infty$ für $\omega \to 0$ (s. Bild **6.**57). Sie weist jedoch eine reziproke Bezifferung für die Kreisfrequenz ω auf.

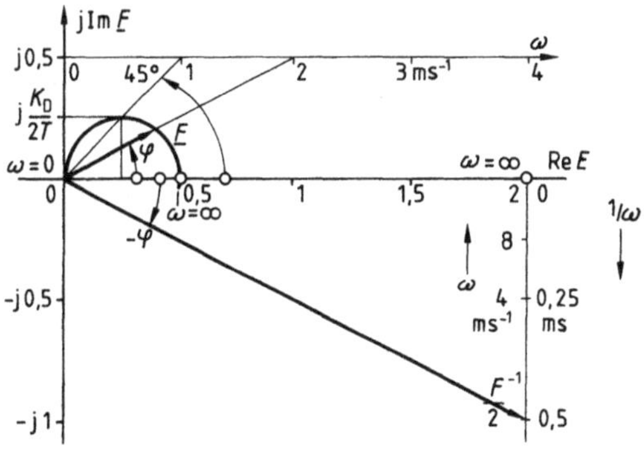

6.57 Frequenzgang-Ortskurve für die Schaltung von Bild **6.**29

Die gewünschte Ortskurve für $\underline{F}$ finden wir ebenso durch Inversion als Halbkreis mit $\underline{F} = 0{,}5$ für $\omega = \infty$ und $\underline{F} = 0$ für $\omega = 0$ sowie der Eckkreisfrequenz $\omega_E = 1/[C(R_1 + R_2)] = 1/[1\ \mu F(500\ \Omega + 500\ \Omega)] = 1000\ s^{-1}$. Da die inverse Ortsgerade eine reziproke Teilung aufweist, ist sie als Bezifferungsgerade für die Kreisfrequenz ω wenig geeignet. Man findet aber wegen $\tan\varphi = 1/\text{ctg}\,\varphi$ eine hierzu senkrechte Geradenschar, aus der eine geeignete Bezifferungsgerade mit linearer Teilung, wie in Bild **6.**57, für die Kreisfrequenz ω ausgesucht werden kann.

Beispiel 6.36. Die Ortskurve des Frequenzgangs für die Schaltung in Bild **6.**42 mit den Wirkwiderständen $R_1 = R_2 = 1\ k\Omega$, den Kapazitäten $C_1 = C_2 = 1\ \mu F$ und dem Verstärkungsfaktor $V = 1$ ist zu bestimmen.

Analog zu Beispiel 6.34 gilt für die Zeitkonstanten $T = T_1 = R_1 C_1 = T_2 = R_2 C_2 = 1\ k\Omega \cdot 1\ \mu F = 1\ \text{ms}$. Nach Gl. (6.123) stellt dann der Frequenzgang

$$\underline{F} = \frac{1}{(1 + j\omega T)^2} = \frac{1}{(1 + j\omega \cdot 1\ \text{ms})^2}$$

den quadrierten Frequenzgang von Bild **6.**56 dar. Für $\omega = 0$ ist wieder $\underline{F} = 1$ und für $\omega = \infty$ ebenso $\underline{F} = 0$. Ganz allgemein gilt für die Amplitude

$$F = \frac{1}{1 + (\omega T)^2} = \frac{1}{1 + (\omega \cdot 1\ \text{ms})^2}$$

und den Phasenwinkel $\varphi = -2\arctan(\omega T) = -2\arctan(\omega \cdot 1\ \text{ms})$, so daß bei der Eckkreisfrequenz $\omega_E = 1/T$ die Amplitude $F = 0{,}5$ bei dem Winkel $\varphi = -90°$ beträgt. Dasselbe Ergebnis findet man, wenn der Realteil der Frequenzgang-Gleichung Null gesetzt und hierfür die Kreisfrequenz $\omega_i = \omega_E$ sowie der Imaginärteil bestimmt werden.

Den Frequenzgang kann man auch punktweise konstruieren (s. Bild **6**.58). Ausgehend von der Ortskurve in Bild **6**.56 wird der Zeiger $\underline{F}_1$ für eine bestimmte Kreisfrequenz ω aufgesucht und hierüber der Halbkreis errichtet. Wenn man jetzt den Winkel φ_1 verdoppelt, erhält man in dem 2. Kreis den Zeiger $\underline{F}$.

Der Übertragungsbeiwert K_P wird zweckmäßig erst zum Schluß berücksichtigt. Für $T_1 \neq T_2$ muß man getrennt die zu einer bestimmten Kreisfrequenz gehörenden Winkel $\varphi = -\arctan(\omega T)$ bilden und in der Konstruktion berücksichtigen. Diese Konstruktion, wie auch das Aufsuchen der Punkte bestimmter Frequenz, ist nicht mehr einfach, so daß hier schon der Nachteil der Ortskurvendarstellung des Frequenzgangs für umfangreichere Übertragungsfunktionen deutlich wird.

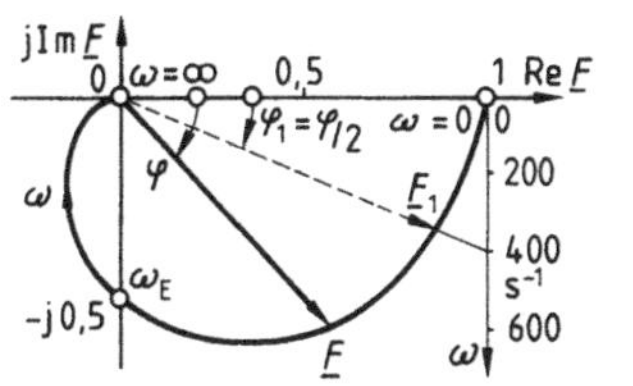

6.58 Frequenzgang-Ortskurve für die Schaltung von Bild **6**.42

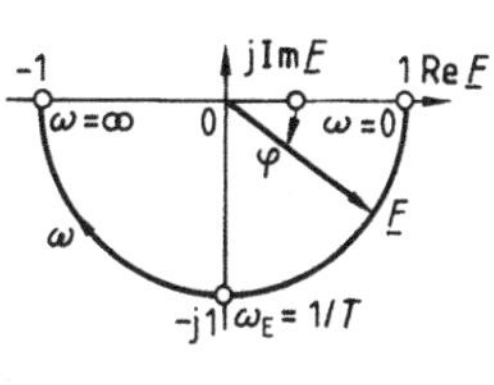

6.59 Frequenzgang-Ortskurve für die Schaltung von Bild **6**.45

Beispiel 6.37. Es soll die Ortskurve des Frequenzgangs für die Schaltung in Bild **6**.45 angegeben werden.

Die Übertragungsfunktion des zu untersuchenden RC-Zweitors enthält Gl. (6.125). Zähler und Nenner haben offensichtlich die gleiche Amplitude und den gleichen Phasenwinkel - allerdings mit entgegengesetzten Vorzeichen. Daher erhält man mit

$$\underline{F} = \frac{1 - j\omega T}{1 + j\omega T} = \frac{\underline{/-\arctan(\omega T)}}{\underline{/\arctan(\omega T)}} = e^{-j2\arctan(\omega T)}$$

sofort einen Kreis um den Ursprung. Die Eckkreisfrequenz $\omega_E = 1/T$ tritt bei $\underline{F} = -j1$ auf (Bild **6**.59). Dies ist das Verhalten eines Allpasses 1. Ordnung [s. Band XI].

Beispiel 6.38. Verlauf und charakteristische Werte der Ortskurve des Frequenzgangs $\underline{F}$ für die Schaltung in Bild **6**.31 sind zu bestimmen.

Nach Gl. (6.109) gilt für den Frequenzgang

$$\underline{F} = \frac{1}{j\omega C_1} \cdot \frac{1 + j\omega[C_1 R_1 + C_2(R_1 + R_2)] - \omega^2 C_1 C_2 R_1 R_2}{1 + j\omega C_2(R_1 + R_2)}$$
$$= \frac{-j(1/\omega C_1) + [R_1 + (R_1 + R_2) C_2/C_1] + j\omega C_2 R_1 R_2}{1 + j\omega C_2(R_1 + R_2)}$$

Für die Grenzwerte der Kreisfrequenz erhalten wir

$\omega = 0$:

$$\underline{F}_0 = \frac{-j(1/0\, C_1) + [R_1 + (R_1 + R_2) C_2/C_1] + j0\, C_2 R_1 R_2}{1 + j0\, C_2(R_1 + R_2)}$$
$$= R_1 + [(R_1 + R_2) C_2/C_1] - j\infty$$

$\omega=\infty$:

$$\underline{F}_\infty=\frac{-\mathrm{j}(1/\infty\, C_1)+[R_1+(R_1+R_2)C_2/C_1]+\mathrm{j}\infty\, C_2R_1R_2}{1+\mathrm{j}\infty\, C_2(R_1+R_2)}=\frac{R_1R_2}{R_1+R_2}$$

Um den Kurvenverlauf angeben zu können, brauchen wir nun nur noch zu untersuchen, ob ein Schnittpunkt mit der reellen Achse vorliegt. Wir erweitern mit dem konjugiert komplexen Nenner und setzen den Imaginärteil gleich Null. Dann ist

$$-(1/\omega_r C_1)+\omega_r C_2R_1R_2-\omega_r C_2(R_1+R_2)\left[R_1+(R_1+R_2)\frac{C_2}{C_1}\right]=0$$

und es gilt für die Kreisfrequenz der reellen Achse

$$\omega_r=1/\sqrt{-C_1C_2R_1^2-C_2^2(R_1+R_2)^2}$$

Da sie stets imaginäre Werte annimmt und $\mathrm{Re}\,\underline{F}_0>\underline{F}_\infty$ ist, ergibt sich der in Bild **6.**60 dargestellte Verlauf der Frequenzgang-Ortskurve $\underline{F}$; sie läuft tangential in die reelle Achse ein.

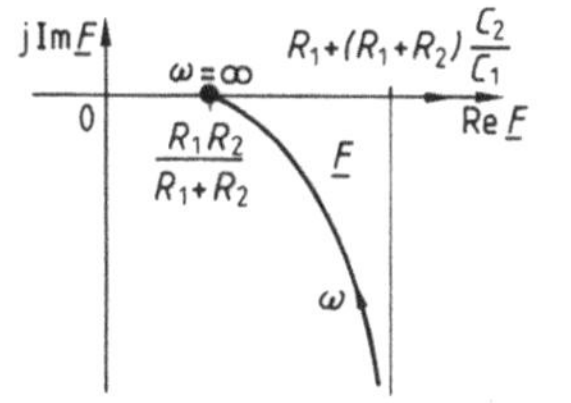

6.60 Frequenzgang-Ortskurve für die Schaltung in Bild **6.**31

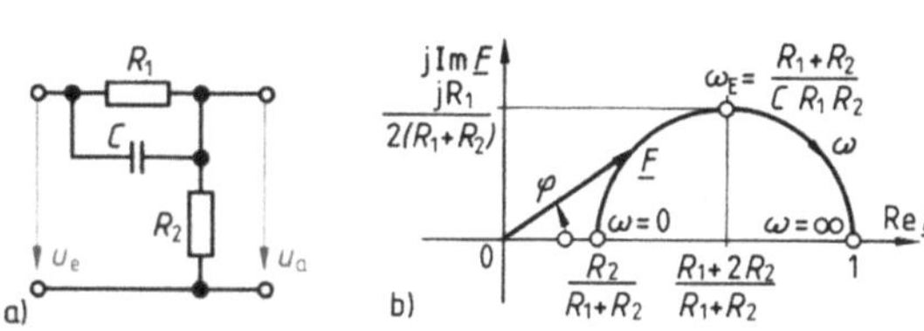

6.61 RC-Glied (a) mit Ortskurve des Frequenzgangs (b)

Beispiel 6.39. Für die Schaltung in Bild **6.**61a soll die Ortskurve des Frequenzgangs bestimmt werden.

Es handelt sich wieder um einen Spannungsteiler, für den man die Übertragungsfunktion

$$\underline{F}(s)=\frac{\underline{U}_a(s)}{\underline{U}_e(s)}=\frac{R_2}{R_2+\dfrac{R_1/(Cs)}{R_1+\dfrac{1}{Cs}}}=\frac{R_2\left(R_1+\dfrac{1}{Cs}\right)}{R_2\left(R_1+\dfrac{1}{Cs}\right)+\dfrac{R_1}{Cs}}=\frac{R_2(R_1Cs+1)}{R_2(R_1Cs+1)+R_1}$$

$$=\frac{R_2}{R_1+R_2}\cdot\frac{1+CR_1s}{1+CR_1R_2s/(R_1+R_2)}$$

angeben kann. Daher gilt für den Frequenzgang

$$\underline{F}=\frac{R_2}{R_1+R_2}\cdot\frac{1+\mathrm{j}\omega CR_1}{1+\mathrm{j}\omega CR_1R_2/(R_1+R_2)}$$

Für Sonderwerte der Kreisfrequenz findet man

$\omega=0$: $\underline{F}_0=R_2/(R_1+R_2)$

$\omega=\infty$: $\underline{F}_\infty=1$

$$\omega = \frac{R_1 + R_2}{C R_1 R_2}: \; \underline{F} = \frac{R_2}{R_1 + R_2}\left(\frac{1 + \mathrm{j}(R_1 + R_2)/R_2}{1 + \mathrm{j}}\right) = \frac{1}{2}\left(\frac{R_1 + 2R_2}{R_1 + R_2} + \mathrm{j}\frac{R_1}{R_1 + R_2}\right)$$

Mit diesen 3 Punkten erhält man den in Bild **6.**61 b dargestellten Halbkreis als Ortskurve.

Beispiel 6.40. Es ist für den beschalteten Verstärker in Bild **6.**38 b die Ortskurve des Frequenzgangs zu ermitteln.

Nach Beispiel 6.26 gilt für den Frequenzgang

$$\underline{F} = \frac{1}{\mathrm{j}\omega C_g (R_{11} + R_{12})} \cdot \frac{(1 + \mathrm{j}\omega C_1 R_{11})(1 + \mathrm{j}\omega C_g R_g)}{1 + \mathrm{j}\omega C_1 R_{11} R_{12}/(R_{11} + R_{12})} \tag{6.132}$$

Für Sonderwerte der Kreisfrequenz findet man daher

$\omega = 0$: Man muß in Gl. (6.132) den komplexen Nenner durch Erweitern mit dem konjugiert komplexen Nenner reell machen und in Real- und Imaginärteil den Übergang zum Grenzwert $\omega = 0$ vollziehen. Hieraus ergibt sich

$$\underline{F}_0 = \frac{C_{11} R_{11}^2}{C_g (R_{11} + R_{12})^2} + \frac{R_g}{R_{11} + R_{12}} - \mathrm{j}\infty$$

$\omega = \infty$: Analog findet man $\underline{F}_\infty = R_g / R_{12}$. Gleichzeitig tritt in diesem Punkt wegen $\mathrm{d}\,\mathrm{Re}\,\underline{F}/\mathrm{d}\omega = 0$ und $\mathrm{d}\,\mathrm{Im}\,\underline{F}/\mathrm{d}\omega \neq 0$ eine vertikale Tangente auf.

ω_i: Für die Kreisfrequenz ω_i, bei der die Imaginärachse von der Ortskurve geschnitten wird, also $\mathrm{Re}\,\underline{F} = 0$ ist, findet man einen imaginären Wert, was bedeutet, daß die Ortskurve keinen Schnittpunkt mit der Imaginärachse hat.

ω_r: Für $\mathrm{Im}\,\underline{F} = 0$ ergibt sich die Kreisfrequenz

$$\omega_r = \frac{R_{11} + R_{12}}{C_1 R_{11}^2 (R_g C_g - R_{12} C_1)}$$

die für den Fall $R_g C_g > R_{12} C_1$ reelle Werte annimmt und daher einen Schnittpunkt mit der Realachse liefert.

Diese Sonderwerte beweisen, daß die gesuchte Ortskurve nur den in Bild **6.**62 dargestellten Verlauf haben kann. Die sehr umfangreichen Zwischenrechnungen sind hier nicht aufgeführt, da der folgende Abschn. 6.3.2 einen einfacheren Weg zum Finden des Frequenzgangs weist.

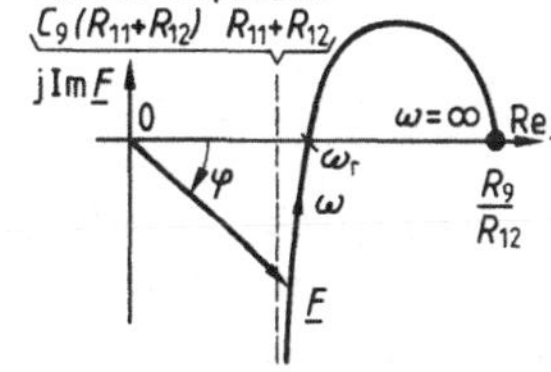

6.62 Ortskurve des Frequenzgangs für Beispiel 6.40 ($R_g C_g > R_{12} C_1$)

6.3.2 Bode-Diagramm

Abschn. 6.3.1 macht deutlich, daß die Ortskurven des Frequenzgangs die Übertragungseigenschaften bei den verschiedenen Frequenzen sehr anschaulich darstellen, daß sie aber für etwas kompliziertere Übertragungsfunktionen nur mit einigem Aufwand genaue Werte liefern. Es soll daher nun gezeigt werden, wie man Amplitude F und Phasenwinkel φ des Frequenzgangs zweckmäßig getrennt als Frequenzkennlinien darstellen und hierbei auch die sehr häufig notwendige Multiplikation in eine graphische Addition umwandeln kann. Außerdem sollen die verschiedenen Übertragungsfunktionen systematisch geordnet, einige Beispiele und die Rückführung sowie das Gesetz von Bode betrachtet werden.

6.3.2.1 Amplitudengang und Phasengang. Elektrische Schaltungen sind meist als Reihenschaltungen (Kettenschaltungen) einfacherer Schaltungsglieder anzusehen, so daß der resultierende Frequenzgang nach Abschn. 6.2.3.2 dann mit

$$\underline{F} = \prod_{i=1}^{m} \underline{F}_i \qquad (6.133)$$

das Produkt einer Reihe von einfacheren Frequenzgängen $\underline{F}_1$ bis $\underline{F}_m$ darstellt. Die in Gl. (6.117), (6.121), (6.123) und (6.125) wiedergegebenen Übertragungsfunktionen sind z. B. solche Produkte.

Es handelt sich dann stets um rationale Funktionen, deren Zähler und Nenner sich aus einer Reihe von Faktoren zusammensetzen bzw. in sie zerlegt werden können (s. Abschn. 8.6). Mit der Bildvariablen $s = \sigma + j\omega$ sind dies i. allg. komplexe Faktoren. Die vorkommenden Typen sind in Tafel **6.**64 zusammengestellt. (Die dort aufgeführten Bezeichnungen können z. Tl. jedoch erst später in Abschn. 7.3.1 voll eingesehen werden.)

Zur Bildung der Ortskurve des resultierenden Frequenzgangs müssen daher i. allg. eine Reihe komplexer Funktionen miteinander multipliziert werden. Wie Beispiel 6.36 zeigt, kann dies schon bei einfachen Ortskurven einige Schwierigkeiten bereiten. Zu bilden ist z. B.

$$\underline{F} = F\,\underline{/\varphi} = \underline{F}_1\underline{F}_2\underline{F}_3 = F_1\,\underline{/\varphi_1}\cdot F_2\,\underline{/\varphi_2}\cdot F_3\,\underline{/\varphi_3} = F_1 F_2 F_3\,\underline{/\varphi_1+\varphi_2+\varphi_3} \qquad (6.134)$$

Die komplexe Multiplikation verlangt also eine Multiplikation der Amplituden F_i und eine Addition der Phasenwinkel φ_i (s. Abschn. 8.2). Die Multiplikation kann man aber auf eine niedere Rechenoperation, die Addition, zurückführen, wenn man die Größen vorher logarithmiert, sie also transformiert.

Mit diesem Grundgedanken führt das Bode-Diagramm die Multiplikation der komplexen Frequenzgänge auf getrennte graphische Additionen von Amplituden F_i und Phasenwinkel φ_i zurück. Man nennt diese, meist über einer gemeinsamen Frequenzachse dargestellten Kurvenzüge Amplitudengang F und Phasengang φ. Sie werden in den folgenden Abschnitten zunächst für einige Typen von Übertragungsfunktionen getrennt angegeben (s. Tafel **6.**64).

Um weite Frequenzbereiche betrachten zu können, empfiehlt es sich, auch die Kreisfrequenz ω logarithmisch darzustellen, z. B. auf Logarithmenpapier. Man kann aber auch dekadisch geteiltes kariertes Papier verwenden (z. B. mit einem Abstand der Linien von 5 mm), wenn man nach Bild **6.**63 jeder Linie einen Wert der Normreihe R 10 zuordnet. Zu einer Dekade der Kreisfre-

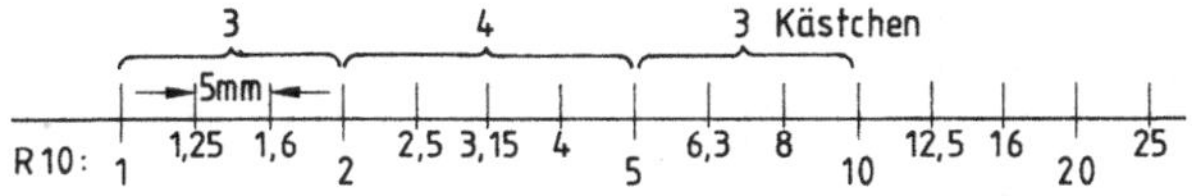

6.63
Logarithmische Teilung für kariertes Papier

quenz ω gehören dann 10 Kästchen. Häufig genügt auch die grobe Teilung 1-2-5-10 nach 3-4-3 Kästchen Zwischenraum. Genaue Werte erhält man z. B. mit einem logarithmisch geteilten Maßstab. Die Normzahlenreihe R 10 ist eine geometrische Reihe mit dem Faktor $\sqrt[10]{10} = 1{,}2589$, ihre Zahlenwerte können daher auch leicht als Potenzen dieses Faktors mit dem Taschenrechner bestimmt werden.

Nach Gl. (6.134) werden die Phasenwinkel einfach addiert, so daß hierfür ein linearer Maßstab beizubehalten ist.

Um auch für die Amplitude dekadisch geteiltes Papier verwenden zu können, hat es sich eingebürgert, hier ein logarithmisches Verstärkungsmaß einzuführen, also die Amplitude

$$F = 20\,\lg(F/[F])\,\mathrm{dB} \tag{6.135}$$

in dB (Dezibel) anzugeben. (Vor dem Logarithmieren ist also die Amplitude F durch Division durch ihre Einheit $[F]$ dimensionslos zu machen. Um in den für Diagramme günstigen Bereich $F = 0$ bis 40 dB zu gelangen, muß man u. U. noch einen Maßstabsfaktor einführen.) Man kann daher die Amplitude leicht mit dem Taschenrechner auf die Einheit dB umrechnen.

Beispiel 6.41. Es wird empfohlen, die folgenden Werte zu bestimmen:

$F/[F]$	F in dB	$F/[F]$	F in dB
1000	60	1	0
35	30,88	0,97	−0,2646
2,0	6,021	0,85	−1,412
1,04	0,3407	0,1	−20

6.3.2.2 Frequenzverhalten elementarer Übertragungsglieder. Anhand von Tafel **6.**64 sollen nun einige typische Übertragungsfunktionen und -glieder betrachtet werden. (Pole, Nullstellen und Übergangsfunktionen werden erst in Abschn. 7 besprochen, sind jedoch in Tafel **6.**64 schon aufgeführt, um eine vollständige, zusammenfassende Darstellung zu ermöglichen. Die Übergangsfunktion $h(t)$ – s. Abschn. 7.1.2.2 und 7.3.1 – gibt das Verhalten der Ausgangsgröße auf eine sprunghafte Änderung der Eingangs-Gleichgröße wieder und kennzeichnet besonders anschaulich das Übergangsverhalten. Nach diesem Verhalten werden die Glieder benannt, und die Übergangsfunktion wird gern – insbesondere in der Regelungstechnik – in die Blöcke der Signalflußpläne eingetragen.)

Tafel 6.64 Übertragungsfunktion, Ortskurve, Amplitudengang, Phasengang, Pole, Nullstellen und Übergangsfunktion typischer Übertragungsglieder

Typ	Übertragungs-funktion	Ortskurve	Amplitudengang	Phasengang	Pole × Nullstellen ○	Übergangsfunktion
P	K_P	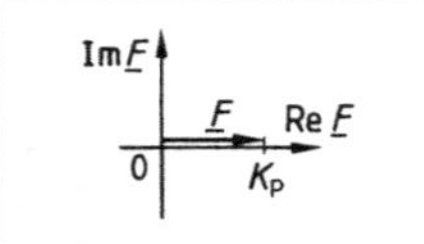	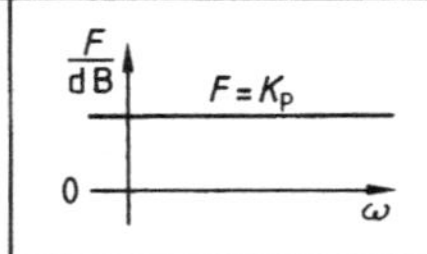	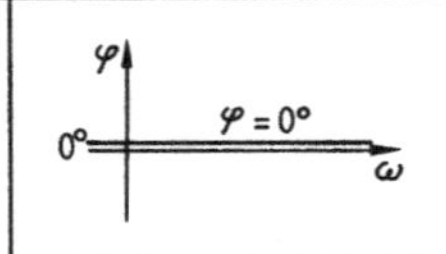	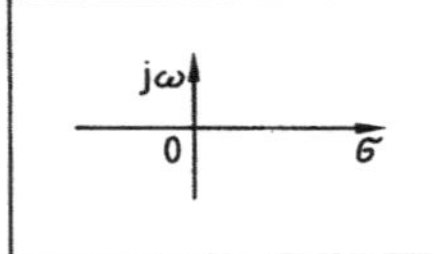	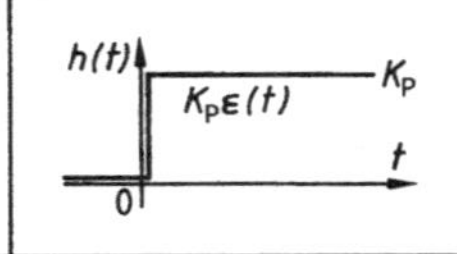
D	$K_D s$	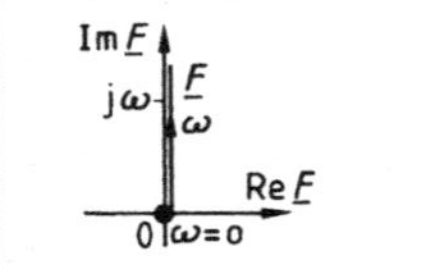	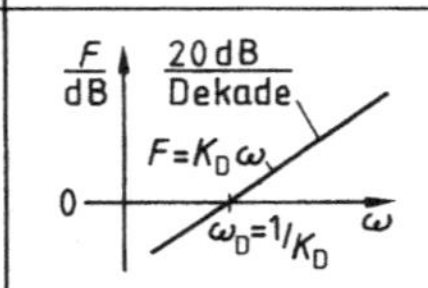	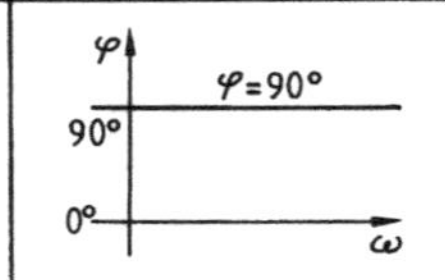	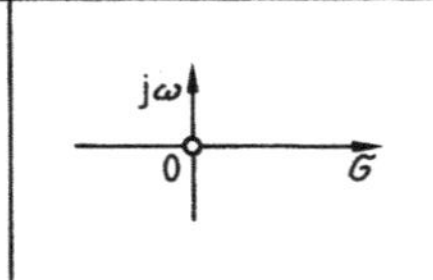	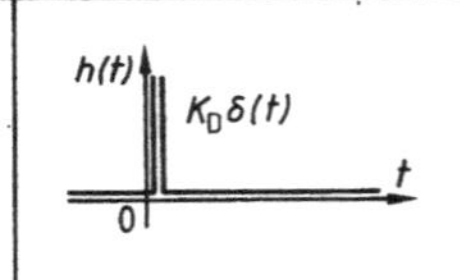
I	$\frac{K_I}{s}$	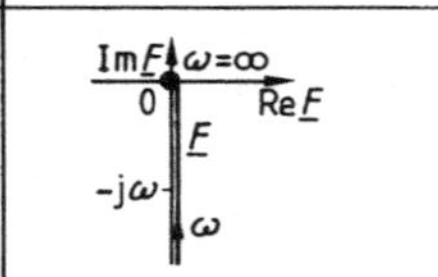	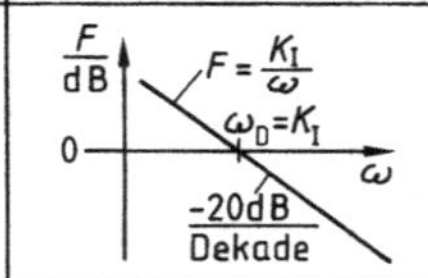	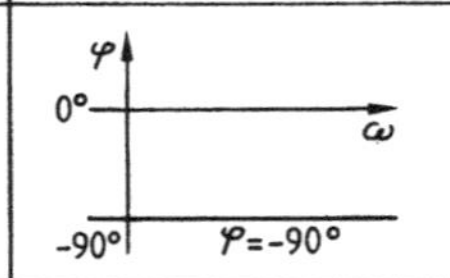	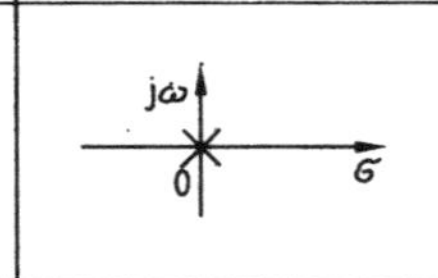	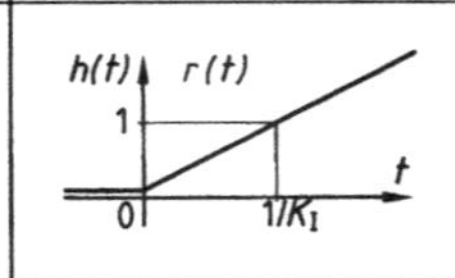
T_1	$\frac{1}{1+Ts}$	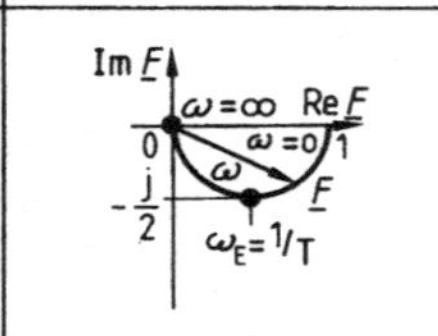	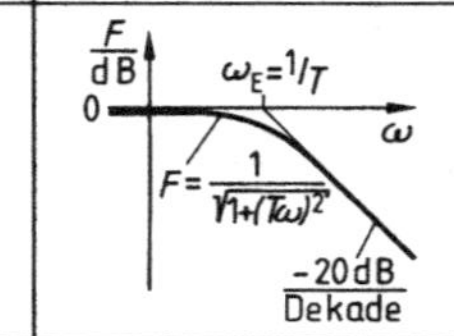	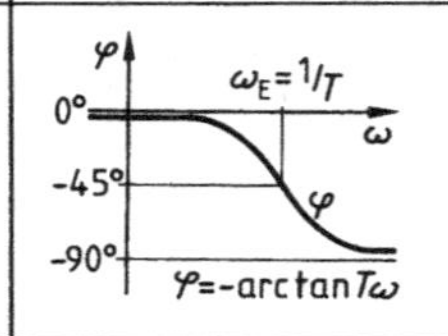	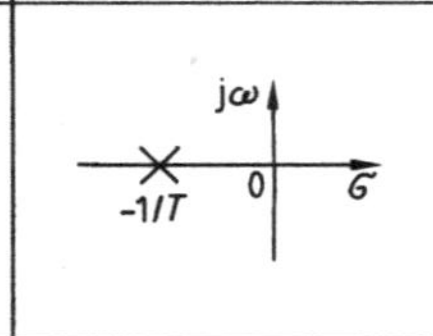	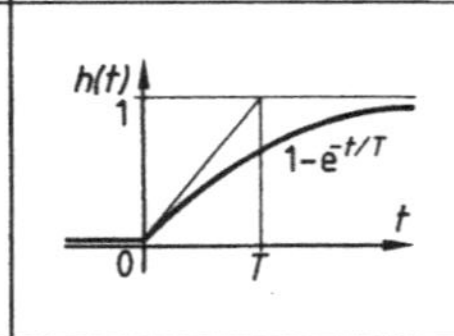
T_1^{-1}	$1+Ts$	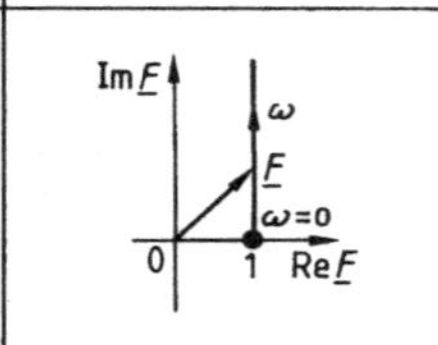	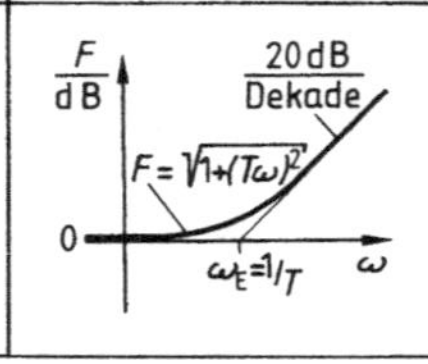	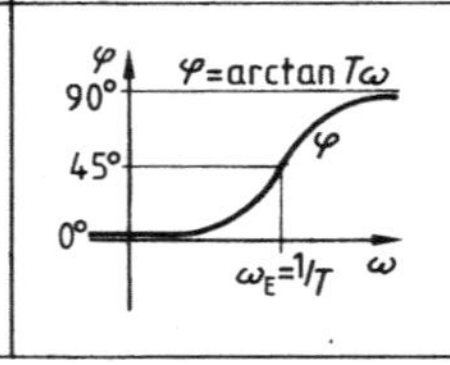	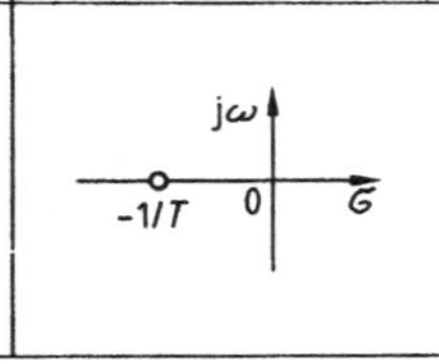	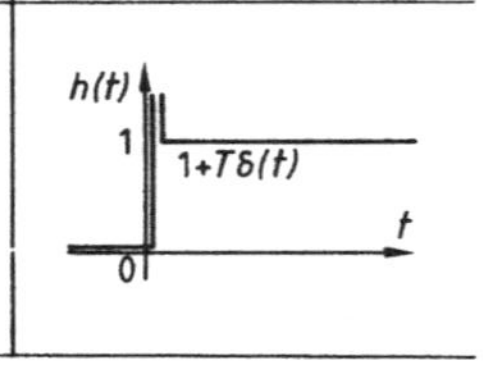

Tafel **6.64** Fortsetzung

Typ	Übertragungs-funktion	Ortskurve	Amplitudengang	Phasengang	Pole × Nullstellen ○	Übergangsfunktion
T_{-1}^{-1}	$1-Ts$	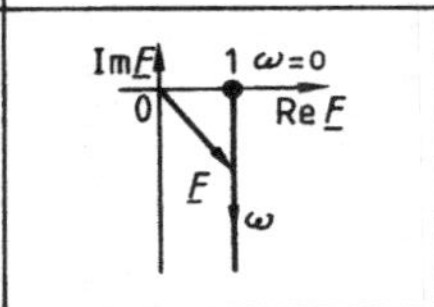	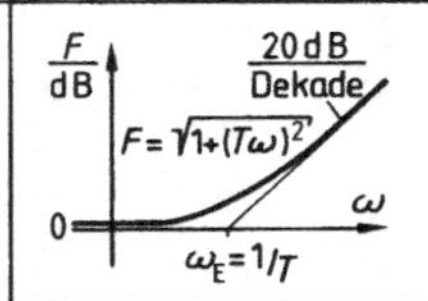	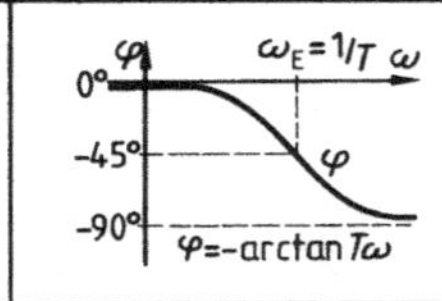	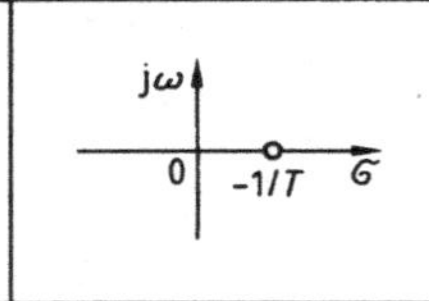	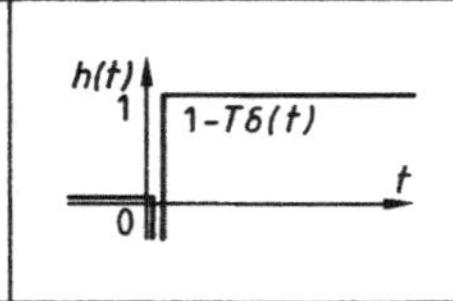
T_2	$\dfrac{1}{1+2\vartheta T_0 s+T_0^2 s^2}$	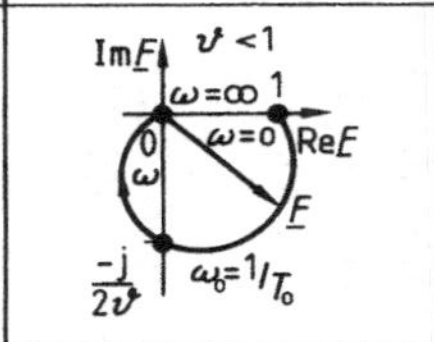	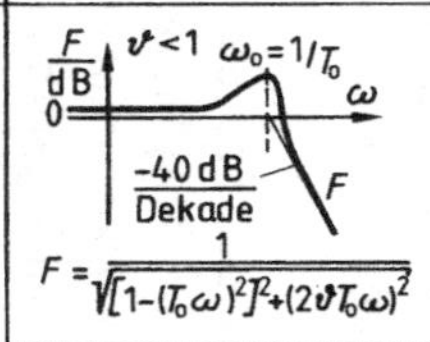	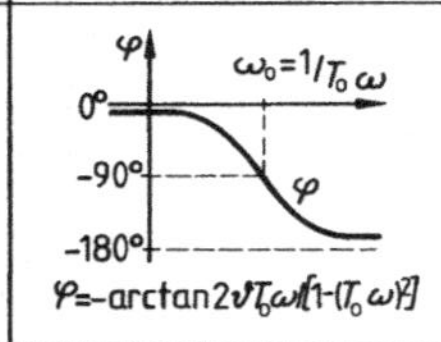	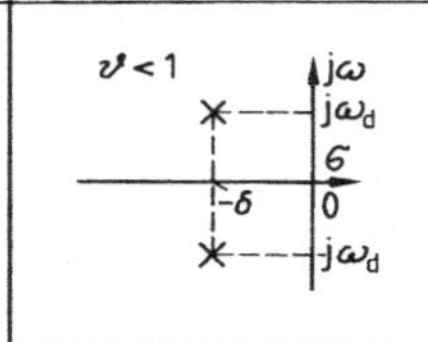	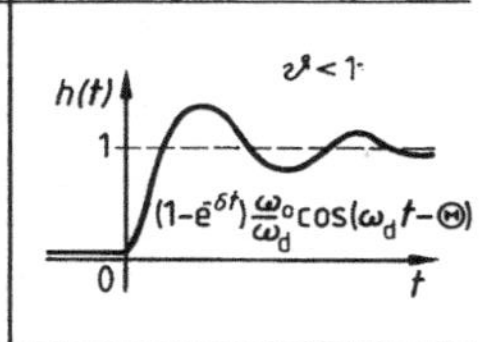
T_2^{-1}	$1+2\vartheta T_0 s+T_0^2 s^2$	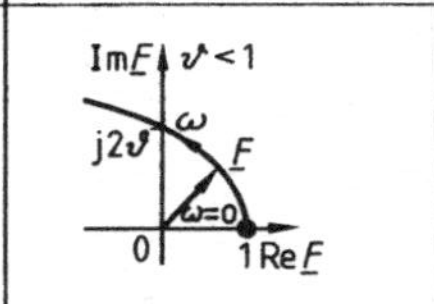	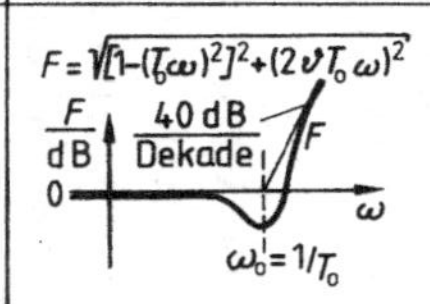	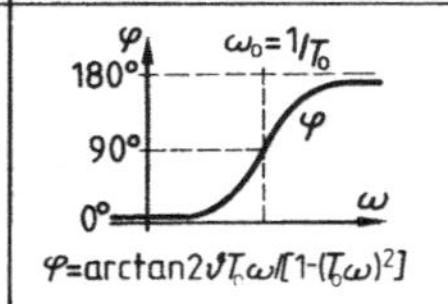	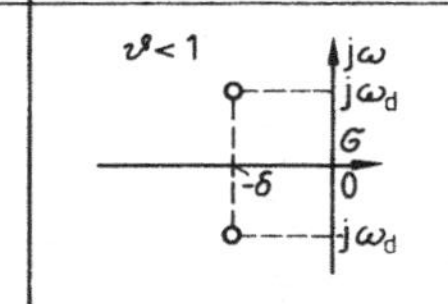	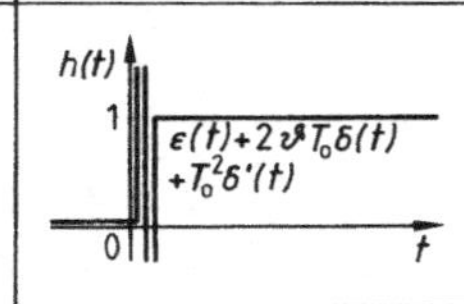
T_{-2}^{-1}	$1-2\vartheta T_0 s+T_0^2 s^2$	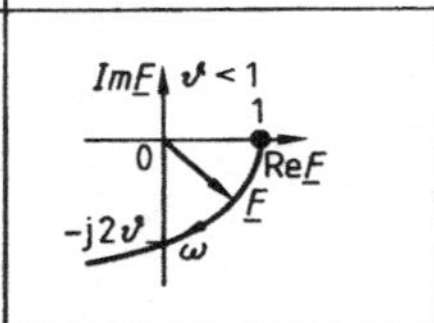	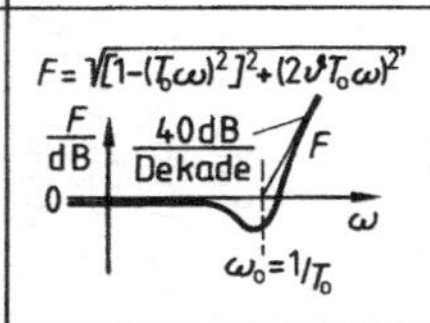	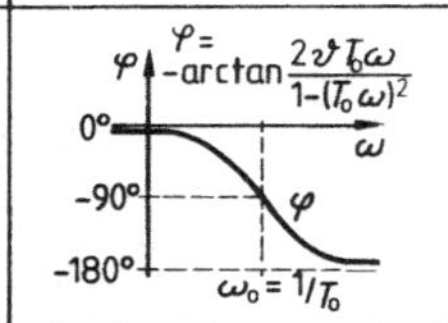	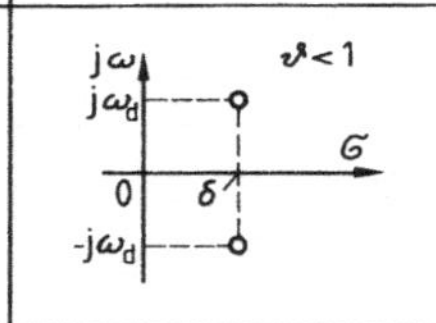	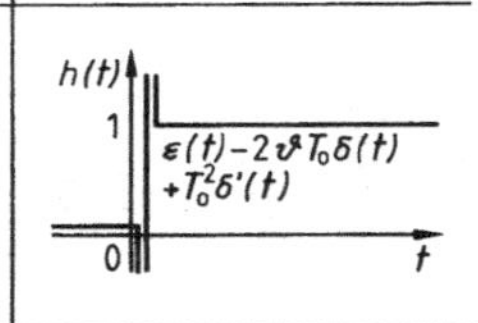
T_t	$e^{-T_t s}$	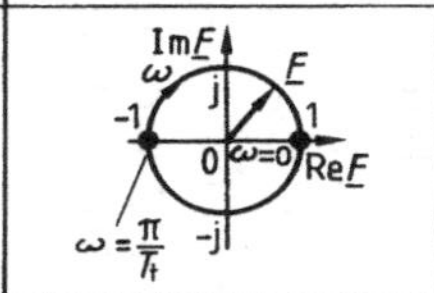	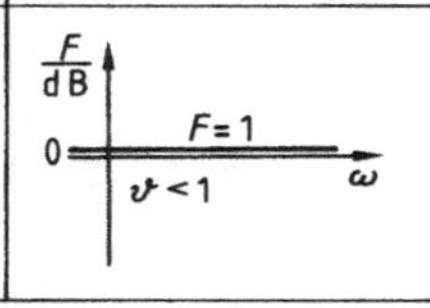	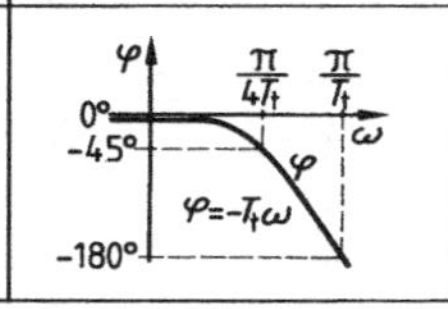	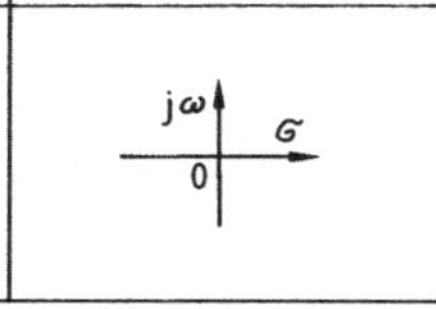	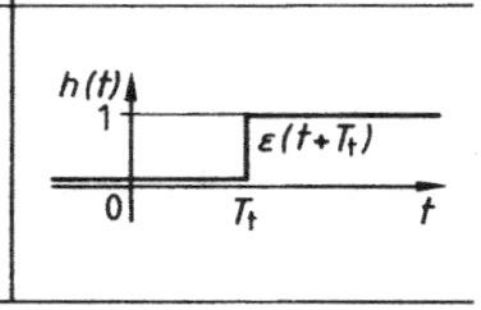

Proportionalglied. Da sich beim P-Glied mit der Übertragungsfunktion

$$\underline{F}(s) = \underline{X}_a(s)/\underline{X}_e(s) = K_P \tag{6.136}$$

die Ausgangsgröße x_a stets proportional zur Eingangsgröße x_e ändert und auch die Zeitfunktionen von Eingangs- und Ausgangsgröße nach Tafel **6.**64 stets den gleichen Verlauf zeigen, wird ein Schaltungsglied mit diesem Verhalten Proportionalglied genannt. Der Proportionalbeiwert K_P ist i. allg. eine positive reelle Größe, wie die Ortskurve in Tafel **6.**64 zeigt. Er ändert sich nicht mit der Kreisfrequenz ω, und er verursacht keine Phasenverschiebung φ. Ein Minuszeichen weist auf eine negative Größe hin, so daß sich am Amplitudengang nichts ändert, der Phasenwinkel jedoch $\varphi = 180°$ wird.

Ein P-Verhalten zeigen beispielsweise folgende Anordnungen: Spannung $u_a = R\, i_e$ an einem Wirkwiderstand R, Strom $i_a = u_e/R$ in einem Wirkwiderstand R, Ausgangsspannung $u_a = V u_e$ eines Verstärkers mit dem Verstärkungsfaktor V, Quellenspannung eines Generators $u_{qa} = K_P \Omega_{et}$ bei Änderung der Winkelgeschwindigkeit ω_{et} bzw. $u_{qa} = K_P \Phi_{et}$ bei Änderung des Flusses Φ_{et}.

Differenzierglied. Das D-Glied differenziert nach Tafel **6.**64 mit der Übertragungsfunktion

$$\underline{F}(s) = K_D s \tag{6.137}$$

die Eingangsgröße und wird daher auch Differenzierglied genannt. Der Differenzierbeiwert K_D enthält meist die Einheit s, so daß mit der Einheit s^{-1} für die Bildvariable s die Übertragungsfunktion dimensionslos werden kann.

Hier stimmt nach Tafel **6.**64 die Ortskurve des Frequenzgangs mit dem positiven Teil der Imaginärachse überein und die Amplitude wächst daher mit der Kreisfrequenz ω, während der Phasenwinkel konstant $\varphi = +90°$ beträgt. Trägt man nun $F = K_D$ wie in Tafel **6.**64 bei doppeltlogarithmischer Teilung als Amplitudengang auf, so erhält man eine Gerade, die eine Steigung von 20 dB/Dekade der Frequenzskala aufweist und bei $\omega = 1\,s^{-1}$ die Amplitude $F = 1$ zeigt, also bei der Durchtrittskreisfrequenz $\omega_D = [F]/K_D$ die 0-dB-Linie bzw. die Frequenzachse schneidet.

Ein D-Verhalten haben z. B. folgende Anordnungen: Spannung $u_a = L\,di_e/dt$ einer Induktivität L mit eingeprägtem Strom i_e, Strom $i_a = C\,du_e/dt$ einer Kapazität C.

Integrierglied. Das I-Glied integriert nach Tafel **6.**64 mit der Übertragungsfunktion

$$\underline{F}(s) = K_I/s \tag{6.138}$$

die Eingangsgröße und heißt daher auch Integrierglied. Der Integrierbeiwert K_I enthält i. allg. die Einheit s^{-1}. Ein Vergleich von Gl. (6.138) mit Gl. (6.137) weist darauf hin, daß es ein gegenüber dem D-Glied inverses Verhalten haben muß. Die Durchtrittskreisfrequenz ist hier $\omega_D = K_I/[F]$. Die Ortskurve des Frequenzgangs verläuft daher in der negativen Imaginärachse und die Amplitude ändert sich reziprok mit der Kreisfrequenz ω. Amplitudengang und Phasengang des D-Gliedes brauchen daher nur invertiert, d.h., an der 0-dB-Linie gespiegelt zu werden.

Beispiele für ein I-Verhalten sind: Spannung $u_a = (1/C) \int i_e \, dt$ an einer Kapazität C, Strom $i_a = (1/L) \int u_e \, dt$ in einer Induktivität L, Winkelgeschwindigkeit $\Omega_t = (1/J) \int M_{Bt} \, dt$ eines Antriebs mit Beschleunigungsmoment M_{Bt} und Trägheitsmoment J.

Verzögerungsglied 1. Ordnung. Als T_1-Glieder bezeichnet man nach DIN 19226 die durch eine einzige Zeitkonstante T gekennzeichneten Übertragungsglieder. Die zugehörige Übergangsfunktion in Tafel **6.**64 zeigt, daß die Ausgangsgröße nach einer Exponentialfunktion verzögert der Eingangsgröße folgt.

Die in Beispiel 6.16 betrachtete Schaltung hat nach Gl. (6.90) die Übertragungsfunktion eines Verzögerungsgliedes 1. Ordnung

$$\underline{F}(s) = \frac{1}{1 + Ts} \tag{6.139}$$

und die Ortskurve des Frequenzgangs von Bild **6.**56. Beides ist nochmals in Tafel **6.**64 angegeben. Für Amplitude F und Phasenwinkel φ gelten dann die ebenfalls in Tafel **6.**64 eingetragenen Gleichungen. In logarithmischer Darstellung erhält man die in Bild **6.**65 dargestellten Kurven. Genauere Werte kann man der Leitertafel von Bild **6.**66 entnehmen oder mit dem Taschenrechner über die in Tafel **6.**64 angegebenen Gleichungen berechnen.

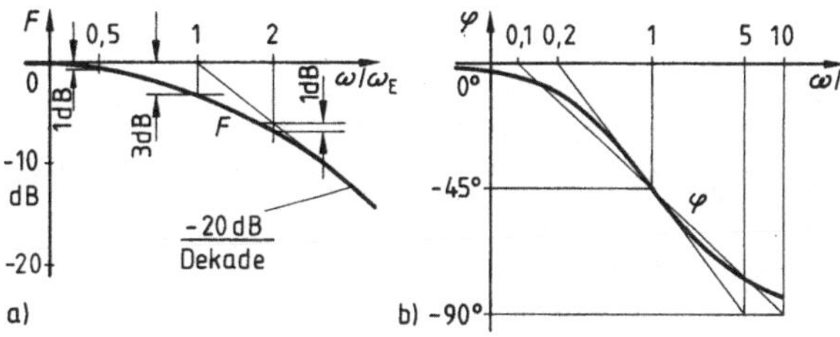

6.65 Logarithmischer Amplitudengang (a) und Phasengang (b) des T_1-Gliedes

Bild **6.**65 zeigt auch, daß man beim Amplitudengang den wahren Kurvenverlauf gut durch die eingetragenen Asymptoten (0-dB-Linie und mit 20 dB/Dekade der Kreisfrequenz abfallende Gerade durch 0 dB bei der Eckkreisfrequenz[1]) $\omega_E = 1/T$) ersetzen kann. Die größte Abweichung erhält man für die Eckkreisfrequenz ω_E mit 3 dB. Den Phasengang kann man ebenfalls durch die Asymptoten 0° und $-90°$ sowie die durch 0° und $\omega_E/5$ bzw. $-45°$ und ω_E gehende Wendetangente ersetzen. Die größte Abweichung erhält man für $\omega_E/5$ und $5\omega_E$ mit 11,3°.

Eine noch bessere Annäherung stellt die gestrichelte Gerade in Bild **6.**65b dar; sie fällt von $\omega_E/10$ bis $10\omega_E$, also über zwei Kreisfrequenz-Dekaden, von 0°

[1]) Aus dem Verlauf der Asymptoten ergibt sich auch die Bezeichnung Eckkreisfrequenz.

auf $-90°$, schneidet den wahren Phasengang dreimal und weicht an keiner Stelle von ihm um mehr als $6°$ ab. In vielen Fällen genügt es, sich mit diesen Asymptoten und Näherungsgeraden einen Überblick zu verschaffen und den wahren Verlauf nur in einem kleinen interessierenden Bereich zu bestimmen.

Das in Tafel **6**.64 ebenfalls eingetragene inverse T_1^{-1}-Glied hat Kennlinien, die sich durch Spiegelung an der Frequenzachse ergeben, während für das T_{-1}^{-1}-Glied nur der Amplitudengang des T_1-Gliedes zu spiegeln ist, der Phasengang aber erhalten bleibt. Bild **6**.65 und Leitertafel von Bild **6**.66 sind dann analog anzuwenden.

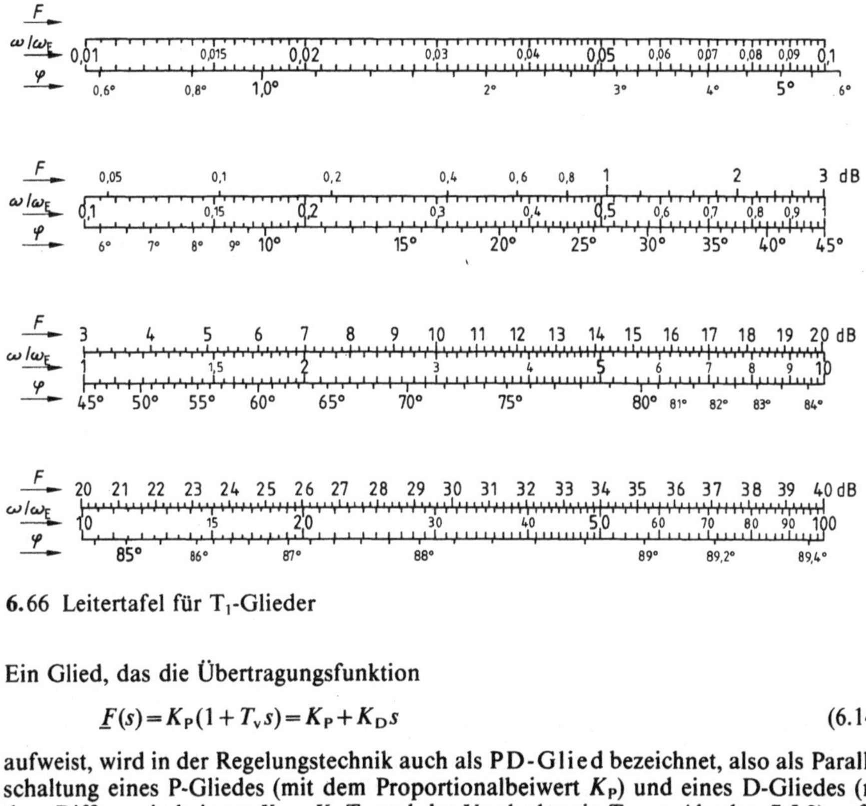

6.66 Leitertafel für T_1-Glieder

Ein Glied, das die Übertragungsfunktion

$$\underline{F}(s) = K_P(1 + T_v s) = K_P + K_D s \tag{6.140}$$

aufweist, wird in der Regelungstechnik auch als PD-Glied bezeichnet, also als Parallelschaltung eines P-Gliedes (mit dem Proportionalbeiwert K_P) und eines D-Gliedes (mit dem Differenzierbeiwert $K_D = K_P T_v$ und der Vorhaltzeit T_v - s. Abschn. 7.5.2) aufgefaßt.

Beispiele für diese T_1-Glieder findet man in den Beispielen 6.16, 6.18, 6.34, 6.35, 6.37 (Bild **6**.26, **6**.29, **6**.31, **6**.45, **6**.61 und Ortskurven von Bild **6**.56, **6**.57, **6**.59, **6**.61).

Verzögerungsglieder 2. Ordnung. Zu der Übertragungsfunktion (Schwingungsgleichung) des T_2-Gliedes

$$\underline{F}(s) = \frac{1}{1 + 2\vartheta T_0 s + T_0^2 s^2} \tag{6.141}$$

gehören die in Abschn. 6.2.1.4 aufgeführten Kenngrößen. Die Darstellungen in Tafel **6**.64 gelten für einen Dämpfungsgrad $\vartheta < 1$, was man nach Abschn. 7.4.1.1 als den Schwingfall bezeichnet. Auch hier reagiert, wie die Übergangsfunktion beweist, der Ausgang verzögert – u.U. mit einem Schwingungsvorgang – auf Änderungen am Eingang, so daß hier ebenfalls ein Verzögerungsglied vorliegt, das nach DIN 19226 als T_2-Glied bezeichnet wird. Kriechfall (Dämpfungsgrad $\vartheta > 1$) und aperiodischer Grenzfall ($\vartheta = 1$) werden daher als Sonderfälle von T_1- bzw. T_1^{-1}-Gliedern aufgefaßt (s. Abschn. 7.3.2.1).

Die Kenngrößen des Schwingfalls werden ebenfalls in Abschn. 6.2.1.4 behandelt. In Tafel **6**.64 ist am Amplitudengang zu erkennen, daß in der Nähe der Eigenkreisfrequenz $\omega_0 = 1/T_0$ eine vom Dämpfungsgrad ϑ abhängige Amplitudenvergrößerung bzw. -absenkung auftreten kann. Über die Differentialrechnung findet man mit Dämpfungswinkel Θ und in Übereinstimmung mit Abschn. 6.1.2.6 diese Resonanzüberhöhung

$$F_m = 1/(2\vartheta\sqrt{1-\vartheta^2}) = 1/(2\tan\Theta) \qquad (6.142)$$

für die Kreisfrequenz

$$\omega_m = \omega_0\sqrt{1-2\vartheta^2} \qquad (6.143)$$

Amplitude F und Phasenwinkel φ können mit den in Tafel **6**.64 angegebenen Gleichungen berechnet oder Bild **6**.67 (s. nächste Seite) entnommen werden. Asymptotendarstellungen müssen für jede Kurve getrennt ermittelt werden. Für den Amplitudengang stellt die Kennkreisfrequenz ω_0 wieder eine Eckkreisfrequenz dar, da durch den Punkt 0 dB bei ω_0 die beiden Asymptoten, nämlich die 0-dB-Linie und die mit 40 dB/Dekade der Kreisfrequenz abfallende Gerade, gehen.

Das zum T_2-Glied inverse T_2^{-1}-Glied hat inverse Frequenzkennlinien, während das seltener vorkommende T_{-2}^{-1}-Glied nur einen inversen Amplitudengang aufweist.

Der Schwingfall kann immer dann auftreten, wenn Energiespeicher verschiedener Art zusammenwirken, also z.B. im elektrischen Schwingkreis der Speicher Kapazität C für elektrische Energie mit dem Speicher Induktivität L für magnetische Energie (s. Beispiel 6.44) oder im mechanischen Schwingungssystem eine Feder als Speicher für potentielle Energie mit einer Masse als Speicher für kinetische Energie, und die Energie dann zwischen diesen Speichern hin und her pendelt (s. [13], [25]). (In der Thermodynamik gibt es nur die der Kapazität entsprechende Speicherart.)

Totzeitglied. Eine Sonderstellung nimmt die Übertragungsfunktion

$$\underline{F}(s) = \exp(-T_t s) \qquad (6.144)$$

eines T_t-Gliedes, wie es z.B. durch die Laufzeit einer elektrisch langen Leitung vorliegt, mit der Totzeit T_t ein. Seine Übergangsfunktion entspricht der um die Totzeit T_t verzögerten Übergangsfunktion des P-Gliedes. Sein Frequenzgang läßt sich nach Tafel 6.64 ebenfalls durch eine Ortskurve bzw. Amplitudengang und Phasengang darstellen. Die Amplitude ist unabhängig von der Kreisfrequenz, während die Phasennacheilung mit der Kreisfrequenz ω unbegrenzt zunimmt. Der logarithmische Phasengang folgt einer Exponentialfunktion. Da wir hier jedoch nur Netzwerke mit punktförmig konzentrierten Schaltungsgliedern betrachten wollen, wird dieses Glied nur der Vollständigkeit halber aufgeführt.

6.3.2.3 Beispiele. Die folgenden durchgerechneten Beispiele sollen verdeutlichen, daß es, wenn die Übertragungsfunktion in Normalform vorliegt, häufig viel leichter ist, den Frequenzgang als Bode-Diagramm darzustellen als die Ortskurve zu

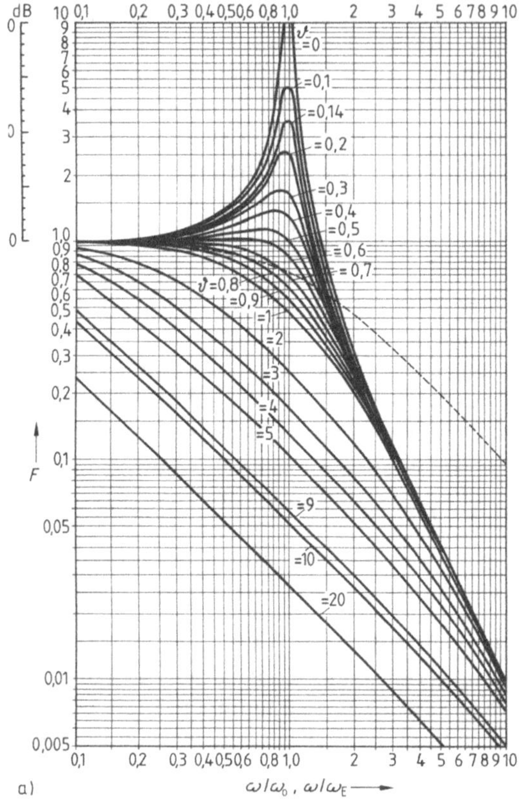

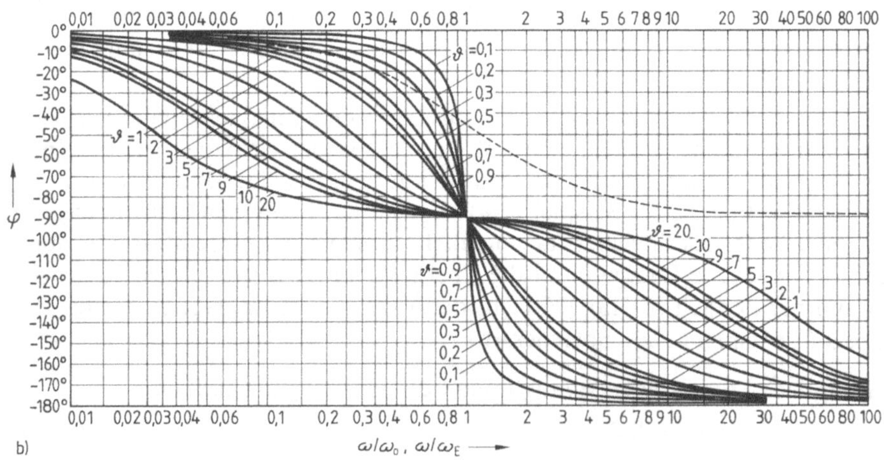

6.67 Amplitudengang F (a) und Phasengang φ (b) für T_2-Glied (——) und T_1-Glied (---)

entwickeln. Der Amplitudengang zeigt dann auch sehr anschaulich, ob sich das betrachtete Übertragungsglied wie ein Tief-, Hoch- oder Bandpaß bzw. wie eine Bandsperre (s. Band XI) verhält. Ortskurve des Frequenzgangs und Bode-Diagramm müssen natürlich die gleichen Eigenschaften aufweisen.

Wir wollen jetzt die Bode-Diagramme einiger in früheren Beispielen bestimmten Übertragungsfunktionen entwickeln. Dabei werden wir die asymptotischen Darstellungen bevorzugen und sie an einigen interessanten Stellen durch Berechnung genauerer Werte ergänzen.

Wenn sich die Eckkreisfrequenzen der Teilfunktionen nur wenig unterscheiden, empfiehlt es sich, für den Phasengang bei den Eckkreisfrequenzen der T_1- bzw. T_1^{-1}-Glieder Phasensprünge von 90° in einer Treppenkurve anzugeben, da dann die Wendetangentenkonstruktion etwas unübersichtliche Darstellungen liefert. Analog kann man bei den T_2- bzw. T_2^{-1}-Gliedern bei ω_0 Phasenwinkelsprünge von 180° in Treppenform zeichnen.

Beispiel 6.42. Der in Bild **6.**56 als Ortskurve dargestellte Frequenzgang des RC-Gliedes von Bild **6.**26 ist in ein Bode-Diagramm zu überführen.

Gl. (6.90) gehört nach Tafel **6.**64 zu einem T_1-Glied, das nach Beispiel 6.34 die Eckkreisfrequenz $\omega_E = 1000\,\text{s}^{-1}$ aufweist. Wir können jetzt anhand von Bild **6.**65 eine logarithmische Frequenzskala wie in Bild **6.**68 entwerfen und unter Berücksichtigung von Bild **6.**65 Amplituden- und Phasengang in Bild **6.**68 darstellen. Nachdem die Asymptoten und die Wendetangente dort eingetragen sind, kann man durch Eintragen des Punktes -3 dB bei der Eckkreisfrequenz ω_E den Amplitudenverlauf ausreichend genau einzeichnen. Um einen ausreichenden Phasenverlauf zu erhalten, genügt es, bei $\omega_E/5$ den Phasenwinkel $\varphi = -11°$ und bei $5\,\omega_E$ entsprechend $\varphi = -90° + 11° = -79°$ zu fixieren.

Das Bode-Diagramm zeigt, daß die Schaltung in Bild **6.**26 schon ein einfacher Tiefpaß ist, der Sinusspannungen mit Frequenzen oberhalb der Eckfrequenz mit steigender Frequenz sperrt.

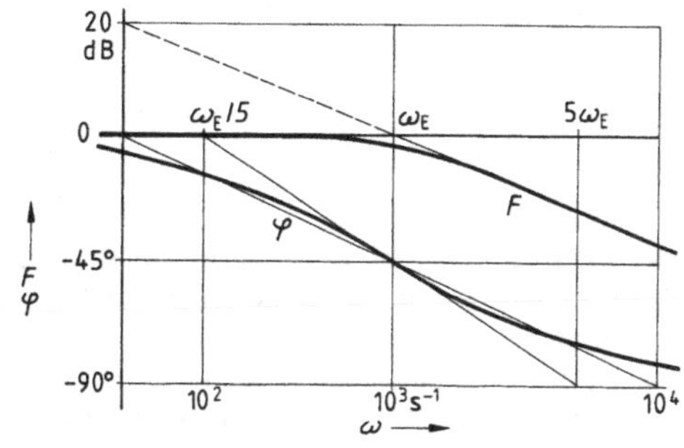

6.68 Bode-Diagramm für die Schaltung in Bild **6.**26

Beispiel 6.43. Für das RC-Glied in Bild **6.**29 ist das Bode-Diagramm mit den in Beispiel 6.35 angegebenen Werten zu bestimmen.

Nach Gl. (6.107) und Abschn. 6.2.3.2 bzw. Tafel **6.**64 darf der Frequenzgang

$$\underline{F} = \frac{\mathrm{j}\omega K_D}{1 + \mathrm{j}\omega T_{12}} = \underline{F}_1 \underline{F}_2$$

als Kettenschaltung eines T_1-Gliedes mit dem Frequenzgang $\underline{F}_1 = 1/(1 + \mathrm{j}\omega T_{12})$ und eines D-Gliedes mit dem Frequenzgang $\underline{F}_2 = \mathrm{j}\omega K_D$ angesehen werden. Mit den Wirkwiderständen $R_1 = R_2 = 500\,\Omega$ und der Kapazität $C = 1\,\mu\text{F}$ erhält man nach Gl. (6.107) die Zeitkonstante

$$T_{12} = C(R_1 + R_2) = 1 \cdot \mu\text{F}(500\,\Omega + 500\,\Omega) = 1\ \text{ms}$$

und den Differenzierbeiwert

$$K_D = C R_2 = 1 \cdot \mu F \cdot 500\ \Omega = 0{,}5\ \text{ms}$$

so daß für Eckkreisfrequenz und Durchtrittsfrequenz gilt

$$\omega_{E12} = 1/T_{12} = 1/(1\ \text{ms}) = 1000\ \text{s}^{-1}$$

$$\omega_D = 1/K_D = 1/(0{,}5\ \text{ms}) = 2000\ \text{s}^{-1}$$

Die Amplitudengänge F_1 und F_2 sowie die Phasengänge φ_1 und φ_2 sind in Bild 6.69 zunächst getrennt dargestellt worden. Um die resultierenden Verläufe F und φ zu erhalten, braucht man sie nur graphisch zu addieren; d.h., der resultierende Amplitudengang F folgt zunächst für $\omega < \omega_{E12}$ dem Amplitudenverlauf F_2, knickt dann aber bei der Eckkreisfrequenz ω_{E12} wegen des Amplitudenverlaufs F_1 um -20 dB/Dekade auf eine Waagerechte ab. Den resultierenden Phasengang erhält man, wenn man φ_1 um $\varphi_2 = 90°$ nach oben verlagert. Die Schaltung in Bild 6.29 ist daher ein Hochpaß.

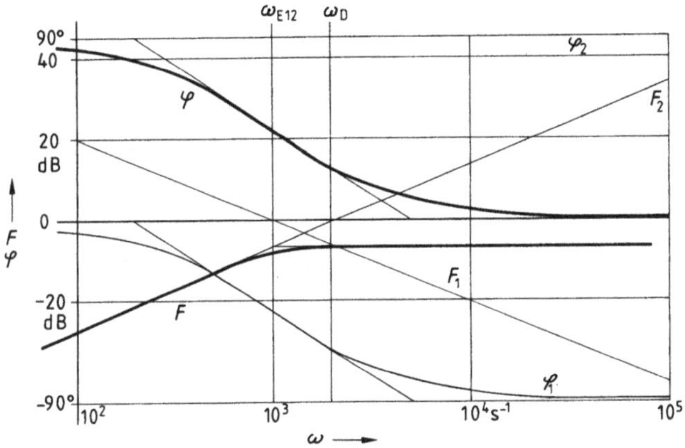

6.69 Bode-Diagramm für die Schaltung in Bild 6.29

Beispiel 6.44. Das RC-Netzwerk von Bild 6.42 habe die Zeitkonstanten $T_1 = 0{,}5$ s und $T_2 = 0{,}1$ s sowie den Verstärkungsfaktor $V = 100$. Das zugehörige Bode-Diagramm ist zu bestimmen.

Nach Gl. (6.123) und Tafel 6.64 handelt es sich um die Kettenschaltung von zwei T_1-Gliedern und einem P-Glied mit den Eckkreisfrequenzen $\omega_{E1} = 1/T_1 = 1/(0{,}5\ \text{s}) = 2\ \text{s}^{-1}$ und $\omega_{E2} = 1/T_2 = 1/(0{,}1\ \text{s}) = 10\ \text{s}^{-1}$ sowie dem Proportionalbeiwert $K_P = V = 100 = 40$ dB.

Wir brauchen hier nicht mehr Amplituden- und Phasengänge der Teilglieder getrennt darzustellen, sondern können in Bild 6.70 sofort die resultierenden Verläufe finden. Nach zweckmäßiger Wahl der Kreisfrequenzskala werden zunächst die Eckkreisfrequenzen ω_{E1} und ω_{E2} eingetragen und die Hilfslinien mit dem Abfall -20 dB/Dekade bzw. -40 dB/Dekade sowie die Waagerechten für $\varphi = -90°$ und $-180°$ gezeichnet.

Für den resultierenden Amplitudengang beginnen wir für $\omega < \omega_{E1}$ mit der waagerechten Linie $K_P = 40$ dB, die bei der Eckkreisfrequenz ω_{E1} auf eine Linie mit der Steigung von -20 dB/Dekade abknickt und schließlich bei der Eckkreisfrequenz ω_{E2} in eine Linie der Steigung -40 dB/Dekade übergeht. Von dieser asymptotischen Darstellung weicht der wahre Verlauf jeweils bei den Eckkreisfrequenzen ω_{E1} und ω_{E2} um maximal -3 dB ab.

Um den Phasengang zu erhalten, ziehen wir bei der Eckkreisfrequenz ω_{E1} eine Linie durch $\varphi = -45°$ und bei ω_{E2} eine Linie durch $\varphi = -135°$, die jeweils bei $\varphi = 0°$ und $\omega_{E1}/5$

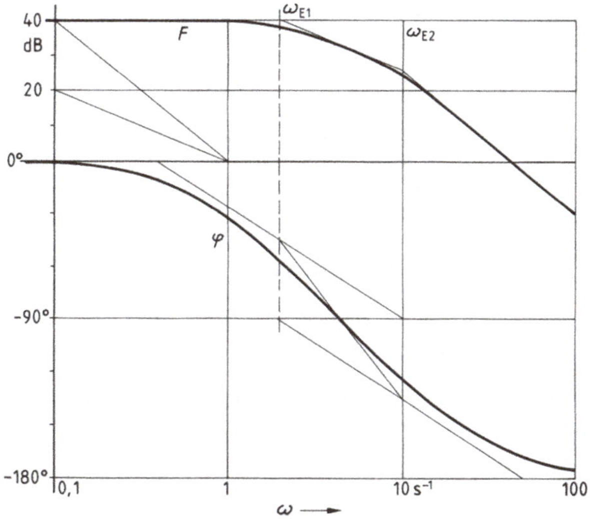

6.70
Bode-Diagramm für die Schaltung in Bild **6.42**

bzw. $\varphi = -90°$ und $\omega_{E2}/5$ beginnen. Die Addition dieser Wendetangenten wird durch Konstruktion eines Parallelogramms und das Zeichnen einer großen Diagonalen erleichtert. Der tatsächliche Phasengang weicht an den Übergängen in die waagerechte Asymptote wieder um jeweils $\pm 11°$ ab.

Es handelt sich also wieder um das Verhalten eines Tiefpasses.

Beispiel 6.45. Der Schwingkreis von Bild **6.71**a weise den Wirkwiderstand $R = 8\ \text{k}\Omega$, die Induktivität $L = 2\ \text{H}$ und die Kapazitäten $C_1 = C_2 = 1 \cdot 10^{-6}\ \text{F}$ auf. Für den Bereich $100\ \text{s}^{-1} \leqq \omega \leqq 5000\ \text{s}^{-1}$ soll das Bode-Diagramm berechnet werden.

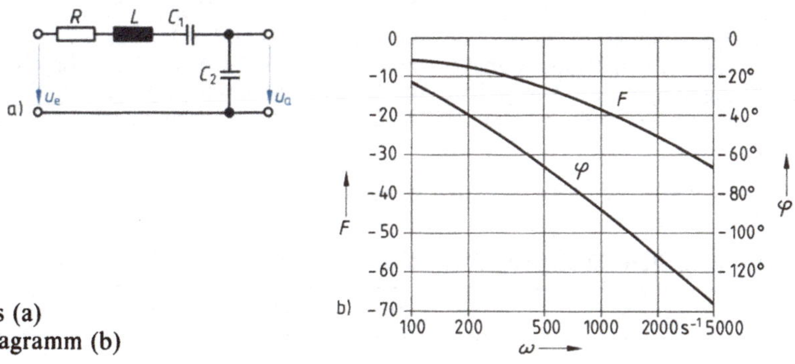

6.71
Schwingkreis (a) mit Bode-Diagramm (b)

Die Spannungsteilerregel liefert die Übertragungsfunktion

$$\underline{F}(s) = \frac{1/(C_2 s)}{R + Ls + \dfrac{1}{C_1 s} + \dfrac{1}{C_2 s}}$$

$$= \frac{C_1/(C_1 + C_2)}{1 + C_1 C_2 R/(C_1 + C_2) s + C_1 C_2 L s^2 (C_1 + C_2)} \tag{6.145}$$

Daher ist der Frequenzgang

$$\underline{F}=\frac{K_P}{1+j2\omega\vartheta T_0-\omega^2 T_0^2} \tag{6.146}$$

und es liegt nach Tafel **6.**64 ein T_2-Glied vor. Mit der Kennzeit

$$T_0=\sqrt{\frac{C_1 C_2 L}{C_1+C_2}}=\sqrt{\frac{1\,\mu F\cdot 1\,\mu F\cdot 2\,H}{1\,\mu F+1\,\mu F}}=1\,ms$$

erhält man den Dämpfungsgrad

$$\vartheta=\frac{1}{2T_0}\cdot\frac{C_1 C_2 R}{C_1+C_2}=\frac{1}{2\cdot 1\,ms}\cdot\frac{1\,\mu F\cdot 1\,\mu F\cdot 8\,k\Omega}{1\,\mu F+1\,\mu F}=2$$

Wegen $\vartheta>1$ ist es sinnvoll, nach Gl. (6.98) die im vorliegenden Kriechfall auftretenden zwei reellen Wurzeln, nämlich die Zeitkonstanten

$$T_1=T_0(\vartheta+\sqrt{\vartheta^2-1})=1\,ms(2+\sqrt{2^2-1})=3{,}732\,ms$$

und

$$T_2=1\,ms(2-\sqrt{2^2-1})=0{,}2679\,ms$$

zu bestimmen und somit Gl. (6.146) umzuformen in

$$\underline{F}=\frac{K_P}{(1+j\omega T_1)(1+j\omega T_2)}$$

Nach Gl. (6.145) ist dann der Proportionalbeiwert

$$\underline{K}_P=\frac{C_1}{C_1+C_2}=\frac{1\,\mu F}{1\,\mu F+1\,\mu F}=0{,}5\mathrel{\hat{=}}-6{,}021\,dB$$

Die Eckkreisfrequenzen betragen $\omega_{E1}=1/T_1=1/(3{,}732\,ms)=267{,}9\,s^{-1}$ und $\omega_{E2}=1/T_2=1/(0{,}2679\,ms)=3732\,s^{-1}$. Genaue Werte für Amplitude F und Phasenwinkel φ erhält man mit den Bestimmungsgleichungen von Tafel **6.**64, deren Ergebnisse in Tafel **6.**72 eingetragen sind. Um gleiche Abstände für die Kreisfrequenz ω bei logarithmischer Teilung zu bekommen, wählen wir die Zahlenwerte $\{\omega\}$ nach einer geometrischen Reihe. Es gilt dann

$$F=F_1+F_2+K_P \quad\text{und}\quad \varphi=\varphi_1+\varphi_2$$

Tafel **6.**72 Berechnung von Amplitude F und Phasenwinkel φ für Beispiel 6.45

ω in s^{-1}	100	200	400	800	1600	3200	6400
$\omega/\omega_{E1}=\omega T_1$	−0,3732	−0,7464	−1,493	−2,986	−5,971	−11,94	−23,89
$\omega/\omega_{E2}=\omega T_2$	−0,02679	−0,05359	−0,1072	−0,2144	−0,4287	−0,8574	−1,715
F_1 in dB	−0,5663	−1,923	−5,091	−9,964	−15,64	−21,57	−27,57
F_2 in dB	−0,0031	−0,0125	−0,0496	−0,1952	−0,733	−2,39	−5,96
F in dB	−6,59	−7,956	−11,17	−16,18	−22,39	−29,98	−39,94
φ_1 in °	−20,42	−36,73	−56,19	−71,48	−80,49	−85,21	−87,6
φ_2 in °	−1,535	−3,066	−6,12	−12,1	−23,2	−40,61	−59,75
φ in °	−21,96	−39,8	−62,31	−83,58	−103,7	−125,8	−147,35

Im vorliegenden Fall ($\vartheta=2$) lassen sich diese Ergebnisse auch relativ einfach Bild **6.**67 entnehmen; für dort nicht unmittelbar aufgeführte Dämpfungsgradwerte empfiehlt sich jedoch das Berechnen aller Werte mit den Bestimmungsgleichungen von Tafel **6.**64. Hierfür wird zweckmäßig der Taschenrechner eingesetzt; er kann auch mit Gl. (6.146) unmittelbar programmiert werden (s. Band VII).

Beispiel 6.46. In dem in Beispiel 6.45 behandelten Schwingkreis sei jetzt der Wirkwiderstand $R'=400\ \Omega$ wirksam. Für die Kreisfrequenz $\omega=800\ \text{sec}^{-1}$ sind Amplitude F und Phasenwinkel φ zu bestimmen.

Da die Kennzeit T_0 nach Gl. (6.145) durch den Wirkwiderstand R nicht beeinflußt wird, ändert sich nur der Dämpfungsgrad $\vartheta'=\vartheta R'/R=2\cdot 400\ \Omega/(8\ \text{k}\Omega)=0{,}1$, so daß nun mit $\vartheta'<1$ der Schwingfall vorliegt. Mit den Bestimmungsgleichungen von Tafel **6.**64 erhält man hierfür mit $\omega/\omega_0=T_0\omega=800\ \text{s}^{-1}\cdot 1\ \text{ms}=0{,}8$ die Amplitude

$$F_{12}=\frac{1}{\sqrt{[1-(T_0\omega)^2]^2+(2\vartheta' T_0\omega)^2}}=\frac{1}{\sqrt{(1-0{,}8^2)^2+(2\cdot 0{,}1\cdot 0{,}8)^2}}$$
$$=2{,}538 \mathrel{\hat{=}} 8{,}091\ \text{dB}$$

und den Phasenwinkel

$$\varphi=-\arctan\frac{2\vartheta' T_0\omega}{1-(T_0\omega)^2}=-\arctan\frac{2\cdot 0{,}1\cdot 0{,}8}{1-0{,}8^2}=-19{,}8^\circ$$

bzw. die resultierende Amplitude $F=F_{12}+K_P=8{,}091\ \text{dB}-6{,}021\ \text{dB}=2{,}07\ \text{dB}$.

Beispiel 6.47. Der Verstärker in Bild **6.**38b ist mit den Wirkwiderständen $R_{11}=16\ \text{k}\Omega$, $R_{12}=4\ \text{k}\Omega$ und $R_g=200\ \text{k}\Omega$ sowie den Kapazitäten $C_1=0{,}8\ \mu\text{F}$ und $C_g=0{,}5\ \mu\text{F}$ beschaltet. Das zugehörige Bode-Diagramm ist zu bestimmen.

Nach Gl. (6.121) und Tafel **6.**64 liegt die Kettenschaltung eines I-Gliedes mit zwei T_1^{-1}-Gliedern und einem T_1-Glied vor. Nach Beispiel 6.26 haben diese die Kennwerte

$$K_1=\frac{1}{C_g(R_{11}+R_{12})}=\frac{1}{0{,}5\ \mu\text{F}(16\ \text{k}\Omega+4\ \text{k}\Omega)}=100\ \text{s}^{-1}$$
$$T_1=C_1R_{11}=0{,}8\ \mu\text{F}\cdot 16\ \text{k}\Omega=12{,}8\ \text{ms}$$
$$T_g=C_gR_g=0{,}5\ \mu\text{F}\cdot 200\ \text{k}\Omega=100\ \text{ms}$$
$$T_{12}=\frac{C_1R_{11}R_{12}}{R_{11}+R_{12}}=\frac{0{,}8\ \mu\text{F}\cdot 16\ \text{k}\Omega\cdot 4\ \text{k}\Omega}{16\ \text{k}\Omega+4\ \text{k}\Omega}=2{,}56\ \text{ms}$$

so daß die Eckkreisfrequenzen

$$\omega_{E1}=1/T_1=1/(12{,}8\ \text{ms})=78{,}2\ \text{s}^{-1}$$
$$\omega_{Eg}=1/T_g=1/(10\ \text{ms})=10\ \text{s}^{-1}$$
$$\omega_{E12}=1/T_{12}=1/(2{,}56\ \text{ms})=391\ \text{s}^{-1}$$

wirksam werden. Die Durchtrittskreisfrequenz ω_D für das I-Glied tritt dann nach Abschn. 6.3.2.2 für $F=K_1/\omega_D=1 \mathrel{\hat{=}} 0\ \text{dB}$ auf, beträgt also $\omega_D=K_1=100\ \text{s}^{-1}$. Wir beginnen daher in Bild **6.**73 den Amplitudengang F mit einer um -20 dB/Dekade abfallenden Linie durch den Punkt $F=0$ dB und $\omega_D=100\ \text{s}^{-1}$. Diese Linie knickt bei der kleinsten Eckkreisfrequenz ω_{Eg} mit der Steigung 20 dB/Dekade nach oben in eine Waagerechte ab, bis sie bei der nächstgrößeren Eckkreisfrequenz ω_{E1} nochmals entsprechend einer Steigung um weitere 20 dB/Dekade nach oben abbiegt und schließlich bei der dritten

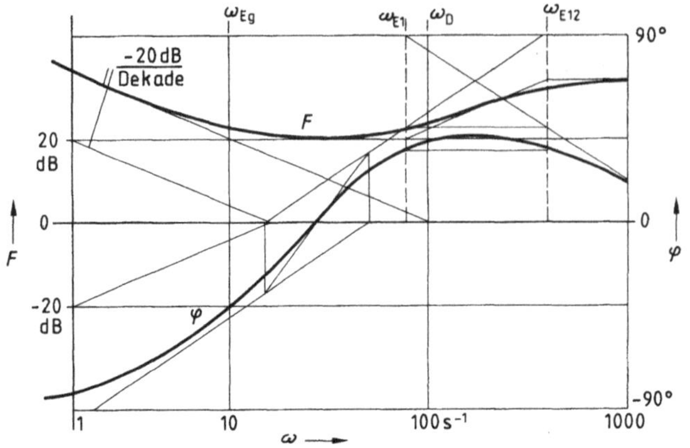

6.73 Bode-Diagramm zur Schaltung von Bild **6.38** b

Eckkreisfrequenz in einem weiteren Knick entsprechend einer Steigung von -20 dB/Dekade nach unten wieder in eine Waagerechte mündet.

Beim Phasengang φ müssen wir wegen des I-Gliedes links mit dem Winkel $\varphi = -90°$ beginnen. Das erste T_1^{-1}-Glied führt bei der Eckkreisfrequenz ω_{Eg} zu der Winkeländerung $+45°$, das zweite T_1^{-1}-Glied bei ω_{E1} zu der weiteren von $+45°$, das T_1-Glied aber bei ω_{E12} zu einer erneuten Winkelabsenkung um $-45°$. Die in Bild **6.**73 eingetragenen Wendetangenten und Hilfslinien in Verbindung mit der Abweichung von $\pm 11°$ bei $\omega_E/5$ bzw. $5\omega_E$ ermöglichen es dann, den wahren Phasengang mit ausreichender Genauigkeit zu zeichnen. Der mittlere Punkt zwischen den Eckkreisfrequenzen ω_{E1} und ω_{E12} wurde durch einfache Mittelung gefunden. Zur Übung wird empfohlen, den Kurvenverlauf hier mit dem in Beispiel 6.45 angewandten Verfahren oder mit einem Taschenrechnerprogramm (s. Band VII) genauer zu bestimmen.

6.3.2.4 Rückführung. In der Nachrichtentechnik sind viele Schaltungen vom Ausgang zum Eingang zurückgeführt, also rückgekoppelt. Auch geschlossene Regelkreise stellen solche Rückführungen dar. Meist enthält der Rückführzweig wie in Bild **6.**46 ein Übertragungsglied mit der Übertragungsfunktion $\underline{F}_R(s)$.

Bei der direkten Gegenkopplung nach Bild **6.**74 ist $\underline{F}_R(s) = 0$ und es gilt nach Gl. (6.127) für den resultierenden Frequenzgang

$$\underline{F}_g = \frac{\underline{F}}{1+\underline{F}} \tag{6.147}$$

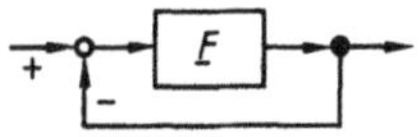

6.74 Direkte Gegenkopplung

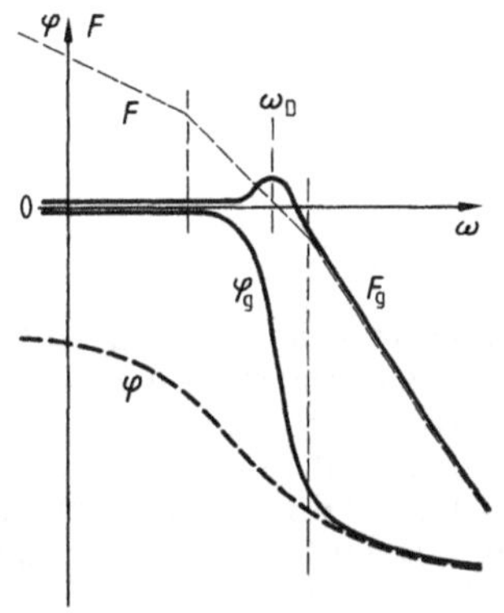

6.75 Übergang vom Frequenzgang $\underline{F}$ auf den gegengekoppelten Frequenzgang $\underline{F}_g$

Für eine Amplitude $F \gg 1$ darf im Nenner 1 gegenüber F vernachlässigt werden, so daß in diesem Bereich $F_g = 1 \mathrel{\hat{=}} 0$ dB wird, während für $F \ll 1$ der Term $\underline{F}$ im Nenner zu vernachlässigen ist und daher $\underline{F}_g = \underline{F}$ wird (Bild **6.**75). Lediglich in der

Nähe der Durchtrittskreisfrequenz ω_D muß der komplexe Frequenzgang von Gl. (6.147) etwas näher betrachtet werden.

Gl. (6.147) wird hierfür zweckmäßig in ein kleines Programm für einen programmierbaren Taschenrechner übersetzt. (Früher wurde hierfür auch das Nichols-Diagramm - s. Band VIII - benutzt.)

Befindet sich in der Rückführung noch ein Übertragungsglied, liegt also eine indirekte Gegenkopplung nach Bild **6.**76a vor, so muß sie zur Anwendung von Gl. (6.147) zunächst in eine direkte Gegenkopplung umgewandelt werden, d.h., der Block muß aus dem Rückführzweig entfernt werden. Das in Bild **6.**76 dargestellte, hierbei durchzuführende Verfahren ist leicht einzusehen, wenn man bedenkt, daß sich an den Übertragungseigenschaften durch diese Umwandlung des Signalflußplans nichts ändern darf. Während in Bild **6.**76a das Eingangssignal nur den Block $\underline{F}_V$ durchläuft, um zum Ausgangssignal zu werden, wird es in Bild **6.**76b zusätzlich im Block $\underline{F}_R$ umgeformt, so daß diese Umformung in dem inversen Glied $\underline{F}_R^{-1}$ wieder rückgängig gemacht werden muß. Das rückführende Signal ist dagegen in beiden Signalflußplänen gleich.

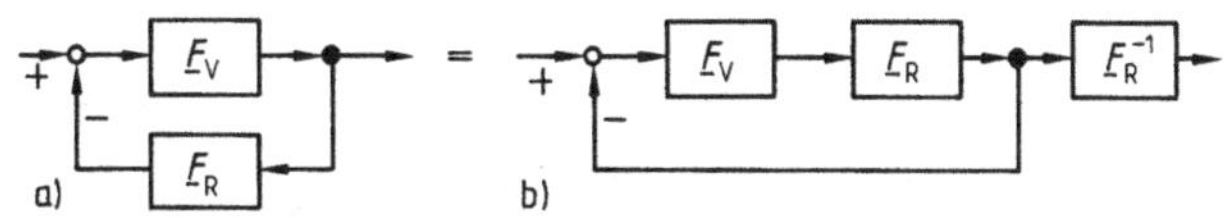

6.76 Entfernung eines Blocks bei indirekter Gegenkopplung (a) aus dem Rückführzweig und Umwandlung in eine direkte Gegenkopplung (b)

Erweitert man nun Gl. (6.127) mit $\underline{F}_R\underline{F}_R^{-1}$, erfüllt man mit

$$\underline{F}_{res} = \frac{\underline{F}_V\underline{F}_R}{1+\underline{F}_V\underline{F}_R}\underline{F}_R^{-1} = \underline{F}_g\underline{F}_R^{-1} \tag{6.148}$$

und dem Frequenzgang $\underline{F}_V\underline{F}_R$ im neuen Vorwärtszweig genau Bild **6.**76b, was als Beweis genügen möge.

Beispiel 6.48. Der Amplitudengang einer Schaltung mit dem Signalflußplan nach Bild **6.**77a und den Proportionalbeiwerten $K_1 = 20$ dB, $K_2 = -5$ dB, $K_3 = 10$ dB sowie den Zeitkonstanten $T_1 = 0{,}1$ s, $T_2 = 0{,}025$ s und $T_3 = 0{,}315$ s soll bestimmt werden.

6.77 Umwandlung einer indirekten Gegenkopplung (a) in eine direkte Gegenkopplung (b)

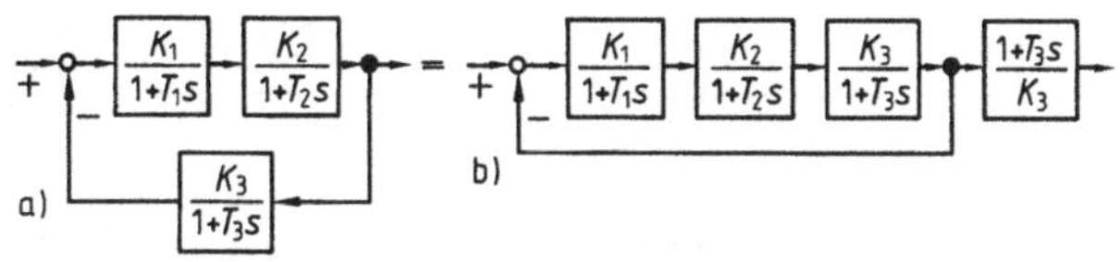

Nach Gl. (6.127) hat Bild **6.**77a die resultierende Übertragungsfunktion

$$\underline{F}_{res}(s) = \frac{\dfrac{K_1K_2}{(1+T_1s)(1+T_2s)}}{1+\dfrac{K_1K_2K_3}{(1+T_1s)(1+T_2s)(1+T_3s)}} = \frac{K_1K_2(1+T_3s)}{K_1K_2K_3+(1+T_1s)(1+T_2s)(1+T_3s)}$$

Wenn man nun versucht, diese Gleichung so umzuformen, daß sie Produkte der in Tafel 6.64 dargestellten typischen Übertragungsfunktionen wiedergibt, steht man vor der Aufgabe, von der im Nenner auftretenden, im Operator s kubischen Gleichung wenigstens eine reelle Wurzel abzuspalten. (Grundsätzlich ist dies mit den oben angegebenen Werten natürlich immer möglich - s. Beispiel 8.16).

Wir wollen aber hier den einfacheren Weg über Gl. (6.147) gehen und bestimmen daher zunächst in Bild 6.78 mit den Eckkreisfrequenzen

$$\omega_{E1} = 1/T_1 = 1/(0{,}1\ \text{s}) = 10\ \text{s}^{-1}$$

$$\omega_{E2} = 1/T_2 = 1/(0{,}025\ \text{s}) = 40\ \text{s}^{-1}$$

$$\omega_{E3} = 1/T_3 = 1/(0{,}315\ \text{s}) = 3{,}15\ \text{s}^{-1}$$

den Amplitudengang $\underline{F}_1 \underline{F}_2 \underline{F}_3 = F_{123}$. (Da die Zahlenangaben Normzahlen der Reihe R 10 darstellen, genügt es hier, bei den Kreisfrequenzen auch nur die abgerundeten Werte zu benutzen.)

Wir beginnen also in Bild 6.78 links mit der Waagerechten $K_1 K_2 K_3 = 20\ \text{dB} - 5\ \text{dB} + 10\ \text{dB} = 25\ \text{dB}$, die bei der Eckkreisfrequenz ω_{E3} um 20 dB/Dekade, bei ω_{E1} um weitere 20 dB/Dekade und schließlich bei ω_{E2} um nochmals 20 dB/Dekade auf zum Schluß 60 dB/Dekade nach unten abgebogen wird. Die Durchtrittskreisfrequenz beträgt somit $\omega_D \approx 24\ \text{s}^{-1}$. Links von ihr ist daher $F_g = 0$ dB, rechts von ihr folgt F_g dem Amplitudengang F_{123}.

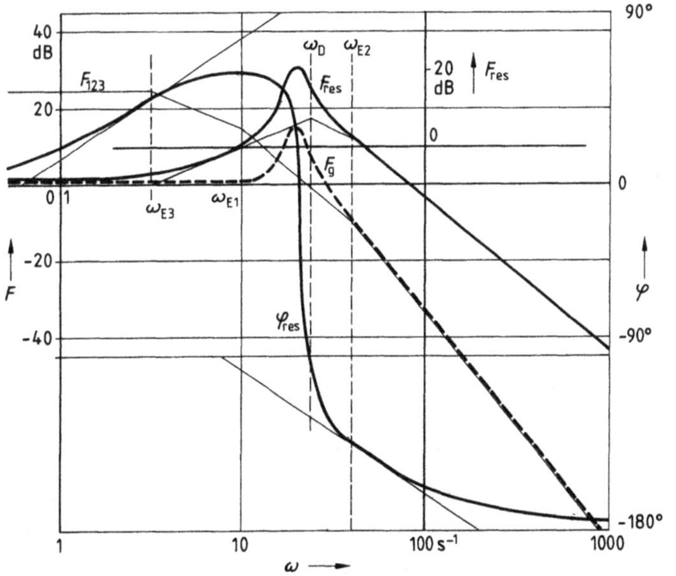

6.78 Amplitudengang F_{res} und Phasengang φ_{res} für den Signalflußplan in Bild 6.77

In der Nähe der Durchtrittskreisfrequenz ω_D müssen wir Amplitudengang F_{123} und Phasengang φ_{123} etwas genauer betrachten, um Gl. (6.147) anwenden zu können. Zu den so berechneten Werten F_{123} und φ_{123} in Tafel 6.79 finden wir nun mit Gl. (6.147) die zugehörigen Amplituden F_g und Phasenwinkel φ_g. Für $\omega = 20\ \text{s}^{-1}$ und $F_{123} = 0{,}951$ dB bzw. $\varphi_{123} = -171°$ bilden wir z.B. entsprechend Gl. (6.147) für

$$\underline{F}_g = \frac{\underline{F}_{123}}{1 + \underline{F}_{123}} = \frac{1{,}116 \angle -171°}{1 + 1{,}116 \angle -171°}$$

zunächst $1{,}116\,\underline{/-171^\circ} = -1{,}102 - j0{,}1749$

$$\begin{array}{r} -1{,}102 - j0{,}1749 \\ +1{,}0 \quad + j0 \\ \hline -0{,}102 - j0{,}1749 = 0{,}2024\,\underline{/-120{,}2^\circ} \end{array}$$

und erhalten somit

$$\underline{F}_g = 1{,}116\,\underline{/-171^\circ}\,/\,0{,}2024\,\underline{/-120{,}2^\circ} = 5{,}512\,\underline{/-50{,}75^\circ}$$

Dies können wir mit $F_g = 14{,}83$ dB in Tafel **6.**79 eintragen.

Tafel **6.**79 Berechnung von Amplitudengang und Phasengang für Beispiel 6.48

ω in s^{-1}	16	20	25	31,5
$\omega/\omega_{E1} = T_1\omega$	1,6	2	2,5	3,15
$\omega/\omega_{E2} = T_2\omega$	0,4	0,5	0,63	0,8
$\omega/\omega_{E3} = T_3\omega$	5	6,3	8	10
F_1 in dB	−5,515	−6,99	−8,603	−10,38
F_2 in dB	−0,645	−0,969	−1,452	−2,148
F_3 in dB	−14,15	−16,09	−18,13	−20
F_{123} in dB	4,69	0,951	−3,185	−7,568
φ_1 in °	−57,99	−63,43	−68,2	−72,39
φ_2 in °	−21,8	−26,57	−32,21	−38,66
φ_3 in °	−78,69	−80,98	−82,88	−84,29
φ_{123} in °	−158,48	−170,98	−183,29	−195,34
F_g in dB	5,929	14,83	6,969	−3,227
F_{res} in dB	10,08	20,92	15,1	6,77
φ_g in °	−25,02	−50,75	−190,6	−205,8
$-\varphi_3$ in °	78,69	80,98	82,88	84,29
φ_{res} in °	53,67	30,23	−107,7	−121,6

Um den resultierenden Amplitudengang F_{res} zu erhalten, müssen wir noch den inversen Frequenzgang $(1 + j\omega T_3)/K_3$ berücksichtigen. Dies bedeutet zunächst einmal eine gesamte Absenkung um $1/K_3 = -10$ dB, was wir am einfachsten durch eine neue 0-dB-Linie (für ω') verwirklichen können. Wegen des Typs $(1 + j\omega T_3)$ muß aber der Amplitudengang F_{res} bei der Eckkreisfrequenz ω_{E3} um +20 dB/Dekade nach oben abknicken, bei der Durchtrittskreisfrequenz ω_D jedoch um −40 dB/Dekade auf −20 dB/Dekade nach unten umbiegen und bei ω_{E2} eine weitere Absenkung um −20 dB/Dekade auf insgesamt −40 dB/Dekade erfahren.

Der Amplitudengang in Bild **6.**78 zeigt, daß es sich hier um einen Schwingkreis bzw. einen Bandpaß handelt, der bei etwa $\omega_D = 20\ s^{-1}$ eine Resonanzstelle mit rund 21 dB Resonanzüberhöhung aufweist. Die so gefundenen Ergebnisse genügen meist. Umgekehrt kann auch sehr schnell angegeben werden, in welchem Bereich nähere Untersuchungen vorteilhaft sind und wo etwa die Wurzeln der Übertragungsfunktion liegen. (Der Phasengang φ_{res} wird in Beispiel 6.49 bestimmt.)

6.3.2.5 Gesetz von Bode. Die in Tafel **6.**64 aufgeführten P-, D-, I-, T_1-, T_1^{-1}-, T_2- und T_2^{-1}-Glieder weisen in ihrer Übertragungsfunktion nur Pluszeichen auf; sie werden reguläre Glieder genannt. Die in Tafel **6.**64 enthaltenen T_{-1}^{-1}- und T_{-2}^{-1}-Glieder sind dagegen mit Minuszeichen versehen und werden als irreguläre Glieder bezeichnet.

Bode fand und Tafel **6.**64 sowie die hier durchgerechneten Beispiele **6.**42 bis **6.**47 zeigen ebenso deutlich, daß bei den regulären Gliedern zu einem bestimmten Amplitudengang nur ein ganz bestimmter Phasengang gehören kann. Umgekehrt kann man allerdings zu einem bestimmten Phasengang unendlich viele Amplitudengänge zeichnen, da der Phasengang nur die Zeitkonstanten T mit den Eckkreisfrequenzen $\omega_E = 1/T$, aber nicht den Proportionalbeiwert K_P berücksichtigt.

Beispiel 6.49. Der resultierende Phasengang φ_{res} für den Signalflußplan in Bild **6.**77a ist aus dem resultierenden Amplitudengang F_{res} in Bild **6.**78 zu entwickeln.

Der Amplitudengang F_{res} beginnt links mit einem waagerechten Verlauf; daher gehört hierzu der Phasenwinkel $\varphi_{res} = 0$. Bei der kleinsten Eckkreisfrequenz ω_{E3} knickt der Amplitudengang F_{res} mit 20 dB/Dekade nach oben ab; somit muß hier der Phasenwinkel $\varphi_{res} = 45°$ auftreten, und die zugehörige Wendetangente ist in der in Abschn. 6.3.2.2 erläuterten Weise zu zeichnen. Bei der Durchtrittskreisfrequenz ω_D erfährt der Amplitudengang F_{res} eine Abknickung um -40 dB/Dekade; der Phasenwinkel wird also hier um $-90°$ abgesenkt.

Noch besser ist es, wie in Tafel **6.**79 die zugehörigen Phasenwinkel gleich mitzuberechnen. Schließlich muß der Phasengang φ_{res} wegen des bei großen Frequenzen mit -40 dB/Dekade absinkenden Amplitudengangs F_{res} auf $\varphi = -180°$ gehen, so daß bei der Eckkreisfrequenz ω_{E2} etwa $\varphi = -135°$ erreicht werden muß. Die zugehörige Wendetangente erleichtert die Konstruktion. Zu beachten ist noch, daß nach Abschn. 6.3.2.2 bei den Frequenzen $\omega_{E3}/5$ und $5\omega_{E2}$ der Phasengang φ_{res} um $+11°$ von 0° bzw. $-180°$ abweicht.

6.4 Anwendungen

Es sollen nun noch mit den äquivalenten Schaltungen, beim Transformator und beim Gleichstrommotor einige Anwendungen des Frequenzverhaltens betrachtet werden.

6.4.1 Äquivalente Schaltungen

Um für den Aufbau einer aus mehreren Grund-Zweipolen zusammengesetzten Schaltung die günstigsten Werte für die einzelnen Zweipole zu finden oder um Netzwerke einfacher berechnen zu können, ergibt sich mitunter die Aufgabe, eine Schaltung umzuwandeln. Dies wird in Abschn. 2.3.2 und 3.3 ausführlich beschrieben. Man unterscheidet bei solchen Umrechnungen bedingt äquivalente Schaltungen, die nur für eine einzige Frequenz völlig gleiches Verhalten zeigen, weil für diese Frequenz ihr Wirk- und Blindwiderstand oder Scheinwiderstand und Phasenwinkel übereinstimmen, und unbedingt äquivalente Schaltungen, deren Frequenzgang außerdem gleich ist.

Schaltungen, die nur aus einer Grundzweipolart bestehen, z. B. nur aus 3 Wirkwiderständen oder nur aus 3 Induktivitäten, können zu einem Gesamtzweipol zusammengefaßt werden, dessen Frequenzgang mit dem des ursprünglichen Netzwerks voll übereinstimmt. Auch wenn bei einer Stern-Dreieck-Umwandlung oder umgekehrt in den Zweigen 3 gleichartige Grundzweipole liegen, zeigt die umgewandelte Schaltung das gleiche Frequenzverhalten. Diese äquivalenten Schaltungen sind trivial und brauchen hier nicht mehr näher untersucht zu werden. Wir beschränken uns hier auf Netzwerke, die mindestens 2 verschiedenartige Grundzweipole Wirkwiderstand R, Induktivität L und Kapazität C enthalten.

Es sollen jetzt kurz bedingt äquivalente Schaltungen behandelt und anschließend die Äquivalenzbedingungen für unbedingt äquivalente Schaltungen abgeleitet werden.

6.4.1.1 Bedingte Äquivalenz. In Abschn. 3.3.1.3 wird gezeigt, wie man eine Reihenschaltung von Wirk- und Blindwiderstand in eine für eine bestimmte Frequenz gleichwertige Parallelschaltung von Wirk- und Blindwiderstand und umgekehrt umwandeln kann. Wenn man z. B. die Größen der Reihenschaltung mit dem Index r und die Größen der Parallelschaltung mit dem Index p kennzeichnet und als gegeben die Reihenschaltung von Wirkwiderstand R_r und Induktivität L_r zum komplexen Widerstand $\underline{Z}_r = R_r + jX_r = R_r + j\omega L_r$ voraussetzt, gilt nach Gl. (3.167) für den Wirkwiderstand der Parallel-Ersatzschaltung

$$R_p = (R_r^2 + \omega^2 L_r^2)/R_r$$

sowie nach Gl. (3.168) für ihre Induktivität

$$L_p = (R_r^2 + \omega^2 L_r^2)/(\omega L_r)$$

Beide Größen sind daher von der Kreisfrequenz ω abhängig bzw. bei festen Größen R_r und L_r müßten für geänderte Kreisfrequenzen ω auch veränderte Größen R_p und L_p bereitgestellt werden.

Nach Tafel **6.1** bzw. Abschn. 6.1.1.1 haben zwar Parallel- und Reihenschaltung von Induktivität L und Kapazität C, wenn sie für diese Bauglieder gleiche Werte aufweisen, die gleiche Kennkreisfrequenz ω_0, ihre Ortskurven verhalten sich aber genau invers: Die Parallelschaltung hat z. B. – unabhängig von der Wahl von L und C – für die Kreisfrequenzen $\omega = 0$ und $\omega = \infty$ den Scheinwiderstand $Z = 0$; die Reihenschaltung zeigt dagegen für die gleichen Frequenzen $Z = \infty$.

Reihen- und Parallel-Ersatzschaltung bzw. ganz allgemein Schaltungen aus nur 2 Grundzweipolen sind daher nur für eine bestimmte Kreisfrequenz ω gleichwertig, also nur bedingt äquivalent.

Beispiel 6.50. Die Schaltungen in Bild **6.**80a und b führen an der Sinusspannung $\underline{U}=20$ V bei der Kreisfrequenz $\omega=1000\ \text{s}^{-1}$ den komplexen Strom $\underline{I}_a=\underline{I}_b=\underline{I}=$ 10 mA $\angle 45°$. Die Frequenzgänge der komplexen Widerstände $\underline{Z}_a$ und $\underline{Z}_b$ sollen dargestellt werden.

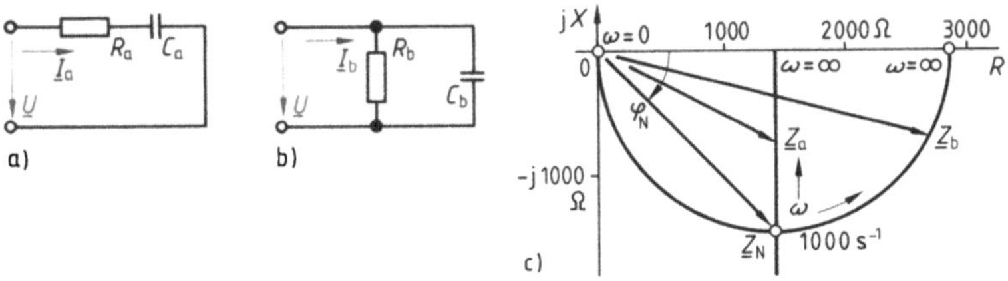

6.80 Reihen- (a) und Parallelschaltung (b) mit Ortskurven der Frequenzgänge (c)

Für die Kreisfrequenz ω liegen gleichwertige Schaltungen mit dem komplexen Widerstand

$$\underline{Z}_N=\underline{U}/\underline{I}=20\ \text{V}/(10\ \text{mA}\ \angle 45°)=2\ \text{k}\Omega\ \angle -45°=(1{,}414-\text{j}\,1{,}414)\,\text{k}\Omega=R_a-\text{j}X_a$$

vor. Daher beträgt die Kapazität der Reihenschaltung

$$C_a=-1/(\omega X_a)=-1/(-1{,}414\ \text{k}\Omega\cdot 1000\ \text{s}^{-1})=0{,}7071\ \mu\text{F}$$

der Wirkwiderstand der Parallelschaltung

$$R_b=\frac{R_a^2+X_a^2}{R_a}=\frac{1{,}414^2\ \text{k}\Omega^2+1{,}414^2\ \text{k}\Omega^2}{1{,}414\ \text{k}\Omega}=2{,}828\ \text{k}\Omega$$

und mit dem Blindwiderstand $X_b=-R_b=-2{,}828\ \text{k}\Omega$ die Kapazität der Parallelschaltung

$$C_b=-1/(X_b\omega)=-1/(-2{,}828\ \text{k}\Omega\cdot 1000\ \text{s}^{-1})=0{,}3536\ \mu\text{F}$$

Die Reihenschaltung in Bild **6.**80a hat den Frequenzgang des komplexen Widerstands

$$\underline{Z}_a=R_a-\text{j}\frac{1}{\omega C_a}=1{,}414\ \text{k}\Omega-\text{j}\frac{1}{0{,}7071\ \mu\text{F}\,\omega}$$

Dies ist nach Gl. (8.45) als Ortskurve eine Gerade mit reziproker Parameterteilung und in Bild **6.**80c dargestellt.

Die Parallelschaltung in Bild **6.**80b hat den Frequenzgang des komplexen Widerstands

$$\underline{Z}_b=\frac{\text{j}R_b/(\omega C_b)}{R_b+\text{j}/(\omega C_b)}=\frac{\text{j}\,2{,}828\ \text{k}\Omega/(0{,}3536\ \mu\text{F}\,\omega)}{2{,}828\ \text{k}\Omega+\text{j}/(0{,}3536\ \mu\text{F}\,\omega)}$$

Nach Gl. (8.53) ist dies ein Halbkreis, der für $\omega=0$ den Wert $\underline{Z}_{b0}=0$ und für $\omega=\infty$ den Wert $\underline{Z}_{b\infty}=2{,}828\ \text{k}\Omega$ hat und, wie in Bild **6.**80c dargestellt, im 4. Quadranten liegt. Beide Ortskurven stimmen nur in dem Punkt $\underline{Z}_N$ überein, was auf die bedingte Äquivalenz hinweist.

6.4.1.2 Unbedingte Äquivalenz. Nach Tafel **6.**8 zeigen auch Parallel- und Reihenschwingkreise, die aus den 3 Grundzweipolen Wirkwiderstand R, Induktivität L und Kapazität C bestehen, ein inverses Frequenzverhalten des komplexen Widerstands $\underline{Z}$, können also nur für einen Frequenzwert bedingt äquivalent sein. In einfachen Parallel- oder Reihenschaltungen, die aus 3 Grundzweipolen bestehen, von denen 2 gleichartig sind, kann man diese beiden zu einem Grundzweipol zusammenfassen, so daß man eine Schaltung aus 2 Grundzweipolen erhält, die nach Abschn. 6.4.1.1 nur bedingt äquivalent sein kann.

6.81
Äquivalente Schaltungen

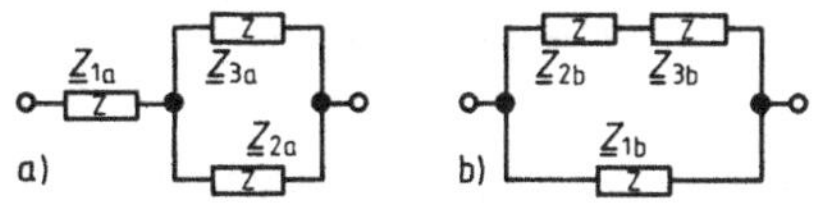

Es bleiben also nur noch die beiden Schaltungen von Bild **6.**81 zu untersuchen. Zwei Sonderfälle sind schon in Tafel **6.**4 dargestellt. Dort zeigen die Schaltungen A und C sowie B und D einen jeweils gleichen Amplitudengang, der nach Abschn. 6.3.2.5 mit dem gleichen Phasengang verbunden ist. Dies sind also unbedingt äquivalente Schaltungen, und es können weitere äquivalente Schaltungen für die Reihen-Parallelschaltungen von Bild **6.**81 erwartet werden. Nun soll die allgemeine Äquivalenzbedingung für diese Schaltungen abgeleitet werden.

Äquivalenzbedingungen. Die gemischten Schaltungen in Bild **6.**81 haben die komplexen Gesamtwiderstände

$$\underline{Z}_a = \underline{Z}_{1a} + \frac{\underline{Z}_{2a}\underline{Z}_{3a}}{\underline{Z}_{2a}+\underline{Z}_{3a}} = \frac{\underline{Z}_{1a}(\underline{Z}_{2a}+\underline{Z}_{3a})+\underline{Z}_{2a}\underline{Z}_{3a}}{\underline{Z}_{2a}+\underline{Z}_{3a}}$$

$$= \frac{\underline{Z}_{1a}\underline{Z}_{2a}+(\underline{Z}_{1a}+\underline{Z}_{2a})\underline{Z}_{3a}}{\underline{Z}_{2a}+\underline{Z}_{3a}}$$

und

$$\underline{Z}_b = \frac{\underline{Z}_{1b}(\underline{Z}_{2b}+\underline{Z}_{3b})}{\underline{Z}_{1b}+\underline{Z}_{2b}+\underline{Z}_{3b}} = \frac{\underline{Z}_{1b}\underline{Z}_{2b}+\underline{Z}_{1b}\underline{Z}_{3b}}{\underline{Z}_{1b}+\underline{Z}_{2b}+\underline{Z}_{3b}}$$

Unbedingte Äquivalenz liegt vor, wenn mit $\underline{Z}_a=\underline{Z}_b$ für alle Frequenzwerte die Bedingung

$$\frac{\underline{Z}_{1a}\underline{Z}_{2a}+(\underline{Z}_{1a}+\underline{Z}_{2a})\underline{Z}_{3a}}{\underline{Z}_{2a}+\underline{Z}_{3a}} = \frac{\underline{Z}_{1b}\underline{Z}_{2b}+\underline{Z}_{1b}\underline{Z}_{3b}}{\underline{Z}_{1b}+\underline{Z}_{2b}+\underline{Z}_{3b}} \tag{6.149}$$

erfüllt ist. Analog zu Tafel **6.**4 setzen wir voraus, daß einerseits die Zweipole $\underline{Z}_{1a}$, $\underline{Z}_{2a}$, $\underline{Z}_{1b}$ und $\underline{Z}_{2b}$ sowie andererseits $\underline{Z}_{3a}$ und $\underline{Z}_{3b}$ gleichartig sind, also mit den reellen Faktoren a bis d gilt

$$\underline{Z}_{1a}=a\underline{Z}_{2b}, \quad \underline{Z}_{2a}=b\underline{Z}_{2b}, \quad \underline{Z}_{3a}=c\underline{Z}_{3b}, \quad \underline{Z}_{1b}=d\underline{Z}_{2b} \tag{6.150}$$

Hiermit läßt sich nach Erweitern mit c Gl. (6.149) umschreiben in

$$\frac{ab\underline{Z}_{2b}^2+(a+b)c\underline{Z}_{2b}\underline{Z}_{3b}}{b\underline{Z}_{2b}+c\underline{Z}_{3b}} = \frac{d\underline{Z}_{2b}^2+d\underline{Z}_{2b}\underline{Z}_{3b}}{(d+1)\underline{Z}_{2b}+\underline{Z}_{3b}} = \frac{\frac{ab}{c}\underline{Z}_{2b}^2+(a+b)\underline{Z}_{2b}\underline{Z}_{3b}}{\frac{b}{c}\underline{Z}_{2b}+\underline{Z}_{3b}}$$

Der Koeffizientenvergleich liefert

$$d = \frac{ab}{c} = a + b \qquad d+1 = \frac{b}{c}$$

also auch $d = a(d+1)$ und $a = \dfrac{d}{d+1}$

$$b = d - a = d - \frac{d}{d+1} = \frac{d^2}{d+1} \qquad c = \frac{b}{d+1} = \frac{d^2}{(d+1)^2}$$

Wenn man diese Faktoren wieder in Gl. (6.150) einsetzt, findet man allgemeingültig für die komplexen Widerstände der zur Schaltung in Bild **6.**81b unbedingt äquivalenten Schaltung in Bild **6.**81a

$$\underline{Z}_{1a} = a\underline{Z}_{2b} = \frac{d}{d+1}\underline{Z}_{2b} = \frac{\underline{Z}_{1b}}{(\underline{Z}_{1b}/\underline{Z}_{2b})+1} = \frac{\underline{Z}_{1b}\underline{Z}_{2b}}{\underline{Z}_{1b}+\underline{Z}_{2b}} \tag{6.151}$$

$$\underline{Z}_{2a} = b\underline{Z}_{2b} = \frac{d^2}{d+1}\underline{Z}_{2b} = d\underline{Z}_{1a} = \underline{Z}_{1a}\frac{\underline{Z}_{1b}}{\underline{Z}_{2b}} \tag{6.152}$$

$$\underline{Z}_{3a} = c\underline{Z}_{3b} = \frac{d^2}{(d+1)^2} = \underline{Z}_{3b} = \underline{Z}_{3b}\left(\frac{\underline{Z}_{1a}}{\underline{Z}_{2b}}\right)^2 \tag{6.153}$$

Sollen umgekehrt zur Schaltung in Bild **6.**81a die komplexen Widerstände der unbedingt äquivalenten Schaltung in Bild **6.**81b ermittelt werden, kann man analog zur vorhergehenden Ableitung angeben

$$\underline{Z}_{1b} = \underline{Z}_{1a} + \underline{Z}_{2a} \tag{6.154}$$

$$\underline{Z}_{2b} = \underline{Z}_{1b}\underline{Z}_{1a}/\underline{Z}_{2a} \tag{6.155}$$

$$\underline{Z}_{3b} = \underline{Z}_{3a}(\underline{Z}_{1b}/\underline{Z}_{2a})^2 \tag{6.156}$$

Gl. (6.151) bis (6.156) sind Grundlage eines Taschenrechnerprogramms in Band VII.

Beispiel 6.51. Für die Schaltung in Bild **6.**82a ist die unbedingt äquivalente Schaltung anzugeben, und es sind die Bestimmungsgleichungen für die in jeder Schaltung einzusetzenden Grundzweipole mit den Zweipolen der jeweils anderen Schaltung abzuleiten.

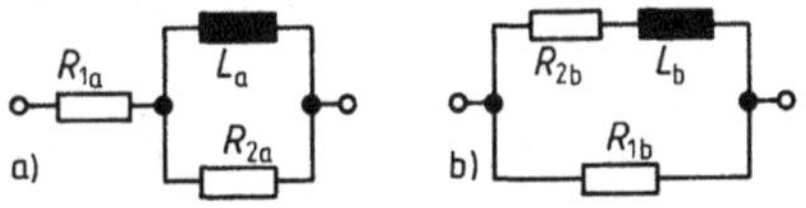

6.82
Äquivalente Schaltungen

Die zum Netzwerk in Bild **6.**82a unbedingt äquivalente Schaltung ist in Bild **6.**82b dargestellt. Ihre Größen können nach Gl. (6.154) bis (6.156) aus den Größen der Schaltung a bestimmt werden. Hiernach gilt für die beiden Wirkwiderstände

$$R_{1b} = R_{1a} + R_{2a}$$

$$R_{2b} = R_{1b}R_{1a}/R_{2a}$$

und für die Induktivität

$$L_b = L_a (R_{1b}/R_{2a})^2$$

Umgekehrt erhält man nach Gl. (6.151) bis (6.153) mit den Größen der Schaltung b folgende Größen der unbedingt äquivalenten Schaltung a

$$R_{1a} = R_{1b} R_{2b}/(R_{1b} + R_{2b})$$

$$R_{2a} = R_{1a} R_{1b}/R_{2b}$$

$$L_a = L_b (R_{1a}/R_{2b})^2$$

Beispiel 6.52. Die Schaltung in Bild **6**.83a enthält die Wirkwiderstände $R_{1a} = 5\ \text{k}\Omega$, $R_{2a} = 30\ \text{k}\Omega$ und die Kapazität $C_b = 5\ \text{nF}$. Es soll die unbedingt äquivalente Schaltung angegeben werden. Ferner sind die Größen dieser Schaltung und die Ortskurve des Frequenzgangs für den komplexen Widerstand $\underline{Z}$ beider Schaltungen zu bestimmen.

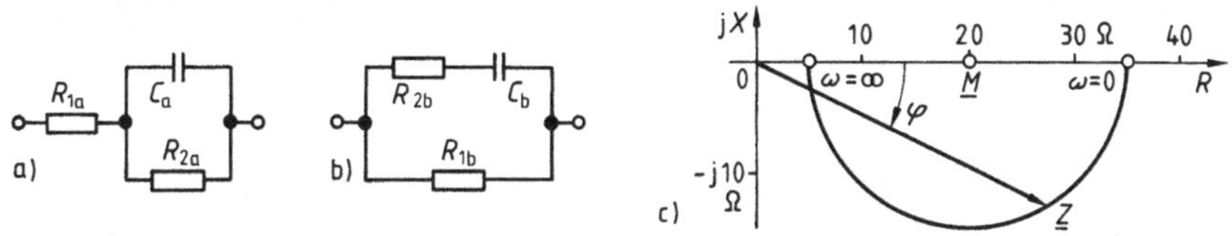

6.83 Netzwerk (a) mit unbedingt äquivalenter Schaltung (b) sowie Ortskurve des Frequenzgangs für den komplexen Widerstand $\underline{Z}$ beider Schaltungen (c)

Die beiden zueinander äquivalenten Schaltungen sind in Bild **6**.83a und b wiedergegeben. Nach Gl. (6.154) bis (6.156) gilt für Wirkwiderstände und Kapazität der Schaltung in Bild **6**.83b

$$R_{1b} = R_{1a} + R_{2a} = 5\ \text{k}\Omega + 30\ \text{k}\Omega = 35\ \text{k}\Omega$$

$$R_{2b} = R_{1b} R_{1a}/R_{2b} = 35\ \text{k}\Omega \cdot 5\ \text{k}\Omega/(30\ \text{k}\Omega) = 5{,}833\ \text{k}\Omega$$

$$C_b = C_a (R_{2a}/R_{1b})^2 = 5\ \text{nF} (30\ \text{k}\Omega/35\ \text{k}\Omega)^2 = 3{,}673\ \text{nF}$$

Den Frequenzgang findet man mit Gl. (6.149), also z. B.

$$\underline{Z} = \frac{R_{1b} R_{2b} - \text{j} R_{1b}/(\omega C_b)}{R_{1b} + R_{2b} - \text{j}\dfrac{1}{\omega C_b}} = \frac{\omega C_b R_{1b} R_{2b} - \text{j} R_{1b}}{\omega C_b (R_{1b} + R_{2b}) - \text{j}}$$

Die Ortskurve ist daher nach Abschn. 8.3.2 ein Kreis mit den Sonderwerten für

$$\omega = 0\colon \quad \underline{Z} = R_{1b} = 35\ \text{k}\Omega$$

$$\omega = \infty\colon \quad \underline{Z} = \frac{R_{1b} R_{2b}}{R_{1b} + R_{2b}} = \frac{35\ \text{k}\Omega \cdot 5{,}833\ \text{k}\Omega}{35\ \text{k}\Omega + 5{,}833\ \text{k}\Omega} = 5\ \text{k}\Omega$$

Er hat nach Gl. (8.55) den Mittelpunkt

$$\underline{M} = \frac{R_{1b}}{2} \cdot \frac{R_{1b} + 2 R_{2b}}{R_{1b} + R_{2b}} = \frac{35\ \text{k}\Omega}{2} \cdot \frac{35\ \text{k}\Omega + 2 \cdot 5{,}833\ \text{k}\Omega}{35\ \text{k}\Omega + 5{,}833\ \text{k}\Omega} = 20\ \text{k}\Omega$$

Bei den bisherigen Betrachtungen haben wir uns auf die Schaltungskombinationen aus 3 Zweipolen beschränkt. Die angegebenen Gleichungen gelten jedoch ganz allgemein auch für mehr als 3 Zweipole, wenn man sich die komplexen Widerstände $\underline{Z}_1$, $\underline{Z}_2$, $\underline{Z}_3$ jeweils wieder als resultierenden Widerstand einer Kombination von Zweipolen vorstellt.

Da beispielsweise eine Reihenschaltung von Induktivität L und Kapazität C bei einer bestimmten Frequenz entweder nur als Induktivität oder nur als Kapazität wirkt, kann die Forderung nach Bauelementen aus nur zwei verschiedenen Grundarten auch dann erfüllt werden, wenn bei der Kombination von 4 und mehr Zweipolen in der Schaltung selbst alle 3 Grundzweipole R, L und C gleichzeitig auftreten. Schon bei 4 Zweipolen gibt es viele Variationsmöglichkeiten im Aufbau äquivalenter Schaltungen, von denen in der Nachrichtentechnik oft Gebrauch gemacht wird, um einerseits die Anzahl der Bauelemente zu verringern und um andererseits in einen für die Dimensionierung der Bauelemente günstigen Bereich zu gelangen [10].

6.4.2 Transformator

Es sollen jetzt für den Lufttransformator bzw. den Eisentransformator bei Vernachlässigung der Eisenverluste die Übertragungsfunktion $\underline{F}(s)=\underline{I}_a(s)/\underline{U}_e(s)$, die in Abschn. 7.3 angewendet wird, sowie untere und obere Grenzfrequenz bestimmt werden.

6.4.2.1 Übertragungsfunktion. Wir benutzen die 4. Ersatzschaltung von Tafel **3.**160, fügen jedoch noch die Wicklungs-Wirkwiderstände R_1 und R_2 sowie den Belastungs-Wirkwiderstand R_a hinzu, arbeiten also mit der Ersatzschal-

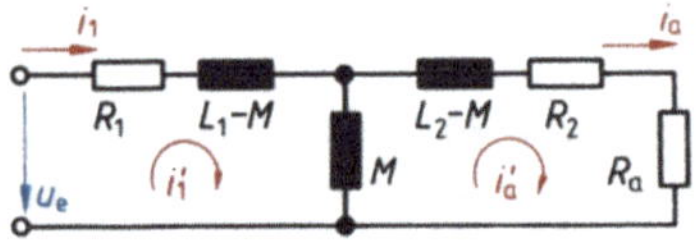

6.84
Ersatzschaltung eines belasteten Transformators

tung von Bild **6.**84 und wenden auf sie das Maschenstromverfahren nach Abschn. 3.4.1.4 an. Daher erhält man sofort die Matrizengleichung

$$\begin{bmatrix} (R_1+L_1 s) & -Ms \\ -Ms & (R_2+R_a+L_2 s) \end{bmatrix} \cdot \begin{bmatrix} \underline{I}_1(s) \\ \underline{I}_a(s) \end{bmatrix} = \begin{bmatrix} \underline{U}_e(s) \\ 0 \end{bmatrix}$$

und es gilt für die Spektraldichte des Ausgangsstroms

$$\underline{I}_a(s) = \frac{\begin{vmatrix} (R_1+L_1 s) & \underline{U}_e(s) \\ -Ms & 0 \end{vmatrix}}{\begin{vmatrix} (R_1+L_1 s) & -Ms \\ -Ms & (R_2+R_a+L_2 s) \end{vmatrix}}$$

$$= \frac{Ms\,\underline{U}_e(s)}{(R_1+L_1 s)(R_2+R_a+L_2 s)-M^2 s^2}$$

$$= \frac{Ms\,\underline{U}_e(s)}{R_1(R_2+R_a)+L_1 L_2 s^2+[R_1 L_2+(R_2+R_a)L_1]s-M^2 s^2}$$

$$= \frac{M}{L_1 L_2} \cdot \frac{s\,\underline{U}_e(s)}{\dfrac{R_1}{L_1}\cdot\dfrac{R_2+R_a}{L_2}+\left(\dfrac{R_1}{L_1}+\dfrac{R_2+R_a}{L_2}\right)s+\left(1-\dfrac{M^2}{L_1 L_2}\right)s^2}$$

Mit dem Gesamtstreufaktor $\sigma = 1 - (M^2/L_1 L_2)$ nach Gl. (3.264) und (3.265) sowie den Zeitkonstanten $T_1 = L_1/R_1$ und $T_2 = L_2/(R_2 + R_a)$ findet man die Übertragungsfunktion

$$\underline{F}(s) = \frac{\underline{I}_a(s)}{\underline{U}_e(s)} = -\frac{M}{L_1 L_2} \cdot \frac{s}{\dfrac{1}{T_1 T_2} + \left(\dfrac{1}{T_1} + \dfrac{1}{T_2}\right) s + \sigma s^2}$$

$$= -\frac{M}{\sigma L_1 L_2} \cdot \frac{s}{\dfrac{1}{\sigma T_1 T_2} + \dfrac{T_1 + T_2}{\sigma T_1 T_2} s + s^2} \tag{6.157}$$

Der Nenner hat die Wurzeln

$$s_{1,2} = -\frac{T_1 + T_2}{2\sigma T_1 T_2} \pm \sqrt{\frac{(T_1 + T_2)^2 - 4\sigma T_1 T_2}{(2\sigma T_1 T_2)^2}}$$

$$= -\frac{T_1 + T_2}{2\sigma T_1 T_2}\left[1 \pm \sqrt{1 - \frac{4\sigma T_1 T_2}{(T_1 + T_2)^2}}\right] \tag{6.158}$$

die stets reelle Zahlenwerte aufweisen, da der Streufaktor mit $\sigma \leqq 1$ immer für einen positiven Radikanden sorgt. Für die weitere Rechnung können wir daher hier die neuen Zeitkonstanten

$$T' = -1/s_1 \quad \text{und} \quad T'' = -1/s_2$$

einführen. Nach den Regeln für das Rechnen mit kleinen Zahlen dürfen wir dann auch, wenn der Streufaktor $\sigma < 0{,}1$ ist, für die meist große Zeitkonstante $T' \approx T_1 + T_2$ und die meist kleine Zeitkonstante $T'' \approx \sigma T_1 T_2 / T'$ setzen. Wir schreiben daher schließlich für die Übertragungsfunktion

$$\underline{F}(s) = \frac{M}{\sigma L_1 L_2} \cdot \frac{s}{(s + 1/T')(s + 1/T'')} \tag{6.159}$$

6.4.2.2 Frequenzverhalten. In der Nachrichtentechnik werden Übertrager meist für Aufgaben der Leistungsanpassung (s. Abschn. 6.1.4), der Spannungsübersetzung (z. B. als Vorstufenübertrager mit großem Übersetzungsverhältnis und ohne Belastung - s. Band XII), als Ausgangsübertrager (z. B. in Endstufenverstärkern, so daß dann auch eine Wicklung von Gleichstrom durchflossen wird und hierfür bemessen sein muß - s. Band XII) oder auch zur galvanischen Trennung eingesetzt. In diesen Fällen wird der Transformator nicht mit einer festen Frequenz, sondern in einem bestimmten Frequenzbereich betrieben.

Es ist leicht einzusehen, daß der Transformator bei Gleichstrom nichts mehr übertragen kann, daß aber auch bei großen Frequenzen seine induktiven Blindwiderstände sehr groß werden können. Allgemein interessiert das Frequenzverhalten bzw. der übertragbare Frequenzbereich, also die Bandbreite, die durch untere Grenzkreisfrequenz ω_u und obere Grenzkreisfrequenz ω_0 bestimmt wird.

Die Grenzfrequenz soll hier, wie allgemein in der Nachrichtentechnik üblich, durch ein Absinken des Spannungsübersetzungsverhältnisses auf $1/\sqrt{2}$ (bzw. der Leistung auf die Hälfte - s. Abschn. 2.2.4.6 und Beispiel 2.43) gegenüber den normalen Verhältnissen festgelegt werden. Ferner vernachlässigen wir für die folgenden Betrachtungen alle Verluste und nehmen an, daß die Streuung gering ist.

Untere Grenzfrequenz. Eine Ableitung des Frequenzverhaltens mit der vollständigen Ersatzschaltung von Bild **3.**163a erfordert einen erheblichen Aufwand und ist für die hier zu gewinnenden Erkenntnisse nicht nötig. Ausgehend von den physikalischen Zusammenhängen können wir vielmehr Grenzbetrachtungen anstellen und hierfür von vereinfachten Ersatzschaltungen ausgehen.

So wird in Bild **3.**163a bei sinkenden Frequenzen der Blindwiderstand X'_h immer geringer, sein Einfluß als Parallelwiderstand zum Verbraucher $\underline{Z}'_a$ also größer. Wir benutzen daher für die Bestimmung der unteren Grenzfrequenz die Ersatzschaltung von Bild **3.**152, die wir für den Fall reiner Wirklast mit dem auf die Primärseite umgerechneten Wirkwiderstand R'_a und einem inneren Wirkwiderstand R_i des Senders zur Ersatzschaltung in Bild **6.**85a erweitern.

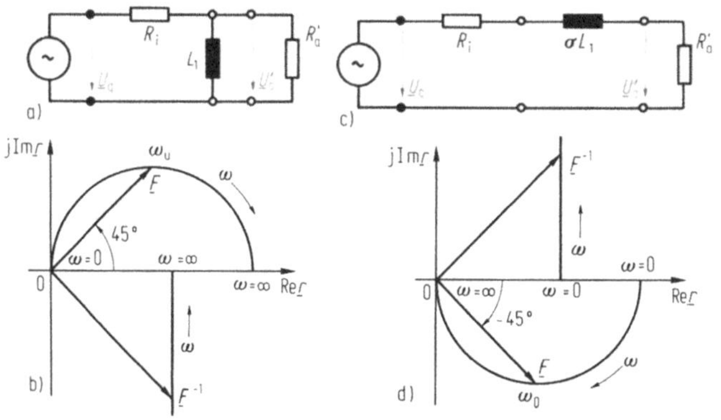

6.85
Ersatzschaltungen (a, c) und Ortskurven des Frequenzgangs $\underline{F}$ (b, d) des belasteten Übertragers für untere (a, b) und obere (c, d) Grenzfrequenz

Für das komplexe Verhältnis von Ausgangsspannung $\underline{U}'_a$ zur Eingangsspannung $\underline{U}_q$, das man als Frequenzgang bezeichnet, gilt dann nach der Spannungsteilerregel mit einigen Umrechnungen

$$\underline{F} = \frac{\underline{U}'_a}{\underline{U}_q} = \frac{\dfrac{j\omega L_1 R'_a}{R'_a + j\omega L_1}}{R_i + \dfrac{j\omega L_1 R'_a}{R'_a + j\omega L_1}} = \frac{j\omega L_1 R'_a}{R_i(R'_a + j\omega L_1) + j\omega L_1 R'_a}$$

$$= \frac{j\omega L_1 R'_a}{R_i R'_a + j\omega L_1 (R_i + R'_a)} \tag{6.160}$$

Für den inversen Frequenzgang

$$\underline{F}^{-1} = \frac{1}{\underline{F}} = \frac{R_i R'_a + j\omega L_1 (R_i + R'_a)}{j\omega L_1 R_a} = \frac{R_i + R'_a}{R'_a} - j\,\frac{R_i}{\omega L_1} \tag{6.161}$$

kann man sofort die Ortskurve zeichnen, die wie in Bild **6.**85b eine Gerade parallel zum negativen Teil der Imaginärachse darstellt. Nach Abschn. 8.3.2 ist der Frequenzgang $\underline{F}$ dann ein Halbkreis, der ebenfalls in Bild **6.**85b eingetragen ist. Aus Bild **6.**85b ist zu ersehen, daß $F=1/\sqrt{2}$ bzw. $F^{-1}=\sqrt{2}$ (im Vergleich zum Wert für $\omega=\infty$) für $|\varphi|=45°$, also für $\tan|\varphi|=1$ bzw. für

$$\frac{R_i+R'_a}{R'_a}=\frac{R_i}{\omega_u L_1} \tag{6.162}$$

wird. Für die untere Grenzkreisfrequenz gilt daher

$$\omega_u=\frac{R_i R'_a}{L_1(R_i+R'_a)} \tag{6.163}$$

Obere Grenzfrequenz. Mit steigender Frequenz wachsen die induktiven Blindwiderstände. In der Ersatzschaltung von Bild **3.**163a bekommen daher die Streublindwiderstände X_σ einen größeren Einfluß. Wir wählen für die weiteren Betrachtungen daher eine unsymmetrische Ersatzschaltung nach Tafel **3.**158 und setzen $\omega L'_h$ als unendlich groß an, so daß mit dem Gesamtstreufaktor σ allein der Blindwiderstand $\omega\sigma L_1$ übrig bleibt. Diese Schaltung wird mit den Wirkwiderständen R_i und R'_a von Sender und Empfänger auf die Ersatzschaltung in Bild **6.**85c erweitert. Sie hat nach der Spannungsteilerregel den komplexen Frequenzgang

$$\underline{F}=\frac{\underline{U}'_a}{\underline{U}_q}=\frac{R'_a}{R_i+R'_a+j\omega\sigma L_1} \tag{6.164}$$

bzw. den inversen Frequenzgang

$$\underline{F}^{-1}=\frac{R_i+R'_a+j\omega\sigma L_1}{R'_a}=\frac{R_i+R'_a}{R'_a}+j\frac{\omega\sigma L_1}{R'_a} \tag{6.165}$$

der wieder eine Gerade darstellt (Bild **6.**85d), so daß der Frequenzgang $\underline{F}$ ebenfalls als Ortskurve einen Halbkreis ergibt. Es gilt dann hier für den Phasenwinkel $|\varphi|=45°$ die Bedingung

$$\frac{R_i+R'_a}{R'_a}=\frac{\omega_0\sigma L_1}{R'_a} \tag{6.166}$$

Daher findet man die obere Grenzkreisfrequenz

$$\omega_0=\frac{R_i+R'_a}{\sigma L_1} \tag{6.167}$$

Ganz allgemein gilt für das Verhältnis von oberer zu unterer Grenzfrequenz

$$\frac{\omega_0}{\omega_u}=\frac{f_0}{f_u}=\frac{(R_i+R'_a)^2}{\sigma R_i R'_a} \tag{6.168}$$

Bei Leistungsanpassung mit $R'_a = R_i$ (s. Abschn. 2.1.3 und 6.1.4) wird

$$\omega_0/\omega_u = f_0/f_u = 4/\sigma \tag{6.169}$$

In diesem Fall wird die Bandbreite allein durch den Gesamtstreufaktor σ bestimmt, sie wird also bei geringer Streuung besonders groß.

Bei hohen Frequenzen ist in der Ersatzschaltung von Bild 6.85c noch die Kapazität der Wicklung und anderer Schaltungsteile, die parallel zum äußeren Widerstand R'_a zu denken ist, zu berücksichtigen. Sie bildet mit der Induktivität σL_1 einen Reihenschwingkreis (s. Abschn. 6.1) und verschiebt so die obere Grenzfrequenz zu höheren Frequenzwerten. In der Praxis werden meist untere und obere Grenzfrequenz meßtechnisch bestimmt und hieraus die übrigen Kennwerte des Übertragers berechnet. Für weitere Einzelheiten s. Band XII.

Beispiel 6.53. Man bestimme für einen Transformator mit dem Gesamtstreufaktor $\sigma = 0{,}04$ und der primären Induktivität $L_1 = 3{,}2$ H für den Fall der Leistungsanpassung mit den Wirkwiderständen $R_i = R'_a = 1\,\text{k}\Omega$ untere und obere Grenzfrequenz.

Nach Gl. (6.163) beträgt die untere Grenzkreisfrequenz

$$\omega_u = \frac{R_i R'_a}{L_1 (R_i + R'_a)} = \frac{R_i}{2 L_1} = \frac{1\,\text{k}\Omega}{2 \cdot 3{,}2\,\text{H}} = 156{,}3\,\text{s}^{-1}$$

und nach Gl. (6.169) die obere Grenzkreisfrequenz

$$\omega_0 = 4\omega_u/\sigma = 4 \cdot 156{,}3\,\text{s}^{-1}/0{,}04 = 15\,630\,\text{s}^{-1}$$

Die Grenzfrequenzen sind daher $f_u = \omega_u/(2\pi) = 156{,}3\,\text{s}^{-1}/(2\pi) = 24{,}87$ Hz und $f_0 = \omega_0/(2\pi) = 15\,630\,\text{s}^{-1}/(2\pi) = 2{,}488$ kHz.

6.4.3 Gleichstrommotor

Wir wollen jetzt das Übergangsverhalten des in Bild 6.86 mit seiner Schaltung dargestellten, konstant erregten Gleichstrom-Nebenschlußmotors betrachten. Ankerrückwirkung und Sättigungserscheinungen (d.h. alle Nichtlinearitäten) werden vernachlässigt (s.a. Band VII).

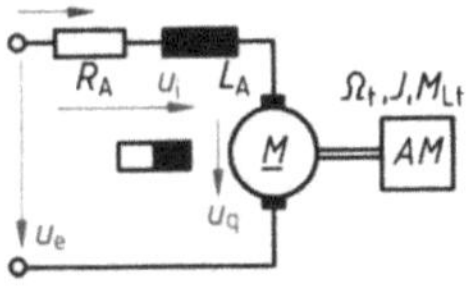

6.86 Schaltbild des Gleichstrommotors M mit Arbeitsmaschine AM

6.4.3.1 Signalflußplan. Eingangsgrößen für den zuerst zu entwerfenden Signalflußplan können die Netzspannung u_e oder das Lastmoment M_L sein. Sie können sich sprungartig ändern (Sprungerregung) oder auch von diskreten Störfrequenzen (Sinuserregung) überlagert sein. Ausgangsgröße soll stets die Winkelgeschwindigkeit Ω sein.

Mit dem Ankerkreiswiderstand R_A (Ankerwiderstand R_i und u. U. Ankervorwiderstand R_V) und der Ankerinduktivität L_A tritt die Spektraldichte des inneren Spannungsabfalls

$$\underline{U}_i(s) = (R_A + L_A s)\underline{I}(s) \tag{6.170}$$

auf. Außerdem wird im Anker mit dem konstanten Fluß Φ und der Winkelgeschwindigkeit Ω die Spektraldichte der Quellenspannung

$$\underline{U}_q(s) = c\underline{\Omega}(s) \tag{6.171}$$

erzeugt, so daß mit der Netzspannung U_e das Spannungsgleichgewicht

$$\underline{U}_e(s) = \underline{U}_q(s) + \underline{U}_i(s) \tag{6.172}$$

besteht. Danach muß zunächst in Bild **6**.87 links an einer Additionsstelle die

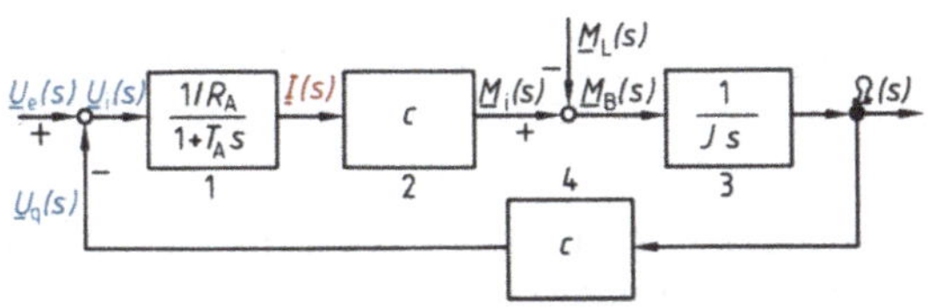

6.87
Signalflußplan des konstant erregten Gleichstrom-Nebenschlußmotors

Differenz $\underline{U}_i(s) = \underline{U}_e(s) - \underline{U}_q(s)$ gebildet werden. Anschließend entsteht mit der Ankerkreis-Zeitkonstante $T_A = L_A/R_A$ im Block *1* die Spektraldichte des Stromes

$$\underline{I}(s) = \frac{\underline{U}_i(s)}{R_A + L_A s} = \frac{\underline{U}_i(s)/R_A}{1 + T_A s} \tag{6.173}$$

so daß die in Block *1* von Bild **6**.87 eingetragene Übertragungsfunktion eines P-T_1-Gliedes gilt. Der Strom I erzeugt die Spektraldichte des inneren Drehmoments

$$\underline{M}_i(s) = c\underline{I}(s) \tag{6.174}$$

in dem Block *2*, der ein P-Glied darstellt. Weiterhin ist mit Beschleunigungsmoment M_B, Lastmoment M_L und Trägheitsmoment J aller drehenden Massen das dynamische Grundgesetz des Antriebs

$$M_{Bt} = J\,\mathrm{d}\Omega_t/\mathrm{d}t = M_{it} - M_{Lt} \tag{6.175}$$

zu beachten, also wieder eine Additionsstelle einzuschalten. Für die Spektraldichte der Winkelgeschwindigkeit gilt also

$$\underline{\Omega}(s) = \underline{M}_B(s)/(Js) \tag{6.176}$$

Block *3* gehört daher zu einem I-Glied. Entsprechend Gl. (6.171) ist außerdem noch die Winkelgeschwindigkeit Ω mit der Quellenspannung U_q über den Block *4*, wieder ein P-Glied, auf den Eingang zurückgekoppelt. Mit den Nennwerten der zugehörigen Block-Eingangs- und Ausgangsgrößen findet man auch leicht den Proportionalbeiwert

$$c = M_{iN}/I_N = U_{qN}/\Omega_N = (U_{eN} - U_{iN})/\Omega_N \tag{6.177}$$

6.4.3.2 Übertragungsfunktionen. Für den Fall, daß die Spannung U_e die Eingangsgröße und die Winkelgeschwindigkeit Ω die Ausgangsgröße sind und sich das Lastmoment nicht ändert, erhalten wir nach Gl. (6.122) und (6.127) die Übertragungsfunktion

$$\underline{F}_U(s) = \frac{\underline{\Omega}(s)}{\underline{U}_e(s)} = \frac{\underline{F}_1(s)\underline{F}_2(s)\underline{F}_3(s)}{1+\underline{F}_1(s)\underline{F}_2(s)\underline{F}_3(s)\underline{F}_4(s)}$$

$$= \frac{1/c}{1+(JR_A/c^2)s+(T_A JR_A/c^2)s^2} = \frac{K_U}{1+2\vartheta T_0 s + T_0^2 s^2} \tag{6.178}$$

also ein P-T$_2$-Glied mit dem Proportionalbeiwert $K_U = 1/c$, der Kennzeit $T_0 = \sqrt{T_A J R_A}/c = \sqrt{L_A J}/c$ und dem Dämpfungsgrad $\vartheta = \sqrt{JR_A/T_A}/2c = (R_A/2c)\sqrt{J/L_A}$.

Wenn allein Auswirkungen der Eingangsgröße Lastmoment M_{Lt} auf die Ausgangsgröße Winkelgeschwindigkeit Ω_t betrachtet werden sollen, findet man unter Beachtung des negativen Vorzeichens bei M_{Lt} mit Gl. (6.122) und (6.127) die Übertragungsfunktion

$$\underline{F}_M(s) = \frac{\underline{\Omega}(s)}{\underline{M}_L(s)} = \frac{-\underline{F}_3(s)}{1+\underline{F}_1(s)\underline{F}_2(s)\underline{F}_3(s)\underline{F}_4(s)}$$

$$= \frac{-(R_A/c^2)(1+T_A s)}{1+(JR_A/c^2)s+(T_A JR_A/c^2)s^2} = \frac{-K_M(1+T_A s)}{1+2\vartheta t_0 s + T_0^2 s^2} \tag{6.179}$$

die ein PD-T$_2$-Verhalten wiedergibt. Es tritt ein anderer Proportionalbeiwert $K_M = R_a/c^2$ und zusätzlich die Zeitkonstante T_A in Erscheinung; Kennzeit T_0 und Dämpfungsgrad ϑ ändern sich gegenüber Gl. (6.178) nicht.

Beispiel 6.54. Ein Gleichstrommotor für die Nennspannung $U_N = 220$ V hat die Nennleistungsabgabe $P_{2N} = 40$ kW, den Ankernennstrom $I_N = 200$ A, die Nenndrehzahl $n_N = 1400\ \text{min}^{-1}$, den Ankerkreiswiderstand $R_A = 0{,}06\ \Omega$, die Ankerinduktivität $L_A = 2$ mH und der Antrieb das Trägheitsmoment $J = 0{,}8\ \text{Ws}^3$.

a) Es ist zu untersuchen, welche Störfrequenz in der Eingangsspannung (z. B. infolge des speisenden Gleichrichters) schädliche Wirkungen verursacht.

Wir bestimmen zunächst den Proportionalbeiwert

$$c = \frac{U_N - U_{iN}}{\Omega_N} = \frac{U_N - R_A I_N}{2\pi n_N} = \frac{220\ \text{V} - 0{,}06\ \Omega \cdot 200\ \text{A}}{2\pi \cdot 1400\ \text{min}^{-1}/(60\ \text{min}^{-1}\text{s})} = 1{,}419\ \text{Vs}$$

und den Dämpfungsgrad

$$\vartheta = (R_A/2c)\sqrt{J/L_A} = (0{,}06\ \Omega/2 \cdot 1{,}419\ \text{Vs}\sqrt{0{,}8\ \text{Ws}^3/(2\ \text{mH})} = 0{,}4229 < 1$$

Daher müssen wir neben der Kennzeit

$$T_0=\sqrt{L_A J/c}=\sqrt{2\text{ mH}\cdot 0{,}8\text{ Ws}^3}/(1{,}419\text{ Vs})=28{,}19\text{ ms}$$

noch die Kennkreisfrequenz $\omega_0=1/T_0=1/(28{,}19\text{ ms})=35{,}46\text{ s}^{-1}$ berechnen.
Nach Gl. (6.142) und (6.143) tritt bei dem vorliegenden T_2-Glied wegen des Dämpfungsgrades $\vartheta=0{,}4229$ die Resonanzüberhöhung

$$F_m=1/(2\vartheta\sqrt{1-\vartheta^2})=1/(2\cdot 0{,}4229\sqrt{1-0{,}4229^2})=1{,}305$$

bei der Kreisfrequenz

$$\omega_m=\omega_0\sqrt{1-2\vartheta^2}=35{,}46\text{ s}^{-1}\sqrt{1-2\cdot 0{,}4229^2}=28{,}42\text{ s}^{-1}$$

bzw. mit der Frequenz $f_m=\omega_m/(2\pi)=28{,}42\text{ s}^{-1}/(2\pi)=4{,}523$ Hz auf. Dieser Frequenzbereich ist aber im speisenden Netz meist nicht belegt.

b) Das Verhalten des Antriebs bei sinusförmigen Drehmomentschwingungen ist mit dem Bode-Diagramm zu untersuchen.

Der Frequenzgang hat den Proportionalbeiwert

$$K_M=R_A/c^2=0{,}06\,\Omega/(1{,}419\text{ Vs})^2=0{,}0298\,(\text{Ws}^2)^{-1}$$

(das entspricht $-30{,}52$ dB), die Ankerkreis-Zeitkonstante $T_A=L_A/R_A=2\text{ mH}/0{,}06\,\Omega=33{,}3$ ms, die Eckkreisfrequenz $\omega_{EA}=1/T_A=1/33{,}3\text{ ms}=30\text{ s}^{-1}$ und die Kennkreisfrequenz $\omega_0=35{,}46\text{ s}^{-1}$, so daß der Amplitudengang von Bild 6.88 gezeichnet werden kann. Nach Aufgabenteil a) hat das T_2-Glied die Resonanzüberhöhung $F_m=1{,}305$ bei der Kreisfrequenz $\omega_m=28{,}42\text{ s}^{-1}$ bzw. der Frequenz $f_m=4{,}523$ Hz. Das T_1^{-1}-Glied hat nach Tafel 6.64 bei $\omega_m/\omega_{EA}=28{,}42\text{ s}^{-1}/(30\text{ s}^{-1})=0{,}9473$ die Amplitude 1,377, so daß hier insgesamt die Amplitude

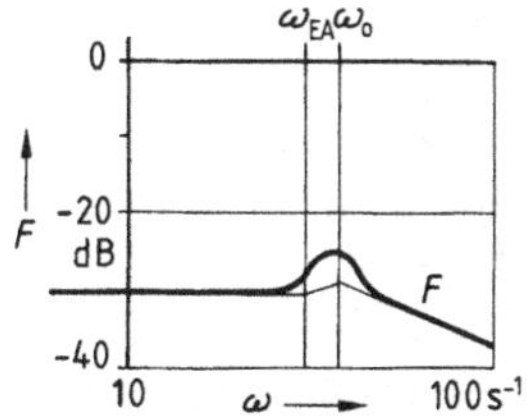

6.88 Amplitudengang zu Beispiel 6.54

$$F_{mres}=1{,}305\cdot 1{,}377\cdot 0{,}0298\,(\text{Ws}^2)^{-1}=0{,}05339\,(\text{Ws}^2)^{-1}$$

auftritt. Wenn bei dem Nennmoment

$$M_N=P_{2N}/\Omega_N=40\text{ kW}\cdot 60\text{ min}^{-1}\text{s}/(2\pi\cdot 1400\text{ min}^{-1})=2728\text{ Ws}$$

eine Lastmomentschwingung mit der Amplitude $\Delta M=0{,}1\,M_N=27{,}28$ Ws vorausgesetzt wird, ergibt sich eine Drehzahlschwingung mit der Amplitude

$$\Delta n=F_{mres}\Delta M/2=0{,}05339\,(\text{Ws}^2)^{-1}\,27{,}28\text{ Ws}\cdot 60\text{ min}^{-1}\text{s}/2=43{,}69\text{ min}^{-1}$$

Man muß daher periodische Lastmomentänderungen in der Nähe der Frequenz $f=5$ Hz vermeiden.

6.5 Übungsaufgaben zu Abschnitt 6

Dieser Abschnitt bietet weitere Möglichkeiten zum Lernen durch Üben; die Lösungen der Aufgaben findet man im Anhang 1.

Beispiel 6.55. Kapazität $C=160$ pF und Induktivität $L=0{,}72$ mH liegen in Reihe an der Sinusspannung U. Bei welcher Frequenz f beträgt die Kondensatorspannung U_C ein Fünftel der Gesamtspannung U?

Beispiel 6.56. Die Doppel-T-Schaltung von Bild 6.89 kann eine bestimmte Kreisfrequenz ω_S sperren. Die Sperrbedingungen sind zu ermitteln.

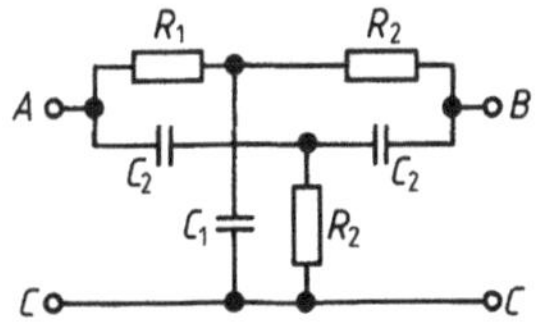

6.89 Sperrkreis in Doppel-T-Schaltung

Beispiel 6.57. Bei Messungen an Resonanzkreisen ist in den Meßwerten stets der Einfluß der Kapazität C_p und des Widerstandes R_p des parallelgeschalteten Meßinstruments enthalten. Er führt zur Verstimmung und Dämpfung des Meßobjekts und erfordert eine Korrekturrechnung. Wie groß ist der Resonanz-Sperrkreis-Widerstand R_p eines Parallelschwingkreises mit der Induktivität $L=0{,}05$ mH und der Kapazität $C=500$ pF, wenn nach dem Parallelschalten eines Spannungsmessers mit der Kapazität $C_p=100$ pF und dem Wirkwiderstand $R_p=15$ kΩ an dem dann vorliegenden Resonanzkreis (Bild 6.90) der Gütefaktor $Q_p=20$ gemessen wird?

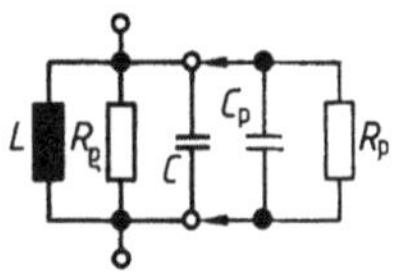

6.90 Parallelschaltung von Kapazität C_p und Wirkwiderstand R_p zu einem Parallelschwingkreis

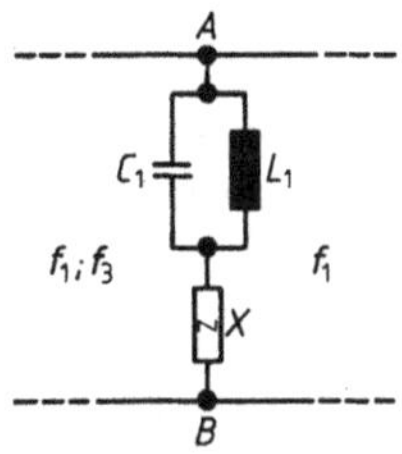

6.91 Teil einer Frequenzweiche

Beispiel 6.58. Die in Bild 6.91 dargestellte quer in einer Leitung angebrachte Schaltung soll mit der Induktivität $L_1=4{,}5$ mH als Teil einer Frequenzweiche (s. Band XI) die Spannung der 3. Teilschwingung sperren, die der Grundschwingung $f_1=800$ Hz jedoch unbeeinflußt hindurchlassen. Ist der Blindwiderstand X durch eine Induktivität L oder eine Kapazität C zu bilden, und wie groß müßte diese sein? Wie groß muß die Kapazität C_1 sein?

Beispiel 6.59. Auf Hochspannungsleitungen, die gleichzeitig zur Nachrichtenübertragung mit Trägerfrequenzen (z. B. 35 kHz bis 375 kHz) benutzt werden, müssen Frequenzweichen mit Resonanzkreisen gemäß der in Bild 6.92 angegebenen Schaltung eingesetzt werden, damit die Trägerfrequenz-Energie nicht auf andere Leitungen abfließen kann. Sie werden so ausgelegt, daß sie je eine Frequenz für die beiden Übertragungsrichtungen einer Nachrichtenverbindung sperren. Die aus Induktivität L_1 und Kapazität C_1 bzw. L_2 und C_2 gebildeten Resonanzkreise stimmt man auf eine obere Frequenz f_1 ab und wählt die Kapazität C_3 so, daß die gesamte Schaltung auch bei einer unteren Frequenz f_2 sperrt. Bei der Dimensionierung der Schaltung können sämtliche Bauelemente als verlustlos angenommen werden.

Für die Induktivitäten $L_1=0{,}2$ mH, $L_2=0{,}159$ mH sowie die Frequenzen $f_1=100$ kHz und $f_2=70$ kHz sind die Kapazitäten C_1, C_2 und C_3 zu bestimmen. Bei welcher Frequenz f_r tritt Reihenresonanz auf, und welchen Widerstand stellt die Anordnung für die 50-Hz-Energieversorgung dar?

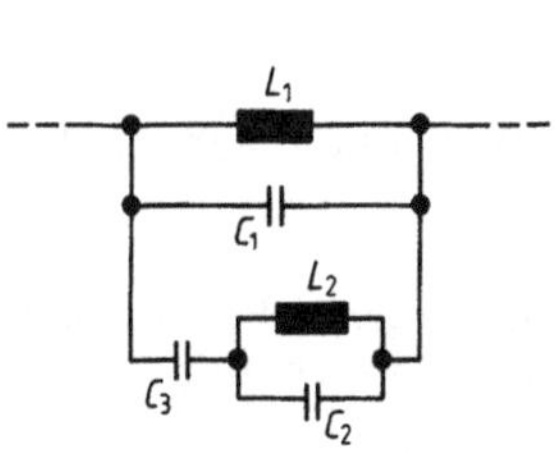

6.92 Frequenzweiche zur Nachrichtenübertragung auf Hochspannungsleitungen

Beispiel 6.60. Ein Niederfrequenzgenerator für die Kreisfrequenz $\omega = 5000\ s^{-1}$ mit dem Innenwiderstand $R_i = 60\ \Omega$ hat eine ausgeprägte 3. Teilschwingung. Mit der in Bild 6.93 zwischen den Klemmen *AB* dargestellten Siebschaltung (s. Band XI) mit dem Wirkwiderstand $R_v = 40\ \Omega$ und den Induktivitäten $L_1 = L_2 = 0{,}1$ H soll erreicht werden, daß am Verbraucher $R_a = 1000\ \Omega$ möglichst nur die 3. Teilschwingung auftritt. Wie groß müssen die Kapazitäten C_1 und C_2 sein? Welcher relative Anteil der Grundschwingung ist bei Annahme gleicher Amplitude von Grund- und Oberschwingung noch in der Verbraucherspannung *U* enthalten?

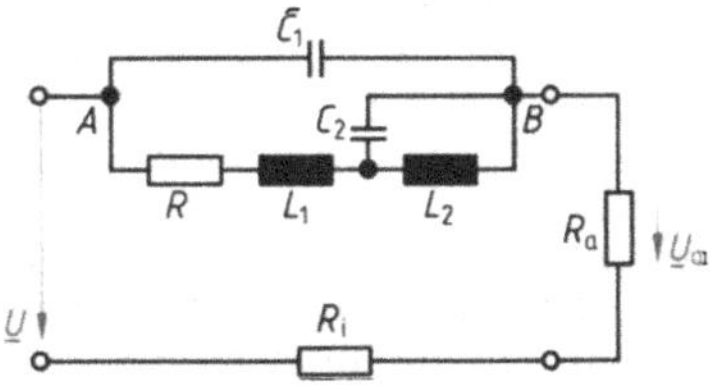

6.93 Siebschaltung für 3. Teilschwingung

Beispiel 6.61. Ein Reihenschwingkreis mit der Induktivität *L* und der Kapazität *C* zeigt Resonanz bei der Frequenz $f_p = 503$ kHz. Zum Bestimmen von Induktivität *L* und Kapazität *C* wird nach In-Reihe-Schalten eines Zusatzkondensators mit der Kapazität $C_z = 375$ pF die dann auftretende Resonanzfrequenz gemessen; sie weicht um 147 kHz von der Eigenfrequenz des Kreises ab. Erhöht oder erniedrigt sich die Resonanzfrequenz? Wie groß sind Induktivität *L* und Kapazität *C* des als verlustfrei vorausgesetzten Reihenschwingkreises?

Beispiel 6.62. Es ist ein Parallelschwingkreis zu entwerfen, der bei der Resonanzfrequenz $f_p = 1$ MHz den Resonanz-Sperrkreis-Widerstand $R_p = 6\ k\Omega$ und den Gütefaktor $Q = 31{,}4$ aufweist. Wie groß sind Induktivität *L*, Kapazität *C* und der im Schwingkreis liegende Reihenwiderstand *R*?

Beispiel 6.63. In der Nachrichtentechnik muß der Gütefaktor *Q* von Schwingkreisen durch Bedämpfen mit Wirkwiderständen *R* oft künstlich verkleinert werden, wenn mit dem Schwingkreis nicht nur eine einzige Frequenz, sondern mehrere benachbarte Frequenzen, also Frequenzbänder, übertragen werden sollen. Ein Parallelschwingkreis nach Bild 6.94a mit der Kapazität $C = 360$ pF hat bei der Resonanzfrequenz $f_p = 750$ kHz den Gütefaktor $Q = 72$. Welcher Reihenwiderstand R_r muß entsprechend Bild 6.94b zusätzlich in den Parallelschwingkreis eingeschaltet werden, damit der Gütefaktor auf $Q_r = 32{,}8$ verkleinert wird? Welcher Parallelwiderstand R_p muß nach Bild 6.94c anstelle des Reihenwiderstands R_r zum Schwingkreis parallelgeschaltet werden, um den Gütefaktor auf $Q_p = 25{,}6$ herabzusetzen?

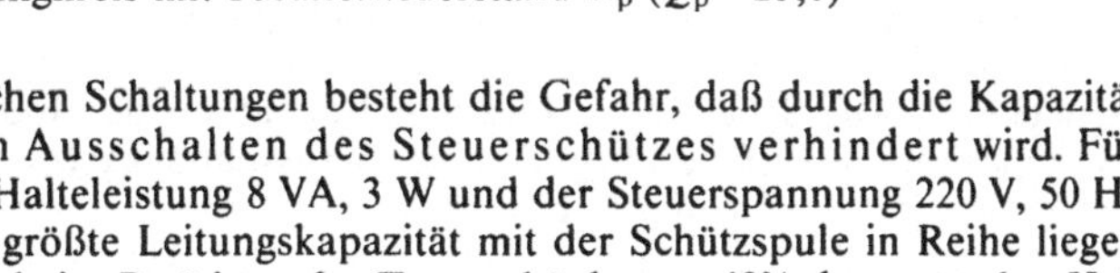

6.94 Bedämpfung eines Parallelschwingkreises zum Herabsetzen des Gütefaktors
a) Schwingkreis allein ($Q = 72$), b) Schwingkreis mit Reihenwiderstand R_r ($Q_r = 32{,}8$), c) Schwingkreis mit Parallelwiderstand R_p ($Q_p = 25{,}6$)

Beispiel 6.64. In elektrischen Schaltungen besteht die Gefahr, daß durch die Kapazität langer Steuerleitungen ein Ausschalten des Steuerschützes verhindert wird. Für ein Steuerschütz mit der Halteleistung 8 VA, 3 W und der Steuerspannung 220 V, 50 Hz ist zu berechnen, welche größte Leitungskapazität mit der Schützspule in Reihe liegen darf, wenn der Reststrom beim Betätigen des Tasters höchstens 40% des normalen Haltestroms betragen darf. Bei welcher Kapazität tritt Reihenresonanz auf, und wie groß werden dann Strom und Spannung der Schützspule?

Beispiel 6.65. Um den Verlauf der Resonanzkurve zu ändern, wird in der in Bild 6.95 dargestellten Schwingkreisschaltung der Schalter S von der Stellung a in die Stellung b umgelegt. Hierdurch wechselt ohne Änderung eines Wirkwiderstands die Dämpfung von d_a auf d_b. Um welchen Faktor $x=d_b/d_a$ ändert sich die zwischen den Anschlußklemmen A und B wirksame Dämpfung? Welche Resonanzfrequenzen treten auf? R_p kann als sehr hochohmiger Widerstand angenommen werden.

Beispiel 6.66. Wie groß ist der komplexe Eingangswiderstand $\underline{Z}_e$ der in Bild 6.96 angegebenen Schaltung, wenn gleichzeitig die Reihenschaltung von Kapazität C_1 und Induktivität L_1 und die Parallelschaltung von Kapazität C_0 und Induktivität L_2 je der Resonanzbedingung $\omega^2 LC=1$ genügen?

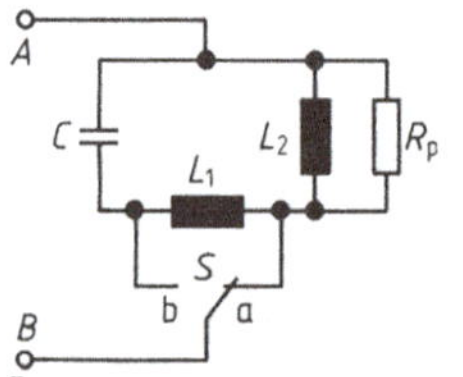

6.95 Schwingkreis mit umschaltbarem Verlustfaktor
S Schalter

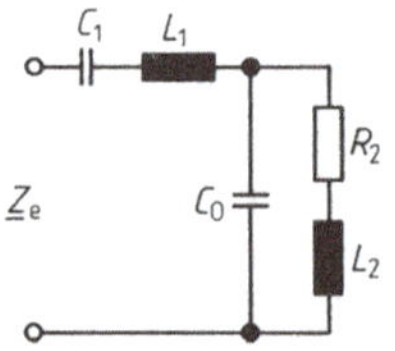

6.96 Schwingkreis

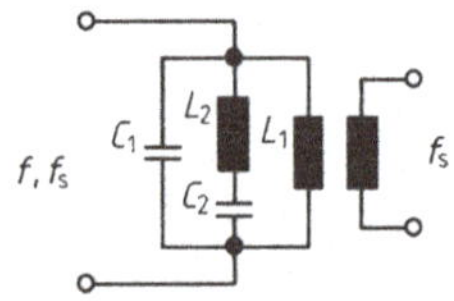

6.97 Siebschaltung (Weiche) zum Anschluß einer Tonfrequenz-Rundsteuerung an ein Versorgungsnetz

Beispiel 6.67. Eine dem Versorgungsnetz der Frequenz $f=50$ Hz überlagerte Tonfrequenz-Rundsteuerung der Frequenz $f_s=175$ Hz soll über die in Bild 6.97 angegebene Schaltung (Weiche) angeschlossen werden. Wie groß müssen die Induktivitäten L_1 und L_2 sein, wenn die Kapazitäten $C_1=2$ µF und $C_2=10$ µF zur Verfügung stehen?

Beispiel 6.68. Ein verlustloser Schwingkreis soll die Kennkreisfrequenzen $\omega_p=200\ \mathrm{s}^{-1}$ und $\omega_r=500\ \mathrm{s}^{-1}$ aufweisen und unter Verwendung der Induktivität $L=0{,}5$ H aufgebaut werden. Welche Schaltungen ermöglichen dieses Verhalten, und wie groß müssen die übrigen Reaktanzzweipole sein?

Beispiel 6.69. Analog zu Beispiel 6.5 sollen die Schaltungen A und C in Tafel 6.4 miteinander verglichen werden.

Beispiel 6.70. Für die Schaltung in Bild 6.98 ist die Gleichung des Amplitudengangs des Blindwiderstands $X=f(\omega)$ in Normalform zu entwickeln und darzustellen, und es sind die Gleichungen für die Kennkreisfrequenzen abzuleiten.

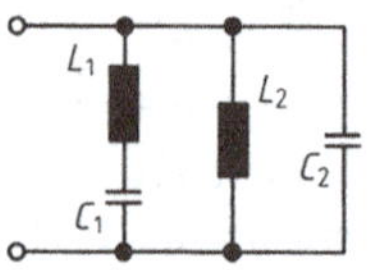

6.98 Schwingkreis

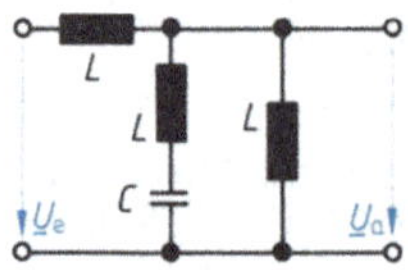

6.99 Schwingkreis

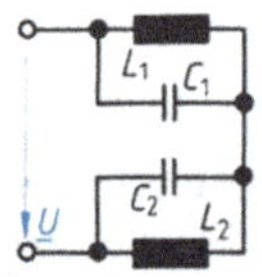

6.100 Schwingkreis

Beispiel 6.71. Die Schaltung in Bild 6.99 besteht aus den Induktivitäten $L=1$ mH und der Kapazität $C=1$ µF und liegt an einer Sinusspannung $\underline{U}_e$. Für welche Kreisfrequenzen werden $U_a/U_e=0$ bzw. $U_a/U_e=1$?

Beispiel 6.72. Der Schwingkreis in Bild 6.100 enthält die Induktivitäten $L_1=50$ mH und $L_2=10$ mH sowie die Kapazitäten $C_1=65$ nF und $C_2=12$ nF. Die Kennkreisfrequenzen sind zu bestimmen.

Beispiel 6.73. Die Schaltung in Bild 6.9 soll die Resonanzfrequenz $f_p = 0{,}5$ MHz bei dem Gütefaktor $Q \geqq 50$ aufweisen. Welche Kapazität C und welcher Leitwert G_C sind hierfür erforderlich, wenn außerdem eine Drossel mit Wirkwiderstand $R_L = 10\ \Omega$ und Induktivität $L = 0{,}5$ mH eingesetzt werden soll?

Beispiel 6.74. Man bestimme für das Netzwerk von Bild 6.101 die Ortskurve des komplexen Leitwerts $\underline{Y}$.

Beispiel 6.75. Die Schaltung von Bild 6.9 enthält Wirkwiderstand $R_L = 10\ \Omega$, Wirkleitwert $G_C = 0{,}02$ S, Induktivität $L = 4$ mH und Kapazität $C = 20\ \mu$F. Die Ortskurve des Stromes $\underline{I}$ soll für den Kreisfrequenzbereich $\omega = 0$ bis $\omega = 4000\ \text{s}^{-1}$ bei der Eingangsspannung $\underline{U} = 100$ V bestimmt werden.

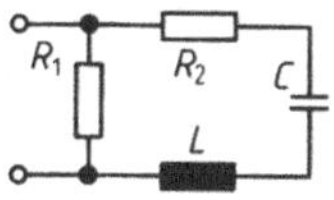

6.101
Schwingkreis

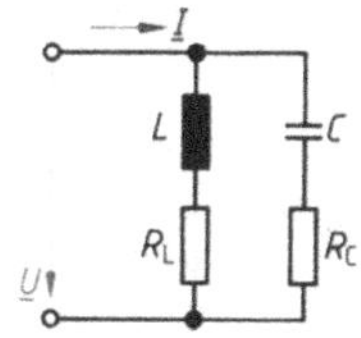

6.102
Schwingkreis

Beispiel 6.76. Für die Schaltung in Bild 6.102 sollen die Gleichungen für die Resonanzfrequenz f_p und den Resonanzstrom abgeleitet werden.

Beispiel 6.77. In einem Hochfrequenzkreis liegt die Reihenschaltung der Induktivität $L = 30\ \mu$H und des Wirkwiderstands $R_L = 2\ \Omega$ parallel zu der Kapazität $C = 600$ pF. Wie groß sind Resonanzfrequenz f_p und Resonanzstrom I_p bei Anschluß an die Spannung $U = 10$ V?

Beispiel 6.78. Für die Schaltung nach Bild 6.17a ist in Abhängigkeit vom Verhältnis der Scheinwiderstände Z_a/Z_i die am Verbraucher liegende Spannung U_a, bezogen auf den Höchstwert $U_{a\,max}$, für die Phasenwinkeldifferenzen $\varphi_i - \varphi_a = 0°$, $90°$ und $120°$ darzustellen.

Beispiel 6.79. Ein Generator nach Bild 6.17a mit der Frequenz $f = 40$ kHz, dem Innenwiderstand $R_i = 1{,}5\ \Omega$ und der inneren Kapazität $C_i = 2\ \mu$F soll einem Verbraucherwiderstand $\underline{Z}_a$ maximale Wirkleistung zuführen. Wie muß der Verbraucherwiderstand $\underline{Z}_a$ aufgebaut sein?

Beispiel 6.80. In einem Sinusstromkreis nach Bild 6.17a hat die Spannungsquelle den komplexen Innenwiderstand $\underline{Z}_i = 501{,}2\ \Omega \,\underline{/-2{,}85°}$; sie wird mit dem komplexen Verbraucherwiderstand $\underline{Z}_a = 280\ \Omega \,\underline{/-35{,}9°}$ belastet. Welcher Anteil P_a der verfügbaren Leistung $P_{a\,max}$ wird nur entnommen?

Beispiel 6.81. Die Brückenschaltung in Bild 6.103 ist bei den Wirkwiderständen $R_3 = 30\ \Omega$, $R_4 = 360\ \Omega$ und den Kapazitäten $C_2 = 1$ nF, $C_4 = 20$ nF abgeglichen und arbeitet bei der Kreisfrequenz $\omega = 1000\ \text{s}^{-1}$. Welchen Innenwiderstand R_a sollte das Nullgerät aufweisen, damit es möglichst empfindlich ist?

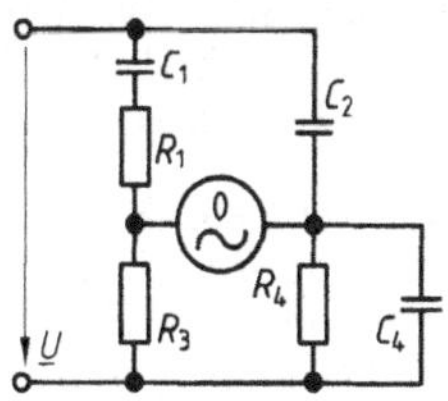

6.103
Meßbrücke

Beispiel 6.82. Ein Empfänger mit dem Wirkwiderstand $R_a = 1$ kΩ soll aus einem Sender, der den inneren Wirkwiderstand $R_i = 15$ kΩ aufweist, die optimale Wirkleistung beziehen. Es sind die Induktivitäten L und Kapazitäten C der beiden möglichen einfachen Transformationszweitore für die Kreisfrequenz $\omega = 1000\ \mathrm{s}^{-1}$ zu bestimmen.

Beispiel 6.83. Eine Spannungsquelle mit dem komplexen inneren Widerstand $\underline{Z}_i = (10 + \mathrm{j}\,20)\,\Omega$ und der Quellenspannung $\underline{U}_q = 6$ V arbeitet nach Bild **6.**104 auf den komplexen Verbraucherleitwert $\underline{Y}_a = (0{,}1 + \mathrm{j}\,0{,}05)$ S. Welche Wirkleistung P_a wird im Verbraucher umgesetzt, und wie stark weicht sie von der verfügbaren Leistung $P_{a\,max}$ ab? Welche Ströme $\underline{I}_R$ und $\underline{I}_X$ fließen im Verbraucher an welcher Verbraucherspannnung $\underline{U}_a$?

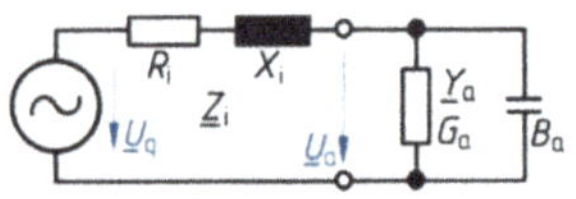

6.104 Spannungsquelle und Verbraucher

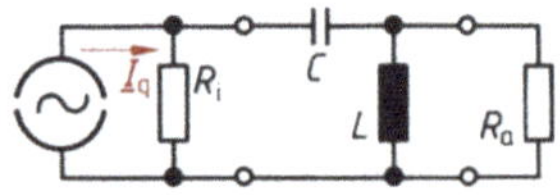

6.105 Transformationszweitor mit Quelle und Verbraucher

Beispiel 6.84. Eine Stromquelle mit dem inneren Widerstand $R_i = 50\ \Omega$ und dem Quellenstrom $\underline{I}_q = 15$ mA $\angle 30°$ soll nach Bild **6.**105 auf den Widerstand $R_a = 5$ kΩ die verfügbare Leistung übertragen. Das Transformationszweitor ist zu dimensionieren. Welche Wirkleistung wird auf den Verbraucher übertragen?

Beispiel 6.85. Zwei Spannungsquellen mit den Quellenspannungen $\underline{U}_{q1} = 100$ V, $\underline{U}_{q2} = 80$ V $\angle 30°$ und den inneren Widerständen $\underline{Z}_{i1} = 200\ \Omega\ \angle -30°$ und $\underline{Z}_{i2} = 300\ \Omega\ \angle 60°$ liegen nach Bild **6.**106 in Reihe. Man bestimme den Verbraucherwiderstand $\underline{Z}_a$ für Anpassung, die dann auf ihn übertragene Leistung, die verfügbaren Leistungen der Spannungsquellen und alle auftretenden Spannungen.

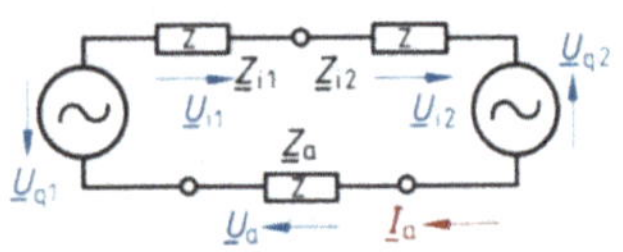

6.106 Netzwerk

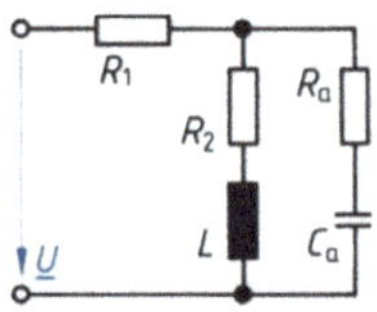

6.107 Belasteter Spannungsteiler

Beispiel 6.86. Die Schaltung in Bild **6.**107 enthält einen Spannungsteiler, der aus den Wirkwiderständen $R_1 = 150\ \Omega$, $R_2 = 120\ \Omega$ und der Induktivität $L = 30$ mH besteht und an der Spannung $\underline{U} = 240$ V bei der Frequenz $f = 1{,}2$ kHz liegt. Für welche Werte von Wirkwiderstand R_a und Kapazität C_a ergibt sich die maximal übertragbare Wirkleistung $P_{a\,max}$?

Beispiel 6.87. Ein für Hochfrequenz bestimmter Schwingkreis entsprechend Bild **6.**94a enthält Wirkwiderstand $R = 250\ \Omega$, Induktivität $L = 150\ \mu$H und Kapazität $C = 700$ pF in Reihenschaltung. Wie groß sind Eigenkreisfrequenz ω_d und Abklingkonstante δ?

Beispiel 6.88. In einem Hochfrequenz-Schwingkreis soll ein Resonanz-Frequenzbereich von $f_{\rho 1} = 5$ MHz bis $f_{\rho 2} = 14$ MHz mit einem Drehkondensator einstellbar sein. In welchem Kapazitätsverhältnis C_2/C_1 muß sich der Drehkondensator einstellen lassen?

Beispiel 6.89. Ein komplexer Widerstand besteht aus der Reihenschaltung von Wirkwiderstand $R = 15\ \Omega$, Induktivität $L = 0{,}2$ H und Kapazität $C = 30\ \mu$F und ist an die Sinusspannung $U = 120$ V angeschlossen. Es sind Strom I, Spannungen U_L, U_C und Phasenwinkel φ als Funktion der Frequenz im Bereich $f = 0$ bis $f = 120$ Hz darzustellen.

Beispiel 6.90. Für das in Bild 6.108 dargestellte Zweitor mit der Kapazität $C = 10\ \mu F$, dem Wirkwiderstand $R = 100\ \Omega$ und der Induktivität $L = 10$ mH ist für Leerlauf am Ausgang bei der Sinus-Eingangsspannung $\underline{U}_e = 100$ V die Ortskurve des Frequenzgangs der Ausgangsspannung $\underline{U}_a$ darzustellen.

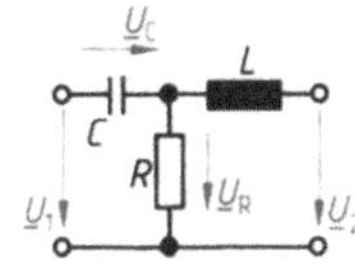

6.108 Zweitor

Beispiel 6.91. Es sind für die Schaltungen in Bild 6.109 die Übertragungsfunktionen in Normalform zu ermitteln.

Beispiel 6.92. Für die Schaltungen in Bild 6.30, 6.32 und 6.109a sowie m bis p sollen die Ortskurven des Frequenzgangs dargestellt werden.

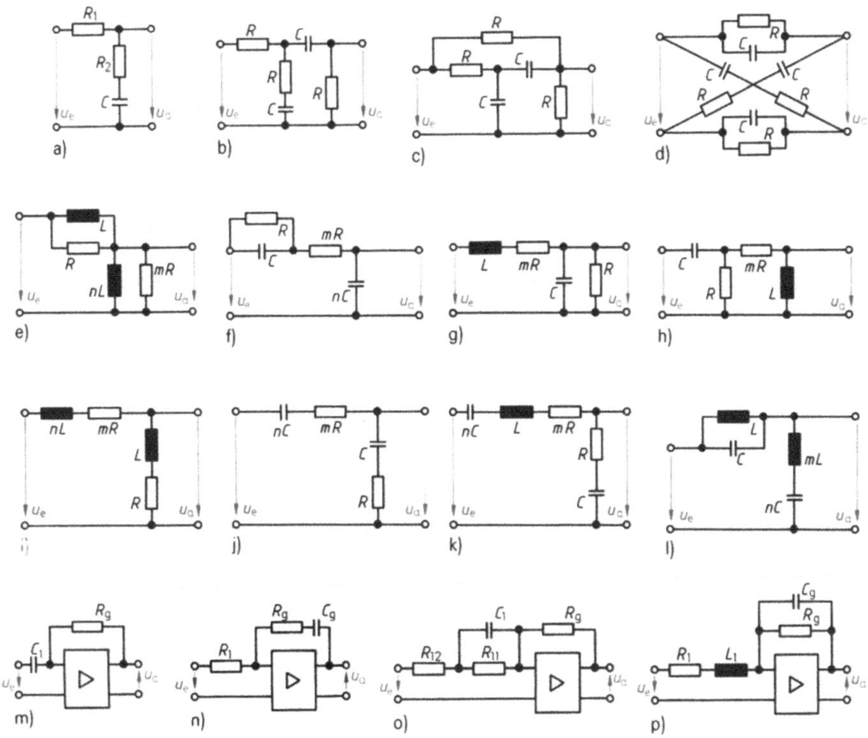

6.109 Netzwerke

Beispiel 6.93. Die Bode-Diagramme zu Bild 6.30, 6.32, 6.45, 6.61a und 6.109a sind zu bestimmen.

Beispiel 6.94. Die Schaltung in Bild 6.31 enthält die Wirkwiderstände $R_1 = 13$ kΩ und $R_2 = 7$ kΩ sowie die Kapazitäten $C_1 = 2{,}8\ \mu F$ und $C_2 = 0{,}4\ \mu F$. Das zugehörige Bode-Diagramm ist zu bestimmen.

Beispiel 6.95. Das Netzwerk in Bild 6.110a enthält die Wirkwiderstände $R_1 = 5$ kΩ und $R_2 = 30$ kΩ sowie die Kapazitäten $C_1 = 10$ nF und $C_2 = 5$ nF. Es sind die Kenngrößen der unbedingt äquivalenten Schaltungen in Bild 6.110b und c zu bestimmen.

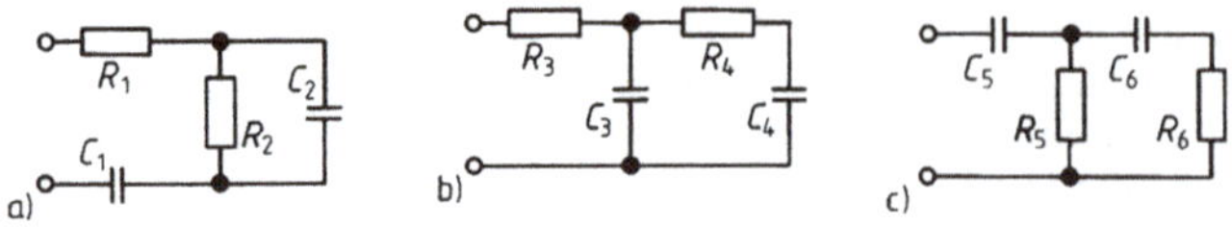

6.110 Äquivalente Schaltungen

Beispiel 6.96. Die Kenngrößen des Netzwerks in Bild **6.**111a seien bekannt; hiermit sollen die Bestimmungsgleichungen für die unbedingt äquivalenten Schaltungen in Bild **6.**111b und c abgeleitet werden.

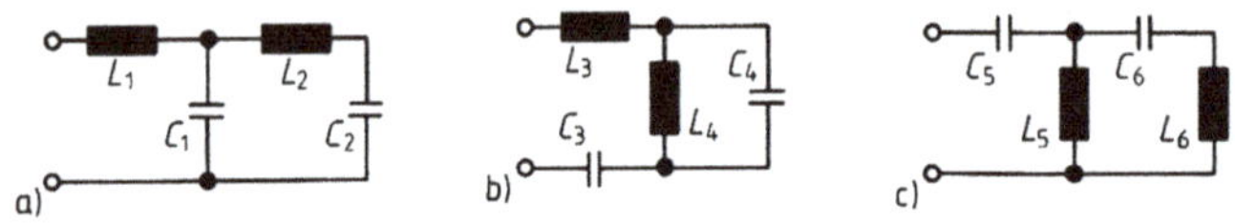

6.111 Äquivalente Schaltungen

Beispiel 6.97. Für den Signalflußplan in Bild **6.**112 ist die Übertragungsfunktion in Normalform abzuleiten.

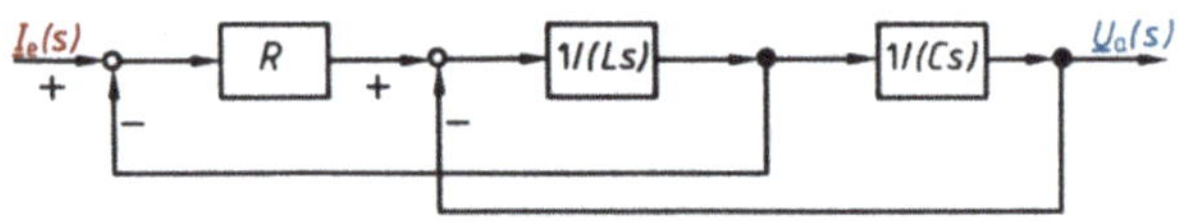

6.112 Signalflußplan

7 Übergangsverhalten

Die Betrachtungen in Abschn. 2 bis 6 setzen einen stationären Zustand der untersuchten Netzwerke voraus, d. h., sie nehmen an, daß die Eingangsgröße und die Netzwerkeigenschaften sich in ihrem zumindest periodischen Verlauf seit unendlich langer Zeit nicht verändert haben. Dies ist natürlich eine idealisierende Annahme, die alle Änderungen der Eingangsgröße oder der Belastung, aber auch jede Störung und jeden Schaltvorgang vernachlässigt. Man muß nun davon ausgehen, daß solche Vorgänge zu Übergangszuständen führen, die zwar nach einer bestimmten endlichen Zeit praktisch in den stationären Zustand eingemündet sind, ganz grundsätzlich aber nicht unberücksichtigt bleiben dürfen und für bestimmte Fälle vorausberechnet und technisch beachtet werden müssen.

Übergangszustände bzw. Ausgleichsvorgänge ergeben sich beispielsweise, wenn Netzwerke ein- oder ausgeschaltet, wenn Eingangsstrom oder -spannung verändert, wenn Netzwerkteile geändert werden, also z. B. die Belastung verstellt wird, wenn Störungen, wie Lastschwankungen, Kurzschlüsse u. ä., auftreten oder wenn in der Impulstechnik nichtperiodische Impulse in ein Netzwerk geleitet werden. Energietechnik (s. Band II, VIII und IX) und Nachrichtentechnik müssen sich insbesondere mit den Auswirkungen der Schaltvorgänge (z. B. Überspannungen) auseinandersetzen, die Nachrichtentechnik außerdem mit der Impulstechnik (s. Band XIII) und die Regelungstechnik (s. Band V) mit den Folgen von Störungen sowie der Wirksamkeit und Stabilität von Regelkreisen, also dem dynamischen Verhalten der Anlagen.

Es sollen nun zunächst die Gründe für dieses Übergangsverhalten und die für seine Behandlung notwendigen Begriffe und Verfahren erläutert und anschließend Netzwerke mit gleichartigen Speichern und mit Eigenfrequenzen sowie einige Anwendungen behandelt werden.

7.1 Begriffe

Jede sprunghafte Energieänderung $\mathrm{d}W_t/\mathrm{d}t$ würde die Leistung $S_t = \mathrm{d}W_t/\mathrm{d}t = \infty$ verlangen und ist daher nicht möglich; die Energie einer Induktivität $W_{Lt} = i^2 L/2$ oder einer Kapazität $W_{Ct} = u^2 C/2$ kann sich daher nur stetig ändern.

Nach Gl. (1.71) gilt bei der Spannung u und der Kapazität C für den kapazitiven Strom $i=C\,\mathrm{d}u/\mathrm{d}t$. Bei einem Spannungssprung mit $\mathrm{d}u/\mathrm{d}t=\infty$ müßte dann der Strom unendlich groß werden, was eine unendlich große Leistung erfordern würde und daher nicht möglich ist. Somit kann auch die Spannung u_C an der Kapazität C nicht springen.

An einer Induktivität L herrscht bei dem Strom i nach Gl. (1.61) die Spannung $u=L\,\mathrm{d}i/\mathrm{d}t$. Hier müßte bei einem Stromsprung $\mathrm{d}i/\mathrm{d}t=\infty$ die Spannung u unendlich groß werden, was ebenfalls den praktischen Möglichkeiten widerspricht, so daß auch der Strom i_L in einer Induktivität L nicht springen kann.

Beides wäre notwendig, wenn diese Zustandsgrößen z. B. nach einem Schaltvorgang oder nach einer anderen Änderung der Bedingungen sofort in den stationären Zustand übergehen sollen. Da dies nicht möglich ist, sind die beiden Bauelemente Kapazität C und Induktivität L, die nach Abschn. 1.2.4 und 1.2.3.3 die Wirkungen von elektrischem und magnetischem Feld wiedergeben und Energie speichern können, die eigentliche Ursache für das hier zu besprechende Übergangsverhalten. (Sprunghafte Änderungen des Stromes i_C in einer Kapazität C oder der Spannung u_L an einer Induktivität L können dagegen durchaus auftreten.)

Es soll nun das Verhalten dieser Energiespeicher näher erläutert werden. Außerdem werden einige notwendige Begriffe eingeführt und zwei Berechnungsverfahren für das Übergangsverhalten erklärt.

7.1.1 Verhalten der Energiespeicher

Die einem reinen Wirkwiderstand R zugeführte elektrische Leistung $S_\mathrm{t}=iu$ hat wegen der Gleichphasigkeit von Spannung u und Strom i stets einen positiven Wert und wird in ihm sofort irreversibel in Wärme umgesetzt. Sie kann also nicht zurückgewonnen werden.

Für die Spannung an einer reinen Induktivität L gilt nach Gl. (1.61) $u=L\,\mathrm{d}i/\mathrm{d}t$, so daß die (bei beliebigem Verlauf von Strom i und Spannung u) zugeführte elektrische Leistung

$$S_\mathrm{t}=iu=Li\,\mathrm{d}i/\mathrm{d}t$$

wie in Bild 3.21 für Sinusgrößen dargestellt, sowohl positive als auch negative Werte annehmen und die bei dem Strom i gespeicherte magnetische Energie $W_\mathrm{L}=i^2L/2$ wieder auf andere Netzwerkteile übertragen werden kann. Analog folgt der Strom in einer Kapazität C nach Gl. (1.71) dem Gesetz $i=C\,\mathrm{d}u/\mathrm{d}t$. Somit ist die Leistung

$$S_\mathrm{t}=iu=Cu\,\mathrm{d}u/\mathrm{d}t$$

so daß auch sie positive und negative Werte (s. Bild 3.24) annehmen, also zugeführt oder zurückgewonnen werden kann. Hier ist bei der Spannung u die elektrische Energie $W_e = u^2 C/2$ gespeichert, die daher auch an andere Netzteile übergeben werden kann. In der Praxis sind bei solchen Energieübertragungen auch Wirkwiderstände R beteiligt, so daß Energie dann nicht verlustfrei gespeichert und rückgeführt werden kann.

In den betrachteten Netzwerken können nur endliche Spannungen und Ströme auftreten. Dann können aber auch die oben angegebenen Leistungen S_t nur endliche Werte annehmen, was wiederum bedingt, daß sich die Energieinhalte der Speicher L und C nur mit endlicher Geschwindigkeit ändern können. Durch dieses Naturgesetz wird der Übergangsvorgang eines elektrischen Netzwerks bestimmt. (Ähnliches gilt für andere Speicher - z. B. Feder und Masse; s. [25].)

Würde z. B. der Schalter eines Gleichstromkreises so schnell öffnen, daß der Strom unendlich schnell Null wäre, müßte wegen $u = L\,\mathrm{d}i/\mathrm{d}t$ eine unendlich große Selbstinduktionsspannung entstehen. Tatsächlich verursacht aber diese Spannung einen Lichtbogen zwischen den sich öffnenden Kontakten, der einem wachsenden Wirkwiderstand entspricht, oder führt zu einem Isolationsdurchschlag.

Die Energieinhalte der Speicher C und L sind insbesondere als Anfangsbedingungen in die folgenden Betrachtungen einzubeziehen.

7.1.2 Zustandsgrößen

Das Übergangsverhalten wird durch einige Begriffe gekennzeichnet, die nun zunächst erläutert werden müssen. Man unterscheidet hierbei Kenngrößen, wie z. B. Widerstand, Leitwert, Übertragungsfunktion (s. Abschn. 6.2), die ganz allgemein die Eigenschaften des Netzwerks wiedergeben, und Zustandsgrößen, wie z. B. Strom, Spannung, Ladung, die den augenblicklichen (also meist zeitabhängigen) Zustand des Netzwerks vollständig beschreiben. Diese Zustandsgrößen sollen nun einzeln erklärt werden.

7.1.2.1 Eingangsfunktionen. Bild 7.1a zeigt eine einfache Spannungsteilerschaltung, die aus den Wirkwiderständen R_1 und R_2 gebildet wird. Wenn eine

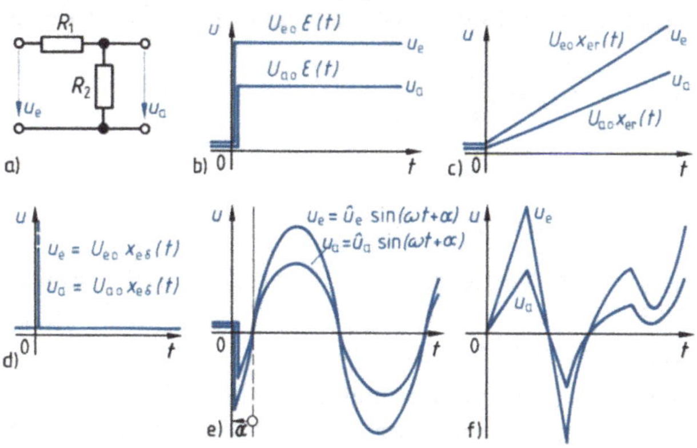

7.1
Spannungsteiler mit Schaltbild (a) und Spannungsverlauf bei Sprungerregung (b), Anstiegserregung (c), Impulserregung (d), Sinuserregung (e) und beliebiger Erregung (f)

ganz beliebige Eingangsspannung u_e (Index e für Eingang) an den Eingang gelegt wird, verhalten sich die Spannungen wie die zugehörigen Widerstände und bei unbelastetem Ausgang gilt für die Ausgangsspannung (Index a für den Ausgang)

$$u_a = \frac{R_2}{R_1 + R_2} u_e = K_P u_e \tag{7.1}$$

Mit dem Übertragungsbeiwert (Proportionalbeiwert) $K_P = R_2/(R_1 + R_2)$ ist also die Ausgangsspannung u_a stets der Eingangsspannung u_e proportional.

Der Verlauf der Spannungen in Bild **7.1** b stellt sich z. B. beim Einschalten an ein starres Gleichspannungsnetz ein. Man nennt diese sprungförmige Änderung der Eingangsgröße Sprungerregung

$$x_{e\_\!\!\!\!\mid\!\!\!\!\_}(t) = X_{e0}\,\varepsilon(t) \tag{7.2}$$

(sprich x-e-Sprung mit der Sprunghöhe x-e-null). (Wir halten uns hier an die Festlegungen in DIN 5487 und 19226.) Die Einheits-Sprungerregung (s. Bild **7.2** a) wird allgemein definiert durch

$$\varepsilon(t) = \begin{cases} 0 & \text{für } t < 0 \\ 1 & \text{für } t \geqq 0 \end{cases} \tag{7.3}$$

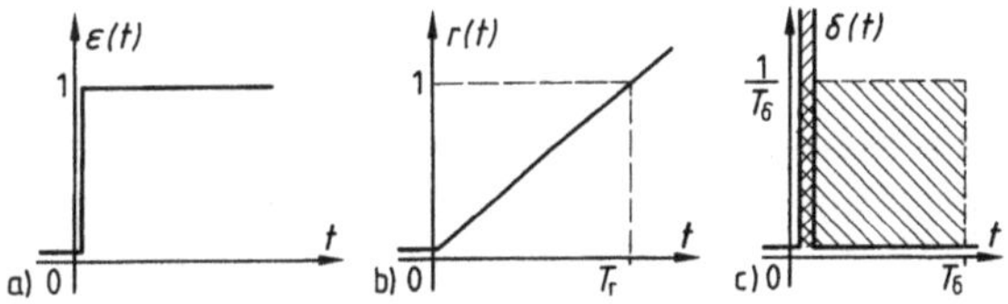

7.2
Einheits-Erregungen
a) Sprungerregung
b) Anstiegserregung
c) Impulserregung

Den Verlauf der Spannungen in Bild **7.1** c erhält man durch Integration der Kurven in Bild **7.1** b. Die hier dargestellte Einheits-Anstiegserregung

$$r(t) = \int \varepsilon(t)\,\mathrm{d}t \tag{7.4}$$

findet man also durch Integration der Einheits-Sprungerregung $\varepsilon(t)$ über die Zeit t. Die Einheits-Anstiegserregung ist daher definiert durch

$$r(t) = \begin{cases} 0 & \text{für } t < 0 \\ t & \text{für } t \geqq 0 \end{cases} \tag{7.5}$$

Die Anstiegserregung

$$x_{er}(t) = X_{e0}\, r(t)/T_r \tag{7.6}$$

enthält die Anstiegszeit T_r, während der die Einheits-Anstiegserregung nach Bild **7.2** b auf X_{e0} ansteigt. Bild **7.1** d stellt demgegenüber die differenzierten Kurven von Bild **7.1** b dar.

Die Einheits-Impulserregung (s. Bild **7.2** c) kann durch Differentiation der Einheits-Sprungerregung $\varepsilon(t)$ nach der Zeit t gewonnen werden. Sie wird auch

Dirac-Impuls

$$\delta(t) = \mathrm{d}\varepsilon(t)/\mathrm{d}t \tag{7.7}$$

genannt, der für $t \neq 0$ überall 0 ist und für $t = 0$ so unendlich groß, daß

$$\int_{-\infty}^{+\infty} \delta(t)\,\mathrm{d}t = 1 \tag{7.8}$$

gilt. Die Impulserregung

$$x_{e\delta}(t) = X_{e0}\,T_\delta\,\delta(t) \tag{7.9}$$

enthält noch die Impulszeit T_δ, während der ein der Impulserregung flächengleicher Impuls den Wert X_{e0} hätte.

Die Einheits-Sprungerregung $\varepsilon(t)$ ist somit für alle Schaltvorgänge bei Gleichstrom wichtig. Eine Anstiegserregung kann aufgeschaltet werden, wenn sprunghafte Änderungen der Eingangsgröße nicht zulässig sind. Die Eingangsgröße darf aber, wenn die linearen Eigenschaften beibehalten werden sollen, nur bis zu einem bestimmten Grenzwert ansteigen. Die Impulserregung ist mit einer sehr geringen Energiezufuhr verbunden, so daß ihre Wirkungen nur schwer zu messen sind. Sie ist auch nur schwer in praktischen Anlagen zu erzeugen und hat daher hauptsächlich eine theoretische Bedeutung.

Die Sinuserregung nach Bild **7.**1e ist von der Sinusstromtechnik (s. Abschn. 3) her bekannt. Sie ermöglicht es, die dort eingesetzten Berechnungsverfahren anzuwenden, und liegt daher nahe, muß allerdings, wenn umfassende Aussagen verlangt werden, für alle Frequenzen $f = 0$ bis ∞ durchgeführt werden. Solche Frequenzgänge werden in Abschn. 6 behandelt. Ein Zusammenhang zwischen Sprungerregung und Sinuserregung scheint jedoch zunächst nicht zu bestehen - nach Abschn. 8.7.3.6 können beide ineinander überführt werden.

Nichtsinusförmige periodische Vorgänge können nach Abschn. 5 mit der Fourier-Analyse in sinusförmige zerlegt werden, und daher dürfen die Ergebnisse der Sinuserregung hierfür wegen des Überlagerungsgesetzes angewendet werden. Die Erregung nach Bild **7.**1f soll nun jedoch nicht mehr periodisch sein (z. B. eine nicht zu beeinflussende Störgröße darstellen). Dann kann man diese Funktion aber immer noch durch eine unendliche Reihe von verzögert auftretenden Sprungfunktionen oder verschieden großen Impulsfunktionen nachbilden. Weitere charakteristische Eingangsfunktionen enthält Tafel **8.**33; in Beispiel 7.7 bis 7.10 sowie 7.26 bis 7.29 wird untersucht, wie eine einfache RC-Schaltung auf einige Eingangsfunktionen reagiert.

7.1.2.2 Ausgangsfunktionen. Wenn, wie in Bild **7.**1 dargestellt, die Ausgangsgröße x_a sich stets proportional zur Eingangsgröße ändern würde, wären weitere Betrachtungen unnötig. Man muß aber damit rechnen, daß das in Bild **7.**3a in einem Blockschaltbild dargestellte Übertragungsglied von diesem ein-

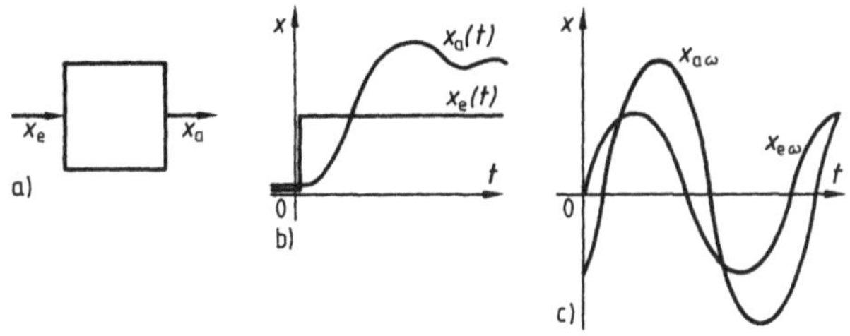

7.3
Blockschaltbild (a) und Verhalten eines Übertragungsgliedes bei Sprungerregung (b) und Sinuserregung (c)

fach zu übersehenden proportionalen Verhalten wie in Bild **7.3**b und c erheblich abweicht.

Man bezeichnet die sich aus der Sprungerregung $X_{e0}\varepsilon(t)$ eines bestimmten Übertragungsgliedes ergebende Ausgangsgröße als Sprungantwort $x_{a\_\Gamma}(t)$, und kennt dementsprechend auch als Folge einer Anstiegserregung die Anstiegsantwort $v(t)$ und im Anschluß an eine Impulserregung die Impulsantwort $g(t)$. Das Verhältnis von Antwort zu Erregung nennt man ganz allgemein Übergangsverhalten.

$$f(t)=x_a(t)/x_e(t) \tag{7.10}$$

wobei die kleinen Buchstaben x (sowie u und i) bzw. der Index t schon darauf hinweisen, daß es sich hier um zeitabhängige Größen handelt. [Wir fügen hier allerdings wegen DIN 5487 noch den Hinweis (t) hinzu.] Außerdem ist nach DIN 19226 die Übergangsfunktion

$$h(t)=x_{a\_\Gamma}(t)/X_{e0} \tag{7.11}$$

wenn die Sprungantwort $x_{a\_\Gamma}(t)$ auf die Sprunghöhe X_{e0} der Sprungerregung $x_{e\_\Gamma}(t)=X_{e0}\varepsilon(t)$ bezogen wird. Hiermit wird also eine relative bzw. normierte Größe dargestellt. Übertragungs- und Übergangsfunktion sind sorgfältig zu unterscheiden.

Bei Sinuserregung können sich Ausgangs- und Eingangsgröße durch Amplitudenverhältnis F und Phasenwinkel φ unterscheiden. Man definiert daher den in Abschn. 6 ausführlich behandelten komplexen Frequenzgang

$$\underline{F}=F\mathrm{e}^{\mathrm{j}\varphi}=F\exp(\mathrm{j}\varphi)=F\,\underline{/\varphi}=\underline{x}_{a\omega}/\underline{x}_{e\omega} \tag{7.12}$$

wobei $\underline{x}_{a\omega}$ und $\underline{x}_{e\omega}$ von der Kreisfrequenz $\omega=2\pi f$ abhängige komplexe Augenblickswerte $\underline{x}=\hat{x}\exp\mathrm{j}(\omega t+\varphi)$ darstellen und Amplitudengang F und Phasengang φ, die beide von der Kreisfrequenz ω abhängig sind, unterschieden werden.

In elektrischen Schaltungen können Spannung oder Strom als erregende Größe eingeprägt sein; ebenso dürfen Spannung oder Strom Ausgangsgröße sein. Übergangsfunktion und Frequenzgang elektrischer Schaltungen können daher die Dimension eines Widerstandes (Grundeinheit Ω) oder eines Leitwerts (Grundeinheit S) haben oder dimensionslos sein. Bei anderen Baugliedern kommen natürlich auch andere Einheiten vor.

Wesentlicher Inhalt dieses Abschn. 7 ist es, für verschiedenartigste Netzwerke und vielfältige Eingangsfunktionen, also Erregungen, die Ausgangsfunktionen, d.h. die Antwort des Netzwerks, zu finden.

(In Band VII findet man Taschenrechnerprogramme, mit denen viele Zeitfunktionen, die als Antwort mathematisch beschrieben sind, schrittweise berechnet werden können.)

7.2 Berechnungsverfahren

Das Übergangsverhalten von Netzwerken bei beliebiger Erregung wird durch die für das zu betrachtende Netzwerk bei der vorliegenden Erregung geltende inhomogene Differentialgleichung bestimmt. Es wird hier kurz an Beispielen erläutert, wie man die Lösungen dieser hier auftretenden Differentialgleichungen sowohl unter Annahme eines flüchtigen Gliedes mit einem Exponentialansatz als auch einfacher mit der Laplace-Transformation finden kann.

7.2.1 Exponentialsatz

Mit der Spannung $u = L\,\mathrm{d}i/\mathrm{d}t$ an einer Induktivität L und dem Strom $i = C\,\mathrm{d}u/\mathrm{d}t$ in einer Kapazität C (s. Abschn. 1.2.3.3 und 1.2.4) stellen die Spannungs- und Stromgleichungen linearer elektrischer Netzwerke gewöhnliche lineare Differentialgleichungen dar, deren Aufstellung und Lösung wir nun kurz wiederholen wollen. Wir werden uns aber mit dieser Art der Bestimmung des Übergangsverhaltens nur kurz befassen, da in Abschn. 7.2.2 ein einfacheres Verfahren behandelt wird.

7.2.1.1 Aufstellen der Differentialgleichung. Zweigströme i_z und Zweigspannungen u_z eines Netzwerks können für alle Übergangsvorgänge im Prinzip mit den gleichen Methoden wie die bisher betrachteten eingeschwungenen Zustände berechnet werden. Beim Aufstellen der Strom- oder Spannungsgleichungen müssen jedoch für die Speicher C und L die in Tafel **6.**24 zusammengestellten Differentialgleichungen beachtet werden. In den Gleichungen sollten die Speichergrößen als Veränderliche auftreten. Unbestimmte Integrale, wie z. B. $u = (1/C)\int i\,\mathrm{d}t$, sollten durch Differentiation der zugehörigen Gleichung in Differentialausdrücke umgeformt werden.

Für lineare Netzwerke mit konzentrierten Speichern erhält man so eine hinreichende Anzahl von linearen Differentialgleichungen, aus denen alle Variablen bis auf eine eliminiert werden (z. B. entsprechend Abschn. 8.4). Übrigbleiben soll schließlich eine einzige inhomogene, lineare Differentialgleichung n-ter Ordnung für die zeitabhängige Ausgangsgröße x_a. Die Störfunktion stellt i. allg. die Summe aller eingeprägten (u. U. zeitabhängigen) Ströme und Spannungen x_{ei} und ihrer Ableitungen dar. Mit den reellen Konstanten a_ν und $b_{\nu i}$ lautet diese Differentialgleichung somit allgemein

$$a_n x_a^{(n)} + \cdots + a_1 x_a' + a_0 x_a = \sum_{i=1}^{k} (b_{mi} x_{ei}^{(m)} + \cdots + b_{1i} x_{ei}' + b_{0i} x_{ei}) \tag{7.13}$$

Bei passiven Netzwerken ist $m \leqq n$, wobei n die Anzahl der im Netzwerk zu findenden unabhängigen Speicher darstellt. Unabhängig sind diese Speicher aber nur, wenn sie nicht gegenseitig ihren Energiezustand bestimmen. So legen z. B. in einer Dreieckschaltung von 3 Kapazitäten wegen $\Sigma u = 0$ zwei Kapazitäten auch den Energiezustand der dritten oder in einer Sternschaltung von 3 Induktivitäten wegen $\Sigma i = 0$ zwei Induktivitäten auch den Energiezustand der dritten fest; hier ist also $n = 2$.

Wir üben das Aufstellen von Differentialgleichungen an zwei Beispielen:

Beispiel 7.1. Der in Bild 7.4 dargestellte Kondensator C soll über den Wirkwiderstand R an die konstante Gleichspannung U_{e0} gelegt werden, wobei er schon die Anfangsspannung U_{a0} aufweisen soll. Es soll für die Kondensatorspannung u_a die Differentialgleichung aufgestellt werden.

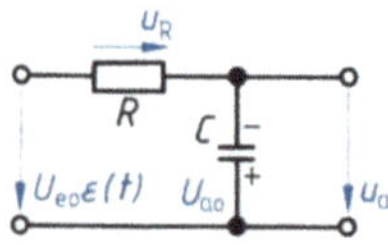

7.4 RC-Glied

Unter Beachtung der Kirchhoffschen Maschenregel und von Tafel 6.24 erhält man mit der Zeitkonstanten $T = CR$ die Spannungs-Differentialgleichung

$$U_{e0}\varepsilon(t) = u_a + u_R = u_a + Ri = u_a + CR(du_a/dt) = u_a + T\dot{u}_a \tag{7.14}$$

mit dem Anfangswert $u_a(0) = U_{a0}$, der bei der Lösung zu berücksichtigen ist.

Beispiel 7.2. In dem Schwingkreis von Bild 7.5 mit Wirkwiderstand R, Induktivität L und Kapazität C sei die Kondensatorspannung die Ausgangsspannung u_a. Hierfür ist die Differentialgleichung aufzustellen.

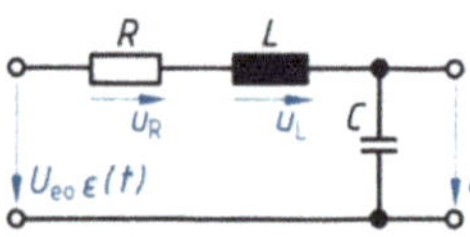

7.5 Schwingkreis

Mit der Maschenregel und Tafel 6.24 ergibt sich sofort die Spannungsgleichung

$$\begin{aligned} U_{e0}\varepsilon(t) &= u_R + u_L + u_a = Ri + L(di/dt) + u_a \\ &= CR\frac{du_a}{dt} + LC\frac{d^2u_a}{dt^2} + u_a = LC\ddot{u}_a + CR\dot{u}_a + u_a \end{aligned} \tag{7.15}$$

Dies ist eine gewöhnliche inhomogene lineare Differentialgleichung 2. Ordnung.

7.2.1.2 Lösung. Wenn $x_a^{(i)}$ die i-te Ableitung der Funktion x_a nach der Zeit t bezeichnet, hat eine lineare Differentialgleichung mit konstanten Koeffizienten a_i die allgemeine Form

$$\sum_{i=0}^{n} a_i x_a^{(i)} = x_e \tag{7.16}$$

die sich aus der homogenen Differentialgleichung

$$\sum_{i=0}^{n} a_i x_a^{(i)} = 0 \tag{7.17}$$

und der Störfunktion x_e zusammensetzt. Die Differentialgleichung hat daher die spezielle Lösung (Endwert)

$$x_{a\infty} = x_e \tag{7.18}$$

Außerdem tritt ein flüchtiges Glied x_{af} auf, so daß für die allgemeine Lösung ganz allgemein

$$x_a(t) = x_{a\infty} + x_{af} \tag{7.19}$$

gesetzt werden darf. Mit diesem Ansatz spaltet man von Gl. (7.16) die homogene Differentialgleichung nach Gl. (7.17) ab, für die dann mit dem Exponentialansatz

$$x_{af} = k\,e^{st} \tag{7.20}$$

die charakteristische Gleichung und somit schließlich die Lösung gefunden werden kann. Dies wollen wir wieder an Beispielen betrachten.

Beispiel 7.3. Die Lösung für Gl. (7.14) ist zu ermitteln und graphisch darzustellen. Mit Gl. (7.18) erhält man für $U_{e0}\varepsilon(t) = u_a + T\dot{u}_a$ die Teillösung $u_{a\infty} = U_{e0}$. Der Ansatz nach Gl. (7.20) liefert die charakteristische Gleichung

$$1 + Ts = 0 \quad \text{bzw.} \quad s = -1/T$$

und somit

$$u_{af} = k\,e^{-t/T} \quad \text{bzw.} \quad u_C(t) = u_{a\sqcap}(t) = u_{a\infty} + u_{af} = U_{e0} + k\,e^{-t/T}$$

Wegen $u_C = U_{a0}$ für $t = 0$, also $U_{a0} = U_{e0} + k$, ist $k = U_{a0} - U_{e0}$ und man erhält für die Ausgangsspannung

$$u_{a\sqcap}(t) = U_{e0} + (U_{a0} - U_{e0})\,e^{-t/T} = U_{a0} + (U_{e0} - U_{a0})(1 - e^{-t/T}) \tag{7.21}$$

Ihr Verlauf ist in Bild 7.6 dargestellt, wobei entsprechend der in Bild 7.4 angegebenen Polarität ein negativer Wert für U_{a0} vorausgesetzt wird. (Mit $U_{a0} = 0$ würde die Ausgangsspannung $u_{a\sqcap}(t)$ im Nullpunkt beginnen.)

Die Steigung der Exponentialfunktion ist durch die Zeitkonstante T (s. Bild 7.6) festgelegt. Weitere Punkte des Kurvenverlaufs findet man leicht mit dem Taschenrechner. Nach Ablauf einer Zeit $t = T$ hat eine Exponentialfunktion $X_{e\infty}\,e^{-t/T}$ ihren Endwert $X_{e\infty}$ zu 36,79%, nach $3\,T$ bis auf 4,979% und nach Ablauf von $5\,T$ bis auf 0,6738% erreicht. Mit diesen Angaben läßt sich ein exponentieller Verlauf schnell darstellen.

Aus dem Verlauf der Sprungantwort in Bild 7.6 erklärt sich auch der Name Verzögerungsglied 1. Ordnung für die Schaltung in Bild 7.4 bzw. das T_1-Glied in Tafel 6.64, da hier der Spannungsendwert $U_{a\infty} = U_{e0}$ erst nach Ablauf einer Zeit von etwa $5\,T$ erreicht wird.

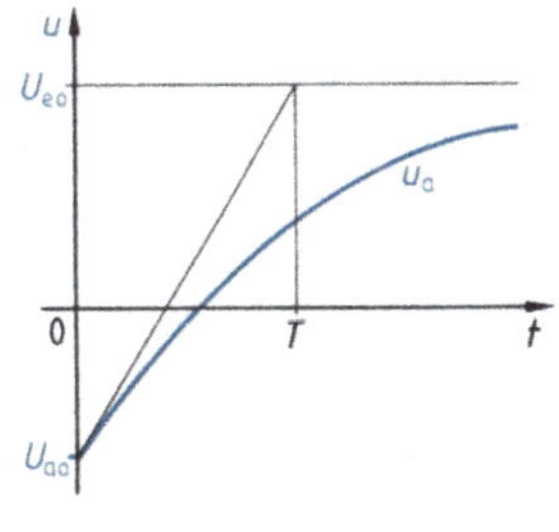

7.6 Ausgangsspannung $u_{a\sqcap}(t)$ für Beispiel 7.3

Beispiel 7.4. Mit der in Beispiel 7.2 gefundenen Differentialgleichung (7.15) ist der zeitliche Verlauf der Ausgangsspannung für einen Dämpfungsgrad $\vartheta < 1$ mit den Anfangsbedingungen $i = 0$ und $u_a = 0$ für die Zeit $t = 0$ zu bestimmen.

Wir führen zunächst noch entsprechend Abschn. 6.2.1.4 den Dämpfungsgrad $\vartheta=(R/2)\sqrt{C/L}$ und die Kennzeit $T_0=1/\omega_0=\sqrt{LC}$ (mit der Kennkreisfrequenz ω_0) ein und formen hiermit Gl. (7.15) um in

$$U_{e0}\varepsilon(t)=LC\ddot{u}_a+CR\dot{u}_a+u_a=T_0^2\ddot{u}_a+2\vartheta T_0\dot{u}_a+u_a$$

Wir erhalten wieder die Teillösung $u_{a\infty}=U_{e0}$ und mit dem Ansatz von Gl. (7.20) die charakteristische Gleichung $T_0^2s^2+2\vartheta T_0 s+1=0$ analog zu Gl. (6.97) mit den Wurzeln

$$s_{1,2}=\omega_0(-\vartheta\pm j\sqrt{1-\vartheta^2})=-\delta\pm j\omega_d$$

Die allgemeine und vollständige Lösung lautet somit

$$u_{a\_\!\!\lceil}(t)=u_{a\infty}+u_{af}=k_1\,e^{s_1t}+k_2\,e^{s_2t}+U_{e0}$$

Wegen $u_a=0$ zur Zeit $t=0$ ist $k_1+k_2+U_{e0}=0$ und wegen $i=0$ auch $Ri=CR\,du_a/dt=0$ bzw. für $t=0$ mit $du_a/dt=0$ ferner $k_1s_1+k_2s_2=0$. Aus diesen beiden Gleichungen erhält man die Konstanten

$$k_1=\frac{U_{e0}s_2}{s_1-s_2}\quad\text{und}\quad k_2=\frac{-U_{e0}s_1}{s_1-s_2}$$

so daß für den Verlauf der Ausgangsspannung gilt

$$u_{a\_\!\!\lceil}(t)=U_{e0}\left(1+\frac{s_2\,e^{s_1t}-s_1\,e^{s_2t}}{s_1-s_2}\right)$$

Führt man noch die Wurzeln s_1 und s_2 und die Eigenkreisfrequenz ω_d nach Gl. (6.101) ein, findet man schließlich mit $e^{jx}=\cos x+j\sin x$ die Sprungantwort

$$u_{a\_\!\!\lceil}(t)=U_{e0}\left\{1-\left[\cos(\omega_d t)+\frac{\vartheta}{\sqrt{1-\vartheta^2}}\sin(\omega_d t)\right]e^{-\vartheta\omega_0 t}\right\} \tag{7.22}$$

bzw. nach Einführung von $\vartheta=\sin\Theta$ und $\sqrt{1-\vartheta^2}=\cos\Theta=\omega_d/\omega_0$ mit dem Dämpfungswinkel Θ sowie der Abklingkonstanten $\delta=\vartheta\omega_0$ (s. Bild 6.28) wegen $\cos a\cos b+\sin a\sin b=\cos(a-b)$

$$u_{a\_\!\!\lceil}(t)=U_{e0}\left[1-\frac{\omega_0}{\omega_d}e^{-\delta t}\cos(\omega_d t-\Theta)\right] \tag{7.23}$$

Sie ist in Bild 7.7 dargestellt. Weiterhin gilt nach einigen Zwischenrechnungen mit den trigonometrischen Additionstheoremen für die Sprungantwort des Stromes

$$i_{\_\!\!\lceil}(t)=\frac{U_{e0}}{\omega_d L}e^{-\delta t}\sin(\omega_d t) \tag{7.24}$$

dessen Verlauf ebenfalls Bild 7.7 zeigt.

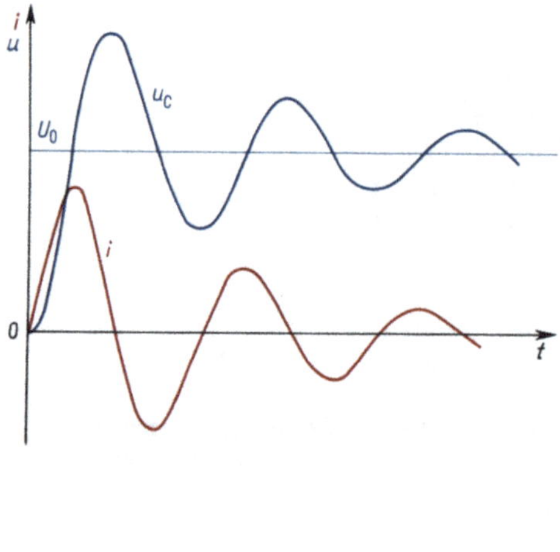

7.7
Sprungantwort von Kondensatorspannung $u_{C\_\!\!\lceil}(t)$ und Strom $i_{\_\!\!\lceil}(t)$ des Reihenschwingkreises von Bild 7.5

7.2.1.3 Anwendung des Energiesatzes. Für Schaltungen mit nur einem oder zwei verschiedenartigen Speichern kann man aufgrund der Ergebnisse in Abschn. 7.2.1.1 und 7.2.1.2 die Sprungantwort leicht finden, wenn man den Energiesatz anwendet, also die Verhältnisse vor dem Einschalten der Sprungerregung und die Ausgangsgrößen im Endzustand physikalisch betrachtet. Man kann dann für die Übergänge Verläufe wie in Beispiel 7.3 bis 7.4 voraussetzen und diese mit den zugehörigen, also gerade wirksamen Zeitkonstanten und Frequenzen zeichnen. Dies wollen wir an zwei Beispielen darstellen.

Beispiel 7.5. Eine Drossel (s. Abschn. 3.3.3.3) mit der Reihenschaltung von Induktivität $L=1$ H und Wirkwiderstand $R=10\,\Omega$ soll nach Bild **7.8**a über einen Spannungsteiler mit den Wirkwiderständen $R_1=20\,\Omega$, $R_2=30\,\Omega$ an ein Gleichspannungsnetz mit $U=220$ V geschaltet werden. Die Sprungantworten für den Strom $i_{L\_\Gamma}(t)$ in der Induktivität, für die Spannung $u_{L\_\Gamma}(t)$ an der Induktivität und für den Strom $i_{\_\Gamma}(t)$ am Eingang des Spannungsteilers sind maßstäblich darzustellen.

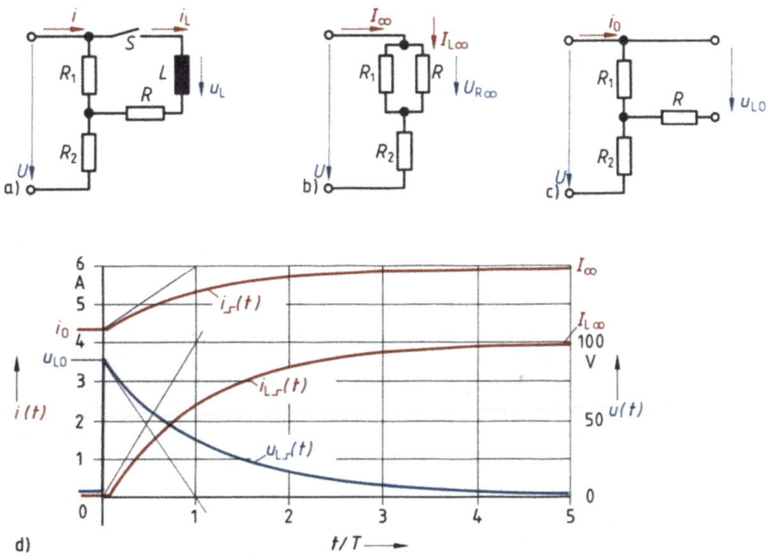

7.8 Einschalten einer Drossel über einen Spannungsteiler
a) Schaltung mit Schalter S, b) Ersatzschaltung für stationären Endzustand, c) Ersatzschaltung für Beginn des Übergangszustands, d) Sprungantworten der Ströme $i_{L\_\Gamma}(t)$, $i_{\_\Gamma}(t)$ und der Spannung $u_{L\_\Gamma}(t)$
$U_{R1}=U_{R\infty}$ Endspannung der Drossel

Im Einschaltaugenblick wirkt die Induktivität L wie ein unendlich großer Widerstand, am Ende des Ausgleichsvorgangs stellt sie einen Kurzschluß dar. Der Strom i_L nimmt dabei mit $U_{1\infty}$ als Spannung an der nach Beendigung des Ausgleichsvorgangs gegebenen Parallelschaltung der Widerstände R und R_1 die Grenzwerte $i_{L0}=0$ und $I_{L\infty}=U_{1\infty}/R$ an. Durch diese fließt dann der Strom (Bild **7.8**b)

$$I_\infty = \frac{U}{R_2 + \cfrac{1}{\cfrac{1}{R_1} + \cfrac{1}{R_2}}} = \frac{220\ \text{V}}{30\ \Omega + \cfrac{1}{\cfrac{1}{20\ \Omega} + \cfrac{1}{10\ \Omega}}} = 6\ \text{A}$$

und es werden die Spannung an der Drossel

$$U_{\text{R}\infty} = U_{\text{l}\infty} = I_\infty \frac{1}{\cfrac{1}{R_1} + \cfrac{1}{R_2}} = 6\ \text{A} \cdot \frac{1}{\cfrac{1}{20\ \Omega} + \cfrac{1}{10\ \Omega}} = 40\ \text{V}$$

und der Drosselstrom

$$i_{\text{L}\infty} = U_{\text{R}\infty}/R = 40\ \text{V}/(10\ \Omega) = 4\ \text{A}$$

Für den einer L a d u n g der als Energiespeicher wirkenden Induktivität entsprechenden Ausgleichsvorgang findet man daher die Sprungantwort des Stromes

$$i_{\text{L}\sqsupset}(t) = I_{\text{L}\infty}(1 - \text{e}^{-t/T})$$

Die vom Energiespeicher L und dem ihm parallelgeschalteten Netzwerk bestimmte Zeitkonstante des Ausgleichsvorgangs beträgt

$$T = \frac{L}{R + \cfrac{1}{\cfrac{1}{R_1} + \cfrac{1}{R_2}}} = \frac{1\ \text{H}}{10\ \Omega + \cfrac{1}{\cfrac{1}{20\ \Omega} + \cfrac{1}{30\ \Omega}}} = 45{,}46\ \text{ms}$$

In Bild 7.8d ist die Sprungantwort $i_{\text{L}\sqsupset}(t) = 4\ \text{A}(1 - \text{e}^{-t/0{,}0453\,\text{s}})$ maßstäblich aufgetragen.

Die Spannung $u_{\text{L}\sqsupset}(t)$ kann über den Ansatz $u_\text{L} = L\,\text{d}i_\text{L}/\text{d}t$ berechnet werden. Man kann aber auch wieder den Ausgleichsvorgang selbst zur Berechnung heranziehen, wenn man davon ausgeht, daß im Einschaltaugenblick Energie in der Induktivität gespeichert ist, die über den einer E n t l a d u n g entsprechenden Ausgleichsvorgang entnommen wird. Im Einschaltaugenblick $t = 0$ liegt an der Induktivität L die von den Spannungsteilerwiderständen abhängige höchste Spannung $u_{\text{L}0} = i_0 R_1$, am Ende des Ausgleichsvorgangs die Spannung $U_{\text{L}\infty} = 0$. Für den vor Beginn des Ausgleichsvorgangs am Eingang des Spannungsteilers fließenden Strom gilt entsprechend Bild 7.8c

$$i_0 = U/(R_1 + R_2) = 220\ \text{V}/(20\ \Omega + 30\ \Omega) = 4{,}4\ \text{A}$$

Hiermit wird $u_{\text{L}0} = i_0 R_1 = 4{,}4\ \text{A} \cdot 20\ \Omega = 88\ \text{V}$, und für die Sprungantwort gilt $u_{\text{L}\sqsupset}(t) = u_{\text{L}0}\text{e}^{-t/T} = 88\ \text{V} \cdot \text{e}^{-t/(0{,}0453\,\text{s})}$. Sie ist in Bild 7.8d maßstäblich aufgetragen.

Am Eingang des Spannungsteilers wird durch Hinzuschalten des induktiven Verbrauchers der Ruhestrom i_0 auf den Endwert I_∞ vergrößert. Der Ausgleichsvorgang bewirkt eine Stromänderung um $I_\infty - i_0$. Somit läßt sich die in Bild 7.8d maßstäblich dargestellte Sprungantwort des Stromes

$$i_{\sqsupset}(t) = i_0 + (I_\infty - i_0)(1 - \text{e}^{-t/T}) = 4{,}4\ \text{A} + (6\ \text{A} - 4{,}4\ \text{A})(1 - \text{e}^{-t/0{,}0453\,\text{s}})$$

berechnen.

Beispiel 7.6. Eine Drossel mit Wirkwiderstand $R = 30\ \Omega$ und Induktivität $L = 1$ H wird von einer Gleichspannungsquelle mit $U = 100$ V über den Vorwiderstand $R_{\text{VW}} = 10\ \Omega$ gespeist und mit dem Schalter S über den Widerstand $R_S = 5\,\Omega$ nach Bild 7.9 vorübergehend überbrückt. Für Schließen und Öffnen des Schalters sind durch Berechnen von Zeitkonstante sowie Anfangs- und Endwerte folgende Sprungantworten darzustellen: $i_{AB\_\Gamma}(t)$, $i_{S\_\Gamma}(t)$, $i_{\_\Gamma}(t)$, $u_{AB\_\Gamma}(t)$, $u_{R\_\Gamma}(t)$, $u_{L\_\Gamma}(t)$.

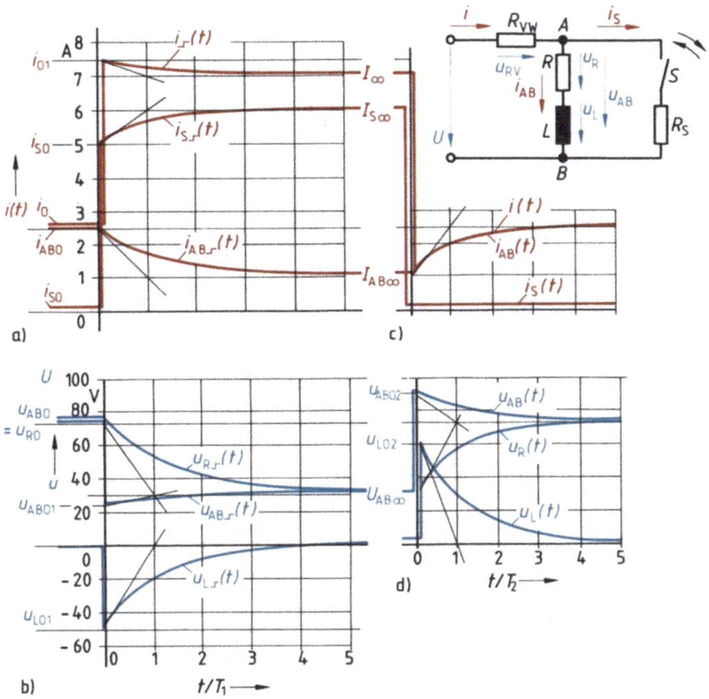

7.9 Vorübergehender Kurzschluß einer Drossel mit Wirkwiderstand R und Induktivität L über einen Widerstand R_S mit Sprungantworten für Ströme (a, c) und Spannungen (b, d) nach Schließen (a, b) und Öffnen (c, d) des Schalters S

Der Übergangsvorgang kann nach 5 Zeitkonstanten praktisch als beendet angesehen werden, da dann vom Anfangswert nur noch ein Rest von weniger als 1% verbleibt. Die Zeitkonstante wird durch den Energiespeicher (Induktivität L) und das ihm parallelgeschaltete Widerstandsnetzwerk bestimmt. Bei geschlossenem Schalter gilt die Zeitkonstante

$$T_1 = \frac{L}{R + \dfrac{1}{\dfrac{1}{R_S} + \dfrac{1}{R_{VW}}}} = \frac{1\,\text{H}}{30\,\Omega + \dfrac{1}{\dfrac{1}{5\,\Omega} + \dfrac{1}{10\,\Omega}}} = 30\,\text{ms}$$

und bei geöffnetem Schalter

$$T_2 = \frac{L}{R + R_{VW}} + \frac{1\,\text{H}}{30\,\Omega + 10\,\Omega} = 25\,\text{ms}$$

Beim Schließen des Schalters S zur Zeit $t=0$ bleibt im ersten Augenblick der in der Induktivität L fließende Strom i_{AB} konstant, da sich die in L gespeicherte Energie $Li_{AB}^2/2$ nicht plötzlich ändern kann. Es fließt daher bei geöffnetem Schalter der Strom

$$i_{AB0}=i_0=U_b/(R_v+R)=100\ V/(10\ \Omega+30\ \Omega)=2{,}5\ A$$

der mit i_0 übereinstimmt, und es herrscht die Spannung

$$u_{AB0}=i_{AB0}R=2{,}5\ A\cdot 30\ \Omega=75\ V$$

Zum Berechnen des Schalterstroms i_S muß die im ersten Augenblick nach dem Schließen des Schalters am Verbraucher liegende Spannung u_{AB01} bekannt sein. Sie setzt sich zusammen aus den Teilspannungen $u_{R01}=i_{AB0}R=2{,}5\ A\cdot 30\ \Omega=75\ V$ und $u_{L01}=L(di_{AB}/dt)_{t=t_0}$.

Zur Berechnung von u_{L01} muß daher zunächst die Sprungantwort für den Strom i_{AB} ermittelt werden. Hierzu ist noch der Endwert $I_{AB\infty}$ zu bestimmen, der dem Ruhewert bei geschlossenem Schalter entspricht. Da nach Beendigung des Übergangsvorgangs die Induktivität wie ein Kurzschluß wirkt, liegen die Wirkwiderstände R und R_S parallel und bilden für die Gleichspannungsquelle den Widerstand

$$R_p=\frac{1}{\dfrac{1}{R}+\dfrac{1}{R_S}}=\frac{1}{\dfrac{1}{30\ \Omega}+\dfrac{1}{5\ \Omega}}=4{,}28\ \Omega$$

Hiermit wird der Endwert des Stromes

$$I_{b\infty}=U_b/(R_v+R_p)=100\ V/(10\ \Omega+4{,}28\ \Omega)=7{,}0\ A$$

und am Verbraucher liegt die Spannung

$$U_{AB\infty}=I_{b\infty}R_p=7{,}0\ A\cdot 4{,}28\ \Omega=30{,}0\ V$$

Es fließen somit nach Beendigung des Übergangsvorgangs die Ströme

$$I_{AB\infty}=U_{AB\infty}/R=30\ V/(30\ \Omega)=1{,}0\ A$$
$$I_{S\infty}=U_{AB\infty}/R_S=30\ V/(5\ \Omega)=6{,}0\ A$$

Ihre Summe muß wieder $I_{b\infty}=I_{AB\infty}+I_{S\infty}=1{,}0\ A+6{,}0\ A=7{,}0\ A$ ergeben. Bei der Entladung der als Energiespeicher wirkenden Induktivität L ist die Anfangssteilheit des Übergangsvorgangs bei $t=t_0$ gegeben durch $-(i_{AB0}-I_{AB\infty})/T_1$, und es gilt

$$u_{L01}=L\left(\frac{I_{AB\infty}-i_{AB0}}{T_1}\right)_{t=t_0}=1\ H\cdot\frac{1{,}0\ A-2{,}5\ A}{30\ ms}=-50\ V$$

Daher wird die Spannung $u_{AB01}=u_{R01}+u_{L01}=75\ V-50\ V=25\ V$, und es ist $u_{RV01}=U-u_{AB01}=100\ V-25\ V=75\ V$. Da bei geöffnetem Schalter $u_{RV0}=i_{AB0}R_{VW}=2{,}5\ A\cdot 10\ \Omega=25\ V$ ist, ist die Zunahme beim Schließen des Schalters um die Spannung $u_{L01}=u_{RV01}-u_{AB01}=75\ V-25\ V=50\ V$ durch den Strom $i_{S0}=u_{L01}/R_{VW}=50\ V/(10\ \Omega)=5{,}0\ A$ bedingt. Somit wird unmittelbar nach dem Schließen des Schalters der Strom $i_{01}=i_{AB0}+i_{S0}=2{,}5\ A+5{,}0\ A=7{,}5\ A$ fließen. Durch den Verlauf des Stromes i_{AB} ist auch die Spannung $u_R=i_{AB}R$ festgelegt.

Beim Öffnen des Schalters zur Zeit $t=t_2$ tritt an der Induktivität L wieder ein Spannungssprung

$$u_{L02}=L\left(\frac{I_{AB\infty}-i_{AB0}}{T_2}\right)_{t=t_2}=1\ H\cdot\frac{2{,}5\ A-1{,}0\ A}{25\cdot 10^{-3}\ s}=60\ V$$

auf, der der positiven Steilheit eines durch den Strom i_{AB} gegebenen Aufladevorgangs der als Energiespeicher wirkenden Induktivität L proportional ist. Am Verbraucher liegt dann die Spannung $u_{AB02} = U_{AB\infty} + u_{L02} = 30\,V + 60\,V = 90\,V$, die wieder auf den Ausgangs-Ruhewert $u_{AB0} = 75\,V$ abklingt.

Beim Öffnen des Schalters S zur Zeit $t = t_2$ wird sofort der Strom $i_S = 0$ und daher wieder $i = i_{AB}$; einem Ladevorgang des Energiespeichers entsprechend wächst dann der Verbraucherstrom i_{AB} auf seinen Ausgangs-Ruhewert $i_{AB0} = 2{,}5\,A$ an.

Die in Bild 7.9 dick ausgezeichnete Kurve $i_{AB\sqcap}(t)$ entspricht dem Energieausgleich beim Schließen und Öffnen des Schalters und erzwingt den gesamten Übergangsvorgang. Die zwischen der ebenfalls stärker ausgezeichneten Kurve $u_{AB\sqcap}(t)$ und der dünn eingezeichneten Linie $U = 100\,V$ auftretende Differenzspannung gibt die Spannung $u_{RV\sqcap}(t) = U - u_{AB\sqcap}(t)$ am Vorwiderstand R_{VW} an.

7.2.2 Laplace-Transformation

Es soll nun die Anwendung der in Abschn. 8.7 erläuterten Laplace-Transformation auf die Übergangsvorgänge in elektrischen Netzwerken gezeigt werden. Hierbei wird auf die Bedeutung der in Abschn. 6.2 abgeleiteten Übertragungsfunktionen hingewiesen; es werden die in Abschn. 8.7.2 und 8.7.3 zusammengestellten Korrespondenzen und Rechenregeln benutzt und schließlich aufgeladene Energiespeicher berücksichtigt.

7.2.2.1 Übertragungsfunktion. Die in Gl. (7.14) und (7.15) wiedergegebenen Differentialgleichungen können durch Ersatz des Differentialoperators d/dt durch die Bildvariable s sowie der Erregungs-Zeitfunktion durch die zugehörige Bildfunktion nach Tafel **8.**33 bzw. durch Anwenden des Verschiebungssatzes (s. Abschn. 8.7.3.7) in eine Bildfunktion für die Antwortfunktion $\underline{X}_a(s)$ umgewandelt werden. Bei den hier zu betrachtenden elektrischen Netzwerken kann man sich aber auch das Aufstellen der Differentialgleichung ersparen und unmittelbar die mit den Berechnungsverfahren der Sinusstromtechnik zu findende Übertragungsfunktion $\underline{F}(s)$ nach Abschn. 6.2 anwenden. Nach Gl. (6.82) gilt dann für die Bildfunktion der Ausgangsgröße, also die Netzwerk-Antwort

$$\underline{X}_a(s) = \underline{X}_e(s)\underline{F}(s) \tag{7.25}$$

Diese Bildfunktion wird durch Anwenden der in Abschn. 8.7.3 erklärten Regeln in Summen von u. U. mit konstanten Faktoren versehenen Korrespondenzen nach Tafel **8.**33 und **8.**34 zerlegt, so daß sie anschließend in die gesuchte Zeitfunktion transformiert werden können. Die Zeitfunktionen können leicht mit Taschenrechnerprogrammen (s. Band VII) schrittweise berechnet werden. Dieses Vorgehen betrachten wir jetzt und in den folgenden Abschnitten mit Beispielen.

Beispiel 7.7. Die Schaltung in Bild 7.10 werde an die Sprungerregungs-Spannung $u_{e\sqcap}(t) = U_{e0}\varepsilon(t)$ mit der Rückenspannung U_{e0} (s. Bild 7.11) gelegt; die Sprungantwort-Spannung $u_{a\sqcap}(t)$ ist zu bestimmen.

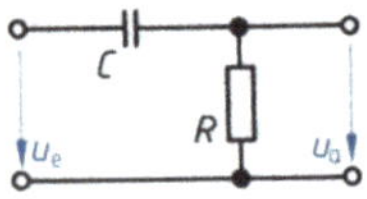

7.10 RC-Glied

Wir bilden zunächst mit der Spannungsteilerregel nach Abschn. 3.4.1.1 die Übertragungsfunktion

$$\underline{F}(s)=\frac{\underline{U}_a(s)}{\underline{U}_e(s)}=\frac{R}{R+\dfrac{1}{Cs}}=\frac{RCs}{1+RCs}=\frac{K_D s}{1+Ts} \tag{7.26}$$

Die Schaltung ist also ein D-T$_1$-Glied mit dem Differenzierbeiwert bzw. der Zeitkonstanten $K_D=T=RC$. Nach Gl. (7.25) gilt dann mit der Korrespondenz 3 von Tafel **8.**33 für die Spektraldichte (s. Abschn. 8.7) der Ausgangsspannung

$$\underline{U}_a(s)=\underline{U}_e(s)\underline{F}(s)=\frac{K_D U_{e0}}{1+Ts} \tag{7.27}$$

Daher ist entsprechend Korrespondenz 24 von Tafel **8.**34 die Ausgangs-Sprungantwort

$$u_{a\sqcap}(t)=\frac{K_D}{T}U_{e0}\,e^{-t/T}=U_{e0}\,e^{-t/T} \tag{7.28}$$

Ihr Verlauf ist in Bild **7.**11 dargestellt.

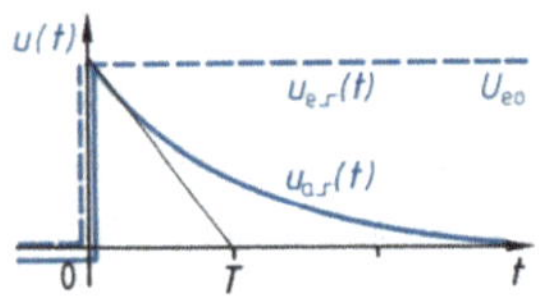

7.11
Sprungerregung $u_{e\sqcap}(t)$ und Sprungantwort $u_{a\sqcap}(t)$ für Beispiel 7.7

Beispiel 7.8. Für die Schaltung in Bild **7.**10 soll jetzt für die Anstiegserregungs-Spannung $u_e(t)=(U_{e0}/T_r)t\,\varepsilon(t)$ die Anstiegsantwort-Spannung $u_a(t)$ ermittelt werden.

In diesem Fall ist mit Gl. (7.25) und Korrespondenz 4 von Tafel **8.**33 die Spektraldichte der Ausgangsspannung

$$\underline{U}_a(s)=\frac{K_D U_{e0}}{T_r s(1+Ts)}=\frac{1}{s(s+1/T)}\cdot\frac{U_{e0}}{T_r} \tag{7.29}$$

Daher findet man mit Korrespondenz 22 von Tafel **8.**34 die Anstiegsantwort der Ausgangsspannung

$$u_a(t)=U_{e0}\frac{T}{T_r}(1-e^{-t/T})$$

Ihr Verlauf ist in Bild **7.**12 dargestellt.

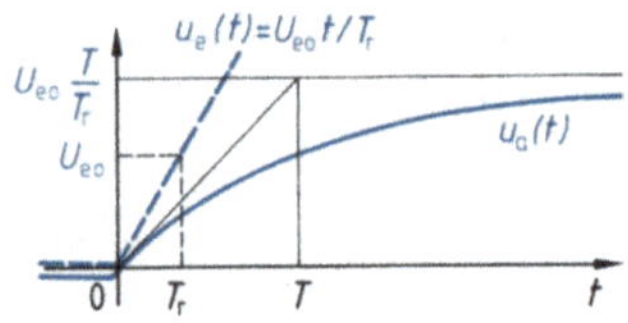

7.12
Anstiegserregung $u_e(t)$ und Anstiegsantwort $u_a(t)$ für Beispiel 7.8

Beispiel 7.9. Nun soll die Schaltung in Bild **7.**10 mit einer Dreiecksimpuls-Eingangsspannung nach Bild **7.**13 erregt und wieder die zugehörige Antwort der Ausgangsspannung gefunden werden.

Die Dreiecksimpuls-Erregung hat die Zeitfunktion

$$u_e(t)=\begin{cases}0 \text{ für } t<0\\ 2U_{e0}t/T_i \text{ für } 0\leqq t\leqq T_i/2\\ 2U_{e0}\left(1-\dfrac{t}{T_i}\right) \text{ für } \dfrac{T_i}{2}\leqq t\leqq T_i\\ 0 \text{ für } t>T_i\end{cases}$$

und nach Korrespondenz 14 von Tafel **8**.34 die Bildfunktion

$$\underline{U}_e(s) = \frac{2\,U_{e0}}{T_i} \cdot \frac{1}{s^2}(1 - e^{-sT_i/2})^2$$

Daher gilt nach Gl. (7.25) für die Bildfunktion der Ausgangsspannung

$$\underline{U}_a(s) = \frac{2\,U_{e0}}{T_i} \cdot \frac{K_D}{s(1+Ts)}(1 - e^{-sT_i/2})^2$$

$$= \frac{2\,U_{e0}}{T_i} \cdot \frac{T}{s(1+Ts)}(\underset{\underline{U}_1(s)}{\underset{\|}{1}} - \underset{\underline{U}_2(s)}{\underset{\|}{2\,e^{-sT_i/2}}} + \underset{\underline{U}_3(s)}{\underset{\|}{e^{-sT_i}}})$$

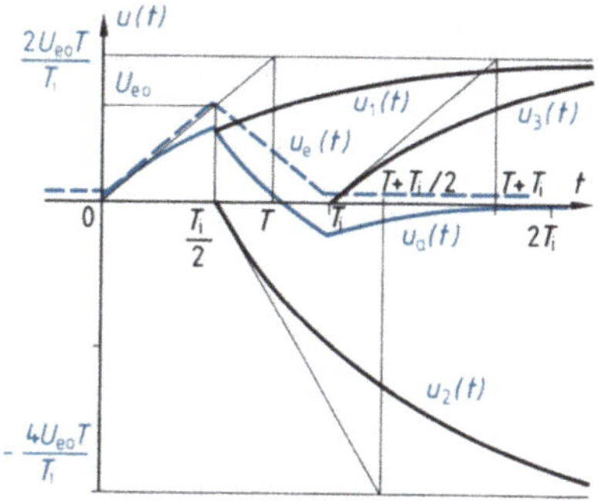

7.13 Spannungsverläufe zu Beispiel 7.9

Unter Beachtung des Verschiebungssatzes (s. Abschn. 8.7.3.7) faßt man die Spektraldichte der Ausgangsspannung zweckmäßig als die Summe der 3 Komponenten $\underline{U}_1(s)$, $\underline{U}_2(s)$ und $\underline{U}_3(s)$ auf, deren Zeitfunktionen zu den Zeiten $t_1 = 0$, $t_2 = T_i/2$ und $t_3 = T_i$ einsetzen. Verschiebungssatz und Korrespondenz 22 von Tafel **8**.34 liefern daher die Dreieckimpuls-Antwort der Ausgangsspannung

$$u_a(t) = \frac{2\,U_{e0}\,T}{T_i}\left\{[1 - e^{-t/T}]\varepsilon(t) - 2[1 - e^{-(t-T_i/2)/T}]\varepsilon\left(t - \frac{T_i}{2}\right)\right.$$
$$\left. + [1 - e^{-(t-T_i)/T}]\varepsilon(t - T_i)\right\} \qquad (7.30)$$

Die Verläufe der Teilspannungen $u_1(t)$ bis $u_3(t)$ sowie von Eingangsspannung $u_e(t)$ und Ausgangsspannung $u_a(t)$ sind in Bild **7**.13 dargestellt; auch hier setzt man den resultierenden Spannungsverlauf zweckmäßig aus den Exponentialfunktionen der Teilspannungen zusammen, die man mit den Endwerten $2\,U_{e0}\,T/T_i$ bzw. $-4\,U_{e0}\,T/T_i$ und der Zeitkonstante T leicht zeichnen kann. Bei dem gewählten Verhältnis $T/T_i = 3/4$ findet man mit dem Taschenrechner für die Zeit $t = T_i/2$ die Ausgangsspannung $u_a = 0{,}7299\,U_{e0}$ sowie für $t = T_i$ entsprechend $u_a = -0{,}3551\,U_{e0}$.

7.2.2.2 Geladene Speicher. Der Differentiationssatz für den Bildbereich (s. Abschn. 8.7.3.4) ermöglicht es auch, geladene Energiespeicher Kapazität C und Induktivität L in die Laplace-Transformation einzubeziehen. Nach Abschn. 1.4.2 ist die Energie einer Kapazität $W_e = C u_C^2/2$ von der Kondensatorspannung u_C abhängig und die einer Induktivität $W_m = L i_L^2/2$ vom Strom i_L. Wenn also vor einer Änderung der Betriebsbedingungen in einem Netzwerk schon an einer Netzwerkskapazität C eine Spannung u_{C0} auftritt oder in einer Netzwerksinduktivität L ein Strom i_{L0} fließt, sind die Energiespeicher geladen, was man in den Anfangsbedingungen zu berücksichtigen hat. Der Differentiationssatz für den Bildbereich, der in Abschn. 8.7.3.4 behandelt wird, bietet hierfür in der Form

$$f'(t) \circ\!\!-\!\!\bullet\; s\underline{F}(s) - f(0) \qquad (7.31)$$

eine einfache Möglichkeit.

Nach Gl. (1.61) gilt allgemein für die Spannung einer Induktivität $u = L\,\mathrm{d}i/\mathrm{d}t$. Gl. (7.31) ergibt daher in diesem Fall die Korrespondenz

$$u(t) = L\,\mathrm{d}i_\mathrm{L}/\mathrm{d}t \circ\!\!-\!\!\!-\!\!\!-\!\!\bullet\ \underline{U}(s) = Ls\underline{I}_\mathrm{L}(s) - L i_{\mathrm{L}0} \tag{7.32}$$

oder umgerechnet die Bildfunktion des Stromes

$$\underline{I}_\mathrm{L}(s) = \frac{\underline{U}(s)}{Ls} + \frac{i_{\mathrm{L}0}}{s} \tag{7.33}$$

Gl. (7.32) und (7.33) legen daher eine Berücksichtigung des zur Zeit $t = 0$ in einer Induktivität L fließenden Stromes $i_{\mathrm{L}0}$ mit einer der in Tafel 7.14 angegebenen Ersatzschaltungen nahe; d.h., die Anfangsbedingung $i_{\mathrm{L}0}$ wird durch eine Spektraldichten-Quelle wiedergegeben. Reihenschaltung mit einer Gleichspannungsquelle und Parallelschaltung mit einer Gleichstromquelle sind hierbei natürlich gleichwertig (s. Abschn. 2.1.1).

Tafel **7.14** Ersatzschaltungen für geladene Energiespeicher

stromdurchflossene Induktivität L	aufgeladene Kapazität C

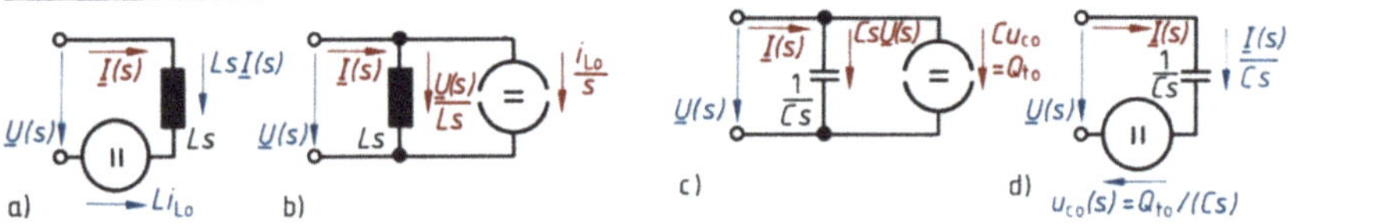

Der Strom einer Kapazität C ist nach Gl. (1.71) allgemein $i = C\,\mathrm{d}u/\mathrm{d}t$. Mit Gl. (7.31) erhält man daher hier die Korrespondenz

$$i(t) = C\,\mathrm{d}u_\mathrm{C}/\mathrm{d}t \circ\!\!-\!\!\!-\!\!\!-\!\!\bullet\ \underline{I}(s) = Cs\underline{U}_\mathrm{C}(s) - C u_{\mathrm{C}0} \tag{7.34}$$

bzw. die Bildfunktion der Spannung

$$\underline{U}(s) = \frac{\underline{I}(s)}{Cs} + \frac{u_{\mathrm{C}0}}{s} \tag{7.35}$$

Für die Kondensatorspannung $u_{\mathrm{C}0}$, die bei Änderung der Betriebsbedingungen vorhanden ist, kann man mit Gl. (1.70) auch die dann auftretende L a d u n g

$$Q_{\mathrm{t}0} = C u_{\mathrm{C}0} \tag{7.36}$$

einführen. Gl. (7.34) bis (7.36) werden durch die in Tafel 7.14 angegebenen Ersatzschaltungen erfüllt. Meist bedient man sich der Reihenschaltungen; man muß aber die Polarität der Ladung $Q_{\mathrm{t}0}$ bzw. die Richtung des Stromes $i_{\mathrm{L}0}$ unter Beachtung der angegebenen Zählpfeilrichtung berücksichtigen. Dies zeigen die folgenden Beispiele.

Beispiel 7.10. Beispiel 7.3 soll jetzt mit der Laplace-Transformation gelöst werden. Wir entwickeln zunächst die Ersatzschaltung in Bild 7.15, erhalten die Bildfunktion des Stromes

$$\underline{I}(s)=\frac{\underline{U}_{e}(s)-(U_{a0}/s)}{R+(1/Cs)}$$

und finden mit ihm bei der Sprungerregung

$$u_{e\_\!\!\!\_\!\!\int}(t)=U_{e0}\varepsilon(t) \circ\!\!-\!\!\bullet\ \underline{U}_{e}(s)=U_{e0}/s$$

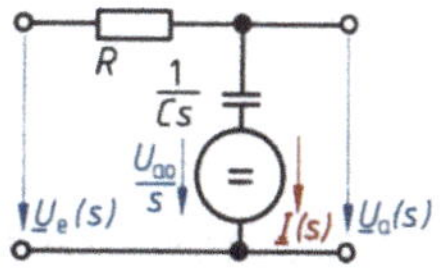

7.15 Ersatzschaltung für Bild 7.4

über die Maschengleichung der Schaltung von Bild 7.17
bei der Zeitkonstanten $T=RC$ die Bildfunktion der Ausgangsspannung

$$\underline{U}_{a}(s)=\frac{1}{Cs}\cdot\frac{\underline{U}_{e}(s)-(U_{a0}/s)}{R+(1/Cs)}+\frac{U_{a0}}{s}=\frac{U_{e0}-U_{a0}}{s(1+RCs)}+\frac{U_{a0}}{s}=\frac{U_{e0}-U_{a0}}{s(1+Ts)}+\frac{U_{a0}}{s}$$

Sie führt mit Korrespondenz 2 und 7 von Tafel 8.33 zu der Sprungantwort

$$u_{a\_\!\!\!\_\!\!\int}(t)=(U_{e0}-U_{a0})(1-e^{-t/T})+U_{a0} \tag{7.37}$$

die mit Gl. (7.21) voll übereinstimmt und in Bild 7.6 dargestellt ist.

Beispiel 7.11. Für die Schaltung in Bild 7.9 sollen jetzt mit der Laplace-Transformation die Sprungantworten $u_{AB\_\!\!\!\_\!\!\int}(t)$ nach Schließen des Schalters S gefunden werden.
Nach Schließen des Schalters S in Bild 7.9 ist die Ersatzschaltung in Bild 7.16 mit dem in Beispiel 7.6 schon ermittelten Strom $i_{AB01}=2{,}5$ A wirksam. Für die Ersatzschaltung in Bild 7.16 gilt dann bei Anwendung des Maschenstrom-Verfahrens (s. Abschn. 2.3.5 und 3.4.1.4) die Matrizengleichung

$$\begin{bmatrix}(R_{VW}+R+Ls) & R_{VW}\\ R_{VW} & (R_{VW}+R_S)\end{bmatrix}\cdot\begin{bmatrix}\underline{I}_1(s)\\ \underline{I}_2(s)\end{bmatrix}=\begin{bmatrix}\dfrac{\underline{U}(s)}{s}+Li_{AB01}\\ \dfrac{\underline{U}(s)}{s}\end{bmatrix}$$

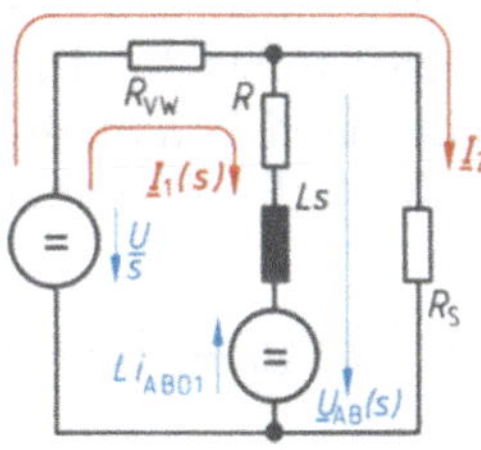

7.16 Ersatzschaltung für Bild 7.9a nach Schließen des Schalters S

und man erhält die Bildfunktion der Spannung

$$\underline{U}_{AB}(s)=R_S\underline{I}_s(s)=\frac{\begin{vmatrix}(R_{VW}+R+Ls) & \dfrac{\underline{U}(s)}{s}+Li_{AB01}\\ R_{VW} & \underline{U}(s)/s\end{vmatrix}}{\begin{vmatrix}(R_{VW}+R+Ls) & R_{VW}\\ R_{VW} & (R_{VW}+R_s)\end{vmatrix}}$$

$$=R_s\frac{(U/s)(R_{VW}+R+Ls)-R_{VW}(U/s)+Li_{AB01}}{(R_{VW}+R+Ls)(R_{VW}+R_S)-R_{VW}^2}$$

$$=\frac{R_S}{R_{VW}+R_S}\cdot\frac{U-R_{VW}i_{AB01}+UR/(Ls)}{s+\dfrac{1}{L}\left(R+\dfrac{R_{VW}R_S}{R_{VW}+R_S}\right)}$$

sowie mit Korrespondenz 21 und 22 von Tafel 8.34 und der Zeitkonstanten

$$T = \frac{L}{R + \cfrac{1}{\cfrac{1}{R_{VW}} + \cfrac{1}{R_S}}} = 30\ \text{ms}$$

die zugehörige Sprungantwort

$$u_{AB\_\!\!\!\lceil}(t) = \frac{R_S U}{R_{VW} + R_S}\left[\frac{RT}{L} + \left(1 - \frac{RT}{L} - \frac{R_{VW}\, i_{AB01}}{U}\right) e^{-t/T}\right]$$

$$= \frac{5\,\Omega \cdot 100\ \text{V}}{10\,\Omega + 5\,\Omega}\left[\frac{30\,\Omega \cdot 30\ \text{ms}}{1\ \text{H}} + \left(1 - \frac{30\,\Omega \cdot 30\ \text{ms}}{1\ \text{H}}\right.\right.$$

$$\left.\left. - \frac{10\,\Omega \cdot 2{,}5\ \text{A}}{100\ \text{V}}\right) e^{-t/(30\ \text{ms})}\right] = 30\ \text{V} - 5\ \text{V}\, e^{-t/(30\ \text{ms})}$$

Mit den in Beispiel 7.6 vorgegebenen Zahlenwerten findet man somit den in Bild 7.9d dargestellten Spannungsverlauf.

7.3 Netzwerke mit gleichartigen Speichern

Es sollen jetzt Netzwerke betrachtet werden, die jeweils nur eine Speicherart, also neben Wirkwiderständen R entweder nur Induktivitäten L oder nur Kapazitäten C enthalten. Dies sind nach den schon untersuchten Beispielen Verzögerungsglieder, da Strom oder Spannung bei Sprungerregung jeweils exponentiell verzögert ihre stationären Werte annehmen.

Zunächst sollen für einige Schaltungen die Übergangsfunktionen angegeben, anschließend Schaltvorgänge bei Gleich- und Wechselstrom behandelt und schließlich die Wirkungen anderer Erregungen untersucht werden.

7.3.1 Übergangsfunktionen

Es werden hier die Übertragungsbeiwerte K (s. Abschn. 6.2.1.3), Zeitkonstanten T (s. Abschn. 6.2.1.4), Übertragungsfunktionen $\underline{F}(s)$ (s. Abschn. 6.2) und Übergangsfunktionen $h(t)$ (s. Abschn. 7.1.2.2) von 8 charakteristischen Schaltungen mit je 2 Wirkwiderständen R_1 und R_2 und je 2 gleichartigen Speichern Induktivität L_1 und L_2 bzw. Kapazität C_1 und C_2 angegeben. Diese Schaltungen weisen zwar unterschiedliche Kenngrößen auf, haben aber teilweise gleich verlaufende Übergangsfunktionen $h(t)$. Äquivalent sind sie jedoch deshalb noch nicht; denn sie zeigen unterschiedliche Stromverläufe $i_{\_\!\!\!\lceil}(t)$.

Die mitgeteilten Übertragungsfunktionen $\underline{F}(s)$ und Übergangsfunktionen $h(t)$ können auch leicht auf einfachere Schaltungen angewandt werden: So brauchen z. B. in Reihe liegende, überbrückte Widerstände und Induktivitäten nur mit $R=0$ bzw. $L=0$, als überbrückt anzusehende Kapazitäten dagegen mit $C=\infty$ berücksichtigt zu werden, während für nicht vorhandene parallele Widerstände und Induktivitäten $R=\infty$ bzw. $L=\infty$ und für nicht vorhandene parallele Kapazitäten $C=0$ einzusetzen ist. Für die Anwendung s. Abschn. 7.5.4.

Schaltungsbeispiel A (Bild 7.17a und b):

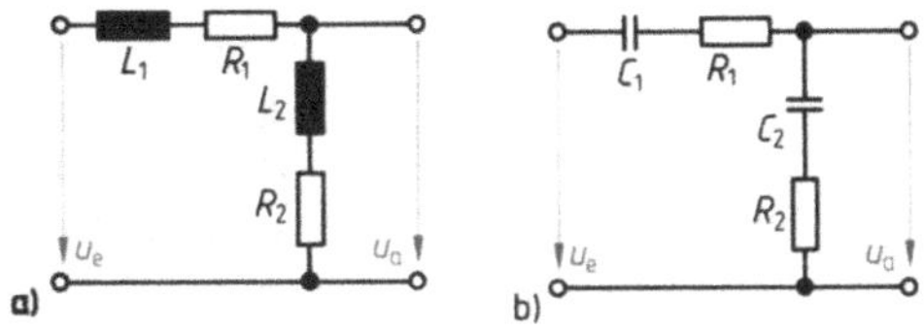

7.17
RL- (a) und RC-Netzwerk (b)

Proportionalbeiwert

$$K_P=\frac{R_1}{R_1+R_2} \qquad K_P=\frac{C_1}{C_1+C_2} \tag{7.38}$$

Zeitkonstanten

$$T_2=L_2/R_2 \qquad T_2=R_2C_2 \tag{7.39}$$

$$T=\frac{L_1+L_2}{R_1+R_2} \qquad T=\frac{C_1C_2}{C_1+C_2}(R_1+R_2) \tag{7.40}$$

Schaltungsbeispiel B (Bild 7.18a und b):

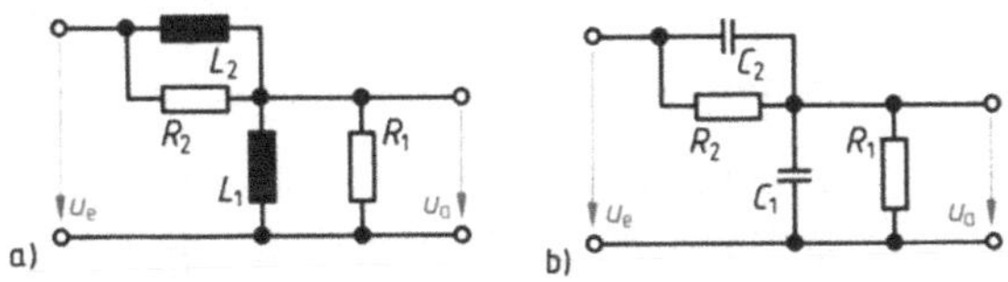

7.18
RL- (a) und RC-Netzwerk (b)

Proportionalbeiwert

$$K_P=\frac{L_1}{L_1+L_2} \qquad K_P=\frac{R_1}{R_1+R_2} \tag{7.41}$$

Zeitkonstanten

$$T_2=L_2/R_2 \qquad T_2=R_2C_2 \tag{7.42}$$

$$T=\frac{L_1L_2}{L_1+L_2}\cdot\frac{R_1+R_2}{R_1R_2} \qquad T=\frac{R_1R_2}{R_1+R_2}(C_1+C_2) \tag{7.43}$$

Für Schaltung A und B:
Übertragungsfunktion

$$\underline{F}(s)=K_P\frac{1+T_2s}{1+Ts} \tag{7.44}$$

Übergangsfunktion

$$h(t)=K_P\left[1-\left(1-\frac{T_2}{T}\right)e^{-t/T}\right] \quad (7.45)$$

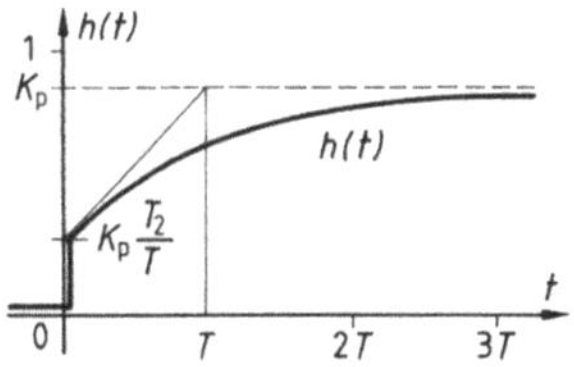

7.19 Übergangsfunktion $h(t)$ für die Netzwerke in Bild 7.17 und 7.18

Diese Sprungantwort ist in Bild 7.19 dargestellt. Die Netzwerke in Bild 7.17 und 7.18 sind also $P\text{-}T_1\text{-}T_1^{-1}$- bzw. PD-Glieder.

Man beachte, daß in den Schaltungen in Bild 7.18 die Indizes gegenüber denen in Bild 7.17 vertauscht sind und der Eingangsstrom in der Schaltung von Bild 7.18a nach dem Aufschalten einer Gleichspannung gegen $i_e \to \infty$ wächst, diese Schaltung also eine mehr theoretische Bedeutung hat.

Schaltungsbeispiel C (Bild 7.20a und b):

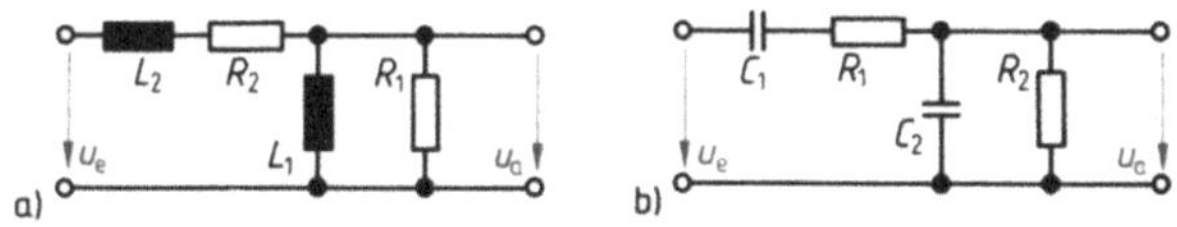

7.20
RL- (a) und RC-Netzwerk (b)

Differenzierbeiwert

$$K_D=T_{12}=L_1/R_2 \qquad K_D=T_{12}=R_2C_1 \quad (7.47)$$

Zeitkonstanten

$$T_1=L_1/R_1 \qquad T_1=R_1C_1 \quad (7.48)$$

$$T_2=L_2/R_2 \qquad T_2=R_2C_2 \quad (7.49)$$

$$T_{a,b}=\frac{1}{2}\left[T_1+T_2+T_{12}\pm\sqrt{(T_1+T_2+T_{12})^2-4T_1T_2}\right] \quad (7.50)$$

Übertragungsfunktion

$$\underline{F}(s)=\frac{K_D s}{(1+T_a s)(1+T_b s)} \quad (7.51)$$

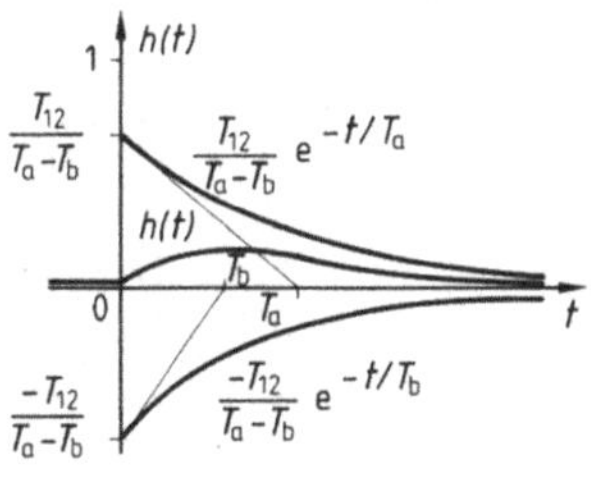

7.21 Übergangsfunktion $h(t)$ für die Netzwerke in Bild 7.20

Übergangsfunktion

$$h(t)=\frac{T_{12}}{T_a-T_b}\left(e^{-t/T_a}-e^{-t/T_b}\right) \quad (7.52)$$

Diese Sprungantwort setzt man wie in Bild 7.21 zweckmäßig aus zwei Exponentialfunktionen zusammen. Sie entspricht einem $D\text{-}T_2$-Verhalten.

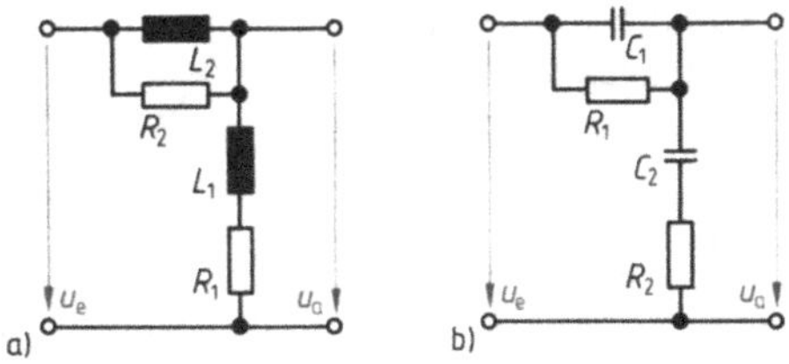

7.22
RL- (a) und RC-Netzwerke (b)

Schaltungsbeispiel D (Bild 7.22a und b):
Zeitkonstanten

$$T_1 = L_1/R_1 \qquad T_1 = R_1 C_1 \tag{7.53}$$

$$T_2 = L_2/R_2 \qquad T_2 = R_2 C_2 \tag{7.54}$$

$$T_{12} = L_2/R_1 \qquad T_{12} = R_1 C_2 \tag{7.55}$$

$T_{a,b}$ wie Gl. (7.50)

Übertragungsfunktion

$$\underline{F}(s) = \frac{(1+T_1 s)(1+T_2 s)}{(1+T_a s)(1+T_b s)} \tag{7.56}$$

Übergangsfunktion

$$h(t) = 1 - \frac{T_{12}}{T_a - T_b}\left(e^{-t/T_a} - e^{-t/T_b}\right) \tag{7.57}$$

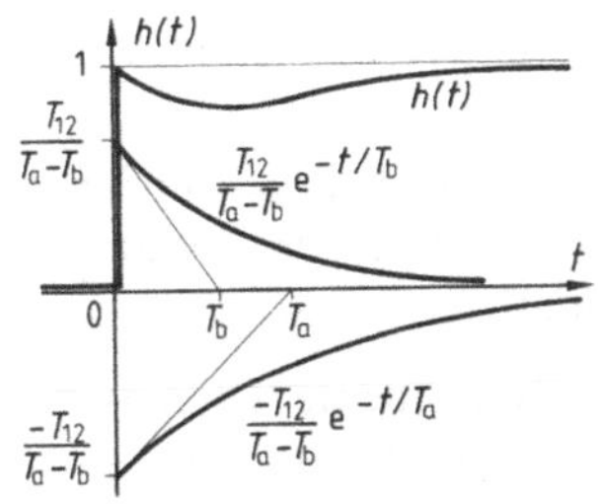

7.23 Übergangsfunktion $h(t)$ für die Netzwerke in Bild 7.22

Die zugehörige Sprungantwort zeigt Bild 7.23. Dies ist ein T_2-T_2^{-1}-Verhalten.

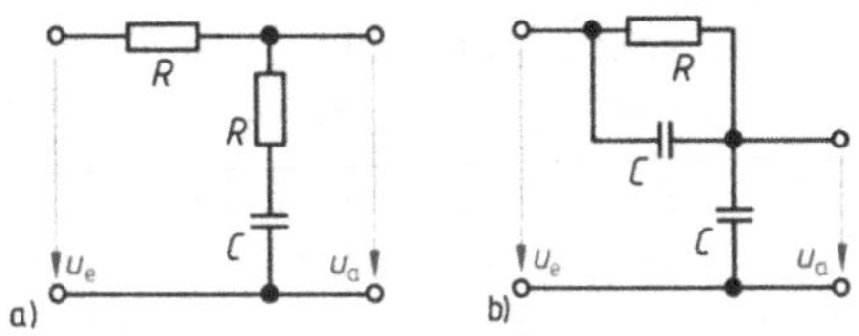

7.24 RC-Netzwerke

Beispiel 7.12. Für die beiden Netzwerke in Bild 7.24 soll die Übergangsfunktion bestimmt und dargestellt werden.

Um für das Netzwerk in Bild 7.24 die Übergangsfunktion $h(t)$ zu erhalten, betrachten wir das Schaltungsbeispiel D und setzen in den dort angegebenen Gleichungen $C_1 = 0$, $C_2 = C$ und $R_1 = R_2 = R$. Auf diese Weise kann man Gl. (7.57) umformen in die Übergangsfunktion

$$h(t) = 1 - 0{,}5\, e^{-t/(2RC)} \tag{7.58}$$

Analog kann man für die Schaltung in Bild 7.24b beim Schaltungsbeispiel D den Ansatz $R_2 = 0$ machen. Man erhält dann wieder die Übergangsfunktion von Gl. (7.58), die in Bild 7.25 dargestellt ist. Die Netzwerke von Bild 7.24a und b haben also die gleiche Übergangsfunktion.

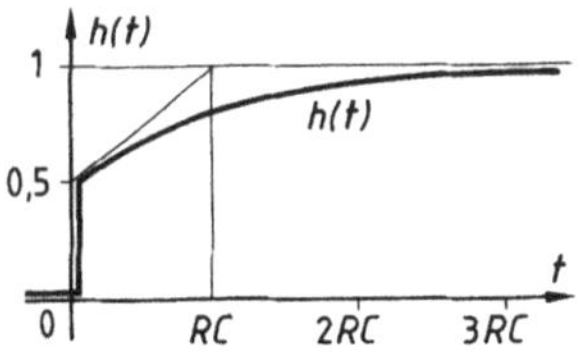

7.25 Übergangsfunktion $h(t)$ für Beispiel 7.12

Man findet diese Übergangsfunktion auch durch folgende physikalische Überlegung: Zur Zeit $t=0$ liegt in Bild 7.24a an der Kapazität C keine Spannung, da sie zunächst aufgeladen werden muß, und die beiden Wirkwiderstände R bestimmen die Spannungsaufteilung - in Bild 7.24b sorgen hierfür jedoch die beiden gleichen Kapazitäten C. Zur Zeit $t=\infty$ sind die Kapazität C in Bild 7.24a und die Querkapazität C in Bild 7.24b voll auf die Eingangsspannung U_e aufgeladen, und die Schaltungen sind stromlos. Der exponentielle Übergangsvorgang hat die aus Bild 7.24a sofort abzulesende Zeitkonstante $T=2RC$. Beide Netzwerke zeigen ein P-T_1-T_1^{-1}- bzw. ein PD-T_1-Verhalten.

Weitere Beispiele für Übergangsfunktionen, die für die Regelungstechnik (s. Band V) besonders wichtig sind, enthalten Abschn. 7.4.2, 7.5.2, 7.5.4, 8.7.2 und 8.7.3 sowie Band VII mit einem Taschenrechnerprogramm zum Berechnen von umfangreichen Zeitfunktionen.

7.3.2 Schaltvorgänge bei Gleichstrom

Da die Übergangsfunktion nach Gl. (7.11) das Verhältnis von Sprungantwort zu Sprungerregung darstellt, kann man aus ihr sofort die Sprungantwort bestimmen, wenn die Sprungerregung bekannt ist. Die in Abschn. 7.3.1, 7.4.2, 7.5.2, 7.5.4, 8.7.2 und 8.7.3 behandelten Übergangsfunktionen stellen daher schon Beispiele für Schaltvorgänge bei Gleichstrom dar.

Es werden hier jetzt noch die Vorgänge beim Ein- und Ausschalten von Netzwerken sowie Kurzschlüsse an Netzwerkteilen bzw. Änderungen der Eingangsgröße oder von Netzwerkteilen bei Gleichstrom untersucht.

7.3.2.1 Idealisiertes Einschalten. Es wird vorausgesetzt, daß ideale Schalter benutzt werden und somit die Eingangsgrößen $u_{e\sqcap}(t)=U_{e0}\varepsilon(t)$ bzw. $i_{e\sqcap}(t)=I_{e0}\varepsilon(t)$ auftreten. In der Praxis prellen Schalter dagegen gelegentlich, öffnen also nach dem Schalten kurzzeitig oder zeigen veränderliche Kontaktwiderstände (s. Band VIII). Auch sind Quellen meist nicht in der Lage, Stromsprünge $I_{e0}\varepsilon(t)$ zu liefern. Diese praktischen Beeinträchtigungen sollen hier vernachlässigt werden.

Wirkwiderstand. Jede elektrische Schaltung, in der Strom fließt, erzeugt ein magnetisches Feld, dessen Wirkungen sich z. B. in der Induktivität L äußern, und zwischen den spannungführenden Teilen tritt ein elektrisches Verschiebungsfeld auf, so daß Kapazitäten C wirksam werden. Grundsätzlich können sich daher nach Abschn. 7.1.1 in elektrischen Stromkreisen Strom und Spannung nicht sprungartig, sondern nur stetig ändern.

Nach Abschn. 3.2.1.1 wird für das idealisierte Schaltungsglied Wirkwiderstand R vorausgesetzt, daß die Wirkungen von magnetischem Feld und elektrischem

Verschiebungsfeld vernachlässigbar klein sind und daher auch Induktivität L und Kapazität C nicht beachtet zu werden brauchen. Wenn ein solcher idealer Wirkwiderstand R an eine Gleichspannungs- oder Gleichstrom-Erregung $U_{e0}\varepsilon(t)$ bzw. $I_{e0}\varepsilon(t)$ angeschlossen wird, müssen die Teilspannungen und -ströme dieser Sprungerregung sprungartig folgen. Nach dem Einschalten einer Gleichspannung $U\varepsilon(t)$ zur Zeit $t=0$ fließt also unter diesen idealen Bedingungen sofort der volle Strom $i_{\_\rceil}(t)=U\varepsilon(t)/R$.

Luftdrossel. Nach Abschn. 3.3.3.3 kann die Luftdrossel wie in Bild **7**.26a als Reihenschaltung von fester Induktivität L und festem Wirkwiderstand R aufgefaßt werden. Mit der Sprungerregung $u_{e\_\rceil}(t)=U_e\varepsilon(t)$ ○——● $\underline{U}_e(s)=U_e/s$ gilt dann für die Bildfunktion des Stromes

$$\underline{I}(s)=\frac{U_e/s}{R+Ls}=\frac{U_e}{R}\cdot\frac{1}{s\left(1+\dfrac{L}{R}s\right)}=\frac{K_I}{s(1+Ts)} \tag{7.59}$$

Somit ist mit dem Integrierbeiwert $K_I=U_e/R$, der Zeitkonstante $T=L/R$ und dem Endwert des Stromes $I_\infty=U_e/R$ nach Korrespondenz 7 von Tafel **8**.33 die Sprungantwort des Stromes

$$I_{\_\rceil}(t)=\frac{U_e}{R}(1-e^{-t/T})=I_\infty(1-e^{-t/T}) \tag{7.60}$$

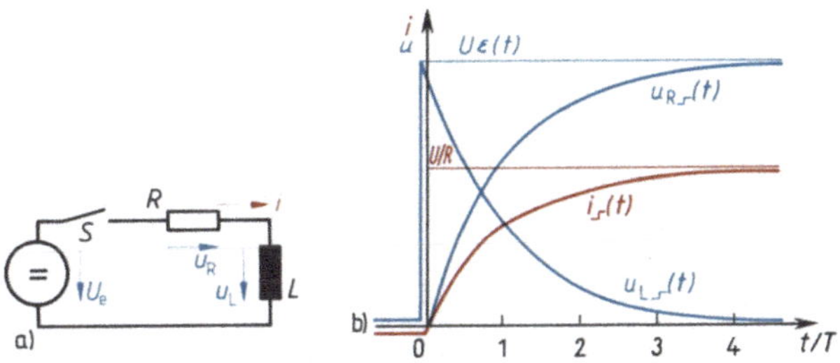

7.26
Einschalten einer Induktivität L an eine Gleichspannung U_e über einen Wirkwiderstand R mit Schaltung (a) und Sprungantworten (b) von Strom $i_{\_\rceil}(t)$ und Spannungen $u_{R\_\rceil}(t)$ und $u_{L\_\rceil}(t)$

Mit dem Ohmschen Gesetz bzw. der Maschenregel findet man nach Einsetzen von Gl. (7.60) ferner die Sprungantworten der Teilspannungen

$$u_{R\_\rceil}(t)=Ri_{\_\rceil}(t)=U_e(1-e^{-t/T}) \tag{7.61}$$

$$u_{L\_\rceil}(t)=U_e-u_{R\_\rceil}(t)=U_e e^{-t/T} \tag{7.62}$$

Die zugehörigen Übergangsvorgänge sind in Bild **7**.26b dargestellt; ihre exponentiellen Verläufe können mit den Anfangs- und Endwerten sowie der Zeitkonstante T einfach gezeichnet werden.

Beispiel 7.13. Eine Drossel hat die Induktivität $L=60$ H und den Wicklungswiderstand $R=150\ \Omega$. Es ist die Sprungantwort des Stromes $i_{\_\rceil}(t)$ zu bestimmen für den Fall, daß die Drossel an die Gleichspannung $U=220$ V gelegt wird.

Wir bilden für Gl. (7.60) den Endwert des Stromes $I_\infty = U/R = 220\ \text{V}/(150\ \Omega) = 1{,}467\ \text{A}$ und die Zeitkonstante $T = L/R = 60\ \text{H}/(150\ \Omega) = 0{,}4\ \text{s}$ und erhalten daher den Stromverlauf

$$i_{\lrcorner\!\ulcorner}(t) = I_\infty(1 - \text{e}^{-t/T}) = 1{,}467\ \text{A}(1 - \text{e}^{-t/(0{,}4\ \text{ms})})$$

Kondensator. Ein Kondensator darf mit den Zuleitungswiderständen bei Vernachlässigung der Leitungsinduktivitäten und der Ableitung (s. Abschn. 3.3.3.4) wie in Bild **7.**27a als Reihenschaltung von Kapazität C und Wirkwiderstand R aufgefaßt werden. Es wird vorausgesetzt, daß die Kapazität C zur Zeit $t=0$ keine Ladung Q aufweist. Ähnlich wie bei Gl. (7.59) erhält man dann die Bildfunktion des Stromes

$$\underline{I}(s) = \frac{U_\text{e}/s}{R + (1/Cs)} = \frac{U_\text{e} C}{1 + RCs} = \frac{K_\text{P}}{1 + Ts} \tag{7.63}$$

zu der mit dem Proportionalbeiwert $K_\text{P} = U_\text{e} C$, der Zeitkonstanten $T = RC$ und dem Anfangswert des Stromes $i_0 = U_\text{e}/R$ wegen der Korrespondenz 24 von Tafel **8.**34 die Sprungantwort des Stromes

$$i_{\lrcorner\!\ulcorner}(t) = (U_\text{e}/R)\,\text{e}^{-t/T} = i_0\,\text{e}^{-t/T} \tag{7.64}$$

gehört. Analog zu Gl. (7.61) und (7.62) sind daher die Sprungantworten der Teilspannungen

$$u_{\text{R}\lrcorner\!\ulcorner}(t) = R\,i_{\lrcorner\!\ulcorner}(t) = U_\text{e}\,\text{e}^{-t/T} \tag{7.65}$$

$$u_{\text{C}\lrcorner\!\ulcorner}(t) = U_\text{e} - u_{\text{R}\lrcorner\!\ulcorner}(t) = U_\text{e}(1 - \text{e}^{-t/T}) \tag{7.66}$$

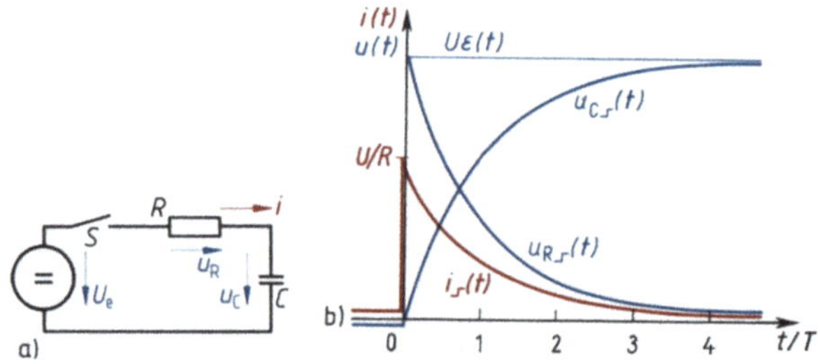

7.27 Einschalten einer Kapazität C an eine Gleichspannung U_e über einen Wirkwiderstand R mit Schaltung (a) und Sprungantworten (b) von Strom $i_{\lrcorner\!\ulcorner}(t)$ und Spannungen $u_{\text{R}\lrcorner\!\ulcorner}(t)$ und $u_{\text{C}\lrcorner\!\ulcorner}(t)$

Diese Übergangsvorgänge sind in Bild **7.**27b dargestellt. Da nach Gl. (1.70) für die zeitabhängige Ladung $Q_\text{t} = C u_\text{C}$ gilt, kann man auch den Ladevorgang der Kapazität

$$Q_{\text{t}\lrcorner\!\ulcorner}(t) = C\,U_\text{e}(1 - \text{e}^{-t/T}) = Q_{\text{t}\infty}(1 - \text{e}^{-t/T}) \tag{7.67}$$

angeben. Die Kapazität C hat daher zur Zeit $T = \infty$ die Ladung $Q_{\text{t}\infty} = C\,U_\text{e}$.

Beispiel 7.14. Eine Kapazität $C = 50\ \mu\text{F}$ soll nach Bild **7.**27a über einen Wirkwiderstand $R = 100\ \Omega$ mit der Ladung $Q = 25\ \text{mAs}$ versehen werden. Welche Spannung U ist hierfür erforderlich, und welcher Stromverlauf $i_{\lrcorner\!\ulcorner}(t)$ ist zu erwarten?

Nach Gl. (1.70) ist die Spannung $U = Q/C = 25$ mAs/(50 µF) = 500 V aufzubringen. Mit dem Anfangswert des Stromes $i_0 = U/R = 500$ V/(100 Ω) = 5 A und der Zeitkonstanten $T = RC = 100\ \Omega \cdot 50\ \mu\text{F} = 5$ ms findet man daher nach Gl. (7.64) die Sprungantwort des Stromes

$$i_{\lrcorner\ulcorner}(t) = i_0\,\text{e}^{-t/T} = 5\ \text{A}\ \text{e}^{-t/(5\ \text{ms})}$$

Transformator. Nach Gl. (6.159) gilt für die Übertragungsfunktion des Transformators

$$\underline{F}(s) = \frac{\underline{I}_2(s)}{\underline{U}_\text{e}(s)} = \frac{M}{\sigma L_1 L_2} \cdot \frac{s}{(s+1/T')(s+1/T'')}$$

Wenn man an die Primärseite die Sprungerregung $U_{\text{e}0}\varepsilon(t)$ legt, findet man mit Korrespondenz 3 (Tafel **8**.33) und Gl. (6.159) über Gl. (8.114) die Bildfunktion

$$\underline{I}_2(s) = \underline{F}(s)\,\underline{U}_\text{e}(s) = \frac{M}{\sigma L_1 L_2} \cdot \frac{U_{\text{e}0}}{(s+1/T')(s+1/T'')}$$

und mit der Korrespondenz 37 (Tafel **8**.34) die Sprungantwort des Stromes

$$i_2(t) = \frac{U_{\text{e}0} M T' T''}{\sigma L_1 L_2 (T' - T'')} (\text{e}^{-t/T'} - \text{e}^{-t/T''}) \tag{7.68}$$

Beispiel 7.15. Ein Transformator hat die Induktivitäten $L_1 = 1$ mH, $L_2 = 100$ mH und $M = 9{,}74$ mH sowie die Wirkwiderstände $R_1 = 0{,}1\ \Omega$ und $R_2 = 10\ \Omega$ und wird sekundär mit dem Widerstand $R_\text{a} = 990\ \Omega$ belastet. Es wird primär der Spannungssprung $u_{\text{e}\lrcorner\ulcorner}(t) = 100\ \text{V}\,\varepsilon(t)$ angelegt. Der Verlauf des sekundären Stromes $i_2(t)$ ist darzustellen.

Mit dem Streufaktor

$$\sigma = 1 - \frac{M^2}{L_1 L_2} = 1 - \frac{(9{,}74\ \text{mH})^2}{1\ \text{mH} \cdot 100\ \text{mH}} = 0{,}05$$

sind daher die Zeitkonstanten $T_1 = L_1/R_1 = 1\ \text{mH}/(0{,}1\ \Omega) = 100$ ms und $T_2 = L_2/(R_2 + R_\text{a}) = 100\ \text{mH}/(10\ \Omega + 990\ \Omega) = 1$ ms sowie $T' \approx T_1 + T_2 = 10\ \text{ms} + 1\ \text{ms} = 11$ ms und $T'' \approx \sigma T_1 T_2 / T' = 0{,}05 \cdot 10\ \text{ms} \cdot 1\ \text{ms}/(11\ \text{ms}) = 0{,}045$ ms wirksam. Wir berechnen hiermit entsprechend Gl. (7.68)

$$\frac{U_{\text{e}0} M T' T''}{\sigma L_1 L_2 (T' - T'')} = \frac{100\ \text{V} \cdot 9{,}74\ \text{mH} \cdot 10\ \text{ms} \cdot 1\ \text{ms}}{0{,}05 \cdot 1\ \text{mH} \cdot 100\ \text{mH}\,(10\ \text{ms} - 0{,}045\ \text{ms})} = 0{,}88\ \text{A}$$

und können nun den Stromverlauf $i_{2\lrcorner\ulcorner}(t)$ in Bild **7**.28 zeichnen. Die Sprungantwort beginnt mit $i_2 = 0$; der Anteil $-\text{e}^{-t/T''}$ verschwindet aber so schnell, daß der Strom fast sofort dem Anteil $\text{e}^{-t/T'}$ folgt.

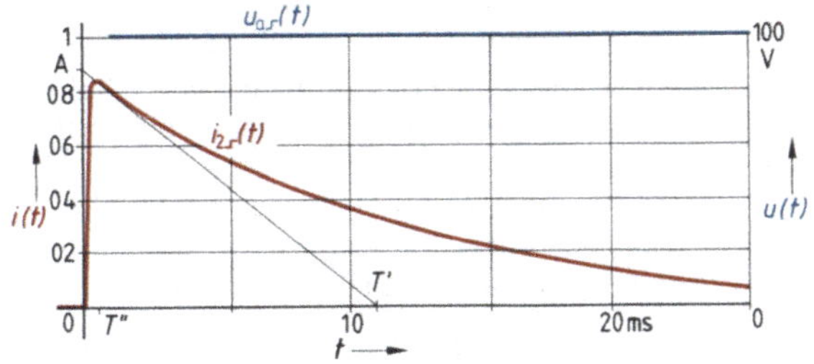

7.28
Strom- und Spannungsverlauf für Beispiel 7.15

RC-Netzwerke. Es werden hier einige Beispiele exemplarisch untersucht.

Beispiel 7.16. Das Netzwerk in Bild 7.29a enthält die Wirkwiderstände $R_1 = 300\ \Omega$ und $R_2 = 200\ \Omega$ sowie die Kapazität $C = 50\ \mu\text{F}$ und wird durch Schließen des Schalters S an die Spannung $u_{e\sqcap}(t) = U_e \varepsilon(t) = 10\ \text{V}\ \varepsilon(t)$ gelegt. Die Sprungantwort des Stromes $i_{\sqcap}(t)$ soll bestimmt werden.

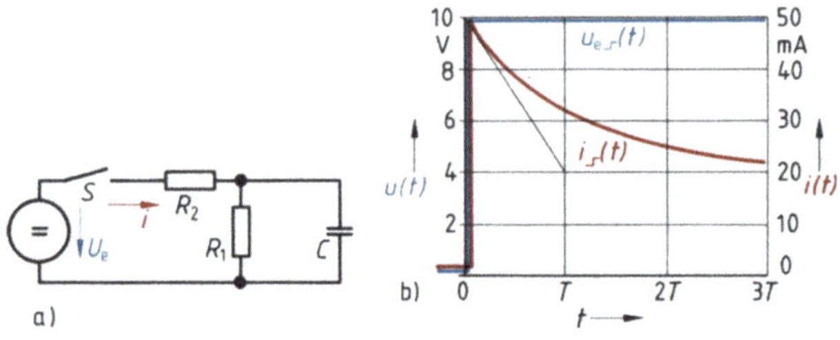

7.29 RC-Netzwerk (a) mit Sprungantwort (b) des Stromes $i_{\sqcap}(t)$ für Beispiel 7.16

Wir wollen diese Aufgabe durch Anwendung der Laplace-Transformation lösen und bilden mit $U_e \varepsilon(t)$ ○——● U_e/s sofort die Spektraldichte des Stromes

$$\underline{I}(s) = \frac{\underline{U}_e(s)}{R_2 + \dfrac{1}{Cs + 1/R_1}} = \frac{U_e}{R_1 + R_2} \cdot \frac{1 + R_1 Cs}{s\left(1 + \dfrac{R_1 R_2 C}{R_1 + R_2} s\right)} = K_P \frac{1 + T_1 s}{s(1 + Ts)}$$

Es sind also der Proportionalbeiwert

$$K_P = U_e/(R_1 + R_2) = 10\ \text{V}/(300\ \Omega + 200\ \Omega) = 20\ \text{mA}$$

und die Zeitkonstanten

$$T_1 = R_1 C = 300\ \Omega \cdot 50\ \mu\text{F} = 15\ \text{ms}$$

$$T = \frac{R_1 R_2 C}{R_1 + R_2} = \frac{300\ \Omega \cdot 200\ \Omega \cdot 50\ \mu\text{F}}{300\ \Omega + 200\ \Omega} = 6\ \text{ms}$$

wirksam. Mit Korrespondenz 7 und 24 von Tafel 8.33 und 8.34 erhält man die Sprungantwort

$$i_{\sqcap}(t) = K_P\left(1 - e^{-t/T} + \frac{T_1}{T} e^{-t/T}\right)$$

$$= K_P\left[1 + \left(\frac{T_1}{T} - 1\right) e^{-t/T}\right] = 20\ \text{mA}\left[1 + \left(\frac{15\ \text{ms}}{6\ \text{ms}} - 1\right) e^{-t/(6\ \text{ms})}\right]$$

$$= 20\ \text{mA} + 30\ \text{mA}\ e^{-t/(6\ \text{ms})}$$

Sie ist in Bild 7.29b dargestellt.

Beispiel 7.17. Das Netzwerk in Bild 7.30a besteht aus den gleichen Widerständen und der gleichen Kapazität wie die Schaltung von Bild 7.29a.

a) Es werde wieder durch das Schließen des Schalters S die Gleichspannungs-Erregung $u_e \varepsilon(t) = 10\ \text{V}\ \varepsilon(t)$ angelegt. Die Sprungantwort der Ausgangsspannung $u_{a\sqcap}(t)$ soll ermittelt werden.

Wir suchen jetzt die Lösung entsprechend Abschn. 7.2.1.3 durch physikalische Überlegungen: Zur Zeit $t = 0$ ist die Kapazität C spannungslos, und mit der Spannungsteilerregel (s. Abschn. 2.2.1.3) findet man die Ausgangsspannung

$$u_{aa0} = U_e R_2/(R_1 + R_2) = 10\ \text{V} \cdot 200\ \Omega/(300\ \Omega + 200\ \Omega) = 4\ \text{V}$$

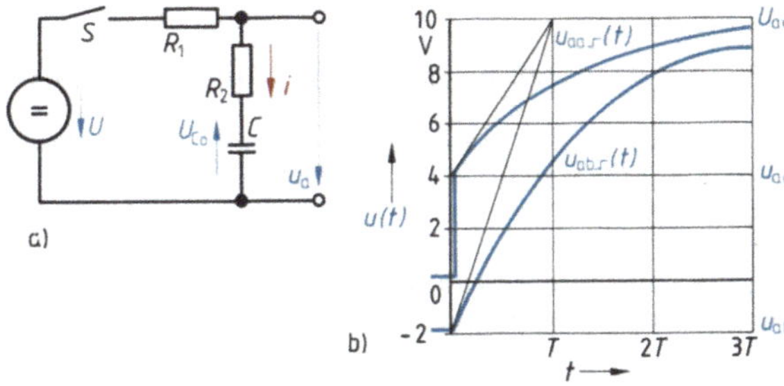

7.30
RC-Netzwerk (a) mit Sprungantwort (b) der Ausgangsspannung $u_{a\_\!\!\!\!\sqcap}(t)$ für Beispiel 7.17

Zur Zeit $t=\infty$ ist die Kapazität voll auf die Spannung $U_{C\infty}=U_{a\infty}=U_e=10$ V aufgeladen. Die Ladung hat sich mit der Zeitkonstanten

$$T=(R_1+R_2)C=(300\,\Omega+200\,\Omega)\,50\,\mu\text{F}=25\text{ ms}$$

vollzogen. Dies ergibt die Sprungantwort $u_{aa\_\!\!\!\!\sqcap}(t)$ in Bild 7.30b.

b) Vor dem Schließen des Schalters S sei die Kapazität C auf die Spannung $U_{C0}=-15$ V aufgeladen. Wie verläuft jetzt die Sprungantwort?

Unmittelbar nach dem Schließen des Schalters S ist die Spannung

$$u_{ab0}=(U_e-U_{C0})R_2/(R_1+R_2)=(10\text{ V}-15\text{ V})\,200\,\Omega/(300\,\Omega+200\,\Omega)=-2\text{ V}$$

wirksam, und es ergibt sich die in Bild 7.30b dargestellte Sprungantwort $u_{ab\_\!\!\!\!\sqcap}(t)$.

Beispiel 7.18. Das Netzwerk in Bild 7.31a soll außer den in Beispiel 7.16 aufgeführten Widerständen R_1 und R_2 und der Kapazität C noch den Wirkwiderstand $R_3=100\,\Omega$ enthalten. Gesucht ist die Sprungantwort $u_{a\_\!\!\!\!\sqcap}(t)$ für die Sprungerregung $u_{e\_\!\!\!\!\sqcap}(t)=10\text{ V}\,\varepsilon(t)$.

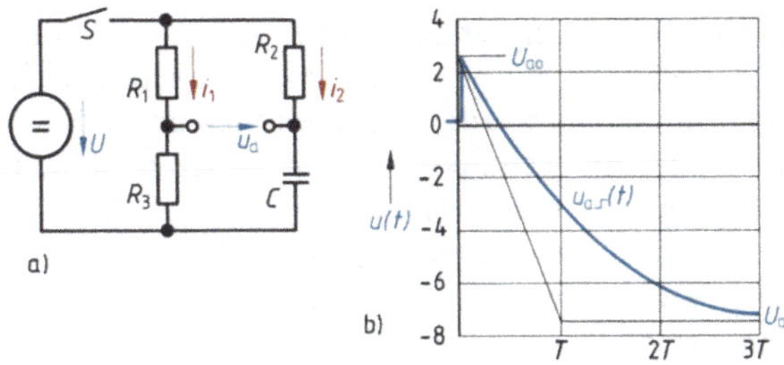

7.31
RC-Netzwerk (a) mit Sprungantwort (b) der Ausgangsspannung $u_{a\_\!\!\!\!\sqcap}(t)$ für Beispiel 7.18

Mit den in Bild 7.31a eingetragenen Zählpfeilen gilt für die Ausgangsspannung ganz allgemein $u_a=R_2i_2-R_1i_1$. Zur Zeit $t=0$ sind die Ströme

$$i_{10}=U_e/(R_1+R_3)\quad\text{und}\quad i_{20}=U_e/R_2$$

also die Ausgangsspannung

$$u_{a0}=U_e-\frac{R_1U_e}{R_1+R_3}=U\left(1-\frac{R_1}{R_1+R_3}\right)=10\text{ V}\left(1-\frac{300\,\Omega}{300\,\Omega+100\,\Omega}\right)=2{,}5\text{ V}$$

und zur Zeit $t=\infty$ analog die Ströme

$$I_{1\infty}=U_e/(R_1+R_3)=i_{10}\quad\text{und}\quad I_{2\infty}=0$$

also die Ausgangsspannung

$$U_{\mathrm{a}\infty} = -U_{\mathrm{e}} R_1/(R_1 + R_3) = -10\,\mathrm{V} \cdot 300\,\Omega/(300\,\Omega + 100\,\Omega) = -7{,}5\,\mathrm{V}$$

Die Zeitkonstante wird allein durch den rechten Zweig bestimmt. Daher ist $T = R_2 C = 200\,\Omega \cdot 50\,\mu\mathrm{F} = 10\,\mathrm{ms}$. Somit ergibt sich die in Bild 7.31b dargestellte Sprungantwort.

Beispiel 7.19. In der Schaltung von Bild 7.32a werde durch Öffnen des Schalters S der Quellenstrom I_{q} sprungartig auf die Reihenschaltung von Wirkwiderstand R und Kapazität C geschaltet. Die Sprungantwort der Ausgangsspannung $u_{\mathrm{a}\ulcorner}(t)$ soll bestimmt werden.

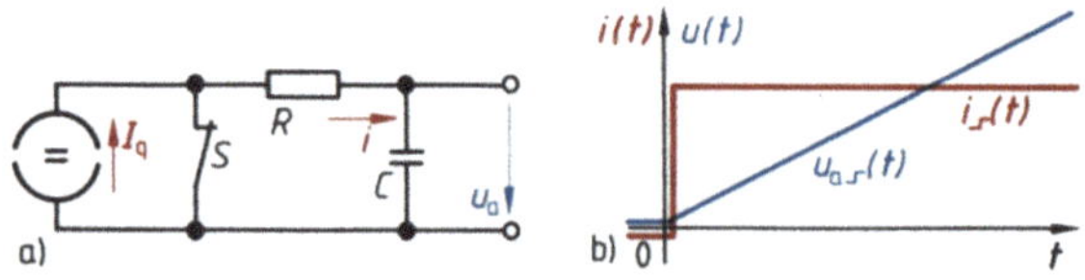

7.32
RC-Glied (a) mit eingeprägtem Strom I_{q} und Sprungantwort (b) der Ausgangsspannung $u_{\mathrm{a}\ulcorner}(t)$

Für den Stromverlauf gilt, wie in Bild 7.32b dargestellt,

$$i_{\ulcorner}(t) = I_{\mathrm{q}}\varepsilon(t)$$

Daher erhält man mit $i = Q_{\mathrm{t}}/t = C u_{\mathrm{a}}/t$ die in Bild 7.32b wiedergegebene Sprungantwort der Ausgangsspannung

$$u_{\mathrm{a}\ulcorner}(t) = [I_{\mathrm{q}}\varepsilon(t)/C]\,t$$

7.3.2.2 Idealisiertes Ausschalten. Jeder Strom ist mit einem magnetischen Feld verbunden, so daß auch in jedem Stromkreis eine Induktivität L wirksam ist. Wenn nun z. B. in der Schaltung von Bild 7.26a der Schalter S ideal geöffnet werden könnte, müßte der Strom i in unendlich kurzer Zeit auf den Wert Null springen, und es würde eine unendlich große Spannung $u_{\mathrm{L}} = L\,\mathrm{d}i/\mathrm{d}t$ entstehen, die wieder am Schalter oder an anderen Stellen des Stromkreises - z. B. in Wicklungen - einen für die Isolationsfestigkeit der Schaltung meist unerwünschten Überschlag und somit u. U. auch ein Überbrücken der Schalteröffnung bewirken würde. Ideal öffnende Schalter sind daher i. allg. für die Praxis nicht geeignet.

In den technisch realisierten Schaltern steigt beim Öffnen der Kontakte der Schalterwiderstand zunächst stark an, so daß der Strom i rasch kleiner wird. Es entwickelt sich auch hier eine große Selbstinduktionsspannung, die zu einem Überschlag an den Schaltkontakten mit einem geringeren Lichtbogenwiderstand führt und so eine zu steile Stromabsenkung verhindert. Beim Abschalten von Stromkreisen mit mechanischen Schaltern entstehen daher Funken und Lichtbögen zwischen den Schalterkontakten, die den Abschaltvorgang selbst verzögern. Der Lichtbogen muß zum Verlöschen gebracht werden, was durch besondere Blaskammern (s. Band VIII), aber auch z. B. durch schnelles Auseinanderziehen der Schaltmesser, also ein Verlängern der Lichtbogenstrecke erreicht werden kann. Hierdurch wächst der Lichtbogenwiderstand, und der Strom nimmt ab, bis die über den Lichtbogen abgeführte Wärmemenge größer als die mit dem Strom zugeführte wird und die dann verringerte Ionisation den Lichtbogen erlöschen läßt.

In eine genaue Berechnung des Abschaltvorgangs muß also die Lichtbogenkennlinie und die Mechanik des Schalters eingehen, wobei man sich meist mit mathematischen Näherungen begnügt. In den folgenden Beispielen wird auf die Behandlung solcher Abschaltvorgänge verzichtet, und es werden nur Schaltungen betrachtet, die beim Ausschalten keine zu großen Selbstinduktionsspannungen am Schalter erzeugen.

Beispiel 7.20. Ein $l = 10$ km langes Kabel mit der auf die Länge bezogenen Kapazität $C' = 0{,}30\,\mu\text{F/km}$ und dem ebenso auf die Länge bezogenen Isolationswiderstand $R' = 400\,\text{M}\Omega\,\text{km}$, also der Ersatzschaltung von Bild **7.**33, wird leerlaufend von der Spannung $U_0 = 10$ kV abgeschaltet. Wie lange dauert es, bis die Spannung durch Entladen des Kabels über seinen Isolationswiderstand auf $u_C = 500$ V abgesunken ist?

Analog zu Beispiel 7.10 gilt hier für die Bildfunktion des Stromes

$$\underline{I}(s) = \frac{-U_0/s}{R' + (1/C's)} = \frac{-U_0 C}{1 + R'C's}$$

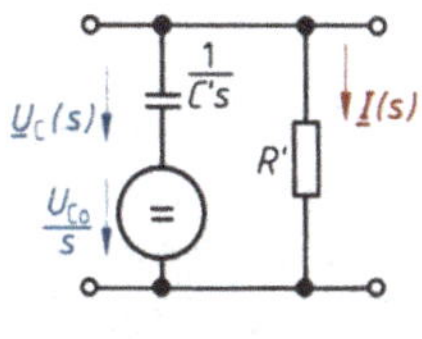

7.33 Ersatzschaltung für Kabelelement

und daher mit Korrespondenz 6 von Tafel **8.**33 für die zugehörige Zeitfunktion der Kondensatorspannung

$$u_C(t) = -R'i(t) = U_0 \mathrm{e}^{-t/(R'C')} \tag{7.69}$$

Wir berechnen zunächst die Zeitkonstante $T = C'R' = 0{,}3\,(\mu\text{F/km}) \cdot 400\,\text{M}\Omega\,\text{km} = 120$ s über die Kapazitäts- und Widerstandsbeläge (die Kabellänge spielt dabei keine Rolle, da sich die Ladung jedes Teilabschnitts über dessen Isolationswiderstand entlädt).

Weiter ist nach Gl. (7.69) das Spannungsverhältnis $u_C/U_0 = 500\,\text{V}/(10\,000\,\text{V}) = 0{,}05 = \mathrm{e}^{-t/T}$. Zum Erreichen dieses Entladungszustands gehört die Zeit $t = -\ln(u_C/U_0) = 3{,}0\,T = 3 \cdot 120\,\text{s} = 360$ s oder 6 min. Man erkennt also, daß abgeschaltete Kabel nach dem Abschalten keineswegs sofort spannungsfrei sind, sondern daß man z. B. mit dem Berühren hinreichend lange warten oder das Kabel für eine schnelle Entladung kurzschließen muß.

Beispiel 7.21. Die Schaltung in Bild **7.**34a enthält die Wirkwiderstände $R_1 = 400\,\Omega$ und $R_2 = 100\,\Omega$ sowie die Induktivität $L = 50$ H und liegt an der Spannung $U = 100$ V. Es ist der Verlauf der Ströme $i_1(t)$ und $i_2(t)$ sowie der Ausgangsspannung $u_a(t)$ nach Öffnen des Schalters S darzustellen. Welche Energie W_1 wird nach dem Öffnen des Schalters S im Widerstand R_1 in Wärme umgesetzt?

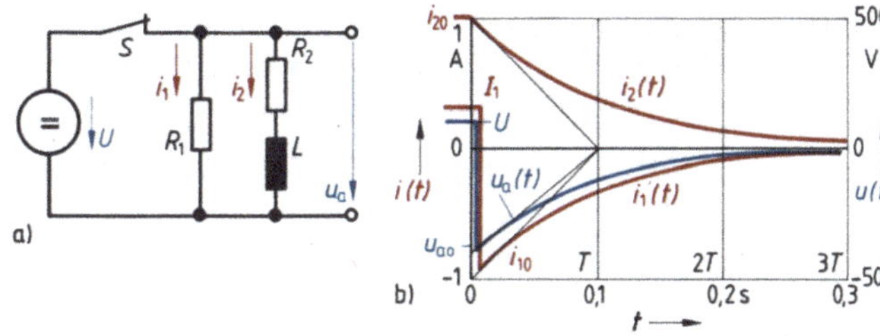

7.34 RL-Netzwerk (a) mit Strom- und Spannungsverlauf (b) nach Öffnen des Schalters S für Beispiel 7.21

Vor dem Öffnen des Schalters betragen die Ströme

$$I_1 = \frac{U}{R_1} = \frac{100\ \text{V}}{400\ \Omega} = 0{,}25\ \text{A} \quad \text{und} \quad I_2 = \frac{U}{R_2} = \frac{100\ \text{V}}{100\ \Omega} = 1\ \text{A}$$

Nach dem Öffnen des Schalters fließt zur Zeit $t=0$ der Strom $i_{20}=I_2=1\ \text{A}=-i_{10}$; er klingt mit der Zeitkonstanten $T=L/(R_1+R_2)=50\ \text{H}/(400\ \Omega+100\ \Omega)=0{,}1\ \text{s}$ auf $I_{2\infty}=I_{1\infty}=0$ ab. Hiermit ergeben sich die Stromverläufe in Bild 7.34b und der Spannungsverlauf

$$u_a(t)=R\,i_1(t)=-R_1 i_2(t)=-400\ \Omega\cdot 1\ \text{A}\ \text{e}^{-t/(0{,}1\ \text{s})}=-400\ \text{V}\ \text{e}^{-t/(0{,}1\ \text{s})}$$

Es tritt also zur Zeit $t=0$ eine vierfache Überspannung auf.
In der Induktivität L ist nach Gl. (1.90) die Energie $W_m=L I_2^2/2=50\ \text{H}\cdot 1^2\ \text{A}^2/2=25\ \text{Ws}$ gespeichert, die sich nach dem Abschalten im Verhältnis der Widerstände aufteilt. Daher entfällt auf den Wirkwiderstand R_1 die Energie $W_1=W_m R_1/(R_1+R_2)=25\ \text{Ws}\cdot 400\ \Omega/(400\ \Omega+100\ \Omega)=20\ \text{Ws}$.

7.3.2.3 Ändern der Eingangsgröße. Auch wenn Eingangsspannung oder -strom nichtperiodisch verändert werden, entstehen Übergangsvorgänge, was nun mit einem Beispiel untersucht werden soll. (Die mit den Korrespondenzen 12 bis 17 eingeführten Erregungsfunktionen geben ebenso wie Beispiel 7.9 ebenfalls solche Änderungen der Eingangsgröße wieder.)

Beispiel 7.22. In der Schaltung von Bild 7.26 soll unter Beibehaltung der übrigen Werte von Beispiel 7.13 nach Ablauf der Zeit $T_1=0{,}5\ \text{s}$ die Eingangsspannung auf $u_e(t)=-150\ \text{V}\,\varepsilon(t-T_1)$ springen. Die Stromantwort $i(t)$ ist zu bestimmen.

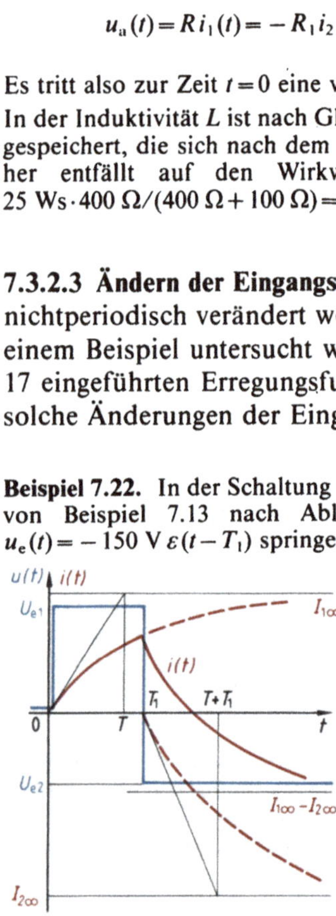

7.35 Übergangsverhalten für Beispiel 7.22

Die Eingangsspannung hat also den in Bild 7.35 eingezeichneten Verlauf, für den mit dem Verschiebungssatz die Korrespondenz

$$u_e(t) \circ\!\!-\!\!\bullet\ \underline{F}(s) = \frac{U_{e1}}{s} - \frac{U_{e1}+U_{e2}}{s}\,\text{e}^{-sT_1}$$

gilt. Analog zu Gl. (7.59) erhält man daher die Bildfunktion des Stromes

$$\underline{I}(s) = \frac{U_{e1}}{R}\cdot\frac{1}{s(1+Ts)} - \frac{U_{e1}+U_{e2}}{R}\cdot\frac{1}{s(1+Ts)}\,\text{e}^{-sT_1}$$

zu der nach Korrespondenz 7 die Zeitfunktion

$$i(t) = \frac{U_{e1}}{R}(1-\text{e}^{-t/T})\varepsilon(t) - \frac{U_{e1}+U_{e2}}{R}(1-\text{e}^{-(t-T_1)/T})\varepsilon(t-T_1)$$

$$= 1{,}467\ \text{A}(1-\text{e}^{-t/(0{,}4\ \text{s})})\varepsilon(t) - 2{,}467\ \text{A}(1-\text{e}^{-(t-0{,}5\ \text{s})/(0{,}4\ \text{s})})\varepsilon(t-0{,}5\ \text{s})$$

gehört. Sie ist in Bild 7.35 aus den Teilfunktionen gebildet.

7.3.2.4 Ändern des Netzwerks. In Beispiel 7.5 und 7.6 werden schon die Wirkungen von Schaltungsänderungen betrachtet. Es treten also stets, wenn Speicher neu eingeschaltet, aus dem Netzwerk herausgenommen oder überbrückt werden, Übergangsvorgänge auf, die auch, wie in Beispiel 7.21 erläutert, Überspannungen verursachen können. Hier soll beispielhaft der Kurzschluß von Netzwerkteilen untersucht werden.

Beispiel 7.23. Nach Bild 7.36a sind zwei Drosseln, die jeweils als Reihenschaltung von Induktivität L und Wirkwiderstand R aufgefaßt werden, in Reihe geschaltet, wobei die Drossel *2* über den Schalter S kurzgeschlossen werden kann. Die Stromverläufe nach Schließen des Schalters S sollen ermittelt werden.

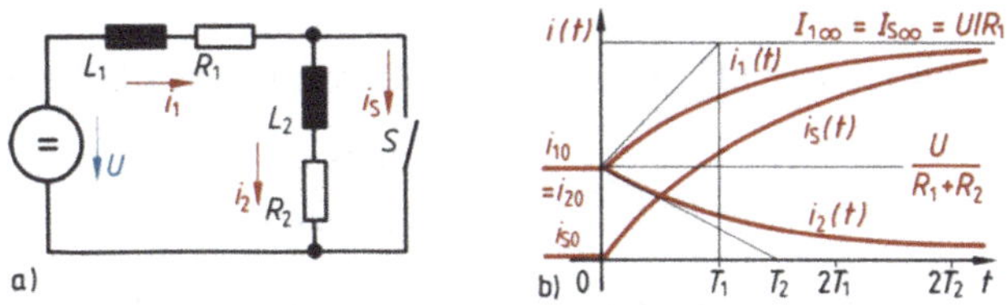

7.36
RL-Schaltung (a) mit Übergangsverhalten der Ströme (b)

Bei offenem Schalter S und somit auch zur Zeit $t=0$ fließen die Ströme

$$i_{10}=i_{20}=U/(R_1+R_2) \quad \text{und} \quad i_{S0}=0$$

Nach dem Schließen des Schalters S nehmen die Ströme die Endwerte

$$I_{1\infty}=I_{S\infty}=U/R_1 \quad \text{und} \quad I_{2\infty}=0$$

an. Die Übergangsvorgänge werden durch die Zeitkonstanten $T_1=L_1/R_1$ und $T_2=L_2/R_2$ gekennzeichnet, so daß für die Zeitfunktionen der Ströme, die in Bild 7.36b dargestellt sind, gilt

$$i_1(t)=\frac{U}{R_1}\left(1-\frac{R_2}{R_1+R_2}\,\mathrm{e}^{-t/T_1}\right)$$

$$i_2(t)=\frac{U}{R_1+R_2}\,\mathrm{e}^{-t/T_2} \quad \text{und} \quad i_S(t)=i_1(t)+i_2(t)$$

7.3.3 Sinuserregung

Sinusstrom ist die wichtigste Stromart; daher müssen hier einige Schaltvorgänge mit Sinuserregung betrachtet werden.

7.3.3.1 Einschalten einer Luftdrossel. Für die Drossel gilt nach Abschn. 3.3.3.3 die in Bild 7.37 dargestellte Ersatz-Schaltung. Sie soll eine konstante Induktivität L aufweisen und kann daher bei Sinusspannung $u=\hat{u}\sin(\omega t)$ nur ei-

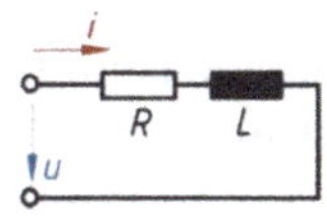

7.37
Ersatzschaltung der Luftdrossel

nen Sinusstrom i führen. Mit der Eingangsgröße Spannung u und der Ausgangsgröße Strom i sowie der Zeitkonstanten $T=L/R$ hat sie daher die Übertragungsfunktion

$$\underline{F}(s)=\frac{I(s)}{\underline{U}(s)}=\frac{1}{R+Ls}=\frac{1/R}{1+Ts} \tag{7.70}$$

Nach Tafel **8.**33 gehört bei der Kreisfrequenz ω und dem Schaltwinkel α zu der sprungartig einsetzenden Sinusspannung $u(t)=\varepsilon(t)\hat{u}\sin(\omega t+\alpha)$ die Bildfunktion

$$\underline{U}(s)=\hat{u}\,\frac{s\sin\alpha-\omega\cos\alpha}{s^2+\omega^2}$$

Nach Gl. (8.114) finden wir die Bildfunktion des Stromes

$$\underline{I}(s)=\underline{U}(s)\underline{F}(s)=\frac{\hat{u}}{R}\cdot\frac{s\cos\alpha-\omega\sin\alpha}{T(s^2+\omega^2)(s+1/T)}$$

Ihre Zerlegung in eine Partialbruchreihe (s. Abschn. 8.6.2) ergibt

$$\underline{I}(s)=\frac{\hat{u}}{R}\cdot\frac{1}{1+(\omega T)^2}\left[\frac{T\omega\cos\alpha-\sin\alpha}{s+1/T}+\frac{(\sin\alpha-\omega T\cos\alpha)s}{s^2+\omega^2}\right.$$
$$\left.+\frac{\omega\cos\alpha+T\omega^2\sin\alpha}{s^2+\omega^2}\right]$$

Nach Transformation in den Zeitbereich mit den Korrespondenzen 21, 47 und 48 erhält man den Stromverlauf

$$i(t)=\frac{\hat{u}}{R}\cdot\frac{1}{1+(\omega T)^2}[(T\omega\cos\alpha-\sin\alpha)\mathrm{e}^{-t/T}$$
$$+(\sin\alpha-\omega T\cos\alpha)\cos(\omega t)+(\cos\alpha+T\omega\sin\alpha)\sin(\omega t)]$$

Wir führen noch den Phasenwinkel $\varphi=\arctan(\omega T)=\arctan(\omega L/R)$ zwischen Spannung und Strom ein und bekommen schließlich nach einigen Zwischenrechnungen mit den trigonometrischen Additionstheoremen sowie $\omega T=\tan\varphi$ bzw. $1+(\omega T)^2=1+\tan^2\varphi=1/\cos^2\varphi$ und $\cos\varphi=R/\sqrt{R^2+(\omega L)^2}$ die Sinusantwort

$$i(t)=\frac{\hat{u}}{\sqrt{R^2+(\omega L)^2}}[\sin(\omega t+\alpha-\varphi)-\mathrm{e}^{-t/T}\sin(\alpha-\varphi)] \tag{7.71}$$

Der Strom enthält also ein Sinusstromglied

$$i_{\sim}=\hat{u}\sin(\omega t+\alpha-\varphi)/\sqrt{R^2+(\omega L)^2} \tag{7.72}$$

das den normalen stationären Sinusstrom wiedergibt, und ein Gleichstromglied

$$i_{-}=-\hat{u}\,\mathrm{e}^{-t/T}\sin(\alpha-\varphi)/\sqrt{R^2+(\omega L)^2} \tag{7.73}$$

das den negativen Anfangswert des Sinusstromglieds zur Zeit $t=0$ aufweist und exponentiell mit der Zeitkonstanten $T=L/R$ abklingt. Es verschwindet für den Fall $\alpha-\varphi=\pm n\pi/2$ (mit $n=0, 1, 2, 3 \ldots$), wenn also Schaltwinkel α und Phasenwinkel φ zusammen $n \cdot 180°$ ergeben. Das Strommaximum stellt sich zur Zeit $t_ü$ bei dem Schaltwinkel $\alpha_ü$ ein. Die Ableitung des Stromes i nach der Zeit t führt mit $\delta i/\delta t=0$ auf

$$\tan\varphi \cos(\omega t_ü+\alpha_ü-\varphi)=\sin(\alpha_ü-\varphi)\,e^{-t_ü/T} \tag{7.74}$$

eine weitere Ableitung nach dem Schaltwinkel α mit $\delta i/\delta\alpha=0$ auf

$$\cos(\omega t_ü+\alpha_ü-\varphi)=\cos(\alpha_ü-\varphi)\,e^{-t_ü/T} \tag{7.75}$$

und somit schließlich auf den Schaltwinkel $\alpha_ü$ mit dem größten Stromscheitelwert, wenn man beachtet, daß beide Gleichungen gleichzeitig erfüllt werden müssen. Die Division von Gl. (7.74) und (7.75) ergibt die Bedingung

$$\tan\varphi=\tan(\alpha_ü-\varphi)=-\tan(\varphi-\alpha_ü) \tag{7.76}$$

die z. B. für den Schaltwinkel $\alpha_ü=0°$ eingehalten wird. Die größte Stromspitze, der Stoßstrom I_s, ergibt sich also stets unabhängig vom Phasenwinkel φ beim Einschalten im Spannungsnulldurchgang (s. Bild 7.38).

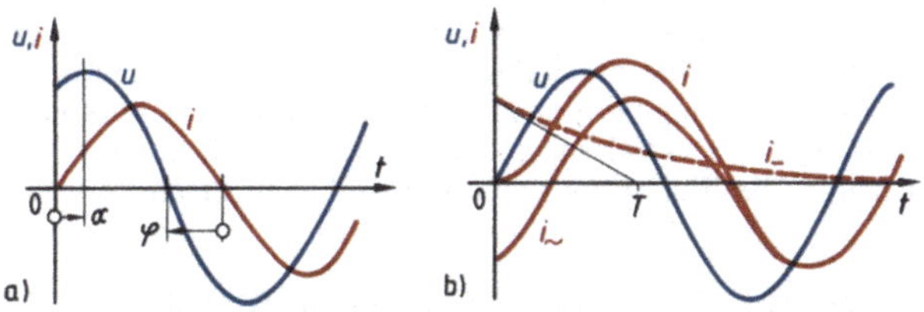

7.38 Spannungsverlauf $u(t)$ und Stromverlauf $i(t)$ beim Einschalten mit dem Schaltwinkel $\alpha-\varphi=-\pi/2$ (a) und im Spannungsnulldurchgang (b)

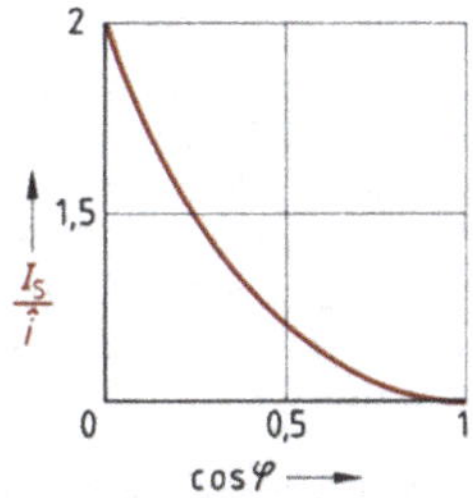

7.39 Abhängigkeit des bezogenen Stoßstroms $I_S/\hat{i}$ vom Wirkfaktor $\cos\varphi$

Ähnliche Verhältnisse ergeben sich auch beim plötzlichen Kurzschluß eines Transformators. Den dort auftretenden Höchstwert des Übergangsvorgangs nennt man Stoßkurzschlußstrom. Stoßstrom bzw. Stoßkurzschlußstrom hängen somit vom Phasenwinkel φ bzw. Wirkfaktor $\cos\varphi$ ab und können nach Bild 7.39 maximal das 2fache des Stromscheitelwerts $\hat{i}$ bzw. das $\sqrt{2}\cdot 2=2{,}828$-fache des Effektivwerts I erreichen.

Beispiel 7.24. Eine Luftdrossel nach Bild 7.37 besteht aus Induktivität $L=60$ mH und Wirkwiderstand $R=2\,\Omega$. Sie wird an die Sinusspannung $U=220$ V der Frequenz $f=50$ Hz ($\omega=314{,}2\ \text{s}^{-1}$) gelegt. Es sind der Effektivwert I des Stromes für den stationären Zustand und der Stoßstrom I_S zu bestimmen.

Nach Gl. (3.88) ist der Scheinwiderstand

$$Z=\sqrt{R^2+(\omega L)^2}=\sqrt{2^2\,\Omega^2+(314{,}2\ \text{s}^{-1}\cdot 60\ \text{mH})^2}=18{,}96\ \Omega$$

und somit nach dem Ohmschen Gesetz der Effektivwert des Stromes

$$I = U/Z = 220\ \mathrm{V}/(18{,}96\ \Omega) = 11{,}6\ \mathrm{A}$$

sowie der Wirkfaktor $\cos\varphi = R/Z = 2\ \Omega/(18{,}96\ \Omega) = 0{,}1055$, so daß nach Bild 7.39 der Stoßstrom $I_S = 1{,}75 \cdot \sqrt{2} \cdot 11{,}6\ \mathrm{A} = 28{,}71\ \mathrm{A}$ zu erwarten ist.

7.3.3.2 Einschalten einer Drossel mit Eisensättigung. Eine Drossel, die dem Fluß Φ einen gesättigten Eisenkern darbietet, führt bei Sinuserregung einen stark oberschwingungshaltigen Magnetisierungsstrom i_μ (s. Abschn. 5.3.3.1), der den Strom fast allein bestimmt und daher hier mit Bild 7.40 auch allein betrachtet werden soll. Er liegt mit dem magnetischen Fluß Φ_t in Phase und eilt daher der Spannung um den Phasenwinkel $\varphi = -90°$ nach. Beim Einschalten im Spannungsmaximum können daher Strom i und Fluß Φ_t mit ihren stationären Werten bei Null beginnen; ein Übergangsvorgang ist nicht zu erkennen.

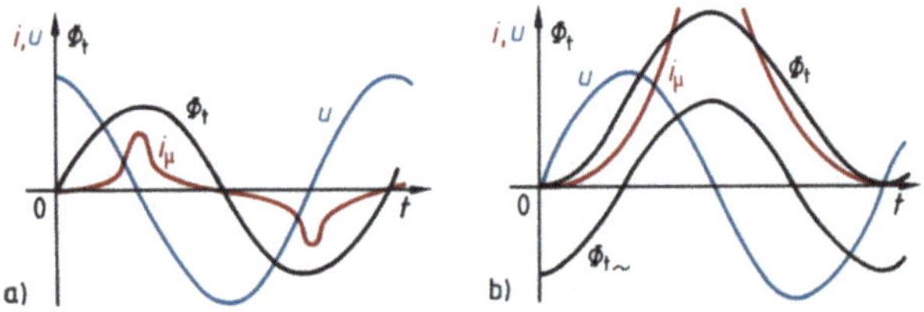

7.40 Einschalten einer Induktivität L mit gesättigtem Eisenkreis im Spannungsscheitelwert (a) und im Spannungsnulldurchgang (b)

Beim Einschalten im Spannungsnulldurchgang muß der Fluß Φ_t dem Induktionsgesetz $u = N\mathrm{d}\Phi_t/\mathrm{d}t$ folgen, kann aber zur Zeit $t = 0$ nur mit $\Phi_t = 0$ beginnen (s. Bild 7.40b); er erreicht daher nach einer Halbperiode unter diesen Bedingungen den doppelten normalen Scheitelwert $2\hat{\Phi}$. Wegen der Eisensättigung ist hierfür aber ein sehr großer Magnetisierungsstrom erforderlich, so daß beim Einschalten solcher Drosseln (z. B. auch eines leerlaufenden Transformators) häufig die Sicherung anspricht und den Stromkreis abschaltet.

7.3.3.3 Einschalten eines RC-Gliedes. Es soll das RC-Glied in Bild 7.41a mit der Übertragungsfunktion

$$\underline{F}(s) = \frac{\underline{U}_a(s)}{\underline{U}_e(s)} = \frac{1}{1 + Ts}$$

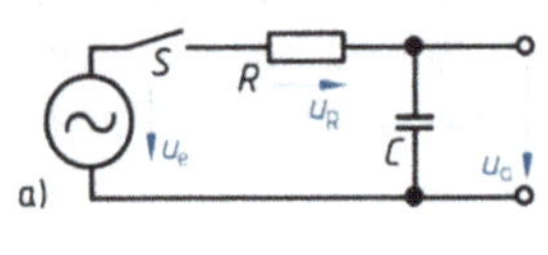

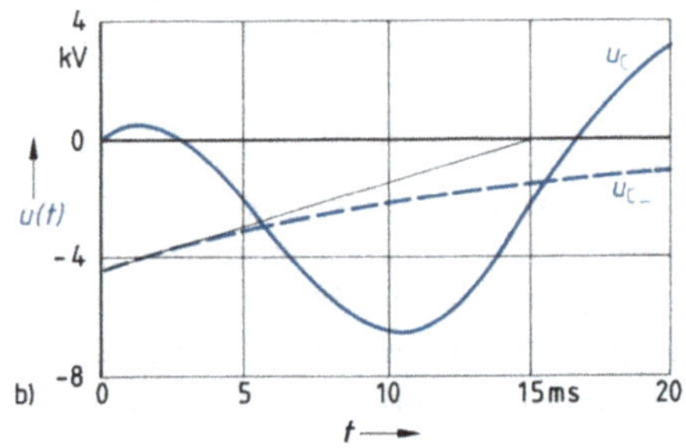

7.41 RC-Glied (a) und Spannungsverläufe (b) beim Einschalten einer Sinuserregung nach Beispiel 7.25

bei der Zeitkonstanten $T = RC$ an eine Sinusspannung

$$u_e(t) = \hat{u}_e \cos(\omega t + \alpha)$$

mit der Bildfunktion

$$\underline{U}_e(s) = \hat{u}_e \frac{s\cos\alpha - \omega\sin\alpha}{s^2 + \omega^2}$$

gelegt werden. Daher erhält man die Bildfunktion der Ausgangsspannung

$$\underline{U}_a(s) = \hat{u}_e \frac{s\cos\alpha - \omega\sin\alpha}{(1+Ts)(s^2+\omega^2)}$$

Über eine Partialbruchzerlegung und mit einer sonst analogen Zwischenrechnung wie in Abschn. 7.3.3.1 findet man mit dem Phasenwinkel $\varphi = -\arctan(1/\omega T)$ dann für die Zeitfunktion der Ausgangsspannung

$$u_a(t) = -\hat{u}_e \sin\varphi[\sin(\omega t + \alpha - \varphi) - \sin(\alpha - \varphi)\,e^{-t/T}] \tag{7.77}$$

Es treten ein Sinusspannungsglied

$$u_{a\sim} = -\hat{u}_e \sin\varphi \sin(\omega t + \alpha - \varphi)$$

mit dem Scheitelwert

$$\hat{u}_{a\sim} = \hat{u}_e \sin|\varphi| = \frac{\sqrt{2}\,U_e/(\omega C)}{\sqrt{R^2 + (1/\omega C)^2}}$$

und ein Gleichspannungsglied, das exponentiell mit $e^{-t/T}$ abklingt, mit dem Anfangswert

$$u_{a0-} = \hat{u}_e \sin\varphi \sin(\alpha - \varphi)$$

auf. Dabei fließt der Strom

$$i(t) = \hat{u}_{a\sim}\,\omega C[\cos(\omega t + a - \varphi) - \tan\varphi \sin(\alpha - \varphi)\,e^{-t/T}] \tag{7.78}$$

der wieder als Überlagerung von Sinus- und Gleichstromglied aufgefaßt werden darf. Mit ihm kann man auch die Spannung am Wirkwiderstand $u_R(t) = R\,i(t)$ bestimmen.

Beispiel 7.25. Die Kapazität $C = 3\ \mu F$ wird nach Bild 7.41 über den Wirkwiderstand $R = 5\ k\Omega$ an die Sinusspannung $U_e = 15$ kV bei dem Schaltwinkel $\alpha = 90°$ und der Frequenz $f = 50$ Hz ($\omega = 314{,}2\ s^{-1}$) gelegt. Es sind die Zeitfunktionen für die Ausgangsspannung $u_a(t)$ und den Strom $i(t)$ anzugeben.

Zunächst errechnen wir die Zeitkonstante $T = CR = 3\ \mu F \cdot 5\ k\Omega = 15$ ms und den Phasenwinkel $\varphi = -\arctan(1/\omega T) = -\arctan 1/(314{,}2\ s^{-1} \cdot 15\ ms) = -11{,}98°$. Nach Gl. (7.77) und (7.78) sind die Scheitelwerte der Sinusglieder

$$\hat{i}_\sim = \frac{\sqrt{2}\,U_e}{\sqrt{R^2 + (1/\omega C)^2}} = \frac{\sqrt{2} \cdot 15\ kV}{\sqrt{5^2\ k\Omega^2 + (1/314{,}2\ s^{-1} \cdot 3\ \mu F)^2}} = 4{,}15\ A$$

und

$$\hat{u}_{a\sim} = \hat{i}_\sim/(\omega C) = 4{,}15\ A/(314{,}2\ s^{-1} \cdot 3\ \mu F) = 4{,}404\ kV$$

Die Ausgangsspannung enthält ein Gleichspannungsglied mit dem Anfangswert

$$u_{a0-} = \hat{u}_e \sin\varphi \sin(\alpha-\varphi) = \sqrt{2}\cdot 15\text{ kV} \sin(-11{,}98°)\sin(90°+11{,}98°)$$
$$= -4{,}308\text{ kV}$$

und der Strom ein Gleichstromglied mit dem Anfangswert

$$i_{0-} = \hat{i}_{\sim} \sin(\alpha-\varphi)/\tan\varphi = 4{,}15\text{ A}\sin(90°-11{,}98°)/\tan(-11{,}98°)$$
$$= -0{,}8614\text{ A}$$

so daß sich mit Gl. (7.77) und (7.78) die Verläufe

$$u_a(t) = \hat{u}_{a\sim}\sin(\omega t+\alpha-\varphi) - u_{a0-}\,e^{-t/T}$$
$$= 4{,}404\text{ kV}\sin(314{,}2\text{ s}^{-1}t+78{,}02°) - 4{,}308\text{ kV}\,e^{-t/(15\text{ ms})}$$

und

$$i(t) = \hat{i}_{\sim}\cos(\omega t+\alpha-\varphi) + i_{0-}\,e^{-t/T}$$
$$= 4{,}15\text{ A}\cos(314{,}2\text{ s}^{-1}t+78{,}02°) - 0{,}8614\text{ A}\,e^{-t/(15\text{ ms})}$$

ergeben. Ausgangsspannung und Kondensatorspannung sind identisch; außer ihrem durch Gl. (7.77) festgelegten Verlauf ist in Bild 7.41b auch die Gleichkomponente $u_{a-} = u_{C-}$ dargestellt. Während die Ausgangsspannung beim ersten negativen Maximum eine recht große Überspannung von etwa 50% zeigt, ergibt sich nur ein geringer Überstrom, so daß hier auf seine Wiedergabe verzichtet werden kann.

7.3.3.4 Ausschalten von Sinusstrom. Da Wechselstrom in jeder Halbperiode einmal Null wird, kann man ihn viel leichter als Gleichstrom abschalten; es ist nur notwendig, nach dem Nulldurchgang ein W i e d e r z ü n d e n d e s L i c h t b o g e n s z u v e r h i n d e r n - z. B. durch einen großen Schaltkontaktabstand oder durch Kühlen und somit Entionisieren der Lichtbogenstrecke. Wir betrachten hier mit Bild 7.42 ein einfaches Beispiel.

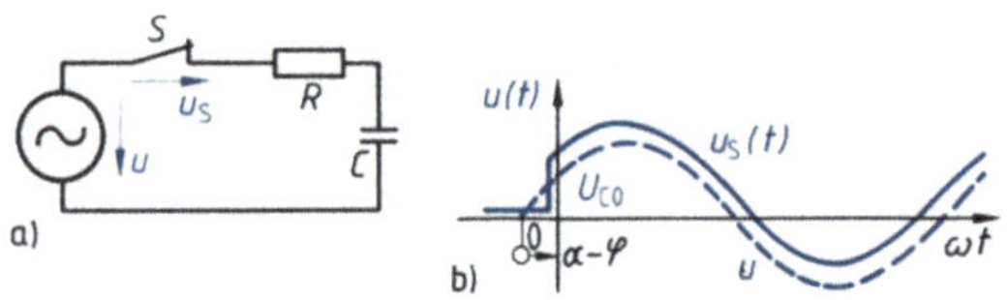

7.42 RC-Stromkreis (a) mit Spannungsverlauf $u_S(t)$ (b) am Schalter S nach Öffnen dieses Schalters

Vor dem Öffnen des Schalters S fließt in der Schaltung von Bild 7.42a beim Scheitelwert der Spannung $\hat{u}$, der Kapazität C, dem Wirkwiderstand R, der Kreisfrequenz ω und dem Schaltwinkel α nach dem Ohmschen Gesetz der Zeitwert des Stromes

$$i_0 = \frac{\hat{u}\,\omega C}{\sqrt{1+(\omega C R)^2}}\sin(\omega t+\alpha) \tag{7.79}$$

Wenn zur Zeit $t=0$ der Schalter S geöffnet und somit der Strom i plötzlich unterbrochen wird, erscheint mit dem Phasenwinkel

$$\varphi=\arctan(1/\omega CR) \tag{7.80}$$

am Schalter die Spannung

$$u_S(t)=\hat{u}[\sin(\omega t+\alpha-\varphi)+\cos\alpha\sin\varphi]=u+U_{C0} \tag{7.81}$$

Sie besteht aus zwei Teilspannungen, nämlich der Generatorspannung $u=\hat{u}\sin(\omega t+\alpha-\varphi)$, die um die Kondensatorspannung $U_{C0}=\hat{u}\cos\alpha\sin\varphi$, die im Augenblick der Stromunterbrechung herrscht, angehoben ist.

7.3.4 Impulserregung

Die Impulstechnik (s. Band XIII) spielt in der digitalen Nachrichten- und Regelungstechnik eine wichtige Rolle. Es ist daher notwendig zu wissen, wie sich Impulse verändern, wenn sie ein Netzwerk durchlaufen. Dies wird hier mit einigen Impulsarten in einfachen RC- und RL-Gliedern untersucht (s. a. Beispiel 7.9). Gelegentlich kann man die Betrachtung durch Anwenden des Dirac-Impulses vereinfachen. Schließlich soll noch die Wirkung von Impulsen in Transformatoren behandelt werden.

7.3.4.1 Einfluß der Impulsform. Impulse werden in Netzwerkteilen, die Speicher Kapazität C oder Induktivität L enthalten, verformt.

Beispiel 7.26. Die Schaltungen in Bild 7.43 haben als Eingangsgröße den Rechteckimpuls von Bild 7.44. Es soll der Verlauf der Ausgangsspannung $u_a(t)$ ermittelt werden.

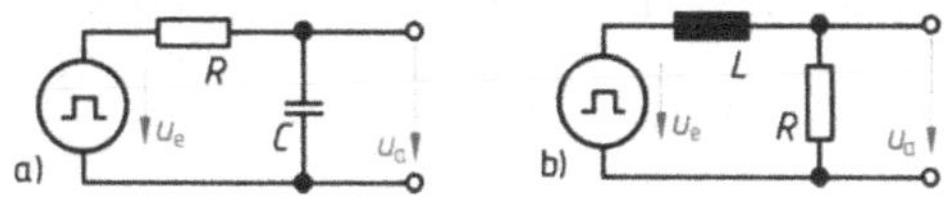

7.43
RC- (a) und RL-Glied (b) mit Impulsgenerator

Die Schaltungen in Bild 7.43 haben mit den Zeitkonstanten $T=RC$ bzw. $T=L/R$ die gleiche Übertragungsfunktion

$$\underline{F}(s)=\frac{1}{1+Ts}$$

Es wird ferner vorausgesetzt, daß der Rechteckimpuls die Größe $U_{e0}=1$ V und die Zeitdauer $T_e=3\,T$ hat. Dann gilt nach Korrespondenz 12 von Tafel 8.33 für seine Bildfunktion

$$\underline{U}_e(s)=\frac{1\text{ V}}{s}(1-e^{-3sT})$$

für die Bildfunktion der Ausgangsspannung

$$\underline{U}_a(s)=\underline{U}_e(s)\underline{F}(s)=\frac{1\text{ V}}{s(1+Ts)}(1-e^{-3sT})$$

und somit für ihre Zeitfunktion

$$u_a(t) = 1\,\mathrm{V}[(1-\mathrm{e}^{-t/T})\varepsilon(t) - (1-\mathrm{e}^{-(t-3T)/T})\varepsilon(t-3T)]$$

Sie ist in Bild 7.44 dargestellt und zeigt, daß der Rechteckimpuls in den Schaltungen von Bild 7.43 erheblich verformt wird.

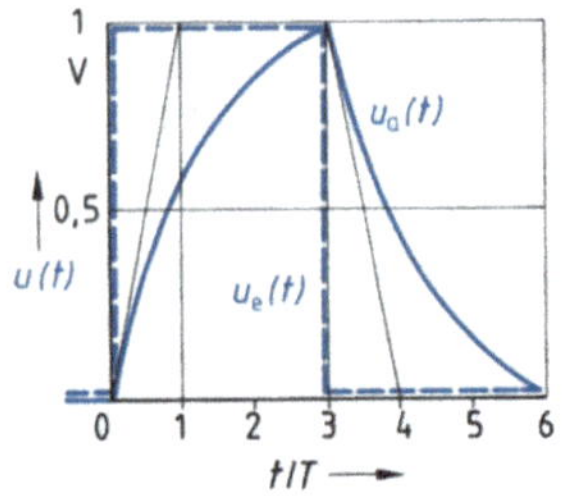

7.44 Rechteck-Impulserregung $u_e(t)$ mit Impulsantwort $u_a(t)$ für Beispiel 7.26

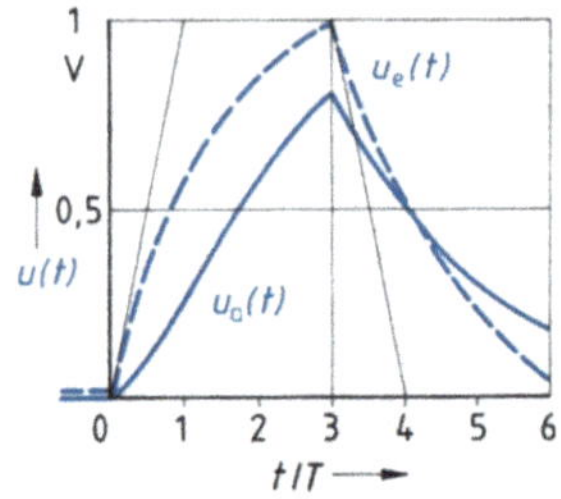

7.45 Impulserregung $u_e(t)$ mit Impulsantwort $u_a(t)$ für Beispiel 7.27

Beispiel 7.27. Die Schaltungen in Bild 7.43 sollen mit einem Impuls nach Bild 7.45, der dem Ausgangsimpuls von Beispiel 7.26 entspricht, beaufschlagt werden. Es soll wieder der Verlauf der Ausgangsspannung für Beibehaltung der übrigen Kenndaten bestimmt werden.

Mit Korrespondenz 7 von Tafel 8.33 und dem Verschiebungssatz findet man die Bildfunktion der Eingangsspannung

$$\underline{U}_e(s) = 1\,\mathrm{V}\left[\frac{1}{s(1+Ts)} - \frac{T}{s(1+Ts)}\mathrm{e}^{-3sT}\right]$$

Daher ist die Bildfunktion der Ausgangsspannung

$$\underline{U}_a(s) = \frac{1\,\mathrm{V}}{1+Ts}\left[\frac{1}{s(1+Ts)} - \frac{T}{s(1+Ts)}\mathrm{e}^{-3sT}\right]$$

und für ihren Zeitverlauf gilt mit Korrespondenz 27

$$u_a(t) = 1\,\mathrm{V}\left\{1-\left(1+\frac{t}{T}\right)\mathrm{e}^{-t/T}\varepsilon(t) - \left[1-\left(1-\frac{t-3T}{T}\right)\mathrm{e}^{-(t-3T)/T}\right]\varepsilon(t-3T)\right\}$$

Die Reihenschaltung eines weiteren RC- oder RL-Gliedes nach Bild 7.43 (unter Zwischenschaltung eines Verstärkers, der die Rückwirkungsfreiheit ermöglicht) führt also zu einer weiteren (verzögernden) Verformung des Impulses.

Beispiel 7.28. Jetzt soll untersucht werden, welcher Verlauf der Ausgangsspannung sich für einen Dreieck-Eingangsimpuls nach Bild 7.46 bei den Schaltungen nach Bild 7.43 ergibt.

Korrespondenz 14 von Tafel 8.33 liefert die Bildfunktion der Eingangsspannung

$$\underline{F}(s) = \frac{2\,\mathrm{V}}{3T}\cdot\frac{1}{s^2}(1-\mathrm{e}^{-3sT/2})^2$$

Daher ist die Bildfunktion der Ausgangsspannung

$$\underline{U}_a(s) = \frac{2\,\mathrm{V}}{3T} \cdot \frac{1}{s^2(1+Ts)} (1 - \mathrm{e}^{-3sT/2})^2$$

$$= \frac{2\,\mathrm{V}}{3} \cdot \frac{1/T^2}{s^2\left(s+\dfrac{1}{T}\right)} (1 - 2\mathrm{e}^{-3sT/2} + \mathrm{e}^{-3sT})$$

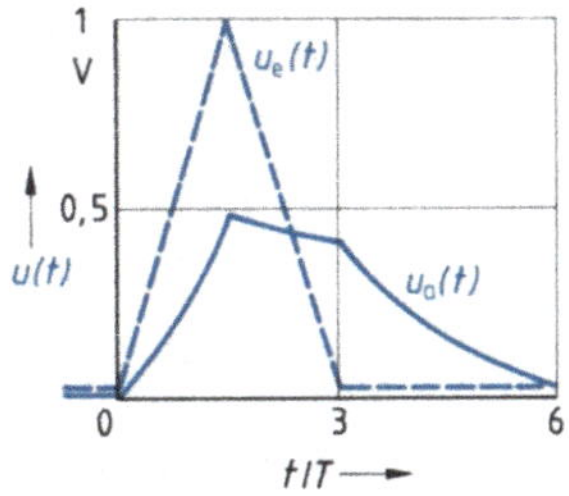

7.46 Dreieck-Impulserregung $u_e(t)$ mit Impulsantwort $u_a(t)$ für Beispiel 7.28

und es gilt für ihre Zeitfunktion mit Korrespondenz 23

$$u_a(t) = \frac{2\,\mathrm{V}}{3} \left[\left(\mathrm{e}^{-t/T} - 1 + \frac{t}{T} \right) \varepsilon(t) - 2 \left(\mathrm{e}^{-(t-3T/2)/T} - 2{,}5 + \frac{t}{T} \right) \varepsilon\left(t - \frac{3T}{2}\right) + \left(\mathrm{e}^{-(t-3T)/T} - 4 + \frac{t}{T} \right) \varepsilon(t - 3T) \right]$$

Man kann sie, wie in Beispiel 7.9 erläutert, aus Teilfunktionen zusammensetzen und erhält so den Verlauf von Bild 7.46. Auch hier wird der Impuls verzögernd verformt.

Beispiel 7.29. Schließlich soll noch ein sinusförmiger Impuls nach Bild 7.47 betrachtet und die Impulsantwort berechnet werden. Mit Korrespondenz 16 ergeben sich die Bildfunktion der Eingangsspannung

$$\underline{U}_e(s) = \frac{1\,\mathrm{V}\omega}{s^2+\omega^2} (1 + \mathrm{e}^{-3sT})$$

und der Ausgangsspannung

$$\underline{U}_a(s) = \frac{1\,\mathrm{V}\omega}{(1+Ts)(s^2+\omega^2)} (1 + \mathrm{e}^{-3sT})$$

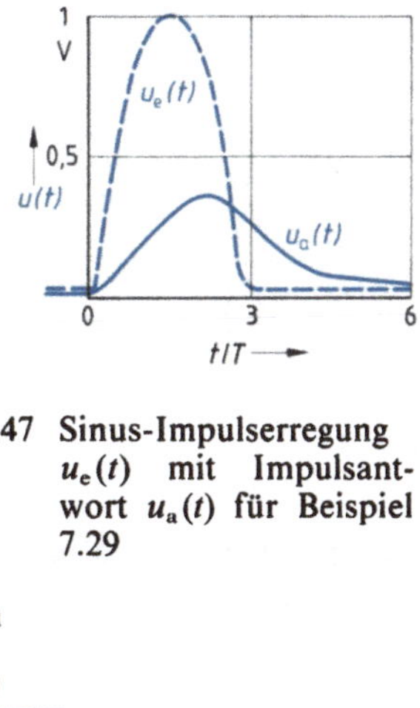

7.47 Sinus-Impulserregung $u_e(t)$ mit Impulsantwort $u_a(t)$ für Beispiel 7.29

Wir müssen daher die Partialbruchreihe

$$\frac{\omega/T}{\left(s+\dfrac{1}{T}\right)(s^2+\omega^2)} = \frac{A_1}{s+\dfrac{1}{T}} + \frac{A_2 s + A_3}{s^2+\omega^2}$$

bilden und finden entsprechend Abschn. 8.6.2 die Residuen

$$A_1 = \frac{\omega T}{1+(\omega T)^2}, \quad A_2 = \frac{-\omega T}{1+(\omega T)^2}, \quad A_3 = \frac{\omega}{1+(\omega T)^2}$$

und somit die Bildfunktion

$$\underline{U}_a(s) = \frac{1\,\mathrm{V}\omega}{1+(\omega T)^2} \left(\frac{T^2}{1+Ts} - \frac{Ts}{s^2+\omega^2} + \frac{1}{s^2+\omega^2} \right) (1 + \mathrm{e}^{-3sT})$$

Nach Bild 7.47 ist $\omega = 2\pi f = \pi/(3T)$ und daher mit Korrespondenz 6, 47 und 48 die Zeitfunktion der Ausgangsspannung

$$u_a(t) = 0{,}4995\ \mathrm{V}\left(\left[\mathrm{e}^{-t/T} - \cos\left(\frac{\pi}{3T}t\right) + 0{,}9549\sin\left(\frac{\pi}{3T}t\right)\right]\varepsilon(t)\right.$$
$$\left. + \left\{\mathrm{e}^{-(t-3T)} - \cos\left[\frac{\pi}{3T}(t-3T)\right] + 0{,}9549\sin\left[\frac{\pi}{3T}(t-3T)\right]\varepsilon(t-3T)\right\}\right)$$

Auch hier ergibt sich, wie Bild 7.47 zeigt, eine erhebliche Verformung.

7.3.4.2 Anwendung des Dirac-Impulses. Wenn die Dauer T_e eines Impulses sehr klein gegenüber den wirksamen Zeitkonstanten T des Netzwerks ist, also $T_e \ll T$ gilt, kann das Übergangsverhalten mit der Eingangsgröße $\underline{X}_e(s) = X_{e0}\Delta t = X_{e0}T_e$ näherungsweise als einfache Impulsantwort bestimmt werden. Man ersetzt dann den Rechteck-Impuls $x_e(t)$ durch den flächengleichen Dirac-Impuls, also

$$x_e(t) \approx X_{e0}T_e\delta(t) \tag{7.82}$$

Dies soll an einem Beispiel gezeigt werden.

Beispiel 7.30. Das entladene RC-Netzwerk in Bild 7.48a mit den Wirkwiderständen $R_1 = 13\ \mathrm{k\Omega}$, $R_2 = 7\ \mathrm{k\Omega}$ und den Kapazitäten $C_1 = 2{,}8\ \mu\mathrm{F}$, $C_2 = 0{,}4\ \mu\mathrm{F}$ soll an den in Bild 7.48b wiedergegebenen Rechteck-Stromimpuls, der während der Zeit $T_e = 0{,}1$ ms die Größe $I_{e0} = 10$ mA hat, gelegt und es soll die Impulsantwort der Ausgangsspannung $u_a(t)$ bestimmt werden.

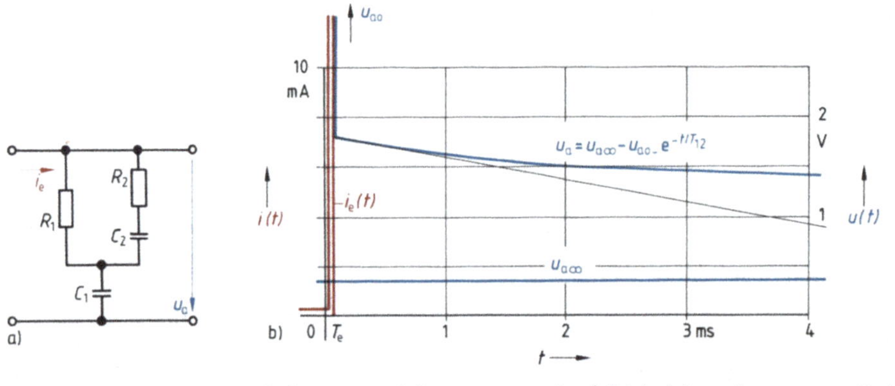

7.48 RC-Netzwerk (a) mit Strom- und Spannungsverlauf (b) bei Impulserregung (Beispiel 7.30)

Wir bilden mit Gl. (6.109) und (8.103) entsprechend Gl. (8.114) die Bildfunktion der Ausgangsspannung

$$\underline{U}_a(s) = \underline{F}(s)\underline{I}_e(s) = \frac{I_{e0}T_e}{C_1}\left[\frac{T_0^2}{T_{12}} + \frac{1}{s} + \frac{-1 + (2\vartheta - T_0/T_{12})T_0/T_{12}}{s + 1/T_{12}}\right]$$

und finden hierfür mit den Korrespondenzen 2, 3 und 21 (Tafel 8.33 und 8.34) die Impulsantwort

$$u_a(t) \approx \frac{I_{e0}t_e}{C_1}\left\{\frac{T_0^2}{T_{12}}\delta(t) + 1 + \left[-1 + \left(2\vartheta - \frac{T_0}{T_{12}}\right)\frac{T_0}{T_{12}}\right]\mathrm{e}^{-t/T_{12}}\right\}$$

Es tritt also zunächst in der Zeit T_e der Spannungssprung

$$\frac{I_{e0}T_0^2}{C_1 T_{12}} = \frac{I_{e0}R_1 R_2}{R_1+R_2} = \frac{10\text{ mA}\cdot 13\text{ k}\Omega\cdot 7\text{ k}\Omega}{13\text{ k}\Omega+7\text{ k}\Omega} = 45{,}5\text{ V}$$

auf (die Kapazitäten stellen für $t=0$ wieder einen Kurzschluß dar). An der Kapazität C_1 verbleibt der Endwert der Spannung

$$U_{a\infty-} = I_{e0}T_e/C_1 = 10\text{ mA}\cdot 0{,}1\text{ ms}/(2{,}8\text{ µF}) = 0{,}3571\text{ V}$$

da sich ja die Kapazität C_2 wieder über die Widerstände R_1 und R_2 entlädt, die Kapazität C_1 aber vorher mit der Ladung $Q=I_{e0}T_e$ aufgeladen wurde.
Das mit der Zeitkonstanten $T_{12}=C_2(R_1+R_2)=0{,}4\text{ µF }(13\text{ k}\Omega+7\text{ k}\Omega)=8\text{ ms}$ exponentiell abklingende Gleichspannungsglied hat mit

$$T_0=\sqrt{C_1 C_2 R_1 R_2}=\sqrt{2{,}8\text{ µF}\cdot 0{,}4\text{ µF}\cdot 13\text{ k}\Omega\cdot 7\text{ k}\Omega}=10{,}1\text{ ms}$$

den Anfangswert

$$u_{a0-} = \frac{I_{e0}T_e}{C_1}\left(2\vartheta - \frac{T_0}{T_{12}}\right)\frac{T_0}{T_{12}} = U_{a\infty-}\left(2\vartheta - \frac{T_0}{T_{12}}\right)\frac{T_0}{T_{12}}$$

$$= 0{,}3571\text{ V}\left(2\cdot 2{,}2 - \frac{10{,}1\text{ ms}}{8\text{ ms}}\right)\frac{10{,}1\text{ ms}}{8\text{ ms}} = 1{,}415\text{ V}$$

Wir erhalten somit den in Bild **7.48**b dargestellten Spannungsverlauf. Diese Aussagen gelten natürlich nur in Annäherung, da der Ansatz schon eine Vereinfachung enthält, i. allg. aber auch die Leitungsinduktivitäten nicht ganz vernachlässigt werden dürfen und z. B. vollkommen sprungartige Stromänderungen verhindern.

7.3.4.3 Impulsübertrager. Mit einem Beispiel soll untersucht werden, welcher Sekundärstrom sich bei Rechteck-Impulserregung eines Transformators einstellt.

Beispiel 7.31. Ein Transformator hat die Kennwerte von Beispiel 7.15 und erfährt als Eingangsgröße den Rechteckimpuls von Bild **7.49**. Es soll die Zeitfunktion des Sekundärstroms $i_2(t)$ abgeleitet werden.

Mit der Übertragungsfunktion von Gl. (6.159)

$$\underline{F}(s) = \frac{M}{\sigma L_1 L_2}\cdot\frac{s}{(s+1/T')(1+1/T'')}$$

und der Bildfunktion der Eingangsspannung entsprechend Korrespondenz 12 von Tafel **8.33**

$$\underline{U}_e(s) = \frac{U_{e0}}{s}(1-e^{-sT_e})$$

wird die Bildfunktion des Ausgangsstroms

$$\underline{I}_2(s) = \frac{M U_{e0}}{\sigma L_1 L_2}\cdot\frac{1-e^{-sT_e}}{(s+1/T')(1+1/T_4'')}$$

sowie mit Korrespondenz 33 (Tafel **8.34**) und den Werten von Beispiel 7.15 sowie Bild **7.49** seine Zeitfunktion

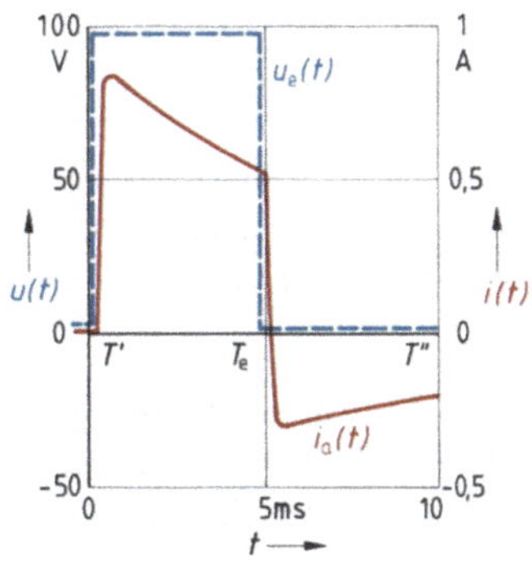

7.49 Rechteck-Impulserregung $u_e(t)$ mit Impulsantwort $u_a(t)$ für Beispiel 7.31

$$i_2(t) = \frac{M\,U_{e0}\,T'\,T''}{\sigma L_1 L_2 (T'-T'')}[(e^{-t/T'} - e^{-t/T''})\varepsilon(t) - (e^{-(t-T_e)/T'} - e^{-(t-T_e)/T''})\varepsilon(t-T_e)]$$
$$= 0{,}88\ \mathrm{A}[(e^{-t/(45\,\mu s)} - e^{-t/(11\,ms)})\varepsilon(t)$$
$$-(e^{-(t-5\,ms)/(45\,\mu s)} - e^{-(t-5\,ms)/(11\,ms)})\varepsilon(t-5\,ms)]$$

Ihr Verlauf ist in Bild 7.49 dargestellt. Der einseitige Spannungsimpuls, auch Stoß genannt, wird also im Transformator in einen zweiseitigen Stromimpuls, auch Wechselimpuls genannt, umgewandelt.

7.3.5 Weitere Erregungsarten

Es werden hier noch Beispiele für weitere Erregungsarten behandelt.

7.3.5.1 Anstiegserregung. In Beispiel 7.8 wird ein D-T_1-Glied mit Anstiegserregung betrachtet. Im folgenden Beispiel soll die Anstiegsantwort eines T_1-Gliedes ermittelt werden.

Beispiel 7.32. Das RL-Glied von Bild 7.43b wird einer Anstiegserregung mit der Eingangsspannung $u_e(t) = U_{e0}\varepsilon(t)t/T_e$ ausgesetzt, und die zugehörige Anstiegsantwort soll bestimmt werden.

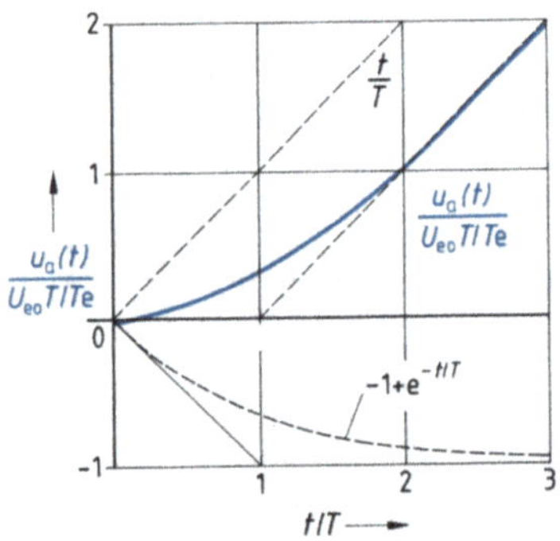

7.50 Anstiegsantwort $u_a(t)$ zu Beispiel 7.32

Mit der Übertragungsfunktion $\underline{F}(s) = 1/(1+Ts) = T/(s+1/T)$ bei der Zeitkonstanten $T = L/R$ und der Bildfunktion der Eingangsspannung $\underline{U}_e(s) = U_{e0}/(T_e s^2)$ kann man die Bildfunktion der Ausgangsspannung

$$\underline{U}_a(s) = \underline{F}(s)\,\underline{U}_e(s) = \frac{U_{e0}/(T/T_e)}{(s+1/T)s^2}$$

bilden, so daß man mit der Korrespondenz 23 von Tafel 8.34 die Anstiegsantwort

$$u_a(t) = U_{e0}\varepsilon(t)(T/T_e)\left(e^{-t/T} - 1 + \frac{t}{T}\right) \qquad (7.83)$$

erhält; sie ist in Bild 7.50 aus ihren Komponenten zusammengesetzt dargestellt.

7.3.5.2 Exponentialsprungerregung. Das RC-Glied in Bild 7.51a soll eine Exponentialsprungerregung $u_e(t) = U_{e0}\varepsilon(t)e^{-t/T_e}$ nach Korrespondenz 6 in Tafel 8.33 erfahren. Da für Bild 7.51a die Übertragungsfunktion

$$\underline{F}(s) = K_P\,\frac{1+T_1 s}{1+T_{12} s}$$

gilt, müssen wir mit der Bildfunktion der Eingangsspannung $\underline{U}_e(s) = U_{e0}\,T_e/$

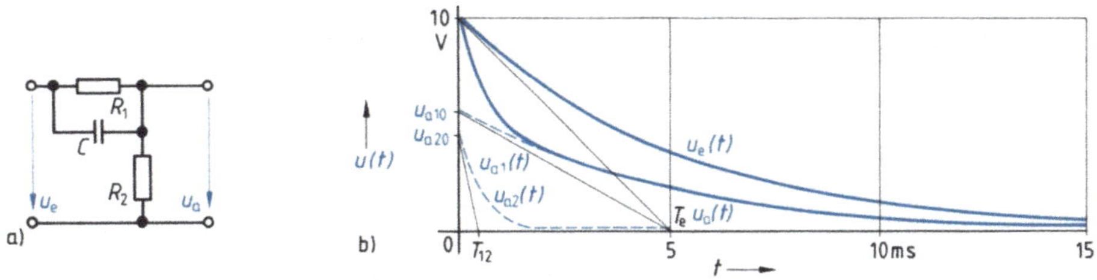

7.51 RC-Glied (a) mit Übergangsverhalten (Beispiel 7.33)

$(1+T_e s)$ nach Gl. (8.114) mit Korrespondenz 6 die Bildfunktion der Ausgangsspannung

$$\underline{U}_a(s)=\underline{F}(s)\,\underline{U}_e(s)=K_P\frac{1+T_1 s}{1+T_{12}s}\cdot\frac{U_{e0}T_e}{1+T_e s}$$

$$=K_P T_e U_{e0}\left[\frac{1}{(1+T_{12}s)(1+T_e s)}+\frac{T_1 s}{(1+T_{12}s)(1+T_e s)}\right]$$

bilden und erhalten dann mit Korrespondenz 36 und 37 (Tafel **8.**34) die Zeitfunktion

$$u_a(t)=K_P T_e U_{e0}\left[\frac{1}{T_{12}-T_e}\left(e^{-t/T_{12}}-e^{-t/T_e}\right)\right.$$

$$\left.+\frac{T_1}{T_{12}-T_e}\left(\frac{1}{T_e}e^{-t/T_e}-\frac{1}{T_{12}}e^{-t/T_{12}}\right)\right]$$

$$=\frac{K_P T_e U_{e0}}{T_e-T_{12}}\left[\frac{R_1}{R_2}e^{-t/T_{12}}+\left(1-\frac{T_1}{T_e}\right)e^{-t/T_e}\right]=u_{a1}(t)+u_{a2}(t) \quad (7.84)$$

Sie hat den Anfangswert U_{e0} und klingt dann exponentiell mit den beiden Anteilen $u_{a1}(t)$ und $u_{a2}(t)$ ab (s. Bild **7.**51b).

Beispiel 7.33. Die Schaltung in Bild **7.**51a besteht aus den Wirkwiderständen $R_1=R_2=1\ \text{k}\Omega$ und der Kapazität $C=1\ \mu\text{F}$. Sie wird einer Exponentialsprungerregung mit dem Anfangswert $U_{e0}=10$ V und der Zeitkonstanten $T_e=5$ ms ausgesetzt. Das Übergangsverhalten ist darzustellen.

Wir berechnen zuerst die Zeitkonstanten $T_1=CR_1=1\ \mu\text{F}\cdot 1\ \text{k}\Omega=1$ ms und

$$T_{12}=\frac{CR_1R_2}{R_1+R_2}=\frac{1\ \mu\text{F}\cdot 1\ \text{k}\Omega\cdot 1\ \text{k}\Omega}{1\ \text{k}\Omega+1\ \text{k}\Omega}=0{,}5\ \text{ms}$$

Nach Gl. (7.84) hat das 1. Glied den Anfangswert

$$u_{a10}=\frac{U_{e0}K_P T_e}{T_e-T_{12}}\cdot\frac{R_1}{R_2}=\frac{U_{e0}T_e}{T_e-T_{12}}\cdot\frac{R_2}{R_1+R_2}=\frac{10\ \text{V}\cdot 5\ \text{ms}}{5\ \text{ms}-0{,}5\ \text{ms}}\cdot\frac{1\ \text{k}\Omega}{1\ \text{k}\Omega+1\ \text{k}\Omega}$$

$$=5{,}56\ \text{V}$$

Dann muß das 2. Glied den Anfangswert $u_{a20} = U_{e0} - u_{a10} = 10\ \text{V} - 5{,}556\ \text{V} = 4{,}44\ \text{V}$ aufweisen. Mit diesen Werten kann Bild **7.**51 b gezeichnet werden.

7.4 Schwingkreise

Die in Abschn. 7.3.1 behandelten Übergangsfunktionen von Netzwerken mit gleichartigen Speichern zeigen stets einen exponentiellen Übergang des Anfangswerts in den Endwert. Dagegen können Netzwerke, die sowohl Kapazität C als auch Induktivität L enthalten, nach Beispiel 7.4 Ausgleichsvorgänge entwickeln, die mit Schwingungen vom Anfangs- auf den Endwert übergehen. Solche Schwingkreise weisen Eigenkreisfrequenzen auf und sollen nun unter verschiedenen Bedingungen näher betrachtet werden. Auch ihre Antwort kann mit Taschenrechnerprogrammen nach Band VII bestimmt werden.

7.4.1 Reihenschwingkreis

Untersucht wird zunächst die einfache RCL-Schaltung in Bild **7.**52, die nach Tafel **6.**8 als Reihenschwingkreis bezeichnet wird und für den stationären Zustand in Abschn. 6.1.2 eingehend behandelt wird. Wir wollen hier sein Verhalten bei Sprung- und Sinuserregung und den Entladevorgang betrachten.

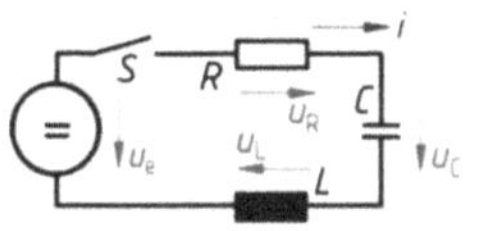

7.52
Schwingkreis mit Gleichspannungssprungerregung $u_e(t)$

7.4.1.1 Sprungerregung. Mit der relativen Frequenz $\Omega = \omega/\omega_0 = T_0\omega$ nach Gl. (6.8), der Kennkreisfrequenz $\omega_0 = \sqrt{LC}$ nach Gl. (6.4), der Kennzeit $T_0 = 1/\omega_0$, dem Dämpfungsgrad $\vartheta = d/2 = (R/2)\sqrt{C/L}$ nach Gl. (6.33) bzw. der Dämpfung $d = 2\vartheta$ nach Gl. (6.32) kann man nach Ersatz der Kreisfrequenz $\mathrm{j}\omega$ durch die Bildvariable $s = \sigma + \mathrm{j}\omega$ sowie Einführen der Bildfunktion der Eingangsspannung bei Sprungerregung $\underline{U}_e(s) = U_{e0}/s$ die in Tafel **6.**12 aufgeführten komplexen Frequenzgang-Gleichungen umwandeln in die folgenden Übertragungsfunktionen für die 3 möglichen Ausgangsgrößen, nämlich die Bildfunktion der Spannung an der Kapazität C

$$\underline{U}_C(s) = \frac{U_{e0}}{s(1 + 2\vartheta T_0 s + T_0^2 s^2)} \tag{7.85}$$

an der Induktivität L

$$\underline{U}_L(s) = \frac{U_{e0} T_0^2 s}{1 + 2\vartheta T_0 s + T_0^2 s^2} \tag{7.86}$$

und an dem Wirkwiderstand R

$$\underline{U}_{\mathrm{R}}(s)=\frac{2\,U_{\mathrm{e}0}\,\vartheta\,T_0}{1+2\vartheta T_0 s+T_0^2 s^2}=\frac{U_{\mathrm{e}0}\,R\,C}{1+2\vartheta T_0 s+T_0^2 s^2} \tag{7.87}$$

so daß man auch sofort die Bildfunktion des Stromes

$$\underline{I}(s)=\frac{\underline{U}_{\mathrm{R}}(s)}{R}=\frac{2\,U_{\mathrm{e}0}\,\vartheta\,T_0/R}{1+2\vartheta T_0 s+T_0^2 s^2}=\frac{U_{\mathrm{e}0}\,C}{1+2\vartheta T_0 s+T_0^2 s^2} \tag{7.88}$$

angeben kann. Gl. (7.85) bis (7.88) weisen nach Gl. (6.97) die gleichen Pole

$$s_{1,2}=\omega_0(-\vartheta\pm\sqrt{\vartheta^2-1})$$

auf. Für einen Dämpfungsgrad $\vartheta>1$ ergeben sich zwei unterschiedliche reelle Pole, für $\vartheta=1$ ein Doppelpol und für $\vartheta<1$ zwei konjugiert komplexe Pole. Da nach den Erfahrungen in Abschn. 7.2 und 7.3 die Pole das Verhalten der Ausgangsfunktionen bestimmen, müssen nun diese 3 möglichen Fälle nacheinander betrachtet werden.

Schwingfall mit Dämpfungsgrad $\vartheta<1$. Unter dieser auch als periodischer Fall bezeichneten Bedingung gilt mit der Abklingkonstanten $\delta=\omega_0\vartheta=R/(2L)$ nach Gl. (6.100), der Eigenkreisfrequenz $\omega_{\mathrm{d}}=\omega_0\sqrt{1-\vartheta^2}=\omega_0\cos\Theta$ nach Gl. (6.101) und dem Dämpfungswinkel $\Theta=\arctan(\delta/\omega_{\mathrm{d}})=\arcsin\vartheta$ nach Gl. (6.102) (s. Bild **6**.28) und daher mit den Korrespondenzen 65, 67 und 68 von Tafel **8**.34 für die Zeitfunktionen der Kondensatorspannung

$$\begin{aligned} u_{\mathrm{C}\sqcap}(t)&=U_{\mathrm{e}0}\left[1-\frac{\omega_0}{\omega_{\mathrm{d}}}\,\mathrm{e}^{-\delta t}\cos(\omega_{\mathrm{d}}t-\Theta)\right]\\ &=U_{\mathrm{e}0}\left\{1-\mathrm{e}^{-\delta t}\left[\frac{\delta}{\omega_{\mathrm{d}}}\sin(\omega_{\mathrm{d}}t)+\cos(\omega_{\mathrm{d}}t)\right]\right\} \end{aligned} \tag{7.89}$$

der Spannung an der Induktivität

$$u_{\mathrm{L}\sqcap}(t)=U_{\mathrm{e}0}\,\frac{\omega_0}{\omega_{\mathrm{d}}}\,\mathrm{e}^{-\delta t}\cos(\omega_{\mathrm{d}}t+\Theta) \tag{7.90}$$

der Spannung am Wirkwiderstand

$$u_{\mathrm{R}\sqcap}(t)=U_{\mathrm{e}0}\,\frac{R}{\omega_{\mathrm{d}}L}\,\mathrm{e}^{-\delta t}\sin(\omega_{\mathrm{d}}t) \tag{7.91}$$

und des Stromes

$$i_{\sqcap}(t)=\frac{U_{\mathrm{e}0}}{\omega_{\mathrm{d}}L}\,\mathrm{e}^{-\delta t}\sin(\omega_{\mathrm{d}}t) \tag{7.92}$$

Der Verlauf dieser Sprungantworten ist in Bild **7**.54 dargestellt. Nach dem Einschalten schwingen daher Spannungen und Strom der RLC-Schaltung mit der

Eigenkreisfrequenz ω_d in den stationären Zustand ein, wobei diese Ausgleichsvorgänge stets mit der Abklingkonstanten δ abklingen. Dies sind freie, für einen Dämpfungsgrad $\vartheta > 0$, also bei einem endlichen Wirkwiderstand R, auch gedämpfte Schwingungen, so daß eine solche Schaltung Schwingkreis genannt wird. Im Gegensatz hierzu führt eine elektrische Schaltung bei Sinuserregung außerhalb der Resonanz erzwungene Schwingungen aus.

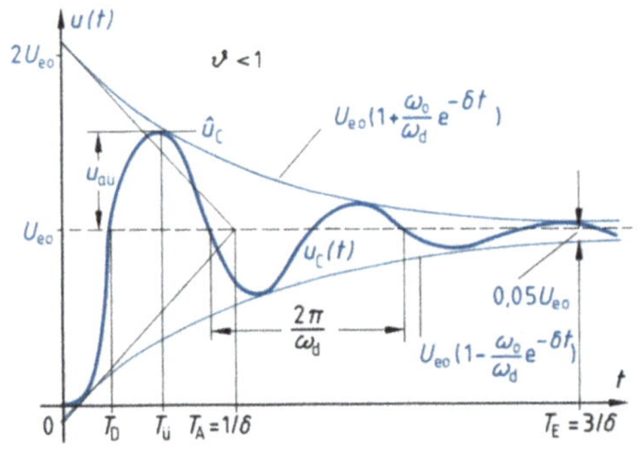

7.53
Sprungantwort der Kondensatorspannung $u_{a\sqcap}(t)$ eines Reihenschwingkreises mit dem Dämpfungsgrad $\vartheta < 1$

Die Kondensatorspannung schwingt nach Bild 7.54 über und soll daher mit Bild 7.53 näher betrachtet werden. Für die zeichnerische Darstellung der Sprungantwort von Gl. (7.89) in Bild 7.53 ist es vorteilhaft, sich daran zu erinnern, daß diese Funktion von den beiden Kurven $U_{e0}[1-(\omega_0/\omega_d)e^{-\delta t}]$ und $U_{e0}[1+(\omega_0/\omega_d)e^{-\delta t}]$ eingehüllt wird und diese Exponentialfunktion einfach mit der Abkling-Zeitkonstanten $T_A = 1/\delta$ zu zeichnen ist (s. Bild 7.53). Man findet ihren Scheitelwert, wenn man Gl. (7.89) differenziert und gleich Null setzt, also für $\cos(\omega_d t) = -1$. Sie schwingt daher nach einer Halbperiode, also zur Zeit

$$T_ü = \pi/\omega_d = \pi\, T_0/\sqrt{1-\vartheta^2} = \pi/(\omega_0 \cos\Theta)$$

maximal über und erreicht dann nach Gl. (7.89) den Scheitelwert

$$\hat{u}_C = U_{e0}(1+e^{-\pi\tan\Theta})$$

bzw. die Überschwingweite

$$u_{Cü} = \hat{u}_C - U_{e0} = U_{e0}\, e^{-\pi\tan\Theta} \tag{7.93}$$

Der Einschwingvorgang ist theoretisch erst nach unendlich langer Zeit abgeklungen. Meist wird das endgültige Einschwingen in den Bereich $X_{a\infty} \pm 0{,}05\, X_{a\infty}$ als Ende des Einschwingvorgangs angesehen. Hierfür muß $\exp(-T_E\omega_0) = 0{,}05$ bzw. die Einschwingzeit

$$T_E = 3\, T_A = 3/\delta$$

sein. Entsprechend dem Verlauf der Exponentialfunktion muß dann beim endgültigen Einlauf in den Bereich $X_{a\infty} \pm 0{,}006738\, X_{a\infty}$ die Zeit $t = 5/\delta$ erreicht sein.

Für das Zeichnen des Funktionsverlaufs ist noch die Durchtrittszeit T_{D} wichtig, bei der der Funktionswert gleich dem Endwert wird. Nach Gl. (7.89) ist hierfür $\cos(\omega_{\mathrm{d}} T_{\mathrm{D}} - \Theta) = 0$ zu setzen, so daß man die 1. Durchtrittszeit

$$T_{\mathrm{D}} = (\Theta + \pi/2)/\omega_{\mathrm{d}}$$

erhält. Weitere Durchtritte kommen jeweils eine Halbperiode später, also um die Überschwingzeit $T_{\ddot{\mathrm{u}}}$ versetzt.

Beispiel 7.34. Die Schaltung in Bild 7.52 besteht aus Wirkwiderstand $R = 4\ \Omega$, Induktivität $L = 1$ mH und Kapazität $C = 10\ \mu$F. Sie wird zur Zeit $t = 0$ an die Gleichspannung $U_{\mathrm{e0}} = 100$ V gelegt. Der zeitliche Verlauf der Teilspannungen $u_{\mathrm{C}\_\!\rceil}(t)$, $u_{\mathrm{L}\_\!\rceil}(t)$ und $u_{\mathrm{R}\_\!\rceil}(t)$ sowie des Stromes $i_{\_\!\rceil}(t)$ nach Schließen des Schalters S soll bestimmt werden.

Wir berechnen den Dämpfungsgrad nach Gl. (6.33)

$$\vartheta = (R/2)\sqrt{C/L} = (4\ \Omega/2)\sqrt{10\ \mu\mathrm{F}/(1\ \mathrm{mH})} = 0{,}2$$

die Kennkreisfrequenz nach Gl. (6.4)

$$\omega_0 = 1/\sqrt{LC} = 1/\sqrt{1\ \mathrm{mH} \cdot 10\ \mu\mathrm{F}} = 10\ \mathrm{ms}$$

die Abklingkonstante

$$\delta = \vartheta\omega_0 = 0{,}2 \cdot 10\ \mathrm{ms}^{-1} = 2\ \mathrm{ms}^{-1}$$

die Eigenkreisfrequenz nach Gl. (6.101)

$$\omega_{\mathrm{d}} = \omega_0\sqrt{1 - \vartheta^2} = 10\ \mathrm{ms}^{-1}\sqrt{1 - 0{,}2^2} = 9{,}797\ \mathrm{ms}^{-1}$$

und die Überschwingzeit

$$T_{\ddot{\mathrm{u}}} = \pi/\omega_{\mathrm{d}} = \pi/(9{,}797\ \mathrm{ms}^{-1}) = 0{,}3206\ \mathrm{ms}$$

Wir erhalten daher mit den Größen $U_{\mathrm{e0}}\omega_0/\omega_{\mathrm{d}} = 100\ \mathrm{V} \cdot 10\ \mathrm{ms}^{-1}/(9{,}797\ \mathrm{ms}^{-1}) = 102{,}1$ V, $U_{\mathrm{e0}} R/(\omega_{\mathrm{d}} L) = 100\ \mathrm{V} \cdot 4\ \Omega/(9{,}797\ \mathrm{ms}^{-1} \cdot 1\ \mathrm{mH}) = 40{,}82$ V und $U_{\mathrm{e0}}/(\omega_{\mathrm{d}} L) = 100\ \mathrm{V}/(9{,}797\ \mathrm{ms}^{-1} \cdot 1\ \mathrm{mH}) = 10{,}21$ A nach Gl. (7.89) bis (7.92) die Sprungantworten

$$u_{\mathrm{C}\_\!\rceil}(t) = 100\ \mathrm{V} - 102{,}1\ \mathrm{V}\, e^{-2\,\mathrm{ms}^{-1} t} \cos(9{,}797\ \mathrm{ms}^{-1} t - 11{,}54°)$$

$$u_{\mathrm{L}\_\!\rceil}(t) = 102{,}1\ \mathrm{V}\, e^{-2\,\mathrm{ms}^{-1} t} \cos(9{,}797\ \mathrm{ms}^{-1} t + 11{,}54°)$$

$$u_{\mathrm{R}\_\!\rceil}(t) = 40{,}82\ \mathrm{V}\, e^{-2\,\mathrm{ms}^{-1} t} \sin(9{,}797\ \mathrm{ms}^{-1} t)$$

$$i_{\_\!\rceil}(t) = 10{,}21\ \mathrm{A}\, e^{-2\,\mathrm{ms}^{-1} t} \sin(9{,}797\ \mathrm{ms}^{-1} t)$$

Die Verläufe der Teilspannungen sind in Bild 7.54 dargestellt. Man findet sie über die Abkling-Zeitkonstante $T_{\mathrm{A}} = 1/\delta = 1/(2\ \mathrm{ms}^{-1}) = 0{,}5$ ms, die Einschwingzeit $T_{\mathrm{E}} = 3\,T_{\mathrm{A}} = 3 \cdot 0{,}5\ \mathrm{ms} = 1{,}5$ ms und die Durchtrittszeit

$$T_{\mathrm{D}} = \frac{\Theta + \pi/2}{\omega_{\mathrm{d}}} = \frac{0{,}2013 + \pi/2}{9{,}797\ \mathrm{ms}^{-1}} = 0{,}1809\ \mathrm{ms}$$

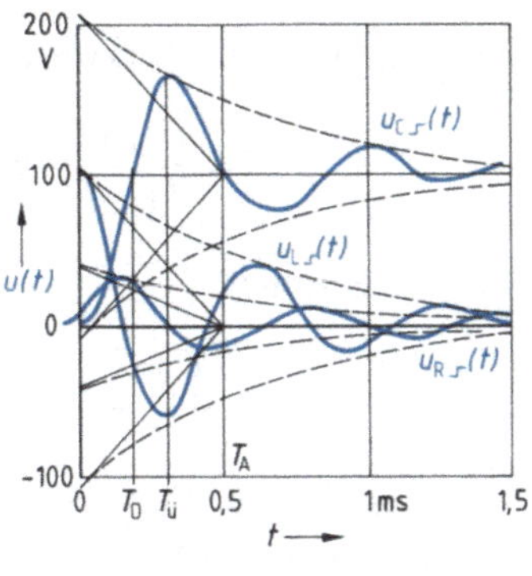

7.54
Sprungantworten der Spannungen $u_{\mathrm{C}\_\!\rceil}(t)$, $u_{\mathrm{L}\_\!\rceil}(t)$ und $u_{\mathrm{R}\_\!\rceil}(t)$ für Beispiel 7.34

sowie mit der Periodendauer $T_\mathrm{d} = 2\pi/\omega_\mathrm{d} = 2\pi/(9{,}797\ \mathrm{ms}^{-1}) = 0{,}6413\ \mathrm{ms}$. Außerdem muß in jedem Zeitpunkt $u_{\mathrm{C}\lrcorner}(t) + u_{\mathrm{L}\lrcorner}(t) + u_{\mathrm{R}\lrcorner}(t) = u_{\mathrm{e}\lrcorner}(t) = 100\ \mathrm{V}\,\varepsilon(t)$ eingehalten sein. Die Kondensatorspannung erreicht nach Gl. (7.93) bei der Zeit $T_\text{ü} = 0{,}3206\ \mathrm{ms}$ die Überschwingweite

$$u_{\mathrm{C\ddot{u}}} = U_{\mathrm{e}0}\,\mathrm{e}^{-\pi \tan\Theta} = 100\ \mathrm{V}\,\mathrm{e}^{-\pi\cdot\tan 11{,}54^\circ} = 52{,}65\ \mathrm{V}$$

so daß mit $152{,}65\ \mathrm{V}/(100\ \mathrm{V}) = 1{,}527$ die Kondensatorspannung auf das 1,527-fache überschwingt. Der Verlauf des Stromes $i_{\lrcorner}(t)$ stimmt bis auf den Faktor $1/R = 1/(4\ \Omega)$ mit dem Verlauf der Spannung $u_{\mathrm{R}\lrcorner}(t)$ am Wirkwiderstand R überein; auf seine Wiedergabe wird daher verzichtet.

Kriechfall mit Dämpfungsgrad $\vartheta > 1$. Bei dieser Bedingung ergeben sich nach Gl. (6.97) zwei reelle Pole

$$s_{1,2} = \omega_0\left(-\vartheta \pm \sqrt{\vartheta^2 - 1}\right)$$

Dann darf man nach Abschn. 6.2.1.4 in Gl. (7.85) bis (7.88) im Nenner $1 + 2\vartheta T_0 s + T_0^2 s^2 = (1 + T_1 s)(1 + T_2 s)$ setzen und auf diese Weise die Kettenschaltung von zwei $\mathrm{T_1}$-Gliedern bilden. Sie haben nach Gl. (6.98) die beiden Zeitkonstanten

$$T_{1,2} = T_0\left(\vartheta \pm \sqrt{\vartheta^2 - 1}\right)$$

Gl. (7.85) ist daher z. B. zu ändern in

$$\underline{U}_\mathrm{C}(s) = \frac{U_{\mathrm{e}0}}{s(1 + T_1 s)(1 + T_2 s)}$$

Mit analogen Umbildungen von Gl. (7.86) bis (7.88) findet man über die Korrespondenzen 36 bis 38 für die Zeitfunktionen der Kondensatorspannung

$$u_{\mathrm{C}\lrcorner}(t) = U_{\mathrm{e}0}\left[1 - \frac{1}{T_1 - T_2}\left(T_1\,\mathrm{e}^{-t/T_1} - T_2\,\mathrm{e}^{-t/T_2}\right)\right] \tag{7.94}$$

der Spannung an der Induktivität

$$u_{\mathrm{L}\lrcorner}(t) = \frac{U_{\mathrm{e}0}}{T_1 - T_2}\left(T_1\,\mathrm{e}^{-t/T_2} - T_2\,\mathrm{e}^{-t/T_1}\right) \tag{7.95}$$

der Spannung am Wirkwiderstand

$$u_{\mathrm{R}\lrcorner}(t) = \frac{U_{\mathrm{e}0} R C}{T_1 - T_2}\left(\mathrm{e}^{-t/T_1} - \mathrm{e}^{-t/T_2}\right) \tag{7.96}$$

und des Stromes

$$i_{\lrcorner}(t) = \frac{U_{\mathrm{e}0} C}{T_1 - T_2}\left(\mathrm{e}^{-t/T_1} - \mathrm{e}^{-t/T_2}\right) \tag{7.97}$$

Ihr Verlauf ist in Bild 7.55 für ein Beispiel dargestellt. Da die Zustandsgrößen mit Exponentialfunktionen den Endwerten zustreben, nennt man dies den

Kriechfall oder das aperiodische Einschwingen. Analog zu Bild 7.54 beginnen die Teilspannungen $u_{\mathrm{C}\lrcorner\!\ulcorner}(t)$ und $u_{\mathrm{R}\lrcorner\!\ulcorner}(t)$ sowie der Strom $i_{\lrcorner\!\ulcorner}(t)$ zur Zeit $t=0$ mit dem Funktionswert Null, der auch für die Teilspannungen $u_{\mathrm{L}\lrcorner\!\ulcorner}(t)$ und $u_{\mathrm{R}\lrcorner\!\ulcorner}(t)$ und den Strom $i_{\lrcorner\!\ulcorner}(t)$ Endwert ist, während die Teilspannung $u_{\mathrm{L}\lrcorner\!\ulcorner}(t)$ sofort auf U_{e0} springt und $u_{\mathrm{C}\lrcorner\!\ulcorner}(t)$ diesem Endwert zustrebt.

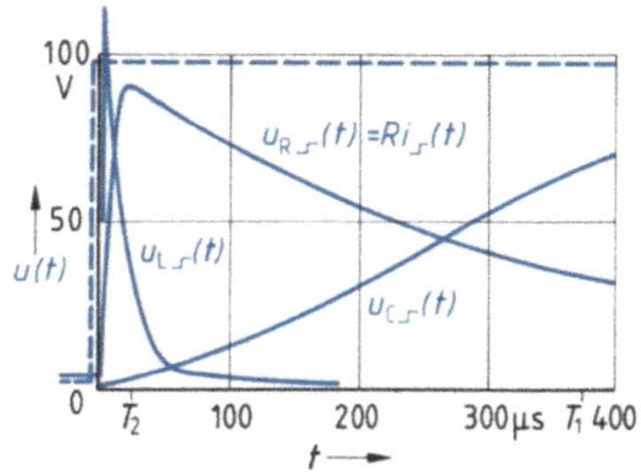

7.55 Sprungantworten der Spannungen $u_{\mathrm{C}\lrcorner\!\ulcorner}(t)$, $u_{\mathrm{L}\lrcorner\!\ulcorner}(t)$ und $u_{\mathrm{R}\lrcorner\!\ulcorner}(t)$ für Beispiel 7.35

Beispiel 7.35. Die Schaltung in Bild 7.52 wird wieder an die Gleichspannungs-Sprungerregung $u_{\mathrm{e}\lrcorner\!\ulcorner}(t)=U_{\mathrm{e0}}\varepsilon(t)=100\ \mathrm{V}\,\varepsilon(t)$ gelegt. Während Induktivität $L=1$ mH und Kapazität $C=10$ µF unverändert bleiben, soll der Wirkwiderstand auf $R=40\ \Omega$ vergrößert werden. Die Sprungantworten $u_{\mathrm{C}\lrcorner\!\ulcorner}(t)$, $u_{\mathrm{L}\lrcorner\!\ulcorner}(t)$, $u_{\mathrm{R}\lrcorner\!\ulcorner}(t)$ und $i_{\lrcorner\!\ulcorner}(t)$ sind zu bestimmen.

Mit dem Dämpfungsgrad nach Gl. (6.33)

$$\vartheta=(R/2)\sqrt{C/L}=(40\ \Omega/2)\sqrt{10\ \mu\mathrm{F}/(1\ \mathrm{mH})}=2$$

liegt der Kriechfall vor, so daß Gl. (7.94) bis (7.97) anzuwenden sind. Wir berechnen die Zeitkonstanten

$$T_1=\sqrt{LC}\,(\vartheta+\sqrt{\vartheta^2-1})=\sqrt{1\ \mathrm{mH}\cdot 10\ \mu\mathrm{F}}\,(2+\sqrt{2^2-1})=373{,}2\ \mu\mathrm{s}$$
$$T_2=\sqrt{1\ \mathrm{mH}\cdot 10\ \mu\mathrm{F}}\,(2-\sqrt{2^2-1})=26{,}79\ \mu\mathrm{s}$$

sowie $U_{\mathrm{e0}}T_1(T_1-T_2)=100\ \mathrm{V}\cdot 373{,}2\ \mu\mathrm{s}/(373{,}2\ \mu\mathrm{s}-26{,}79\ \mu\mathrm{s})=107{,}7\ \mathrm{V}$, $U_{\mathrm{e0}}T_2/(T_1-T_2)=7{,}735\ \mathrm{V}$, $U_{\mathrm{e0}}C/(T_1-T_2)=100\ \mathrm{V}\cdot 10\ \mu\mathrm{F}/(373{,}2\ \mu\mathrm{s}-26{,}79\ \mu\mathrm{s})=2{,}887\ \mathrm{A}$ und $U_{\mathrm{e0}}RC/(T_1-T_2)=2{,}887\ \mathrm{A}\cdot 40\ \Omega\cdot 10\ \mu\mathrm{F}/(373{,}2\ \mu\mathrm{s}-26{,}79\ \mu\mathrm{s})=115{,}4\ \mathrm{V}$ und können hiermit die Verläufe in Bild 7.55 zeichnen. Spannung $u_{\mathrm{R}\lrcorner\!\ulcorner}(t)$ am Wirkwiderstand R und Strom $i_{\lrcorner\!\ulcorner}(t)$ sind bis auf den Faktor $1/R$ identisch, so daß auf die Wiedergabe des Stromes verzichtet werden kann.

Aperiodischer Grenzfall mit Dämpfungsgrad $\vartheta=1$. Für $\vartheta=1$ ergibt Gl. (6.98) die Zeitkonstanten $T_{1,2}=T_0$. Daher tritt in diesem Fall ein Doppelpol auf, und es wird $1+2\vartheta T_0 s+T_0^2 s^2=(1+T_0 s)^2$. Aus Gl. (7.85) kann man daher die Bildfunktion

$$\underline{U}_{\mathrm{C}}(s)=\frac{U_{\mathrm{e0}}}{s(1+T_0 s)^2} \tag{7.98}$$

ableiten. Mit analogen Änderungen von Gl. (7.85) bis (7.88) erhält man dann über die Korrespondenzen 25 bis 27 für die Zeitfunktionen der Kondensatorspannung

$$u_{\mathrm{C}\lrcorner\!\ulcorner}(t)=U_{\mathrm{e0}}\left[1-\left(1+\frac{t}{T_0}\right)\mathrm{e}^{-t/T_0}\right] \tag{7.99}$$

der Spannung an der Induktivität

$$u_{\mathrm{L}\lrcorner\!\ulcorner}(t)=U_{\mathrm{e0}}\left(1-\frac{t}{T_0}\right)\mathrm{e}^{-t/T_0} \tag{7.100}$$

der Spannung am Wirkwiderstand

$$u_{R\_\sqcap}(t) = U_{e0} \frac{R}{L} t \, e^{-t/T_0} \tag{7.101}$$

und des Stromes

$$i_{\sqcap}(t) = U_{e0} \frac{t}{L} e^{-t/T_0} \tag{7.102}$$

Ihr Verlauf ist ähnlich wie in Bild **7**.55, so daß auf eine Darstellung verzichtet werden kann. Da hier die Zustandsgrößen gerade noch aperiodisch einschwingen, wird dieses Verhalten als aperiodischer Grenzfall bezeichnet.

Beispiel 7.36. Es ist der Wirkwiderstand R zu bestimmen, für den der in Beispiel 7.34 und 7.35 behandelte Schwingkreis im aperiodischen Grenzfall arbeitet.
Für $\vartheta = 1$ muß nach Gl. (6.7), (6.32) und (6.33) der Wirkwiderstand $R = 2\sqrt{L/C} = 2\sqrt{1\text{ mH}/(10\text{ µF})} = 20\ \Omega$ betragen.

7.4.1.2 Entladen. Es wird jetzt vorausgesetzt, daß der Kondensator eines Schwingkreises mit einem Dämpfungsgrad $\vartheta < 1$ (also Schwingfall), wie in Abschn. 7.4.1.1 untersucht, mit einer Schaltung nach Bild **7**.56a aufgeladen sei und nun durch schlagartiges Umlegen des Schalters S von der Stellung *1* in die Stellung *2* entladen werden soll.

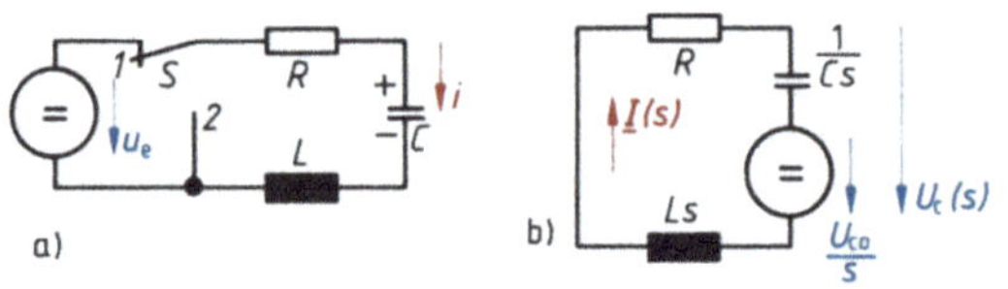

7.56
Laden einer Kapazität C in einem Schwingkreis (a) und Ersatzschaltung (b) für die Entladung

Für die Entladung kann man nach Abschn. 7.2.2.2 die Ersatzschaltung im Bildbereich von Bild **7**.56b angeben. Es gilt dann nach der Maschenregel für die Bildfunktion des Stromes

$$\underline{I}(s) = \frac{-U_{C0}/s}{R + Ls/1/(Cs)} = \frac{-U_{C0}C}{1 + RCs + LCs^2} = \frac{U_{C0}C}{1 + 2\vartheta T_0 s + T_0^2 s^2}$$

sowie für die Bildfunktion der Kondensatorspannung

$$\underline{U}_C(s) = \frac{U_{C0}}{s} + \frac{\underline{I}(s)}{Cs} = \frac{U_{C0}}{s}\left(1 - \frac{1}{1 + 2\vartheta T_0 s + T_0^2 s^2}\right)$$

und daher mit den Korrespondenzen 3, 65 und 67 für die Zeitfunktion des Stromes

$$i_{\sqcap}(t) = -U_{C0} C \frac{\omega_0^2}{\omega_d} e^{-\delta t} \sin(\omega_d t) \tag{7.103}$$

und der Kondensatorspannung

$$u_C(t) = U_{C0}\, e^{-\delta t} \cos(\omega_d t - \Theta) \tag{7.104}$$

Strommaxima treten für di/dt auf, das 1. daher zur Zeit $T_{\ddot{u}l} = (1/\omega_d)\,\text{arc-}$ $\tan(2\omega_d L/R)$; es hat den Wert

$$i_{\ddot{u}} = -C\, U_{C0} \frac{\omega_0^2}{\omega_d}\, e^{-\delta T_{\ddot{u}l}} \sin(\omega_d T_{\ddot{u}l}) \tag{7.105}$$

Nach Bild 7.57 schwingen Strom und Spannung mit der Eigenkreisfrequenz ω_d gedämpft auf den Wert Null ein. Die Kondensatorspannung beginnt zur Zeit $t=0$ mit dem Wert U_{C0} und der Strom mit dem Wert Null.

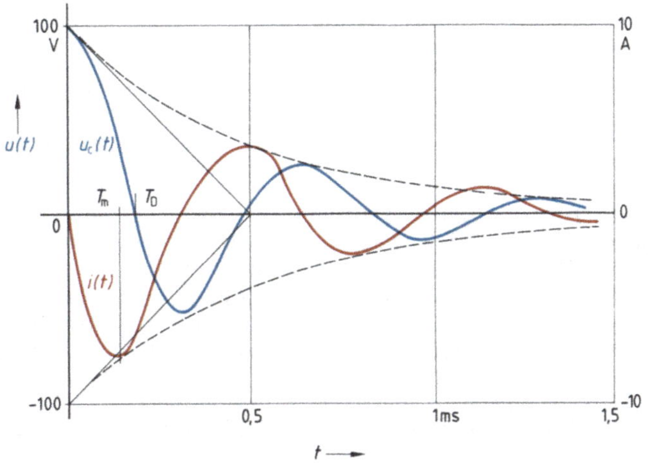

7.57 Zeitlicher Verlauf von Kondensatorspannung $u_C(t)$ und Strom $i_{\_\!\!\Gamma}(t)$ eines Reihenschwingkreises bei einem Dämpfungsgrad $\vartheta < 1$

Zu diesem Ergebnis kommt man auch anhand von physikalischen Überlegungen entsprechend Abschn. 7.2.1.3: Zur Zeit $t=0$ liegt bei $i_0=0$ am Kondensator die Spannung $U_{C0} = U_{e0}$. Die Kapazität C entlädt sich über einen sinusförmig ansteigenden (negativen) Strom i, der in der Induktivität L eine Spannung hervorruft, die den Strom in den positiven Bereich überschwingen läßt. Hierdurch wird die Kapazität wieder negativ aufgeladen, so daß sie sich schließlich schwingend entladen muß. Der Wirkwiderstand R sorgt für die Dämpfung dieses Vorgangs.

Für den Kriechfall mit einem Dämpfungsgrad $\vartheta > 1$ findet man analog mit den Zeitkonstanten T_1 und T_2 von Gl. (6.98) über die Bildfunktionen

$$\underline{I}(s) = \frac{-U_{C0}\, C}{(1+T_1 s)(1+T_2 s)}$$

$$\underline{U}_C(s) = \frac{U_{C0}}{s}\left(1 - \frac{1}{(1+T_1 s)(1+T_2 s)}\right)$$

und die Korrespondenzen 3, 37 und 38 die Zeitfunktionen

$$i(t) = \frac{-U_{C0}C}{T_1 - T_2}(e^{-t/T_1} - e^{-t/T_2}) \tag{7.106}$$

$$u_C(t) = \frac{U_{C0}}{T_1 - T_2}(T_1 e^{-t/T_1} - T_2 e^{-t/T_2}) \tag{7.107}$$

Ihr Verlauf ist in Bild 7.58 dargestellt.

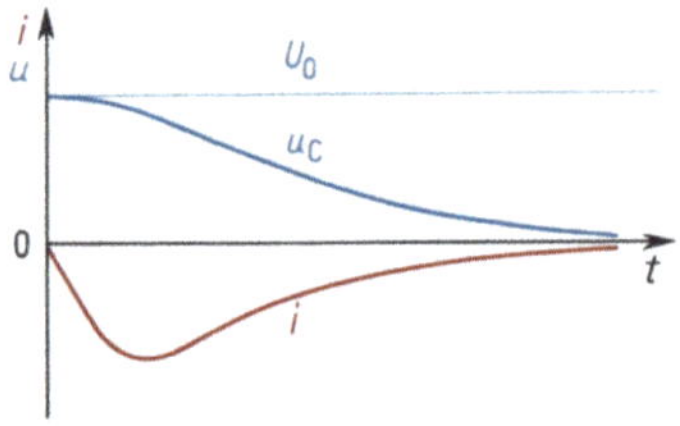

7.58
Zeitlicher Verlauf von Kondensatorspannung $u_C(t)$ und Strom $i_{\lrcorner}(t)$ eines Reihenschwingkreises bei einem Dämpfungsgrad $\vartheta > 1$

Beispiel 7.37. Ein Schwingkreis mit den Kenngrößen von Beispiel 7.34 wird nach der Schaltung in Bild 7.56a entladen. Der Verlauf von Strom $i(t)$ und Kondensatorspannung $u_C(t)$ sollen maßstabsgerecht dargestellt werden.
Von Beispiel 7.34 können wir die Eigenkreisfrequenz $\omega_d = 9{,}797\ \text{ms}^{-1}$, die Kennkreisfrequenz $\omega_0 = 10\ \text{ms}^{-1}$, die Abklingkonstante $\delta = 2\ \text{ms}^{-1}$ bzw. die Abkling-Zeitkonstante $T_A = 5$ ms, die Durchtrittszeit $T_D = 0{,}1806$ ms, die Überschwingzeit der Spannung $T_{üU} = 0{,}3206$ ms, den Dämpfungswinkel $\Theta = 11{,}54°$, das 1. Spannungsmaximum $u_{Cü} = -52{,}65$ V und den Anfangswert des Stromes $i_0 = -C\,U_{C0}\omega_0^2/\omega_d = U_{C0}/(\omega_d L) = 10{,}21$ A übernehmen. Hiermit sind die Zeitfunktion des Stromes nach Gl. (7.103)

$$i(t) = 10{,}21\ \text{A}\ e^{-2\ \text{ms}^{-1}t}\sin(9{,}797\ \text{ms}^{-1}t)$$

und die der Kondensatorspannung nach Gl. (7.104)

$$u_C(t) = 100\ \text{V} \cdot e^{-2\ \text{ms}^{-1}t}\cos(9{,}797\ \text{ms}^{-1}t - 11{,}54°)$$

Das 1. Strommaximum tritt zur Zeit $t_{üI} = (1/\omega_d)\arctan(2\omega_d L/R) = (1/9{,}797\ \text{ms}^{-1})\arctan(2 \cdot 9{,}797\ \text{ms}^{-1} \cdot 1\ \text{mH}/4\ \Omega) = 0{,}1398$ ms auf und beträgt

$$i_ü = -i_0 e^{-T_{üI}\delta}\sin(\omega_d T_{üI}) = 10{,}21\ \text{A}\ e^{-0{,}1398\ \text{ms} \cdot 2\ \text{ms}^{-1}}\sin(9{,}797\ \text{ms}^{-1} \cdot 0{,}1398\ \text{ms})$$
$$= -7{,}564\ \text{A}$$

Mit diesen Werten kann man die Verläufe in Bild 7.57 zeichnen.

7.4.1.3 Abschalten. Jetzt soll der Schwingkreis in der Schaltung von Bild 7.59a aus dem stationären Zustand heraus zur Zeit $t = 0$ durch Öffnen des Schalters S abgeschaltet und für den anschließenden Ausgleichsvorgang der Stromverlauf $i(t)$ bestimmt werden. Zu berücksichtigen sind also die Anfangswerte der Kondensatorspannung

$$U_{C0} = U_e R/(R + R_{VW}) \tag{7.108}$$

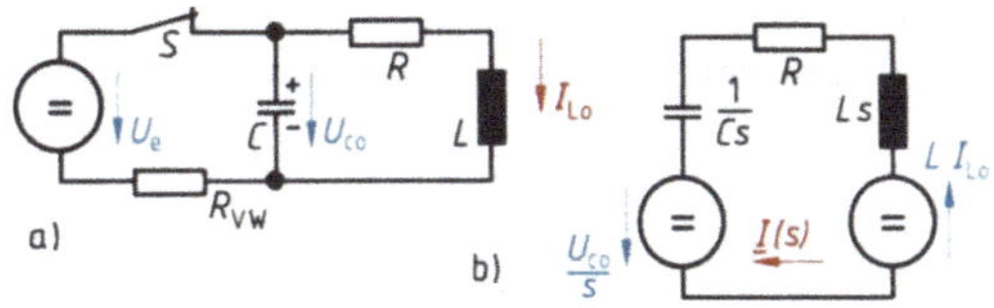

7.59
Schwingkreis am Gleichspannungsnetz (a) und Ersatzschaltung (b) für Zustand nach dem Abschalten

und des Stromes in der Induktivität

$$I_{L0} = U_e/(R + R_{VW}) \tag{7.109}$$

Dies geschieht entsprechend Abschn. 7.2.2.2 mit der Ersatzschaltung von Bild 7.59b. Sie liefert die Bildfunktion des Stromes

$$\underline{I}(s) = \frac{L I_{L0} + U_{C0}/s}{R + Ls + 1/(Cs)} = \frac{U_e C}{R + R_{VW}} \cdot \frac{R + Ls}{1 + RCs + LCs^2}$$
$$= K_P \frac{1 + Ts}{1 + 2\vartheta T_0 s + T_0^2 s^2}$$

und daher mit Korrespondenz 67 und 68 (s. Tafel 8.34) seine Zeitfunktion

$$i(t) = \frac{U_e C}{R + R_{VW}} [L\omega_0 \cos(\omega_d t + \Theta) + R \sin(\omega_d t)] \frac{\omega_0^2}{\omega_d} e^{-\delta t}$$
$$= \frac{U_e}{R + R_{VW}} \cdot \frac{\omega_0}{\omega_d} e^{-\delta t} \cos(\omega_d t - \Theta) \tag{7.110}$$

Dieser Stromverlauf ist für ein Beispiel in Bild 7.60 dargestellt.

Beispiel 7.38. Die Schaltung in Bild 7.59 hat die Kenngrößen von Beispiel 7.34 und enthält zusätzlich den Vorwiderstand $R_{VW} = 6\ \Omega$. Es sind die Anfangswerte der Kondensatorspannung und des Stromes in der Induktivität sowie die Zeitfunktion des Stromes zu bestimmen.

Nach Gl. (7.108) betragen der Anfangswert der Kondensatorspannung

$$U_{C0} = U_e R/(R + R_{VW})$$
$$= 100\ \text{V} \cdot 4\ \Omega/(4\ \Omega + 6\ \Omega) = 40\ \text{V}$$

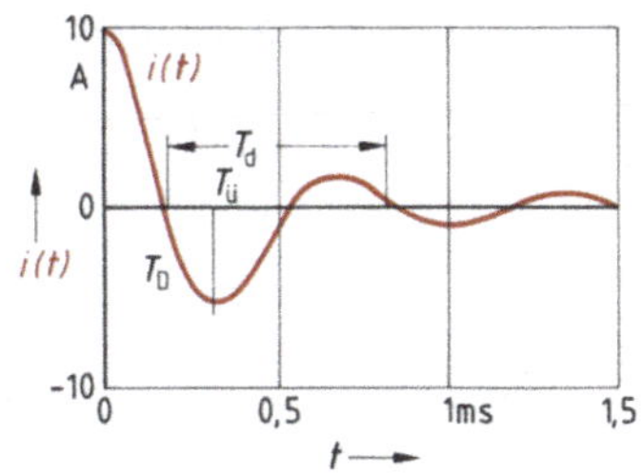

7.60 Verlauf des Stromes $i(t)$ für Beispiel 7.38

und nach Gl. (7.109) der Anfangswert des Stromes in der Induktivität

$$I_{L0} = U_e/(R + R_{VW}) = 100\ \text{V}/(4\ \Omega + 6\ \Omega) = 10\ \text{A}$$

Aus Beispiel 7.34 können ferner der Dämpfungsgrad $\vartheta = 0{,}2$, die Kennkreisfrequenz $\omega_0 = 10\ \text{ms}^{-1}$, die Eigenkreisfrequenz $\omega_d = 9{,}797\ \text{ms}^{-1}$, die Abklingkonstante $\delta = 2\ \text{ms}^{-1}$ und der Dämpfungswinkel $\Theta = 11{,}54°$ übernommen werden. Ein Vergleich mit Gl. (7.89) zeigt, daß auch Abkling-Zeitkonstante $T_A = 0{,}5$ ms, Einschwingzeit $T_E = 1{,}5$ ms, Durchtrittszeit $T_D = 0{,}1809$ ms, Periodendauer $T_d = 0{,}6413$ ms und Überschwingzeit $T_ü = 0{,}3206$ ms gleich bleiben. Somit gilt für den Stromverlauf

$$i(t) = 10\ \text{A}\ \text{e}^{-2\ \text{ms}^{-1} t} \cos(9{,}797\ \text{ms}^{-1} t - 11{,}54°)$$

Er ist in Bild 7.60 dargestellt.

7.4.1.4 Sinuserregung. An die Schaltung in Bild 7.52 soll jetzt die Sinusspannung

$$u = \hat{u} \cos(\omega t + \alpha)$$

mit dem Scheitelwert $\hat{u}$, der Kreisfrequenz ω und dem Schaltwinkel α gelegt werden. Im stationären Endzustand, also zur Zeit $t = \infty$, fließt dann nach Abschn. 3.2.2.3 ein Strom mit dem Scheitelwert

$$\hat{i} = \frac{\hat{u}}{\sqrt{R^2 + (\omega L - 1/\omega C)^2}}$$

und dem Phasenwinkel

$$\varphi = \arctan[\omega L - (1/\omega C)]/R$$

und es herrscht die Kondensatorspannung

$$u_C = \frac{\hat{i}}{\omega C} \sin(\omega t + \alpha - \varphi)$$

Mit dem Scheitelwert $\hat{u}_C = \hat{i}/(\omega C)$. Für den Schwingfall (Dämpfungsgrad $\vartheta < 1$) erhält man bei den Anfangsbedingungen $U_{C0} = 0$ und $I_{L0} = 0$ die Zeitfunktion des Stromes

$$i(t) = \hat{i} \left\{ \cos(\omega t + \alpha - \varphi) - \text{e}^{-\delta t} \cos(\alpha - \varphi) \left[\cos(\omega_d t) - \frac{\omega_0}{\omega_d} \left(\vartheta + \frac{\omega_0}{\omega} \tan(\alpha - \varphi) \right) \sin(\omega_d t) \right] \right\} \tag{7.111}$$

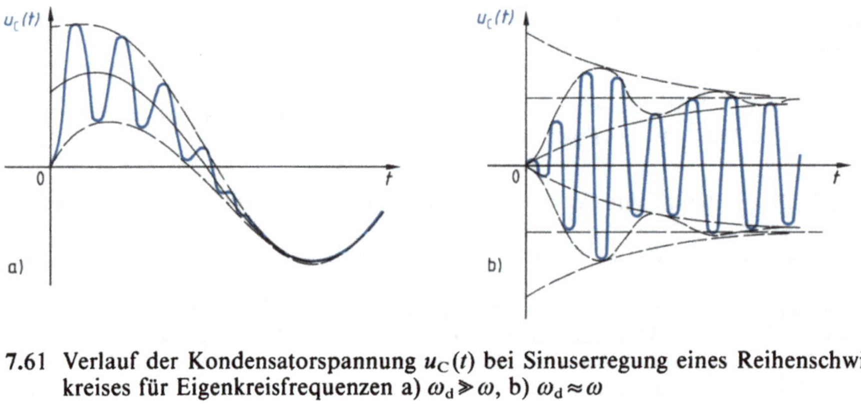

7.61 Verlauf der Kondensatorspannung $u_C(t)$ bei Sinuserregung eines Reihenschwingkreises für Eigenkreisfrequenzen a) $\omega_d \gg \omega$, b) $\omega_d \approx \omega$

bzw. der Kondensatorspannung

$$u_C(t)=\hat{u}_C\left\{\sin(\omega t+\alpha-\varphi)-e^{-\delta t}\sin(\alpha-\varphi)\left[\cos(\omega_d t)\right.\right.$$

$$\left.\left.+\frac{\omega_0}{\omega_d}\left(\vartheta+\frac{\omega}{\omega_0}\cot(\alpha-\varphi)\right)\sin(\omega_d t)\right]\right\} \tag{7.112}$$

Der Verlauf der Kondensatorspannung ist in Bild 7.61 für zwei Fälle dargestellt; er hängt also stark vom Verhältnis der Kreisfrequenzen ω_d/ω ab. Während für $\omega_d>\omega$ die Spannung schnell in ihren Endwert einschwingt, erhält man für $\omega_d/\omega\approx 1$ eine abklingende Schwebung (s. Abschn. 5.4).

7.4.2 Übergangsfunktionen für Schwingkreise

Es sollen noch die Übertragungs- und Übergangsfunktionen bei einem Dämpfungsgrad $\vartheta<1$ (Schwingfall) für einige Beispiele von Schwingkreisen mit einer Eigenfrequenz mitgeteilt werden. Auf ihre Ableitung wird verzichtet; der Leser kann sie jedoch zur Übung leicht nachholen. Zugehörige Taschenrechnerprogramme enthält Band VII.

Schaltungsbeispiel A (Bild 7.62a und b):

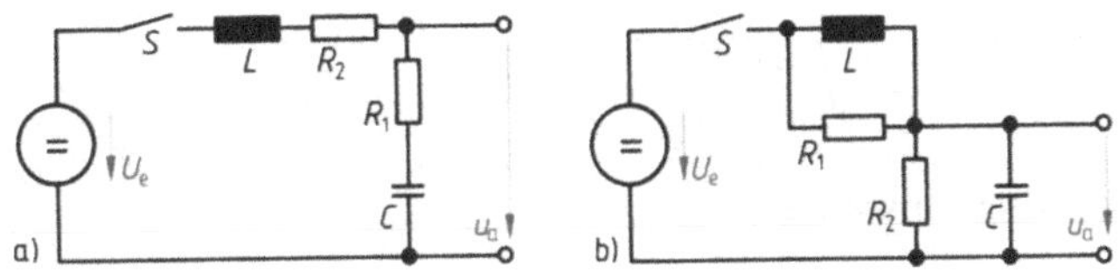

7.62
Schwingkreise

Zeitkonstanten

$$T=L/R_1 \qquad\qquad T=R_1 C \tag{7.113}$$

Kennzeit

$$T_0=\sqrt{LC}=1/\omega_0$$

Abklingkonstante

$$\delta=\frac{R_1+R_2}{2L} \qquad\qquad \delta=\frac{R_1+R_2}{2CR_1R_2} \tag{7.114}$$

Dämpfungsgrad

$$\vartheta=\frac{R_1+R_2}{2}\sqrt{\frac{C}{L}}<1 \qquad\qquad \vartheta=\frac{R_1+R_2}{2R_1R_2}\sqrt{\frac{L}{C}}<1 \tag{7.115}$$

Übertragungsfunktion

$$\underline{F}(s) = \frac{1 + Ts}{1 + 2\vartheta T_0 s + T_0^2 s^2} \qquad (7.116)$$

Übergangsfunktion

$$h(t) = 1 - e^{-\delta t}\left[\cos(\omega_d t) + \frac{1}{\omega_d}\left(\delta - \frac{1}{T}\right)\sin(\omega_d t)\right] \qquad (7.117)$$

Schaltungsbeispiel B (Bild 7.63a und b):

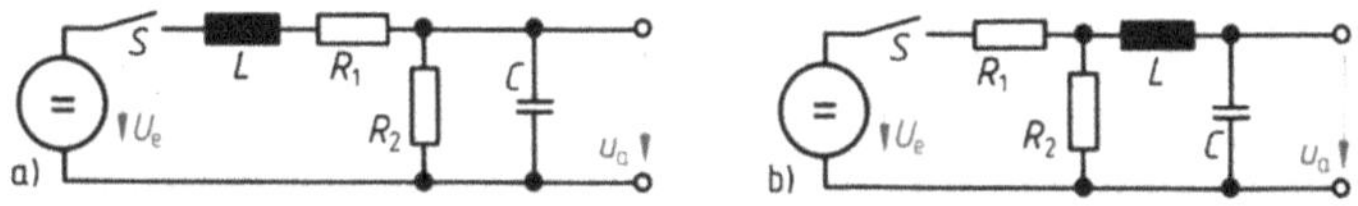

7.63 Schwingkreise

Proportionalbeiwert

$$K_P = \frac{R_2}{R_1 + R_2} \qquad (7.118)$$

Kennzeit

$$T_0 = \sqrt{\frac{LCR_2}{R_1 + R_2}} = \frac{1}{\omega_0} \qquad T_0 = \sqrt{LC} = \frac{1}{\omega_0} \qquad (7.119)$$

Abklingkonstante

$$\delta = \frac{1}{2}\left(\frac{R_1}{L} + \frac{1}{CR_2}\right) \qquad \delta = \frac{R_1 R_2}{2L(R_1 + R_2)} \qquad (7.120)$$

Dämpfungsgrad

$$\vartheta = \frac{L + CR_1R_2}{2\sqrt{LCR_2(R_1 + R_2)}} \qquad \vartheta = \frac{R_1R_2/2}{R_1 + R_2}\sqrt{\frac{C}{L}} < 1 \qquad (7.121)$$

Übertragungsfunktion

$$\underline{F}(s) = \frac{K_P}{1 + 2\vartheta T_0 s + T_0^2 s^2} \qquad (7.122)$$

Übergangsfunktion

$$h(t) = K_P\left[1 - e^{-\delta t}\left(\cos(\omega_d t) + \frac{\delta}{\omega_d}\sin(\omega_d t)\right)\right] \qquad (7.123)$$

Beispiel 7.39. Man überprüfe anhand der Angaben zu den Schaltungsbeispielen A oder B die Sprungantwort von Gl. (7.89).

Die Schaltung in Bild 7.62a geht für $R_1=0$ und $R_2=R$ in den Schwingkreis von Bild 7.52 über. In Gl. (7.113) wird daher $T=L/R_1=L/0=\infty$ und in Gl. (7.117) $1/T=0$. Die aus Gl. (7.89) gebildete Übergangsfunktion $h(t)=u_{C\sqcap}(t)/U_{e0}$ ist daher mit Gl. (7.117) identisch.

7.5 Anwendungen

Streng genommen enthalten alle elektrischen Stromkreise Induktivität L und Kapazität C. In vielen Fällen, wenn ihre Wirkungen nämlich gegenüber den übrigen Stromwirkungen gering sind, kann man sie und die durch sie verursachten Übergangsvorgänge vernachlässigen. Häufig sind auch diese Ausgleichsvorgänge unerwünscht. Hier sollen nun noch einige praktische und wünschenswerte Anwendungen betrachtet werden.

7.5.1 Schutzschaltungen für induktive Verbraucher

Beim sprunghaften Ausschalten von Gleichstrom würde nach Abschn. 7.3.2.2 eine meist unzulässig große Überspannung entstehen. Daher muß man sie durch Schutzschaltungen zu vermeiden versuchen. Es werden hier einfache Schaltungen mit Widerstand R oder Kapazität C betrachtet. Heute werden für diesen Zweck auch gern spannungsabhängige Widerstände oder Z-Dioden eingesetzt (s. Band III).

7.5.1.1 Schutzwiderstand. Erregerwicklungen dürfen nicht einfach vom Netz getrennt werden, da sonst wegen der Selbstinduktion bei sehr großen Stromänderungen di/dt zu hohe Spannungen $u=L\,di/dt$ erzeugt werden, die u. U. an den Wicklungen Durchschläge verursachen können. Wenn nun von vornherein oder während des Abschaltvorgangs nach Bild 7.64 ein Schutzwiderstand R_S parallel zur Wicklung, die als Reihenschaltung von Wirkwiderstand R_E und Induktivität L_E aufzufassen ist, geschaltet wird, kann der Strom in der nach dem Abschalten vorliegenden Reihenschaltung der Wirkwiderstände R_S und R_E mit der Induktivität L_E abklingen.

Mit dem Vorwiderstand R_{VW} fließt im eingeschalteten Endzustand der Gesamtstrom

$$I=U/\left(R_{VW}+\frac{R_E R_S}{R_E+R_S}\right)$$

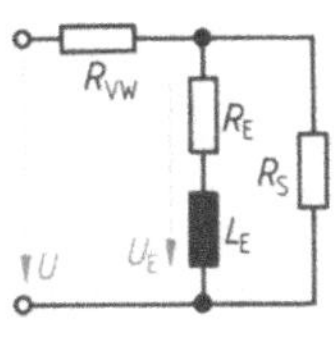

7.64 Erregerwicklung (R_E, L_E) mit Schutzwiderstand R_S

bzw. der Erregerstrom

$$I_E = \frac{I R_S}{R_E + R_S} = \frac{U R_S}{R_{VW} R_S + R_{VW} R_E + R_E R_S}$$

Wird nun das Netz plötzlich abgeschaltet, versucht die Induktivität L_E den Strom I_E aufrechtzuhalten, so daß mit dem Anfangswert $i_{E0} = I_E$ in dem von R_S, R_E und L_E gebildeten T_1-Glied mit der Zeitkonstanten $T = L_E/(R_E + R_S)$ exponentiell abklingen kann. Er folgt daher dem Gesetz

$$i_E = -i_S = I_E \, e^{-t/T} \tag{7.124}$$

Für die Spannung an der Wicklung gilt mit den in Bild 7.64 eingetragenen Zählpfeilen

$$u_E = -i_E R_S = -I_E R_S \, e^{-t/T} = \frac{-U R_S^2 \, e^{-t/T}}{R_{VW} R_S + R_{VW} R_E + R_E R_S} \tag{7.125}$$

Beispiel 7.40. Die Schaltung in Bild 7.64 enthält die Widerstände $R_{VW} = 100\,\Omega$ und $R_E = 200\,\Omega$. Für den Fall, daß beim Ausschalten die Wicklungsspannung höchstens $U_E = 2U$ betragen darf, ist der erforderliche Schutzwiderstand R_S zu bestimmen.

Mit Gl. (7.125) ergibt sich der zulässige Anfangswert der Wicklungsspannung

$$u_{E0} = 2\,U = U R_S^2/(R_{VW} R_S + R_{VW} R_E + R_E R_S)$$

und somit der erforderliche Schutzwiderstand

$$R_S = R_{VW} + R_E + \sqrt{(R_{VW} + R_E)^2 + R_{VW} R_E}$$
$$= 100\,\Omega + 200\,\Omega + \sqrt{(100\,\Omega + 200\,\Omega)^2 + 100\,\Omega \cdot 200\,\Omega} = 632\,\Omega$$

7.5.1.2 RC-Schutzschaltung. Wenn eine Wicklung nach Bild 7.64 mit einem Schutzwiderstand beschaltet ist, klingt der Erregerstrom recht langsam nach einer Exponentialfunktion ab. Will man ein schnelleres Abklingen erreichen, muß man die Wicklung mit einer RC-Kombination nach Bild 7.65 beschalten. Dann liegt nach dem Abschalten für einen Dämpfungsgrad $\vartheta < 1$ der Schwingfall eines T_2-Gliedes vor. Für den Dämpfungsgrad $\vartheta = 1$, also den aperiodischen Grenzfall, werden Überschwingungen vermieden, so daß dieser Schwingkreis hierfür ausgelegt sein sollte. Nach Beispiel 7.34 gilt für den Dämpfungsgrad

$$\vartheta = (R + R_E)\sqrt{C/L_E}/2$$

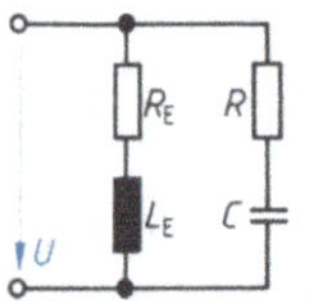

7.65 Erregerwicklung (R_E, L_E) mit RC-Beschaltung

so daß nach geeigneter Wahl der Kapazität C der Widerstand

$$R = 2\vartheta\sqrt{L_E/C} - R_E \tag{7.126}$$

sein soll.

Beispiel 7.41. Ein Relais habe die konstante Induktivität $L_E = 0{,}2$ H und den Wirkwiderstand $R_E = 500\ \Omega$. Es soll entsprechend Bild **7.**65 beschaltet werden.
Wenn wir die Kapazität $C = 0{,}2\ \mu F$ wählen, muß nach Gl. (7.126) mit $\vartheta = 1$ der Widerstand

$$R = 2\vartheta\sqrt{L_E/C} - R_E = 2 \cdot 1\sqrt{0{,}2\ \mathrm{H}/0{,}2\ \mu\mathrm{F}} - 500\ \Omega = 1500\ \Omega$$

betragen.

7.5.2 Beschaltete Operationsverstärker

Nach Abschn. 6.2.2.2 kann man Operationsverstärker, die sich durch eine sehr große Verstärkung und einen sehr großen Eingangswiderstand auszeichnen, mit Wirkwiderständen R, Kapazitäten C und Induktivitäten L beschalten und auf diese Weise vielfältige Frequenzgänge und somit auch gewünschte Übergangsfunktionen verwirklichen. Diese Schaltungen werden insbesondere in der Regelungstechnik als Regler eingesetzt. Hier sollen zwei häufig verwendete Schaltungen untersucht werden. (Die Schaltung in Bild **6.**38a stellt einen P-, die in Bild **6.**38b einen PID-T_1-, die in Bild **6.**109m einen D-, die in Bild **6.**109n einen PI- und die in Bild **6.**109o einen PD-T_1-Regelverstärker dar.)

7.5.2.1 PI-Verhalten. Die Schaltung von Bild **7.**66 wird insbesondere als PI-Regler eingesetzt. Sie hat nach Gl. (6.119) die Übertragungsfunktion

$$\underline{F}(s) = \frac{\underline{Z}_g(s)}{\underline{Z}_1(s)} = \frac{R_g + (1/C_g s)}{R_1} = \frac{1}{C_g R_1 s}(1 + R_g C_g s)$$
$$= \frac{K_I}{s}(1 + T_n s) = K_P + \frac{K_I}{s} \tag{7.127}$$

Diese Schaltung kann mit dem Integrierbeiwert $K_I = 1/(C_g R_1)$, der Nachstellzeit $T_n = R_g C_g$ und dem Proportionalbeiwert $K_P = R_g/R_1 = K_I T_n$ daher als I-T_I^{-1}-Glied, also eine Kettenschaltung von I- und T_I^{-1}-Glied, oder als PI-Glied, also eine Parallelschaltung von P- und I-Glied, aufgefaßt werden.

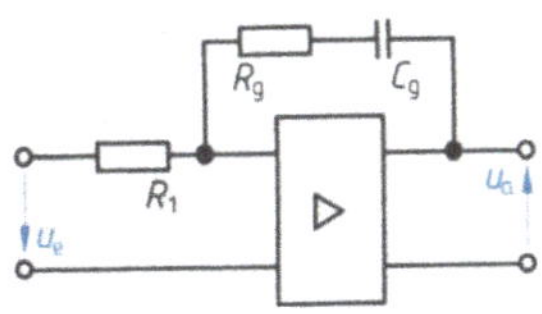

7.66 PI-Regelverstärker

Es gilt daher für den Amplitudengang

$$F = \sqrt{K_P^2 + (K_I/\omega)^2} = K_I\sqrt{T_n^2 + (1/\omega)^2} \tag{7.128}$$

und den Phasengang

$$\varphi = -\arctan(K_I/K_P\omega) = -\arctan(1/T_n\omega) \tag{7.129}$$

das zugehörige Bode-Diagramm ist in Bild **7.**67a dargestellt. Es zeigt das Verhalten eines Tiefpasses.

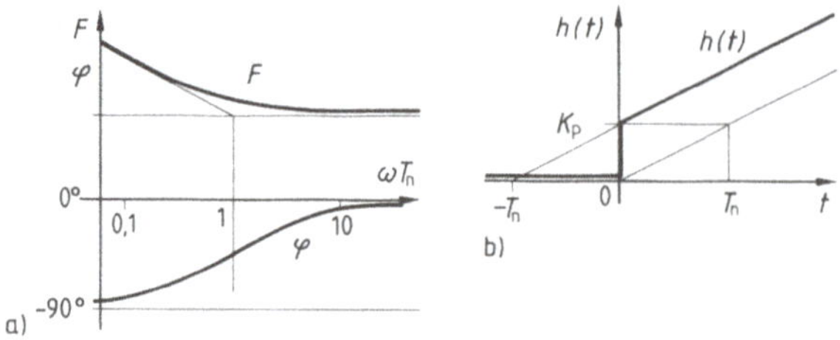

7.67
Bode-Diagramm (a) und Übergangsfunktion (b) für PI-Regler

Mit Gl. (7.127) findet man auch über Korrespondenz 3 und 4 (Tafel 8.33) die Übergangsfunktion

$$h(t) = K_P + K_I t = K_P \left(1 + \frac{t}{T_n}\right) \tag{7.130}$$

deren Verlauf in Bild 7.67b wiedergegeben ist. Anhand der Übergangsfunktion läßt sich auch der Begriff Nachstellzeit erklären: Der PI-Regelverstärker stellt in einem Sprung die Ausgangsgröße so nach, als habe bereits zur Zeit $t = -T_n$ die Anstiegsfunktion begonnen.

7.5.2.2 PID-T_1-Verhalten. Die Schaltungen von Bild 6.38b und 7.68 werden insbesondere als PID-Regler verwendet. Der Regelverstärker von Bild 7.68 hat

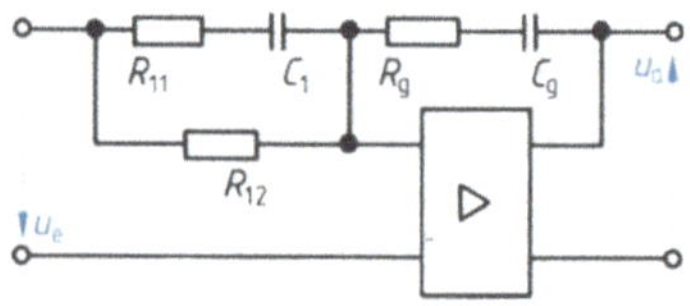

7.68
PID-T_1-Regelverstärker

nach Gl. (6.121) die Übertragungsfunktion

$$\underline{F}(s) = \frac{K_I}{s} \cdot \frac{1 + 2\vartheta T_0 s + T_0^2 s^2}{1 + Ts}$$

$$= \frac{\dfrac{1}{R_{12} C_g s} + \dfrac{R_g C_g + (R_{11} + R_{12}) C}{R_{12} C_g} + \dfrac{R_g (R_{11} + R_{12}) C_1 s}{R_{12}}}{1 + R_{11} C_1 s}$$

$$= \frac{K_P + (K_I/s) + K_D s}{1 + Ts} = \frac{K_P}{T_n s} \cdot \frac{1 + T_n s + T_n T_v s^2}{1 + Ts}$$

$$= \frac{K_P}{T_n s} \cdot \frac{(1 + T_1 s)(1 + T_2 s)}{1 + Ts} \tag{7.131}$$

Es handelt sich hier also um ein I-T_2^{-1}-T_1-Glied, das aber meist als PID-T_1-Glied bezeichnet wird. Man erhält dann den Proportionalbeiwert

$$K_P = \frac{R_g C_g + (R_{11} + R_{12}) C_1}{R_{12} C_g} \tag{7.132}$$

den Integrierbeiwert

$$K_{\mathrm{I}} = 1/(R_{12} C_{\mathrm{g}}) \tag{7.133}$$

den Differenzierbeiwert

$$K_{\mathrm{D}} = R_{\mathrm{g}} C_1 (R_{11} + R_{12})/R_{12} \tag{7.134}$$

und die Zeitkonstante

$$T = R_{11} C_1 \tag{7.135}$$

Man kann aber auch die Nachstellzeit

$$T_{\mathrm{n}} = R_{\mathrm{g}} C_{\mathrm{g}} + (R_{11} + R_{12}) C_1 \tag{7.136}$$

und die Vorhaltzeit

$$T_{\mathrm{v}} = \frac{R_{\mathrm{g}} C_{\mathrm{g}} (R_{11} + R_{12}) C_1}{R_{\mathrm{g}} C_{\mathrm{g}} + (R_{11} + R_{12}) C_1} = \frac{1}{\dfrac{1}{R_{\mathrm{g}} C_{\mathrm{g}}} + \dfrac{1}{(R_{11} + R_{12}) C_1}} \tag{7.137}$$

definieren. (Die Vorhaltzeit muß bei Anstiegserregung verstreichen, damit die Ausgangsgröße durch den P-Anteil um den gleichen Wert verändert wird, wie sie durch den D-Anteil schon sofort verstellt wird.) Man findet mit ihnen die Zeitkonstanten

$$T_{1,2} = \frac{T_{\mathrm{n}}}{2} [1 \pm \sqrt{1 - 4(T_{\mathrm{v}}/T_{\mathrm{n}})}] \tag{7.138}$$

so daß hierfür $T_{\mathrm{v}} \leqq T_{\mathrm{n}}/4$ sein muß. Ferner gilt für den Amplitudengang

$$F = \sqrt{K_{\mathrm{P}}^2 + [K_{\mathrm{D}} \omega - (K_{\mathrm{I}}/\omega)]^2} = \frac{K_{\mathrm{P}}}{T_{\mathrm{n}}} \sqrt{(1 - T_{\mathrm{v}} T_{\mathrm{n}} \omega^2)^2 + T_{\mathrm{n}}^2 \omega^2} \tag{7.139}$$

und den Phasengang

$$\varphi = \arctan \frac{K_{\mathrm{D}} \omega^2 - K_{\mathrm{I}}}{K_{\mathrm{P}}} = \arctan \left(T_{\mathrm{v}} \omega - \frac{1}{T_{\mathrm{n}} \omega} \right) \tag{7.140}$$

Das Bode-Diagramm ist in Bild **7.69** a wiedergegeben. Es charakterisiert grundsätzlich das Verhalten einer Bandsperre.

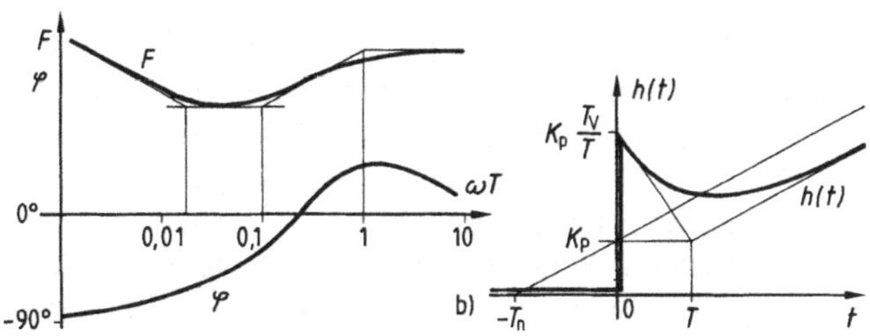

7.69
Bode-Diagramm (a) und Übergangsfunktion (b) für PID-T_1-Regler

Man erhält mit Korrespondenz 22 bis 24 ferner die Übergangsfunktion

$$h(t) = K_P + K_I(t - T) + \left(K_D \frac{1}{T} - K_P + K_I T\right) e^{-t/T}$$

$$= K_P\left[1 - \frac{T}{T_n} + \frac{t}{T_n} + \left(\frac{T_v}{T} + \frac{T}{T_n} - 1\right) e^{-t/T}\right] \tag{7.141}$$

die in Bild 7.69b dargestellt ist. Die Sprungantwort zeigt zur Zeit $t=0$ einen durch die P- und D-Anteile verursachten Sprung der Ausgangsgröße, die anschließend über den T_1-Anteil, also nach einer abklingenden Exponentialfunktion, in den stetig anwachsenden I-Anteil übergeht.

7.5.3 Gleichstrommotor

Es soll jetzt noch das Übergangsverhalten des schon in Abschn. 6.4.3 behandelten Gleichstrom-Nebenschlußmotors beim Einschalten mit dem Anwenden von Signalflußplänen untersucht werden. Es wird vorausgesetzt, daß sich das Lastmoment M_L linear mit der Winkelgeschwindigkeit Ω bzw. der Drehzahl n ändert. In diesem Sonderfall gilt

$$M_L = K_{PM}\Omega \quad \text{bzw.} \quad M_L = K_{Pn} n \tag{7.142}$$

wobei der Proportionalbeiwert z.B. über die Nennwerte (Index N) aus $K_{PM} = M_{LN}/\Omega_N$ bzw. $K_{Pn} = M_{LN}/n_N$ bestimmt werden kann.

Nach dem Einschalten der Eingangs-Gleichspannung wird dieser Motor den Strom $i(t)$ aufnehmen, hiermit ein Beschleunigungsmoment $M_B(t)$ entwickeln und so anlaufen, also die Drehzahl $n(t)$ steigern, bis sich ein stationärer Zustand einstellt, d.h., das Gleichgewicht zwischen Motormoment und Lastmoment hergestellt ist (s. Band VIII). Um für diesen Hochlauf einen zu großen Stromstoß zu vermeiden, wird vor den Motor ein Anlasser geschaltet, der aus Widerständen R_{VW} besteht, die den Ankerkreiswiderstand $R_A = R_i + R_{VW}$ vergrößern und meist stufenweise abgeschaltet werden. Hier sollen Drehzahl $n(t)$ und Strom $i(t)$ während eines solchen Anlaufs in der ersten Widerstandsstufe betrachtet werden.

7.5.3.1 Drehzahl. Man darf aus dem Signalflußplan in Bild 6.87 die Signalflußpläne von Bild 7.70 ableiten, indem der Block *5* als Rückkopplung von Winkelgeschwindigkeit $\Omega(s)$ bzw. Drehzahl $n(s)$ zum Drehmoment $M(s)$ hinzugefügt wird. In den Blöcken sind hier, wie in der Regelungstechnik üblich, die zugehörigen Übergangsfunktionen eingetragen und jeweils oben die Übertragungsbeiwerte und Zeitkonstanten angegeben. Die einzelnen Blöcke haben mit Ankerkreiswiderstand R_A, Ankerkreiszeitkonstante $T_A = L_A/R_A$, Anker-

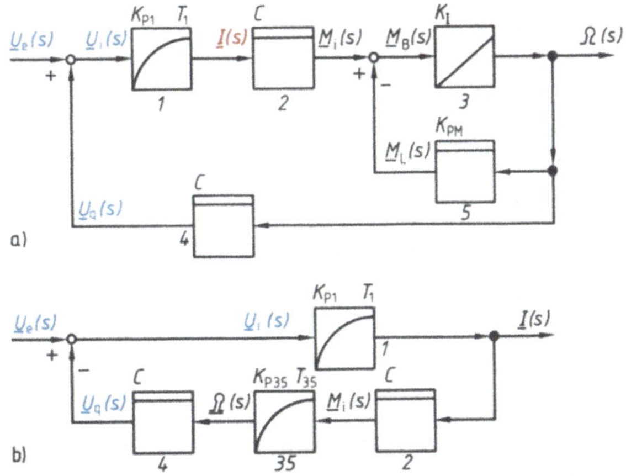

7.70
Signalflußpläne des konstant erregten Gleichstrom-Nebenschlußmotors bei linearer Lastkennlinie mit Ausgangsgröße Winkelgeschwindigkeit (a) bzw. Strom (b)

kreisinduktivität L_A, Nennspannung U_N, Nennstrom I_N, innerer Widerstand R_i, Trägheitsmoment J und Nennmoment M_{LN} nach Abschn. 6.4.3 die Übertragungsfunktionen

$$\underline{F}_1(s) = \frac{1/R_A}{1+T_a s} \qquad \underline{F}_2(s) = \underline{F}_4(s) = c = \frac{U_N - R_i I_N}{\Omega_N} = \frac{M_{LN}}{I_N}$$

$$\underline{F}_3(s) = K_I/s = 1/(Js) \qquad \underline{F}_5(s) = K_{PM} = M_{LN}/\Omega_N$$

Zunächst werden die gegengekoppelten Blöcke *3* und *5* zusammengefaßt zu einer Übertragungsfunktion nach Gl. (6.127)

$$\underline{F}_{35}(s) = \frac{1/(Js)}{1+K_{PM}/(Js)} = \frac{1/K_{PM}}{1+(J/K_{PM})s}$$

so daß in analoger Weise nach Abschn. 6.2.3.2 die gesamte Übertragungsfunktion

$$\underline{F}_\Omega(s) = \frac{\dfrac{1}{1+(J/K_{PM})s} \cdot \dfrac{c}{K_{PM} R_A} \cdot \dfrac{1}{1+T_A s}}{1 + \dfrac{1}{1+(J/K_{PM})s} \cdot \dfrac{c^2}{K_{PM} R_A} \cdot \dfrac{1}{1+T_A s}}$$

$$= \frac{c}{c^2 + R_A K_{PM}} \cdot \frac{1}{1 + \dfrac{J R_A + K_{PM} L_A}{c^2 + R_A K_{PM}} s + \dfrac{L_A J}{c^2 + R_A K_{PM}} s^2}$$

$$= \frac{K_{P\Omega}}{1 + 2\vartheta T_0 s + T_0^2 s^2} \tag{7.143}$$

mit dem Proportionalbeiwert

$$K_{P\Omega} = \frac{c}{c^2 + R_A K_{PM}} = \frac{\Omega_N I_N}{\Omega_N M_N + R_A I_N^2} \tag{7.144}$$

der Kennzeit

$$T_0=\sqrt{\frac{L_A J}{c^2+R_A K_{PM}}}=I_N\sqrt{\frac{L_a J\Omega_N/M_{LN}}{M_{LN}\Omega_N+R_A I_N^2}} \tag{7.145}$$

und dem Dämpfungsgrad

$$=\frac{J R_A+K_{PM} L_A}{c^2+R_A K_{PM}}\cdot\frac{1}{2T_0}=\frac{1}{2}\cdot\frac{I_N(\Omega_N J R_A+M_{LN} L_A)}{\sqrt{L_A J\Omega_N M_{LN}(M_{LN}\Omega_N+R_A I_N^2)}} \tag{7.146}$$

gefunden wird. Man erhält also die Bildfunktion der Winkelgeschwindigkeit

$$\underline{\Omega}(s)=\frac{K_{P\Omega}\underline{U}_e(s)}{s(1+2\vartheta T_0 s+T_0^2 s^2)} \tag{7.147}$$

zu der nach Korrespondenz 65 und 66 sowie Abschn. 6.4.3 mit dem Spannungssprung $u_{e\sqcap}(t)=U_{e0}\varepsilon(t)$, der Nennkreisfrequenz $\omega_0=1/T_0$, der Eigenkreisfrequenz $\omega_d=\omega_0\sqrt{1-\vartheta^2}$, der Abklingkonstanten $\delta=\omega_0\vartheta$, dem Dämpfungswinkel $\Theta=\arcsin\vartheta$ und den Zeitkonstanten $T_{1,2}=T_0(\vartheta\pm\sqrt{\vartheta^2-1})$ die Zeitfunktionen der Winkelgeschwindigkeit gehören

für $\vartheta<1$ (Schwingfall)

$$\Omega(t)=U_{e0}K_{P\Omega}\left[1-\frac{\omega_0}{\omega_d}\mathrm{e}^{-\delta t}\cos(\omega_d t-\Theta)\right] \tag{7.148}$$

für $\vartheta>1$ (Kriechfall)

$$\Omega(t)=U_{e0}K_{P\Omega}\left[1-\frac{1}{T_1-T_2}(T_1\mathrm{e}^{-t/T_1}-T_2\mathrm{e}^{-t/T_2})\right] \tag{7.149}$$

Die Winkelgeschwindigkeit kann auch auf die Drehzahl $n(t)=\Omega(t)/(2\pi)$ umgerechnet werden.

Für den Schwingfall erhält man nach Gl. (7.93) Extremwerte der Winkelgeschwindigkeit bzw. der Drehzahl für die Zeit $T_ü=\pi/\omega_d$; sie braucht, um den Höchstwert zu erhalten, nur in Gl. (7.148) eingesetzt zu werden.

7.5.3.2 Strom. Um die Übertragungsfunktion für den Strom zu erhalten, wird der Signalflußplan von Bild **7.70**a in den von Bild **7.70**b umgezeichnet. Hierfür findet man die Übertragungsfunktion

$$\underline{F}_I(s)=\frac{\underline{I}(s)}{\underline{U}_e(s)}=\frac{\dfrac{1/R_A}{1+T_A s}}{1+\dfrac{1}{1+T_A s}\cdot\dfrac{c^2}{R_A K_{PM}}\cdot\dfrac{1}{1+(J/K_{PM})s}}$$

$$=\frac{K_{PM}}{c^2+R_A K_{PM}}\cdot\frac{1+(J/K_{PM})s}{1+\dfrac{J R_A+K_{PM} L_A}{c^2+R_A K_{PM}}s+\dfrac{L_A J}{c^2+R_A K_{PM}}s^2}$$

$$=K_{PI}\frac{1+Ts}{1+2\vartheta_I T_0 s+T_0^2 s^2} \tag{7.150}$$

mit dem Proportionalbeiwert

$$K_{\text{PI}} = \frac{K_{\text{PM}}}{c^2 + R_{\text{A}} K_{\text{PM}}} = \frac{I_{\text{N}}^2}{P_{2\text{N}} + R_{\text{A}} I_{\text{N}}^2} = K_{\text{P}\Omega} \frac{I_{\text{N}}}{\Omega_{\text{N}}} \tag{7.151}$$

der Zeitkonstanten

$$T = J/K_{\text{PM}} = J\Omega_{\text{N}}/M_{\text{N}} \tag{7.152}$$

dem Dämpfungsgrad ϑ von Gl. (7.146) und der Kennzeit T_0 von Gl. (7.145). Somit erhält man die Bildfunktion des Stromes

$$\underline{I}(s) = K_{\text{PI}} U_{\text{e0}} \frac{1 + Ts}{s(1 + 2\vartheta_1 T_0 s + T_0^2 s^2)} = K_{\text{PI}} U_{\text{e0}} \frac{1 + Ts}{s(1 + T_1 s)(1 + T_2 s)} \tag{7.153}$$

und für den Schwingfall mit $\vartheta < 1$ die Sprungantwort des Stromes

$$i_{\sqsubset}(t) = K_{\text{PI}} U_{\text{e0}} \left\{ 1 - \frac{\omega_0}{\omega_{\text{d}}} \text{e}^{-\delta t} \left[\cos(\omega_{\text{d}} t - \Theta) - \frac{T}{T_0} \sin(\omega_{\text{d}} t) \right] \right\} \tag{7.154}$$

Er erreicht seinen Höchstwert bei $\text{d}i/\text{d}t = 0$ und daher zur Zeit

$$\begin{aligned} T_{\text{ü}} &= \frac{1}{\omega_{\text{d}}} \arctan \left[\frac{\cos\Theta + \sin\Theta + (T/T_0)}{\cos\Theta + \sin\Theta - (T/T_0)} \right] \operatorname{ctg}\Theta \\ &= \frac{1}{\omega_{\text{d}}} \arctan \left[\left(1 + \frac{2T/T_0}{\cos\Theta + \sin\Theta - (T/T_0)} \right) \operatorname{ctg}\Theta \right] \end{aligned} \tag{7.155}$$

Im Kriechfall ($\vartheta > 1$) ist die Sprungantwort des Stromes

$$i_{\sqsubset}(t) = K_{\text{PI}} U_{\text{e0}} \left\{ 1 - \frac{1}{T_1 - T_2} [(T_1 - T)\text{e}^{-t/T_1} - (T_2 - T)\text{e}^{-t/T_2}] \right\} \tag{7.156}$$

Er hat seinen Höchstwert zur Zeit

$$T_{\text{üI}} = \frac{T_1 T_2}{T_1 - T_2} \ln \frac{T_1(T - T_2)}{T_2(T - T_1)} \tag{7.157}$$

Beispiel 7.42. Es wird wieder der Motor von Beispiel 6.54 mit Nennspannung $U_{\text{N}} = 220$ V, Nennleistungsabgabe $P_{2\text{N}} = 40$ kW, Nennstrom $I_{\text{N}} = 200$ A, Nenndrehzahl $n_{\text{N}} = 1400 \text{ min}^{-1}$, innerem Widerstand $R_{\text{i}} = 0{,}06\ \Omega$, Ankerinduktivität $L_{\text{A}} = 2$ mH und Trägheitsmoment des ganzen Antriebs $L = 0{,}8 \text{ Ws}^3$ betrachtet. Es wird eine Arbeitsmaschine, die die Lastkennlinie $M_{\text{L}} = K_{\text{P}\Omega}\Omega$ aufweist, angetrieben. Um den Motor zur Zeit $t = 0$ an die Eingangsspannung $u_{\text{e}\sqsubset}(t) = U_{\text{N}}\,\varepsilon(t)$ legen zu können, wird der Ankerkreiswiderstand durch einen Anlasser auf $R_{\text{A}} = 5\ \text{R}_{\text{i}} = 0{,}3\ \Omega$ vergrößert. Für diese Anlaufbedingungen sollen die Sprungantworten der Drehzahl $n_{\sqsubset}(t)$ und des Stromes $i_{\sqsubset}(t)$ bestimmt werden.

Wir berechnen zunächst die Nennwinkelgeschwindigkeit $\Omega_{\text{N}} = 2\pi n_{\text{N}} = 2\pi \cdot 1400 \text{ min}^{-1}/(60 \text{ s/min}) = 146{,}6 \text{ s}^{-1}$, das Nennmoment $M_{\text{N}} = P_{2\text{N}}/\Omega_{\text{N}} = 40 \text{ kW}/(146{,}6 \text{ s}^{-1}) = 272{,}8$ Nm, die Proportionalbeiwerte

$$K_{P\Omega} = \frac{\Omega_N I_N}{P_{2N} + R_A I_N^2} = \frac{146{,}6\ \mathrm{s}^{-1} \cdot 200\ \mathrm{A}}{40\ \mathrm{kW} + 0{,}3\ \Omega \cdot 200^2\ \mathrm{A}^2} = 0{,}5639\ \frac{1}{\mathrm{Vs}}$$

$$K_{PI} = K_{P\Omega} I_N / \Omega_N = 0{,}5639\ \frac{1}{\mathrm{Vs}} \cdot 200\ \mathrm{A}/(146{,}6\ \mathrm{s}^{-1}) = 0{,}7693\ \mathrm{A/V}$$

die Kennzeit

$$T_0 = I_N \sqrt{\frac{L_A J \Omega_N / M_{LN}}{M_{LN} \Omega_N + R_A I_N^2}}$$

$$= 200\ \mathrm{A} \sqrt{\frac{2\ \mathrm{mH} \cdot 0{,}8\ \mathrm{Ws}^3 \cdot 146{,}6\ \mathrm{s}^{-1}/(272{,}8\ \mathrm{Nm})}{272{,}8\ \mathrm{Nm} \cdot 146{,}6\ \mathrm{s}^{-1} + 0{,}3 \cdot 200^2\ \mathrm{A}^2}} = 25{,}72\ \mathrm{ms}$$

und den Dämpfungsgrad

$$\vartheta = \frac{1}{2} \cdot \frac{I_N (\Omega_N J R_A + M_{LN} L_A)}{\sqrt{L_A J \Omega_N M_{LN} (M_{LN} \Omega_N + R_A I_N^2)}}$$

$$= \frac{1}{2} \cdot \frac{200\ \mathrm{A} (146{,}6\ \mathrm{s}^{-1} \cdot 0{,}8\ \mathrm{Ws}^3 \cdot 0{,}3\ \Omega + 272{,}8\ \mathrm{Nm} \cdot 2\ \mathrm{mH}}{\sqrt{272{,}8\ \mathrm{Nm} \cdot 2\ \mathrm{mH} \cdot 0{,}8\ \mathrm{Ws}^3 \cdot 146{,}6\ \mathrm{s}^{-1} (272{,}8\ \mathrm{Nm} \cdot 146{,}6\ \mathrm{s}^{-1} + 0{,}3 \cdot 200^2\ \mathrm{A}^2)}}$$

$$= 1{,}959$$

Es liegt also der Kriechfall vor; daher sind die Zeitkonstanten

$$T_1 = T_0 (\vartheta + \sqrt{\vartheta^2 - 1}) = 25{,}72\ \mathrm{ms} (1{,}959 + \sqrt{1{,}959^2 - 1}) = 93{,}71\ \mathrm{ms}$$

$$T_2 = 7{,}063\ \mathrm{ms}$$

$$T = J \Omega_N / M_N = 0{,}8\ \mathrm{Ws}^3 \cdot 146{,}6\ \mathrm{s}^{-1}/(272{,}8\ \mathrm{Ws}) = 430\ \mathrm{ms}$$

und die Endwerte der Drehzahl

$$n_\infty = \frac{U_N K_{P\Omega} \cdot 60\ \mathrm{s/min}}{2\pi} = \frac{220\ \mathrm{V} \cdot 0{,}5639\ (1/\mathrm{Vs})\ 60\ \mathrm{s/min}}{2\pi} = 1185\ \mathrm{min}^{-1}$$

und des Stromes

$$I_\infty = U_N K_{PI} = 220\ \mathrm{V} \cdot 0{,}7693\ \mathrm{A/V} = 169{,}2\ \mathrm{A}$$

Sie erreichen beide wegen des vorgeschalteten Anlassers nicht ihre Nennwerte. Der Strom hat einen Höchstwert zur Zeit

$$T_{\ddot{u}l} = \frac{T_1 T_2}{T_1 - T_2} \ln \frac{T_1 (T - T_2)}{T_2 (T - T_1)}$$

$$= \frac{91{,}71\ \mathrm{ms} \cdot 7{,}063\ \mathrm{ms}}{91{,}71\ \mathrm{ms} - 7{,}063\ \mathrm{ms}} \cdot \ln \frac{91{,}71\ \mathrm{ms} (430\ \mathrm{ms} - 7{,}063\ \mathrm{ms})}{7{,}063\ \mathrm{ms} (430\ \mathrm{ms} - 91{,}71\ \mathrm{ms})} = 21{,}33\ \mathrm{ms}$$

Für Gl. (7.149) und (7.156) sind außerdem noch zu berechnen

$$n_\infty T_1/(T_1 - T_2) = 1185\ \mathrm{min}^{-1} \cdot 93{,}71\ \mathrm{ms}/(93{,}71\ \mathrm{ms} - 7{,}063\ \mathrm{ms}) = 1282\ \mathrm{min}^{-1}$$

$$n_\infty T_2/(T_1 - T_2) = 1282\ \mathrm{min}^{-1} - 1185\ \mathrm{min}^{-1} = 97\ \mathrm{min}^{-1}$$

$$I_\infty (T_1 - T)/(T_1 - T_2) = 169{,}2\ \mathrm{A} (93{,}71\ \mathrm{ms} - 430\ \mathrm{ms})/(93{,}71\ \mathrm{ms} - 7{,}063\ \mathrm{ms})$$
$$= -656{,}7\ \mathrm{A}$$

$$I_\infty (T_2 - T)/(T_1 - T_2) = -656{,}7\ \mathrm{A} - 169{,}2\ \mathrm{A} = -825{,}9\ \mathrm{A}$$

Nach Einsetzen dieser Werte gilt dann für den Verlauf der Drehzahl

$$n_{\ulcorner}(t) = 1185 \text{ min}^{-1} - 1282 \text{ min}^{-1} \text{ e}^{-t/(93{,}71 \text{ ms})} + 97 \text{ min}^{-1} \text{ e}^{-t/(7{,}063 \text{ ms})}$$

und den Stromverlauf

$$i_{\ulcorner}(t) = 169{,}2 \text{ A} + 656{,}7 \text{ A e}^{-t/(93{,}71 \text{ ms})} - 825{,}9 \text{ A e}^{-t/(7{,}063 \text{ ms})}$$

Nach Einsetzen der Zeit $T_{\text{üI}}$ findet man den Höchstwert des Stromes $i_{\text{max}} = 651{,}9 \text{ A} = 3{,}26\, I_{\text{N}}$. Ohne Berücksichtigung des Übergangsverhaltens ergäbe sich der Einschaltstrom $I_{\text{An}} = U_{\text{N}}/R_{\text{A}} = 220 \text{ V}/(0{,}3\ \Omega) = 733{,}3 \text{ A} = 3{,}667\, I_{\text{N}}$.

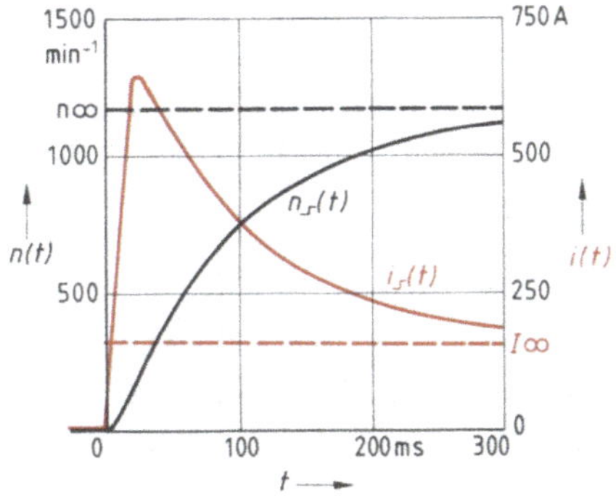

7.71
Sprungantwort der Drehzahl $n_{\ulcorner}(t)$ und des Stromes $i_{\ulcorner}(t)$ für Beispiel 7.42

Die Zeitfunktionen sind in Bild 7.71 dargestellt; sie können aus den Summanden zusammengesetzt oder auch mit einem für Gl. (7.149) und (7.158) aufgestellten Taschenrechnerprogramm (s. Band VII) schnell berechnet werden. Die letzten Glieder haben wegen der kleinen Zeitkonstanten jeweils nur einen geringen Einfluß auf den Funktionsverlauf; ihre Vernachlässigung ergibt auch bei dem Stromhöchstwert nur geringe Fehler.

7.5.4 Weitere Übergangsfunktionen

Mit den Übergangsfunktionen, die in Abschn. 7.3.1 und 7.4.2 angegeben sind und mit Beispiel 7.53 noch zusätzlich berechnet werden können, kann man die Gleichungen für die Übergangsfunktionen in Tafel 7.72 zusammenstellen. (Die mit A beginnenden Gleichungsnummern beziehen sich auf die Lösungen im Anhang.) In bestimmten Fällen muß man die angegebenen Größen gleich 0 bzw. ∞ setzen. Ihr Verlauf kann mit den Taschenrechnerprogrammen von Band VII schrittweise bestimmt werden.

Tafel 7.72 Beispiele für Übergangsfunktionen $h(t) = u_{a\sqsubset}(t)/u_{e\sqsubset}(t)$ einfacher zusammengesetzter Zweitore (Dämpfungsgrad $\vartheta < 1$). Die Nummer gibt die zugehörige Gleichung an.

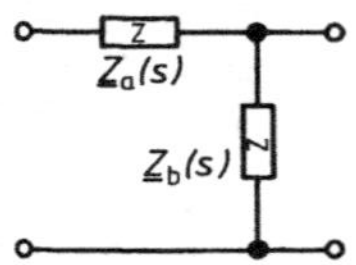	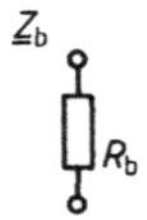		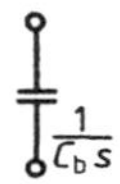		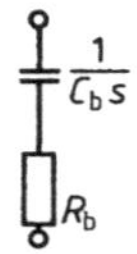	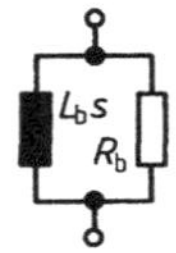	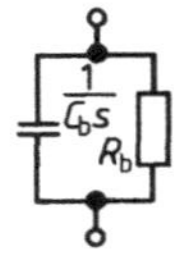
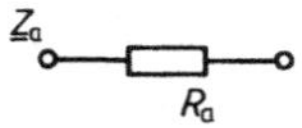	$\frac{R_b}{R_a + R_b}$	$e^{-t/(L_b/R_a)}$	T_1-Glied Tafel **6.64**	(7.45) $L_1 = 0$	(7.58)	(7.45) $L_2 = \infty$	(7.45) $C_2 = 0$
	T_1-Glied Tafel **6.64**	$\frac{L_b}{L_a + L_b}$	(7.117) $R_1 = R_2 = 0$	(7.45) $R_1 = 0$	(7.117) $R_1 = \infty$	(7.45) $R_2 = \infty$	(7.123) $R_1 = 0$
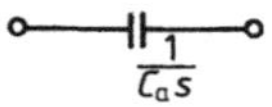	$e^{-t/(C_a R_b)}$	(7.90) $R = 0$	$\frac{C_a}{C_a + C_b}$	(A 20) $R_1 = 0$	(7.45) $R_1 = 0$	(A 19) $R_1 = 0$	(7.52) $R_1 = 0$
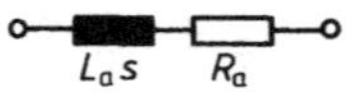	(7.45) $L_2 = 0$	(7.45) $R_2 = 0$	(7.117) $R_1 = 0$	(7.45)	(7.117)	(7.52)	(7.123)
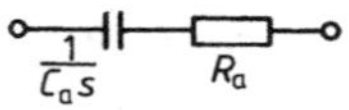	(7.45) $C_1 = 0$	(7.90)	(7.57) $R_2 = 0$	(A 20)	(7.45)	(A 19)	(7.52)
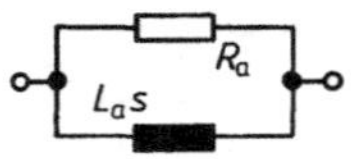	(7.57) $L_1 = 0$	(7.57) $R_1 = 0$	(7.117) $R_2 = \infty$	(7.57)		(7.45)	(7.117)
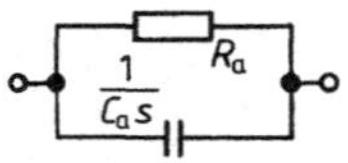	(7.54) $R_1 = \infty$	(A 21) $R_2 = 0$	(7.58)	(A 21)	(7.57)	(A 20)	(7.45)

7.6 Übungsaufgaben zu Abschnitt 7

Die folgenden Beispiele können das Verständnis für das Übergangsverhalten und seine Anwendungen fördern und fordern den Leser auf, durch eigenes Suchen der Lösungen Sicherheit im Anwenden der behandelten Verfahren zu gewinnen. Der Anhang enthält, um eine Kontrolle zu ermöglichen, die Ergebnisse.

Beispiel 7.43. Ein Lichtblitzgerät enthält die Kapazität C, die auf die Spannung $U = 4$ kV aufgeladen wird und sich dann über die Xenon-Entladungslampe entlädt, wobei ein Lichtblitz von 25 µs Dauer abgegeben wird. Welche Kapazität C ist erforderlich, wenn der Kondensator die Energie $W = 100$ Ws speichern soll? Welche Leistung P gibt der Kondensator kurzzeitig ab, wenn man die Leistungsabgabe während der Entladung in erster Näherung als konstant annimmt?

Beispiel 7.44. Beim Einschalten der Kapazität C zur Blindstromkompensation (s. Abschn. 3.4.2.2) nach Bild 7.73 überlagert sich dem stationären Kondensatorstrom i_1 der Frequenz $f_1 = 50$ Hz ein höherfrequenter Ausgleichsstrom i_v der Frequenz f_v. Diese freie Schwingung erfolgt mit der durch die Induktivität $L = 10$ µH und die Kapazität $C = 2200$ µF des Kreises gegebenen Resonanzfrequenz und klingt wegen der Verluste des Kreises exponentiell ab. Das speisende Netz hat den Wirkwiderstand $R = 0{,}85$ mΩ und die Sinusspannung $U = 231$ V.

Welche Frequenz f und welche größte Amplitude $\hat{i}$ hat der Ausgleichsstrom, wenn die Kapazität C beim Scheitelwert der treibenden Spannung eingeschaltet wird? Man ermittle das Verhältnis der Stromamplituden von Ausgleichsstrom I und stationärem Strom I_1.

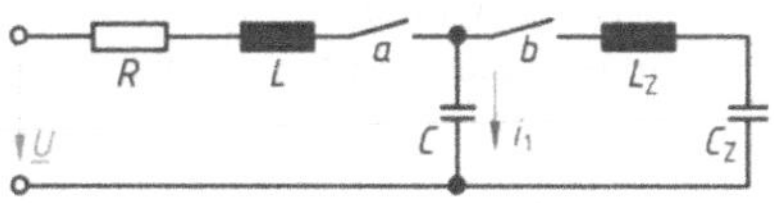

7.73
Ersatzschaltung für Einschalten einer Kompensationskapazität C und einer Zusatzkapazität C_Z über die Schalter a und b

Beispiel 7.45. Beim Zuschalten eines Kondensators C_z parallel zu dem bereits eingeschalteten Kondensator C nach Bild 7.73 über den Schalter b treten höherfrequente Ausgleichsströme zwischen dem schon ein- und dem zugeschalteten Kondensator auf. Für diese Ströme ist die Induktivität $L_z = 1$ µH und die resultierende Kapazität C_{res} der Reihenschaltung der Kapazitäten $C_z = C = 2200$ µF maßgebend. Der vom Netz zusätzlich gelieferte Ausgleichsstrom soll vernachlässigt werden. Welche Frequenz f_z und welche Amplitude $\hat{i}_z$ hat der beim Zuschalten im Scheitelwert der Kondensatorspannung auftretende Ausgleichsstrom bei vernachlässigbar kleinem Wirkwiderstand?

Beispiel 7.46. Zur Bestimmung der Schwingkreiskonstanten wird die Kapazität C in der Schaltung nach Bild 7.74a auf die Spannung $U_0 = 125$ V aufgeladen und nach dem Umschalten auf die Induktivität die Kondensatorspannung in Bild 7.74b oszillographiert. Außerdem wird die zugehörige größte Stromamplitude $\hat{i} = 0{,}5$ A ermittelt. Welche Eigenfrequenz hat der Schwingkreis? Man bestimme Wirkwiderstand R, Induktivität L und Kapazität C der Schaltung. (Bild 7.74a, b s. nächste Seite.)

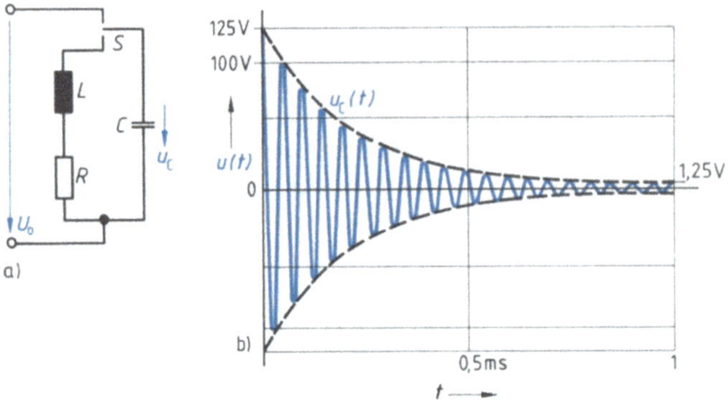

7.74 Zur Bestimmung der Schwingkreiskonstanten
a) Schaltung mit Umschalter S
b) Verlauf der Kondensatorspannung $u_C(t)$

Beispiel 7.47. Mit einem spannungsgesteuerten Schalter S soll nach Bild 7.75 eine annähernd sägezahnförmige Spannung erzeugt werden. Der spannungsgesteuerte Schalter schließt bei der Zündspannung $U_{SZ}=95$ V und öffnet bei der Löschspannung $U_{SL}=70$ V. Er hat den Innenwiderstand $R_{VW}=100\ \Omega$, und die Schaltung liegt mit der Kapazität $C=1\ \mu$F und dem Wirkwiderstand $R=100$ kΩ an der Gleichspannung $U=200$ V. Welche Kippfrequenz stellt sich ein? Die zur Berechnung heranzuziehenden Ausgleichsvorgänge der Kondensatorspannung u_C und der Schalterspannung u_S sind zu skizzieren.

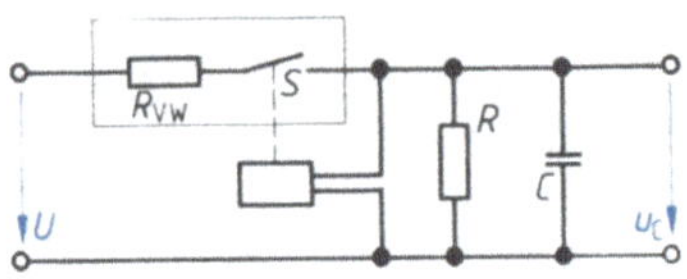

7.75 Sägezahngenerator mit spannungsgesteuertem Schalter S

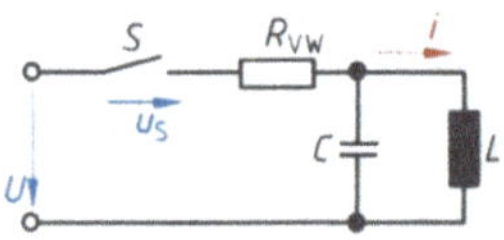

7.76 Schutzschaltung für eine Induktivität L

Beispiel 7.48. Um beim Abschalten einer über einen Vorwiderstand $R_{VW}=50\ \Omega$ gespeisten Induktivität $L=0{,}1$ H von der Gleichspannung $U=200$ V die am Schalter S auftretende Spannung u_S auf einen Höchstwert $u_{S\,max}=1200$ V zu begrenzen, wird der Schaltung nach Bild 7.76 ein Kondensator C parallelgeschaltet. Welche Kapazität C muß vorgesehen werden? Nach welcher Zeit t_x nach Öffnen des Schalters S tritt der Spannungshöchstwert $u_{S\,max}$ auf?

Beispiel 7.49. Die Induktivität $L=0{,}5$ H soll über einen Vorwiderstand R an ein Sinusstromnetz mit der Spannung $U=220$ V und der Frequenz $f=50$ Hz geschaltet werden. Wie groß muß der Vorwiderstand R sein, damit beim ungünstigsten Einschaltzeitpunkt der Überstrom $i_{ü\,max}$ nur 50% größer als der Scheitelwert des stationären Stromes ist? Wie groß ist der Überstrom i_{max}? Bei welchem der anliegenden Sinusspannung zugeordnetem Schaltwinkel α tritt der größte Überstrom auf?

Beispiel 7.50. Die Kapazität $C=10\ \mu$F wird über das in Bild 7.77 dargestellte Netzwerk mit den Wirkwiderständen $R_1=R_2=1$ kΩ an die Gleichspannung $U_e\varepsilon(t)=80$ V $\varepsilon(t)$ gelegt. Zu berechnen sind Einschaltstrom i_0 und Dauerstrom i_∞ in der Zuleitung. Nach welcher Zeit ist der Kondensator halb aufgeladen? Wie groß ist dann die Kondensatorspannung u_C? Wie ändert sich die Zeitkonstante, wenn der Widerstand $R_2 = \infty$ wird?

Beispiel 7.51. Skizziere für Kurzschluß der nach Bild 7.78 zwischen den Klemmen A, B liegenden Drossel mit Induktivität $L = 1$ H und Wirkwiderstand $R = 10\ \Omega$ bei der Spannung $U = 100$ V und dem Vorwiderstand $R_{VW} = 40\ \Omega$ die Verläufe der Ströme $i(t)$, $i_S(t)$, $i_g(t)$ und der Spannungen $u_L(t)$, $u_R(t)$, $u_{RVW}(t)$ und $u_{AB}(t)$.

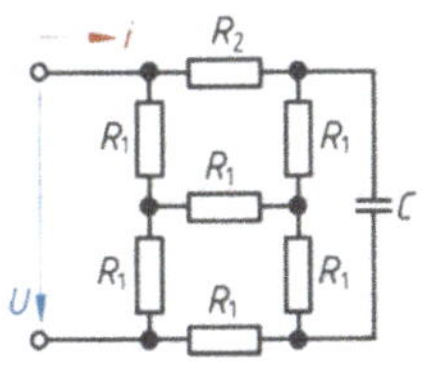

7.77 Aufladung eines Kondensators über ein Widerstands-Netzwerk

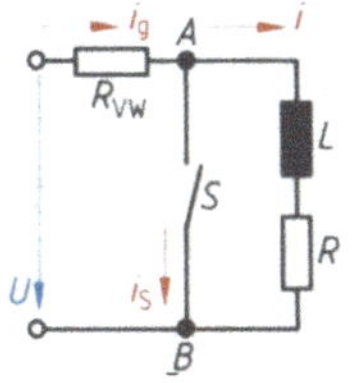

7.78 Schaltung zum Kurzschluß einer Drossel

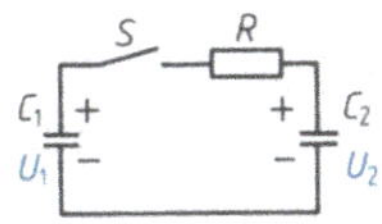

7.79 Umladung von Kondensatoren

Beispiel 7.52. Die beiden nach Bild 7.79 in Reihe geschalteten Kapazitäten $C_1 = 200\ \mu F$ und $C_2 = 500\ \mu F$ haben bei geöffnetem Schalter S die Spannungen $U_1 = 3$ kV und $U_2 = 7$ kV. Welche Spannungen U'_1 und U'_2 liegen an ihnen nach Schließen des Schalters S am Ende der Umladung? Welche Energie W wird während der Umladung im Widerstand $R = 12\ \Omega$ umgesetzt?

Beispiel 7.53. Bei einer periodischen Ladung und Entladung des Kondensators C durch Umschalten des Schalters S jeweils nach 0,1 s wird in der in Bild 7.80 dargestellten Schaltung bei der Spannung $U = 4$ V der Gleichstrom $\bar{i} = 0{,}8$ mA gemessen. Es ist dabei angenommen, daß die auftretenden Übergangsvorgänge gerade noch als beendet angesehen werden können. (Wird die Anordnung beispielsweise zum Messen der Umschaltfrequenz, also als Frequenzmesser benutzt, dann entspräche obige Betriebsbedingung der oberen Frequenzgrenze des linearen Meßbereichs.) Wie groß sind Wirkwiderstand R und Kapazität C? Skizziere den Spannungsverlauf am Kondensator und den Stromverlauf im Strommesser.

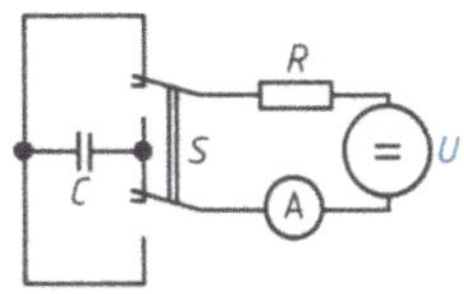

7.80 Periodische Ladung und Entladung eines Kondensators

Beispiel 7.54. Für die Netzwerke in Bild 7.81 sollen die Übergangsfunktionen $h(t)$ für $\vartheta < 1$ bestimmt werden.

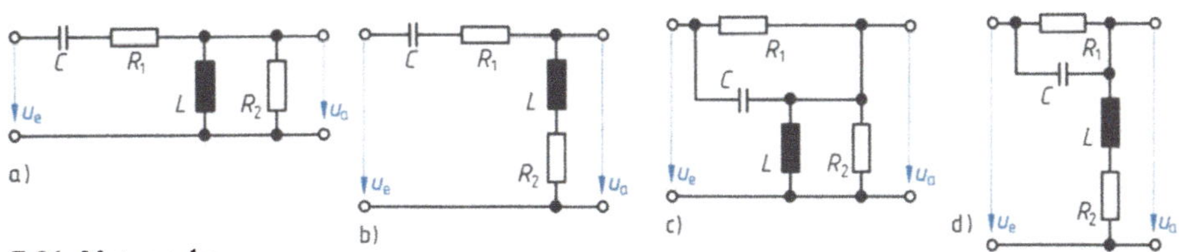

7.81 Netzwerke

Beispiel 7.55. Für die Schaltungen in Bild 7.82 sollen die Gleichungen der Sprungantworten für Ausgangsspannung $u_{\mathrm{a}\ulcorner}(t)$ und Strom $i_{\ulcorner}(t)$ bei dem Dämpfungsgrad $\vartheta = \delta / \omega_0 < 1$ und der Eigenkreisfrequenz $\omega_{\mathrm{d}} = \omega_0 \sqrt{1 - \vartheta^2}$ abgeleitet werden.

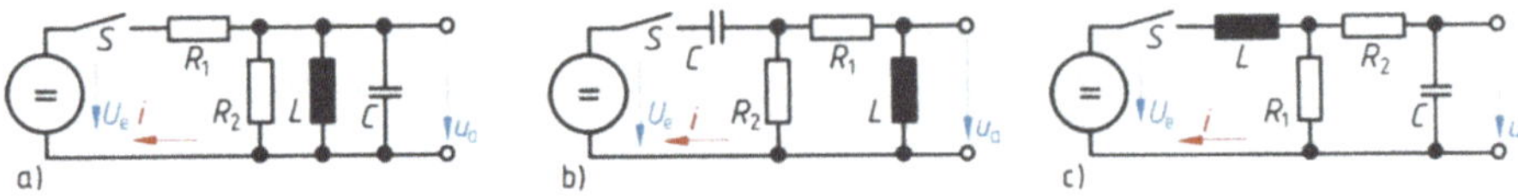

7.82 Schwingkreise

Beispiel 7.56. Für die Schaltung in Bild 7.83 ist der Verlauf von Strom i, Spannungen u_{R} und u_{L} sowie Leistungen P_{t}, Q_{t} und S_{t} darzustellen.

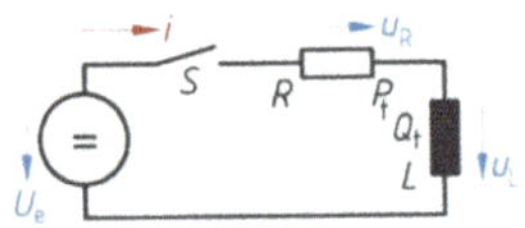

7.83 RL-Glied

8 Mathematische Grundlagen

Hier sollen die wichtigsten mathematischen Verfahren, die in diesem Buch auf Aufgaben der Schaltungslehre in der Elektrotechnik angewendet werden, in knapper Form zusammengestellt werden. Es wird allerdings darauf verzichtet, einfache Zusammenhänge aus der Algebra, der Funktionenlehre oder aus Differential- und Integralrechnung zu wiederholen; hierfür wird auf die entsprechenden Lehrbücher (z. B. [6], [8], [9], [14], [15], [18], [20], [21], [22], [27], [31], [64], [73], [75], [83]) verwiesen. Da außerdem nur einige Begriffe kurz erläutert und die hauptsächlichen Rechenregeln mitgeteilt werden können, kann eine solche Darstellung nicht die ausführliche Behandlung und die Ableitungen in einem Lehrbuch der Mathematik ersetzen. Sie kann nur Bekanntes in die Erinnerung zurückrufen und Zweifel oder Unsicherheiten zu beheben versuchen.

8.1 Einführung

Die Mathematik ist die Kurzschrift von Naturwissenschaft und Technik. Sie ermöglicht, einerseits die Erkenntnisse übersichtlich zusammenzufassen und stellt andererseits Verfahren zum Auswerten dieser Theorien und Erkenntnisse zur Verfügung. Mathematische Kenntnisse sind daher unentbehrlich, wenn man die Elektrotechnik als Ingenieur verstehen und anwenden will.

Mit mathematischen Ausdrücken kann man viel verwickeltere Zusammenhänge erfassen als mit bloßem Nachdenken. Mathematische Ableitungen können schwierige Denkprozesse ersetzen, und mathematische Schlußfolgerungen haben Erfindungen ausgelöst.

Da ein Ingenieur nur dann erfolgreich arbeiten kann, wenn er klare Vorstellungen vom Wesen der Naturvorgänge hat, muß er auch mit der mathematischen Form der Naturgesetze umgehen können. Die Fortschritte der Technik gehen heute meist von durchsichtigen Denkmodellen und Begriffen aus, und jede Erweiterung der theoretischen Vorstellungen, die ohne mathematische Formulierung unvollständig bleiben würden, ermöglicht weitere Fortschritte.

8.1.1 Allgemeine Grundbegriffe

Hier sollen zunächst einige Begriffe, die bei technischen Berechnungen allgemein auftreten, besprochen und geklärt werden.

8.1.1.1 Physikalische Größe. Nach DIN 1313 geben physikalische Größen die meßbaren Eigenschaften physikalischer Gegenstände, Vorgänge oder Zustände (also z.B. Länge, Zeit, Masse, Geschwindigkeit, Energie, Leistung, Kraft, Temperatur, Spannung) wieder. Sie werden in Funktionsgleichungen durch Formelzeichen (z.B. nach DIN 1304, 1344 oder 5483) vertreten - s.a. Anhang 8.

Die Einheit einer physikalischen Größe ist eine aus der Menge der gleichartigen Größen ausgewählte und festgelegte Größe. Der Zahlenwert einer physikalischen Größe stellt das Verhältnis der Größe zur Einheit dar. Daher gilt nach DIN 1313 allgemein, wenn man die physikalische Größe mit dem Formelzeichen x, seinen Zahlenwert mit $\{x\}$ und seine Einheit mit $[x]$ bezeichnet,

$$x = \{x\}\,[x] \tag{8.1}$$

In diesem Buch werden, um verwechselbare Zeichen klar unterscheiden zu können, Formelzeichen stets kursiv gesetzt (also als schräge Buchstaben) und häufig durch (steile) Indizes noch besonders gekennzeichnet, die Kurzzeichen der Einheiten dagegen in Normalschrift steil geschrieben. Die Formelzeichen komplexer Größen sind außerdem unterstrichen. In Kräftefeldern haben die meisten physikalischen Größen noch im Raum eine bestimmte Wirkungsrichtung. Diese gerichteten Größen werden Vektor genannt; sein Formelzeichen wird in diesem Buch ebenfalls kursiv gesetzt und außerdem überpfeilt.

8.1.1.2 Einheiten. Um den Wert einer physikalischen Größe bestimmen zu können, muß man sie mit einer vereinbarten Einheitsgröße, der Einheit, vergleichen. Man könnte für jede Größe eine eigene Einheit festlegen, müßte sich dann aber für das Umrechnen auf gleichartige Größen unbequeme Zahlenfaktoren merken. Daher hat man Einheitensysteme entwickelt, für die alle Verknüpfungsfaktoren 1 sind. Diese Maßsysteme sind kohärent. Eine Kohärenz wird erreicht, indem alle physikalischen Größen als Potenzprodukte weniger Basisgrößen definiert werden. Dann brauchen nur noch wenige Basiseinheiten willkürlich vereinbart zu werden. Gesetzlich vorgeschrieben sind die in DIN 1301 aufgeführten SI-Einheiten. Für die Elektrotechnik wichtig sind die SI-Basiseinheiten

1 Meter (Kurzzeichen m) für die Länge,
1 Kilogramm (kg) für die Masse,
1 Sekunde (s) für die Zeit,
1 Ampere (A) für die Stromstärke,
1 Kelvin (K) für die Temperatur.

Man beachte, daß nach DIN 1301 die frühere Krafteinheit Kilopond (kp) nicht mehr benutzt werden darf. Gesetzlich vorgeschrieben ist die (abgeleitete) Einheit der Kraft $[F] = \mathrm{N} = \mathrm{kg\ m/s^2}$. Weitere abgeleitete Einheiten findet man im Anhang 5.1; sie ergeben sich über die zugehörigen Bestimmungsgleichungen. Bild **8.**1 zeigt den Zusammenhang zwischen den SI-Einheiten.

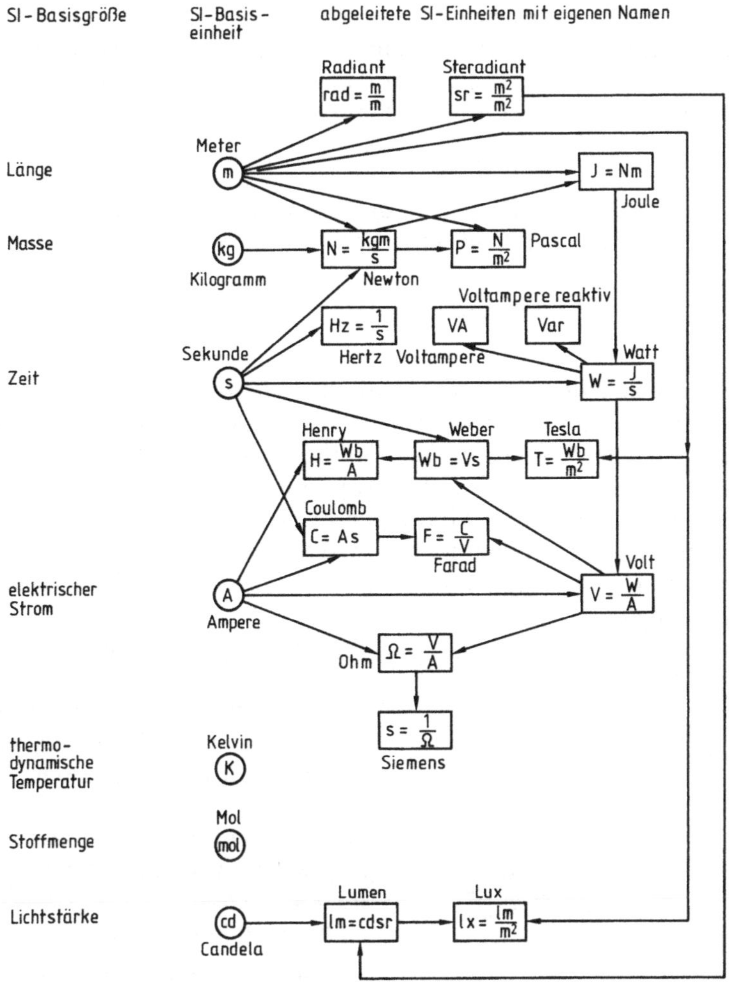

8.1
SI-Einheiten

Für dezimale Vielfache oder Teile sollen die im Anhang 5.2 zusammengestellten Vorsätze angewendet werden. Kombinationen von Vorsätzen sind allerdings nicht zulässig. Der Vorsatz bildet mit der unmittelbar folgenden Einheit ein Ganzes, und ein Exponent bezieht sich auf das Ganze. Daher gilt z. B. $1\ \mathrm{m}^2 = 10^4\ \mathrm{cm}^2 = 10^6\ \mathrm{mm}^2$ oder $1\ \mathrm{kHz} = 10^3\ \mathrm{s}^{-1} = 1/(10^{-3}\ \mathrm{s}) = 1/(\mathrm{ms}) = 1\ \mathrm{ms}^{-1}$ oder $10^{-3}\ \mathrm{K}^{-1} = 1/(10^3\ \mathrm{K}) = 1/(\mathrm{kK}) = 1\ \mathrm{kK}^{-1}$ und $10^{-6}\ \mathrm{K}^{-2} = 1/(10^6\ \mathrm{K}^2) = 1/(\mathrm{kK}^2) = 1\ \mathrm{kK}^{-2}$.

Da für Einheiten und Vorsätze teilweise die gleichen Kurzzeichen (z. B. T, m – s. Anhang 5) benutzt werden, muß man durch eine entsprechende Reihenfolge Mißverständnisse ausschließen. (So steht z. B. mN für Millinewton und Nm für Newtonmeter. Es ist auch $1\ \mathrm{m}^2\,\mathrm{T} = 1\ \mathrm{Wb} = 1\ \mathrm{Vs}$, aber $1\ \mathrm{Tm}^2 = 10^{12}\ \mathrm{m}^2$.)

Das eine physikalische Größe bestimmende Potenzprodukt aus den Grundgrößen wird Dimension genannt; sie ist unabhängig vom Maßsystem. So hat z. B. ein Weg s die Dimension Länge L, und für die Geschwindigkeit v findet man bei der Zeit t, für deren Dimension man T angibt, wegen der Definition

$$v = \mathrm{d}s/\mathrm{d}t \tag{8.2}$$

die Dimension $\mathrm{L/T} = \mathrm{L\,T^{-1}}$; die Einheit der Geschwindigkeit kann dagegen beispielsweise bei Benutzung der Einheiten m für die Länge und s für die Zeit

$$[v] = [s]/[t] = \mathrm{m/s}$$

sein.

8.1.1.3 Funktion. Die mathematische Funktion beschreibt den Zusammenhang zwischen irgendwelchen Größen – in der Elektrotechnik also z. B. die gegenseitige Abhängigkeit elektrischer Größen. In der Funktion $y = f(x)$ stellt y die abhängige und x die unabhängige Veränderliche dar; dies ist meist auch die Verknüpfung von Wirkung und Ursache. Häufig treten einige Parameter a_i auf, die für eine bestimmte (wissenschaftliche) Untersuchung konstant gehalten werden und durch deren Veränderung man Kurvenscharen nach Bild 8.2 erhält.

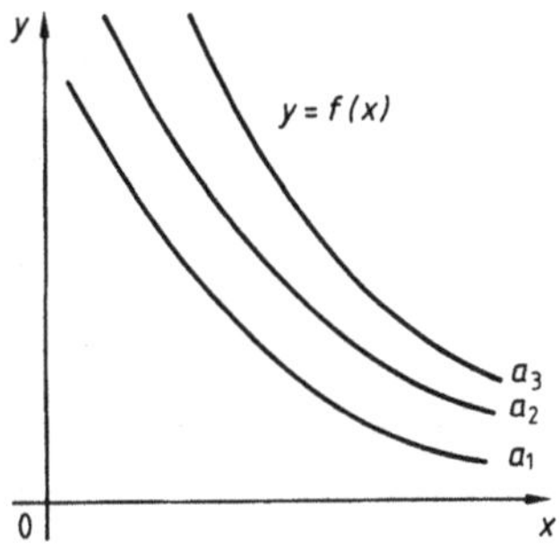

8.2 Funktionen $y = f(t)$ mit Parameter a_i

Funktionen $y = f(x)$ werden, um ihren Verlauf anschaulich zu machen, gern in Diagrammen nach Bild 8.2 dargestellt. Hierbei ist DIN 461 zu beachten. Die unabhängige Veränderliche x gehört zur (waagerechten) Abszissenachse, die abhängige Veränderliche y zur (senkrechten) Ordinatenachse. Pfeilspitzen zeigen an, in welcher Richtung die Koordinaten wachsen. Der Koordinaten-Nullpunkt sollte mit 0 bezeichnet sein.

Für die Schaltungslehre sind Funktionen 1. Grades, die lineare Abhängigkeiten wiedergeben, besonders wichtig, da sie einfache Betrachtungen ermöglichen (s. z. B. Abschn. 1.2.2.3 und 2.3). In Bild 8.3 bezeichnet a_0 die Ordinate des Schnittpunkts mit der y-Achse und $a_1 = \mathrm{d}y/\mathrm{d}x$ die Steigung der Geraden, also die lineare Zu- oder Abnahme der physikalischen Größe. Für Meßwerte, die lineare Zusammenhänge erwarten lassen, kann man heute in einfacher Weise mit programmierbaren Taschenrechnern die zugehörige Regressionsgerade mit der Standardabweichung und dem Korrelationskoeffizienten bestimmen (s. Band IV und VII).

Recht häufig treten auch Funktionen höheren Grades auf (s. z. B. Abschn. 1.2.2 und 5.3), die wie in Bild 8.4 nichtlineare Abhängigkeiten darstellen. Sie sind nicht immer (wie z. B. in $y = a_1 x^2$ oder $y = a/x$ durch Parabel bzw. Hyperbel) in geschlossenen mathematischen Ausdrücken zu erfassen, sondern in der Tech-

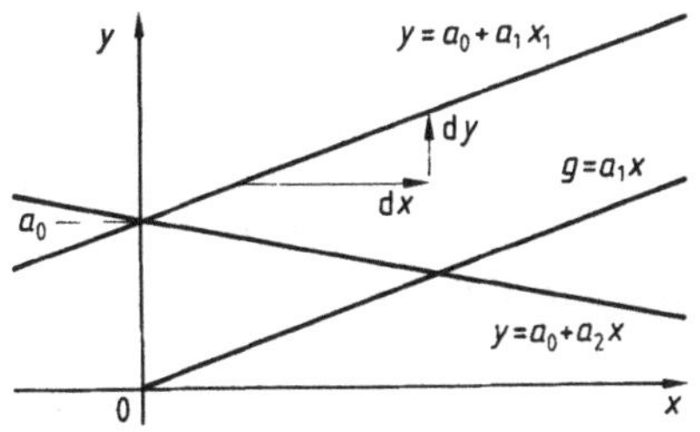

8.3 Lineare Funktionen

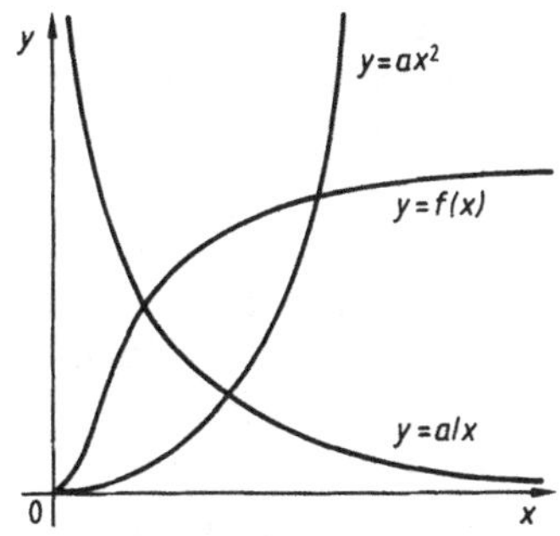

8.4 Nichtlineare Funktionen

nik häufig nur durch Polynome, also Funktionen höherer Ordnung, anzunähern. Für die Behandlung nichtlinearer Funktionen müssen meist erhebliche Einschränkungen in Kauf genommen werden; gelegentlich werden sie für bestimmte Probleme als streckenweise linear angenommen (s. z. B. Abschn. 1.2.2.4 und 6.2.3.6).

Eine besondere Rolle spielen in der Elektrotechnik die trigonometrischen Funktionen, da die meisten periodischen Wechselvorgänge ihnen folgen oder in eine entsprechende Fourierreihe (s. Abschn. 5.1) zerlegt werden können. Für die Sinusstromtechnik werden diese Zeitfunktionen in komplexe Größen transformiert und mit Zeigerdiagrammen behandelt (s. Abschn. 3.1).

Gebrochen rationale Funktionen treten bei den Übertragungsfunktionen (s. Abschn. 6.2) auf. Exponentialfunktionen erscheinen bei Übergangsvorgängen (s. Abschn. 7). Die wichtigsten mathematischen Methoden für die Elektrotechnik, wie komplexe Rechnung, Ortskurventheorie, Lösung von Gleichungssystemen, Funktionentheorie und Laplace-Transformation sind daher hier zusammengestellt.

8.1.1.4 Vorzeichen. In der mathematischen Funktion $y=a_0+a_1x$ schreibt das Pluszeichen vor, daß eine Summe gebildet werden soll. In $y=a_0-a_1x$ ist dagegen wegen des Minuszeichens eine Differenz zu berechnen. Plus (+) und Minus (−) sind also in diesem Fall mathematische Zeichen, die eine bestimmte Rechenoperation verlangen. Eine Betrachtung von Bild 8.3 zeigt nun, daß diesen Zeichen noch eine andere Bedeutung zukommt. Die Koordinatenachsen haben dort auch Bereiche, denen man negative Funktionswerte zuordnet. Die Funktion $y=a_0+a_1x$ hat eine positive Steigung a_1; die Funktion $y=a_0+a_2x$ fällt jedoch in der dargestellten Form mit wachsendem x, hat also einen negativen Wert a_2.

Man erkennt, daß Formelzeichen grundsätzlich positive oder negative Werte annehmen können, also positive oder negative Vorzeichen einschließen. Während schon jeder negative Celsius-Temperaturen erlebt hat und negative Stromwerte als Umkehr der angenommenen Stromrichtung erklärt werden können (s. Abschn. 1.3.1.3), treten negative Längen, Massen oder Frequenzen nicht auf, sind also, wenn sie sich rein rechnerisch ergeben sollten, physikalisch nicht zu verwirklichen. Die physikalische Realität muß man natürlich stets beachten.

8.1.1.5 Größengleichung. Die in diesem Buch angegebenen Gleichungen sind Größengleichungen nach DIN 1313; die verwendeten Formelzeichen stehen für physikalische Größen, stellen also nach Abschn. 8.1.1.1 das Produkt von (vorzeichenbehaftetem) Zahlenwert und Einheit dar. Zahlenwerte und Einheiten werden als selbständige Faktoren behandelt.

Größengleichungen kann man daher unter Beachtung der mathematischen Regeln, z. B. der linearen Algebra oder von Differential- und Integralrechnung, umstellen; im allgemeinen versucht man, sie nach der gesuchten Größe aufzulösen. Nach Einsetzen der vorgegebenen physikalischen Größen - also von vorzeichenbehaftetem Zahlenwert und Einheit - und Lösen der gefundenen Bestimmungsgleichung erhält man die gesuchte physikalische Größe mit Vorzeichen, Zahlenwert und Einheit. Hierbei werden auch die Einheiten mit den Regeln der Algebra behandelt und kürzere Einheiten nach Anhang 5.2 eingeführt.

8.1.2 Allgemeine Hinweise

In Abschn. 8.2 bis 8.7 sind einige mathematische Verfahren, die in diesem Buch angewendet werden, zusammengestellt. Hier sollen nun noch einige übergreifende Fragen, die für die mathematische Behandlung elektrotechnischer Aufgaben wichtig sind, angesprochen werden.

8.1.2.1 Transformation. In der Elektrotechnik wird nicht nur mit echten physikalischen Größen, sondern auch mit transformierten Größen gearbeitet, die physikalisch gesehen in der benutzten mathematischen Form gar nicht vorhanden sind. Die Transformation soll die Berechnung vereinfachen und ist stets mit einer Abstraktion verbunden, löst sich also von dem tatsächlich gegebenen physikalischen Vorgang im Originalbereich und wechselt in einen eigentlich rein mathematisch zu sehenden Bildbereich über. Der Ingenieur sollte sich der Vorteile und Grenzen dieses Vorgehens bewußt sein.

So werden z. B. Sinusschwingungen (s. Abschn. 3, 4, 6), wie sie bei Strömen, Spannungen und Leistungen häufig vorkommen, gern mit der symbolischen Methode (s. Abschn. 3.1.3.4), also mit Zeigern bzw. komplexen Größen (s. Abschn. 3.1.3 und 8.2) behandelt. Es wird dann die Sinusspannung $u=\hat{u}\sin(\omega t+\varphi_U)$ aus dem Zeitbereich mit $\underline{U}=U\,\angle\varphi_U$ in den Zeiger- bzw. komplexen Zahlenbereich überführt, da man in diesem Bereich sehr viel einfacher rechnen kann (s. Abschn. 3.1.2.3). Hieraus darf aber niemand schließen, daß es z. B. komplexe Spannungen real gibt (s. Abschn. 3.1.3.4).

Für die Berechnung von Übergangsvorgängen hat die Laplace-Transformation eine große Bedeutung erlangt; ihre Regeln sind in Abschn. 8.7 zusammengestellt. Angewandt wird sie in Abschn. 7. Beim Übergang vom Originalbereich (das ist hier wieder ein Zeitbereich) in den Bildbereich und umgekehrt verändern sich die Dimensionen (s. Abschn. 8.1.1.2) der betrachteten Größen; die transformierten Größen nehmen also einen anderen Charakter an. Dagegen kann man einer komplexen Spannung die gleiche Einheit wie der zugehörigen Sinusspannung zuordnen.

Eine einfache mathematische Transformation stellt das Logarithmieren dar. Da man nur reine Zahlen logarithmieren kann, muß eine physikalische Größe vorher durch Dividieren durch ihre Einheit auf ihren Zahlenwert reduziert werden. Mit logarithmischen Größen wird in Abschn. 6.2.1.3 und 6.3 gearbeitet, da bei Verwendung logarithmischer Maßstäbe Kurven in Geraden überführt, größere Funktionsbereiche überblickt und Multiplikationen in einfache graphische Additionen überführt werden können.

Auch die in Abschn. 3.3.4.3 beim Übergang von Schmidt-Buschbeck- auf das Smith-Diagramm angewandte konforme Abbildung stellt eine Koordinaten-Transformation dar und ist für die Behandlung von Nachrichtenübertragungssystemen wichtig (s. Band XI).

Das Vorgehen beim Transformieren ist in Tafel **3.**16 und **8.**32 dargestellt.

8.1.2.2 Einsatz von Taschenrechnern. Schon für das Berechnen einfacher elektrotechnischer Aufgaben werden heute in den meisten Fällen Taschenrechner eingesetzt; daher sollen hier noch einige Gesichtspunkte für ihre rationelle Anwendung angesprochen werden. Ausführlicher werden sie in Band VII behandelt.

Früher hat man meist die Bestimmungsgleichungen auf die Anwendung des Rechenschiebers zugeschnitten. Der Einsatz des Taschenrechners erfordert daher, wenn man rationell arbeiten will, bei einigen Darstellungen ein Umdenken und ein Ausrichten der Bestimmungsgleichungen auf seine Eigenarten.

Taschenrechner für technisch-wissenschaftliche Zwecke arbeiten meist mit mindestens 10 Stellen und sind daher sehr genau. Fehler entstehen hauptsächlich durch falsches Eingeben von Rechenwerten und falsche Rechenbefehle. Das Eingeben von Rechenwerten erfordert außerdem Zeit. Man sollte daher die Bestimmungsgleichungen „taschenrechnerfreundlich" so bilden, daß die benötigten Rechenwerte nur einmal eingegeben werden und außerdem die Rechenbefehle auf ein Mindestmaß beschränkt bleiben oder einfach zu überprüfen sind. Die Beispiele dieses Buches beachten diesen Grundsatz.

In der Sinusstromtechnik wird sehr viel mit komplexen Zahlen gerechnet (s. Abschn. 3.1.3). Sie müssen häufig von der Komponenten- in die Exponentialform (s. Abschn. 8.2.2.1) und umgekehrt umgewandelt werden. Hierfür haben Taschenrechner, die unmittelbar rechtwinkelige in Polarkoordinaten und umgekehrt umwandeln, große Vorteile, so daß Elektroingenieure mindestens eine derartige Ausführung erwerben sollten.

Ferner empfiehlt sich, stets mit Größengleichungen zu arbeiten und die Einheit des Ergebnisses getrennt auszurechnen. Um Fehler zu vermeiden, sollte man allgemeine Gleichung mit Formelzeichen und die Gleichung mit den eingesetzten physikalischen Größen (also Vorzeichen, Zahlenwert und Einheit) sowie u. U. die Berechnung der Einheiten vollständig hinschreiben.

Für die meisten technisch-wissenschaftlichen Berechnungen sollte man außerdem nicht mit einer Festkomma-Anzeige arbeiten, sondern die wissenschaftliche Schreibweise von Zahlenwerten mit Zehnerpotenzen (also das Exponentialformat) wählen. Meist genügt es, wegen der vorgegebenen Meßgenauigkeiten nur 4 Ziffern anzugeben. Dies erreicht man bei der wissenschaftlichen Schreibweise, also im Exponentialformat, automatisch, wenn man 3 Stellen nach dem Komma vorschreibt. Die letzte Stelle ist dann entsprechend DIN 1333 gerundet - der Taschenrechner rechnet jedoch mit seiner vollen Genauigkeit weiter. So erhält man auch für Verfahren, die mit Differenzen arbeiten (s. Abschn. 2.3) ausreichend genaue Ergebnisse. Die Ergebnisse der Beispiele und Übungsaufgaben sind in diesem Buch auf diese Weise ermittelt; Nullen in den letzten Stellen hinter dem Komma werden jedoch fortgelassen. (Beim Bode-Diagramm - s. Abschn. 6.3.2 - wird dagegen aus dort erklärten Gründen mit dem Festkomma und nur einer Stelle nach dem Komma gerechnet.)

Noch größere Vorteile bietet der programmierbare Taschenrechner. Er kann die klassischen und graphischen Lösungsverfahren durch schnelle und zuverlässige Methoden ergänzen, verbessern und u. U. ganz verdrängen. Diese Taschenrechner ermöglichen heute viele Labels, mehrere Unterprogrammebenen, Anzeigetests, Vergleiche und indirektes Adressieren. Sie enthalten Testregister für Schleifen, Indexregister mit automatischer Inkrementierung und Dekrementierung sowie Flags. Programmschritte kann man löschen, überschreiben oder einfügen. Die wichtigsten mathematischen Funktionen sind fest verdrahtet. Für Aufgaben der Elektrotechnik gibt es zuverlässige Modulprogramme. Weitere Einzelheiten und die Anwendung auf den Stoff dieses Bandes enthält Band VII.

8.2 Komplexe Rechnung

Da jedes Lehrbuch der Ingenieurmathematik (z. B. [8], [15], [18], [20], [27], [51]) das Rechnen mit komplexen Zahlen ausführlich behandelt, möge es hier genügen, kurz die für eine Anwendung in der Elektrotechnik wichtigen Begriffe und Rechenregeln anzugeben.

8.2.1 Begriffe

Mit der imaginären Einheit, dem Operator[1])

$$\mathrm{j}=\sqrt{-1} \tag{8.3}$$

erhält man die komplexe Größe in der Komponentenform

$$\underline{r}=a+\mathrm{j}b \tag{8.4}$$

wobei die Formelzeichen komplexer Größen in diesem Buch grundsätzlich unterstrichen sind. Eine komplexe Größe besteht mit Betrag r und Winkel α also aus dem Realteil

$$a=\mathrm{Re}\,\underline{r}=r\cos\alpha \tag{8.5}$$

und dem Imaginärteil

$$b=\mathrm{Im}\,\underline{r}=r\sin\alpha \tag{8.6}$$

Komplexe Größen werden zweckmäßig in der Gaußschen Zahlenebene (Bild 8.5a) mit kartesischen Koordinaten dargestellt, stellen also die Summe von Real- und Imaginärteil dar. Der Punkt P ist somit durch die Koordinaten $P(a, b)$ festgelegt. Da physikalische Größen das Produkt von Maßzahl und

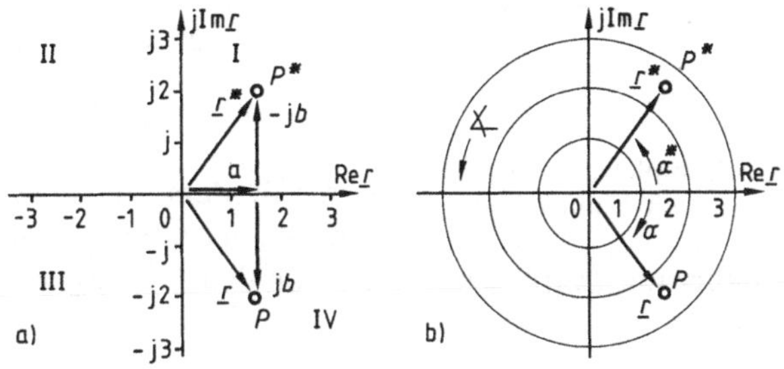

8.5 Gaußsche Zahlenebene mit kartesischen (a) und Polarkoordinaten (b) sowie Darstellung der komplexen Größe $\underline{r}=a+\mathrm{j}b=r\,\underline{/\alpha}$ und der konjugiert komplexen Größe $\underline{r}^*=a-\mathrm{j}b=r\,\underline{/-\alpha}$

Einheit darstellen und die Maßzahl i. allg. positive und negative Werte annehmen kann, wird die Lage in den Quadranten *I* bis *IV* durch das Vorzeichen der Komponenten a und b nach Tafel 8.6 bestimmt.

Tafel **8.6** Vorzeichen der Komponenten und des Winkels

Quadrant	I	II	III	IV
Realteil a	positiv	negativ	negativ	positiv
Imaginärteil b	positiv	positiv	negativ	negativ
Winkel	$0° < \alpha < 90°$	$90° < \alpha < 180°$	$-180° < \alpha < -90°$	$-90° < \alpha < 0°$

[1]) In der Mathematik wird dieser Operator meist mit dem Formelzeichen i bezeichnet.

In Bild 8.5 sind reine Zahlen dargestellt. Man kann aber auch die Achsen der komplexen Zahlenebene mit Einheiten versehen und so komplexe Strom-, Spannungs-, Leistungs-, Widerstands- oder Leitwertebenen bilden (s. Abschn. 3.1.3 und 3.2.1.5). Streng genommen können physikalische Größen jedoch nicht komplex sein; es sind vielmehr transformierte Größen (s. Abschn. 8.1.2.1).

Mit dem Satz von Moivre [8] erhält man auch die trigonometrische Form einer komplexen Größe

$$\underline{r} = r(\cos\alpha + \mathrm{j}\sin\alpha) \tag{8.7}$$

die mit Gl. (8.5) und (8.6) in die Komponentenform von Gl. (8.7) überführt werden kann. Die trigonometrische Form schafft die Verbindung zum Einheitskreis in Bild 8.7, der den Radius $r = 1$ hat, so daß die Projektion dieses Einheitszeigers auf die reelle Achse dem $\cos\alpha$ und die Projektion auf die Imaginärachse dem $\sin\alpha$ entspricht. Auf diese Weise kann man auch zu bestimmten Werten $\sin\alpha$ und $\cos\alpha$ ohne Rechnung den Winkel α finden.

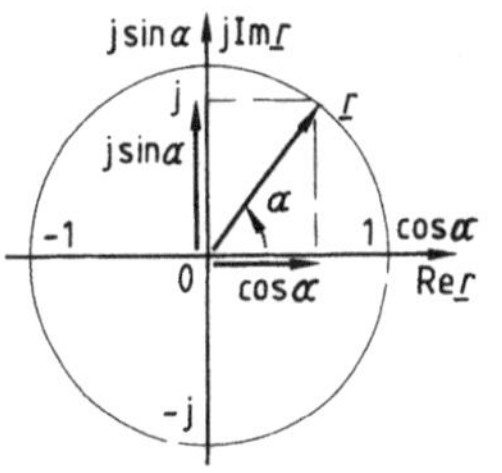

8.7 Komplexe Zahlenebene mit Einheitskreis

Schließlich ergibt sich mit der Euler-Gleichung $\mathrm{e}^{\mathrm{j}\alpha} = \cos\alpha + \mathrm{j}\sin\alpha$ die Exponentialform oder Polarform

$$\underline{r} = r\,\mathrm{e}^{\mathrm{j}\alpha} = r\,\angle\underline{\alpha} = r\exp\alpha \tag{8.8}$$

Hier wird bei dem Winkelfaktor

$$\mathrm{e}^{\mathrm{j}\alpha} = \angle\underline{\alpha} = \exp\mathrm{j}\alpha \tag{8.9}$$

gern mit dem Versorzeichen $\angle$ (bei $r\,\angle\underline{\alpha}$ sprich: r Versor α) oder bei längeren Argumenten mit der Abkürzung „exp“ gearbeitet. Für den Betrag gilt mit Gl. (8.4) bis (8.7) und Bild 8.5

$$r = |\underline{r}| = \sqrt{a^2 + b^2} = \frac{a}{|\cos\alpha|} = \frac{b}{|\sin\alpha|} \tag{8.10}$$

und für den Winkel

$$\alpha = \arctan(b/a) = \arccos(a/r) = \arcsin(b/r) \tag{8.11}$$

Die Exponentialform eignet sich nach Bild 8.5b gut für eine Darstellung in Polarkoordinaten, wobei die komplexe Größe als gerichtete Strecke $\overline{OP}$ mit dem Ursprung im Koordinaten-Nullpunkt 0 und dem Ende im Punkt P aufgefaßt wird. Das Ende in P kennzeichnet man durch eine Pfeilspitze und nennt diese Größe dann Zeiger. Ein Zeiger $\underline{r}$ ist eine gerichtete Größe (gekennzeichnet durch den Unterstrich) mit Betrag r und Winkel α. Die Betragstriche setzen wir hier nicht bei einfachen Formelzeichen, sondern nur dort, wo sonst Mißverständnisse entstehen könnten, z. B. in $r_S = |\underline{r}_1 + \underline{r}_2|$.

Der Winkelfaktor $e^{j\alpha} = \exp j\alpha = \underline{/\alpha}$ gibt die Richtung des Zeigers an, in die er aus der positiven reellen Achse gedreht ist. Die positive reelle Achse ist im allgemeinen, wenn nichts anderes vermerkt ist, die Bezugsachse. Winkel, deren Pfeilspitze dem Uhrzeigersinn entgegengerichtet sind, werden positiv gezählt. Die Länge des Zeigers wird allein durch den Betrag r bestimmt.

Während beim Betrag r nur positive Werte vorkommen, ist der Winkel wieder eine gerichtete Größe mit positiven oder negativen Werten, also durch einen Einfachpfeil zu kennzeichnen. Die in Bild **8.**5a eingetragenen Komponenten a und $\mathrm{j}b$ sind ebenfalls gerichtete Größen. (Man beachte, daß in Bild **8.**5a beispielsweise $\mathrm{j}b = -\mathrm{j}2$, also der Imaginärteil $b = -2$ ist.)

Der Winkelfaktor $\underline{/\alpha}$ beträgt für einige häufiger vorkommende Winkel

$$\alpha = 0: \quad e^{j0} = \cos 0 + j\sin 0 = 1$$

$$\alpha = +\pi/2: \quad e^{j\pi/2} = \cos\pi/2 + j\sin\pi/2 = j$$

$$\alpha = -\pi/2: \quad e^{-j\pi/2} = \cos(-\pi/2) + j\sin(-\pi/2) = -j$$

$$\alpha = \pm\pi: \quad e^{j\pi} = \cos\pi + j\sin\pi = -1$$

Der Vorsatz $+\mathrm{j}$ bedeutet also eine Drehung um $\pi/2 = 90°$, der Vorsatz $-\mathrm{j}$ entsprechend die Drehung um $-\pi/2 = -90°$ und das Minuszeichen $(-)$ eine Drehung um $\pi = \pm 180°$.

Man beachte, daß bei Taschenrechnern die Befehle R→P (oder INV 2nd P→R) stets nur Winkel im Bereich $-90° \leqq \alpha \leqq 270°$ ergeben.

Neben der komplexen Größe $\underline{r} = a + \mathrm{j}b$ gibt es noch die konjugiert komplexe Größe

$$\underline{r}^* = a - jb = r e^{-j\alpha} = r \underline{/-\alpha} \tag{8.12}$$

die die Differenz von Realteil und Imaginärteil darstellt. Gegenüber der komplexen Größe $\underline{r}$ hat also die konjugiert komplexe Größe $\underline{r}^*$ im Imaginärteil und im Winkel entgegengesetzte Vorzeichen.

Mit dem Winkelfaktor $e^{j\alpha} = \underline{/\alpha}$ nach Gl. (8.9) wird die Lage des Festzeigers $\underline{r}$ vom Betrag r bestimmt. Mit dem Drehfaktor

$$e^{j\omega t} = \underline{/\omega t} \tag{8.13}$$

kann man außerdem einen bestimmten Punkt P_t mit der Winkelgeschwindigkeit ω in der Gaußschen Zahlenebene (Bild **8.**8) drehen, also einen Kreis beschreiben lassen oder, wenn man wieder die Strecke $\overline{OP_t}$ als Zeiger auffaßt, den Drehzeiger

$$\underline{r}_t = r e^{j\omega t} e^{j\alpha} = r \underline{/\omega t + \alpha} \tag{8.14}$$

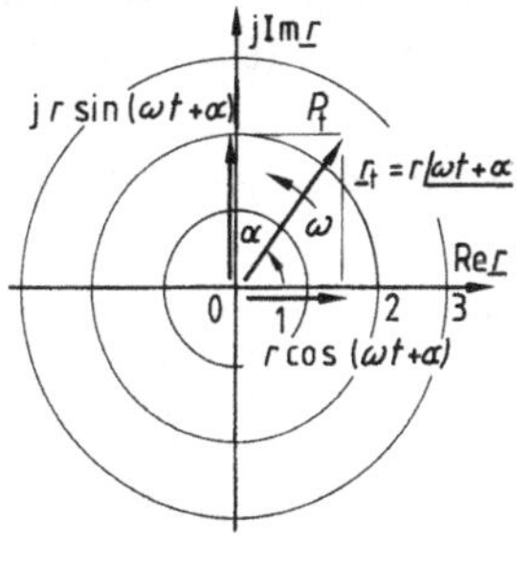

8.8 Drehzeiger

definieren. Er hat den Betrag r und den Nullphasenwinkel α, der zur Zeit $t=0$ die Lage des Zeigers bestimmt. Mit der Frequenz $f=\omega/(2\pi)$ hat er sich in der Periodendauer $T=1/f=2\pi/\omega$ einmal um $2\pi=360°$ gedreht. Dabei gilt für den Realteil des Drehzeigers

$$\mathrm{Re}(\underline{r}_t)=r\cos(\omega t+\alpha) \tag{8.15}$$

bzw. den Imaginärteil

$$\mathrm{Im}(\underline{r}_t)=r\sin(\omega t+\alpha) \tag{8.16}$$

Hierdurch wird der Zusammenhang mit den Zeitwerten einer Sinusschwingung hergestellt. Bei diesen Schwingungen bestimmt wieder der Nullphasenwinkel α den Zeitwert zur Zeit $t=0$.

8.2.2 Rechenregeln

In Gleichungen und Gleichungssystemen (s. Abschn. 8.4) werden die Formelzeichen komplexer Größen genauso wie die Formelzeichen physikalischer Größen behandelt. Beim Rechnen mit komplexen Zahlen muß man jedoch die folgenden Regeln beachten.

8.2.2.1 Umrechnungen von der Komponenten- in die Exponentialform und umgekehrt. Mit Gl. (8.5) und (8.6) kann man aus der Exponentialform leicht die Komponentenform gewinnen. Das Umrechnen der Komponentenform in die Exponentialform mit Gl. (8.7) und (8.8) ist auf den ersten Blick etwas umständlicher, bereitet aber mit Taschenrechnern, die trigonometrische Funktionen berechnen, ebenfalls keine Schwierigkeiten. Besondere Vorteile zeigen Taschenrechner, die unmittelbar über die Befehle R→P bzw. INV 2nd P→R und 2nd P→R (oder ähnliche) rechtwinklige Koordinaten in Polarkoordinaten und umgekehrt umwandeln, da dies der Umrechnung der Komponenten- in die Exponentialform und umgekehrt gleichkommt. Hierbei muß sorgfältig auf die richtige Reihenfolge der einzugebenden Daten und gefundenen Ergebnisse geachtet werden (s. Band VII).

Beispiel 8.1. Man forme in die Exponentialform um und bilde die konjugiert komplexe Größe

a) $\underline{r}=5+\mathrm{j}2=5{,}385\,\underline{/21{,}8°}$, $\quad \underline{r}^*=5-\mathrm{j}2=5{,}385\,\underline{/-21{,}8°}$

b) $\underline{r}=2-\mathrm{j}3=3{,}606\,\underline{/-56{,}31°}$, $\quad \underline{r}^*=2+\mathrm{j}3=3{,}606\,\underline{/56{,}31°}$

c) $\underline{r}=-3+\mathrm{j}4=5\,\underline{/126{,}9°}$, $\quad \underline{r}^*=-3-\mathrm{j}4=5\,\underline{/-126{,}9°}$

d) $\underline{r}=-4-\mathrm{j}2=4{,}472\,\underline{/-153{,}4°}$, $\quad \underline{r}^*=-4+\mathrm{j}2=4{,}472\,\underline{/153{,}4°}$

Beispiel 8.2. Man forme in die Komponentenform um und nenne Real- und Imaginärteil.

a) $\underline{r}=3\ \underline{/30°}=2{,}598+\mathrm{j}\,1{,}5$ $\quad$ $\mathrm{Re}\,\underline{r}=2{,}598$, $\mathrm{Im}\,\underline{r}=1{,}5$

b) $\underline{r}=4\ \underline{/-45°}=2{,}828-\mathrm{j}\,2{,}828$ $\quad$ $\mathrm{Re}\,\underline{r}=2{,}828$, $\mathrm{Im}\,\underline{r}=-2{,}828$,

c) $\underline{r}=6\ \underline{/155°}=-5{,}438+\mathrm{j}\,2{,}536$ $\quad$ $\mathrm{Re}\,\underline{r}=-5{,}438$, $\mathrm{Im}\,\underline{r}=2{,}536$

d) $\underline{r}=5\ \underline{/-110°}=-1{,}71-\mathrm{j}\,4{,}698$ $\quad$ $\mathrm{Re}\,\underline{r}=-1{,}71$, $\mathrm{Im}\,\underline{r}=-4{,}698$

8.2.2.2 Addition und Subtraktion. Man benutzt zweckmäßig die Komponentenform von Gl. (8.4). Die Zeiger $\underline{r}_1=a_1+\mathrm{j}b_1=r_1\ \underline{/\alpha_1}$ und $\underline{r}_2=a_2+\mathrm{j}b_2=r_2\ \underline{/\alpha_2}$ bilden nach Bild 8.9 den Summenzeiger

$$\underline{r}_S=\underline{r}_1+\underline{r}_2=(a_1+a_2)+\mathrm{j}(b_1+b_2) \tag{8.17}$$

mit dem Betrag (Kosinussatz)

$$r_S=\sqrt{r_1^2+r_2^2+2r_1r_2\cos(\alpha_1-\alpha_2)} \tag{8.18}$$

und den Differenzzeiger

$$\underline{r}_D=\underline{r}_1-\underline{r}_2=(a_1-a_2)+\mathrm{j}(b_1-b_2) \tag{8.19}$$

mit dem Betrag

$$r_D=\sqrt{r_1^2+r_2^2-2r_1r_2\cos(\alpha_1-\alpha_2)} \tag{8.20}$$

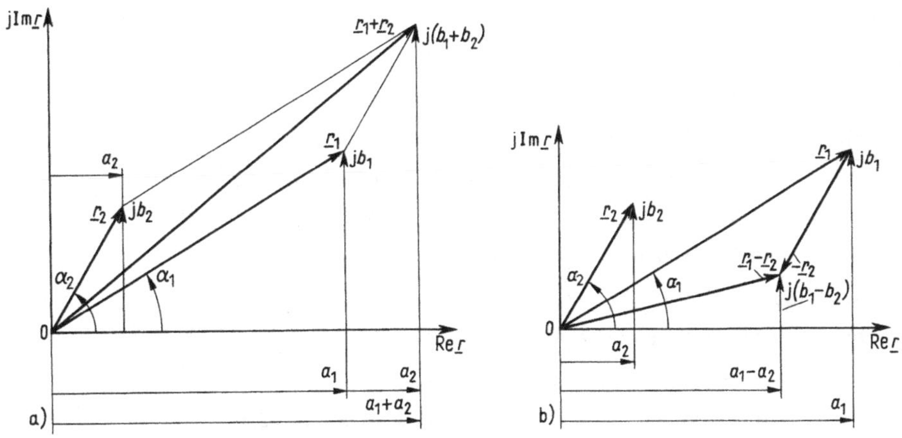

8.9 Addition (a) und Subtraktion (b) komplexer Zeiger

Analog gilt für den Betrag von Summe $\underline{r}=\underline{r}_1+\underline{r}_2+\underline{r}_3$ bzw. Differenz $\underline{r}=\underline{r}_1+\underline{r}_2-\underline{r}_3$ der drei Zeiger $\underline{r}_1=r_1\ \underline{/\alpha_1}$, $\underline{r}_2=r_2\ \underline{/\alpha_2}$ und $\underline{r}_3=r_3\ \underline{/\alpha_3}$

$$\begin{aligned} r^2=|\underline{r}_1+\underline{r}_2\pm\underline{r}_3|^2&=r_1^2+r_2^2+r_3^2+2r_1r_2\cos(\alpha_1-\alpha_2)\\ &\pm 2r_2r_3\cos(\alpha_2-\alpha_3)\pm 2r_3r_1\cos(\alpha_3-\alpha_1) \end{aligned} \tag{8.21}$$

Gelegentlich sind folgende Summen oder Differenzen zu bilden

$$|\underline{r}_1+\underline{r}_2|^2-|\underline{r}_1-\underline{r}_2|^2=4r_1r_2\cos(\alpha_1-\alpha_2) \tag{8.22}$$

$$|\underline{r}_1+\underline{r}_2+\underline{r}_3|^2-|\underline{r}_1-\underline{r}_2-\underline{r}_3|^2 =4|r_1r_2\cos(\alpha_1-\alpha_2)+r_1r_3\cos(\alpha_1-\alpha_3)| \tag{8.23}$$

$$|\underline{r}_1+\underline{r}_2+\underline{r}_3|^2-|\underline{r}_1+\underline{r}_2-\underline{r}_3|^2 =4|r_1r_3\cos(\alpha_1-\alpha_3)+r_2r_3\cos(\alpha_2-\alpha_3)| \tag{8.24}$$

$$|\underline{r}_1+\underline{r}_2|^2-|-\underline{r}_1-\underline{r}_2|^2=2|r_1+\underline{r}_2|^2 \tag{8.25}$$

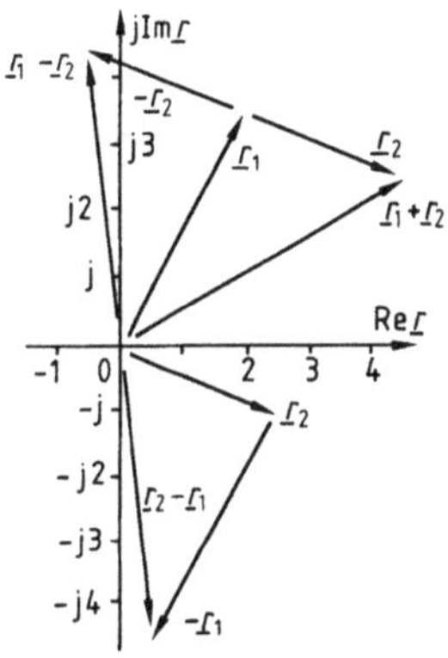

Beispiel 8.3. Für die komplexen Zahlen $\underline{r}_1=2+\mathrm{j}3{,}5$ und $\underline{r}_2=2{,}5-\mathrm{j}1$ sind die Summen und Differenzen zu bilden. Entsprechend Bild 8.10 erhält man

a) $\underline{r}_1+\underline{r}_2=(2+2{,}5)+\mathrm{j}(3{,}5-1)=4{,}5+\mathrm{j}2{,}5=5{,}148\ \underline{/29{,}05°}$

b) $\underline{r}_1-\underline{r}_2=(2-2{,}5)+\mathrm{j}(3{,}5+1)=-0{,}5+\mathrm{j}4{,}5=4{,}527\ \underline{/96{,}34°}$

c) $\underline{r}_2-\underline{r}_1=(2{,}5-2)+\mathrm{j}(-1-3{,}5)=0{,}5-\mathrm{j}4{,}5=4{,}527\ \underline{/-83{,}64°}$

8.10
Summe und Differenzen komplexer Zeiger

Beispiel 8.4. Für die komplexen Zahlen $\underline{r}_1=3\ \underline{/60°}$, $\underline{r}_2=5\ \underline{/-30°}$, $\underline{r}_3=2\ \underline{/120°}$ sind zu bilden

a) $r=|\underline{r}_1+\underline{r}_2+\underline{r}_3|$

b) $A=|\underline{r}_1+\underline{r}_2+\underline{r}_3|^2-|\underline{r}_1+\underline{r}_2-\underline{r}_3|^2$

Zu a): Es ist nach Gl. (8.21)

$$\begin{aligned} r^2&=r_1^2+r_2^2+r_3^2+2r_1r_2\cos(\alpha_1-\alpha_2)+2r_2r_3\cos(\alpha_2-\alpha_3)+2r_3r_1\cos(\alpha_3-\alpha_1)\\ &=3^2+5^2+2^2+2\cdot3\cdot5\cos(60°+30°)+2\cdot5\cdot2\cos(-30°-120°)\\ &\quad+2\cdot2\cdot3\cos(120°-60°)=26{,}68 \end{aligned}$$

also $r=5{,}165$.

Zu b): Nach Gl. (8.23) erhalten wir

$$\begin{aligned} A&=4r_1r_3\cos(\alpha_1-\alpha_3)+r_2r_3\cos(\alpha_2-\alpha_3)\\ &=4\cdot3\cdot2\cos(60°-120°)+5\cdot2\cos(-30°-120°)=22{,}64 \end{aligned}$$

Beispiel 8.5. Summe und Differenz der komplexen und konjugiert komplexen Zahlen $\underline{r}=a+\mathrm{j}b$ und $\underline{r}^*=a-\mathrm{j}b$ sind zu bilden.
Nach Gl. (8.17) ist

$$\underline{r}+\underline{r}^*=(a+a)+\mathrm{j}(b-b)=2a$$

und nach Gl. (8.19)

$$\underline{r}-\underline{r}^*=(a-a)+\mathrm{j}(b+b)=\mathrm{j}2b$$

Daher ergibt sich als Summe von komplexer und konjugiert komplexer Größe stets eine reelle Größe mit dem doppelten Wert des ursprünglichen Realteils und entsprechend als Differenz der doppelte ursprüngliche Imaginärteil.

Beispiel 8.6. Man bilde mit Gl. (8.18) und (8.20)

a) $$\left|\frac{1-\underline{r}^*}{1-\underline{r}}\right| = \frac{1+r^2-2r\cos\alpha}{1+r^2-2r\cos\alpha} = 1$$

b) $$\left|\frac{1+\underline{r}}{1-\underline{r}}\right|^2 = \frac{1+r^2+2r\cos\alpha}{1+r^2-2r\cos\alpha} = 1 + \frac{4r\cos\alpha}{1+r^2-2r\cos\alpha}$$

c) $$\left|\frac{A+\underline{r}}{A+\underline{r}^*}\right| = 1$$

8.2.2.3 Multiplikation und Division. Außer für Addition und Subtraktion eignet sich für alle anderen Rechenoperationen am besten die Exponentialform. Mit den Zeigern $\underline{r}_1 = r_1\,\mathrm{e}^{\mathrm{j}\alpha_1} = r_1\,\underline{/\alpha_1}$ und $\underline{r}_2 = r_2\,\mathrm{e}^{\mathrm{j}\alpha_2} = r_2\,\underline{/\alpha_2}$ erhält man das Produkt

$$\underline{r} = \underline{r}_1\underline{r}_2 = r_1\,\mathrm{e}^{\mathrm{j}\alpha_1}\,r_2\,\mathrm{e}^{\mathrm{j}\alpha_2} = r_1 r_2\,\mathrm{e}^{\mathrm{j}(\alpha_1+\alpha_2)} = r_1 r_2\,\underline{/\alpha_1+\alpha_2} \tag{8.26}$$

und den Quotienten

$$\underline{r} = \underline{r}_1/\underline{r}_2 = (r_1/r_2)\,\mathrm{e}^{\mathrm{j}(\alpha_1-\alpha_2)} = (r_1/r_2)\,\underline{/\alpha_1-\alpha_2} \tag{8.27}$$

Da das Produkt einer komplexen Zahl $\underline{r}_2 = c+\mathrm{j}d$ mit ihrem konjugiert komplexen Wert $\underline{r}_2^* = c-\mathrm{j}d$ stets eine reelle Zahl $\underline{r}_2\underline{r}_2^* = (c+\mathrm{j}d)(c-\mathrm{j}d) = c^2-\mathrm{j}^2d^2 = c^2+d^2$ ergibt, kann man auch den Nenner eines Bruchs durch Erweitern mit dem konjugiert komplexen Nenner reell machen. Das nutzt man z.B. aus, wenn zwei Zeiger in Komponentenform dividiert werden sollen

$$\underline{r} = \frac{a+\mathrm{j}b}{c+\mathrm{j}d} = \frac{(a+\mathrm{j}b)(c-\mathrm{j}d)}{c^2+d^2} = \frac{(ac+bd)+\mathrm{j}(bc-ad)}{c^2+d^2} = e+\mathrm{j}f \tag{8.28}$$

mit

$$e = \frac{ac+bd}{c^2+d^2} \quad \text{und} \quad f = \frac{bc-ad}{c^2+d^2}$$

Beispiel 8.7. Man berechne

a) $(1+\mathrm{j}3)(-2-\mathrm{j}5) = (3{,}162\,\underline{/71{,}57^\circ})\,5{,}385\,\underline{/-111{,}8^\circ} = 17{,}03\,\underline{/-40{,}24^\circ}$

b) $$\frac{1+\mathrm{j}3}{-2-\mathrm{j}5} = \frac{3{,}162\,\underline{/71{,}57^\circ}}{5{,}385\,\underline{/-111{,}8^\circ}} = 0{,}5872\,\underline{/-176{,}6^\circ}$$

c) $$\frac{1}{1+\mathrm{j}} = \frac{1-\mathrm{j}}{2} = 0{,}5-\mathrm{j}0{,}5 = 0{,}7071\,\underline{/-45^\circ}$$

d) $\underline{r}\underline{r}^* = r^2 = a^2+b^2$

e) $A\underline{r}_1/\underline{r}_2 = (Ar_1/r_2)\,\underline{/\alpha_1-\alpha_2}$

f) Mit $\underline{r}_1 = r_1\,\underline{/\alpha}$ und $\underline{r}_2 = r_2\,\underline{/\pi-\alpha}$ wird $\underline{r}_1\underline{r}_2 = -r_1r_2$.

g) $$\frac{1}{\underline{r}} = \frac{1}{a+\mathrm{j}b} = \frac{a-\mathrm{j}b}{a^2+b^2} = \frac{\underline{r}}{a^2+b^2} = \frac{1}{r}\,\underline{/-\alpha}$$

h) $$\underline{r}/\underline{r}^* = \frac{r\,\underline{/\alpha}}{r\,\underline{/-\alpha}} = \underline{/2\alpha}$$

8.2.2.4 Potenzieren und Radizieren. Für den Zeiger $\underline{r} = r\,\underline{/\alpha}$ erhält man die Potenz

$$\underline{r}^n = (r\,\mathrm{e}^{\mathrm{j}\alpha})^n = r^n\,\mathrm{e}^{\mathrm{j}n\alpha} = r^n\,\underline{/n\alpha} \tag{8.29}$$

und mit $k = 0, 1, 2, \dots (n-1)$ die Wurzeln

$$\sqrt[n]{\underline{r}} = \sqrt[n]{r}\,\mathrm{e}^{\mathrm{j}(\alpha+2k\pi)/n} = \sqrt[n]{r}\,\underline{/(\alpha+2k\pi)/n} \tag{8.30}$$

Man beachte, daß mit n als ganzer Zahl eine einzige Potenz als Lösung auftritt, jedoch n verschiedene Wurzeln als Lösung erscheinen.

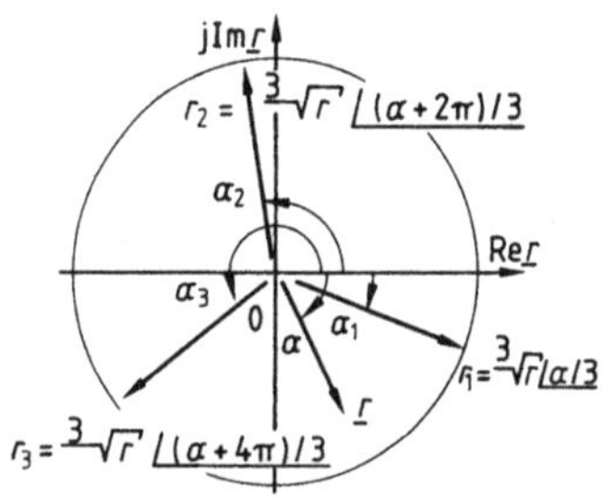

8.11 Wurzeln des Zeigers $\underline{r}$

Beispiel 8.8. Man bilde für $\underline{r} = 0{,}8\,\underline{/-66^\circ}$ (s. Bild 8.11)

a) $\underline{r}^3 = r^3\,\underline{/3\alpha} = 0{,}8^3\,\underline{/3(-66^\circ)} = 0{,}512\,\underline{/-198^\circ}$
$= 0{,}512\,\underline{/162^\circ}$

b) $\sqrt[3]{\underline{r}} = \sqrt[3]{r}\,\underline{/(\alpha+2k\pi)/n} = \sqrt[3]{0{,}8}\,\underline{/(-66^\circ+2k\pi)/3}$
mit $k = 0, 1, 2$

Die Zeiger $\underline{r}_1 = 0{,}9283\,\underline{/-22^\circ}$, $\underline{r}_2 = 0{,}9283\,\underline{/102^\circ}$ und $\underline{r}_3 = 0{,}9283\,\underline{/-142^\circ}$ sind also jeweils um $2\pi/3 = 120^\circ$ gegeneinander verdreht.

Beispiel 8.9. Man bilde

a) $$\sqrt{\mathrm{j}} = \sqrt{\underline{/90^\circ}} = \pm\,\underline{/45^\circ} = \begin{cases} \underline{/45^\circ} = \dfrac{1}{\sqrt{2}}(1+\mathrm{j}) \\ \underline{/-135^\circ} = -\dfrac{1}{\sqrt{2}}(1+\mathrm{j}) \end{cases}$$

b) $$\sqrt{-\mathrm{j}} = \sqrt{\underline{/-90^\circ}} = \mp\,\underline{/45^\circ} = \begin{cases} \underline{/-45^\circ} = \dfrac{1}{\sqrt{2}}(1-\mathrm{j}) \\ \underline{/135^\circ} = \dfrac{1}{\sqrt{2}}(\mathrm{j}-1) \end{cases}$$

c) $$\sqrt{1-\mathrm{j}} = \sqrt{\sqrt{2}\,\underline{/-45^\circ}} = \pm 1{,}189\,\underline{/-22{,}5^\circ} = \begin{cases} 1{,}189\,\underline{/-22{,}5^\circ} \\ 1{,}189\,\underline{/157{,}5^\circ} \end{cases}$$

d) $$\sqrt[3]{1} = \begin{cases} \underline{/0^\circ} = 1 \\ \underline{/120^\circ} = -0{,}5+\mathrm{j}0{,}866 \\ \underline{/-120^\circ} = -0{,}5-\mathrm{j}0{,}866 \end{cases}$$

e) $$\sqrt[4]{1} = \begin{cases} \underline{\angle 0^\circ} = 1 \\ \underline{\angle 90^\circ} = \mathrm{j} \\ \underline{\angle 180^\circ} = -1 \\ \underline{\angle -90^\circ} = -\mathrm{j} \end{cases}$$

f) $$\sqrt[5]{1} = \underline{\angle 0^\circ};\ \underline{\angle 72^\circ};\ \underline{\angle 144^\circ};\ \underline{\angle -144^\circ};\ \underline{\angle -72^\circ}$$

8.2.2.5 Differenzieren und Integrieren. Der Richtungswinkel $(\omega t+\alpha)$ eines Zeitzeigers $\underline{r}_t = r\,\underline{\angle \omega t+\alpha}$ ist eine lineare Funktion der Zeit t. In diesem Fall ist der Differentialquotient

$$\mathrm{d}\underline{r}_t/\mathrm{d}t = \mathrm{d}(r\,\mathrm{e}^{\mathrm{j}(\omega t+\alpha)})/\mathrm{d}t = \mathrm{j}\omega r\,\mathrm{e}^{\mathrm{j}(\omega t+\alpha)} = \mathrm{j}\omega \underline{r}_t \tag{8.31}$$

und entsprechend das Integral

$$\underline{r}_t\,\mathrm{d}t = \int r\,\mathrm{e}^{\mathrm{j}(\omega t+\alpha)} = \frac{1}{\mathrm{j}\omega} r\,\mathrm{e}^{\mathrm{j}(\omega t+\alpha)} + K = \frac{\underline{r}_t}{\mathrm{j}\omega} + K \tag{8.32}$$

Bei Sinusgrößen wird die Integrationskonstante $K=0$. Durch Differenzieren wird der Zeitzeiger $\underline{r}_t$ also um den Winkel $\mathrm{j} = \underline{\angle \pi/2} = \underline{\angle 90^\circ}$ vorgedreht und um den Faktor ω gestreckt - durch die Integration dagegen um den Winkel $1/\mathrm{j} = -\mathrm{j} = \underline{\angle -\pi/2} = \underline{\angle -90^\circ}$ zurückgedreht und um den Faktor $1/\omega$ gestreckt.

Das Differenzieren und Integrieren von Zeitzeigern wird in der Sinusstromtechnik bei den Bauelementen Induktivität L und Kapazität C (s. Abschn. 3.2.1.2 und 3.2.1.3) angewendet.

8.2.2.6 Komplexe Gleichungssysteme. Für das allgemeine komplexe Gleichungssystem

$$\underline{A}_{11}\underline{X} + \underline{A}_{12}\underline{Y} = \underline{B}_1 \tag{8.33}$$

$$\underline{A}_{21}\underline{X} + \underline{A}_{22}\underline{Y} = \underline{B}_2 \tag{8.34}$$

mit den komplexen Koeffizienten $\underline{A}$, den komplexen Unbekannten $\underline{X}$ und $\underline{Y}$ und den komplexen rechten Seiten $\underline{B}$ gelten alle Rechenregeln der Algebra [8]. Komplexe Gleichungssysteme können daher mit diesen Regeln gelöst werden.

Wenn wir die Realteile der Größen von Gl. (8.32) mit dem Index w (für Wirkkomponente) und die Imaginärteile mit b (für Blindkomponente) kennzeichnen, also $\underline{A} = A_\mathrm{w} + \mathrm{j}A_\mathrm{b}$, $X = X_\mathrm{w} + \mathrm{j}X_\mathrm{b}$, $\underline{Y} = Y_\mathrm{w} + \mathrm{j}\,Y_\mathrm{b}$ und $\underline{B} = B_\mathrm{w} + \mathrm{j}B_\mathrm{b}$ setzen und berücksichtigen, daß Realteile und Imaginärteile für sich gleich sein müssen, können wir Gl. (8.33) auch umformen in

$$A_{11\mathrm{w}}X_\mathrm{w} - A_{11\mathrm{b}}X_\mathrm{b} + A_{12\mathrm{w}}Y_\mathrm{w} - A_{12\mathrm{b}}Y_\mathrm{b} = B_{1\mathrm{w}} \tag{8.35}$$

$$A_{21\mathrm{b}}X_\mathrm{w} + A_{21\mathrm{w}}X_\mathrm{b} + A_{22\mathrm{b}}Y_\mathrm{w} + A_{22\mathrm{w}}Y_\mathrm{b} = B_{1\mathrm{b}} \tag{8.36}$$

Man kann also ein komplexes Gleichungssystem durch ein rein reelles Gleichungssystem, allerdings doppelter Ordnung, ersetzen.

Mit den Exponentialformen $\underline{r}_1 = r_1 \angle \alpha_1$ bis $\underline{r}_4 = r_4 \angle \alpha_4$ kann man die komplexe Gleichung

$$\underline{r}_1 \underline{r}_2 = \underline{r}_3 \underline{r}_4 \quad \text{bzw.} \quad r_1 r_2 \angle \alpha_1 + \alpha_2 = r_3 r_4 \angle \alpha_3 + \alpha_4 \tag{8.37}$$

auch zerlegen in die Bedingung für die Beträge

$$r_1 r_2 = r_3 r_4 \tag{8.38}$$

und die Winkel

$$\alpha_1 + \alpha_2 = \alpha_3 + \alpha_4 \tag{8.39}$$

8.3 Ortskurven

Bild 8.12 zeigt die allgemeine komplexe Funktion

$$\underline{r}_p = f(\underline{A}, \underline{B}, \underline{C}, \ldots, p) = a(p) + \mathrm{j}b(p) = r(p) \angle \alpha(p) \tag{8.40}$$

die im allgemeinen Fall von den konstanten komplexen Größen $\underline{A}$, $\underline{B}$, $\underline{C}$, ... und dem reellen Parameter p abhängt. Zu jedem Wert dieses Parameters gehört ein bestimmter komplexer Funktionswert $\underline{r}_p$, dessen Index p auf diese Abhängigkeit hinweisen soll. Nach Gl. (8.40) und Bild 8.12 hängen im allgemeinen Fall sowohl Realteil a als auch Imaginärteil b oder sowohl Betrag r als auch Winkel α vom Parameter p ab. Als Ortskurve bezeichnet man nun die Bahn, die die Spitze des Zeigers $\underline{r}_p$ bei Änderung des reellen Parameters p beschreibt. Sie ist also der geometrische Ort aller komplexen Größen $\underline{r}_p$ in der Gaußschen Zahlenebene, die der Gl. (8.40) genügen.

Ortskurven ermöglichen einen schnellen Überblick über die Abhängigkeit komplexer Größen (nach Betrag und Winkel) von einem Parameter, der in der Elektrotechnik z.B. durch Frequenz f oder Kreisfrequenz ω (Frequenzgang) oder Änderung der Belastung (z.B. Stromortskurven) gegeben sein kann. Die Ortskurve wird meist nach den Parameterwerten beschriftet.

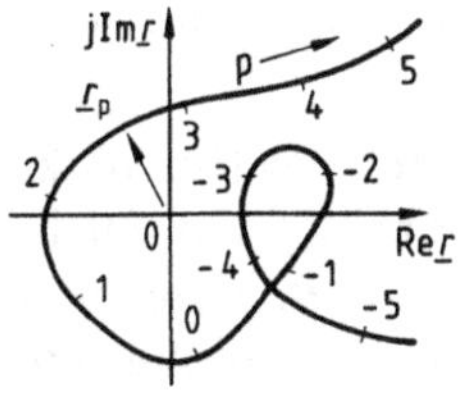

8.12 Ortskurve $\underline{r}_p = f(p)$

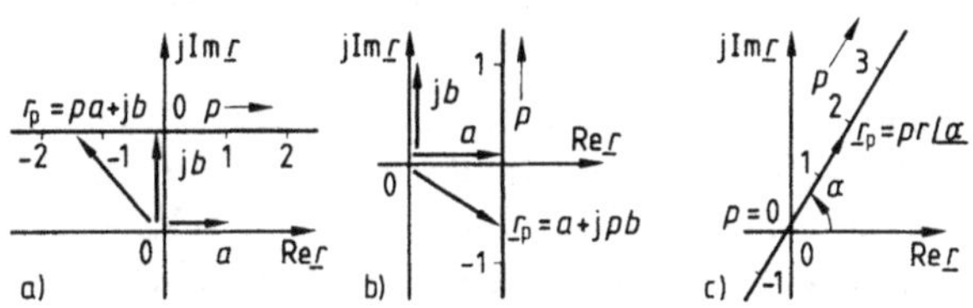

8.13 Sonderfälle der Gerade $\underline{r}_p$

8.3.1 Geraden

Nach Bild 8.13a gibt die komplexe Funktion

$$\underline{r}_p = pa + \mathrm{j}b \tag{8.41}$$

eine Parallele zur reellen Achse im Abstand b wieder, während die Ortskurve der komplexen Funktion

$$\underline{r}_p = a + jpb \tag{8.42}$$

nach Bild **8.**13b eine Parallele zur Imaginärachse im Abstand a darstellt. Dagegen ergibt die Funktion

$$\underline{r}_p = pr\,\underline{/\alpha} \tag{8.43}$$

als Ortskurve eine Gerade durch den Nullpunkt (Bild **8.**13d), die um den konstanten Winkel α gegenüber der reellen Achse verdreht ist.

Die Ortskurven für Gl. (8.41) bis (8.43) können, wie in Bild **8.**13, mit linear unterteilten p-Skalen versehen werden, wobei die positive Zählrichtung durch einen Einfachpfeil gekennzeichnet wird.

Allgemeine Geraden. Mit den konstanten komplexen Größen $\underline{r}_1$ und $\underline{r}_2$ und dem Parameter p erhält man die Funktion

$$\underline{r}_p = \underline{r}_1 + p\underline{r}_2 \tag{8.44}$$

die nach Bild **8.**14 eine Gerade allgemeiner Lage wiedergibt. Diese Ortskurve hat die Richtung des Zeigers $\underline{r}_2$ und geht durch den Endpunkt des Zeigers $\underline{r}_1$. Für den Parameter p findet man wieder eine lineare Teilung auf der Geraden. Gegenüber Gl. (8.43) hat also eine Parallelverschiebung stattgefunden.

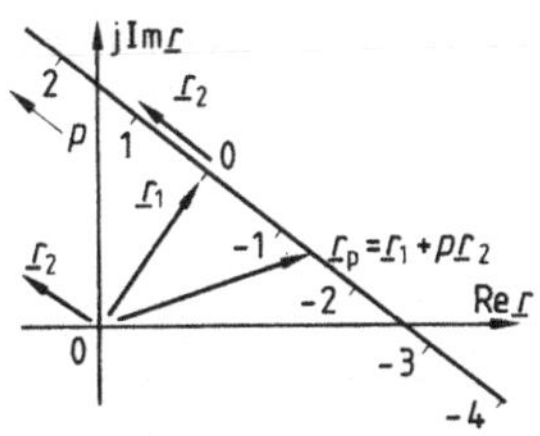

8.14 Allgemeine Gerade $\underline{r}_p$

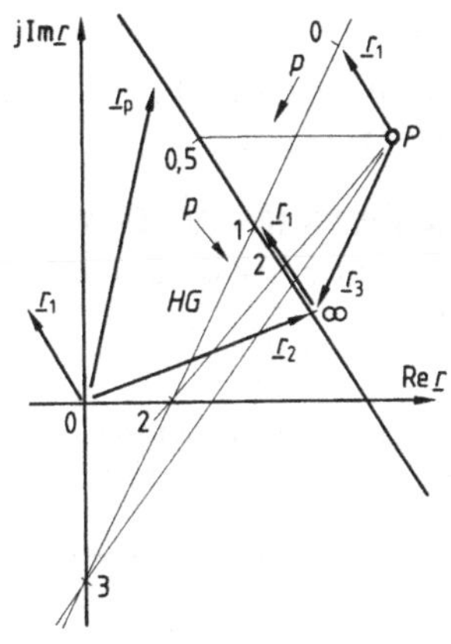

8.15
Allgemeine Gerade $\underline{r}_p$
mit Hilfsgerade HG

Die komplexe Funktion

$$\underline{r}_p = \frac{\underline{r}_1 + p\underline{r}_2}{p} = \frac{\underline{r}_1}{p} + \underline{r}_2 \tag{8.45}$$

hat als Ortskurve ebenfalls eine Gerade, jedoch mit reziproker Beschriftung für den Parameter p. In diesem Fall gilt mit Bild **8.**15 die folgende Beschriftungsvorschrift [8]:

1. Man trage an die Zeigerspitze $\underline{r}_2$ den Zeiger $\underline{r}_1$ an und erhält so die Richtung der Ortsgeraden. Gleichzeitig findet man auf dieser Ortsgeraden die Punkte für $p=\infty$ und $p=1$.
2. Man wähle einen Pol P außerhalb dieser Ortsgeraden und findet so den Zeiger $\underline{r}_3$ mit dem Ursprung in P und der Zeigerspitze an $\underline{r}_2$.
3. Im Pol P trage man dann die Zeigersumme $\underline{r}_1+\underline{r}_3$ an, und man findet so eine Hilfsgerade HG in Richtung von $\underline{r}_3$ die linear nach dem Parameter p beziffert werden kann.
4. Die vom Pol p ausgehende Zeigersumme $\underline{r}_1+\underline{r}_3$ schneidet die Ortsgerade bei $p=1$.
5. Strahlen vom Pol P schneiden die lineare Skala auf der Hilfsgeraden HG bei den gleichen Werten wie die reziproke Skala auf der Ortsgeraden, so daß diese jetzt beschriftet werden kann.

Wenn in der komplexen Funktion

$$\underline{r}_p=\underline{r}_1+g(p)\underline{r}_2 \tag{8.46}$$

eine reelle nichtlineare Funktion $g(p)$ des Parameters p vorkommt, erhält man wieder eine Ortsgerade - jedoch mit nichtlinearer Beschriftung, die z. B. mit einer Wertetafel festgelegt werden könnte.

Auch die komplexe Funktion

$$\underline{r}_p=\frac{\underline{r}_1+p\underline{r}_2}{\underline{r}_3}=\frac{\underline{r}_1}{\underline{r}_3}+p\frac{\underline{r}_2}{\underline{r}_3}=\underline{r}_4+p\underline{r}_5 \tag{8.47}$$

ergibt mit den festen komplexen Größen $\underline{r}_4=\underline{r}_1/\underline{r}_3$ und $\underline{r}_5=\underline{r}_2/\underline{r}_3$ eine Gerade als Ortskurve.

Beispiel 8.10. Für die komplexe Funktion $\underline{r}_p=3p^3+\mathrm{j}4$ ist die Ortskurve darzustellen. Die Ortskurve ist nach Bild 8.17 eine Parallele im Abstand j4 zur reellen Achse mit dem Wert $\underline{r}_p=\mathrm{j}4$ für $p=0$. Die übrige Beschriftung findet man leicht mit einer Wertetabelle (s. Tafel 8.16).

Tafel 8.16 Wertetabelle für Beispiel 8.10

p	p^3	$3p^3$
−1	−1	−3
0,5	0,125	0,375
1	1	3
1,5	3,35	10,03

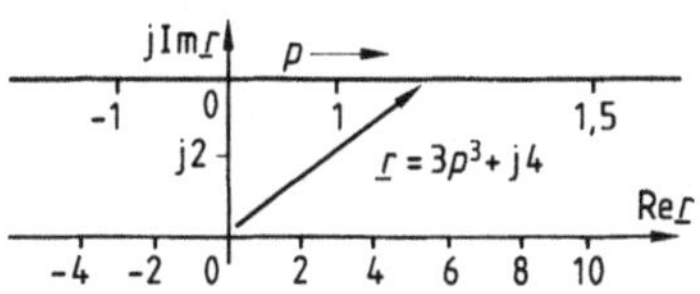

8.17 Ortskurve für Beispiel 8.10

8.3.2 Kreise

Mit der Funktion

$$\underline{r}_p=r\,\underline{/p\alpha} \tag{8.48}$$

erhält man nach Bild 8.18c einen konzentrischen Kreis vom Radius r um den Koordinaten-Nullpunkt.

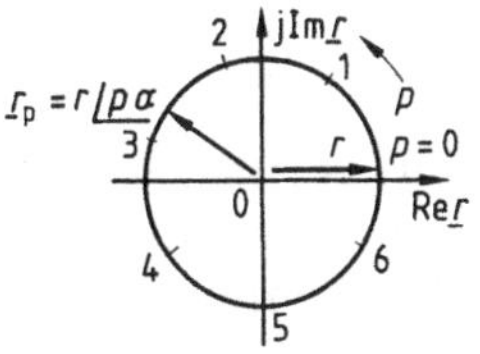

8.18 Kreis um den Koordinaten-Nullpunkt

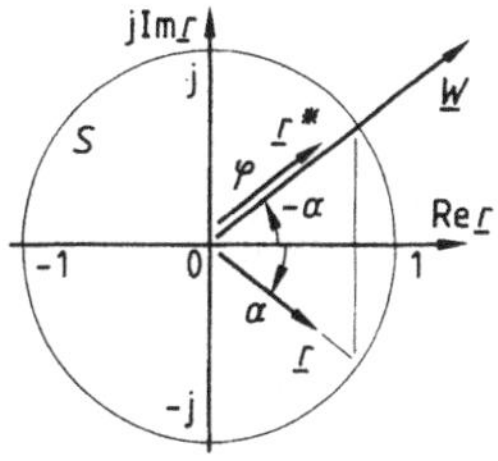

8.19 Inversion

8.3.2.1 Inversion. Eine komplexe Größe $\underline{r}=a+\mathrm{j}b=r\,/\underline{\alpha}$ hat die inverse komplexe Größe

$$\underline{W}=W\,/\underline{\varphi}=\frac{1}{r}\,/\underline{-\alpha}=\frac{1}{a+\mathrm{j}b}=\frac{a-\mathrm{j}b}{a^2+b^2} \tag{8.49}$$

Die Inversion stellt also den Sonderfall einer Division dar.

In Bild 8.19 sind die beiden inversen Größen $\underline{W}$ und $\underline{r}$ dargestellt. Hiernach erhält man die inverse Größe $\underline{W}$ einfach mit dem Spiegelkreis S, der in diesem Fall den Radius 1 hat. Man bildet zunächst durch die Spiegelung an der reellen Achse für die zu invertierende Größe $\underline{r}$ die konjugiert komplexe Größe $\underline{r}^*$ und findet so den Winkel $\varphi=-\alpha$. Der Betrag der invertierten Größe ist $W=1/r$.

Meist haben die beiden inversen Größen verschiedene Einheiten und bewegen sich in unterschiedlichen Größenordnungen. Man kann dann auch für den Spiegelkreis einen anderen Radius ρ wählen, so daß für die Inversionspotenz

$$\rho^2=\underline{r}\,\underline{W} \tag{8.50}$$

gilt. Für eine hiermit mögliche graphische Inversion s. [8], [25].

8.3.2.2 Kreis durch den Nullpunkt. Nach [8], [25] ergibt die Inversion der Geraden $\underline{W}_p=\underline{r}_1+p\underline{r}_2$ mit der Funktion

$$\underline{r}_p=\frac{1}{\underline{W}_p}=\frac{1}{\underline{r}_1+p\underline{r}_2} \tag{8.51}$$

als Ortskurve einen Kreis durch den Nullpunkt. Den nach dem Parameter p beschrifteten Ortskreis von Bild 8.20 findet man einfach durch das folgende Vorgehen:

1. Man zeichne die Nennergerade $\underline{r}_1+p\underline{r}_2$ mit der linearen Bezifferung nach dem Parameter p.

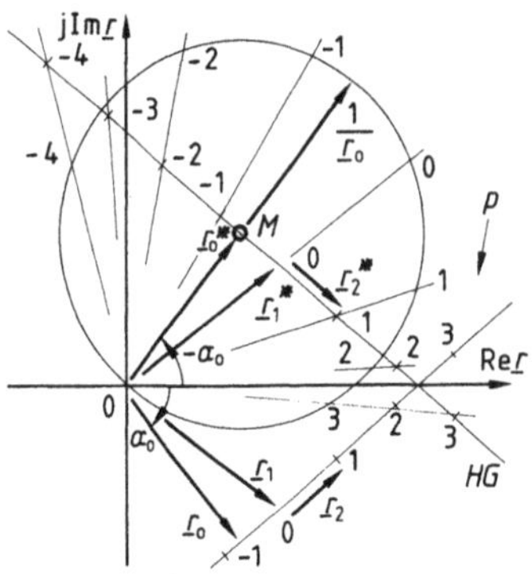

8.20 Inversion einer Geraden

2. Man spiegele diese Nennergerade an der reellen Achse und erhält so die Bezifferungsgerade $\underline{r}_1^* + p\underline{r}_2^*$ mit ebenfalls linearer Teilung.
3. Man zeichne zur Nennergeraden $\underline{r}_1 + p\underline{r}_2$ die Normale $\underline{r}_0$ (die also senkrecht auf der Nennergeraden steht). Ihre Zeigerspitze stellt den kleinsten Abstand der Nennergeraden vom Koordinaten-Nullpunkt dar und ihr Kehrwert $1/\underline{r}_0$ daher den Durchmesser des gesuchten Ortskreises.
4. Der Kreismittelpunkt $\underline{M}$ ist daher unter Beachtung eines frei wählbaren Maßstabs m_r festgelegt durch den Radius

$$\overline{OM} = m_r/(2r_0) \tag{8.52}$$

und den Winkel $-\alpha_0$. Hiermit kann man den Ortskreis zeichnen.

5. Strahlen vom Koordinaten-Nullpunkt 0 durch die Bezifferungsgerade *HG* bezeichnen auf dem Ortskreis die Werte für den Parameter *p*.

8.3.2.3 Kreis allgemeiner Lage. Die gebrochene, rationale komplexe Funktion 1. Grades

$$\underline{r}_p = \frac{\underline{r}_1 + p\underline{r}_2}{\underline{r}_3 + p\underline{r}_4} = \frac{\underline{r}_2}{\underline{r}_4} + \frac{\underline{r}_1 - (\underline{r}_2\underline{r}_3/\underline{r}_4)}{\underline{r}_3 + p\underline{r}_4} = \underline{r}_5 + \frac{\underline{r}_6}{\underline{r}_3 + p\underline{r}_4} \tag{8.53}$$

kann man in der angegebenen Weise umformen, so daß sie schließlich einen Ortskreis $1/(\underline{r}_3 + p\underline{r}_4)$ darstellt, dessen Mittelpunkt durch den Zeiger $\underline{r}_5 = \underline{r}_2/\underline{r}_4$ aus dem Koordinaten-Nullpunkt 0 herausgerückt ist und der nochmals mit der komplexen Größe $\underline{r}_6 = \underline{r}_1 - (\underline{r}_2\underline{r}_3/\underline{r}_4)$ drehgestreckt wurde. Gl. (8.53) beschreibt also einen Kreis allgemeiner Lage und kann auch als Konstruktionsvorschrift benutzt werden.

Mit $\underline{r}_1 = a_1 + jb_1$, $\underline{r}_2 = a_2 + jb_2$ usw. gilt ganz allgemein mit dem Nenner

$$N = 2(a_3 b_4 - a_4 b_3) \tag{8.54}$$

für den Kreismittelpunkt

$$\underline{M} = \frac{1}{N}[a_1 b_4 - a_4 b_1 + a_3 b_2 - a_2 b_3 + j(a_1 a_4 + b_1 b_4 - a_2 a_3 - b_2 b_3)] \tag{8.55}$$

und den Kreisradius

$$r = \frac{1}{N}\sqrt{(a_2 a_3 - a_1 a_4 - b_2 b_3 + b_1 b_4)^2 + (a_2 b_3 + a_3 b_2 - a_1 b_4 - a_4 b_1)^2} \tag{8.56}$$

Meist bestimmt man den Ortskreis jedoch in folgender Weise:

1. Man berechnet die 3 Kreispunkte

$$L \text{ für } p=0: \quad \underline{r}_p = \underline{r}_1/\underline{r}_3 \tag{8.57}$$

$$A \text{ für } p=1: \quad \underline{r}_p = \frac{\underline{r}_1+\underline{r}_2}{\underline{r}_3+\underline{r}_4} \tag{8.58}$$

$$U \text{ für } p=\infty: \quad \underline{r}_p = \underline{r}_2/\underline{r}_4 \tag{8.59}$$

2. Die Mittelsenkrechten der Verbindungsstrecken $\overline{LA}$, $\overline{LU}$ und $\overline{UA}$ schneiden sich im Kreismittelpunkt M, so daß mit dem Radius $\overline{ML}=\overline{MA}=\overline{MU}$ der Kreis gezeichnet werden kann.
3. Man wähle einen beliebigen Hilfspunkt H auf dem Kreis (Bild **8.**21) und ziehe zu HU eine Parallele als Parametrierungsgerade HG. Strahlen vom Hilfspunkt H zu den Kreispunkten L und A teilen auf der Parametrierungsgeraden die Einheit 1 ab, nach der nun die Parametrierungsgerade in Bild **8.**21 linear unterteilt werden kann.
4. Strahlen vom Hilfspunkt H über die Parametrierungsgerade und den dort abzulesenden Parameterwert p bezeichnen auch auf dem Kreis diesen Parameterwert.

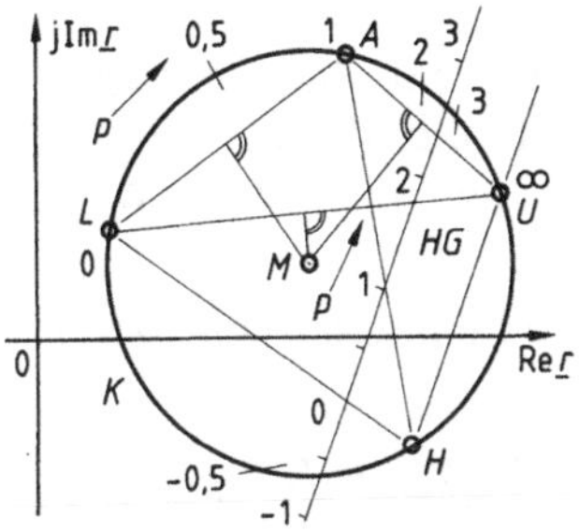

8.21 Kreis allgemeiner Lage mit Parametrierungsgerade HG

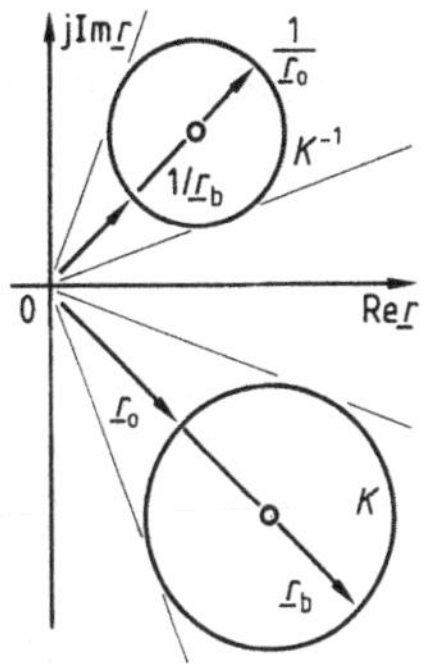

8.22 Inversion eines Kreises allgemeiner Lage

Ein Blick auf Gl. (8.53) zeigt, daß das inverse Bild eines Kreises allgemeiner Lage wieder ein Kreis allgemeiner Lage ist. Man findet ihn am einfachsten, wenn man nach Bild **8.**22 die Kehrwerte $1/\underline{r}_a$ und $1/\underline{r}_b$ der Kreiszeiger $\underline{r}_a$ und $\underline{r}_b$ bildet, die zu dem Kreisdurchmesser gehören, der durch den Koordinaten-Nullpunkt 0 geht.

Beispiel 8.11. Man untersuche, zu welchen Ortskurven Gl. (8.53) entartet, wenn nacheinander $\underline{r}_1$ bis $\underline{r}_4$ Null gesetzt werden.

a) $$\underline{r}_1=0: \quad \underline{r}_p = \frac{p\underline{r}_2}{\underline{r}_3+p\underline{r}_4} = \frac{\underline{r}_2}{(\underline{r}_3/p)+\underline{r}_4}$$

Dies ist ein Kreis durch den Nullpunkt mit reziproker Beschriftung der Parametrierungsgeraden.

b) $\underline{r}_2=0$: $\underline{r}_p=\underline{r}_1/(\underline{r}_3+p\underline{r}_4)$ Kreis durch den Nullpunkt

c) $\underline{r}_3=0$: $\underline{r}_p=\dfrac{\underline{r}_1+p\underline{r}_2}{p\underline{r}_4}=\dfrac{1}{p}\cdot\dfrac{\underline{r}_1}{\underline{r}_4}+\dfrac{\underline{r}_2}{\underline{r}_4}=\underline{r}_6+\dfrac{\underline{r}_5}{p}$

Dies ist eine Gerade allgemeiner Lage mit reziproker Bezifferung.

d) $\underline{r}_4=0$: $\underline{r}_p=\dfrac{\underline{r}_1+p\underline{r}_2}{\underline{r}_3}=\dfrac{\underline{r}_1}{\underline{r}_3}+p\dfrac{\underline{r}_2}{\underline{r}_3}=\underline{r}_6+p\underline{r}_5$

Man findet eine Gerade allgemeiner Lage mit linearer Bezifferung.

8.3.3 Ortskurven höherer Ordnung

Die einfachste Ortskurve höherer Ordnung ist die Parabel durch den Nullpunkt, die der komplexen Funktion

$$\underline{r}_p=p\underline{r}_1+p^2\underline{r}_2 \tag{8.60}$$

folgt. Wenn zu der Funktion in Gl. (8.60) noch die feste komplexe Größe $\underline{r}_0$ hinzugefügt wird, erhält man eine Parabel allgemeiner Lage

$$\underline{r}_p=\underline{r}_0+p\underline{r}_1+p^2\underline{r}_2 \tag{8.61}$$

Die Konstruktionsvorschrift kann Bild 8.23 unmittelbar entnommen werden. Allgemein empfiehlt sich die Bestimmung bestimmter Ortskurvenpunkte mit einer Wertetabelle.

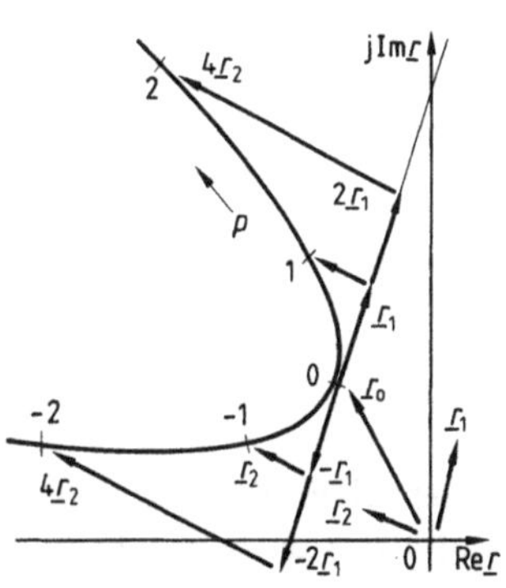

8.23 Parabel allgemeiner Lage

Die allgemeine komplexe Funktion n-ter (bzw. m-ter) Ordnung

$$\underline{r}_p=\frac{\underline{r}_1+p\underline{r}_2+p^2\underline{r}_3\ldots p^n\underline{r}_{n+1}}{\underline{r}_{m1}+p\underline{r}_{m2}+p^2\underline{r}_{m3}\ldots p^m\underline{r}_{m+1}} \tag{8.62}$$

ergibt auch eine Ortskurve entsprechender Ordnung, wie sie z. B. in Bild 8.12 dargestellt ist. Solche Ortskurven lassen sich genau durch Wertetabellen oder mit einem Digitalrechner bestimmen. Für die meisten Betrachtungen genügt es jedoch, einige Sonderwerte zu berechnen und hiermit die Ortskurve in Annäherung zu zeichnen. Hierfür sind folgende Regeln nützlich:

1. Wenn die komplexe Funktion von Gl. (8.62) einen für die Variable p echten Bruch darstellt, also $m>n$ ist, d. h., der Nenner für p eine höhere Ordnung aufweist als der Zähler, ist es häufig einfacher, zunächst die Ortskurve für die inverse Funktion $\underline{W}_p=1/\underline{r}_p$ zu suchen und erst anschließend hieraus durch eine erneute Inversion die gesuchte Ortskurve für $\underline{r}_p$ abzuleiten.

2. Zunächst sollte dann versucht werden, die Funktion höherer Ordnung in eine Summe von Funktionen niederer Ordnung, deren Ortskurven bekannt sind, zu zerlegen.

Beispiel 8.12. Die komplexe Funktion

$$\underline{r}_p = \frac{\underline{r}_1 + p\underline{r}_2}{\underline{r}_3 + p\underline{r}_4 + p^2\underline{r}_5}$$

ist in eine Reihe einfacherer komplexer Funktionen zu zerlegen.
Wir bilden nach Regel 1 zunächst die inverse Funktion

$$\underline{W}_p = \frac{1}{\underline{r}_p} = \frac{\underline{r}_3 + p\underline{r}_4 + p^2\underline{r}_5}{\underline{r}_1 + p\underline{r}_2}$$

Die nach Regel 2 verlangte Zerlegung in eine Reihe erzielen wir mit der folgenden Division

$$p^2\underline{r}_5 + p\underline{r}_4 + \underline{r}_3 : (p\underline{r}_2 + \underline{r}_1) = p\frac{\underline{r}_5}{\underline{r}_2} + \frac{1}{\underline{r}_2}\left(\underline{r}_4 - \underline{r}_1\frac{\underline{r}_5}{\underline{r}_2}\right) + \underline{r}_3 - \frac{\underline{r}_1}{\underline{r}_2}\left(\underline{r}_4 - \underline{r}_1\frac{\underline{r}_5}{\underline{r}_2}\right)\frac{1}{\underline{r}_1 + p\underline{r}_2}$$

$$= \underline{r}_{p1} + \underline{r}_{p2} + \underline{r}_{p3}$$

$$\underline{p^2\underline{r}_5 + p\underline{r}_1\underline{r}_5/\underline{r}_2}$$

$$p\left(\underline{r}_4 - \underline{r}_1\frac{\underline{r}_5}{\underline{r}_2}\right) + \underline{r}_3$$

$$\underline{p\left(\underline{r}_4 - \underline{r}_1\frac{\underline{r}_5}{\underline{r}_2}\right) + \frac{\underline{r}_1}{\underline{r}_2}\left(\underline{r}_4 - \underline{r}_1\frac{\underline{r}_5}{\underline{r}_2}\right)}$$

$$\underline{r}_3 - \frac{\underline{r}_1}{\underline{r}_2}\left(\underline{r}_4 - \underline{r}_1\frac{\underline{r}_5}{\underline{r}_2}\right)$$

und man erkennt, daß $\underline{r}_{p3} = \underline{r}_3 - \frac{\underline{r}_1}{\underline{r}_2}\left(\underline{r}_4 - \underline{r}_1\frac{\underline{r}_5}{\underline{r}_2}\right)\frac{1}{\underline{r}_1 + p\underline{r}_2}$ einen Kreis durch den Nullpunkt als Ortskurve hat, daß mit der Geraden durch Null

$$\underline{r}_{p1} = p\underline{r}_5/\underline{r}_2$$

dieser Kreis überlagert und verformt und diese Kurve schließlich mit dem Zeiger

$$\underline{r}_{p2} = \frac{1}{\underline{r}_2}\left(\underline{r}_4 - \underline{r}_1\frac{\underline{r}_5}{\underline{r}_2}\right)$$

zusätzlich um einen festen Wert verschoben wird.

3. Meist kann man in Gl. (8.61) leicht die Grenzwerte $p=0$ und $p=\infty$ einsetzen und erhält dann z. B.

für $p=0$: $\underline{r}_p = \underline{r}_1/\underline{r}_{m1}$

für $p=\infty$ bei $n>m$: $\underline{r}_p = \infty$
bei $n<m$: $\underline{r}_p = 0$.

4. Wenn man Realteil oder Imaginärteil von Gl. (8.62) Null setzt, erhält man Bestimmungsgleichungen für die Parameterwerte p, die auf der imaginären oder reellen Achse liegen und kann hiermit auch die Funktionswerte $\underline{r}_p$ berechnen. Erhält man für p einen imaginären Wert, so kann kein Schnittpunkt mit der imaginären bzw. reellen Achse auftreten, denn der Parameter p ist stets reell.
5. Wenn man Realteil oder Imaginärteil gleich oder ihre Summe gleich Null setzt, erhält man Bestimmungsgleichungen für die Parameterwerte p, die zu Funktionswinkel $\alpha = \pm 45°$ bzw. $\pm 135°$ gehören.
6. Gelegentlich kann es nützlich sein, für die unter 3. bis 5. bestimmten Sonderwerte den Differentialquotienten zu bilden, so die Kurvensteigung zu ermitteln und dann leichter den Kurvenverlauf zeichnen zu können. So liegt ein Punkt mit horizontaler Tangente vor, wenn $\mathrm{d}\,\mathrm{Im}(\underline{r}_p)/\mathrm{d}p = 0$ und $\mathrm{d}\,\mathrm{Re}(\underline{r}_p)/\mathrm{d}p \neq 0$ ist, dagegen eine vertikale Tangente für $\mathrm{d}\,\mathrm{Re}(\underline{r}_p)/\mathrm{d}p = 0$ und gleichzeitig $\mathrm{d}\,\mathrm{Im}(\underline{r}_p) \neq 0$.
7. Schließlich kann man sich in einer Wertetabelle in dem interessierenden Parameterbereich einige geeignete Parameterwerte p vorgeben und hierfür die komplexen Funktionswerte berechnen.

Diese Regeln werden u.a. in Beispiel 6.39 und 6.40 angewendet. Gl. (8.62) kann auch unmittelbar mit Taschenrechnerprogrammen ausgewertet werden (s. Band VII).

8.4 Determinanten

In linearen Gleichungssystemen kommen die n Unbekannten x_i nur in der ersten Potenz vor. Diese Systeme haben die allgemeine Form

$$\begin{array}{ll} (1) & a_{11}x_1 + a_{12}x_2 + a_{13}x_3 + \cdots + a_{1n}x_n = b_1 \\ (2) & a_{21}x_1 + a_{22}x_2 + a_{23}x_3 + \cdots + a_{2n}x_n = b_3 \\ & \quad\vdots \qquad\quad \vdots \qquad\quad \vdots \qquad\qquad\qquad \vdots \qquad\ \vdots \\ (n) & a_{n1}x_1 + a_{n2}x_2 + a_{n3}x_3 + \cdots + a_{nn}x_n = b_n \\ & \mathrm{k} \longrightarrow \end{array} \quad \Bigg\downarrow \mathrm{i} \qquad (8.63)$$

Die Koeffizienten a_{ik} und die konstanten Größen b_i sind vorgegeben. Der Index i gibt die Nummer der waagerechten Zeile, der Index k die der senkrechten Spalte an. Das System lösen heißt, n Größen $x_1, x_2 \dots x_n$ finden, die zusammen jede der n Gleichungen erfüllen. Zur Berechnung der n Unbekannten müssen daher n voneinander unabhängige Gleichungen vorliegen.

Lineare Maschennetze werden stets durch lineare Gleichungssysteme beschrieben. Das Aufstellen dieser voneinander unabhängigen Spannungs- oder Stromgleichungen wird in Abschn. 2.3 und 3.2 bis 3.4 ausführlich behandelt.

Die unbekannten Größen x_i können daher gesuchte Ströme I_μ oder Spannungen U_μ, die Koeffizienten a_{ik} bekannte Widerstände R_μ oder Leitwerte G_μ und die Größen b_i vorgegebene Ströme I_μ oder bekannte Spannungen U_μ (z. B. Quellenspannungen $U_{q\mu}$) sein. Das Gleichungssystem (8.63) kann man auch als Matrizengleichung

$$\begin{bmatrix} a_{11} & a_{12} & a_{13} & \dots & a_{1n} \\ a_{21} & a_{22} & a_{23} & \dots & a_{2n} \\ \vdots & \vdots & \vdots & & \vdots \\ a_{n1} & a_{n2} & a_{n3} & & a_{nn} \end{bmatrix} \cdot \begin{bmatrix} x_1 \\ x_2 \\ \vdots \\ x_n \end{bmatrix} = \begin{bmatrix} b_1 \\ b_2 \\ \vdots \\ b_n \end{bmatrix} \tag{8.64}$$

mit der Koeffizienten-Determinante

$$D = \begin{vmatrix} a_{11} & a_{12} & a_{13} & \dots & a_{1n} \\ a_{21} & a_{22} & a_{23} & \dots & a_{2n} \\ \vdots & \vdots & \vdots & & \vdots \\ a_{n1} & a_{n2} & a_{n3} & \dots & a_{nn} \end{vmatrix} \tag{8.65}$$

schreiben. Bei linearen Maschennetzen stellt diese Koeffizienten-Determinante daher auch die Widerstands- oder die Leitwertmatrix dar.

Die Cramersche Regel besagt, daß man die i-te Unbekannte

$$x_i = D_i / D \tag{8.66}$$

erhält, wenn man in der Koeffizienten-Determinante die i-te Spalte durch die rechte Seite b_1 bis b_n, d. i. der Spaltenvektor der rechten Seite, ersetzt, also die Determinante

$$D_i = \begin{vmatrix} a_{11} & a_{12} & \dots & b_1 & \dots & a_{1n} \\ a_{21} & a_{22} & \dots & b_2 & \dots & a_{2n} \\ \vdots & \vdots & & \vdots & & \vdots \\ a_{n1} & a_{n2} & \dots & b_n & \dots & a_{nn} \end{vmatrix} \tag{8.67}$$

bildet und sie durch die Koeffizienten-Determinante D dividiert. Wenn die Koeffizienten-Determinante $D = 0$ wird, bedeutet dies, daß die vorgegebenen Gleichungen nicht unabhängig voneinander sind, also noch weitere Bestimmungsgleichungen gesucht werden müssen.

Der Wert einer zweireihigen Determinante ist hierbei allgemein

$$D = \begin{vmatrix} a_{11} & a_{12} \\ a_{21} & a_{22} \end{vmatrix} = a_{11} a_{22} - a_{12} a_{21} \tag{8.68}$$

Den Wert einer dreireihigen Determinante findet man mit der Regel von Sarrus

$$D=\left|\begin{matrix} a_{11} & a_{12} & a_{13} \\ a_{21} & a_{22} & a_{23} \\ a_{31} & a_{32} & a_{33} \end{matrix}\right| \begin{matrix} a_{11} & a_{12} \\ a_{21} & a_{22} \\ a_{31} & a_{32} \end{matrix} \tag{8.69}$$

$$=a_{11}a_{22}a_{33}+a_{12}a_{23}a_{31}+a_{13}a_{21}a_{32}-a_{31}a_{22}a_{13}-a_{32}a_{23}a_{11}-a_{33}a_{21}a_{12}$$

Man setzt also zweckmäßig die 1. und 2. Spalte nochmals rechts neben die Determinante, bildet in Richtung der Pfeile 6 Produkte aus je 3 Faktoren und addiert diese Produkte unter Beachtung der angegebenen Vorzeichen.

Der Wert einer **mehrreihigen** Determinante stellt die Summe der Produkte aus den Elementen einer beliebigen Reihe und den zugehörigen Unterdeterminanten dar. Die **Unterdeterminante** A_{ik} des Elements a_{ik} einer Determinante entsteht, wenn in der ursprünglichen Determinante die i-te Zeile und die k-te Spalte fortgelassen und die so reduzierte Determinante mit $(-1)^{i+k}$ multipliziert wird. Die dreizeilige Determinante in Gl. (8.69) hat beispielsweise mit Gl. (8.67) die Unterdeterminante

$$A_{21}=(-1)^{2+1}\left|\begin{matrix} a_{11}a_{12}a_{13} \\ a_{21}a_{22}a_{23} \\ a_{31}a_{32}a_{33} \end{matrix}\right| = -\left|\begin{matrix} a_{12}a_{13} \\ a_{32}a_{33} \end{matrix}\right| = -a_{12}a_{33}+a_{13}a_{32} \tag{8.70}$$

Einer Entwicklung nach Unterdeterminanten geht eine Reduzierung von Zeilen und Spalten voraus. Wären z. B. in Gl. (8.70) die Koeffizienten a_{11} und a_{31} oder a_{22} und a_{23} Null, so würden die Produkte dieser Elemente mit den zugehörigen Unterdeterminanten ebenfalls verschwinden und man könnte in diesem Fall den Wert der Determinanten $D=a_{21}A_{21}$ sehr einfach finden.

Bei der **Reduzierung** einer Determinante werden insbesondere zwei Sätze angewandt:

a) Eine Determinante wird mit einem Faktor k multipliziert, indem alle Elemente einer beliebigen Reihe (oder Spalte) mit diesem Faktor multipliziert werden. Analoges gilt für das Herausziehen eines Faktors.

$$k\left|\begin{matrix} a_{11} & a_{12} \\ a_{21} & a_{22} \end{matrix}\right| = \left|\begin{matrix} ka_{11} & a_{12} \\ ka_{21} & a_{22} \end{matrix}\right| = \left|\begin{matrix} ka_{11} & ka_{12} \\ a_{21} & a_{22} \end{matrix}\right| \tag{8.71}$$

b) Der Wert einer Determinante bleibt erhalten, wenn zu einer Reihe (oder Spalte) ein Vielfaches einer anderen Reihe (oder Spalte) addiert (bzw. von ihr subtrahiert) wird.

$$\left|\begin{matrix} a_{11} & a_{12} \\ a_{21} & a_{22} \end{matrix}\right| = \left|\begin{matrix} (a_{11}+ka_{21}) & (a_{12}+ka_{22}) \\ a_{21} & a_{22} \end{matrix}\right| = \left|\begin{matrix} (a_{11}+ka_{12}) & a_{12} \\ (a_{21}+ka_{22}) & a_{22} \end{matrix}\right| \tag{8.72}$$

Durch mehrfaches Anwenden dieser beiden Sätze kann man alle Elemente einer Reihe oder Spalte bis auf ein Element zu Null machen. Bei der Entwicklung nach dieser Reihe bzw. Spalte bleibt dann nur ein Produkt übrig. Will man eine Zeile reduzieren, sollte man Spalten addieren und umgekehrt.

Dieses Verfahren wird in Beispiel 2.44 ausführlich angewandt. Gleichungssysteme lassen sich darüber hinaus mit Taschenrechnerprogrammen unmittelbar numerisch lösen (s. Band VII).

Komplexe Matrix. Gl. (8.33) und (8.34) schreibt man auch gern in abkürzender Schreibweise als komplexe Matrizengleichung

$$\begin{bmatrix} \underline{A}_{11} & \underline{A}_{12} \\ \underline{A}_{21} & \underline{A}_{22} \end{bmatrix} \cdot \begin{bmatrix} \underline{X} \\ \underline{Y} \end{bmatrix} = \begin{bmatrix} \underline{B}_1 \\ \underline{B}_2 \end{bmatrix} \tag{8.73}$$

Komplexe Determinanten. Das Gleichungssystem von Gl. (8.33) und (8.34) bzw. (8.73) löst man einfach mit Determinanten [8], [73]. In Gl. (8.65) bis (8.72) sind dann lediglich die reellen Koeffizienten durch komplexe zu ersetzen. Wenn die komplexen Größen entsprechend Gl. (8.35) und (8.36) gegen reelle ausgetauscht werden, wird aus Gl. (8.73) eine reelle Matrizengleichung, die wieder mit Taschenrechnerprogrammen einfach numerisch zu lösen ist (s. Band VII).

8.5 Fourier-Reihen

Die Fourier-Analyse zerlegt eine allgemeine periodische Zeitfunktion $y=f(t)$, die beschränkt, stückweise monoton und stückweise stetig ist, in sinusförmige Teilschwingungen, die auch als Harmonische bezeichnet werden. Die Sinusschwingung mit der Periodendauer der vorgegebenen Kurve heißt Grundschwingung oder 1. Teilschwingung bzw. 1. Harmonische. Die Frequenzen der Oberschwingungen, das sind die höheren Teilschwingungen bzw. Harmonischen, betragen ganzzahlige Vielfache der Grundschwingungsfrequenz, wobei das Verhältnis von Teil- zu Grundschwingungsfrequenz die Ordnungszahl ν der Teilschwingung darstellt (s. DIN 1311).

8.5.1 Zeitfunktion

Fourier-Reihen sind Zeitfunktionen, die in der trigonometrischen Form oder in der Exponentialform angegeben werden.

8.5.1.1 Trigonometrische Form. Mit der Periode $T=1/f=2\pi/\omega$ der allgemeinen periodischen Zeitfunktion $y=f(t)$, der zugehörigen Frequenz f bzw. Kreisfrequenz ω und der Teilschwingungszahl ν kann man nach [1], [8], [70] diese Funktion einmal mit den Fourier-Koeffizienten a_ν und b_ν und dem

Gleichglied

$$\frac{a_0}{2} = \bar{y} = \frac{1}{T}\int_0^T y\,\mathrm{d}t \tag{8.74}$$

das den linearen Mittelwert $\bar{y}$ (s. Abschn. 5.1.2) wiedergibt, in der 1. trigonometrischen Form

$$\begin{aligned} y &= \sum_{\nu=0}^{\infty} y_\nu = \frac{a_0}{2} + \sum_{\nu=1}^{\infty} c_\nu \cos(\nu\omega t + \alpha_\nu) \\ &= \frac{a_0}{2} + a_1\cos(\omega t) + a_2\cos(2\omega t) + a_3\cos(3\omega t) + \cdots \\ &\quad + b_1\sin(\omega t) + b_2\sin(2\omega t) + b_3\sin(3\omega t) + \cdots \end{aligned} \tag{8.75}$$

als Summe von Kosinus- und Sinusschwingungen darstellen. Diese Fourier-Reihe läßt sich aber auch mit den Amplituden

$$c_\nu = \sqrt{a_\nu^2 + b_\nu^2} \tag{8.76}$$

und den Nullphasenwinkeln

$$\alpha_\nu = \arctan(b_\nu/a_\nu) = \arcsin(b_\nu/c_\nu) = \arccos(a_\nu/c_\nu) \tag{8.77}$$

in der 2. trigonometrischen Form (Polarform)

$$\begin{aligned} y &= \frac{a_0}{2} + \sum_{\nu=1}^{\infty} [a_\nu\cos(\nu\omega t) + b_\nu\sin(\nu\omega t)] \\ &= \frac{a_0}{2} + c_1\cos(\omega t + \alpha_1) + c_2\cos(2\omega t + \alpha_2) + \cdots \end{aligned} \tag{8.78}$$

als Überlagerung verschiedenfrequenter und gegeneinander phasenverschobener Sinusschwingungen y_ν auffassen. Beide Größen werden nach DIN 1311 im Amplituden- und Phasenspektrum dargestellt.

Die Fourier-Reihe kann meist nach einigen Gliedern abgebrochen werden. Bild **8.24** zeigt beispielhaft, wie die ersten 9 Teilschwingungen i_1 bis i_9 schon mit guter Annäherung eine rechteckige Stromschwingung i ergeben. Für viele Betrachtungen dürfen somit die höheren Teilschwingungen mit einer Ordnungszahl $\nu > 9$ vernachlässigt werden.

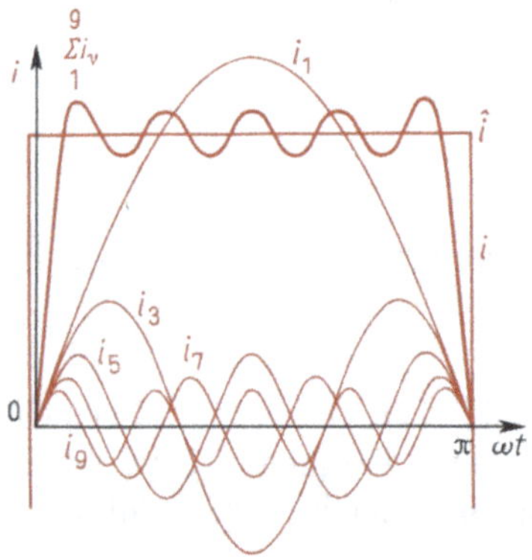

8.24
Fourier-Synthese einer rechteckigen Stromkurve

8.5.1.2 Exponentialform. Wenn man in Gl. (8.75) entsprechend der Euler-Gleichung die Glieder

$$\cos(\nu\omega t) = \frac{1}{2}(e^{j\nu\omega t} + e^{-j\nu\omega t})$$

und

$$\sin(\nu\omega t) = \frac{-j}{2}(e^{j\nu\omega t} + e^{-j\nu\omega t})$$

durch Exponentialausdrücke ersetzt, kann man weiter die komplexe Fourier-Reihe (Exponentialform)

$$\underline{y} = \sum_{\nu=-\infty}^{+\infty} \underline{d}_\nu e^{-j\nu\omega t}$$

$$= \cdots + \underline{d}_{-2} e^{-j2\omega t} + \underline{d}_{-1} e^{-j\omega t} + \underline{d}_0 + \underline{d}_1 e^{j\omega t} + \underline{d}_2 e^{j2\omega t} + \cdots \tag{8.79}$$

mit dem komplexen Spektrum

$$\underline{d}_\nu = [a_\nu - j(\nu/|\nu|) b_\nu]/2 = (c_\nu/2) \underline{/-(\nu/|\nu|)\alpha_\nu} \tag{8.80}$$

angeben. Man beachte, daß der Quotient $\nu/|\nu|$ dafür sorgt, daß bei negativen Werten für die Ordnungszahl ν gilt $\underline{d}_{-\nu} = (a_\nu + j b_\nu)/2 = (c_\nu/2) \underline{/\alpha_\nu}$.

8.5.2 Fourier-Analyse

Wenn die zu untersuchende Zeitfunktion $y=f(t)$ als Strom- oder Spannungsverlauf vorliegt, kann man mit dem Frequenz-Analysator rein meßtechnisch die Amplituden der Teilschwingungen bestimmen. Ferner können nach [8] durch Betrachtung äquidistanter Funktionswerte mit Näherungsverfahren (z. B. nach Runge oder Zippert) beliebige periodische Funktionen numerisch analysiert werden; sie eignen sich auch für den Fall, daß die Meßwerte punktweise ermittelt und anschließend in Digitalrechnern verarbeitet werden. Diese numerische Fourier-Analyse eignet sich gut für programmierbare Taschenrechner; sie wird in Band VII eingehend behandelt.

8.5.2.1 Fourier-Koeffizienten. Wenn die Zeitfunktion $y=f(t)$ in mathematischer Form als Gleichung vorgegeben ist, können die Fourier-Koeffizienten nach Gl. (8.81) und (8.82) direkt bestimmt werden, weil bei reinen Wechselgrößen im Gegensatz zum linearen Mittelwert der quadratische Mittelwert nicht verschwindet. Nach [8] findet man auf diese Weise die Fourier-Koeffizienten

$$a_\nu = \frac{2}{T}\int_0^T y\cos(\nu\omega t)\,dt = \frac{1}{\pi}\int_0^{2\pi} y\cos(\nu\omega t)\,d(\omega t) \tag{8.81}$$

$$b_\nu = \frac{1}{T}\int_0^T y\sin(\nu\omega t)\,dt = \frac{1}{\pi}\int_0^{2\pi} y\sin(\nu\omega t)\,d(\omega t) \tag{8.82}$$

wobei das Gleichglied $a_0/2$ nach Gl. (8.74) bestimmt werden kann. Die Fourier-Koeffizienten a_ν bzw. b_ν konvergieren für $\nu \to \infty$ gegen Null. Ferner gilt allgemein für das komplexe Spektrum der komplexen Fourier-Reihe

$$\underline{d}_\nu = \frac{1}{T}\int_{-T/2}^{+T/2} y\,\mathrm{e}^{-\mathrm{j}\nu\omega t}\,\mathrm{d}t = \frac{1}{2\pi}\int_{-\pi}^{\pi} y\,\mathrm{e}^{-\mathrm{j}\nu\omega t}\,\mathrm{d}(\omega t) \tag{8.83}$$

Als Integrationsweg kann in Gl. (8.81) bis (8.83) jeweils ein beliebiges Intervall der Länge T bzw. 2π gewählt werden.

8.5.2.2 Sonderfälle. Gl. (8.75), (8.78), (8.79) vereinfachen sich in folgenden Fällen:

Reiner Wechselvorgang. Wenn nach Bild **8.**25a positive und negative Halbschwingungen der Zeitfunktion y gleiche Flächen einschließen, verschwindet der lineare Mittelwert $\bar{y}$ bzw. das Gleichglied $a_0/2$ von Gl. (8.74), und es liegt reiner Wechselvorgang vor.

Gerade Zeitfunktion. Folgt eine Funktion, wie z. B. in Bild **8.**25b, der Bedingung $y(t) = y(-t)$, so verläuft die Kurve $y = f(t)$ symmetrisch zur Ordinatenachse, die Fourier-Koeffizienten sind $b_\nu = 0$ sowie $\underline{d}_\nu$ rein reell, und es treten nur Kosinusglieder auf.

Ungerade Zeitfunktion. Wenn die Funktion y wie in Bild **8.**25c die Bedingung $y(t) = -y(-t)$ erfüllt, ändert bei Ersatz von t durch $-t$ die Funktion nur das Vorzeichen, und wegen $a_\nu = 0$ treten nur Sinusglieder auf. Die Fourier-Koeffizienten $\underline{d}_\nu$ sind imaginär. Die ungerade Zeitfunktion verläuft außerdem stets punktsymmetrisch zum Koordinaten-Nullpunkt, geht also durch ihn hindurch.

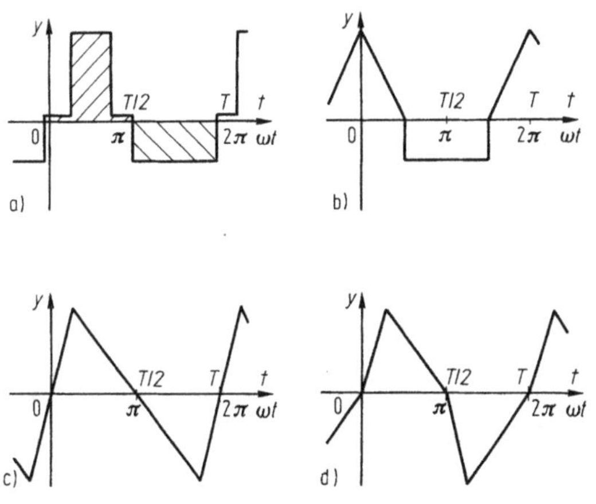

8.25 Sonderfälle von Zeitfunktionen $y = f(t)$, nämlich reiner Wechselvorgang (a), gerade (b), ungerade (c) und alternierende (d) Zeitfunktion

Alternierende Zeitfunktion. Bild **8.**25d zeigt eine Funktion mit $y(t) = -y(t + T/2)$. Für solche Funktionen verschwinden die Fourier-Koeffizienten a_ν und b_ν für alle geraden Ordnungszahlen ν. Es treten daher nur ungerade Ordnungszahlen auf. Dies trifft für die meisten mit Oberschwingungen behafteten Wechselströme zu, da dort positive und negative Halbschwingungen meist gleich verlaufen.

In Tafel 8.26 sind einige für die Elektrotechnik wichtige Funktionen mit dem Scheitelwert $\hat{y}$ dargestellt und die zugehörigen Fourier-Reihen sowie einige Kennwerte (s. Abschn. 5.1.2) angegeben. Weitere Reihen findet man in [1], [70].

Tafel 8.26 Wichtige Zeitfunktionen mit Fourier-Reihen und Kennwerten (n ganze Zahlen)

Zeitfunktion	Fourier-Reihe $y/\hat{y}$ =	Kennwerte
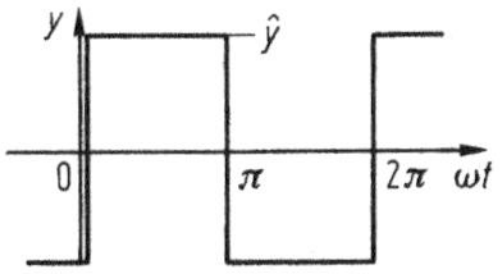	$\frac{4}{\pi}\sum_{\nu=1}^{\infty}\frac{1}{\nu}\sin(\nu\omega t)$	$\nu=2n+1$ $\bar{y}=0$ $y_{eff}=\hat{y}$ $\xi=F=1$
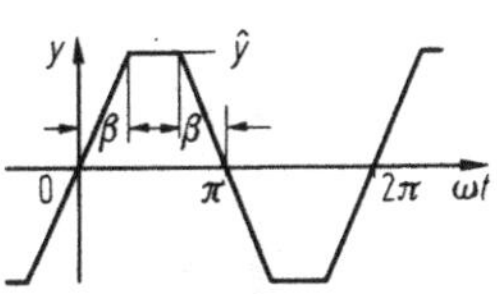	$\frac{4}{\pi\beta}\sum_{\nu=1}^{\infty}\frac{\sin(\nu\beta)}{\nu^2}\sin(\nu\omega t)$	$\nu=2n+1$ $\bar{y}=0$ $y_{eff}=\hat{y}\sqrt{1-\frac{8\beta}{3\pi}}$ $F=\frac{y_{eff}/\hat{y}}{1-(\beta/\pi)}$
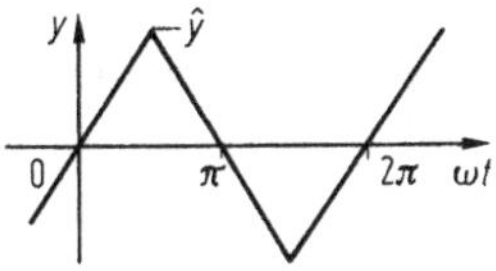	$\frac{8}{\pi^2}\sum_{\nu=1}^{\infty}\frac{(-1)^{\nu+1}}{\nu^2}\sin(\nu\omega t)$	$\nu=2n+1$ $\bar{y}=0$ $y_{eff}=0{,}5774\hat{y}$ $\xi=1{,}7321$ $F=1{,}1547$
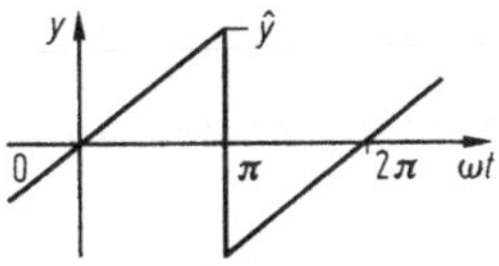	$\frac{2}{\pi}\sum_{\nu=1}^{\infty}\frac{(-1)^{\nu+1}}{\nu}\sin(\nu\omega t)$	$\nu=n$ $\bar{y}=0$ $y_{eff}=0{,}5774\hat{y}$ $\xi=1{,}7321$ $F=1{,}1547$

Beispiel 8.13. Für die Funktion in Bild 8.27a ist die Fourier-Reihe in trigonometrischer und Exponentialform zu bestimmen. Die Amplitudenspektren sind darzustellen.

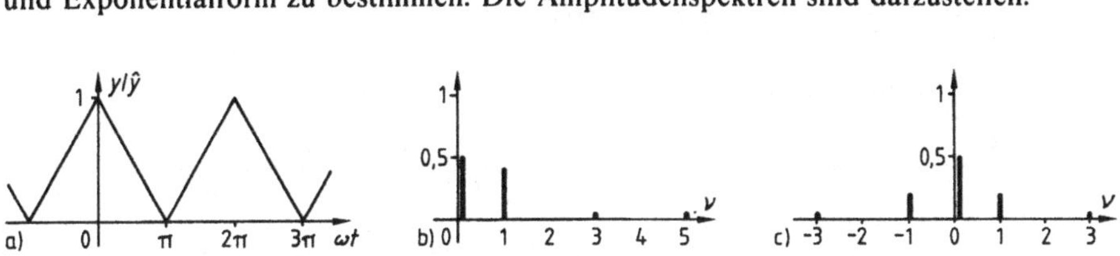

8.27 Dreieckfunktion (a) mit Amplitudenspektrum für trigonometrische (b) und Exponentialform (c)

Wir finden die Fourier-Reihe sofort über die Dreieckfunktion in Tafel **8.**26. Gegenüber der dort betrachteten ungeraden Funktion ist hier eine Phasenverschiebung um $\pi/2$ vorgenommen, also eine gerade Funktion mit doppelter Amplitude und dem Mittelwert $a_0/2 = 1/2 = 0{,}5$ geschaffen worden. Sie folgt somit für $\nu = 2n+1$ mit den ganzen Zahlen n der trigonometrischen Fourier-Reihe

$$\frac{y}{\hat{y}} = \frac{1}{2} + \frac{4}{\pi^2} \sum_{\nu=1}^{\infty} \frac{\cos(\nu\omega t)}{2}$$

Mit dem komplexen Spektrum $\underline{d}_\nu = a_\nu/2 = c_\nu/2$ - s. Gl. (8.80) - folgt nach Gl. (8.79) für die komplexe Fourier-Reihe

$$\frac{\underline{y}}{\hat{y}} = \frac{1}{2} + \frac{2}{\pi^2} \sum_{\nu=-\infty}^{\infty} \frac{e^{j\nu\omega t}}{\nu^2} = \cdots + \frac{2}{9\pi^2} e^{-j3\omega t} + \frac{2}{\pi^2} e^{-j\omega t} + \frac{1}{2} + \frac{2}{\pi^2} e^{j\omega t} + \frac{2}{9\pi^2} e^{j3\omega t} + \cdots$$

Die Amplitudenspektren sind in Bild **8.**27b und c wiedergegeben.

Beispiel 8.14. Es sollen für die periodischen Rechteckimpulse in Bild **8.**28a die Fourier-Reihen in trigonometrischer Exponentialform abgeleitet und die zugehörigen Amplitudenspektren angegeben werden.

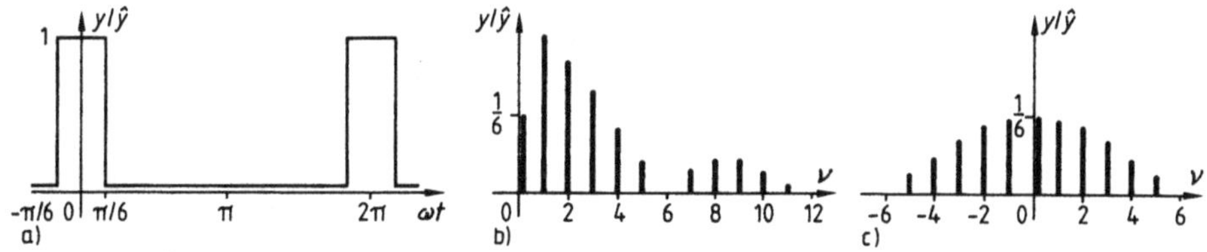

8.28 Periodische Rechteckimpulse (a) mit Amplitudenspektrum für trigonometrische (b) und Exponentialform (c)

Für den Mittelwert findet man sofort mit Gl. (8.74)

$$\frac{a_0}{2} = \frac{1}{2\pi} \int_{-\pi/6}^{\pi/6} \frac{y}{\hat{y}}\, d(\omega t) = \frac{1}{6} = 0{,}1667$$

Da hier eine gerade Funktion vorliegt, treten nur Kosinusglieder mit den Fourier-Koeffizienten

$$a_\nu = \frac{1}{\pi} \int_{-\pi/6}^{\pi/6} \frac{y}{\hat{y}} \cos(\nu\omega t)\, d(\omega t) = \frac{2}{\nu\pi} \sin\left(\frac{\nu\pi}{6}\right)$$

auf. Daher gelten die trigonometrische Fourier-Reihe

$$\frac{y}{\hat{y}} = \frac{1}{6} + \frac{2}{\pi} \sum_{\nu=1}^{\infty} \frac{1}{\nu} \sin\left(\frac{\nu\pi}{6}\right) \cos(\nu\omega t)$$

und auch die Exponentialform

$$\frac{\underline{y}}{\hat{y}} = \cdots - \frac{1}{3\pi} \sin\left(\frac{-\pi}{2}\right) e^{-j3\omega t} - \frac{1}{2\pi} \sin\left(\frac{-\pi}{3}\right) e^{-j2\omega t} - \frac{1}{\pi} \sin\left(\frac{-\pi}{6}\right) e^{-j\omega t}$$
$$+ \frac{1}{6} + \frac{1}{\pi} \sin\left(\frac{\pi}{6}\right) e^{j\omega t} + \frac{1}{2\pi} \sin\left(\frac{\pi}{3}\right) e^{j2\omega t} + \frac{1}{3\pi} \sin\left(\frac{\pi}{2}\right) e^{j3\omega t} + \cdots$$

sowie die Amplitudenspektren in Bild **8.**28b und c.

8.6 Funktionentheorie

In der Netzwerktheorie treten häufig gebrochen rationale Funktionen

$$\underline{F}(s)=\frac{b_m s^m+\cdots+b_1 s+b_0}{a_n s^n+\cdots+a_1 s+a_0} \tag{8.84}$$

auf. Es wird daher hier zusammengestellt, wie man ihre Pole und Nullstellen ermittelt und wie man sie in Partialbrüche zerlegen kann. Auf weitere Einzelheiten der Funktionentheorie braucht hier nicht eingegangen zu werden.

8.6.1 Pole und Nullstellen

Als Pole bezeichnet man die Funktionswerte der unabhängigen Veränderlichen s, bei der die abhängige Veränderliche $\underline{F}(s)$ unendlich groß wird. Die Übertragungsfunktionen weisen daher für die Funktionswerte s Pole auf, für die der Nenner verschwindet. Eine Funktion $\underline{F}(s)$ hat eine Nullstelle, also den Funktionswert Null, wenn der Zähler verschwindet.

Pole und Nullstellen nennt man auch die Eigenwerte (oder Singularitäten) einer Funktion. Zusammen mit den Übertragungsbeiwerten K bestimmen sie allein den Verlauf einer Funktion, so daß die Übertragungsfunktion durch sie festgelegt wird. Daher stellt man diese Eigenwerte gern in einem Pol-Nullstellen-Diagramm zusammen und kennzeichnet hierdurch die Funktion. Pole sind besonders für die Regelungstechnik wichtig, da die Polkreisfrequenzen die Eigenkreisfrequenzen des Regelkreises darstellen und daher der Kreis ohne Energiezufuhr von außen mit diesen Frequenzen schwingen kann. Nur wenn alle komplexen Eigenkreisfrequenzen s (s. Abschn. 6.2.1.1) einen negativen Wert für den Realteil σ aufweisen, also nur reguläre Glieder vorliegen, sind dies abklingende Schwingungen, und der zugehörige Regelkreis ist stabil (s. Band V). Wenn ein Regelkreis auch nur eine einzige Eigenkreisfrequenz, also nur einen Pol, mit $\sigma \leqq 0$ hat, also ein nichtreguläres Glied enthält, ist er instabil (s. Band V).

Es muß somit auch kurz gezeigt werden, wie man Pole und Nullstellen - also die Wurzeln von Nenner und Zähler - findet.

8.6.1.1 Bestimmung von Wurzeln. Die Funktion

$$\begin{aligned}\underline{F}(s)&=K_D s(1+T_1 s)(1-T_2 s)(1+2\vartheta T_0 s+T_0^2 s^2)(A+Bs+Cs^2+s^3)\\&=\underline{F}_1(s)\underline{F}_2(s)\underline{F}_3(s)\underline{F}_4(s)\underline{F}_5(s)\end{aligned} \tag{8.85}$$

nimmt die Werte Null an, wenn eine von den Teilfunktionen $\underline{F}_1(s)$ bis $\underline{F}_5(s)$ Null wird, d.h. für die Wurzeln dieser Funktionen der Veränderlichen s, die man Eigenwerte nennt. Wir untersuchen daher diese Funktionen:

1. $\underline{F}_1(s)=K_D s$: Diese Funktion hat den Wert $\underline{F}_1(s)=0$ nur für den Eigenwert $s_1=0$.

2. $\underline{F}_2(s)=1+T_1 s$: Es wird $\underline{F}_2(s)=0$ für $s_2=-1/T_1$. Da Zeitkonstanten T_1 nur positive Werte aufweisen können, ist der Eigenwert s_2 stets negativ, das Glied mit einer solchen Übertragungsfunktion also regulär.

3. $\underline{F}_3(s)=1-T_2 s$: In diesem Fall ist $\underline{F}_3(s)=0$ für $s_3=1/T_2$. Dieser bei einer positiven Zeitkonstante T_2 stets positive Eigenwert s_3 weist auf ein irreguläres Glied hin.

4. $\underline{F}_4(s)=1+2\vartheta T_0 s+T_0^2 s^2$: Diese quadratische Gleichung hat die Wurzeln bzw. Eigenwerte

$$s_{4,5}=(-\vartheta\pm\sqrt{\vartheta^2-1})/T_0=(-\vartheta\pm \mathrm{j}\sqrt{1-\vartheta^2})/T_0 \tag{8.86}$$

Es sind 3 Fälle zu unterscheiden für den Dämpfungsgrad

$\vartheta>1$: 2 reelle Wurzeln,
$\vartheta=1$: 2 identische reelle Wurzeln,
$\vartheta<1$: 2 konjugiert komplexe Wurzeln.

Die allgemeine quadratische Gleichung $ax^2+bx+c=0$ hat die Wurzeln

$$x_{1,2}=\frac{-b\pm\sqrt{b^2-4ac}}{2a} \tag{8.87}$$

Man bringt quadratische Gleichungen jedoch meist in die Normalform

$$x^2+Ax+B=0 \tag{8.88}$$

mit den Wurzeln

$$x_{1,2}=-\frac{A}{2}\pm\sqrt{\left(\frac{A}{2}\right)^2-B} \tag{8.89}$$

Wenn man für Gl. (8.87) bzw. (8.88) eine Diskriminante $\Delta=b^2-4ac$ bzw. $\Delta=(A/2)^2-B$ definiert, gibt es wieder die Fälle

$\Delta>0$: 2 reelle Wurzeln,
$\Delta=0$: 2 identische reelle Wurzeln (Mehrfachwurzeln),
$\Delta<0$: 2 konjugiert komplexe Wurzeln.

Bei $A=0$ ist $x_{1,2}=\pm\sqrt{-B}$, bei $B=0$ ferner $x_1=0$ und $x_2=-a$. Hierbei wird vorausgesetzt, daß die Konstanten a, b, c, A und B sowohl positive als auch negative Werte annehmen können.

5. $\underline{F}_5(s)=A+Bs+Cs^2+s^3$: Diese kubische Gleichung kann man durch Einsetzen von $x=s-(C/3)$ in die reduzierte Form

$$x^3+ax+b=0 \tag{8.90}$$

überführen. Mit der Diskriminanten

$$\Delta = \left(\frac{a}{3}\right)^3 + \left(\frac{b}{2}\right)^2 \tag{8.91}$$

erhält man folgende Fälle und Lösungen:

$\Delta > 0$: 1 reelle und 2 konjugiert komplexe Wurzeln. Mit

$$c = \sqrt[3]{-\frac{b}{2} + \sqrt{\Delta}} \quad \text{und} \quad d = \sqrt[3]{-\frac{b}{2} - \sqrt{\Delta}} \tag{8.92}$$

findet man mit der Cardanischen Formel die Lösungen

$$x_1 = c + d \tag{8.93}$$

$$x_{2,3} = -\frac{x_1}{2} \pm \mathrm{j}\frac{\sqrt{3}}{2}(c-d) \tag{8.94}$$

und über $s = x + (C/3)$ schließlich die Eigenwerte der kubischen Gleichung.

$\Delta < 0$: 3 reelle Wurzeln. Mit dem Winkel

$$\alpha = \frac{1}{3}\arccos\frac{-b}{2\sqrt{(-a/3)^3}} \tag{8.95}$$

erhält man die Wurzeln

$$x_1 = 2\sqrt{-a/3}\cos\alpha \tag{8.96}$$

$$x_2 = 2\sqrt{-a/3}\cos(\alpha + 120°) \tag{8.97}$$

$$x_3 = 2\sqrt{-a/3}\cos(\alpha + 240°) \tag{8.98}$$

$\Delta = 0$: Es ist $c = d = \sqrt[3]{-b/2}$ und daher $x_1 = 2c$ und $x_2 = x_3 = -c$.

6. Gleichungen höheren Grades: Die allgemeine Gleichung n-ten Grades

$$s^n + a_{n-1}s^{n-1} + a_{n-2}s^{n-2} + \cdots + a_1 s + a_0 = (s-s_1)(s-s_2)(s-s_3)\cdots(s-s_n) \tag{8.99}$$

hat n Eigenwerte $s_1, s_2, s_3, \ldots, s_n$, wobei komplexe Eigenwerte stets paarweise konjugiert komplex auftreten. Ist ein Eigenwert s_1 bekannt, so kann durch Dividieren der Gleichung durch $(s-s_1)$ ihr Grad um 1 erniedrigt werden. Gelegentlich kann man auch Wurzeln sofort erkennen und hiermit die Gleichung vereinfachen. Eine biquadratische Gleichung $s^4 + as^2 + b = 0$ kann man mit dem Ansatz $z = s^2$ auf die quadratische Gleichung $z^2 + az + b = 0$ zurückführen.

Ganz allgemein findet man die Wurzeln von Polynomen heute am einfachsten mit Taschenrechnerprogrammen, die z. B. in Band VII beschrieben sind.

Beispiel 8.15. Für die Funktion $1 + 5RCs + 6(RC)^2s^2 + (RC)^3s^3$ sind die Eigenwerte zu bestimmen.

Es sind also die Wurzeln der kubischen Gleichung

$$s^3 + \frac{6}{RC}s^2 + \frac{5}{(RC)^2}s + \frac{1}{(RC)^3} = 0$$

zu ermitteln.

Mit dem Ansatz $s = x - (2/RC)$ bringen wir die kubische Gleichung in die reduzierte Form

$$x^3 - [7/(RC)^2]x + [7/(RC)^3] = x^3 + ax + b = 0$$

Wegen der Diskriminanten

$$\Delta = \left(\frac{b}{2}\right)^2 + \left(\frac{a}{3}\right)^3 = \left[\frac{7}{2(RC)^3}\right]^2 + \left[\frac{-7}{3(RC)^2}\right]^3 = \frac{-0{,}4537}{(RC)^6} < 0$$

berechnet man über

$$\cos(3\alpha) = -b/2\sqrt{(-a/3)^3} = -[7/(RC)^3]/2\sqrt{[7/3(RC)^2]^3} = -0{,}98198$$

$$3\alpha = 180° - 10{,}89° = 169{,}11° \qquad \alpha = 56{,}37°$$

zunächst die Wurzeln

$$x_1 = 2\sqrt{-a/3}\cos\alpha = 2\sqrt{7/[3(RC)^2]}\cos 56{,}37° = 1{,}692/(RC)$$

$$x_2 = 2\sqrt{-a/3}\cos(\alpha + 120°) = 2\sqrt{7/[3(RC)^2]}\cos 176{,}37° = -3{,}049/(RC)$$

$$x_3 = 2\sqrt{-a/3}\cos(\alpha + 240°) = 2\sqrt{7/[3(RC)^2]}\cos 296{,}37° = 1{,}357/(RC)$$

und schließlich wegen des Ansatzes $s = x - 2/(RC)$

$$s_1 = x_1 - \frac{2}{RC} = \frac{1{,}692}{RC} - \frac{2}{RC} = \frac{-0{,}308}{RC} = \frac{-1}{3{,}247\,RC}$$

$$s_2 = x_2 - \frac{2}{RC} = \frac{-3{,}049}{RC} - \frac{2}{RC} = \frac{-5{,}049}{RC} = \frac{-1}{0{,}1981\,RC}$$

$$s_3 = x_3 - \frac{2}{RC} = \frac{1{,}357}{RC} - \frac{2}{RC} = \frac{-0{,}6431}{RC} = \frac{-1}{1{,}555\,RC}$$

Beispiel 8.16. Die Übertragungsfunktion

$$\underline{F}(s) = \frac{K_1 K_2 (1 + T_3 s)}{K_1 K_2 K_3 + (1 + T_1 s)(1 + T_2 s)(1 + T_3 s)}$$

soll mit den Werten von Beispiel 6.48 in die Normalform (s. Abschn. 6.2.1.5) gebracht werden.

Wir bilden zunächst $K_1 K_2 = 20\text{ dB} - 5\text{ dB} = 15\text{ dB} \triangleq 5{,}62$ und $K_1 K_2 K_3 = 20\text{ dB} - 5\text{ dB} + 10\text{ dB} = 25\text{ dB} \triangleq 17{,}78$. Mit dem Nenner

$$N = K_1 K_2 K_3 + 1(T_1 + T_2 + T_3)s + (T_1 T_2 + T_2 T_3 + T_3 T_1)s^2 + T_1 T_2 T_3 s^3$$
$$= 18{,}78 + 0{,}44\text{ s}\, s + 0{,}04188\text{ s}^2\, s^2 + 0{,}0007875\text{ s}^3\, s^3$$

ist dann die Übertragungsfunktion

$$\underline{F}(s) = 7140\,\mathrm{s}^{-3}\,\frac{1+0{,}315\,\mathrm{s}\,s}{s^3+53{,}17\,\mathrm{s}^{-1}\,s^2+10{,}51\,\mathrm{s}^{-2}\,s+23850\,\mathrm{s}^{-3}}$$

$$= K_{\mathrm{P}}\frac{1+T_3 s}{(1+Ts)(1+2\vartheta T_0 s+T_0^2 s^2)} = \frac{K_{\mathrm{P}}}{TT_0^2}\cdot\frac{1+T_3 s}{\left(s+\frac{1}{T}\right)\left(s^2+\frac{2\vartheta}{T_0}s+\frac{1}{T_0^2}\right)}$$

Für den Nenner

$$y = x^3+53{,}17x^2+10{,}51x+23\,850$$

ist ferner mindestens eine Wurzel zu suchen. Durch tabellarisches Abschätzen und mit Bild **8.**29 findet man mit $x_1 \approx -60$ einen Wert, der mit dem Newtonschen Näherungsverfahren [6], [8], [70], also über $y' = 3x^2+2\cdot 53{,}17x+10{,}51$, auf

$$x_1 = -60-\frac{y(-60)}{y'(-60)} = -60-\frac{-1350}{4419} = -59{,}69$$

ausreichend verbessert werden kann. Daher ist die Zeitkonstante $T = 1/(59{,}69\,\mathrm{s}^{-1}) = 16{,}75$ ms. Die Division

$$x^3+53{,}17x^2+10{,}65x+23\,850 : (x+59{,}69) = x^2-6{,}52x+399{,}7$$

liefert mit einem Koeffizientenvergleich die Kennzeit (s. Abschn. 6.2.1.4)

$$T_0 = 1/\sqrt{399{,}7\,\mathrm{s}^{-2}} = 50{,}02\,\mathrm{ms}$$

und den Dämpfungsgrad

$$\vartheta = 6{,}52\,\mathrm{s}^{-1}\cdot 50{,}02\,\mathrm{ms}/2 = 0{,}1631$$

sowie schließlich den Proportionalbeiwert

$$K_{\mathrm{P}} = 7140\,\mathrm{s}^{-3}\cdot 50{,}02^2\,\mathrm{ms}^2\cdot 16{,}75\,\mathrm{ms}$$
$$= 0{,}2992 \mathrel{\hat{=}} -10{,}48\,\mathrm{dB}$$

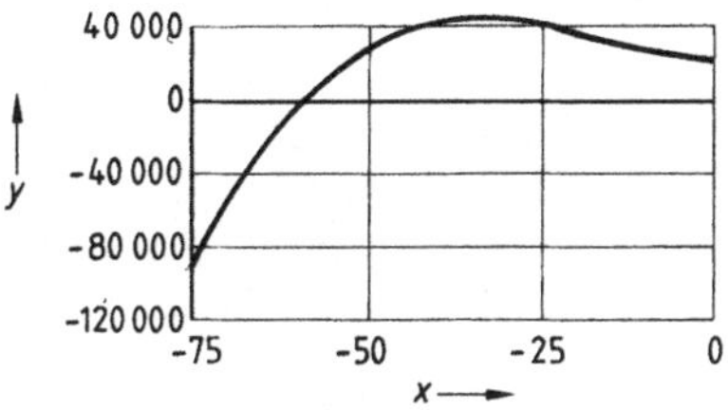

8.29 Funktion $y = f(t)$ für Beispiel 8.16

Mit der weiteren Zeitkonstanten $T_3 = 0{,}315$ s erhält man auch mit diesen Werten Amplituden- und Phasengang von Bild **6.**78.

8.6.1.2 Pol-Nullstellen-Diagramm. Nach Abschn. 8.6.1.1 stellen bei den regulären Gliedern, die Ausdrücke der Form $(1+Ts)$ enthalten, die negativen Reziprokwerte der Zeitkonstanten $(-1/T)$ die Pole bzw. Nullstellen dar, während bei Gliedern mit Ausdrücken der Form $(1+2\vartheta T_0 s+T_0^2 s^2)$ für $\vartheta < 1$ konjugiert komplexe Eigenwerte $(-\vartheta \pm \mathrm{j}\sqrt{1-\vartheta^2})/T_0 = -\delta \pm \mathrm{j}\omega_{\mathrm{d}}$ auftreten. Man darf ihre Übertragungsfunktion dann auch mit den Polen s_{n} und den Nullstellen $s_{0\mathrm{m}}$ in der Form

$$\underline{F}(s) = \frac{K_{\mathrm{P}}\prod_1^m (s-s_{0\mathrm{m}})}{\prod_1^n (s-s_{\mathrm{n}})} \tag{8.100}$$

schreiben. Pole bzw. Nullstellen können mit gleichem Wert mehrfach auftreten (z. B. Mehrfachpole im Gegensatz zu den Einfachpolen), komplexe Werte aber stets nur paarweise konjugiert komplex. Bei den regulären Gliedern zeigen sich reelle Eigenwerte nur im negativen Bereich. Erscheinen Pole und Nullstellen mit gleichem Wert, kann man sie herauskürzen. Nichtreguläre Glieder haben auch positive reelle Eigenwerte (z. B. T_{-1}^{-1}- und T_{-2}^{-1}-Glieder).

In Bild 8.30 sind die Pole einiger charakteristischer Bildfunktionen $\underline{F}(s)$ (s. Abschn. 8.7.1) mit den zugehörigen Zeitfunktionen $f(t)$ dargestellt. Die Pole s_n bestimmen daher den Verlauf der Zeitfunktionen $f(t)$. Ganz allgemein kann man feststellen: Wenn s_n einen Pol einer echt gebrochen rationalen Bildfunktion $\underline{F}(s)$ bezeichnet, gehört in der Zeitfunktion $f(t)$ zu

$\mathrm{Re}\, s_n < 0$ ein zeitlich abklingender (flüchtiger),
$\mathrm{Re}\, s_n = 0$ ein zeitlich konstanter (stationärer) und
$\mathrm{Re}\, s_n > 0$ ein zeitlich ansteigender (instabiler) Vorgang.

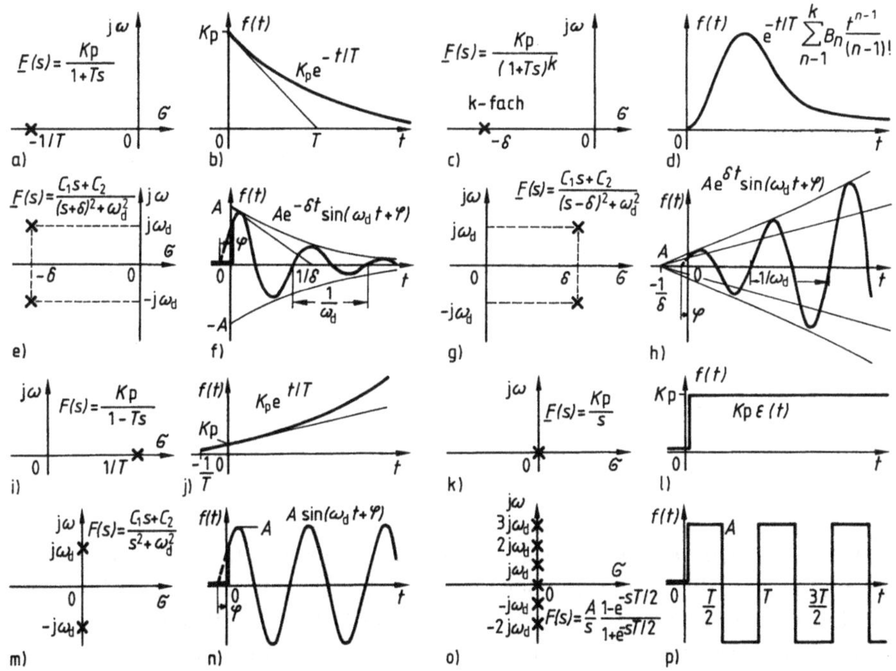

8.30 Pole (a, c, e, g, i, k, m, o) und zugehörige Zeitfunktionen (b, d, f, h, j, l, n, p) für die Bildfunktionen

a), b) $\underline{F}(s) = K_P/(1 + Ts)$
c), d) $\underline{F}(s) = K_P/(1 + Ts)^k$
e), f) $\underline{F}(s) = (C_1 s + C_2)/[(s + \delta)^2 + \omega_d^2]$
g), h) $\underline{F}(s) = (C_1 s + C_2)/[(s - \delta)^2 + \omega_d^2]$
i), j) $\underline{F}(s) = K_P/(1 - Ts)$
k), l) $\underline{F}(s) = K_P/s$
m), n) $\underline{F}(s) = (C_1 s + C_2)/(s^2 + \omega_d^2)$
o), p) $\underline{F}(s) = (A/s)(1 - e^{-sT/2})/(1 + e^{-sT/2})$

Es ist aus den genannten Gründen nützlich, diese Eigenwerte, also die Wurzeln von Zähler und Nenner, in der komplexen Zahlenebene in einem Pol-Nullstellen-Diagramm festzuhalten. Tafel **6**.60 enthält die Pol-Nullstellen-Diagramme für die dort betrachteten Typen von Übertragungsgliedern. (Der Fachmann erkennt an dem Pol-Nullstellen-Diagramm sofort, ob die in Abschn. 8.7 betrachtete Laplace-Transformation zulässig ist.)

Beispiel 8.17. Das Pol-Nullstellen-Diagramm für die Übertragungsfunktion

$$\underline{F}(s)=\frac{1}{C_1 s}\cdot\frac{1+[C_1R_1+C_2(R_1+R_2)]s+C_1C_2R_1R_2s^2}{1+C_2(R_1+R_2)s}$$
$$=\frac{K_1}{s}\cdot\frac{1+2\vartheta T_0 s+T_0^2 s^2}{1+T_{12}s}=\frac{K_1}{s}\cdot\frac{(1+T_1 s)(1+T_2 s)}{1+T_{12}s}$$

mit den Wirkwiderständen $R_1=13\ \mathrm{k\Omega}$ und $R_2=7\ \mathrm{k\Omega}$ sowie den Kapazitäten $C_1=2{,}8\ \mathrm{\mu F}$ und $C_2=0{,}4\ \mathrm{\mu F}$ ist zu bestimmen.

Mit $T_1+T_2=C_1R_1+C_2(R_1+R_2)$ und $T_1T_2=C_1C_2R_1R_2$ finden wir über $T_2=C_1C_2R_1R_2/T_2$ nach dem Einsetzen in

$$T_1+\frac{1}{T_1}C_1C_2R_1R_2=C_1R_1+C_2(R_1+R_2)$$

die quadratische Gleichung

$$T_1^2-[C_1R_1+C_2(R_1+R_2)]T_1+C_1C_2R_1R_2=0$$

die Zeitkonstanten

$$T_1=\frac{C_1R_1+C_2(R_1+R_2)}{2}+\sqrt{\frac{[C_1R_1+C_2(R_1+R_2)]^2-C_1C_2R_1R_2}{4}}$$
$$=\frac{2{,}8\ \mathrm{\mu F}\cdot 13\ \mathrm{k\Omega}+0{,}4\ \mathrm{\mu F}(13\ \mathrm{k\Omega}+7\ \mathrm{k\Omega})}{2}$$
$$+\sqrt{22{,}2^2\ \mathrm{\mu F^2\,k\Omega^2}-2{,}8\ \mathrm{\mu F}\cdot 0{,}4\ \mathrm{\mu F}\cdot 13\ \mathrm{k\Omega}\cdot 7\ \mathrm{k\Omega}}=41{,}97\ \mathrm{ms}$$

und $$T_2=\frac{C_1R_1+C_2(R_1+R_2)}{2}-\sqrt{\frac{[C_1R_1+C_2(R_1+R_2)]-C_1C_2R_1R_2}{4}}$$
$$=22{,}2\ \mathrm{ms}-19{,}77\ \mathrm{ms}=2{,}43\ \mathrm{ms}$$

sowie $$T_{12}=C_2(R_1+R_2)=0{,}4\ \mathrm{\mu F}(13\ \mathrm{k\Omega}+7\ \mathrm{k\Omega})=8\ \mathrm{ms}$$

8.31
Pol-Nullstellen-Diagramm für Beispiel 8.19

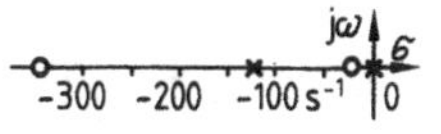

so daß für die Nullstellen (s. Bild **8**.31) gilt

$$s_{01}=-1/T_1=-1/(41{,}97\ \mathrm{ms})=-23{,}83\ \mathrm{s^{-1}}$$
$$s_{02}=-1/T_2=-1/(2{,}43\ \mathrm{ms})=-4115\ \mathrm{s^{-1}}$$

Mit dem Pol $s_1=-1/T_{12}=-1/(8\ \mathrm{ms})=-125\ \mathrm{s^{-1}}$ treten somit dieselben Kreisfrequenzen wie in Beispiel 6.94 auf. Ein weiterer Pol erscheint wegen K_1/s bei $s_1=0$.

8.6.2 Partialbruchzerlegung

Die Funktion nach Gl. (8.100) stellt eine gebrochene rationale Funktion dar, die für die in Abschn. 8.7 behandelte Laplace-Transformation noch in einfachere Teilfunktionen (Partialbrüche) zerlegt werden muß. Eine derartige Partialbruchzerlegung wird z. B. auch bei der Integration rationaler Funktionen benutzt.

Wenn bei Gl. (8.100) $m \geqq n$ ist, liegt eine unecht gebrochene Funktion vor, von der zunächst durch Division mit dem Nenner ein echter Bruch mit $m<n$ abgespalten werden muß (s. Beispiel 8.18). Für die eigentliche Partialbruchzerlegung hat man dann die folgenden Fälle zu unterscheiden.

8.6.2.1 Reelle Einzelpole. Es sollen nur reelle Einzelpole vorkommen. Mit den Polen s_1 bis s_n kann Gl. (8.100) in die Partialbruchreihe

$$\underline{F}(s)=\frac{\underline{A}_1}{s-s_1}+\frac{\underline{A}_2}{s-s_2}+\cdots+\frac{\underline{A}_k}{s-s_k}+\cdots\frac{\underline{A}_n}{s-s_n} \tag{8.101}$$

zerlegt werden, wobei man die Konstanten $\underline{A}_1$ bis $\underline{A}_n$ als Residuen an den Polstellen s_1 bis s_n bezeichnet und z. B. durch Koeffizientenvergleich bestimmen kann. Ganz allgemein gilt für das k-te Residuum

$$\underline{A}_k=[(s-s_k)\underline{F}(s)]_{s=s_k} \tag{8.102}$$

Beispiel 8.18. Die Übertragungsfunktion von Beispiel 8.17 ist in eine Partialbruchreihe zu zerlegen.

Nach Beispiel 8.17 hat die Übertragungsfunktion

$$\underline{F}(s)=\frac{K_1}{s}\cdot\frac{1+2\vartheta T_0 s+T_0^2 s^2}{1+T_{12}s}=\frac{K_1}{T_{12}s}\cdot\frac{1+2\vartheta T_0 s+T_0^2 s^2}{s+1/T_{12}}$$

die Pole $s_1=0$ und $s_2=-1/T_{12}$. Von ihr muß zunächst ein echter Bruch abgespalten werden. Wir dividieren daher

$$1+2\vartheta T_0 s+T_0^2 s^2:(s+T_{12}s^2)=\frac{T_0^2}{T_{12}}+\frac{1+(2\vartheta-T_0/T_{12})T_0 s}{s(1+T_{12}s)}$$

$$\frac{\dfrac{T_0^2}{T_{12}}s+T_0^2 s^2}{1+(2\vartheta-T_0/T_{12})T_0 s}$$

Mit Gl. (8.102) erhalten wir die Residuen

$$\underline{A}_1=K_1\frac{1+(2\vartheta-T_0/T_{12})T_0\cdot 0}{T_{12}(0+1/T_{12})}=K_1$$

$$\underline{A}_2=K_1\frac{1+(2\vartheta-T_0/T_{12})T_0(-1/T_{12})}{T_{12}(-1/T_{12})}=K_1\left[-1+\left(2\vartheta-\frac{T_0}{T_{12}}\right)\frac{T_0}{T_{12}}\right]$$

und schließlich die Partialbruchreihe der Übertragungsfunktion

$$\underline{F}(s)=K_1\left[\frac{T_0^2}{T_{12}}+\frac{1}{s}+\frac{-1+(2\vartheta-T_0/T_{12})\,T_0/T_{12}}{s+(1/T_{12})}\right] \tag{8.103}$$

Beispiel 8.19. Die Übertragungsfunktion

$$\underline{F}(s)=\frac{1+5\,Ts+6\,T^2s^2}{1+5\,Ts+6\,T^2s^2+T^3s^3}$$

ist in eine Partialbruchreihe zu zerlegen.
Zunächst formen wir um

$$\underline{F}(s)=\frac{\dfrac{1}{T^3}+\dfrac{5}{T^2}s+\dfrac{6}{T}s^2}{\dfrac{1}{T^3}+\dfrac{5}{T^2}s+\dfrac{6}{T}s^2+s^3}$$

Beispiel 8.16 ergibt mit $T=RC$ für den Nenner die Wurzeln $s_1=-0{,}308/T$, $s_2=-5{,}049/T$ und $s_3=-0{,}6431/T$. Hiermit ist nun die Partialbruchreihe

$$\underline{F}(s)=\frac{\underline{A}_1}{s+0{,}308/T}+\frac{\underline{A}_2}{s+5{,}049/T}+\frac{\underline{A}_3}{s+0{,}6431/T}$$

zu bilden. Nach Gl. (8.102) erhalten wir die Residuen

$$\begin{aligned}\underline{A}_1&=[(s-s_1)\underline{F}(s)]_{s=s_1}\\&=\frac{1}{T}\cdot\frac{1-5\cdot 0{,}308+6\cdot 0{,}308^2}{(-0{,}308+5{,}049)(-0{,}308+0{,}6431)}=\frac{0{,}01837}{T}\\\underline{A}_2&=\frac{1}{T}\cdot\frac{1-5\cdot 5{,}049+6\cdot 5{,}049^2}{(-5{,}049+0{,}308)(-5{,}049+0{,}6431)}=\frac{6{,}158}{T}\\\underline{A}_3&=\frac{1}{T}\cdot\frac{1-5\cdot 0{,}6431+6\cdot 0{,}6431^2}{(-0{,}6431+0{,}308)(-0{,}6431+5{,}049)}=\frac{-0{,}1801}{T}\end{aligned}$$

und somit die Partialbruchreihe

$$\underline{F}(s)=\frac{1}{T}\left(\frac{0{,}01837}{s+0{,}308/T}+\frac{6{,}158}{s+5{,}049/T}-\frac{0{,}1801}{s+0{,}6431/T}\right)$$

8.6.2.2 Reelle Mehrfachpole. Neben Einfachpolen sollen hier noch i Mehrfachpole $s_{01}=s_{02}=\cdots=s_{0k}=\cdots s_{0i}=s_0$ erscheinen. Für sie allein ergibt die Partialbruchzerlegung

$$\underline{F}_0(s)=\frac{\underline{A}_{01}}{s-s_0}+\frac{\underline{A}_{02}}{(s-s_0)^2}+\cdots+\frac{\underline{A}_{0k}}{(s-s_0)^k}+\cdots+\frac{\underline{A}_{0i}}{(s-s_0)^i} \tag{8.104}$$

Für die Residuen gilt

$$\underline{A}_{0k}=\frac{1}{(i-k)!}\left[\frac{\mathrm{d}^{(i-k)}(s-s_0)^i\,\underline{F}(s)}{\mathrm{d}s^{(i-k)}}\right]_{s=s_0} \tag{8.105}$$

Diese Differentiation ist insgesamt $(i-1)$-mal vorzunehmen.

Beispiel 8.20. Die Übertragungsfunktion

$$\underline{F}(s) = \frac{1+T_1 s}{s(1+T_2 s)^3}$$

ist in eine Partialbruchreihe zu zerlegen.

Es liegt offensichtlich ein Dreifachpol bei $s_0 = -1/T_2$ und ein Einfachpol bei $s_1 = 0$ vor. Daher formen wir um in

$$\underline{F}(s) = \frac{T_1}{T_2^3} \cdot \frac{s+1/T_1}{s(s+1/T_2)^3} = \frac{T_1}{T_2^3}\left[\frac{\underline{A}_1}{s} + \frac{\underline{A}_{01}}{s+1/T_2} + \frac{\underline{A}_{02}}{(s+1/T_2)^2} + \frac{\underline{A}_{03}}{(s+1/T_2)^3}\right]$$

Wir finden mit Gl. (8.102) das Residuum

$$\underline{A}_1 = \left[\frac{s+1/T_1}{(s+1/T_2)^3}\right]_{s=0} = \frac{T_2^3}{T_1}$$

Für die übrigen Residuen müssen wir nach Gl. (8.105) Differentialquotienten bilden, so daß wir wegen der natürlichen Reihenfolge zweckmäßig beginnen mit

$$\underline{A}_{03} = \frac{1}{(3-3)!}\left[\frac{\mathrm{d}^{(3-3)}(s+1/T_2)^3 \dfrac{s+1/T_1}{s(s+1/T_2)^3}}{\mathrm{d}s^{(3-3)}}\right]_{s=-1/T_2}$$

$$= \left[\frac{1}{s}(s+1/T_1)\right]_{s=-1/T_2} = -T_2\left(\frac{1}{T_1} - \frac{1}{T_2}\right)$$

Die in $\underline{A}_{03}$ enthaltene Funktion ist nun fortlaufend zu differenzieren. Somit erhalten wir die Residuen

$$\underline{A}_{02} = \frac{1}{(3-2)!}\left[\frac{\mathrm{d}\,\dfrac{1}{s}(s+1/T_1)}{\mathrm{d}s}\right]_{s=-1/T_2} = \left[\frac{s-(s+1/T_1)}{s^2}\right]_{s=-1/T_2} = -\frac{T_2^2}{T_1}$$

$$\underline{A}_{01} = \frac{1}{(3-1)!}\left[\frac{\mathrm{d}(-1/T_1 s^2)}{\mathrm{d}s}\right]_{s=-1/T_2} = \frac{1}{2}\left[\frac{2}{T_1 s^3}\right]_{s=-1/T_2} = -\frac{T_2^3}{T_1}$$

Zusammengefaßt ergibt sich schließlich die Partialbruchreihe

$$\underline{F}(s) = \frac{1}{s} - \frac{1}{s+1/T_2} - \frac{1/T_2}{(s+1/T_2)^2} - \frac{1-T_1/T_2}{T_2^2(s+1/T_2)^3} \tag{8.106}$$

8.6.2.3 Konjugiert komplexe Pole. Neben Einfachpolen, die in der Funktion $\underline{R}(s)$ berücksichtigt sein sollen, treten paarweise die komplexen Pole $s_1 = a + \mathrm{j}b$ und $s_1 = a - \mathrm{j}b$ auf. Mit der Zählerfunktion $\underline{Z}(s)$ gilt dann ganz allgemein der Ansatz

$$\underline{F}(s) = \frac{\underline{Z}(s)}{(s-s_1)(s-s_1)\underline{R}(s)} = \frac{\underline{Z}(s)}{(s-a-\mathrm{j}b)(s-a+\mathrm{j}b)\underline{R}(s)}$$

$$= \frac{\underline{A}_1 s + \underline{A}_2}{[(s-a)^2+b^2]\underline{R}(s)} + \underline{P}(s) \tag{8.107}$$

wobei $\underline{P}(s)$ die Summe der restlichen Partialbrüche angibt. (Da der Nenner vom 2. Grad ist, muß bei dem letzten echten Bruch für den Zähler der 1. Grad angesetzt werden.) Nach Multiplizieren von Gl. (8.107) mit dem Hauptnenner $\underline{N}(s)$ erhält man

$$\underline{F}(s)\underline{N}(s)=\underline{Z}(s)=(\underline{A}_1 s+\underline{A}_2)\underline{R}(s)+\underline{P}(s)\underline{N}(s)$$

Wenn die übrigen Partialbrüche ermittelt sind, verbleiben als Unbekannte nur noch die Größen $\underline{A}_1$ und $\underline{A}_2$, die z.B. durch einen Koeffizientenvergleich oder durch Einsetzen von einfachen, geeigneten Werten für s über zwei Gleichungen gefunden werden können [83].

Beispiel 8.21. Die Übertragungsfunktion

$$\underline{F}(s)=\frac{K_P}{1+2\vartheta T_0 s+T_0^2 s^2}$$

ist für einen Dämpfungsgrad $\vartheta<1$ in eine zu den Korrespondenzen in Tafel **8.**34 passende Partialbruchreihe zu zerlegen.

Wegen $\vartheta<1$ treten nach Gl. (6.99) die konjugiert komplexen Pole $s_1=-\delta+\mathrm{j}\omega_d$ und $s_2=s_1^*=-\delta-\mathrm{j}\omega_d$ auf. Nach Gl. (8.107) gilt daher mit $\delta=\vartheta/T_0$ und $\omega_d=\sqrt{1-\vartheta^2}/T_0$ sowie $T_0=1/\omega_0$ für die Übertragungsfunktion

$$\underline{F}(s)=\frac{\underline{A}_1 s+\underline{A}_2}{(s-a)^2+b^2}=\frac{\underline{A}_1 s+\underline{A}_2}{(s+\delta)^2+\omega_d^2}=\frac{\underline{A}_1 s+\underline{A}_2}{\left(s+\dfrac{\vartheta}{T_0}\right)^2+\dfrac{1}{T_0^2}(1-\vartheta^2)}$$

$$=\frac{\underline{A}_1 s+\underline{A}_2}{1+2\vartheta T_0 s+T_0^2 s^2}\,T_0^2$$

Ein Koeffizientenvergleich zeigt sofort, daß $\underline{A}_1=0$ und $\underline{A}_2=K_P/T_0^2=K_P\omega_0^2$ ist. Daher wird schließlich mit

$$\underline{F}(s)=\frac{K_P\omega_0^2}{(s+\delta)^2+\omega_d^2} \tag{8.108}$$

ein Ausdruck gefunden, der für die Laplace-Transformation unmittelbar geeignet ist.

8.7 Laplace-Transformation

Das Verhalten eines linearen Übertragungsglieds wird bei der zeitabhängigen Eingangsgröße x_e und der zeitabhängigen Ausgangsgröße x_a sowie der Zeit t und den konstanten reellen Koeffizienten a_0 bis a_n bzw. b_0 bis b_m durch eine inhomogene lineare Differentialgleichung

$$a_0 x_a+a_1\frac{\mathrm{d}x_a}{\mathrm{d}t}+a_2\frac{\mathrm{d}^2 x_a}{\mathrm{d}t^2}+\cdots+a_n\frac{\mathrm{d}^n x_a}{\mathrm{d}t^n}$$

$$=b_0 x_e+b_1\frac{\mathrm{d}x_e}{\mathrm{d}t}+b_2\frac{\mathrm{d}^2 x_e}{\mathrm{d}t^2}+\cdots+b_m\frac{\mathrm{d}^m x_e}{\mathrm{d}t^m} \tag{8.109}$$

beschrieben. Sie setzt sich aus der inhomogenen Differentialgleichung (Gleichungsteil links vom Gleichheitszeichen gleich Null gesetzt) und der Störfunktion (Gleichungsteil rechts vom Gleichheitszeichen) zusammen. In einfachen Fällen vermitteln solche Differentialgleichungen anschauliche physikalische Vorstellungen (s. Abschn. 7.2.1); sie können dann auch durch Exponentialansätze leicht gelöst werden (s. Abschn. 7.2.1.2).

Ganz allgemein kann aber eine Differentialgleichung und somit auch das Übertragungsverhalten eines linearen elektrischen Netzwerks am einfachsten gelöst bzw. gefunden werden durch eine Laplace-Transformation. Sie stellt eine Funktionaltransformation, d.h. das Anwenden einer Transformation auf eine ganze Gleichung, dar. Während ihr Wesen schon in Abschn. 8.1.2.1 beschrieben ist, sollen nun hier noch die wichtigsten Begriffe erläutert, die für ihre Anwendung in diesem Lehrbuch der Elektrotechnik notwendigen Korrespondenzen mitgeteilt und die erforderlichen Rechenregeln erklärt werden. Die mathematischen Beweise für dieses Verfahren findet man in den zugehörigen Lehrbüchern [8], [14], [31], [83]; hier beschränken wir uns hauptsächlich auf eine zweckmäßige Anwendung.

Stets ist es Ziel einer Transformation, schwierige Rechenoperationen in einfachere umzuwandeln (z.B. beim Logarithmieren die Multiplikation in eine Addition). Die Laplace-Transformation überführt daher eine Differentiation in eine Multiplikation und eine Integration in eine Division, nachdem die Differentialgleichung in eine algebraische Gleichung umgeformt ist. Die hierbei zu beachtenden Regeln sind im Folgenden zusammengestellt.

8.7.1 Begriffe

Es sollen nun einige notwendige Begriffe erläutert und die Laplace-Transformation definiert werden.

8.7.1.1 Originalbereich und Bildbereich. Ganz allgemein nennt man den Bereich, in dem die Rechenoperation gewünscht wird, den Originalbereich (oder Oberbereich). Aus diesem Bereich wird die Funktion in den Bildbe-

Tafel 8.32 Transformationsschema

Originalbereich: Differentialgleichung + Anfangswerte	gesuchte Lösung: Zeitfunktion $f(t)$
Laplace-Transformation ↓	↑ inverse Laplace-Transformation
Bildbereich: lineare komplexe Gleichung $\underline{F}(s)$ →	algebraisches Rechnen mit der Bildfunktion $\underline{F}(s)$

reich (oder Unterbereich) transformiert, dort eine zugehörige Rechenoperation niederer Ordnung vorgenommen und anschließend das Zwischenergebnis in das Endergebnis des Originalbereichs zurücktransformiert, wie dies Tafel **8**.32 darstellt.

8.7.1.2 Zeitbereich und Frequenzbereich. Für die hier zu untersuchenden Übergangsvorgänge wird in Abschn. 6 mit dem Frequenzgang, also der Abhängigkeit des Übertragungsverhaltens von der Frequenz, der Frequenzbereich umfassend untersucht und festgestellt, daß man hier mit den Gesetzen der Sinusstromtechnik alle Fragen in einfacher Weise beantworten kann. Der Frequenzbereich stellt daher für unsere Betrachtungen den Unter- bzw. Bildbereich dar.

Die Überlegungen in Abschn. 7.2.1 zeigen auch, daß Lösungen der die Zeitabhängigkeit beschreibenden Differentialgleichungen erheblich mehr Aufwand erfordern, es also ganz wesentliche Vorteile hätte, wenn man die Ergebnisse des Frequenzbereichs in den Zeitbereich, der hier als Ober- bzw. Originalbereich anzusprechen ist, transformieren könnte. Dabei kann man in der Elektrotechnik davon ausgehen, daß die Gleichungen des Frequenzbereichs meist unmittelbar aufgestellt werden können, wie das in Abschn. 3 beschrieben ist, die Gleichungsansätze des Zeitbereichs also gar nicht bestimmt und in den Frequenzbereich transformiert zu werden brauchen. Wenn wir nämlich die Deutung des Operators s nach Tafel **6**.24 beachten, repräsentiert ja die Übertragungsfunktion $\underline{F}(s)$ sowohl Differentialgleichung als auch Frequenzgang $\underline{F}$.

8.7.1.3 Laplace-Integral. Es wird die komplexe Bildvariable (auch als komplexe Kreisfrequenz zu deuten - s. Abschn. 6.2.1.1)

$$s=\sigma+\mathrm{j}\omega \tag{8.110}$$

eingeführt. Man ordnet der Zeitfunktion $f(t)$ die Laplace-Transformierte

$$\underline{F}(s)=\int_0^\infty f(t)\,\mathrm{e}^{-st}\,\mathrm{d}t=\mathfrak{L}f(t) \tag{8.111}$$

zu und nennt diesen Vorgang Laplace-Transformation. Diese Transformation ist nur sinnvoll, wenn das durch Gl. (8.111) definierte (uneigentliche) Integral existiert. Die Zeitfunktion $f(t)$ muß daher die folgenden Eigenschaften aufweisen: $f(t)=0$ für die Zeit $t<0$. $f(0)=\lim\limits_{t\to 0} f(t)$ (Grenzwert von rechts, $t>0$). Das Integral $\int_0^\infty |f(t)|\,\mathrm{e}^{-st}\,\mathrm{d}t$ konvergiert mit geeigneter komplexer Größe s gegen einen Grenzwert. Die Funktion $f(t)$ ist in jedem endlichen Intervall in endlich viele stetige und monotone Teile zerlegbar. An den Sprungstellen t_S ist der Funktionswert $f(t_\mathrm{S})=\lim\limits_{s\to 0}[f(t_\mathrm{S}-\Delta)+f(t_\mathrm{S}+\Delta)]/2$. Die Bildvariable s ist im allgemeinen eine komplexe Größe, deren Realteil σ negativ sein muß, weil sonst e^{-st} für die Zeit $t\to\infty$ über alle Grenzen wachsen würde und das Integral in Gl. (8.111) keinen Grenzwert hätte. Diese Bedingungen werden für die meisten Übertragungsglieder und Übergangsvorgänge der Elektrotechnik erfüllt.

Die Transformation in Gl. (8.111) wird in abkürzender Schreibweise durch den Operator $\mathfrak{L}$ vorgeschrieben, d.h., dieses Zeichen verordnet, die in Gl. (8.111) definierte Rechenoperation auszuführen.

Die Rücktransformation aus dem Bild- in den Originalbereich ist, da der Integrationsweg bei der Veränderlichen ω in der komplexen Ebene bei dem konstanten Realteil σ_0 parallel zur Imaginärachse vorzunehmen ist, als

$$f(t) = \frac{1}{2\pi \mathrm{j}} \int_{\sigma_0 - \mathrm{j}\infty}^{\sigma_0 + \mathrm{j}\infty} \underline{F}(s) \mathrm{e}^{st} \mathrm{d}s = \mathfrak{L}^{-1} \underline{F}(s) \qquad (8.112)$$

festgelegt und wird somit durch den Operator $\mathfrak{L}^{-1}$ vorgeschrieben. Die mit Gl. (8.111) und (8.112) definierten Zuordnungen bestimmter Zeitfunktionen zu Bildfunktionen nennt man Korrespondenzen; sie gelten jeweils für beide Richtungen, können also wechselweise benutzt werden.

Nach Gl. (8.111) gilt für die Einheit der Bildfunktion

$$[\underline{F}(s)] = [f(t)]\,[t] \qquad (8.113)$$

Sie stimmt also nicht mit der der Zeitfunktion überein; die Dimension der Bildfunktion ist vielmehr gleich dem Produkt aus der Dimension der Zeitfunktion und der Dimension der Zeit. Man hat daher für die Größen der Bildfunktionen auch andere Bezeichnungen und nennt z. B., wenn Zeitfunktionen von Spannung $u(t)$ und Strom $i(t)$ vorliegen, die zugehörigen Bildfunktionen Spektraldichte von Spannung $\underline{U}(s)$ und Strom $\underline{I}(s)$. Die Formelzeichen sind hier entsprechend DIN 5487 gewählt.

8.7.2 Korrespondenzen

Mit Gl. (8.111) und (8.112) und einigen weiteren Rechenregeln (s. Abschn. 8.7.3) kann man grundsätzlich die einander zugeordneten Original- und Bildfunktionen bestimmen. Wir wollen uns hierfür jedoch an die bekannten Korrespondenzen halten, die für die in Elektrotechnik und Regelungstechnik wichtigsten Funktionen in Tafel **8**.33 und **8**.34 zusammengestellt sind. Für weitere Korrespondenzen s. [14], [31], [83].

Bei den Korrespondenzen findet man häufig die folgenden

Abkürzungen:	Sie bedeuten:
$f(t) \circ\!\!-\!\!\!-\!\!\bullet\, \underline{F}(s)$	$f(t)$ ist das Original von $\underline{F}(s)$
$\underline{F}(s) \bullet\!\!-\!\!\!-\!\!\circ\, f(t)$	$\underline{F}(s)$ ist das Bild von $f(t)$.

Tafel **8**.33 enthält zunächst die Korrespondenzen einiger Anregungsfunktionen (Erregungen), die in Elektrotechnik und Regelungstechnik auftreten.

Tafel **8.**33 Korrespondenzen von Erregungsfunktionen (für $t>0$)

Nr.	Erregung	$x_e(t)$	$X_e(s)$
1	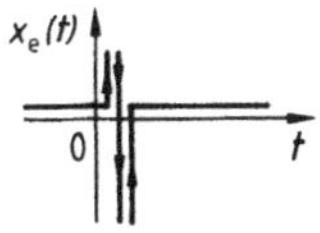	$\delta'(t)=\dfrac{d^2\varepsilon(t)}{dt^2}$	s
2	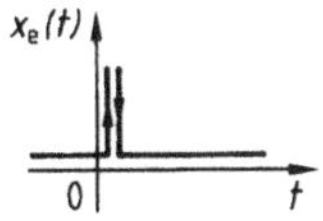	$\delta(t)=\dfrac{d\varepsilon(t)}{dt}$	1
3	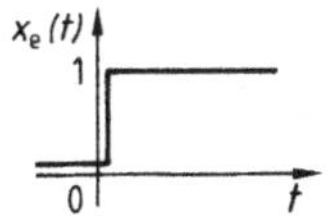	$\varepsilon(t)$	$\dfrac{1}{s}$
4	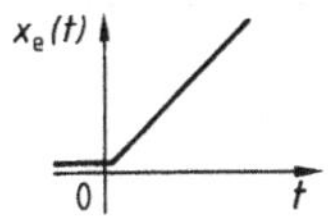	$r(t)=t=\int\varepsilon(t)\,dt$	$\dfrac{1}{s^2}$
5	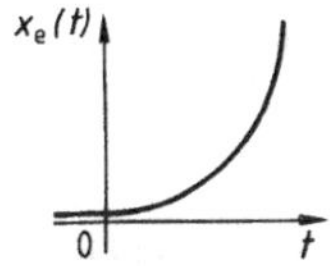	$t^2/2=\int r(t)\,dt$	$\dfrac{1}{s^3}$
6	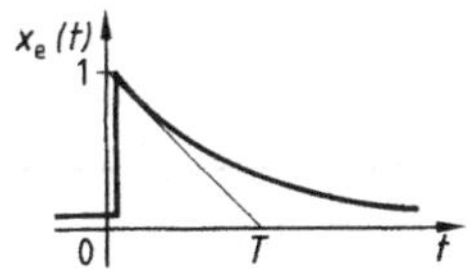	$e^{-t/T}$	$\dfrac{T}{1+Ts}$
7	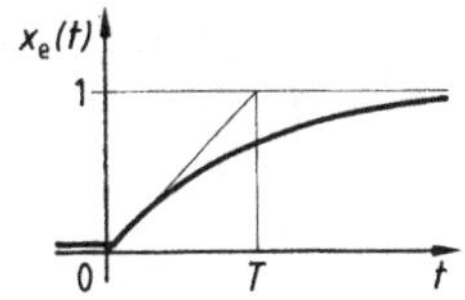	$1-e^{-t/T}$	$\dfrac{1}{s(1+Ts)}$
8	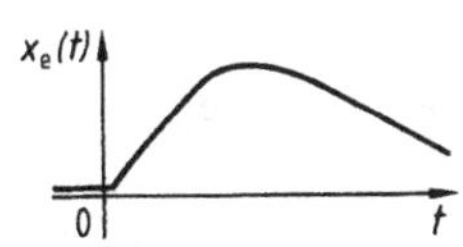	$t\,e^{-t/T}$	$\dfrac{T^2}{(1+Ts)^2}$

Tafel 8.33 Korrespondenzen von Erregungsfunktionen (für $t>0$) (Fortsetzung)

Nr.	Erregung	$x_e(t)$	$X_e(s)$
9	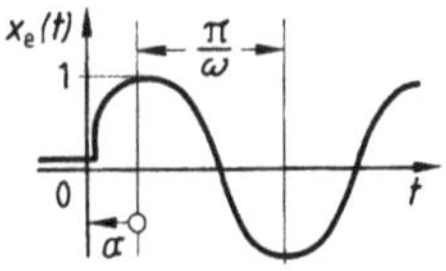	$\cos(\omega t+\alpha)$	$\frac{s\cos\alpha-\omega\sin\alpha}{s^2+\omega^2}$
10	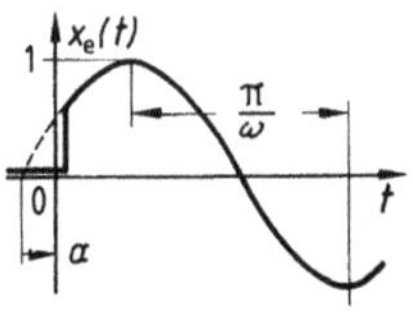	$\sin(\omega t+\alpha)$	$\frac{s\sin\alpha+\omega\cos\alpha}{s^2+\omega^2}$
11	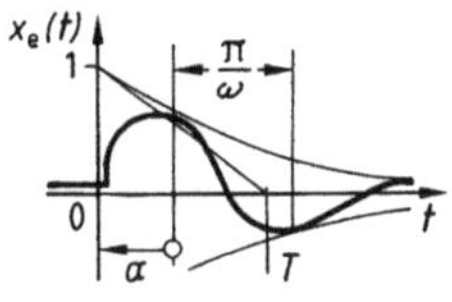	$e^{-t/T}\cos(\omega t+\alpha)$	$T\frac{(1+Ts)\cos\alpha-\omega T\sin\alpha}{(1+Ts)^2+\omega^2T^2}$
12	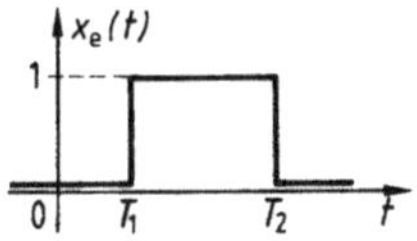	$t<T_1: 0$ $T_1<t<T_2: 1$ $t>T_2: 0$	$\frac{1}{s}(e^{-sT_1}-e^{-sT_2})$
13	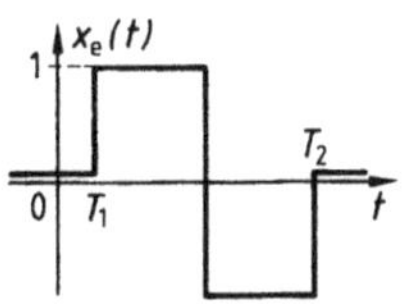	$t<T_1: 0$ $T_1<t<\frac{T_1+T_2}{2}: 1$ $\frac{T_1+T_2}{2}<t<T_2: -1$ $t>T_2: 0$	$\frac{1}{s}(e^{-sT_1/2}-e^{-sT_2/2})^2$
14	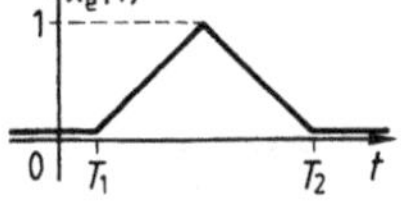	$t<T_1: 0$ $T_1<t<\frac{T_1+T_2}{2}: \frac{2t}{T_2-T_1}$ $\frac{T_1+T_2}{2}<t<T_2: 2-\frac{2t}{T_2-T_1}$ $t>T_2: 0$	$\frac{2}{T_2-T_1}\cdot\frac{1}{s^2}[e^{-sT_1/2}-e^{sT_2/2}]^2$
15	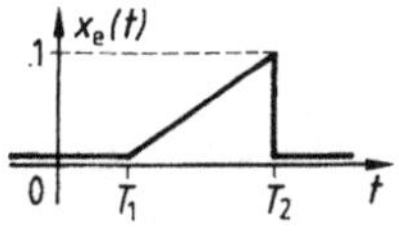	$t<T_1: 0$ $T_1<t<T_2: \frac{t}{T_2-T_1}$ $t>T_2: 0$	$\frac{1}{T_2-T_1}\cdot\frac{1}{s^2}(e^{-sT_1}-e^{-sT_2})-\frac{1}{s}e^{-sT_2}$

Tafel 8.33 Korrespondenzen von Erregungsfunktionen (für $t>0$) (Fortsetzung)

Nr.	Erregung	$x_e(t)$	$X_e(s)$
16	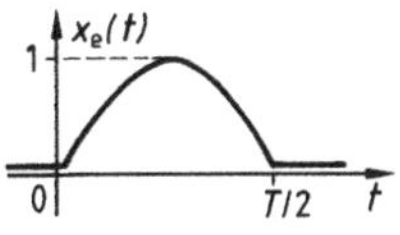	$0<t<\frac{T}{2}$: $\sin(2\pi t/T)$ $t>\frac{T}{2}$: 0	$\frac{\omega}{s^2+\omega^2}(1+e^{-sT/2})$
17	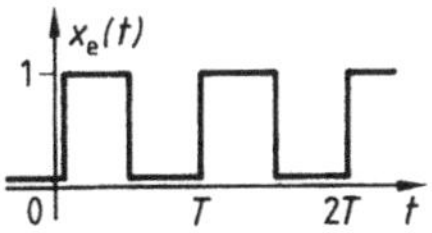	$nT<t<\frac{nT}{2}$: 1 $\frac{nT}{2}<t<nT$: 0 $n=0, 1, 2, 3, \ldots, \infty$	$\frac{1}{s}\cdot\frac{1}{1+e^{-sT/2}}$
18	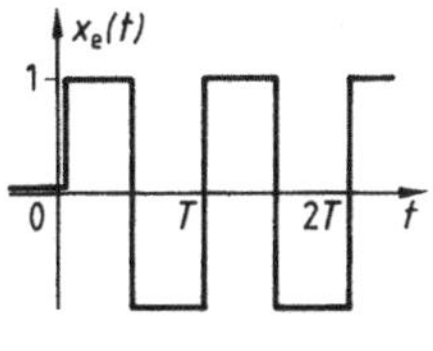	$nT<t<\frac{nT}{2}$: 1 $\frac{nT}{2}<t<nT$: -1 $n=0, 1, 2, 3, \ldots, \infty$	$\frac{1}{s}\cdot\frac{1-e^{-sT/2}}{1+e^{-sT/2}}$

Wenn man von der Erregung Nr. 5 zu niedrigeren Nummern fortschreitet, erkennt man, daß die Zeitfunktion mit niedrigerer Nr. jeweils durch Differentiation aus der darunter stehenden Funktion $x_e(t)$ entstanden ist. Dieser Differentiation im Oberbereich entspricht aber eine Multiplikation mit der Bildvariablen s im Unterbereich. Das Differenzieren im Oberbereich wird also durch eine Multiplikation im Unterbereich ersetzt. In Nr. 6 bis 18 folgen noch einige gelegentlich vorkommende Erregungsarten und in Tafel 8.34 weitere Korrespondenzen.

Tafel 8.34 Korrespondenzen

Nr.	Bildbereich	Originalbereich (für $t>0$)
19	$1/(s^{n+1})$	$t^n/n!$
20	$1/(s^n\sqrt{s})$	$4^n n!/[(2n)!\sqrt{\pi}]t^{n-1/2}$
21	$1/(s-a)$	e^{at}
22	$\frac{1}{s(s-a)}$	$\frac{1}{a}(e^{at}-1)$
23	$\frac{1}{s^2(s-a)}$	$(e^{at}-1-at)/a^2$
24	$\frac{1}{1+Ts}$	$\frac{1}{T}e^{-t/T}$

Tafel 8.34 Korrespondenzen (Fortsetzung)

Nr.	Bildbereich	Originalbereich (für $t>0$)
25	$\frac{s}{(s-a)^2}$	$(1+at)e^{at}$
26	$\frac{1}{(s-a)^2}$	$t e^{at}$
27	$\frac{1}{s(s-a)^2}$	$[1-(1-at)e^{at}]/a^2$
28	$\frac{1}{s^2(s-a)^2}$	$[2+at-(2-at)e^{at}]/a^3$
29	$\frac{s}{(s-a)^{n+1}}$	$t^{(n-1)}\left(1+\frac{at}{n}\right)e^{at}/(n-1)!$
30	$\frac{1}{(s-a)^{n+1}}$	$t^n e^{at}/n!$
31	$\frac{1}{s(s-a)^{n+1}}$	$(-1)^{n+1}\left(1-\sum_{\nu=0}^{n}(-at)^\nu e^{at}/\nu!\right)/a^{n+1}$
32	$\frac{s}{(s-a)(s-b)}$	$(a e^{at}-b e^{bt})/(a-b)$
33	$\frac{1}{(s-a)(s-b)}$	$(e^{at}-e^{bt})/(a-b)$
34	$\frac{1}{s(s-a)(s-b)}$	$\frac{1}{ab}\left(1-\frac{a e^{bt}-b e^{at}}{a-b}\right)$
35	$\frac{1}{s^2(s-a)(s-b)}$	$\frac{1}{a^2 b}+\frac{1}{ab^2}+\frac{t}{ab}+\frac{1}{a-b}\left(\frac{1}{a^2}e^{at}-\frac{1}{b^2}e^{bt}\right)$
36	$\frac{s}{(1+T_1 s)(1+T_2 s)}$	$\frac{1}{T_1 T_2(T_1-T_2)}(T_1 e^{-t/T_2}-T_2 e^{-t/T_1})$
37	$\frac{1}{(1+T_1 s)(1+T_2 s)}$	$\frac{1}{T_1-T_2}(e^{-t/T_1}-e^{-t/T_2})$
38	$\frac{1}{s(1+T_1 s)(1+T_2 s)}$	$1-\frac{1}{T_1-T_2}(T_1 e^{-t/T_1}-T_2 e^{-t/T_2})$
39	$\frac{s^2}{(s-a)(s-b)(s-c)}$	$\frac{a^2 e^{at}}{(a-b)(a-c)}+\frac{b^2 e^{bt}}{(b-a)(b-c)}+\frac{c^2 e^{ct}}{(c-a)(c-b)}$
40	$\frac{s}{(s-a)(s-b)(s-c)}$	$\frac{a e^{at}}{(a-b)(a-c)}+\frac{b e^{bt}}{(b-a)(b-c)}+\frac{c e^{ct}}{(c-a)(c-b)}$
41	$\frac{1}{(s-a)(s-b)(s-c)}$	$\frac{e^{at}}{(a-b)(a-c)}+\frac{e^{bt}}{(b-a)(b-c)}+\frac{e^{ct}}{(c-a)(c-b)}$
42	$\frac{1}{s(s-a)(s-b)(s-c)}$	$\frac{1}{abc}\left(-1+\frac{bc e^{at}}{(a-b)(a-c)}+\frac{ca e^{bt}}{(b-a)(b-c)}+\frac{ab e^{ct}}{(c-a)(c-b)}\right)$

Tafel 8.34 Korrespondenzen (Fortsetzung)

Nr.	Bildbereich	Originalbereich (für $t>0$)
43	$\frac{s^2}{(s-a)(s-b)^2}$	$\frac{1}{(a-b)^2}\{a^2 e^{at}-[2ab-b^2+(a-b)b^2 t]e^{bt}\}$
44	$\frac{s}{(s-a)(s-b)^2}$	$\frac{1}{(a-b)^2}\{a e^{at}-[a+(a-b)bt]e^{bt}\}$
45	$\frac{1}{(s-a)(s-b)^2}$	$\frac{1}{(a-b)^2}\{e^{at}-[1+(a-b)t]e^{bt}\}$
46	$\frac{1}{s(s-a)(s-b)^2}$	$\frac{1}{ab^2}\left(-1+\frac{b^2 e^{at}}{(a-b)^2}-\frac{2ab-a^2+ab(a-b)t}{(a-b)^2}e^{bt}\right)$
47	$\frac{s}{s^2+a^2}$	$\cos at$
48	$\frac{1}{s^2+a^2}$	$\frac{1}{a}\sin at$
49	$\frac{1}{s(s^2+a^2)}$	$\frac{1}{a^2}(1-\cos at)$
50	$\frac{s}{s^2-a^2}$	$\cosh at$
51	$\frac{1}{s^2-a^2}$	$\frac{1}{a}\sinh at$
52	$\frac{1}{s(s^2-a^2)}$	$\frac{1}{a^2}(\cosh at-1)$
53	$\frac{2\omega^2}{s(s^2+4\omega^2)}$	$\sin^2(\omega t)$
54	$\frac{s^2+2\omega^2}{s(s^2+4\omega^2)}$	$\cos^2(\omega t)$
55	$\frac{s^2}{(s+a)(s^2-\omega^2)}$	$\frac{1}{\omega^2+a^2}[a^2 e^{-at}-\omega^2\cosh(\omega t)+a\omega\sinh(\omega t)]$
56	$\frac{s}{(s+a)(s^2-\omega^2)}$	$\frac{a}{\omega^2+a^2}\left[-e^{-at}+\cosh(\omega t)-\frac{\omega}{a}\sinh(\omega t)\right]$
57	$\frac{1}{(s+a)(s^2-\omega^2)}$	$\frac{1}{\omega^2+a^2}\left[e^{-at}-\cosh(\omega t)+\frac{a}{\omega}\sinh(\omega t)\right]$
58	$\frac{s^3}{(s^2+\omega^2)^2}$	$\frac{1}{2}[2\cos(\omega t)-\omega t\sin(\omega t)]$
59	$\frac{s^2}{(s^2+\omega^2)^2}$	$\frac{1}{2\omega}[\sin(\omega t)+\omega t\cos(\omega t)]$
60	$\frac{s}{(s^2+\omega^2)^2}$	$\frac{t}{2\omega}\sin(\omega t)$

Tafel 8.34 Korrespondenzen (Fortsetzung)

Nr.	Bildbereich	Originalbereich (für $t>0$)
61	$\frac{1}{(s^2+\omega^2)^2}$	$\frac{1}{2\omega^3}[\sin(\omega t)-\omega t\cos(\omega t)]$
62	$\frac{s+b}{(s+b)^2+a^2}$	$e^{-bt}\cos a t$
63	$\frac{1}{(s+b)^2+a^2}$	$\frac{1}{a}e^{-bt}\sin a t$
64	$\frac{1}{s[(s+b)^2+a^2]}$	$\frac{1}{a^2+b^2}\left[1-e^{-bt}\left(\cos a t+\frac{b}{a}\sin a t\right)\right]$
65	$\frac{1}{s(1+2\vartheta T_0 s+T_0^2 s^2)}$	$\vartheta<1: 1-\frac{\omega_0}{\omega_d}e^{-\delta t}\cos(\omega_d t-\Theta)$
66	$\frac{1}{s(1+2\vartheta T_0 s+T_0^2 s^2)}$	$\vartheta>1: 1-\frac{1}{T_1-T_2}(T_1 e^{-t/T_1}-T_2 e^{-t/T_2})$
67	$\frac{1}{1+2\vartheta T_0 s+T_0^2 s^2}$	$\vartheta<1: \frac{\omega_0^2}{\omega_d}e^{-\delta t}\sin(\omega_d t)$
68	$\frac{s}{1+2\vartheta T_0 s+T_0^2 s^2}$	$\vartheta<1: \frac{\omega_0^3}{\omega_d}e^{-\delta t}\cos(\omega_d t+\Theta)$
		mit $\omega_0=1/T_0$, $\omega_d=\omega_0\sqrt{1-\vartheta^2}$, $\Theta=\arcsin\vartheta=\arccos(\omega_d T_0)$, $\delta=\vartheta\omega_0$.

8.7.3 Anwendungsregeln

Für das vollständige Anwenden der Laplace-Transformation gibt es viele Regeln und Sätze, die aber hier nicht vollzählig wiedergegeben werden können. Meist lassen sich für die in der Elektrotechnik auftretenden Übertragungsfunktionen nicht sofort unmittelbar geeignete Korrespondenzen in Tafel 8.33 und 8.34 finden. Hier werden daher noch die Regeln und Sätze zusammengestellt, die für die in diesem Lehrbuch behandelten Übergangsvorgänge in Netzwerken der Elektrotechnik benötigt werden. Für weitere Einzelheiten s. [14], [31], [83].

8.7.3.1 Übertragungsfunktion. Beim Übergang von der Übertragungsfunktion $\underline{F}(s)$ auf das Übergangsverhalten $f(t)$ hat man die Anregungsfunktion $\underline{X}_e(s)$ zu berücksichtigen und die Ausgangsgröße

$$\underline{X}_a(s)=\underline{F}(s)\underline{X}_e(s) \tag{8.114}$$

zu bilden. Da nach Tafel 8.33 für die Sprungerregung (s. Abschn. 7.1.2.1)

$$\varepsilon(t) ○\!\!-\!\!\!-\!\!● 1/s$$

gilt, muß man, um den Zusammenhang zwischen Gl. (8.112) und (8.120) herzustellen, die Übertragungsfunktion $\underline{F}(s)$ mit dem Faktor $1/s$ multiplizieren, wenn man die Übergangsfunktion $h(t)$ erhalten will. Entsprechend findet man nach Tafel **8**.33 die Anstiegsantwort $v(t)$, wenn man vor der Transformation die Übertragungsfunktion $\underline{F}(s)$ mit dem Faktor $1/s^2$ multipliziert, während die Impulsantwort $g(t)$ unmittelbar aus der Übertragungsfunktion $\underline{F}(s)$ bestimmt werden kann.

Beispiel 8.22. Es sollen jetzt einige Übergangsfunktionen mit Tafel **8**.33 und **8**.34 ermittelt werden.

a) Die Übergangsfunktion für die Übertragungsfunktion $\underline{F}(s) = \dfrac{1}{1+Ts}$ ist zu bestimmen.

Nach Gl. (8.114) müssen wir mit Korrespondenz 3 in Tafel **8**.33 mit der Eingangsgröße $\underline{X}_e(s) = 1/s \bullet\!\!-\!\!\circ\, \varepsilon(t)$ die Ausgangsgröße

$$\underline{X}_a(s) = \underline{F}(s)\underline{X}_e(s) = \frac{1}{s(1+Ts)}$$

bilden. Mit Korrespondenz 7 in Tafel **8**.33 gilt dann für die Übergangsfunktion

$$h(t)x_a(t)/X_{e0} = 1 - e^{-t/T}$$

Dieses Ergebnis stimmt mit dem von Tafel **6**.64 überein.

b) Für die Übertragungsfunktion

$$\underline{F}(s) = \frac{1}{(1+T_1 s)(1+T_2 s)}$$

ist die Übergangsfunktion zu finden.

Es gilt für die Ausgangsgröße

$$\underline{X}_a(s) = \underline{F}(s)\underline{X}_e(s) = \frac{1}{s(1+T_1 s)(1+T_2 s)}$$

so daß man mit Korrespondenz 38 in Tafel **8**.34 für die Übergangsfunktion erhält

$$h(t) = 1 - \frac{1}{T_1 - T_2}(T_1 e^{-t/T_1} - T_2 e^{-t/T_2})$$

8.7.3.2 Multiplikation mit einem konstanten Faktor. Weist eine Oberfunktion $f(t)$ einen bestimmten Faktor a auf, so tritt er in gleicher Weise bei der Unterfunktion $\underline{F}(s)$ auf und umgekehrt. Es gilt also die Korrespondenz

$$a\underline{F}(s) \bullet\!\!-\!\!\circ\, af(t) \tag{8.115}$$

Beispiel 8.23. Die Übergangsfunktion zur Übertragungsfunktion $\underline{F}(s) = K_P/(1+Ts)$ ist zu bestimmen.

Man erhält analog zu Beispiel 8.22 die Übergangsfunktion

$$h(t) = K_P(1 - e^{-t/T})$$

8.7.3.3 Additionssatz. Da nur lineare Schaltungen betrachtet werden, gilt das Überlagerungsgesetz, und das Laplace-Integral einer Summe von Oberfunktionen $f_1(t), f_2(t) \ldots f_k(t)$, die jede eine Unterfunktion $\underline{F}_1(s), \underline{F}_2(s) \ldots \underline{F}_k(s)$ aufweisen, ist gleich der Summe der Laplace-Integrale der Einzelfunktionen und umgekehrt

$$a_1\underline{F}_1(s) \pm a_2\underline{F}_2(s) \pm \ldots \bullet\!\!-\!\!\!-\!\!\circ\; a_1 f_1(t) \pm a_2 f_2(t) \ldots \tag{8.116}$$

Aus diesem Grund hat häufig die Anwendung der in Abschn. 8.6.2 gezeigten Partialbruchzerlegung Vorteile. Es darf auch eine Reihenentwicklung angewandt werden, wenn die Reihe ausreichend schnell konvergiert [83]. Jedenfalls muß aber zum Schluß die Übergangsfunktion $h(t)$ wieder in den Bildbereich zurücktransformiert werden, um die Bestätigung zu bekommen, daß die gefundene Oberfunktion $f(t)$ wirklich der ursprünglichen Übertragungsfunktion $\underline{F}(s)$ entspricht. Eine Kontrolle mit Gl. (8.118) und (8.119) ist ebenfalls zu empfehlen, jedoch schneller vorzunehmen.

Beispiel 8.24. Die Übergangsfunktion für die Übertragungsfunktion

$$\underline{F}(s) = \frac{K_1}{s} \cdot \frac{1 + 2\vartheta T_0 s + T_0^2 s^2}{1 + T_{12} s}$$

soll gefunden werden.

Nach Beispiel 8.18 und Gl. (8.103) gilt für die Partialbruchreihe der Übertragungsfunktion

$$\underline{F}(s) = K_1 \left[\frac{T_0^2}{T_{12}} + \frac{1}{s} + \frac{-1 + (2\vartheta - T_0/T_{12})\, T_0/T_{12}}{s + 1/T_{12}}\right]$$

Wir erhalten also die Übergangsfunktion

$$h(t) = \mathfrak{L}^{-1} K_1 \left[\frac{T_0^2}{T_{12} s} + \frac{1}{s^2} + \frac{-1 + (2\vartheta - T_0/T_{12})\, T_0/T_{12}}{s(s + 1/T_{12})}\right]$$

Mit den Korrespondenzen 3, 4 und 7 (Tafel **8**.33) finden wir

$$h(t) = K_1 \left\{\frac{T_0^2}{T_{12}} + t + \left[T_{12} - \left(2\vartheta - \frac{T_0}{T_{12}}\right) T_0\right] (\mathrm{e}^{-t/T_{12}} - 1)\right\}$$

Beispiel 8.25. Ein RC-Netzwerk (s. Beispiel 6.23) habe die Widerstände $R_1 = R_2 = 1\ \mathrm{k\Omega}$ und die Kapazitäten $C_1 = C_2 = 1\ \mu\mathrm{F}$ und die Übertragungsfunktion

$$\underline{F}(s) = \frac{1}{1 + [C_2(R_1 + R_2) + C_1 R_1] s + R_1 C_1 R_2 C_2 s^2}$$

und werde an die Gleichspannung $u_{e\sqcap} = 100\ \mathrm{V}\, \varepsilon(t)$ gelegt. Die zugehörige Sprungantwort $u_{a\sqcap}$ ist zu berechnen.

Es liegt also die Übertragungsfunktion

$$\underline{F}(s) = \frac{1}{1 + [1\ \mu\mathrm{F}(1\ \mathrm{k\Omega} + 1\ \mathrm{k\Omega}) + 1\ \mu\mathrm{F} \cdot 1\ \mathrm{k\Omega}] s + 1\ \mathrm{k\Omega} \cdot 1\ \mu\mathrm{F} \cdot 1\ \mathrm{k\Omega} \cdot 1\ \mu\mathrm{F}\, s^2}$$
$$= \frac{10^6\ \mathrm{s}^{-2}}{10^6\ \mathrm{s}^{-2} + 3 \cdot 10^3\ \mathrm{s}^{-1} s + s^2}$$

vor. Der Nenner hat die Wurzeln

$$s_{1,2} = -\frac{3 \cdot 10^3\,\mathrm{s}^{-1}}{2} \pm \sqrt{\frac{3^2 \cdot 10^6\,\mathrm{s}^{-2}}{4} - 10^6\,\mathrm{s}^{-2}}$$

also $s_1 = -382\,\mathrm{s}^{-1}$ und $s_2 = -2618\,\mathrm{s}^{-1}$. Wir haben daher nach Gl. (8.114) zu bilden die Spektraldichte der Ausgangsspannung

$$\underline{U}_a(s) = \underline{F}(s)\,\frac{100\,\mathrm{V}}{s} = \frac{10^6\,\mathrm{s}^{-2} \cdot 100\,\mathrm{V}}{s(s+382\,\mathrm{s}^{-1})(s+2618\,\mathrm{s}^{-1})}$$

und finden hierfür mit Korrespondenz 34 (Tafel 8.34) die Sprungantwort

$$u_{a\_\!\!\!\ulcorner}(t) = \frac{10^6\,\mathrm{s}^{-2} \cdot 100\,\mathrm{V}}{382\,\mathrm{s}^{-1} \cdot 2618\,\mathrm{s}^{-1}} \left(1 - \frac{-382\,\mathrm{s}^{-1}\,\mathrm{e}^{-2618\,\mathrm{s}^{-1} t} + 2618\,\mathrm{s}^{-1}\,\mathrm{e}^{-382\,\mathrm{s}^{-1} t}}{-382\,\mathrm{s}^{-1} + 2618\,\mathrm{s}^{-1}}\right)$$

$$= (100 + 17{,}1\,\mathrm{e}^{-2618\,\mathrm{s}^{-1} t} - 117{,}1\,\mathrm{e}^{-382\,\mathrm{s}^{-1} t})\,\mathrm{V}$$

Diese Funktion ist in Bild 8.35 dargestellt. Man zeichnet die Exponentialfunktionen zweckmäßig mit den Zeitkonstanten $T_1 = -1/s_1 = -1/(-382\,\mathrm{s}^{-1}) = 2{,}618$ ms und $T_2 = -1/s_2 = -1/(-2618\,\mathrm{s}^{-1}) = 0{,}382$ ms getrennt auf und überlagert sie dann, da man so am ehesten sieht, wo bestimmte Funktionsteile überwiegen.

Gerechnet wird zweckmäßig streng mit Größengleichungen unter Beachtung der Einheiten, da sich hierdurch Fehler meist schnell erkennen lassen. Hier zeigt sich dann auch, daß wegen Gl. (8.113) die Bildfunktion $\underline{U}_a(s)$ die Einheit Vs erhält, $\underline{U}_a(s)$ also keine Spannung mehr ist, sondern eine Rechengröße, nämlich die Spektraldichte der Spannung, darstellt.

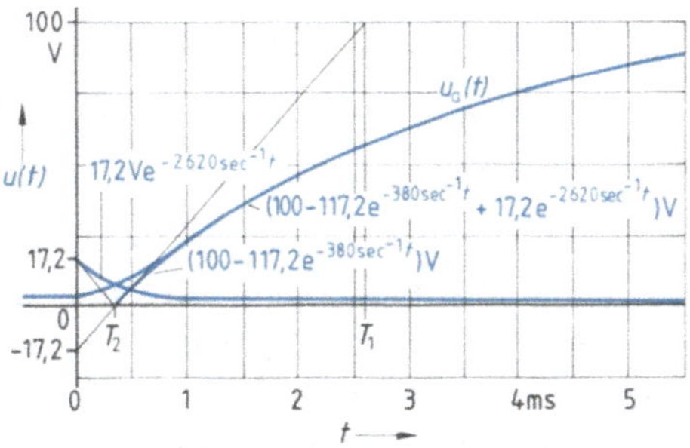

8.35 Sprungantwort zu Beispiel 8.25

Beispiel 8.26. Für die Übertragungsfunktion

$$\underline{F}(s) = \frac{\dfrac{1}{T^3} + \dfrac{5}{T^2}s + \dfrac{6}{T}s^2}{\dfrac{1}{T^3} + \dfrac{5}{T^2}s + \dfrac{6}{T}s^2 + s^3}$$

ist die Übergangsfunktion zu bestimmen.

Beispiel 8.19 liefert die Partialbruchreihe

$$\underline{F}(s) = \frac{1}{T}\left(\frac{0{,}01837}{s+0{,}308/T} + \frac{6{,}158}{s+5{,}049/T} - \frac{0{,}1801}{s+0{,}6431/T}\right)$$

Wir haben nun zu bilden

$$\underline{X}_a(s) = \underline{F}(s)\frac{1}{s} = \frac{\underline{A}_1}{s} + \frac{\underline{A}_2}{s+0{,}305/T} + \frac{\underline{A}_3}{s+5{,}05/T} + \frac{\underline{A}_4}{s+0{,}638/T}$$

und finden hierfür die Residuen

$$\underline{A}_1 = \frac{1/T^3}{(0{,}308/T)(5{,}049/T)(0{,}6431/T)} = 0{,}9999$$

$$\underline{A}_2 = \frac{0{,}01837/T}{-0{,}308/T} = -0{,}05964 \qquad \underline{A}_3 = \frac{6{,}158/T}{-5{,}049/T} = -1{,}22$$

$$\underline{A}_4 = \frac{-0{,}1801/T}{-0{,}6431/T} = 0{,}28$$

Daher ist

$$\underline{X}_a(s) = \frac{0{,}9999}{s} - \frac{0{,}05964}{s+0{,}308/T} - \frac{1{,}22}{s+5{,}049/T} + \frac{0{,}28}{s+0{,}6431/T}$$

und mit den Korrespondenzen 3 und 21 (Tafel **8**.33 und **8**.34) die Übergangsfunktion

$$h(t) = 0{,}9999 - 0{,}05964\ \mathrm{e}^{-0{,}308t/T} - 1{,}22\ \mathrm{e}^{-5{,}049t/T} + 0{,}28\ \mathrm{e}^{-0{,}6431t/T}$$

8.7.3.4 Differentiationssatz für den Bildbereich. Der Differentiationssatz

$$f(t) \circ\!\!-\!\!\bullet\ \underline{F}(s) \tag{8.117}$$

$$f'(t) \circ\!\!-\!\!\bullet\ s\underline{F}(s) - f(0)$$

$$f''(t) \circ\!\!-\!\!\bullet\ s^2\underline{F}(s) - sf(0) - f'(0)$$

$$f^{(n)}(t) \circ\!\!-\!\!\bullet\ s^n\underline{F}(s) - s^{n-1}f(0) - s^{n-2}f'(0) \ldots - sf^{(n-2)}(0) - f^{(n-1)}(0)$$

gilt, wenn das Laplace-Integral der Funktion $f^{(n)}(t)$ [also die n-te Ableitung der Funktion $f(t)$] konvergiert. Mit ihm werden Differentialgleichungen in algebraische Gleichungen überführt. Vor allem gehen hierbei die Anfangswerte der Differentialgleichung $f(0)$ bzw. $f'(0)$ usw. sofort in die Lösung ein.

Wie aufgeladene Kapazitäten C bzw. die in stromdurchflossenen Induktivitäten L gespeicherte Energie in den Ersatzschaltungen und somit in den Übertragungsfunktionen berücksichtigt werden, zeigt Abschn. 7.2.2.2.

Beispiel 8.27. Die Differentialgleichung $u_a + T\dot{u}_a = U_{e0}$ soll bei dem Anfangswert $u_{a0} = U_0$ mit der Laplace-Transformation gelöst werden.
Wir formen um in

$$\dot{u}_a + \frac{1}{T}u_a = \frac{U_{e0}\varepsilon(t)}{T} = f'(t) + \frac{1}{T}f(t)$$

und erhalten somit bei dem Anfangswert $u_a(0) = U_0$ mit Korrespondenz 3 (Tafel **8**.33) und dem Differentiationssatz die Bildfunktion

$$s\underline{U}_a(s) - U_0 + \frac{1}{T}\underline{U}_a(s) = \frac{U_{e0}}{T}\cdot\frac{1}{s}$$

Es ist also

$$\underline{U}_a(s)\left(s + \frac{1}{T}\right) = U_0 + \frac{U_{e0}}{T}\cdot\frac{1}{s} \quad \text{bzw.} \quad \underline{U}_a(s) = \frac{U_0 T}{1+Ts} + \frac{U_{e0}}{s(1+Ts)}$$

Die Rücktransformation mit den Korrespondenzen 7 und 24 (Tafel **8**.33 und **8**.34) liefert das mit Gl. (7.21) übereinstimmende Endergebnis

$$u_{a\_\Gamma}(t) = U_0 \mathrm{e}^{-t/T} + U_{e0}(1-\mathrm{e}^{-t/T}) = U_0 + (U_{e0} - U_0)(1-\mathrm{e}^{-t/T})$$
$$= U_{e0} - (U_{e0} - U_0)\mathrm{e}^{-t/T}$$

8.7.3.5 Grenzwertsätze. Der Frequenzgang $\underline{F}$ eines Übertragungsglieds kann über die Ausgangsgröße x_a gemessen werden, wenn die Eingangsgröße x_e als Sinuserregung kontinuierlich alle Kreisfrequenzen zwischen $\omega=0$ und $\omega=\infty$ durchläuft. Die Übergangsfunktion $h(t)$ erhält man dagegen am Ausgang, wenn man die Sprungerregung $x_{e\_\Gamma}(t) = X_{e0}\varepsilon(t)$ auf den Eingang gibt. Zwischen Übergangsfunktion $h(t)$ und Frequenzgang $\underline{F}$ scheint daher auf den ersten Blick kein Zusammenhang zu bestehen.

Es ist aber wohl sofort einzusehen, daß die Übergangsfunktion $h(\infty)$ zur Zeit $t=\infty$ den gleichen Wert wie der Frequenzgang $F(0)$ bei gleich großer Erregung mit der Kreisfrequenz $\omega=0$, also $s=\mathrm{j}0$ bzw. bei Gleicherregung, liefern muß. Ebenso erreicht die Übergangsfunktion $h(0)$ zur Zeit $t=0$ denselben Wert wie der Frequenzgang $f(\infty)$ bei $s=\infty$. Wir schreiben dies mathematisch für diese Grenzwerte

$$\lim_{t\to 0} h(t) = \lim_{s\to\infty} \underline{F}(s) \quad \text{oder} \quad h(0) = F(\infty) \tag{8.118}$$

$$\lim_{t\to \infty} h(t) = \lim_{s\to 0} \underline{F}(s) \quad \text{oder} \quad h(\infty) = F(0) \tag{8.119}$$

Schon hiermit kann man von dem einfacher zu gewinnenden Frequenzgang $\underline{F}$ auf den Verlauf der Übergangsfunktion $h(t)$ schließen. Man vergleiche hierfür z.B. in Tafel **6**.64 Frequenzgang und Übergangsfunktion.

Beispiel 8.28. Mit den Grenzwertsätzen soll das Ergebnis von Beispiel 8.26 überprüft werden.

Nach Gl. (8.118) und (8.119) ergibt sich

$$F(0) = 1 = f_{\Gamma}(\infty) \qquad F(\infty) = f_{\Gamma}(0) = 0$$

was die in Beispiel 8.26 gefundene Übergangsfunktion mit ausreichender Genauigkeit erfüllt.

8.7.3.6 Übergangsfunktion und Frequenzgang. Eine periodische Sprungfunktion nach Bild **8**.36 setzt sich nach Fourier aus einer unendlichen Reihe von Sinusschwingungen zusammen, deren Frequenzen ungerade Vielfache der Grundfrequenz $f=1/T$ sind und deren Amplituden reziprok zur zugehörigen Frequenz kleiner werden. Die Sprungerregung $\varepsilon(t)$ mit unendlich langer Rückendauer hat somit eine gegen Null gehende Grundfrequenz, ihre Vielfachen rücken zu einem kontinuierlichen Frequenzspektrum zusammen und die Amplituden nehmen hyperbolisch mit der Kreisfrequenz ω ab. Daher läßt sich auch die Übergangs-

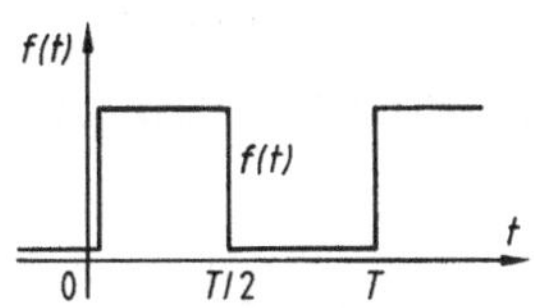

8.36 Periodische Sprungfunktion $f(t)$

funktion

$$h(t) = \frac{1}{j2\pi} \int_{-j\infty}^{+j\infty} \underline{F} \frac{e^{st}}{s} ds \tag{8.120}$$

durch Integration aus dem Frequenzgang $\underline{F}$ entwickeln. Dieser Zusammenhang ist die Grundlage für die Regeln zur Transformation der Größen des Frequenzbereichs in den Zeitbereich. Da Anstiegserregung $r(t)$ und Impulserregung $\delta(t)$ nach Abschn. 7.1.2.1 mathematisch von der Sprungerregung $\varepsilon(t)$ abgeleitet werden können, gilt dies also allgemein für jedes Übergangsverhalten.

8.7.3.7 Verschiebungssatz. In der Elektrotechnik werden gelegentlich Totzeitglieder (mit guter Annäherung, z. B. eine lange Leitung) wirksam, die, wie in Tafel **6**.64 dargestellt, einen verzögerten Einsatz eines Stromes oder einer Spannung um die Totzeit T_t verursachen. Wenn in diesem Fall ohne Verzögerung die Korrespondenz $f(t) \circ\!\!-\!\!\bullet \underline{F}(s)$ gelten würde, erhält man mit einer Verzögerung um die Totzeit T_t wie in Bild **8**.37 den Verschiebungssatz

$$f(t-T_t)\,\varepsilon(t-T_t) \circ\!\!-\!\!\bullet\ e^{-sT_t}\underline{F}(s) \tag{8.121}$$

Die Verschiebung einer Zeitfunktion um die Totzeit T_t ist also im Bildbereich mit dem Faktor e^{-sT_t} verbunden (s. Korrespondenzen 12 bis 18 in Tafel **8**.33). Der Verschiebungssatz ist daher insbesondere auch für die Bildfunktionen von Impulsen wichtig.

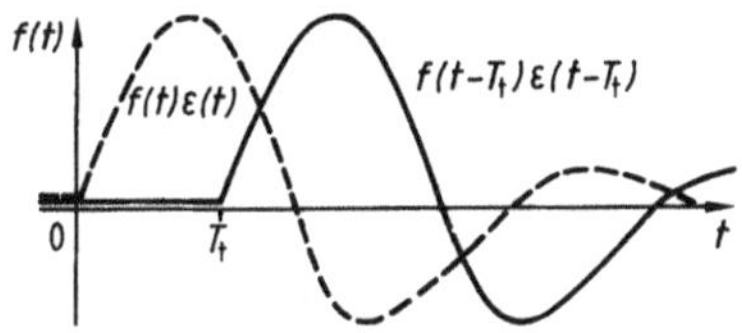

8.37 Um Totzeit T_t verzögert einsetzende Funktion

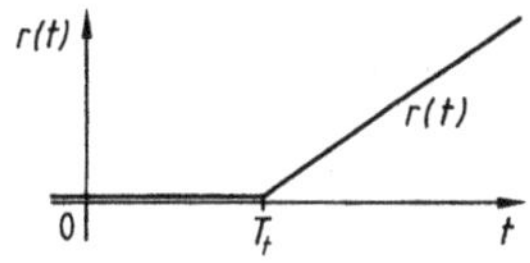

8.38 Verzögert einsetzende Rampenfunktion

Beispiel 8.29. Für die Zeitfunktion (Anstiegsfunktion)

$$r(t) = (t-T_t)\,\varepsilon(t-T_t) = \begin{cases} t-T_t & \text{für } t>T_t \\ 0 & \text{für } t<T_t \end{cases}$$

nach Bild **8**.38 soll die Bildfunktion $\underline{R}(s)$ bestimmt werden.

Mit dem Verschiebungssatz findet man über die Korrespondenz 4 von Tafel **8**.33 sofort die gesuchte Korrespondenz

$$(t-T_t)\,\varepsilon(t-T_t) \circ\!\!-\!\!\bullet\ e^{-sT_t}/s^2 \tag{8.122}$$

Beispiel 8.30. Für die Zeitfunktion

$$f(t) = \begin{cases} 0 & \text{für } t<0 \\ \varepsilon(t) - \dfrac{2t}{T} & \text{für } 0 \leqq t \leqq T \\ 0 & \text{für } t>T \end{cases}$$

nach Bild **8**.39 ist die Bildfunktion $\underline{F}(s)$ anzugeben. Die Zeitfunktion in Bild **8**.39 läßt sich leicht in die dort angegebenen Summanden zerlegen. Korrespondenz 3 und 4 von Tafel **8**.33 und der Verschiebungssatz liefern dann die gesuchte Korrespondenz

$$f(t)=\varepsilon(t)-\frac{2t}{T}+\varepsilon(t-T)+\frac{2t}{T}(t-T) \circ\!\!-\!\!\bullet \frac{1}{s}(1+\mathrm{e}^{-sT})+\frac{2}{Ts^2}(\mathrm{e}^{-sT}-1)$$

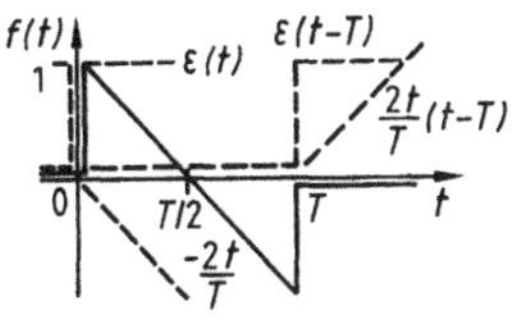

8.39 Zeitfunktion $f(t)$ für Beispiel 8.30

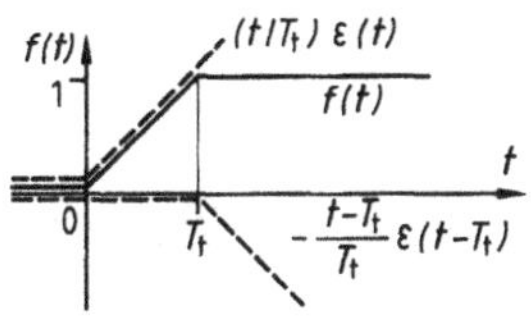

8.40 Zeitfunktion $f(t)$ für Beispiel 8.31

Beispiel 8.31. Für die Bildfunktion

$$\underline{F}(s)=\frac{1}{T_t}\cdot\frac{1}{s^2}(1-\mathrm{e}^{-sT_t})$$

soll die Zeitfunktion gesucht werden.

Mit dem Additionssatz, dem Ergebnis von Beispiel 8.29 und der Korrespondenz 4 findet man entsprechend Bild **8**.40 die gesuchte Korrespondenz

$$\frac{1}{T_t}\cdot\frac{1}{s^2}-\frac{1}{T_t}\cdot\frac{1}{s^2}\mathrm{e}^{-sT_t} \bullet\!\!-\!\!\circ \frac{t}{T_t}\varepsilon(t)-\frac{t-T_t}{T_t}\varepsilon(t-T_t)=\begin{cases}0 & \text{für } t<0\\ t/T_t & \text{für } 0<t<T_t\\ 1 & \text{für } t>T_t\end{cases}$$

Anhang

1 Lösungen zu den Übungsaufgaben

Abschn. 1.6

1.35. Es werden $N=304{,}6$, also 305 Windungen benötigt, und mit jeder Windung ändert sich der Widerstand um $\Delta R=0{,}6557\ \Omega$.

1.36. Die Spannung muß im Verhältnis $\sqrt{1/2}=0{,}7071$ verringert werden.

1.37. Der Wirkungsgrad beträgt $\eta=0{,}7948$.

1.38. Der Elektromotor muß an der Welle die mechanische Leistung $P_2=11{,}8$ kW abgeben.

1.39. Die Pumpe hat den Leistungsbedarf $P=92$ kW.

1.40. Aus der Bruttoenergie $W_1=1$ TWh erhält man mit der Generatorleistung $P_2=70$ MW unter Berücksichtigung des Wirkungsgrades $\eta=\eta_{\text{mech}}\ \eta_{\text{el}}=0{,}81$ die Zeit $t=11{,}58$ h.

1.41. Die Ölmenge erwärmt sich um $\Delta\vartheta=76{,}5$ K.

1.42. Das Wasser wird in dem Durchlauferhitzer um $\Delta\vartheta=43$ K erwärmt.

Abschn. 2.4

2.75. Die Schaltung von Bild **2.**106 kann über Dreieck-Stern-Umwandlungen in eine Ersatz-Spannungsquelle überführt werden. Mit ihr kann man anschließend den in Bild **A** 1 dargestellten Stromverlauf berechnen.

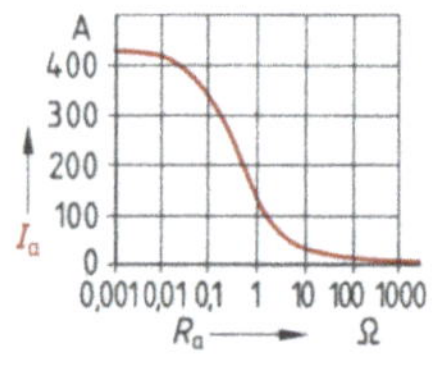

A 1
Stromkennlinie $I_a=f(R_a)$ für Beispiel 2.75

2.76. Man kann nach verschiedenen Verfahren (z. B. Überlagerung, Ersatzquelle, Maschenstromverfahren) die Ströme $I_1=0{,}97$ A und $I_2=0{,}45$ A ermitteln.

2.77. Der Stromzunahme entspricht die Leitwertzunahme. Aus der Leitwertzunahme berechnet man die Verkleinerung des Widerstands R_1 und aus ihr die Temperatur $\vartheta=-21{,}0$°C.

2.78. Der Gesamtwiderstand muß $R_g=U/I_1=60$ V/(2 A) betragen; er läßt sich mit dem Teilwiderstand $R_5=20\ \Omega$ verwirklichen.

2.79. Man kann mit Gl. (2.99) eine quadratische Gleichung für das Widerstandsverhältnis g aufstellen. Da nur die positive Wurzel $g=0{,}4495$ brauchbar ist, müssen die Teilwiderstände $R_1=g\ R_5=0{,}4495\cdot 200\ \Omega=89{,}9\ \Omega$ und $R_2=110{,}1\ \Omega$ sein.

2.80. Man erhält die Ströme $I_a = 0$ A bei $R_1 = 0$, ferner 5,3 A bei $R_1 = R_2$ und 12,9 A bei $R_2 = 0$. Es kann also vom Strom Null aus eingestellt werden.

2.81. Gl. (2.107) ergibt die Ausgangsspannung $U_a = 40$ V.

2.82. Man berechnet zuerst die Ersatzspannungsquelle, bezogen auf die Klemmen des Meßgeräts und erhält $U_{qE} = 80$ mV und $R_{iE} = 354\ \Omega$. Der Strom $I_M = 184\ \mu$A wird von der Spannung U_{qE} durch die Widerstände $R_{iE} + R_M$ getrieben.

2.83. Wenn man die Stromgleichungen für beide Schaltungen aufstellt und gleichsetzt, erhält man $R_a = 0{,}2\ \Omega$.

2.84. Bei Berücksichtigung der Ströme in den Spannungsmessern und der Teilspannungen in den Strommessern sind a) $U_{q1} = 10{,}9$ V und $U_{q2} = 9{,}2$ V; b) $R_1 = 0{,}19\ \Omega$ und $R_2 = 0{,}05\ \Omega$; c) $R_a = 0{,}735\ \Omega$; d) $U_2 = 8{,}92$ V, $I_2 = 10{,}7$ A und $U_a = 7{,}75$ V.

2.85. Man bestimmt zuerst für die Klemmen *C, D* die Kenngrößen der Ersatzspannungsquelle, nämlich Quellenspannung $U_{qE} = 90$ V und Innenwiderstand $R_{iE} = 7{,}5\ \Omega$. Der Widerstand R_2 ist ohne Einfluß auf dieses Ergebnis, da er unmittelbar an den Klemmen *A, B* liegt. Man erhält daher die Ströme $I_{a1} = 3{,}27$ A und $I_{a2} = 1{,}09$ A.

2.86. Wegen der Teilspannung $U_1 = R_1\, I_1 = 17$ V liegt an den parallelen Widerständen die Spannung $U_{2345} = U - U_1 = 20$ V. Daher fließt durch den Widerstand R_4 der Strom $I_4 = 11$ A, und es betragen die Widerstände $R_4 = 1{,}818\ \Omega$ und $R_5 = 5\ \Omega$.

2.87. In der Schaltung von Bild **A** 2 herrschen die gleichen Spannungen wie in Bild **2.**112. Wegen der angegebenen Widerstandswerte gilt hier $R_1/R_4 = R_5/R_6$, und an den Punkten *A, B* herrscht das gleiche Potential. Daher sind $U_a = 0$ und $U_1 = U_e/[1 + (R_4/R_1)] = 40$ V.

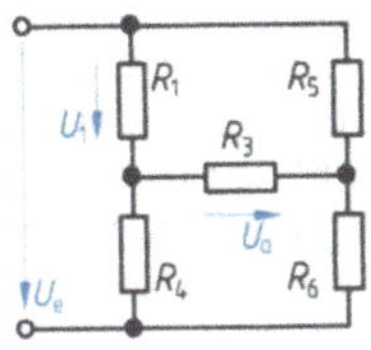

A 2
Umgeformte Schaltung für Beispiel 2.87

2.88. Für die dualen Schaltungen in Bild **2.**133a und b gelten die Bestimmungsgleichungen

$$I_3 = \frac{U R_2}{R_1 R_2 + R_2 R_3 + R_3 R_1} = \frac{I G_1 G_3}{G_1 + G_2 + G_2} \tag{A 1}$$

$$U_3 = \frac{I G_2}{G_1 G_2 + G_2 G_3 + G_3 G_1} = \frac{U R_1 R_2}{R_1 + R_2 + R_3} \tag{A 2}$$

2.89. Man findet die Lösung $\Delta I_3 = -218{,}2$ mA sowohl durch Anwenden der in Aufgabe 2.88 abgeleiteten Gl. (A 1) als auch durch Umwandeln der Schaltung von Bild **2.**114 in eine Ersatzquelle mit der Quellenspannung $U_{qE} = 66{,}67$ V und dem inneren Widerstand $R_{iE} = 6{,}667\ \Omega$.

2.90. Die Forderung $I_4 = 0$ verlangt, daß der Strom I_{q1} durch den Widerstand R_1 fließt und dort die Teilspannung $U_3 = R_3 I_{q1} = 20$ V verursacht. Da gleichzeitig die Punkte *a* und *c* das gleiche Potential aufweisen müssen, muß am Widerstand R_5 die gleiche Teilspannung herrschen und in ihm der Strom $I_5 = U_3/R_5 = 4$ A fließen. Dies ist nur möglich, wenn der gesuchte Quellenstrom $I_{q2} = I_{q1} + I_5 = 14$ A beträgt.

2.91. Man kann, da die Stromkennlinie mathematisch eindeutig beschrieben ist, eine analytische Lösung finden und muß dann die Wurzeln einer kubischen Gleichung suchen (z. B. mit einem programmierbaren Taschenrechner – s. Band VII). Hier wird mit Bild **A** 3 die anschauliche graphische Lösung gezeigt.

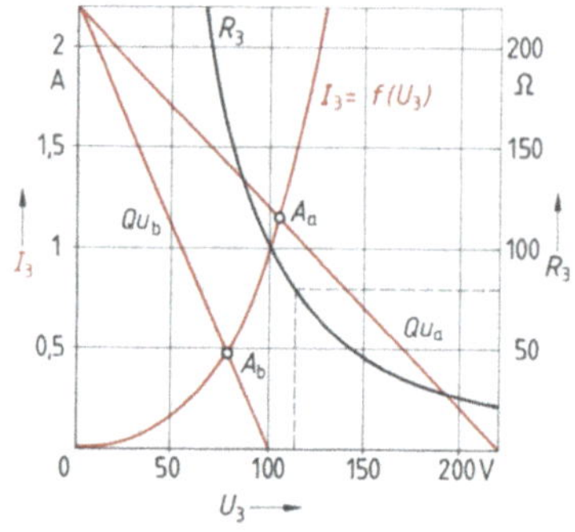

A 3 Verbraucherkennlinie $I_3 = f(U_3)$, Widerstandsverlauf $R_3 = f(U_3)$ sowie Quellenkennlinien Qu_a und Qu_b für Beispiel 2.91

a) In Bild **A 3** ist die Verbraucherkennlinie $I_3 = f(U_3)$ dargestellt. Der Widerstand R_1 wird als Innenwiderstand der Quelle aufgefaßt, so daß auch für $U_q = 220$ V und $I_q = U_q/R_1 = 2{,}2$ A die zugehörige Quellenkennlinie gezeichnet werden kann. Als Schnittpunkt findet man den Arbeitspunkt A_a mit dem Strom $I_{3a} = 1{,}16$ A.

b) Für Betrieb mit geschlossenem Schalter wird die Schaltung in eine Ersatzquelle mit der Quellenspannung $U_{qE} = U/[1 + (R_1/R_2)] = 97{,}78$ V umgewandelt, so daß bei unverändertem Quellenstrom die Quellenkennlinie Qu_b den Strom $I_{3b} = 0{,}48$ A liefert.

c) In den Widerstand R_2 und R_3 fließen gleiche Ströme, wenn sie gleich sind, also $R_2 = R_3 = 80\ \Omega$ ist. Daher ist in Bild **A 2** noch der veränderbare Widerstand $R_3 = U_3/I_3 = f(U_3)$ eingetragen. Es müssen also bei der Spannung $U_3 = 113$ V die Ströme $I_{3c} = 113\ \text{V}/(80\ \Omega) = 1{,}413$ A und $I_{1c} = 2I_{3c} = 2{,}826$ A fließen, was die Klemmenspannung $U_c = R_1 I_{1c} + R_2 I_{3c} = 395{,}6$ V verlangt.

2.92. Nach Umwandlung der Strom- in eine Spannungsquelle findet man sofort den Strom $I_2 = -1{,}667$ A. Die ganze Schaltung hat bezogen auf die Klemmen *a, b* den inneren Widerstand $R_{iE} = 1{,}333$ kΩ, so daß auf einen gleich großen äußeren Widerstand $R_a = R_{iE}$ die verfügbare Leistung $P_{a\,max} = 33{,}4$ W übertragen wird.

2.93. Man könnte die Sternschaltung der Widerstände R_1, R_2, R_3 in eine gleichwertige Dreieckschaltung umrechnen. Einfacher ist es, das Dreieck der Widerstände R_2, R_3, R_4 in einen gleichwertigen Stern umzuwandeln und anschließend die Stromteilerregel anzuwenden. Sie liefert den Strom $I_5 = I_q/2 = 50$ mA und die Ausgangsspannung $U_5 = 50$ V.

2.94. Die Lösung $I_2 = 4{,}588$ A kann man z. B. durch Anwenden der Kirchhoffschen Gesetze, des Überlagerungsverfahrens, der Schnittmethode oder des Maschenstromverfahrens finden.

2.95. Die Schaltung in Bild **2.**120 muß zunächst in eine Ersatzquelle umgewandelt werden. Hierfür findet man die Widerstände $R_{iE} = R_3 = 1{,}5$ kΩ und die verfügbare Leistung $P_{3\,max} = 1{,}214$ mW.

2.96. Das Anwenden des Maschenstromverfahrens liefert ein Gleichungssystem 3. Ordnung mit den Lösungen für die Ströme $I_4 = -250{,}1$ mA und $I_5 = 229{,}2$ mA.

2.97. Der Widerstand R_2 ist für die Stromverteilung ohne Belang und kann daher fortgelassen werden. Wenn außerdem die Strom- in eine Spannungsquelle mit der Quellenspannung $U_{q2} = R_3 I_{q2}$ umgewandelt wird, vereinfacht sich das Netzwerk zu der Schaltung in Bild **A 4**, die grundsätzlich mit Bild **2.**95 übereinstimmt. Daher kann man Gl. (2.109) und (2.111) auf diese Schaltung übertragen und findet für den Strom

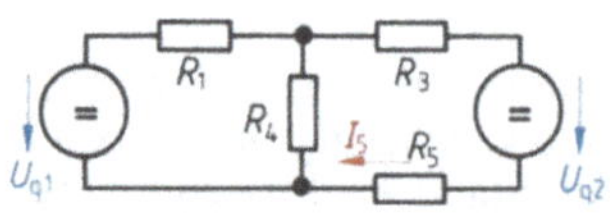

A 4 Umgeformtes Netzwerk von Bild **2.**122

$$I_5 = \frac{1}{R_3 + R_5}\left[R_4 \frac{R_1 R_3 I_{q2} + (R_3 + R_5)\,U_{q1}}{(R_1 + R_4)(R_3 + R_5) + R_1 R_4} - R_3 I_{q2}\right]$$

2.98. Die Lösung $I_6 = -0{,}4325$ A findet man am einfachsten mit der Schnittmethode bzw. über eine Ersatzquelle. Nach Umwandeln der Spannungs- in Stromquellen kann man auch das Knotenpunktpotential-Verfahren anwenden.

2.99. Man erhält sofort den Strom $I_5 = I_{q3} + I_{q4} = 11$ mA. Zur Berechnung des Stromes $I_4 = 3{,}187$ mA kann man die Schaltung entsprechend Bild **A** 5 vereinfachen. Lösungen für sie findet man z. B. mit Überlagerungsverfahren, Schnittmethode, Ersatzquelle oder Knotenpunktpotential-Verfahren.

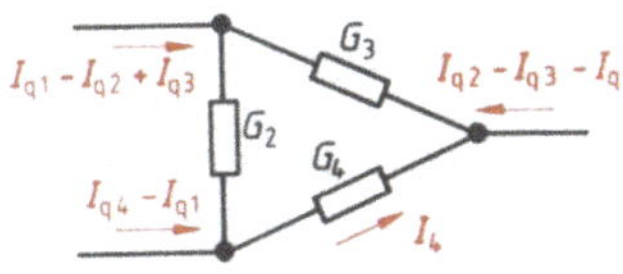

A 5 Vereinfachte Masche für Beispiel 2.99

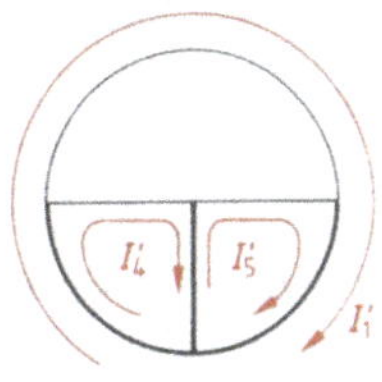

A 6 Vollständiger Baum für Beispiel 2.100

2.100. Hier liefert z. B. das Maschenstromverfahren mit dem vollständigen Baum von Bild **A** 6 unmittelbar den Strom $I_4 = 998$ mA.

2.101. Man kann das Netzwerk von Bild **2.**126 in die Schaltung von Bild **A** 7 umformen. Es fließt kein Strom I, wenn bei der Quellenspannung $U_{q4} = R(I_{q1} - I_{q2})$ die Bedingung $I_4 = R(I_{q1} - I_{q2})/(3R) = I_3 = U_{q3}/(2R)$ eingehalten ist. Daher muß der Widerstand $R = (3/2)\, U_{q3}/(I_{q1} - I_{q2}) = 15$ kΩ betragen.

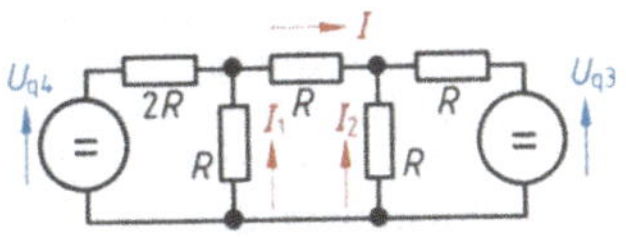

A 7 Umgeformtes Netzwerk für Beispiel 2.101

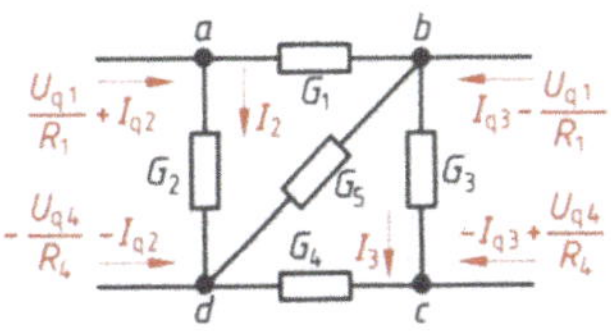

A 8 Umgeformte Masche für Beispiel 2.102

2.102. Die einfachste Lösung ermöglicht das Knotenpunktpotential-Verfahren, für dessen Anwendung die Schaltung entsprechend Bild **A** 8 umzuformen ist. Man berechnet zunächst die Spannungen $U'_{ab} = 5{,}917$ V, $U'_{ac} = 58{,}31$ V und $U'_{ad} = 48{,}17$ V und somit die Ströme $I_2 = 2{,}409$ A und $I_3 = 1{,}746$ A.

2.103. Bild **A** 9a zeigt die Umwandlung der beiden Strom- in Spannungsquellen. Hierfür gilt die Matrizengleichung

$$\begin{bmatrix}(R_1 + R_2) & R_1 \\ R_1 & (R_1 + R_3 + R_4 + R_5)\end{bmatrix} \cdot \begin{bmatrix} I_2' \\ I_5' \end{bmatrix} = \begin{bmatrix} U_{q1} - U_{q2} \\ U_{q1} - U_{q3} + U_{q4} \end{bmatrix}$$

mit der der Strom $I_5 = I_5'$ unmittelbar zu berechnen ist. Man beachte, daß jedoch der Strom $I_2 = U_2/R_2 = (U_{q2} + R_2 I_2')/R_2 = I_{q2} + I_2'$ ist! Mit einer Umwandlung entsprechend Bild **2.**72d könnte man zwar den Strom I_2 unmittelbar berechnen, würde hierfür aber ein Gleichungssystem 4. Ordnung lösen müssen. Die für das Knotenpunktpotential-Verfahren aufbereitete Schaltung in Bild **A** 9b ergibt eine Matrizengleichung 3. Ordnung.

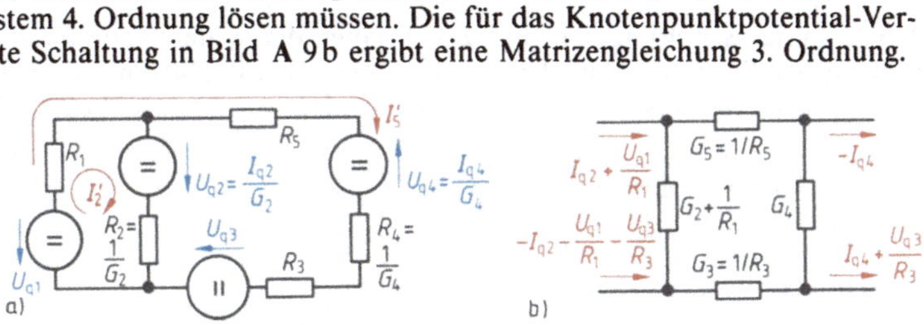

A 9 Umgeformte Netzwerke für Beispiel 2.103 zur Anwendung des Maschenstrom- (a) und des Knotenpunktpotential-Verfahrens (b)

2.104. Da der Strom $I_a = 0$ ist und der Leitwert G_3 unwirksam bleibt, kann man die Schaltung von Bild **2.**129 vereinfachen. (Man beachte, daß zwei in Reihe liegende Leitwerte G_1 den Gesamtleitwert $G_1/2$ haben.) Wenn e als Bezugsknotenpunkt gewählt wird, liefert das Knotenpunktpotential-Verfahren über eine Matrizengleichung 3. Ordnung die Spannung $U'_{eb} = -1{,}5$ V, die den Strom $I_1 = G_i\, U'_{eb} = -3$ A verursacht.

2.105. Durch Verdopplung der Quellen findet man die in Bild **A** 10 dargestellten umgeformten Schaltungen. Maschenstrom- und Knotenpunktpotential-Verfahren erfordern jeweils eine Matrizengleichung 3. Ordnung - das Maschenstromverfahren liefert dann allerdings sofort den Strom I_6.

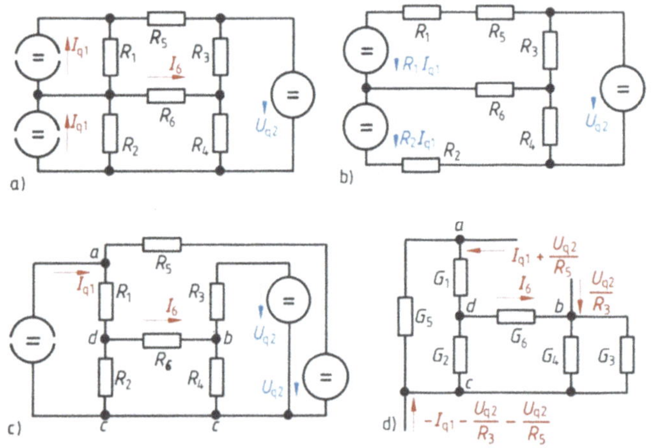

A 10
Umgeformtes Netzwerk von Bild **2.**130 mit Verdopplung der Stromquelle (a) und Umwandlung in Spannungsquellen (b) sowie Verdopplung der Spannungsquelle (c) und Umwandlung in Einströmungen (d)

2.106. Man bestimmt (z.B. über die Kirchhoffschen Gesetze) die Ströme $I_1 = 2{,}273$ A, $I_2 = 5{,}455$ A, $I_3 = 1{,}181$ A und erhält über sie die Leistungen $P_1 = 103{,}3$ W, $P_2 = 297{,}6$ W, $P_3 = 99{,}15$ W sowie $P_{q1} = -U_q I_1 = -227{,}3$ W und $P_{q2} = -I_2 R_2 I_{q2} = -272{,}75$ W. Die Leistungsbilanz ist also erfüllt.

2.107. Man formt zunächst das Netzwerk von Bild **2.**132 in die Schaltung von Bild **A** 11 um und findet für sie die Spannung $U'_{ab} = -79{,}73$ V sowie den Strom $I_2 = -1{,}595$ A.

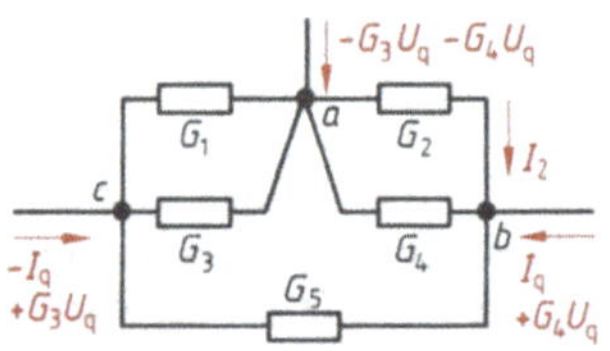

A 11
Ersatzschaltung für Beispiel 2.107

2.108. In der Schaltung von Bild **2.**133 haben die Widerstände R_1 und R_4 keinen Einfluß auf den Strom I_2. Nach Kirchhoff gelten daher die Strom- und Spannungsgleichungen $I_3 + I_q - I_2 = 0$ und $-U_{q1} + R_3 I_3 + R_2 I_2 + U_{q2} = 0$ sowie schließlich für den Strom

$$I_2 = \frac{U_{q1} - U_{q2} + R_3 I_q}{R_2 + R_3}$$

Abschn. 3.7

3.128. Der Motor nimmt die Leistung $P_1 = U I \cos\varphi = 2$ kW und weist den Wirkungsgrad $\eta = P_2/P_1 = 0{,}7$ auf. Die Kosten für die elektrische Arbeit betragen $K = P_1 t k = 22$ DM. Zusammen mit dem Heizofen wird die Leistung $P_g = P_1 + P_H = 3$ kW umgesetzt, und die Blindleistung ist $Q=P_1 \tan\varphi = 1{,}555$ kvar, also über $\tan\varphi' = Q/P_g$ der Gesamtleistungsfaktor $\cos\varphi' = 0{,}888$. Aus der mechanischen Leistung $P_{mech} = mgh/t = \eta_m P_2$ erhält man die Zeit $t = 35$ s.

3.129. Die Induktivität beträgt $L = 17{,}2$ mH.

3.130. Die Netzfrequenz ist $f = 116$ Hz.

3.131. Die Frequenz beträgt $f = 61{,}9$ Hz.

3.132. Es ergeben sich die beiden Frequenzen $f_1 = 509$ Hz und $f_2 = 8{,}48$ kHz.

3.133. Der kapazitive Blindwiderstand muß $X_C = -10\ \Omega$ betragen.

3.134. Man nimmt z. B. zunächst den Strom $\underline{I}_2$ an und zeichnet mit ihm beginnend ein Zeigerdiagramm oder berechnet alle Spannungen und Ströme mit der komplexen Rechnung bis zur Netzspannung $\underline{U}$. Da der so errechnete Wert meist nicht mit der vorgegebenen Klemmenspannung übereinstimmt, muß man schließlich noch proportional umrechnen, um $\underline{U}_{C2} = 219{,}8\ \text{V}\ \underline{/-59^\circ}$ zu erhalten.

3.135. Mit dem Gesamtwiderstand $\underline{Z} = 25{,}92\ \Omega\ \underline{/65{,}18^\circ}$ findet man den Strom $\underline{I} = 3{,}857\ \text{A}\ \underline{/-65{,}18^\circ}$ und die komplexe Leistung $\underline{S} = 385{,}7\ \text{VA}\ \underline{/65{,}18^\circ} = 161{,}9\ \text{W} + \text{j}350{,}1$ var.

3.136. Man kann den Gesamtwiderstand $\underline{Z} = 1{,}196\ \text{k}\Omega\ \underline{/-20{,}07^\circ}$ berechnen und benötigt daher die Spannung $U = ZI = 11{,}96$ V.

3.137. Es ist die Spannung $U = \sqrt{P_1 R} = 90{,}55$ V erforderlich. Gleiche Wirkleistungen ergeben sich für $R_1 I_1^2 = R_2 I_2^2$, also bei Anwendung der Stromteilerregel für

$$I_1/I_2 = \sqrt{R_2/R_1} = \sqrt{(R_2^2 + X_C^2)}/R_1$$

und somit für $X_C = \sqrt{R_2 R_1 - R_2^2} = 80\ \Omega$.

3.138. Es ist $I = 98{,}5$ mA. Wenn der Strom I gleich groß bleiben soll, dürfen sich die zugehörigen Scheinwiderstände nicht unterscheiden. Nach Ansetzen der komplexen Gleichungen erhält man $R_2 = 2\ \text{k}\Omega$.

3.139. Mit der komplexen Rechnung kann man die Gleichung für das komplexe Spannungsverhältnis $\underline{U}_1/\underline{U}_2$ bilden, in dem dann der Realteil verschwinden muß. Hieraus ergibt sich die Bedingung $R_1 R_2 = L/C$.

3.140. Es ist $\underline{U}_{CD} = 100\ \text{V}\ \underline{/36{,}9^\circ}$.

3.141. Der Phasenwinkel $\varphi_{CD} = 90^\circ$ tritt auf für $\tan\varphi_{CD} = \infty$. Das ist der Fall für $R_1 = X_L$.

3.142. Bei $\underline{I}_3 = 0$ ist $\underline{U}_3 = \underline{I}_2 \underline{Z}_2 = \underline{I}_1 \underline{Z}_2$ und somit muß sein

$$\frac{\underline{U}_1}{\underline{U}_3} = \frac{1 - \omega^2 LC + \omega^2 C^2 R_2 (R + R_2) + \text{j}\omega C (R + \omega^2 LCR_2)}{1 + \omega^2 C^2 R_2^2}$$

3.143. Es ist $\varphi = 45^\circ$ für $\tan\varphi = 1$, und daher gilt für die Induktivität

$$L = \frac{1 - \omega CR + \omega^2 C^2 R_2 (R + R_2)}{\omega^2 C (1 + \omega C R_2)}$$

3.144. Es wird die Blindleistung $Q = P \tan\varphi = 12{,}48$ Mvar und daher die Kapazität $C = Q/(\omega U^2) = 3{,}53$ mF benötigt. Der Generator liefert den Strom $I_G = P/U = 1$ kA, Kondensator- und Ofenstrom sind praktisch gleich, nämlich $I_C = I_0 = 16{,}63$ kA.

3.145. Das Kabel nimmt die Wirkleistung $P = 6{,}5$ kW auf; die Drossel hat die Blindleistung $Q = 2{,}82$ Mvar.

3.146. Der Kondensator muß die Kapazität $C = 146\ \mu\text{F}$ haben.

3.147. Man bestimmt zunächst den Gesamtwiderstand $\underline{Z} = (1890 - \text{j}621)\ \Omega$ und erhält mit ihm den Strom $\underline{I} = 50{,}4\ \text{mA}\ \underline{/18{,}2^\circ}$.

3.148. Insgesamt muß der Widerstand $\underline{Z}_g = \underline{U}/\underline{I} = 2{,}5\ \mathrm{k\Omega}\ \underline{/-30^\circ} = (2{,}165 - \mathrm{j}\,1{,}25)\ \mathrm{k\Omega}$ vorhanden sein. Da die Parallelschaltung den komplexen Widerstand $\underline{Z}_2 = (0{,}9 + \mathrm{j}\,0{,}3)\ \mathrm{k\Omega}$ aufweist, müssen noch die Widerstände $R_1 = 1{,}265\ \mathrm{k\Omega}$ und $X_1 = -1{,}55\ \mathrm{k\Omega}$ (also eine Kapazität) vorgeschaltet werden.

3.149. Beim Kurzschluß bestimmen nur Wirkwiderstand R_1 und Induktivität L den Strom, bilden also den Scheinwiderstand $Z_k = U_k/I_k = 0{,}8\ \Omega$. Mit $R_k = R_1 = P_k/I_k^2 = 0{,}64\ \Omega$ findet man auch $X_L = \sqrt{Z_k^2 - R_k^2} = 0{,}48\ \Omega$ und $L = 76{,}39\ \mu\mathrm{H}$. Im Leerlauf wird daher in R_1 die Leistung $P_{1l} = R_1 I_l = 0{,}9216\ \mathrm{W}$ umgesetzt, und es tritt der Scheinwiderstand $Z_l = U_l/I_l = 83{,}33\ \Omega$ bei dem Leistungsfaktor $\cos\varphi_l = P_l/(U_l I_l) = 0{,}1667$, also dem Phasenwinkel $\varphi_l = \pm 80{,}41^\circ$ auf. Daher kann nur $\underline{Z}_2 = \underline{Z}_l - \underline{Z}_1 = (13{,}25 - \mathrm{j}\,82{,}65)\ \Omega$ mit $R_2 = 528{,}8\ \Omega$ und $C = 1{,}877\ \mu\mathrm{F}$ verwirklicht sein. (Gegenüber diesen Werten kann man auch vereinfachend $\underline{Z}_1$ vernachlässigen.)

3.150. Mit der komplexen Spannungsteilerregel kann man $\underline{U}_a/\underline{U}_e = 0{,}4785\ \underline{/85{,}43^\circ}$ finden.

3.151. Mit der Stromteilerregel erhält man die Ströme $\underline{I}_C = 201{,}2\ \mathrm{mA}\ \underline{/116{,}56^\circ} = (-90 + \mathrm{j}\,180)\ \mathrm{mA}$ und $\underline{I}_L = 300\ \mathrm{mA}\ \underline{/-36{,}87^\circ} = (240 - \mathrm{j}\,180)\ \mathrm{mA}$ sowie mit der Spannung $\underline{U}_1 = 99{,}72\ \mathrm{V}\ \underline{/46{,}22^\circ}$ über $R_1 + \mathrm{j}X_L$ die komplexe Leistung $\underline{S} = -\underline{I}_q^* \underline{U}_1 = 14{,}96\ \mathrm{VA}\ \underline{/-133{,}8^\circ} = -10{,}35\ \mathrm{W} - \mathrm{j}\,10{,}8\ \mathrm{var}$. (Nach den Vorzeichen ist die Quelle aktiv und liefert induktive Blindleistung.)

3.152. Wenn die Spannungsquelle in eine Stromquelle umgewandelt wird, kann man einfach über die Stromteilerregel den Strom $I_a = 1{,}494\ \mathrm{mA}$ berechnen. Er verursacht die komplexe Leistung $\underline{S}_a = \underline{Z}_a \underline{I}_a \underline{I}_a^* = \underline{Z}_a I_a^2 = 3{,}35\ \mathrm{mVA}\ \underline{/-30^\circ} = 2{,}903\ \mathrm{mW} - \mathrm{j}\,1{,}676\ \mathrm{mvar}$.

3.153. Man findet über eine Parallel-Reihen-Umwandlung $C_{2r} = 30\ \mathrm{nF}$, $R_{2r} = 2\ \mathrm{k\Omega}$ und kann dann leicht den komplexen Innenwiderstand $\underline{Z}_{iE} = (4 - \mathrm{j}\,1{,}061)\ \mathrm{k\Omega} = 4{,}138\ \mathrm{k\Omega}\ \underline{/-14{,}86^\circ}$ sowie über die Spannungsteilerregel die Quellenspannung $\underline{U}_{qE} = 12\ \mathrm{V}$ und schließlich den Quellenstrom $\underline{I}_{qE} = 2{,}9\ \mathrm{mA}\ \underline{/14{,}86^\circ}$ berechnen.

3.154. Die Umwandlung des aus den 3 gleichen komplexen Widerständen gebildeten Sterns in eine Dreieckschaltung (Bild **A** 12) ermöglicht es, die Ersatzquellenspannung $\underline{U}_{qE} = 22{,}58\ \mathrm{V}\ \underline{/51{,}59^\circ}$ über die Spannungsteilerregel sowie den Innenwiderstand $\underline{Z}_{iE} = 1{,}411\ \mathrm{k\Omega}\ \underline{/-48{,}29^\circ}$ und den Quellenstrom $\underline{I}_{qE} = 16{,}01\ \mathrm{mA}\ \underline{/99{,}88^\circ}$ zu bestimmen.

3.155. Es ist zweckmäßig, den linken Teil der Schaltung in eine Ersatzquelle mit der Quellenspannung $\underline{U}_{qE} = 47{,}41\ \mathrm{V}\ \underline{/-32{,}91^\circ}$ und dem Innenwiderstand $\underline{Z}_{iE} = (35{,}12 + \mathrm{j}\,36{,}09)\ \Omega$ umzuwandeln, so daß anschließend die Ströme von Tafel **A** 13 berechnet werden können.

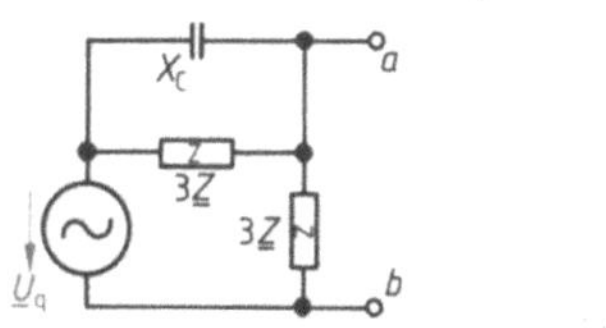

A 12 Umgeformtes Netzwerk für Beispiel 3.154

Tafel **A** 13 Stromwerte für Beispiel 3.155

R_a in Ω	10	20	50	100
I_a in mA	820,5	719,6	512,8	339

3.156. Die komplexen Widerstände $\underline{Z}_1$ und $\underline{Z}_2$ dürfen für die Lösung aus der Schaltung herausgenommen werden. Man kann dann die Stromquellen in Spannungsquellen, und zwar die linke mit der Quellenspannung $\underline{U}_{q1} = \mathrm{j}X_C \underline{I}_{q1}$ und die rechte entsprechend mit $\underline{U}_{q2} = \mathrm{j}X_L \underline{I}_{q2}$, umwandeln. Man findet so die Ströme

$$\underline{I}_2 = \frac{\mathrm{j}X_C \underline{I}_{q1} - \mathrm{j}X_L \underline{I}_{q2}}{R + \mathrm{j}(X_L + X_C)} = 3{,}225\ \mathrm{A}\ \underline{/-60{,}26^\circ}$$

und $\underline{I}_1 = \underline{I}_2 + \underline{I}_{q2} = 5{,}06\ \mathrm{A}\ \underline{/-71{,}57^\circ}$ sowie $\underline{I}_3 = \underline{I}_2 - \underline{I}_{q1} = 2{,}8\ \mathrm{A}\ \underline{/-88{,}5^\circ}$. Auch das Knotenpunktpotential-Verfahren ermöglicht über ein Gleichungssystem 2. Ordnung eine einfache Lösung.

3.157. Man kann z. B. den linken Schaltungsteil in eine Ersatzquelle für $\underline{Z}_3 = R_3 + \mathrm{j}X_\mathrm{L}$ umwandeln oder auch unmittelbar mit dem Maschenstrom-Verfahren über ein Gleichungssystem 3. Ordnung für den Strom ableiten

$$\underline{I}_3 = \frac{\mathrm{j}X_\mathrm{C} R_2 \underline{U}}{\mathrm{j}X_\mathrm{C} R_1 R_2 + \underline{Z}_3 R_1 R_2 + \mathrm{j}X_\mathrm{C}(R_1 + R_2)}$$

3.158. Nach Umwandlung der Widerstände in Leitwerte wäre eine Lösung mit dem Knotenpunktpotential-Verfahren möglich. Nach dem Knotenpunktsatz muß aber auch im vorliegenden Fall $\underline{I}_\mathrm{d} = -\underline{I}_\mathrm{a}$ sein. Wenn man annimmt, daß $\underline{I}_1 = \underline{I}_\mathrm{a}$ und $\underline{I}_2 = \underline{I}_\mathrm{b}$ sind, findet man $\underline{U}_1 = \mathrm{j}X_\mathrm{L}\underline{I}_1 = -100$ V und $\underline{U}_2 = \mathrm{j}X_\mathrm{C}\underline{I}_2 = -100$ V, also gleiches Potential an den Punkten *a, b* und *c, d*. Daher fließt über die Widerstände R_1 und R_2 kein Strom. Die Annahme wird so bestätigt.

3.159. Für die einfache Reihenschaltung ohne Transformator sind die Teilspannungen $U_\mathrm{R} = P/I = 100$ V und $U_\mathrm{L} = Q/I = 160$ V. Zu $\cos\varphi = 0{,}98$ gehört $\tan\varphi = 0{,}2031$, und man findet $U_\mathrm{C} = U_\mathrm{L} - U_\mathrm{R}\tan\varphi = 139{,}7$ V. Daher ist $X_\mathrm{C} = -U_\mathrm{C}/I = -2{,}794\ \mathrm{m\Omega}$ und die gesuchte Kapazität beträgt $C = -1/(\omega X_\mathrm{C}) = 1{,}139$ F; sie ist in dieser Größe nicht zu verwirklichen. Über den Transformator ändern sich jedoch Widerstand und Kapazität quadratisch mit dem Übersetzungsverhältnis U_1/U_2, und es braucht nur noch zu sein $C_1 = C(U_2/U_1)^2 = 202{,}5\ \mu$F.

3.160. a): Die Spannung $U_\mathrm{a} = U_2 = U_\mathrm{e} N_2/N_1 = 33{,}33$ V führt zu den Strömen $I_2 = U_2/R_\mathrm{a} = 555{,}5$ mA und $I_1 = I_2 N_2/N_1 = 185{,}2$ mA und der Wirkleistung $P_\mathrm{a} = R_\mathrm{a} I_\mathrm{a}^2 = 18{,}52$ W.
b): Hier verursacht die Spannung $U_\mathrm{a} = U_\mathrm{e}[1 + (N_2/N_1)] = 133{,}33$ V die Ströme $I_2 = 2{,}222$ A und $I_1 = 740{,}7$ mA bei der Leistung $P_\mathrm{a} = 296{,}3$ W.

3.161. Nach Abschn. 3.5.2.2 sind $\sigma_1 = L_{1\sigma}/(L_{1\sigma} + L'_\mathrm{h}) = 0{,}09091$, $k_{12} = 0{,}9091$, $\sigma_2 = L'_{2\sigma}/(L'_{2\sigma} + L'_\mathrm{h}) = 0{,}0476$, $k_{21} = 0{,}9524$, $\sigma = 0{,}1342$. Für $R_\mathrm{a} = \infty$ ist $\underline{Z}_\mathrm{e} = 691{,}4\ \Omega\ \underline{/88{,}34^\circ}$, für $R_\mathrm{a} = 1\ \mathrm{k\Omega}$ dagegen $\underline{Z}_\mathrm{e} = 283{,}2\ \Omega\ \underline{/37{,}7^\circ}$.

3.162. Man findet nach Abschn. 3.5 die Widerstände der Ersatzschaltungen $R_{1\mathrm{b}} = R_{1\mathrm{c}} = R_1 = 100\ \Omega$, $R'_{2\mathrm{b}} = 86{,}3\ \Omega$, $R'_{2\mathrm{c}} = 180\ \Omega$, $X_{\sigma\mathrm{b}} = 370\ \Omega$, $X_{\sigma\mathrm{c}} = 530\ \Omega$, $X_\mathrm{hb} = 830\ \Omega$, $X_\mathrm{hc} = 1200\ \Omega$, $\underline{Z}'_\mathrm{ab} = 216\ \Omega\ \underline{/60^\circ}$, $\underline{Z}'_\mathrm{ac} = 450\ \Omega\ \underline{/60^\circ}$ sowie für die Ersatzspannungsquelle $\underline{U}_\mathrm{qE} = 66{,}44\ \mathrm{V}\ \underline{/4{,}764^\circ}$ und $\underline{Z}_\mathrm{iE} = 2{,}72\ \mathrm{k\Omega}\ \underline{/33{,}21^\circ}$.

3.163. Der untersuchte Transformator ist ein Spartransformator (s. Band II, Teil 1), dessen Primärwicklung auch zur Sekundärwicklung gehört. Es gilt dann das Zeigerdia-

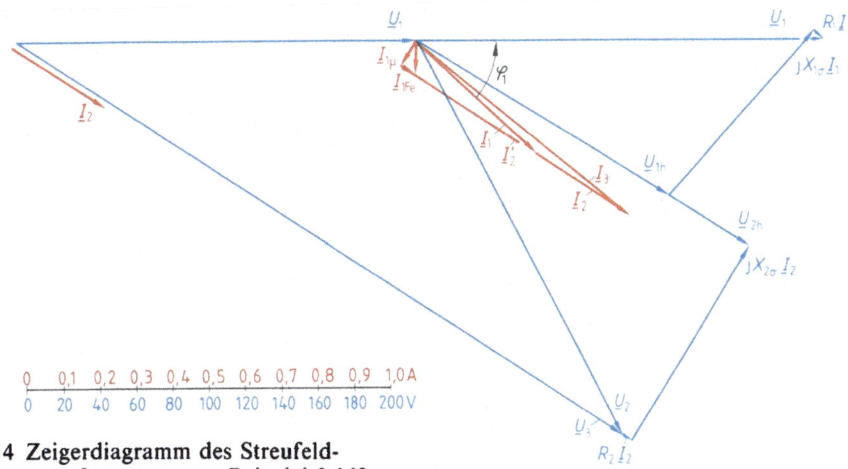

A 14 Zeigerdiagramm des Streufeldtransformators von Beispiel 3.163

gramm von Bild A 14. Den Phasenwinkel $\varphi_1 = 42{,}49°$ erhält man über $\cos\varphi_1 = P_1/(U_1 I_1)$. Man kann die Teilspannungen $R_2 I_2 = 4{,}5$ V und $R_1 I_1 = 4{,}05$ V berechnen, außerdem dem Diagramm $X_{2\sigma} I_2 = 123{,}5$ V bzw. $X_{1\sigma} I_1 = 116$ V sowie $U_{1h} = 160$ V und $U_{2h} = 213{,}5$ V entnehmen. Daher sind $X_{2\sigma} = 412\ \Omega$ und $X_{1\sigma} = 258\ \Omega$ sowie das Windungszahlverhältnis $N_1/N_2 = U_{1h}/U_{2h} = 0{,}75$. Mit $I'_2 = I_2 N_2/N_1 = 0{,}4$ A sowie $I_{1\mu} = 80$ mA und $I_{1\mathrm{Fe}} = 42$ mA findet man die Widerstände $X_h = U_{1h}/I_{1\mu} = 2\ \mathrm{k\Omega}$ und $R_{\mathrm{fe}} = U_{1h}/I_{1\mathrm{Fe}} = 3{,}81\ \mathrm{k\Omega}$.

3.164. Nach den Zweitorgleichungen

$$\left(\frac{U_1}{I_1}\right)_{I_2=0} = \frac{5\,U_2 \cdot 40}{4\,U_2}\,\frac{1}{\mathrm{S}} = 50\ \Omega = R_3 + \frac{R_1(R_2+R_3)}{R_1+R_2+R_3}$$

$$\left(\frac{U_2}{I_2}\right)_{I_1=0} = \frac{40 \cdot 5}{4}\,\frac{1}{\mathrm{S}} = 50\ \Omega$$

ist die Eichleitung als symmetrisches Zweitor aufgebaut, und es gilt $R_1 = R_2 = 30\ \Omega$.

3.165. Mit den in Tafel **3.**179 angegebenen Gleichungen erhält man für den Wellenwiderstand $\underline{Z}_L = 49{,}94\ \Omega$, den komplexen Eingangswiderstand $\underline{Z}_1 = (49{,}88 - \mathrm{j}\,0{,}033)\,\Omega$, den komplexen Spannungs-Übertragungsfaktor $\underline{T}_u = (0{,}2795 - \mathrm{j}\,0{,}9614)$ und den komplexen Strom-Übertragungsfaktor $\underline{T}_i = (0{,}2782 - \mathrm{j}\,0{,}9593)$. Der komplexe Eingangsstrom $\underline{I}_1 = \underline{U}_q/(R_i + \underline{Z}_1)$ ist durch Quellenspannung $\underline{U}_q$, Innenwiderstand R_i und komplexen Eingangswiderstand $\underline{Z}_1$ bestimmt und führt auf die Eingangsspannung $\underline{U}_1 = \underline{Z}_1 \underline{I}_1 = 0{,}999$ V. Die Ausgangsspannung $\underline{U}_2 = \underline{T}_u \underline{U}_1 = 1\ \mathrm{V}\,\underline{/-73{,}81°}$ läßt sich mit dem Spannungs-Übertragungsfaktor $\underline{T}_u$ angeben.

Abschn. 4.5

4.22. Es fließen die Strangströme $I_{\mathrm{Str}} = I = P/(\sqrt{3}\,U) = 18{,}23$ A, und die Widerstände betragen $R_{\mathrm{Str}} = U_{\mathrm{Str}}/I_{\mathrm{Str}} = U/(\sqrt{3}\,I_{\mathrm{Str}}) = 12{,}03\ \Omega$.

4.23. Der Motor entnimmt dem Netz die Scheinleistung $S = \sqrt{3}\,UI = 13{,}2$ kVA, die Wirkleistung $P_1 = S\cos\varphi = 10{,}7$ kW und die Blindleistung $Q = S\sin\varphi = 7{,}55$ kvar; er arbeitet bei Nennlast mit dem Wirkungsgrad $\eta = P_2/P_1 = 0{,}842$.

4.24. Man erhält die Strangströme $\underline{I}_{12} = \underline{U}_{12}/\underline{Z}_{12} = \mathrm{j}\,3{,}8$ A, $\underline{I}_{23} = \underline{U}_{23}/\underline{Z}_{23} = 3{,}8\ \mathrm{A}\,\underline{/-120°}$, $\underline{I}_{31} = \underline{U}_{31}/\underline{Z}_{31} = 2{,}2\ \mathrm{A}\,\underline{/60°}$ sowie die Außenleiterströme $\underline{I}_1 = \underline{I}_{12} - \underline{I}_{31} = 2{,}2\ \mathrm{A}\,\underline{/120°}$, $\underline{I}_2 = \underline{I}_{23} - \underline{I}_{12} = 7{,}35\ \mathrm{A}\,\underline{/-105°}$, $\underline{I}_3 = \underline{I}_{31} - \underline{I}_{23} = 6\ \mathrm{A}\,\underline{/60°}$ und die Phasenwinkel $\varphi_1 = 150°$, $\varphi_2 = 45°$, $\varphi_3 = -30°$. Die Leistungsmesser zeigen die Wirkleistungen $P_1 = U_1 I_1 \cos\varphi_1 = -419{,}2$ W, $P_2 = U_2 I_2 \cos\varphi_2 = 1144$ W, $P_3 = U_3 I_3 \cos\varphi_3 = 1143$ W; insgesamt werden also $P = P_1 + P_2 + P_3 = 1868$ W umgesetzt.

4.25. Bei der komplexen Bezugsspannung $\underline{U}_1 = 220$ V fließen die Teilströme $\underline{I}_1 = \underline{U}_1/R = 2{,}2$ A, $\underline{I}_2 = \underline{U}_1\,\underline{/-120°}/(\mathrm{j}X_C) = 2{,}2\ \mathrm{A}\,\underline{/-30°}$, $\underline{I}_3 = \underline{U}_1\,\underline{/120°}/(\mathrm{j}X_L) = 2{,}2\ \mathrm{A}\,\underline{/30°}$; daher ist der Mittelleiterstrom $\underline{I}_M = \underline{I}_1 + \underline{I}_2 + \underline{I}_3 = 6{,}01$ A.

4.26. Es fließen die Ströme $I_1 = I_2 = I_3 = I = \sqrt{3}\,U\sqrt{(1/R)^2 + (1/X_L)^2} = 18{,}04$ A, und es treten mit $\tan\varphi = R/X_L = 1{,}333$ bei $\varphi = 53{,}13°$ Scheinleistung $S = \sqrt{3}\,UI = 15{,}63$ kVA, Wirkleistung $P = S\cos\varphi = 9{,}378$ kW, Blindleistung $Q = S\sin\varphi = 12{,}5$ kvar auf. Die beiden Leistungsmesser zeigen die Teilleistungen $P_1 = \mathrm{Re}\,\underline{U}_{12}\underline{I}_1^* = UI\cos(\varphi + 30°) = 1{,}079$ kW und $P_2 = \mathrm{Re}\,\underline{U}_{31}\underline{I}_3^* = UI\cos(\varphi - 30°) = 8{,}295$ kW an.

4.27. Bei dem Scheinwiderstand $Z = \sqrt{R^2 + X_L^2} = 25\ \Omega$ und dem Leistungsfaktor $\cos\varphi = R/Z = 0{,}8$ sind Scheinleistung $S = 3\,U_\lambda^2/Z = U^2/Z = 5{,}776$ kVA und Wirkleistung $P = S\cos\varphi = 4{,}621$ kW. Die Kondensatorbatterie hat die Blindleistung $Q_C = -3\,U^2\omega C = -2{,}722$ kvar zu liefern und verringert die induktive Blindleistung $Q_L = S\sin\varphi = 3{,}466$ kvar auf $Q' = 744$ var. Daher sind $\tan\varphi' = Q'/P = 0{,}161$ und $\cos\varphi' = 0{,}9873$.

4.28. a) Die Zuleitungsverluste ohne Kompensation, bei Teilkompensation und bei Vollkompensation verhalten sich wie $V_L : V'_L : V''_L = 2{,}04 : 1{,}234 : 1$.

b) Zur Kompensation auf $\cos\varphi' = 1$ muß der einzelne Kondensator der in Dreieck geschalteten Kondensatorbatterie die Kapazität $C' = 5{,}42\ \mu\text{F}$ haben. Die Kompensation auf $\cos\varphi'' = 0{,}9$ erfordert die Kapazität $C'' = 2{,}85\ \mu\text{F}$.

4.29. Eine anschauliche Lösung ermöglicht das Zeigerdiagramm in Bild **A** 15. Der Stromzeiger $\underline{I}_{12}$ hat die gleiche Phasenlage wie die Spannung $\underline{U}_{12}$, und der Strom $\underline{I}_1$ soll mit der Spannung $\underline{U}_1$ in Phase liegen. $\underline{I}_{31}$ eilt gegenüber $\underline{U}_{31}$ um 90° nach, $\underline{I}_{23}$ dagegen gegenüber $\underline{U}_{23}$ um 90° vor. Mit den Bedingungen $\underline{I}_1 = \underline{I}_{12} - \underline{I}_{31}$, $\underline{I}_2 = \underline{I}_{23} - \underline{I}_{12}$, $\underline{I}_3 = \underline{I}_{31} - \underline{I}_{23}$ erhält man das in Bild **A** 15 dargestellte Stromzeigerdiagramm, aus dem man $I_1 = I_2 = I_3 = I_{23} = I_{31} = I_{12}/\sqrt{3} = 5{,}774$ A ablesen kann. Es muß daher eingehalten sein $X_L = -X_C = U_{31}/I_{31} = 86{,}6\ \Omega$ sowie $L = X_L/\omega = 275{,}7$ mH und $C = 1/(-\omega X_C) = 36{,}76\ \mu\text{F}$.

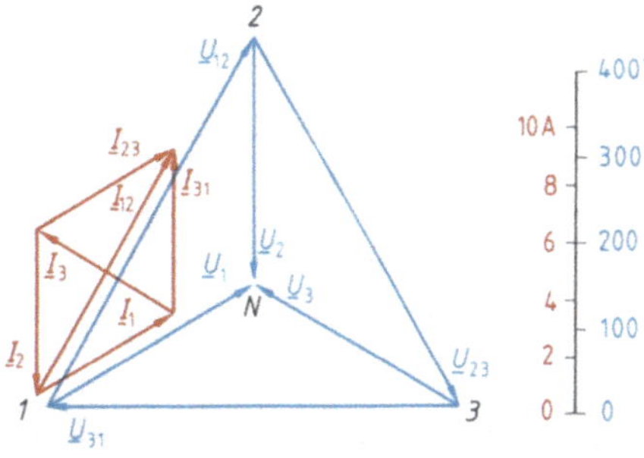

A 15 Zeigerdiagramm für Beispiel 4.29

4.30. Mit $\underline{U}_{12}$ als Bezugszeiger erhält man die Ströme $\underline{I}_1 = (102 + \text{j}\,20{,}8)\ \text{A} = 121{,}3\ \text{A}\ \underline{/11{,}5°}$, $\underline{I}_2 = (-67{,}2 - \text{j}\,64{,}42)\ \text{A} = 93\ \text{A}\ \underline{/-136{,}2°}$, $\underline{I}_3 = (-34{,}8 + \text{j}\,43{,}62)\ \text{A} = 55{,}8\ \text{A}\ \underline{/128{,}6°}$.

4.31. Es gilt das Zeigerdiagramm in Bild **A** 16, das auch die Lösung mit dem Schnittverfahren erklärt, mit den komplexen Spannungen und Strömen $\underline{U}'_1 = 263\ \text{V}\ \underline{/-10°}$, $\underline{I}_1 = 2{,}63\ \text{A}\ \underline{/80°}$, $\underline{U}'_2 = 381\ \text{V}\ \underline{/-80°}$, $\underline{I}_2 = 7{,}62\ \text{A}\ \underline{/-80°}$, $\underline{U}'_3 = 131\ \text{V}\ \underline{/-160°}$, $\underline{I}_3 = 5{,}24\ \text{A}\ \underline{/110°}$.

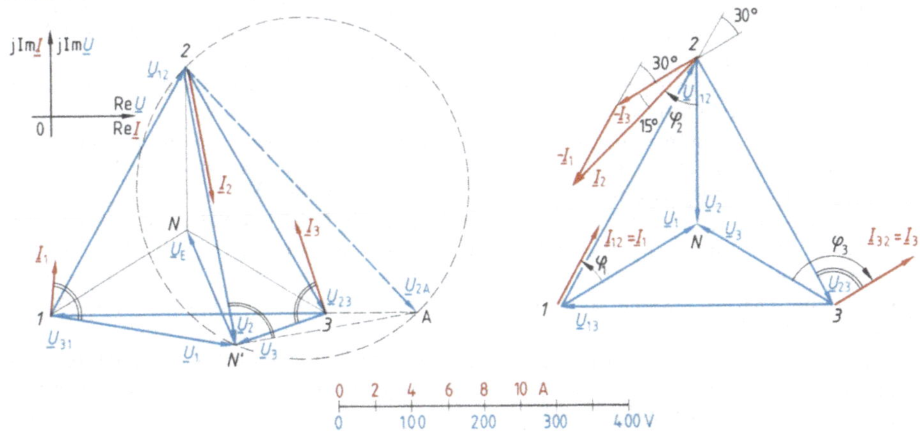

A 16 Zeigerdiagramm für Beispiel 4.31

A 17 Zeigerdiagramm für Beispiel 4.32

4.32. Das Zeigerdiagramm in Bild **A** 17 ergibt die Ströme und Phasenwinkel $I_1 = 5$ A, $\varphi_1 = -30°$, $I_2 = 9{,}66$ A, $\varphi_2 = 45°$, $I_3 = 5$ A, $\varphi_3 = 120°$. Die Leistungsmesser zeigen dann $P_1 = 1250$ W, $P_2 = 1972$ W, $P_3 = -722$ W, insgesamt also die aufgenommene Wirkleistung $P = 2500$ W an.

4.33. Mit dem Bezugszeiger $\underline{U}_{12} = 380$ V gilt für die übrigen Spannungen $\underline{U}_{23} = 400\ \text{V}\ \underline{/-125{,}1°}$, $\underline{U}_{31} = 360\ \text{V}\ \underline{/114{,}6°}$, und man findet die Spannungen des Mitsystems $\underline{U}_m = 379{,}6\ \text{V}\ \underline{/-3{,}495°}$ und des Gegensystems $\underline{U}_g = 23{,}15\ \text{V}\ \underline{/87{,}49°}$ sowie den Unsymmetriegrad $U_g/U_m = 0{,}06097$.

4.34. Mit den in Abschn. 4.4.2.2 dargestellten Verfahren erhält man a) $\underline{I}_m = 3{,}035$ A $\angle -8{,}771°$, $\underline{I}_g = 4{,}734$ A $\angle 150°$, $\underline{I}_0 = 0$ und b) $\underline{I}_m = 0{,}7333$ A, $\underline{I}_g = -0{,}5368$ A, $\underline{I}_0 = 2$ A.

Abschn. 5.6

5.10. Für die Erwärmung ist der Effektivwert des Stromes maßgebend. Über

$$I^2 = \frac{1}{2\pi}\int_0^{2\pi} i^2 \,\mathrm{d}\alpha = \frac{1}{2\pi}\, 100^2\,\mathrm{A}^2 \cdot \frac{2\pi}{3} = \frac{100^2}{3}\,\mathrm{A}^2$$

findet man $I = 100\,\mathrm{A}/\sqrt{3} = 57{,}7$ A. Bei einem gleichgerichteten Strom sind Gleichrichtwert $\overline{|i|}$ und linearer Mittelwert

$$\bar{i} = \frac{1}{2\pi}\int_0^{2\pi} i\,\mathrm{d}\alpha = \frac{1}{2\pi}\, 100\,\mathrm{A} \cdot \frac{2\pi}{3} = 33{,}3\,\mathrm{A}$$

gleich. Daher gilt für den Formfaktor $F = I/\bar{i} = 57{,}7\,\mathrm{A}/(33{,}3\,\mathrm{A}) = 1{,}732$.

5.11. Der Effektivwert des vom Gleichrichter aufgenommenen Stromes ist $I = 141{,}4$ A.

5.12. Bei 50 Hz fließt durch den Kondensator der Strom $I = 87{,}8$ mA. Bei der Hochfrequenz ist der kapazitive Blindwiderstand $X_C = -362\,\Omega$. Die Induktivität hat bei $f_1 = 50$ Hz den Widerstand $X_{L1} = 0{,}628\,\Omega$ und bei $f_2 = 100$ kHz den Widerstand $X_{L2} = 1256\,\Omega$.

5.13. An der Drossel entsteht die Spannung $U = 25{,}2$ V. Die Wirkleistung $P = 640$ W wird in ihr in Wärme umgesetzt.

5.14. Die Drossel muß für den Strom $I = 90$ A bemessen sein. Die Anordnung liefert die Blindleistung $Q_C = 935$ kvar. Die Blindwiderstände von Drossel und Kondensator sind für die Oberschwingung 5-facher Netzfrequenz gleich groß, so daß der Blindwiderstand des Reihenschwingkreises Null wird. Die Schaltung bildet für die Oberschwingung 5-facher Netzfrequenz einen Kurzschluß, entlastet damit das Dreiphasennetz von Oberschwingungen des Stromes, die z. B. von Gleichrichtern herrühren können. L und C des Saugkreises müssen außer dem errechneten Strom der Grundschwingung zusätzlich den von der Anlage gelieferten Oberschwingungsstrom führen können.

5.15. a) Die Drehspulmeßwerke zeigen die linearen Mittelwerte $\bar{i} = 0$ und $\bar{u} = 0$ an. Die Dreheisenmeßwerke messen die Effektivwerte $I = U_1/R = 2{,}2$ A und $U_2 = U_1 = 220$ V, und der Leistungsmesser mißt die Wirkleistung $P = U_1 I = 484$ W.

b) In diesem Fall werden die linearen Mittelwerte nach Tafel **5**.8, Schaltung 1., nämlich $\bar{u}_2 = \hat{u}_1/\pi = 98$ V und $\bar{i} = \bar{u}_2/R = 0{,}99$ A angezeigt. Ebenso sind nach Tafel **5**.8 $U_2 = \hat{u}_2/2 = 155{,}5$ V und $I = 1{,}555$ A. Der Leistungsmesser kann nach Band IV nur die Grundschwingungsleistung messen, also mit dem Strom $I_1 = U_1/(2R) = 1{,}1$ A die Wirkleistung $P = U_1 I_1 = 242$ W.

c) Bei geschlossenem Schalter ist wegen des reinen Wirkwiderstands R der Leistungsfaktor $\cos\varphi = 1$, und Scheinleistung und Wirkleistung sind mit $S = P = 484$ W gleich groß, während die Blindleistung $Q = 0$ ist.

Bei offenem Schalter wird im Widerstand R die Gleichstromleistung $P = \bar{i}^2 R = 98$ W umgesetzt. Außerdem verursacht der Wechselstromanteil $I_{\sim} = \sqrt{I^2 - \bar{i}^2} = 1{,}2$ A die Wirkleistung $P = I_{\sim}^2 R = 144$ W, so daß mit insgesamt $P = P_{-} + P_{\sim} = 242$ W die im Leistungsmesser angezeigte Grundschwingungs-Wirkleistung verbraucht wird.

Gleichzeitig ergibt sich mit den Effektivwerten von Spannung und Strom am Schaltungseingang die Scheinleistung $S = U_1 I = 342$ VA, so daß nun der Leistungsfaktor $\lambda = P/S = 0{,}707$ vorhanden ist, obwohl von einer Phasenverschiebung zwischen Spannung und Strom nicht gesprochen werden kann. Es tritt die Verzerrungsleistung $D = \sqrt{S^2 - P^2} = 242$ var auf, die als Blindleistung anzusprechen und dem Gleichrichter zuzuordnen ist.

d) Es sind Schwingungsgehalt $s = I_{\sim}/I = 0{,}772$, Grundschwingungsgehalt $g = I_1/I = 0{,}707$, Oberschwingungsgehalt (Klirrfaktor) $k = \sqrt{1-g^2} = 0{,}707$, Welligkeit $w = I_{\sim}/\bar{i} = 1{,}212$, Formfaktor $F = I/\bar{i} = 1{,}57$ und Scheitelfaktor $\xi = \hat{i}/I = \hat{u}_1/(R\,I) = 2$.

e) Es sind $U_{-} = 99$ V, $\hat{u}_1 = 155{,}5$ V, $\hat{u}_2 = 66{,}1$ V, $\hat{u}_4 = 13{,}2$ V. Die aus der Überlagerung dieser Spannungs-Teilschwingungen entstehende Kurve weicht nur noch wenig von der in Bild **5**.21 b dargestellten Spannung u_2 ab.

5.16. Mit $\hat{i}_3 = k\hat{i}_1$ ist

$$\frac{\hat{u}_3^2}{R^2+(3\omega L)^2} = \frac{k^2\hat{u}_1^2}{R^2+(\omega L)^2} \quad \text{also} \quad L = \frac{R}{\omega}\sqrt{\frac{\hat{u}_3^2 - k^2\hat{u}_1^2}{9k^2\hat{u}_1^2 - \hat{u}_3^2}} = 13{,}72 \text{ mH}$$

Ohne Drossel fließt der Strom $\hat{i}_1 = \hat{u}_1/R = 87{,}5$ A. Mit Drossel gilt bei $X_L = \omega L = 4{,}31\ \Omega$ für den Scheitelwert des Stromes

$$\hat{i}_1 = \frac{\hat{u}_1}{\sqrt{R^2 + X_L^2}} = 42{,}5 \text{ A}$$

Die Strom-Grundschwingung wird also auf 42,5 A/(87,5 A) = 0,486 = 48,6% vermindert.

5.17. Durch die Kapazität fließt bei der Spannungsänderung nach Bild **A** 18 ein Stromimpuls. Man findet das Strommaximum $\hat{i}_C = C\Delta u/\Delta t = 0{,}5$ A, den Effektivwert $I_C = 0{,}289$ A und den Scheitelfaktor $\xi_C = \hat{i}_C/I_C = 1{,}73$.

An der Induktivität gilt für den Strom $i_L = (1/L)\int u_L \mathrm{d}t$, und in Bild **A** 18 hat i_L nach der Zeit $\Delta t = 1$ ms den Zeitwert $i_L = \hat{u}\,\Delta t/L = 0{,}5$ A mit linearem Anstieg erreicht. Anschließend ändert sich $i_L(t)$ wegen des linearen Abfalls von u quadratisch. Er erreicht nach weiteren 0,5 ms den Scheitelwert $\hat{i}_L$, der sich über Bild **A** 18 aus dem Spannungsintegral $\int u_L \mathrm{d}t = 0{,}025$ Vs zwischen den Zeiten $t_1 = 1$ ms und $t_2 = 1{,}5$ ms und der hieraus sich ergebenden Stromerhöhung um $\Delta i_L = \int u_L \mathrm{d}t/L = 0{,}125$ A mit $\hat{i}_L = 0{,}625$ A errechnen läßt.

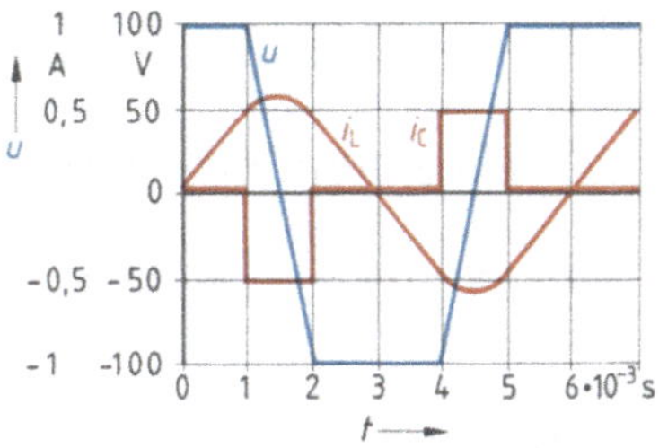

A 18 Spannungsverlauf u und Stromverläufe i_C, i_L für Beispiel 5.17

Die Flächen unter der quadrierten Stromkurve liefern den Effektivwert $I_L = 0{,}42$ A. Somit unterscheidet sich der Scheitelfaktor $\xi_L = \hat{i}_L/I_L = 1{,}488$ nur unwesentlich von dem für Sinusstrom ($\sqrt{2}$).

5.18. a) Durch ähnliche Betrachtungen wie in Beisp. 5.15 erhält man $\overline{|u_R|} = 198$ V, $U_R = 220$ V, $\overline{|i_R|} = 3{,}96$ A, $I_R = 4{,}4$ A, $\overline{|i|} = \overline{|i_R|}/2 = 1{,}98$ A, $I = 3{,}13$ A.

b) Hier läßt die ideale Glättungsdrossel keinen Wechselstrom durch, und daher wird $\overline{|u_R|} = U_R = 198$ V, $\overline{|u_L|} = 0$, $U_L = 96$ V sowie $\overline{|i_R|} = I_R = 3{,}96$ A, $\overline{|i|} = 1{,}98$ A, $I = 2{,}8$ A. Im Widerstand R werden umgesetzt $P = 784$ W, so daß sich mit der Scheinleistung $S = 871$ VA der Leistungsfaktor $\lambda = 0{,}9$ ergibt.

5.19. Im zeitlichen Kreisfrequenzverlauf ω_t der resultierenden Spannung $\hat{u}_t$ tritt gegenüber der Kreisfrequenz ω_1 die größte Abweichung beim Höchstwert der zeitabhängigen Phasenwinkeländerung ψ_t auf, der, wie aus dem Zeigerdiagramm in Bild **5**.15 a abzuleiten ist, für die größte Winkelgeschwindigkeitsdifferenz des resultierenden Zeigers gegenüber dem als feststehend angenommenen Zeiger bei $\Delta\omega t = 180°$ vorliegt.

Die in Gl. (5.35) durch den zweiten Summanden gegebene Abweichung des Zeitwerts der Kreisfrequenz von der Kreisfrequenz ω_1 ist für $\Delta\omega t = 180°$

$$\varepsilon = \Delta\omega\,\frac{A^2 - A}{1 + A^2 - 2A} \quad \text{mit} \quad \Delta\omega = \omega_2 - \omega_1$$

Für $A=0{,}5$ bzw. 2 und 3 wird $\varepsilon=-\Delta\omega$ bzw. $+2\Delta\omega$ und $+1{,}5\Delta\omega$.

Für $\hat{u}_2<\hat{u}_1$ führt die größte Abweichung ε im zeitlichen Kreisfrequenzverlauf ω_t zu kleineren Werten der Kreisfrequenz ω_1, für $\hat{u}_2>\hat{u}_1$ dagegen zu größeren Werten.

5.20. Im Amplitudenspektrum treten auf:

unteres Seitenband f_T-f_2 bis f_T-f_1, also 0,991 MHz bis 0,99970 MHz, Trägerfrequenz f_T, also 1 MHz,

oberes Seitenband f_T+f_1 bis f_T+f_2, also 1,00030 MHz bis 1,00900 MHz.

5.21. Entsprechend Gl. (5.43) gilt für die Effektivwerte umgerechnet $I=I_T\sqrt{1+(m^2/2)}$, so daß $m=\sqrt{2[(I/I_T)^2-1]}=0{,}65$ ist.

Abschn. 6.5

6.55. Es ist $f=(1/2\pi)\sqrt{6/(LC)}=1{,}148$ MHz.

6.56. In der Schaltung von Bild 6.89 sind zwei Sternschaltungen parallel geschaltet, die man in zwei bedingt äquivalente Dreieckschaltungen umwandeln kann. Zwischen den Klemmen A und B liegt dann der komplexe Leitwert

$$\underline{Y}=\frac{-\mathrm{j}X_{C1}}{R_1^2-\mathrm{j}2R_1X_{C1}}+\frac{R_2}{-X_{C2}^2-\mathrm{j}2R_2X_2}$$

$$=\frac{R_2(R_1^2-2X_{C1}X_{C2})+\mathrm{j}X_{C1}(X_{C2}^2-2R_1R_2)}{(R_1^2-\mathrm{j}2R_1X_{C1})(-X_{C2}^2-\mathrm{j}2R_2X_{C2})}$$

Die Schaltung sperrt, wenn dieser Leitwert Null wird, also für

$$R_1^2-\frac{2}{\omega_S^2C_1C_2}=0 \quad \text{und} \quad \frac{1}{\omega_S^2C_2^2}-2R_1R_2=0$$

Daher gilt für die gesperrte Kreisfrequenz $\omega_S=1/(C_2\sqrt{2R_1R_2})$ und die Kapazität $C_1=(2/\omega_S)\sqrt{2R_2/R_1^3}$.

6.57. Die Resonanzkreisfrequenz der gesamten Schwingkreisanordnung ist $\omega_p=1/\sqrt{L(C+C_p)}=5{,}78\ \mu s^{-1}$. Dabei tritt der resultierende Resonanz-Sperrkreis-Widerstand

$$R_p'=\frac{1}{\dfrac{1}{R_{pp}}+\dfrac{1}{R_p}}=\frac{Q_p}{\omega_p(C+C_p)}=5{,}78\ \mathrm{k\Omega}$$

auf. Somit wird der dem aus L und C aufgebauten Parallelschwingkreis zuzuordnende Resonanz-Sperrkreis-Widerstand bei Parallelschaltung des Spannungsmessers

$$R_{pp}=\frac{1}{\dfrac{1}{R_p}-\dfrac{1}{R_p'}}=9{,}22\ \mathrm{k\Omega}$$

Da ohne Parallelschaltung von C_p und R_p eine neue Resonanzfrequenz des Parallelschwingkreises vorliegt, ändern sich die Eigenschaften des Resonanzkreises, so daß R_{pp} noch in den Resonanz-Sperrkreis-Widerstand R_p des Parallelschwingkreises allein umgewandelt werden muß. Entsprechend dem Zusammenhang zwischen den parallel zum Schwingkreis wirkenden Widerständen $R_{pp}=L/[R(C+C_p)]$ bzw. $R_p=L/(CR)$ und dem gleichwertigen im Schwingkreis wirksamen Widerstand R ergibt sich $R_p=R_{pp}(C+C_p)/C=11{,}1\ \mathrm{k\Omega}$.

6.58. Damit die Spannung der Frequenz f_1 zwischen den Klemmen A, B unbeeinflußt bleibt, muß Parallelresonanz von C_1 und L_1 mit bei verlustfreien Bauelementen unendlich großem Resonanz-Sperrkreis-Widerstand vorliegen. Es gilt dann $\omega_1 C_1 = 1/(\omega_1 L_1)$, also $C_1 = 1/(\omega_1^2 L_1) = 8{,}8\ \mu\text{F}$. Damit die Spannung der Frequenz f_3 gesperrt wird, muß sie zwischen den Klemmen A, B kurzgeschlossen werden; es muß dort also Reihenresonanz vorliegen. Da der aus C_1 und L_1 aufgebaute Parallelschwingkreis für $f_3 > f_1$ dann kapazitiv ist, also wie eine Kapazität C' wirkt, ist X für die erforderliche Reihenresonanz durch eine Induktivität L zu bilden. Mit dem aus der Parallelschaltung von L_1 und C_1 gebildeten kapazitivem Leitwert

$$\omega_3 C' = \omega_3 C_1 - \frac{1}{\omega_3 L_1} = \frac{\omega_3^2 L_1 C_1 - 1}{\omega_3 L_1}$$

werden der bei Reihenresonanz betragsmäßig gleich große induktive Widerstand

$$X = \omega_3 L = \frac{\omega_3 L_1}{\omega_3^2 L_1 C_1 - 1}$$

und die erforderliche Induktivität $L = \dfrac{L_1}{\omega_3^2 L_1 C_1 - 1} = 0{,}56\ \text{mH}$.

6.59. Die Bauelemente sind durch die Resonanzbedingung festgelegt. Für die obere Frequenz f_1 findet man $\omega_1 L_1 = 125{,}6\ \Omega = 1/(\omega_1 C_1)$, also $C_1 = 12{,}68\ \text{nF}$ und $\omega_1 L_2 = 100\ \Omega = 1/(\omega_1 C_2)$, also $C_2 = 15{,}9\ \text{nF}$. Bei der unteren Frequenz f_2 sind wirksam die Blindwiderstände $\omega_2 L_1 = 88\ \Omega$ und $-1/(\omega_2 C_1) = -180\ \Omega$ sowie $\omega_2 L_2 = 70\ \Omega$ und $-1/(\omega_2 C_2) = -100(100/70)\ \Omega = -143\ \Omega$. Daher hat der aus L_2 und C_2 gebildete Parallelschwingkreis für die untere Frequenz f_2 den komplexen Widerstand

$$\underline{Z}_a = \frac{j\omega_2 L_2(-j/\omega_2 C_2)}{j\omega L_2 - j/\omega_2 C_2} = j\,137\ \Omega$$

Im Resonanzfall muß sein $\underline{Y}_{ges} = -j(1/\omega_2 L_1) + j\omega_2 C_1 + \underline{Y}_b = 0$. Für die Reihenschaltung von C_3 mit dem Parallelschwingkreis gilt dann für den Leitwert $\underline{Y}_b = j(1/\omega_2 L_1) - j\omega_2 C_2 = j\,5{,}8\ \text{mS}$, den Widerstand $\underline{Z}_b = 1/\underline{Y}_b = -j\,172{,}2\ \Omega = (-j/\omega_2 C_3) + \underline{Z}_a = (-j/\omega_2 C_3) + j\,137\ \Omega$ und schließlich für die Kapazität $C_3 = 1/(2\pi \cdot 70\ \text{s}^{-1} \cdot 309{,}2\ \Omega) = 7{,}35\ \text{nF}$. Reihenresonanz ergibt sich für

$$\underline{Z}_b = \frac{j\omega L_2\left(-j\dfrac{1}{\omega C_2}\right)}{j\omega L_2 - j\dfrac{1}{\omega C_2}} - \frac{j}{\omega C_3} = 0$$

also für die Frequenz $f = 1/[2\pi\sqrt{(C_2 + C_3) L_2}] = 85\ \text{kHz}$.

Für die 50-Hz-Energieversorgung ist, da hier der kapazitive, parallelgeschaltete Widerstand sehr groß wird, praktisch nur der sehr geringe induktive Widerstand $X_{L1} = \omega L_1 = 62{,}8\ \text{m}\Omega$ wirksam.

6.60. Um die 3. Teilschwingung möglichst ungehindert dem Verbraucher R_a zuführen zu können, muß im unteren Zweig der zwischen den Klemmen A, B liegenden Schaltung Reihenresonanz für 3ω vorliegen. Hierzu muß die Parallelschaltung von L_2 und C_2 einen kapazitiven Blindwiderstand bilden. Aus der Resonanzbedingung für 3ω folgt über

$$3\omega L_1 + \frac{3\omega L_1(-1/3\omega C_2)}{3\omega L_1 - (1/3\omega C_2)} = 0 \quad \text{oder} \quad 9\omega^2 L_1^2 - 2\frac{L_1}{C_2} = 0$$

die Kapazität $C_2=2/(9\omega^2 L_1)=89$ nF. Um die Grundschwingung möglichst zu sperren, muß die Resonanzkreiskombination in Parallelresonanz für ω sein, also

$$\omega L_1+\frac{\omega L_1(-1/\omega C_2)}{\omega L_1-(1/\omega C_2)}-\frac{1}{\omega C_1}=0$$

Daher gilt für die Kapazität

$$C_1=\frac{L_1-(1/\omega^2 C_2)}{\omega^2 L_1^2-2(L_1/C_2)}=0{,}175\,\mu\text{F}$$

Bei Annahme gleicher Amplitude von Grund- und Oberschwingung ist der Anteil der Grundschwingung in der Verbraucherspannung U vom Verhältnis der auf dem Übertragungsweg wirksamen Widerstände abhängig. Die Resonanzkreiskombination hat für die Grundschwingung mit $L=1/(\omega^2 C_1)$ den Resonanz-Sperrkreis-Widerstand $R_p=1/(\omega^2 C_1^2 R_1)=32{,}7$ kΩ. Für die 3. Teilschwingung kann näherungsweise mit dem Widerstand R_1 des in Reihenresonanz befindlichen unteren Zweiges der Resonanzkreiskombination AB gerechnet werden, da der kapazitive Widerstand $X_{C1}=-1/(3\omega C_1)=-380\,\Omega$ des parallelliegenden Kondensators C_1 um eine Größenordnung höher liegt. Für die Spannung am Verbraucher gilt dann für die 3. Teilschwingung $U_{3\omega}=U_q R/(R_i+R_1+R)$ und für die Grundschwingung $U_{1\omega}=U_q R/(R_i+R_p+R)$. Somit erhält man für das Verhältnis von Grund- zu 3. Teilschwingung

$$\frac{U_{1\omega}}{U_{3\omega}}=\frac{R_i+R_1+R}{R_i+R_p+R}=0{,}0324$$

6.61. Die Resonanzfrequenz erhöht sich auf 650 kHz. Für die Schaltungselemente ergibt sich $L=0{,}4$ mH, $C=250$ pF.

6.62. Der Parallelschwingkreis ist aufzubauen mit $L=30{,}2\,\mu$H, $C=840$ pF, $R=6\,\Omega$.

6.63. Für $Q=72$ ist $R=8{,}2\,\Omega$; für $Q_r=32{,}8$ ist $R+R_r=18{,}0\,\Omega$, somit $R_r=9{,}8\,\Omega$. (Reihenwiderstände im Schwingkreis sind niederohmig.) $Q_p=25{,}6$ wird erreicht mit $R_p=23{,}5$ kΩ. (Zum Schwingkreis parallel liegende Widerstände sind hochohmig.)

6.64. Nach Berechnen von Wirk- und Blindkomponente des Schützwiderstands findet man aus der zugelassenen Änderung des Scheinwiderstands durch die Kapazität für sie $C=0{,}155\,\mu$F. Resonanz tritt auf bei $C_p=0{,}568\,\mu$F; an der Schützspule liegt dabei die Spannung $U_L=545$ V, und es fließt der Strom $I_L=97{,}2$ mA. Diese Werte führen zu einer unzulässig hohen Eisenerwärmung und zu einem Verbrennen der Spule.

6.65. Es gilt $d_b=d_a L_2/(L_1+L_2)$, also $x=L_2/(L_1+L_2)$. In beiden Fällen beträgt die Resonanzfrequenz $f_p=1/[2\pi\sqrt{(L_1+L_2)C}]$.

6.66. Der komplexe Widerstand ist

$$\underline{Z}=\frac{1}{\omega^2 C_0^2 R_2}-\mathrm{j}\frac{1}{\omega C_0}=\frac{L_2}{C_0 R_2}-\mathrm{j}\frac{1}{\omega C_0}$$

6.67. Aus der Reihenresonanzbedingung für $L_2 C_2$ bei $f=50$ Hz ergibt sich $L_2=1$ H; die Parallelresonanz der Gesamtordnung bei $f_S=175$ Hz liefert $L_1=0{,}76$ H.

6.68. Mit den Schaltungen A und C von Tafel **6.4** sind die geforderten Bedingungen zu erfüllen. Mit den Gleichungen für die Kennkreisfrequenzen findet man die erforderlichen Kennwerte der übrigen Zweipole, nämlich für Schaltung A: $L_1=0{,}5$ H, $L_2=2{,}625$ H, $C=9{,}52\,\mu$F oder $L_2=0{,}5$ H, $L_1=95{,}2$ mH, $C=50\,\mu$F und für die Schaltung C: $L_1=0{,}5$ H, $L_2=95{,}2$ mH, $C=42\,\mu$F oder $L_2=0{,}5$ H, $L_1=2{,}625$ H, $C=8\,\mu$F.

6.69. Eine analoge Betrachtung zu Beispiel 6.5 führt zu ähnlichen Zusammenhängen wie in Gl. (6.18) bis (6.20), wobei jeweils L und C gegeneinander ausgewechselt und die

Indizes D gegen A und B gegen C ausgetauscht sind. Gl. (6.24) und (6.25) ändern sich somit auch in

$$L_{1A} = L_{2C} \frac{L_{1C}}{L_{1C} + L_{2C}} \qquad C_A = C_C \left(\frac{L_{1C} + L_{2C}}{L_{1C}}\right)^2$$

Hier ist daher die Schaltung A günstiger.

6.70. Man findet (am einfachsten zunächst mit dem Blindleitwert) für den Amplitudengang des Blindwiderstands

$$X = \omega L_2 \frac{\omega^2 L_1 C_1 - 1}{(\omega^2 L_1 C_1 - 1)(\omega^2 L_2 C_2 - 1) + \omega^2 L_2 C_1}$$

dessen Verlauf in Bild **A** 19 dargestellt ist, und für die Kennkreisfrequenzen

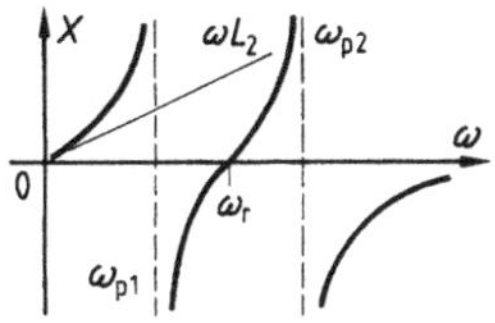

A 19 Amplitudengang für Beispiel 6.70

$$\omega_r = 1/\sqrt{L_1 C_1}$$

$$\omega_{p1,2}^2 = \frac{C_1(L_1 - L_2) + L_2 C_2 \pm \sqrt{C_1(L_1 - L_2) + L_2 C_2^2 - 4 L_1 C_1 L_2 C_2}}{2 L_1 C_1 L_2 C_2}$$

6.71. Man leitet zunächst ab

$$\frac{\underline{U}_a}{\underline{U}} = \frac{1 - \omega^2 LC}{2 - 3\omega^2 LC}$$

und findet hierfür bei

$$U_a/U_e = 0: \quad \omega = 1/\sqrt{LC}$$

$$U_a/U_e = 1: \quad \omega_1 = 1/\sqrt{2LC} \qquad \omega_2 = \frac{1}{2}\sqrt{\frac{3}{LC}}$$

6.72. Man findet $\omega_{p1} = 1/\sqrt{L_1 C_1} = 17{,}54 \cdot 10^{-3}\ \mathrm{s}^{-1}$, $\omega_{p2} = 1/\sqrt{L_2 C_2} = 91{,}3 \cdot 10^{-3}\ \mathrm{s}^{-1}$

$$\omega_r = \sqrt{\frac{L_1 + L_2}{L_1 L_2 (C_2 + C_1)}} = 39{,}5 \cdot 10^{-3}\ \mathrm{s}^{-1}$$

6.73. Es sind

$$C = \frac{L}{(2\pi f_p L)^2 + R_L^2} = 203\ \mathrm{pF} \quad \text{und} \quad G_C = \left(\frac{2\pi f_p}{Q} \cdot \frac{R_L}{L}\right) C = 8{,}69\ \mu\mathrm{S}$$

6.74. Der Frequenzgang des Leitwerts

$$\underline{Y} = \frac{1}{R_2 + \mathrm{j}\left(\omega L - \dfrac{1}{\omega C}\right)} + \frac{1}{R_1}$$

$$= \frac{\mathrm{j}\omega C}{1 + \mathrm{j}\omega C R_2 - \omega^2 LC} + \frac{1}{R_1}$$

folgt dem in Bild **A** 20 dargestellten Kreis.

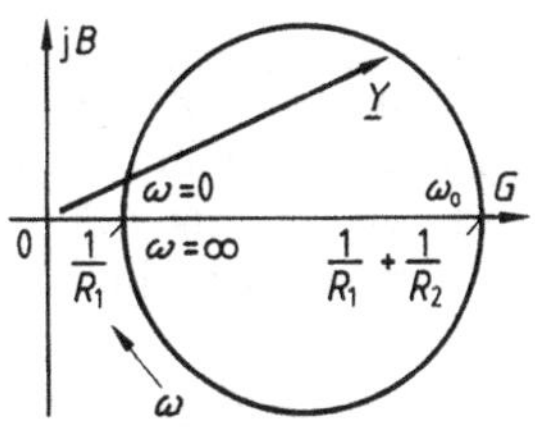

A 20 Frequenzgang zu Beispiel 6.74

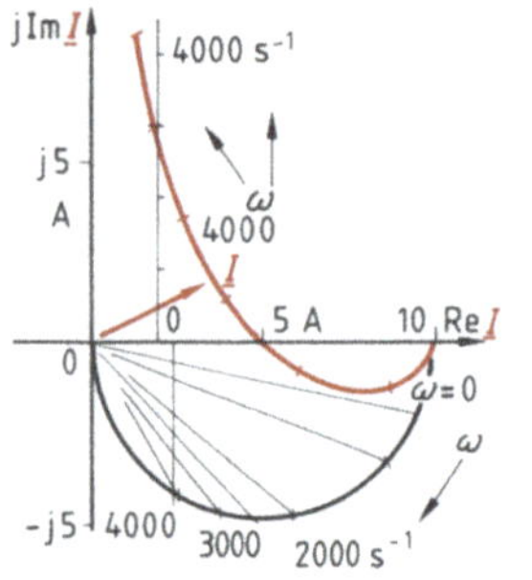

6.75. Nach Gl. (6.26) setzt sich die Ortskurve des Leitwerts $\underline{Y}$ aus einer Geraden parallel zur Imaginärachse und einem Halbkreis durch den Koordinaten-Nullpunkt zusammen. Gleiches gilt für den Strom $\underline{I}$, wie Bild **A** 21 zeigt.

A 21
Frequenzgang zu Beispiel 6.75

6.76. Man stellt zweckmäßig die Gleichung für den Gesamtleitwert auf, in der der Blindanteil für Resonanz Null werden muß. Aus dieser Bedingung erhält man die Resonanzfrequenz

$$f_p = \frac{1}{2\pi}\sqrt{\frac{L - C R_L^2}{C L (L - C R_C^2)}}$$

und für den Strom gilt

$$I_p = U G = U\left[\frac{R_L}{R_L^2 + (\omega L)^2} + \frac{R_C}{R_C^2 + (1/\omega C)^2}\right]$$

6.77. Bei der zu erwartenden Resonanzfrequenz gilt $R_L \ll \omega_p L$. Daher sind die Resonanzfrequenz $f_p = 1/(2\pi\sqrt{LC}) = 1{,}186$ MHz und der Resonanzstrom $I_p = U R_L C/L = 0{,}4$ mA.

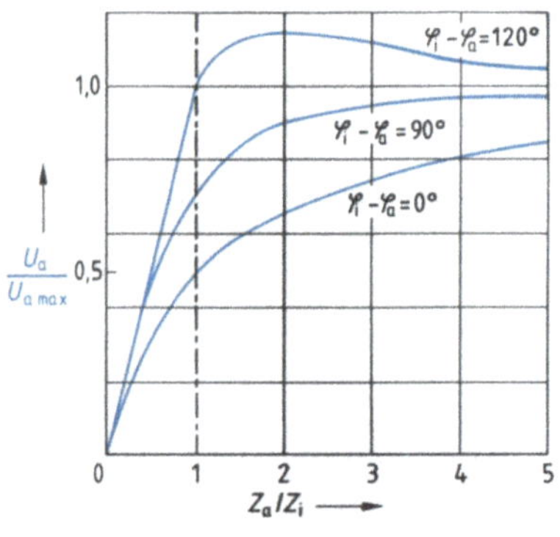

6.78. Die Spannungsteilerregel ergibt mit $U_{a\,max} = U_q$ das Spannungsverhältnis

$$\frac{U_a}{U_{a\,max}} = \left|\frac{\underline{Z}_a}{\underline{Z}_i + \underline{Z}_a}\right| = \frac{1}{|1 + (Z_i/Z_a)\ \underline{/\varphi_i - \varphi_a}|}$$

das in Bild **A** 22 dargestellt ist. Die Verbraucherspannung kann also größer als die Quellenspannung U_q werden.

A 22
Spannungsverhältnis $U_a/U_{a\,max} = f(Z_a/Z_i)$ mit dem Parameter $(\varphi_i - \varphi_a)$ für Beispiel 6.78

6.79. Für die verlangte Anpassung muß der Generator mit dem komplexen Verbraucherwiderstand $\underline{Z}_a = \underline{Z}_i^* = (1{,}5 + \mathrm{j}\,1{,}98)\,\Omega$ (also einer Reihenschaltung von Wirkwiderstand $R = 1{,}5\ \Omega$ und Induktivität $L = 7{,}92\ \mu$H) zusammengeschaltet werden.

6.80. Mit $R_i = 500{,}6\ \Omega$ ist die verfügbare Leistung $P_{a\,max} = U_q^2/(4 R_i) = 0{,}4994 \cdot 10^{-3}\, U_q^2$. Entnommen wird die Leistung

$$P_a = R_a I_a^2 = \frac{R_a U_q^2}{|\underline{Z}_i + \underline{Z}_a|^2} = 0{,}4015 \cdot 10^{-3}\, U_q^2$$

Also ist $P_a/P_{a\,max} = 0{,}804$.

6.81. Man findet $R_1 = R_3 C_4 / C_2 = 600\,\Omega$ und $C_1 = C_2 R_4 / R_3 = 12$ nF. Die Schaltung ist am empfindlichsten bei Leistungsanpassung. Für die Klemmen *a* und *b* ist daher eine Ersatzquelle zu berechnen. Es gilt dann die Ersatzschaltung von Bild **A** 23, für die wegen $1/(\omega C_1) \gg R_3$ und $1/[\omega (C_2 + C_4)] \gg R_4$ der Widerstand $R_{iE} \approx R_3 + R_4 = 390\,\Omega = R_a$ angegeben werden kann.

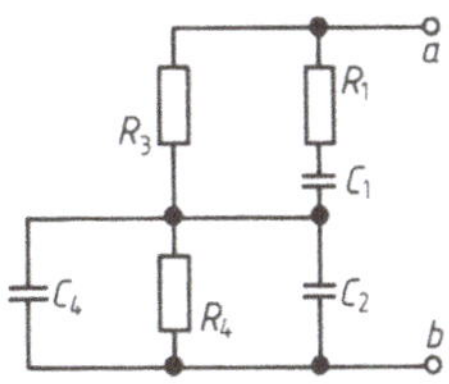

A 23
Ersatzschaltung für Beispiel 6.81

6.82. Anwendbar ist eine Schaltung nach Bild **6.**21a mit $L_1 = 4{,}01$ H und $C_2 = 0{,}267\,\mu$F oder $C_1 = 0{,}249\,\mu$F und $L_2 = 3{,}74$ H, wobei die 2. Lösung wirtschaftlicher ist.

6.83. Es wird bei der verfügbaren Leistung $P_{a\,max} = 1{,}125$ W nur $P_a = 0{,}497$ W umgesetzt. Am Verbraucher treten auf $\underline{U}_a = 2{,}23\,\text{V}\,\angle -68{,}2°$, $\underline{I}_R = 0{,}223\,\text{A}\,\angle -68{,}2°$ und $\underline{I}_X = 0{,}1113\,\text{A}\,\angle 21{,}8°$.

6.84. Das Transformationszweitor nach Bild **6.**21b muß die Blindwiderstände $X_1 = -497{,}5\,\Omega$ und $X_2 = 502{,}5\,\Omega$ enthalten. Die Verbraucherleistung beträgt $P_a = 0{,}28$ mW.

6.85. Es sind $\underline{Z}_a = 361\,\Omega\,\angle -26{,}3° = 323\,\Omega - \text{j}\,160\,\Omega$, $P_a = 23{,}4$ W, $\underline{U}_a = 97\,\text{V}\,\angle -13°$, $P_{a1\,max} = 14{,}43$ W, $P_{a2\,max} = 10{,}67$ W, $\underline{U}_{i1} = 53{,}8\,\text{V}\,\angle -16{,}7°$, $\underline{U}_{i2} = 80{,}7\,\text{V}\,\angle 73{,}3°$.

6.86. Man wandelt die Schaltung aus den Wirkwiderständen R_1 und R_2 sowie die Induktivität L in eine Ersatzspannungsquelle mit der Quellenspannung $U_{qE} = 194{,}4$ V und dem Innenwiderstand $\underline{Z}_{iE} = 101\,\Omega + \text{j}\,41{,}1\,\Omega$ um, so daß für Anpassung der äußere Wirkwiderstand $R_a = 101\,\Omega$ und die Kapazität $C_a = 3{,}23\,\mu$F verwirklicht werden müssen.

6.87. Mit der Abklingkonstanten $\delta = R/(2L) = 0{,}8333\,\mu\text{s}^{-1}$ und der Kennkreisfrequenz $\omega_0 = 1/\sqrt{LC} = 3{,}086\,\mu\text{s}^{-1}$ beträgt die Eigenkreisfrequenz $\omega_d = \sqrt{\omega_0^2 - \delta^2} = 2{,}971\,\mu\text{s}^{-1}$.

6.88. Nach Gl. (6.5) gilt für das Kapazitätsverhältnis $C_2/C_1 = (f_{01}/f_{02})^2 = 0{,}1276$.

6.89. Man kann entweder mit einer Tabelle oder einem (kleinen) Taschenrechnerprogramm über den Scheinwiderstand

$$Z = \sqrt{R^2 + [\omega L - (1/\omega C)]^2}$$

die Größen $I = U/Z$, $U_L = \omega L I$, $U_C = I/(\omega C)$ und $\varphi = \arctan R/[\omega L - (1/\omega C)]$ bestimmen. Ihr Verlauf ist in Bild **A** 24 dargestellt. Für Resonanz sind $f_\rho = 1/(2\pi\sqrt{LC}) = 64{,}97$ Hz, $I_\rho = U/R = 8$ A, $U_{L\rho} = \omega_\rho L I_\rho = 653{,}2\,\text{V} = U_{C\rho} = I_\rho/(\omega_\rho C)$.

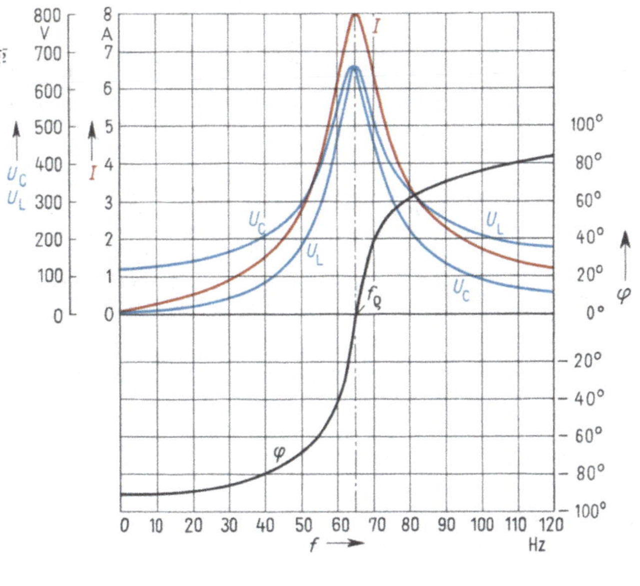

A 24
Verlauf von Strom I, Spannungen U_L, U_C und Phasenwinkel φ abhängig von der Frequenz f für Beispiel 6.89

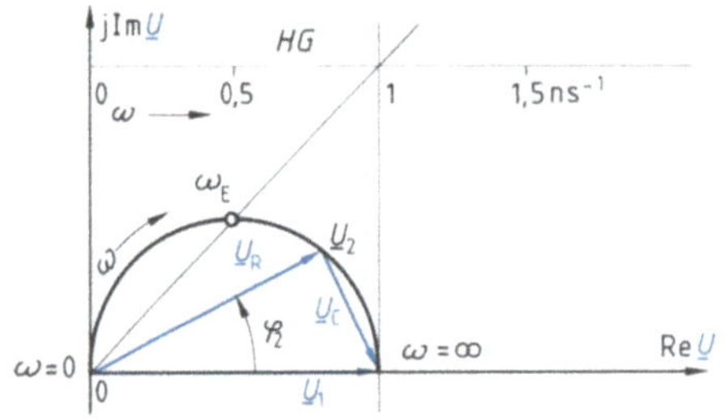

6.90. Wegen des Leerlaufs ist $\underline{U}_2=\underline{U}_R$, und es liegt nur noch eine einfache RC-Schaltung mit der Eckkreisfrequenz $\omega_E=1/(RC)=1\ \mathrm{ns}^{-1}$ und der Ortskurve von Bild **A** 25 vor.

A 25
Ortskurve des Frequenzgangs mit Parametrierungsgerade *HG* für Beispiel 6.90

6.91. Das Anwenden der in Abschn. 2 und 3 behandelten Verfahren (z. B. Spannungsteilerregel oder Maschenstromverfahren) liefert die Übertragungsfunktionen

a): $$\underline{F}(s)=\frac{1+CR_2s}{1+C(R_1+R_2)s}=\frac{1+T_2s}{1+T_{12}s} \qquad (\text{A }3)$$

b): $$\underline{F}(s)=\frac{RC}{1+3RCs}=\frac{K_D}{1+Ts} \qquad (\text{A }4)$$

c): $$\underline{F}(s)=\frac{1+3RCs}{2+5RCs+R^2C^2s^2}=K_P\frac{1+T_1s}{(1+T_2s)(1+T_3s)} \qquad (\text{A }5)$$

mit $K_P=0{,}5$, $T_2=0{,}2192\,RC$, $T_3=2{,}281\,RC$

d): $$\underline{F}(s)=\frac{1+RCs+R^2C^2s^2}{1+3RCs+R_2^2C^2s^2}=\frac{1+2\dfrac{\vartheta}{\omega_0}s+\dfrac{s}{\omega_0^2}}{(1+T_1s)(1+T_2s)} \qquad (\text{A }6)$$

mit $\omega_0=1/(RC)$, $\vartheta=0{,}5$, $T_1=0{,}382\,RC$, $T_2=2{,}618\,RC$

e): $$\underline{F}(s)=\frac{mn}{m(n+1)}\cdot\frac{1+(L/R)s}{1+\dfrac{n(m+1)}{m(n+1)}\cdot\dfrac{L}{R}s}=K_P\frac{1+T_1s}{1+T_2s} \qquad (\text{A }7)$$

f): $$\underline{F}(s)=\frac{1}{1+(1+n+nm)RCs+nmR^2C^2s^2}=\frac{1}{(1+T_1s)(1+T_2s)} \qquad (\text{A }8)$$

mit $T_{1,2}=RC\left(\dfrac{1+n+nm}{2}\pm\sqrt{\dfrac{1+n(2+n+2m+2m^2-nm^2)}{2}}\right)$

g): $$\underline{F}(s)=\frac{1}{1+m}\cdot\frac{1}{1+\dfrac{mRC+(L/R)}{1+m}s+\dfrac{CL}{1+m}s^2}=\frac{K_P}{1+2\dfrac{\vartheta}{\omega_0}s+\dfrac{s^2}{\omega_0^2}} \qquad (\text{A }9)$$

mit $K_P=1/(1+m)$, $\omega_0=\sqrt{(1+m)/(CL)}$, $\vartheta=\dfrac{1}{2}\cdot\dfrac{mRC+(L/R)}{\sqrt{LC(1+m)}}$

h): $$\underline{F}(s)=\frac{LCs^2}{1+m}\cdot\frac{1}{1+\dfrac{mRC+(L/R)}{1+m}s+\dfrac{LC}{1+m}s^2}=\frac{K_Ds^2}{1+2\dfrac{\vartheta}{\omega_0}s+\dfrac{s^2}{\omega_0^2}} \qquad (\text{A }10)$$

mit $K_D=LC/(1+m)$ und ω_0 und ϑ wie bei g)

i): $$\underline{F}(s)=\frac{1}{1+m}\cdot\frac{1+RCs}{1+\dfrac{1+n}{1+m}\cdot\dfrac{L}{R}s}=K_P\frac{1+T_1s}{1+T_2s} \qquad (\text{A }11)$$

j): $$\underline{F}(s)=\frac{n}{1+n}\cdot\frac{1+RCs}{1+n(1+m)RCs}=K_P\frac{1+T_1s}{1+T_2s} \qquad \text{(A 12)}$$

k): $$\underline{F}(s)=\frac{n}{1+n}\cdot\frac{1+RCs}{1+\frac{n}{1+n}RCs+\frac{nLC}{1+n}s^2}=K_P\frac{1+T_1s}{1+2\frac{\vartheta}{\omega_0}s+\frac{s^2}{\omega_0^2}} \qquad \text{(A 13)}$$

mit $\omega_0=\sqrt{(1+n)/(nLC)}$ und $\vartheta=\frac{RC}{2}\sqrt{\frac{n}{(1+n)LC}}$

l): $$\underline{F}(s)=\frac{1+(1+nm)LCs^2+nmLCs^4}{1+1+n(1+m)LCs^2+nmLCs^4} \qquad \text{(A 14)}$$

mit den Eigenkreisfrequenzen

$$\omega_{01,2}=\frac{1}{\sqrt{2nmLC}}\cdot\sqrt{1+m(1+n)\pm\sqrt{1+m^2(1+n^2)+2m(1-n+nm)}}$$

m): $$\underline{F}(s)=C_1R_gs=K_Ds \qquad \text{(A 15)}$$

n): $$\underline{F}(s)=\frac{1}{C_gR_1s}(1+C_gR_gs)=\frac{K_I}{s}(1+Ts) \qquad \text{(A 16)}$$

o): $$\underline{F}(s)=\frac{R_g}{R_{11}+R_{12}}\cdot\frac{1+C_1R_{11}s}{1+\frac{C_1R_{11}R_{12}}{R_{11}+R_{12}}s}=K_P\frac{1+T_1s}{1+T_{12}s} \qquad \text{(A 17)}$$

p): $$\underline{F}(s)=\frac{R_g/R_1}{\left(1+\frac{L_1}{R_1}s\right)(1+C_gR_gs)}=\frac{K_P}{(1+T_1s)(1+T_2s)} \qquad \text{(A 18)}$$

6.92. Die Ortskurven sind in Bild **A** 26 dargestellt.

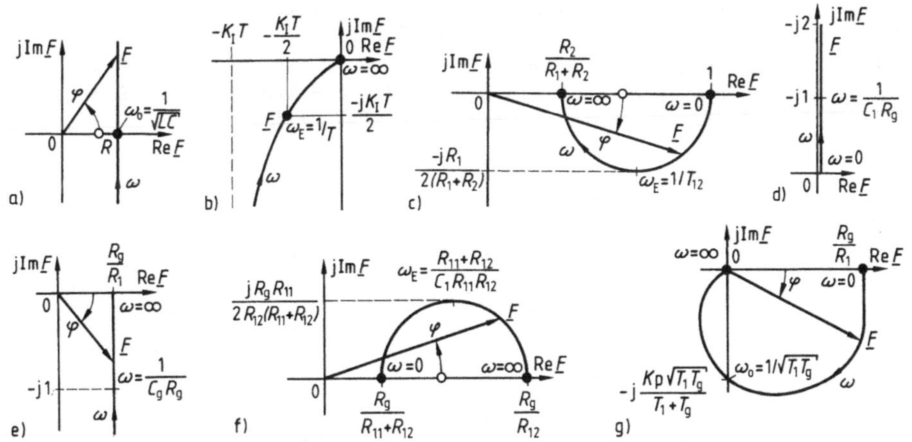

A 26 Ortskurven des Frequenzgangs für Beispiel 6.92 und die Schaltungen in Bild **6.**30 (a), **6.**32 (b), **6.**109a (c), **6.**109m (d), **6.**109n (e), **6.**109o (f), **6.**109p (g)

6.93. Die Bodediagramme findet man in Bild **A** 27.

6.94. Es sind $T=10{,}1$ ms, $\vartheta=2{,}2(>1)$, also $T_1=42$ ms, $T_2=2{,}42$ ms, $T_{12}=8$ ms sowie $\omega_{E1}=23{,}8\ \mathrm{s}^{-1}$, $\omega_{E2}=414\ \mathrm{s}^{-1}$, $\omega_{E12}=125\ \mathrm{s}^{-1}$. Wegen $K_I=358\cdot10^3\ \mathrm{s}^{-1}\,\Omega$ ist $\omega_D=$

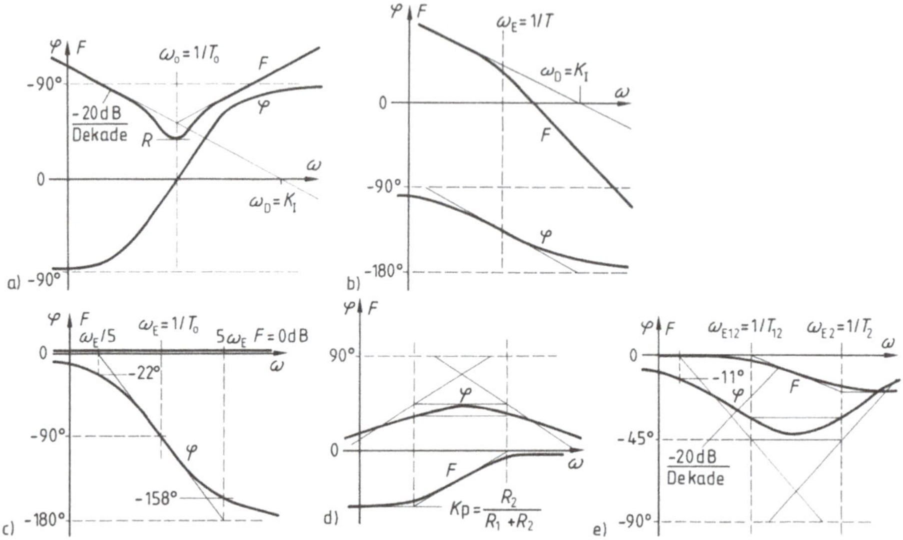

A 27 Bodediagramme für Beispiel 6.93 und die Schaltungen in Bild **6.**30 (a), **6.**32 (b), **6.**45 (c), **6.**61 a (d), **6.**109 a (e)

$3{,}58 \cdot 10^5\ s^{-1}$ für das PI-Glied nur schlecht darstellbar. Daher rechnet man zweckmäßig die Amplitude $F_{E1} = K_I/\omega_{E1} = 358 \cdot 10^3\ s^{-1}\,\Omega/(23{,}8\ s^{-1}) = 15\ k\Omega = 83{,}5$ dB für die Eckkreisfrequenz ω_{E1} aus und beginnt hier mit der Asymptotenkonstruktion des Amplitudengangs entsprechend Bild **A** 28.

6.95. In der Schaltung von Bild **6.**110b bleibt $R_3 = R_1 = 5\ k\Omega$, und es werden $C_3 = 1/[(1/C_1) + (1/C_2)] = 3{,}333$ nF, $C_4 = C_3 R_2/R_1 = 20$ nF, $R_4 = R_2(C_3/C_2)^2 = 13{,}33\ k\Omega$. In der Schaltung von Bild **6.**110c sind dagegen $C_5 = C_1 = 10$ nF, $R_5 = R_1 + R_2 = 35\ k\Omega$, $R_6 = R_5 R_1/R_2 = 5{,}833\ k\Omega$, $C_6 = C_2(R_2/R_5)^2 = 3{,}673$ nF.

6.96. Die allgemeinen Gleichungen lauten $L_3 = L_1$, $C_3 = C_1 + C_2$, $C_4 = C_1^2/C_3$, $L_4 = L_2(C_3/C_1)^2$ und $C_5 = C_3 = C_1 + C_2$, $L_5 = L_3 + L_4 = L_1 + L_2(C_1 + C_2)/C_1$, $L_6 = L_5(C_4/C_3) = (L_3 + L_4)(C_1^2/C_3^2)$, $C_6 = C_4(L_5/L_3)^2 = (C_1^2/C_3) + (C_3 L_2/L_1)$.

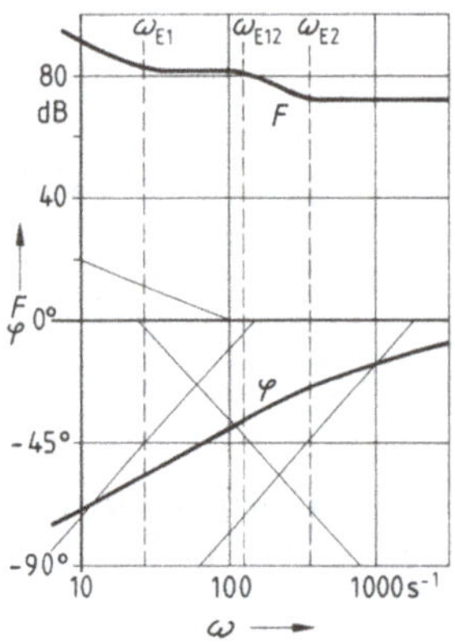

A 28 Bodediagramm zu Beispiel 6.94

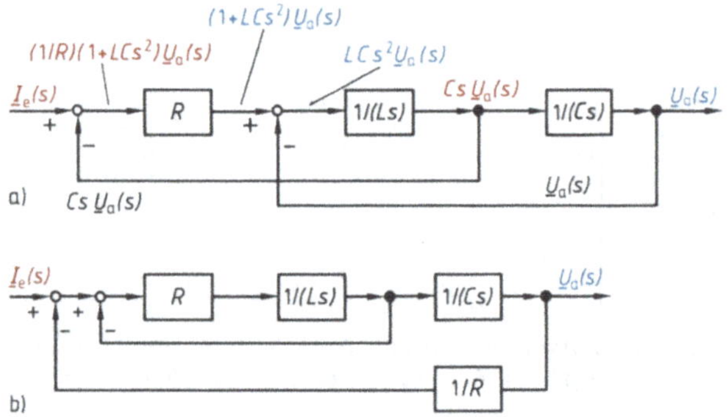

A 29 Signalflußplan für Beispiel 6.97 mit eingetragenen Bildgrößen (a) sowie nach Umformung (b)

6.97. Die Übertragungsfunktion

$$\underline{F}(s) = \frac{\underline{U}_a(s)}{\underline{I}_e(s)} = \frac{R}{1 + R\,C\,s + L\,C\,s^2} = \frac{K_P}{1 + 2\dfrac{\vartheta}{\omega_0} + \dfrac{s^2}{\omega_0^2}}$$

kann entweder mit der in Abschn. 6.2.3.5 erläuterten Rückbenennung aus Bild **A** 29a mit $\underline{I}_e(s) = [(1/R)(1 + L\,C\,s^2) + C\,s\,\underline{U}_a(s)$ abgelesen oder nach der Umformung des Signalflußplans in Bild **6.**112 entsprechend Abschn. 6.2.3.2 in den Plan von Bild **A** 29b über Gl. (6.121) gefunden werden.

Abschn. 7.6

7.43. Der Lichtblitz-Kondensator muß die Kapazität $C = 12{,}5\ \mu\text{F}$ haben. Das Blitzgerät setzt kurzzeitig die elektrische Leistung $P = 4$ MW um.

7.44. Wegen $\delta = R/(2L) = 42{,}43\ \text{s}^{-1} \ll \omega_0 = 1/\sqrt{LC} = 6{,}745\ \text{ms}^{-1}$ ist $f = \omega_0/(2\pi) = 1074$ Hz. Der größte Scheitelwert des Ausgleichstroms ist $\hat{i} = \omega_0 C \hat{u} = 4{,}848$ kA. Bei $f_1 = 50$ Hz sind $X_{L1} = \omega_1 L = 3{,}142$ mH und $X_{C1} = -1/(\omega_1 C) = -1{,}447\ \Omega$. Der Leitungswiderstand ist daher vernachlässigbar gering, und man findet mit $\hat{i}_1 = -\sqrt{2}\,U/X_{C1} = 225{,}8$ A das Stromverhältnis $\hat{i}/\hat{i}_1 = 21{,}47$.

7.45. Der Ausgleichsstrom zwischen den Kondensatoren hat die Frequenz $f_z = 4800$ Hz und die Amplitude $\hat{i}_z = 10{,}8$ kA.

7.46. Nach Bild **7.**74b ist $f_0 = 20{,}6$ kHz, also $\omega_0 = 129{,}4\ \text{ms}^{-1}$ sowie $\delta = 4{,}61\ \text{ms}^{-1}$. Hiermit wäre der Scheitelwert des ungedämpften Entladestroms $\hat{i} = 529$ mA; daher sind Kennwiderstand $Z_0 = 236\ \Omega$, Induktivität $L = 1{,}83$ mH, Wirkwiderstand $R = 16{,}8\ \Omega$ und Kapazität $C = 32{,}9$ nF.

7.47. Nach Anlegen der Spannung U stellt die Kapazität C zunächst einen Kurzschluß dar, so daß der Schalter S an der vollen Spannung U liegt und schließt. Der Kondensator wird, wie in Bild **A** 30 dargestellt, aufgeladen, bis die Löschspannung U_{SL} unterschritten wird. Für $R \gg R_{VW}$ bestimmt die Zeitkonstante $T_1 = R_{VW} C = 10$ ms die Aufladung. Für die Schalterspannung gilt $u_S = U \exp(-t/T_1)$, so daß zur Zeit $t_1 = T_1 \ln(U/U_{SL}) = 105\ \mu\text{s}$ das Laden unterbrochen wird. Anschließend entlädt sich die Kapazität mit der Zeitkonstanten $T_2 = R\,C = 100$ ms bei der Kondensatorspannung

$$u_C = (U - U_{SL})\,\text{e}^{-(t - t_1)/T_2}$$

Gleichzeitig wächst die Schalterspannung u_S bis zur Zündspannung U_{SZ}. Das Entladen erfordert die Zeit $t_2 = t_2 \ln[(U - U_{SL})/(u - U_{SZ})] = 21{,}5$ ms. Dann beginnt erneut ein Ladevorgang während der Zeit $t_3 = T_1 \ln(U_{SZ}/U_{SL}) = 31\ \mu\text{s}$. Daher beträgt die Kippfrequenz $f_K = 1/(t_2 + t_3) = 46{,}6$ kHz. Um die Vorgänge besser erkennen zu können, wurde in Bild **A** 30 bei der Zeit t auf eine maßstäbliche Darstellung verzichtet.

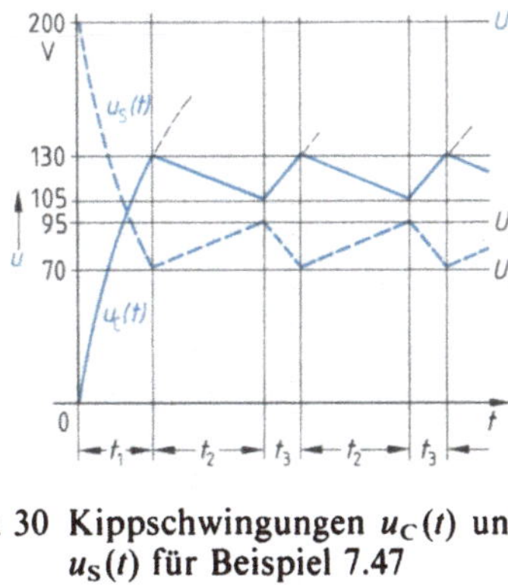

A 30 Kippschwingungen $u_C(t)$ und $u_S(t)$ für Beispiel 7.47

7.48. Bei geschlossenem Schalter S ist der Strom $I = U/R_{VW} = 4$ A. Die in der Induktivität gespeicherte Energie $L\,I^2/2$ verursacht nach dem Öffnen des Schalters S eine freie ungedämpfte Schwingung mit dem Spannungsverlauf u_S nach Bild **A** 31 und dem Scheitelwert $\hat{u}_C = u_{S\,max} - U = 1000$ V. Daher muß die Kapazität $C = L\,I^2/\hat{u}_C^2 = 1{,}6\ \mu\text{F}$ betragen.

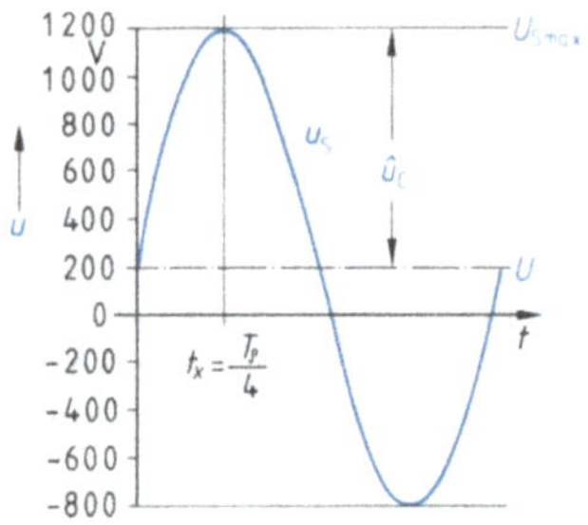

A 31 Spannungsverlauf $u_S = f(t)$ für Beispiel 7.48

Mit der Resonanzfrequenz $f_0 = 1/(2\pi\sqrt{LC})$ tritt nach Bild **A** 31 der Spannungshöchstwert zur Zeit $t_x = T_0/4 = 1/(4f_0) = \pi\sqrt{LC}/2 = 628$ µs auf.

7.49. Nach Abschn. 7.3.3.1 muß $e^{-t/T} = 0{,}5$ bei $T/2$, also $T = 6{,}931$ ms, also auch $R = L/T = 72{,}13\ \Omega$ eingehalten sein. Der Überstrom beträgt $i_{max} = 1{,}5\hat{u}/\sqrt{R^2 + (\omega L)^2} = 2{,}7$ A; er tritt bei dem Schaltwinkel $\alpha = \arctan(\omega L/R) = 65{,}34°$ auf.

7.50. Beim Einschalten wirkt der Kondensator als Kurzschluß für die beiden rechten Widerstände R_1. Das restliche Widerstandsnetzwerk belastet die Stromquelle mit dem Strom $i_0 = 80$ mA. Bei aufgeladenem, als offener Schalter wirkendem Kondensator wird $i_\infty = 60$ mA. Aus Symmetriegründen ist in beiden Fällen der mittlere, waagerecht angeordnete Widerstand R_1 unwirksam. Mit der Zeitkonstanten $T = R_1 C = 10$ ms hat der Kondensator die halbe Ladung nach der Zeit $t = T\ln(U_C/U_e) = 6{,}931$ ms bei der Kondensatorspannung $u_C = 20$ V. Mit dem Widerstand $R_2 = \infty$ wird die Zeitkonstante $T = 17{,}14$ ms.

7.51. Vor dem Eintreten des Kurzschlusses gilt für die Ströme $i = U/(R + R_{VW}) = 2\ \text{A} = i_g$, $i_S = 0$ sowie die Spannungen $u_L = 0$, $u_R = iR = 20$ V, $u_{VW} = 80$ V, $u_{AB} = 20$ V. Beim Schließen des Schalters beginnt der Ausgleichsvorgang mit der Zeitkonstanten $T = L/R = 0{,}1$ s. Die Spannung u_R fällt nach Bild **A** 32 proportional dem Stromverlauf auf Null; die entgegengesetzte gleichgroße Spannung u_L entspricht der Bedingung $u_{AB} = u_L + u_R = 0$. Die Spannung u_{VW} springt auf U.

7.52. Am Ende der Umladung ist die Spannung an beiden Kapazitäten $U'_1 = U'_2 = U' = (CU_1 + CU_2)/(C_1 + C_2) = 5{,}86$ kV gleich groß. Das Umladen ist praktisch beendet nach der Zeit $t = 5T = 5R/[(1/C_1) + (1/C_2)] = 8{,}6$ ms. Es wird die Energie $W = (C_1 U_1^2/2) + (C_2 U_2^2/2) - (C_1 + C_2)U'^2/2 = 1{,}2$ kWs umgesetzt.

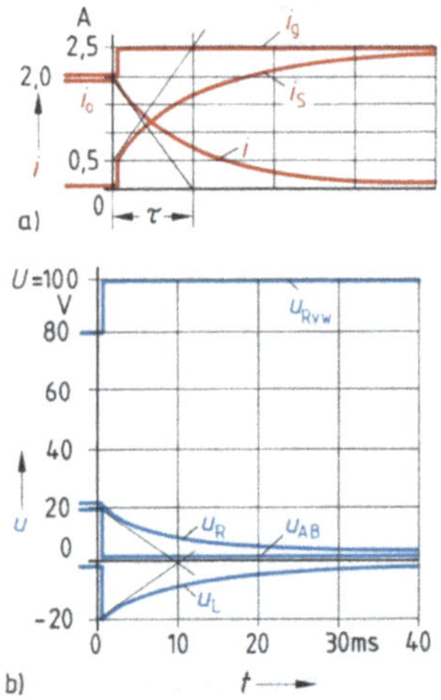

A 32 Spannung $u(t)$ und Strom $i(t)$ für Beispiel 7.51

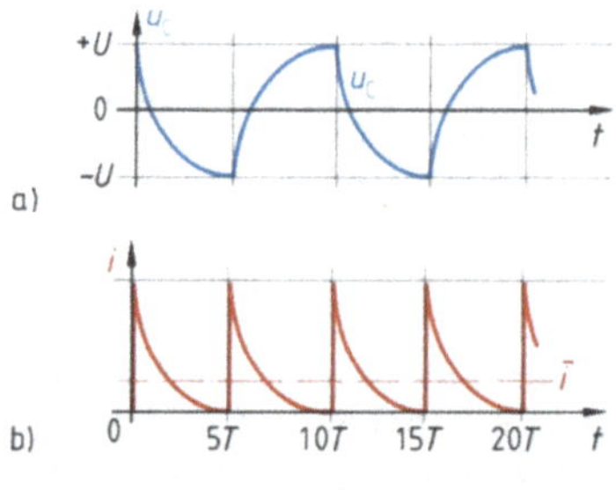

A 33 Spannung $u_C(t)$ (a) und Strom $i(t)$ (b) bei periodischer Kondensatorumladung nach Beispiel 7.53

7.53. Wirkwiderstand $R = 2$ kΩ und Kapazität $C = 10$ µF sind durch die beiden Ansätze für die Zeitkonstante T und den linearen Mittelwert über $5T$ (Beendigung des Ausgleichsvorgangs) verknüpft. Die Kondensatorspannung u_C schwankt nach Bild **A** 33 periodisch zwischen $+U$ und $-U$ nach Entlade- und Ladekennlinien; durch periodisches Umschalten des Meßgerätekreises treten dort ausschließlich Entladungsvorgänge auf.

7.54. Die Netzwerke in Bild 7.81 haben mit $\omega_d = \omega_0\sqrt{1-\vartheta^2}$, $\delta = \vartheta\omega_0$ und $\Theta = \arcsin\vartheta$ die Übergangsfunktionen

a) $$h(t) = K_D \frac{\omega_0^3}{\omega_d} e^{-\delta t} \cos(\omega_d t + \Theta) \tag{A 19}$$

mit $K_D = LC$, $\omega_0 = \sqrt{R_2/(R_1 LC)}$, $\vartheta = \frac{1}{2}\sqrt{\frac{R_2}{R_1 LC}}\left(R_1 C + 2\frac{L}{R_2}\right)$

b) $$h(t) = K_D \frac{\omega_0^2}{\omega_d} e^{-\delta t}[T\omega_d \cos(\omega_d t) + (1-\vartheta)\sin(\omega_d t)] \tag{A 20}$$

mit $K_D = R_2 C$, $T = L/R_2$, $\omega_0 = 1/\sqrt{LC}$, $\vartheta = \frac{1}{2}(R_1 + R_2)\sqrt{C/L}$.

c) wie Gl. (A 20), jedoch mit $K_D = L/R_1$, $T = R_1 C$, $\vartheta = \frac{1}{2}\left(\frac{1}{R_1} + \frac{1}{R_2}\right)\sqrt{\frac{L}{C}}$

d) $$h(t) = K_P\left\{1 - e^{-\delta t}\left[(1 + T_1 T_2 \omega_0^2)\cos(\omega_d t) + \frac{\omega_0}{\omega_d}\left(\vartheta[1 - T_1 T_2 \omega_0^2] + \omega_0[T_1 + T_2]\sin(\omega_d t)\right)\right]\right\} \tag{A 21}$$

mit $K_P = R_2/(R_1 + R_2)$, $T_1 = R_1 C$, $T_2 = L/R_2$, $\omega_0 = \sqrt{(R_1 + R_2)/(R_1 LC)}$ und $\vartheta = \frac{1}{2}(L + R_1 R_2 C)/\sqrt{(R_1 + R_2)R_1 LC}$.

7.55. Man findet die Sprungantworten

a) $$u_{a\,\sqcap}(t) = \frac{U_e}{R_1 C\omega_d} e^{-\delta t}\sin(\omega_d t) \tag{A 22}$$

$$i_{\sqcap}(t) = \frac{U_e}{R_1}\left[1 - \frac{1}{R_1 C\omega_d} e^{-\delta t}\sin(\omega_d t)\right] \tag{A 23}$$

mit $\delta = \frac{1}{2C}\left(\frac{1}{R_1} + \frac{1}{R_2}\right)$ und $\omega_0 = 1/\sqrt{LC}$

b) $$u_{a\,\sqcap}(t) = U_e e^{-\delta t}\left[\cos(\omega_d t) - \frac{\delta}{\omega_d}\sin(\omega_d t)\right] \tag{A 24}$$

$$i_{\sqcap}(t) = \frac{U_e C\omega_0^2}{\omega_d} e^{-\delta t}[T\omega_d\cos(\omega_d t) + (1 - T\delta)\sin(\omega_d t)] \tag{A 25}$$

mit $\delta = \frac{1}{2}\left(\frac{R_1}{L} + \frac{1}{CR_2}\right)$, $\omega_0 = \sqrt{\frac{1 + (R_1/R_2)}{LC}}$, $T = \frac{L}{R_1 + R_2}$

c) $$u_{a\,\sqcap}(t) = U_e\left\{1 - e^{-\delta t}\left[\cos(\omega_d t) + \frac{\delta}{\omega_d}\sin(\omega_d t)\right]\right\} \tag{A 26}$$

$$i_{\sqcap}(t) = \frac{U_e R_1}{\omega_d L(R_1 + R_2)} e^{-\delta t}\sin(\omega_d t) \tag{A 27}$$

mit $\delta = \frac{1}{2(R_1 + R_2)}\left(\frac{R_1 R_2}{L} + \frac{1}{C}\right)$, $\omega_0 = \sqrt{\frac{R_1}{LC(R_1 + R_2)}}$

7.56. Bild **A** 34 zeigt die gesuchten Verläufe

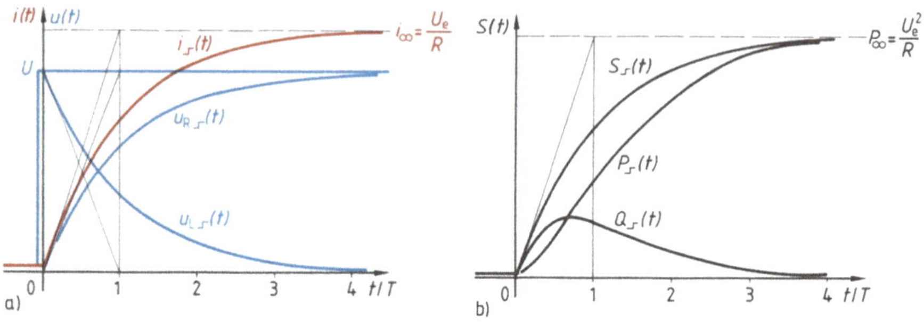

A 34 Sprungantworten zu Beispiel 7.57 für die Schaltung in Bild **7**.83

2 Ergänzende Bücher

[1] AEG-Hilfsbuch 1, Grundlagen der Elektrotechnik. 2. Aufl. Berlin 1976
[2] Alt, H.: Anwendung programmierbarer Taschenrechner. Band 2. Allgemeine Elektrotechnik, Nachrichtentechnik für UPN-Rechner. Wiesbaden 1980
[3] Ameling, W.: Grundlagen der Elektrotechnik. 2 Bde. Wiesbaden 1974
[4] -: Laplace-Transformation. Wiesbaden 1975
[5] Benzinger, H.; Weyh, U.: Die Grundlagen der Gleichstromlehre. München 1972
[6] Becker, J.; Dreyer, H.-J.; Haacke, W.; Nabert, R.: Numerische Mathematik für Ingenieure. Stuttgart 1977
[7] Bosse, G.: Grundlagen der Elektrotechnik. 4 Bde. Mannheim 1966-1978
[8] Brauch, W.; Dreyer, H.-J.; Haacke, W.: Mathematik für Ingenieure des Maschinenbaus und der Elektrotechnik. 6. Aufl. Stuttgart 1981
[9] Brüderlink, R.: Laplace-Transformation und elektrische Ausgleichsvorgänge. 2. Aufl. Karlsruhe 1964
[10] Cauer, W.: Theorie der linearen Wechselstromschaltungen. Berlin 1960
[11] Clausert, H.; Wiesemann, G.: Grundgebiete der Elektrotechnik. 2 Bde. Stuttgart 1978 u. 1979
[12] Deutscher Normenausschuß: Schaltzeichen und Schaltpläne für die Elektrotechnik. DIN-Taschenbuch Band 7. Berlin-Köln 1979
[13] Dobrinski, P.; Krakau, G.; Vogel, A.: Physik für Ingenieure. 5. Aufl. Stuttgart 1980
[14] Doetsch, G.: Anleitung zum praktischen Gebrauch der Laplace-Transformation und der Z-Transformation. 3. Aufl. München 1967
[15] Ebinger, A.: Komplexe Rechnung. 2. Aufl. Berlin 1978
[16] Edminister, J. A.: Elektrische Netzwerke. Düsseldorf 1976
[17] Feldtkeller, R.: Einführung in die Vierpoltheorie der elektrischen Nachrichtentechnik. 8. Aufl. Stuttgart 1962
[18] Fetzer, A.; Fränkel, H.: Mathematik. 3 Bde. Hannover 1977-1979
[19] Fetzer, V.: Einschwingvorgänge in der Nachrichtentechnik. München 1962
[20] -: Mathematik für Elektrotechniker. 3 Bde. München 1968-1978
[21] -: Ortskurven und Kreisdiagramme. Heidelberg 1973
[22] Föllinger, O.: Laplace- und Fouriertransformation. 2. Aufl. Berlin 1980

[23] Freitag, H.: Einführung in die Vierpoltheorie. 2. Aufl. Stuttgart 1980 (=Teubner Studienskripten)
[24] Fricke, H.; Pungs, L.: Meßtechnik der kontinuierlichen Modulationsverfahren. Karlsruhe 1969
[25] Frohne, H.: Einführung in die Elektrotechnik. 3 Bde. 3. Aufl. Stuttgart 1977-1979 (=Teubner Studienskripten)
[26] Glaab, A.; Hagenauer, J.: Übungen in Grundlagen der Elektrotechnik. Mannheim 1973
[27] Greuel, O.: Mathematische Ergänzungen und Aufgaben für Elektrotechniker. 8. Aufl. München 1976
[28] Haug, A.: Grundzüge der Elektrotechnik zur Schaltungsberechnung. 2. Aufl. München 1975
[29] Heumann, K.: Grundlagen der Leistungselektronik. 2. Aufl. Stuttgart 1978 (=Teubner Studienbücher)
[30] Hochrainer, A.: Symmetrische Komponenten in Drehstromsystemen. Berlin-Göttingen-Heidelberg 1957
[31] Holbrook, J. G.: Laplace-Transformationen. 2. Aufl. Wiesbaden 1973
[32] Hoyer, K.; Schnell, G.: Differentialgleichungen der Elektrotechnik. Wiesbaden 1978
[33] Huelsmann, L. P.: Digitale Berechnungen in der elementaren Netzwerktheorie. München 1972
[34] Jahnke, E.; Emde, F.; Lösch, F.: Tafeln höherer Funktionen. 7. Aufl. Stuttgart 1966
[35] Kaden, H.: Impulse und Schaltvorgänge in der Nachrichtentechnik. München 1957
[36] Klein, M.: Einführung in die DIN-Normen. 8. Aufl. Stuttgart 1980
[37] Klein, W.: Grundlagen der Theorie elektrischer Schaltungen. Mehrtortheorie. 3. Aufl. Berlin 1975
[38] -: Vierpoltheorie. Mannheim 1972
[39] Kremer, H.: Numerische Berechnung linearer Netzwerke und Systeme. Berlin 1978
[40] Küpfmüller, K.: Einführung in die theoretische Elektrotechnik. 10. Aufl. Berlin-Heidelberg-New York 1973
[41] Kunath, H.: Blindstromkompensation. 2. Aufl. Heidelberg-Mainz-Basel 1975
[42] Lauster, F.: Elektrowärmetechnik. Stuttgart 1963
[43] Leonhard, W.: Wechselströme und Netzwerke. 2. Aufl. Wiesbaden 1972
[44] Lindner, H.: Elektroaufgaben. 3 Bde. Wiesbaden 1977-1979
[45] Ludyk, G.: Theorie dynamischer Systeme. Berlin 1977
[46] Lunze, K.: Berechnung elektrischer Stromkreise. Heidelberg-Mainz-Basel 1974
[47] -: Einführung in die Elektrotechnik. 6. Aufl. Heidelberg 1978
[48] -: Theorie der Wechselstromschaltungen. 2. Aufl. Heidelberg 1977
[49] Magnus, K.: Schwingungen. 3. Aufl. Stuttgart 1976 (=Teubner Studienbücher)
[50] Marko, H.: Theorie linearer Zweipole, Vierpole und Mehrtore. Stuttgart 1971
[51] Meinke, H. H.: Die komplexe Berechnung von Wechselstromschaltungen. 4. Aufl. Berlin 1971
[52] Münch, W. v.: Werkstoffe der Elektrotechnik. 3. Aufl. Stuttgart 1978 (=Teubner Studienskripten)
[53] Naunin, D.: Einführung in die Netzwerktheorie. Wiesbaden 1976
[54] Oberdorfer, G.: Lehrbuch der Elektrotechnik. München und Berlin 1949-1965
[55] -: Die Ortskurventheorie der Wechselstromtechnik. Wien 1950
[56] Oberg, H. J.: Berechnung nichtlinearer Schaltungen für die Nachrichtentechnik. Stuttgart 1973 (=Teubner Studienskripten)
[57] Peters, J.: Einschwingvorgänge, Gegenkopplung, Stabilität. Berlin 1954
[58] Phillipow, E.: Grundlagen der Elektrotechnik. 5. Aufl. Leipzig 1976

[59] -: Nichtlineare Elektrotechnik. 2. Aufl. Leipzig 1971
[60] -: Taschenbuch Elektrotechnik. 6 Bde. München 1976-1981
[61] Pregla, R.: Grundlagen der Elektrotechnik. 2 Bde. Heidelberg 1979-1980
[62] Pregla, R.; Schlosser, W.: Passive Netzwerke. Stuttgart 1972 (=Teubner Studienskripten)
[63] Prokott, E.: Modulation und Demodulation. 2. Aufl. Berlin 1978
[64] Promberger, M.: Anwendung von Matrizen und Tensoren in der theoretischen Elektrotechnik. Berlin 1960
[65] Rüdenberg, R.: Elektrische Schaltvorgänge. 5. Aufl. Berlin-Heidelberg-New York 1974
[66] Rühl, H.: Vierpoltheorie. 2 Bde. Heidelberg 1979-1980
[67] Sacklowski, A.: Kleines Lexikon Einheiten in Physik und Technik. Stuttgart 1973
[68] Schüßler, H. W.: Netzwerke und Systeme. Mannheim-Wien-Zürich 1971
[69] Schwenkhagen, H. F.: Allgemeine Wechselstromlehre. 2 Bde. Berlin-Göttingen-Heidelberg 1951-1959
[70] Siemens, Handbuch für Elektrotechnik. Essen 1971
[71] Simony, K.: Theoretische Elektrotechnik. 7. Aufl. Berlin 1979
[72] Spülbeck, H.; Hartger, W.: Theoretische Elektrizitätslehre. Braunschweig 1965
[73] Stiefel, E.: Einführung in die numerische Mathematik. 5. Aufl. Stuttgart 1976 (=Teubner Studienbücher)
[74] Tietze, U.; Schenk, Ch.: Halbleiter-Schaltungstechnik. 4. Aufl. Berlin-Heidelberg-New York 1978
[75] Tropper, A. M.: Matrizenrechnung in der Elektrotechnik. Mannheim 1964
[76] Unbehauen, R.: Elektrische Netzwerke. Berlin-Heidelberg-New York 1981
[77] -: Systemtheorie, eine Einführung f. Ingenieure. 2. Aufl. München 1971
[78] Vaske, P.: Berechnung von Gleichstromschaltungen. 2. Aufl. Stuttgart 1978 (=Teubner Studienskripten)
[79] -: Berechnung von Wechselstromschaltungen. 2. Aufl. Stuttgart 1980 (=Teubner Studienskripten)
[80] -: Berechnung von Drehstromschaltungen. Stuttgart 1973 (=Teubner Studienskripten)
[81] -: Übertragungsverhalten elektrischer Netzwerke. 2. Aufl. Stuttgart 1977 (=Teubner Studienskripten)
[82] Vielhauer, P.: Passive lineare Netzwerke. Heidelberg 1974
[83] Weber, H.: Laplace-Transformation für Ingenieure der Elektrotechnik. 3. Aufl. Stuttgart 1981 (=Teubner Studienskripten)
[84] Weiss, A. v.: Allgemeine Elektrotechnik. Wiesbaden 1981
[85] Weyh, U.: Zählpfeile in der Elektrotechnik. München 1969
[86] Weyh, U.; Benzinger, H.: Die Grundlagen der Wechselstromlehre. München 1967
[87] Wiesemann, G.; Mecklenbräuker, W.: Übungen in Grundlagen der Elektrotechnik. 2 Bde. Mannheim 1973-1976
[88] Wolf, H.: Lineare Systeme und Netzwerke. Berlin-Heidelberg-New York 1971
[89] Wunsch, G.: Systemanalyse. 3 Bde. Heidelberg 1972-1974
[90] -: Theorie und Anwendung linearer Netzwerke. Leipzig 1961-1964
[91] Zinke, O.: Widerstände, Kondensatoren, Spulen und ihre Werkstoffe. Berlin-Heidelberg-New York 1965

3 DIN-Normen (Auswahl)

DIN 461	Graphische Darstellung in Koordinatensystemen
DIN 1301	Einheiten
DIN 1302	Mathematische Zeichen
DIN 1303	Schreibweise von Tensoren (Vektoren)
DIN 1304	Allgemeine Formelzeichen
DIN 1311	Schwingungslehre
DIN 1313	Physikalische Größen
DIN 1319	Grundbegriffe der Meßtechnik
DIN 1323	Elektrische Spannung, Potential, Zweipolquelle, elektromotorische Kraft
DIN 1324	Elektrisches Feld
DIN 1325	Magnetisches Feld
DIN 1333	Zahlenangaben
DIN 1339	Einheiten magnetischer Größen
DIN 1344	Formelzeichen der elektrischen Nachrichtentechnik
DIN 1357	Einheiten elektrischer Größen
DIN 2330	Begriffe und Benennungen. Allgemeine Grundsätze
DIN 2331	Begriffssysteme und ihre Darstellung
DIN 4897	Elektrische Energieversorgung. Formelzeichen
DIN 4898	Gebrauch der Wörter dual, invers, reziprok, äquivalent, komplementär
DIN 4899	Lineare elektrische Mehrtore
DIN 5475	Komplexe Größen
DIN 5476	Zeitbezogene Größen
DIN 5483	Zeitabhängige Größen. Benennungen. Formelzeichen. Komplexe Darstellung
DIN 5485	Wortzusammensetzungen mit den Wörtern Konstante, Koeffizient, Zahl, Faktor, Grad, Maß, Pegel
DIN 5486	Schreibweise von Matrizen
DIN 5487	Fourier-Transformation und Laplace-Transformation. Formelzeichen
DIN 5489	Vorzeichen- und Richtungsregeln für elektrische Netze
DIN 5490	Gebrauch der Wörter bezogen, spezifisch, relativ, normiert und reduziert
DIN 5493	Logarithmische Größenverhältnisse (Pegel, Maße)
DIN 13321	Komponenten in Drehstromnetzen
DIN 19221	Formelzeichen der Regelungs- und Steuerungstechnik
DIN 19226	Regelungstechnik und Steuerungstechnik. Begriffe und Benennungen
DIN 19229	Übertragungsverhalten dynamischer Systeme. Begriffe
DIN 19236	Optimierung. Begriffe
DIN 40108	Elektrische Energietechnik. Stromsysteme
DIN 40100	Bildzeichen der Elektrotechnik
DIN 40110	Wechselstromgrößen
DIN 40121	Elektromaschinenbau. Formelzeichen
DIN 40146	Begriffe der Nachrichtenübertragung
DIN 40148	Übertragungssysteme und Zweitore
DIN 40200	Begriffe. Nennwert, Grenzwert, Bemessungswert und Bemessungsdaten
DIN 40700 bis 40717, 40722	Schaltzeichen
DIN 40719	Schaltpläne
DIN 42400	Kennzeichnung der Anschlüsse elektrischer Betriebsmittel

4 Griechisches Alphabet

Α	α	Alpha	Ι	ι	Jota	Ρ	ρ	Rho
Β	β	Beta	Κ	$\varkappa$	Kappa	Σ	σ	Sigma
Γ	γ	Gamma	Λ	λ	Lambda	Τ	τ	Tau
Δ	δ	Delta	Μ	μ	My	Υ	υ	Ypsilon
Ε	ε	Epsilon	Ν	ν	Ny	Φ	φ	Phi
Ζ	ζ	Zeta	Ξ	ξ	Xi	Χ	χ	Chi
Η	η	Eta	Ο	o	Omikron	Ψ	ψ	Psi
Θ	ϑ	Theta	Π	π	Pi	Ω	ω	Omega

5 Einheiten

5.1 SI-Einheiten nach DIN 1301

(SI ist die Abkürzung für „Système International d'Unitès.)

Größe	Formelzeichen	SI-Einheit	Zeichen	Definitionsgleichung
Mechanik				
Länge	l	Meter	m	
Zeit	t	Sekunde	s	
Frequenz	f	Hertz	Hz	1 Hz = 1/s
Kreisfrequenz	ω	reziproke Sekunde	1/s	
Drehzahl	n	reziproke Sekunde	1/s (1/min)	
Geschwindigkeit	v	Meter durch Sekunde	m/s	
Beschleunigung	a	Meter durch Sekunde hoch zwei	m/s^2	
Masse	m	Kilogramm	kg	
Kraft	F	Newton	N	$1\ N = 1\ kg\,m/s^2$
Gewichtskraft	G	Newton	N	$1\ N = 1\ kg\,m/s^2$
Energie, Leistung				
Energie, Arbeit	W	Joule	J	$1\ J = 1\ Nm = 1\ Ws = 1\ kg\,m^2/s^2$
Energiedichte	w	Joule durch Kubikmeter	J/m^3	
Leistung (Energiestrom)	P	Watt	W	$1\ W = 1\ J/s = 1\ VA = 1\ Nm/s$
Temperatur, Wärme				
Temperatur	T	Kelvin	K	
Celsius-Temperatur	ϑ	Grad Celsius	°C	
Wärmemenge	Q	Joule	J	$1\ J = 1\ Nm = 1\ Ws = 1\ kg\,m^2/s^2$

Größe	Formelzeichen	SI-Einheit	Zeichen	Definitionsgleichung
elektrische Größen				
el. Stromstärke	I	Ampere	A	
el. Stromdichte	S	Ampere durch Quadratmeter	A/m^2	
el. Ladung (Elektrizitätsmenge)	Q	Coulomb	C	$1\ C = 1\ As$
el. Spannung	U	Volt	V	$1\ V = 1\ W/A$
el. Feldstärke	E	Volt durch Meter	V/m	
Scheinleistung	S	Voltampere	VA	
Blindleistung	Q	Var	var	
el. Widerstand	R	Ohm	Ω	$1\ \Omega = 1\ V/A$
el. Leitwert	G	Siemens	S	$1\ S = 1\ A/V$
spez. Widerstand	ρ	Ohmmeter	Ωm	
Leitfähigkeit	γ	Siemens durch Meter	S/m	
Kapazität	C	Farad	F	$1\ F = 1\ As/V$
Permittivität	ε	Farad durch Meter	F/m	$1\ F/m = 1\ As/Vm$
magnetische Größen				
magn. Fluß	Φ	Weber, Voltsekunde	Wb, Vs	$1\ Wb = 1\ Vs$
Induktion (Flußdichte)	B	Tesla	T	$1\ T = 1\ Vs/m^2$
magn. Spannung	V	Ampere	A	
magn. Feldstärke	H	Ampere durch Meter	A/m	
magn. Leitwert	Λ	Henry	H	$1\ H = 1\ Vs/A = 1\ \Omega s$
Induktivität	L	Henry	H	$1\ H = 1\ Vs/A = 1\ \Omega s$
Permeabilität	μ	Henry durch Meter	H/m	$1\ H/m = 1\ Vs/Am$

5.2 Vorsätze zur Bezeichnung von dezimalen Vielfachen und Teilen von Einheiten (DIN 1301).

Tera-	(T)	f.d. 10^{12}-fache	Deka-	(da)	f.d. 10 -fache	Nano-	(n)	f.d. 10^{-9}-fache
Giga-	(G)	f.d. 10^{9}-fache	Dezi-	(d)	f.d. 10^{-1}-fache	Pico-	(p)	f.d. 10^{-12}-fache
Mega-	(M)	f.d. 10^{6}-fache	Zenti-	(c)	f.d. 10^{-2}-fache	Femto-	(f)	f.d. 10^{-15}-fache
Kilo-	(k)	f.d. 10^{3}-fache	Milli-	(m)	f.d. 10^{-3}-fache	Atto-	(a)	f.d. 10^{-18}-fache
Hekto-	(h)	f.d. 10^{2}-fache	Mikro-	(μ)	f.d. 10^{-6}-fache			

6 Werkstoffeigenschaften

Tafel 6.1 Elektrische Leitfähigkeit γ_{20}, Temperaturbeiwerte α_{20}, β_{20} und τ bei 20°C

Werkstoff	γ_{20} in Sm/mm²	α_{20} in kK⁻¹	β_{20} in kK⁻²	τ in K	DIN-Blätter oder Zusammensetzung in %
Aluminium, weich	36	4,2 ... 5,0	1,3	180 ... 218	40501
hart	33 ... 34				
Blei	4,8				
Bronze, Draht	18 ... 48	0,5			
Walzbronze	7 ... 11				
Chromnickel WM 100	0,9 ... 1,4	0,2			17470
Eisen, Flußstahl	7	4,5 ... 6	6	202 ... 146	
Elektrolyteisen	10				
Gold	45	4,0	0,5	230	
Konstantan WM 50	2	0,01			Cu 54, Ni 45, Mn 1
Kupfer, weich	57	3,9 ... 4,3	0,6	235 (nach VDE 0530)	40500
hart	55 ... 56				
Magnesium	22	3,9	1	237	
Manganin WM 43	2,32	0,01			Cu 86, Mn 12, Ni 2
Messing	12 ... 15,9	1,5 ... 4	1,6	650	
Nickel	10 ... 15	3,7 ... 6	9	145 ... 250	
Nickelin WM 43	2,33	0,23			Cu 54, Ni 26, Zn 20
Novokonstant	2,2	−0,01			Cu 82,5, Mn 12, Al 4, Fe 1,5
Platin	10,2	2 ... 3	0,6	313 ... 230	
Quecksilber	1,063	0,92	1,2		
Silber	60 ... 62	3,8	0,7	243	
Wolfram	18,2	4,1	1	225	
Zink	16,5	3,7	1	250	
Zinn	8,3	4,2	6	218	

Tafel 6.2 Mittelwerte spezifischer Widerstände ρ in Ωcm bei 20°C von Isolierstoffen

Aminoplast-Preßmasse	10^{11}	Phenolharz	10^{11}
Bitumen-Vergußmasse	10^{15}	Plexiglas	10^{15}
Epoxydharze	10^{16}	Polystyrol	10^{17}
Glas	10^{14}	Polyvinylchlorid, hart	10^{15}
Glimmer	10^{16}	weich	10^{13}
Hartgewebe	10^{10}	Preßspan	10^{9}
Hartgummi	10^{16}	Quarz	10^{16}
Hartpapier	10^{10}	Silikonöl	10^{14}
Hartporzellan	10^{14}	Transformatoröl	10^{18}
Mikanit	10^{15}	Wasser, destilliert	10^{10}
Papier, getränkt	10^{15}		

7 Schaltzeichen

Es sind hier die in diesem Buch benutzten Schaltzeichen zusammengestellt; sie leiten sich weitgehend unmittelbar aus DIN 40700 bis 40717 ab.

Leitung allgemein

Kreuzung von Leitungen ohne Verbindung

feste leitende Verbindung

lösbare leitende Verbindung

Wirkwiderstand *R*, Wirkleitwert *G*

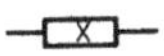

Blindwiderstand *X*

komplexer Widerstand $\underline{Z}$, komplexer Leitwert $\underline{Y}$

Induktivität *L*, Wicklung

Wicklung mit Eisenkern

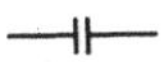
Kapazität *C*

Kennzeichen für stetige Veränderbarkeit

stetig verstellbarer Wirkwiderstand

Kennzeichen für Schleifkontakt

Widerstand mit Schleifkontakt

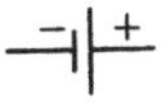

Akkumulator, Batterie

Einschalter, Schließer

Ausschalter, Öffner

Umschalter, Wechsler

mechanische Wirkverbindung

Transformator mit zwei getrennten Wicklungen

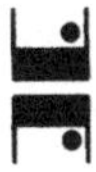
Gegeninduktivität *M* mit gleichsinnigem Wicklungssinn

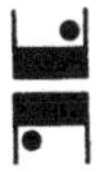
Gegeninduktivität *M* mit gegensinnigem Wicklungssinn

idealer Übertrager

Gleichrichterdiode

Strommesser

Spannungsmesser

Leistungsmesser

Nullgerät

Generator allgemein

ideale Gleichspannungsquelle

ideale Sinusspannungsquelle

ideale Gleichstromquelle

ideale Sinusstromquelle

Impulsgenerator

Gleichspannungsgenerator

Gleichstrommotor

Glühlampe

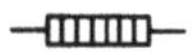
Wärmeverbraucher

Sicherung

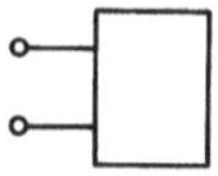
allgemeiner Zweipol

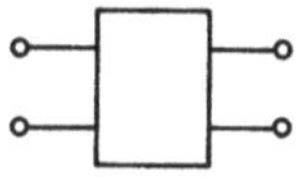
allgemeines Zweitor

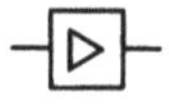
Verstärker

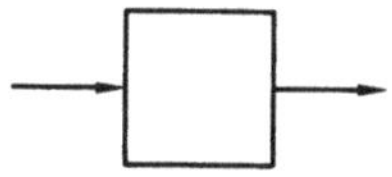
Block mit Wirkungslinien

8 Formelzeichen

Die Formelzeichen sind zur Unterscheidung von den steilen Einheitszeichen *kursiv* gesetzt. Für die Zeitwerte von Strom und Spannung werden Kleinbuchstaben (i, u) genommen; die der übrigen Größen sind durch den Index t gekennzeichnet (z. B. S_t). Für Zeitfunktionen wird auch die Schreibweise $i(t)$ und $u(t)$ – in Anlehnung an die Bildfunktionen $\underline{I}(s)$ und $\underline{U}(s)$ – angewandt. Lineare Mittelwerte haben einen Überstrich (z. B. $\overline{u}, \overline{i}$), Gleichrichtwerte außerdem Betragsstriche (z. B. $\overline{|u|}, \overline{|i|}$). Scheitelwerte tragen das Zeichen ^ (z. B. $\hat{u}, \hat{i}$). Großbuchstaben bezeichnen Effektivwerte (U, I) und Gleichstromgrößen.

Die Formelzeichen komplexer Größen und Zeiger sind durch einen Unterstrich (z. B. $\underline{I}, \underline{U}, \underline{Z}, \underline{Y}, \underline{S}, \underline{i}, \underline{u}$), konjugiert komplexe Größen außerdem durch * (z. B. $\underline{I}^*, \underline{Z}^*$) gekennzeichnet. In der Polarform wird der Phasenwinkel meist mit dem Versorzeichen $\angle$ (z. B. $\angle\varphi = e^{j\varphi}$) angegeben. Die Formelzeichen von Vektoren sind überpfeilt (z. B. $\vec{B}, \vec{A}$). Mit ′, ″ und ‴ sind angenommene (s. Abschn. 2.2.4.2), zu überlagernde (s. Abschn. 2.3.3.1) oder umgerechnete Werte (s. Abschn. 3.6) sowie Maschenströme (s. Abschn. 2.3.5) und Knotenpunktspannungen (s. Abschn. 2.3.6) gekennzeichnet (z. B. I', U', I'').

Die zunächst aufgeführten Indizes gelten für die am häufigsten auftretende Bedeutung und bezeichnen so in der Regel eine unmißverständliche Zuordnung. Die mit diesen Indizes versehenen Formelzeichen stehen daher nur in Ausnahmefällen in der Formelzeichenliste – ebenso wie die nur gelegentlich auf wenigen benachbarten Seiten vorkommenden Zeichen, die dort ausreichend benannt sind.

Die hinter der Benennung stehende Nummer bezieht sich auf den Abschnitt, in der dieses Formelzeichen eingeführt bzw. erklärt wird.

Indizes

A	Ankerkreis
Al	Aluminium
a	Ausgangswert
B	Batterie
b	Blindkomponente
C	Kapazität
Cu	Kupfer
D	Durchtrittswert
d	dielektrischer Wert
di	ideeller Gleichrichtwert

E	Ersatzquelle
e	Eingangswert
eff	effektiver Wert
Fe	Eisen
f	flüchtig
G	Generator
h	Hauptwert
I	Strom
i	innerer Wert
k	Kurzschlußwert
L	Induktivität
l	Leerlaufwert
M	Meßgerät
m	magnetisches Feld
max	Maximalwert
mech	mechanischer Wert
mi	Mittelwert
min	Kleinstwert
N	Nennwert
n	Normierungswert
p	Parallelschaltung
q	quer
R	Wirkwiderstand
r	Reihenschaltung
S	Spannungsteilerwert
Str	Strangwert
T	Trägerschwingung
t	Zeitwert
U	Spannung
ü	Überschwingwert
V	Verbraucher
VW	Vorwiderstand
w	Wirkkomponente
x	Ortsabhängigkeit
0	Kennwert
1	primär
2	sekundär
20	bezogen auf 20°C
∞	Endwert
ρ	Resonanzwert
σ	Streuungswert
μ	fortlaufende Numerierung
ν	Harmonische
–	Gleichstromwert
~	Wechselstromwert
Δ	Dreieckschaltung
⅄	Sternschaltung
_⎾	Sprungfunktion

Formelzeichen

(In Klammern Abschnittsnummer der erstmaligen Verwendung der Zeichen.)

A	Amplitudenverhältnis (5.4.2.2)
A	Kettenparameter (3.6.3.4)
A	Massenzahl (1.1.1.1)
A	Querschnitt (1.1.3.1)
A	Residuum (8.6.2.1)
$\underline{a}$	(= $\angle 120°$) Drehfaktor (4.4.4.1)
a_i	Koeffizient (8.1.1.3)
B	Blindleitwert (3.2.1.2)
B	magnetische Induktion (1.2.3.1)
b	Breite (3.5.2.2)
b	Driftbeweglichkeit (1.2.1.1)
b_f	Bandbreite der Frequenz (6.1.2.4)
b_ω	- - Kreisfrequenz (6.1.2.4)
C	Kapazität (1.2.4)
c	Amplitude (8.5.1.1)
c	Lichtgeschwindigkeit (1.1.1.1)
c	Maschinenkonstante (6.4.3)
D	Determinante (8.4)
D	Verzerrungsleistung (5.2.2)
d	Dämpfung (6.1.2.2)
d	Durchmesser (3.3.2.1)
$\underline{d}$	komplexes Spektrum (8.5.1.2)
E	elektrische Feldstärke (1.1.4.1)
e	(=2,718) Basis des natürlichen Logarithmus (8.2.1)
e	Elementarladung (1.1.1.1)
F	Amplitude des Frequenzgangs (6.3.2.1)
F	Formfaktor (3.1.1.3)
F	Kraft (1.1.4.1)
$\underline{F}$	Frequenzgang (6.1.2.3)
F_r	relativer Linearitätsfehler (2.3.7.1)
$\underline{F}(s)$	Übertragungsfunktion (6.2.1.2)
$\underline{F}_R(s)$	- des Rückführzweigs (6.2.3.2)
$\underline{F}_V(s)$	- - Vorwärtszweigs (6.2.3.2)
f	Frequenz (3.1.1.1)
G	Leitwert (1.2.1.2), Wirkleitwert (3.2.1.1)
g	Grundschwingungsgehalt (5.1.2)
g	Spannungsteiler-Widerstandsverhältnis (2.3.7.1)
H	Hybridparameter (3.6.3.3)
H	magnetische Feldstärke (1.2.3.1)
$h(t)$	Übergangsfunktion (7.1.2.2)
I	Strom (1.1.3.1)
I_E	Erregerstrom (7.5.1.1)

I_g	Strom des Gegensystems (4.4.1.2)
I_M	Mittelleiterstrom (4.1.1.4)
I_m	Strom des Mitsystems (4.4.1.2)
I_μ	Magnetisierungsstrom (3.5.1.1)
I_0	Strom des Nullsystems (4.4.1.3)
J	Trägheitsmoment (6.4.3)
j	$\sqrt{-1}$ (8.2.1)
K_D	Differenzierbeiwert (6.2.1.3)
K_I	Integrierbeiwert (6.2.1.3)
K_P	Proportionalbeiwert (6.2.1.3)
k	Anzahl der Knotenpunkte (2.3.1.2)
k	Klirrfaktor (5.1.2)
k	Kopplungsfaktor (3.5.2.2)
L	Induktivität (1.2.3.3)
$\mathfrak{L}$	Laplace-Operator (8.7.1.3)
l	Länge (1.1.3.1)
M	Drehmoment (1.4.3.1)
M	Gegeninduktivität (1.2.3.4)
$\underline{M}$	Mittelpunktzeiger (3.5.2.2)
M_B	Beschleunigungsmoment (6.4.3)
M_L	Lastmoment (6.4.3)
m	Anzahl der Maschengleichungen (2.3.1.2)
m	Maßstab (2.1.2.1)
m	Masse (1.1.1.1)
m	Modulationsgrad (5.5.1)
m	Strangzahl (4.1.1)
N	Nenner (6.2.2.1)
N	Neutronenzahl (1.1.1.1)
N	Windungszahl (1.2.3.1)
n	Anzahl, Zahlenfolge (2.2.1.1)
n	Drehzahl (1.4.3.1)
n	Elektronendichte (1.1.3.1)
P	Wirkleistung (1.1.4.4)
P_V	Leistungsminderung (2.1.3.4)
p	Parameter (3.2.3.4)
p	Pulszahl (5.3.2)
p	Verbraucher-Widerstandsverhältnis (2.3.7.1)
Q	Blindleistung (3.1.3.1)
Q	Gütefaktor (6.1.2.2)
Q	Elektrizitätsmenge, Ladung (1.1.1.1)
q	Resonanzanstieg (6.1.2.6)
R	Widerstand (1.2.1.2), Wirkwiderstand (3.2.1.1)
R_D	Dualitätskonstante (2.2.2.2)
R_d	differentieller Widerstand (1.2.2.7)
R_k	Widerstand im kalten Zustand (1.2.2.4)
R_L	- der Zuleitung (2.2.1.2)
R_Q	Querwiderstand (2.2.3.2)
R_r	relativer Widerstand (2.1.3.2)
R_w	Widerstand im warmen Zustand (1.2.2.4)
r	Anzahl der Knotenpunktgleichungen (2.3.1.2)
r	Radius (1.4.3.1)
r	Reflexionsfaktor (2.1.3.4)
$\underline{r}$	allgemeine komplexe Größe (8.2.1)
$r(t)$	Einheits-Anstiegsfunktion (7.1.2.1)
S	Scheinleistung (3.1.3.1)
S	Stromdichte (1.1.3.2)
s	komplexe Bildvariable (8.7.1.3), komplexe Kreisfrequenz (6.2.1.1)
s	Schwingungsgehalt (5.1.2)
T	Periodendauer (3.1.1.1)
T	Übertragungsfaktor (3.6.4.4)
T	Zeitkonstante (6.2.1.4)
T_D	Durchtrittszeit (7.1.1.1)
T_E	Einschwingzeit (7.4.1.1)
T_e	Impulsdauer (7.3.4.2)
T_n	Nachstellzeit (7.5.2.1)
T_t	Totzeit (6.3.2.2)
T_v	Vorhaltzeit (7.5.2)
T_0	Kennzeit (6.2.1.4)
t	Zeit (1.1.3.1)
U	Spannung (1.1.4.2)
U_{e0}	Eingangsspannung, Anfangswert (7.2.1)
U_M	Leiter-Mittelpunktspannung (4.1.1.4)
U_g	Spannung des Gegensystems (4.4.1.2)
U_m	- - Mitsystems (4.4.1.2)
U_0	- - Nullsystems (4.4.1.3)
u_M	Signalspannung (5.5.1)
$ü$	Übersetzungsverhältnis (3.5.1.1)
V	Verlust (1.4.1.3)
v	Geschwindigkeit (1.1.1.2)
v	Verstimmung (6.1.1.2)
v_r	-, normiert (6.1.2.3)
W	Energie (1.1.1.2)
W_e	elektrische Energie (1.4.1.1)
w	Energiedichte (3.5.2.2)
w	Welligkeit (5.3.2)
X	Blindwiderstand (3.2.1.2)
$\underline{X}(s)$	Bildfunktion (7.2.2.1)
x	Ort (3.5.2.2)
x	Veränderliche (6.2.1.2)
Y	Scheinleitwert (3.1.3.1)
y	Veränderliche (8.1.1.3)

Z	Protonenzahl (1.1.1.1)
Z	Scheinwiderstand (3.1.3.1)
Z_L	Wellenwiderstand (3.6.2)
z	Anzahl der Zweige (2.3.1.2)
α	Schaltwinkel (7.3.3.1)
α	Temperaturbeiwert (1.2.2.4)
α	Winkel (8.2.1)
β	Blindfaktor (3.2.1.4)
β	Temperaturbeiwert (1.2.2.4)
γ	Leitfähigkeit (1.2.1.1)
Δ	Differenz (1.2.2.4)
ΔW	Energieabstand (1.2.2.1)
$\Delta \Phi$	Phasenhub (5.5.1.2)
δ	Abklingkonstante (6.2.1.4)
δ	Verlustwinkel (3.3.2.4)
$\delta(t)$	Dirac-Impuls (7.1.2.1)
ε	Ausnutzungsgrad (2.1.3.1)
ε	Permittivität (1.2.4)
$\varepsilon(t)$	Einheits-Sprungfunktion (7.1.2.1)
η	Wirkungsgrad (1.4.1.3)
Θ	Dämpfungswinkel (6.2.1.4)
Θ	Durchflutung (1.2.3.1)
ϑ	Dämpfungsgrad (6.1.2.2)
ϑ	Temperatur (1.1.4.4)
ϑ_k	- im kalten Zustand (1.2.2.4)
ϑ_w	- - warmen Zustand (1.2.2.4)
Λ	magnetischer Leitwert (1.2.3.1)
λ	Wirkfaktor (3.2.1.4)
μ	Permeabilität (1.2.3.1)
μ	Zahlenfolge (1.3.3.2)
μ_r	relative Permeabilität (1.2.3.1)
μ_0	Induktionskonstante (1.2.3.1)
ν	Ordnungszahl (8.5)
ξ	Scheitelfaktor (3.1.1.3)
π	(=3,142) Kreiszahl (3.1.1.1)
ρ	spezifischer Widerstand (1.2.2.1)
ρ_d	Dichte (1.2.2.2)
σ	Abklingkonstante (6.2.1.1)
σ	Streufaktor (3.5.2.2)
τ	Temperaturbeiwert (1.2.2.5)
Φ	magnetischer Fluß (1.2.3.1)
φ	elektrisches Potential (1.1.4.2)
φ	Phasenwinkel (3.1.1.2)
φ_Y	- des komplexen Leitwerts (3.1.3.3)
ψ_t	Phasenwinkel (5.4.2.2)
Ω	relative Frequenz (6.1.1.2)
Ω	Winkelgeschwindigkeit (6.4.3)
ω	Kreisfrequenz (3.1.1.1)
ω	Winkelgeschwindigkeit (1.4.3.1)
ω_D	Durchtrittskreisfrequenz (6.3.2.2)
ω_d	Eigenkreisfrequenz (6.2.1.4)
ω_E	Eckkreisfrequenz (6.3.2.2)
ω_M	Signalkreisfrequenz (5.5.1)

Sachverzeichnis

Moeller, Leitfaden der Elektrotechnik

Herausgegeben von Prof. Dr.-Ing. **H. Fricke**, Braunschweig, Prof. Dr.-Ing. **H. Frohne**, Hannover, und Prof. Dr.-Ing. **P. Vaske**, Hamburg

Band I

Grundlagen der Elektrotechnik

Teil 1: Elektrische Netzwerke

Von Prof. Dr.-Ing. **H. Fricke**, Braunschweig, und Prof. Dr.-Ing. **P. Vaske**, Hamburg

17., neubearbeitete und erweiterte Auflage. XVIII, 733 Seiten mit 567 teils mehrfarbigen Bildern, 34 Tafeln und 553 Beispielen. Geb. DM 59,– ISBN 978-3-663-01154-5

Band II

Elektrische Maschinen und Umformer

Teil 1: Aufbau, Wirkungsweise und Betriebsverhalten

Von Prof. Dr.-Ing. **P. Vaske**, Hamburg

12., neubearbeitete und erweiterte Auflage. XII, 289 Seiten mit 248 teils zweifarbigen Bildern, 12 Tafeln und 61 Beispielen. Kart. DM 38,– ISBN 3-519-16401-9

Teil 2: Berechnung elektrischer Maschinen

Von Prof. Dr.-Ing. **P. Vaske**, Hamburg, und Dipl.-Ing. **J. H. Riggert** †, Köln

8., überarbeitete Auflage. X, 178 Seiten mit 108 Bildern und 17 Beispielen. Kart. DM 34,–
ISBN 978-3-663-01154-5

Band III

Bauelemente der Halbleiterelektronik

Von Prof. Dr. rer. nat. **H. Tholl**, Hamburg

Teil 1: Grundlagen, Dioden und Transistoren

XII, 236 Seiten mit 203 Bildern, 18 Tafeln und 60 Beispielen. Kart. DM 38,– ISBN 978-3-663-01154-5

Teil 2: Feldeffekt-Transistoren, Thyristoren und Optoelektronik

XII, 324 Seiten mit 309 Bildern, 32 Tafeln und 77 Beispielen. Kart. DM 42,– ISBN 978-3-663-01154-5

Band IV

Elektrische Meßtechnik

Von Dr.-Ing. **M. Stöckl**, Nürnberg, und Prof. Dr.-Ing. **K. H. Winterling**, Frankfurt/M.
unter Mitwirkung von Prof. Dr.-Ing. **H. Fricke**, Braunschweig, Prof. Dr.-Ing. **R. Thiel**, Darmstadt, und Prof. Dr.-Ing. **P. Vaske**, Hamburg

6., überarbeitete Auflage. XIV, 330 Seiten mit 325 Bildern und 39 Beispielen. Geb. DM 42,–
ISBN 978-3-663-01154-5

Band V

Grundlagen der Regelungstechnik

Von Prof. Dr.-Ing. **F. Dörrscheidt**, Paderborn, und Prof. Dr.-Ing. **W. Latzel**, Paderborn
in Vorbereitung ISBN 978-3-663-01154-5

Fortsetzung nächste Seite

B. G. Teubner Stuttgart

Moeller, Leitfaden der Elektrotechnik (Fortsetzung)

Band VI

Hochspannungstechnik

Von Prof. Dr.-Ing. **G. Hilgarth,** Braunschweig/Wolfenbüttel
X, 162 Seiten mit 138 Bildern. Kart. DM 34,– ISBN 978-3-663-01154-5

Band VII

Programmierbare Taschenrechner in der Elektrotechnik

Anwendung der TI 58 und TI 59

Von Prof. Dr.-Ing. **P. Vaske,** Hamburg, Prof. Dr.-Ing. **F. Dörrscheidt,** Paderborn, und Prof. Dr.-Ing. **D. Selle,** Braunschweig/Wolfenbüttel
unter Mitwirkung von Prof. Dipl.-Ing. **R. Flosdorff,** Aachen, und Prof. Dr.-Ing. **G. Hilgarth,** Braunschweig/Wolfenbüttel

XII, 428 Seiten mit 143 Bildern, 32 Tafeln, 129 Beispielen und 40 Programmen. Kart. DM 39,80
ISBN 978-3-663-01154-5

Band IX

Elektrische Energieverteilung

Von Prof. Dipl.-Ing. **R. Flosdorff,** Aachen, und Prof. Dr.-Ing. **G. Hilgarth,** Braunschweig/Wolfenbüttel

3., überarbeitete Auflage. XII, 321 Seiten mit 305 Bildern und 65 Beispielen. Kart. DM 39,–
ISBN 978-3-663-01154-5

Band X

Grundlagen der Digitaltechnik

Von Prof. Dipl.-Ing. **L. Borucki,** Krefeld

XII, 238 Seiten mit 262 Bildern, 74 Tafeln und 51 Beispielen. Kart. DM 36,– ISBN 978-3-663-01154-5

Band XI

Grundlagen der elektrischen Nachrichtenübertragung

Von Prof. Dr.-Ing. **H. Fricke,** Braunschweig, Prof. Dr.-Ing. habil. **K. Lamberts,** Clausthal, und Prof. Dipl.-Ing. **E. Patzelt,** Braunschweig/Wolfenbüttel

XVI, 376 Seiten mit 302 Bildern, 15 Tafeln und 39 Beispielen. Geb. DM 48,– ISBN 978-3-663-01154-5

Band XII

Grundlagen der Verstärker

Von Prof. Dr.-Ing. **H. Gad,** Lemgo, und Prof. Dr.-Ing. **H. Fricke,** Braunschweig

ca. 280 Seiten. Kart. ca. DM 42,– ISBN 978-3-663-01154-5

Preisänderungen vorbehalten

B. G. Teubner Stuttgart